BERLINER ASTRONOMISCHES JAHRBUCH

FÜR

1 9 5 9

184. JAHRGANG

HERAUSGEBER

ASTRONOMISCHES RECHENINSTITUT
DER DEUTSCHEN AKADEMIE DER WISSENSCHAFTEN ZU BERLIN
UND
ASTRONOMISCHES RECHENINSTITUT ZU HEIDELBERG

1957

AKADEMIE-VERLAG · BERLIN

Astronomische Zeichen und Abkürzungen

Bezeichnung der Wochentage

☉ Sonntag
☾ Montag
♂ Dienstag
☿ Mittwoch
♃ Donnerstag
♀ Freitag
♄ Sonnabend

Adspekten

☌ Konjunktion
□ Quadratur
☍ Opposition

Mondphasen

● Neumond
☽ Erstes Viertel
○ Vollmond
☾ Letztes Viertel

☊ Aufsteigender } Knoten
☋ Absteigender } Knoten

Zeichen des Tierkreises und der Himmelskörper

♈	Widder	0	Grad	
♉	Stier	30	»	☉ Sonne
♊	Zwillinge . . .	60	»	☾ Mond
♋	Krebs	90	»	☿ Merkur
♌	Löwe	120	»	♀ Venus
♍	Jungfrau	150	»	♁ Erde
♎	Waage	180	»	♂ Mars
♏	Skorpion . . .	210	»	♃ Jupiter
♐	Schütze	240	»	♄ Saturn
♑	Steinbock . . .	270	»	♅ Uranus
♒	Wassermann . .	300	»	♆ Neptun
♓	Fische	330	»	♇ Pluto

Herausgeber: Astronomisches Recheninstitut der Deutschen Akademie der Wissenschaften zu Berlin und Astronomisches Recheninstitut zu Heidelberg. Verantwortlich für den Inhalt: Prof. Dr. A. Kahrstedt, Berlin-Lichterfelde-West, und Prof. Dr. W. Fricke, Heidelberg. Verlag: Akademie-Verlag GmbH, Berlin W 8, Mohrenstraße 39; Fernsprecher: Sammelnummer 20 03 86; Postscheckkonto: Berlin 350 21. Bestell- und Verlagsnummer dieses Werkes 1004/184. Preis 12 DM. Druck (III/9/1) Sächsische Zeitung, Verlag und Druckerei, Dresden N 23. 14805. Lizenz-Nr 202 · 100/446/57 · MdI der DDR Nr. 3648/K11.

Vorwort

Vom Jahrgang 1916 an ist der fundamentale Meridian, auf den alle Angaben des Jahrbuchs bezogen sind, der Meridian von Greenwich.

Die Zeit ist vom Jahrgang 1925 an in Weltzeit, d. i. Bürgerliche Zeit Greenwich, ausgedrückt (siehe Erläuterungen).

Die Grundlagen des Berliner Astronomischen Jahrbuchs bilden:

Für die Sonne und die großen Planeten:

Die Tafeln von Newcomb und (für Jupiter und Saturn) von Hill, enthalten in:

Astronomical Papers of the American Ephemeris,
Vol. VI, Part I—IV: *Tables of the four inner planets,*
Vol. VII, Part I—IV: *Tables of Jupiter, Saturn, Uranus, Neptune.*

Für Pluto die Elemente von E. C. Bower. (Näheres siehe Erläuterungen.)

Als Sonnenhalbmesser in der mittleren Entfernung ist $16' 1''50$ angenommen; dagegen liegt der Berechnung der Finsternisse der von Auwers in A. N., Bd. 128 gegebene Wert $15' 59''63$ zugrunde.

Für den Mond:

Tables of the Motion of the Moon by Ernest W. Brown.

Der geozentrische Mondhalbmesser $r_☾$ ist aus der Äquatorial-Horizontalparallaxe $p_☾$ gerechnet nach der Formel

$$r_☾ = 0.272469\, p_☾ + 1''50,$$

für die Finsternisse nach $\sin r_☾ = 0.272274 \sin p_☾$.

Als Neigung des Mondäquators gegen die Ekliptik ist nach F. Hayn (A. N. Bd. 199, 263) angenommen: $J = 1° 32' 20''$.

Für die Fixsterne:

Dritter Fundamentalkatalog des Berliner Astronomischen Jahrbuchs (Veröffentlichungen des Astronomischen Recheninstituts zu Berlin-Dahlem Nr. 54 und Abhandlungen der Preußischen Akademie der Wissenschaften Jahrgang 1938. Phys.-math. Klasse. Nr. 3).

Die Sterngrößen und Sternspektren sind dem »Henry Draper Catalogue (Harvard Annals, vol. 91—99)« entnommen.

A's Werte der fundamentalen Reduktionsgrößen sind angenommen:

Die Präzessions-Größen nach S. Newcomb (vgl. H. Andoyer, Bull. Astr. Bd. 28, S. 67)

Die Nutations-Konstante . . . . . $9''21$

Die Nutations-Größen nach S. Newcomb (Bull. Astr. Bd. 15, S. 241)
Die Aberrations-Konstante .... 20″47
Die Sonnen-Parallaxe .... 8″80
Die Abplattung der Erde ...... 1 : 297

Für die Satelliten:

Die Angaben über die 4 älteren Jupitertrabanten beruhen auf den Tafeln von R. A. Sampson (*Tables of the four great Satellites of Jupiter.* London 1910), die Angaben über die 8 älteren Saturnsatelliten auf den von H. und G. Struve sowie von J. Woltjer ermittelten Werten (Näheres s. Erläuterungen).

In allen Ephemeriden der Sonne, der Planeten und der Fixsterne sind die kurzperiodischen, von der Mondlänge abhängigen Nutationsglieder weggelassen; doch bietet das Jahrbuch die Möglichkeit, auch diese weggelassenen Glieder zu berücksichtigen (s. Erläuterungen).

Der Inhalt des Jahrbuchs hat gegenüber dem Vorjahr keine Veränderung erfahren.

Nach einem internationalen Übereinkommen vom Jahre 1911 wurde ein Teil der Angaben von H. M. Nautical Almanac Office, Royal Greenwich Observatory, vom Nautical Almanac Office, U. S. Naval Observatory, Washington, und vom Bureau des Longitudes, Paris, zur Verfügung gestellt. Es wurden übernommen von H. M. Nautical Almanac Office, Royal Greenwich Observatory, die Ephemeriden der Sonne, des Mondes und der Planeten mit Ausnahme von Pluto sowie die Vorausberechnungen der Sternbedeckungen für Berlin-Babelsberg, Frankfurt a. M. und München. Vom Nautical Almanac Office, Washington, wurden zur Verfügung gestellt die rechtwinkligen, heliozentrischen, äquatorialen Koordinaten von Pluto, die Angaben über Finsternisse, die Elemente der Sternbedeckungen, die Rotationselemente der Sonne, des Mars und des Jupiter, die Konstellationen und die Auf- und Untergangszeiten des Mondes. Vom Bureau des Longitudes, Paris, wurden die Zeiten der Verfinsterungen der Jupitertrabanten sowie die Tafeln ihrer Anordnung und die Refraktionstafel übernommen. Die mittleren und scheinbaren Sternörter sowie die Angaben über die Saturnstrabanten sind im Astronomischen Recheninstitut in Heidelberg unter der Leitung von Dr. Gondolatsch berechnet. Die Berechnung der übrigen Teile und die Beaufsichtigung des Druckes sind unter der Leitung von Prof. Dr. Kohl vom Astronomischen Recheninstitut in Berlin besorgt worden.

Bezüglich der Zahlengrundlagen sei auf die im Berliner Astronomischen Jahrbuch für 1916 gegebene Darstellung der „Grundbegriffe der Sphärischen Astronomie“ hingewiesen.

Astronomisches Recheninstitut in Berlin
Astronomisches Recheninstitut in Heidelberg

Inhalt

Zeit- und Festrechnung 1959

Das Jahr 1959 entspricht dem
Jahr 6672 der Julianischen Periode und dem
Jahr 7467—7468 der Byzantinischen Ära.

Gregorianischer Kalender

Goldene Zahl	3
Epakte	XXI
Sonnenzirkel	8
Sonntagsbuchstabe	D
Septuagesima	25. Jan.
Aschermittwoch	11. Febr.
I. Quatember	18. Febr.
Ostersonntag	29. März
Himmelfahrt	7. Mai
Pfingstsonntag	17. Mai
II. Quatember	20. Mai
Fronleichnam	28. Mai
III. Quatember	16. Sept.
I. Adventssonntag	29. Nov.
IV. Quatember	16. Dez.

Dimensionen der Erde

a) Nach Bessel (1841)

Große Halbachse	$a =$ 6 377 397.155 m	$\log a =$ 6.804 6434 637
Kleine Halbachse	$b =$ 6 356 078.963 m	$\log b =$ 6.803 1892 839
Abplattung	$\mathfrak{a} =$ 1 : 299.152 8129	$\log \mathfrak{a} =$ 7.524 1069 092—10
Meridianquadrant	$=$ 10 000 855.76 m	

Die Maßeinheit der Länge ist das legale Meter.

b) Nach Hayford (1909)

identisch mit Internationalem Ellipsoid (1924)

Große Halbachse	$a =$ 6 378 388 m	$\log a =$ 6.804 7109 340
Kleine Halbachse	$b =$ 6 356 911.946 m	$\log b =$ 6.803 2461 958
Abplattung	$\mathfrak{a} =$ 1 : 297	$\log \mathfrak{a} =$ 7.527 2435 507—10
Meridianquadrant	$=$ 10 002 288.30 m	

c) Nach Krassovsky (1940)

Große Halbachse	$a =$ 6 378 245 m	$\log a =$ 6.804 7011 973
Abplattung	$\mathfrak{a} =$ 1 : 298.3	$\log \mathfrak{a} =$ 7.525 3467 466—10

Die Maßeinheit der Länge ist das internationale Meter.

Ein internationales Meter = 0.999 9866 legales Meter.

Will man die Länge einer in legalen Metern gemessenen Strecke in internationalen Metern angeben, so hat man die Anzahl der legalen Meter mit 1.000 0134 zu multiplizieren.

Normalwert für die Schwerebeschleunigung im Meeresniveau:[1]

$\gamma_0 = 978.030\ (1 + 0.005302 \cdot \sin^2\varphi - 0.000007 \cdot \sin^2 2\varphi)$ cm. sec^{-2}. (Helmert 1901)

$\gamma_0 = 978.0490\ (1 + 0.0052884 \cdot \sin^2\varphi - 0.0000059 \cdot \sin^2 2\varphi)$ cm. sec^{-2}. (Cassinis 1930)

Masse der Erde: $5.974 \cdot 10^{27}$ g

Masse der Sonne: $1.983 \cdot 10^{33}$ g

Radius der Sonne: 695 300 km

Mittlere Entfernung Erde—Sonne: 149 504 200 km

Lichtzeit für die mittlere Entfernung Erde—Sonne: $498^{s}.72$ (mit Lichtgeschwindigkeit 299 774 km/sec.)

Astronomische Konstanten

Allgemeine Präzession	ψ = 50″.2564	+ 0″.000 222 t
Präzession in Rektaszension	m = 3ˢ.07234	+ 0ˢ.000 0186 t
Präzession in Deklination	n = 20″.0468	− 0″.000 085 t
Mittlere Schiefe der Ekliptik	ϵ = 23° 27′ 8″.26	− 0″.4684 t
Länge d. aufsteig. Knotens d. bewegl. a. d. festen Ekliptik	Π = 173° 57′ 3″.6	+ 32″.862 t
Winkel zwischen fester u. bewegl. Ekliptik	π = 0″.4711	− 0″.000 007 t

Länge des tropischen Jahres	365ᵈ.242 198 79	− 0ᵈ.000 000 0614 t
„ „ siderischen „	365.256 360 42	+ 0.000 000 0011 t
„ „ anomalistischen „	365.259 641 34	+ 0.000 000 0304 t
„ „ julianischen „	365.25	

t = Zeit seit 1900 in julianischen Jahren

Länge des synodischen Monats	29ᵈ.530 588
„ „ tropischen „	27.321 582
„ „ siderischen „	27.321 661
„ „ anomalistischen „	27.554 550

Länge des mittl. Sonnentages = $24^h\ 3^m\ 56^s.555$ Sternzeit = 1.002 737 91 Sterntag

Länge d. mittl. Sterntages = $23^h\ 56^m\ 4^s.091$ mittl. Zeit = 0.997 269 57 mittl. Sonnentag

Äquatorial-Horizontalparallaxe des Mondes . . . . . 57′ 2″.70

Gravitationskonstante nach Gauß k = 0.017 202 099 = 3548″.18761

log k = 8.235 581 44—10, log k'' = 3.550 00657

1 Lichtjahr =	63 275 Astr. Einh.	= 0.3068 Parsek	= 9.460 · 10^{12} km
1 Parsek =	206 264.806 Astr. Einh.	= 3.2598 Lichtjahre	= 30.84 · 10^{12} km

Elemente der Planetenbahnen für 1959 Jan. 0, 0ʰ Weltzeit

	☊	i	$\tilde{\omega}$	e
	°	°	°	
Merkur	47.845	7.004	76.817	0.205 626
Venus	76.311	3.394	130.994	0.006 793
Erde	—	—	102.235	0.016 726
Mars	49.241	1.850	335.304	0.093 367
Jupiter	100.040	1.305	13.671	0.048 431
Saturn	113.305	2.490	92.254	0.055 688
Uranus	73.772	0.773	172.424	0.046 329
Neptun	131.330	1.774	47.568	0.009 001
Pluto	109.633	17.144	223.175	0.248 644

	a	L	$n_{sid.}$	$P_{sid.}$	
		°	°	a	d
Merkur	0.387 099	162.765	4.092 34	0	87.9693
Venus	0.723 332	307.099	1.602 13	0	224.7008
Erde	1.000 000	98.918	0.985 61	1	0.0142
Mars	1.523 688	66.683	0.524 03	1	321.7375
Jupiter	5.202 561	229.364	0.083 09	11	314.925
Saturn	9.554 747	268.393	0.033 46	29	167.21
Uranus	19.218 14	136.994	0.011 73	84	8.11
Neptun	30.109 57	214.735	0.005 98	164	281.6
Pluto	39.517 74	178.616	0.003 97	248	157

Merkur, Venus und Erde nach Newcomb, Mars nach Newcomb und Ross, Jupiter bis Neptun nach Leverrier und Gaillot, Pluto nach Bower. Bei Uranus und Neptun sind in L die Hauptglieder der langperiodischen Störungen enthalten. Für Pluto sind baryzentrische Elemente bezogen auf Ekliptik und mittleres Äquinoktium 1950.0 gegeben.

Kalender der Juden

Jahr 5719 (Schaltjahr von 383 Tagen)

Schewat	1		1959	Jan.	10
Adar	1			Febr.	9
	14	Klein Purim			22
Veadar	1			März	11
	13	Fasten Esther			23
	14	Purim			24
	15	Schuschan Purim			25
Nissan	1			April	9
	14	Erew Pessach			22
	15	*Passah-Anfang			23
	16	*Zweites Fest			24
	21	*Siebentes Fest			29
	22	*Achtes Fest			30
Ijar	1			Mai	9
	18	Lag B'aumer			26
Siwan	1			Juni	7
	6	*Wochenfest			12
	7	*Zweites Fest			13
Tammus	1			Juli	7
	17	Fasten: Eroberung Jerusalems			23
Aw	1			Aug.	5
	9	Fasten: Tempelverbrennung			13
Ellul	1			Sept.	4

Jahr 5720 (Gemeinjahr von 355 Tagen)

Tischri	1	*Neujahrsfest	1959	Okt.	3
	2	*Zweites Fest			4
	3	Fasten Gedaljah			5
	10	*Versöhnungsfest			12
	15	*Laubhüttenfest			17
	16	*Zweites Fest			18
	21	Palmenfest			23
	22	*Laubhüttenende			24
	23	*Gesetzesfreude			25
Marcheschwan	1			Nov.	2
Kislew	1			Dez.	2
	25	Tempelweihe			26
Tewet	1				32

Die mit * bezeichneten Festtage werden streng gefeiert.

Kalender der Mohammedaner

Jahr 1378 (Gemeinjahr von 354 Tagen)

Redscheb	1	1959	Jan.	11
Schabân	1		Febr.	10
Ramadân	1		März	11
Schewwâl	1		April	10
Dsû'l-kade	1		Mai	9
Dsû'l-hedsche	1		Juni	8

Jahr 1379 (Schaltjahr von 355 Tagen)

Moharrem	1	1959	Juli	7
Safar	1		Aug.	6
Rebi-el-awwel	1		Sept.	4
Rebi-el-accher	1		Okt.	4
Dschemâdi-el-awwel	1		Nov.	2
Dschemâdi-el-accher	1		Dez.	2
Redscheb	1			31

Nachwort

Mit dem Jahrgang 1959 stellt das Berliner Astronomische Jahrbuch sein Erscheinen ein. In 184 Jahren war es ein treuer Helfer vieler Generationen von Astronomen aller Länder, und dies Schlußwort soll der Erinnerung an all die Männer gewidmet sein, die in fast zwei Jahrhunderten ihr Leben diesem Werk gewidmet haben.

Johann Elert Bode ist der Schöpfer des BJ, wie es allgemein hieß. 1774 erschien der erste Jahrgang für 1776, anfangs unter Beteiligung des bekannten Mathematikers Lambert. 55 Jahrgänge erschienen unter Bodes Leitung und sehr weitgehender Mitarbeit, in den ersten Jahrzehnten mit einem Anhang, einer Reihe von Aufsätzen, die dem Werk z. T. den Charakter einer Zeitschrift gaben. Von 1830 bis 1851 war Encke, der Nachfolger Bodes in der Leitung der Berliner Sternwarte, der Meister des BJ, 1852 bis 1866 in Gemeinschaft mit Wolfers, der wohl in diesen Jahren die Arbeit leitete und nach Enckes Tode den Jahrgang 1867 allein herausgab. Von 1868 an zeichnet der nun folgende Direktor der Berliner Sternwarte, Foerster, mit Powalsky gemeinsam für das Jahrbuch, 2 Jahre noch unter Nennung von E. Becker, bis von 1877 an Foerster mit Tietjen zusammen auf dem Titelblatt erscheint. Von Jahrgang 1884 ab gibt Tietjen allein als „Dirigent" des in den 70er Jahren als Abteilung der Sternwarte gegründeten Recheninstituts das BJ heraus. Unter den zahlreichen Mitarbeitern, die nun genannt werden, taucht 1869 Lehmann auf, der nach Tietjens Tode die Leitung übernahm, den Band 1898 allein, die folgenden unter der Institutsleitung von Bauschinger herausgab, als unter dem letzteren das Institut seine Selbständigkeit erhalten hatte. Im Jahrgang 1902 begegnen wir zum ersten Mal J. Peters, der, 1942 verstorben, noch der heutigen Astronomengeneration als Leiter des BJ bekannt ist. Vom Jahrgang 1912 ab übernahm F. Cohn, Bauschingers Nachfolger, die Oberleitung. Unter ihm war Lehmann bis zum Jahrgang 1916 der Leiter des BJ, von 1917 ab war es J. Peters. Nach dem Tode Cohns (1922) erscheint im BJ 1926 A. Kopff als Direktor des Instituts, und gleichzeitig wird O. Kohl als Mitarbeiter genannt, der von Band 1930 ab 30 Jahre lang die Leitung innehatte. Sein vor wenigen Tagen, am 3. April 1957, erfolgter Tod nahm ihm vorzeitig die Feder aus der Hand, als er noch den letzten Jahrgang 1959 trotz seiner Pensionierung zu Ende führen wollte.

Die durch den Zusammenbruch 1945 anfangs in der Reihenfolge entstandene Lücke konnte bald geschlossen werden. Auch die durch die Ereignisse des Kriegsendes verursachte Spaltung des Recheninstituts wurde, soweit es das BJ betrifft, überbrückt. Vom Jahrgang 1949 ab erschien das BJ als gemeinsame Publikation der beiden Recheninstitute Berlin und Heidelberg, schon von 1948 ab im Akademieverlag.

Nun verschwindet das Berliner Astronomische Jahrbuch und seine stolze Tradition von 184 Jahren. In die heutige Zeit paßt nicht mehr die Vielzahl verschiedener Jahrbücher mit der mehrfachen Arbeit, zwar nicht in der Berechnung, jedoch in Druck, Korrektur usw. Unvergessen aber sollen die Astronomen bleiben, die in langer Reihe die bescheidene und doch so notwendige Routinearbeit leisteten und damit immer von neuem ein Werkzeug schufen, das den Fortschritt unserer Wissenschaft in zwei Jahrhunderten erst mit ermöglichte.

Von Jahrgang 1960 ab erscheinen die beiden Jahrbücher von Washington und London (Herstmonceux), ,,The American Ephemeris" und ,,The Nautical Almanac" mit identischem Inhalt (Sonne, Mond, Planeten, aber ohne Örter der Fixsterne). Als zweiten Band dieses einheitlichen Jahrbuches gibt das Astronomische Recheninstitut in Heidelberg die ,,Apparent Places of Fundamental Stars" heraus, welche die scheinbaren Örter aller Sterne des FK3 einschließlich der Zusatzsterne enthalten. Die bisherigen Benutzer des ,,Berliner Astronomischen Jahrbuchs" seien auf diese Publikation hingewiesen.

Sonne, Mond, Große Planeten

1959

Tag	Wochentag	0h Weltzeit: Zeitgleichung (Wahre Zeit *minus* Mittlere Zeit)		Scheinbare Rektaszension		Scheinbare Deklination		Halbe Durchgangs-Dauer St.-Zt.	Halbmesser
1959		m s	s	h m s	m s	° ′ ″	′ ″	s	′ ″
Jan. 0	Mi	− 2 39.11	28.73	18 38 18.52	4 25.29	−23 9 0.1	4 16.8	71.11	16 17.84
1	Do	3 7.84	28.45	18 42 43.81	4 25.01	23 4 43.3	4 44.6	71.07	16 17.84
2	Fr	3 36.29	28.16	18 47 8.82	4 24.72	22 59 58.7	5 12.1	71.02	16 17.85
3	Sa	4 4.45	27.83	18 51 33.54	4 24.39	22 54 46.6	5 39.4	70.98	16 17.84
4	So	4 32.28	27.47	18 55 57.93	4 24.02	22 49 7.2	6 6.7	70.93	16 17.84
5	Mo	4 59.75	27.08	19 0 21.95	4 23.63	22 43 0.5	6 33.7	70.89	16 17.82
6	Di	− 5 26.83	26.65	19 4 45.58	4 23.21	−22 36 26.8	7 0.6	70.82	16 17.81
7	Mi	5 53.48	26.20	19 9 8.79	4 22.76	22 29 26.2	7 27.3	70.76	16 17.79
8	Do	6 19.68	25.70	19 13 31.55	4 22.26	22 21 58.9	7 53.6	70.69	16 17.76
9	Fr	6 45.38	25.19	19 17 53.81	4 21.74	22 14 5.3	8 19.9	70.63	16 17.74
10	Sa	7 10.57	24.64	19 22 15.55	4 21.20	22 5 45.4	8 45.7	70.56	16 17.71
11	So	7 35.21	24.06	19 26 36.75	4 20.61	21 56 59.7	9 11.4	70.48	16 17.67
12	Mo	− 7 59.27	23.45	19 30 57.36	4 20.02	−21 47 48.3	9 36.8	70.40	16 17.63
13	Di	8 22.72	22.83	19 35 17.38	4 19.38	21 38 11.5	10 1.9	70.31	16 17.59
14	Mi	8 45.55	22.17	19 39 36.76	4 18.73	21 28 9.6	10 26.7	70.23	16 17.54
15	Do	9 7.72	21.51	19 43 55.49	4 18.06	21 17 42.9	10 51.2	70.15	16 17.49
16	Fr	9 29.23	20.81	19 48 13.55	4 17.37	21 6 51.7	11 15.5	70.05	16 17.43
17	Sa	9 50.04	20.10	19 52 30.92	4 16.65	20 55 36.2	11 39.3	69.96	16 17.37
18	So	−10 10.14	19.37	19 56 47.57	4 15.94	−20 43 56.9	12 2.9	69.86	16 17.31
19	Mo	10 29.51	18.64	20 1 3.51	4 15.18	20 31 54.0	12 26.2	69.77	16 17.24
20	Di	10 48.15	17.88	20 5 18.69	4 14.44	20 19 27.8	12 49.1	69.67	16 17.16
21	Mi	11 6.03	17.12	20 9 33.13	4 13.68	20 6 38.7	13 11.6	69.56	16 17.08
22	Do	11 23.15	16.34	20 13 46.81	4 12.90	19 53 27.1	13 33.8	69.46	16 16.99
23	Fr	11 39.49	15.57	20 17 59.71	4 12.12	19 39 53.3	13 55.8	69.35	16 16.91
24	Sa	−11 55.06	14.78	20 22 11.83	4 11.33	−19 25 57.5	14 17.2	69.25	16 16.81
25	So	12 9.84	13.98	20 26 23.16	4 10.55	19 11 40.3	14 38.5	69.14	16 16.70
26	Mo	12 23.82	13.20	20 30 33.71	4 9.75	18 57 1.8	14 59.2	69.03	16 16.59
27	Di	12 37.02	12.40	20 34 43.46	4 8.96	18 42 2.6	15 19.7	68.92	16 16.47
28	Mi	12 49.42	11.61	20 38 52.42	4 8.16	18 26 42.9	15 39.7	68.81	16 16.35
29	Do	13 1.03	10.81	20 43 0.58	4 7.36	18 11 3.2	15 59.5	68.70	16 16.22
30	Fr	−13 11.84	10.02	20 47 7.94	4 6.57	−17 55 3.7	16 18.6	68.59	16 16.09
31	Sa	13 21.86	9.21	20 51 14.51	4 5.78	17 38 45.1	16 37.7	68.47	16 15.95
Febr. 1	So	13 31.07	8.42	20 55 20.29	4 4.97	17 22 7.4	16 56.1	68.36	16 15.81
2	Mo	13 39.49	7.62	20 59 25.26	4 4.18	17 5 11.3	17 14.2	68.24	16 15.66
3	Di	13 47.11	6.83	21 3 29.44	4 3.37	16 47 57.1	17 31.8	68.13	16 15.51
4	Mi	13 53.94	6.02	21 7 32.81	4 2.58	16 30 25.3	17 49.2	68.01	16 15.35
5	Do	−13 59.96	5.22	21 11 35.39	4 1.78	−16 12 36.1	18 5.9	67.90	16 15.19
6	Fr	14 5.18	4.42	21 15 37.17	4 0.97	15 54 30.2	18 22.4	67.78	16 15.03
7	Sa	14 9.60	3.62	21 19 38.14	4 0.18	15 36 7.8	18 38.3	67.67	16 14.87
8	So	14 13.22	2.83	21 23 38.32	3 59.38	15 17 29.5	18 53.9	67.55	16 14.70
9	Mo	14 16.05	2.02	21 27 37.70	3 58.58	14 58 35.6	19 9.0	67.44	16 14.53
10	Di	−14 18.07		21 31 36.28		−14 39 26.6		67.33	16 14.36

Tag	Julian Zeit	Sternzeit	Nutation in AR. langp. Gl.	Nutation in AR. kurzp. Gl.	Mittleres Äquinoktium 1959.0 Länge		Breite	R		Aufgang in +50° Breite, 0h Länge	Untergang in +50° Breite, 0h Länge
1959	2436 d	h m s	s in 0.001		° ′ ″	′ ″	″ in 0.01			h m	h m
Jan. 0	568.5	6 35 39.413	+359	+ 5	278 48 13.7	61 8.6	−40	0.983 2944	84	7 59	16 7
1	569.5	6 39 35.970	361	0	279 49 22.3	61 9.1	−30	0.983 2860	29	7 59	16 8
2	570.5	6 43 32.527	363	− 5	280 50 31.4	61 9.4	−17	0.983 2831	26	7 59	16 9
3	571.5	6 47 29.085	365	− 9	281 51 40.8	61 9.7	− 4	0.983 2857	74	7 59	16 10
4	572.5	6 51 25.642	366	−11	282 52 50.5	61 10.0	+ 9	0.983 2931	120	7 58	16 11
5	573.5	6 55 22.199	368	−11	283 54 0.5	61 10.2	+21	0.983 3051	163	7 58	16 12
6	574.5	6 59 18.756	+370	− 8	284 55 10.7	61 10.3	+32	0.983 3214	203	7 58	16 14
7	575.5	7 3 15.313	371	− 3	285 56 21.0	61 10.3	+40	0.983 3417	240	7 58	16 15
8	576.5	7 7 11.870	373	+ 3	286 57 31.3	61 10.2	+46	0.983 3657	278	7 57	16 16
9	577.5	7 11 8.427	374	+ 8	287 58 41.5	61 10.1	+48	0.983 3935	313	7 57	16 17
10	578.5	7 15 4.983	376	+12	288 59 51.6	61 9.7	+47	0.983 4248	350	7 56	16 19
11	579.5	7 19 1.540	377	+14	290 1 1.3	61 9.4	+43	0.983 4598	388	7 56	16 20
12	580.5	7 22 58.097	+379	+13	291 2 10.7	61 8.8	+36	0.983 4986	426	7 55	16 21
13	581.5	7 26 54.653	380	+10	292 3 19.5	61 8.2	+28	0.983 5412	469	7 55	16 23
14	582.5	7 30 51.210	381	+ 6	293 4 27.7	61 7.7	+18	0.983 5881	512	7 54	16 24
15	583.5	7 34 47.766	382	+ 1	294 5 35.4	61 6.9	+ 6	0.983 6393	557	7 53	16 26
16	584.5	7 38 44.323	383	− 4	295 6 42.3	61 6.1	− 6	0.983 6950	605	7 53	16 27
17	585.5	7 42 40.879	384	− 8	296 7 48.4	61 5.4	−18	0.983 7555	655	7 52	16 29
18	586.5	7 46 37.435	+385	−10	297 8 53.8	61 4.6	−30	0.983 8210	707	7 51	16 30
19	587.5	7 50 33.991	386	−11	298 9 58.4	61 3.7	−42	0.983 8917	761	7 50	16 32
20	588.5	7 54 30.547	386	− 9	299 11 2.1	61 2.9	−50	0.983 9678	817	7 49	16 33
21	589.5	7 58 27.103	387	− 6	300 12 5.0	61 2.1	−57	0.984 0495	874	7 48	16 35
22	590.5	8 2 23.659	388	− 2	301 13 7.1	61 1.1	−61	0.984 1369	932	7 47	16 36
23	591.5	8 6 20.215	388	+ 2	302 14 8.2	61 0.4	−64	0.984 2301	994	7 46	16 38
24	592.5	8 10 16.771	+388	+ 6	303 15 8.6	60 59.5	−64	0.984 3295	1055	7 45	16 40
25	593.5	8 14 13.327	389	+ 8	304 16 8.1	60 58.7	−61	0.984 4350	1116	7 44	16 41
26	594.5	8 18 9.882	389	+ 8	305 17 6.8	60 58.0	−55	0.984 5466	1176	7 43	16 43
27	595.5	8 22 6.437	389	+ 6	306 18 4.8	60 57.2	−46	0.984 6642	1236	7 42	16 45
28	596.5	8 26 2.993	389	+ 2	307 19 2.0	60 56.6	−34	0.984 7878	1293	7 40	16 46
29	597.5	8 29 59.548	389	− 2	308 19 58.6	60 55.8	−21	0.984 9171	1348	7 39	16 48
30	598.5	8 33 56.103	+388	− 7	309 20 54.4	60 55.2	− 8	0.985 0519	1399	7 38	16 50
31	599.5	8 37 52.658	388	−10	310 21 49.6	60 54.5	+ 5	0.985 1918	1447	7 36	16 51
Febr. 1	600.5	8 41 49.213	388	−11	311 22 44.1	60 53.7	+18	0.985 3365	1490	7 35	16 53
2	601.5	8 45 45.768	387	− 9	312 23 37.8	60 53.0	+29	0.985 4855	1531	7 33	16 55
3	602.5	8 49 42.323	387	− 5	313 24 30.8	60 52.2	+39	0.985 6386	1566	7 32	16 57
4	603.5	8 53 38.877	386	+ 1	314 25 23.0	60 51.2	+45	0.985 7952	1600	7 30	16 58
5	604.5	8 57 35.432	+385	+ 6	315 26 14.2	60 50.3	+47	0.985 9552	1631	7 29	17 0
6	605.5	9 1 31.986	384	+10	316 27 4.5	60 49.2	+47	0.986 1183	1660	7 27	17 2
7	606.5	9 5 28.541	383	+13	317 27 53.7	60 48.0	+44	0.986 2843	1687	7 26	17 3
8	607.5	9 9 25.095	382	+13	318 28 41.7	60 46.8	+37	0.986 4530	1714	7 24	17 5
9	608.5	9 13 21.649	381	+10	319 29 28.5	60 45.3	+29	0.986 6244	1742	7 23	17 7
10	609.5	9 17 18.203	+379	+ 7	320 30 13.8		+19	0.986 7986		7 21	17 9

Tag	Wochentag	Zeitgleichung Wahre Zeit *minus* Mittlere Zeit (0h Weltzeit)		Scheinbare Rektaszension		Scheinbare Deklination		Halbe Durchgangs-Dauer St.-Zt.	Halbmesser
1959		m s	s	h m s	m s	° ′ ″	′ ″	s	′ ″
Febr. 10	Di	−14 18.07	1.24	21 31 36.28	3 57.79	−14 39 26.6	19 23.6	67.33	16 14.36
11	Mi	14 19.31	0.45	21 35 34.07	3 57.00	14 20 3.0	19 37.9	67.22	16 14.18
12	Do	14 19.76	0.33	21 39 31.07	3 56.22	14 0 25.1	19 51.8	67.11	16 14.01
13	Fr	14 19.43	1.11	21 43 27.29	3 55.45	13 40 33.3	20 5.1	67.00	16 13.83
14	Sa	14 18.32	1.87	21 47 22.74	3 54.68	13 20 28.2	20 18.1	66.89	16 13.65
15	So	14 16.45	2.62	21 51 17.42	3 53.93	13 0 10.1	20 30.7	66.79	16 13.46
16	Mo	−14 13.83	3.37	21 55 11.35	3 53.19	−12 39 39.4	20 42.9	66.69	16 13.27
17	Di	14 10.46	4.09	21 59 4.54	3 52.46	12 18 56.5	20 54.5	66.58	16 13.08
18	Mi	14 6.37	4.81	22 2 57.00	3 51.75	11 58 2.0	21 6.0	66.48	16 12.88
19	Do	14 1.56	5.51	22 6 48.75	3 51.04	11 36 56.0	21 16.8	66.38	16 12.68
20	Fr	13 56.05	6.19	22 10 39.79	3 50.36	11 15 39.2	21 27.3	66.29	16 12.47
21	Sa	13 49.86	6.86	22 14 30.15	3 49.69	10 54 11.9	21 37.5	66.19	16 12.26
22	So	−13 43.00	7.51	22 18 19.84	3 49.05	−10 32 34.4	21 47.2	66.10	16 12.05
23	Mo	13 35.49	8.14	22 22 8.89	3 48.41	10 10 47.2	21 56.5	66.00	16 11.83
24	Di	13 27.35	8.74	22 25 57.30	3 47.81	9 48 50.7	22 5.5	65.91	16 11.61
25	Mi	13 18.61	9.34	22 29 45.11	3 47.22	9 26 45.2	22 14.1	65.83	16 11.38
26	Do	13 9.27	9.90	22 33 32.33	3 46.65	9 4 31.1	22 22.2	65.74	16 11.15
27	Fr	12 59.37	10.44	22 37 18.98	3 46.11	8 42 8.9	22 30.1	65.66	16 10.91
28	Sa	−12 48.93	10.97	22 41 5.09	3 45.58	− 8 19 38.8	22 37.5	65.57	16 10.67
März 1	So	12 37.96	11.47	22 44 50.67	3 45.08	7 57 1.3	22 44.5	65.49	16 10.43
2	Mo	12 26.49	11.96	22 48 35.75	3 44.59	7 34 16.8	22 51.1	65.42	16 10.19
3	Di	12 14.53	12.44	22 52 20.34	3 44.12	7 11 25.7	22 57.3	65.35	16 9.94
4	Mi	12 2.09	12.88	22 56 4.46	3 43.67	6 48 28.4	23 3.2	65.28	16 9.69
5	Do	11 49.21	13.32	22 59 48.13	3 43.24	6 25 25.2	23 8.6	65.21	16 9.44
6	Fr	−11 35.89	13.74	23 3 31.37	3 42.81	− 6 2 16.6	23 13.5	65.14	16 9.18
7	Sa	11 22.15	14.14	23 7 14.18	3 42.41	5 39 3.1	23 18.2	65.08	16 8.93
8	So	11 8.01	14.53	23 10 56.59	3 42.02	5 15 44.9	23 22.4	65.03	16 8.68
9	Mo	10 53.48	14.91	23 14 38.61	3 41.64	4 52 22.5	23 26.1	64.97	16 8.42
10	Di	10 38.57	15.26	23 18 20.25	3 41.30	4 28 56.4	23 29.6	64.92	16 8.17
11	Mi	10 23.31	15.60	23 22 1.55	3 40.95	4 5 26.8	23 32.6	64.86	16 7.91
12	Do	−10 7.71	15.92	23 25 42.50	3 40.63	− 3 41 54.2	23 35.2	64.82	16 7.65
13	Fr	9 51.79	16.23	23 29 23.13	3 40.32	3 18 19.0	23 37.4	64.78	16 7.39
14	Sa	9 35.56	16.51	23 33 3.45	3 40.04	2 54 41.6	23 39.3	64.73	16 7.13
15	So	9 19.05	16.78	23 36 43.49	3 39.77	2 31 2.3	23 40.7	64.69	16 6.88
16	Mo	9 2.27	17.03	23 40 23.26	3 39.52	2 7 21.6	23 41.9	64.65	16 6.62
17	Di	8 45.24	17.26	23 44 2.78	3 39.29	1 43 39.7	23 42.5	64.62	16 6.36
18	Mi	− 8 27.98	17.47	23 47 42.07	3 39.09	− 1 19 57.2	23 42.9	64.59	16 6.09
19	Do	8 10.51	17.66	23 51 21.16	3 38.89	0 56 14.3	23 42.9	64.57	16 5.83
20	Fr	7 52.85	17.83	23 55 0.05	3 38.72	0 32 31.4	23 42.5	64.54	16 5.57
21	Sa	7 35.02	17.97	23 58 38.77	3 38.58	− 0 8 48.9	23 41.7	64.51	16 5.30
22	So	7 17.05	18.10	0 2 17.35	3 38.46	+ 0 14 52.8	23 40.6	64.50	16 5.04
23	Mo	− 6 58.95		0 5 55.81		+ 0 38 33.4		64.49	16 4.76

Tag	Julian. Zeit	Sternzeit	Nutation in AR. langp. Gl.	Nutation in AR. kurzp. Gl.	0h Weltzeit Mittleres Äquinoktium 1959.0 Länge		Breite	R		Auf-gang in {+50° Breite, 0h Länge}	Unter-gang in {+50° Breite, 0h Länge}
1959	2436 d	h m s	s in 0.001		° ′ ″	′ ″	″ in 0.01			h m	h m
Febr. 10	609.5	9 17 18.203	+379	+ 7	320 30 13.8	60 44.0	+19	0.986 7986	1769	7 21	17 9
11	610.5	9 21 14.757	378	+ 2	321 30 57.8	60 42.4	+ 8	0.986 9755	1799	7 19	17 10
12	611.5	9 25 11.311	376	− 2	322 31 40.2	60 40.9	− 5	0.987 1554	1830	7 18	17 12
13	612.5	9 29 7.864	375	− 7	323 32 21.1	60 39.2	−17	0.987 3384	1861	7 16	17 14
14	613.5	9 33 4.418	373	− 9	324 33 0.3	60 37.5	−30	0.987 5245	1895	7 14	17 15
15	614.5	9 37 0.972	371	−11	325 33 37.8	60 35.9	−40	0.987 7140	1929	7 12	17 17
16	615.5	9 40 57.525	+369	−10	326 34 13.7	60 34.1	−50	0.987 9069	1966	7 10	17 19
17	616.5	9 44 54.079	367	− 8	327 34 47.8	60 32.3	−57	0.988 1035	2005	7 9	17 21
18	617.5	9 48 50.632	365	− 4	328 35 20.1	60 30.5	−61	0.988 3040	2044	7 7	17 22
19	618.5	9 52 47.185	363	0	329 35 50.6	60 28.8	−65	0.988 5084	2085	7 5	17 24
20	619.5	9 56 43.738	361	+ 4	330 36 19.4	60 27.0	−64	0.988 7169	2130	7 3	17 26
21	620.5	10 0 40.291	358	+ 7	331 36 46.4	60 25.2	−62	0.988 9299	2174	7 1	17 27
22	621.5	10 4 36.844	+356	+ 8	332 37 11.6	60 23.5	−56	0.989 1473	2221	6 59	17 29
23	622.5	10 8 33.397	353	+ 7	333 37 35.1	60 21.8	−48	0.989 3694	2267	6 57	17 31
24	623.5	10 12 29.950	351	+ 4	334 37 56.9	60 20.3	−36	0.989 5961	2313	6 55	17 33
25	624.5	10 16 26.502	348	− 1	335 38 17.2	60 18.6	−23	0.989 8274	2357	6 53	17 34
26	625.5	10 20 23.055	345	− 5	336 38 35.8	60 17.2	− 9	0.990 0631	2398	6 51	17 36
27	626.5	10 24 19.607	342	− 9	337 38 53.0	60 15.6	+ 5	0.990 3029	2437	6 49	17 38
28	627.5	10 28 16.160	+340	−10	338 39 8.6	60 14.2	+18	0.990 5466	2472	6 47	17 39
März 1	628.5	10 32 12.712	337	− 9	339 39 22.8	60 12.7	+30	0.990 7938	2503	6 45	17 41
2	629.5	10 36 9.265	334	− 5	340 39 35.5	60 11.3	+40	0.991 0441	2530	6 43	17 43
3	630.5	10 40 5.817	331	0	341 39 46.8	60 9.8	+47	0.991 2971	2552	6 41	17 44
4	631.5	10 44 2.369	327	+ 6	342 39 56.6	60 8.2	+50	0.991 5523	2571	6 39	17 46
5	632.5	10 47 58.921	324	+10	343 40 4.8	60 6.6	+51	0.991 8094	2587	6 37	17 48
6	633.5	10 51 55.473	+321	+13	344 40 11.4	60 5.0	+49	0.992 0681	2600	6 35	17 49
7	634.5	10 55 52.025	318	+13	345 40 16.4	60 3.2	+42	0.992 3281	2610	6 33	17 51
8	635.5	10 59 48.577	314	+11	346 40 19.6	60 1.4	+34	0.992 5891	2618	6 31	17 53
9	636.5	11 3 45.129	311	+ 8	347 40 21.0	59 59.6	+24	0.992 8509	2627	6 28	17 54
10	637.5	11 7 41.681	307	+ 3	348 40 20.6	59 57.6	+12	0.993 1136	2634	6 26	17 56
11	638.5	11 11 38.233	304	− 1	349 40 18.2	59 55.6	− 1	0.993 3770	2640	6 24	17 57
12	639.5	11 15 34.785	+300	− 6	350 40 13.8	59 53.6	−14	0.993 6410	2648	6 22	17 59
13	640.5	11 19 31.337	297	− 9	351 40 7.4	59 51.4	−27	0.993 9058	2656	6 20	18 1
14	641.5	11 23 27.889	293	−11	352 39 58.8	59 49.3	−39	0.994 1714	2666	6 18	18 2
15	642.5	11 27 24.441	290	−11	353 39 48.1	59 47.1	−49	0.994 4380	2675	6 16	18 4
16	643.5	11 31 20.992	286	− 9	354 39 35.2	59 44.9	−57	0.994 7055	2687	6 14	18 5
17	644.5	11 35 17.544	282	− 6	355 39 20.1	59 42.6	−63	0.994 9742	2699	6 11	18 7
18	645.5	11 39 14.096	+279	− 2	356 39 2.7	59 40.4	−67	0.995 2441	2713	6 9	18 9
19	646.5	11 43 10.648	275	+ 2	357 38 43.1	59 38.1	−68	0.995 5154	2728	6 7	18 10
20	647.5	11 47 7.199	272	+ 5	358 38 21.2	59 35.8	−65	0.995 7882	2747	6 5	18 12
21	648.5	11 51 3.751	268	+ 7	359 37 57.0	59 33.6	−60	0.996 0629	2767	6 3	18 13
22	649.5	11 55 0.303	264	+ 7	0 37 30.6	59 31.3	−53	0.996 3396	2788	6 0	18 15
23	650.5	11 58 56.854	+261	+ 5	1 37 1.9		−41	0.996 6184		5 58	18 16

Tag	Wochentag	0h Weltzeit: Zeitgleichung (Wahre Zeit *minus* Mittlere Zeit)	Diff.	Scheinbare Rektaszension	Diff.	Scheinbare Deklination	Diff.	Halbe Durchgangs-Dauer St.-Zt.	Halbmesser
1959		m s	s	h m s	m s	° ′ ″	′ ″	s	′ ″
März 23	Mo	−6 58.95	18.19	0 5 55.81	3 38.35	+ 0 38 33.4	23 39.3	64.49	16 4.76
24	Di	6 40.76	18.27	0 9 34.16	3 38.28	1 2 12.7	23 37.5	64.48	16 4.49
25	Mi	6 22.49	18.32	0 13 12.44	3 38.24	1 25 50.2	23 35.3	64.47	16 4.21
26	Do	6 4.17	18.34	0 16 50.68	3 38.21	1 49 25.5	23 33.0	64.46	16 3.94
27	Fr	5 45.83	18.34	0 20 28.89	3 38.21	2 12 58.5	23 30.2	64.46	16 3.66
28	Sa	5 27.49	18.32	0 24 7.10	3 38.24	2 36 28.7	23 27.1	64.46	16 3.37
29	So	−5 9.17	18.26	0 27 45.34	3 38.28	+ 2 59 55.8	23 23.7	64.47	16 3.10
30	Mo	4 50.91	18.20	0 31 23.62	3 38.36	3 23 19.5	23 19.8	64.47	16 2.81
31	Di	4 32.71	18.11	0 35 1.98	3 38.44	3 46 39.3	23 15.8	64.47	16 2.53
April 1	Mi	4 14.60	17.99	0 38 40.42	3 38.56	4 9 55.1	23 11.3	64.49	16 2.25
2	Do	3 56.61	17.88	0 42 18.98	3 38.68	4 33 6.4	23 6.4	64.51	16 1.97
3	Fr	3 38.73	17.72	0 45 57.66	3 38.82	4 56 12.8	23 1.2	64.52	16 1.69
4	Sa	−3 21.01	17.57	0 49 36.48	3 38.98	+ 5 19 14.0	22 55.7	64.54	16 1.40
5	So	3 3.44	17.40	0 53 15.46	3 39.16	5 42 9.7	22 49.7	64.56	16 1.13
6	Mo	2 46.04	17.19	0 56 54.62	3 39.36	6 4 59.4	22 43.5	64.59	16 0.85
7	Di	2 28.85	17.00	1 0 33.98	3 39.55	6 27 42.9	22 36.8	64.62	16 0.57
8	Mi	2 11.85	16.78	1 4 13.53	3 39.78	6 50 19.7	22 29.8	64.65	16 0.29
9	Do	1 55.07	16.54	1 7 53.31	3 40.01	7 12 49.5	22 22.5	64.68	16 0.02
10	Fr	−1 38.53	16.29	1 11 33.32	3 40.26	+ 7 35 12.0	22 14.8	64.71	15 59.75
11	Sa	1 22.24	16.02	1 15 13.58	3 40.53	7 57 26.8	22 6.8	64.75	15 59.48
12	So	1 6.22	15.75	1 18 54.11	3 40.81	8 19 33.6	21 58.3	64.80	15 59.21
13	Mo	0 50.47	15.46	1 22 34.92	3 41.09	8 41 31.9	21 49.6	64.84	15 58.94
14	Di	0 35.01	15.15	1 26 16.01	3 41.40	9 3 21.5	21 40.4	64.89	15 58.67
15	Mi	0 19.86	14.83	1 29 57.41	3 41.73	9 25 1.9	21 31.1	64.93	15 58.41
16	Do	−0 5.03	14.50	1 33 39.14	3 42.05	+ 9 46 33.0	21 21.3	64.99	15 58.15
17	Fr	+0 9.47	14.14	1 37 21.19	3 42.41	10 7 54.3	21 11.1	65.04	15 57.89
18	Sa	0 23.61	13.78	1 41 3.60	3 42.77	10 29 5.4	21 0.7	65.10	15 57.63
19	So	0 37.39	13.41	1 44 46.37	3 43.15	10 50 6.1	20 49.9	65.15	15 57.37
20	Mo	0 50.80	13.00	1 48 29.52	3 43.55	11 10 56.0	20 38.9	65.21	15 57.12
21	Di	1 3.80	12.60	1 52 13.07	3 43.95	11 31 34.9	20 27.4	65.27	15 56.86
22	Mi	+1 16.40	12.16	1 55 57.02	3 44.39	+11 52 2.3	20 15.7	65.34	15 56.60
23	Do	1 28.56	11.71	1 59 41.41	3 44.84	12 12 18.0	20 3.7	65.40	15 56.35
24	Fr	1 40.27	11.25	2 3 26.25	3 45.31	12 32 21.7	19 51.3	65.47	15 56.09
25	Sa	1 51.52	10.77	2 7 11.56	3 45.78	12 52 13.0	19 38.6	65.53	15 55.83
26	So	2 2.29	10.27	2 10 57.34	3 46.29	13 11 51.6	19 25.7	65.60	15 55.58
27	Mo	2 12.56	9.76	2 14 43.63	3 46.79	13 31 17.3	19 12.4	65.68	15 55.32
28	Di	+2 22.32	9.23	2 18 30.42	3 47.32	+13 50 29.7	18 58.8	65.75	15 55.07
29	Mi	2 31.55	8.71	2 22 17.74	3 47.85	14 9 28.5	18 44.9	65.83	15 54.81
30	Do	2 40.26	8.16	2 26 5.59	3 48.39	14 28 13.4	18 30.7	65.90	15 54.56
Mai 1	Fr	2 48.42	7.61	2 29 53.98	3 48.95	14 46 44.1	18 16.1	65.98	15 54.31
2	Sa	2 56.03	7.06	2 33 42.93	3 49.49	15 5 0.2	18 1.2	66.06	15 54.06
3	So	+3 3.09		2 37 32.42		+15 23 1.4		66.13	15 53.82

Tag	Julian. Zeit	Sternzeit	Nutation in AR. langp. Gl.	Nutation in AR. kurzp. Gl.	Mittleres Äquinoktium 1959.0 Länge		Breite	R		Aufgang in {+50° Breite, 0h Länge}	Untergang in {+50° Breite, 0h Länge}
	0h Weltzeit										
1959	2436 d	h m s	s in 0.001		° ′ ″	′ ″	″ in 0.01			h m	h m
März 23	650.5	11 58 56.854	+261	+ 5	1 37 1.9	59 29.2	−41	0.996 6184	2812	5 58	18 16
24	651.5	12 2 53.406	257	0	2 36 31.1	59 27.2	29	0.996 8996	2835	5 56	18 18
25	652.5	12 6 49.958	253	− 4	3 35 58.3	59 25.1	16	0.997 1831	2857	5 54	18 20
26	653.5	12 10 46.509	250	− 8	4 35 23.4	59 23.1	− 2	0.997 4688	2880	5 52	18 21
27	654.5	12 14 43.061	246	−10	5 34 46.5	59 21.3	+12	0.997 7568	2899	5 50	18 23
28	655.5	12 18 39.613	242	− 9	6 34 7.8	59 19.5	+25	0.998 0467	2915	5 47	18 24
29	656.5	12 22 36.165	+239	− 6	7 33 27.3	59 17.7	+35	0.998 3382	2927	5 45	18 26
30	657.5	12 26 32.716	235	− 1	8 32 45.0	59 16.0	+43	0.998 6309	2935	5 43	18 27
31	658.5	12 30 29.268	232	+ 5	9 32 1.0	59 14.2	+48	0.998 9244	2939	5 41	18 29
April 1	659.5	12 34 25.820	228	+10	10 31 15.2	59 12.5	+50	0.999 2183	2939	5 39	18 31
2	660.5	12 38 22.372	225	+13	11 30 27.7	59 10.7	+48	0.999 5122	2935	5 37	18 32
3	661.5	12 42 18.924	221	+14	12 29 38.4	59 8.9	+42	0.999 8057	2929	5 34	18 34
4	662.5	12 46 15.476	+218	+13	13 28 47.3	59 7.1	+35	1.000 0986	2918	5 32	18 35
5	663.5	12 50 12.028	214	+ 9	14 27 54.4	59 5.2	+25	1.000 3904	2905	5 30	18 37
6	664.5	12 54 8.580	211	+ 5	15 26 59.6	59 3.3	+13	1.000 6809	2891	5 28	18 38
7	665.5	12 58 5.132	208	0	16 26 2.9	59 1.4	+ 1	1.000 9700	2874	5 26	18 40
8	666.5	13 2 1.684	205	− 4	17 25 4.3	58 59.3	−13	1.001 2574	2858	5 24	18 42
9	667.5	13 5 58.236	201	− 7	18 24 3.6	58 57.2	−25	1.001 5432	2840	5 21	18 43
10	668.5	13 9 54.789	+198	−10	19 23 0.8	58 55.2	−38	1.001 8272	2823	5 19	18 45
11	669.5	13 13 51.341	195	−10	20 21 56.0	58 53.0	−49	1.002 1095	2805	5 17	18 46
12	670.5	13 17 47.893	192	− 9	21 20 49.0	58 50.8	−58	1.002 3900	2789	5 15	18 48
13	671.5	13 21 44.446	189	− 7	22 19 39.8	58 48.7	−65	1.002 6689	2772	5 13	18 49
14	672.5	13 25 40.998	186	− 4	23 18 28.5	58 46.4	−70	1.002 9461	2756	5 11	18 51
15	673.5	13 29 37.551	184	0	24 17 14.9	58 44.1	−72	1.003 2217	2743	5 9	18 53
16	674.5	13 33 34.103	+181	+ 4	25 15 59.0	58 42.0	−69	1.003 4960	2731	5 7	18 54
17	675.5	13 37 30.656	178	+ 6	26 14 41.0	58 39.7	−64	1.003 7691	2720	5 5	18 56
18	676.5	13 41 27.209	176	+ 6	27 13 20.7	58 37.4	−57	1.004 0411	2713	5 3	18 57
19	677.5	13 45 23.762	173	+ 5	28 11 58.1	58 35.3	−47	1.004 3124	2708	5 1	18 59
20	678.5	13 49 20.315	171	+ 1	29 10 33.4	58 33.1	−36	1.004 5832	2705	4 59	19 0
21	679.5	13 53 16.868	168	− 4	30 9 6.5	58 31.0	−22	1.004 8537	2703	4 57	19 2
22	680.5	13 57 13.421	+166	− 8	31 7 37.5	58 29.1	− 7	1.005 1240	2702	4 55	19 4
23	681.5	14 1 9.974	164	−11	32 6 6.6	58 27.1	+ 6	1.005 3942	2702	4 53	19 5
24	682.5	14 5 6.527	162	−11	33 4 33.7	58 25.4	+20	1.005 6644	2700	4 51	19 7
25	683.5	14 9 3.080	160	− 8	34 2 59.1	58 23.6	+31	1.005 9344	2697	4 49	19 8
26	684.5	14 12 59.634	158	− 3	35 1 22.7	58 22.0	+40	1.006 2041	2690	4 47	19 10
27	685.5	14 16 56.187	156	+ 3	35 59 44.7	58 20.4	+47	1.006 4731	2680	4 45	19 11
28	686.5	14 20 52.741	+154	+ 9	36 58 5.1	58 18.9	+49	1.006 7411	2665	4 43	19 13
29	687.5	14 24 49.294	152	+13	37 56 24.0	58 17.4	+48	1.007 0076	2647	4 42	19 14
30	688.5	14 28 45.848	151	+15	38 54 41.4	58 15.8	+44	1.007 2723	2624	4 40	19 16
Mai 1	689.5	14 32 42.402	149	+14	39 52 57.2	58 14.5	+37	1.007 5347	2599	4 38	19 17
2	690.5	14 36 38.956	148	+11	40 51 11.7	58 12.8	+29	1.007 7946	2569	4 36	19 19
3	691.5	14 40 35.510	+146	+ 7	41 49 24.5		+18	1.008 0515		4 34	19 21

Sonne 1959

Tag	Wochentag	0h Weltzeit: Zeitgleichung Wahre Zeit *minus* Mittlere Zeit		Scheinbare Rektaszension		Scheinbare Deklination		Halbe Durchgangs-Dauer St.-Zt.	Halbmesser
1959		m s	s	h m s	m s	° ′ ″	′ ″	s	′ ″
Mai 3	So	+3 3.09		2 37 32.42		+15 23 1.4		66.13	15 53.82
4	Mo	3 9.59	6.50	2 41 22.48	3 50.06	15 40 47.4	17 46.0	66.21	15 53.58
5	Di	3 15.53	5.94	2 45 13.09	3 50.61	15 58 17.9	17 30.5	66.29	15 53.34
6	Mi	3 20.90	5.37	2 49 4.27	3 51.18	16 15 32.5	17 14.6	66.37	15 53.11
7	Do	3 25.70	4.80	2 52 56.02	3 51.75	16 32 31.0	16 58.5	66.45	15 52.88
8	Fr	3 29.95	4.25	2 56 48.34	3 52.32	16 49 12.9	16 41.9	66.53	15 52.65
9	Sa	+3 33.62	3.67	3 0 41.22	3 52.88	+17 5 38.1	16 25.2	66.61	15 52.43
10	So	3 36.73	3.11	3 4 34.67	3 53.45	17 21 46.1	16 8.0	66.69	15 52.21
11	Mo	3 39.26	2.53	3 8 28.68	3 54.01	17 37 36.8	15 50.7	66.77	15 52.00
12	Di	3 41.24	1.98	3 12 23.26	3 54.58	17 53 9.7	15 32.9	66.85	15 51.79
13	Mi	3 42.66	1.42	3 16 18.40	3 55.14	18 8 24.6	15 14.9	66.94	15 51.58
14	Do	3 43.52	0.86	3 20 14.09	3 55.69	18 23 21.2	14 56.6	67.02	15 51.38
15	Fr	+3 43.82	0.30	3 24 10.35	3 56.26	+18 37 59.2	14 38.0	67.10	15 51.18
16	Sa	3 43.57	0.25	3 28 7.15	3 56.80	18 52 18.2	14 19.0	67.18	15 50.99
17	So	3 42.78	0.79	3 32 4.49	3 57.34	19 6 18.1	13 59.9	67.26	15 50.79
18	Mo	3 41.44	1.34	3 36 2.39	3 57.90	19 19 58.6	13 40.5	67.34	15 50.60
19	Di	3 39.57	1.87	3 40 0.82	3 58.43	19 33 19.3	13 20.7	67.42	15 50.42
20	Mi	3 37.15	2.42	3 43 59.79	3 58.97	19 46 20.1	13 0.8	67.50	15 50.23
21	Do	+3 34.21	2.94	3 47 59.29	3 59.50	+19 59 0.6	12 40.5	67.58	15 50.05
22	Fr	3 30.73	3.48	3 51 59.33	4 0.04	20 11 20.7	12 20.1	67.65	15 49.87
23	Sa	3 26.71	4.02	3 55 59.90	4 0.57	20 23 20.0	11 59.3	67.73	15 49.69
24	So	3 22.17	4.54	4 0 0.99	4 1.09	20 34 58.4	11 38.4	67.80	15 49.51
25	Mo	3 17.11	5.06	4 4 2.61	4 1.62	20 46 15.7	11 17.3	67.88	15 49.33
26	Di	3 11.52	5.59	4 8 4.75	4 2.14	20 57 11.5	10 55.8	67.95	15 49.16
27	Mi	+3 5.42	6.10	4 12 7.41	4 2.66	+21 7 45.7	10 34.2	68.01	15 48.99
28	Do	2 58.82	6.60	4 16 10.56	4 3.15	21 17 58.1	10 12.4	68.08	15 48.82
29	Fr	2 51.73	7.09	4 20 14.21	4 3.65	21 27 48.4	9 50.3	68.14	15 48.66
30	Sa	2 44.16	7.57	4 24 18.34	4 4.13	21 37 16.5	9 28.1	68.21	15 48.50
31	So	2 36.13	8.03	4 28 22.93	4 4.59	21 46 22.1	9 5.6	68.27	15 48.34
Juni 1	Mo	2 27.65	8.48	4 32 27.97	4 5.04	21 55 5.1	8 43.0	68.32	15 48.19
2	Di	+2 18.73	8.92	4 36 33.44	4 5.47	+22 3 25.1	8 20.0	68.38	15 48.04
3	Mi	2 9.41	9.32	4 40 39.32	4 5.88	22 11 22.3	7 57.2	68.43	15 47.90
4	Do	1 59.69	9.72	4 44 45.59	4 6.27	22 18 56.2	7 33.9	68.49	15 47.76
5	Fr	1 49.60	10.09	4 48 52.24	4 6.65	22 26 6.7	7 10.5	68.54	15 47.63
6	Sa	1 39.16	10.44	4 52 59.23	4 6.99	22 32 53.7	6 47.0	68.58	15 47.50
7	So	1 28.39	10.77	4 57 6.56	4 7.33	22 39 17.0	6 23.3	68.63	15 47.38
8	Mo	+1 17.31	11.08	5 1 14.20	4 7.64	+22 45 16.5	5 59.5	68.67	15 47.26
9	Di	1 5.95	11.36	5 5 22.12	4 7.92	22 50 52.0	5 35.5	68.72	15 47.15
10	Mi	0 54.33	11.62	5 9 30.29	4 8.17	22 56 3.5	5 11.5	68.75	15 47.04
11	Do	0 42 47	11.86	5 13 38.71	4 8.42	23 0 50.8	4 47.3	68.78	15 46.94
12	Fr	0 30.40	12.07	5 17 47.33	4 8.62	23 5 13.7	4 22.9	68.81	15 46.84
13	Sa	+0 18.15	12.25	5 21 56.14	4 8.81	+23 9 12.4	3 58.7	68.84	15 46.75

Tag	Julian. Zeit	Sternzeit	Nutation in AR. langp. Gl.	Nutation in AR. kurzp. Gl.	Mittleres Äquinoktium 1959.0 Länge		Breite	R		Aufgang in +50° Breite 0h Länge	Untergang in +50° Breite 0h Länge
1959	2436 d	h m s	s in 0.001		° ′ ″	′ ″	in 0″.01			h m	h m
Mai 3	691.5	14 40 35.510	+146	+ 7	41 49 24.5	58 11.4	+18	1.008 0515	2538	4 34	19 21
4	692.5	14 44 32.064	145	+ 2	42 47 35.9	58 9.9	+ 5	1.008 3053	2505	4 33	19 22
5	693.5	14 48 28.618	144	− 3	43 45 45.8	58 8.3	− 7	1.008 5558	2468	4 31	19 24
6	694.5	14 52 25.172	143	− 6	44 43 54.1	58 6.7	−20	1.008 8026	2431	4 29	19 25
7	695.5	14 56 21.727	142	− 8	45 42 0.8	58 5.0	−33	1.009 0457	2391	4 28	19 27
8	696.5	15 0 18.281	141	− 9	46 40 5.8	58 3.5	−44	1.009 2848	2351	4 26	19 28
9	697.5	15 4 14.836	+140	− 9	47 38 9.3	58 1.7	−53	1.009 5199	2312	4 24	19 30
10	698.5	15 8 11.390	139	− 7	48 36 11.0	58 0.1	−61	1.009 7511	2272	4 23	19 31
11	699.5	15 12 7.945	138	− 4	49 34 11.1	57 58.3	−66	1.009 9783	2232	4 21	19 32
12	700.5	15 16 4.500	138	− 1	50 32 9.4	57 56.6	−68	1.010 2015	2193	4 20	19 34
13	701.5	15 20 1.055	137	+ 3	51 30 6.0	57 54.9	−67	1.010 4208	2156	4 18	19 35
14	702.5	15 23 57.609	137	+ 5	52 28 0.9	57 53.0	−63	1.010 6364	2118	4 17	19 37
15	703.5	15 27 54.164	+137	+ 6	53 25 53.9	57 51.3	−58	1.010 8482	2085	4 15	19 38
16	704.5	15 31 50.720	136	+ 5	54 23 45.2	57 49.6	−48	1.011 0567	2052	4 14	19 40
17	705.5	15 35 47.275	136	+ 2	55 21 34.8	57 47.8	−37	1.011 2619	2023	4 12	19 41
18	706.5	15 39 43.830	136	− 3	56 19 22.6	57 46.1	−24	1.011 4642	1996	4 11	19 42
19	707.5	15 43 40.385	136	− 7	57 17 8.7	57 44.4	−10	1.011 6638	1973	4 10	19 44
20	708.5	15 47 36.941	136	−11	58 14 53.1	57 43.0	+ 4	1.011 8611	1951	4 9	19 45
21	709.5	15 51 33.496	+136	−12	59 12 36.1	57 41.4	+17	1.012 0562	1930	4 7	19 47
22	710.5	15 55 30.052	136	−11	60 10 17.5	57 40.1	+29	1.012 2492	1911	4 6	19 48
23	711.5	15 59 26.608	137	− 7	61 7 57.6	57 38.8	+39	1.012 4403	1891	4 5	19 49
24	712.5	16 3 23.163	137	− 1	62 5 36.4	57 37.7	+45	1.012 6294	1868	4 4	19 50
25	713.5	16 7 19.719	138	+ 6	63 3 14.1	57 36.6	+48	1.012 8162	1844	4 3	19 52
26	714.5	16 11 16.275	138	+11	64 0 50.7	57 35.6	+49	1.013 0006	1817	4 2	19 53
27	715.5	16 15 12.831	+139	+15	64 58 26.3	57 34.7	+45	1.013 1823	1785	4 1	19 54
28	716.5	16 19 9.387	139	+15	65 56 1.0	57 33.9	+39	1.013 3608	1751	4 0	19 55
29	717.5	16 23 5.943	140	+13	66 53 34.9	57 33.0	+31	1.013 5359	1712	3 59	19 56
30	718.5	16 27 2.499	141	+ 9	67 51 7.9	57 32.1	+20	1.013 7071	1671	3 58	19 57
31	719.5	16 30 59.055	141	+ 4	68 48 40.0	57 31.3	+ 9	1.013 8742	1626	3 57	19 58
Juni 1	720.5	16 34 55.611	142	− 1	69 46 11.3	57 30.5	− 4	1.014 0368	1579	3 56	19 59
2	721.5	16 38 52.168	+143	− 5	70 43 41.8	57 29.7	−16	1.014 1947	1530	3 56	20 0
3	722.5	16 42 48.724	144	− 8	71 41 11.5	57 28.8	−28	1.014 3477	1479	3 55	20 1
4	723.5	16 46 45.280	145	− 9	72 38 40.3	57 28.0	−39	1.014 4956	1427	3 54	20 2
5	724.5	16 50 41.837	146	− 9	73 36 8.3	57 27.1	−49	1.014 6383	1373	3 54	20 3
6	725.5	16 54 38.393	147	− 7	74 33 35.4	57 26.2	−57	1.014 7756	1318	3 53	20 4
7	726.5	16 58.34.950	148	− 4	75 31 1.6	57 25.3	−61	1.014 9074	1262	3 53	20 5
8	727.5	17 2 31.506	+150	− 1	76 28 26.9	57 24.4	−64	1.015 0336	1208	3 52	20 6
9	728.5	17 6 28.063	151	+ 3	77 25 51.3	57 23.4	−64	1.015 1544	1152	3 52	20 7
10	729.5	17 10 24.620	152	+ 5	78 23 14.7	57 22.5	−61	1.015 2696	1098	3 51	20 7
11	730.5	17 14 21.176	153	+ 7	79 20 37.2	57 21.5	−55	1.015 3794	1045	3 51	20 8
12	731.5	17 18 17.733	155	+ 6	80 17 58.7	57 20.5	−47	1.015 4839	995	3 51	20 9
13	732.5	17 22 14.290	+156	+ 3	81 15 19.2		−37	1.015 5834		3 51	20 9

(Header spanning columns 2–10: 0h Weltzeit)

Tag	Wochentag	Zeitgleichung Wahre Zeit *minus* Mittlere Zeit		Scheinbare Rektaszension		Scheinbare Deklination		Halbe Durchgangs-Dauer St.-Zt.	Halbmesser
		0h Weltzeit							
1959		m s	s	h m s	m s	° ′ ″	′ ″	s	′ ″
Juni 13	Sa	+0 18.15	12.42	5 21 56.14	4 8.98	+23 9 12.4	3 34.1	68.84	15 46.75
14	So	+0 5.73	12.55	5 26 5.12	4 9.11	23 12 46.5	3 9.5	68.87	15 46.66
15	Mo	−0 6.82	12.68	5 30 14.23	4 9.23	23 15 56.0	2 44.9	68.88	15 46.58
16	Di	0 19.50	12.76	5 34 23.46	4 9.32	23 18 40.9	2 20.3	68.90	15 46.50
17	Mi	0 32.26	12.84	5 38 32.78	4 9.39	23 21 1.2	1 55.5	68.91	15 46.42
18	Do	0 45.10	12.89	5 42 42.17	4 9.45	23 22 56.7	1 30.8	68.93	15 46.35
19	Fr	−0 57.99	12.92	5 46 51.62	4 9.48	+23 24 27.5	1 6.0	68.94	15 46.28
20	Sa	1 10.91	12.94	5 51 1.10	4 9.50	23 25 33.5	0 41.2	68.94	15 46.22
21	So	1 23.85	12.94	5 55 10.60	4 9.49	23 26 14.7	0 16.4	68.94	15 46.15
22	Mo	1 36.79	12.92	5 59 20.09	4 9.48	23 26 31.1	0 8.5	68.93	15 46.09
23	Di	1 49.71	12.88	6 3 29.57	4 9.44	23 26 22.6	0 33.3	68.93	15 46.03
24	Mi	2 2.59	12.82	6 7 39.01	4 9.37	23 25 49.3	0 58.0	68.93	15 45.97
25	Do	−2 15.41	12.74	6 11 48.38	4 9.30	+23 24 51.3	1 22.8	68.91	15 45.92
26	Fr	2 28.15	12.64	6 15 57.68	4 9.20	23 23 28.5	1 47.5	68.89	15 45.87
27	Sa	2 40.79	12.52	6 20 6.88	4 9.07	23 21 41.0	2 12.1	68.88	15 45.83
28	So	2 53.31	12.37	6 24 15.95	4 8.93	23 19 28.9	2 36.8	68.86	15 45.79
29	Mo	3 5.68	12.20	6 28 24.88	4 8.75	23 16 52.1	3 1.2	68.84	15 45.76
30	Di	3 17.88	12.00	6 32 33.63	4 8.56	23 13 50.9	3 25.7	68.80	15 45.73
Juli 1	Mi	−3 29.88	11.78	6 36 42.19	4 8.34	+23 10 25.2	3 50.0	68.77	15 45.70
2	Do	3 41.66	11.54	6 40 50.53	4 8.10	23 6 35.2	4 14.3	68.73	15 45.68
3	Fr	3 53.20	11.28	6 44 58.63	4 7.83	23 2 20.9	4 38.4	68.70	15 45.66
4	Sa	4 4.48	10.98	6 49 6.46	4 7.54	22 57 42.5	5 2.5	68.66	15 45.65
5	So	4 15.46	10.67	6 53 14.00	4 7.23	22 52 40.0	5 26.3	68.61	15 45.65
6	Mo	4 26.13	10.33	6 57 21.23	4 6.89	22 47 13.7	5 50.1	68.56	15 45.65
7	Di	−4 36.46	9.98	7 1 28.12	4 6.52	+22 41 23.6	6 13.7	68.52	15 45.66
8	Mi	4 46.44	9.59	7 5 34.64	4 6.15	22 35 9.9	6 37.2	68.47	15 45.67
9	Do	4 56.03	9.18	7 9 40.79	4 5.74	22 28 32.7	7 0.4	68.42	15 45.69
10	Fr	5 5.21	8.75	7 13 46.53	4 5.31	22 21 32.3	7 23.5	68.36	15 45.71
11	Sa	5 13.96	8.31	7 17 51.84	4 4.87	22 14 8.8	7 46.5	68.30	15 45.74
12	So	5 22.27	7.85	7 21 56.71	4 4.40	22 6 22.3	8 9.1	68.24	15 45.78
13	Mo	−5 30.12	7.36	7 26 1.11	4 3.92	+21 58 13.2	8 31.8	68.18	15 45.82
14	Di	5 37.48	6.87	7 30 5.03	4 3.42	21 49 41.4	8 54.1	68.12	15 45.86
15	Mi	5 44.35	6.36	7 34 8.45	4 2.92	21 40 47.3	9 16.4	68.05	15 45.91
16	Do	5 50.71	5.83	7 38 11.37	4 2.39	21 31 30.9	9 38.2	67.98	15 45.96
17	Fr	5 56.54	5.31	7 42 13.76	4 1.86	21 21 52.7	10 0.0	67.91	15 46.02
18	Sa	6 1.85	4.77	7 46 15.62	4 1.32	21 11 52.7	10 21.5	67.84	15 46.08
19	So	−6 6.62	4.22	7 50 16.94	4 0.78	+21 1 31.2	10 43.0	67.77	15 46.14
20	Mo	6 10.84	3.68	7 54 17.72	4 0.24	20 50 48.2	11 3.9	67.69	15 46.20
21	Di	6 14.52	3.13	7 58 17.96	3 59.68	20 39 44.3	11 24.9	67.61	15 46.26
22	Mi	6 17.65	2.56	8 2 17.64	3 59.12	20 28 19.4	11 45.4	67.53	15 46.34
23	Do	6 20.21	2.01	8 6 16.76	3 58.57	20 16 34.0	12 6.0	67.45	15 46.41
24	Fr	−6 22.22		8 10 15.33		+20 4 28.0		67.37	15 46.49

Tag	Julian. Zeit	Sternzeit	Nutation in AR. langp. Gl.	Nutation in AR. kurzp. Gl.	Mittleres Äquinoktium 1959.0 Länge		Breite	R		Aufgang in {+50° Breite, 0h Länge}	Untergang in {+50° Breite, 0h Länge}
1959	2436 d	h m s	s in 0.001		° ′ ″	′ ″	in 0.″01			h m	h m
Juni 13	732.5	17 22 14.290	+156	+ 3	81 15 19.2	57 19.6	−37	1.015 5834	946	3 51	20 9
14	733.5	17 26 10.846	157	− 1	82 12 38.8	57 18.5	−25	1.015 6780	900	3 50	20 10
15	734.5	17 30 7.403	159	− 6	83 9 57.3	57 17.6	−12	1.015 7680	858	3 50	20 10
16	735.5	17 34 3.960	160	−10	84 7 14.9	57 16.8	+ 2	1.015 8538	818	3 50	20 11
17	736.5	17 38 0.517	162	−13	85 4 31.7	57 15.9	+14	1.015 9356	781	3 50	20 11
18	737.5	17 41 57.073	163	−13	86 1 47.6	57 15.1	+26	1.016 0137	748	3 50	20 12
19	738.5	17 45 53.630	+165	−10	86 59 2.7	57 14.5	+35	1.016 0885	716	3 50	20 12
20	739.5	17 49 50.187	166	− 4	87 56 17.2	57 13.9	+42	1.016 1601	685	3 50	20 13
21	740.5	17 53 46.744	168	+ 2	88 53 31.1	57 13.4	+45	1.016 2286	655	3 50	20 13
22	741.5	17 57 43.301	169	+ 8	89 50 44.5	57 13.2	+46	1.016 2941	622	3 51	20 13
23	742.5	18 1 39.858	170	+13	90 47 57.7	57 12.9	+43	1.016 3563	589	3 51	20 13
24	743.5	18 5 36.414	172	+15	91 45 10.6	57 12.8	+38	1.016 4152	553	3 51	20 13
25	744.5	18 9 32.971	+173	+14	92 42 23.4	57 12.6	+31	1.016 4705	514	3 51	20 13
26	745.5	18 13 29.528	175	+11	93 39 36.0	57 12.7	+21	1.016 5219	471	3 52	20 13
27	746.5	18 17 26.085	176	+ 6	94 36 48.7	57 12.7	+ 9	1.016 5690	426	3 52	20 13
28	747.5	18 21 22.642	178	+ 1	95 34 1.4	57 12.7	− 3	1.016 6116	379	3 53	20 13
29	748.5	18 25 19.198	179	− 3	96 31 14.1	57 12.8	−16	1.016 6495	327	3 53	20 13
30	749.5	18 29 15.755	180	− 7	97 28 26.9	57 12.8	−28	1.016 6822	275	3 54	20 13
Juli 1	750.5	18 33 12.312	+182	− 8	98 25 39.7	57 12.9	−39	1.016 7097	221	3 54	20 13
2	751.5	18 37 8.868	183	− 9	99 22 52.6	57 13.0	−48	1.016 7318	164	3 55	20 12
3	752.5	18 41 5.425	184	− 7	100 20 5.6	57 13.1	−55	1.016 7482	106	3 56	20 12
4	753.5	18 45 1.982	186	− 4	101 17 18.7	57 13.1	−61	1.016 7588	47	3 56	20 12
5	754.5	18 48 58.538	187	− 1	102 14 31.8	57 13.2	−63	1.016 7635	14	3 57	20 11
6	755.5	18 52 55.095	188	+ 2	103 11 45.0	57 13.2	−63	1.016 7621	75	3 58	20 11
7	756.5	18 56 51.651	+189	+ 5	104 8 58.2	57 13.3	−61	1.016 7546	135	3 59	20 10
8	757.5	19 0 48.208	190	+ 7	105 6 11.5	57 13.2	−56	1.016 7411	195	4 0	20 10
9	758.5	19 4 44.764	191	+ 7	106 3 24.7	57 13.2	−48	1.016 7216	255	4 0	20 9
10	759.5	19 8 41.321	192	+ 5	107 0 37.9	57 13.2	−37	1.016 6961	312	4 1	20 8
11	760.5	19 12 37.877	193	+ 1	107 57 51.1	57 13.1	−26	1.016 6649	367	4 2	20 8
12	761.5	19 16 34.433	194	− 3	108 55 4.2	57 13.0	−12	1.016 6282	420	4 3	20 7
13	762.5	19 20 30.990	+195	− 8	109 52 17.2	57 13.0	+ 2	1.016 5862	469	4 4	20 6
14	763.5	19 24 27.546	196	−11	110 49 30.2	57 12.9	+15	1.016 5393	514	4 5	20 5
15	764.5	19 28 24.102	197	−12	111 46 43.1	57 13.0	+27	1.016 4879	557	4 7	20 4
16	765.5	19 32 20.658	197	−11	112 43 56.1	57 13.1	+38	1.016 4322	595	4 8	20 4
17	766.5	19 36 17.214	198	− 7	113 41 9.2	57 13.2	+45	1.016 3727	631	4 9	20 3
18	767.5	19 40 13.770	199	− 1	114 38 22.4	57 13.5	+48	1.016 3096	665	4 10	20 2
19	768.5	19 44 10.326	+199	+ 5	115 35 35.9	57 13.8	+48	1.016 2431	696	4 11	20 1
20	769.5	19 48 6.882	200	+10	116 32 49.7	57 14.3	+45	1.016 1735	728	4 12	20 0
21	770.5	19 52 3.437	200	+13	117 30 4.0	57 14.9	+40	1.016 1007	759	4 13	19 58
22	771.5	19 55 59.993	200	+14	118 27 18.9	57 14.5	+33	1.016 0248	791	4 15	19 57
23	772.5	19 59 56.549	201	+11	119 24 34.4	57 16.3	+23	1.015 9457	826	4 16	19 56
24	773.5	20 3 53.104	+201	+ 7	120 21 50.7		+11	1.015 8631		4 17	19 55

Tag	Wochentag	Zeitgleichung Wahre Zeit *minus* Mittlere Zeit		Scheinbare Rektaszension		Scheinbare Deklination		Halbe Durchgangs-Dauer St.-Zt.	Halbmesser
		0h Weltzeit							
1959		m s	s	h m s	m s	° ′ ″	′ ″	s	′ ″
Juli 24	Fr	−6 22.22	1.45	8 10 15.33	3 58.00	+20 4 28.0	12 26.0	67.37	15 46.49
25	Sa	6 23.67	0.87	8 14 13.33	3 57.43	19 52 2.0	12 45.9	67.28	15 46.57
26	So	6 24.54	0.30	8 18 10.76	3 56.85	19 39 16.1	13 5.6	67.20	15 46.65
27	Mo	6 24.84	0.27	8 22 7.61	3 56.28	19 26 10.5	13 25.0	67.11	15 46.74
28	Di	6 24.57	0.86	8 26 3.89	3 55.70	19 12 45.5	13 44.0	67.03	15 46.83
29	Mi	6 23.71	1.45	8 29 59.59	3 55.11	18 59 1.5	14 2.8	66.94	15 46.93
30	Do	−6 22.26	2.03	8 33 54.70	3 54.52	+18 44 58.7	14 21.4	66.85	15 47.03
31	Fr	6 20.23	2.62	8 37 49.22	3 53.93	18 30 37.3	14 39.7	66.77	15 47.13
Aug. 1	Sa	6 17.61	3.22	8 41 43.15	3 53.34	18 15 57.6	14 57.6	66.68	15 47.24
2	So	6 14.39	3.82	8 45 36.49	3 52.74	18 1 0.0	15 15.2	66.60	15 47.36
3	Mo	6 10.57	4.41	8 49 29.23	3 52.14	17 45 44.8	15 32.7	66.51	15 47.48
4	Di	6 6.16	5.02	8 53 21.37	3 51.54	17 30 12.1	15 49.7	66.42	15 47.60
5	Mi	−6 1.14	5.62	8 57 12.91	3 50.93	+17 14 22.4	16 6.4	66.33	15 47.73
6	Do	5 55.52	6.22	9 1 3.84	3 50.33	16 58 16.0	16 22.9	66.25	15 47.87
7	Fr	5 49.30	6.83	9 4 54.17	3 49.73	16 41 53.1	16 39.0	66.16	15 48.01
8	Sa	5 42.47	7.43	9 8 43.90	3 49.12	16 25 14.1	16 54.8	66.07	15 48.15
9	So	5 35.04	8.03	9 12 33.02	3 48.53	16 8 19.3	17 10.3	65.99	15 48.30
10	Mo	5 27.01	8.63	9 16 21.55	3 47.92	15 51 9.0	17 25.4	65.91	15 48.46
11	Di	−5 18.38	9.23	9 20 9.47	3 47.33	+15 33 43.6	17 40.4	65.82	15 48.62
12	Mi	5 9.15	9.81	9 23 56.80	3 46.74	15 16 3.2	17 54.9	65.74	15 48.79
13	Do	4 59.34	10.39	9 27 43.54	3 46.17	14 58 8.3	18 9.2	65.66	15 48.95
14	Fr	4 48.95	10.95	9 31 29.71	3 45.59	14 39 59.1	18 23.2	65.58	15 49.13
15	Sa	4 38.00	11.51	9 35 15.30	3 45.05	14 21 35.9	18 36.9	65.50	15 49.30
16	So	4 26.49	12.06	9 39 0.35	3 44.50	14 2 59.0	18 50.1	65.43	15 49.47
17	Mo	−4 14.43	12.58	9 42 44.85	3 43.97	+13 44 8.9	19 3.3	65.35	15 49.65
18	Di	4 1.85	13.09	9 46 28.82	3 43.46	13 25 5.6	19 15.0	65.27	15 49.83
19	Mi	3 48.76	13.60	9 50 12.28	3 42.96	13 5 49.6	19 28.5	65.20	15 50.02
20	Do	3 35.16	14.07	9 53 55.24	3 42.48	12 46 21.1	19 40.7	65.13	15 50.20
21	Fr	3 21.09	14.53	9 57 37.72	3 42.02	12 26 40.4	19 52.5	65.05	15 50.39
22	Sa	3 6.56	15.00	10 1 19.74	3 41.56	12 6 47.9	20 4.1	64.98	15 50.58
23	So	−2 51.56	15.42	10 5 1.30	3 41.13	+11 46 43.8	20 15.4	64.91	15 50.77
24	Mo	2 36.14	15.84	10 8 42.43	3 40.71	11 26 28.4	20 26.3	64.85	15 50.97
25	Di	2 20.30	16.25	10 12 23.14	3 40.30	11 6 2.1	20 36.9	64.79	15 51.16
26	Mi	2 4.05	16.64	10 16 3.44	3 39.91	10 45 25.2	20 47.2	64.73	15 51.36
27	Do	1 47.41	17.02	10 19 43.35	3 39.54	10 24 38.0	20 57.2	64.67	15 51.57
28	Fr	1 30.39	17.38	10 23 22.89	3 39.17	10 3 40.8	21 6.8	64.61	15 51.77
29	Sa	−1 13.01	17.73	10 27 2.06	3 38.82	+ 9 42 34.0	21 16.2	64.56	15 51.98
30	So	0 55.28	18.06	10 30 40.88	3 38.50	9 21 17.8	21 25.2	64.51	15 52.19
31	Mo	0 37.22	18.38	10 34 19.38	3 38.17	8 59 52.6	21 33.8	64.45	15 52.41
Sept. 1	Di	0 18.84	18.68	10 37 57.55	3 37.87	8 38 18.8	21 42.2	64.40	15 52.63
2	Mi	−0 0.16	18.98	10 41 35.42	3 37.57	8 16 36.6	21 50.2	64.35	15 52.85
3	Do	+0 18.82		10 45 12.99		+ 7 54 46.4		64.31	15 53.08

Tag	Julian. Zeit	Sternzeit	Nutation in AR. langp. Gl.	kurzp. Gl.	0h Weltzeit Mittleres Äquinoktium 1959.0 Länge		Breite	R		Auf-gang in {+50° Breite, 0h Länge}	Unter-gang
1959	2436 d	h m s	s in 0.001		° ′ ″	′ ″	″ in 0.01			h m	h m
Juli 24	773.5	20 3 53.104	+201	+ 7	120 21 50.7	57 17.1	+11	1.015 8631	862	4 17	19 55
25	774.5	20 7 49.660	201	+ 3	121 19 7.8	57 18.0	− 1	1.015 7769	902	4 19	19 54
26	775.5	20 11 46.215	201	− 2	122 16 25.8	57 18.9	−14	1.015 6867	943	4 20	19 52
27	776.5	20 15 42.770	201	− 6	123 13 44.7	57 19.9	−26	1.015 5924	988	4 21	19 51
28	777.5	20 19 39.326	201	− 8	124 11 4.6	57 20.8	−38	1.015 4936	1033	4 23	19 50
29	778.5	20 23 35.881	201	− 9	125 8 25.4	57 21.9	−48	1.015 3903	1080	4 24	19 48
30	779.5	20 27 32.436	+200	− 8	126 5 47.3	57 22.9	−55	1.015 2823	1130	4 25	19 47
31	780.5	20 31 28.991	200	− 6	127 3 10.2	57 23.9	−60	1.015 1693	1180	4 27	19 45
Aug. 1	781.5	20 35 25.546	199	− 2	128 0 34.1	57 24.9	−63	1.015 0513	1234	4 28	19 44
2	782.5	20 39 22.101	199	+ 1	128 57 59.0	57 25.9	−64	1.014 9279	1288	4 29	19 42
3	783.5	20 43 18.655	198	+ 5	129 55 24.9	57 26.9	−61	1.014 7991	1343	4 31	19 41
4	784.5	20 47 15.210	198	+ 7	130 52 51.8	57 27.9	−56	1.014 6648	1398	4 32	19 39
5	785.5	20 51 11.765	+197	+ 8	131 50 19.7	57 28.9	−48	1.014 5250	1455	4 34	19 37
6	786.5	20 55 8.319	196	+ 7	132 47 48.6	57 29.7	−38	1.014 3795	1510	4 35	19 36
7	787.5	20 59 4.874	195	+ 3	133 45 18.3	57 30.7	−26	1.014 2285	1563	4 36	19 34
8	788.5	21 3 1.428	194	− 1	134 42 49.0	57 31.4	−13	1.014 0722	1614	4 38	19 32
9	789.5	21 6 57.982	193	− 6	135 40 20.4	57 32.3	+ 1	1.013 9108	1664	4 39	19 31
10	790.5	21 10 54.536	192	−10	136 37 52.7	57 33.1	+15	1.013 7444	1709	4 41	19 29
11	791.5	21 14 51.090	+191	−12	137 35 25.8	57 34.0	+27	1.013 5735	1751	4 42	19 27
12	792.5	21 18 47.644	189	−11	138 32 59.8	57 34.8	+37	1.013 3984	1789	4 44	19 25
13	793.5	21 22 44.198	188	− 8	139 30 34.6	57 35.7	+45	1.013 2195	1823	4 45	19 24
14	794.5	21 26 40.752	186	− 3	140 28 10.3	57 36.6	+51	1.013 0372	1853	4 47	19 22
15	795.5	21 30 37.306	185	+ 3	141 25 46.9	57 37.7	+52	1.012 8519	1881	4 48	19 20
16	796.5	21 34 33.860	183	+ 8	142 23 24.6	57 38.7	+51	1.012 6638	1905	4 50	19 18
17	797.5	21 38 30.413	+181	+12	143 21 3.3	57 39.9	+46	1.012 4733	1928	4 51	19 16
18	798.5	21 42 26.967	179	+13	144 18 43.2	57 41.2	+39	1.012 2805	1950	4 53	19 14
19	799.5	21 46 23.520	177	+12	145 16 24.4	57 42.6	+29	1.012 0855	1970	4 54	19 12
20	800.5	21 50 20.073	175	+ 8	146 14 7.0	57 44.0	+17	1.011 8885	1992	4 56	19 10
21	801.5	21 54 16.627	173	+ 4	147 11 51.0	57 45.6	+ 4	1.011 6893	2015	4 57	19 8
22	802.5	21 58 13.180	171	− 1	148 9 36.6	57 47.1	− 8	1.011 4878	2039	4 59	19 6
23	803.5	22 2 9.733	+169	− 5	149 7 23.7	57 48.9	−21	1.011 2839	2064	5 0	19 4
24	804.5	22 6 6.286	166	− 8	150 5 12.6	57 50.5	−32	1.011 0775	2092	5 2	19 2
25	805.5	22 10 2.839	164	− 9	151 3 3.1	57 52.3	−42	1.010 8683	2121	5 3	19 0
26	806.5	22 13 59.392	161	− 9	152 0 55.4	57 54.0	−50	1.010 6562	2152	5 5	18 58
27	807.5	22 17 55.944	159	− 7	152 58 49.4	57 55.9	−56	1.010 4410	2184	5 6	18 56
28	808.5	22 21 52.497	156	− 4	153 56 45.3	57 57.6	−59	1.010 2226	2219	5 8	18 54
29	809.5	22 25 49.050	+153	0	154 54 42.9	57 59.5	−59	1.010 0007	2254	5 9	18 52
30	810.5	22 29 45.602	151	+ 3	155 52 42.4	58 1.2	−57	1.009 7753	2292	5 11	18 50
31	811.5	22 33 42.155	148	+ 6	156 50 43.6	58 3.1	−52	1.009 5461	2330	5 12	18 48
Sept. 1	812.5	22 37 38.707	145	+ 8	157 48 46.7	58 4.8	−45	1.009 3131	2370	5 14	18 46
2	813.5	22 41 35.260	142	+ 7	158 46.51 5	58 6.6	−35	1.009 0761	2411	5 15	18 44
3	814.5	22 45 31.812	+139	+ 5	159 44 58.1		−22	1.008 8350		5 17	18 42

Tag	Wochentag	0h Weltzeit: Zeitgleichung Wahre Zeit *minus* Mittlere Zeit		Scheinbare Rektaszension		Scheinbare Deklination		Halbe Durchgangs-Dauer St.-Zt.	Halbmesser
1959		m s	s	h m s	m s	° ′ ″	′ ″	s	′ ″
Sept. 3	Do	+ 0 18.82	19.25	10 45 12.99	3 37.30	+7 54 46.4	21 57.8	64.31	15 53.08
4	Fr	0 38.07	19.53	10 48 50.29	3 37.03	7 32 48.6	22 5.2	64.28	15 53.31
5	Sa	0 57.60	19.77	10 52 27.32	3 36.77	7 10 43.4	22 12.1	64.24	15 53.55
6	So	1 17.37	20.02	10 56 4.09	3 36.54	6 48 31.3	22 18.7	64.21	15 53.79
7	Mo	1 37.39	20.24	10 59 40.63	3 36.31	6 26 12.6	22 25.1	64.17	15 54.03
8	Di	1 57.63	20.45	11 3 16.94	3 36.11	6 3 47.5	22 31.0	64.15	15 54.28
9	Mi	+ 2 18.08	20.64	11 6 53.05	3 35.91	+5 41 16.5	22 36.6	64.12	15 54.53
10	Do	2 38.72	20.82	11 10 28.96	3 35.73	5 18 39.9	22 41.8	64.10	15 54.78
11	Fr	2 59.54	20.96	11 14 4.69	3 35.59	4 55 58.1	22 46.9	64.07	15 55.03
12	Sa	3 20.50	21.10	11 17 40.28	3 35.45	4 33 11.2	22 51.5	64.05	15 55.29
13	So	3 41.60	21.21	11 21 15.73	3 35.34	4 10 19.7	22 55.9	64.04	15 55.55
14	Mo	4 2.81	21.30	11 24 51.07	3 35.25	3 47 23.8	22 59.8	64.03	15 55.80
15	Di	+ 4 24.11	21.36	11 28 26.32	3 35.19	+3 24 24.0	23 3.6	64.02	15 56.06
16	Mi	4 45.47	21.41	11 32 1.51	3 35.15	3 1 20.4	23 7.0	64.01	15 56.32
17	Do	5 6.88	21.42	11 35 36.66	3 35.13	2 38 13.4	23 10.0	64.00	15 56.58
18	Fr	5 28.30	21.41	11 39 11.79	3 35.14	2 15 3.4	23 12.8	64.00	15 56.84
19	Sa	5 49.71	21.38	11 42 46.93	2 35.17	1 51 50.6	23 15.3	64.01	15 57.10
20	So	6 11.09	21.33	11 46 22.10	3 35.22	1 28 35.3	23 17.4	64.01	15 57.36
21	Mo	+ 6 32.42	21.26	11 49 57.32	3 35.30	+1 5 17.9	23 19.1	64.02	15 57.62
22	Di	6 53.68	21.15	11 53 32.62	3 35.40	0 41 58.8	23 20.7	64.02	15 57.88
23	Mi	7 14.83	21.04	11 57 8.02	3 35.51	+0 18 38.1	23 21.7	64.04	15 58.14
24	Do	7 35.87	20.89	12 0 43.53	3 35.66	−0 4 43.6	23 22.6	64.06	15 58.41
25	Fr	7 56.76	20.73	12 4 19.19	3 35.82	0 28 6.2	23 23.0	64.08	15 58.67
26	Sa	8 17.49	20.55	12 7 55.01	3 36.01	0 51 29.2	23 23.1	64.10	15 58.93
27	So	+ 8 38.04	20.34	12 11 31.02	3 36.20	−1 14 52.3	23 22.9	64.12	15 59.20
28	Mo	8 58.38	20.12	12 15 7.22	3 36.44	1 38 15.2	23 22.3	64.16	15 59.47
29	Di	9 18.50	19.89	12 18 43.66	3 36.67	2 1 37.5	23 21.3	64.19	15 59.74
30	Mi	9 38.39	19.62	12 22 20.33	3 36.93	2 24 58.8	23 20.1	64.23	16 0.01
Okt. 1	Do	9 58.01	19.34	12 25 57.26	3 37.20	2 48 18.9	23 18.4	64.26	16 0.28
2	Fr	10 17.35	19.06	12 29 34.46	3 37.50	3 11 37.3	23 16.3	64.30	16 0.56
3	Sa	+10 36.41	18.74	12 33 11.96	3 37.81	−3 34 53.6	23 13.9	64.35	16 0.84
4	So	10 55.15	18.43	12 36 49.77	3 38.13	3 58 7.5	23 11.1	64.40	16 1.11
5	Mo	11 13.58	18.08	12 40 27.90	3 38.46	4 21 18.6	23 7.9	64.45	16 1.39
6	Di	11 31.66	17.73	12 44 6.36	3 38.82	4 44 26.5	23 4.4	64.50	16 1.67
7	Mi	11 49.39	17.36	12 47 45.18	3 39.20	5 7 30.9	23 0.4	64.55	16 1.96
8	Do	12 6.75	16.97	12 51 24.38	3 39.58	5 30 31.3	22 56.1	64.62	16 2.24
9	Fr	+12 23.72	16.56	12 55 3.96	3 39.99	−5 53 27.4	22 51.4	64.68	16 2.53
10	Sa	12 40.28	16.13	12 58 43.95	3 40.42	6 16 18.8	22 46.4	64.75	16 2.81
11	So	12 56.41	15.68	13 2 24.37	3 40.87	6 39 5.2	22 41.0	64.81	16 3.10
12	Mo	13 12.09	15.21	13 6 5.24	3 41.34	7 1 46.2	22 35.2	64.88	16 3.38
13	Di	13 27.30	14.73	13 9 46.58	3 41.83	7 24 21.4	22 29.1	64.96	16 3.66
14	Mi	+13 42.03		13 13 28.41		−7 46 50.5		65.04	16 3.94

Tag	0h Weltzeit									Auf-gang	Unter-gang
	Julian. Zeit	Sternzeit	Nutation in AR. langp. Gl.	kurzp. Gl.	Mittleres Äquinoktium 1959.0 Länge		Breite	*R*		in {+50° Breite, 0h Länge}	
1959	2436 d	h m s	s in 0.001		° ′ ″	′ ″	″ in 0.01			h m	h m
Sept. 3	814.5	22 45 31.812	+139	+5	159 44 58.1	58 8.2	−22	1.008 8350	2453	5 17	18 42
4	815.5	22 49 28.364	136	0	160 43 6.3	58 9.9	− 8	1.008 5897	2492	5 18	18 39
5	816.5	22 53 24.916	132	−4	161 41 16.2	58 11.5	+ 7	1.008 3405	2531	5 20	18 37
6	817.5	22 57 21.469	129	−8	162 39 27.7	58 13.0	+21	1.008 0874	2567	5 21	18 35
7	818.5	23 1 18.021	126	−11	163 37 40.7	58 14.5	+35	1.007 8307	2599	5 23	18 33
8	819.5	23 5 14.573	123	−11	164 35 55.2	58 16.0	+47	1.007 5708	2629	5 24	18 31
9	820.5	23 9 11.125	+119	−8	165 34 11.2	58 17.5	+56	1.007 3079	2654	5 26	18 29
10	821.5	23 13 7.677	116	−3	166 32 28.7	58 18.9	+63	1.007 0425	2676	5 27	18 26
11	822.5	23 17 4.229	112	+2	167 30 47.6	58 20.5	+67	1.006 7749	2692	5 29	18 24
12	823.5	23 21 0.781	109	+8	168 29 8.1	58 22.1	+67	1.006 5057	2705	5 30	18 22
13	824.5	23 24 57.332	105	+11	169 27 30.2	58 23.7	+63	1.006 2352	2716	5 32	18 20
14	825.5	23 28 53.884	102	+13	170 25 53.9	58 25.3	+57	1.005 9636	2722	5 23	18 18
15	826.5	23 32 50.436	+ 98	+12	171 24 19.2	58 27.1	+48	1.005 6914	2727	5 35	18 15
16	827.5	23 36 46.988	95	+9	172 22 46.3	58 29.0	+37	1.005 4187	2730	5 36	18 13
17	828.5	23 40 43.540	91	+5	173 21 15.3	58 30.8	+25	1.005 1457	2733	5 38	18 11
18	829.5	23 44 40.091	88	0	174 19 46.1	58 32.8	+13	1.004 8724	2734	5 39	18 9
19	830.5	23 48 36.643	84	−4	175 18 18.9	58 34.9	+ 1	1.004 5990	2737	5 41	18 7
20	831.5	23 52 33.195	80	−7	176 16 53.8	58 37.0	−11	1.004 3253	2741	5 42	18 4
21	832.5	23 56 29.746	+ 76	−9	177 15 30.8	58 39.1	−21	1.004 0512	2744	5 43	18 2
22	833.5	0 0 26.298	73	−9	178 14 9.9	58 41.3	−30	1.003 7768	2749	5 45	18 0
23	834.5	0 4 22.850	69	−8	179 12 51.2	58 43.5	−36	1.003 5019	2756	5 46	17 58
24	835.5	0 8 19.401	65	−5	180 11 34.7	58 45.7	−39	1.003 2263	2764	5 48	17 56
25	836.5	0 12 15.953	62	−2	181 10 20.4	58 48.0	−40	1.002 9499	2773	5 50	17 53
26	837.5	0 16 12.505	58	+2	182 9 8.4	58 50.2	−38	1.002 6726	2784	5 51	17 51
27	838.5	0 20 9.056	+ 54	+5	183 7 58.6	58 52.6	−33	1.002 3942	2797	5 53	17 49
28	839.5	0 24 5.608	51	+7	184 6 51.2	58 54.7	−25	1.002 1145	2811	5 54	17 47
29	840.5	0 28 2.160	47	+7	185 5 45.9	58 57.0	−15	1.001 8334	2826	5 56	17 45
30	841.5	0 31 58.711	43	+5	186 4 42.9	58 59.2	− 2	1.001 5508	2844	5 57	17 43
Okt. 1	842.5	0 35 55.263	40	+2	187 3 42.1	59 1.4	+11	1.001 2664	2862	5 59	17 40
2	843.5	0 39 51.815	36	−3	188 2 43.5	59 3.4	+26	1.000 9802	2881	6 0	17 38
3	844.5	0 43 48.367	+ 32	−7	189 1 46.9	59 5.4	+41	1.000 6921	2899	6 2	17 36
4	845.5	0 47 44.918	29	−10	190 0 52.3	59 7.4	+56	1.000 4022	2916	6 3	17 34
5	846.5	0 51 41.470	25	−11	190 59 59.7	59 9.2	+69	1.000 1106	2929	6 5	17 32
6	847.5	0 55 38.022	22	−9	191 59 8.9	59 11.0	+80	0.999 8177	2941	6 6	17 30
7	848.5	0 59 34.574	18	−5	192 58 19.9	59 12.8	+88	0.999 5236	2948	6 8	17 27
8	849.5	1 3 31.126	15	+1	193 57 32.7	59 14.5	+92	0.999 2288	2949	6 9	17 25
9	850.5	1 7 27.678	+ 12	+7	194 56 47.2	59 16.3	+94	0.998 9339	2948	6 11	17 23
10	851.5	1 11 24.230	8	+11	195 56 3.5	59 18.0	+91	0.998 6391	2942	6 13	17 21
11	852.5	1 15 20.782	5	+14	196 55 21.5	59 19.8	+86	0.998 3449	2933	6 14	17 19
12	853.5	1 19 17.334	+ 2	+13	197 54 41.3	59 21.7	+78	0.998 0516	2920	6 16	17 17
13	854.5	1 23 13.887	− 1	+11	198 54 3.0	59 23.4	+68	0.997 7596	2904	6 17	17 15
14	855.5	1 27 10.439	− 5	+7	199 53 26.4		+57	0.997 4692		6 19	17 13

Tag	Wochentag	0h Weltzeit: Zeitgleichung (Wahre Zeit *minus* Mittlere Zeit) m s	s	Scheinbare Rektaszension h m s	m s	Scheinbare Deklination ° ′ ″	′ ″	Halbe Durchgangs-Dauer St.-Zt. s	Halbmesser ′ ″
1959									
Okt. 14	Mi	+13 42.03	14.20	13 13 28.41	3 42.35	− 7 46 50.5	22 22.5	65.04	16 3.94
15	Do	13 56.23	13.67	13 17 10.76	3 42.88	8 9 13.0	22 15.8	65.11	16 4.22
16	Fr	14 9.90	13.11	13 20 53.64	3 43.45	8 31 28.8	22 8.5	65.19	16 4.49
17	Sa	14 23.01	12.53	13 24 37.09	3 44.02	8 53 37.3	22 0.9	65.27	16 4.77
18	So	14 35.54	11.94	13 28 21.11	3 44.61	9 15 38.2	21 53.0	65.36	16 5.04
19	Mo	14 47.48	11.31	13 32 5.72	3 45.24	9 37 31.2	21 44.6	65.45	16 5.31
20	Di	+14 58.79	10.68	13 35 50.96	3 45.88	− 9 59 15.8	21 35.9	65.54	16 5.58
21	Mi	15 9.47	10.02	13 39 36.84	3 46.53	10 20 51.7	21 26.8	65.63	16 5.85
22	Do	15 19.49	9.34	13 43 23.37	3 47.21	10 42 18.5	21 17.4	65.72	16 6.12
23	Fr	15 28.83	8.66	13 47 10.58	3 47.90	11 3 35.9	21 7.4	65.82	16 6.38
24	Sa	15 37.49	7.94	13 50 58.48	3 48.61	11 24 43.3	20 57.3	65.92	16 6.64
25	So	15 45.43	7.22	13 54 47.09	3 49.33	11 45 40.6	20 46.5	66.03	16 6.90
26	Mo	+15 52.65	6.49	13 58 36.42	3 50.07	−12 6 27.1	20 35.6	66.13	16 7.16
27	Di	15 59.14	5.73	14 2 26.49	3 50.81	12 27 2.7	20 24.0	66.23	16 7.42
28	Mi	16 4.87	4.98	14 6 17.30	3 51.58	12 47 26.7	20 12.2	66.34	16 7.68
29	Do	16 9.85	4.20	14 10 8.88	3 52.35	13 7 38.9	20 0.0	66.45	16 7.93
30	Fr	16 14.05	3.43	14 14 1.23	3 53.13	13 27 38.9	19 47.2	66.55	16 8.19
31	Sa	16 17.48	2.64	14 17 54.36	3 53.91	13 47 26.1	19 34.1	66.66	16 8.45
Nov. 1	So	+16 20.12	1.86	14 21 48.27	3 54.70	−14 7 0.2	19 20.7	66.77	16 8.70
2	Mo	16 21.98	1.06	14 25 42.97	3 55.49	14 26 20.9	19 6.6	66.89	16 8.95
3	Di	16 23.04	0.26	14 29 38.46	3 56.30	14 45 27.5	18 52.3	67.00	16 9.20
4	Mi	16 23.30	0.54	14 33 34.76	3 57.09	15 4 19.8	18 37.4	67.12	16 9.45
5	Do	16 22.76	1.34	14 37 31.85	3 57.89	15 22 57.2	18 22.2	67.23	16 9.71
6	Fr	16 21.42	2.15	14 41 29.74	3 58.71	15 41 19.4	18 6.6	67.35	16 9.96
7	Sa	+16 19.27	2.97	14 45 28.45	3 59.52	−15 59 26.0	17 50.6	67.47	16 10.21
8	So	16 16.30	3.79	14 49 27.97	4 0.34	16 17 16.6	17 34.0	67.59	16 10.45
9	Mo	16 12.51	4.61	14 53 28.31	4 1.17	16 34 50.6	17 17.3	67.71	16 10.70
10	Di	16 7.90	5.44	14 57 29.48	4 1.99	16 52 7.9	16 59.9	67.83	16 10.94
11	Mi	16 2.46	6.27	15 1 31.47	4 2.83	17 9 7.8	16 42.4	67.95	16 11.17
12	Do	15 56.19	7.11	15 5 34.30	4 3.67	17 25 50.2	16 24.3	68.07	16 11.41
13	Fr	+15 49.08	7.96	15 9 37.97	4 4.51	−17 42 14.5	16 5.9	68.19	16 11.64
14	Sa	15 41.12	8.79	15 13 42.48	4 5.35	17 58 20.4	15 47.1	68.30	16 11.86
15	So	15 32.33	9.65	15 17 47.83	4 6.20	18 14 7.5	15 27.9	68.42	16 12.08
16	Mo	15 22.68	10.49	15 21 54.03	4 7.05	18 29 35.4	15 8.4	68.54	16 12.30
17	Di	15 12.19	11.33	15 26 1.08	4 7.88	18 44 43.8	14 48.4	68.66	16 12.51
18	Mi	15 0.86	12.18	15 30 8.96	4 8.74	18 59 32.2	14 28.1	68.77	16 12.72
19	Do	+14 48.68	13.02	15 34 17.70	4 9.57	−19 14 0.3	14 7.4	68.89	16 12.92
20	Fr	14 35.66	13.85	15 38 27.27	4 10.41	19 28 7.7	13 46.3	69.00	16 13.12
21	Sa	14 21.81	14.69	15 42 37.68	4 11.24	19 41 54.0	13 24.9	69.12	16 13.32
22	So	14 7.12	15.50	15 46 48.92	4 12.06	19 55 18.9	13 3.2	69.23	16 13.51
23	Mo	13 51.62	16.32	15 51 0.98	4 12.87	20 8 22.1	12 41.0	69.34	16 13.70
24	Di	+13 35.30		15 55 13.85		−20 21 3.1		69.44	16 13.88

Tag	Julian. Zeit	Sternzeit	Nutation in AR. langp. Gl.	Nutation in AR. kurzp. Gl.	Mittleres Äquinoktium 1959.0 Länge	Diff.	Mittleres Äquinoktium 1959.0 Breite	R	Diff.	Aufgang in +50° Breite, 0h Länge	Untergang in +50° Breite, 0h Länge
	0h Weltzeit										
1959	2436 d	h m s	s in 0.001		° ′ ″	′ ″	″ in 0.01			h m	h m
Okt. 14	855.5	1 27 10.439	− 5	+ 7	199 53 26.4	59 25.4	+ 57	0.997 4692	2885	6 19	17 13
15	856.5	1 31 6 991	8	+ 2	200 52 51.8	59 27.3	+ 43	0.997 1807	2865	6 21	17 11
16	857.5	1 35 3.543	11	− 3	201 52 19.1	59 29.3	+ 31	0.996 8942	2845	6 22	17 9
17	858.5	1 39 0.096	14	− 6	202 51 48.4	59 31.4	+ 21	0:996 6097	2822	6 24	17 7
18	859.5	1 42 56.648	16	− 8	203 51 19.8	59 33.5	+ 10	0.996 3275	2801	6 25	17 5
19	860.5	1 46 53.201	19	− 9	204 50 53.3	59 35.6	+ 1	0.996 0474	2778	6 27	17 3
20	861.5	1 50 49.754	−22	− 8	205 50 28.9	59 37.7	− 7	0.995 7696	2756	6 29	17 1
21	862.5	1 54 46.306	24	− 6	206 50 6.6	59 40.0	− 11	0.995 4940	2736	6 30	16 59
22	863.5	1 58 42.859	27	− 3	207 49 46.6	59 42.3	− 12	0.995 2204	2716	6 32	16 57
23	864.5	2 2 39.412	29	0	208 49 28.9	59 44.4	− 12	0.994 9488	2698	6 34	16 55
24	865.5	2 6 35.965	32	+ 3	209 49 13.3	59 46.7	− 8	0.994 6790	2679	6 35	16 53
25	866.5	2 10 32.518	34	+ 6	210 49 0.0	59 48.9	− 1	0.994 4111	2664	6 37	16 51
26	867.5	2 14 29.071	−36	+ 7	211 48 48.9	59 51.2	+ 8	0.994 1447	2650	6 39	16 49
27	868.5	2 18 25.625	38	+ 6	212 48 40.1	59 53.4	+ 19	0.993 8797	2638	6 40	16 47
28	869.5	2 22 22.178	40	+ 2	213 48 33.5	59 55.6	+ 32	0.993 6159	2628	6 42	16 45
29	870.5	2 26 18.731	42	− 2	214 48 29.1	59 57.7	+ 46	0.993 3531	2620	6 43	16 44
30	871.5	2 30 15.285	44	− 7	215 48 26.8	59 59.8	+ 61	0.993 0911	2613	6 45	16 42
31	872.5	2 34 11.839	46	−10	216 48 26.6	60 1.8	+ 75	0.992 8298	2608	6 47	16 40
Nov. 1	873.5	2 38 8.392	−48	−12	217 48 28.4	60 3.6	+ 88	0.992 5690	2602	6 48	16 38
2	874.5	2 42 4.946	49	−11	218 48 32.0	60 5.5	+ 99	0.992 3088	2595	6 50	16 37
3	875.5	2 46 1.500	51	− 7	219 48 37.5	60 7.1	+108	0.992 0493	2585	6 52	16 35
4	876.5	2 49 58.054	51	− 1	220 48 44.6	60 8.8	+112	0.991 7908	2573	6 53	16 33
5	877.5	2 53 54.608	53	+ 5	221 48 53.4	60 10.3	+114	0.991 5335	2556	6 55	16 32
6	878.5	2 57 51.162	54	+11	222 49 3.7	60 11.8	+113	0.991 2779	2535	6 57	16 30
7	879.5	3 1 47.716	−56	+14	223 49 15.5	60 13.3	+109	0.991 0244	2512	6 58	16 29
8	880.5	3 5 44.271	56	+15	224 49 28.8	60 14.8	+102	0.990 7732	2482	7 0	16 27
9	881.5	3 9 40.825	57	+13	225 49 43.6	60 16.3	+ 92	0.990 5250	2451	7 2	16 25
10	882.5	3 13 37.380	58	+ 9	226 49 59.9	60 17.7	+ 81	0.990 2799	2414	7 3	16 24
11	883.5	3 17 33.935	59	+ 4	227 50 17.6	60 19.3	+ 69	0.990 0385	2376	7 5	16 23
12	884.5	3 21 30.489	59	− 1	228 50 36.9	60 20.7	+ 56	0.989 8009	2336	7 7	16 21
13	885.5	3 25 27.044	−60	− 5	229 50 57.6	60 22.4	+ 44	0.989 5673	2294	7 8	16 20
14	886.5	3 29 23.599	60	− 7	230 51 20.0	60 23.9	+ 33	0.989 3379	2250	7 10	16 18
15	887.5	3 33 20.155	60	− 8	231 51 43.9	60 25.5	+ 23	0.989 1129	2205	7 12	16 17
16	888.5	3 37 16.710	61	− 8	232 52 9.4	60 27.1	+ 15	0.988 8924	2159	7 13	16 16
17	889.5	3 41 13.265	61	− 6	233 52 36.5	60 28.9	+ 10	0.988 6765	2114	7 15	16 15
18	890.5	3 45 9.820	61	− 3	234 53 5.4	60 30.5	+ 7	0.988 4651	2069	7 16	16 13
19	891.5	3 49 6.376	−61	0	235 53 35.9	60 32.2	+ 6	0.988 2582	2025	7 18	16 12
20	892.5	3 53 2.931	61	+ 3	236 54 8.1	60 33.9	+ 9	0.988 0557	1980	7 20	16 11
21	893.5	3 56 59.487	60	+ 5	237 54 42.0	60 35.6	+ 15	0.987 8577	1939	7 21	16 10
22	894.5	4 0 56.043	60	+ 6	238 55 17.6	60 37.4	+ 22	0.987 6638	1897	7 23	16 9
23	895.5	4 4 52.599	59	+ 6	239 55 55.0	60 39.0	+ 32	0.987 4741	1857	7 24	16 8
24	896.5	4 8 49.154	−59	+ 3	240 56 34.0		+ 44	0.987 2884		7 26	16 7

Tag	Wochentag	0h Weltzeit: Zeitgleichung (Wahre Zeit *minus* Mittlere Zeit)	Diff.	Scheinbare Rektaszension	Diff.	Scheinbare Deklination	Diff.	Halbe Durchgangs-Dauer St.-Zt.	Halbmesser
1959		m s	s	h m s	m s	° ′ ″	′ ″	s	′ ″
Nov. 24	Di	+13 35.30	17.12	15 55 13.85	4 13.68	−20 21 3.1	12 18.6	69.44	16 13.88
25	Mi	13 18.18	17.90	15 59 27.53	4 14.46	20 33 21.7	11 55.7	69.55	16 14.06
26	Do	13 0.28	18.68	16 3 41.99	4 15.23	20 45 17.4	11 32.6	69.66	16 14.23
27	Fr	12 41.60	19.43	16 7 57.22	4 15.99	20 56 50.0	11 9.0	69.76	16 14.40
28	Sa	12 22.17	20.17	16 12 13.21	4 16.73	21 7 59.0	10 45.3	69.86	16 14.58
29	So	12 2.00	20.88	16 16 29.94	4 17.43	21 18 44.3	10 21.1	69.95	16 14.74
30	Mo	+11 41.12	21.57	16 20 47.37	4 18.13	−21 29 5.4	9 56.6	70.05	16 14.91
Dez. 1	Di	11 19.55	22.23	16 25 5.50	4 18.78	21 39 2.0	9 31.9	70.15	16 15.07
2	Mi	10 57.32	22.86	16 29 24.28	4 19.43	21 48 33.9	9 6.8	70.23	16 15.23
3	Do	10 34.46	23.48	16 33 43.71	4 20.03	21 57 40.7	8 41.4	70.32	16 15.39
4	Fr	10 10.98	24.05	16 38 3.74	4 20.61	22 6 22.1	8 15.8	70.40	16 15.54
5	Sa	9 46.93	24.62	16 42 24.35	4 21.17	22 14 37.9	7 49.9	70.49	16 15.70
6	So	+ 9 22.31	25.14	16 46 45.52	4 21.70	−22 22 27.8	7 23.8	70.57	16 15.85
7	Mo	8 57.17	25.64	16 51 7.22	4 22.20	22 29 51.6	6 57.4	70.64	16 15.99
8	Di	8 31.53	26.13	16 55 29.42	4 22.68	22 36 49.0	6 30.9	70.70	16 16.12
9	Mi	8 5.40	26.57	16 59 52.10	4 23.13	22 43 19.9	6 4.0	70.77	16 16.26
10	Do	7 38.83	27.00	17 4 15.23	4 23.56	22 49 23.9	5 37.1	70.83	16 16.39
11	Fr	7 11.83	27.40	17 8 38.79	4 23.96	22 55 1.0	5 9.8	70.90	16 16.51
12	Sa	+ 6 44.43	27.78	17 13 2.75	4 24.33	−23 0 10.8	4 42.6	70.94	16 16.63
13	So	6 16.65	28.11	17 17 27.08	4 24.67	23 4 53.4	4 15.0	70.99	16 16.74
14	Mo	5 48.54	28.43	17 21 51.75	4 24.99	23 9 8.4	3 47.4	71.03	16 16.85
15	Di	5 20.11	28.73	17 26 16.74	4 25.28	23 12 55.8	3 19.7	71.08	16 16.95
16	Mi	4 51.38	28.97	17 30 42.02	4 25.53	23 16 15.5	2 51.8	71.12	16 17.04
17	Do	4 22.41	29.21	17 35 7.55	4 25.77	23 19 7.3	2 23.7	71.14	16 17.13
18	Fr	+ 3 53.20	29.41	17 39 33.32	4 25.97	−23 21 31.0	1 55.8	71.16	16 7.21
19	Sa	3 23.79	29.58	17 43 59.29	4 26.13	23 23 26.8	1 27.6	71.18	16 7.29
20	So	2 54.21	29.72	17 48 25.42	4 26.27	23 24 54.4	0 59.4	71.20	16 7.36
21	Mo	2 24.49	29.82	17 52 51.69	4 26.38	23 25 53.8	0 31.2	71.22	16 7.43
22	Di	1 54.67	29.89	17 57 18.07	4 26.46	23 26 25.0	0 2.9	71.22	16 7.49
23	Mi	1 24.78	29.94	18 1 44.53	4 26.49	23 26 27.9	0 25.3	71.23	16 7.54
24	Do	+ 0 54.84	29.95	18 6 11.02	4 26.51	−23 26 2.6	0 53.7	71.23	16 7.59
25	Fr	+ 0 24.89	29.92	18 10 37.53	4 26.47	23 25 8.9	1 21.8	71.24	16 7.64
26	Sa	− 0 5.03	29.85	18 15 4.00	4 26.41	23 23 47.1	1 50.1	71.24	16 7.68
27	So	0 34.88	29.75	18 19 30.41	4 26.31	23 21 57.0	2 18.3	71.22	16 7.72
28	Mo	1 4.63	29.61	18 23 56.72	4 26.17	23 19 38.7	2 46.3	71.19	16 7.75
29	Di	1 34.24	29.43	18 28 22.89	4 25.98	23 16 52.4	3 14.4	71.17	16 7.78
30	Mi	− 2 3.67	29.21	18 32 48.87	4 25.77	−23 13 38.0	3 42.3	71.14	16 7.80
31	Do	2 32.88	28.96	18 37 14.64	4 25.51	23 9 55.7	4 10.1	71.12	16 7.82
32	Fr	− 3 1.84		18 41 40.15		−23 5 45.6		71.10	16 7.84

Tag	Julian. Zeit	Sternzeit	Nutation in AR. langp. Gl.	Nutation in AR. kurzp. Gl.	0h Weltzeit: Mittleres Äquinoktium 1959.0 Länge	Diff.	Breite	R	Diff.	Aufgang in {+50° Breite, 0h Länge}	Untergang in {+50° Breite, 0h Länge}
1959	2436										
	d	h m s	s in 0.001		° ′ ″	′ ″	″ in 0.01			h m	h m
Nov. 24	896.5	4 8 49.154	−59	+ 3	240 56 34.0	60 40.8	+ 44	0.987 2884	1820	7 26	16 7
25	897.5	4 12 45.710	58	− 1	241 57 14.8	60 42.4	+ 56	0.987 1064	1786	7 27	16 6
26	898.5	4 16 42.267	57	− 6	242 57 57.2	60 44.1	+ 70	0.986 9278	1753	7 29	16 5
27	899.5	4 20 38.823	57	−10	243 58 41.3	60 45.6	+ 85	0.986 7525	1724	7 30	16 4
28	900.5	4 24 35.379	56	−13	244 59 26.9	60 47.1	+ 97	0.986 5801	1696	7 32	16 4
29	901.5	4 28 31.935	55	−13	246 0 14.0	60 48.4	+107	0.986 4105	1670	7 33	16 3
30	902.5	4 32 28.492	−54	−10	247 1 2.4	60 49.7	+115	0.986 2435	1644	7 34	16 2
Dez. 1	903.5	4 36 25.048	53	− 4	248 1 52.1	60 50.8	+120	0.986 0791	1617	7 36	16 2
2	904.5	4 40 21.605	51	+ 2	249 2 42.9	60 51.9	+123	0.985 9174	1590	7 37	16 1
3	905.5	4 44 18.161	50	+ 8	250 3 34.8	60 52.8	+122	0.985 7584	1559	7 38	16 1
4	906.5	4 48 14.718	49	+13	251 4 27.6	60 53.8	+116	0.985 6025	1524	7 40	16 0
5	907.5	4 52 11.275	47	+15	252 5 21.4	60 54.4	+110	0.985 4501	1487	7 41	16 0
6	908.5	4 56 7.832	−46	+14	253 6 15.8	60 55.2	+101	0.985 3014	1445	7 42	15 59
7	909.5	5 0 4.389	44	+11	254 7 11.0	60 55.9	+ 88	0.985 1569	1401	7 43	15 59
8	910.5	5 4 0.945	43	+ 6	255 8 6.9	60 56.7	+ 75	0.985 0168	1353	7 45	15 59
9	911.5	5 7 57.502	41	+ 1	256 9 3.6	60 57.3	+ 63	0.984 8815	1301	7 46	15 59
10	912.5	5 11 54.059	40	− 3	257 10 0.9	60 57.9	+ 51	0.984 7514	1247	7 47	15 58
11	913.5	5 15 50.616	38	− 6	258 10 58.8	60 58.7	+ 40	0.984 6267	1193	7 48	15 58
12	914.5	5 19 47.174	−36	− 8	259 11 57.5	60 59.3	+ 29	0.984 5074	1135	7 49	15 58
13	915.5	5 23 43.731	34	− 8	260 12 56.8	61 0.1	+ 21	0.984 3939	1076	7 50	15 58
14	916.5	5 27 40.288	33	− 6	261 13 56.9	61 0.8	+ 15	0.984 2863	1016	7 51	15 58
15	917.5	5 31 36.845	31	− 3	262 14 57.7	61 1.4	+ 11	0.984 1847	956	7 52	15 58
16	918.5	3 35 33.402	29	− 1	263 15 59.1	61 2.2	+ 10	0.984 0891	896	7 52	15 58
17	919.5	5 39 29.960	27	+ 3	264 17 1.3	61 3.0	+ 13	0.983 9995	835	7 53	15 59
18	920.5	5 43 26.517	−25	+ 5	265 18 4.3	61 3.7	+ 17	0.983 9160	775	7 54	15 59
19	921.5	5 47 23.074	23	+ 7	266 19 8.0	61 4.5	+ 23	0.983 8385	716	7 54	15 59
20	922.5	5 51 19.631	21	+ 6	267 20 12.5	61 5.3	+ 32	0.983 7669	659	7 55	16 0
21	923.5	5 55 16.189	19	+ 5	268 21 17.8	61 6.0	+ 43	0.983 7010	603	7 56	16 0
22	924.5	5 59 12.746	17	+ 1	269 22 23.8	61 6.8	+ 55	0.983 6407	550	7 56	16 1
23	925.5	6 3 9.304	15	− 4	270 23 30.6	61 7.5	+ 68	0.983 5857	499	7 57	16 1
24	926.5	6 7 5.861	−13	− 9	271 24 38.1	61 8.3	+ 80	0.983 5358	451	7 57	16 2
25	927.5	6 11 2.418	11	−13	272 25 46.4	61 8.9	+ 93	0.983 4907	406	7 57	16 2
26	928.5	6 14 58.976	9	−14	273 26 55.3	61 9.5	+104	0.983 4501	365	7 58	16 3
27	929.5	6 18 55.533	7	−12	274 28 4.8	61 10.0	+110	0.983 4136	327	7 58	16 4
28	930.5	6 22 52.090	5	− 8	275 29 14.8	61 10.3	+115	0.983 3809	289	7 58	16 4
29	931.5	6 26 48.647	3	− 2	276 30 25.1	61 10.7	+117	0.983 3520	254	7 59	16 5
30	932.5	6 30 45.205	− 2	+ 5	277 31 35.8	61 10.8	+116	0.983 3266	218	7 59	16 6
31	933.5	6 34 41.762	0	+11	278 32 46.6	61 10.9	+111	0.983 3048	183	7 59	16 7
32	934.5	6 38 38.319	+ 2	+14	279 33 57.5		+104	0.983 2865		7 59	16 8

0h Weltzeit	Mittleres Äquinoktium 1959.0											
	X			ΔX	Y			ΔY	Z			ΔZ
1959												
Jan. 0	+0.150 495	+17 256	− 45	−4	−0.891 489	+ 2 604	+276	−3	−0.386 609	+1 130	+120	+5
1	0.167 751	17 207	49	+4	0.888 885	2 880	276	−3	0.385 479	1 250	120	+4
2	0.184 958	17 150	57	−4	0.886 005	3 156	276	+2	0.384 229	1 369	119	+1
3	0.202 108	17 089	61	+1	0.882 849	3 432	276	+3	0.382 860	1 489	120	+5
4	0.219 197	17 022	67	+1	0.879 417	3 706	274	−1	0.381 371	1 608	119	+4
5	0.236 219	16 950	72	+5	0.875 711	3 980	274	+1	0.379 763	1 727	119	+3
6	+0.253 169	+16 873	− 77	+5	−0.871 731	+ 4 253	+273	0	−0.378 036	+1 844	+117	−2
7	0.270 042	16 788	85	−3	0.867 478	4 524	271	−3	0.376 192	1 963	119	+4
8	0.286 830	16 699	89	+2	0.862 954	4 795	271	+3	0.374 229	2 079	116	−2
9	0.303 529	16 605	94	+4	0.858 159	5 063	268	−2	0.372 150	2 196	117	+1
10	0.320 134	16 504	101	−2	0.853 096	5 330	267	0	0.369 954	2 311	115	−1
11	0.336 638	16 398	106	−4	0.847 766	5 595	265	+1	0.367 643	2 426	115	+1
12	+0.353 036	+16 287	−111	−1	−0.842 171	+ 5 858	+263	0	−0.365 217	+2 540	+114	+1
13	0.369 323	16 170	117	−3	0.836 313	6 118	260	−1	0.362 677	2 653	113	+1
14	0.385 493	16 049	121	+2	0.830 195	6 377	259	+4	0.360 024	2 765	112	−2
15	0.401 542	15 923	126	+4	0.823 818	6 633	256	+2	0.357 259	2 875	110	−3
16	0.417 465	15 792	131	+2	0.817 185	6 887	254	+2	0.354 384	2 986	111	+4
17	0.433 257	15 655	137	−2	0.810 298	7 138	251	−1	0.351 398	3 095	109	+2
18	+0.448 912	+15 515	−140	+3	−0.803 160	+ 7 386	+248	−3	−0.348 303	+3 203	+108	+1
19	0.464 427	15 370	145	+3	0.795 774	7 633	247	+2	0.345 100	3 309	106	−1
20	0.479 797	15 220	150	+1	0.788 141	7 876	243	−2	0.341 791	3 416	107	+4
21	0.495 017	15 066	154	+2	0.780 265	8 117	241	−1	0.338 375	3 520	104	−4
22	0.510 083	14 908	158	+1	0.772 148	8 356	239	+1	0.334 855	3 623	103	−5
23	0.524 991	14 745	163	−4	0.763 792	8 590	234	−4	0.331 232	3 725	102	−3
24	+0.539 736	+14 577	−168	−5	−0.755 202	+ 8 824	+234	+4	−0.327 507	+3 827	+102	+3
25	0.554 313	14 408	169	+4	0.746 378	9 054	230	0	0.323 680	3 927	100	0
26	0.568 721	14 232	176	−4	0.737 324	9 282	228	0	0.319 753	4 025	98	−3
27	0.582 953	14 053	179	−4	0.728 042	9 506	224	−4	0.315 728	4 123	98	+2
28	0.597 006	13 869	184	−3	0.718 536	9 729	223	+1	0.311 605	4 220	97	+4
29	0.610 875	13 682	187	+3	0.708 807	9 948	219	−2	0.307 385	4 315	95	+1
30	+0.624 557	+13 491	−191	+5	−0.698 859	+10 165	+217	0	−0.303 070	+4 409	+ 94	0
31	0.638 048	13 295	196	0	0.688 694	10 379	214	+2	0.298 661	4 502	93	0
Febr. 1	0.651 343	13 094	201	−3	0.678 315	10 590	211	+3	0.294 159	4 593	91	−5
2	0.664 437	12 890	204	0	0.667 725	10 798	208	+2	0.289 566	4 683	90	−5
3	0.677 327	12 681	209	0	0.656 927	11 002	204	+1	0.284 883	4 771	88	−4
4	0.690 008	12 468	213	0	0.645 925	11 204	202	+4	0.280 112	4 859	88	+4
5	+0.702 476	+12 251	−217	+2	−0.634 721	+11 401	+197	−1	−0.275 253	+4 944	+ 85	+2
6	0.714 727	12 030	221	+1	0.623 320	11 595	194	0	0.270 309	5 028	84	+5
7	0.726 757	11 804	226	−1	0.611 725	11 785	190	0	0.265 281	5 111	83	+5
8	0.738 561	11 576	228	+4	0.599 940	11 971	186	0	0.260 170	5 191	80	−1
9	0.750 137	+11 343	233	+1	0.587 969	+12 153	182	−1	0.254 979	+5 269	78	−2
10	+0.761 480		−236	+3	−0.575 816		+177	−5	−0.249 710		+ 78	+4

ΔX, ΔY, ΔZ sind in Einheiten der 7. Dezimale gegeben.

0^h	Mittleres Äquinoktium 1959.0											
Weltzeit	X			ΔX	Y			ΔY	Z			ΔZ
1959												
Febr. 10	+0.761 480	+11 107	−236	+3	−0.575 816	+12 330	+177	−5	−0.249 710	+5 347	+78	+4
11	0.772 587	10 868	239	+2	0.563 486	12 504	174	−1	0.244 363	5 422	75	−1
12	0.783 455	10 625	243	−1	0.550 982	12 673	169	−2	0.238 941	5 495	73	−1
13	0.794 080	10 380	245	+2	0.538 309	12 838	165	−1	0.233 446	5 567	72	+1
14	0.804 460	10 131	249	−1	0.525 471	12 998	160	−2	0.227 879	5 636	69	−1
15	0.814 591	9 880	251	+2	0.512 473	13 155	157	+5	0.222 243	5 705	69	+2
16	+0.824 471	+ 9 627	−253	+5	−0.499 318	+13 307	+152	+4	−0.216 538	+5 770	+65	−4
17	0.834 098	9 370	257	−2	0.486 011	13 455	148	+3	0.210 768	5 835	65	0
18	0.843 468	9 111	259	0	0.472 556	13 599	144	+4	0.204 933	5 897	62	−4
19	0.852 579	8 850	261	+3	0.458 957	13 737	138	−4	0.199 036	5 957	60	−5
20	0.861 429	8 587	263	+5	0.445 220	13 872	135	−1	0.193 079	6 016	59	0
21	0.870 016	8 322	265	+4	0.431 348	14 003	131	0	0.187 063	6 073	57	−1
22	+0.878 338	+ 8 055	−267	+1	−0.417 345	+14 129	+126	−2	−0.180 990	+6 127	+54	−3
23	0.886 393	7 785	270	−5	0.403 216	14 251	122	0	0.174 863	6 181	54	+5
24	0.894 178	7 513	272	−3	0.388 965	14 370	119	+4	0.168 682	6 233	52	+4
25	0.901 691	7 241	272	+3	0.374 595	14 484	114	+3	0.162 449	6 282	49	−3
26	0.908 932	6 965	276	−3	0.360 111	14 594	110	+4	0.156 167	6 329	47	−3
27	0.915 897	6 687	278	−3	0.345 517	14 701	107	+4	0.149 838	6 376	47	+3
28	+0.922 584	+ 6 408	−279	+3	−0.330 816	+14 802	+101	−3	+0.143 462	+6 420	+44	+1
März 1	0.928 992	6 127	281	+2	0.316 014	14 899	97	−4	0.137 042	6 462	42	−3
2	0.935 119	5 843	284	−4	0.301 115	14 993	94	+1	0.130 580	6 502	40	−4
3	0.940 962	5 557	286	−5	0.286 122	15 081	88	−2	0.124 078	6 540	38	−3
4	0.946 519	5 269	288	−4	0.271 041	15 165	84	−2	0.117 538	6 577	37	0
5	0.951 788	4 981	288	+2	0.255 876	15 244	79	−2	0.110 961	6 610	33	−4
6	+0.956 769	+ 4 689	−292	−4	−0.240 632	+15 318	+ 74	0	−0.104 351	+6 643	+33	+2
7	0.961 458	4 397	292	+2	0.225 314	15 388	70	+3	0.097 708	6 673	30	−1
8	0.965 855	4 104	293	+5	0.209 926	15 452	64	−2	0.091 035	6 700	27	−5
9	0.969 959	3 809	295	0	0.194 474	15 511	59	−1	0.084 335	6 726	26	−1
10	0.973 768	3 513	296	−2	0.178 963	15 566	55	+3	0.077 609	6 749	23	0
11	0.977 281	3 217	296	0	0.163 397	15 614	48	−4	0.070 860	6 771	22	+5
12	+0.980 498	+ 2 919	−298	−5	−0.147 783	+15 659	+ 45	+2	−0.064 089	+6 790	+19	+3
13	0.983 417	2 622	297	−1	0.132 124	15 698	39	0	0.057 299	6 807	17	+4
14	0.986 039	2 324	298	−4	0.116 426	15 732	34	0	0.050 492	6 822	15	+3
15	0.988 363	2 025	299	−5	0.100 694	15 761	29	−2	0.043 670	6 835	13	0
16	0.990 388	1 727	298	+1	0.084 933	15 785	24	0	0.036 835	6 845	10	−4
17	0.992 115	1 429	298	+3	0.069 148	15 805	20	+5	0.029 990	6 854	9	−2
18	+0.993 544	+ 1 131	−298	+1	−0.053 343	+15 820	+ 15	+3	−0.023 136	+6 860	+ 6	−3
19	0.994 675	832	299	−2	0.037 523	15 829	9	−4	0.016 276	6 865	5	−1
20	0.995 507	535	297	+4	0.021 694	15 834	+ 5	−4	0.009 411	6 867	+ 2	−5
21	0.996 042	+ 238	297	+4	−0.005 860	15 834	0	−2	−0.002 544	6 867	0	−5
22	0.996 280	− 59	297	+2	+0.009 974	+15 831	− 3	+5	+0.004 323	+6 866	− 1	−1
23	+0.996 221		−295	+4	+0.025 805		− 9	+3	+0.011 189		− 4	−4

ΔX, ΔY, ΔZ sind in Einheiten der 7. Dezimale gegeben.

0^h Weltzeit	Mittleres Äquinoktium 1959.0 X			ΔX	Y			ΔY	Z			ΔZ
1959												
März 23	+0.996 221	− 354	−295	+4	+0.025 805	+15 822	− 9	+3	+0.011 189	+6 862	− 4	−4
24	0.995 867	651	297	−4	0.041 627	15 810	12	+5	0.018 051	6 857	5	−2
25	0.995 216	946	295	−1	0.057 437	15 793	17	+2	0.024 908	6 849	8	−3
26	0.994 270	1 240	294	0	0.073 230	15 771	22	−3	0.031 757	6 840	9	+1
27	0.993 030	1 535	295	−4	0.089 001	15 746	25	+3	0.038 597	6 829	11	+3
28	0.991 495	1 829	294	−3	0.104 747	15 716	30	+2	0.045 426	6 817	12	+4
29	+0.989 666	− 2 123	−294	−1	+0.120 463	+15 682	− 34	+3	0.052 243	+6 801	−16	−5
30	0.987 543	2 415	292	−5	0.136 145	15 643	39	+2	0.059 044	6 784	17	−4
31	0.985 128	2 708	293	0	0.151 788	15 600	43	+4	0.065 828	6 765	19	−3
April 1	0.982 420	3 000	292	−1	0.167 388	15 551	49	0	0.072 593	6 744	21	−3
2	0.979 420	3 291	291	0	0.182 939	15 499	52	+5	0.079 337	6 721	23	−3
3	0.976 129	3 581	290	0	0.198 438	15 441	58	+2	0.086 058	6 695	26	−4
4	+0.972 548	− 3 870	−289	0	+0.213 879	+15 379	− 62	+3	+0.092 753	+6 669	−26	+4
5	0.968 678	4 158	288	−1	0.229 258	15 311	68	0	0.099 422	6 640	29	+1
6	0.964 520	4 444	286	+1	0.244 569	15 240	71	+4	0.106 062	6 608	32	−5
7	0.960 076	4 729	285	0	0.259 809	15 163	77	−1	0.112 670	6 575	33	−3
8	0.955 347	5 012	283	−1	0.274 972	15 081	82	−3	0.119 245	6 539	36	−5
9	0.950 335	5 293	281	−1	0.290 053	14 995	86	0	0.125 784	6 502	37	+1
10	+0.945 042	− 5 573	−280	−3	+0.305 048	+14 905	− 90	+4	+0.132 286	+6 463	−39	+4
11	0.939 469	5 850	277	0	0.319 953	14 809	96	0	0.138 749	6 422	41	+3
12	0.933 619	6 124	274	+4	0.334 762	14 710	99	+4	0.145 171	6 379	43	+2
13	0.927 495	6 397	273	−2	0.349 472	14 606	104	+3	0.151 550	6 334	45	0
14	0.921 098	6 668	271	−5	0.364 078	14 498	108	+2	0.157 884	6 287	47	−2
15	0.914 430	6 935	267	−1	0.378 576	14 385	113	0	0.164 171	6 238	49	−1
16	+0.907 495	− 7 201	−266	−4	+0.392 961	+14 269	−116	+2	+0.170 409	+6 188	−50	+2
17	0.900 294	7 463	262	+1	0.407 230	14 148	121	0	0.176 597	6 136	52	+4
18	0.892 831	7 723	260	0	0.421 378	14 025	123	+2	0.182 733	6 083	53	+3
19	0.885 108	7 979	256	+3	0.435 403	13 896	129	−5	0.188 816	6 026	57	−4
20	0.877 129	8 234	255	−5	0.449 299	13 764	132	−3	0.194 842	5 970	56	+5
21	0.868 895	8 486	252	−4	0.463 063	13 630	134	+1	0.200 812	5 912	58	+4
22	+0.860 409	− 8 735	−249	0	+0.476 693	+13 491	−139	−4	+0.206 724	+5 851	−61	−2
23	0.851 674	8 981	246	+3	0.490 184	13 349	142	−4	0.212 575	5 790	61	+1
24	0.842 693	9 224	243	+4	0.503 533	13 204	145	−2	0.218 365	5 727	63	−1
25	0.833 469	9 466	242	−3	0.516 737	13 055	149	−2	0.224 092	5 662	65	−4
26	0.824 003	9 705	239	−3	0.529 792	12 903	152	0	0.229 754	5 596	66	−4
27	0.814 298	9 941	236	−2	0.542 695	12 747	156	+1	0.235 350	5 528	68	−5
28	+0.804 357	−10 175	−234	−5	+0.555 442	+12 588	−159	+2	+0.240 878	+5 458	−70	−4
29	0.794 182	10 406	231	−3	0.568 030	12 425	163	0	0.246 336	5 388	70	+4
30	0.783 776	10 634	228	−1	0.580 455	12 257	168	−4	0.251 724	5 316	72	+4
Mai 1	0.773 142	10 859	225	0	0.592 712	12 088	169	+4	0.257 040	5 241	75	−3
2	0.762 283	−11 080	221	+3	0.604 800	+11 913	175	−2	0.262 281	+5 166	75	0
3	+0.751 203		−219	−3	+0.616 713		−178	−3	+0.267 447		−78	−3

ΔX, ΔY, ΔZ sind in Einheiten der 7. Dezimale gegeben.

0h Weltzeit	Mittleres Äquinoktium 1959.0 X			ΔX	Y			ΔY	Z			ΔZ
1959												
Mai 3	+0.751 203	−11 299	−219	−3	+0.616 713	+11 735	−178	−3	+0.267 447	+5 088	− 78	−3
4	0.739 904	11 514	215	−4	0.628 448	11 554	181	−1	0.272 535	5 010	78	+1
5	0.728 390	11 726	212	−4	0.640 002	11 369	185	−2	0.277 545	4 930	80	0
6	0.716 664	11 934	208	−1	0.651 371	11 180	189	−4	0.282 475	4 848	82	−4
7	0.704 430	12 138	204	+3	0.662 551	10 989	191	+4	0.287 323	4 764	84	−4
8	0.692 592	12 338	200	+5	0.673 540	10 794	195	+2	0.292 087	4 681	83	+4
9	+0.680 254	−12 534	−196	+4	+0.684 334	+10 596	−198	+2	+0.296 768	+4 595	− 86	−1
10	0.667 720	12 727	193	0	0.694 930	10 395	201	+3	0.301 363	4 507	88	−4
11	0.654 993	12 915	188	0	0.705 325	10 191	204	+2	0.305 870	4 420	87	+3
12	0.642 078	13 099	184	0	0.715 516	9 984	207	+2	0.310 290	4 329	91	−4
13	0.628 979	13 279	180	−3	0.725 500	9 775	209	+1	0.314 619	4 239	90	+3
14	0.615 700	13 455	176	−4	0.735 275	9 563	212	−3	0.318 858	4 148	91	+4
15	+0.602 245	−13 627	−172	−4	+0.744 838	+ 9 348	−215	−5	+0.323 006	+4 054	− 94	−3
16	0.588 618	13 793	166	+2	0.754 186	9 131	217	−5	0.327 060	3 960	94	0
17	0.574 825	13 957	164	−3	0.763 317	8 912	219	−2	0.331 020	3 866	94	+5
18	0.560 868	14 115	158	+4	0.772 229	8 691	221	0	0.334 886	3 770	96	+2
19	0.546 753	14 269	154	+4	0.780 920	8 468	223	+2	0.338 656	3 673	97	+1
20	0.532 484	14 420	151	0	0.789 388	8 244	224	+5	0.342 329	3 576	97	+2
21	+0.518 064	−14 566	−146	+3	+0.797 632	+ 8 017	−227	+1	+0.345 905	+3 477	− 99	−2
22	0.503 498	14 709	143	+1	0.805 649	7 789	228	0	0.349 382	3 378	99	+1
23	0.488 789	14 847	138	+3	0.813 438	7 558	231	−5	0.352 760	3 278	100	+2
24	0.473 942	14 982	135	0	0.820 996	7 326	232	−2	0.356 038	3 177	101	+2
25	0.458 960	15 113	131	−2	0.828 322	7 091	235	−2	0.359 215	3 076	101	+4
26	0.443 847	−15 240	127	−4	0.835 413	6 856	235	+4	0.362 291	2 973	103	−1
27	+0.428 607	−15 364	−124	−5	+0.842 269	+6 617	−239	+1	+0.365 264	+2 869	−104	−3
28	0.413 243	15 482	118	+4	0.848 886	6 377	240	+4	0.368 133	2 765	104	+2
29	0.397 761	15 596	114	+4	0.855 263	6 135	242	+4	0.370 898	2 660	105	+1
30	0.382 165	15 706	110	+1	0.861 398	5 890	245	−1	0.373 558	2 554	106	−1
31	0.366 459	15 813	107	−4	0.867 288	5 644	246	+2	0.376 112	2 447	107	−3
Juni 1	0.350 646	15 913	100	+5	0.872 932	5 397	247	+3	0.378 559	2 339	108	−3
2	+0.334 733	−16 009	− 96	+4	+0.878 329	+ 5 146	−251	−4	+0.380 898	+2 231	−108	+1
3	0.318 724	16 101	92	+1	0.883 475	4 895	251	−1	0.383 129	2 123	108	+3
4	0.302 623	16 188	87	+3	0.888 370	4 643	252	+2	0.385 252	2 012	111	−4
5	0.286 435	16 269	81	+5	0.893 013	4 388	255	−3	0.387 264	1 903	109	+3
6	0.270 166	16 347	78	−1	0.897 401	4 133	255	+3	0.389 167	1 792	111	+2
7	0.253 819	16 419	72	+2	0.901 534	3 876	257	+2	0.390 959	1 681	111	+2
8	+0.237 400	−16 485	− 66	+4	+0.905 410	+ 3 619	−257	+5	+0.392 640	+1 569	−112	−1
9	0.220 915	16 548	63	−4	0.909 029	3 360	259	+3	0.394 209	1 458	111	+3
10	0.204 367	16 605	57	−3	0.912 389	3 101	259	+5	0.395 667	1 345	113	−3
11	0.187 762	16 657	52	−4	0.915 490	2 841	260	+4	0.397 012	1 232	113	−2
12	0.171 105	−16 705	48	−5	0.918 331	+ 2 581	260	+3	0.398 244	+1 120	112	+2
13	+0.154 400		− 41	+4	+0.920 912		−262	−2	+0.399 364		−114	−2

ΔX, ΔY, ΔZ sind in Einheiten der 7. Dezimale gegeben.

0h Weltzeit	Mittleres Äquinoktium 1959.0											
	X			ΔX	Y			ΔY	Z			ΔZ
1959												
Juni 13	+0.154 400	−16 746	−41	+4	+0.920 912	+2 319	−262	−2	+0.399 364	+1 006	−114	−2
14	0.137 654	16 783	37	+3	0.923 231	2 059	260	+5	0.400 370	894	112	+4
15	0.120 871	16 816	33	−2	0.925 290	1 798	261	+2	0.401 264	780	114	−1
16	0.104 055	16 843	27	+1	0.927 088	1 536	262	−1	0.402 044	667	113	+3
17	0.087 212	16 867	24	−2	0.928 624	1 275	261	+2	0.402 711	554	113	+2
18	0.070 345	16 885	18	+2	0.929 899	1 015	260	+4	0.403 265	440	114	−2
19	+0.053 460	−16 899	−14	+1	+0.930 914	+753	−262	−4	+0.403 705	+327	−113	+1
20	0.036 561	16 909	10	−1	0.931 667	492	261	−3	0.404 032	214	113	0
21	0.019 652	16 915	6	−3	0.932 159	+231	261	−3	0.404 246	+100	114	−3
22	+0.002 737	16 916−	−1	0	0.932 390	−30	261	−3	0.404 346	−13	113	−2
23	−0.014 179	16 913+	+3	0	0.932 360	292	262	−5	0.404 333	127	114	−3
24	0.031 092	16 905	8	+2	0.932 068	553	261	0	0.404 206	240	113	0
25	−0.047 997	−16 893	+12	−1	+0.931 515	−815	−262	0	+0.403 966	−354	−114	−3
26	0.064 890	16 877	16	−3	0.930 700	1 076	261	+5	0.403 612	467	113	−1
27	0.081 767	16 855	22	+1	0.929 624	1 338	262	+2	0.403 145	581	114	−4
28	0.098 622	16 829	26	+1	0.928 286	1 599	261	+3	0.402 564	695	114	−3
29	0.115 451	16 797	32	+3	0.926 687	1 861	262	−3	0.401 869	807	112	+4
30	0.132 248	16 762	35	−4	0.924 826	2 122	261	−3	0.401 062	921	114	−3
Juli 1	−0.149 010	−16 721	+41	0	+0.922 704	−2 383	−261	−4	+0.400 141	−1 034	−113	−2
2	0.165 731	16 675	46	+1	0.920 321	2 643	260	−1	0.399 107	1 147	113	0
3	0.182 406	16 624	51	+2	0.917 678	2 903	260	−2	0.397 960	1 259	112	+3
4	0.199 030	16 569	55	−1	0.914 775	3 162	259	+1	0.396 701	1 371	112	+4
5	0.215 599	16 507	62	+3	0.911 613	3 419	257	+5	0.395 330	1 483	112	+1
6	0.232 106	16 443	64	−4	0.908 194	3 677	258	0	0.393 847	1 594	111	+2
7	−0.248 549	−16 371	+72	+3	+0.904 517	−3 933	−256	+1	+0.392 253	−1 705	−111	−2
8	0.264 920	16 296	75	−3	0.900 584	4 187	254	+5	0.390 548	1 816	111	−3
9	0.281 216	16 216	80	−4	0.896 397	4 441	254	+2	0.388 732	1 925	109	+1
10	0.297 432	16 130	86	+1	0.891 956	4 693	252	+2	0.386 807	2 035	110	−2
11	0.313 562	16 041	89	−3	0.887 263	4 943	250	+4	0.384 772	2 142	107	+4
12	0.329 603	15 946	95	+4	0.882 320	5 191	248	+5	0.382 630	2 251	109	−4
13	−0.345 549	−15 847	+99	+4	+0.877 129	−5 438	−247	+1	+0.380 379	−2 358	−107	−1
14	0.361 396	15 743	104	+4	0.871 691	5 683	245	+2	0.378 021	2 464	106	+4
15	0.377 139	15 636	107	−2	0.866 008	5 926	243	+2	0.375 557	2 569	105	+5
16	0.392 775	15 524	112	−1	0.860 082	6 166	240	+4	0.372 988	2 674	105	+3
17	0.408 299	15 409	115	−4	0.853 916	6 406	240	0	0.370 314	2 777	103	+4
18	0.423 708	15 289	120	0	0.847 510	6 643	237	+3	0.367 537	2 881	104	−2
19	−0.438 997	−15 165	+124	+1	+0.840 867	−6 878	−235	+3	+0.364 656	−2 983	−102	0
20	0.454 162	15 039	126	−4	0.833 989	7 112	234	+1	0.361 673	3 085	102	0
21	0.469 201	14 907	132	+4	0.826 877	7 344	232	+1	0.358 588	3 185	100	+5
22	0.484 108	14 771	136	+4	0.819 533	7 574	230	+2	0.355 403	3 285	100	+4
23	0.498 879	−14 633	138	−2	0.811 959	−7 802	228	+4	0.352 118	−3 384	99	+3
24	−0.513 512		+144	+4	+0.804 157		−227	−2	+0.348 734		−99	0

ΔX, ΔY, ΔZ sind in Einheiten der 7. Dezimale gegeben.

0^h Weltzeit	Mittleres Äquinoktium 1959.0											
	X			ΔX	Y			ΔY	Z			ΔZ
1959												
Juli 24	−0.513 512	−14 489	+144	+4	+0.804 157	− 8 029	−227	−2	+0.348 734	−3 483	−99	0
25	0.528 001	14 341	148	+1	0.796 128	8 254	225	−2	0.345 251	3 580	97	+5
26	0.542 342	14 190	151	−5	0.787 874	8 477	223	−3	0.341 671	3 676	96	+2
27	0.556 532	14 034	156	−4	0.779 397	8 698	221	−2	0.337 995	3 773	97	−4
28	0.570 566	13 874	160	−3	0.770 699	8 916	218	−1	0.334 222	3 867	94	−1
29	0.584 440	13 710	164	−3	0.761 783	9 133	217	−5	0.330 355	3 961	94	−3
30	−0.598 150	−13 541	+169	0	+0.752 650	− 9 347	−214	−2	+0.326 394	−4 054	−93	−2
31	0.611 691	13 369	172	−3	0.743 303	9 558	211	0	0.322 340	4 145	91	+3
Aug. 1	0.625 060	13 192	177	+1	0.733 745	9 768	210	−2	0.318 195	4 236	91	−2
2	0.638 252	13 011	181	+3	0.723 977	9 974	206	+3	0.313 959	4 325	89	0
3	0.651 263	12 826	185	+1	0.714 003	10 177	203	+4	0.309 634	4 413	88	−1
4	0.664 089	12 637	189	+1	0.703 826	10 378	201	0	0.305 221	4 501	88	−4
5	−0.676 726	−12 444	+193	0	+0.693 448	−10 576	−198	0	+0.300 720	−4 585	−84	+4
6	0.689 170	12 247	197	0	0.682 872	10 770	194	+4	0.296 135	4 670	85	−4
7	0.701 417	12 047	200	−2	0.672 102	10 961	191	+3	0.291 465	4 753	83	−2
8	0.713 464	11 843	204	+1	0.661 141	11 149	188	+3	0.286 712	4 834	81	+2
9	0.725 307	11 635	208	+5	0.649 992	11 333	184	+5	0.281 878	4 914	80	+1
10	0.736 942	11 423	212	+5	0.638 659	11 513	180	+4	0.276 964	4 992	78	0
11	−0.748 365	−11 210	+213	−5	+0.627 146	−11 691	−178	−2	+0.271 972	−5 070	−78	−4
12	0.759 575	10 993	217	−5	0.615 455	11 865	174	−1	0.266 902	5 145	75	+2
13	0.770 568	10 773	220	−5	0.603 590	12 034	169	+3	0.261 757	5 218	73	+5
14	0.781 341	10 551	222	−4	0.591 556	12 202	168	−4	0.256 539	5 292	74	−3
15	0.791 892	10 325	226	+2	0.579 354	12 365	163	0	0.251 247	5 362	70	+4
16	0.802 217	10 097	228	+2	0.566 989	12 525	160	+2	0.245·885	5 431	69	+2
17	−0.812 314	− 9 866	+231	+3	+0.554 464	−12 681	−156	+5	+0.240 454	−5 500	−69	−5
18	0.822 180	9 633	233	0	0.541 783	12 835	154	0	0.234 954	5 567	67	−3
19	0.831 813	9 397	236	+1	0.528 948	12 985	150	0	0.229 387	5 632	65	0
20	0.841 210	9 158	239	+1	0.515 963	13 132	147	0	0.223 755	5 695	63	+2
21	0.850 368	8 917	241	−2	0.502 831	13 276	144	+1	0.218 060	5 758	63	−3
22	0.859 285	8 673	244	−2	0.489 555	13 416	140	+3	0.212 302	5 819	61	−1
23	−0.867 958	− 8 426	+247	+1	+0.476 139	−13 552	−136	+5	+0.206 483	−5 878	−59	+2
24	0.876 384	8 176	250	+2	0.462 587	13 686	134	0	0.200 605	5 935	57	+3
25	0.884 560	7 924	252	+1	0.448 901	13 816	130	−1	0.194 670	5 992	57	−4
26	0.892 484	7 669	255	+2	0.435 085	13 941	125	+2	0.188 678	6 046	54	0
27	0.900 153	7 411	258	+4	0.421 144	14 064	123	−3	0.182 632	6 099	53	−3
28	0.907 564	7 150	261	+4	0.407 080	14 182	118	+2	0.176 533	6 151	52	−3
29	−0.914 714	− 6 888	+262	−2	+0.392 898	−14 296	−114	+3	+0.170 382	−6 199	−48	+4
30	0.921 602	6 623	265	−2	0.378 602	14 406	110	+1	0.164 183	6 247	48	−1
31	0.928 225	6 354	269	+3	0.364 196	14 513	107	−2	0.157 936	6 293	46	−4
Sept. 1	0.934 579	6 085	269	−5	0.349 683	14 614	101	+4	0.151 643	6 338	45	−5
2	0.940 664	− 5 813	272	−4	0.335 069	−14 712	98	+2	0.145 305	−6 379	41	+5
3	−0.946 477		+275	0	+0.320 357		− 92	+4	+0.138 926		−40	+1

ΔX, ΔY, ΔZ sind in Einheiten der 7. Dezimale gegeben.

0h Weltzeit	Mittleres Äquinoktium 1959.0											
	X			*ΔX*	*Y*			*ΔY*	*Z*			*ΔZ*
1959												
Sept. 3	−0.946 477	−5 538	+275	0	+0.320 357	−14 804	−92	+4	+0.138 926	−6 419	−40	+1
4	0.952 015	5 262	276	+1	0.305 553	14 893	89	−1	0.132 507	6 458	39	−3
5	0.957 277	4 984	278	+1	0.290 660	14 977	84	−1	0.126 049	6 494	36	0
6	0.962 261	4 704	280	+4	0.275 683	15 055	78	+4	0.119 555	6 528	34	−1
7	0.966 965	4 423	281	+3	0.260 628	15 130	75	−2	0.113 027	6 561	33	−3
8	0.971 388	4 141	282	−2	0.245 498	15 200	70	−4	0.106 466	6 591	30	−2
9	−0.975 529	−3 858	+283	−1	+0.230 298	−15 265	−65	−1	+0.099 875	−6 620	−29	−2
10	0.979 387	3 574	284	0	0.215 033	15 326	61	0	0.093 255	6 646	26	+3
11	0.982 961	3 288	286	+4	0.199 707	15 382	56	+3	0.086 609	6 670	24	+3
12	0.986 249	3 003	285	−2	0.184 325	15 434	52	+4	0.079 939	6 693	23	−3
13	0.989 252	2 717	286	−2	0.168 891	15 481	47	+5	0.073 246	6 715	22	−5
14	0.991 969	2 429	288	+4	0.153 410	15 525	44	+2	0.066 531	6 733	18	+4
15	−0.994 398	−2 141	+288	+3	+0.137 885	−15 564	−39	+3	+0.059 798	−6 750	−17	+3
16	0.996 539	1 853	288	−1	0.122 321	15 599	35	+4	0.053 048	6 765	15	+2
17	0.998 392	1 563	290	+3	0.106 722	15 630	31	+2	0.046 283	6 779	14	−1
18	0.999 955	1 273	290	−1	0.091 092	15 657	27	+2	0.039 504	6 790	11	0
19	1.001 228	983	290	−5	0.075 435	15 679	22	+5	0.032 714	6 800	10	−3
20	1.002 211	691	292	−1	0.059 756	15 697	18	+2	0.025 914	6 808	8	−5
21	−1.002 902	− 399	+292	0	+0.044 059	−15 712	−15	−3	+0.019 106	−6 814	− 6	−5
22	1.003 301	− 107	292	−1	0.028 347	15 720	8	+4	0.012 292	6 818	4	−3
23	1.003 408	+ 187	294	+4	+0.012 627	15 726	− 6	−3	+0.005 474	6 820	− 2	−2
24	1.003 221	481	294	+4	−0.003 099	15 726	0	−1	−0.001 346	6 820	0	0
25	1.002 740	775	294	0	0.018 825	15 722	+ 4	−3	0.008 166	6 818	+ 2	+1
26	1.001 965	1 069	294	−2	0.034 547	15 714	8	−2	0.014 984	6 814	4	+1
27	−1.000 896	+1 364	+295	0	−0.050 261	−15 700	+14	+4	−0.021 798	−6 808	+ 6	+1
28	0.999 532	1 659	295	−1	0.065 961	15 681	19	+4	0.028 606	6 800	8	−1
29	0.997 873	1 953	294	−2	0.081 642	15 659	22	−3	0.035 406	6 790	10	−1
30	0.995 920	1 249	296	+4	0.097 301	15 631	28	−1	0.042 196	6 778	12	0
Okt. 1	0.993 671	2 543	294	−1	0.112 932	15 598	33	+1	0.048 974	6 763	15	+1
2	0.991 128	2 837	294	−1	0.128 530	15 560	38	+1	0.055 737	6 747	16	−4
3	−0.988 291	+3 131	+294	+2	−0.144 090	−15 517	+43	0	−0.062 484	−6 729	+18	−3
4	0.985 160	3 424	293	+3	0.159 607	15 469	48	+1	0.069 213	6 707	22	+3
5	0.981 736	3 715	291	−1	0.175 076	15 416	53	+2	0.075 920	6 685	22	−4
6	0.978 021	4 006	291	+2	0.190 492	15 358	58	+3	0.082 605	6 660	25	−1
7	0.974 015	4 295	289	+1	0.205 850	15 295	63	+1	0.089 265	6 633	27	+1
8	0.969 720	4 583	288	+2	0.221 145	15 228	67	−2	0.095 898	6 603	30	+2
9	−0.965 137	+4 868	+285	−3	−0.236 373	−15 157	+71	−4	−0.102 501	−6 573	+30	−5
10	0.960 269	5 154	286	+4	0.251 530	15 080	77	+1	0.109 074	6 540	33	−4
11	0.955 115	5 436	282	−1	0.266 610	15 000	80	0	0.115 614	6 506	34	−3
12	0.949 679	5 718	282	+2	0.281 610	14 914	86	+4	0.122 120	6 468	38	+4
13	0.943 961	+5 997	279	−1	0.296 524	−14 826	88	−3	0.128 588	−6 430	38	−1
14	−0.937 964		+279	+2	−0.311 350		+93	−2	−0.135 018		+40	−2

ΔX, ΔY, ΔZ sind in Einheiten der 7. Dezimale gegeben.

0h Weltzeit	Mittleres Äquinoktium 1959.0 X	1st diff.	2nd diff.	ΔX	Y	1st diff.	2nd diff.	ΔY	Z	1st diff.	2nd diff.	ΔZ
1959												
Okt. 14	−0.937 964	+ 6 276	+279	+2	−0.311 350	−14 733	+ 93	−2	−0.135 018	−6 390	+ 40	−2
15	0.931 688	6 552	276	−3	0.326 083	14 635	98	0	0.141 408	6 347	43	+2
16	0.925 136	6 826	274	−3	0.340 718	14 534	101	−4	0.147 755	6 304	43	−4
17	0.918 310	7 100	274	+4	0.355 252	14 429	105	−4	0.154 059	6 258	46	+1
18	0.911 210	7 372	272	+3	0.369 681	14 319	110	0	0.160 317	6 210	48	+4
19	0.903 838	7 641	269	−1	0.384 000	14 205	114	+1	0.166 527	6 160	50	+3
20	−0.896 197	+ 7 909	+268	0	−0.398 205	−14 087	+118	+2	−0.172 687	−6 109	+ 51	−1
21	0.888 288	8 175	266	0	0.412 292	13 964	123	+4	0.178 796	6 056	53	−3
22	0.880 113	8 439	264	+1	0.426 256	13 838	126	−2	0.184 852	6 001	55	−4
23	0.871 674	8 702	263	+3	0.440 094	13 707	131	−3	0.190 853	5 944	57	−4
24	0.862 972	8 961	259	−4	0.453 801	13 572	135	−4	0.196 797	5 886	58	−4
25	0.854 011	9 219	258	−2	0.467 373	13 433	139	−5	0.202 683	5 825	61	+1
26	−0.844 792	+ 9 474	+255	−1	−0.480 806	−13 289	+144	−2	−0.208 508	−5 762	+ 63	+3
27	0.835 318	9 728	254	+5	0.494 095	13 141	148	−1	0.214 270	5 698	64	−1
28	0.825 590	9 979	251	+4	0.507 236	12 988	153	−1	0.219 968	5 632	66	0
29	0.815 611	10 226	247	−1	0.520 224	12 832	156	−4	0.225 600	5 564	68	+1
30	0.805 385	10 472	246	+3	0.533 056	12 670	162	0	0.231 164	5 494	70	+2
31	0.794 913	10 713	241	−2	0.545 726	12 505	165	−2	0.236 658	5 422	72	+4
Nov. 1	−0.784 200	+10 953	+240	+3	−0.558 231	−12 334	+171	+2	−0.242 080	−5 348	+ 74	+3
2	0.773 247	11 187	234	−4	0.570 565	12 160	174	−1	0.247 428	5 273	75	−1
3	0.762 060	11 419	232	+2	0.582 725	11 982	178	−4	0.252 701	5 196	77	−1
4	0.750 641	11 648	229	+4	0.594 707	11 800	182	−3	0.257 897	5 117	79	0
5	0.738 993	11 871	223	−4	0.606 507	11 614	186	−1	0.263 014	5 037	80	0
6	0.727 122	12 091	220	−2	0.618 121	11 425	189	−3	0.268 051	4 954	83	+3
7	−0.715 031	+12 308	+217	+3	−0.629 546	−11 232	+193	−1	−0.273 005	−4 872	+ 82	−4
8	0.702 723	12 520	212	+1	0.640 778	11 036	196	0	0.277 877	4 786	86	+3
9	0.690 203	12 729	209	+3	0.651 814	10 837	199	−1	0.282 663	4 700	86	−2
10	0.677 474	12 934	205	+4	0.662 651	10 634	203	+2	0.287 363	4 613	87	−3
11	0.664 540	13 135	201	+2	0.673 285	10 430	204	−4	0.291 976	4 523	90	+3
12	0.651 405	13 332	197	0	0.683 715	10 220	210	+4	0.296 499	4 433	90	−2
13	−0.638 073	+13 526	+194	+3	−0.693 935	−10 010	+210	−4	−0.300 932	−4 342	+ 91	−2
14	0.624 547	13 715	189	0	0.703 945	9 795	215	0	0.305 274	4 248	94	+4
15	0.610 832	13 901	186	+3	0.713 740	9 578	217	−1	0.309 522	4 154	94	+2
16	0.596 931	14 083	182	+4	0.723 318	9 358	220	−3	0.313 676	4 058	96	0
17	0.582 848	14 261	178	+3	0.732 676	9 135	223	−3	0.317 734	3 962	96	−4
18	0.568 587	14 435	174	+2	0.741 811	8 909	226	−3	0.321 696	3 864	98	−1
19	−0.554 152	+14 605	+170	+2	−0.750 720	− 8 680	+229	−2	−0.325 560	−3 764	+100	+4
20	0.539 547	14 771	166	+3	0.759 400	8 449	231	−5	0.329 324	3 663	101	+2
21	0.524 776	14 933	162	+2	0.767 849	8 214	235	−3	0.332 987	3 562	101	−4
22	0.509 843	15 090	157	0	0.776 063	7 977	237	−4	0.336 549	3 459	103	−3
23	0.494 753	+15 244	154	+4	0.784 040	− 7 737	240	−5	0.340 008	−3 355	104	0
24	−0.479 509		+149	+1	−0.791 777		+242	−5	−0.343 363		+106	+3

ΔX, ΔY, ΔZ sind in Einheiten der 7. Dezimale gegeben.

Sonnenkoordinaten 1959

0h Weltzeit	Mittleres Äquinoktium 1959.0											
	X			ΔX	Y			ΔY	Z			ΔZ
1959												
Nov. 24	−0.479 509	+15 393	+149	+1	−0.791 777	−7 495	+242	−5	−0.343 363	−3 249	+106	+3
25	0.464 116	15 537	144	−4	0.799 272	7 248	247	+4	0.346 612	3 143	106	+1
26	0.448 579	15 677	140	−3	0.806 520	7 000	248	−1	0.349 755	3 035	108	+4
27	0.432 902	15 812	135	−3	0.813 520	6 749	251	−3	0.352 790	2 926	109	+3
28	0.417 090	15 942	130	−4	0.820 269	6 496	253	−4	0.355 716	2 816	110	+1
29	0.401 148	16 066	124	−5	0.826 765	6 239	257	0	0.358 532	2 705	111	−2
30	−0.385 082	+16 187	+121	+5	−0.833 004	−5 981	+258	−2	−0.361 237	−2 594	+111	−4
Dez. 1	0.368 895	16 301	114	+2	0.838 985	5 720	261	+1	0.363 831	2 480	114	+1
2	0.352 594	16 410	109	−1	0.844 705	5 457	263	−1	0.366 311	2 367	113	−4
3	0.336 184	16 513	103	−3	0.850 162	5 194	263	−4	0.368 678	2 253	114	−1
4	0.319 671	16 611	98	−2	0.855 356	4 927	267	+4	0.370 931	2 137	116	+5
5	0.303 060	16 703	92	−3	0.860 283	4 660	267	0	0.373 068	2 021	116	+3
6	−0.286 357	+16 790	+ 87	+1	−0.864 943	−4 392	+268	−2	−0.375 089	−1 905	+116	−1
7	0.269 567	16 873	83	+4	0.869 335	4 122	270	+1	0.376 994	1 789	116	−2
8	0.252 694	16 949	76	−3	0.873 457	3 852	270	−3	0.378 783	1 671	118	+4
9	0.235 745	17 020	71	−2	0.877 309	3 580	272	+1.	0.380 454	1 553	118	+4
10	0.218 725	17 087	67	+2	0.880 889	3 308	272	−1	0.382 007	1 435	118	+2
11	0.201 368	17 148	61	−1	0.884 197	3 034	274	+1	0.383 442	1 316	119	0
12	−0.184 490	+17 204	+ 56	−1	−0.887 231	−2 760	+274	−3	−0.384 758	−1 198	+118	−4
13	0.167 286	17 255	51	+2	0.889 991	2 486.	274	−5	0.385 956	1 078	120	+3
14	0.150 031	17 302	47	+3	0.892 477	2 210	276	+1	0.387 034	958	120	+2
15	0.132 729	17 342	40	−2	0.894 687	1 933	277	+3	0.387 992	839	119	−4
16	0.115 387	17 378	36	−2	0.896 620	1 657	276	0	0.388 831	718	121	+2
17	0.098 009	17 409	31	−2	0.898 277	1 378	279	+4	0.389 549	598	120	−2
18	−0.080 600	+17 434	+ 25	−2	−0.899 655	−1 101	+277	−3	−0.390 147	− 477	+121	+2
19	0.063 166	17 455	21	+4	0.900 756	822	279	0	0.390 624	356	121	+2
20	0.045 711	17 471	16	+4	0.901 578	542	280	+2	0.390 980	235	121	+3
21	0.028 240	17 481	10	0	0.902 120	− 263	279	−5	0.391 215	− 113	122	+5
22	−0.010 759	17 486	+ 5	−2	0.902 383	+ 17	280	−3	0.391 328	+ 8	121	+1
23	+0.006 727	17 485	− 1	−5	0.902 366	298	281	0	0.391 320	130	122	+2
24	+0.024 212	+17 479	− 6	−4	−0.902 068	+ 579	+281	−2	−0.391 190	+ 252	+122	+1
25	0.041 691	17 468	11	−1	−0.901 489	860	281	−3	0.390 938	373	121	−3
26	0.059 159	17 451	17	−1	0.900 629	1 141	281	−5	0.390 565	496	123	+2
27	0.076 610	17 428	23	0	0.899 488	1 422	281	−2	0.390 069	617	121	−5
28	0.094 038	17 400	28	+1	0.898 066	1 704	282	+4	0.389 452	739	122	−3
29	0.111 438	17 365	35	−3	0.896 362	1 984	280	+1	0.388 713	860	121	−4
30	+0.128 803	+17 324	− 41	−4	−0.894 378	+2 265	+281	+4	−0.387 853	+ 982	122	+1
31	0.146 127	+17 278	46	+1	0.892 113	+2 544	279	−1	0.386 871	+1 103	121	+1
32	+0.163 405		− 51	+4	−0.889 569		+278	−4	−0.385 768		+121	+4

ΔX, ΔY, ΔZ sind in Einheiten der 7. Dezimale gegeben.

Frühlingsäquinoktium	21. März	8h 55m Weltzeit	Herbstäquinoktium	23. Sept.	19h 9m Weltzeit
Sommersolstitium	22. Juni	3 50 „	Wintersolstitium	22. Dez.	14 35 „

Erdnähe 2. Jan. 5h Weltzeit
Erdferne 5. Juli 7 „

Tag		0h Weltzeit Aberration	Parallaxe	Mittlere Länge $L_{\odot}$	Mittlere Anomalie $M_{\odot}$
1959		″	″	°	°
Jan.	−4	20.82	8.95	274.9758	352.741
	+6	20.82	8.95	284.8323	2.597
	16	20.81	8.95	294.6887	12.453
	26	20.79	8.94	304.5452	22.309
Febr.	5	20.76	8.93	314.4017	32.165
	15	20.72	8.91	324.2582	42.021
	25	20.68	8.89	334.1146	51.877
März	7	20.63	8.87	343.9711	61.733
	17	20.57	8.84	353.8276	71.589
	27	20.52	8.82	3.6841	81.445
April	6	20.46	8.79	13.5405	91.301
	16	20.40	8.77	23.3970	101.157
	26	20.34	8.75	33.2535	111.013
Mai	6	20.29	8.72	43.1100	120.869
	16	20.25	8.70	52.9664	130.725
	26	20.21	8.69	62.8229	140.581
Juni	5	20.17	8.67	72.6794	150.437
	15	20.15	8.66	82.5359	160.293
	25	20.14	8.66	92.3923	170.149
Juli	5	20.13	8.66	102.2488	180.005
	15	20.14	8.66	112.1053	189.861
	25	20.15	8.66	121.9617	199.717
Aug.	4	20.17	8.67	131.8182	209.573
	14	20.21	8.69	141.6747	219.429
	24	20.25	8.70	151.5312	229.285
Sept.	3	20.29	8.72	161.3876	239.141
	13	20.34	8.75	171.2441	248.997
	23	20.40	8.77	181.1006	258.853
Okt.	3	20.46	8.79	190.9571	268.709
	13	20.52	8.82	200.8135	278.565
	23	20.57	8.84	210.6700	288.421
Nov.	2	20.63	8.87	220.5265	298.277
	12	20.68	8.89	230.3830	308.133
	22	20.73	8.91	240.2394	317.989
Dez.	2	20.76	8.93	250.0959	327.845
	12	20.79	8.94	259.9524	337.701
	22	20.81	8.95	269.8088	347.557
	32	20.82	8.95	279.6653	357.413

Tägliche Änderungen

d	$\Delta L_{\odot}$	$\Delta M_{\odot}$
	°	°
1	+0.9856	+0.986
2	1.9713	1.971
3	2.9569	2.957
4	3.9426	3.942
5	4.9282	4.928
6	+5.9139	+5.914
7	6.8995	6.899
8	7.8852	7.885
9	8.8708	8.870
10	+9.8565	+9.856

Stündliche Änderungen

h	$\Delta L_{\odot}$	$\Delta M_{\odot}$
	°	°
1	+0.0411	+0.041
2	0.0821	0.082
3	0.1232	0.123
4	0.1643	0.164
5	+0.2053	+0.205
6	0.2464	0.246
7	0.2875	0.287
8	0.3285	0.329
9	+0.3696	+0.370
10	0.4107	0.411
11	0.4518	0.452
12	0.4928	0.493
13	+0.5339	+0.534
14	0.5750	0.575
15	0.6160	0.616
16	0.6571	0.657
17	+0.6982	+0.698
18	0.7392	0.739
19	0.7803	0.780
20	0.8214	0.821
21	+0.8624	+0.862
22	0.9035	0.903
23	0.9446	0.945
24	+0.9856	+0.986

Tag	0 Weltzeit										
	Scheinbare Rektaszension		Scheinbare Deklination		Parallaxe		Halbmesser		Länge	Breite	Alter
1959	h m s	m s	° ′	° ′	′ ″	″	′ ″	″	°	°	d
Jan. 0	10 31 54	52 3	+ 5 41.2	4 18.5	58 0.4	25.9	15 49.8	7.1	157.518	−3.299	20.3
1	11 23 57	52 34	+ 1 22.7	4 26.1	58 26.3	24.3	15 56.9	6.6	171.179	−2.305	21.3
2	12 16 31	53 40	− 3 3.4	4 19.5	58 50.6	21.7	16 3.5	5.9	185.002	−1.164	22.3
3	13 10 11	55 19	− 7 22.9	3 57.8	59 12.3	17.6	16 9.4	4.8	198.990	+0.060	23.3
4	14 5 30	57 16	−11 20.7	3 20.0	59 29.9	11.6	16 14.2	3.2	213.142	+1.294	24.3
5	15 2 46	59 9	−14 40.7	2 27.1	59 41.5	3.4	16 17.4	0.9	227.442	+2.459	25.3
6	16 1 55	60 24	−17 7.8	1 21.7	59 44.9	6.7	16 18.3	1.8	241.851	+3.474	26.3
7	17 2 19	60 38	−18 29.5	0 9.8	59 38.2	17.6	16 16.5	4.9	256.301	+4.267	27.3
8	18 2 57	59 36	−18 39.3	1 1.2	59 20.6	28.2	16 11.6	7.6	270.701	+4.785	28.3
9	19 2 33	57 33	−17 38.1	2 3.8	58 52.4	37.0	16 4.0	10.1	284.944	+4.999	29.3
10	20 0 6	54 52	−15 34.3	2 53.5	58 15.4	42.8	15 53.9	11.7	298.932	+4.906	0.8
11	20 54 58	52 6	−12 40.8	3 28.0	57 32.6	45.1	15 42.2	12.3	312.582	+4.532	1.8
12	21 47 4	49 37	− 9 12.8	3 48.5	56 47.5	43.8	15 29.9	11.9	325.851	+3.918	2.8
13	22 36 41	47 42	− 5 24.3	3 56.5	56 3.7	39.3	15 18.0	10.7	338.729	+3.118	3.8
14	23 24 23	46 26	− 1 27.8	3 54.7	55 24.4	32.0	15 7.3	8.7	351.245	+2.185	4.8
15	0 10 49	45 51	+ 2 26.9	3 44.6	54 52.4	23.0	14 58.6	6.3	3.455	+1.171	5.8
16	0 56 40	45 57	+ 6 11.5	3 27.2	54 29.4	12.8	14 52.3	3.5	15.436	+0.122	6.8
17	1 42 37	46 37	+ 9 38.7	3 3.3	54 16.6	2.2	14 48.8	0.6	27.276	−0.921	7.8
18	2 29 14	47 46	+12 42.0	2 32.7	54 14.4	8.2	14 48.2	1.3	39.070	−1.920	8.8
19	3 17 0	49 16	+15 14.7	1 55.0	54 22.6	17.6	14 49.5	5.8	50.910	−2.840	9.8
20	4 6 16	50 52	+17 9.7	1 10.4	54 40.2	25.8	14 55.3	7.0	62.880	−3.644	10.8
21	4 57 8	52 19	+18 20.1	0 19.6	55 6.0	32.0	15 2.3	8.7	75.056	−4.295	11.8
22	5 49 27	53 25	+18 39.7	0 35.8	55 38.0	35.8	15 11.0	9.8	87.491	−4.758	12.8
23	6 42 52	54 1	+18 3.9	1 32.5	56 13.8	37.1	15 20.8	10.1	100.221	−4.997	13.8
24	7 36 53	54 7	+16 31.4	2 26.9	56 50.9	35.8	15 30.9	9.7	113.254	−4.985	14.8
25	8 31 0	53 51	+14 4.5	3 14.9	57 26.7	32.3	15 40.6	8.8	126.573	−4.704	15.8
26	9 24 51	53 28	+10 49.6	3 52.6	57 59.0	26.9	15 49.4	7.4	140.141	−4.153	16.8
27	10 18 19	53 11	+ 6 57.0	4 17.6	58 25.9	20.8	15 56.8	5.6	153.906	−3.354	17.8
28	11 11 30	53 16	+ 2 39.4	4 28.0	58 46.7	14.5	16 2.4	4.0	167.813	−2.346	18.8
29	12 4 46	53 46	− 1 48.6	4 23.3	59 1.2	8.6	16 6.4	2.3	181.813	−1.187	19.8
30	12 58 32	54 45	− 6 11.9	4 3.0	59 9.8	3.4	16 8.7	1.0	195.867	+0.050	20.8
31	13 53 17	56 3	−10 14.9	3 28.0	59 13.2	1.1	16 9.7	0.4	209.950	+1.289	21.8
Febr. 1	14 49 20	57 25	−13 42.9	2 39.3	59 12.1	5.6	16 9.3	1.5	224.044	+2.450	22.8
2	15 46 45	58 30	−16 22.2	1 39.7	59 6.5	9.9	16 7.8	2.7	238.138	+3.463	23.8
3	16 45 15	58 54	−18 1.9	0 33.3	58 56.6	14.6	16 5.1	4.0	252.210	+4.263	24.8
4	17 44 9	58 26	−18 35.2	0 34.5	58 42.0	19.8	16 1.1	5.4	266.231	+4.804	25.8
5	18 42 35	57 5	−18 0.7	1 37.7	58 22.2	24.9	15 55.7	6.8	280.158	+5.056	26.8
6	19 39 40	55 5	−16 23.0	2 31.2	57 57.3	29.7	15 48.9	8.0	293.937	+5.011	27.8
7	20 34 45	52 50	−13 51.8	3 12.2	57 27.6	33.3	15 40.9	9.1	307.512	+4.666	28.8
8	21 27 35	50 37	−10 39.6	3 39.5	56 54.3	35.1	15 31.8	9.6	320.831	+4.102	0.2
9	22 18 12	48 44	− 7 0.1	3 54.0	56 19.2	34.8	15 22.2	9.4	333.860	+3.316	1.2
10	23 6 56		− 3 6.1		55 44.4		15 12.8		346.587	+2.379	2.2

Tag	Oberer Meridiandurchgang in Greenwich							0h Länge, + 50° Breite			
	AR.	Änderung für 1h westl. Länge	Dekl.	Änderung für 1h westl. Länge	Parallaxe	Zeit des Durchgangs	Änderung für 1h westl. Länge	Aufgang	Änderung für 1h westl. Länge	Untergang	Änderung für 1h westl. Länge
1959	h m s	s	° ′	′	′	h m	m	h m	m	h m	m
Jan. 0	10 40 44	134	+ 4 58.4	−10.9	58.1	4 4.4	2.08	22 35	3.1	10 35	1.2
1	11 34 38	135	+ 0 28.5	−11.5	58.5	4 54.2	2.09	23 48	3.1	11 3	1.2
2	12 29 14	138	− 4 6.7	−11.4	58.9	5 44.8	2.13	— —	—	11 31	1.2
3	13 25 14	142	− 8 31.3	−10.6	59.3	6 36.7	2.20	1 2	3.1	12 2	1.3
4	14 23 12	148	−12 28.1	− 9.0	59.6	7 30.5	2.29	2 17	3.1	12 36	1.6
5	15 23 23	153	−15 39.2	− 6.8	59.7	8 26.6	2.38	3 32	3.1	13 16	1.8
6	16 25 30	157	−17 48.1	− 3.9	59.7	9 24.6	2.45	4 43	2.9	14 3	2.1
7	17 28 38	158	−18 42.7	− 0.6	59.5	10 23.7	2.46	5 49	2.6	14 58	2.4
8	18 31 24	155	−18 18.8	+ 2.6	59.1	11 22.3	2.42	6 47	2.2	16 0	2.7
9	19 32 24	149	−16 41.6	+ 5.4	58.6	12 19.2	2.32	7 36	1.9	17 8	2.9
10	20 30 40	142	−14 3.9	+ 7.6	57.9	13 13.4	2.19	8 16	1.6	18 17	2.9
11	21 25 50	134	−10 42.1	+ 9.1	57.1	14 4.5	2.07	8 51	1.4	19 26	2.9
12	22 18 5	127	− 6 52.7	+ 9.9	56.3	14 52.7	1.95	9 20	1.2	20 34	2.8
13	23 7 57	122	− 2 50.4	+10.2	55.6	15 38.5	1.87	9 47	1.1	21 40	2.7
14	23 56 10	119	+ 1 13.1	+10.0	55.0	16 22.6	1.82	10 11	1.0	22 44	2.7
15	0 43 30	118	+ 5 8.4	+ 9.5	54.5	17 5.9	1.80	10 35	1.0	23 47	2.6
16	1 30 44	119	+ 8 47.4	+ 8.7	54.3	17 49.1	1.80	11 0	1.1	— —	—
17	2 18 33	121	+12 2.8	+ 7.6	54.2	18 32.8	1.85	11 26	1.2	0 48	2.6
18	3 7 32	124	+14 47.5	+ 6.1	54.3	19 17.7	1.90	11 56	1.3	1 49	2.5
19	3 58 6	129	+16 53.7	+ 4.4	54.6	20 4.2	1.97	12 29	1.5	2 48	2.4
20	4 50 25	133	+18 13.7	+ 2.3	55.0	20 52.5	2.05	13 7	1.7	3 46	2.4
21	5 44 23	137	+18 40.1	− 0.1	55.6	21 42.4	2.11	13 52	2.1	4 41	2.2
22	6 39 38	139	+18 7.7	− 2.6	56.2	22 33.5	2.15	14 45	2.3	5 32	2.1
23	7 35 35	140	+16 34.3	− 5.1	56.8	23 25.4	2.17	15 44	2.6	6 19	1.8
24	— — —	—	— —	—	—	— —	—	16 49	2.8	7 0	1.6
25	8 31 39	140	+14 2.4	− 7.5	57.5	0 17.4	2.16	17 58	2.9	7 36	1.4
26	9 27 26	139	+10 39.2	− 9.4	58.0	1 9.1	2.15	19 10	3.0	8 9	1.3
27	10 22 46	138	+ 6 36.2	−10.8	58.5	2 0.3	2.13	20 23	3.1	8 39	1.2
28	11 17 50	138	+ 2 7.8	−11.5	58.8	2 51.3	2.13	21 37	3.1	9 08	1.2
29	12 13 2	139	− 2 30.0	−11.5	59.0	3 42.4	2.14	22 52	3.1	9 37	1.2
30	13 8 53	141	− 7 0.2	−10.9	59.2	4 34.2	2.18	— —	—	10 7	1.3
31	14 5 54	144	−11 5.8	− 9.5	59.2	5 27.1	2.23	0 7	3.1	10 39	1.4
Febr. 1	15 4 26	148	−14 30.4	− 7.5	59.2	6 21.6	2.30	1 20	3.0	11 16	1.7
2	16 4 26	152	−16 59.2	− 4.9	59.2	7 17.5	2.35	2 31	2.9	12 0	2.0
3	17 5 28	153	−18 21.0	− 1.9	58.9	8 14.4	2.38	3 37	2.6	12 50	2.3
4	18 6 38	152	−18 29.8	+ 1.2	58.6	9 11.5	2.36	4 36	2.3	13 48	2.5
5	19 6 53	149	−17 26.7	+ 4.0	58.2	10 7.6	2.30	5 28	2.0	14 51	2.7
6	20 5 16	143	−15 19.5	+ 6.5	57.7	11 1.9	2.22	6 11	1.7	15 58	2.8
7	21 1 14	137	−12 20.8	+ 8.3	57.2	11 53.8	2.11	6 48	1.4	17 7	2.9
8	21 54 40	131	− 8 45.8	+ 9.5	56.6	12 43.2	2.01	7 20	1.3	18 15	2.8
9	22 45 49	125	− 4 49.4	+10.1	56.0	13 30.2	1.92	7 48	1.1	19 22	2.8
10	23 35 12	122	− 0 45.1	+10.2	55.4	14 15.5	1.86	8 14	1.1	20 27	2.7

Mond 1959

Tag	0h Weltzeit: Scheinbare Rektaszension		Scheinbare Deklination		Parallaxe		Halbmesser		Länge	Breite	Alter
1959	h m s	m s	° ′	° ′	′ ″	″	′ ″	″	°	°	d
Febr. 10	23 6 56	47 21	− 3 6.1	3 56.8	55 44.4	31.9	15 12.8	8.7	346.587	+2.379	2.2
11	23 54 17	46 30	+ 0 50.7	3 50.0	55 12.5	26.9	15 4.1	7.4	359.024	+1.345	3.2
12	0 40 47	46 14	+ 4 40.7	3 34.9	54 45.6	19.6	14 56.7	5.3	11.204	+0.267	4.2
13	1 27 1	46 30	+ 8 15.6	3 12.5	54 26.0	10.9	14 51.4	3.0	23.184	−0.808	5.2
14	2 13 31	47 15	+11 28.1	2 43.6	54 15.1	1.0	14 48.4	0.3	35.035	−1.838	6.2
15	3 0 46	48 21	+14 11.7	2 8.5	54 14.1	9.5	14 48.1	2.6	46.839	−2.787	7.2
16	3 49 7	49 42	+16 20.2	1 27.0	54 23.6	19.9	14 50.7	5.5	58.684	−3.620	8.2
17	4 38 49	51 7	+17 47.2	0 39.8	54 43.5	29.7	14 56.2	8.0	70.658	−4.304	9.2
18	5 29 56	52 23	+18 27.0	0 12.4	55 13.2	37.9	15 4.2	10.4	82.846	−4.806	10.2
19	6 22 19	53 24	+18 14.6	1 7.6	55 51.1	43.8	15 14.6	11.9	95.320	−5.095	11.2
20	7 15 43	54 2	+17 7.0	2 3.1	56 34.9	46.8	15 26.5	12.8	108.135	−5.141	12.2
21	8 9 45	54 20	+15 3.9	2 55.3	57 21.7	46.0	15 39.3	12.5	121.321	−4.920	13.2
22	9 4 5	54 27	+12 8.6	3 40.0	58 7.7	41.4	15 51.8	11.3	134.878	−4.421	14.2
23	9 58 32	54 32	+ 8 28.6	4 13.0	58 49.1	33.2	16 3.1	9.0	148.774	−3.650	15.2
24	10 53 4	54 45	+ 4 15.6	4 31.2	59 22.3	22.5	16 12.1	6.1	162.945	−2.641	16.2
25	11 47 49	55 14	− 0 15.6	4 32.2	59 44.8	10.4	16 18.2	2.9	177.308	−1.449	17.2
26	12 43 3	56 0	− 4 47.8	4 15.6	59 55.2	1.1	16 21.1	0.3	191.771	−0.154	18.2
27	13 39 3	56 57	− 9 3.4	3 41.9	59 54.1	11.1	16 20.8	3.0	206.245	+1.154	19.2
28	14 36 0	57 51	−12 45.3	2 53.7	59 43.0	18.7	16 17.8	5.1	220.656	+2.385	20.2
März 1	15 33 51	58 27	−15 39.0	1 54.5	59 24.3	23.9	16 12.7	6.6	234.948	+3.457	21.2
2	16 32 18	58 28	−17 33.5	0 49.1	59 0.4	27.0	16 6.1	7.3	249.084	+4.306	22.2
3	17 30 46	57 46	−18 22.6	0 17.0	58 33.4	28.5	15 58.8	7.8	263.041	+4.889	23.2
4	18 28 32	56 23	−18 5.6	1 19.1	58 4.9	29.2	15 51.0	7.9	276.807	+5.181	24.2
5	19 24 55	54 31	−16 46.5	2 12.9	57 35.7	29.4	15 43.1	8.0	290.371	+5.178	25.2
6	20 19 26	52 28	−14 33.6	2 55.9	57 6.3	29.2	15 35.1	8.0	303.726	+4.893	26.2
7	21 11 54	50 30	−11 37.7	3 26.9	56 37.1	29.0	15 27.1	7.9	316.863	+4.354	27.2
8	22 2 24	48 49	− 8 10.8	3 46.2	56 8.1	28.2	15 19.2	7.7	329.776	+3.599	28.2
9	22 51 13	47 33	− 4 24.6	3 54.0	55 39.9	26.7	15 11.5	7.2	342.462	+2.677	29.2
10	23 38 46	46 45	− 0 30.6	3 51.5	55 13.2	24.0	15 4.3	6.6	354.926	+1.640	0.5
11	0 25 31	46 26	+ 3 20.9	3 39.9	54 49.2	19.9	14 57.7	6.4	7.182	+0.542	1.5
12	1 11 57	46 32	+ 7 0.8	3 20.2	54 29.3	14.3	14 51.3	2.9	19.255	−0.567	2.5
13	1 58 29	47 4	+10 21.0	2 53.3	54 15.0	7.4	14 48.4	2.0	31.184	−1.639	3.5
14	2 45 33	47 52	+13 14.3	2 19.7	54 7.6	1.0	14 46.4	0.2	43.020	−2.633	4.5
15	3 33 25	48 52	+15 34.0	1 40.4	54 8.6	10.4	14 46.6	2.9	54.825	−3.513	5.5
16	4 22 17	49 59	+17 14.4	0 55.8	54 19.0	20.3	14 49.5	5.5	66.669	−4.246	6.5
17	5 12 16	51 2	+18 10.2	0 6.9	54 39.3	30.5	14 55.0	8.3	78.629	−4.803	7.5
18	6 3 18	51 58	+18 17.1	0 45.2	55 9.8	39.9	15 3.3	10.9	90.787	−5.156	8.5
19	6 55 16	52 43	+17 31.9	1 38.4	55 49.7	47.9	15 14.2	13.0	103.220	−5.278	9.5
20	7 47 59	53 18	+15 53.5	2 30.6	56 37.6	53.1	15 27.2	14.5	115.998	−5.147	10.5
21	8 41 17	53 48	+13 22.9	3 18.3	57 30.7	54.7	15 41.7	14.9	129.172	−4.746	11.5
22	9 35 5	54 22	+10 4.6	3 58.2	58 25.4	51.7	15 56.6	14.1	142.773	−4.070	12.5
23	10 29 27		+ 6 6.4		59 17.1		16 10.7		156.792	−3.133	13.5

Tag	Oberer Meridiandurchgang in Greenwich							0h Länge, + 50° Breite			
	AR.	Änderung für 1h westl. Länge	Dekl.	Änderung für 1h westl. Länge	Parallaxe	Zeit des Durchgangs	Änderung für 1h westl. Länge	Aufgang	Änderung für 1h westl. Länge	Untergang	Änderung für 1h westl. Länge
1959	h m s	s	° ′	′	′	h m	m	h m	m	h m	m
Febr. 10	23 35 12	122	− 0 45.1	+10.2	55.4	14 15.5	1.86	8 14	1.1	20 27	2.7
11	0 23 24	120	+ 3 15.8	+ 9.8	54.9	14 59.7	1.83	8 38	1.0	21 31	2.7
12	1 11 4	119	+ 7 3.6	+ 9.1	54.5	15 43.3	1.82	9 3	1.1	22 34	2.6
13	1 58 50	120	+10 30.4	+ 8.1	54.3	16 27.0	1.83	9 29	1.1	23 35	2.5
14	2 47 15	122	+13 28.6	+ 6.7	54.2	17 11.4	1.87	9 57	1.2	— —	—
15	3 36 48	126	+15 51.4	+ 5.1	54.3	17 56.8	1.93	10 28	1.4	0 35	2.5
16	4 27 47	129	+17 31.9	+ 3.2	54.6	18 43.8	1.99	11 4	1.6	1 33	2.4
17	5 20 19	133	+18 23.4	+ 1.0	55.1	19 32.2	2.05	11 45	1.9	2 29	2.3
18	6 14 19	137	+18 20.0	− 1.3	55.7	20 22.1	2.11	12 33	2.2	3 21	2.1
19	7 9 29	139	+17 17.7	− 3.8	56.5	21 13.2	2.15	13 29	2.4	4 9	1.9
20	8 5 25	140	+15 15.7	− 6.3	57.3	22 5.1	2.17	14 30	2.7	4 52	1.7
21	9 1 43	141	+12 17.2	− 8.5	58.1	22 57.3	2.18	15 38	2.9	5 31	1.6
22	9 58 9	141	+ 8 30.3	−10.3	58.8	23 49.6	2.18	16 49	3.0	6 6	1.4
23	— — —	—	— —	—	—	— —	—	18 3	3.2	6 38	1.3
24	10 54 40	142	+ 4 7.9	−11.5	59.4	0 42.0	2.19	19 20	3.2	7 9	1.3
25	11 51 26	142	− 0 33.6	−11.9	59.8	1 34.7	2.21	20 36	3.2	7 39	1.3
26	12 48 46	144	− 5 15.2	−11.5	59.9	2 28.0	2.23	21 53	3.2	8 9	1.3
27	13 46 59	147	− 9 36.9	−10.2	59.9	3 22.1	2.28	23 9	3.1	8 42	1.4
28	14 46 16	150	−13 20.3	− 8.3	59.7	4 17.3	2.32	— —	—	9 18	1.6
März 1	15 46 32	152	−16 9.3	− 5.7	59.3	5 13.5	2.35	0 22	2.9	10 0	1.9
2	16 47 21	152	−17 52.5	− 2.8	58.9	6 10.2	2.36	1 30	2.7	10 48	2.2
3	17 48 0	151	−18 24.4	+ 0.2	58.4	7 6.7	2.34	2 31	2.4	11 43	2.4
4	18 47 36	147	−17 45.7	+ 3.0	57.9	8 2.2	2.28	3 24	2.1	12 43	2.6
5	19 45 26	142	−16 2.8	+ 5.5	57.4	8 56.0	2.20	4 9	1.8	13 48	2.7
6	20 41 6	136	−13 26.4	+ 7.5	56.9	9 47.6	2.10	4 48	1.5	14 54	2.8
7	21 34 28	131	−10 9.3	+ 8.9	56.4	10 36.9	2.01	5 20	1.3	16 1	2.8
8	22 25 47	126	− 6 25.0	+ 9.7	55.9	11 24.1	1.93	5 49	1.2	17 8	2.8
9	23 15 27	123	− 2 26.4	+10.1	55.4	12 9.7	1.87	6 16	1.1	18 13	2.7
10	0 3 58	120	+ 1 34.8	+ 9.9	55.0	12 54.2	1.84	6 41	1.1	19 17	2.7
11	0 51 54	120	+ 5 27.8	+ 9.4	54.6	13 38.0	1.83	7 6	1.1	20 20	2.6
12	1 39 46	120	+ 9 3.5	+ 8.5	54.3	14 21.8	1.83	7 31	1.1	21 22	2.6
13	2 28 1	121	+12 13.6	+ 7.3	54.2	15 6.0	1.86	7 58	1.2	22 23	2.5
14	3 17 3	124	+14 50.7	+ 5.8	54.1	15 51.0	1.89	8 28	1.3	23 21	2.4
15	4 7 8	127	+16 48.0	+ 4.0	54.2	16 37.0	1.94	9 2	1.5	— —	—
16	4 58 25	130	+17 59.6	+ 2.0	54.5	17 24.2	1.99	9 41	1.7	0 18	2.3
17	5 50 54	133	+18 20.1	− 0.3	55.0	18 12.6	2.04	10 25	2.0	1 11	2.1
18	6 44 27	135	+17 45.6	− 2.6	55.7	19 2.1	2.08	11 16	2.3	2 0	2.0
19	7 38 52	137	+16 14.2	− 5.0	56.5	19 52.4	2.11	12 13	2.5	2 45	1.8
20	8 33 59	138	+13 46.4	− 7.3	57.4	20 43.5	2.14	13 17	2.8	3 25	1.6
21	9 29 39	140	+10 26.5	− 9.3	58.3	21 35.0	2.16	14 25	2.9	4 1	1.4
22	10 25 55	142	+ 6 22.8	−10.9	59.2	22 27.2	2.19	15 37	3.1	4 34	1.3
23	11 22 58	144	+ 1 48.3	−11.8	60.0	23 20.2	2.23	16 53	3.2	5 5	1.3

Tag	0h Weltzeit										
	Scheinbare Rektaszension		Scheinbare Deklination		Parallaxe		Halbmesser		Länge	Breite	Alter
1959	h m s	m s	° ′	° ′	′ ″	″	′ ″	″	°	°	d
März 23	10 29 27	55 3	+ 6 6.4	4 25.7	59 17.1	43.7	16 10.7	11.9	156.792	−3.133	13.5
24	11 24 30	56 1	+ 1 40.7	4 37.3	60 0.8	31.0	16 22.6	8.5	171.171	−1.975	14.5
25	12 20 31	57 12	− 2 56.6	4 29.9	60 31.8	15.2	16 31.1	4.1	185.876	−0.663	15.5
26	13 17 43	58 29	− 7 26.5	4 2.7	60 47.0	1.8	16 35.2	0.5	200.743	+0.710	16.5
27	14 16 12	59 35	−11 29.2	3 16.8	60 45.2	17.3	16 34.7	4.7	215.660	+2.039	17.5
28	15 15 47	61 3	−14 46.0	2 16.7	60 27.9	29.8	16 30.0	8.1	230.500	+3.224	18.5
29	16 16 0	60 4	−17 2.7	1 8.5	59 58.1	38.1	16 21.9	10.4	245.150	+4.182	19.5
30	17 16 4	59 0	−18 11.2	0 1.0	59 20.0	42.3	16 11.5	11.5	259.532	+4.858	20.5
31	18 15 4	57 13	−18 10.2	1 5.5	58 37.7	43.1	16 0.0	11.8	273.596	+5.225	21.5
April 1	19 12 17	54 56	−17 4.7	2 0.8	57 54.6	41.3	15 48.2	11.2	287.324	+5.283	22.5
2	20 7 13	52 34	−15 3.9	2 45.1	57 13.3	38.2	15 37.0	10.4	300.724	+5.050	23.5
3	20 59 47	50 22	−12 18.8	3 17.6	56 35.1	34.2	15 26.6	9.4	313.817	+4.557	24.5
4	21 50 9	48 34	− 9 1.2	3 38.8	56 0.9	30.1	15 17.2	8.2	326.635	+3.845	25.5
5	22 38 43	47 16	− 5 22.4	3 49.4	55 30.8	26.0	15 9.0	7.0	339.211	+2.959	26.5
6	23 25 59	46 30	− 1 33.0	3 50.4	55 4.8	22.0	15 2.0	6.0	351.579	+1.947	27.5
7	0 12 29	46 12	+ 2 17.4	3 42.2	54 42.8	18.0	14 56.0	4.9	3.773	+0.860	28.5
8	0 58 41	46 22	+ 5 59.6	3 25.8	54 24.8	13.6	14 51.1	3.7	15.822	−0.252	29.5
9	1 45 3	46 53	+ 9 25.4	3 1.4	54 11.2	8.6	14 47.4	2.4	27.759	−1.343	0.9
10	2 31 56	47 38	+12 26.8	2 30.0	54 2.6	2.9	14 45.0	0.8	39.617	−2.368	1.9
11	3 19 34	48 32	+14 56.8	1 52.1	53 59.7	3.8	14 44.2	1.1	51.432	−3.288	2.9
12	4 8 6	49 26	+16 48.9	1 9.1	54 3.5	11.5	14 45.3	3.1	63.247	−4.066	3.9
13	4 57 32	50 14	+17 58.0	0 21.7	54 15.0	20.1	14 48.4	5.5	75.113	−4.673	4.9
14	5 47 46	50 53	+18 19.7	0 28.1	54 35.1	29.1	14 53.9	7.9	87.087	−5.083	5.9
15	6 38 39	51 22	+17 51.6	1 19.0	55 4.2	38.3	15 1.8	10.4	99.234	−5.273	6.9
16	7 30 1	51 46	+16 32.6	2 8.9	55 42.5	46.8	15 12.2	12.8	111.621	−5.225	7.9
17	8 21 47	52 9	+14 23.7	2 55.9	56 29.3	53.6	15 25.0	14.6	124.318	−4.924	8.9
18	9 13 56	52 43	+11 27.8	3 37.4	57 22.9	57.5	15 39.6	15.6	137.388	−4.364	9.9
19	10 6 39	53 35	+ 7 50.4	4 10.2	58 20.4	57.3	15 55.2	15.7	150.881	−3.549	10.9
20	11 0 14	54 50	+ 3 40.2	4 30.9	59 17.7	51.8	16 10.9	14.1	164.823	−2.502	11.9
21	11 55 4	56 29	− 0 50.7	4 35.3	60 9.5	40.7	16 25.0	11.1	179.203	−1.267	12.9
22	12 51 33	58 25	− 5 26.0	4 20.1	60 50.2	24.6	16 36.1	6.7	193.967	+0.083	13.9
23	13 49 58	60 21	− 9 46.1	3 43.7	61 14.8	5.3	16 42.8	1.4	209.016	+1.452	14.9
24	14 50 19	61 49	−13 29.8	2 48.1	61 20.1	14.3	16 44.2	3.9	224.209	+2.729	15.9
25	15 52 8	62 20	−16 17.9	1 38.6	61 5.8	31.5	16 40.3	8.6	239.385	+3.811	16.9
26	16 54 28	61 38	−17 56.5	0 23.9	60 34.3	44.0	16 31.7	12.0	254.383	+4.616	17.9
27	17 56 6	59 46	−18 20.4	0 47.6	59 50.3	51.4	16 19.7	14.0	269.072	+5.000	18.9
28	18 55 52	57 7	−17 32.8	1 49.2	58 58.9	53.7	16 5.7	14.6	283.363	+5.250	19.9
29	19 52 59	54 10	−15 43.6	2 37.8	58 5.2	51.8	15 51.1	14.1	297.215	+5.087	20.9
30	20 47 9	51 24	−13 5.8	3 12.9	57 13.4	47.3	15 37.0	12.9	310.630	+4.647	21.9
Mai 1	21 38 33	49 5	− 9 52.9	3 35.7	56 26.1	41.1	15 24.1	11.2	323.643	+3.979	22.9
2	22 27 38	47 24	− 6 17.2	3 47.7	55 45.0	34.1	15 12.9	9.3	336.309	+3.131	23.9
3	23 15 2		− 2 29.5		55 10.9		15 3.6		348.690	+2.154	24.9

Tag	Oberer Meridiandurchgang in Greenwich							0^h Länge, + 50° Breite			
	AR.	Änderung für 1^h westl. Länge	Dekl.	Änderung für 1^h westl. Länge	Parallaxe	Zeit des Durchgangs	Änderung für 1^h westl. Länge	Aufgang	Änderung für 1^h westl. Länge	Untergang	Änderung für 1^h westl. Länge
1959	h m s	s	° ′	′	′	h m	m	h m	m	h m	m
März 23	11 22 58	144	+ 1 48.3	−11.8	60.0	23 20.2	2.23	16 53	3.2	5 5	1.3
24	— — —	—	— —	—	—	— —	—	18 11	3.3	5 36	1.3
25	12 21 5	147	− 2 59.3	−12.0	60.5	0 14.2	2.28	19 30	3.3	6 6	1.3
26	13 20 31	150	− 7 39.0	−11.2	60.8	1 9.5	2.34	20 49	3.3	6 39	1.4
27	14 21 23	154	−11 48.5	− 9.5	60.7	2 6.3	2.39	22 6	3.1	7 15	1.6
28	15 23 28	156	−15 7.1	− 7.0	60.4	3 4.3	2.43	23 18	2.9	7 57	1.9
29	16 26 10	157	−17 19.1	− 4.0	59.9	4 2.9	2.44	— —	—	8 44	2.1
30	17 28 31	155	−18 16.6	− 0.8	59.2	5 1.1	2.40	0 24	2.6	9 38	2.4
31	18 29 29	150	−17 59.7	+ 2.2	58.4	5 58.0	2.33	1 21	2.2	10 37	2.6
April 1	19 28 16	144	−16 35.3	+ 4.8	57.7	6 52.7	2.23	2 9	1.8	11 41	2.7
2	20 24 26	137	−14 14.8	+ 6.8	57.0	7 44.8	2.11	2 49	1.6	12 47	2.8
3	21 18 0	131	−11 11.3	+ 8.4	56.4	8 34.3	2.01	3 23	1.3	13 53	2.8
4	22 9 16	126	− 7 37.8	+ 9.3	55.8	9 21.5	1.93	3 53	1.2	14 59	2.7
5	22 58 46	122	− 3 46.5	+ 9.9	55.3	10 6.9	1.86	4 20	1.1	16 3	2.7
6	23 47 5	120	+ 0 11.6	+ 9.9	54.9	10 51.2	1.83	4 45	1.0	17 7	2.7
7	0 34 47	119	+ 4 6.2	+ 9.6	54.6	11 34.8	1.82	5 9	1.0	18 10	2.6
8	1 22 25	119	+ 7 47.7	+ 8.8	54.3	12 18.4	1.82	5 34	1.1	19 12	2.6
9	2 10 26	121	+11 7.5	+ 7.8	54.1	13 2.3	1.85	6 1	1.2	20 13	2.5
10	2 59 11	123	+13 57.2	+ 6.3	54.0	13 47.0	1.88	6 30	1.3	21 13	2.4
11	3 48 52	125	+16 9.6	+ 4.6	54.0	14 32.6	1.92	7 2	1.4	22 10	2.3
12	4 39 34	128	+17 38.3	+ 2.7	54.2	15 19.2	1.96	7 38	1.6	23 4	2.2
13	5 31 11	130	+18 18.0	+ 0.6	54.5	16 6.8	2.00	8 20	1.9	23 54	2.0
14	6 23 35	132	+18 5.2	− 1.7	54.9	16 55.1	2.03	9 8	2.1	— —	—
15	7 16 34	133	+16 58.2	− 3.9	55.5	17 44.0	2.05	10 2	2.4	0 40	1.8
16	8 10 0	134	+14 57.2	− 6.1	56.3	18 33.4	2.06	11 1	2.6	1 21	1.6
17	9 3 52	135	+12 5.0	− 8.2	57.2	19 23.2	2.09	12 5	2.8	1 57	1.5
18	9 58 19	137	+ 8 27.1	− 9.9	58.2	20 13.5	2.11	13 14	2.9	2 31	1.4
19	10 53 39	140	+ 4 12.0	−11.2	59.2	21 4.8	2.16	14 26	3.1	3 2	1.3
20	11 50 20	144	− 0 27.2	−11.9	60.1	21 57.4	2.23	15 41	3.2	3 32	1.3
21	12 48 50	149	− 5 13.1	−11.7	60.8	22 51.8	2.31	17 0	3.3	4 2	1.3
22	13 49 30	154	− 9 44.1	−10.6	61.2	23 48.4	2.40	18 19	3.3	4 33	1.4
23	— — —	—	— —	—	—	— —	—	19 39	3.3	5 8	1.6
24	14 52 20	159	−13 36.3	− 8.5	61.3	0 47.1	2.48	20 57	3.1	5 47	1.8
25	15 56 47	162	−16 27.8	− 5.6	61.1	1 47.4	2.53	22 9	2.8	6 33	2.1
26	17 1 44	162	−18 3.2	− 2.3	60.5	2 48.3	2.52	23 11	2.4	7 26	2.4
27	18 5 44	158	−18 17.4	+ 1.1	59.7	3 48.2	2.45	— —	—	8 26	2.6
28	19 7 26	151	−17 15.6	+ 4.0	58.8	4 45.8	2.34	0 5	2.1	9 30	2.7
29	20 6 3	142	−15 10.2	+ 6.3	57.9	5 40.3	2.20	0 49	1.7	10 37	2.8
30	21 1 23	134	−12 16.3	+ 8.0	57.0	6 31.5	2.07	1 26	1.4	11 45	2.8
Mai 1	21 53 46	128	− 8 48.9	+ 9.1	56.2	7 19.8	1.96	1 57	1.2	12 51	2.7
2	22 43 47	123	− 5 1.2	+ 9.7	55.5	8 5.8	1.88	2 24	1.1	13 56	2.7
3	23 32 11	120	− 1 4.6	+ 9.9	55.0	8 50.1	1.83	2 50	1.1	15 0	2.7

Tag		0h Weltzeit: Scheinbare Rektaszension	Diff.	Scheinbare Deklination	Diff.	Parallaxe	Diff.	Halbmesser	Diff.	Länge	Breite	Alter
1959		h m s	m s	° ′	° ′	′ ″	″	′ ″	″	°	°	d
Mai	3	23 15 2	46 21	− 2 29.5	3 50.2	55 10.9	27.2	15 3.6	7.4	348.690	+2.154	24.9
	4	0 1 23	45 54	+ 1 20.7	3 44.2	54 43.7	20.7	14 56.2	5.6	0.851	+1.097	25.9
	5	0 47 17	46 0	+ 5 4.9	3 30.3	54 23.0	14.5	14 50.6	4.0	12.852	+0.006	26.9
	6	1 33 17	46 32	+ 8 35.2	3 8.7	54 8.5	8.8	14 46.6	2.4	24.746	−1.073	27.9
	7	2 19 49	47 22	+11 43.9	2 39.6	53 59.7	3.5	14 44.2	0.9	36.580	−2.099	28.9
	8	3 7 11	48 20	+14 23.5	2 3.6	53 56.2	1.9	14 43.3	0.5	48.391	−3.030	0.2
	9	3 55 31	49 18	+16 27.1	1 21.8	53 58.1	7.4	14 43.8	2.0	60.213	−3.829	1.2
	10	4 44 49	50 4	+17 48.9	0 35.2	54 5.5	13.5	14 45.8	3.7	72.078	−4.465	2.2
	11	5 34 53	50 35	+18 24.1	0 14.2	54 19.0	20.1	14 49.5	5.5	84.020	−4.910	3.2
	12	6 25 28	50 51	+18 9.9	1 4.3	54 39.1	27.2	14 55.0	7.4	96.074	−5.143	4.2
	13	7 16 19	50 54	+17 5.6	1 53.2	55 6.3	34.7	15 2.4	9.4	108.282	−5.146	5.2
	14	8 7 13	50 56	+15 12.4	2 38.9	55 41.0	42.2	15 11.8	11.5	120.694	−4.910	6.2
	15	8 58 9	51 5	+12 33.5	3 19.5	56 23.2	48.7	15 23.3	13.3	133.365	−4.433	7.2
	16	9 49 14	51 36	+ 9 14.0	3 53.1	57 11.9	53.4	15 36.6	14.5	146.352	−3.719	8.2
	17	10 40 50	52 35	+ 5 20.9	4 17.4	58 5.3	55.2	15 51.1	15.1	159.710	−2.786	9.2
	18	11 33 25	54 10	+ 1 3.5	4 29.1	59 0.5	52.7	16 6.2	14.3	173.481	−1.666	10.2
	19	12 27 35	56 16	− 3 25.6	4 25.1	59 53.2	44.8	16 20.5	12.2	187.685	−0.411	11.2
	20	13 23 51	58 45	− 7 50.7	4 1.7	60 38.0	31.6	16 32.7	8.7	202.303	+0.904	12.2
	21	14 22 36	61 9	−11 52.4	3 17.7	61 9.6	13.9	16 41.4	3.7	217.269	+2.185	13.2
	22	15 23 45	62 55	−15 10.1	2 14.9	61 23.5	6.0	16 45.1	1.6	232.464	+3.329	14.2
	23	16 26 40	63 28	−17 25.0	0 59.8	61 17.5	25.3	16 43.5	6.9	247.731	+4.240	15.2
	24	17 30 8	62 28	−18 24.8	0 17.9	60 52.2	41.2	16 36.6	11.2	262.890	+4.844	16.2
	25	18 32 36	60 11	−18 6.9	1 28.9	60 11.0	52.0	16 25.4	14.2	277.776	+5.108	17.2
	26	19 32 47	57 4	−16 38.0	2 26.4	59 19.0	57.1	16 11.2	15.5	292.261	+5.034	18.2
	27	20 29 51	53 48	−14 11.6	3 8.4	58 21.9	57.2	15 55.7	15.6	306.272	+4.657	19.2
	28	21 23 39	50 53	−11 3.2	3 35.3	57 24.7	53.1	15 40.1	14.5	319.791	+4.029	20.2
	29	22 14 32	48 34	− 7 27.9	3 49.5	56 31.6	46.5	15 25.6	12.7	332.846	+3.208	21.2
	30	23 3 6	46 58	− 3 38.4	3 53.3	55 45.1	38.3	15 12.9	10.4	345.496	+2.253	22.2
	31	23 50 4	46 5	+ 0 14.9	3 48.4	55 6.8	29.5	15 2.5	8.0	357.819	+1.217	23.2
Juni	1	0 36 9	45 53	+ 4 3.3	3 35.8	54 37.3	20.9	14 54.5	5.7	9.897	+0.146	24.2
	2	1 22 2	46 13	+ 7 39.1	3 16.0	54 16.4	12.7	14 48.8	3.5	21.811	−0.914	25.2
	3	2 8 15	47 1	+10 55.1	2 49.1	54 3.7	5.4	14 45.3	1.5	33.634	−1.925	26.2
	4	2 55 16	48 2	+13 44.2	2 15.3	53 58.3	1.1	14 43.8	0.3	45.428	−2.848	27.2
	5	3 43 18	49 9	+15 59.5	1 35.2	53 59.4	6.8	14 44.1	1.9	57.243	−3.648	28.2
	6	4 32 27	50 6	+17 34.7	0 49.5	54 6.2	12.0	14 46.0	3.3	69.120	−4.291	29.2
	7	5 22 33	50 46	+18 24.2	0 0.1	54 18.2	16.9	14 49.3	4.6	81.189	−4.750	0.5
	8	6 13 19	51 4	+18 24.3	0 50.6	54 35.1	21.5	14 53.9	5.8	93.171	−5.000	1.5
	9	7 4 23	51 1	+17 33.7	1 40.4	54 56.6	26.3	14 59.7	7.2	105.388	−5.025	2.5
	10	7 55 24	50 47	+15 53.3	2 26.6	55 22.9	31.3	15 6.9	8.5	117.759	−4.816	3.5
	11	8 46 11	50 33	+13 26.7	3 7.4	55 54.2	36.2	15 15.4	9.9	130.311	−4.373	4.5
	12	9 36 44	50 32	+10 19.3	3 40.8	56 30.4	40.8	15 25.3	11.1	143.075	−3.706	5.5
	13	10 27 16		+ 6 38.5		57 11.2		15 36.4		156.091	−2.835	6.5

Tag	Oberer Meridiandurchgang in Greenwich							0h Länge, + 50° Breite			
	AR.	Änderung für 1h westl. Länge	Dekl.	Änderung für 1h westl. Länge	Parallaxe	Zeit des Durchgangs	Änderung für 1h westl. Länge	Aufgang	Änderung für 1h westl. Länge	Untergang	Änderung für 1h westl. Länge
1959	h m s	s	° ′	′	′	h m	m	h m	m	h m	m
Mai 3	23 32 11	120	− 1 4.6	+ 9.9	55.0	8 50.1	1.83	2 50	1.1	15 0	2.7
4	0 19 41	118	+ 2 51.2	+ 9.7	54.6	9 33.6	1.80	3 14	1.0	16 3	2.6
5	1 6 57	118	+ 6 37.2	+ 9.1	54.3	10 16.8	1.80	3 39	1.1	17 5	2.6
6	1 54 32	120	+10 4.9	+ 8.2	54.1	11 0.3	1.83	4 4	1.1	18 6	2.5
7	2 42 53	122	+13 6.0	+ 6.9	54.0	11 44.6	1.87	4 32	1.2	19 6	2.5
8	3 32 14	125	+15 32.8	+ 5.3	53.9	12 29.9	1.91	5 3	1.4	20 4	2.4
9	4 22 40	127	+17 17.9	+ 3.4	54.1	13 16.2	1.95	5 38	1.6	21 0	2.2
10	5 14 4	130	+18 15.4	+ 1.3	54.2	14 3.6	1.99	6 18	1.8	21 51	2.1
11	6 6 10	131	+18 21.2	− 0.9	54.5	14 51.6	2.01	7 4	2.0	22 38	1.9
12	6 58 39	131	+17 33.6	− 3.1	54.9	15 40.0	2.02	7 55	2.3	23 20	1.7
13	7 51 16	132	+15 53.0	− 5.3	55.5	16 28.5	2.02	8 52	2.5	23 58	1.5
14	8 43 53	132	+13 22.3	− 7.3	56.2	17 17.1	2.03	9 53	2.6	— —	—
15	9 36 38	132	+10 6.5	− 9.0	57.0	18 5.8	2.03	10 58	2.8	0 32	1.3
16	10 29 50	134	+ 6 12.7	−10.4	57.9	18 54.9	2.07	12 7	2.9	1 2	1.3
17	11 24 1	137	+ 1 50.4	−11.4	58.8	19 45.0	2.12	13 18	3.1	1 32	1.2
18	12 19 49	142	− 2 47.5	−11.7	59.8	20 36.7	2.20	14 33	3.2	2 0	1.2
19	13 17 54	149	− 7 23.9	−11.2	60.6	21 30.7	2.30	15 50	3.3	2 30	1.3
20	14 18 44	156	−11 37.9	− 9.8	61.1	22 27.4	2.43	17 9	3.3	3 2	1.4
21	15 22 19	162	−15 6.2	− 7.4	61.4	23 26.9	2.53	18 28	3.2	3 38	1.6
22	— — —	—	— —	—	—	— —	—	19 44	3.0	4 19	1.9
23	16 27 55	165	−17 26.9	− 4.2	61.3	0 28.4	2.58	20 53	2.7	5 9	2.3
24	17 34 6	165	−18 26.0	− 0.7	60.8	1 30.5	2.57	21 54	2.3	6 7	2.6
25	18 39 3	159	−18 0.7	+ 2.7	60.1	2 31.3	2.49	22 44	1.9	7 11	2.8
26	19 41 17	151	−16 19.9	+ 5.6	59.2	3 29.4	2.35	23 25	1.6	8 20	2.9
27	20 39 57	142	−13 39.7	+ 7.7	58.2	4 24.0	2.20	23 59	1.3	9 30	2.9
28	21 35 1	133	−10 18.0	+ 9.0	57.2	5 15.0	2.06	— —	—	10 39	2.8
29	22 26 58	127	− 6 31.0	+ 9.8	56.3	6 2.9	1.94	0 29	1.2	11 46	2.8
30	23 16 33	122	− 2 32.2	+ 9.9	55.6	6 48.4	1.86	0 55	1.1	12 51	2.7
31	0 4 36	119	+ 1 27.6	+ 9.9	54.9	7 32.4	1.82	1 20	1.0	13 55	2.6
Juni 1	0 51 56	118	+ 5 19.4	+ 9.4	54.5	8 15.6	1.80	1 44	1.0	14 57	2.6
2	1 39 15	119	+ 8 55.1	+ 8.5	54.2	8 58.9	1.81	2 9	1.1	15 59	2.6
3	2 27 10	121	+12 7.1	+ 7.4	54.0	9 42.8	1.85	2 36	1.2	16 59	2.5
4	3 16 4	124	+14 47.7	+ 5.9	54.0	10 27.6	1.89	3 5	1.3	17 58	2.4
5	4 6 9	127	+16 49.4	+ 4.2	54.0	11 13.6	1.94	3 39	1.5	18 55	2.3
6	4 57 25	129	+18 5.4	+ 2.1	54.2	12 0.8	1.99	4 17	1.7	19 48	2.1
7	5 49 36	131	+18 30.5	− 0.1	54.4	12 48.9	2.02	5 1	1.9	20 37	1.9
8	6 42 18	132	+18 1.8	− 2.3	54.8	13 37.5	2.03	5 50	2.2	21 21	1.8
9	7 35 6	132	+16 39.1	− 4.5	55.2	14 26.3	2.03	6 46	2.4	22 1	1.6
10	8 27 42	131	+14 25.2	− 6.6	55.7	15 14.8	2.01	7 46	2.6	22 35	1.4
11	9 20 0	130	+11 25.5	− 8.3	56.3	16 3.0	2.01	8 49	2.7	23 7	1.3
12	10 12 11	131	+ 7 47.3	− 9.8	57.0	16 51.1	2.01	9 56	2.8	23 36	1.2
13	11 4 41	132	+ 3 39.6	−10.8	57.7	17 39.5	2.03	11 5	2.9	— —	—

Mond 1959

Tag	Scheinbare Rektaszension	Diff.	Scheinbare Deklination	Diff.	Parallaxe	Diff.	Halbmesser	Diff.	Länge	Breite	Alter
0h Weltzeit											
1959	h m s	m s	° ′	° ′	′ ″	″	′ ″	″	°	°	d
Juni 13	10 27 16	50 57	+ 6 38.5	4 5.7	57 11.2	44.5	15 36.4	12.1	156.091	−2.835	6.5
14	11 18 13	51 59	+ 2 32.8	4 19.7	57 55.7	46.3	15 48.5	12.6	169.402	−1.792	7.5
15	12 10 12	53 38	− 1 46.9	4 21.0	58 42.0	45.3	16 1.1	12.4	183.048	−0.621	8.5
16	13 3 50	55 54	− 6 7.9	4 6.6	59 27.3	40.4	16 13.5	11.0	197.057	+0.617	9.5
17	13 59 44	58 30	−10 14.5	3 34.4	60 7.7	31.0	16 24.5	8.4	211.434	+1.846	10.5
18	14 58 14	61 0	−13 48.9	2 43.4	60 38.7	17.4	16 32.9	4.8	226.143	+2.979	11.5
19	15 59 14	62 46	−16 32.3	1 36.2	60 56.1	0.8	16 37.7	0.2	241.104	+3.926	12.5
20	17 2 0	63 12	−18 8.5	0 19.7	60 56.9	16.9	16 37.9	4.6	256.188	+4.607	13.5
21	18 5 12	62 6	−18 28.2	0 56.9	60 40.0	33.0	16 33.3	9.0	271.238	+4.967	14.5
22	19 7 18	59 43	−17 31.3	2 4.1	60 7.0	45.5	16 24.3	12.4	286.087	+4.985	15.5
23	20 7 1	56 37	−15 27.2	2 56.2	59 21.5	53.2	16 11.9	14.5	300.594	+4.679	16.5
24	21 3 38	53 26	−12 31.0	3 31.5	58 28.3	55.6	15 57.4	15.2	314.663	+4.094	17.5
25	21 57 4	50 37	− 8 59.5	3 51.3	57 32.7	53.7	15 42.2	14.6	328.253	+3.292	18.5
26	22 47 41	48 29	− 5 8.2	3 58.3	56 39.0	48.0	15 27.6	13.1	341.372	+2.339	19.5
27	23 36 10	47 2	− 1 9.9	3 54.9	55 51.0	40.1	15 14.5	10.9	354.068	+1.297	20.5
28	0 23 12	46 20	+ 2 45.0	3 43.2	55 10.9	30.9	15 3.6	8.4	6.414	+0.220	21.5
29	1 9 32	46 18	+ 6 28.2	3 24.5	54 40.0	21.1	14 55.2	5.7	18.497	−0.843	22.5
30	1 55 50	46 47	+ 9 52.7	2 59.1	54 18.9	11.5	14 49.5	3.2	30.406	−1.854	23.5
Juli 1	2 42 37	47 41	+12 51.8	2 27.2	54 7.4	2.5	14 46.3	0.7	42.226	−2.776	24.5
2	3 30 18	48 48	+15 19.0	1 49.0	54 4.9	5.4	14 45.6	1.5	54.036	−3.576	25.5
3	4 19 6	49 56	+17 8.0	1 5.0	54 10.3	12.1	14 47.1	3.3	65.898	−4.223	26.5
4	5 9 2	50 51	+18 13.0	0 16.5	54 22.4	17.7	14 50.4	4.8	77.866	−4.690	27.5
5	5 59 53	51 26	+18 29.5	0 34.9	54 40.1	22.0	14 55.2	6.0	89.974	−4.951	28.5
6	6 51 19	51 36	+17 54.6	1 26.2	55 2.1	25.3	15 1.2	6.9	102.246	−4.988	29.5
7	7 42 55	51 25	+16 28.4	2 14.7	55 27.4	27.8	15 8.1	7.6	114.693	−4.789	0.9
8	8 34 20	51 4	+14 13.7	2 57.7	55 55.2	29.8	15 15.7	8.1	127.321	−4.354	1.9
9	9 25 24	50 46	+11 16.0	3 33.1	56 25.0	31.4	15 23.8	8.6	140.132	−3.694	2.9
10	10 16 10	50 43	+ 7 42.9	3 59.1	56 56.4	32.7	15 32.4	8.9	153.132	−2.832	3.9
11	11 6 53	51 10	+ 3 43.8	4 14.2	57 29.1	33.5	15 41.3	9.1	166.334	−1.805	4.9
12	11 58 3	52 10	− 0 30.4	4 17.2	58 2.6	33.5	15 50.4	9.1	179.754	−0.659	5.9
13	12 50 13	53 48	− 4 47.6	4 6.4	58 36.1	32.0	15 59.5	8.7	193.414	+0.546	6.9
14	13 44 1	55 55	− 8 54.0	3 40.5	59 8.1	28.3	16 8.2	7.8	207.332	+1.741	7.9
15	14 39 56	58 15	−12 34.5	2 58.4	59 36.4	22.1	16 16.0	6.0	221.514	+2.851	8.9
16	15 38 11	60 20	−15 32.9	2 1.0	59 58.5	12.9	16 22.0	3.5	235.939	+3.799	9.9
17	16 38 31	61 39	−17 33.9	0 51.8	60 11.4	1.1	16 25.5	0.3	250.557	+4.512	10.9
18	17 40 10	61 43	−18 25.7	0 22.5	60 12.5	12.1	16 25.8	3.3	265.279	+4.932	11.9
19	18 41 53	60 28	−18 3.2	1 33.5	60 0.4	25.2	16 22.5	6.9	279.989	+5.026	12.9
20	19 42 21	58 12	−16 29.7	2 33.7	59 35.2	36.5	16 15.6	9.9	294.556	+4.792	13.9
21	20 40 33	55 25	−13 56.0	3 18.6	58 58.7	44.5	16 5.7	12.1	308.857	+4.260	14.9
22	21 35 58	52 39	−10 37.4	3 47.0	58 14.2	48.7	15 53.6	13.3	322.800	+3.482	15.9
23	22 28 37	50 16	− 6 50.4	4 0.2	57 25.5	48.6	15 40.3	13.2	336.331	+2.527	16.9
24	23 18 53		− 2 50.2		56 36.9		15 27.1		349.439	+1.462	17.9

Tag	Oberer Meridiandurchgang in Greenwich: AR.	Änderung für 1h westl. Länge	Dekl.	Änderung für 1h westl. Länge	Parallaxe	Zeit des Durchgangs	Änderung für 1h westl. Länge	0h Länge, + 50° Breite: Aufgang	Änderung für 1h westl. Länge	Untergang	Änderung für 1h westl. Länge
1959	h m s	s	° ′	′	′	h m	m	h m	m	h m	m
Juni 13	11 4 41	132	+ 3 39.6	−10.8	57.7	17 39.5	2.03	11 5	2.9	— —	—
14	11 58 7	135	− 0 46.6	−11.3	58.5	18 28.9	2.09	12 16	3.0	0 3	1.1
15	12 53 15	141	− 5 17.7	−11.2	59.3	19 19.9	2.17	13 29	3.1	0 31	1.2
16	13 50 46	147	− 9 37.4	−10.3	60.0	20 13.4	2.29	14 44	3.2	1 1	1.3
17	14 51 11	155	−13 25.9	− 8.6	60.6	21 9.7	2.40	16 1	3.2	1 33	1.5
18	15 54 27	161	−16 21.9	− 6.0	60.9	22 8.9	2.52	17 18	3.1	2 11	1.7
19	16 59 48	165	−18 6.4	− 2.7	61.0	23 10.1	2.57	18 30	2.9	2 55	2.0
20	— — —	—	— —	—	—	— —	—	19 36	2.6	3 48	2.4
21	18 5 43	164	−18 28.0	+ 0.9	60.7	0 11.9	2.56	20 32	2.2	4 49	2.7
22	19 10 23	159	−17 26.6	+ 4.2	60.1	1 12.5	2.47	21 19	1.8	5 56	2.9
23	20 12 16	151	−15 13.2	+ 6.8	59.3	2 10.2	2.33	21 57	1.5	7 8	3.0
24	21 10 39	141	−12 5.5	+ 8.7	58.4	3 4.5	2.19	22 30	1.3	8 19	2.9
25	22 5 31	133	− 8 22.7	+ 9.8	57.4	3 55.3	2.05	22 58	1.1	9 29	2.9
26	22 57 22	127	− 4 21.5	+10.2	56.5	4 43.1	1.94	23 24	1.1	10 37	2.8
27	23 47 0	122	− 0 15.7	+10.2	55.7	5 28.7	1.87	23 49	1.1	11 43	2.7
28	0 35 15	120	+ 3 44.2	+ 9.7	55.0	6 12.8	1.83	— —	—	12 47	2.6
29	1 22 54	119	+ 7 29.6	+ 9.0	54.5	6 56.4	1.82	0 14	1.1	13 49	2.6
30	2 10 42	120	+10 53.0	+ 7.9	54.2	7 40.2	1.83	0 40	1.1	14 50	2.5
Juli 1	2 59 12	123	+13 47.3	+ 6.6	54.1	8 24.6	1.87	1 8	1.3	15 50	2.4
2	3 48 49	126	+16 5.4	+ 4.9	54.1	9 10.2	1.93	1 40	1.4	16 47	2.3
3	4 39 40	129	+17 40.6	+ 3.0	54.2	9 56.9	1.98	2 16	1.6	17 42	2.2
4	5 31 43	131	+18 26.6	+ 0.8	54.5	10 44.9	2.02	2 58	1.9	18 34	2.1
5	6 24 37	133	+18 19.2	− 1.5	54.8	11 33.7	2.05	3 45	2.1	19 20	1.8
6	7 17 57	133	+17 16.5	− 3.8	55.2	12 23.0	2.05	4 39	2.4	20 2	1.7
7	8 11 15	133	+15 20.1	− 5.9	55.7	13 12.2	2.05	5 38	2.6	20 39	1.4
8	9 4 12	132	+12 34.7	− 7.8	56.2	14 1.1	2.03	6 41	2.7	21 11	1.3
9	9 56 47	131	+ 9 7.9	− 9.4	56.7	14 49.6	2.02	7 47	2.8	21 41	1.2
10	10 49 11	131	+ 5 9.4	−10.4	57.3	15 37.9	2.02	8 56	2.9	22 9	1.2
11	11 41 51	133	+ 0 50.6	−11.0	57.9	16 26.5	2.04	10 5	2.9	22 37	1.2
12	12 35 27	136	− 3 35.9	−11.1	58.4	17 16.0	2.10	11 17	3.0	23 5	1.2
13	13 30 39	141	− 7 55.4	−10.4	59.0	18 7.2	2.17	12 30	3.1	23 35	1.4
14	14 28 6	147	−11 51.6	− 9.1	59.5	19 0.5	2.28	13 44	3.1	— —	—
15	15 28 10	153	−15 6.4	− 7.0	59.9	19 56.5	2.38	14 58	3.1	0 9	1.6
16	16 30 40	159	−17 22.1	− 4.2	60.2	20 54.9	2.47	16 11	2.9	0 49	1.8
17	17 34 47	161	−18 24.2	− 0.9	60.2	21 54.9	2.51	17 18	2.7	1 36	2.1
18	18 39 7	160	−18 5.8	+ 2.4	60.0	22 55.1	2.49	18 18	2.3	2 31	2.5
19	19 42 6	155	−16 30.2	+ 5.4	59.6	23 54.0	2.40	19 9	2.0	3 35	2.8
20	— — —	—	— —	—	—	— —	—	19 52	1.7	4 44	2.9
21	20 42 32	147	−13 49.7	+ 7.8	59.0	0 50.3	2.28	20 28	1.4	5 56	3.0
22	21 39 50	139	−10 21.8	+ 9.4	58.2	1 43.6	2.15	20 59	1.2	7 8	3.0
23	22 34 5	132	− 6 25.2	+10.2	57.3	2 33.7	2.03	21 27	1.1	8 18	2.9
24	23 25 45	126	− 2 16.3	+10.4	56.5	3 21.3	1.94	21 52	1.1	9 26	2.8

Tag	Scheinbare Rektaszension		Scheinbare Deklination		Parallaxe		Halbmesser		Länge	Breite	Alter
	0h Weltzeit										
1959	h m s	m s	° ′	° ′	′ ″	″	′ ″	″	°	°	d
Juli 24	23 18 53	48 28	− 2 50.2	4 1.0	56 36.9	45.0	15 27.1	12.3	349.439	+1.462	17.9
25	0 7 21	47 19	+ 1 10.8	3 51.6	55 51.9	38.5	15 14.8	10.5	2.153	+0.352	18.9
26	0 54 40	46 49	+ 5 2.4	3 34.0	55 13.4	29.9	15 4.3	8.1	14.530	−0.747	19.9
27	1 41 29	46 55	+ 8 36.4	3 9.7	54 43.5	20.2	14 56.2	5.5	26.645	−1.790	20.9
28	2 28 24	47 30	+11 46.1	2 39.1	54 23.3	9.9	14 50.7	2.8	38.584	−2.740	21.9
29	3 15 54	48 23	+14 25.2	2 2.8	54 13.4	0.1	14 47.9	0.1	50.434	−3.565	22.9
30	4 4 17	49 28	+16 28.0	1 20.7	54 13.5	9.4	14 48.0	2.6	62.280	−4.235	23.9
31	4 53 45	50 31	+17 48.7	0 34.0	54 22.9	17.6	14 50.6	4.7	74.198	−4.726	24.9
Aug. 1	5 44 16	51 21	+18 22.7	0 16.5	54 40.5	24.2	14 55.3	6.6	86.252	−5.013	25.9
2	6 35 37	51 52	+18 6.2	1 8.4	55 4.7	29.1	15 1.9	8.0	98.493	−5.076	26.9
3	7 27 29	52 2	+16 57.8	1 59.2	55 33.8	31.8	15 9.9	8.6	110.954	−4.902	27.9
4	8 19 31	51 55	+14 58.6	2 45.9	56 5.6	32.8	15 18.5	9.0	123.649	−4.485	28.9
5	9 11 26	51 41	+12 12.7	3 25.2	56 38.4	32.0	15 27.5	8.7	136.578	−3.831	0.4
6	10 3 7	51 35	+ 8 47.5	3 55.0	57 10.4	29.9	15 36.2	8.1	149.730	−2.963	1.4
7	10 54 42	51 43	+ 4 52.5	4 13.2	57 40.3	26.9	15 44.3	7.4	163.086	−1.918	2.4
8	11 46 25	52 19	+ 0 39.3	4 18.2	58 7.2	23.6	15 51.7	6.4	176.625	−0.748	3.4
9	12 38 44	53 22	− 3 38.9	4 9.3	58 30.8	19.9	15 58.1	5.4	190.330	+0.481	4.4
10	13 32 6	54 54	− 7 48.2	3 45.6	58 50.7	16.1	16 3.5	4.4	204.189	+1.697	5.4
11	14 27 0	56 39	−11 33.8	3 7.2	59 6.8	12.0	16 7.9	3.3	218.190	+2.825	6.4
12	15 23 39	58 23	−14 41.0	2 15.3	59 18.8	7.0	16 11.2	1.9	232.320	+3.792	7.4
13	16 22 2	59 38	−16 56.3	1 12.3	59 25.8	1.0	16 13.1	0.3	246.557	+4.532	8.4
14	17 21 40	60 5	−18 8.6	0 3.1	59 26.8	5.9	16 13.4	1.7	260.864	+4.996	9.4
15	18 21 45	59 30	−18 11.7	1 5.8	59 20.9	14.0	16 11.7	3.8	275.186	+5.149	10.4
16	19 21 15	57 58	−17 5.9	2 8.1	59 6.9	22.1	16 7.9	6.0	289.452	+4.983	11.4
17	20 19 13	55 51	−14 57.8	2 58.7	58 44.8	29.8	16 1.9	8.1	303.583	+4.514	12.4
18	21 15 4	53 32	−11 59.1	3 34.5	58 15.0	35.8	15 53.8	9.8	317.498	+3.782	13.4
19	22 8 36	51 21	− 8 24.6	3 55.3	57 39.2	39.5	15 44.0	10.7	331.133	+2.846	14.4
20	22 59 57	49 34	− 4 29.3	4 2.4	56 59.7	40.4	15 33.3	11.0	344.444	+1.773	15.4
21	23 49 31	48 17	− 0 26.9	3 57.6	56 19.3	38.3	15 22.3	10.5	357.417	+0.631	16.4
22	0 37 48	47 33	+ 3 30.7	3 42.9	55 41.0	33.6	15 11.8	9.1	10.062	−0.516	17.4
23	1 25 21	47 19	+ 7 13.6	3 20.3	55 7.4	26.5	15 2.7	7.2	22.418	−1.615	18.4
24	2 12 40	47 34	+10 33.9	2 51.1	54 40.9	17.7	14 55.5	4.9	34.539	−2.621	19.4
25	3 0 14	48 9	+13 25.0	2 15.9	54 23.2	7.9	14 50.6	2.1	46.497	−3.499	20.4
26	3 48 23	48 58	+15 40.9	1 35.6	54 15.3	2.5	14 48.5	0.7	58.368	−4.220	21.4
27	4 37 21	49 52	+17 16.5	0 50.8	54 17.8	12.8	14 49.2	3.4	70.236	−4.761	22.4
28	5 27 13	50 43	+18 7.3	0 2.2	54 30.6	22.3	14 52.6	6.1	82.181	−5.099	23.4
29	6 17 56	51 25	+18 9.5	0 48.5	54 52.9	30.4	14 58.7	8.3	94.279	−5.217	24.4
30	7 9 21	51 53	+17 21.0	1 39.7	55 23.3	36.7	15 7.0	10.0	106.594	−5.099	25.4
31	8 1 14	52 7	+15 41.3	2 28.6	56 0.0	40.3	15 17.0	11.0	119.176	−4.736	26.4
Sept. 1	8 53 21	52 16	+13 12.7	3 12.3	56 40.3	41.0	15 28.0	11.2	132.058	−4.128	27.4
2	9 45 37	52 25	+10 0.4	3 47.7	57 21.3	38.7	15 39.2	10.5	145.250	−3.287	28.4
3	10 38 2		+ 6 12.7		58 0.0		15 49.7		158.739	−2.246	29.4

Tag	Oberer Meridiandurchgang in Greenwich: AR.	Änderung für 1h westl. Länge	Dekl.	Änderung für 1h westl. Länge	Parallaxe	Zeit des Durchgangs	Änderung für 1h westl. Länge	0h Länge, + 50° Breite: Aufgang	Änderung für 1h westl. Länge	Untergang	Änderung für 1h westl. Länge
1959	h m s	s	° ′	′	′	h m	m	h m	m	h m	m
Juli 24	23 25 45	126	− 2 16.3	+10.4	56.5	3 21.3	1.94	21 52	1.1	9 26	2.8
25	0 15 31	123	+ 1 51.4	+10.1	55.7	4 7.0	1.88	22 18	1.1	10 32	2.7
26	1 4 10	121	+ 5 47.4	+ 9.5	55.1	4 51.6	1.85	22 43	1.1	11 36	2.6
27	1 52 24	121	+ 9 23.1	+ 8.5	54.6	5 35.8	1.84	23 11	1.2	12 38	2.6
28	2 40 52	122	+12 31.3	+ 7.2	54.3	6 20.2	1.86	23 41	1.3	13 39	2.5
29	3 30 5	124	+15 5.5	+ 5.6	54.2	7 5.3	1.90	—	—	14 37	2.4
30	4 20 22	127	+16 59.3	+ 3.8	54.3	7 51.5	1.95	0 15	1.5	15 33	2.3
31	5 11 50	130	+18 6.6	+ 1.8	54.5	8 38.9	2.00	0 54	1.8	16 26	2.1
Aug. 1	6 4 25	133	+18 22.4	− 0.5	54.8	9 27.4	2.04	1 39	2.0	17 15	1.9
2	6 57 47	134	+17 43.3	− 2.8	55.3	10 16.7	2.07	2 31	2.3	17 59	1.7
3	7 51 34	135	+16 8.7	− 5.1	55.8	11 6.4	2.07	3 28	2.5	18 38	1.6
4	8 45 21	134	+13 41.5	− 7.2	56.4	11 56.1	2.07	4 30	2.7	19 13	1.4
5	9 38 56	134	+10 28.0	− 8.9	56.9	12 45.6	2.06	5 36	2.8	19 44	1.3
6	10 32 19	133	+ 6 37.4	−10.2	57.5	13 34.9	2.05	6 45	2.9	20 14	1.2
7	11 25 42	134	+ 2 21.9	−11.0	57.9	14 24.2	2.06	7 56	3.0	20 42	1.2
8	12 19 32	136	− 2 4.9	−11.1	58.4	15 14.0	2.09	9 7	3.0	21 10	1.2
9	13 14 21	139	− 6 27.8	−10.7	58.7	16 4.7	2.14	10 20	3.1	21 40	1.3
10	14 10 42	143	−10 30.8	− 9.5	59.0	16 57.0	2.22	11 33	3.1	22 12	1.4
11	15 8 58	149	−13 57.5	− 7.6	59.3	17 51.2	2.30	12 47	3.0	22 49	1.7
12	16 9 13	153	−16 32.0	− 5.1	59.4	18 47.3	2.38	13 58	2.9	23 32	2.0
13	17 11 3	156	−18 0.7	− 2.2	59.5	19 45.1	2.43	15 6	2.7	— —	—
14	18 13 34	156	−18 15.4	+ 1.0	59.4	20 43.5	2.43	16 7	2.4	0 23	2.3
15	19 15 34	153	−17 15.1	+ 4.0	59.1	21 41.4	2.38	17 0	2.1	1 21	2.6
16	20 15 57	148	−15 6.6	+ 6.6	58.8	22 37.7	2.30	17 46	1.8	2 26	2.8
17	21 14 0	142	−12 3.1	+ 8.6	58.3	23 31.6	2.19	18 24	1.5	3 36	2.9
18	— — —	—	— —	—	—	— —	—	18 57	1.3	4 47	2.9
19·	22 9 26	135	− 8 21.0	+ 9.8	57.6	0 23.0	2.09	19 27	1.2	5 57	2.9
20	23 2 28	130	− 4 17.2	+10.4	57.0	1 11.9	1.99	19 54	1.1	7 7	2.9
21	23 53 33	126	− 0 6.9	+10.4	56.3	1 58.9	1.93	20 20	1.1	8 14	2.8
22	0 43 16	123	+ 3 57.0	+ 9.9	55.6	2 44.6	1.88	20 46	1.1	9 20	2.7
23	1 32 14	122	+ 7 44.3	+ 9.0	55.1	3 29.5	1.87	21 13	1.2	10 24	2.6
24	2 21 2	122	+11 6.4	+ 7.7	54.6	4 14.2	1.87	21 42	1.3	11 25	2.5
25	3 10 11	124	+13 56.3	+ 6.3	54.3	4 59.3	1.89	22 14	1.4	12 25	2.4
26	4 0 2	126	+16 7.6	+ 4.6	54.2	5 45.1	1.93	22 51	1.7	13 22	2.3
27	4 50 49	128	+17 34.9	+ 2.6	54.3	6 31.8	1.97	23 33	1.9	14 16	2.2
28	5 42 37	131	+18 13.2	+ 0.5	54.6	7 19.5	2.00	— —	—	15 7	2.0
29	6 35 18	133	+17 58.8	− 1.7	55.0	8 8.1	2.04	0 22	2.2	15 52	1.8
30	7 28 40	134	+16 49.7	− 4.0	55.6	8 57.4	2.07	1 16	2.4	16 33	1.6
31	8 22 28	135	+14 46.4	− 6.2	56.3	9 47.2	2.08	2 16	2.6	17 10	1.5
Sept. 1	9 16 28	135	+11 52.6	− 8.2	57.0	10 37.1	2.08	3 20	2.8	17 44	1.3
2	10 10 36	136	+ 8 15.6	− 9.8	57.7	11 27.1	2.09	4 29	2.9	18 14	1.3
3	11 4 59	136	+ 4 5.9	−10.9	58.3	12 17.4	2.10	5 40	3.0	18 44	1.2

Mond 1959

Tag	0h Weltzeit										
	Scheinbare Rektaszension		Scheinbare Deklination		Parallaxe		Halbmesser		Länge	Breite	Alter
1959	h m s	m s	° ′	° ′	′ ″	″	′ ″	″	°	°	d
Sept. 3	10 38 2	52 43	+ 6 12.7	4 12.0	58 0.0	33.6	15 49.7	9.1	158.739	−2.246	29.4
4	11 30 45	53 20	+ 2 0.7	4 22.4	58 33.6	26.3	15 58.8	7.2	172.492	−1.053	0.9
5	12 24 5	54 16	− 2 21.7	4 17.5	58 59.9	17.9	16 6.0	4.9	186.463	+0.222	1.9
6	13 18 21	55 31	− 6 39.2	3 56.2	59 17.8	9.3	16 10.9	2.5	200.592	+1.500	2.9
7	14 13 52	56 54	−10 35.4	3 19.3	59 27.1	1.4	16 13.4	0.4	214.823	+2.695	3.9
8	15 10 46	58 11	−13 54.7	2 28.4	59 28.5	5.3	16 13.8	1.4	229.097	+3.727	4.9
9	16 8 57	59 3	−16 23.1	1 27.1	59 23.2	10.7	16 12.4	2.9	243.366	+4.527	5.9
10	17 8 0	59 12	−17 50.2	0 20.1	59 12.5	15.0	16 9.5	4.1	257.585	+5.048	6.9
11	18 7 12	58 33	−18 10.3	0 46.8	58 57.5	18.8	16 5.4	5.2	271.718	+5.259	7.9
12	19 5 45	57 8	−17 23.5	1 48.2	58 38.7	22.1	16 0.2	6.0	285.730	+5.156	8.9
13	20 2 53	55 16	−15 35.3	2 40.0	58 16.6	25.3	15 54.2	6.9	299.589	+4.754	9.9
14	20 58 9	53 14	−12 55.3	3 19.4	57 51.3	28.2	15 47.3	7.7	313.264	+4.084	10.9
15	21 51 23	51 20	− 9 35.9	3 45.3	57 23.1	30.6	15 39.6	8.3	326.727	+3.197	11.9
16	22 42 43	49 44	− 5 50.6	3 58.1	56 52.5	32.0	15 31.3	8.7	339.956	+2.152	12.9
17	23 32 27	48 35	− 1 52.5	3 58.8	56 20.5	32.0	15 22.6	8.7	352.935	+1.013	13.9
18	0 21 2	47 53	+ 2 6.3	3 48.7	55 48.5	30.3	15 13.9	8.3	5.662	−0.157	14.9
19	1 8 55	47 37	+ 5 55.0	3 29.4	55 18.2	26.7	15 5.6	7.3	18.144	−1.297	15.9
20	1 56 32	47 43	+ 9 24.4	3 2.2	54 51.5	21.3	14 58.3	5.8	30.405	−2.358	16.9
21	2 44 15	48 7	+12 26.6	2 28.6	54 30.2	14.0	14 52.5	3.8	42.482	−3.297	17.9
22	3 32 22	48 41	+14 55.2	1 49.5	54 16.2	5.3	14 48.7	1.4	54.425	−4.081	18.9
23	4 21 3	49 21	+16 44.7	1 6.0	54 10.9	4.4	14 47.3	1.2	66.294	−4.685	19.9
24	5 10 24	49 59	+17 50.7	0 19.2	54 15.3	14.6	14 48.5	4.0	78.158	−5.089	20.9
25	6 0 23	50 33	+18 9.9	0 29.7	54 29.9	24.9	14 52.5	6.7	90.092	−5.277	21.9
26	6 50 56	50 59	+17 40.2	1 19.5	54 54.8	34.5	14 59.2	9.4	102.173	−5.236	22.9
27	7 41 55	51 20	+16 20.7	2 8.1	55 29.3	42.4	15 8.6	11.6	114.477	−4.958	23.9
28	8 33 15	51 42	+14 12.6	2 53.6	56 11.7	48.1	15 20.2	13.1	127.072	−4.437	24.9
29	9 24 57	52 8	+11 19.0	3 33.3	56 59.8	50.3	15 33.3	13.7	140.011	−3.680	25.9
30	10 17 5	52 48	+ 7 45.7	4 4.1	57 50.1	48.5	15 47.0	13.2	153.331	−2.705	26.9
Okt. 1	11 9 53	53 44	+ 3 41.6	4 22.8	58 38.6	42.3	16 0.2	11.5	167.037	−1.549	27.9
2	12 3 37	55 1	− 0 41.2	4 26.2	59 20.9	32.3	16 11.7	8.8	181.105	−0.270	28.9
3	12 58 38	56 34	− 5 7.4	4 11.6	59 53.2	19.3	16 20.5	5.3	195.476	+1.052	0.5
4	13 55 12	58 9	− 9 19.0	3 38.8	60 12.5	5.4	16 25.8	1.5	210.064	+2.325	1.5
5	14 53 21	59 32	−12 57.8	2 49.1	60 17.9	8.0	16 27.3	2.2	224.760	+3.454	2.5
6	15 52 53	60 19	−15 46.9	1 46.4	60 9.9	19.0	16 25.1	5.2	239.452	+4.354	3.5
7	16 53 12	60 14	−17 33.3	0 37.3	59 50.9	27.0	16 19.9	7.3	254.037	+4.966	4.5
8	17 53 26	59 12	−18 10.6	0 31.7	59 23.9	31.9	16 12.6	8.7	268.433	+5.256	5.5
9	18 52 38	57 26	−17 38.9	1 34.7	58 52.0	34.1	16 3.9	9.3	282.584	+5.221	6.5
10	19 50 4	55 14	−16 4.2	2 27.6	58 17.9	34.4	15 54.6	9.4	296.461	+4.881	7.5
11	20 45 18	52 57	−13 36.6	3 8.2	57 43.5	33.6	15 45.2	9.1	310.057	+4.271	8.5
12	21 38 15	50 56	−10 28.4	3 36.2	57 9.9	32.0	15 36.1	8.8	323.399	+3.441	9.5
13	22 29 11	49 20	− 6 52.2	3 52.1	56 37.9	30.3	15 27.3	8.2	336.453	+2.446	10.5
14	23 18 31		− 3 0.1		56 7.6		15 19.1		349.292	+1.345	11.5

Tag	Oberer Meridiandurchgang in Greenwich AR.	Änderung für 1h westl. Länge	Dekl.	Änderung für 1h westl. Länge	Parallaxe	Zeit des Durchgangs	Änderung für 1h westl. Länge	0h Länge, + 50° Breite Aufgang	Änderung für 1h westl. Länge	Untergang	Änderung für 1h westl. Länge
1959	h m s	s	° ′	′	′	h m	m	h m	m	h m	m
Sept. 3	11 4 59	136	+ 4 5.9	−10.9	58.3	12 17.4	2.10	5 40	3.0	18 44	1.2
4	11 59 51	138	− 0 22.6	−11.4	58.8	13 8.2	2.13	6 53	3.1	19 13	1.2
5	12 55 36	141	− 4 53.5	−11.1	59.2	13 59.9	2.18	8 7	3.1	19 43	1.3
6	13 52 36	144	− 9 9.2	−10.1	59.4	14 52.8	2.23	9 22	3.1	20 15	1.4
7	14 51 8	148	−12 51.6	− 8.3	59.5	15 47.2	2.30	10 36	3.1	20 51	1.6
8	15 51 11	152	−15 44.1	− 6.0	59.4	16 43.2	2.36	11 49	3.0	21 32	1.9
9	16 52 23	154	−17 33.6	− 3.1	59.3	17 40.3	2.39	12 58	2.7	22 20	2.2
10	17 53 59	154	−18 11.7	− 0.1	59.0	18 37.8	2.39	14 0	2.4	23 15	2.4
11	18 55 3	151	−17 37.0	+ 2.9	58.7	19 34.8	2.35	14 55	2.1	— —	—
12	19 54 40	147	−15 54.5	+ 5.6	58.3	20 30.3	2.27	15 42	1.8	0 17	2.7
13	20 52 15	141	−13 14.8	+ 7.7	57.9	21 23.8	2.18	16 22	1.6	1 23	2.8
14	21 47 34	136	− 9 51.5	+ 9.2	57.4	22 15.0	2.09	16 57	1.4	2 32	2.9
15	22 40 45	131	− 5 59.7	+10.0	56.9	23 4.1	2.01	17 27	1.2	3 41	2.9
16	23 32 10	127	− 1 53.9	+10.3	56.3	23 51.5	1.94	17 55	1.1	4 50	2.9
17	— — —	—	— —	—	—	— —	—	18 21	1.1	5 58	2.8
18	0 22 17	124	+ 2 12.4	−10.1	55.8	0 37.5	1.90	18 47	1.1	7 4	2.7
19	1 11 40	123	+ 6 7.6	+ 9.4	55.3	1 22.8	1.88	19 14	1.2	8 9	2.7
20	2 0 46	123	+ 9 41.7	+ 8.4	54.8	2 7.9	1.88	19 42	1.2	9 12	2.6
21	2 50 1	124	+12 46.3	+ 7.0	54.5	2 53.0	1.89	20 13	1.4	10 13	2.5
22	3 39 43	125	+15 14.4	+ 5.3	54.2	3 38.7	1.91	20 48	1.6	11 11	2.4
23	4 30 5	127	+17 0.2	+ 3.5	54.2	4 25.0	1.94	21 28	1.8	12 7	2.2
24	5 21 11	129	+17 58.9	+ 1.4	54.3	5 12.0	1.98	22 13	2.0	12 58	2.1
25	6 12 58	130	+18 7.1	− 0.7	54.6	5 59.7	2.00	23 4	2.3	13 45	1.9
26	7 5 20	132	+17 22.7	− 3.0	55.1	6 48.0	2.02	— —	—	14 28	1.7
27	7 58 10	133	+15 45.3	− 5.1	55.7	7 36.8	2.04	0 1	2.5	15 6	1.5
28	8 51 23	134	+13 16.6	− 7.2	56.5	8 25.9	2.05	1 2	2.7	15 40	1.4
29	9 45 0	135	+10 1.0	− 9.0	57.3	9 15.4	2.08	2 8	2.8	16 12	1.3
30	10 39 12	136	+ 6 6.2	−10.9	58.2	10 5.6	2.10	3 18	3.0	16 42	1.2
Okt. 1	11 34 15	139	+ 1 43.2	−11.3	59.0	10 56.5	2.15	4 30	3.1	17 11	1.2
2	12 30 31	143	− 2 52.9	−11.5	59.6	11 48.7	2.21	5 45	3.2	17 41	1.3
3	13 28 23	147	− 7 23.6	−10.9	60.1	12 42.5	2.28	7 2	3.2	18 13	1.4
4	14 28 3	151	−11 28.5	− 9.4	60.3	13 38.1	2.35	8 19	3.2	18 49	1.6
5	15 29 24	155	−14 47.4	− 7.1	60.2	14 35.3	2.41	9 35	3.1	19 29	1.8
6	16 31 57	157	−17 3.6	− 4.2	60.0	15 33.8	2.45	10 48	2.9	20 16	2.1
7	17 34 47	156	−18 6.6	− 1.0	59.5	16 32.5	2.43	11 54	2.6	21 10	2.4
8	18 36 46	153	−17 54.0	+ 2.0	59.0	17 30.4	2.38	12 52	2.3	22 10	2.6
9	19 36 57	148	−16 31.2	+ 4.8	58.4	18 26.5	2.29	13 42	1.9	23 15	2.8
10	20 34 44	141	−14 8.9	+ 7.0	57.8	19 20.2	2.19	14 23	1.6	— —	—
11	21 29 59	135	−11 0.5	+ 8.6	57.3	20 11.3	2.08	14 59	1.4	0 23	2.8
12	22 22 56	130	− 7 20.3	+ 9.6	56.7	21 0.2	1.99	15 30	1.2	1 31	2.8
13	23 14 2	126	− 3 21.9	+10.1	56.2	21 47.2	1.93	15 58	1.1	2 39	2.8
14	0 3 50	123	+ 0 42.3	+10.1	55.7	22 33.0	1.89	16 24	1.1	3 46	2.8

Mond 1959

Tag	Scheinbare Rektaszension	Diff.	Scheinbare Deklination	Diff.	Parallaxe	Diff.	Halbmesser	Diff.	Länge	Breite	Alter
	0h Weltzeit										
1959	h m s	m s	° ′	° ′	′ ″	″	′ ″	″	°	°	d
Okt. 14	23 18 31	48 13	− 3 0.1	3 56.7	56 7.6	28.3	15 19.1	7.7	349.292	+1.345	11.5
15	0 6 44	47 36	+ 0 56.6	3 50.8	55 39.3	26.0	15 11.4	7.1	1.919	+0.195	12.5
16	0 54 20	47 25	+ 4 47.4	3 35.4	55 13.3	23.4	15 4.3	6.4	14.356	−0.945	13.5
17	1 41 45	47 36	+ 8 22.8	3 11.7	54 49.9	19.8	14 57.9	5.4	26.623	−2.024	14.5
18	2 29 21	48 2	+11 34.5	2 40.3	54 30.1	15.2	14 52.5	4.1	38.741	−2.997	15.5
19	3 17 23	48 35	+14 14.8	2 2.8	54 14.9	9.4	14 48.4	2.6	50.736	−3.826	16.5
20	4 5 58	49 8	+16 17.6	1 20.3	54 5.5	2.3	14 45.8	0.6	62.642	−4.482	17.5
21	4 55 6	49 36	+17 37.9	0 34.3	54 3.2	5.9	14 45.2	1.6	74.497	−4.942	18.5
22	5 44 42	49 55	+18 12.2	0 13.5	54 9.1	15.0	14 46.8	4.1	86.351	−5.190	19.5
23	6 34 37	50 7	+17 58.7	1 2.0	54 24.1	24.9	14 50.9	6.8	98.264	−5.216	20.5
24	7 24 44	50 14	+16 56.7	1 49.2	54 49.0	34.8	14 57.7	9.4	110.304	−5.015	21.5
25	8 14 58	50 34	+15 7.5	2 33.9	55 23.8	43.8	15 7.1	12.0	122.544	−4.586	22.5
26	9 5 22	50 46	+12 33.6	3 14.5	56 7.6	51.4	15 19.1	14.0	135.059	−3.931	23.5
27	9 56 8	51 25	+ 9 19.1	3 48.5	56 59.0	56.2	15 33.1	14.3	147.924	−3.063	24.5
28	10 47 33	52 31	+ 5 30.6	4 13.7	57 55.2	56.8	15 47.4	16.4	161.198	−2.007	25.5
29	11 40 4	54 7	+ 1 16.9	4 26.3	58 52.0	52.4	16 3.8	14.3	174.920	−0.803	26.5
30	12 34 11	56 8	− 3 9.4	4 22.9	59 44.4	42.7	16 18.1	11.7	189.093	+0.487	27.5
31	13 30 19	58 24	− 7 32.3	4 0.3	60 27.1	28.0	16 29.8	7.6	203.678	+1.779	28.5
Nov. 1	14 28 43	60 34	−11 32.6	3 17.6	60 55.1	10.2	16 37.4	2.8	218.585	+2.977	0.1
2	15 29 17	62 5	−14 50.2	2 16.9	61 5.3	8.2	16 40.2	2.3	233.678	+3.981	1.1
3	16 31 22	62 33	−17 7.1	1 4.7	60 57.1	24.7	16 37.9	6.7	248.798	+4.708	2.1
4	17 33 55	61 41	−18 11.8	0 10.4	60 32.4	37.2	16 31.2	11.1	263.783	+5.105	3.1
5	18 35 36	59 41	−18 1.4	1 19.9	59 55.2	44.9	16 20.1	11.3	278.496	+5.157	4.1
6	19 35 17	56 57	−16 41.5	2 17.9	59 10.3	48.1	16 8.8	13.1	292.845	+4.881	5.1
7	20 32 14	54 6	−14 23.6	3 2.0	58 22.2	47.5	15 55.7	12.9	306.787	+4.321	6.1
8	21 26 20	51 31	−11 21.6	3 32.0	57 34.7	44.2	15 42.8	12.1	320.322	+3.533	7.1
9	22 17 51	49 25	− 7 49.6	3 49.3	56 50.5	39.6	15 30.7	10.7	333.481	+2.577	8.1
10	23 7 16	47 59	− 4 0.3	3 55.6	56 10.9	34.3	15 20.0	9.4	346.315	+1.514	9.1
11	23 55 15	47 10	− 0 4.7	3 52.0	55 36.6	28.8	15 10.6	7.8	358.879	+0.400	10.1
12	0 42 25	46 55	+ 3 47.3	3 39.6	55 7.8	23.7	15 2.8	6.5	11.231	−0.712	11.1
13	1 29 20	47 8	+ 7 26.9	3 18.9	54 44.1	18.8	14 56.3	5.1	23.418	−1.775	12.1
14	2 16 28	47 39	+10 45.8	2 50.5	54 25.3	14.0	14 51.2	3.8	35.483	−2.744	13.1
15	3 4 7	48 21	+13 36.3	2 15.3	54 11.3	9.4	14 47.4	2.6	47.458	−3.581	14.1
16	3 52 28	49 2	+15 51.6	1 34.3	54 1.9	4.3	14 44.8	1.2	59.371	−4.255	15.1
17	4 41 30	49 34	+17 25.9	0 49.0	53 57.6	1.3	14 43.6	0.4	71.245	−4.741	16.1
18	5 31 4	49 51	+18 14.9	0 1.1	53 58.9	7.8	14 44.0	2.1	83.106	−5.021	17.1
19	6 20 55	49 52	+18 16.0	0 47.1	54 6.7	15.1	14 46.1	4.2	94.984	−5.085	18.1
20	7 10 47	49 43	+17 28.9	1 34.1	54 21.8	23.2	14 50.3	6.3	106.919	−4.927	19.1
21	8 0 30	49 31	+15 54.8	2 18.0	54 45.0	31.9	14 56.6	8.7	118.959	−4.551	20.1
22	8 50 1	49 26	+13 36.8	2 57.8	55 16.9	40.5	15 5.3	11.0	131.164	−3.963	21.1
23	9 39 27	49 41	+10 39.0	3 31.8	55 57.4	48.6	15 16.3	13.2	143.602	−4.179	22.1
24	10 29 8		+ 7 7.2		56 46.0		15 29.5		156.349	−2.219	23.1

Tag	Oberer Meridiandurchgang in Greenwich: AR.	Änderung für 1h westl. Länge	Dekl.	Änderung für 1h westl. Länge	Parallaxe	Zeit des Durchgangs	Änderung für 1h westl. Länge	0h Länge, + 50° Breite: Aufgang	Änderung für 1h westl. Länge	Untergang	Änderung für 1h westl. Länge
1959	h m s	s	° ′	′	′	h m	m	h m	m	h m	m
Okt. 14	0 3 50	123	+ 0 42.3	+10.1	55.7	22 33.0	1.89	16 24	1.1	3 46	2.8
15	0 52 57	122	+ 4 40.8	+ 9.7	55.2	23 18.0	1.87	16 49	1.1	4 52	2.7
16	— — —	—	— —	—	—	— —	—	17 15	1.1	5 57	2.7
17	1 41 50	122	+ 8 23.2	+ 8.8	54.8	0 2.8	1.87	17 43	1.2	7 0	2.6
18	2 30 56	123	+11 40.3	+ 7.6	54.5	0 47.9	1.88	18 13	1.3	8 2	2.6
19	3 20 31	125	+14 24.0	+ 6.0	54.2	1 33.4	1.91	18 47	1.5	9 2	2.4
20	4 10 42	126	+16 27.3	+ 4.2	54.1	2 19.5	1.94	19 24	1.7	9 58	2.3
21	5 1 29	128	+17 45.0	+ 2.2	54.1	3 6.2	1.96	20 7	1.9	10 51	2.1
22	5 52 46	129	+18 13.3	+ 0.1	54.2	3 53.4	1.98	20 55	2.1	11 40	1.9
23	6 44 23	129	+17 50.4	− 2.0	54.5	4 41.0	1.98	21 49	2.3	12 24	1.7
24	7 36 11	130	+16 35.9	− 4.2	54.9	5 28.7	1.99	22 47	2.5	13 3	1.6
25	8 28 8	130	+14 31.4	− 6.2	55.6	6 16.6	2.00	23 50	2.7	13 38	1.4
26	9 20 17	131	+11 40.2	− 8.0	56.4	7 4.6	2.01	— —	—	14 10	1.3
27	10 12 56	133	+ 8 7.4	− 9.6	57.3	7 53.2	2.04	0 56	2.8	14 40	1.2
28	11 6 28	135	+ 4 0.8	−10.8	58.3	8 42.7	2.09	2 6	3.0	15 9	1.2
29	12 1 25	140	− 0 28.5	−11.5	59.2	9 33.5	2.16	3 18	3.1	15 38	1.2
30	12 58 20	145	− 5 5.3	−11.4	60.1	10 26.4	2.25	4 34	3.2	16 8	1.3
31	13 57 40	152	− 9 30.1	−10.5	60.7	11 21.6	2.35	5 52	3.3	16 42	1.5
Nov. 1	14 59 34	158	−13 20.6	− 8.6	61.0	12 19.4	2.46	7 10	3.3	17 21	1.8
2	16 3 37	162	−16 14.6	− 5.8	61.0	13 19.3	2.53	8 28	3.1	18 6	2.1
3	17 8 46	163	−17 54.8	− 2.5	60.7	14 20.4	2.55	9 40	2.8	18 59	2.4
4	18 13 33	160	−18 13.6	+ 0.9	60.2	15 21.1	2.50	10 44	2.5	19 59	2.6
5	19 16 29	154	−17 14.0	+ 4.0	59.4	16 19.9	2.40	11 39	2.1	21 5	2.8
6	20 16 33	146	−15 7.3	+ 6.5	58.6	17 15.9	2.26	12 24	1.7	22 13	2.9
7	21 13 24	138	−12 9.3	+ 8.3	57.8	18 8.6	2.13	13 2	1.5	23 23	2.9
8	22 7 15	131	− 8 35.9	+ 9.4	57.0	18 58.4	2.02	13 34	1.3	— —	—
9	22 58 40	126	− 4 41.5	+10.0	56.3	19 45.7	1.93	14 3	1.2	0 31	2.8
10	23 48 22	123	− 0 38.9	+10.1	55.7	20 31.4	1.88	14 29	1.1	1 38	2.8
11	0 37 4	121	+ 3 21.3	+ 9.8	55.2	21 16.0	1.85	14 54	1.1	2 44	2.7
12	1 25 26	121	+ 7 9.3	+ 9.1	54.8	22 0.3	1.85	15 19	1.1	3 48	2.7
13	2 13 59	122	+10 36.0	+ 8.1	54.4	22 44.8	1.86	15 46	1.2	4 51	2.6
14	3 3 7	124	+13 33.1	+ 6.7	54.2	23 29.9	1.90	16 15	1.3	5 53	2.6
15	— — —	—	— —	—	—	— —	—	16 47	1.4	6 54	2.5
16	3 53 0	126	+15 52.9	+ 5.0	54.0	0 15.7	1.93	17 23	1.6	7 52	2.3
17	4 43 38	127	+17 29.0	+ 3.0	54.0	1 2.2	1.95	18 3	1.8	8 46	2.2
18	5 34 51	129	+18 16.6	+ 0.9	54.0	1 49.4	1.97	18 50	2.1	9 37	2.0
19	6 26 21	129	+18 13.2	− 1.2	54.1	2 36.8	1.98	19 41	2.2	10 22	1.8
20	7 17 51	129	+17 18.3	− 3.3	54.4	3 24.2	1.98	20 37	2.4	11 3	1.6
21	8 9 10	128	+15 33.8	− 5.3	54.8	4 11.5	1.96	21 37	2.6	11 39	1.4
22	9 0 15	128	+13 3.0	− 7.2	55.4	4 58.5	1.96	22 40	2.7	12 11	1.3
23	9 51 20	128	+ 9 51.1	− 8.8	56.1	5 45.5	1.96	23 46	2.8	12 41	1.2
24	10 42 48	130	+ 6 4.4	−10.1	57.0	6 32.9	1.99	— —	—	13 9	1.2

Mond 1959

Tag	0h Weltzeit										
	Scheinbare Rektaszension		Scheinbare Deklination		Parallaxe		Halbmesser		Länge	Breite	Alter
1959	h m s	m s	° ′	° ′	′ ″	″	′ ″	″	°	°	d
Nov. 24	10 29 8	50 26	+ 7 7.2	3 58.8	56 46.0	54.9	15 29.5	15.0	156.349	−2.219	23.1
25	11 19 34	51 45	+ 3 8.4	4 16.4	57 40.9	58.2	15 44.5	15.8	169.476	−1.116	24.1
26	12 11 19	53 45	− 1 8.0	4 21.8	58 39.1	57.2	16 0.3	15.6	183.047	+0.085	25.1
27	13 5 4	56 19	− 5 29.8	4 11.2	59 36.3	50.6	16 15.9	13.8	197.097	+1.321	26.1
28	14 1 23	59 10	− 9 41.0	3 41.6	60 26.9	38.3	16 29.7	10.4	211.622	+2.510	27.1
29	15 0 33	61 52	−13 22.6	2 51.4	61 5.2	20.8	16 40.1	5.7	226.561	+3.559	28.1
30	16 2 25	63 41	−16 14.0	1 43.5	61 26.0	0.3	16 45.8	0.1	241.793	+4.376	29.1
Dez. 1	17 6 6	64 4	−17 57.5	0 25.3	61 26.3	19.9	16 45.9	5.4	257.145	+4.884	0.6
2	18 10 10	62 49	−18 22.8	0 52.9	61 6.4	37.2	16 40.5	10.2	272.421	+5.041	1.6
3	19 12 59	60 15	−17 29.9	2 1.3	60 29.2	49.4	16 30.3	13.4	287.438	+4.846	2.6
4	20 13 14	57 2	−15 28.6	2 54.2	59 39.8	55.8	16 16.9	15.2	302.058	+4.335	3.6
5	21 10 16	53 47	−12 34.4	3 30.3	58 44.0	56.8	16 1.7	15.5	316.201	+3.570	4.6
6	22 4 3	51 0	− 9 4.1	3 51.0	57 47.2	53.8	15 46.2	14.6	329.850	+2.624	5.6
7	22 55 3	48 53	− 5 13.1	3 58.7	56 53.4	47.8	15 31.6	13.1	343.037	+1.566	6.6
8	23 43 56	47 30	− 1 14.4	3 56.1	56 5.6	40.4	15 18.5	11.0	355.821	+0.459	7.6
9	0 31 26	46 50	+ 2 41.7	3 44.8	55 25.2	32.3	15 7.5	8.8	8.280	−0.641	8.6
10	1 18 16	46 46	+ 6 26.5	3 25.7	54 52.9	24.4	14 58.7	6.6	20.493	−1.688	9.6
11	2 5 2	47 11	+ 9 52.2	2 59.6	54 28.5	16.9	14 52.1	4.6	32.534	−2.643	10.6
12	2 52 13	47 55	+12 51.8	2 26.8	54 11.6	10.3	14 47.5	2.8	44.467	−3.470	11.6
13	3 40 8	48 44	+15 18.6	1 47.8	54 1.3	4.3	14 44.7	1.2	56.344	−4.140	12.6
14	4 28 52	49 30	+17 6.4	1 3.8	53 57.0	1.1	14 43.5	0.3	68.204	−4.628	13.6
15	5 18 22	49 59	+18 10.2	0 16.3	53 58.1	6.1	14 43.8	1.7	80.078	−4.914	14.6
16	6 8 21	50 8	+18 26.5	0 32.7	54 4.2	11.1	14 45.5	3.0	91.986	−4.986	15.6
17	6 58 29	49 58	+17 53.8	1 20.6	54 15.3	16.4	14 48.5	4.5	103.949	−4.839	16.6
18	7 48 27	49 34	+16 33.2	2 5.6	54 31.7	22.1	14 53.0	6.0	115.987	−4.476	17.6
19	8 38 1	49 10	+14 27.6	2 45.7	54 53.8	28.2	14 59.0	7.7	128.129	−3.906	18.6
20	9 27 11	48 55	+11 41.9	3 19.8	55 22.0	34.8	15 6.7	9.4	140.412	−3.148	19.6
21	10 16 6	49 4	+ 8 22.1	3 46.7	55 56.8	41.2	15 16.1	11.2	152.884	−2.227	20.6
22	11 5 10	49 46	+ 4 35.4	4 5.0	56 38.0	46.9	15 27.3	12.8	165.604	−1.177	21.6
23	11 54 56	51 8	+ 0 30.4	4 13.5	57 24.9	51.1	15 40.1	13.9	178.636	−0.040	22.6
24	12 46 4	53 14	− 3 43.1	4 9.6	58 16.0	52.2	15 54.0	14.3	192.044	+1.132	23.6
25	13 39 18	55 56	− 7 52.7	3 50.5	59 8.2	49.5	16 8.3	13.5	205.877	+2.274	24.6
26	14 35 14	58 57	−11 43.2	3 13.5	59 57.7	41.4	16 21.8	11.2	220.156	+3.311	25.6
27	15 34 11	61 45	−14 56.7	2 18.1	60 39.1	28.3	16 33.0	7.7	234.857	+4.159	26.6
28	16 35 56	63 40	−17 14.8	1 6.8	61 7.4	10.7	16 40.7	3.0	249.899	+4.741	27.6
29	17 39 36	64 5	−18 21.6	0 12.5	61 18.1	9.0	16 43.7	2.5	265.143	+4.996	28.6
30	18 43 41	62 48	−18 9.1	1 29.5	61 9.1	28.0	16 41.2	7.6	280.409	+4.897	0.2
31	19 46 29		−16 39.6		60 41.1		16 33.6		295.505	+4.455	1.2

Tag	Oberer Meridiandurchgang in Greenwich							0h Länge, + 50° Breite			
	AR.	Änderung für 1h westl. Länge	Dekl.	Änderung für 1h westl. Länge	Parallaxe	Zeit des Durchgangs	Änderung für 1h westl. Länge	Aufgang	Änderung für 1h westl. Länge	Untergang	Änderung für 1h westl. Länge
1959	h m s	s	° ′	′	′	h m	m	h m	m	h m	m
Nov. 24	10 42 48	130	+ 6 4.4	−10.1	57.0	6 32.9	1.99	— —	—	13 9	1.2
25	11 35 15	133	+ 1 51.2	−11.0	58.0	7 21.3	2.05	0 55	2.9	13 36	1.2
26	12 29 24	138	− 2 37.4	−11.3	59.0	8 11.4	2.13	2 7	3.1	14 5	1.3
27	13 26 1	145	− 7 6.9	−11.0	59.9	9 3.9	2.25	3 22	3.2	14 36	1.4
28	14 25 40	153	−11 18.0	− 9.8	60.7	9 59.4	2.38	4 39	3.2	15 11	1.6
29	15 28 32	161	−14 48.3	− 7.6	61.3	10 58.2	2.51	5 57	3.2	15 52	1.9
30	16 34 5	166	−17 15.1	− 4.5	61.5	11 59.6	2.60	7 14	3.1	16 41	2.2
Dez. 1	17 40 58	167	−18 21.2	− 0.9	61.3	13 2.4	2.61	8 25	2.8	17 39	2.6
2	18 47 16	163	−18 0.8	+ 2.6	60.8	14 4.6	2.55	9 27	2.4	18 45	2.8
3	19 51 11	156	−16 20.8	+ 5.6	60.0	15 4.4	2.43	10 19	2.0	19 55	3.0
4	20 51 40	147	−13 37.2	+ 7.9	59.0	16 0.8	2.27	11 1	1.6	21 7	3.0
5	21 48 27	138	−10 9.1	+ 9.3	58.1	16 53.5	2.13	11 37	1.4	22 19	2.9
6	22 41 56	130	− 6 14.8	+10.1	57.1	17 42.9	2.00	12 7	1.2	23 28	2.8
7	23 32 52	125	− 2 9.2	+10.3	56.3	18 29.8	1.91	12 34	1.1	— —	—
8	0 22 6	122	+ 1 55.6	+10.0	55.5	19 14.9	1.86	13 0	1.1	0 35	2.8
9	1 10 27	120	+ 5 50.0	+ 9.4	55.0	19 59.2	1.84	13 25	1.1	1 40	2.7
10	1 58 38	121	+ 9 25.5	+ 8.5	54.5	20 43.3	1.84	13 51	1.1	2 44	2.6
11	2 47 12	122	+12 34.3	+ 7.2	54.2	21 27.8	1.87	14 18	1.2	3 46	2.6
12	3 36 33	124	+15 9.0	+ 5.6	54.0	22 13.1	1.90	14 49	1.4	4 47	2.5
13	4 26 48	127	+17 2.7	+ 3.8	54.0	22 59.3	1.94	15 23	1.5	5 45	2.4
14	5 17 53	129	+18 9.8	+ 1.8	54.0	23 46.3	1.97	16 2	1.7	6 41	2.3
15	— — —	—	— —	—	—	— —	—	16 46	2.0	7.34	2.1
16	6 9 31	129	+18 26.3	− 0.4	54.1	0 33.9	1.99	17 36	2.2	8 21	1.9
17	7 1 19	129	+17 50.5	− 2.6	54.3	1 21.6	1.99	18 30	2.4	9 4	1.7
18	7 52 54	128	+16 23.7	− 4.6	54.6	2 9.1	1.97	19 29	2.5	9 42	1.5
19	8 44 3	127	+14 9.4	− 6.5	54.9	2 56.2	1.95	20 31	2.6	10 15	1.3
20	9 34 45	126	+11 13.0	− 8.1	55.4	3 42.8	1.93	21 35	2.7	10 45	1.2
21	10 25 15	126	+ 7 41.5	− 9.4	56.1	4 29.2	1.94	22 41	2.8	11 13	1.2
22	11 16 0	128	+ 3 42.9	−10.4	56.8	5 15.9	1.96	23 50	2.9	11 40	1.1
23	12 7 41	131	− 0 33.3	−10.9	57.6	6 3.5	2.01	— —	—	12 7	1.2
24	13 1 5	136	− 4 55.7	−10.9	58.5	6 52.9	2.10	1 1	3.0	12 35	1.2
25	13 57 2	144	− 9 10.0	−10.2	59.4	7 44.7	2.23	2 14	3.1	13 6	1.4
26	14 56 9	152	−12 58.3	− 8.7	60.2	8 39.7	2.36	3 29	3.2	13 43	1.7
27	15 58 40	160	−15 59.8	− 6.3	60.9	9 38.2	2.50	4 45	3.1	14 26	2.0
28	17 4 3	166	−17 53.9	− 3.1	61.2	10 39.4	2.59	5 58	2.9	15 18	2.4
29	18 10 54	167	−18 25.5	+ 0.5	61.3	11 42.2	2.62	7 6	2.6	16 19	2.7
30	19 17 17	164	−17 30.6	+ 4.0	60.9	12 44.4	2.55	8 4	2.2	17 28	3.0
31	20 21 21	156	−15 18.1	+ 6.9	60.3	13 44.4	2.43	8 53	1.9	18 42	3.1

Mond 1959

Phasen des Mondes

1959		Weltzeit h	m		1959		Weltzeit h	m	
Jan.	2	10	50	Letztes Viertel	Juli	6	2	0	Neumond
	9	5	34	Neumond		13	12	1	Erstes Viertel
	16	21	26	Erstes Viertel		20	3	33	Vollmond
	24	19	32	Vollmond		27	14	22	Letztes Viertel
	31	19	6	Letztes Viertel	Aug.	4	14	34	Neumond
Febr.	7	19	22	Neumond		11	17	10	Erstes Viertel
	15	19	20	Erstes Viertel		18	12	50	Vollmond
	23	8	54	Vollmond		26	8	3	Letztes Viertel
März	2	2	54	Letztes Viertel	Sept.	3	1	55	Neumond
	9	10	51	Neumond		9	22	7	Erstes Viertel
	17	15	10	Erstes Viertel		17	0	51	Vollmond
	24	20	2	Vollmond		25	2	22	Letztes Viertel
	31	11	6	Letztes Viertel	Okt.	2	12	31	Neumond
April	8	3	29	Neumond		9	4	22	Erstes Viertel
	16	7	32	Erstes Viertel		16	15	58	Vollmond
	23	5	13	Vollmond		24	20	22	Letztes Viertel
	29	20	38	Letztes Viertel		31	22	41	Neumond
Mai	7	20	11	Neumond	Nov.	7	13	23	Erstes Viertel
	15	20	9	Erstes Viertel		15	9	42	Vollmond
	22	12	56	Vollmond		23	13	3	Letztes Viertel
	29	8	13	Letztes Viertel		30	8	46	Neumond
Juni	6	11	53	Neumond	Dez.	7	2	11	Erstes Viertel
	14	5	22	Erstes Viertel		15	4	49	Vollmond
	20	20	0	Vollmond		23	3	28	Letztes Viertel
	27	22	12	Letztes Viertel		29	19	9	Neumond

Mond in Erdnähe 1959		Weltzeit h	Mond in Erdferne 1959		Weltzeit h
Jan.	5	20	Jan.	17	17
Jan.	31	6	Febr.	14	14
Febr.	26	10	März	14	9
März	26	9	April	10	23
April	23	18	Mai	8	4
Mai	22	5	Juni	4	8
Juni	19	13	Juli	1	19
Juli	17	14	Juli	29	12
Aug.	13	16	Aug.	26	6
Sept.	7	17	Sept.	23	1
Okt.	4	21	Okt.	20	19
Nov.	2	1	Nov.	17	7
Nov.	30	12	Dez.	14	7
Dez.	29	1			

Tag	0ʰ Weltzeit: Scheinbare Rektaszension		Scheinbare Deklination		Δ		Halbmesser	Hor. Par.	Aufgang (in 0ʰ Länge, + 50° Breite)	Obere Kulmination (in 0ʰ Länge, + 50° Breite)	Untergang (in 0ʰ Länge, + 50° Breite)
1959	h m s	m s	° ′ ″	′ ″			″	″	h m	h m	h m
Jan. 0	17 2 7.61	4 39.41	−20 59 32.5	14 47.2	1.044 237	19 611	3.20	8.43	6 12	10 26.8	14 41
1	17 6 47.02	4 51.46	21 14 19.7	14 34.1	1.063 848	19 051	3.14	8.27	6 14	10 27.6	14 41
2	17 11 38.48	5 2.36	21 28 53.8	14 13.1	1.082 899	18 478	3.08	8.13	6 16	10 28.6	14 40
3	17 16 40.84	5 12.20	21 43 6.9	13 45.5	1.101 377	17 894	3.03	7.99	6 19	10 29.7	14 40
4	17 21 53.04	5 21.14	21 56 52.4	13 11.8	1.119 271	17 305	2.98	7.86	6 22	10 31.1	14 40
5	17 27 14.18	5 29.25	22 10 4.2	12 32.7	1.136 576	16 716	2.94	7.74	6 24	10 32.5	14 40
6	17 32 43.43	5 36.64	−22 22 36.9	11 48.9	1.153 292	16 125	2.90	7.63	6 27	10 34.1	14 40
7	17 38 20.07	5 43.37	22 34 25.8	11 0.7	1.169 417	15 541	2.86	7.53	6 30	10 35.9	14 41
8	17 44 3.44	5 49.55	22 45 26.5	10 9.0	1.184 958	14 959	2.82	7.43	6 33	10 37.7	14 42
9	17 49 52.99	5 55.19	22 55 35.5	9 13.8	1.199 917	14 384	2.78	7.33	6 36	10 39.6	14 43
10	17 55 48.18	6 0.37	23 4 49.3	8 15.5	1.214 301	13 816	2.75	7.25	6 39	10 41.6	14 44
11	18 1 48.55	6 5.14	23 13 4.8	7 14.6	1.228 117	13 255	2.72	7.17	6 42	10 43.7	14 45
12	18 7 53.69	6 9.53	−23 20 19.4	6 11.2	1.241 372	12 703	2.69	7.09	6 45	10 45.9	14 47
13	18 14 3.22	6 13.57	23 26 30.6	5 5.5	1.254 075	12 157	2.66	7.02	6 48	10 48.2	14 48
14	18 20 16.79	6 17.31	23 31 36.1	3 58.0	1.266 232	11 621	2.64	6.95	6 51	10 50.5	14 50
15	18 26 34.10	6 20.76	23 35 34.1	2 48.5	1.277 853	11 090	2.61	6.89	6 54	10 52.9	14 52
16	18 32 54.86	6 23.96	23 38 22.6	1 37.3	1.288 943	10 569	2.59	6.83	6.56	10 55.3	14 54
17	18 39 18.82	6 26.91	23 39 59.9	0 24.6	1.299 512	10 053	2.57	6.77	6 59	10 57.8	14 57
18	18 45 45.73	6 29.63	−23 40 24.5	0 49.4	1.309 565	9 544	2.55	6.72	7 1	11 0.3	14 59
19	18 52 15.36	6 32.17	23 39 35.1	2 4.8	1.319 109	9 041	2.53	6.67	7 4	11 2.9	15 2
20	18 58 47.53	6 34.51	23 37 30.3	3 21.4	1.328 150	8 542	2.51	6.63	7 6	11 5.5	15 5
21	19 5 22.04	6 36.66	23 34 8.9	4 39.1	1.336 692	8 049	2.50	6.58	7 8	11 8.1	15 8
22	19 11 58.70	6 38.67	23 29 29.8	5 57.9	1.344 741	7 559	2.48	6.54	7 10	11 10.8	15 11
23	19 18 37.37	6 40.51	23 23 31.9	7 17.5	1.352 300	7 071	2.47	6.51	7 12	11 13.6	15 15
24	19 25 17.88	6 42.23	−23 16 14.4	8 38.2	1.359 371	6 585	2.46	6.47	7 14	11 16.3	15 18
25	19 32 0.11	6 43.79	23 7 36.2	9 59.5	1.365 956	6 101	2.45	6.44	7 16	11 19.1	15 22
26	19 38 43.90	6 45.25	22 57 36.7	11 21.8	1.372 057	5 617	2.43	6.41	7 18	11 21.9	15 26
27	19 45 29.15	6 46.59	22 46 14.9	12 44.7	1.377 674	5 130	2.42	6.39	7 19	11 24.7	15 30
28	19 52 15.74	6 47.82	22 33 30.2	14 8.3	1.382 804	4 643	2.42	6.36	7 21	11 27.6	15 35
29	19 59 3.56	6 48.95	22 19 21.9	15 32.5	1.387 447	4 151	2.41	6.34	7 22	11 30.4	15 39
30	20 5 52.51	6 49.99	−22 3 49.4	16 57.3	1.391 598	3 655	2.40	6.32	7 23	11 33.3	15 44
31	20 12 42.50	6 50.94	21 46 52.1	18 22.7	1.395 253	3 153	2.39	6.31	7 25	11 36.2	15 48
Febr. 1	20 19 33.44	6 51.82	21 28 29.4	19 48.4	1.398 406	2 644	2.39	6.29	7 26	11 39.2	15 53
2	20 26 25.26	6 52.62	21 8 41.0	21 14.7	1.401 050	2 126	2.38	6.28	7 26	11 42.1	15 58
3	20 33 17.88	6 53.35	20 47 26.3	22 41.4	1.403 176	1 598	2.38	6.27	7 27	11 45.0	16 4
4	20 40 11.23	6 54.01	20 24 44.9	24 8.3	1.404 774	1 058	2.38	6.26	7.28	11 48.0	16 9
5	20 47 5.24	6 54.62	−20 0 36.6	25 35.6	1.405 832	506	2.38	6.26	7 28	11 51.0	16 14
6	20 53 59.86	6 55.17	19 35 1.0	27 3.1	1.406 338	62	2.37	6.26	7 29	11 53.9	16 20
7	21 0 55.03	6 55.66	19 7 57.9	28 30.7	1.406 276	647	2.38	6.26	7 29	11 56.9	16 26
8	21 7 50.69	6 56.11	18 39 27.2	29 58.5	1.405 629	1 250	2.38	6.26	7 29	11 59.9	16 32
9	21 14 46.80	6 56.50	18 9 28.7	31 26.2	1.404 379	1 874	2.38	6.27	7 29	12 2.9	16 38
10	21 21 43.30		−17 38 2.5		1.402 505		2.38	6.27	7 29	12 5.9	16 44

Tag	0h Weltzeit Scheinbare Rektaszension		Scheinbare Deklination		Δ		Halbmesser	Hor. Par.	Aufgang	Obere Kulmination	Untergang
									in 0h Länge, + 50° Breite		
1959	h m s	m s	° ′ ″	′ ″			″	″	h m	h m	h m
Febr. 10	21 21 43.30	6 56.83	−17 38 2.5	32 53.9	1.402 505	2 520	2.38	6.27	7 29	12 5.9	16 44
11	21 28 40.13	6 57.12	17 5 8.6	34 21.3	1.399 985	3 192	2.39	6.29	7 29	12 8.9	16 50
12	21 35 37.25	6 57.34	16 30 47.3	35 48.3	1.396 793	3 890	2.39	6.30	7 29	12 12.0	16 56
13	21 42 34.59	6 57.50	15 54 59.0	37 14.9	1.392 903	4 618	2.40	6.32	7 29	12 15.0	17 2
14	21 49 32.09	6 57.56	15 17 44.1	38 40.6	1.388 285	5 379	2.41	6.34	7 28	12 18.0	17 9
15	21 56 29.65	6 57.54	14 39 3.5	40 5.4	1.382 906	6 172	2.42	6.36	7 28	12 21.0	17 15
16	22 3 27.19	6 57.39	−13 58 58.1	41 28.8	1.376 734	7 002	2.43	6.39	7 27	12 24.1	17 22
17	22 10 24.58	6 57.11	13 17 29.3	42 50.7	1.369 732	7 870	2.44	6.42	7 27	12 27.1	17 29
18	22 17 21.69	6 56.64	12 34 38.6	44 10.6	1.361 862	8 779	2.45	6.46	7 26	12 30.1	17 36
19	22 24 18.33	6 55.95	11 50 28.0	45 27.8	1.353 083	9 727	2.47	6.50	7 25	12 33.1	17 42
20	22 31 14.28	6 55.01	11 5 0.2	46 42.1	1.343 356	10 716	2.49	6.55	7 25	12 36.1	17 49
21	22 38 9.29	6 53.73	10 18 18.1	47 52.4	1.332 640	11 749	2.51	6.60	7 24	12 39.0	17 56
22	22 45 3.02	6 52.07	− 9 30 25.7	48 58.4	1.320 891	12 820	2.53	6.66	7.23	12 42.0	18 3
23	22 51 55.09	6 49.94	8 41 27.3	49 58.9	1.308 071	13 930	2.55	6.73	7 21	12 44.9	18 10
24	22 58 45.03	6 47.25	7 51 28.4	50 53.1	1.294 141	15 073	2.58	6.80	7 20	12 47.8	18 17
25	23 5 32.28	6 43.88	7 0 35.3	51 39.7	1.279 068	16 244	2.61	6.88	7 19	12 50.6	18 24
26	23 12 16.16	6 39.75	6 8 55.6	52 17.9	1.262 824	17 436	2.64	6.97	7 17	12 53.4	18 31
27	23 18 55.91	6 34.73	5 16 37.7	52 45.8	1.245 388	18 638	2.68	7.07	7 16	12 56.0	18 38
28	23 25 30.64	6 28.65	− 4 23 51.9	53 2.5	1.226 750	19 837	2.72	7.17	7 14	12 58.6	18 45
März 1	23 31 59.29	6 21.41	3 30 49.4	53 6.4	1.206 913	21 021	2.77	7.29	7 12	13 1.1	18 52
2	23 38 20.70	6 12.87	2 37 43.0	52 56.3	1.185 892	22 170	2.82	7.42	7 11	13 3.4	18 58
3	23 44 33.57	6 2.89	1 44 46.7	52 30.8	1.163 722	23 265	2.87	7.56	7 9	13 5.6	19 5
4	23 50 36.46	5 51.33	0 52 15.9	51 48.4	1.140 457	24 288	2.93	7.72	7 7	13 7.6	19 11
5	23 56 27.79	5 38.13	− 0 0 27.5	50 48.6	1.116 169	25 216	2.99	7.88	7 4	13 9.4	19 16
6	0 2 5.92	5 23.17	+ 0 50 21.1	49 30.3	1.090 953	26 029	3.06	8.07	7 2	13 11.0	19 22
7	0 7 29.09	5 6.43	1 39 51.4	47 53.1	1.064 924	26 707	3.14	8.26	6 59	13 12.3	19 27
8	0 12 35.52	4 47.85	2 27 44.5	45 56.7	1.038 217	27 234	3.22	8.48	6 57	13 13.3	19 32
9	0 17 23.37	4 27.50	3 13 41.2	43 41.4	1.010 983	27 594	3.30	8.70	6 54	13 14.0	19 36
10	0 21 50.87	4 5.42	3 57 22.6	41 7.5	0.983 389	27 780	3.40	8.95	6 51	13 14.3	19 39
11	0 25 56.29	3 41.71	4 38 30.1	38 15.8	0.955 609	27 782	3.50	9.21	6 48	13 14.2	19 42
12	0 29 38.00	3 16.50	+ 5 16 45.9	35 6.9	0.927 827	27 599	3.60	9.48	6 44	13 13.7	19 45
13	0 32 54.50	2 49.98	5 51 52.8	31 42.3	0.900 228	27 234	3.71	9.77	6 41	13 12.8	19 46
14	0 35 44.48	2 22.35	6 23 35.1	28 3.0	0.872 994	26 689	3.83	10.08	6 37	13 11.5	19 47
15	0 38 6.83	1 53.88	6 51 38.1	24 10.6	0.846 305	25 975	3.95	10.40	6 33	13 9.6	19 47
16	0 40 0.71	1 24.83	7 15 48.7	20 6.7	0.820 330	25 099	4.07	10.73	6 29	13 7.3	19 46
17	0 41 25.54	0 55.55	7 35 55.4	15 53.0	0.795 231	24 075	4.20	11.07	6 25	13 4.5	19 45
18	0 42 21.09	0 26.36	+ 7 51 48.4	11 31.7	0.771 156	22 913	4.33	11.41	6 20	13 1.3	19 42
19	0 42 47.45	0 2.32	8 3 20.1	7 5.2	0.748 243	21 629	4.46	11.76	6 16	12 57.5	19 39
20	0 42 45.13	0 30.09	8 10 25.3	2 36.2	0.726 614	20 235	4.60	12.11	6 11	12 53.3	19 35
21	0 42 15.04	0 56.49	8 13 1.5	1 52.1	0.706 379	18 748	4.73	12.46	6 7	12 48.6	19 30
22	0 41 18.55	1 21.09	8 11 9.4	6 16.0	0.687 631	17 179	4.86	12.80	6 2	12 43.5	19 25
23	0 39 57.46		+ 8 4 53.4		0.670 452		4.98	13.13	5 57	12 38.1	19 18

Tag	0ʰ Weltzeit: Scheinbare Rektaszension		Scheinbare Deklination		Δ		Halbmesser	Hor. Par.	Aufgang	Obere Kulmination	Untergang
									in 0ʰ Länge, + 50° Breite		
1959	h m s	m s	° ′ ″	′ ″			″	″	h m	h m	h m
März 23	0 39 57.46	1 43.44	+8 4 53.4	10 31.6	0.670 452	15 547	4.98	13.13	5 57	12 38.1	19 18
24	0 38 14.02	2 3.11	7 54 21.8	14 34.8	0.654 905	13 865	5.10	13.44	5 52	12 32.2	19 11
25	0 36 10.91	2 19.73	7 39 47.0	18 21.0	0.641 040	12 151	5.21	13.73	5 48	12 26.1	19 4
26	0 33 51.18	2 32.99	7 21 26.0	21 45.9	0.628 889	10 419	5.31	13.99	5 43	12 19.8	18 56
27	0 31 18.19	2 42.68	6 59 40.1	24 45.5	0.618 470	8 687	5.40	14.23	5 38	12 13.2	18 47
28	0 28 35.51	2 48.67	6 34 54.6	27 16.6	0.609 783	6 970	5.48	14.43	5 34	12 6.5	18 38
29	0 25 46.84	2 50.92	+6 7 38.0	29 16.2	0.602 813	5 283	5.54	14.60	5 29	11 59.8	18 29
30	0 22 55.92	2 49.56	5 38 21.8	30 42.9	0.597 530	3 638	5.59	14.73	5 25	11 53.0	18 20
31	0 20 6.36	2 44.77	5 7 38.9	31 36.4	0.593 892	2 051	5.62	14.82	5 20	11 46.3	18 11
April 1	0 17 21.59	2 36.84	4 36 2.5	31 56.5	0.591 841	530	5.64	14.87	5 16	11 39.7	18 2
2	0 14 44.75	2 26.10	4 4 6.0	31 45.3	0.591 311	916	5.65	14.88	5 13	11 33.3	17 53
3	0 12 18.65	2 12.97	3 32 20.7	31 5.0	0.592 227	2 280	5.64	14.86	5 9	11 27.0	17 44
4	0 10 5.68	1 57.83	+3 1 15.7	29 58.5	0.594 507	3 558	5.62	14.80	5 5	11 21.0	17 36
5	0 8 7.85	1 41.11	2 31 17.2	28 29.3	0.598 065	4 747	5.58	14.71	5 2	11 15.3	17 28
6	0 6 26.74	1 23.25	2 2 47.9	26 40.9	0.602 812	5 848	5.54	14.60	4 58	11 9.8	17 20
7	0 5 3.49	1 4.55	1 36 7.0	24 36.9	0.608 660	6 862	5.49	14.46	4 55	11 4.6	17 13
8	0 3 58.94	0 45.41	1 11 30.1	22 20.6	0.615 522	7 790	5.43	14.30	4 52	10 59.8	17 7
9	0 3 13.53	0 26.07	0 49 9.5	19 55.7	0.623 312	8 638	5.36	14.12	4 49	10 55.2	17 1
10	0 2 47.46	0 6.78	+0 29 13.8	17 24.2	0.631 950	9 407	5.29	13.92	4 46	10 51.0	16 55
11	0 2 40.68	0 12.24	+0 11 49.6	14 49.1	0.641 357	10 106	5.21	13.72	4 44	10 47.1	16 50
12	0 2 52.92	0 30.83	−0 2 59.5	12 12.5	0.651 463	10 737	5.13	13.51	4 41	10 43.5	16 45
13	0 3 23.75	0 48.91	0 15 12.0	9 35.7	0.662 200	11 307	5.04	13.29	4 39	10 40.2	16 41
14	0 4 12.66	1 6.36	0 24 47.7	7 0.4	0.673 507	11 820	4.96	13.07	4 36	10 37.2	16 38
15	0 5 19.02	1 23.15	0 31 48.1	4 27.4	0.685 327	12 283	4.87	12.84	4 34	10 34.5	16 35
16	0 6 42.17	1 39.21	−0 36 15.5	1 57.8	0.697 610	12 698	4.79	12.61	4 32	10 32.1	16 32
17	0 8 21.38	1 54.57	0 38 13.3	0 28.0	0.710 308	13 073	4.70	12.39	4 30	10 29.9	16 30
18	0 10 15.95	2 9.22	0 37 45.3	2 49.6	0.723 381	13 409	4.62	12.16	4 28	10 28.0	16 28
19	0 12 25.17	2 23.15	0 34 55.7	5 6.6	0.736 790	13 713	4.53	11.94	4 26	10 26.3	16 27
20	0 14 48.32	2 36.43	0 29 49.1	7 19.0	0.750 503	13 986	4.45	11.73	4 24	10 24.9	16 26
21	0 17 24.75	2 49.05	0 22 30.1	9 26.7	0.764 489	14 233	4.37	11.51	4 22	10 23.6	16 26
22	0 20 13.80	3 1.08	−0 13 3.4	11 29.6	0.778 722	14 454	4.29	11.30	4 20	10 22.6	16 25
23	0 23 14.88	3 12.55	−0 1 33.8	13 28.0	0.793 176	14 656	4.21	11.09	4 18	10 21.7	16 26
24	0 26 27.43	3 23.49	+0 11 54.2	15 21.6	0.807 832	14 837	4.13	10.89	4 17	10 21.1	16 26
25	0 29 50.92	3 33.94	0 27 15.8	17 10.8	0.822 669	15 000	4.06	10.70	4 15	10 20.6	16 27
26	0 33 24.86	3 43.97	0 44 26.6	18 55.7	0.837 669	15 149	3.99	10.51	4 13	10 20.3	16 28
27	0 37 8.83	3 53.60	1 3 22.3	20 36.3	0.852 818	15 281	3.92	10.32	4 11	10 20.2	16 30
28	0 41 2.43	4 2.87	+1 23 58.6	22 12.8	0.868 099	15 401	3.85	10.14	4 10	10 20.2	16 32
29	0 45 5.30	4 11.85	1 46 11.4	23 45.4	0.883 500	15 508	3.78	9.96	4 8	10 20.4	16 34
30	0 49 17.15	4 20.54	2 9 56.8	25 14.1	0.899 008	15 603	3.72	9.79	4 6	10 20.7	16 36
Mai 1	0 53 37.69	4 29.03	2 35 10.9	26 39.0	0.914 611	15 687	3.65	9.62	4 5	10 21.1	16 39
2	0 58 6.72	4 37.31	3 1 49.9	28 0.4	0.930 298	15 758	3.59	9.46	4 3	10 21.7	16 42
3	1 2 44.03		+3 29 50.3		0.946 056		3.53	9.30	4 2	10 22.5	16 45

Merkur 1959

Tag	Scheinbare Rektaszension (0h Weltzeit)		Scheinbare Deklination		Δ		Halbmesser	Hor. Par.	Aufgang	Obere Kulmination	Untergang
									in 0h Länge, + 50° Breite		
1959	h m s	m s	° ′ ″	′ ″			″	″	h m	h m	h m
Mai 3	1 2 44.03	4 45.46	+ 3 29 50.3	29 18.3	0.946 056	15 819	3.53	9.30	4 2	10 22.5	16 45
4	1 7 29.49	4 53.50	3 59 8.6	30 32.6	0.961 875	15 868	3.47	9.15	4 0	10 23.4	16 48
5	1 12 22.99	5 1.47	4 29 41.2	31 43.7	0.977 743	15 903	3.42	9.00	3 59	10 24.4	16 52
6	1 17 24.46	5 9.40	5 1 24.9	32 51.2	0.993 646	15 926	3.36	8.86	3 57	10 25.5	16 55
7	1 22 33.86	5 17.34	5 34 16.1	33 55.6	1.009 572	15 934	3.31	8.72	3 56	10 26.8	16 59
8	1 27 51.20	5 25.31	6 8 11.7	34 56.6	1.025 506	15 926	3.26	8.58	3 54	10 28.2	17 4
9	1 33 16.51	5 33.35	+ 6 43 8.3	35 54.2	1.041 432	15 899	3.21	8.45	3 53	10 29.7	17 8
10	1 38 49.86	5 41.49	7 19 2.5	36 48.3	1.057 331	15 853	3.16	8.32	3 52	10 31.4	17 13
11	1 44 31.35	5 49.77	7 55 50.8	37 39.0	1.073 184	15 785	3.11	8.20	3 50	10 33.2	17 18
12	1 50 21.12	5 58.19	8 33 29.8	38 26.0	1.088 969	15 690	3.07	8.08	3 49	10 35.2	17 23
13	1 56 19.31	6 6.81	9 11 55.8	39 9.0	1.104 659	15 568	3.02	7.97	3 48	10 37.2	17 28
14	2 2 26.12	6 15.62	9 51 4.8	39 48.1	1.120 227	15 412	2.98	7.86	3 47	10 39.5	17 34
15	2 8 41.74	6 24.68	+10 30 52.9	40 22.8	1.135 639	15 220	2.94	7.75	3 46	10 41.9	17 40
16	2 15 6.42	6 33.97	11 11 15.7	40 53.0	1.150 859	14 989	2.90	7.65	3 45	10 44.4	17 46
17	2 21 40.39	6 43.52	11 52 8.7	41 18.0	1.165 848	14 710	2.86	7.55	3 44	10 47.1	17 52
18	2 28 23.91	6 53.33	12 33 26.7	41 37.8	1.180 558	14 380	2.83	7.45	3 43	10 50.0	17 59
19	2 35 17.24	7 3.40	13 15 4.5	41 51.5	1.194 938	13 996	2.80	7.36	3 42	10 53.0	18 6
20	2 42 20.64	7 13.72	13 56 56.0	41 58.9	1.208 934	13 547	2.76	7.28	3 42	10 56.2	18 13
21	2 49 34.36	7 24.26	+14 38 54.9	41 59.1	1.222 481	13 031	2.73	7.20	3 41	10 59.6	18 20
22	2 56 58.62	7 34.99	15 20 54.0	41 51.8	1.235 512	12 441	2.70	7.12	3 41	11 3.1	18 27
23	3 4 33.61	7 45.86	16 2 45.8	41 35.9	1.247 953	11 772	2.68	7.05	3 41	11 6.9	18 35
24	3 12 19.47	7 56.81	16 44 21.7	41 10.9	1.259 725	11 018	2.65	6.99	3 41	11 10.8	18 43
25	3 20 16.28	8 7.74	17 25 32.6	40 36.1	1.270 743	10 178	2.63	6.93	3 41	11 14.9	18 51
26	3 28 24.02	8 18.56	18 6 8.7	39 50.7	1.280 921	9 247	2.61	6.87	3 41	11 19.2	18 59
27	3 36 42.58	8 29.14	+18 45 59.4	38 53.9	1.290 168	8 225	2.59	6.82	3 42	11 23.6	19 8
28	3 45 11.72	8 39.35	19 24 53.3	37 45.5	1.298 393	7 116	2.57	6.78	3 43	11 28.3	19 16
29	3 53 51.07	8 49.03	20 2 38.8	36 25.0	1.305 509	5 922	2.56	6.74	3 44	11 33.1	19 25
30	4 2 40.10	8 58.02	20 39 3.8	34 52.0	1.311 431	4 652	2.55	6.71	3 45	11 38.0	19 34
31	4 11 38.12	9 6.16	21 13 55.8	33 7.0	1.316 083	3 315	2.54	6.69	3 46	11 43.2	19 42
Juni 1	4 20 44.28	9 13.27	21 47 2.8	31 9.8	1.319 398	1 926	2.53	6.67	3 48	11 48.4	19 51
2	4 29 57.55	9 19.21	+22 18 12.6	29 1.6	1.321 324	500 —	2.53	6.66	3 50	11 53.7	20 0
3	4 39 16.76	9 23.86	22 47 14.2	26 43.1	1.321 824	947	2.53	6.66	3 52	11 59.2	20 8
4	4 48 40.62	9 27.08	23 13 57.3	24 15.5	1.320 877	2 395	2.53	6.66	3 55	12 4.7	20 16
5	4 58 7.70	9 28.84	23 38 12.8	21 40.6	1.318 482	3 825	2.53	6.67	3 58	12 10.2	20 24
6	5 7 36.54	9 29.08	23 59 53.4	18 59.6	1.314 657	5 218	2.54	6.69	4 1	12 15.8	20 32
7	5 17 5.62	9 27.80	24 18 53.0	16 14.6	1.309 439	6 560	2.55	6.72	4 4	12 21.4	20 40
8	5 26 33.42	9 25.06	+24 35 7.6	13 27.5	1.302 879	7 833	2.56	6.75	4 8	12 26.9	20 47
9	5 35 58.48	9 20.89	24 48 35.1	10 39.7	1.295 046	9 029	2.58	6.80	4 12	12 32.3	20 54
10	5 45 19.37	9 15.43	24 59 14.8	7 53.2	1.286 017	10 136	2.60	6.84	4 16	12 37.7	21 0
11	5 54 34.80	9 8.74	25 7 8.0	5 9.1	1.275 881	11 152	2.62	6.90	4 21	12 43.0	21 6
12	6 3 43.54	9 0.99	25 12 17.1	2 29.1	1.264 729	12 071	2.64	6.96	4 25	12 48.2	21 11
13	6 12 44.53		+25 14 46.2		1.252 658		2.67	7.03	4 30	12 53.2	21 16

Tag	0h Weltzeit: Scheinbare Rektaszension		Scheinbare Deklination		Δ		Halbmesser	Hor. Par.	Aufgang	Obere Kulmination	Untergang
									in 0h Länge, + 50° Breite		
1959	h m s	m s	° ′ ″	′ ″			″	″	h m	h m	h m
Juni 13	6 12 44.53	8 52.29	+25 14 46.2	0 6.1	1.252 658	12 895	2.67	7.03	4 30	12 53.2	21 16
14	6 21 36.82	8 42.75	25 14 40.1	2 35.3	1.239 763	13 625	2.69	7.10	4 35	12 58.0	21 21
15	6 30 19.57	8 32.52	25 12 4.8	4 58.1	1.226 138	14 264	2.72	7.18	4 40	13 2.7	21 25
16	6 38 52.09	8 21.71	25 7 6.7	7 13.8	1.211 874	14 818	2.76	7.26	4 45	13 7.2	21 29
17	6 47 13.80	8 10.41	24 59 52.9	9 22.3	1.197 056	15 291	2.79	7.35	4 51	13 11.6	21 32
18	6 55 24.21	7 58.73	24 50 30.6	11 23.0	1.181 765	15 691	2.83	7.45	4 56	13 15.7	21 34
19	7 3 22.94	7 46.75	+24 39 7.6	13 16.3	1.166 074	16 022	2.86	7.55	5 1	13 19.6	21 37
20	7 11 9.69	7 34.53	24 25 51.3	15 1.8	1.150 052	16 292	2.90	7.65	5 7	13 23.4	21 39
21	7 18 44.22	7 22.15	24 10 49.5	16 39.9	1.133 760	16 506	2.95	7.76	5 12	13 26.9	21 40
22	7 26 6.37	7 9.62	23 54 9.6	18 10.4	1.117 254	16 670	2.99	7.88	5 17	13 30.2	21 41
23	7 33 15.99	6 57.02	23 35 59.2	19 33.6	1.100 584	16 791	3.03	8.00	5 23	13 33.3	21 42
24	7 40 13.01	6 44.34	23 16 25.6	20 49.6	1.083 793	16 870	3.08	8.12	5 28	13 36.2	21 43
25	7 46 57.35	6 31.64	+22 55 36.0	21 58.7	1.066 923	16 916	3.13	8.25	5 33	13 38.9	21 43
26	7 53 28.99	6 18.89	22 33 37.3	23 0.9	1.050 007	16 930	3.18	8.38	5 38	13 41.4	21 43
27	7 59 47.88	6 6.12	22 10 36.4	23 56.6	1.033 077	16 917	3.23	8.52	5 43	13 43.6	21 43
28	8 5 54.00	5 53.32	21 46 39.8	24 45.6	1.016 160	16 878	3.29	8.66	5 48	13 45.7	21 42
29	8 11 47.32	5 40.50	21 21 54.2	25 28.5	0.999 282	16 818	3.34	8.81	5 52	13 47.5	21 41
30	8 17 27.82	5 27.63	20 56 25.7	26 5.2	0.982 464	16 739	3.40	8.96	5 56	13 49.1	21 40
Juli 1	8 22 55.45	5 14.71	+20 30 20.5	26 35.6	0.965 725	16 640	3.46	9.11	6 1	13 50.5	21 39
2	8 28 10.16	5 1.71	20 3 44.9	27 0.3	0.949 085	16 526	3.52	9.27	6 5	13 51.7	21 37
3	8 33 11.87	4 48.63	19 36 44.6	27 18.8	0.932 559	16 396	3.58	9.44	6 8	13 52.6	21 35
4	8 38 0.50	4 35.44	19 9 25.8	27 31.6	0.916 163	16 252	3.65	9.60	6 12	13 53.4	21 33
5	8 42 35.94	4 22.09	18 41 54.2	27 38.4	0.899 911	16 094	3.71	9.78	6 15	13 53.9	21 31
6	8 46 58.03	4 8.60	18 14 15.8	27 39.5	0.883 817	15 921	3.78	9.96	6 18	13 54.2	21 28
7	8 51 6.63	3 54.90	+17 46 36.3	27 34.5	0.867 896	15 736	3.85	10.14	6 21	13 54.3	21 26
8	8 55 1.53	3 40.97	17 19 1.8	27 23.7	0.852 160	15 534	3.92	10.33	6 24	13 54.1	21 23
9	8 58 42.50	3 26.81	16 51 38.1	27 6.9	0.836 626	15 320	3.99	10.52	6 26	13 53.7	21 20
10	9 2 9.31	3 12.33	16 24 31.2	26 43.8	0.821 306	15 088	4.07	10.71	6 28	13 53.1	21 17
11	9 5 21.64	2 57.55	15 57 47.4	26 14.5	0.806 218	14 840	4.14	10.91	6 30	13 52.2	21 13
12	9 8 19.19	2 42.44	15 31 32.9	25 38.8	0.791 378	14 572	4.22	11.12	6 31	13 51.1	21 10
13	9 11 1.63	2 26.95	+15 5 54.1	24 56.7	0.776 806	14 285	4.30	11.33	6 32	13 49.7	21 6
14	9 13 28.58	2 11.08	14 40 57.4	24 7.7	0.762 521	13 976	4.38	11.54	6 33	13 48.0	21 2
15	9 15 39.66	1 54.79	14 16 49.7	23 11.9	0.748 545	13 640	4.46	11.76	6 33	13 46.1	20 58
16	9 17 34.45	1 38.11	13 53 37.8	22 8.9	0.734 905	13 279	4.54	11.97	6 33	13 43.9	20 54
17	9 19 12.56	1 21.02	13 31 28.9	20 58.8	0.721 626	12 886	4.63	12.19	6 32	13 41.5	20 49
18	9 20 33.58	1 3.52	13 10 30.1	19 41.3	0.708 740	12 462	4.71	12.42	6 32	13 38.7	20 45
19	9 21 37.10	0 45.65	+12 50 48.8	18 16.5	0.696 278	12 000	4.80	12.64	6 30	13 35.7	20 40
20	9 22 22.75	0 27.47	12 32 32.3	16 44.1	0.684 278	11 499	4.88	12.86	6 29	13 32.3	20 35
21	9 22 50.22	0 9.02	12 15 48.2	15 4.2	0.672 779	10 955	4.96	13.08	6 26	13 28.7	20 30
22	9 22 59.24	0 9.63	12 0 44.0	13 17.1	0.661 824	10 364	5.05	13.30	6 24	13 24.7	20 25
23	9 22 49.61	0 28.33	11 47 26.9	11 22.9	0.651 460	9 722	5.13	13.51	6 21	13 20.5	20 20
24	9 22 21.28		+11 36 4.0		0.641 738		5.20	13.71	6 17	13 15.9	20 14

Merkur 1959

Tag	0h Weltzeit: Scheinbare Rektaszension		0h Weltzeit: Scheinbare Deklination		0h Weltzeit: Δ		Halbmesser	Hor. Par.	Aufgang	Obere Kulmination	Untergang
									in 0h Länge, + 50° Breite		
1959	h m s	m s	° ′ ″	′ ″			″	″	h m	h m	h m
Juli 24	9 22 21.28	0 46.95	+11 36 4.0	9 22.1	0.641 738	9 026	5.20	13.71	6 17	13 15.9	20 14
25	9 21 34.33	1 5.36	11 26 41.9	7 15.3	0.632 712	8 271	5.28	13.91	6 13	13 11.0	20 9
26	9 20 28.97	1 23.31	11 19 26.6	5 3.2	0.624 441	7 457	5.35	14.09	6 8	13 5.8	20 3
27	9 19 5.66	1 40.58	11 14 23.4	2 47.1	0.616 984	6 577	5.41	14.26	6 3	13 0.4	19 57
28	9 17 25.08	1 56.93	11 11 36.3	0 27.9	0.610 407	5 632	5.47	14.42	5 58	12 54.6	19 51
29	9 15 28.15	2 12.01	11 11 8.4	1 52.5	0.604 775	4 617	5.52	14.55	5 52	12 48.6	19 45
30	9 13 16.14	2 25.55	+11 13 0.9	4 12.5	0.600 158	3 536	5.57	14.66	5 46	12 42.4	19 39
31	9 10 50.59	2 37.23	11 17 13.4	6 30.2	0.596 622	2 385	5.60	14.75	5 39	12 35.9	19 33
Aug. 1	9 8 13.36	2 46.70	11 23 43.6	8 43.5	0.594 237	1 168	5.62	14.81	5 32	12 29.3	19 27
2	9 5 26.66	2 53.67	11 32 27.1	10 50.0	0.593 069	111	5.63	14.84	5 24	12 22.6	19 21
3	9 2 32.99	2 57.85	11 43 17.1	12 47.7	0.593 180	1 451	5.63	14.84	5 16	12 15.7	19 16
4	8 59 35.14	2 59.02	11 56 4.8	14 34.5	0.594 631	2 843	5.62	14.80	5 8	12 8.8	19 10
5	8 56 36.12	2 57.02	+12 10 39.3	16 8.6	0.597 474	4 281	5.59	14.73	5 0	12 1.9	19 4
6	8 53 39.10	2 51.72	12 26 47.9	17 28.1	0.601 755	5 757	5.55	14.62	4 52	11 55.1	18 59
7	8 50 47.38	2 43.10	12 44 16.0	18 32.1	0.607 512	7 263	5.50	14.49	4 44	11 48.4	18 54
8	8 48 4.28	2 31.24	13 2 48.1	19 19.2	0.614 775	8 787	5.43	14.31	4 35	11 41.9	18 49
9	8 45 33.04	2 16.21	13 22 7.3	19 49.2	0.623 562	10 320	5.36	14.11	4 27	11 35.6	18 45
10	8 43 16.83	1 58.27	13 41 56.5	20 1.8	0.633 882	11 852	5.27	13.88	4 19	11 29.5	18 41
11	8 41 18.56	1 37.63	+14 1 58.3	19 57.2	0.645 734	13 370	5.17	13.63	4 12	11 23.8	18 37
12	8 39 40.93	1 14.58	14 21 55.5	19 35.5	0.659 104	14 866	5.07	13.35	4 5	11 18.4	18 33
13	8 38 26.35	0 49.47	14 41 31.0	18 57.5	0.673 970	16 327	4.96	13.06	3 58	11 13.4	18 30
14	8 37 36.88	0 22.63	15 0 28.5	18 3.9	0.690 297	17 744	4.84	12.75	3 52	11 8.9	18 27
15	8 37 14.25	0 5.59	15 18 32.4	16 55.2	0.708 041	19 105	4.72	12.43	3 46	11 4.8	18 25
16	8 37 19.84	0 34.81	15 35 27.6	15 32.3	0.727 146	20 401	4.59	12.10	3 41	11 1.2	18 23
17	8 37 54.65	1 4.73	+15 50 59.9	13 56.2	0.747 547	21 621	4.47	11.77	3 36	10 58.0	18 21
18	8 38 59.38	1 35.02	16 4 56.1	12 7.1	0.769 168	22 752	4.34	11.44	3 32	10 55.4	18 20
19	8 40 34.40	2 5.36	16 17 3.2	10 6.4	0.791 920	23 785	4.22	11.11	3 28	10 53.3	18 19
20	8 42 39.76	2 35.46	16 27 9.6	7 54.3	0.815 705	24 709	4.09	10.79	3 26	10 51.7	18 19
21	8 45 15.22	3 5.04	16 35 3.9	5 31.8	0.840 414	25 512	3.97	10.47	3 24	10 50.5	18 18
22	8 48 20.26	3 33.84	16 40 35.7	2 59.9	0.865 926	26 181	3.86	10.16	3 22	10 49.9	18 18
23	8 51 54.10	4 1.61	+16 43 35.6	0 19.4	0.892 107	26 708	3.74	9.86	3 22	10 49.7	18 18
24	8 55 55.71	4 28.13	16 43 55.0	2 28.6	0.918 815	27 084	3.64	9.58	3 22	10 50.0	18 18
25	9 0 23.84	4 53.14	16 41 26.4	5 22.6	0.945 899	27 297	3.53	9.30	3 23	10 50.7	18 18
26	9 5 16.98	5 16.47	16 36 3.8	8 21.4	0.973 196	27 344	3.43	9.04	3 25	10 51.9	18 19
27	9 10 33.45	5 37.94	16 27 42.4	11 22.9	1.000 540	27 222	3.34	8.80	3 27	10 53.4	18 19
28	9 16 11.39	5 57.39	16 16 19.5	14 25.7	1.027 762	26 930	3.25	8.56	3 30	10 55.2	18 20
29	9 22 8.78	6 14.73	+16 1 53.8	17 27.6	1.054 692	26 472	3.17	8.34	3 33	10 57.3	18 21
30	9 28 23.51	6 29.85	15 44 26.2	20 26.6	1.081 164	25 858	3.09	8.14	3 37	10 59.8	18 21
31	9 34 53.36	6 42.77	15 23 59.6	23 21.0	1.107 022	25 097	3.02	7.95	3 41	11 2.4	18 22
Sept. 1	9 41 36.13	6 53.49	15 0 38.6	26 8.6	1.132 119	24 207	2.95	7.77	3 46	11 5.3	18 23
2	9 48 29.62	7 2.07	14 34 30.0	28 48.1	1.156 326	23 202	2.89	7.61	3 52	11 8.3	18 23
3	9 55 31.69		+14 5 41.9		1.179 528		2.83	7.46	3 58	11 11.5	18 24

Tag	Scheinbare Rektaszension (0h Weltzeit)	Diff.	Scheinbare Deklination (0h Weltzeit)	Diff.	Δ (0h Weltzeit)	Diff.	Halbmesser	Hor. Par.	Aufgang	Obere Kulmination	Untergang
									in 0h Länge, + 50° Breite		
1959	h m s	m s	° ′ ″	′ ″			″	″	h m	h m	h m
Sept. 3	9 55 31.69	7 8.62	+14 5 41.9	31 18.0	1.179 528	22 106	2.83	7.46	3 58	11 11.5	18 24
4	10 2 40.31	7 13.30	13 34 23.9	33 37.1	1.201 634	20 936	2.78	7.32	4 4	11 14.7	18 24
5	10 9 53.61	7 16.26	13 0 46.8	35 44.9	1.222 570	19 714	2.73	7.20	4 10	11 18.0	18 24
6	10 17 9.87	7 17.71	12 25 1.9	37 40.9	1.242 284	18 460	2.69	7.08	4 16	11 21.4	18 24
7	10 24 27.58	7 17.82	11 47 21.0	39 24.9	1.260 744	17 191	2.65	6.98	4 23	11 24.8	18 24
8	10 31 45.40	7 16.79	11 7 56.1	40 57.0	1.277 935	15 921	2.61	6.89	4 30	11 28.1	18 24
9	10 39 2.19	7 14.83	+10 26 59.1	42 17.7	1.293 856	14 665	2.58	6.80	4 37	11 31.4	18 24
10	10 46 17.02	7 12.09	9 44 41.4	43 27.4	1.308 521	13 433	2.55	6.73	4 44	11 34.7	18 24
11	10 53 29.11	7 8.75	9 1 14.0	44 26.7	1.321 954	12 236	2.53	6.66	4 50	11 38.0	18 23
12	11 0 37.86	7 4.94	8 16 47.3	45 16.3	1.334 190	11 075	2.50	6.60	4 57	11 41.2	18 23
13	11 7 42.80	7 0.79	7 31 31.0	45 57.0	1.345 265	9 958	2.48	6.54	5 4	11 44.3	18 22
14	11 14 43.59	6 56.43	6 45 34.0	46 29.5	1.355 223	8 887	2.46	6.49	5 11	11 47.3	18 21
15	11 21 40.02	6 51.92	+ 5 59 4.5	46 54.5	1.364 110	7 862	2.45	6.45	5 18	11 50.3	18 20
16	11 28 31.94	6 47.36	5 12 10.0	47 12.8	1.371 972	6 884	2.43	6.41	5 25	11 53.2	18 19
17	11 35 19.30	6 42.79	4 24 57.2	47 24.9	1.378 856	5 952	2.42	6.38	5 31	11 56.0	18 18
18	11 42 2.09	6 38.29	3 37 32.3	47 31.4	1.384 808	5 064	2.41	6.35	5 38	11 58.7	18 17
19	11 48 40.38	6 33.88	2 50 0.9	47 33.1	1.389 872	4 218	2.40	6.33	5 44	12 1.4	18 16
20	11 55 14.26	6 29.60	2 2 27.8	47 30.3	1.394 090	3 414	2.40	6.31	5 51	12 4.0	18 15
21	12 1 43.86	6 25.46	+ 1 14 57.5	47 23.3	1.397 504	2 645	2.39	6.30	5 57	12 6.5	18 14
22	12 8 9.32	6 21.50	+ 0 27 34.2	47 12.8	1.400 149	1 914	2.39	6.29	6 3	12 8.9	18 12
23	12 14 30.82	6 17.70	− 0 19 38.6	46 59.1	1.402 063	1 213	2.38	6.28	6 10	12 11.3	18 11
24	12 20 48.52	6 14.12	1 6 37.7	46 42.4	1.403 276	543	2.38	6.27	6 16	12 13.7	18 10
25	12 27 2.64	6 10.71	1 53 20.1	46 23.2	1.403 819	99	2.38	6.27	6 22	12 15.9	18 8
26	12 33 13.35	6 7.49	2 39 43.3	46 1.3	1.403 720	717	2.38	6.27	6 28	12 18.1	18 7
27	12 39 20.84	6 4.47	− 3 25 44.6	45 37.4	1.403 003	1 313	2.38	6.27	6 34	12 20.3	18 5
28	12 45 25.31	6 1.65	4 11 22.0	45 11.4	1.401 690	1 887	2.38	6.28	6 39	12 22.4	18 4
29	12 51 26.96	5 58.99	4 56 33.4	44 43.6	1.399 803	2 444	2.39	6.29	6 45	12 24.5	18 2
30	12 57 25.95	5 56.53	5 41 17.0	44 13.9	1.397 359	2 985	2.39	6.30	6 51	12.26.5	18 1
Okt. 1	13 3 22.48	5 54.23	6 25 30.9	43 42.9	1.394 374	3 512	2.40	6.31	6 56	12 28.5	17 59
2	13 9 16.71	5 52.10	7 9 13.8	43 10.1	1.390 862	4 026	2.40	6.33	7 2	12 30.4	17 57
3	13 15 8.81	5 50.11	− 7 52 23.9	42 35.9	1.386 836	4 529	2.41	6.35	7 7	12 32.3	17 56
4	13 20 58.92	5 48.27	8 34 59.8	42 0.4	1.382 307	5 022	2.42	6.37	7 13	12 34.2	17 54
5	13 26 47.19	5 46.56	9 17 0.2	41 23.4	1.377 285	5 508	2.43	6.39	7 18	12 36.1	17 53
6	13 32 33.75	5 44.97	9 58 23.6	40 45.3	1.371 777	5 986	2.43	6.42	7 23	12 37.9	17 51
7	13 38 18.72	5 43.51	10 39 8.9	40 5.9	1.365 791	6 459	2.45	6.44	7 28	12 39.7	17 49
8	13 44 2.23	5 42.12	11 19 14.8	39 25.1	1.359 332	6 927	2.46	6.47	7 34	12 41.5	17 48
9	13 49 44.35	5 40.83	−11 58 39.9	38 43.1	1.352 405	7 392	2.47	6.51	7 39	12 43.2	17 46
10	13 55 25.18	5 39.60	12 37 23.0	38 0.1	1.345 013	7 855	2.48	6.54	7 44	12 44.9	17 45
11	14 1 4.78	5 38.45	13 15 23.1	37 15.5	1.337 158	8 316	2.50	6.58	7 49	12 46.6	17 43
12	14 6 43.23	5 37.32	13 52 38.6	36 29.8	1.328 842	8 776	2.51	6.62	7 54	12 48.3	17 42
13	14 12 20.55	5 36.21	14 29 8.4	35 42.9	1.320 066	9 236	2.53	6.67	7 59	12 50.0	17 40
14	14 17 56.76		−15 4 51.3		1.310 830		2.55	6.71	8 3	12 51.7	17 39

Tag	0h Weltzeit: Scheinbare Rektaszension		Scheinbare Deklination		Δ		Halbmesser	Hor. Par.	Aufgang	Obere Kulmination	Untergang
									in 0h Länge, +50° Breite		
1959	h m s	m s	° ′ ″	′ ″			″	″	h m	h m	h m
Okt. 14	14 17 56.76	5 35.12	−15 4 51.3	34 54.6	1.310 830	9 698	2.55	6.71	8 3	12 51.7	17 39
15	14 23 31.88	5 34.00	15 39 45.9	34 4.9	1.301 132	10 162	2.57	6.76	8 8	12 53.3	17 37
16	14 29 5.88	5 32.85	16 13 50.8	33 13.8	1.290 970	10 627	2.59	6.82	8 13	12 54.9	17 36
17	14 34 38.73	5 31.63	16 47 4.6	32 21.4	1.280 343	11 095	2.61	6.87	8 17	12 56.5	17 34
18	14 40 10.36	5 30.30	17 19 26.0	31 27.3	1.269 248	11 567	2.63	6.93	8 22	12 58.1	17 33
19	14 45 40.66	5 28.87	17 50 53.3	30 31.8	1.257 681	12 042	2.66	7.00	8 27	12 59.6	17 31
20	14 51 9.53	5 27.25	−18 21 25.1	29 34.6	1.245 639	12 521	2.68	7.06	8 31	13 1.2	17 30
21	14 56 36.78	5 25.46	18 50 59.7	28 35.7	1.233 118	13 005	2.71	7.14	8 35	13 2.7	17 29
22	15 2 2.24	5 23.41	19 19 35.4	27 35.0	1.220 113	13 493	2.74	7.21	8 40	13 4.1	17 28
23	15 7 25.65	5 21.07	19 47 10.4	26 32.4	1.206 620	13 984	2.77	7.29	8 44	13 5.5	17 26
24	15 12 46.72	5 18.38	20 13 42.8	25 27.9	1.192 636	14 479	2.80	7.38	8 48	13 6.9	17 25
25	15 18 5.10	5 15.31	20 39 10.7	24 21.2	1.178 157	14 977	2.83	7.47	8 51	13 8.3	17 24
26	15 23 20.41	5 11.76	−21 3 31.9	23 12.4	1.163 180	15 478	2.87	7.57	8 55	13 9.6	17 23
27	15 28 32.17	5 7.64	21 26 44.3	22 1.3	1.147 702	15 980	2.91	7.67	8 59	13 10.8	17 22
28	15 33 39.81	5 2.92	21 48 45.6	20 47.6	1.131 722	16 481	2.95	7.78	9 2	13 11.9	17 21
29	15 38 42.73	4 57.46	22 9 33.2	19 31.3	1.115 241	16 981	2.99	7.89	9 5	13 13.0	17 20
30	15 43 40.19	4 51.16	22 29 4.5	18 12.3	1.098 260	17 476	3.04	8.01	9 8	13 13.9	17 19
31	15 48 31.35	4 43.93	22 47 16.8	16 50.2	1.080 784	17 964	3.09	8.14	9 11	13 14.8	17 18
Nov. 1	15 53 15.28	4 35.59	−23 4 7.0	15 25.0	1.062 820	18 441	3.14	8.28	9 14	13 15.5	17 17
2	15 57 50.87	4 26.03	23 19 32.0	13 56.1	1.044 379	18 903	3.20	8.43	9 16	13 16.1	17 16
3	16 2 16.90	4 15.07	23 33 28.1	12 23.6	1.025 476	19 342	3.26	8.58	9 18	13 16.5	17 15
4	16 6 31.97	4 2.54	23 45 51.7	10 46.9	1.006 134	19 754	3.32	8.75	9 19	13 16.6	17 14
5	16 10 34.51	3 48.24	23 56 38.6	9 5.7	0.986 380	20 131	3.39	8.92	9 20	13 16.6	17 13
6	16 14 22.75	3 31.98	24 5 44.3	7 19.6	0.966 249	20 460	3.46	9.11	9 21	13 16.3	17 11
7	16 17 54.73	3 13.53	−24 13 3.9	5 27.8	0.945 789	20 734	3.53	9.30	9 21	13 15.8	17 10
8	16 21 8.26	2 52.67	24 18 31.7	3 30.1	0.925 055	20 937	3.61	9.51	9 21	13 14.9	17 9
9	16 24 0.93	2 29.20	24 22 1.8	1 25.4	0.904 118	21 052	3.69	9.73	9 20	13 13.6	17 7
10	16 26 30.13	2 2.91	24 23 27.2	0 46.7	0.883 066	21 063	3.78	9.96	9 18	13 11.9	17 5
11	16 28 33.04	1 33.67	24 22 40.5	3 7.2	0.862 003	20 949	3.87	10.21	9 16	13 9.7	17 3
12	16 30 6.71	1 1.38	24 19 33.3	5 36.8	0.841 054	20 684	3.97	10.46	9 13	13 7.1	17 1
13	16 31 8.09	0 26.07	−24 13 56.5	8 16.1	0.820 370	20 245	4.07	10.73	9 9	13 3.8	16 59
14	16 31 34.16	0 12.07	24 5 40.4	11 5.7	0.800 125	19 602	4.17	11.00	9 4	13 0.0	16 56
15	16 31 22.09	0 52.67	23 54 34.7	14 5.0	0.780 523	18 726	4.28	11.27	8 59	12 55.5	16 53
16	16 30 29.42	1 35.04	23 40 29.7	17 13.4	0.761 797	17 590	4.38	11.55	8 52	12 50.3	16 49
17	16 28 54.38	2 18.22	23 23 16.3	20 28.3	0.744 207	16 169	4.49	11.82	8 44	12 44.5	16 45
18	16 26 36.16	3 0.87	23 2 48.0	23 45.3	0.728 038	14 444	4.59	12.09	8 35	12 37.9	16 41
19	16 23 35.29	3 41.34	−22 39 2.7	26 58.5	0.713 594	12 406	4.68	12.33	8 25	12 30.6	16 36
20	16 19 53.95	4 17.67	22 12 4.2	29 59.1	0.701 188	10 061	4.76	12.55	8 15	12 22.7	16 31
21	16 15 36.28	4 47.83	21 42 5.1	32 36.2	0.691 127	7 428	4.83	12.73	8 3	12 14.2	16 26
22	16 10 48.45	5 9.86	21 9 28.9	34 37.8	0.683 699	4 551	4.89	12.87	7 51	12 5.3	16 20
23	16 5 38.59	5 22.18	20 34 51.1	35 52.1	0.679 148	1 491	4.92	12.96	7 39	11 56.1	16 15
24	16 0 16.41		−19 58 59.0		0.677 657		4.93	12.99	7 26	11 46.9	16 9

Tag	Scheinbare Rektaszension		Scheinbare Deklination		Δ		Halbmesser	Hor. Par.	Aufgang	Obere Kulmination	Untergang
	0ʰ Weltzeit								in 0ʰ Länge, + 50° Breite		
1959	h m s	m s	° ′ ″	′ ″			″	″	h m	h m	h m
Nov. 24	16 0 16.41	5 23.78	−19 58 59.0	36 9.2	0.677 657	1 677	4.93	12.99	7 26	11 46.9	16 9
25	15 54 52.63	5 14.48	19 22 49.8	35 23.2	0.679 334	4 862	4.92	12.95	7 13	11 37.6	16 3
26	15 49 38.15	4 54.86	18 47 26.6	33 33.6	0.684 196	7 976	4.88	12.86	7 1	11 28.6	15 57
27	15 44 43.29	4 26.27	18 13 53.0	30 45.2	0.692 172	10 931	4.83	12.71	6 49	11 20.1	15 52
28	15 40 17.02	3 50.54	17 43 7.8	27 7.4	0.703 103	13 652	4.75	12.52	6 39	11 12.0	15 47
29	15 36 26.48	3 9.75	17 16 0.4	22 53.2	0.716 755	16 087	4.66	12.28	6 29	11 4.5	15 42
30	15 33 16.73	2 25.96	−16 53 7.2	18 16.6	0.732 842	18 198	4.56	12.01	6 20	10 57.8	15 37
Dez. 1	15 30 50.77	1 41.05	16 34 50.6	13 30.8	0.751 040	19 970	4.45	11.72	6 12	10 51.8	15 32
2	15 29 9.72	0 56.56	16 21 19.8	8 47.8	0.771 010	21 402	4.33	11.41	6 5	10 46.5	15 28
3	15 28 13.16	0 13.64	16 12 32.0	4 16.9	0.792 412	22 511	4.21	11.10	5 60	10 42.0	15 24
4	15 27 59.52	0 26.88	16 8 15.1	0 4.7	0.814 923	23 320	4.10	10.80	5 56	10 38.1	15 21
5	15 28 26.40	1 4.53	16 8 10.4	3 44.8	0.838 243	23 858	3.98	10.50	5 52	10 34.9	15 17
6	15 29 30.93	1 39.06	−16 11 55.2	7 8.8	0.862 101	24 158	3.87	10.21	5 50	10 32.3	15 14
7	15 31 9.99	2 10.42	16 19 4.0	10 7.2	0.886 259	24 252	3.77	9.93	5 49	10 30.3	15 11
8	15 33 20.41	2 38.70	16 29 11.2	12 40.1	0.910 511	24 172	3.67	9.66	5 48	10 28.7	15 9
9	15 35 59.11	3 4.07	16 41 51.3	14 48.9	0.934 683	23 948	3.57	9.41	5 48	10 27.6	15 7
10	15 39 3.18	3 26.74	16 56 40.2	16 35.3	0.958 631	23 606	3.48	9.18	5 49	10 26.9	15 5
11	15 42 29.92	3 46.97	17 13 15.5	18 0.9	0.982 237	23 167	3.40	8.96	5 50	10 26.5	15 3
12	15 46 16.89	4 4.99	−17 31 16.4	19 8.1	1.005 404	22 654	3.32	8.75	5 51	10 26.5	15 1
13	15 50 21.88	4 21.05	17 50 24.5	19 58.5	1.028 058	22 083	3.25	8.56	5 53	10 26.8	14 59
14	15 54 42.93	4 35.39	18 10 23.0	20 34.2	1.050 141	21 468	3.18	8.38	5 56	10 27.3	14 58
15	15 59 18.32	4 48.19	18 30 57.2	20 56.7	1.071 609	20 819	3.12	8.21	5 58	10 28.0	14 57
16	16 4 6.51	4 59.66	18 51 53.9	21 7.6	1.092 428	20 150	3.06	8.06	6 1	10 29.0	14 56
17	16 9 6.17	5 9.95	19 13 1.5	21 8.1	1.112 578	19 465	3.00	7.91	6 4	10 30.1	14 55
18	16 14 16.12	5 19.24	−19 34 9.6	20 59.6	1.132 043	18 773	2.95	7.77	6 8	10 31.4	14 54
19	16 19 35.36	5 27.61	19 55 9.2	20 43.3	1.150 816	18 078	2.90	7.65	6 11	10 32.9	14 54
20	16 25 2.97	5 35.22	20 15 52.5	20 19.7	1.168 894	17 383	2.86	7.53	6 15	10 34.4	14 53
21	16 30 38.19	5 42.15	20 36 12.2	19 50.2	1.186 277	16 694	2.82	7.42	6 19	10 36.1	14 53
22	16 36 20.34	5 48.46	20 56 2.4	19 14.9	1.202 971	16 010	2.78	7.32	6 22	10 37.9	14 53
23	16 42 8.80	5 54.27	21 15 17.3	18 34.8	1.218 981	15 334	2.74	7.22	6 26	10 39.9	14 53
24	16 48 3.07	5 59.61	−21 33 52.1	17 50.4	1.234 315	14 668	2.71	7.13	6 30	10 41.9	14 53
25	16 54 2.68	6 4.54	21 51 42.5	17 2.1	1.248 983	14 012	2.67	7.05	6 34	10 43.9	14 53
26	17 0 7.22	6 9.10	22 8 44.6	16 10.1	1.262 995	13 368	2.64	6.97	6 38	10 46.1	14 54
27	17 6 16.32	6 13.35	22 24 54.7	15 15.1	1.276 363	12 733	2.62	6.89	6 42	10 48.4	14 54
28	17 12 29.67	6 17.29	22 40 9.8	14 17.2	1.289 096	12 110	2.59	6.83	6 46	10 50.7	14 55
29	17 18 46.96	6 20.98	22 54 27.0	13 16.7	1.301 206	11 498	2.57	6.76	6 50	10 53.1	14 56
30	17 25 7.94	6 24.43	−23 7 43.7	12 13.8	1.312 704	10 896	2.54	6.70	6 53	10 55.5	14 57
31	17 31 32.37	6 27.66	23 19 57.5	11 8.7	1.323 600	10 305	2.52	6.65	6 57	10 58.0	14 58
32	17 38 0.03		+23 31 6.2		1.333 905		2.50	6.60	7 1	11 0.5	15 0

Tag	0h Weltzeit: Scheinbare Rektaszension		Scheinbare Deklination		Δ		Halbmesser	Hor. Par.	Aufgang	Obere Kulmination	Untergang
									in 0h Länge, + 50° Breite		
1959	h m s	m s	° ′ ″	′ ″			″	″	h m	h m	h m
Jan. 0	19 30 38.95	5 23.97	−22 58 30.4	10 16.3	1.660 402	2 042	5.07	5.30	8 52	12 55.8	17 0
1	19 36 2.92	5 23.09	22 48 14.1	10 58.1	1.658 360	2 080	5.07	5.31	8 52	12 57.2	17 2
2	19 41 26.01	5 22.17	22 37 16.0	11 39.1	1.656 280	2 116	5.08	5.31	8 53	12 58.7	17 5
3	19 46 48.18	5 21.21	22 25 36.9	12 19.9	1.654 164	2 154	5.08	5.32	8 53	13 0.1	17 8
4	19 52 9.39	5 20.20	22 13 17.0	12 59.9	1.652 010	2 191	5.09	5.33	8 53	13 1.5	17 11
5	19 57 29.59	5 19.15	22 0 17.1	13 39.6	1.649 819	2 229	5.10	5.33	8 53	13 2.9	17 13
6	20 2 48.74	5 18.07	−21 46 37.5	14 18.6	1.647 590	2 268	5.10	5.34	8 53	13 4.2	17 16
7	20 8 6.81	5 16.95	21 32 18.9	14 57.1	1.645 322	2 306	5.11	5.35	8 53	13 5.6	17 19
8	20 13 23.76	5 15.80	21 17 21.8	15 34.9	1.643 016	2 345	5.12	5.36	8 53	13 6.9	17 22
9	20 18 39.56	5 14.62	21 1 46.9	16 12.1	1.640 671	2 384	5.13	5.36	8 52	13 8.2	17 25
10	20 23 54.18	5 13.41	20 45 34.8	16 48.6	1.638 287	2 423	5.13	5.37	8 52	13 9.5	17 28
11	20 29 7.59	5 12.17	20 28 46.2	17 24.6	1.635 864	2 462	5.14	5.38	8 51	13 10.8	17 31
12	20 34 19.76	5 10.92	−20 11 21.6	17 59.7	1.633 402	2 501	5.15	5.39	8 51	13 12.0	17 34
13	20 39 30.68	5 9.64	19 53 21.9	18 34.3	1.630 901	2 539	5.16	5.40	8 50	13 13.3	17 37
14	20 44 40.32	5 8.34	19 34 47.6	19 8.1	1.628 362	2 579	5.16	5.40	8 50	13 14.5	17 40
15	20 49 48.66	5 7.05	19 15 39.5	19 41.1	1.625 783	2 618	5.17	5.41	8 49	13 15.7	17 43
16	20 54 55.71	5 5.73	18 55 58.4	20 13.6	1.623 165	2 655	5.18	5.42	8 48	13 16.8	17 46
17	21 0 1.44	5 4.41	18 35 44.8	20 45.1	1.620 510	2 694	5.19	5.43	8 48	13 18.0	17 49
18	21 5 5.85	5 3.09	−18 14 59.7	21 16.1	1.617 816	2 732	5.20	5.44	8 47	13 19.1	17 52
19	21 10 8.94	5 1.76	17 53 43.6	21 46.2	1.615 084	2 771	5.21	5.45	8 46	13 20.2	17 55
20	21 15 10.70	5 0.45	17 31 57.4	22 15.6	1.612 313	2 808	5.22	5.46	8 45	13 21.3	17 58
21	21 20 11.15	4 59.12	17 9 41.8	22 44.2	1.609 505	2 846	5.23	5.47	8 44	13 22.3	18 2
22	21 25 10.27	4 57.81	16 46 57.6	23 12.0	1.606 659	2 884	5.23	5.48	8 43	13 23.3	18 5
23	21 30 8.08	4 56.51	16 23 45.6	23 39.1	1.603 775	2 921	5.24	5.49	8 42	13 24.4	18 8
24	21 35 4.59	4 55.22	−16 0 6.5	24 5.4	1.600 854	2 958	5.25	5.50	8 40	13 25.3	18 11
25	21 39 59.81	4 53.96	15 36 1.1	24 31.0	1.597 896	2 997	5.26	5.51	8 39	13 26.3	18 14
26	21 44 53.77	4 52.69	15 11 30.1	24 55.8	1.594 899	3 033	5.27	5.52	8 38	13 27.3	18 17
27	21 49 46.46	4 51.46	14 46 34.3	25 19.7	1.591 866	3 071	5.28	5.53	8 37	13 28.2	18 21
28	21 54 37.92	4 50.24	14 21 14.6	25 43.0	1.588 795	3 109	5.29	5.54	8 35	13 29.1	18 24
29	21 59 28.16	4 49.04	13 55 31.6	26 5.4	1.585 686	3 147	5.30	5.55	8 34	13 30.0	18 27
30	22 4 17.20	4 47.88	−13 29 26.2	26 27.0	1.582 539	3 185	5.31	5.56	8 32	13 30.8	18 30
31	22 9 5.08	4 46.74	13 2 59.2	26 47.9	1.579 354	3 224	5.32	5.57	8 31	13 31.7	18 33
Febr. 1	22 13 51.82	4 45.62	12 36 11.3	27 8.0	1.576 130	3 263	5.34	5.58	8 30	13 32.5	18 36
2	22 18 37.44	4 44.53	12 9 3.3	27 27.3	1.572 867	3 302	5.35	5.59	8 28	13 33.3	18 40
3	22 23 21.97	4 43.47	11 41 36.0	27 45.8	1.569 565	3 343	5.36	5.61	8 26	13 34.1	18 43
4	22 28 5.44	4 42.43	11 13 50.2	28 3.5	1.566 222	3 382	5.37	5.62	8 25	13 34.9	18 46
5	22 32 47.87	4 41.43	−10 45 46.7	28 20.4	1.562 840	3 424	5.38	5.63	8 23	13 35.6	18 49
6	22 37 29.30	4 40.46	10 17 26.3	28 36.5	1.559 416	3 465	5.39	5.64	8 22	13 36.4	18 52
7	22 42 9.76	4 39.51	9 48 49.8	28 51.9	1.555 951	3 506	5.41	5.66	8 20	13 37.1	18 55
8	22 46 49.27	4 38.61	9 19 57.9	29 6.4	1.552 445	3 547	5.42	5.67	8 18	13 37.8	18 58
9	22 51 27.88	4 37.72	8 50 51.5	29 20.3	1.548 898	3 590	5.43	5.68	8 17	13 38.5	19 1
10	22 56 5.60		− 8 21 31.2		1.545 308		5.44	5.69	8 15	13 39.2	19 5

Tag	0ʰ Weltzeit: Scheinbare Rektaszension		Scheinbare Deklination		Δ		Halbmesser	Hor. Par.	Aufgang (in 0ʰ Länge, + 50° Breite)	Obere Kulmination (in 0ʰ Länge, + 50° Breite)	Untergang (in 0ʰ Länge, + 50° Breite)
1959	h m s	m s	° ′ ″	′ ″			″	″	h m	h m	h m
Febr. 10	22 56 5.60	4 36.87	− 8 21 31.2	29 33.1	1.545 308	3 632	5.44	5.69	8 15	13 39.2	19 5
11	23 0 42.47	4 36.07	7 51 58.1	29 45.4	1.541 676	3 673	5.46	5.71	8 13	13 39.8	19 8
12	23 5 18.54	4 35.28	7 22 12.7	29 56.8	1.538 003	3 716	5.47	5.72	8 11	13 40.5	19 11
13	23 9 53.82	4 34.54	6 52 15.9	30 7.4	1.534 287	3 757	5.48	5.74	8 10	13 41.1	19 14
14	23 14 28.36	4 33.85	6 22 8.5	30 17.3	1.530 530	3 800	5.49	5.75	8 8	13 41.8	19 17
15	23 19 2.21	4 33.17	5 51 51.2	30 26.5	1.526 730	3 842	5.51	5.76	8 6	13 42.4	19 20
16	23 23 35.38	4 32.55	− 5 21 24.7	30 34.8	1.522 888	3 884	5.52	5.78	8 4	13 43.0	19 23
17	23 28 7.93	4 31.96	4 50 49.9	30 42.4	1.519 004	3 925	5.54	5.79	8 2	13 43.6	19 26
18	23 32 39.89	4 31.41	4 20 7.5	30 49.2	1.515 079	3 968	5.55	5.81	8 0	13 44.2	19 29
19	23 37 11.30	4 30.90	3 49 18.3	30 55.4	1.511 111	4 009	5.57	5.82	7 58	13 44.7	19 32
20	23 41 42.20	4 30.43	3 18 22.9	31 0.6	1.507 102	4 051	5.58	5.84	7 57	13 45.3	19 35
21	23 46 12.63	4 30.01	2 47 22.3	31 5.3	1.503 051	4 092	5.60	5.85	7 55	13 45.9	19 38
22	23 50 42.64	4 29.63	− 2 16 17.0	31 9.1	1.498 959	4 133	5.61	5.87	7 53	13 46.4	19 41
23	23 55 12.27	4 29.29	1 45 7.9	31 12.3	1.494 826	4 175	5.63	5.89	7 51	13 47.0	19 44
24	23 59 41.56	4 28.99	1 13 55.6	31 14.7	1.490 651	4 216	5.64	5.90	7 49	13 47.5	19 47
25	0 4 10.55	4 28.74	0 42 40.9	31 16.4	1.486 435	4 258	5.66	5.92	7 47	13 48.0	19 50
26	0 8 39.29	4 28.54	− 0 11 24.5	31 17.4	1.482 177	4 298	5.67	5.94	7 45	13 48.6	19 53
27	0 13 7.83	4 28.38	+ 0 19 52.9	31 17.6	1.477 879	4 340	5.69	5.95	7 43	13 49.1	19 56
28	0 17 36.21	4 28.26	+ 0 51 10.5	31 17.1	1.473 539	4 383	5.71	5.97	7 41	13 49.6	19 59
März 1	0 22 4.47	4 28.18	1 22 27.6	31 15.9	1.469 156	4 424	5.72	5.99	7 39	13 50.2	20 2
2	0 26 32.65	4 28.16	1 53 43.5	31 14.0	1.464 732	4 468	5.74	6.01	7 37	13 50.7	20 5
3	0 31 0.81	4 28.18	2 24 57.5	31 11.3	1.460 264	4 510	5.76	6.03	7 35	13 51.2	20 8
4	0 35 28.99	4 28.22	2 56 8.8	31 7.9	1.455 754	4 554	5.78	6.04	7 33	13 51.7	20 11
5	0 39 57.21	4 28.33	3 27 16.7	31 3.7	1.451 200	4 598	5.80	6.06	7 31	13 52.3	20 15
6	0 44 25.54	4 28.45	+ 3 58 20.4	30 58.9	1.446 602	4 642	5.81	6.08	7 29	13 52.8	20 18
7	0 48 53.99	4 28.63	4 29 19.3	30 53.3	1.441 960	4 687	5.83	6.10	7 27	13 53.3	20 21
8	0 53 22.62	4 28.84	5 0 12.6	30 46.9	1.437 273	4 732	5.85	6.12	7 25	13 53.9	20 24
9	0 57 51.46	4 29.09	5 30 59.5	30 39.8	1.432 541	4 777	5.87	6.14	7 23	13 54.4	20 27
10	1 2 20.55	4 29.37	6 1 39.3	30 32.0	1.427 764	4 822	5.89	6.16	7 21	13 55.0	20 30
11	1 6 49.92	4 29.70	6 32 11.3	30 23.5	1.422 942	4 868	5.91	6.18	7 19	13 55.5	20 33
12	1 11 19.62	4 30.05	+ 7 2 34.8	30 14.1	1.418 074	4 913	5.93	6.21	7 18	13 56.1	20 36
13	1 15 49.67	4 30.45	7 32 48.9	30 4.1	1.413 161	4 959	5.95	6.23	7 16	13 56.6	20 39
14	1 20 20.12	4 30.86	8 2 53.0	29 53.3	1.408 202	5 005	5.97	6.25	7 14	13 57.2	20 42
15	1 24 50.98	4 31.33	8 32 46.3	29 41.7	1.403 197	5 050	5.99	6.27	7 12	13 57.8	20 45
16	1 29 22.31	4 31.82	9 2 28.0	29 29.5	1.398 147	5 095	6.02	6.29	7 10	13 58.4	20 48
17	1 33 54.13	4 32.34	9 31 57.5	29 16.5	1.393 052	5 141	6.04	6.32	7 8	13 59.0	20 51
18	1 38 26.47	4 32.90	+10 1 14.0	29 2.7	1.387 911	5 186	6.06	6.34	7 6	14 59.6	20 54
19	1 42 59.37	4 33.48	10 30 16.7	28 48.3	1.382 725	5 231	6.08	6.36	7 4	14 0.2	20 57
20	1 47 32.85	4 34.09	10 59 5.0	28 33.0	1.377 494	5 276	6.11	6.39	7 3	14 0.8	21 0
21	1 52 6.94	4 34.74	11 27 38.0	28 17.1	1.372 218	5 321	6.13	6.41	7 1	14 1.4	21 3
22	1 56 41.68	4 35.41	11 55 55.1	28 0.4	1.366 897	5 365	6.15	6.44	6 59	14 2.1	21 6
23	2 1 17.09		+12 23 55.5		1.361 532		6.18	6.46	6 57	14 2.7	21 9

Venus 1959

Tag	0h Weltzeit: Scheinbare Rektaszension	Diff.	Scheinbare Deklination	Diff.	Δ	Diff.	Halbmesser	Hor. Par.	Aufgang	Obere Kulmination	Untergang
									in 0h Länge, + 50° Breite		
1959	h m s	m s	° ′ ″	′ ″			″	″	h m	h m	h m
März 23	2 1 17.09	4 36.12	+12 23 55.5	27 43.0	1.361 532	5 408	6.18	6.46	6 57	14 2.7	21 9
24	2 5 53.21	4 36.84	12 51 38.5	27 24.9	1.356 124	5 453	6.20	6.49	6 56	14 3.4	21 13
25	2 10 30.05	4 37.59	13 19 3.4	27 6.0	1.350 671	5 496	6.23	6.52	6 54	14 4.1	21 16
26	2 15 7.64	4 38.38	13 46 9.4	26 46.5	1.345 175	5 539	6.25	6.54	6 52	14 4.8	21 19
27	2 19 46.02	4 39.18	14 12 55.9	26 26.1	1.339 636	5 582	6.28	6.57	6 50	14 5.5	21 22
28	2 24 25.20	4 40.02	14 39 22.0	26 5.2	1.334 054	5 625	6.30	6.60	6 49	14 6.2	21 25
29	2 29 5.22	4 40.87	+15 5 27.2	25 43.4	1.328 429	5 669	6.33	6.62	6 47	14 6.9	21 28
30	2 33 46.09	4 41.74	15 31 10.6	25 21.1	1.322 760	5 712	6.36	6.65	6 46	14 7.7	21 31
31	2 38 27.83	4 42.63	15 56 31.7	24 57.8	1.317 048	5 755	6.39	6.68	6 44	14 8.4	21 34
April 1	2 43 10.46	4 43.53	16 21 29.5	24 34.1	1.311 293	5 800	6.41	6.71	6 42	14 9.2	21 37
2	2 47 53.99	4 44.45	16 46 3.6	24 9.5	1.305 493	5 843	6.44	6.74	6 41	14 10.0	21 40
3	2 52 38.44	4 45.37	17 10 13.1	23 44.2	1.299 650	5 887	6.47	6.77	6 39	14 10.8	21 44
4	2 57 23.81	4 46.31	+17 33 57.3	23 18.2	1.293 763	5 932	6.50	6.80	6 38	14 11.6	21 47
5	3 2 10.12	4 47.24	17 57 15.5	22 51.6	1.287 831	5 976	6.53	6.83	6 37	14 12.5	21 50
6	3 6 57.36	4 48.18	18 20 7.1	22 24.2	1.281 855	6 021	6.56	6.87	6 35	14 13.3	21 53
7	3 11 45.54	4 49.11	18 42 31.3	21 56.2	1.275 834	6 065	6.59	6.90	6 34	14 14.2	21 56
8	3 16 34.65	4 50.04	19 4 27.5	21 27.4	1.269 769	6 110	6.62	6.93	6 33	14 15.1	21 59
9	3 21 24.69	4 50.97	19 25 54.9	20 58.1	1.263 659	6 154	6.66	6.96	6 31	14 16.0	22 2
10	3 26 15.66	4 51.88	+19 46 53.0	20 28.0	1.257 505	6 199	6.69	7.00	6 30	14 16.9	22 5
11	3 31 7.54	4 52.79	20 7 21.0	19 57.4	1.251 306	6 242	6.72	7.03	6 29	14 17.8	22 8
12	3 36 0.33	4 53.67	20 27 18.4	19 25.9	1.245 064	6 287	6.75	7.07	6 28	14 18.8	22 11
13	3 40 54.00	4 54.54	20 46 44.3	18 54.0	1.238 777	6 331	6.79	7.10	6 27	14 19.7	22 14
14	3 45 48.54	4 55.40	21 5 38.3	18 21.4	1 232 446	6 375	6.82	7.14	6 26	14 20.7	22 17
15	3 50 43.94	4 56.22	21 23 59.7	17 48.2	1.226 071	6 417	6.86	7.18	6 25	14 21.7	22 19
16	3 55 40.16	4 57.02	+21 41 47.9	17 14.4	1.219 654	6 461	6.90	7.22	6 24	14 22.7	22 22
17	4 0 37.18	4 57.80	21 59 2.3	16 40.1	1.213 193	6 502	6.93	7.25	6 23	14 23.7	22 25
18	4 5 34.98	4 58.54	22 15 42.4	16 5.2	1.206 691	6 545	6.97	7.29	6 23	14 24.7	22 28
19	4 10 33.52	4 59.26	22 31 47.6	15 29.8	1.200 146	6 586	7.01	7.33	6 22	14 25.8	22 31
20	4 15 32.78	4 59.92	22 47 17.4	14 53.8	1.193 560	6 627	7.05	7.37	6 21	14 26.8	22 33
21	4 20 32.70	5 0.58	23 2 11.2	14 17.4	1.186 933	6 667	7.09	7.41	6 21	14 27.9	22 36
22	4 25 33.28	5 1.17	+23 16 28.6	13 40.5	1.180 266	6 706	7.13	7.46	6 20	14 29.0	22 39
23	4 30 34.45	5 1.74	23 30 9.1	13 3.1	1.173 560	6 746	7.17	7.50	6 20	14 30.1	22 41
24	4 35 36.19	5 2.26	23 43 12.2	12 25.3	1.166 814	6 783	7.21	7.54	6 20	14 31.2	22 44
25	4 40 38.45	5 2.75	23 55 37.5	11 47.1	1.160 031	6 822	7.25	7.59	6 19	14 32.3	22 46
26	4 45 41.20	5 3.19	24 7 24.6	11 8.6	1.153 209	6 859	7.29	7.63	6 19	14 33.4	22 49
27	4 50 44.39	5 3.58	24 18 33.2	10 29.7	1.146 350	6 896	7.34	7.68	6 19	14 34.5	22 51
28	4 55 47.97	5 3.93	+24 29 2.9	9 50.3	1.139 454	6 933	7.38	7.72	6 19	14 35.6	22 53
29	5 0 51.90	5 4.21	24 38 53.2	9 10.9	1.132 521	6 971	7.43	7.77	6 19	14 36.7	22 55
30	5 5 56.11	5 4.45	24 48 4.1	8 31.1	1.125 550	7 006	7.47	7.82	6 19	14 37.9	22 57
Mai 1	5 11 0.56	5 4.62	24 56 35.2	7 51.0	1.118 544	7 044	7.52	7.87	6 19	14 39.0	22 60
2	5 16 5.18	5 4.75	25 4 26.2	7 10.8	1.111 500	7 080	7.57	7.92	6 19	14 40.1	23 2
3	5 21 9.93		+25 11 37.0		1.104 420		7.61	7.97	6 19	14 41.3	23 4

Tag	0h Weltzeit Scheinbare Rektaszension		Scheinbare Deklination		Δ		Halb-messer	Hor. Par.	Auf-gang	Obere Kul-mination	Unter-gang
									in 0h Länge, + 50° Breite		
1959	h m s	m s	° ′ ″	′ ″			″	″	h m	h m	h m
Mai 3	5 21 9.93	5 4.79	+25 11 37.0	6 30.2	1.104 420	7 116	7.61	7.97	6 19	14 41.3	23 4
4	5 26 14.72	5 4.79	25 18 7.2	5 49.6	1.097 304	7 152	7.66	8.02	6 20	14 42.4	23 5
5	5 31 19.51	5 4.70	25 23 56.8	5 8.9	1.090 152	7 188	7.71	8.07	6 20	14 43.5	23 7
6	5 36 24.21	5 4.57	25 29 5.7	4 28.1	1.082 964	7 223	7.77	8.13	6 21	14 44.7	23 9
7	5 41 28.78	5 4.34	25 33 33.8	3 47.1	1.075 741	7 259	7.82	8.18	6 21	14 45.8	23 10
8	5 46 33.12	5 4.05	25 37 20.9	3 6.2	1.068 482	7 293	7.87	8.24	6 22	14 46.9	23 12
9	5 51 37.17	5 3.69	+25 40 27.1	2 25.3	1.061 189	7 328	7.93	8.29	6 23	14 48.1	23 13
10	5 56 40.86	5 3.26	25 42 52.4	1 44.4	1.053 861	7 362	7.98	8.35	6 24	14 49.2	23 15
11	6 1 44.12	5 2.75	25 44 36.8	1 3.5	1.046 499	7 396	8.04	8.41	6 25	14 50.3	23 16
12	6 6 46.87	5 2.16	25 45 40.3	0 22.8	1.039 103	7 429	8.09	8.47	6 26	14 51.4	23 17
13	6 11 49.03	5 1.50	25 46 3.1	0 17.8	1.031 674	7 462	8.15	8.53	6 27	14 52.5	23 18
14	6 16 50.53	5 0.77	25 45 45.3	0 58.3	1.024 212	7 493	8.21	8.59	6 28	14 53.5	23 19
15	6 21 51.30	4 59.95	+25 44 47.0	1 38.5	1.016 719	7 526	8.27	8.66	6 29	14 54.6	23 20
16	6 26 51.25	4 59.06	25 43 8.5	2 18.7	1.009 193	7 555	8.33	8.72	6 30	14 55.7	23 21
17	6 31 50.31	4 58.11	25 40 49.8	2 58.4	1.001 638	7 585	8.40	8.79	6 32	14 56.7	23 21
18	6 36 48.42	4 57.07	25 37 51.4	3 37.9	0.994 053	7 615	8.46	8.85	6 33	14 57.7	23 22
19	6 41 45.49	4 55.96	25 34 13.5	4 17.0	0.986 438	7 642	8.53	8.92	6 35	14 58.7	23 22
20	6 46 41.45	4 54.78	25 29 56.5	4 56.1	0.978 796	7 669	8.59	8.99	6 36	14 59.7	23 23
21	6 51 36.23	4 53.54	+25 25 0.4	5 34.5	0.971 127	7 695	8.66	9.06	6 38	15 0.6	23 23
22	6 56 29.77	4 52.24	25 19 25.9	6 12.6	0.963 432	7 720	8.73	9.13	6 39	15 1.6	23 23
23	7 1 22.01	4 50.86	25 13 13.3	6 50.4	0.955 712	7 744	8.80	9.21	6 41	15 2.5	23 23
24	7 6 12.87	4 49.44	25 6 22.9	7 27.6	0.947 968	7 767	8.87	9.28	6 43	15 3.4	23 23
25	7 11 2.31	4 47.95	24 58 55.3	8 4.4	0.940 201	7 790	8.94	9.36	6 45	15 4.3	23 23
26	7 15 50.26	4 46.41	24 50 50.9	8 40.8	0.932 411	7 811	9.02	9.44	6 46	15 5.1	23 23
27	7 20 36.67	4 44.81	+24 42 10.1	9 16.6	0.924 600	7 833	9.10	9.52	6 48	15 5.9	23 23
28	7 25 21.48	4 43.16	24 32 53.5	9 51.9	0.916 767	7 853	9.17	9.60	6 50	15 6.7	23 22
29	7 30 4.64	4 41.46	24 23 1.6	10 26.6	0.908 914	7 873	9.25	9.68	6 52	15 7.5	23 22
30	7 34 46.10	4 39.70	24 12 35.0	11 0.8	0.901 041	7 893	9.33	9.77	6 54	15 8.2	23 21
31	7 39 25.80	4 37.89	24 1 34.2	11 34.4	0.893 148	7 913	9.42	9.85	6 56	15 8.9	23 21
Juni 1	7 44 3.69	4 36.02	23 49 59.8	12 7.3	0.885 235	7 930	9.50	9.94	6 58	15 9.6	23 20
2	7 48 39.71	4 34.12	+23 37 52.5	12 39.6	0.877 305	7 949	9.59	10.03	7 0	15 10.2	23 19
3	7 53 13.83	4 32.15	23 25 12.9	13 11.2	0.869 356	7 966	9.67	10.12	7 2	15 10.8	23 18
4	7 57 45.98	4 30.15	23 12 1.7	13 42.2	0.861 390	7 983	9.76	10.22	7 4	15 11.4	23 17
5	8 2 16.13	4 28.09	22 58 19.5	14 12.5	0.853 407	7 999	9.85	10.31	7 6	15 11.9	23 16
6	8 6 44.22	4 25.98	22 44 7.0	14 42.0	0.845 408	8 015	9.95	10.41	7 8	15 12.4	23 15
7	8 11 10.20	4 23.83	22 29 25.0	15 11.0	0.837 393	8 029	10.04	10.51	7 11	15 12.9	23 14
8	8 15 34.03	4 21.64	+22 14 14.0	15 39.0	0.829 364	8 044	10.14	10.61	7 13	15 13.3	23 13
9	8 19 55.67	4 19.40	21 58 35.0	16 6.4	0.821 320	8 057	10.24	10.71	7 15	15 13.7	23 11
10	8 24 15.07	4 17.11	21 42 28.6	16 33.0	0.813 263	8 070	10.34	10.82	7 17	15 14.1	23 10
11	8 28 32.18	4 14.78	21 25 55.6	16 58.9	0.805 193	8 082	10.44	10.93	7 19	15 14.4	23 9
12	8 32 46.96	4 12.41	21 8 56.7	17 23.8	0.797 111	8 092	10.55	11.04	7 21	15 14.7	23 7
13	8 36 59.37		+20 51 32.9		0.789 019		10.66	11.15	7 23	15 14.9	23 5

Venus 1959

Tag	0h Weltzeit								Aufgang	Obere Kulmination	Untergang
	Scheinbare Rektaszension		Scheinbare Deklination		Δ		Halbmesser	Hor. Par.	in 0h Länge, +50° Breite		
1959	h m s	m s	° ′ ″	′ ″			″	″	h m	h m	h m
Juni 13	8 36 59.37	4 9.99	+20 51 32.9	17 48.3	0.789 019	8 102	10.66	11.15	7 23	15 14.9	23 5
14	8 41 9.36	4 7.53	20 33 44.6	18 11.6	0.780 917	8 111	10.77	11.27	7 25	15 15.1	23 4
15	8 45 16.89	4 5.02	20 15 33.0	18 34.3	0.772 806	8 119	10.88	11.39	7 27	15 15.3	23 2
16	8 49 21.91	4 2.49	19 56 58.7	18 56.2	0.764 687	8 124	11.00	11.51	7 29	15 15.4	23 0
17	8 53 24.40	3 59.90	19 38 2.5	19 17.3	0.756 563	8 129	11.12	11.63	7 31	15 15.4	22 58
18	8 57 24.30	3 57.28	19 18 45.2	19 37.5	0.748 434	8 133	11.24	11.76	7 33	15 15.5	22 56
19	9 1 21.58	3 54.62	+18 59 7.7	19 56.8	0.740 301	8 135	11.36	11.89	7 35	15 15.4	22 54
20	9 5 16.20	3 51.93	18 39 10.9	20 15.5	0.732 166	8 134	11.49	12.02	7 37	15 15.4	22 52
21	9 9 8.13	3 49.20	18 18 55.4	20 33.4	0.724 032	8 134	11.62	12.15	7 39	15 15.3	22 50
22	9 12 57.33	3 46.45	17 58 22.0	20 50.3	0.715 898	8 132	11.75	12.29	7 41	15 15.1	22 48
23	9 16 43.78	3 43.65	17 37 31.7	21 6.4	0.707 766	8 128	11.88	12.43	7 43	15 14.9	22 46
24	9 20 27.43	3 40.84	17 16 25.3	21 21.9	0.699 638	8 124	12.02	12.58	7 44	15 14.7	22 44
25	9 24 8.27	3 37.97	+16 55 3.4	21 36.3	0.691 514	8 117	12.16	12.73	7 46	15 14.4	22 41
26	9 27 46.24	3 35.09	16 33 27.1	21 50.1	0.683 397	8 110	12.31	12.88	7 48	15 14.1	22 39
27	9 31 21.33	3 32.15	16 11 37.0	22 2.7	0.675 287	8 102	12.45	13.03	7 49	15 13.7	22 37
28	9 34 53.48	3 29.18	15 49 34.3	22 14.8	0.667 185	8 092	12.61	13.19	7 51	15 13.2	22 34
29	9 38 22.66	3 26.16	15 27 19.5	22 25.9	0.659 093	8 082	12.76	13.35	7 53	15 12.7	22 31
30	9 41 48.82	3 23.09	15 4 53.6	22 36.0	0.651 011	8 071	12.92	13.52	7 54	15 12.2	22 29
Juli 1	9 45 11.91	3 19.98	+14 42 17.6	22 45.4	0.642 940	8 057	13.08	13.69	7 56	15 11.6	22 26
2	9 48 31.89	3 16.81	14 19 32.2	22 53.7	0.634 883	8 043	13.25	13.86	7 57	15 11.0	22 24
3	9 51 48.70	3 13.59	13 56 38.5	23 1.3	0.626 840	8 028	13.42	14.04	7 58	15 10.3	22 21
4	9 55 2.29	3 10.30	13 33 37.2	23 7.8	0.618 812	8 010	13.59	14.22	7 60	15 9.5	22 18
5	9 58 12.59	3 6.95	13 10 29.4	23 13.4	0.610 802	7 992	13.77	14.41	8 1	15 8.7	22 15
6	10 1 19.54	3 3.54	12 47 16.0	23 18.0	0.602 810	7 973	13.95	14.60	8 2	15 7.9	22 12
7	10 4 23.08	3 0.04	+12 23 58.0	23 21.6	0.594 837	7 951	14.14	14.79	8 3	15 6.9	22 9
8	10 7 23.12	2 56.47	12 0 36.4	23 24.3	0.586 886	7 928	14.33	14.99	8 4	15 6.0	22 6
9	10 10 19.59	2 52.81	11 37 12.1	23 26.0	0.578 958	7 903	14.53	15.20	8 5	15 4.9	22 3
10	10 13 12.40	2 49.06	11 13 46.1	23 26.5	0.571 055	7 877	14.73	15.41	8 6	15 3.8	22 0
11	10 16 1.46	2 45.22	10 50 19.6	23 25.9	0.563 178	7 848	14.93	15.63	8 7	15 2.7	21 57
12	10 18 46.68	2 41.28	10 26 53.7	23 24.5	0.555 330	7 816	15.14	15.85	8 8	15 1.4	21 54
13	10 21 27.96	2 37.22	+10 3 29.2	23 21.8	0.547 514	7 784	15.36	16.07	8 9	15 0.1	21 50
14	10 24 5.18	2 33.07	9 40 7.4	23 18.0	0.539 730	7 747	15.58	16.30	8 9	14 58.8	21 47
15	10 26 38.25	2 28.80	9 16 49.4	23 13.1	0.531 983	7 709	15.81	16.54	8 10	14 57.3	21 44
16	10 29 7.05	2 24.40	8 53 36.3	23 6.8	0.524 274	7 668	16.04	16.79	8 10	14 55.8	21 40
17	10 31 31.45	2 19.89	8 30 29.5	22 59.6	0.516 606	7 623	16.28	17.03	8 11	14 54.2	21 37
18	10 33 51.34	2 15.25	8 7 29.9	22 51.0	0.508 983	7 576	16.52	17.29	8 11	14 52.6	21 33
19	10 36 6.59	2 10.48	+ 7 44 38.9	22 41.1	0.501 407	7 524	16.77	17.55	8 11	14 50.9	21 30
20	10 38 17.07	2 5.59	7 21 57.8	22 30.2	0.493 883	7 471	17.03	17.82	8 11	14 49.0	21 26
21	10 40 22.66	2 0.55	6 59 27.6	22 17.7	0.486 412	7 414	17.29	18.09	8 11	14 47.1	21 22
22	10 42 23.21	1 55.37	6 37 9.9	22 3.9	0.478 998	7 353	17.56	18.37	8 11	14 45.2	21 18
23	10 44 18.58	1 50.04	6 15 6.0	21 48.9	0.471 645	7 289	17.83	18.66	8 11	14 43.1	21 14
24	10 46 8.62		+ 5 53 17.1		0.464 356		18.11	18.95	8 10	14 40.9	21 11

Tag	0ʰ Weltzeit: Scheinbare Rektaszension	Diff.	Scheinbare Deklination	Diff.	Δ	Diff.	Halbmesser	Hor. Par.	Aufgang (in 0ʰ Länge, + 50° Breite)	Obere Kulmination	Untergang
1959	h m s	m s	° ′ ″	′ ″			″	″	h m	h m	h m
Juli 24	10 46 8.62	1 44.58	+5 53 17.1	21 32.3	0.464 356	7 221	18.11	18.95	8 10	14 40.9	21 11
25	10 47 53.20	1 38.93	5 31 44.8	21 14.3	0.457 135	7 150	18.40	19.25	8 10	14 38.7	21 7
26	10 49 32.13	1 33.15	5 10 30.5	20 54.6	0.449 985	7 075	18.69	19.56	8 9	14 36.3	21 3
27	10 51 5.28	1 27.18	4 49 35.9	20 33.4	0.442 910	6 997	18.99	19.87	8 8	14 33.9	20 58
28	10 52 32.46	1 21.03	4 29 2.5	20 10.4	0.435 913	6 914	19.29	20.19	8 7	14 31.3	20 54
29	10 53 53.49	1 14.72	4 8 52.1	19 45.7	0.428 999	6 827	19.60	20.51	8 6	14 28.7	20 50
30	10 55 8.21	1 8.20	+3 49 6.4	19 19.3	0.422 172	6 736	19.92	20.84	8 5	14 25.9	20 46
31	10 56 16.41	1 1.50	3 29 47.1	18 50.8	0.415 436	6 639	20.24	21.18	8 4	14 23.1	20 41
Aug. 1	10 57 17.91	0 54.62	3 10 56.3	18 20.5	0.408 797	6 539	20.57	21.53	8 3	14 20.1	20 37
2	10 58 12.53	0 47.55	2 52 35.8	17 48.1	0.402 258	6 433	20.91	21.88	8 1	14 17.0	20 32
3	10 59 0.08	0 40.26	2 34 47.7	17 13.5	0.395 825	6 322	21.25	22.23	7 59	14 13.8	20 28
4	10 59 40.34	0 32.82	2 17 34.2	16 36.9	0.389 503	6 205	21.59	22.59	7 57	14 10.4	20 23
5	11 0 13.16	0 25.16	+2 0 57.3	15 57.7	0.383 298	6 083	21.94	22.96	7 55	14 7.0	20 18
6	11 0 38.32	0 17.34	1 44 59.6	15 16.5	0.377 215	5 954	22.29	23.33	7 53	14 3.4	20 13
7	11 0 55.66	0 9.32	1 29 43.1	14 32.6	0.371 261	5 820	22.65	23.70	7 50	13 59.7	20 8
8	11 1 4.98	0 1.16	1 15 10.5	13 46.4	0.365 441	5 678	23.01	24.08	7 48	13 55.8	20 3
9	11 1 6.14	0 7.15	1 1 24.1	12 57.6	0.359 763	5 529	23.38	24.46	7 45	13 51.8	19 58
10	11 0 58.99	0 15.59	0 48 26.5	12 6.4	0.354 234	5 372	23.74	24.84	7 42	13 47.7	19 53
11	11 0 43.40	0 24.12	+0 36 20.1	11 12.6	0.348 862	5 210	24.11	25.22	7 38	13 43.4	19 48
12	11 0 19.28	0 32.72	0 25 7.5	10 16.2	0.343 652	5 037	24.47	25.61	7 35	13 39.0	19 43
13	10 59 46.56	0 41.36	0 14 51.3	9 17.6	0.338 615	4 857	24.84	25.99	7 31	13 34.4	19 37
14	10 59 5.20	0 49.98	+0 5 33.7	8 16.3	0.333 758	4 669	25.20	26.37	7 27	13 29.7	19 32
15	10 58 15.22	0 58.53	−0 2 42.6	7 12.9	0.329 089	4 472	25.56	26.74	7 23	13 24.9	19 26
16	10 57 16.69	1 6.99	0 9 55.5	6 7.4	0.324 617	4 266	25.91	27.11	7 19	13 19.9	19 21
17	10 56 9.70	1 15.27	−0 16 2.9	4 59.9	0.320 351	4 053	26.25	27.47	7 14	13 14.8	19 15
18	10 54 54.43	1 23.34	0 21 2.8	3 50.8	0.316 298	3 831	26.59	27.82	7 9	13 9.6	19 10
19	10 53 31.09	1 31.11	0 24 53.6	2 40.3	0.312 467	3 600	26.91	28.16	7 4	13 4.2	19 4
20	10 51 59.98	1 38.53	0 27 33.9	1 28.8	0.308 867	3 362	27.23	28.49	6 59	12 58.7	18 58
21	10 50 21.45	1 45.56	0 29 2.7	0 16.3	0.305 505	3 117	27.53	28.80	6 53	12 53.0	18 53
22	10 48 35.89	1 52.09	0 29 19.0	0 56.3	0.302 388	2 864	27.81	29.10	6 48	12 47.3	18 47
23	10 46 43.80	1 58.10	−0 28 22.7	2 8.9	0.299 524	2 604	28.08	29.38	6 42	12 41.5	18 41
24	10 44 45.70	2 3.49	0 26 13.8	3 20.9	0.296 920	2 338	28.32	29.64	6 36	12 35.5	18 36
25	10 42 42.21	2 8.26	0 22 52.9	4 32.0	0.294 582	2 067	28.55	29.87	6 29	12 29.5	18 30
26	10 40 33.95	2 12.29	0 18 20.9	5 41.3	0.292 515	1 791	28.75	30.08	6 23	12 23.4	18 24
27	10 38 21.66	2 15.58	0 12 39.6	6 49.0	0.290 724	1 510	28.93	30.27	6 16	12 17.3	18 19
28	10 36 6.08	2 18.06	−0 5 50.6	7 53.7	0.289 214	1 225	29.08	30.43	6 9	12 11.1	18 13
29	10 33 48.02	2 19.71	+0 2 3.1	8 55.5	0.287 989	938	29.20	30.56	6 3	12 4.8	18 7
30	10 31 28.31	2 20.51	0 10 58.6	9 53.6	0.287 051	649	29.30	30.66	5 56	11 58.6	18 2
31	10 29 7.80	2 20.45	0 20 52.2	10 48.0	0.286 402	358	29.36	30.73	5 49	11 52.3	17 56
Sept. 1	10 26 47.35	2 19.50	0 31 40.2	11 37.6	0.286 044	68	29.40	30.76	5 41	11 46.1	17 51
2	10 24 27.85	2 17.72	0 43 17.8	12 22.7	0.285 976	222	29.41	30.77	5 34	11 39.8	17 46
3	10 22 10.13		+0 55 40.5		0.286 198		29.39	30.75	5 27	11 33.6	17 41

Tag	Scheinbare Rektaszension (0h Weltzeit)	Diff.	Scheinbare Deklination (0h Weltzeit)	Diff.	Δ	Diff.	Halbmesser	Hor. Par.	Aufgang	Obere Kulmination	Untergang
									in 0h Länge, + 50° Breite		
1959	h m s	m s	° ′ ″	′ ″			″	″	h m	h m	h m
Sept. 3	10 22 10.13	2 15.06	+0 55 40.5	13 2.8	0.286 198	511	29.39	30.75	5 27	11 33.6	17 41
4	10 19 55.07	2 11.61	1 8 43.3	13 37.6	0.286 709	798	29.33	30.69	5 20	11 27.5	17 36
5	10 17 43.46	2 7.37	1 22 20.9	14 7.0	0.287 507	1 081	29.25	30.61	5 13	11 21.4	17 31
6	10 15 36.09	2 2.37	1 36 27.9	14 30.9	0.288 588	1 362	29.14	30.49	5 6	11 15.4	17 26
7	10 13 33.72	1 56.69	1 50 58.8	14 49.2	0.289 950	1 638	29.00	30.35	4 58	11 9.5	17 21
8	10 11 37.03	1 50.34	2 5 48.0	15 2.3	0.291 588	1 908	28.84	30.18	4 51	11 3.7	17 17
9	10 9 46.69	1 43.42	+2 20 50.3	15 9.6	0.293 496	2 174	28.65	29.98	4 44	10 58.0	17 12
10	10 8 3.27	1 35.94	2 35 59.9	15 12.0	0.295 670	2 434	28.44	29.76	4 38	10 52.4	17 8
11	10 6 27.33	1 28.00	2 51 11.9	15 8.8	0.298 104	2 686	28.21	29.52	4 31	10 46.9	17 3
12	10 4 59.33	1 19.65	3 6 20.7	15 1.3	0.300 790	2 932	27.96	29.26	4 24	10 41.6	16 59
13	10 3 39.68	1 10.96	3 21 22.0	14 48.8	0.303 722	3 170	27.69	28.97	4 18	10 36.4	16 55
14	10 2 28.72	1 1.98	3 36 10.8	14 32.3	0.306 892	3 400	27.40	28.67	4 12	10 31.4	16 52
15	10 1 26.74	0 52.77	+3 50 43.1	14 11.7	0.310 292	3 623	27.10	28.36	4 6	10 26.5	16 48
16	10 0 33.97	0 43.42	4 4 54.8	13 47.6	0.313 915	3 836	26.79	28.03	3 60	10 21.8	16 44
17	9 59 50.55	0 33.94	4 18 42.4	13 20.0	0.317 751	4 041	26.47	27.69	3 54	10 17.2	16 41
18	9 59 16.61	0 24.45	4 32 2.4	12 49.6	0.321 792	4 238	26.13	27.35	3 48	10 12.7	16 38
19	9 58 52.16	0 14.91	4 44 52.0	12 16.5	0.326 030	4 426	25.80	26.99	3 43	10 8.5	16 34
20	9 58 37.25	0 5.46	4 57 8.5	11 41.3	0.330 456	4 606	25.45	26.63	3 38	10 4.4	16 31
21	9 58 31.79	0 3.91	+5 8 49.8	11 4.0	0.335 062	4 776	25.10	26.26	3 33	10 0.4	16 28
22	9 58 35.70	0 13.18	5 19 53.8	10 24.9	0.339 838	4 940	24.75	25.89	3 28	9 56.6	16 25
23	9 58 48.88	0 22.30	5 30 18.7	9 44.6	0.344 778	5 095	24.39	25.52	3 24	9 52.9	16 22
24	9 59 11.18	0 31.22	5 40 3.3	9 2.9	0.349 873	5 242	24.04	25.15	3 20	9 49.4	16 20
25	9 59 42.40	0 39.95	5 49 6.2	8 20.2	0.355 115	5 381	23.68	24.78	3 15	9 46.1	16 17
26	10 0 22.35	0 48.46	5 57 26.4	7 37.0	0.360 496	5 514	23.33	24.41	3 11	9 42.9	16 15
27	10 1 10.81	0 56.75	+6 5 3.4	6 52.9	0.366 010	5 639	22.98	24.04	3 8	9 39.8	16 12
28	10 2 7.56	1 4.79	6 11 56.3	6 8.6	0.371 649	5 758	22.63	23.68	3 4	9 36.9	16 10
29	10 3 12.35	1 12.58	6 18 4.9	5 23.9	0.377 407	5 871	22.28	23.32	3 1	9 34.1	16 7
30	10 4 24.93	1 20.13	6 23 28.8	4 39.1	0.383 278	5 976	21.94	22.96	2 58	9 31.4	16 5
Okt. 1	10 5 45.06	1 27.39	6 28 7.9	3 54.2	0.389 254	6 078	21.61	22.61	2 55	9 28.8	16 3
2	10 7 12.45	1 34.40	6 32 2.1	3 9.5	0.395 332	6 172	21.27	22.26	2 52	9 26.4	16 1
3	10 8 46.85	1 41.16	+6 35 11.6	2 25.0	0.401 504	6 263	20.95	21.92	2 49	9 24.1	15 59
4	10 10 28.01	1 47.64	6 37 36.6	1 40.4	0.407 767	6 349	20.62	21.58	2 47	9 21.9	15 57
5	10 12 15.65	1 53.91	6 39 17.0	0 56.4	0.414 116	6 430	20.31	21.25	2 45	9 19.8	15 55
6	10 14 9.56	1 59.91	6 40 13.4	0 12.7	0.420 546	6 507	20.00	20.93	2 43	9 17.8	15 53
7	10 16 9.47	2 5.68	6 40 26.1	0 30.9	0.427 053	6 581	19.69	20.61	2 41	9 15.9	15 51
8	10 18 15.15	2 11.23	6 39 55.2	1 13.9	0.433 634	6 650	19.39	20.29	2 39	9 14.0	15 49
9	10 20 26.38	2 16.57	+6 38 41.3	1 56.6	0.440 284	6 716	19.10	19.99	2 37	9 12.3	15 47
10	10 22 42.95	2 21.69	6 36 44.7	2 38.6	0.447 000	6 779	18.81	19.69	2 36	9 10.7	15 46
11	10 25 4.64	2 26.60	6 34 6.1	3 20.6	0.453 779	6 838	18.53	19.39	2 34	9 9.1	15 44
12	10 27 31.24	2 31.32	6 30 45.5	4 1.6	0.460 617	6 893	18.26	19.10	2 33	9 7.7	15 42
13	10 30 2.56	2 35.84	6 26 43.9	4 42.3	0.467 510	6 946	17.99	18.82	2 32	9 6.3	15 40
14	10 32 38.40		+6 22 1.6		0.474 456		17.73	18.55	2 31	9 5.0	15 38

Tag	0h Weltzeit Scheinbare Rektaszension		Scheinbare Deklination		Δ		Halbmesser	Hor. Par.	Aufgang	Obere Kulmination	Untergang
									in 0h Länge, + 50° Breite		
1959	h m s	m s	° ′ ″	′ ″			″	″	h m	h m	h m
Okt. 14	10 32 38.40	2 40.20	+6 22 1.6	5 22.5	0.474 456	6 996	17.73	18.55	2 31	9 5.0	15 38
15	10 35 18.60	2 44.35	6 16 39.1	6 2.1	0.481 452	7 042	17.47	18.28	2 30	9 3.7	15 37
16	10 38 2.95	2 48.34	6 10 37.0	6 40.9	0.488 494	7 086	17.22	18.01	2 30	9 2.6	15 35
17	10 40 51.29	2 52.17	6 3 56.1	7 19.3	0.495 580	7 126	16.97	17.76	2 29	9 1.4	15 33
18	10 43 43.46	2 55.81	5 56 36.8	7 56.9	0.502 706	7 165	16.73	17.51	2 29	9 0.4	15 32
19	10 46 39.27	2 59.32	5 48 39.9	8 33.7	0.509 871	7 199	16.49	17.26	2 28	8 59.4	15 30
20	10 49 38.59	3 2.67	+5 40 6.2	9 10.0	0.517 070	7 233	16.26	17.02	2 28	8 58.5	15 28
21	10 52 41.26	3 5.87	5 30 56.2	9 45.6	0.524 303	7 263	16.04	16.78	2 28	8 57.6	15 27
22	10 55 47.13	3 8.93	5 21 10.6	10 20.4	0.531 566	7 291	15.82	16.55	2 28	8 56.8	15 25
23	10 58 56.06	3 11.85	5 10 50.2	10 54.4	0.538 857	7 317	15.61	16.33	2 28	8 56.0	15 24
24	11 2 7.91	3 14.66	4 59 55.8	11 27.8	0.546 174	7 341	15.40	16.11	2 28	8 55.3	15 22
25	11 5 22.57	3 17.32	4 48 28.0	12 0.2	0.553 515	7 363	15.19	15.90	2 28	8 54.6	15 20
26	11 8 39.89	3 19.88	+4 36 27.8	12 32.1	0.560 878	7 382	14.99	15.69	2 29	8 53.9	15 19
27	11 11 59.77	3 22.32	4 23 55.7	13 3.0	0.568 260	7 400	14.80	15.49	2 29	8 53.4	15 17
28	11 15 22.09	3 24.66	4 10 52.7	13 33.2	0.575 660	7 417	14.61	15.29	2 30	8 52.8	15 16
29	11 18 46.75	3 26.89	3 57 19.5	14 2.5	0.583 077	7 432	14.42	15.09	2 30	8 52.3	15 14
30	11 22 13.64	3 29.01	3 43 17.0	14 31.0	0.590 509	7 445	14.24	14.90	2 31	8 51.8	15 12
31	11 25 42.65	3 31.06	3 28 46.0	14 58.9	0.597 954	7 457	14 06	14.72	2 31	8 51.4	15 11
Nov. 1	11 29 13.71	3 33.01	+3 13 47.1	15 25.7	0.605 411	7 468	13.89	14.54	2 32	8 50.9	15 9
2	11 32 46.72	3 34.87	2 58 21.4	15 51.8	0.612 879	7 478	13.72	14.36	2 33	8 50.6	15 7
3	11 36 21.59	3 36.67	2 42 29.6	16 17.1	0.620 357	7 487	13.56	14.18	2 34	8 50.2	15 6
4	11 39 58.26	3 38.41	2 26 12.5	16 41.7	0.627 844	7 496	13.39	14.02	2 35	8 49.9	15 4
5	11 43 36.67	3 40.08	2 9 30.8	17 5.3	0.635 340	7 503	13.24	13.85	2 36	8 49.6	15 2
6	11 47 16.75	3 41.70	1 52 25.5	17 28.3	0.642 843	7 510	13.08	13.69	2 37	8 49.3	15 1
7	11 50 58.45	3 43.26	+1 34 57.2	17 50.5	0.650 353	7 516	12.93	13.53	2 38	8 49.1	14 59
8	11 54 41.71	3 44.79	1 17 6.7	18 11.8	0.657 869	7 522	12.78	13.38	2 39	8 48.9	14 58
9	11 58 26.50	3 46.27	0 58 54.9	18 32.4	0.665 391	7 525	12.64	13.22	2 41	8 48.7	14 56
10	12 2 12.77	3 47.71	0 40 22.5	18 52.3	0.672 916	7 530	12.50	13.08	2 42	8 48.5	14 54
11	12 6 0.48	3 49.13	0 21 30.2	19 11.3	0.680 446	7 531	12.36	12.93	2 43	8 48.4	14 53
12	12 9 49.61	3 50.52	+0 2 18.9	19 29.6	0.687 977	7 533	12.22	12.79	2 45	8 48.3	14 51
13	12 13 40.13	3 51.85	−0 17 10.7	19 46.9	0.695 510	7 534	12.09	12.65	2 46	8 48.2	14 49
14	12 17 31.98	3 53.19	0 36 57.6	20 3.6	0.703 044	7 533	11.96	12.52	2 48	8 48.1	14 48
15	12 21 25.17	3 54.49	0 57 1.2	20 19.4	0.710 577	7 532	11.84	12.38	2 49	8 48.1	14 46
16	12 25 19.66	3 55.77	1 17 20.6	20 34.3	0.718 109	7 530	11.71	12.25	2 51	8 48.0	14 44
17	12 29 15.43	3 57.02	1 37 54.9	20 48.6	0.725 639	7 527	11.59	12.13	2 52	8 48.0	14 43
18	12 33 12.45	3 58.26	1 58 43.5	21 1.9	0.733 166	7 522	11.47	12.00	2 54	8 48.1	14 41
19	12 37 10.71	3 59.49	−2 19 45.4	21 14.4	0.740 688	7 517	11.35	11.88	2 56	8 48.1	14 39
20	12 41 10.20	4 0.70	2 40 59.8	21 26.1	0.748 205	7 511	11.24	11.76	2 58	8 48.1	14 38
21	12 45 10.90	4 1.89	3 2 25.9	21 36.8	0.755 716	7 504	11.13	11.64	2 59	8 48.2	14 36
22	12 49 12.79	4 3.07	3 24 2.7	21 46.9	0.763 220	7 496	11.02	11.53	3 1	8 48.3	14 35
23	12 53 15.86	4 4.24	3 45 49.6	21 56.0	0.770 716	7 487	10.91	11.42	3 3	8 48.4	14 33
24	12 57 20.10		−4 7 45.6		0.778 203		10.81	11.31	3 5	8 48.6	14 31

Venus 1959

Tag	0h Weltzeit: Scheinbare Rektaszension		Scheinbare Deklination		Δ		Halbmesser	Hor. Par.	Aufgang (in 0h Länge, +50° Breite)	Obere Kulmination	Untergang
1959	h m s	m s	° ′ ″	′ ″			″	″	h m	h m	h m
Nov. 24	12 57 20.10	4 5.41	− 4 7 45.6	22 4.3	0.778 203	7 478	10.81	11.31	3 5	8 48.6	14 31
25	13 1 25.51	4 6.56	4 29 49.9	22 11.7	0.785 681	7 467	10.70	11.20	3 7	8 48.7	14 30
26	13 5 32.07	4 7.70	4 52 1.6	22 18.2	0.793 148	7 456	10.60	11.09	3 9	8 48.9	14 28
27	13 9 39.77	4 8.85	5 14 19.8	22 23.8	0.800 604	7 445	10.50	10.99	3 11	8 49.1	14 26
28	13 13 48.62	4 9.97	5 36 43.6	22 28.7	0.808 049	7 431	10.41	10.89	3 13	8 49.3	14 25
29	13 17 58.59	4 11.09	5 59 12.3	22 32.6	0.815 480	7 419	10.31	10.79	3 15	8 49.5	14 23
30	13 22 9.68	4 12.22	− 6 21 44.9	22 35.6	0.822 899	7 406	10.22	10.69	3 17	8 49.8	14 22
Dez. 1	13 26 21.90	4 13.34	6 44 20.5	22 37.9	0.830 305	7 392	10.13	10.60	3 19	8 50.0	14 20
2	13 30 35.24	4 14.47	7 6 58.4	22 39.2	0.837 697	7 379	10.04	10.50	3 21	8 50.3	14 19
3	13 34 49.71	4 15.60	7 29 37.6	22 39.8	0.845 076	7 365	9.95	10.41	3 23	8 50.6	14 17
4	13 39 5.31	4 16.73	7 52 17.4	22 39.3	0.852 441	7 352	9.87	10.32	3 25	8 51.0	14 16
5	13 43 22.04	4 17.87	8 14 56.7	22 38.2	0.859 793	7 337	9.78	10.23	3 28	8 51.3	14 14
6	13 47 39.91	4 19.03	− 8 37 34.9	22 36.1	0.867 130	7 323	9.70	10.15	3 30	8 51.7	14 13
7	13 51 58.94	4 20.19	9 0 11.0	22 33.3	0.874 453	7 309	9.62	10.06	3 32	8 52.1	14 11
8	13 56 19.13	4 21.37	9 22 44.3	22 29.6	0.881 762	7 294	9.54	9.98	3 34	8 52.5	14 10
9	14 0 40.50	4 22.56	9 45 13.9	22 25.1	0.889 056	7 279	9.46	9.90	3 37	8 52.9	14 8
10	14 5 3.06	4 23.76	10 7 39.0	22 19.7	0.896 335	7 264	9.38	9.82	3 39	8 53.3	14 7
11	14 9 26.82	4 24.97	10 29 58.7	22 13.5	0.903 599	7 248	9.31	9.74	3 41	8 53.8	14 5
12	14 13 51.79	4 26.20	−10 52 12.2	22 6.5	0.910 847	7 231	9.23	9.66	3 44	8 54.3	14 4
13	14 18 17.99	4 27.44	11 14 18.7	21 58.5	0.918 078	7 215	9.16	9.59	3 46	8 54.8	14 3
14	14 22 45.43	4 28.69	11 36 17.2	21 49.8	0.925 293	7 198	9.09	9.51	3 48	8 55.3	14 1
15	14 27 14.12	4 29.95	11 58 7.0	21 40.2	0.932 491	7 180	9.02	9.44	3 51	8 55.8	14 0
16	14 31 44.07	4 31.22	12 19 47.2	21 29.8	0.939 671	7 162	8.95	9.36	3 53	8 56.4	13 59
17	14 36 15.29	4 32.50	12 41 17.0	21 18.5	0.946 833	7 143	8.88	9.29	3 56	8 57.0	13 57
18	14 40 47.79	4 33.79	−13 2 35.5	21 6.4	0.953 976	7 124	8.82	9.22	3 58	8 57.6	13 56
19	14 45 21.58	4 35.08	13 23 41.9	20 53.4	0.961 100	7 104	8.75	9.16	4 0	8 58.2	13 55
20	14 49 56.66	4 36.38	13 44 35.3	20 39.6	0.968 204	7 084	8.69	9.09	4 3	8 58.9	13 54
21	14 54 33.04	4 37.69	14 5 14.9	20 25.0	0.975 288	7 062	8.62	9.02	4 5	8 59.5	13 53
22	14 59 10.73	4 39.00	14 25 39.9	20 9.4	0.982 350	7 041	8.56	8.96	4 8	9 0.2	13 52
23	15 3 49.73	4 40.31	14 45 49.3	19 53.0	0.989 391	7 019	8.50	8.89	4 10	9 0.9	13 51
24	15 8 30.04	4 41.62	−15 5 42.3	19 35.9	0.996 410	6 996	8.44	8.83	4 13	9 1.7	13 50
25	15 13 11.66	4 42.92	15 25 18.2	19 17.8	1.003 406	6 973	8.38	8.77	4 15	9 2.4	13 49
26	15 17 54.58	4 44.23	15 44 36.0	18 58.9	1.010 379	6 950	8.32	8.71	4 18	9 3.2	13 48
27	15 22 38.81	4 45.53	16 3 34.9	18 39.2	1.017 329	6 926	8.27	8.65	4 20	9 4.0	13 47
28	15 27 24.34	4 46.81	16 22 14.1	18 18.7	1.024 255	6 901	8.21	8.59	4 23	9 4.9	13 46
29	15 32 11.15	4 48.10	16 40 32.8	17 57.3	1.031 156	6 878	8.16	8.53	4 25	9 5.7	13 45
30	15 36 59.25	4 49.36	−16 58 30.1	17 35.2	1.038 034	6 853	8.10	8.48	4 28	9 6.6	13 44
31	15 41 48.61	4 50.63	17 16 5.3	17 12.2	1.044 887	6 829	8.05	8.42	4 31	9 7.5	13 44
32	15 46 39.24		−17 33 17.5		1.051 716		8.00	8.37	4 33	9 8.4	13 43

Tag	0h Weltzeit: Scheinbare Rektaszension		Scheinbare Deklination		Δ		Halbmesser	Hor. Par.	Aufgang	Obere Kulmination	Untergang
									in 0h Länge, + 50° Breite		
1959	h m s	m s	° ′ ″	′ ″			″	″	h m	h m	h m
Jan. 0	2 57 7.41	0 32.19	+18 46 42.2	3 0.4	0.722 156	7 991	6.48	12.19	12 40	20 18.6	4 1
1	2 57 39.60	0 34.91	18 49 42.6	3 9.1	0.730 147	8 076	6.41	12.05	12 36	20 15.2	3 58
2	2 58 14.51	0 37.55	18 52 51.7	3 17.4	0.738 223	8 159	6.34	11.92	12 32	20 11.9	3 55
3	2 58 52.06	0 40.18	18 56 9.1	3 25.7	0.746 382	8 239	6.27	11.79	12 29	20 8.6	3 52
4	2 59 32.24	0 42.75	18 59 34.8	3 33.6	0.754 621	8 317	6.20	11.66	12 25	20 5.4	3 49
5	3 0 14.99	0 45.28	19 3 8.4	3 41.4	0.762 938	8 394	6.13	11.53	12 22	20 2.2	3 46
6	3 1 0.27	0 47.78	+19 6 49.8	3 48.9	0.771 332	8 468	6.07	11.41	12 18	19 59.1	3 43
7	3 1 48.05	0 50.22	19 10 38.7	3 56.1	0.779 800	8 539	6.00	11.28	12 15	19 56.0	3 40
8	3 2 38.27	0 52.63	19 14 34.8	4 3.2	0.788 339	8 609	5.94	11.16	12 11	19 52.9	3 37
9	3 3 30.90	0 54.99	19 18 38.0	4 9.9	0.796 948	8 676	5.87	11.04	12 8	19 49.9	3 35
10	3 4 25.89	0 57.31	19 22 47.9	4 16.4	0.805 624	8 741	5.81	10.92	12 4	19 46.9	3 32
11	3 5 23.20	0 59.57	19 27 4.3	4 22.7	0.814 365	8 802	5.75	10.81	12 1	19 43.9	3 30
12	3 6 22.77	1 1.79	+19 31 27.0	4 28.7	0.823 167	8 863	5.69	10.69	11 58	19 41.0	3 27
13	3 7 24.56	1 3.97	19 35 55.7	4 34.3	0.832 030	8 920	5.62	10.58	11 54	19 38.1	3 25
14	3 8 28.53	1 6.10	19 40 30.0	4 39.8	0.840 950	8 976	5.57	10.46	11 51	19 35.3	3 22
15	3 9 34.63	1 8.17	19 45 9.8	4 44.9	0.849 926	9 029	5.51	10.35	11 48	19 32.5	3 20
16	3 10 42.80	1 10.20	19 49 54.7	4 49.7	0.858 955	9 081	5.45	10.24	11 44	19 29.7	3 18
17	3 11 53.00	1 12.18	19 54 44.4	4 54.3	0.868 036	9 131	5.39	10.14	11 41	19 27.0	3 15
18	3 13 5.18	1 14.12	+19 59 38.7	4 58.7	0.877 167	9 178	5.33	10.03	11 38	19 24.3	3 13
19	3 14 19.30	1 16.01	20 4 37.4	5 2.6	0.886 345	9 225	5.28	9.93	11 35	19 21.6	3 11
20	3 15 35.31	1 17.86	20 9 40.0	5 6.3	0.895 570	9 270	5.23	9.83	11 31	19 18.9	3 9
21	3 16 53.17	1 19.67	20 14 46.3	5 9.8	0.904 840	9 312	5.17	9.73	11 28	19 16.3	3 7
22	3 18 12.84	1 21.42	20 19 56.1	5 12.9	0.914 152	9 354	5.12	9.63	11 25	19 13.7	3 4
23	3 19 34.26	1 23.15	20 25 9.0	5 15.9	0.923 506	9 394	5.07	9.53	11 22	19 11.2	3 2
24	3 20 57.41	1 24.83	+20 30 24.9	5 18.4	0.932 900	9 433	5.02	9.43	11 19	19 8.7	3 0
25	3 22 22.24	1 26.48	20 35 43.3	5 20.8	0.942 333	9 471	4.97	9.34	11 16	19 6.2	2 58
26	3 23 48.72	1 28.09	20 41 4.1	5 22.9	0.951 804	9 508	4.92	9.24	11 13	19 3.7	2 56
27	3 25 16.81	1 29.66	20 46 27.0	5 24.8	0.961 312	9 543	4.87	9.15	11 10	19 1.2	2 55
28	3 26 46.47	1 31.21	20 51 51.8	5 26.3	0.970 855	9 578	4.82	9.06	11 7	18 58.8	2 53
29	3 28 17.68	1 32.73	20 57 18.1	5 27.7	0.980 433	9 611	4.77	8.98	11 4	18 56.4	2 51
30	3 29 50.41	1 34.22	+21 2 45.8	5 28.8	0.990 044	9 643	4.73	8.89	11 1	18 54.0	2 49
31	3 31 24.63	1 35.67	21 8 14.6	5 29.7	0.999 687	9 675	4.68	8.80	10 58	18 51.7	2 47
Febr. 1	3 33 0.30	1 37.13	21 13 44.3	5 30.4	1.009 362	9 705	4.64	8.72	10 55	18 49.4	2 45
2	3 34 37.43	1 38.53	21 19 14.7	5 30.7	1.019 067	9 734	4.59	8.64	10 52	18 47.1	2 44
3	3 36 15.96	1 39.93	21 24 45.4	5 31.0	1.028 801	9 761	4.55	8.55	10 49	18 44.8	2 42
4	3 37 55.89	1 41.30	21 30 16.4	5 31.0	1.038 562	9 788	4.51	8.47	10 47	18 42.5	2 40
5	3 39 37.19	1 42.64	+21 35 47.4	5 30.8	1.048 350	9 812	4.46	8.39	10 44	18 40.3	2 39
6	3 41 19.83	1 43.96	21 41 18.2	5 30.3	1.058 162	9 835	4.42	8.32	10 41	18 38.1	2 37
7	3 43 3.79	1 45.26	21 46 48.5	5 29.7	1.067 997	9 857	4.38	8.24	10 38	18 35.9	2 35
8	3 44 49.05	1 46.53	21 52 18.2	5 28.8	1.077 854	9 876	4.34	8.16	10 35	18 33.7	2 34
9	3 46 35.58	1 47.77	21 57 47.0	5 27.7	1.087 730	9 896	4.30	8.09	10 33	18 31.6	2 32
10	3 48 23.35		+22 3 14.7		1.097 626		4.26	8.02	10 30	18 29.4	2 31

Tag	0h Weltzeit Scheinbare Rektaszension		Scheinbare Deklination		Δ		Halb-messer	Hor. Par.	Auf-gang	Obere Kul-mination	Unter-gang
									in 0h Länge, + 50° Breite		
1959	h m s	m s	° ′ ″	′ ″			″	″	h m	h m	h m
Febr. 10	3 48 23.35	1 48.99	+22 3 14.7	5 26.5	1.097 626	9 912	4.26	8.02	10 30	18 29.4	2 31
11	3 50 12.34	1 50.19	22 8 41.2	5 25.0	1.107 538	9 928	4.23	7.95	10 27	18 27.3	2 29
12	3 52 2.53	1 51.35	22 14 6.2	5 23.3	1.117 466	9 943	4.19	7.87	10 25	18 25.3	2 28
13	3 53 53.88	1 52.48	22 19 29.5	5 21.4	1.127 409	9 956	4.15	7.81	10 22	18 23.2	2 26
14	3 55 46.36	1 53.60	22 24 50.9	5 19.3	1.137 365	9 967	4.11	7.74	10 19	18 21.1	2 25
15	3 57 39.96	1 54.69	22 30 10.2	5 17.0	1.147 332	9 979	4.08	7.67	10 17	18 19.1	2 23
16	3 59 34.65	1 55.76	+22 35 27.2	5 14.5	1.157 311	9 988	4.04	7.60	10 14	18 17.1	2 22
17	4 1 30.41	1 56.78	22 40 41.7	5 11.7	1.167 299	9 997	4.01	7.54	10 11	18 15.1	2 20
18	4 3 27.19	1 57.81	22 45 53.4	5 8.9	1.177 296	10 005	3.98	7.47	10 9	18 13.1	2 19
19	4 5 25.00	1 58.80	22 51 2.3	5 5.8	1.187 301	10 011	3.94	7.41	10 6	18 11.1	2 17
20	4 7 23.80	1 59.76	22 56 8.1	5 2.4	1.197 312	10 017	3.91	7.35	10 4	18 9.2	2 16
21	4 9 23.56	2 0.71	23 1 10.5	4 59.0	1.207 329	10 023	3.88	7.29	10 1	18 7.3	2 15
22	4 11 24.27	2 1.63	+23 6 9.5	4 55.4	1.217 352	10 028	3.84	7.23	9 59	18 5.3	2 13
23	4 13 25.90	2 2.54	23 11 4.9	4 51.5	1.227 380	10 031	3.81	7.17	9 56	18 3.4	2 12
24	4 15 28.44	2 3.43	23 15 56.4	4 47.6	1.237 411	10 035	3.78	7.11	9 54	18 1.6	2 10
25	4 17 31.87	2 4.29	23 20 44.0	4 43.3	1.247 446	10 038	3.75	7.05	9 52	17 59.7	2 9
26	4 19 36.16	2 5.15	23 25 27.3	4 39.1	1.257 484	10 040	3.72	7.00	9 49	17 57.8	2 8
27	4 21 41.31	2 5.99	23 30 6.4	4 34.5	1.267 524	10 043	3.69	6.94	9 47	17 56.0	2 7
28	4 23 47.30	2 6.82	+23 34 40.9	4 29.9	1.277 567	10 043	3.66	6.89	9 45	17 54.2	2 5
März 1	4 25 54.12	2 7.62	23 39 10.8	4 25.1	1.287 610	10 044	3.63	6.83	9 42	17 52.3	2 4
2	4 28 1.74	2 8.44	23 43 35.9	4 20.2	1.297 654	10 044	3.61	6.78	9 40	17 50.5	2 3
3	4 30 10.18	2 9.22	23 47 56.1	4 15.1	1.307 698	10 042	3.58	6.73	9 38	17 48.7	2 1
4	4 32 19.40	2 10.00	23 52 11.2	4 9.9	1.317 740	10 040	3.55	6.68	9 35	17 47.0	2 0
5	4 34 29.40	2 10.76	23 56 21.1	4 4.5	1.327 780	10 037	3.52	6.63	9 33	17 45.2	1 59
6	4 36 40.16	2 11.51	+24 0 25.6	3 59.0	1.337 817	10 033	3.50	6.58	9 31	17 43.5	1 57
7	4 38 51.67	2 12.25	24 4 24.6	3 53.4	1.347 850	10 027	3.47	6.53	9 29	17 41.7	1 56
8	4 41 3.92	2 12.97	24 8 18.0	3 47.6	1.357 877	10 020	3.45	6.48	9 27	17 40.0	1 55
9	4 43 16.89	2 13.67	24 12 5.6	3 41.7	1.367 897	10 013	3.42	6.43	9 24	17 38.3	1 54
10	4 45 30.56	2 14.36	24 15 47.3	3 35.8	1.377 910	10 003	3.40	6.39	9 22	17 36.6	1 52
11	4 47 44.92	2 15.04	24 19 23.1	3 29.6	1.387 913	9 995	3.37	6.34	9 20	17 34.9	1 51
12	4 49 59.96	2 15.69	+24 22 52.7	3 23.3	1.397 908	9 983	3.35	6.30	9 18	17 33.2	1 50
13	4 52 15.65	2 16.33	24 26 16.0	3 16.9	1.407 891	9 971	3.32	6.25	9 16	17 31.5	1 48
14	4 54 31.98	2 16.95	24 29 32.9	3 10.4	1.417 862	9 959	3.30	6.21	9 14	17 29.9	1 47
15	4 56 48.93	2 17.55	24 32 43.3	3 3.8	1.427 821	9 946	3.28	6.16	9 12	17 28.2	1 46
16	4 59 6.48	2 18.15	24 35 47.1	2 57.1	1.437 767	9 931	3.26	6.12	9 10	17 26.6	1 45
17	5 1 24.63	2 18.71	24 38 44.2	2 50.2	1.447 698	9 916	3.23	6.08	9 8	17 24.9	1 43
18	5 3 43.34	2 19.27	+24 41 34.4	2 43.2	1.457 614	9 900	3.21	6.04	9 6	17 23.3	1 42
19	5 6 2.61	2 19.81	24 44 17.6	2 36.2	1.467 514	9 884	3.19	6.00	9 4	17 21.7	1 41
20	5 8 22.42	2 20.33	24 46 53.8	2 29.0	1.477 398	9 867	3.17	5.96	9 2	17 20.1	1 39
21	5 10 42.75	2 20.84	24 49 22.8	2 21.7	1.487 265	9 850	3.15	5.92	9 0	17 18.5	1 38
22	5 13 3.59	2 21.32	24 51 44.5	2 14.3	1.497 115	9 832	3.13	5.88	8 59	17 16.9	1 37
23	5 15 24.91		+24 53 58.8		1.506 947		3.11	5.84	8 57	17 15.3	1 35

Tag	0ʰ Weltzeit: Scheinbare Rektaszension		Scheinbare Deklination		Δ		Halbmesser	Hor. Par.	Aufgang	Obere Kulmination	Untergang
									in 0ʰ Länge, + 50° Breite		
1959	h m s	m s	° ′ ″	′ ″			″	″	h m	h m	h m
März 23	5 15 24.91	2 21.80	+24 53 58.8	2 6.8	1.506 947	9 813	3.11	5.84	8 57	17 15.3	1 35
24	5 17 46.71	2 22.26	24 56 5.6	1 59.3	1.516 760	9 796	3.09	5.80	8 55	17 13.8	1 34
25	5 20 8.97	2 22.71	24 58 4.9	1 51.6	1.526 556	9 776	3.07	5.76	8 53	17 12.2	1 33
26	5 22 31.68	2 23.15	24 59 56.5	1 43.8	1.536 332	9 758	3.05	5.73	8 51	17 10.6	1 31
27	5 24 54.83	2 23.57	25 1 40.3	1 36.0	1.546 090	9 739	3.03	5.69	8 50	17 9.1	1 30
28	5 27 18.40	2 24.00	25 3 16.3	1 28.1	1.555 829	9 719	3.01	5.66	8 48	17 7.5	1 29
29	5 29 42.40	2 24.40	+25 4 44.4	1 20.1	1.565 548	9 699	2.99	5.62	8 46	17 6.0	1 27
30	5 32 6.80	2 24.81	25 6 4.5	1 11.9	1.575 247	9 679	2.97	5.59	8 44	17 4.5	1 26
31	5 34 31.61	2 25.20	25 7 16.4	1 3.8	1.584 926	9 657	2.95	5.55	8 43	17 3.0	1 25
April 1	5 36 56.81	2 25.58	25 8 20.2	0 55.6	1.594 583	9 635	2.93	5.52	8 41	17 1.4	1 23
2	5 39 22.39	2 25.95	25 9 15.8	0 47.4	1.604 218	9 613	2.92	5.49	8 40	16 59.9	1 22
3	5 41 48.34	2 26.31	25 10 3.2	0 38.9	1.613 831	9 589	2.90	5.45	8 38	16 58.4	1 20
4	5 44 14.65	2 26.67	+25 10 42.1	0 30.6	1.623 420	9 564	2.88	5.42	8 36	16 56.9	1 19
5	5 46 41.32	2 27.01	25 11 12.7	0 22.0	1.632 984	9 539	2.87	5.39	8 35	16 55.4	1 18
6	5 49 8.33	2 27.34	25 11 34.7	0 13.6	1.642 523	9 513	2.85	5.36	8 33	16 53.9	1 16
7	5 51 35.67	2 27.65	25 11 48.3	0 4.9	1.652 036	9 486	2.83	5.33	8 32	16 52.5	1 15
8	5 54 3.32	2 27.95	25 11 53.2	0 3.6	1.661 522	9 459	2.82	5.30	8 30	16 51.0	1 13
9	5 56 31.27	2 28.25	25 11 49.6	0 12.3	1.670 981	9 429	2.80	5.27	8 29	16 49.5	1 12
10	5 58 59.52	2 28.53	+25 11 37.3	0 21.1	1.680 410	9 400	2.79	5.24	8 27	16 48.1	1 10
11	6 1 28.05	2 28.79	25 11 16.2	0 29.8	1.689 810	9 370	2.77	5.21	8 26	16 46.6	1 9
12	6 3 56.84	2 29.04	25 10 46.4	0 38.6	1.699 180	9 340	2.75	5.18	8 24	16 45.1	1 7
13	6 6 25.88	2 29.28	25 10 7.8	0 47.5	1.708 520	9 307	2.74	5.15	8 23	16 43.7	1 6
14	6 8 55.16	2 29.50	25 9 20.3	0 56.3	1.717 827	9 276	2.72	5.12	8 22	16 42.2	1 4
15	6 11 24.66	2 29.72	25 8 24.0	1 5.3	1.727 103	9 244	2.71	5.10	8 20	16 40.8	1 3
16	6 13 54.38	2 29.91	+25 7 18.7	1 14.2	1.736 347	9 210	2.70	5.07	8 19	16 39.3	1 1
17	6 16 24.29	2 30.10	25 6 4.5	1 23.2	1.745 557	9 177	2.68	5.04	8 18	16 37.9	0 59
18	6 18 54.39	2 30.27	25 4 41.3	1 32.2	1.754 734	9 143	2.67	5.02	8 17	16 36.5	0 58
19	6 21 24.66	2 30.43	25 3 9.1	1 41.2	1.763 877	9 109	2.65	4.99	8 15	16 35.0	0 56
20	6 23 55.09	2 30.57	25 1 27.9	1 50.2	1.772 986	9 076	2.64	4.96	8 14	16 33.6	0 54
21	6 26 25.66	2 30.72	24 59 37.7	1 59.4	1.782 062	9 040	2.63	4.94	8 13	16 32.2	0 53
22	6 28 56.38	2 30.83	+24 57 38.3	2 8.4	1.791 102	9 007	2.61	4.91	8 12	16 30.7	0 51
23	6 31 27.21	2 30.96	24 55 29.9	2 17.6	1.800 109	8 972	2.60	4.89	8 11	16 29.3	0 49
24	6 33 58.17	2 31.06	24 53 12.3	2 26.7	1.809 081	8 937	2.59	4.86	8 10	16 27.9	0 48
25	6 36 29.23	2 31.17	24 50 45.6	2 35.9	1.818 018	8 903	2.57	4.84	8 8	16 26.5	0 46
26	6 39 0.40	2 31.26	24 48 9.7	2 45.0	1.826 921	8 869	2.56	4.82	8 7	16 25.0	0 44
27	6 41 31.66	2 31.35	24 45 24.7	2 54.2	1.835 790	8 833	2.55	4.79	8 6	16 23.6	0 43
28	6 44 3.01	2 31.43	+24 42 30.5	3 3.5	1.844 623	8 797	2.54	4.77	8 5	16 22.2	0 41
29	6 46 34.44	2 31.51	24 39 27.0	3 12.6	1.853 420	8 761	2.53	4.75	8 4	16 20.8	0 39
30	6 49 5.95	2 31.58	24 36 14.4	3 21.8	1.862 181	8 724	2.51	4.73	8 3	16 19.4	0 37
Mai 1	6 51 37.53	2 31.64	24 32 52.6	3 31.0	1.870 905	8 687	2.50	4.70	8 2	16 18.0	0 35
2	6 54 9.17	2 31.69	24 29 21.6	3 40.2	1.879 592	8 649	2.49	4.68	8 1	16 16.5	0 34
3	6 56 40.86		+24 25 41.4		1.888 241		2.48	4.66	8 0	16 15.1	0 32

Mars 1959

Tag	0h Weltzeit: Scheinbare Rektaszension	Diff.	Scheinbare Deklination	Diff.	Δ	Diff.	Halbmesser	Hor. Par.	Aufgang	Obere Kulmination	Untergang
1959	h m s	m s	° ′ ″	′ ″			″	″	h m	h m	h m
									in 0h Länge, +50° Breite		
Mai 3	6 56 40.86	2 31.75	+24 25 41.4	3 49.4	1.888 241	8 610	2.48	4.66	8 0	16 15.1	0 32
4	6 59 12.61	2 31.78	24 21 52.0	3 58.6	1.896 851	8 571	2.47	4.64	7 59	16 13.7	0 30
5	7 1 44.39	2 31.81	24 17 53.4	4 7.8	1.905 422	8 530	2.46	4.62	7 58	16 12.3	0 28
6	7 4 16.20	2 31.83	24 13 45.6	4 16.9	1.913 952	8 490	2.45	4.60	7 57	16 10.9	0 26
7	7 6 48.03	2 31.85	24 9 28.7	4 26.0	1.922 442	8 448	2.43	4.58	7 56	16 9.5	0 24
8	7 9 19.88	2 31.86	24 5 2.7	4 35.2	1.930 890	8 406	2.42	4.56	7 55	16 8.1	0 22
9	7 11 51.74	2 31.84	+24 0 27.5	4 44.2	1.939 296	8 364	2.41	4.54	7 54	16 6.7	0 21
10	7 14 23.58	2 31.84	23 55 43.3	4 53.4	1.947 660	8 320	2.40	4.52	7 54	16 5.3	0 19
11	7 16 55.42	2 31.81	23 50 49.9	5 2.4	1.955 980	8 277	2.39	4.50	7 53	16 3.8	0 17
12	7 19 27.23	2 31.77	23 45 47.5	5 11.4	1.964 257	8 232	2.38	4.48	7 52	16 2.4	0 15
13	7 21 59.00	2 31.74	23 40 36.1	5 20.4	1.972 489	8 188	2.37	4.46	7 51	16 1.0	0 13
14	7 24 30.74	2 31.69	23 35 15.7	5 29.4	1.980 677	8 143	2.36	4.44	7 50	15 59.6	0 11
15	7 27 2.43	2 31.63	+23 29 46.3	5 38.3	1.988 820	8 097	2.35	4.42	7 49	15 58.2	0 9
16	7 29 34.06	2 31.56	23 24 8.0	5 47.2	1.996 917	8 052	2.34	4.41	7 49	15 56.8	0 6
17	7 32 5.62	2 31.48	23 18 20.8	5 56.1	2.004 969	8 006	2.33	4.39	7 48	15 55.4	0 4
18	7 34 37.10	2 31.40	23 12 24.7	6 4.9	2.012 975	7 961	2.32	4.37	7 47	15 53.9	0 2
19	7 37 8.50	2 31.31	23 6 19.8	6 13.8	2.020 936	7 914	2.32	4.35	7 46	15 52.5	{0 0 / 23 58
20	7 39 39.81	2 31.21	23 0 6.0	6 22.5	2.028 850	7 870	2.31	4.34	7 46	15 51.1	23 56
21	7 42 11.02	2 31.11	+22 53 43.5	6 31.2	2.036 720	7 823	2.30	4.32	7 45	15 49.7	23 54
22	7 44 42.13	2 31.00	22 47 12.3	6 40.0	2.044 543	7 778	2.29	4.30	7 44	15 48.3	23 52
23	7 47 13.13	2 30.89	22 40 32.3	6 48.6	2.052 321	7 733	2.28	4.29	7 44	15 46.8	23 49
24	7 49 44.02	2 30.77	22 33 43.7	6 57.3	2.060 054	7 687	2.27	4.27	7 43	15 45.4	23 47
25	7 52 14.79	2 30.66	22 26 46.4	7 5.9	2.067 741	7 641	2.26	4.26	7 42	15 44.0	23 45
26	7 54 45.45	2 30.55	22 19 40.5	7 14.4	2.075 382	7 596	2.26	4.24	7 42	15 42.5	23 43
27	7 57 16.00	2 30.42	+22 12 26.1	7 23.0	2.082 978	7 549	2.25	4.22	7 41	15 41.1	23 41
28	7 59 46.42	2 30.31	22 5 3.1	7 31.4	2.090 527	7 502	2.24	4.21	7 40	15 39.7	23 38
29	8 2 16.73	2 30.17	21 57 31.7	7 39.9	2.098 029	7 455	2.23	4.19	7 40	15 38.2	23 36
30	8 4 46.90	2 30.06	21 49 51.8	7 48.3	2.105 484	7 408	2.22	4.18	7 39	15 36.8	23 34
31	8 7 16.96	2 29.92	21 42 3.5	7 56.7	2.112 892	7 359	2.21	4.16	7 38	15 35.4	23 32
Juni 1	8 9 46.88	2 29.79	21 34 6.8	8 4.9	2.120 251	7 310	2.21	4.15	7 38	15 33.9	23 29
2	8 12 16.67	2 29.66	+21 26 1.9	8 13.1	2.127 561	7 261	2.20	4.14	7 37	15 32.5	23 27
3	8 14 46.33	2 29.51	21 17 48.8	8 21.4	2.134 822	7 210	2.19	4.12	7 37	15 31.0	23 25
4	8 17 15.84	2 29.37	21 9 27.4	8 29.4	2.142 032	7 161	2.18	4.11	7 36	15 29.6	23 22
5	8 19 45.21	2 29.23	21 0 58.0	8 37.6	2.149 193	7 109	2.18	4.09	7 35	15 28.1	23 20
6	8 22 14.44	2 29.07	20 52 20.4	8 45.5	2.156 302	7 058	2.17	4.08	7 35	15 26.7	23 18
7	8 24 43.51	2 28.92	20 43 34.9	8 53.5	2.163 360	7 006	2.16	4.07	7 34	15 25.2	23 15
8	8 27 12.43	2 28.76	+20 34 41.4	9 1.4	2.170 366	6 954	2.16	4.05	7 34	15 23.7	23 13
9	8 29 41.19	2 28.61	20 25 40.0	9 9.2	2.177 320	6 901	2.15	4.04	7 33	15 22.3	23 11
10	8 32 9.80	2 28.43	20 16 30.8	9 16.9	2.184 221	6 848	2.14	4.03	7 33	15 20.8	23 8
11	8 34 38.23	2 28.27	20 7 13.9	9 24.7	2.191 069	6 794	2.14	4.02	7 32	15 19.3	23 6
12	8 37 6.50	2 28.09	19 57 49.2	9 32.2	2.197 863	6 741	2.13	4.00	7 32	15 17.9	23 3
13	8 39 34.59		+19 48 17.0		2.204 604		2.12	3.99	7 31	15 16.4	23 1

Tag	0h Weltzeit: Scheinbare Rektaszension		Scheinbare Deklination		Δ		Halbmesser	Hor. Par.	Aufgang (in 0h Länge, + 50° Breite)	Obere Kulmination	Untergang
1959	h m s	m s	° ′ ″	′ ″			″	″	h m	h m	h m
Juni 13	8 39 34.59	2 27.91	+19 48 17.0	9 39.8	2.204 604	6 687	2.12	3.99	7 31	15 16.4	23 1
14	8 42 2.50	2 27.74	19 38 37.2	9 47.3	2.211 291	6 633	2.12	3.98	7 31	15 14.9	22 58
15	8 44 30.24	2 27.55	19 28 49.9	9 54.7	2.217 924	6 579	2.11	3.97	7 30	15 13.4	22 56
16	8 46 57.79	2 27.37	19 18 55.2	10 2.0	2.224 503	6 526	2.10	3.96	7 30	15 12.0	22 53
17	8 49 25.16	2 27.18	19 8 53.2	10 9.3	2.231 029	6 472	2.10	3.94	7 29	15 10.5	22 51
18	8 51 52.34	2 26.99	18 58 43.9	10 16.6	2.237 501	6 419	2.09	3.93	7 29	15 9.0	22 48
19	8 54 19.33	2 26.80	+18 48 27.3	10 23.7	2.243 920	6 365	2.09	3.92	7 28	15 7.5	22 46
20	8 56 46.13	2 26.62	18 38 3.6	10 30.8	2.250 285	6 312	2.08	3.91	7 28	15 6.0	22 43
21	8 59 12.75	2 26.43	18 27 32.8	10 37.8	2.256 597	6 260	2.07	3.90	7 27	15 4.5	22 41
22	9 1 39.18	2 26.24	18 16 55.0	10 44.8	2.262 857	6 206	2.07	3.89	7 27	15 3.0	22 38
23	9 4 5.42	2 26.07	18 6 10.2	10 51.8	2.269 063	6 153	2.06	3.88	7 26	15 1.5	22 36
24	9 6 31.49	2 25.89	17 55 18.4	10 58.6	2.275 216	6 100	2.06	3.87	7 26	15 0.0	22 33
25	9 8 57.38	2 25.71	+17 44 19.8	11 5.4	2.281 316	6 046	2.05	3.86	7 26	14 58.5	22 31
26	9 11 23.09	2 25.54	17 33 14.4	11 12.1	2.287 362	5 993	2.05	3.85	7 25	14 56.9	22 28
27	9 13 48.63	2 25.36	17 22 2.3	11 18.8	2.293 355	5 938	2.04	3.84	7 25	14 55.4	22 25
28	9 16 13.99	2 25.20	17 10 43.5	11 25.4	2.299 293	5 884	2.04	3.83	7 24	14 53.9	22 23
29	9 18 39.19	2 25.03	16 59 18.1	11 31.9	2.305 177	5 828	2.03	3.82	7 24	14 52.4	22 20
30	9 21 4.22	2 24.86	16 47 46.2	11 38.3	2.311 005	5 773	2.03	3.81	7 23	14 50.9	22 18
Juli 1	9 23 29.08	2 24.69	+16 36 7.9	11 44.7	2.316 778	5 716	2.02	3.80	7 23	14 49.3	22 15
2	9 25 53.77	2 24.53	16 24 23.2	11 51.1	2.322 494	5 660	2.02	3.79	7 22	14 47.8	22 12
3	9 28 18.30	2 24.37	16 12 32.1	11 57.3	2.328 154	5 604	2.01	3.78	7 22	14 46.3	22 10
4	9 30 42.67	2 24.21	16 0 34.8	12 3.4	2.333 758	5 546	2.01	3.77	7 22	14 44.7	22 7
5	9 33 6.88	2 24.04	15 48 31.4	12 9.5	2.339 304	5 488	2.00	3.76	7 21	14 43.2	22 5
6	9 35 30.92	2 23.89	15 36 21.9	12 15.4	2.344 792	5 431	2.00	3.75	7 21	14 41.7	22 2
7	9 37 54.81	2 23.72	+15 24 6.5	12 21.4	2.350 223	5 371	1.99	3.74	7 20	14 40.1	21 59
8	9 40 18.53	2 23.57	15 11 45.1	12 27.3	2.355 594	5 314	1.99	3.74	7 20	14 38.6	21 57
9	9 42 42.10	2 23.41	14 59 17.8	12 33.0	2.360 908	5 254	1.98	3.73	7 19	14 37.0	21 54
10	9 45 5.51	2 23.25	14 46 44.8	12 38.6	2.366 162	5 195	1.98	3.72	7 19	14 35.5	21 51
11	9 47 28.76	2 23.09	14 34 6.2	12 44.2	2.371 357	5 136	1.97	3.71	7 19	14 33.9	21 48
12	9 49 51.85	2 22.93	14 21 22.0	12 49.8	2.376 493	5 077	1.97	3.70	7 18	14 32.3	21 46
13	9 52 14.78	2 22.78	+14 8 32.2	12 55.1	2.381 570	5 018	1.97	3.70	7 18	14 30.8	21 43
14	9 54 37.56	2 22.62	13 55 37.1	13 0.5	2.386 588	4 959	1.96	3.69	7 17	14 29.2	21 40
15	9 57 0.18	2 22.48	13 42 36.6	13 5.8	2.391 547	4 899	1.96	3.68	7 17	14 27.7	21 38
16	9 59 22.66	2 22.32	13 29 30.8	13 10.9	2.396 446	4 842	1.95	3.67	7 17	14 26.1	21 35
17	10 1 44.98	2 22.18	13 16 19.9	13 16.1	2.401 288	4 783	1.95	3.66	7 16	14 24.5	21 32
18	10 4 7.16	2 22.03	13 3 3.8	13 21.0	2.406 071	4 725	1.95	3.66	7 16	14 22.9	21 29
19	10 6 29.19	2 21.90	+12 49 42.8	13 26.1	2.410 796	4 668	1.94	3.65	7 15	14 21.4	21 27
20	10 8 51.09	2 21.76	12 36 16.7	13 31.0	2.415 464	4 610	1.94	3.64	7 15	14 19.8	21 24
21	10 11 12.85	2 21.64	12 22 45.7	13 35.8	2.420 074	4 552	1.93	3.64	7 15	14 18.2	21 21
22	10 13 34.49	2 21.52	12 9 9.9	13 40.5	2.424 626	4 494	1.93	3.63	7 14	14 16.6	21 18
23	10 15 56.01	2 21.40	11 55 29.4	13 45.2	2.429 120	4 437	1.93	3.62	7 14	14 15.0	21 16
24	10 18 17.41		+11 41 44.2		2.433 557		1.92	3.62	7 13	14 13.5	21 13

Mars 1959

Tag	0h Weltzeit: Scheinbare Rektaszension		Scheinbare Deklination		Δ		Halbmesser	Hor. Par.	Aufgang (in 0h Länge, + 50° Breite)	Obere Kulmination	Untergang
1959	h m s	m s	° ′ ″	′ ″			″	″	h m	h m	h m
Juli 24	10 18 17.41	2 21.30	+11 41 44.2	13 49.9	2.433 557	4 379	1.92	3.62	7 13	14 13.5	21 13
25	10 20 38.71	2 21.19	11 27 54.3	13 54.4	2.437 936	4 321	1.92	3.61	7 13	14 11.9	21 10
26	10 22 59.90	2 21.08	11 13 59.9	13 58.9	2.442 257	4 262	1.92	3.60	7 13	14 10.3	21 7
27	10 25 20.98	2 21.00	11 0 1.0	14 3.3	2.446 519	4 203	1.91	3.60	7 12	14 8.7	21 4
28	10 27 41.98	2 20.91	10 45 57.7	14 7.6	2.450 722	4 143	1.91	3.59	7 12	14 7.1	21 2
29	10 30 2.89	2 20.82	10 31 50.1	14 11.8	2.454 865	4 085	1.91	3.58	7 11	14 5.5	20 59
30	10 32 23.71	2 20.74	+10 17 38.3	14 16.0	2.458 950	4 024	1.90	3.58	7 11	14 3.9	20 56
31	10 34 44.45	2 20.67	10 3 22.3	14 20.1	2.462 974	3 964	1.90	3.57	7 11	14 2.3	20 53
Aug. 1	10 37 5.12	2 20.59	9 49 2.2	14 24.0	2.466 938	3 904	1.90	3.57	7 10	14 0.7	20 50
2	10 39 25.71	2 20.53	9 34 38.2	14 28.0	2.470 842	3 843	1.89	3.56	7 10	13 59.1	20 48
3	10 41 46.24	2 20.47	9 20 10.2	14 31.8	2.474 685	3 781	1.89	3.56	7 9	13 57.5	20 45
4	10 44 6.71	2 20.41	9 5 38.4	14 35.6	2.478 466	3 720	1.89	3.55	7 9	13 55.9	20 42
5	10 46 27.12	2 20.34	+ 8 51 2.8	14 39.2	2.482 186	3 658	1.89	3.55	7 9	13 54.3	20 39
6	10 48 47.46	2 20.30	8 36 23.6	14 42.8	2.485 844	3 596	1.88	3.54	7 8	13 52.7	20 36
7	10 51 7.76	2 20.25	8 21 40.8	14 46.2	2.489 440	3 535	1.88	3.53	7 8	13 51.1	20 34
8	10 53 28.01	2 20.20	8 6 54.6	14 49.6	2.492 975	3 472	1.88	3.53	7 7	13 49.5	20 31
9	10 55 48.21	2 20.16	7 52 5.0	14 52.9	2.496 447	3 410	1.87	3.53	7 7	13 47.9	20 28
10	10 58 8.37	2 20.12	7 37 12.1	14 56.2	2.499 857	3 348	1.87	3.52	7 7	13 46.3	20 25
11	11 0 28.49	2 20.08	+ 7 22 15.9	14 59.2	2.503 205	3 286	1.87	3.52	7 6	13 44.7	20 22
12	11 2 48.57	2 20.05	7 7 16.7	15 2.3	2.506 491	3 225	1.87	3.51	7 6	13 43.1	20 19
13	11 5 8.62	2 20.03	6 52 14.4	15 5.2	2.509 716	3 164	1.86	3.51	7 6	13 41.5	20 17
14	11 7 28.65	2 20.00	6 37 9.2	15 8.1	2.512 880	3 102	1.86	3.50	7 5	13 39.9	20 14
15	11 9 48.65	2 19.99	6 22 1.1	15 10.9	2.515 982	3 043	1.86	3.50	7 5	13 38.3	20 11
16	11 12 8.64	2 19.98	6 6 50.2	15 13.6	2.519 025	2 982	1.86	3.49	7 5	13 36.7	20 8
17	11 14 28.62	2 19.98	+ 5 51 36.6	15 16.2	2.522 007	2 923	1.86	3.49	7 4	13 35.1	20 5
18	11 16 48.60	2 19.99	5 36 20.4	15 18.8	2.524 930	2 862	1.85	3.49	7 4	13 33.5	20 2
19	11 19 8.59	2 19.99	5 21 1.6	15 21.2	2.527 792	2 804	1.85	3.48	7 3	13 31.8	20 0
20	11 21 28.58	2 20.02	5 5 40.4	15 23.6	2.530 596	2 743	1.85	3.48	7 3	13 30.2	19 57
21	11 23 48.60	2 20.05	4 50 16.8	15 26.0	2.533 339	2 684	1.85	3.47	7 3	13 28.6	19 54
22	11 26 8.65	2 20.08	4 34 50.8	15 28.2	2.536 023	2 624	1.85	3.47	7 2	13 27.0	19 51
23	11 28 28.73	2 20.13	+ 4 19 22.6	15 30.4	2.538 647	2 564	1.84	3.47	7 2	13 25.4	19 48
24	11 30 48.86	2 20.18	4 3 52.2	15 32.5	2.541 211	2 504	1.84	3.46	7 2	13 23.8	19 45
25	11 33 9.04	2 20.23	3 48 19.7	15 34.4	2.543 715	2 443	1.84	3.46	7 1	13 22.2	19 42
26	11 35 29.27	2 20.30	3 32 45.3	15 36.4	2.546 158	2 383	1.84	3.46	7 1	13 20.6	19 40
27	11 37 49.57	2 20.36	3 17 8.9	15 38.2	2.548 541	2 322	1.84	3.45	7 1	13 19.0	19 37
28	11 40 9.93	2 20.45	3 1 30.7	15 39.9	2.550 863	2 260	1.83	3.45	7 0	13 17.4	19 34
29	11 42 30.38	2 20.52	+ 2 45 50.8	15 41.6	2.553 123	2 200	1.83	3.45	7 0	13 15.8	19 31
30	11 44 50.90	2 20.62	2 30 9.2	15 43.1	2.555 323	2 138	1.83	3.44	6 59	13 14.2	19 28
31	11 47 11.52	2 20.71	2 14 26.1	15 44.6	2.557 461	2 076	1.83	3.44	6 59	13 12.6	19 25
Sept. 1	11 49 32.23	2 20.81	1 58 41.5	15 46.0	2.559 537	2 013	1.83	3.44	6 59	13 11.0	19 22
2	11 51 53.04	2 20.91	1 42 55.5	15 47.3	2.561 550	1 952	1.83	3.44	6 58	13 9.4	19 20
3	11 54 13.95		+ 1 27 8.2		2.563 502		1.83	3.43	6 58	13 7.8	19 17

Tag	0h Weltzeit: Scheinbare Rektaszension		Scheinbare Deklination		Δ		Halbmesser	Hor. Par.	Aufgang (in 0h Länge, + 50° Breite)	Obere Kulmination	Untergang
1959	h m s	m s	° ′ ″	′ ″			″	″	h m	h m	h m
Sept. 3	11 54 13.95	2 21.03	+1 27 8.2	15 48.4	2.563 502	1 889	1.83	3.43	6 58	13 7.8	19 17
4	11 56 34.98	2 21.14	1 11 19.8	15 49.5	2.565 391	1 826	1.82	3.43	6 58	13 6.2	19 14
5	11 58 56.12	2 21.25	0 55 30.3	15 50.5	2.567 217	1 764	1.82	3.43	6 57	13 4.7	19 11
6	12 1 17.37	2 21.39	0 39 39.8	15 51.4	2.568 981	1 701	1.82	3.43	6 57	13 3.1	19 8
7	12 3 38.76	2 21.51	0 23 48.4	15 52.1	2.570 682	1 639	1.82	3.42	6 57	13 1.5	19 5
8	12 6 0.27	2 21.65	+0 7 56.3	15 52.9	2.572 321	1 578	1.82	3.42	6 57	12 59.9	19 3
9	12 8 21.92	2 21.78	−0 7 56.6	15 53.4	2.573 899	1 515	1.82	3.42	6 56	12 58.3	19 0
10	12 10 43.70	2 21.93	0 23 50.0	15 53.8	2.575 414	1 454	1.82	3.42	6 56	12 56.7	18 57
11	12 13 5.63	2 22.08	0 39 43.8	15 54.3	2.576 868	1 394	1.82	3.42	6 56	12 55.2	18 54
12	12 15 27.71	2 22.24	0 55 38.1	15 54.5	2.578 262	1 333	1.82	3.41	6 55	12 53.6	18 51
13	12 17 49.95	2 22.41	1 11 32.6	15 54.8	2.579 595	1 273	1.81	3.41	6 55	12 52.0	18 48
14	12 20 12.36	2 22.58	1 27 27.4	15 54.9	2.580 868	1 214	1.81	3.41	6 55	12 50.5	18 46
15	12 22 34.94	2 22.77	−1 43 22.3	15 54.8	2.582 082	1 154	1.81	3.41	6 54	12 48.9	18 43
16	12 24 57.71	2 22.95	1 59 17.1	15 54.8	2.583 236	1 096	1.81	3.41	6 54	12 47.3	18 40
17	12 27 20.66	2 23.15	2 15 11.9	15 54.6	2.584 332	1 036	1.81	3.41	6 54	12 45.8	18 37
18	12 29 43.81	2 23.36	2 31 6.5	15 54.4	2.585 368	978	1.81	3.40	6 53	12 44.2	18 34
19	12 32 7.17	2 23.58	2 47 0.9	15 54.0	2.586 346	918	1.81	3.40	6 53	12 42.7	18 31
20	12 34 30.75	2 23.79	3 2 54.9	15 53.6	2.587 264	860	1.81	3.40	6 53	12 41.1	18 29
21	12 36 54.54	2 24.03	−3 18 48.5	15 53.0	2.588 124	801	1.81	3.40	6 53	12 39.6	18 26
22	12 39 18.57	2 24.27	3 34 41.5	15 52.3	2.588 925	743	1.81	3.40	6 52	12 38.1	18 23
23	12 41 42.84	2 24.52	3 50 33.8	15 51.7	2.589 668	683	1.81	3.40	6 52	12 36.5	18 20
24	12 44 7.36	2 24.77	4 6 25.5	15 50.7	2.590 351	624	1.81	3.40	6 52	12 35.0	18 17
25	12 46 32.13	2 25.03	4 22 16.2	15 49.9	2.590 975	565	1.81	3.40	6 52	12 33.5	18 15
26	12 48 57.16	2 25.30	4 38 6.1	15 48.8	2.591 540	505	1.81	3.40	6 51	12 31.9	18 12
27	12 51 22.46	2 25.57	−4 53 54.9	15 47.6	2.592 045	446	1.81	3.40	6 51	12 30.4	18 9
28	12 53 48.03	2 25.86	5 9 42.5	15 46.3	2.592 491	386	1.81	3.39	6 51	12 28.9	18 6
29	12 56 13.89	2 26.15	5 25 28.8	15 45.0	2.592 877	327	1.80	3.39	6 51	12 27.4	18 3
30	12 58 40.04	2 26.44	5 41 13.8	15 43.5	2.593 204	266	1.80	3.39	6 50	12 25.9	18 1
Okt. 1	13 1 6.48	2 26.74	5 56 57.3	15 41.8	2.593 470	206	1.80	3.39	6 50	12 24.4	17 58
2	13 3 33.22	2 27.05	6 12 39.1	15 40.2	2.593 676	146	1.80	3.39	6 50	12 22.9	17 55
3	13 6 0.27	2 27.36	−6 28 19.3	15 38.3	2.593 822	86	1.80	3.39	6 50	12 21.4	17 52
4	13 8 27.63	2 27.67	6 43 57.6	15 36.3	2.593 908	26	1.80	3.39	6 49	12 19.9	17 50
5	13 10 55.30	2 28.00	6 59 33.9	15 34.3	2.593 934	— 34	1.80	3.39	6 49	12 18.5	17 47
6	13 13 23.30	2 28.31	7 15 8.2	15 32.0	2.593 900	94	1.80	3.39	6 49	12 17.0	17 44
7	13 15 51.61	2 28.65	7 30 40.2	15 29.7	2.593 806	152	1.80	3.39	6 49	12 15.5	17 42
8	13 18 20.26	2 28.98	7 46 9.9	15 27.2	2.593 654	210	1.80	3.39	6 49	12 14.1	17 39
9	13 20 49.24	2 29.33	−8 1 37.1	15 24.7	2.593 444	268	1.80	3.39	6 48	12 12.6	17 36
10	13 23 18.57	2 29.67	8 17 1.8	15 22.0	2.593 176	326	1.80	3.39	6 48	12 11.2	17 33
11	13 25 48.24	2 30.03	8 32 23.8	15 19.2	2.592 850	382	1.80	3.39	6 48	12 9.7	17 31
12	13 28 18.27	2 30.40	8 47 43.0	15 16.2	2.592 468	439	1.81	3.39	6 48	12 8.3	17 28
13	13 30 48.67	2 30.76	9 2 59.2	15 13.2	2.592 029	494	1.81	3.40	6 48	12 6.9	17 25
14	13 33 19.43		−9 18 12.4		2.591 535		1.81	3.40	6 47	12 5.4	17 23

Mars 1959

Tag	0h Weltzeit: Scheinbare Rektaszension		0h Weltzeit: Scheinbare Deklination		0h Weltzeit: Δ		Halbmesser	Hor. Par.	Aufgang	Obere Kulmination	Untergang
									in 0h Länge, +50° Breite		
1959	h m s	m s	° ′ ″	′ ″			″	″	h m	h m	h m
Okt. 14	13 33 19.43	2 31.15	− 9 18 12.4	15 10.1	2.591 535	550	1.81	3.40	6 47	12 5.4	17 23
15	13 35 50.58	2 31.52	9 33 22.5	15 6.8	2.590 985	605	1.81	3.40	6 47	12 4.0	17 20
16	13 38 22.10	2 31.93	9 48 29.3	15 3.4	2.590 380	661	1.81	3.40	6 47	12 2.6	17 17
17	13 40 54.03	2 32.33	10 3 32.7	14 59.9	2.589 719	714	1.81	3.40	6 47	12 1.2	17 15
18	13 43 26.36	2 32.73	10 18 32.6	14 56.3	2.589 005	770	1.81	3.40	6 47	11 59.8	17 12
19	13 45 59.09	2 33.16	10 33 28.9	14 52.5	2.588 235	823	1.81	3.40	6 47	11 58.4	17 9
20	13 48 32.25	2 33.58	−10 48 21.4	14 48.6	2.587 412	879	1.81	3.40	6 46	11 57.0	17 7
21	13 51 5.83	2 34.01	11 3 10.0	14 44.7	2.586 533	932	1.81	3.40	6 46	11 55.6	17 4
22	13 53 39.84	2 34.45	11 17 54.7	14 40.5	2.585 601	987	1.81	3.40	6 46	11 54.3	17 2
23	13 56 14.29	2 34.90	11 32 35.2	14 36.3	2.584 614	1 041	1.81	3.40	6 46	11 52.9	16 59
24	13 58 49.19	2 35.34	11 47 11.5	14 31.9	2.583 573	1 094	1.81	3.41	6 46	11 51.6	16 56
25	14 1 24.53	2 35.81	12 1 43.4	14 27.4	2.582 479	1 150	1.81	3.41	6 46	11 50.2	16 54
26	14 4 0.34	2 36.27	−12 16 10.8	14 22.7	2.581 329	1 203	1.81	3.41	6 46	11 48.9	16 51
27	14 6 36.61	2 36.74	12 30 33.5	14 18.0	2.580 126	1 258	1.81	3.41	6 46	11 47.5	16 49
28	14 9 13.35	2 37.21	12 44 51.5	14 13.0	2.578 868	1 313	1.81	3.41	6 46	11 46.2	16 46
29	14 11 50.56	2 37.69	12 59 4.5	14 8.0	2.577 555	1 366	1.82	3.41	6 45	11 44.9	16 44
30	14 14 28.25	2 38.17	13 13 12.5	14 2.8	2.576 189	1 422	1.82	3.42	6 45	11 43.6	16 41
31	14 17 6.42	2 38.66	13 27 15.3	13 57.5	2.574 767	1 475	1.82	3.42	6 45	11 42.3	16 39
Nov. 1	14 19 45.08	2 39.14	−13 41 12.8	13 52.0	2.573 292	1 530	1.82	3.42	6 45	11 41.0	16 36
2	14 22 24.22	2 39.64	13 55 4.8	13 46.4	2.571 762	1 583	1.82	3.42	6 45	11 39.7	16 34
3	14 25 3.86	2 40.13	14 8 51.2	13 40.5	2.570 179	1 637	1.82	3.42	6 45	11 38.4	16 31
4	14 27 43.99	2 40.62	14 22 31.7	13 34.7	2.568 542	1 689	1.82	3.43	6 45	11 37.2	16 29
5	14 30 24.61	2 41.13	14 36 6.4	13 28.5	2 566 853	1 742	1.82	3.43	6 45	11 35.9	16 26
6	14 33 5.74	2 41.63	14 49 34.9	13 22.4	2.565 111	1 793	1.82	3.43	6 45	11 34.6	16 24
7	14 35 47.37	2 42.13	−15 2 57.3	13 15.9	2.563 318	1 844	1.83	3.43	6 45	11 33.4	16 21
8	14 38 29.50	2 42.64	15 16 13.2	13 9.5	2.561 474	1 894	1.83	3.44	6 45	11 32.2	16 19
9	14 41 12.14	2 43.17	15 29 22.7	13 2.8	2.559 580	1 944	1.83	3.44	6 45	11 30.9	16 17
10	14 43 55.31	2 43.68	15 42 25.5	12 56.0	2.557 636	1 993	1.83	3.44	6 44	11 29.7	16 14
11	14 46 38.99	2 44.20	15 55 21.5	12 49.0	2.555 643	2 041	1.83	3.44	6 44	11 28.5	16 12
12	14 49 23.19	2 44.74	16 8 10.5	12 42.0	2.553 602	2 089	1.83	3.45	6 44	11 27.3	16 9
13	14 52 7.93	2 45.27	−16 20 52.5	12 34.7	2.551 513	2 137	1.83	3.45	6 44	11 26.1	16 7
14	14 54 53.20	2 45.81	16 33 27.2	12 27.4	2.549 376	2 184	1.84	3.45	6 44	11 24.9	16 5
15	14 57 39.01	2 46.35	16 45 54.6	12 19.9	2.547 192	2 231	1.84	3.45	6 44	11 23.8	16 3
16	15 0 25.36	2 46.90	16 58 14.5	12 12.2	2.544 961	2 277	1.84	3.46	6 44	11 22.6	16 0
17	15 3 12.26	2 47.45	17 10 26.7	12 4.3	2.542 684	2 324	1.84	3.46	6 44	11 21.4	15 58
18	15 5 59.71	2 48.00	17 22 31.0	11 56.5	2.540 360	2 370	1.84	3.46	6 44	11 20.3	15 56
19	15 8 47.71	2 48.56	−17 34 27.5	11 48.3	2.537 990	2 415	1.84	3.47	6 44	11 19.2	15 53
20	15 11 36.27	2 49.12	17 46 15.8	11 40.1	2.535 575	2 461	1.85	3.47	6 44	11 18.0	15 51
21	15 14 25.39	2 49.69	17 57 55.9	11 31.7	2.533 114	2 507	1.85	3.47	6 44	11 16.9	15 49
22	15 17 15.08	2 50.24	18 9 27.6	11 23.2	2.530 607	2 552	1.85	3.48	6 44	11 15.8	15 47
23	15 20 5.32	2 50.82	18 20 50.8	11 14.5	2.528 055	2 598	1.85	3.48	6 44	11 14.7	15 45
24	15 22 56.14		−18 32 5.3		2.525 457		1.85	3.48	6 44	11 13.6	15 43

Tag	Scheinbare Rektaszension (0h Weltzeit)	Diff.	Scheinbare Deklination (0h Weltzeit)	Diff.	Δ (0h Weltzeit)	Diff.	Halbmesser	Hor. Par.	Aufgang (in 0h Länge, +50° Breite)	Obere Kulmination (in 0h Länge, +50° Breite)	Untergang (in 0h Länge, +50° Breite)
1959	h m s	m s	° ′ ″	′ ″			″	″	h m	h m	h m
Nov. 24	15 22 56.14	2 51.37	−18 32 5.3	11 5.6	2.525 457	2 643	1.85	3.48	6 44	11 13.6	15 43
25	15 25 47.51	2 51.95	18 43 10.9	10 56.6	2.522 814	2 688	1.86	3.49	6 44	11 12.5	15 40
26	15 28 39.46	2 52.51	18 54 7.5	10 47.5	2.520 126	2 733	1.86	3.49	6 44	11 11.5	15 38
27	15 31 31.97	2 53.07	19 4 55.0	10 38.2	2.517 393	2 778	1.86	3.50	6 44	11 10.4	15 36
28	15 34 25.04	2 53.64	19 15 33.2	10 28.7	2.514 615	2 823	1.86	3.50	6 44	11 9.3	15 34
29	15 37 18.68	2 54.20	19 26 1.9	10 19.1	2.511 792	2 868	1.86	3.50	6 44	11 8.3	15 32
30	15 40 12.88	2 54.76	−19 36 21.0	10 9.3	2.508 924	2 912	1.87	3.51	6 44	11 7.3	15 30
Dez. 1	15 43 7.64	2 55.30	19 46 30.3	9 59.5	2.506 012	2 955	1.87	3.51	6 44	11 6.2	15 28
2	15 46 2.94	2 55.86	19 56 29.8	9 49.3	2.503 057	2 999	1.87	3.52	6 44	11 5.2	15 26
3	15 48 58.80	2 56.40	20 6 19.1	9 39.1	2.500 058	3 042	1.87	3.52	6 44	11 4.2	15 24
4	15 51 55.20	2 56.95	20 15 58.2	9 28.7	2.497 016	3 083	1.87	3.52	6 44	11 3.2	15 22
5	15 54 52.15	2 57.48	20 25 26.9	9 18.2	2.493 933	3 124	1.88	3.53	6 44	11 2.2	15 20
6	15 57 49.63	2 58.03	−20 34 45.1	9 7.4	2.490 809	3 164	1.88	3.53	6 44	11 1.2	15 18
7	16 0 47.66	2 58.55	20 43 52.5	8 56.7	2.487 645	3 204	1.88	3.54	6 44	11 0.3	15 16
8	16 3 46.21	2 59.09	20 52 49.2	8 45.7	2.484 441	3 242	1.88	3.54	6 44	10 59.3	15 15
9	16 6 45.30	2 59.62	21 1 34.9	8 34.5	2.481 199	3 280	1.89	3.55	6 44	10 58.4	15 13
10	16 9 44.92	3 0.15	21 10 9.4	8 23.3	2.477 919	3 318	1.89	3.55	6 43	10 57.4	15 11
11	16 12 45.07	3 0.67	21 18 32.7	8 11.9	2.474 601	3 355	1.89	3.56	6 43	10 56.5	15 9
12	16 15 45.74	3 1.19	−21 26 44.6	8 0.3	2.471 246	3 391	1.89	3.56	6 43	10 55.6	15 7
13	16 18 46.93	3 1.71	21 34 44.9	7 48.7	2.467 855	3 427	1.90	3.57	6 43	10 54.6	15 6
14	16 21 48.64	3 2.23	21 42 33.6	7 36.8	2.464 428	3 462	1.90	3.57	6 43	10 53.7	15 4
15	16 24 50.87	3 2.73	21 50 10.4	7 24.9	2.460 966	3 497	1.90	3.58	6 43	10 52.8	15 2
16	16 27 53.60	3 3.24	21 57 35.3	7 12.8	2.457 469	3 532	1.90	3.58	6 43	10 51.9	15 1
17	16 30 56.84	3 3.74	22 4 48.1	7 0.6	2.453 937	3 566	1.91	3.59	6 43	10 51.0	14 59
18	16 34 0.58	3 4.24	−22 11 48.7	6 48.2	2.450 371	3 600	1.91	3.59	6 42	10 50.2	14 57
19	16 37 4.82	3 4.73	22 18 36.9	6 35.8	2.446 771	3 633	1.91	3.60	6 42	10 49.3	14 56
20	16 40 9.55	3 5.21	22 25 12.7	6 23.2	2.443 138	3 667	1.92	3.60	6 42	10 48.4	14 54
21	16 43 14.76	3 5.69	22 31 35.9	6 10.4	2.439 471	3 700	1.92	3.61	6 42	10 47.6	14 53
22	16 46 20.45	3 6.16	22 37 46.3	5 57.6	2.435 771	3 734	1.92	3.61	6 42	10 46.8	14 51
23	16 49 26.61	3 6.62	22 43 43.9	5 44.6	2.432 037	3 766	1.92	3.62	6 42	10 45.9	14 50
24	16 52 33.23	3 7.08	−22 49 28.5	5 31.5	2.428 271	3 799	1.93	3.62	6 41	10 45.1	14 49
25	16 55 40.31	3 7.52	22 55 0.0	5 18.4	2.424 472	3 831	1.93	3.63	6 41	10 44.3	14 47
26	16 58 47.83	3 7.96	23 0 18.4	5 5.0	2.420 641	3 864	1.93	3.64	6 41	10 43.5	14 46
27	17 1 55.79	3 8.37	23 5 23.4	4 51.6	2.416 777	3 896	1.94	3.64	6 41	10 42.6	14 44
28	17 5 4.16	3 8.79	23 10 15.0	4 38.0	2.412 881	3 928	1.94	3.65	6 40	10 41.8	14 43
29	17 8 12.95	3 9.19	23 14 53.0	4 24.4	2.408 953	3 959	1.94	3.65	6 40	10 41.1	14 42
30	17 11 22.14	3 9.57	−23 19 17.4	4 10.6	2.404 994	3 990	1.95	3.66	6 40	10 40.3	14 40
31	17 14 31.71	3 9.94	23 23 28.0	3 56.7	2.401 004	4 020	1.95	3.67	6 39	10 39.5	14 39
32	17 17 41.65		−23 27 24.7		2.396 984		1.95	3.67	6 39	10 38.7	14 38

Jupiter 1959

Tag	0h Weltzeit: Scheinbare Rektaszension		Scheinbare Deklination		Δ		Halbmesser	Hor. Par.	Aufgang (in 0h Länge, + 50° Breite)	Obere Kulmination	Untergang
1959	h m s	s	° ′ ″	′ ″			″	″	h m	h m	h m
Jan. 0	15 26 36.48	45.11	−17 48 43.0	2 40.5	6.061 973	11 724	15.16	1.45	4 17	8 49.8	13 23
1	15 27 21.59	44.80	17 51 23.5	2 38.5	6.050 249	11 887	15.19	1.45	4 14	8 46.6	13 20
2	15 28 6.39	44.49	17 54 2.0	2 36.7	6.038 362	12 045	15.22	1.46	4 11	8 43.4	13 16
3	15 28 50.88	44.18	17 56 38.7	2 34.5	6.026 317	12 204	15.25	1.46	4 8	8 40.2	13 13
4	15 29 35.06	43.85	17 59 13.2	2 32.6	6.014 113	12 359	15.28	1.46	4 5	8 37.0	13 9
5	15 30 18.91	43.51	18 1 45.8	2 30.7	6.001 754	12 513	15.31	1.47	4 2	8 33.8	13 6
6	15 31 2.42	43.18	−18 4 16.5	2 28.6	5.989 241	12 665	15.35	1.47	3 59	8 30.6	13 2
7	15 31 45.60	42.82	18 6 45.1	2 26.5	5.976 576	12 814	15.38	1.47	3 56	8 27.4	12 59
8	15 32 28.42	42.46	18 9 11.6	2 24.6	5.963 762	12 960	15.41	1.48	3 53	8 24.1	12 55
9	15 33 10.88	42.10	18 11 36.2	2 22.5	5.950 802	13 103	15.44	1.48	3 50	8 20.9	12 52
10	15 33 52.98	41.72	18 13 58.7	2 20.4	5.937 699	13 245	15.48	1.48	3 47	8 17.7	12 49
11	15 34 34.70	41.34	18 16 19.1	2 18.4	5.924 454	13 382	15.51	1.49	3 44	8 14.4	12 45
12	15 35 16.04	40.94	−18 18 37.5	2 16.3	5.911 072	13 517	15.55	1.49	3 41	8 11.2	12 42
13	15 35 56.98	40.55	18 20 53.8	2 14.1	5.897 555	13 648	15.58	1.49	3 38	8 7.9	12 38
14	15 36 37.53	40.14	18 23 7.9	2 12.1	5.883 907	13 777	15.62	1.50	3 35	8 4.7	12 35
15	15 37 17.67	39.73	18 25 20.0	2 10.1	5.870 130	13 902	15.66	1.50	3 32	8 1.4	12 31
16	15 37 57.40	39.30	18 27 30.1	2 7.8	5.856 228	14 026	15.69	1.50	3 29	7 58.1	12 28
17	15 38 36.70	38.88	18 29 37.9	2 5.8	5.842 202	14 145	15.73	1.51	3 26	7 54.8	12 24
18	15 39 15.58	38.45	−18 31 43.7	2 3.7	5.828 057	14 262	15.77	1.51	3 22	7 51.6	12 21
19	15 39 54.03	38.00	18 33 47.4	2 1.6	5.813 795	14 376	15.81	1.51	3 19	7 48.3	12 17
20	15 40 32.03	37.55	18 35 49.0	1 59.4	5.799 419	14 485	15.85	1.52	3 16	7 45.0	12 14
21	15 41 9.58	37.10	18 37 48.4	1 57.3	5.784 934	14 595	15.89	1.52	3 13	7 41.6	12 10
22	15 41 46.68	36.64	18 39 45.7	1 55.1	5.770 339	14 699	15.93	1.53	3 10	7 38.3	12 7
23	15 42 23.32	36.16	18 41 40.8	1 53.1	5.755 640	14 800	15.97	1.53	3 7	7 35.0	12 3
24	15 42 59.48	35.69	−18 43 33.9	1 50.8	5.740 840	14 900	16.01	1.53	3 4	7 31.7	12 0
25	15 43 35.17	35.21	18 45 24.7	1 48.8	5.725 940	14 996	16.05	1.54	3 1	7 28.3	11 56
26	15 44 10.38	34.71	18 47 13.5	1 46.6	5.710 944	15 089	16.09	1.54	2 57	7 25.0	11 53
27	15 44 45.09	34.21	18 49 0.1	1 44.4	5.695 855	15 180	16.14	1.55	2 54	7 21.6	11 49
28	15 45 19.30	33.70	18 50 44.5	1 42.3	5.680 675	15 267	16.18	1.55	2 51	7 18.2	11 46
29	15 45 53.00	33.19	18 52 26.8	1 40.2	5.665 408	15 353	16.22	1.55	2 48	7 14.9	11 42
30	15 46 26.19	32.67	−18 54 7.0	1 37.9	5.650 055	15 434	16.27	1.56	2 44	7 11.5	11 39
31	15 46 58.86	32.13	18 55 44.9	1 35.9	5.634 621	15 513	16.31	1.56	2 41	7 8.1	11 35
Febr. 1	15 47 30.99	31.59	18 57 20.8	1 33.6	5.619 108	15 587	16.36	1.57	2 38	7 4.7	11 31
2	15 48 2.58	31.04	18 58 54.4	1 31.5	5.603 521	15 659	16.40	1.57	2 35	7 1.3	11 28
3	15 48 33.62	30.48	19 0 25.9	1 29.2	5.587 862	15 727	16.45	1.57	2 31	6 57.9	11 24
4	15 49 4.10	29.92	19 1 55.1	1 27.1	5.572 135	15 793	16.49	1.58	2 28	6 54.4	11 21
5	15 49 34.02	29.34	−19 3 22.2	1 24.9	5.556 342	15 851	16.54	1.58	2 25	6 51.0	11 17
6	15 50 3.36	28.75	19 4 47.1	1 22.7	5.540 491	15 910	16.59	1.59	2 22	6 47.5	11 14
7	15 50 32.11	28.16	19 6 9.8	1 20.5	5.524 581	15 961	16.64	1.59	2 18	6 44.1	11 10
8	15 51 0.27	27.56	19 7 30.3	1 18.2	5.508 620	16 011	16.68	1.60	2 15	6 40.6	11 6
9	15 51 27.83	26.96	19 8 48.5	1 16.1	5.492 609	16 055	16.73	1.60	2 11	6 37.1	11 3
10	15 51 54.79		−19 10 4.6		5.476 554		16.78	1.61	2 8	6 33.7	10 59

Tag	0h Weltzeit: Scheinbare Rektaszension		Scheinbare Deklination		Δ		Halbmesser	Hor. Par.	Aufgang	Obere Kulmination	Untergang
									in 0h Länge, + 50° Breite		
1959	h m s	s	° ′ ″	′ ″			″	″	h m	h m	h m
Febr. 10	15 51 54.79	26.34	−19 10 4.6	1 13.9	5.476 554	16 095	16.78	1.61	2 8	6 33.7	10 59
11	15 52 21.13	25.72	19 11 18.5	1 11.7	5.460 459	16 132	16.83	1.61	2 5	6 30.2	10 56
12	15 52 46.85	25.08	19 12 30.2	1 9.4	5.444 327	16 164	16.88	1.62	2 1	6 26.6	10 52
13	15 53 11.93	24.46	19 13 39.6	1 7.3	5.428 163	16 192	16.93	1.62	1 58	6 23.1	10 48
14	15 53 36.39	23.81	19 14 46.9	1 5.0	5.411 971	16 216	16.98	1.63	1 55	6 19.6	10 45
15	15 54 0.20	23.17	19 15 51.9	1 2.8	5.395 755	16 236	17.03	1.63	1 51	6 16.1	10 41
16	15 54 23.37	22.51	−19 16 54.7	1 0.6	5.379 519	16 250	17.09	1.64	1 48	6 12.5	10 37
17	15 54 45.88	21.85	19 17 55.3	0 58.4	5.363 269	16 264	17.14	1.64	1 44	6 8.9	10 34
18	15 55 7.73	21.19	19 18 53.7	0 56.2	5.347 005	16 270	17.19	1.65	1 41	6 5.4	10 30
19	15 55 28.92	20.51	19 19 49.9	0 54.0	5.330 735	16 275	17.24	1.65	1 37	6 1.8	10 26
20	15 55 49.43	19.84	19 20 43.9	0 51.7	5.314 460	16 275	17.29	1.66	1 34	5 58.2	10 23
21	15 56 9.27	19.16	19 21 35.6	0 49.6	5.298 185	16 270	17.35	1.66	1 30	5 54.6	10 19
22	15 56 28.43	18.46	−19 22 25.2	0 47.3	5.281 915	16 262	17.40	1.67	1 27	5 51.0	10 15
23	15 56 46.89	17.77	19 23 12.5	0 45.1	5.265 653	16 251	17.45	1.67	1 23	5 47.3	10 12
24	15 57 4.66	17.07	19 23 57.6	0 43.0	5.249 402	16 234	17.51	1.68	1 20	5 43.7	10 8
25	15 57 21.73	16.37	19 24 40.6	0 40.7	5.233 168	16 215	17.56	1.68	1 16	5 40.1	10 4
26	15 57 38.10	15.65	19 25 21.3	0 38.5	5.216 953	16 192	17.62	1.69	1 12	5 36.4	10 1
27	15 57 53.75	14.94	19 25 59.8	0 36.3	5.200 761	16 164	17.67	1.69	1 9	5 32.7	9 57
28	15 58 8.69	14.21	−19 26 36.1	0 34.1	5.184 597	16 133	17.73	1.70	1 5	5 29.0	9 53
März 1	15 58 22.90	13.47	19 27 10.2	0 32.0	5.168 464	16 098	17.78	1.70	1 1	5 25.3	9 49
2	15 58 36.37	12.74	19 27 42.2	0 29.6	5.152 366	16 056	17.84	1.71	0 58	5 21.6	9 45
3	15 58 49.11	12.00	19 28 11.8	0 27.5	5.136 310	16 013	17.89	1.71	0 54	5 17.9	9 42
4	15 59 1.11	11.24	19 28 39.3	0 25.3	5.120 297	15 963	17.95	1.72	0 50	5 14.2	9 38
5	15 59 12.35	10.49	19 29 4.6	0 23.1	5.104 334	15 907	18.01	1.72	0 47	5 10.4	9 34
6	15 59 22.84	9.73	−19 29 27.7	0 20.8	5.088 427	15 850	18.06	1.73	0 43	5 6.7	9 30
7	15 59 32.57	8.97	19 29 48.5	0 18.6	5.072 577	15 786	18.12	1.73	0 39	5 2.9	9 27
8	15 59 41.54	8.20	19 30 7.1	0 16.4	5.056 791	15 716	18.18	1.74	0 36	4 59.1	9 23
9	15 59 49.74	7.43	19 30 23.5	0 14.2	5.041 075	15 643	18.23	1.75	0 32	4 55.3	9 19
10	15 59 57.17	6.66	19 30 37.7	0 12.0	5.025 432	15 566	18.29	1.75	0 28	4 51.5	9 15
11	16 0 3.83	5.88	19 30 49.7	0 9.8	5.009 866	15 481	18.35	1.76	0 24	4 47.7	9 11
12	16 0 9.71	5.11	−19 30 59.5	0 7.5	4.994 385	15 393	18.40	1.76	0 20	4 43.8	9 7
13	16 0 14.82	4.32	19 31 7.0	0 5.3	4.978 992	15 300	18.46	1.77	0 17	4 40.0	9 4
14	16 0 19.14	3.55	19 31 12.3	0 3.2	4.963 692	15 202	18.52	1.77	0 13	4 36.1	9 0
15	16 0 22.69	2.76	19 31 15.5	0 0.9	4.948 490	15 102	18.57	1.78	0 9	4 32.2	8 56
16	16 0 25.45	1.99	19 31 16.4	0 1.3	4.933 388	14 993	18.63	1.78	0 5	4 28.3	8 52
17	16 0 27.44	1.20	19 31 15.1	0 3.4	4.918 395	14 881	18.69	1.79	{0 1 / 23 57}	4 24.4	8 48
18	16 0 28.64	0.42	−19 31 11.7	0 5.6	4.903 514	14 767	18.74	1.79	23 53	4 20.5	8 44
19	16 0 29.06	0.36	19 31 6.1	0 7.9	4.888 747	14 645	18.80	1.80	23 49	4 16.6	8 40
20	16 0 28.70	1.14	19 30 58.2	0 10.0	4.874 102	14 521	18.86	1.81	23 45	4 12.7	8 36
21	16 0 27.56	1.93	19 30 48.2	0 12.1	4.859 581	14 391	18.91	1.81	23 41	4 8.7	8 32
22	16 0 25.63	2.69	19 30 36.1	0 14.3	4.845 190	14 259	18.97	1.82	23 37	4 4.7	8 28
23	16 0 22.94		−19 30 21.8		4.830 931		19.03	1.82	23 33	4 0.8	8 24

Jupiter 1959

Tag	0h Weltzeit: Scheinbare Rektaszension		Scheinbare Deklination		Δ		Halbmesser	Hor. Par.	Aufgang (in 0h Länge, + 50° Breite)	Obere Kulmination	Untergang
1959	h m s	s	° ′ ″	′ ″			″	″	h m	h m	h m
März 23	16 0 22.94	3.48	−19 30 21.8	0 16.4	4.830 931	14 121	19.03	1.82	23 33	4 0.8	8 24
24	16 0 19.46	4.24	19 30 5.4	0 18.6	4.816 810	13 979	19.08	1.83	23 29	3 56.8	8 20
25	16 0 15.22	5.02	19 29 46.8	0 20.7	4.802 831	13 834	19.14	1.83	23 25	3 52.8	8 16
26	16 0 10.20	5.79	19 29 26.1	0 22.9	4.788 997	13 683	19.19	1.84	23 21	3 48.8	8 12
27	16 0 4.41	6.57	19 29 3.2	0 24.9	4.775 314	13 530	19.25	1.84	23 17	3 44.7	8 9
28	15 59 57.84	7.33	19 28 38.3	0 27.1	4.761 784	13 371	19.30	1.85	23 13	3 40.7	8 5
29	15 59 50.51	8.09	−19 28 11.2	0 29.2	4.748 413	13 209	19.36	1.85	23 9	3 36.6	8 0
30	15 59 42.42	8.86	19 27 42.0	0 31.3	4.735 204	13 040	19.41	1.86	23 5	3 32.6	7 56
31	15 59 33.56	9.62	19 27 10.7	0 33.4	4.722 164	12 869	19.46	1.86	23 1	3 28.5	7 52
April 1	15 59 23.94	10.38	19 26 37.3	0 35.5	4.709 295	12 692	19.52	1.87	22 56	3 24.4	7 48
2	15 59 13.56	11.12	19 26 1.8	0 37.5	4.696 603	12 511	19.57	1.87	22 52	3 20.3	7 44
3	15 59 2.44	11.87	19 25 24.3	0 39.6	4.684 092	12 324	19.62	1.88	22 48	3 16.2	7 40
4	15 58 50.57	12.61	−19 24 44.7	0 41.7	4.671 768	12 134	19.67	1.88	22 44	3 12.0	7 36
5	15 58 37.96	13.34	19 24 3.0	0 43.7	4.659 634	11 939	19.72	1.89	22 40	3 7.9	7 32
6	15 58 24.62	14.07	19 23 19.3	0 45.7	4.647 695	11 738	19.78	1.89	22 35	3 3.7	7 28
7	15 58 10.55	14.78	19 22 33.6	0 47.7	4.635 957	11 534	19.82	1.90	22 31	2 59.6	7 24
8	15 57 55.77	15.49	19 21 45.9	0 49.8	4.624 423	11 325	19.87	1.90	22 27	2 55.4	7 20
9	15 57 40.28	16.18	19 20 56.1	0 51.7	4.613 098	11 113	19.92	1.91	22 23	2 51.2	7 16
10	15 57 24.10	16.87	−19 20 4.4	0 53.6	4.601 985	10 895	19.97	1.91	22 18	2 47.0	7 12
11	15 57 7.23	17.55	19 19 10.8	0 55.6	4.591 090	10 675	20.02	1.92	22 14	2 42.8	7 7
12	15 56 49.68	18.21	19 18 15.2	0 57.4	4.580 415	10 450	20.07	1.92	22 10	2 38.6	7 3
13	15 56 31.47	18.87	19 17 17.8	0 59.3	4.569 965	10 220	20.11	1.93	22 5	2 34.3	6 59
14	15 56 12.60	19.51	19 16 18.5	1 1.2	4.559 745	9 989	20.16	1.93	22 1	2 30.1	6 55
15	15 55 53.09	20.13	19 15 17.3	1 3.0	4.549 756	9 752	20.20	1.93	21 57	2 25.8	6 51
16	15 55 32.96	20.75	−19 14 14.3	1 4.8	4.540 004	9 512	20.24	1.94	21 52	2 21.6	6 47
17	15 55 12.21	21.35	19 13 9.5	1 6.5	4.530 492	9 271	20.29	1.94	21 48	2 17.3	6 42
18	15 54 50.86	21.93	19 12 3.0	1 8.3	4.521 221	9 024	20.33	1.95	21 43	2 13.0	6 38
19	15 54 28.93	22.51	19 10 54.7	1 10.0	4.512 197	8 776	20.37	1.95	21 39	2 8.7	6 34
20	15 54 6.42	23.06	19 9 44.7	1 11.6	4.503 421	8 524	20.41	1.95	21 35	2 4.4	6 30
21	15 53 43.36	23.61	19 8 33.1	1 13.2	4.494 897	8 270	20.45	1.96	21 30	2 0.1	6 26
22	15 53 19.75	24.14	−19 7 19.9	1 14.9	4.486 627	8 014	20.48	1.96	21 26	1 55.8	6 21
23	15 52 55.61	24.66	19 6 5.0	1 16.4	4.478 613	7 753	20.52	1.96	21 21	1 51.4	6 17
24	15 52 30.95	25.15	19 4 48.6	1 17.8	4.470 860	7 490	20.56	1.97	21 17	1 47.1	6 13
25	15 52 5.80	25.64	19 3 30.8	1 19.4	4.463 370	7 226	20.59	1.97	21 12	1 42.7	6 9
26	15 51 40.16	26.11	19 2 11.4	1 20.9	4.456 144	6 957	20.63	1.97	21 8	1 38.4	6 5
27	15 51 14.05	26.56	19 0 50.5	1 22.2	4.449 187	6 687	20.66	1.98	21 3	1 34.0	6 0
28	15 50 47.49	27.00	−18 59 28.3	1 23.6	4.442 500	6 413	20.69	1.98	20 59	1 29.6	5 56
29	15 50 20.49	27.42	18 58 4.7	1 24.9	4.436 087	6 136	20.72	1.98	20 54	1 25.3	5 52
30	15 49 53.07	27.82	18 56 39.8	1 26.2	4.429 951	5 857	20.75	1.99	20 50	1 20.9	5 48
Mai 1	15 49 25.25	28.21	18 55 13.6	1 27.4	4.424 094	5 576	20.77	1.99	20 45	1 16.5	5 43
2	15 48 57.04	28.56	18 53 46.2	1 28.6	4.418 518	5 291	20.80	1.99	20 41	1 12.1	5 39
3	15 48 28.48		−18 52 17.6		4.413 227		20.83	1.99	20 36	1 7.7	5 35

Tag	0h Weltzeit: Scheinbare Rektaszension		Scheinbare Deklination		Δ		Halbmesser	Hor. Par.	Aufgang (in 0h Länge, + 50° Breite)	Obere Kulmination	Untergang
1959	h m s	s	° ′ ″	′ ″			″	″	h m	h m	h m
Mai 3	15 48 28.48	28.91	−18 52 17.6	1 29.6	4.413 227	5 005	20.83	1.99	20 36	1 7.7	5 35
4	15 47 59.57	29.24	18 50 48.0	1 30.8	4.408 222	4 716	20.85	2.00	20 32	1 3.3	5 31
5	15 47 30.33	29.53	18 49 17.2	1 31.7	4.403 506	4 426	20.87	2.00	20 27	0 58.8	5 26
6	15 47 0.80	29.82	18 47 45.5	1 32.7	4.399 080	4 133	20.89	2.00	20 22	0 54.4	5 22
7	15 46 30.98	30.07	18 46 12.8	1 33.6	4.394 947	3 839	20.91	2.00	20 18	0 50.0	5 18
8	15 46 0.91	30.31	18 44 39.2	1 34.4	4.391 108	3 544	20.93	2.00	20 13	0 45.6	5 13
9	15 45 30.60	30.53	−18 43 4.8	1 35.2	4.387 564	3 247	20.95	2.01	20 9	0 41.1	5 9
10	15 45 0.07	30.72	18 41 29.6	1 35.9	4.384 317	2 949	20.96	2.01	20 4	0 36.7	5 5
11	15 44 29.35	30.89	18 39 53.7	1 36.5	4.381 368	2 651	20.98	2.01	20 0	0 32.3	5 1
12	15 43 58.46	31.04	18 38 17.2	1 37.1	4.378 717	2 352	20.99	2.01	19 55	0 27.8	4 56
13	15 43 27.42	31.16	18 36 40.1	1 37.5	4.376 365	2 051	21.00	2.01	19 50	0 23.4	4 52
14	15 42 56.26	31.26	18 35 2.6	1 38.1	4.374 314	1 751	21.01	2.01	19 46	0 18.9	4 48
15	15 42 25.00	31.34	−18 33 24.5	1 38.3	4.372 563	1 451	21.02	2.01	19 41	0 14.5	4 43
16	15 41 53.66	31.41	18 31 46.2	1 38.6	4.371 112	1 151	21.03	2.01	19 36	0 10.0	4 39
17	15 41 22.25	31.43	18 30 7.6	1 38.9	4.369 961	850	21.03	2.01	19 32	0 5.6	4 35
18	15 40 50.82	31.46	18 28 28.7	1 39.0	4.369 111	552	21.04	2.01	19 27	{0 1.1 23 56.7}	4 31
19	15 40 19.36	31.44	18 26 49.7	1 39.0	4.368 559	252	21.04	2.01	19 23	23 52.2	4 26
20	15 39 47.92	31.41	18 25 10.7	1 39.0	4.368 307	47	21.04	2.01	19 18	23 47.8	4 22
21	15 39 16.51	31.37	−18 23 31.7	1 39.0	4.368 354	345	21.04	2.01	19 13	23 43.3	4 18
22	15 38 45.14	31.30	18 21 52.7	1 38.8	4.368 699	642	21.04	2.01	19 9	23 38.9	4 13
23	15 38 13.84	31.21	18 20 13.9	1 38.6	4.369 341	940	21.04	2.01	19 4	23 34.4	4 9
24	15 37 42.63	31.11	18 18 35.3	1 38.3	4.370 281	1 235	21.03	2.01	18 59	23 30.0	4 5
25	15 37 11.52	30.97	18 16 57.0	1 38.0	4.371 516	1 531	21.02	2.01	18 55	23 25.5	4 0
26	15 36 40.55	30.82	18 15 19.0	1 37.5	4.373 047	1 827	21.02	2.01	18 50	23 21.1	3 56
27	15 36 9.73	30.66	−18 13 41.5	1 37.1	4.374 874	2 121	21.01	2.01	18 46	23 16.6	3 52
28	15 35 39.07	30.46	18 12 4.4	1 36.4	4.376 995	2 416	21.00	2.01	18 41	23 12.2	3 48
29	15 35 8.61	30.25	18 10 28.0	1 35.9	4.379 411	2 707	20.99	2.01	18 37	23 7.8	3 43
30	15 34 38.36	30.02	18 8 52.1	1 35.0	4.382 118	3 001	20.97	2.01	18 32	23 3.3	3 39
31	15 34 8.34	29.77	18 7 17.1	1 34.3	4.385 119	3 290	20.96	2.01	18 27	22 58.9	3 35
Juni 1	15 33 38.57	29.49	18 5 42.8	1 33.4	4.388 409	3 579	20.94	2.01	18 23	22 54.5	3 30
2	15 33 9.08	29.20	−18 4 9.4	1 32.5	4.391 988	3 867	20.93	2.00	18 18	22 50.1	3 26
3	15 32 39.88	28.88	18 2 36.9	1 31.4	4.395 855	4 152	20.91	2.00	18 14	22 45.7	3 22
4	15 32 11.00	28.56	18 1 5.5	1 30.3	4.400 007	4 436	20.89	2.00	18 9	22 41.3	3 18
5	15 31 42.44	28.20	17 59 35.2	1 29.2	4.404 443	4 717	20.87	2.00	18 5	22 36.9	3 13
6	15 31 14.24	27.82	17 58 6.0	1 28.0	4.409 160	4 996	20.85	2.00	18 0	22 32.5	3 9
7	15 30 46.42	27.44	17 56 38.0	1 26.5	4.414 156	5 274	20.82	1.99	17 56	22 28.1	3 5
8	15 30 18.98	27.03	−17 55 11.5	1 25.2	4.419 430	5 546	20.80	1.99	17 51	22 23.7	3 1
9	15 29 51.95	26.59	17 53 46.3	1 23.7	4.424 976	5 819	20.77	1.99	17 47	22 19.3	2 56
10	15 29 25.36	26.16	17 52 22.6	1 22.3	4.430 795	6 087	20.74	1.99	17 42	22 15.0	2 52
11	15 28 59.20	25.70	17 51 0.3	1 20.6	4.436 882	6 350	20.71	1.98	17 38	22 10.6	2 48
12	15 28 33.50	25.22	17 49 39.7	1 18.9	4.443 232	6 615	20.69	1.98	17 33	22 6.2	2 44
13	15 28 8.28		−17 48 20.8		4.449 847		20.65	1.98	17 29	22 1.9	2 39

Jupiter 1959

Tag	0h Weltzeit Scheinbare Rektaszension		Scheinbare Deklination		Δ		Halb-messer	Hor. Par.	Auf-gang	Obere Kul-mination	Unter-gang
									in 0h Länge, + 50° Breite		
1959	h m s	s	° ′ ″	′ ″			″	″	h m	h m	h m
Juni 13	15 28 8.28	24.72	−17 48 20.8	1 17.2	4.449 847	6 871	20.65	1.98	17 29	22 1.9	2 39
14	15 27 43.56	24.23	17 47 3.6	1 15.4	4.456 718	7 128	20.62	1.97	17 24	21 57.6	2 35
15	15 27 19.33	23.69	17 45 48.2	1 13.5	4.463 846	7 379	20.59	1.97	17 20	21 53.2	2 31
16	15 26 55.64	23.17	17 44 34.7	1 11.6	4.471 225	7 628	20.56	1.97	17 15	21 48.9	2 27
17	15 26 32.47	22.63	17 43 23.1	1 9.7	4.478 853	7 871	20.52	1.96	17 11	21 44.6	2 23
18	15 26 9.84	22.06	17 42 13.4	1 7.6	4.486 724	8 115	20.48	1.96	17 6	21 40.3	2 18
19	15 25 47.78	21.50	−17 41 5.8	1 5.6	4.494 839	8 351	20.45	1.96	17 2	21 36.0	2 14
20	15 25 26.28	20.92	17 40 0.2	1 3.5	4.503 190	8 585	20.41	1.95	16 58	21 31.8	2 10
21	15 25 5.36	20.34	17 38 56.7	1 1.3	4.511 775	8 817	20.37	1.95	16 53	21 27.5	2 6
22	15 24 45.02	19.73	17 37 55.4	0 59.1	4.520 592	9 045	20.33	1.95	16 49	21 23.2	2 2
23	15 24 25.29	19.13	17 36 56.3	0 56.8	4.529 637	9 269	20.29	1.94	16 45	21 19.0	1 57
24	15 24 6.16	18.50	17 35 59.5	0 54.6	4.538 906	9 491	20.25	1.94	16 40	21 14.7	1 53
25	15 23 47.66	17.88	−17 35 4.9	0 52.2	4.548 397	9 708	20.21	1.93	16 36	21 10.5	1 49
26	15 23 29.78	17.24	17 34 12.7	0 49.9	4.558 105	9 924	20.16	1.93	16 32	21 6.3	1 45
27	15 23 12.54	16.60	17 33 22.8	0 47.4	4.568 029	10 135	20.12	1.93	16 27	21 2.1	1.41
28	15 22 55.94	15.94	17 32 35.4	0 45.0	4.578 164	10 341	20.08	1.92	16 23	20 57.9	1 37
29	15 22 40.00	15.27	17 31 50.4	0 42.4	4.588 505	10 545	20.03	1.92	16 19	20 53.7	1 33
30	15 22 24.73	14.60	17 31 8.0	0 40.0	4.599 050	10 745	19.98	1.91	16 15	20 49.5	1 29
Juli 1	15 22 10.13	13.91	−17 30 28.0	0 37.4	4.609 795	10 941	19.94	1.91	16 10	20 45.4	1 24
2	15 21 56.22	13.23	17 29 50.6	0 34.8	4.620 736	11 131	19.89	1.90	16 6	20 41.2	1 20
3	15 21 42.99	12.53	17 29 15.8	0 32.2	4.631 867	11 320	19.84	1.90	16 2	20 37.1	1 16
4	15 21 30.46	11.83	17 28 43.6	0 29.5	4.643 187	11 502	19.79	1.90	15 58	20 32.9	1 12
5	15 21 18.63	11.13	17 28 14.1	0 26.9	4.654 689	11 683	19.75	1.89	15 54	20 28.8	1 8
6	15 21 7.50	10.40	17 27 47.2	0 24.1	4.666 372	11 855	19.70	1.89	15 50	20 24.7	1 4
7	15 20 57.10	9.69	−17 27 23.1	0 21.4	4.678 227	12 026	19.65	1.88	15 46	20 20.6	1 0
8	15 20 47.41	8.97	17 27 1.7	0 18.7	4.690 253	12 192	19.60	1.88	15 41	20 16.5	0 56
9	15 20 38.44	8.24	17 26 43.0	0 15.9	4.702 445	12 352	19.54	1.87	15 37	20 12.5	0 52
10	15 20 30.20	7.50	17 26 27.1	0 13.2	4.714 797	12 509	19.49	1.87	15 33	20 8.4	0 48
11	15 20 22.70	6.78	17 26 13.9	0 10.3	4.727 306	12 660	19.44	1.86	15 29	20 4.4	0 44
12	15 20 15.92	6.04	17 26 3.6	0 7.6	4.739 966	12 808	19.39	1.86	15 25	20 0.3	0 40
13	15 20 9.88	5.30	−17 25 56.0	0 4.8	4.752 774	12 949	19.34	1.85	15 21	19 56.3	0 36
14	15 20 4.58	4.57	17 25 51.2	0 1.9	4.765 723	13 088	19.29	1.85	15 17	19 52.3	0 32
15	15 20 0.01	3.82	17 25 49.3	0 0.8	4.778 811	13 221	19.23	1.84	15 13	19 48.3	0 28
16	15 19 56.19	3.10	17 25 50.1	0 3.7	4.792 032	13 349	19.18	1.84	15 9	19 44.3	0 24
17	15 19 53.09	2.35	17 25 53.8	0 6.4	4.805 381	13 475	19.13	1.83	15 5	19 40.3	0 20
18	15 19 50.74	1.62	17 26 0.2	0 9.3	4.818 856	13 596	19.07	1.83	15 1	19 36.4	0 16
19	15 19 49.12	0.88	−17 26 9.5	0 12.1	4.832 452	13 710	19.02	1.82	14 57	19 32.4	0 12
20	15 19 48.24	0.15	17 26 21.6	0 14.8	4.846 162	13 825	18.97	1.82	14 53	19 28.5	0 8
21	15 19 48.09	0.59	17 26 36.4	0 17.6	4.859 987	13 933	18.91	1.81	14 49	19 24.6	0 4 / 0 0
22	15 19 48.68	1.32	17 26 54.0	0 20.4	4.873 920	14 038	18.86	1.81	14 46	19 20.7	23 56
23	15 19 50.00	2.05	17 27 14.4	0 23.2	4.887 958	14 139	18.80	1.80	14 42	19 16.8	23 52
24	15 19 52.05		−17 27 37.6		4.902 097		18.75	1.80	14 38	19 12.9	23 48

Tag	Scheinbare Rektaszension (0h Weltzeit)		Scheinbare Deklination (0h Weltzeit)		Δ (0h Weltzeit)		Halbmesser	Hor. Par.	Aufgang (in 0h Länge, + 50° Breite)	Obere Kulmination (in 0h Länge, + 50° Breite)	Untergang (in 0h Länge, + 50° Breite)
1959	h m s	s	° ′ ″	′ ″			″	″	h m	h m	h m
Juli 24	15 19 52.05	2.78	−17 27 37.6	0 25.9	4.902 097	14 236	18.75	1.80	14 38	19 12.9	23 48
25	15 19 54.83	3.52	17 28 3.5	0 28.6	4.916 333	14 330	18.69	1.79	14 34	19 9.0	23 44
26	15 19 58.35	4.25	17 28 32.1	0 31.4	4.930 663	14 418	18.64	1.78	14 30	19 5.1	23 40
27	15 20 2.60	4.97	17 29 3.5	0 34.2	4.945 081	14 504	18.59	1.78	14 26	19 1.3	23 36
28	15 20 7.57	5.71	17 29 37.7	0 36.8	4.959 585	14 584	18.53	1.77	14 23	18 57.4	23 32
29	15 20 13.28	6.43	17 30 14.5	0 39.5	4.974 169	14 661	18.48	1.77	14 19	18 53.6	23 28
30	15 20 19.71	7.16	−17 30 54.0	0 42.2	4.988 830	14 734	18.42	1.76	14 15	18 49.8	23 25
31	15 20 26.87	7.89	17 31 36.2	0 44.9	5.003 564	14 802	18.37	1.76	14 11	18 46.0	23 21
Aug. 1	15 20 34.76	8.60	17 32 21.1	0 47.5	5.018 366	14 866	18.31	1.75	14 8	18 42.2	23 17
2	15 20 43.36	9.33	17 33 8.6	0 50.2	5.033 232	14 927	18.26	1.75	14 4	18 38.4	23 13
3	15 20 52.69	10.04	17 33 58.8	0 52.7	5.048 159	14 981	18.21	1.74	14 0	18 34.6	23 9
4	15 21 2.73	10.75	17 34 51.5	0 55.4	5.063 140	15 033	18.15	1.74	13 56	18 30.9	23 5
5	15 21 13.48	11.47	−17 35 46.9	0 57.9	5.078 173	15 078	18.10	1.73	13 53	18 27.1	23 2
6	15 21 24.95	12.17	17 36 44.8	1 0.4	5.093 251	15 121	18.05	1.73	13 49	18 23.4	22 58
7	15 21 37.12	12.88	17 37 45.2	1 3.0	5.108 372	15 159	17.99	1.72	13 46	18 19.7	22 54
8	15 21 50.00	13.58	17 38 48.2	1 5.5	5.123 531	15 191	17.94	1.72	13 42	18 16.0	22 50
9	15 22 3.58	14.27	17 39 53.7	1 7.9	5.138 722	15 222	17.89	1.71	13 38	18 12.3	22 46
10	15 22 17.85	14.96	17 41 1.6	1 10.3	5.153 944	15 246	17.83	1.71	13 35	18 8.6	22 43
11	15 22 32.81	15.64	−17 42 11.9	1 12.7	5.169 190	15 267	17.78	1.70	13 31	18 4.9	22 39
12	15 22 48.45	16.32	17 43 24.6	1 15.1	5.184 457	15 283	17.73	1.70	13 28	18 1.3	22 35
13	15 23 4.77	16.99	17 44 39.7	1 17.4	5.199 740	15 296	17.68	1.69	13 24	17 57.6	22 31
14	15 23 21.76	17.66	17 45 57.1	1 19.7	5.215 036	15 306	17.62	1.69	13 21	17 54.0	22 27
15	15 23 39.42	18.32	17 47 16.8	1 21.9	5.230 342	15 312	17.57	1.68	13 17	17 50.3	22 24
16	15 23 57.74	18.98	17 48 38.7	1 24.2	5.245 654	15 314	17.52	1.68	13 14	17 46.7	22 20
17	15 24 16.72	19.63	−17 50 2.9	1 26.4	5.260 968	15 313	17.47	1.67	13 10	17 43.1	22 16
18	15 24 36.35	20.27	17 51 29.3	1 28.5	5.276 281	15 310	17.42	1.67	13 7	17 39.5	22 12
19	15 24 56.62	20.92	17 52 57.8	1 30.6	5.291 591	15 301	17.37	1.66	13 3	17 35.9	22 9
20	15 25 17.54	21.55	17 54 28.4	1 32.7	5.306 892	15 291	17.32	1.66	13 0	17 32.3	22 5
21	15 25 39.09	22.18	17 56 1.1	1 34.7	5.322 183	15 277	17.27	1.65	12 56	17 28.8	22 1
22	15 26 1.27	22.80	17 57 35.8	1 36.8	5.337 460	15 259	17.22	1.65	12 53	17 25.2	21 58
23	15 26 24.07	23.43	−17 59 12.6	1 38.7	5.352 719	15 238	17.17	1.64	12 49	17 21.7	21 54
24	15 26 47.50	24.05	18 0 51.3	1 40.7	5.367 957	15 214	17.12	1.64	12 46	17 18.1	21 50
25	15 27 11.55	24.66	18 2 32.0	1 42.5	5.383 171	15 186	17.07	1.63	12 43	17 14.6	21 46
26	15 27 36.21	25.27	18 4 14.5	1 44.5	5.398 357	15 156	17.03	1.63	12 39	17 11.1	21 43
27	15 28 1.48	25.88	18 5 59.0	1 46.3	5.413 513	15 119	16.98	1.63	12 36	17 7.6	21 39
28	15 28 27.36	26.47	18 7 45.3	1 48.0	5.428 632	15 083	16.93	1.62	12 33	17 4.1	21 35
29	15 28 53.83	27.07	−18 9 33.3	1 49.9	5.443 715	15 040	16.88	1.62	12 29	17 0.6	21 32
30	15 29 20.90	27.66	18 11 23.2	1 51.5	5.458 755	14 994	16.84	1.61	12 26	16 57.1	21 28
31	15 29 48.56	28.24	18 13 14.7	1 53.2	5.473 749	14 947	16.79	1.61	12 23	16 53.7	21 24
Sept. 1	15 30 16.80	28.82	18 15 7.9	1 54.9	5.488 696	14 894	16.75	1.60	12 19	16 50.2	21 21
2	15 30 45.62	29.39	18 17 2.8	1 56.5	5.503 590	14 837	16.70	1.60	12 16	16 46.8	21 17
3	15 31 15.01		−18 18 59.3		5.518 427		16.66	1.59	12 13	16 43.3	21 14

Jupiter 1959

Tag	0h Weltzeit: Scheinbare Rektaszension		0h Weltzeit: Scheinbare Deklination		0h Weltzeit: Δ		0h Weltzeit: Halbmesser	0h Weltzeit: Hor. Par.	Aufgang (in 0h Länge, + 50° Breite)	Obere Kulmination (in 0h Länge, + 50° Breite)	Untergang (in 0h Länge, + 50° Breite)
1959	h m s	s	° ′ ″	′ ″			″	″	h m	h m	h m
Sept. 3	15 31 15.01	29.97	−18 18 59.3	1 58.1	5.518 427	14 778	16.66	1.59	12 13	16 43.3	21 14
4	15 31 44.98	30.52	18 20 57.4	1 59.6	5.533 205	14 714	16.61	1.59	12 10	16 39.9	21 10
5	15 32 15.50	31.08	18 22 57.0	2 1.1	5.547 919	14 647	16.57	1.59	12 7	16 36.5	21 6
6	15 32 46.58	31.63	18 24 58.1	2 2.5	5.562 566	14 578	16.52	1.58	12 3	16 33.1	21 3
7	15 33 18.21	32.18	18 27 0.6	2 3.9	5.577 144	14 503	16.48	1.58	12 0	16 29.7	20 59
8	15 33 50.39	32.71	18 29 4.5	2 5.4	5.591 647	14 427	16.44	1.58	11 57	16 26.3	20 56
9	15 34 23.10	33.24	−18 31 9.9	2 6.6	5.606 074	14 348	16.39	1.57	11 54	16 22.9	20 52
10	15 34 56.34	33.76	18 33 16.5	2 7.9	5.620 422	14 264	16.35	1.57	11 51	16 19.5	20 48
11	15 35 30.10	34.28	18 35 24.4	2 9.2	5.634 686	14 180	16.31	1.56	11 47	16 16.1	20 45
12	15 36 4.38	34.79	18 37 33.6	2 10.3	5.648 866	14 091	16.27	1.56	11 44	16 12.8	20 41
13	15 36 39.17	35.29	18 39 43.9	2 11.5	5.662 957	14 000	16.23	1.55	11 41	16 9.4	20 38
14	15 37 14.46	35.79	18 41 55.4	2 12.7	5.676 957	13 909	16.19	1.55	11 38	16 6.1	20 34
15	15 37 50.25	36.28	−18 44 8.1	2 13.6	5.690 866	13 812	16.15	1.55	11 35	16 2.8	20 31
16	15 38 26.53	36.77	18 46 21.7	2 14.7	5.704 678	13 714	16.11	1.54	11 32	15 59.4	20 27
17	15 39 3.30	37.25	18 48 36.4	2 15.8	5.718 392	13 614	16.07	1.54	11 29	15 56.1	20 24
18	15 39 40.55	37.72	18 50 52.2	2 16.6	5.732 006	13 510	16.03	1.54	11 26	15 52.8	20 20
19	15 40 18.27	38.20	18 53 8.8	2 17.6	5.745 516	13 406	16.00	1.53	11 22	15 49.5	20 16
20	15 40 56.47	38.66	18 55 26.4	2 18.4	5.758 922	13 297	15.96	1.53	11 19	15 46.2	20 13
21	15 41 35.13	39.12	−18 57 44.8	2 19.3	5.772 219	13 187	15.92	1.52	11 16	15 42.9	20 9
22	15 42 14.25	39.58	19 0 4.1	2 20.1	5.785 406	13 075	15.89	1.52	11 13	15 39.7	20 6
23	15 42 53.83	40.02	19 2 24.2	2 20.8	5.798 481	12 957	15.85	1.52	11 10	15 36.4	20 2
24	15 43 33.85	40.48	19 4 45.0	2 21.6	5.811 438	12 841	15.81	1.51	11 7	15 33.1	19 59
25	15 44 14.33	40.92	19 7 6.6	2 22.3	5.824 279	12 718	15.78	1.51	11 4	15 29.9	19 55
26	15 44 55.25	41.35	19 9 28.9	2 22.8	5.836 997	12 596	15.75	1.51	11 1	15 26.6	19 52
27	15 45 36.60	41.78	−19 11 51.7	2 23.5	5.849 593	12 468	15.71	1.50	10 58	15 23.4	19 49
28	15 46 18.38	42.21	19 14 15.2	2 24.1	5.862 061	12 341	15.68	1.50	10 55	15 20.1	19 45
29	15 47 0.59	42.62	19 16 39.3	2 24.6	5.874 402	12 209	15.65	1.50	10 52	15 16.9	19 42
30	15 47 43.21	43.05	19 19 3.9	2 25.1	5.886 611	12 075	15.61	1.49	10 49	15 13.7	19 38
Okt. 1	15 48 26.26	43.45	19 21 29.0	2 25.6	5.898 686	11 937	15.58	1.49	10 46	15 10.5	19 35
2	15 49 9.71	43.85	19 23 54.6	2 26.0	5.910 623	11 797	15.55	1.49	10 43	15 7.3	19 31
3	15 49 53.56	44.25	−19 26 20.6	2 26.4	5.922 420	11 654	15.52	1.49	10 40	15 4.1	19 28
4	15 50 37.81	44.65	19 28 47.0	2 26.7	5.934 074	11 511	15.49	1.48	10 37	15 0.9	19 24
5	15 51 22.46	45.02	19 31 13.7	2 27.1	5.945 585	11 362	15.46	1.48	10 34	14 57.7	19 21
6	15 52 7.48	45.40	19 33 40.8	2 27.2	5.956 947	11 213	15.43	1.48	10 31	14 54.5	19 18
7	15 52 52.88	45.78	19 36 8.0	2 27.6	5.968 160	11 061	15.40	1.47	10 28	14 51.3	19 14
8	15 53 38.66	46.13	19 38 35.6	2 27.7	5.979 221	10 908	15.37	1.47	10 25	14 48.2	19 11
9	15 54 24.79	46.49	−19 41 3.3	2 27.9	5.990 129	10 751	15.34	1.47	10 22	14 45.0	19 7
10	15 55 11.28	46.85	19 43 31.2	2 28.0	6.000 880	10 595	15.32	1.47	10 20	14 41.8	19 4
11	15 55 58.13	47.19	19 45 59.2	2 28.0	6.011 475	10 435	15.29	1.46	10 17	14 38.7	19 1
12	15 56 45.32	47.53	19 48 27.2	2 28.1	6.021 910	10 276	15.26	1.46	10 14	14 35.6	18 57
13	15 57 32.85	47.86	19 50 55.3	2 28.1	6.032 186	10 112	15.24	1.46	10 11	14 32.4	18 54
14	15 58 20.71		−19 53 23.4		6.042 298		15.21	1.46	10 8	14 29.3	18 50

Tag	0h Weltzeit Scheinbare Rektaszension	Diff.	Scheinbare Deklination	Diff.	Δ	Diff.	Halbmesser	Hor. Par.	Aufgang (in 0h Länge, + 50° Breite)	Obere Kulmination	Untergang
1959	h m s	s	° ′ ″	′ ″			″	″	h m	h m	h m
Okt. 14	15 58 20.71	48.20	−19 53 23.4	2 28.0	6.042 298	9 950	15.21	1.46	10 8	14 29.3	18 50
15	15 59 8.91	48.51	19 55 51.4	2 28.0	6.052 248	9 784	15.19	1.45	10 5	14 26.1	18 47
16	15 59 57.42	48.84	19 58 19.4	2 27.9	6.062 032	9 617	15.16	1.45	10 2	14 23.0	18 44
17	16 0 46.26	49.15	20 0 47.3	2 27.8	6.071 649	9 449	15.14	1.45	9 59	14 19.9	18 40
18	16 1 35.41	49.46	20 3 15.1	2 27.6	6.081 098	9 279	15.11	1.44	9 56	14 16.8	18 37
19	16 2 24.87	49.76	20 5 42.7	2 27.4	6.090 377	9 108	15.09	1.44	9 54	14 13.7	18 34
20	16 3 14.63	50.06	−20 8 10.1	2 27.2	6.099 485	8 933	15.07	1.44	9 51	14 10.6	18 30
21	16 4 4.69	50.36	20 10 37.3	2 26.9	6.108 418	8 759	15.05	1.44	9 48	14 7.5	18 27
22	16 4 55.05	50.65	20 13 4.2	2 26.6	6.117 177	8 582	15.02	1.44	9 45	14 4.4	18 24
23	16 5 45.70	50.93	20 15 30.8	2 26.3	6.125 759	8 402	15.00	1.43	9 42	14 1.3	18 20
24	16 6 36.63	51.21	20 17 57.1	2 26.0	6.134 161	8 223	14.98	1.43	9 39	13 58.2	18 17
25	16 7 27.84	51.49	20 20 23.1	2 25.5	6.142 384	8 040	14.96	1.43	9 37	13 55.1	18 14
26	16 8 19.33	51.75	−20 22 48.6	2 25.2	6.150 424	7 855	14.94	1.43	9 34	13 52.1	18 10
27	16 9 11.08	52.02	20 25 13.8	2 24.7	6.158 279	7 671	14.92	1.43	9 31	13 49.0	18 7
28	16 10 3.10	52.28	20 27 38.5	2 24.2	6.165 950	7 482	14.91	1.43	9 28	13 45.9	18 4
29	16 10 55.38	52.53	20 30 2.7	2 23.8	6.173 432	7 292	14.89	1.42	9 25	13 42.9	18 0
30	16 11 47.91	52.78	20 32 26.5	2 23.1	6.180 724	7 101	14.87	1.42	9 22	13 39.8	17 57
31	16 12 40.69	53.02	20 34 49.6	2 22.7	6.187 825	6 909	14.85	1.42	9 20	13 36.7	17 54
Nov. 1	16 13 33.71	53.26	−20 37 12.3	2 22.0	6.194 734	6 713	14.84	1.42	9 17	13 33.7	17 51
2	16 14 26.97	53.48	20 39 34.3	2 21.5	6.201 447	6 517	14.82	1.42	9 14	13 30.6	17 47
3	16 15 20.45	53.70	20 41 55.8	2 20.8	6.207 964	6 321	14.80	1.42	9 11	13 27.6	17 44
4	16 16 14.15	53.92	20 44 16.6	2 20.1	6.214 285	6 121	14.79	1.42	9 8	13 24.6	17 41
5	16 17 8.07	54.13	20 46 36.7	2 19.4	6.220 406	5 922	14.78	1.41	9 6	13 21.5	17 37
6	16 18 2.20	54.33	20 48 56.1	2 18.6	6.226 328	5 721	14.76	1.41	9 3	13 18.5	17 34
7	16 18 56.53	54.52	−20 51 14.7	2 17.9	6.232 049	5 520	14.75	1.41	9 0	13 15.5	17 31
8	16 19 51.05	54.72	20 53 32.6	2 17.1	6.237 569	5 318	14.74	1.41	8 57	13 12.4	17 28
9	16 20 45.77	54.90	20 55 49.7	2 16.3	6.242 887	5 116	14.72	1.41	8 54	13 9.4	17 24
10	16 21 40.67	55.08	20 58 6.0	2 15.4	6.248 003	4 913	14.71	1.41	8 52	13 6.4	17 21
11	16 22 35.75	55.25	21 0 21.4	2 14.6	6.252 916	4 707	14.70	1.41	8 49	13 3.4	17 18
12	16 23 31.00	55.42	21 2 36.0	2 13.7	6.257 623	4 505	14.69	1.41	8 46	13 0.4	17 15
13	16 24 26.42	55.59	−21 4 49.7	2 12.7	6.262 128	4 298	14.68	1.41	8 43	12 57.4	17 11
14	16 25 22.01	55.74	21 7 2.4	2 11.8	6.266 426	4 092	14.67	1.40	8 40	12 54.4	17 8
15	16 26 17.75	55.89	21 9 14.2	2 10.9	6.270 518	3 886	14.66	1.40	8 38	12 51.3	17 5
16	16 27 13.64	56.05	21 11 25.1	2 9.8	6.274 404	3 678	14.65	1.40	8 35	12 48.3	17 2
17	16 28 9.69	56.19	21 13 34.9	2 8.9	6.278 082	3 469	14.64	1.40	8 32	12 45.3	16 59
18	16 29 5.88	56.33	21 15 43.8	2 7.8	6.281 551	3 261	14.63	1.40	8 29	12 42.3	16 55
19	16 30 2.21	56.45	−21 17 51.6	2 6.8	6.284 812	3 050	14.62	1.40	8 26	12 39.3	16 52
20	16 30 58.66	56.59	21 19 58.4	2 5.8	6.287 862	2 841	14.62	1.40	8 24	12 36.4	16 49
21	16 31 55.25	56.71	21 22 4.2	2 4.6	6.290 703	2 628	14.61	1.40	8 21	12 33.4	16 46
22	16 32 51.96	56.83	21 24 8.8	2 3.5	6.293 331	2 415	14.60	1.40	8 18	12 30.4	16 43
23	16 33 48.79	56.94	21 26 12.3	2 2.5	6.295 746	2 203	14.60	1.40	8 15	12 27.4	16 39
24	16 34 45.73		−21 28 14.8		6.297 949		14.59	1.40	8 13	12 24.4	16 36

Jupiter 1959

Tag	0h Weltzeit Scheinbare Rektaszension		Scheinbare Deklination		Δ		Halbmesser	Hor. Par.	Aufgang	Obere Kulmination	Untergang
									in 0h Länge, + 50° Breite		
1959	h m s	s	° ′ ″	′ ″			″	″	h m	h m	h m
Nov. 24	16 34 45.73	57.05	−21 28 14.8	2 1.3	6.297 949	1 989	14.59	1.40	8 13	12 24.4	16 36
25	16 35 42.78	57.14	21 30 16.1	2 0.1	6.299 938	1 774	14.59	1.40	8 10	12 21.4	16 33
26	16 36 39.92	57.25	21 32 16.2	1 58.9	6.301 712	1 558	14.59	1.40	8 7	12 18.4	16 30
27	16 37 37.17	57.33	21 34 15.1	1 57.8	6.303 270	1 341	14.58	1.40	8 4	12 15.4	16 27
28	16 38 34.50	57.41	21 36 12.9	1 56.5	6.304 611	1 125	14.58	1.40	8 1	12 12.5	16 24
29	16 39 31.91	57.49	21 38 9.4	1 55.4	6.305 736	907	14.58	1.40	7 59	12 9.5	16 20
30	16 40 29.40	57.56	−21 40 4.8	1 54.1	6.306 643	688	14.57	1.40	7 56	12 6.5	16 17
Dez. 1	16 41 26.96	57.62	21 41 58.9	1 52.8	6.307 331	469	14.57	1.40	7 53	12 3.5	16 14
2	16 42 24.58	57.67	21 43 51.7	1 51.5	6.307 800	251	14.57	1.40	7 50	12 0.6	16 11
3	16 43 22.25	57.73	21 45 43.2	1 50.3	6.308 051	32	14.57	1.40	7 48	11 57.6	16 8
4	16 44 19.98	57.76	21 47 33.5	1 49.0	6.308 083	186	14.57	1.40	7 45	11 54.6	16 5
5	16 45 17.74	57.80	21 49 22.5	1 47.6	6.307 897	405	14.57	1.40	7 42	11 51.6	16 1
6	16 46 15.54	57.82	−21 51 10.1	1 46.3	6.307 492	622	14.57	1.40	7 39	11 48.7	15 58
7	16 47 13.36	57.85	21 52 56.4	1 44.9	6.306 870	841	14.57	1.40	7 36	11 45.7	15 55
8	16 48 11.21	57.87	21 54 41.3	1 43.6	6.306 029	1 057	14.58	1.40	7 34	11 42.7	15 52
9	16 49 9.08	57.88	21 56 24.9	1 42.2	6.304 972	1 274	14.58	1.40	7 31	11 39.7	15 49
10	16 50 6.96	57.88	21 58 7.1	1 40.9	6.303 698	1 490	14.58	1.40	7 28	11 36.8	15 46
11	16 51 4.84	57.88	21 59 48.0	1 39.4	6.302 208	1 708	14.58	1.40	7 25	11 33.8	15 42
12	16 52 2.72	57.88	−22 1 27.4	1 38.0	6.300 500	1 923	14.59	1.40	7 22	11 30.8	15 39
13	16 53 0.60	57.86	22 3 5.4	1 36.7	6.298 577	2 139	14.59	1.40	7 20	11 27.9	15 36
14	16 53 58.46	57.85	22 4 42.1	1 35.2	6.296 438	2 354	14.60	1.40	7 17	11 24.9	15 33
15	16 54 56.31	57.83	22 6 17.3	1 33.8	6.294 084	2 569	14.60	1.40	7 14	11 21.9	15 30
16	16 55 54.14	57.79	22 7 51.1	1 32.3	6.291 515	2 785	14.61	1.40	7 11	11 18.9	15 27
17	16 56 51.93	57.77	22 9 23.4	1 30.9	6.288 730	2 999	14.61	1.40	7 8	11 16.0	15 24
18	16 57 49.70	57.73	−22 10 54.3	1 29.5	6.285 731	3 214	14.62	1.40	7 6	11 13.0	15 20
19	16 58 47.43	57.68	22 12 23.8	1 28.0	6.282 517	3 428	14.63	1.40	7 3	11 10.0	15 17
20	16 59 45.11	57.63	22 13 51.8	1 26.6	6.279 089	3 642	14.64	1.40	7 0	11 7.0	15 14
21	17 0 42.74	57.57	22 15 18.4	1 25.2	6.275 447	3 856	14.65	1.40	6 57	11 4.1	15 11
22	17 1 40.31	57.51	22 16 43.6	1 23.6	6.271 591	4 069	14.66	1.40	6 54	11 1.1	15 8
23	17 2 37.82	57.45	22 18 7.2	1 22.2	6 267 522	4 283	14.66	1.40	6 51	10 58.1	15 5
24	17 3 35.27	57.36	−22 19 29.4	1 20.7	6.263 239	4 495	14.67	1.41	6 49	10 55.1	15 2
25	17 4 32.63	57.29	22 20 50.1	1 19.3	6.258 744	4 709	14.69	1.41	6 46	10 52.2	14 59
26	17 5 29.92	57.19	22 22 9.4	1 17.7	6.254 035	4 920	14.70	1.41	6 43	10 49.2	14 56
27	17 6 27.11	57.10	22 23 27.1	1 16.4	6.249 115	5 134	14.71	1.41	6 40	10 46.2	14 52
28	17 7 24.21	56.99	22 24 43.5	1 14.8	6.243 981	5 343	14.72	1.41	6 37	10 43.2	14 49
29	17 8 21.20	56.89	22 25 58.3	1 13.4	6.238 638	5 555	14.73	1.41	6 34	10 40.2	14 46
30	17 9 18.09	56.76	−22 27 11.7	1 11.9	6.233 083	5 763	14.75	1.41	6 32	10 37.2	14 43
31	17 10 14.85	56.63	22 28 23.6	1 10.4	6.227 320	5 972	14.76	1.41	6 29	10 34.2	14 40
32	17 11 11.48		−22 29 34.0		6.221 348		14.77	1.41	6 26	10 31.2	14 37

Tag	0h Weltzeit: Scheinbare Rektaszension	Diff.	Scheinbare Deklination	Diff.	Δ	Diff.	Halbmesser	Hor. Par.	Aufgang (in 0h Länge, +50° Breite)	Obere Kulmination	Untergang
1959	h m s	s	° ′ ″	″			″	″	h m	h m	h m
Jan. 0	17 57 11.82	30.38	−22 29 9.1	4.9	11.03 315	290	6.76	0.80	7 14	11 19.9	15 25
1	17 57 42.20	30.32	22 29 14.0	4.3	11.03 025	316	6.76	0.80	7 11	11 16.5	15 22
2	17 58 12.52	30.26	22 29 18.3	4.0	11.02 709	342	6.76	0.80	7 8	11 13.1	15 19
3	17 58 42.78	30.20	22 29 22.3	3.5	11.02 367	367	6.76	0.80	7 4	11 9.6	15 15
4	17 59 12.98	30.13	22 29 25.8	3.0	11.02 000	393	6.77	0.80	7 1	11 6.2	15 12
5	17 59 43.11	30.05	22 29 28.8	2.7	11.01 607	419	6.77	0.80	6 57	11 2.8	15 8
6	18 0 13.16	29.97	−22 29 31.5	2.1	11.01 188	444	6.77	0.80	6 54	10 59.3	15 5
7	18 0 43.13	29.89	22 29 33.6	1.8	11.00 744	470	6.77	0.80	6 51	10 55.9	15 1
8	18 1 13.02	29.79	22 29 35.4	1.3	11.00 274	495	6.78	0.80	6 47	10 52.5	14 58
9	18 1 42.81	29.70	22 29 36.7	0.9	10.99 779	520	6.78	0.80	6 44	10 49.0	14 54
10	18 2 12.51	29.59	22 29 37.6	0.5	10.99 259	545	6.78	0.80	6 40	10 45.6	14 51
11	18 2 42.10	29.49	22 29 38.1	0.1 −	10.98 714	571	6.79	0.80	6 37	10 42.1	14 48
12	18 3 11.59	29.36	−22 29 38.2	0.4	10.98 143	595	6.79	0.80	6 33	10 38.7	14 44
13	18 3 40.95	29.25	22 29 37.8	0.7	10.97 548	620	6.79	0.80	6 30	10 35.2	14 41
14	18 4 10.20	29.13	22 29 37.1	1.2	10.96 928	644	6.80	0.80	6 26	10 31.8	14 37
15	18 4 39.33	29.00	22 29 35.9	1.5	10.96 284	668	6.80	0.80	6 23	10 28.3	14 34
16	18 5 8.33	28.86	22 29 34.4	1.9	10.95 616	693	6.81	0.80	6 20	10 24.9	14 30
17	18 5 37.19	28.72	22 29 32.5	2.3	10.94 923	716	6.81	0.80	6 16	10 21.4	14 27
18	18 6 5.91	28.58	−22 29 30.2	2.7	10.94 207	740	6.81	0.80	6 13	10 18.0	14 24
19	18 6 34.49	28.43	22 29 27.5	3.1	10.93 467	763	6.82	0.80	6 9	10 14.5	14 20
20	18 7 2.92	28.28	22 29 24.4	3.4	10.92 704	787	6.82	0.81	6 6	10 11.1	14 17
21	18 7 31.20	28.12	22 29 21.0	3.8	10.91 917	810	6.83	0.81	6 2	10 7.6	14 13
22	18 7 59.32	27.95	22 29 17.2	4.2	10.91 107	833	6.83	0.81	5 59	10 4.1	14 10
23	18 8 27.27	27.79	22 29 13.0	4.4	10.90 274	855	6.84	0.81	5 55	10 0.7	14 6
24	18 8 55.06	27.62	−22 29 8.6	4.9	10 89 419	878	6.84	0.81	5 52	9 57.2	14 3
25	18 9 22.68	27.45	22 29 3.7	5.1	10.88 541	901	6.85	0.81	5 48	9 53.7	13 59
26	18 9 50.13	27.26	22 28 58.6	5.5	10.87 640	922	6.86	0.81	5 45	9 50.2	13 56
27	18 10 17.39	27.08	22 28 53.1	5.8	10.86 718	945	6.86	0.81	5 41	9 46.8	13 52
28	18 10 44.47	26.88	22 28 47.3	6.1	10.85 773	966	6.87	0.81	5 38	9 43.3	13 49
29	18 11 11.35	26.70	22 28 41.2	6.5	10.84 807	987	6.87	0.81	5 34	9 39.8	13 45
30	18 11 38.05	26.49	−22 28 34.7	6.7	10.83 820	1 009	6.88	0.81	5 31	9 36.3	13 42
31	18 12 4.54	26.30	22 28 28.0	6.9	10.82 811	1 030	6.89	0.81	5 27	9 32.8	13 38
Febr. 1	18 12 30.84	26.07	22 28 21.1	7.3	10.81 781	1 051	6.89	0.81	5 24	9 29.3	13 35
2	18 12 56.91	25.87	22 28 13.8	7.6	10.80 730	1 072	6.90	0.81	5 20	9 25.8	13 31
3	18 13 22.78	25.65	22 28 6.2	7.7	10.79 658	1 092	6.91	0.82	5 17	9 22.3	13 28
4	18 13 48.43	25.43	22 27 58.5	8.1	10.78 566	1 112	6.91	0.82	5 13	9 18.8	13 24
5	18 14 13.86	25.19	−22 27 50.4	8.2	10.77 454	1 132	6.92	0.82	5 10	9 15.3	13 21
6	18 14 39.05	24.96	22 27 42.2	8.5	10.76 322	1 152	6.93	0.82	5 6	9 11.8	13 17
7	18 15 4.01	24.71	22 27 33.7	8.8	10.75 170	1 171	6.94	0.82	5 3	9 8.2	13 14
8	18 15 28.72	24.48	22 27 24.9	8.9	10.73 999	1 190	6.94	0.82	4 59	9 4.7	13 10
9	18 15 53.20	24.22	22 27 16.0	9.1	10.72 809	1 209	6.95	0.82	4 56	9 1.2	13 7
10	18 16 17.42		−22 27 6.9		10.71 600		6.96	0.82	4 52	8 57.7	13 3

Tag	0h Weltzeit Scheinbare Rektaszension		Scheinbare Deklination		Δ		Halbmesser	Hor. Par.	Aufgang	Obere Kulmination	Untergang
									in 0h Länge, +50° Breite		
1959	h m s	s	° ′ ″	″			″	″	h m	h m	h m
Febr. 10	18 16 17.42	23.96	−22 27 6.9	9.3	10.71 600	1 228	6.96	0.82	4 52	8 57.7	13 3
11	18 16 41.38	23.71	22 26 57.6	9.5	10.70 372	1 245	6.97	0.82	4 48	8 54.1	13 0
12	18 17 5.09	23.44	22 26 48.1	9.6	10.69 127	1 263	6.97	0.82	4 45	8 50.6	12 56
13	18 17 28.53	23.18	22 26 38.5	9.8	10.67 864	1 280	6.98	0.82	4 41	8 47.0	12 53
14	18 17 51.71	22.90	22 26 28.7	10.0	10.66 584	1 297	6.99	0.83	4 38	8 43.5	12 49
15	18 18 14.61	22.63	22 26 18.7	10.1	10.65 287	1 314	7.00	0.83	4 34	8 39.9	12 46
16	18 18 37.24	22.34	−22 26 8.6	10.2	10.63 973	1 331	7.01	0.83	4 31	8 36.4	12 42
17	18 18 59.58	22.06	22 25 58.4	10.4	10.62 642	1 346	7.02	0.83	4 27	8 32.8	12 39
18	18 19 21.64	21.77	22 25 48.0	10.4	10.61 296	1 362	7.03	0.83	4 23	8 29.3	12 35
19	18 19 43.41	21.47	22 25 37.6	10.6	10.59 934	1 377	7.04	0.83	4 20	8 25.7	12 32
20	18 20 4.88	21.18	22 25 27.0	10.6	10.58 557	1 392	7.04	0.83	4 16	8 22.1	12 28
21	18 20 26.06	20.88	22 25 16.4	10.8	10.57 165	1 406	7.05	0.83	4 13	8 18.5	12 25
22	18 20 46.94	20.58	−22 25 5.6	10.8	10.55 759	1 421	7.06	0.83	4 9	8 14.9	12 21
23	18 21 7.52	20.26	22 24 54.8	10.8	10.54 338	1 434	7.07	0.83	4 6	8 11.3	12 17
24	18 21 27.78	19.96	22 24 44.0	10.9	10.52 904	1 448	7.08	0.84	4 2	8 7.7	12 14
25	18 21 47.74	19.64	22 24 33.1	10.9	10.51 456	1 462	7.09	0.84	3 58	8 4.1	12 10
26	18 22 7.38	19.32	22 24 22.2	11.0	10.49 994	1 474	7.10	0.84	3 55	8 0.5	12 7
27	18 22 26.70	19.00	22 24 11.2	11.0	10.48 520	1 487	7.11	0.84	3 51	7 56.9	12 3
28	18 22 45.70	18.67	−22 24 0.2	11.0	10.47 033	1 499	7.12	0.84	3 47	7 53.3	11 59
März 1	18 23 4.37	18.34	22 23 49.2	10.9	10.45 534	1 511	7.13	0.84	3 44	7 49.7	11 56
2	18 23 22.71	18.00	22 23 38.3	11.0	10.44 023	1 522	7.14	0.84	3 40	7 46.0	11 52
3	18 23 40.71	17.66	22 23 27.3	10.9	10.42 501	1 534	7.15	0.84	3 36	7 42.4	11 49
4	18 23 58.37	17.32	22 23 16.4	10.9	10.40 967	1 544	7.16	0.85	3 33	7 38.8	11 45
5	18 24 15.69	16.97	22 23 5.5	10.8	10.39 423	1 555	7.17	0.85	3 29	7 35.1	11 41
6	18 24 32.66	16.62	−22 22 54.7	10.8	10.37 868	1 564	7.18	0.85	3 25	7 31.5	11 38
7	18 24 49.28	16.26	22 22 43.9	10.6	10.36 304	1 574	7.20	0.85	3 22	7 27.8	11 34
8	18 25 5.54	15.90	22 22 33.3	10.6	10.34 730	1 583	7.21	0.85	3 18	7 24.1	11 30
9	18 25 21.44	15.53	22 22 22.7	10.6	10.33 147	1 591	7.22	0.85	3 14	7 20.5	11 27
10	18 25 36.97	15.17	22 22 12.1	10.3	10.31 556	1 600	7.23	0.85	3 11	7 16.8	11 23
11	18 25 52.14	14.79	22 22 1.8	10.4	10.29 956	1 607	7.24	0.85	3 7	7 13.1	11 19
12	18 26 6.93	14.43	−22 21 51.4	10.1	10.28 349	1 615	7.25	0.86	3 3	7 9.4	11 16
13	18 26 21.36	14.04	22 21 41.3	10.0	10.26 734	1 621	7.26	0.86	2 59	7 5.7	11 12
14	18 26 35.40	13.67	22 21 31.3	10.0	10.25 113	1 627	7.27	0.86	2 56	7 2.0	11 8
15	18 26 49.07	13.28	22 21 21.3	9.7	10.23 486	1 634	7.29	0.86	2 52	6 58.3	11 5
16	18 27 2.35	12.90	22 21 11.6	9.6	10.21 852	1 639	7.30	0.86	2 48	6 54.6	11 1
17	18 27 15.25	12.51	22 21 2.0	9.4	10.20 213	1 643	7.31	0.86	2 45	6 50.9	10 57
18	18 27 27.76	12.12	−22 20 52.6	9.3	10.18 570	1 649	7.32	0.86	2 41	6 47.2	10 54
19	18 27 39.88	11.72	22 20 43.3	9.0	10.16 921	1 652	7.33	0.87	2 37	6 43.4	10 50
20	18 27 51.60	11.34	22 20 34.3	8.9	10.15 269	1 655	7.34	0.87	2 33	6 39.7	10 46
21	18 28 2.94	10.94	22 20 25.4	8.7	10.13 614	1 659	7.36	0.87	2 30	6 36.0	10 42
22	18 28 13.88	10.54	22 20 16.7	8.4	10.11 955	1 662	7.37	0.87	2 26	6 32.2	10 39
23	18 28 24.42		−22 20 8.3		10.10 293		7.38	0.87	2 22	6 28.4	10 35

Tag	0h Weltzeit: Scheinbare Rektaszension		Scheinbare Deklination		Δ		Halbmesser	Hor. Par.	Aufgang	Obere Kulmination	Untergang
									in 0h Länge, + 50° Breite		
1959	h m s	s	° ′ ″	″			″	″	h m	h m	h m
März 23.	18 28 24.42	10.14	−22 20 8.3	8.3	10.10 293	1 664	7.38	0.87	2 22	6 28.4	10 35
24	18 28 34.56	9.73	22 20 0.0	8.0	10.08 629	1 665	7.39	0.87	2 18	6 24.7	10 31
25	18 28 44.29	9.34	22 19 52.0	7.8	10.06 964	1 668	7.41	0.87	2 15	6 20.9	10 27
26	18 28 53.63	8.93	22 19 44.2	7.5	10.05 296	1 668	7.42	0.88	2 11	6 17.1	10 24
27	18 29 2.56	8.52	22 19 36.7	7.3	10.03 628	1 669	7.43	0.88	2 7	6 13.3	10 20
28	18 29 11.08	8.11	22 19 29.4	7.1	10.01 959	1 669	7.44	0.88	2 3	6 9.5	10 16
29	18 29 19.19	7.69	−22 19 22.3	6.7	10.00 290	1 669	7.45	0.88	1 59	6 5.7	10 12
30	18 29 26.88	7.29	22 19 15.6	6.5	9.98 621	1 668	7.47	0.88	1 55	6 1.9	10 8
31	18 29 34.17	6.86	22 19 9.1	6.3	9.96 953	1 667	7.48	0.88	1 52	5 58.1	10 5
April 1	18 29 41.03	6.45	22 19 2.8	5.9	9.95 286	1 665	7.49	0.88	1 48	5 54.3	10 1
2	18 29 47.48	6.02	22 18 56.9	5.7	9.93 621	1 663	7.50	0.89	1 44	5 50.5	9 57
3	18 29 53.50	5.61	22 18 51.2	5.3	9.91 958	1 661	7.52	0.89	1 40	5 46.6	9 53
4	18 29 59.11	5.17	−22 18 45.9	5.0	9.90 297	1 658	7.53	0.89	1 36	5 42.8	9 49
5	18 30 4.28	4.76	22 18 40.9	4.8	9.88 639	1 654	7.54	0.89	1 32	5 39.0	9 46
6	18 30 9.04	4.33	22 18 36.1	4.4	9.86 985	1 649	7.55	0.89	1 29	5 35.1	9 42
7	18 30 13.37	3.90	22 18 31.7	4.1	9.85 336	1 646	7.57	0.89	1 25	5 31.2	9 38
8	18 30 17.27	3.47	22 18 27.6	3.8	9.83 690	1 640	7.58	0.89	1 21	5 27.4	9 34
9	18 30 20.74	3.04	22 18 23.8	3.5	9.82 050	1 634	7.59	0.90	1 17	5 23.5	9 30
10	18 30 23.78	2.62	−22 18 20.3	3.1	9.80 416	1 628	7.61	0.90	1 13	5 19.6	9 26
11	18 30 26.40	2.19	22 18 17.2	2.8	9.78 788	1 622	7.62	0.90	1 9	5 15.7	9 22
12	18 30 28.59	1.76	22 18 14.4	2.5	9.77 166	1 615	7.63	0.90	1 5	5 11.8	9 18
13	18 30 30.35	1.33	22 18 11.9	2.1	9.75 551	1 607	7.64	0.90	1 1	5 7.9	9 15
14	18 30 31.68	0.91	22 18 9.8	1.8	9.73 944	1 598	7.66	0.90	0 58	5 4.0	9 11
15	18 30 32.59	0.48	22 18 8.0	1.5	9.72 346	1 591	7.67	0.91	0 54	5 0.1	9 7
16	18 30 33.07	0.06	−22 18 6.5	1.1	9.70 755	1 581	7.68	0.91	0 50	4 56.2	9 3
17	18 30 33.13	0.37	22 18 5.4	0.8	9.69 174	1 571	7.69	0.91	0 46	4 52.2	8 59
18	18 30 32.76	0.79	22 18 4.6	0.5	9.67 603	1 562	7.71	0.91	0 42	4 48.3	8 55
19	18 30 31.97	1.21	22 18 4.1	0.1	9.66 041	1 551	7.72	0.91	0 38	4 44.4	8 51
20	18 30 30.76	1.63	22 18 4.0	0.2	9.64 490	1 541	7.73	0.91	0 34	4 40.4	8 47
21	18 30 29.13	2.05	22 18 4.2	0.6	9.62 949	1 529	7.74	0.91	0 30	4 36.4	8 43
22	18 30 27.08	2.46	−22 18 4.8	0.9	9.61 420	1 518	7.76	0.92	0 26	4 32.5	8 39
23	18 30 24.62	2.89	22 18 5.7	1.3	9.59 902	1 506	7.77	0.92	0 22	4 28.5	8 35
24	18 30 21.73	3.29	22 18 7.0	1.6	9.58 396	1 493	7.78	0.92	0 18	4 24.5	8 31
25	18 30 18.44	3.71	22 18 8.6	1.9	9.56 903	1 480	7.79	0.92	0 14	4 20.5	8 27
26	18 30 14.73	4.12	22 18 10.5	2.3	9.55 423	1 467	7.80	0.92	0 10	4 16.5	8 23
27	18 30 10.61	4.52	22 18 12.8	2.6	9.53 956	1 453	7.82	0.92	0 6	4 12.5	8 19
28	18 30 6.09	4.94	−22 18 15.4	3.0	9.52 503	1 439	7.83	0.92	{0 2; 23 58}	4 8.5	8 15
29	18 30 1.15	5.34	22 18 18.4	3.3	9.51 064	1 424	7.84	0.93	23 54	4 4.5	8 11
30	18 29 55.81	5.75	22 18 21.7	3.7	9.49 640	1 409	7.85	0.93	23 50	4 0.5	8 7
Mai 1	18 29 50.06	6.15	22 18 25.4	3.9	9.48 231	1 393	7.86	0.93	23 46	3 56.5	8 3
2	18 29 43.91	6.55	22 18 29.3	4.3	9.46 838	1 378	7.88	0.93	23 42	3 52.4	7 59
3	18 29 37.36		−22 18 33.6		9.45 460		7.89	0.93	23 38	3 48.4	7 55

Saturn 1959

Tag	0h Weltzeit: Scheinbare Rektaszension		Scheinbare Deklination		Δ		Halbmesser	Hor. Par.	Aufgang	Obere Kulmination	Untergang
									in 0h Länge, + 50° Breite		
1959	h m s	s	° ′ ″	″			″	″	h m	h m	h m
Mai 3	18 29 37.36	6.94	−22 18 33.6	4.7	9.45 460	1 360	7.89	0.93	23 38	3 48.4	7 55
4	18 29 30.42	7.34	22 18 38.3	4.9	9.44 100	1 344	7.90	0.93	23 34	3 44.3	7 51
5	18 29 23.08	7.73	22 18 43.2	5.3	9.42 756	1 326	7.91	0.93	23 30	3 40.3	7 47
6	18 29 15.35	8.11	22 18 48.5	5.6	9.41 430	1 309	7.92	0.93	23 26	3 36.2	7 43
7	18 29 7.24	8.49	22 18 54.1	5.9	9.40 121	1 290	7.93	0.94	23 22	3 32.2	7 39
8	18 28 58.75	8.87	22 19 0.0	6.2	9.38 831	1 271	7.94	0.94	23 18	3 28.1	7 35
9	18 28 49.88	9.25	−22 19 6.2	6.5	9.37 560	1 252	7.95	0.94	23 13	3 24.0	7 31
10	18 28 40.63	9.61	22 19 12.7	6.7	9.36 308	1 232	7.96	0.94	23 9	3 19.9	7 26
11	18 28 31.02	9.97	22 19 19.4	7.1	9.35 076	1 213	7.97	0.94	23 5	3 15.8	7 22
12	18 28 21.05	10.34	22 19 26.5	7.3	9.33 863	1 192	7.98	0.94	23 1	3 11.7	7 18
13	18 28 10.71	10.68	22 19 33.8	7.6	9.32 671	1 171	7.99	0.94	22 57	3 7.6	7 14
14	18 28 0.03	11.03	22 19 41.4	7.9	9.31 500	1 149	8.01	0.94	22 53	3 3.5	7 10
15	18 27 49.00	11.38	−22 19 49.3	8.1	9.30 351	1 129	8.02	0.95	22 49	2 59.4	7 6
16	18 27 37.62	11.70	22 19 57.4	8.4	9.29 222	1 106	8.02	0.95	22 45	2 55.3	7 2
17	18 27 25.92	12.04	22 20 5.8	8.7	9.28 116	1 084	8.03	0.95	22 41	2 51.2	6 58
18	18 27 13.88	12.36	22 20 14.5	8.8	9.27 032	1 062	8.04	0.95	22 37	2 47.0	6 53
19	18 27 1.52	12.68	22 20 23.3	9.1	9.25 970	1 039	8.05	0.95	22 32	2 42.9	6 49
20	18 26 48.84	12.99	22 20 32.4	9.3	9.24 931	1 016	8.06	0.95	22 28	2 38.7	6 45
21	18 26 35.85	13.29	−22 20 41.7	9.5	9.23 915	992	8.07	0.95	22 24	2 34.6	6 41
22	18 26 22.56	13.60	22 20 51.2	9.8	9.22 923	968	8.08	0.95	22 20	2 30.4	6 37
23	18 26 8.96	13.88	22 21 1.0	9.9	9.21 955	945	8.09	0.95	22 16	2 26.3	6 32
24	18 25 55.08	14.18	22 21 10.9	10.2	9.21 010	920	8.10	0.96	22 12	2 22.1	6 28
25	18 25 40.90	14.45	22 21 21.1	10.3	9.20 090	896	8.10	0.96	22 8	2 18.0	6 24
26	18 25 26.45	14.73	22 21 31.4	10.6	9.19 194	871	8.11	0.96	22 3	2 13.8	6 20
27	18 25 11.72	15.00	−22 21 42.0	10.7	9.18 323	845	8.12	0.96	21 59	2 9.6	6 16
28	18 24 56.72	15.27	22 21 52.7	10.8	9.17 478	820	8.13	0.96	21 55	2 5.4	6 12
29	18 24 41.45	15.51	22 22 3.5	11.0	9.16 658	794	8.13	0.96	21 51	2 1.2	6 7
30	18 24 25.94	15.76	22 22 14.5	11.2	9.15 864	768	8.14	0.96	21 47	1 57.0	6 3
31	18 24 10.18	16.01	22 22 25.7	11.3	9.15 096	742	8.15	0.96	21 43	1 52.9	5 59
Juni 1	18 23 54.17	16.23	22 22 37.0	11.5	9.14 354	715	8.16	0.96	21 38	1 48.7	5 55
2	18 23 37.94	16.46	−22 22 48.5	11.6	9.13 639	688	8.16	0.96	21 34	1 44.5	5 51
3	18 23 21.48	16.68	22 23 0.1	11.7	9.12 951	660	8.17	0.96	21 30	1 40.3	5 46
4	18 23 4.80	16.88	22 23 11.8	11.8	9.12 291	633	8.17	0.96	21 26	1 36.0	5 42
5	18 22 47.92	17.08	22 23 23.6	11.9	9.11 658	606	8.18	0.97	21 22	1 31.8	5 38
6	18 22 30.84	17.27	22 23 35.5	12.0	9.11 052	577	8.19	0.97	21 18	1 27.6	5 34
7	18 22 13.57	17.45	22 23 47.5	12.1	9.10 475	549	8.19	0.97	21 13	1 23.4	5 29
8	18 21 56.12	17.62	−22 23 59.6	12.2	9.09 926	521	8.20	0.97	21 9	1 19.2	5 25
9	18 21 38.50	17.78	22 24 11.8	12.2	9.09 405	493	8.20	0.97	21 5	1 15.0	5 21
10	18 21 20.72	17.93	22 24 24.0	12.3	9.08 912	463	8.20	0.97	21 1	1 10.7	5 17
11	18 21 2.79	18.08	22 24 36.3	12.3	9.08 449	435	8.21	0.97	20 57	1 6.5	5 13
12	18 20 44.71	18.21	22 24 48.6	12.4	9.08 014	406	8.21	0.97	20 52	1 2.3	5 8
13	18 20 26.50		22 25 1.0		9.07 608		8.22	0.97	20 48	0 58.0	5 4

Tag	0h Weltzeit Scheinbare Rektaszension		Scheinbare Deklination		Δ		Halbmesser	Hor. Par.	Aufgang (in 0h Länge, + 50° Breite)	Obere Kulmination	Untergang
1959	h m s	s	° ′ ″	″			″	″	h m	h m	h m
Juni 13	18 20 26.50	18.34	−22 25 1.0	12.4	9.07 608	377	8.22	0.97	20 48	0 58.0	5 4
14	18 20 8.16	18.45	22 25 13.4	12.5	9.07 231	348	8.22	0.97	20 44	0 53.8	5 0
15	18 19 49.71	18.55	22 25 25.9	12.4	9.06 883	318	8.22	0.97	20 40	0 49.6	4 56
16	18 19 31.16	18.65	22 25 38.3	12.5	9.06 565	290	8.23	0.97	20 35	0 45.3	4 51
17	18 19 12.51	18.73	22 25 50.8	12.5	9.06 275	259	8.23	0.97	20 31	0 41.1	4 47
18	18 18 53.78	18.81	22 26 3.3	12.5	9.06 016	231	8.23	0.97	20 27	0 36.8	4 43
19	18 18 34.97	18.88	−22 26 15.8	12.6	9.05 785	201	8.23	0.97	20 23	0 32.6	4 38
20	18 18 16.09	18.94	22 26 28.4	12.5	9.05 584	172	8.23	0.97	20 19	0 28.3	4 34
21	18 17 57.15	18.99	22 26 40.9	12.5	9.05 412	142	8.24	0.97	20 14	0 24.1	4 30
22	18 17 38.16	19.03	22 26 53.4	12.5	9.05 270	112	8.24	0.97	20 10	0 19.9	4 26
23	18 17 19.13	19.07	22 27 5.9	12.5	9.05 158	83	8.24	0.97	20 6	0 15.6	4 21
24	18 17 0.06	19.08	22 27 18.4	12.5	9.05 075	53	8.24	0.97	20 2	0 11.4	4 17
25	18 16 40.98	19.10	−22 27 30.9	12.4	9.05 022	24	8.24	0.97	19 57	0 7.1	4 13
26	18 16 21.88	19.11	22 27 43.3	12.4	9.04 998	7	8.24	0.97	19 53	{0 2.9 / 23 53.6}	4 8
27	18 16 2.77	19.10	22 27 55.7	12.4	9.05 005	36	8.24	0.97	19 49	23 54.4	4 4
28	18 15 43.67	19.09	22 28 8.1	12.3	9.05 041	66	8.24	0.97	19 45	23 50.1	4 0
29	18 15 24.58	19.07	22 28 20.4	12.3	9.05 107	96	8.24	0.97	19 40	23 45.9	3 56
30	18 15 5.51	19.02	22 28 32.7	12.3	9.05 203	125	8.24	0.97	19 36	23 41.6	3 51
Juli 1	18 14 46.49	18.99	−22 28 45.0	12.1	9.05 328	156	8.24	0.97	19 32	23 37.4	3 47
2	18 14 27.50	18.93	22 28 57.1	12.2	9.05 484	185	8.24	0.97	19 28	23 33.1	3 43
3	18 14 8.57	18.87	22 29 9.3	12.0	9.05 669	215	8.23	0.97	19 24	23 28.9	3 39
4	18 13 49.70	18.79	22 29 21.3	12.0	9.05 884	244	8.23	0.97	19 19	23 24.6	3 34
5	18 13 30.91	18.71	22 29 33.3	11.9	9.06 128	274	8.23	0.97	19 15	23 20.4	3 30
6	18 13 12.20	18.62	22 29 45.2	11.9	9.06 402	304	8.23	0.97	19 11	23 16.2	3 26
7	18 12 53.58	18.51	−22 29 57.1	11.8	9.06 706	333	8.22	0.97	19 7	23 11.9	3 21
8	18 12 35.07	18.40	22 30 8.9	11.7	9.07 039	362	8.22	0.97	19 3	23 7.7	3 17
9	18 12 16.67	18.28	22 30 20.6	11.7	9.07 401	391	8.22	0.97	18 58	23 3.5	3 13
10	18 11 58.39	18.14	22 30 32.3	11.6	9.07 792	420	8.21	0.97	18 54	22 59.2	3 9
11	18 11 40.25	18.00	22 30 43.9	11.5	9.08 212	449	8.21	0.97	18 50	22 55.0	3 4
12	18 11 22.25	17.85	22 30 55.4	11.4	9.08 661	477	8.21	0.97	18 46	22 50.8	3 0
13	18 11 4.40	17.69	−22 31 6.8	11.4	9.09 138	506	8.20	0.97	18 41	22 46.5	2 56
14	18 10 46.71	17.52	22 31 18.2	11.3	9.09 644	533	8.20	0.97	18 37	22 42.3	2 52
15	18 10 29.19	17.34	22 31 29.5	11.1	9.10 177	562	8.19	0.97	18 33	22 38.1	2 47
16	18 10 11.85	17.16	22 31 40.6	11.2	9.10 739	589	8.19	0.97	18 29	22 33.9	2 43
17	18 9 54.69	16.97	22 31 51.8	11.1	9.11 328	617	8.18	0.97	18 25	22 29.7	2 39
18	18 9 37.72	16.76	22 32 2.9	11.0	9.11 945	643	8.18	0.96	18 20	22 25.5	2 35
19	18 9 20.96	16.56	−22 32 13.9	10.9	9.12 588	671	8.17	0.96	18 16	22 21.2	2 31
20	18 9 4.40	16.34	22 32 24.8	10.9	9.13 259	697	8.17	0.96	18 12	22 17.0	2 26
21	18 8 48.06	16.11	22 32 35.7	10.7	9.13 956	724	8.16	0.96	18 8	22 12.8	2 22
22	18 8 31.95	15.89	22 32 46.4	10.8	9.14 680	751	8.15	0.96	18 4	22 8.7	2 18
23	18 8 16.06	15.65	22 32 57.2	10.6	9.15 431	776	8.15	0.96	17 59	22 4.5	2 14
24	18 8 0.41		−22 33 7.8		9.16 207		8.14	0.96	17 55	22 0.3	2 9

Saturn 1959

Tag	0h Weltzeit Scheinbare Rektaszension		Scheinbare Deklination		Δ		Halb-messer	Hor. Par.	Auf-gang	Obere Kulmination	Unter-gang
									in 0h Länge, +50° Breite		
1959	h m s	s	° ′ ″	″			″	″	h m	h m	h m
Juli 24	18 8 0.41	15.40	−22 33 7.8	10.6	9.16 207	802	8.14	0.96	17 55	22 0.3	2 9
25	18 7 45.01	15.15	22 33 18.4	10.6	9.17 009	828	8.13	0.96	17 51	21 56.1	2 5
26	18 7 29.86	14.89	22 33 29.0	10.4	9.17 837	853	8.12	0.96	17 47	21 51.9	2 1
27	18 7 14.97	14.62	22 33 39.4	10.4	9.18 690	878	8.12	0.96	17 43	21 47.7	1 57
28	18 7 0.35	14.34	22 33 49.8	10.4	9.19 568	904	8.11	0.96	17 39	21 43.6	1 53
29	18 6 46.01	14.07	22 34 0.2	10.2	9.20 472	927	8.10	0.96	17 35	21 39.4	1 49
30	18 6 31.94	13.77	−22 34 10.4	10.3	9.21 399	952	8.09	0.96	17 30	21 35.2	1 44
31	18 6 18.17	13.48	22 34 20.7	10.1	9.22 351	976	8.08	0.95	17 26	21 31.1	1 40
Aug. 1	18 6 4.69	13.18	22 34 30.8	10.1	9.23 327	1 000	8.08	0.95	17 22	21 26.9	1 36
2	18 5 51.51	12.86	22 34 40.9	10.1	9.24 327	1 023	8.07	0.95	17 18	21 22.8	1 32
3	18 5 38.65	12.55	22 34 51.0	10.0	9.25 350	1 046	8.06	0.95	17 14	21 18.6	1 28
4	18 5 26.10	12.23	22 35 1.0	9.9	9.26 396	1 068	8.05	0.95	17 10	21 14.5	1 23
5	18 5 13.87	11.89	−22 35 10.9	9.9	9.27 464	1 091	8.04	0.95	17 6	21 10.4	1 19
6	18 5 1.98	11.56	22 35 20.8	9.9	9.28 555	1 112	8.03	0.95	17 2	21 6.3	1 15
7	18 4 50.42	11.22	22 35 30.7	9.8	9.29 667	1 134	8.02	0.95	16 57	21 2.1	1 11
8	18 4 39.20	10.87	22 35 40.5	9.8	9.30 801	1 155	8.01	0.95	16 53	20 58.0	1 7
9	18 4 28.33	10.53	22 35 50.3	9.7	9.31 956	1 176	8.00	0.94	16 49	20 53.9	1 3
10	18 4 17.80	10.16	22 36 0.0	9.7	9.33 132	1 196	7.99	0.94	16 45	20 49.8	0 59
11	18 4 7.64	9.80	−22 36 9.7	9.7	9.34 328	1 216	7.98	0.94	16 41	20 45.7	0 54
12	18 3 57.84	9.44	22 36 19.4	9.7	9.35 544	1 235	7.97	0.94	16 37	20 41.6	0 50
13	18 3 48.40	9.07	22 36 29.1	9.6	9.36 779	1 254	7.96	0.94	16 33	20 37.6	0 46
14	18 3 39.33	8.70	22 36 38.7	9.6	9.38 033	1 273	7.95	0.94	16 29	20 33.5	0 42
15	18 3 30.63	8.32	22 36 48.3	9.5	9.39 306	1 290	7.94	0.94	16 25	20 29.4	0 38
16	18 3 22.31	7.95	22 36 57.8	9.6	9.40 596	1 309	7.93	0.94	16 21	20 25.3	0 34
17	18 3 14.36	7.56	−22 37 7.4	9.5	9.41 905	1 326	7.92	0.93	16 17	20 21.3	0 30
18	18 3 6.80	7.18	22 37 16.9	9.5	9.43 231	1 343	7.91	0.93	16 13	20 17.2	0 26
19	18 2 59.62	6.78	22 37 26.4	9.5	9.44 574	1 359	7.89	0.93	16 9	20 13.2	0 22
20	18 2 52.84	6.40	22 37 35.9	9.5	9.45 933	1 375	7.88	0.93	16 5	20 9.1	0 18
21	18 2 46.44	6.00	22 37 45.4	9.4	9.47 308	1 392	7.87	0.93	16 1	20 5.1	0 14
22	18 2 40.44	5.61	22 37 54.8	9.5	9.48 700	1 406	7.86	0.93	15 57	20 1.1	0 10
23	18 2 34.83	5.21	−22 38 4.3	9.4	9.50 106	1 422	7.85	0.93	15 53	19 57.1	0 6
24	18 2 29.62	4.80	22 38 13.7	9.4	9.51 528	1 436	7.84	0.92	15 49	19 53.1	0 2 / 23 58
25	18 2 24.82	4.40	22 38 23.1	9.3	9.52 964	1 451	7.83	0.92	15 45	19 49.1	23 54
26	18 2 20.42	3.99	22 38 32.4	9.4	9.54 415	1 464	7.81	0.92	15 41	19 45.1	23 50
27	18 2 16.43	3.58	22 38 41.8	9.4	9.55 879	1 477	7.80	0.92	15 37	19 41.1	23 46
28	18 2 12.85	3.17	22 38 51.2	9.3	9.57 356	1 491	7.79	0.92	15 33	19 37.1	23 42
29	18 2 9.68	2.75	−22 39 0.5	9.3	9.58 847	1 502	7.78	0.92	15 29	19 33.1	23 38
30	18 2 6.93	2.33	22 39 9.8	9.3	9.60 349	1 515	7.76	0.92	15 25	19 29.1	23 34
31	18 2 4.60	1.92	22 39 19.1	9.3	9.61 864	1 526	7.75	0.91	15 21	19 25.2	23 30
Sept. 1	18 2 2.68	1.49	22 39 28.4	9.2	9.63 390	1 538	7.74	0.91	15 17	19 21.2	23 26
2	18 2 1.19	1.07	22 39 37.6	9.2	9.64 928	1 547	7.73	0.91	15 13	19 17.2	23 22
3	18 2 0.12		−22 39 46.8		9.66 475		7.72	0.91	15 9	19 13.3	23 18

Tag	0^h Weltzeit: Scheinbare Rektaszension		Scheinbare Deklination		Δ		Halbmesser	Hor. Par.	Aufgang	Obere Kulmination	Untergang
									in 0^h Länge, +50° Breite		
1959	h m s	s	° ′ ″	″			″	″	h m	h m	h m
Sept. 3	18 2 0.12	0.65	−22 39 46.8	9.2	9.66 475	1 558	7.72	0.91	15 9	19 13.3	23 18
4	18 1 59.47	0.22	22 39 56.0	9.2	9.68 033	1 568	7.70	0.91	15 5	19 9.4	23 14
5	18 1 59.25	0.20	22 40 5.2	9.2	9.69 601	1 576	7.69	0.91	15 1	19 5.4	23 10
6	18 1 59.45	0.63	22 40 14.4	9.1	9.71 177	1 585	7.68	0.91	14 57	19 1.5	23 6
7	18 2 0.08	1.05	22 40 23.5	9.1	9.72 762	1 593	7.67	0.90	14 53	18 57.6	23 2
8	18 2 1.13	1.48	22 40 32.6	9.1	9.74 355	1 601	7.65	0.90	14 50	18 53.7	22 58
9	18 2 2.61	1.91	−22 40 41.7	9.0	9.75 956	1 608	7.64	0.90	14 46	18 49.8	22 54
10	18 2 4.52	2.33	22 40 50.7	9.0	9.77 564	1 614	7.63	0.90	14 42	18 45.9	22 50
11	18 2 6.85	2.76	22 40 59.7	9.0	9.79 178	1 620	7.62	0.90	14 38	18 42.0	22 46
12	18 2 9.61	3.18	22 41 8.7	9.0	9.80 798	1 626	7.60	0.90	14 34	18 38.1	22 42
13	18 2 12.79	3.60	22 41 17.7	8.9	9.82 424	1 631	7.59	0.90	14 30	18 34.3	22 38
14	18 2 16.39	4.02	22 41 26.6	8.8	9.84 055	1 636	7.58	0.89	14 26	18 30.4	22 35
15	18 2 20.41	4.44	−22 41 35.4	8.9	9.85 691	1 641	7.57	0.89	14 22	18 26.5	22 31
16	18 2 24.85	4.86	22 41 44.3	8.7	9.87 332	1 644	7.55	0.89	14 19	18 22.7	22 27
17	18 2 29.71	5.28	22 41 53.0	8.7	9.88 976	1 648	7.54	0.89	14 15	18 18.8	22 23
18	18 2 34.99	5.70	22 42 1.7	8.7	9.90 624	1 650	7.53	0.89	14 11	18 15.0	22 19
19	18 2 40.69	6.11	22 42 10.4	8.6	9.92 274	1 654	7.52	0.89	14 7	18 11.2	22 15
20	18 2 46.80	6.53	22 42 19.0	8.5	9.93 928	1 655	7.50	0.89	14 3	18 7.3	22 11
21	18 2 53.33	6.95	−22 42 27.5	8.4	9.95 583	1 658	7.49	0.88	13 59	18 3.5	22 8
22	18 3 0.28	7.35	22 42 35.9	8.4	9.97 241	1 658	7.48	0.88	13 56	17 59.7	22 4
23	18 3 7.63	7.77	22 42 44.3	8.3	9.98 899	1 660	7.46	0.88	13 52	17 55.9	22 0
24	18 3 15.40	8.18	22 42 52.6	8.2	10.00 559	1 660	7.45	0.88	13 48	17 52.1	21 56
25	18 3 23.58	8.59	22 43 0.8	8.1	10.02 219	1 660	7.44	0.88	13 44	17 48.3	21 52
26	18 3 32.17	9.00	22 43 8.9	8.0	10.03 879	1 659	7.43	0.88	13 41	17 44.5	21 49
27	18 3 41.17	9.40	−22 43 16.9	7.9	10.05 538	1 659	7.42	0.88	13 37	17 40.7	21 45
28	18 3 50.57	9.81	22 43 24.8	7.8	10.07 197	1 657	7.40	0.87	13 33	17 37.0	21 41
29	18 4 0.38	10.21	22 43 32.6	7.6	10.08 854	1 655	7.39	0.87	13 29	17 33.2	21 37
30	18 4 10.59	10.62	22 43 40.2	7.6	10.10 509	1 653	7.38	0.87	13 25	17 29.5	21 33
Okt. 1	18 4 21.21	11.01	22 43 47.8	7.4	10.12 162	1 650	7.37	0.87	13 22	17 25.7	21 30
2	18 4 32.22	11.41	22 43 55.2	7.4	10.13 812	1 647	7.36	0.87	13 18	17 22.0	21 26
3	18 4 43.63	11.81	−22 44 2.6	7.1	10.15 459	1 642	7.34	0.87	13 14	17 18.2	21 22
4	18 4 55.44	12.19	22 44 9.7	7.0	10.17 101	1 639	7.33	0.87	13 11	17 14.5	21 18
5	18 5 7.63	12.59	22 44 16.7	6.9	10.18 740	1 634	7.32	0.86	13 7	17 10.8	21 15
6	18 5 20.22	12.97	22 44 23.6	6.8	10.20 374	1 628	7.31	0.86	13 3	17 7.0	21 11
7	18 5 33.19	13.35	22 44 30.4	6.5	10.22 002	1 623	7.30	0.86	12 59	17 3.3	21 7
8	18 5 46.54	13.73	22 44 36.9	6.4	10.23 625	1 617	7.28	0.86	12 56	16 59.6	21 4
9	18 6 0.27	14.11	−22 44 43.3	6.3	10.25 242	1 610	7.27	0.86	12 52	16 55.9	21 0
10	18 6 14.38	14.48	22 44 49.6	6.0	10.26 852	1 604	7.26	0.86	12 48	16 52.2	20 56
11	18 6 28.86	14.85	22 44 55.6	5.9	10.28 456	1 596	7.25	0.86	12 45	16 48.5	20 52
12	18 6 43.71	15.21	22 45 1.5	5.7	10.30 052	1 588	7.24	0.85	12 41	16 44.9	20 49
13	18 6 58.92	15.57	22 45 7.2	5.5	10.31 640	1 580	7.23	0.85	12 37	16 41.2	20 45
14	18 7 14.49		−22 45 12.7		10.33 220		7.22	0.85	12 34	16 37.5	20 41

Saturn 1959

Tag	0ʰ Weltzeit: Scheinbare Rektaszension	Diff.	Scheinbare Deklination	Diff.	Δ	Diff.	Halbmesser	Hor. Par.	Aufgang	Obere Kulmination	Untergang
									in 0ʰ Länge, + 50° Breite		
1959	h m s	s	° ′ ″	″			″	″	h m	h m	h m
Okt. 14	18 7 14.49	15.92	−22 45 12.7	5.3	10.33 220	1 572	7.22	0.85	12 34	16 37.5	20 41
15	18 7 30.41	16.29	22 45 18.0	5.0	10.34 792	1 563	7.21	0.85	12 30	16 33.9	20 38
16	18 7 46.70	16.63	22 45 23.0	4.9	10.36 355	1 554	7.20	0.85	12 26	16 30.2	20 34
17	18 8 3.33	16.98	22 45 27.9	4.6	10.37 909	1 544	7.18	0.85	12 23	16 26.5	20 30
18	18 8 20.31	17.33	22 45 32.5	4.4	10.39 453	1 534	7.17	0.85	12 19	16 22.9	20 27
19	18 8 37.64	17.66	22 45 36.9	4.1	10.40 987	1 524	7.16	0.85	12 15	16 19.3	20 23
20	18 8 55.30	18.01	−22 45 41.0	3.9	10.42 511	1 513	7.15	0.84	12 12	16 15.6	20 19
21	18 9 13.31	18.34	22 45 44.9	3.6	10.44 024	1 502	7.14	0.84	12 8	16 12.0	20 16
22	18 9 31.65	18.67	22 45 48.5	3.4	10.45 526	1 491	7.13	0.84	12 5	16 8.4	20 12
23	18 9 50.32	18.99	22 45 51.9	3.1	10.47 017	1 479	7.12	0.84	12 1	16 4.8	20 8
24	18 10 9.31	19.32	22 45 55.0	2.9	10.48 496	1 466	7.11	0.84	11 57	16 1.1	20 5
25	18 10 28.63	19.64	22 45 57.9	2.5	10.49 962	1 454	7.10	0.84	11 54	15 57.5	20 1
26	18 10 48.27	19.96	−22 46 0.4	2.3	10.51 416	1 441	7.09	0.84	11 50	15 53.9	19 58
27	18 11 8.23	20.28	22 46 2.7	1.9	10.52 857	1 428	7.08	0.84	11 47	15 50.3	19 54
28	18 11 28.51	20.58	22 46 4.6	1.7	10.54 285	1 414	7.07	0.83	11 43	15 46.7	19 50
29	18 11 49.09	20.89	22 46 6.3	1.4	10.55 699	1 399	7.06	0.83	11 39	15 43.2	19 47
30	18 12 9.98	21.19	22 46 7.7	1.0	10.57 098	1 386	7.05	0.83	11 36	15 39.6	19 43
31	18 12 31.17	21.49	22 46 8.7	0.7	10.58 484	1 370	7.05	0.83	11 32	15 36.0	19 40
Nov. 1	18 12 52.66	21.78	−22 46 9.4	0.4	10.59 854	1 355	7.04	0.83	11 29	15 32.4	19 36
2	18 13 14.44	22.07	22 46 9.8	0.0	10.61 209	1 339	7.03	0.83	11 25	15 28.9	19 32
3	18 13 36.51	22.35	22 46 9.8	0.2	10.62 548	1 323	7.02	0.83	11 22	15 25.3	19 29
4	18 13 58.86	22.63	22 46 9.6	0.7	10.63 871	1 307	7.01	0.83	11 18	15 21.7	19 25
5	18 14 21.49	22.91	22 46 8.9	1.0	10.65 178	1 290	7.00	0.83	11 14	15 18.2	19 22
6	18 14 44.40	23.18	22 46 7.9	1.3	10.66 468	1 273	6.99	0.83	11 11	15 14.6	19 18
7	18 15 7.58	23.43	−22 46 6.6	1.7	10.67 741	1 255	6.98	0.82	11 7	15 11.1	19 15
8	18 15 31.01	23.70	22 46 4.9	2.1	10.68 996	1 238	6.98	0.82	11 4	15 7.5	19 11
9	18 15 54.71	23.96	22 46 2.8	2.4	10.70 234	1 220	6.97	0.82	11 0	15 4.0	19 8
10	18 16 18.67	24.20	22 46 0.4	2.8	10.71 454	1 202	6.96	0.82	10 57	15 0.5	19 4
11	18 16 42.87	24.44	22 45 57.6	3.3	10.72 656	1 184	6.95	0.82	10 53	14 56.9	19 1
12	18 17 7.31	24.69	22 45 54.3	3.6	10.73 840	1 165	6.94	0.82	10 50	14 53.4	18 57
13	18 17 32.00	24.93	−22 45 50.7	4.0	10.75 005	1 145	6.94	0.82	10 46	14 49.9	18 54
14	18 17 56.93	25.16	22 45 46.7	4.4	10.76 150	1 127	6.93	0.82	10 43	14 46.4	18 50
15	18 18 22.09	25.38	22 45 42.3	4.8	10.77 277	1 108	6.92	0.82	10 39	14 42.9	18 47
16	18 18 47.47	25.61	22 45 37.5	5.2	10.78 385	1 087	6.91	0.82	10 36	14 39.4	18 43
17	18 19 13.08	25.83	22 45 32.3	5.7	10.79 472	1 068	6.91	0.82	10 32	14 35.9	18 40
18	18 19 38.91	26.04	22 45 26.6	6.1	10.80 540	1 047	6.90	0.81	10 29	14 32.4	18 36
19	18 20 4.95	26.25	−22 45 20.5	6.5	10.81 587	1 027	6.89	0.81	10 25	14 28.9	18 33
20	18 20 31.20	26.45	22 45 14.0	7.0	10.82 614	1 007	6.89	0.81	10 22	14 25.4	18 29
21	18 20 57.65	26.66	22 45 7.0	7.3	10.83 621	985	6.88	0.81	10 18	14 21.9	18 26
22	18 21 24.31	26.86	22 44 59.7	7.9	10.84 606	964	6.88	0.81	10 15	14 18.4	18 22
23	18 21 51.17	27.05	22 44 51.8	8.2	10.85 570	943	6.87	0.81	10 11	14 14.9	18 19
24	18 22 18.22		−22 44 43.6		10.86 513		6.86	0.81	10 8	14 11.4	18 15

Tag	0h Weltzeit Scheinbare Rektaszension		Scheinbare Deklination		Δ		Halbmesser	Hor. Par.	Aufgang	Obere Kulmination	Untergang
									in 0h Länge, + 50° Breite		
1959	h m s	s	° ′ ″	″			″	″	h m	h m	h m
Nov. 24	18 22 18.22	27.24	−22 44 43.6	8.7	10.86 513	921	6.86	0.81	10 8	14 11.4	18 15
25	18 22 45.46	27.42	22 44 34.9	9.2	10.87 434	899	6.86	0.81	10 4	14 7.9	18 12
26	18 23 12.88	27.60	22 44 25.7	9.6	10.88 333	876	6.85	0.81	10 1	14 4.5	18 8
27	18 23 40.48	27.78	22 44 16.1	10.1	10.89 209	854	6.85	0.81	9 57	14 1.0	18 5
28	18 24 8.26	27.94	22 44 6.0	10.6	10.90 063	832	6.84	0.81	9 54	13 57.5	18 2
29	18 24 36.20	28.11	22 43 55.4	11.0	10.90 895	808	6.84	0.81	9 50	13 54.1	17 58
30	18 25 4.31	28.27	−22 43 44.4	11.4	10.91 703	786	6.83	0.81	9 47	13 50.6	17 55
Dez. 1	18 25 32.58	28.42	22 43 33.0	11.9	10.92 489	762	6.83	0.81	9 43	13 47.1	17 51
2	18 26 1.00	28.57	22 43 21.1	12.5	10.93 251	738	6.82	0.80	9 40	13 43.7	17 48
3	18 26 29.57	28.71	22 43 8.6	12.8	10.93 989	714	6.82	0.80	9 36	13 40.2	17 44
4	18 26 58.28	28.85	22 42 55.8	13.3	10.94 703	691	6.81	0.80	9 33	13 36.8	17 41
5	18 27 27.13	28.98	22 42 42.5	13.8	10.95 394	666	6.81	0.80	9 29	13 33.3	17 37
6	18 27 56.11	29.10	−22 42 28.7	14.3	10.96 060	643	6.80	0.80	9 26	13 29.9	17 34
7	18 28 25.21	29.23	22 42 14.4	14.7	10.96 703	618	6.80	0.80	9 22	13 26.4	17 31
8	18 28 54.44	29.34	22 41 59.7	15.2	10.97 321	593	6.80	0.80	9 19	13 23.0	17 27
9	18 29 23.78	29.45	22 41 44.5	15.7	10.97 914	569	6.79	0.80	9 15	13 19.5	17 24
10	18 29 53.23	29.56	22 41 28.8	16.2	10.98 483	544	6.79	0.80	9 12	13 16.1	17 20
11	18 30 22.79	29.66	22 41 12.6	16.6	10.99 027	519	6.79	0.80	9 8	13 12.6	17 17
12	18 30 52.45	29.75	−22 40 56.0	17.1	10.99 546	495	6.78	0.80	9 5	13 9.2	17 14
13	18 31 22.20	29.85	22 40 38.9	17.6	11.00 041	470	6.78	0.80	9 2	13 5.8	17 10
14	18 31 52.05	29.94	22 40 21.3	18.1	11.00 511	444	6.78	0.80	8 58	13 2.3	17 7
15	18 32 21.99	30.01	22 40 3.2	18.5	11.00 955	419	6.77	0.80	8 55	12 58.9	17 3
16	18 32 52.00	30.09	22 39 44.7	19.0	11.01 374	394	6.77	0.80	8 51	12 55.5	17 0
17	18 33 22.09	30.17	22 39 25.7	19.5	11.01 768	369	6.77	0.80	8 48	12 52.0	16 57
18	18 33 52.26	30.23	−22 39 6.2	19.9	11.02 137	343	6.77	0.80	8 44	12 48.6	16 53
19	18 34 22.49	30.29	22 38 46.3	20.4	11.02 480	318	6.76	0.80	8 41	12 45.2	16 50
20	18 34 52.78	30.36	22 38 25.9	20.9	11.02 798	292	6.76	0.80	8 37	12 41.7	16 46
21	18 35 23.14	30.41	22 38 5.0	21.4	11.03 090	267	6.76	0.80	8 34	12 38.3	16 43
22	18 35 53.55	30.46	22 37 43.6	21.8	11.03 357	240	6.76	0.80	8 30	12 34.9	16 40
23	18 36 24.01	30.50	22 37 21.8	22.2	11.03 597	215	6.76	0.80	8 27	12 31.5	16 36
24	18 36 54.51	30.54	−22 36 59.6	22.7	11.03 812	188	6.76	0.80	8 23	12 28.0	16 33
25	18 37 25.05	30.58	22 36 36.9	23.2	11.04 000	163	6.75	0.80	8 20	12 24.6	16 29
26	18 37 55.63	30.60	22 36 13.7	23.6	11.04 163	136	6.75	0.80	8 16	12 21.2	16 26
27	18 38 26.23	30.63	22 35 50.1	24.1	11.04 299	110	6.75	0.80	8 13	12 17.8	16 23
28	18 38 56.86	30.65	22 35 26.0	24.5	11.04 409	84	6.75	0.80	8 10	12 14.3	16 19
29	18 39 27.51	30.66	22 35 1.5	24.9	11.04 493	57	6.75	0.80	8 6	12 10.9	16 16
30	18 39 58.17	30.66	−22 34 36.6	25.3	11.04 550	31	6.75	0.80	8 3	12 7.5	16 13
31	18 40 28.83	30.67	22 34 11.3	25.7	11.04 581	4	6.75	0.80	7 59	12 4.1	16 9
32	18 40 59.50		−22 33 45.6		11.04 585		6.75	0.80	7 56	12 0.6	16 6

Uranus 1959

Tag	0h Weltzeit Scheinbare Rektaszension		Scheinbare Deklination		Δ		Halbmesser	Hor. Par.	Aufgang (in 0h Länge, + 50° Breite)	Obere Kulmination (in 0h Länge, + 50° Breite)	Untergang (in 0h Länge, + 50° Breite)
1959	h m s	s	° ′ ″	″			″	″	h m	h m	h m
Jan. 0	9 13 31.92	7.71	+16 47 54.6	36.4	17.64 982	1 036	1.94	0.50	19 6	2 37.4	10 4
1	9 13 24.21	7.86	16 48 31.0	37.1	17.63 946	1 009	1.94	0.50	19 2	2 33.4	10 0
2	9 13 16.35	8.01	16 49 8.1	37.6	17.62 937	984	1.94	0.50	18 58	2 29.3	9 56
3	9 13 8.34	8.16	16 49 45.7	38.2	17.61 953	959	1.95	0.50	18 54	2 25.2	9 52
4	9 13 0.18	8.30	16 50 23.9	38.8	17.60 994	932	1.95	0.50	18 50	2 21.2	9 48
5	9 12 51.88	8.43	16 51 2.7	39.2	17.60 062	906	1.95	0.50	18 46	2 17.1	9 44
6	9 12 43.45	8.57	+16 51 41.9	39.8	17.59 156	878	1.95	0.50	18 42	2 13.0	9 40
7	9 12 34.88	8.70	16 52 21.7	40.3	17.58 278	851	1.95	0.50	18 37	2 9.0	9 36
8	9 12 26.18	8.82	16 53 2.0	40.9	17.57 427	824	1.95	0.50	18 33	2 4.9	9 32
9	9 12 17.36	8.94	16 53 42.9	41.2	17.56 603	795	1.95	0.50	18 29	2 0.8	9 28
10	9 12 8.42	9.06	16 54 24.1	41.8	17.55 808	768	1.95	0.50	18 25	1 56.7	9 24
11	9 11 59.36	9.18	16 55 5.9	42.2	17.55 040	739	1.95	0.50	18 21	1 52.6	9 20
12	9 11 50.18	9.28	+16 55 48.1	42.6	17.54 301	710	1.95	0.50	18 17	1 48.6	9 16
13	9 11 40.90	9.39	16 56 30.7	43.0	17.53 591	681	1.95	0.50	18 13	1 44.5	9 12
14	9 11 31.51	9.48	16 57 13.7	43.3	17.52 910	651	1.96	0.50	18 8	1 40.4	9 8
15	9 11 22.03	9.58	16 57 57.0	43.7	17.52 259	623	1.96	0.50	18 4	1 36.3	9 4
16	9 11 12.45	9.67	16 58 40.7	44.0	17.51 636	592	1.96	0.50	18 0	1 32.2	9 0
17	9 11 2.78	9.76	16 59 24.7	44.2	17.51 044	564	1.96	0.50	17 56	1 28.1	8 56
18	9 10 53.02	9.84	+17 0 8.9	44.6	17.50 480	533	1.96	0.50	17 52	1 24.0	8 52
19	9 10 43.18	9.92	17 0 53.5	44.9	17.49 947	504	1.96	0.50	17 48	1 19.9	8 48
20	9 10 33.26	9.99	17 1 38.4	45.1	17.49 443	472	1.96	0.50	17 43	1 15.8	8 44
21	9 10 23.27	10.04	17 2 23.5	45.3	17.48 971	442	1.96	0.50	17 39	1 11.7	8 40
22	9 10 13.23	10.12	17 3 8.8	45.5	17.48 529	413	1.96	0.50	17 35	1 7.6	8 36
23	9 10 3.11	10.18	17 3 54.3	45.7	17.48 116	381	1.96	0.50	17 31	1 3.5	8 32
24	9 9 52.93	10.23	+17 4 40.0	45.9	17.47 735	351	1.96	0.50	17 27	0 59.4	8 28
25	9 9 42.70	10.29	17 5 25.9	46.0	17.47 384	321	1.96	0.50	17 23	0 55.3	8 24
26	9 9 32.41	10.32	17 6 11.9	46.1	17.47 063	288	1.96	0.50	17 18	0 51.2	8 20
27	9 9 22.09	10.37	17 6 58.0	46.2	17.46 775	259	1.96	0.50	17 14	0 47.1	8 16
28	9 9 11.72	10.41	17 7 44.2	46.2	17.46 516	228	1.96	0.50	17 10	0 43.0	8 12
29	9 9 1.31	10.44	17 8 30.4	46.4	17.46 288	196	1.96	0.50	17 6	0 38.9	8 8
30	9 8 50.87	10.47	+17 9 16.8	46.4	17.46 092	165	1.96	0.50	17 2	0 34.8	8 4
31	9 8 40.40	10.48	17 10 3.2	46.3	17.45 927	134	1.96	0.50	16 57	0 30.7	8 0
Febr. 1	9 8 29.92	10.51	17 10 49.5	46.4	17.45 793	101	1.96	0.50	16 53	0 26.6	7 56
2	9 8 19.41	10.53	17 11 35.9	46.4	17.45 692	72	1.96	0.50	16 49	0 22.5	7 52
3	9 8 8.88	10.53	17 12 22.3	46.4	17.45 620	39	1.96	0.50	16 45	0 18.4	7 48
4	9 7 58.35	10.54	17 13 8.7	46.2	17.45 581	8	1.96	0.50	16 41	0 14.3	7 44
5	9 7 47.81	10.53	+17 13 54.9	46.1	17.45 573	— 24	1.96	0.50	16 37	0 10.2	7 40
6	9 7 37.28	10.53	17 14 41.0	46.0	17.45 597	54	1.96	0.50	16.32	0 6.1	7 36
7	9 7 26.75	10.52	17 15 27.0	45.9	17.45 651	86	1.96	0.50	16 28	{ 0 2.0 23 57.9 }	7 32
8	9 7 16.23	10.50	17 16 12.9	45.8	17.45 737	119	1.96	0.50	16 24	23 53.8	7 27
9	9 7 5.73	10.48	17 16 58.7	45.5	17.45 856	148	1.96	0.50	16 20	23 49.6	7 23
10	9 6 55.25		+17 17 44.2		17.46 004		1.96	0.50	16 16	23 45.5	7 19

Tag	Scheinbare Rektaszension (0h Weltzeit)		Scheinbare Deklination		Δ		Halbmesser	Hor. Par.	Aufgang	Obere Kulmination	Untergang
									in 0h Länge, + 50° Breite		
1959	h m s	s	° ′ ″	″			″	″	h m	h m	h m
Febr. 10	9 6 55.25	10.45	+17 17 44.2	45.3	17.46 004	181	1.96	0.50	16 16	23 45.5	7 19
11	9 6 44.80	10.42	17 18 29.5	45.1	17.46 185	212	1.96	0.50	16 11	23 41.4	7 15
12	9 6 34.38	10.38	17 19 14.6	44.9	17.46 397	242	1.96	0.50	16 7	23 37.3	7 11
13	9 6 24.00	10.34	17 19 59.5	44.6	17.46 639	275	1.96	0.50	16 3	23 33.2	7 7
14	9 6 13.66	10.30	17 20 44.1	44.4	17.46 914	303	1.96	0.50	15 59	23 29.1	7 3
15	9 6 3.36	10.25	17 21 28.5	43.9	17.47 217	334	1.96	0.50	15 55	23 25.0	6 59
16	9 5 53.11	10.19	+17 22 12.4	43.7	17.47 551	366	1.96	0.50	15 51	23 20.9	6 55
17	9 5 42.92	10.13	17 22 56.1	43.4	17.47 917	396	1.96	0.50	15 46	23 16.8	6 51
18	9 5 32.79	10.06	17 23 39.5	43.0	17.48 313	425	1.96	0.50	15 42	23 12.7	6 47
19	9 5 22.73	10.00	17 24 22.5	42.7	17.48 738	455	1.96	0.50	15 38	23 8.6	6 43
20	9 5 12.73	9.92	17 25 5.2	42.1	17.49 193	485	1.96	0.50	15 34	23 4.5	6 39
21	9 5 2.81	9.84	17 25 47.3	41.8	17.49 678	515	1.96	0.50	15 30	23 0.4	6 35
22	9 4 52.97	9.77	+17 26 29.1	41.4	17.50 193	543	1.96	0.50	15 26	22 56.3	6 31
23	9 4 43.20	9.68	17 27 10.5	41.0	17.50 736	573	1.96	0.50	15 21	22 52.3	6 27
24	9 4 33.52	9.59	17 27 51.5	40.4	17.51 309	601	1.96	0.50	15 17	22 48.2	6 23
25	9 4 23.93	9.50	17 28 31.9	40.1	17.51 910	629	1.96	0.50	15 13	22 44.1	6 19
26	9 4 14.43	9.40	17 29 12.0	39.5	17.52 539	659	1.96	0.50	15 9	22 40.0	6 15
27	9 4 5.03	9.30	17 29 51.5	39.1	17.53 198	686	1.96	0.50	15 5	22 35.9	6 11
28	9 3 55.73	9.19	+17 30 30.6	38.4	17.53 884	715	1.95	0.50	15 1	22 31.8	6 7
März 1	9 3 46.54	9.08	17 31 9.0	38.0	17.54 599	741	1.95	0.50	14 57	22 27.7	6 3
2	9 3 37.46	8.97	17 31 47.0	37.4	17.55 340	770	1.95	0.50	14 52	22 23.7	5 59
3	9 3 28.49	8.85	17 32 24.4	36.8	17.56 110	797	1.95	0.50	14 48	22 19.6	5 55
4	9 3 19.64	8.73	17 33 1.2	36.3	17.56 907	823	1.95	0.50	14 44	22 15.5	5 51
5	9 3 10.91	8.61	17 33 37.5	35.6	17.57 730	850	1.95	0.50	14 40	22 11.4	5 47
6	9 3 2.30	8.47	+17 34 13.1	35.0	17.58 580	877	1.95	0.50	14 36	22 7.3	5 43
7	9 2 53.83	8.34	17 34 48.1	34.4	17.59 457	903	1.95	0.50	14 32	22 3.3	5 39
8	9 2 45.49	8.20	17 35 22.5	33.8	17.60 360	928	1.95	0.50	14 28	21 59.2	5 35
9	9 2 37.29	8.07	17 35 56.3	33.1	17.61 288	954	1.95	0.50	14 23	21 55.1	5 31
10	9 2 29.22	7.91	17 36 29.4	32.3	17.62 242	978	1.95	0.50	14 19	21 51.1	5 27
11	9 2 21.31	7.77	17 37 1.7	31.7	17.63 220	1 004	1.94	0.50	14 15	21 47.0	5 23
12	9 2 13.54	7.62	+17 37 33.4	31.0	17.64 224	1 027	1.94	0.50	14 11	21 43.0	5 19
13	9 2 5.92	7.46	17 38 4.4	30.4	17.65 251	1 051	1.94	0.50	14 7	21 38.9	5 15
14	9 1 58.46	7.30	17 38 34.8	29.5	17.66 302	1 074	1.94	0.50	14 3	21 34.9	5 11
15	9 1 51.16	7.14	17 39 4.3	28.9	17.67 376	1 098	1.94	0.50	13 59	21 30.8	5 7
16	9 1 44.02	6.98	17 39 33.2	28.1	17.68 474	1 120	1.94	0.50	13 55	21 26.8	5 3
17	9 1 37.04	6.81	17 40 1.3	27.2	17.69 594	1 143	1.94	0.50	13 51	21 22.7	4 59
18	9 1 30.23	6.63	+17 40 28.5	26.7	17.70 737	1 164	1.94	0.50	13 47	21 18.7	4 55
19	9 1 23.60	6.47	17 40 55.2	25.7	17.71 901	1 185	1.93	0.50	13 43	21 14.6	4 51
20	9 1 17.13	6.29	17 41 20.9	25.0	17.73 086	1 207	1.93	0.50	13 39	21 10.6	4 47
21	9 1 10.84	6.11	17 41 45.9	24.3	17.74 293	1 226	1.93	0.50	13 34	21 6.6	4 43
22	9 1 4.73	5.94	17 42 10.2	23.5	17.75 519	1 246	1.93	0.50	13 30	21 2.5	4 39
23	9 0 58.79		+17 42 33.7		17.76 765		1.93	0.50	13 26	20 58.5	4 35

Uranus 1959

Tag	Scheinbare Rektaszension		Scheinbare Deklination		Δ		Halbmesser	Hor. Par.	Aufgang	Obere Kulmination	Untergang
	0h Weltzeit								in 0h Länge, + 50° Breite		
1959	h m s	s	° ′ ″	″			″	″	h m	h m	h m
März 23	9 0 58.79	5.75	+17 42 33.7	22.6	17.76 765	1 266	1.93	0.50	13 26	20 58.5	4 35
24	9 0 53.04	5.56	17 42 56.3	21.8	17.78 031	1 286	1.93	0.49	13 22	20 54.5	4 31
25	9 0 47.48	5.39	17 43 18.1	21.0	17.79 317	1 304	1.93	0.49	13 18	20 50.5	4 27
26	9 0 42.09	5.19	17 43 39.1	20.2	17.80 621	1 323	1.93	0.49	13 14	20 46.4	4 23
27	9 0 36.90	5.00	17 43 59.3	19.3	17.81 944	1 340	1.92	0.49	13 10	20 42.4	4 19
28	9 0 31.90	4.82	17 44 18.6	18.6	17.83 284	1 358	1.92	0.49	13 6	20 38.4	4 15
29	9 0 27.08	4.61	+17 44 37.2	17.7	17.84 642	1 375	1.92	0.49	13 2	20 34.4	4 11
30	9 0 22.47	4.43	17 44 54.9	16.7	17.86 017	1 392	1.92	0.49	12 58	20 30.4	4 7
31	9 0 18.04	4.22	17 45 11.6	15.9	17.87 409	1 408	1.92	0.49	12 54	20 26.4	4 3
April 1	9 0 13.82	4.02	17 45 27.5	15.2	17.88 817	1 424	1.92	0.49	12 50	20 22.4	3 59
2	9 0 9.80	3.82	17 45 42.7	14.2	17.90 241	1 440	1.91	0.49	12 46	20 18.4	3 55
3	9 0 5.98	3.62	17 45 56.9	13.3	17.91 681	1 454	1.91	0.49	12 42	20 14.4	3 51
4	9 0 2.36	3.41	+17 46 10.2	12.5	17.93 135	1 469	1.91	0.49	12 38	20 10.4	3 47
5	8 59 58.95	3.21	17 46 22.7	11.5	17.94 604	1 483	1.91	0.49	12 34	20 6.4	3 43
6	8 59 55.74	3.00	17 46 34.2	10.7	17.96 087	1 496	1.91	0.49	12 30	20 2.5	3 39
7	8 59 52.74	2.78	17 46 44.9	9.7	17.97 583	1 510	1.91	0.49	12 26	19 58.5	3 35
8	8 59 49.96	2.58	17 46 54.6	8.9	17.99 093	1 522	1.91	0.49	12 22	19 54.5	3 31
9	8 59 47.38	2.36	17 47 3.5	7.9	18.00 615	1 533	1.90	0.49	12 18	19 50.5	3 27
10	8 59 45.02	2.16	+17 47 11.4	7.1	18.02 148	1 544	1.90	0.49	12 14	19 46.6	3 23
11	8 59 42.86	1.93	17 47 18.5	6.1	18.03 692	1 557	1.90	0.49	12 10	19 42.6	3 19
12	8 59 40.93	1.72	17 47 24.6	5.2	18.05 249	1 566	1.90	0.49	12 6	19 38.6	3 15
13	8 59 39.21	1.51	17 47 29.8	4.3	18.06 815	1 576	1.90	0.49	12 2	19 34.7	3 12
14	8 59 37.70	1.29	17 47 34.1	3.5	18.08 391	1 586	1.90	0.49	11 58	19 30.7	3 8
15	8 59 36.41	1.07	17 47 37.6	2.5	18.09 977	1 595	1.89	0.49	11 54	19 26.8	3 4
16	8 59 35.34	0.85	+17 47 40.1	1.5	18.11 572	1 603	1.89	0.49	11 50	19 22.8	3 0
17	8 59 34.49	0.64	17 47 41.6	0.7	18.13 175	1 610	1.89	0.49	11 46	19 18.9	2 56
18	8 59 33.85	0.43	17 47 42.3	0.2	18.14 785	1 618	1.89	0.48	11 42	19 14.9	2 52
19	8 59 33.42	0.20	17 47 42.1	1.2	18.16 403	1 626	1.89	0.48	11 38	19 11.0	2 48
20	8 59 33.22	0.01	17 47 40.9	2.1	18.18 029	1 631	1.89	0.48	11 34	19 7.1	2 44
21	8 59 33.23	0.23	17 47 38.8	3.0	18.19 660	1 637	1.88	0.48	11 30	19 3.1	2 40
22	8 59 33.46	0.45	+17 47 35.8	3.9	18.21 297	1 643	1.88	0.48	11 26	18 59.2	2 36
23	8 59 33.91	0.66	17 47 31.9	4.8	18.22 940	1 648	1.88	0.48	11 23	18 55.3	2 32
24	8 59 34.57	0.88	17 47 27.1	5.7	18.24 588	1 652	1.88	0.48	11 19	18 51.4	2 28
25	8 59 35.45	1.10	17 47 21.4	6.7	18.26 240	1 656	1.88	0.48	11 15	18 47.5	2 24
26	8 59 36.55	1.31	17 47 14.7	7.5	18.27 896	1 660	1.88	0.48	11 11	18 43.6	2 20
27	8 59 37.86	1.53	17 47 7.2	8.5	18.29 556	1 663	1.87	0.48	11 7	18 39.6	2 16
28	8 59 39.39	1.74	+17 46 58.7	9.3	18.31 219	1 666	1.87	0.48	11 3	18 35.7	2 12
29	8 59 41.13	1.97	17 46 49.4	10.3	18.32 885	1 669	1.87	0.48	10 59	18 31.8	2 8
30	8 59 43.10	2.18	17 46 39.1	11.1	18.34 554	1 671	1.87	0.48	10 55	18 27.9	2 5
Mai 1	8 59 45.28	2.39	17 46 28.0	12.1	18.36 225	1 671	1.87	0.48	10 51	18 24.1	2 1
2	8 59 47.67	2.60	17 46 15.9	13.0	18.37 896	1 673	1.87	0.48	10 47	18 20.2	1 57
3	8 59 50.27		+17 46 2.9		18.39 569		1.86	0.48	10 44	18 16.3	1 53

Tag	0ʰ Weltzeit								Aufgang	Obere Kulmination	Untergang
	Scheinbare Rektaszension		Scheinbare Deklination		Δ		Halbmesser	Hor. Par.	in 0ʰ Länge, + 50° Breite		
1959	h m s	s	° ′ ″	″			″	″	h m	h m	h m
Mai 3	8 59 50.27	2.83	+17 46 2.9	13.8	18.39 569	1 672	1.86	0.48	10 44	18 16.3	1 53
4	8 59 53.10	3.04	17 45 49.1	14.8	18.41 241	1 674	1.86	0.48	10 40	18 12.4	1 49
5	8 59 56.14	3.24	17 45 34.3	15.7	18.42 915	1 671	1.86	0.48	10 36	18 8.5	1 45
6	8 59 59.38	3.47	17 45 18.6	16.5	18.44 586	1 671	1.86	0.48	10 32	18 4.6	1 41
7	9 0 2.85	3.68	17 45 2.1	17.5	18.46 257	1 669	1.86	0.48	10 28	18 0.8	1 37
8	9 0 6.53	3.88	17 44 44.6	18.3	18.47 926	1 667	1.86	0.48	10 24	17 56.9	1 33
9	9 0 10.41	4.10	+17 44 26.3	19.2	18.49 593	1 665	1.85	0.48	10 21	17 53.0	1 30
10	9 0 14.51	4.31	17 44 7.1	20.0	18.51 258	1 661	1.85	0.48	10 17	17 49.2	1 26
11	9 0 18.82	4.52	17 43 47.1	21.1	18.52 919	1 658	1.85	0.47	10 13	17 45.3	1 22
12	9 0 23.34	4.72	17 43 26.0	21.7	18.54 577	1 654	1.85	0.47	10 9	17 41.5	1 18
13	9 0 28.06	4.92	17 43 4.3	22.7	18.56 231	1 648	1.85	0.47	10 5	17 37.6	1 14
14	9 0 32.98	5.14	17 42 41.6	23.5	18.57 879	1 645	1.85	0.47	10 1	17 33.8	1 10
15	9 0 38.12	5.33	+17 42 18.1	24.4	18.59 524	1 638	1.84	0.47	9 58	17 29.9	1 6
16	9 0 43.45	5.54	17 41 53.7	25.2	18.61 162	1 633	1.84	0.47	9 54	17 26.1	1 2
17	9 0 48.99	5.73	17 41 28.5	26.1	18.62 795	1 625	1.84	0.47	9 50	17 22.2	0 58
18	9 0 54.72	5.93	17 41 2.4	26.8	18.64 420	1 621	1.84	0.47	9 46	17 18.4	0 55
19	9 1 0.65	6.13	17 40 35.6	27.8	18.66 041	1 612	1.84	0.47	9 43	17 14.6	0 51
20	9 1 6.78	6.32	17 40 7.8	28.5	18.67 653	1 604	1.84	0.47	9 39	17 10.8	0 47
21	9 1 13.10	6.51	+17 39 39.3	29.4	18.69 257	1 598	1.83	0.47	9 35	17 6.9	0 43
22	9 1 19.61	6.71	17 39 9.9	30.0	18.70 855	1 588	1.83	0.47	9 31	17 3.1	0 39
23	9 1 26.32	6.89	17 38 39.9	31.0	18.72 443	1 580	1.83	0.47	9 27	16 59.3	0 35
24	9 1 33.21	7.08	17 38 8.9	31.8	18.74 023	1 572	1.83	0.47	9 24	16 55.5	0 31
25	9 1 40.29	7.27	17 37 37.1	32.5	18.75 595	1 561	1.83	0.47	9 20	16 51.7	0 27
26	9 1 47.56	7.45	17 37 4.6	33.3	18.77 156	1 551	1.83	0.47	9 16	16 47.8	0 24
27	9 1 55.01	7.65	+17 36 31.3	34.2	18.78 707	1 542	1.82	0.47	9 12	16 44.0	0 20
28	9 2 2.66	7.82	17 35 57.1	34.8	18.80 249	1 530	1.82	0.47	9 9	16 40.2	0 16
29	9 2 10.48	7.99	17 35 22.3	35.7	18.81 779	1 519	1.82	0.47	9 5	16 36.4	0 12
30	9 2 18.47	8.18	17 34 46.6	36.4	18.83 298	1 510	1.82	0.47	9 1	16 32.6	0 8
31	9 2 26.65	8.35	17 34 10.2	37.2	18.84 808	1 496	1.82	0.47	8 57	16 28.8	0 4
Juni 1	9 2 35.00	8.54	17 33 33.0	37.9	18.86 304	1 483	1.82	0.47	8 54	16 25.1	0 0 / 23 55
2	9 2 43.54	8.71	+17 32 55.1	38.6	18.87 787	1 473	1.82	0.47	8 50	16 21.3	23 53
3	9 2 52.25	8.87	17 32 16.5	39.5	18.89 260	1 458	1.81	0.47	8 46	16 17.5	23 49
4	9 3 1.12	9.05	17 31 37.0	40.1	18.90 718	1 445	1.81	0.47	8 42	16 13.7	23 45
5	9 3 10.17	9.21	17 30 56.9	40.8	18.92 163	1 431	1.81	0.47	8 39	16 9.9	23 41
6	9 3 19.38	9.38	17 30 16.1	41.6	18.93 594	1 416	1 81	0.46	8 35	16 6.1	23 37
7	9 3 28.76	9.54	17 29 34.5	42.3	18.95 010	1 403	1.81	0.46	8 31	16 2.4	23 33
8	9 3 38.30	9.70	+17 28 52.2	43.0	18.96 413	1 388	1.81	0.46	8 28	15 58.6	23 30
9	9 3 48.00	9.87	17 28 9.2	43.7	18.97 801	1 371	1.81	0.46	8 24	15 54.8	23 26
10	9 3 57.87	10.02	17 27 25.5	44.3	18.99 172	1 357	1.80	0.46	8 20	15 51.1	23 22
11	9 4 7.89	10.16	17 26 41.2	45.0	19.00 529	1 339	1.80	0.46	8 17	15 47.3	23 18
12	9 4 18.05	10.33	17 25 56.2	45.6	19.01 868	1 324	1.80	0.46	8 13	15 43.5	23 14
13	9 4 28.38		+17 25 10.6		19.03 192		1.80	0.46	8 9	15 39.8	23 10

Uranus 1959

Tag	0h Weltzeit Scheinbare Rektaszension		Scheinbare Deklination		Δ		Halbmesser	Hor. Par.	Aufgang	Obere Kulmination	Untergang
									in 0h Länge, +50° Breite		
1959	h m s	s	° ′ ″	″			″	″	h m	h m	h m
Juni 13	9 4 28.38	10.47	+17 25 10.6	46.4	19.03 192	1 307	1.80	0.46	8 9	15 39.8	23 10
14	9 4 38.85	10.62	17 24 24.2	46.9	19.04 499	1 289	1.80	0.46	8 6	15 36.0	23 7
15	9 4 49.47	10.76	17 23 37.3	47.6	19.05 788	1 273	1.80	0.46	8 2	15 32.3	23 3
16	9 5 0.23	10.91	17 22 49.7	48.2	19.07 061	1 256	1.80	0.46	7 58	15 28.5	22 59
17	9 5 11.14	11.04	17 22 1.5	48.8	19.08 317	1 236	1.80	0.46	7 55	15 24.8	22 55
18	9 5 22.18	11.18	17 21 12.7	49.5	19.09 553	1 218	1.80	0.46	7 51	15 21.0	22 51
19	9 5 33.36	11.32	+17 20 23.2	50.0	19.10 771	1 201	1.79	0.46	7 47	15 17.3	22 47
20	9 5 44.68	11.44	17 19 33.2	50.6	19.11 972	1 182	1.79	0.46	7 44	15 13.5	22 44
21	9 5 56.12	11.57	17 18 42.6	51.3	19.13 154	1 162	1.79	0.46	7 40	15 9.8	22 40
22	9 6 7.69	11.70	17 17 51.3	51.7	19.14 316	1 144	1.79	0.46	7 36	15 6.0	22 36
23	9 6 19.39	11.83	17 16 59.6	52.4	19.15 460	1 125	1.79	0.46	7 33	15 2.3	22 32
24	9 6 31.22	11.96	17 16 7.2	52.9	19.16 585	1 104	1.79	0.46	7 29	14 58.6	22 28
25	9 6 43.18	12.06	+17 15 14.3	53.5	19.17 689	1 085	1.79	0.46	7 25	14 54.8	22 24
26	9 6 55.24	12.20	17 14 20.8	54.0	19.18 774	1 064	1.79	0.46	7 22	14 51.1	22 21
27	9 7 7.44	12.31	17 13 26.8	54.5	19.19 838	1 045	1.79	0.46	7 18	14 47.4	22 17
28	9 7 19.75	12.42	17 12 32.3	55.0	19.20 883	1 022	1.78	0.46	7 14	14 43.7	22 13
29	9 7 32.17	12.54	17 11 37.3	55.7	19.21 905	1 003	1.78	0.46	7 11	14 39.9	22 9
30	9 7 44.71	12.64	17 10 41.6	56.0	19.22 908	980	1.78	0.46	7 7	14 36.2	22 5
Juli 1	9 7 57.35	12.75	+17 9 45.6	56.6	19.23 888	959	1.78	0.46	7 3	14 32.5	22 2
2	9 8 10.10	12.86	17 8 49.0	57.0	19.24 847	937	1.78	0.46	7 0	14 28.8	21 58
3	9 8 22.96	12.96	17 7 52.0	57.5	19.25 784	915	1.78	0.46	6 56	14 25.1	21 54
4	9 8 35.92	13.05	17 6 54.5	58.0	19.26 699	892	1.78	0.46	6 53	14 21.3	21 50
5	9 8 48.97	13.16	17 5 56.5	58.5	19.27 591	870	1.78	0.46	6 49	14 17.6	21 46
6	9 9 2.13	13.24	17 4 58.0	58.8	19.28 461	847	1.78	0.46	6 45	14 13.9	21 43
7	9 9 15.37	13.34	+17 3 59.2	59.3	19.29 308	824	1.78	0.46	6 42	14 10.2	21 39
8	9 9 28.71	13.43	17 2 59.9	59.7	19.30 132	801	1.78	0.46	6 38	14 6.5	21 35
9	9 9 42.14	13.51	17 2 0.2	60.1	19.30 933	777	1.78	0.46	6 34	14 2.8	21 31
10	9 9 55.65	13.60	17 1 0.1	60.7	19.31 710	753	1.77	0.46	6 31	13 59.1	21 27
11	9 10 9.25	13.67	16 59 59.4	60.9	19.32 463	730	1.77	0.46	6 27	13 55.4	21 24
12	9 10 22.92	13.75	16 58 58.5	61.1	19.33 193	706	1.77	0.46	6 24	13 51.7	21 20
13	9 10 36.67	13.83	+16 57 57.4	61.7	19.33 899	681	1.77	0.46	6 20	13 48.0	21 16
14	9 10 50.50	13.89	16 56 55.7	62.0	19.34 580	658	1.77	0.45	6 16	13 44.3	21 12
15	9 11 4.39	13.96	16 55 53.7	62.4	19.35 238	632	1.77	0.45	6 13	13 40.6	21 8
16	9 11 18.35	14.03	16 54 51.3	62.6	19.35 870	608	1.77	0.45	6 9	13 36.9	21 5
17	9 11 32.38	14.10	16 53 48.7	63.0	19.36 478	584	1.77	0.45	6 6	13 33.2	21 1
18	9 11 46.48	14.15	16 52 45.7	63.3	19.37 062	558	1.77	0.45	6 2	13 29.5	20 57
19	9 12 0.63	14.21	+16 51 42.4	63.5	19.37 620	535	1.77	0.45	5 58	13 25.8	20 53
20	9 12 14.84	14.26	16 50 38.9	63.9	19.38 155	508	1.77	0.45	5 55	13 22.1	20 49
21	9 12 29.10	14.32	16 49 35.0	64.2	19.38 663	484	1.77	0.45	5 51	13 18.4	20 46
22	9 12 43.42	14.38	16 48 30.8	64.3	19.39 147	460	1.77	0.45	5 48	13 14.7	20 42
23	9 12 57.80	14.41	16 47 26.5	64.7	19.39 607	433	1.77	0.45	5 44	13 11.0	20 38
24	9 13 12.21		+16 46 21.8		19.40 040		1.77	0.45	5 40	13 7.3	20 34

Tag	0h Weltzeit Scheinbare Rektaszension		Scheinbare Deklination		Δ		Halbmesser	Hor. Par.	Aufgang (in 0h Länge, +50° Breite)	Obere Kulmination	Untergang
1959	h m s	s	° ′ ″	″			″	″	h m	h m	h m
Juli 24	9 13 12.21	14.47	+16 46 21.8	64.9	19.40 040	408	1.77	0.45	5 40	13 7.3	20 34
25	9 13 26.68	14.51	16 45 16.9	65.2	19.40 448	382	1.77	0.45	5 37	13 3.6	20 30
26	9 13 41.19	14.55	16 44 11.7	65.3	19.40 830	357	1.77	0.45	5 33	12 59.9	20 27
27	9 13 55.74	14.59	16 43 6.4	65.6	19.41 187	331	1.77	0.45	5 30	12 56.2	20 23
28	9 14 10.33	14.62	16 42 0.8	65.8	19.41 518	305	1.77	0.45	5 26	12 52.5	20 19
29	9 14 24.95	14.65	16 40 55.0	65.9	19.41 823	279	1.77	0.45	5 22	12 48.8	20 15
30	9 14 39.60	14.69	+16 39 49.1	66.2	19.42 102	252	1.77	0.45	5 19	12 45.2	20 11
31	9 14 54.29	14.71	16 38 42.9	66.3	19.42 354	227	1.76	0.45	5 15	12 41.5	20 8
Aug. 1	9 15 9.00	14.74	16 37 36.6	66.4	19.42 581	200	1.76	0.45	5 12	12 37.8	20 4
2	9 15 23.74	14.76	16 36 30.2	66.6	19.42 781	173	1.76	0.45	5 8	12 34.1	20 0
3	9 15 38.50	14.78	16 35 23.6	66.7	19.42 954	147	1.76	0.45	5 5	12 30.4	19 56
4	9 15 53.28	14.79	16 34 16.9	66.9	19.43 101	120	1.76	0.45	5 1	12 26.7	19 52
5	9 16 8.07	14.80	+16 33 10.0	66.9	19.43 221	95	1.76	0.45	4 57	12 23.0	19 49
6	9 16 22.87	14.81	16 32 3.1	67.0	19.43 316	66	1.76	0.45	4 54	12 19.3	19 45
7	9 16 37.68	14.83	16 30 56.1	67.0	19.43 382	41	1.76	0.45	4 50	12 15.7	19 41
8	9 16 52.51	14.82	16 29 49.1	67.2	19.43 423	13	1.76	0.45	4 47	12 12.0	19 37
9	9 17 7.33	14.83	16 28 41.9	67.2	19.43 436	−12	1.76	0.45	4 43	12 8.3	19 34
10	9 17 22.16	14.82	16 27 34.7	67.2	19.43 424	40	1.76	0.45	4 40	12 4.6	19 30
11	9 17 36.98	14.82	+16 26 27.5	67.2	19.43 384	66	1.76	0.45	4 36	12 0.9	19 26
12	9 17 51.80	14.81	16 25 20.3	67.2	19.43 318	93	1.76	0.45	4 32	11 57.2	19 22
13	9 18 6.61	14.80	16 24 13.1	67.2	19.43 225	119	1.76	0.45	4 29	11 53.5	19 18
14	9 18 21.41	14.78	16 23 5.9	67.3	19.43 106	146	1.76	0.45	4 25	11 49.9	19 15
15	9 18 36.19	14.77	16 21 58.6	67.2	19.42 960	173	1.76	0.45	4 22	11 46.2	19 11
16	9 18 50.96	14.75	16 20 51.4	67.1	19.42 787	199	1.76	0.45	4 18	11 42.5	19 7
17	9 19 5.71	14.73	+16 19 44.3	67.1	19.42 588	225	1.76	0.45	4 14	11 38.8	19 3
18	9 19 20.44	14.71	16 18 37.2	67.0	19.42 363	251	1.76	0.45	4 11	11 35.1	18 59
19	9 19 35.15	14.67	16 17 30.2	66.9	19.42 112	278	1.77	0.45	4 7	11 31.4	18 56
20	9 19 49.82	14.66	16 16 23.3	66.8	19.41 834	304	1.77	0.45	4 4	11 27.7	18 52
21	9 20 4.48	14.61	16 15 16.5	66.8	19.41 530	329	1.77	0.45	4 0	11 24.0	18 48
22	9 20 19.09	14.59	16 14 9.7	66.6	19.41 201	357	1.77	0.45	3 57	11 20.4	18 44
23	9 20 33.68	14.55	+16 13 3.1	66.6	19.40 844	383	1.77	0.45	3 53	11 16.7	18 40
24	9 20 48.23	14.51	16 11 56.5	66.3	19.40 461	409	1.77	0.45	3 49	11 13.0	18 37
25	9 21 2.74	14.46	16 10 50.2	66.1	19.40 052	434	1.77	0.45	3 46	11 9.3	18 33
26	9 21 17.20	14.43	16 9 44.1	66.1	19.39 618	460	1.77	0.45	3 42	11 5.6	18 29
27	9 21 31.63	14.38	16 8 38.0	65.8	19.39 158	487	1.77	0.45	3 39	11 1.9	18 25
28	9 21 46.01	14.33	16 7 32.2	65.7	19.38 671	512	1.77	0.45	3 35	10 58.2	18 21
29	9 22 0.34	14.27	+16 6 26.5	65.5	19.38 159	539	1.77	0.45	3 31	10 54.5	18 18
30	9 22 14.61	14.21	16 5 21.0	65.1	19.37 620	564	1.77	0.45	3 28	10 50.8	18 14
31	9 22 28.82	14.17	16 4 15.9	65.0	19.37 056	589	1.77	0.45	3 24	10 47.1	18 10
Sept. 1	9 22 42.99	14.09	16 3 10.9	64.6	19.36 467	616	1.77	0.45	3 21	10 43.4	18 6
2	9 22 57.08	14.04	16 2 6.3	64.5	19.35 851	640	1.77	0.45	3 17	10 39.7	18 3
3	9 23 11.12		+16 1 1.8		19.35 211		1.77	0.45	3 13	10 36.0	17 59

Tag	0h Weltzeit								Aufgang	Obere Kulmination	Untergang
	Scheinbare Rektaszension		Scheinbare Deklination		Δ		Halbmesser	Hor. Par.	in 0h Länge, +50° Breite		
1959	h m s	s	° ′ ″	″			″	″	h m	h m	h m
Sept. 3	9 23 11.12	13.96	+16 1 1.8	64.2	19.35 211	666	1.77	0.45	3 13	10 36.0	17 59
4	9 23 25.08	13.89	15 59 57.6	63.8	19.34 545	690	1.77	0.45	3 10	10 32.3	17 55
5	9 23 38.97	13.83	15 58 53.8	63.6	19.33 855	716	1.77	0.46	3 6	10 28.6	17 51
6	9 23 52.80	13.74	15 57 50.2	63.2	19.33 139	740	1.77	0.46	3 2	10 24.9	17 47
7	9 24 6.54	13.67	15 56 47.0	62.9	19.32 399	765	1.77	0.46	2 59	10 21.2	17 44
8	9 24 20.21	13.58	15 55 44.1	62.5	19.31 634	790	1.77	0.46	2 55	10 17.5	17 40
9	9 24 33.79	13.50	+15 54 41.6	62.1	19.30 844	813	1.78	0.46	2 52	10 13.8	17 36
10	9 24 47.29	13.41	15 53 39.5	61.8	19.30 031	838	1.78	0.46	2 48	10 10.1	17 32
11	9 25 0.70	13.32	15 52 37.7	61.4	19.29 193	860	1.78	0.46	2 44	10 6.4	17 28
12	9 25 14.02	13.22	15 51 36.3	61.0	19.28 333	885	1.78	0.46	2 41	10 2.7	17 25
13	9 25 27.24	13.14	15 50 35.3	60.6	19.27 448	907	1.78	0.46	2 37	9 58.9	17 21
14	9 25 40.38	13.04	15 49 34.7	60.1	19.26 541	931	1.78	0.46	2 34	9 55.2	17 17
15	9 25 53.42	12.93	+15 48 34.6	59.6	19.25 610	954	1.78	0.46	2 30	9 51.5	17 13
16	9 26 6.35	12.84	15 47 35.0	59.3	19.24 656	976	1.78	0.46	2 26	9 47.8	17 9
17	9 26 19.19	12.72	15 46 35.7	58.7	19.23 680	998	1.78	0.46	2 23	9 44.1	17 6
18	9 26 31.91	12.63	15 45 37.0	58.3	19.22 682	1 021	1.78	0.46	2 19	9 40.4	17 2
19	9 26 44.54	12.51	15 44 38.7	57.7	19.21 661	1 043	1.78	0.46	2 15	9 36.6	16 58
20	9 26 57.05	12.40	15 43 41.0	57.3	19.20 618	1 064	1.78	0.46	2 12	9 32.9	16 54
21	9 27 9.45	12.30	+15 42 43.7	56.8	19.19 554	1 087	1.79	0.46	2 8	9 29.2	16 50
22	9 27 21.75	12.17	15 41 46.9	56.2	19.18 467	1 107	1.79	0.46	2 4	9 25.5	16 47
23	9 27 33.92	12.05	15 40 50.7	55.6	19.17 360	1 129	1.79	0.46	2 1	9 21.7	16 43
24	9 27 45.97	11.93	15 39 55.1	55.1	19.16 231	1 149	1.79	0.46	1 57	9 18.0	16 39
25	9 27 57.90	11.81	15 39 0.0	54.5	19.15 082	1 171	1.79	0.46	1 53	9 14.3	16 35
26	9 28 9.71	11.67	15 38 5.5	53.9	19.13 911	1 191	1.79	0.46	1 50	9 10.5	16 31
27	9 28 21.38	11.55	+15 37 11.6	53.3	19.12 720	1 210	1.79	0.46	1 46	9 6.8	16 27
28	9 28 32.93	11.42	15 36 18.3	52.8	19.11 510	1 230	1.79	0.46	1 43	9 3.0	16 24
29	9 28 44.35	11.28	15 35 25.5	52.0	19.10 280	1 251	1.79	0.46	1 39	8 59.3	16 20
30	9 28 55.63	11.15	15 34 33.5	51.4	19.09 029	1 269	1.80	0.46	1 35	8 55.6	16 16
Okt. 1	9 29 6.78	11.00	15 33 42.1	50.7	19.07 760	1 289	1.80	0.46	1 32	8 51.8	16 12
2	9 29 17.78	10.85	15 32 51.4	50.7	19.06 471	1 306	1.80	0.46	1 28	8 48.1	16 8
3	9 29 28.63	10.72	+15 32 1.3	49.5	19.05 165	1 326	1.80	0.46	1 24	8 44.3	16 5
4	9 29 39.35	10.56	15 31 11.8	48.6	19.03 839	1 343	1.80	0.46	1 21	8 40.5	16 1
5	9 29 49.91	10.42	15 30 23.2	48.0	19.02 496	1 361	1.80	0.46	1 17	8 36.8	15 57
6	9 30 0.33	10.26	15 29 35.2	47.2	19.01 135	1 378	1.80	0.46	1 13	8 33.0	15 53
7	9 30 10.59	10.10	15 28 48.0	46.6	18.99 757	1 394	1.80	0.46	1 10	8 29.3	15 49
8	9 30 20.69	9.95	15 28 1.4	45.7	18.98 363	1 412	1.81	0.46	1 6	8 25.5	15 45
9	9 30 30.64	9.79	+15 27 15.7	45.0	18.96 951	1 426	1.81	0.46	1 2	8 21.7	15 41
10	9 30 40.43	9.62	15 26 30.7	44.2	18.95 525	1 444	1.81	0.46	0 59	8 18.0	15 38
11	9 30 50.05	9.47	15 25 46.5	43.5	18.94 081	1 457	1.81	0.46	0 55	8 14.2	15 34
12	9 30 59.52	9.29	15 25 3.0	42.7	18.92 624	1 472	1.81	0.46	0 51	8 10.4	15 30
13	9 31 8.81	9.13	15 24 20.3	41.7	18.91 152	1 488	1.81	0.47	0 47	8 6.6	15 26
14	9 31 17.94		+15 23 38.6		18.89 664		1.81	0.47	0 44	8 2.9	15 22

Tag	0h Weltzeit: Scheinbare Rektaszension		Scheinbare Deklination		Δ		Halbmesser	Hor. Par.	Aufgang (in 0h Länge, +50° Breite)	Obere Kulmination	Untergang
1959	h m s	s	° ′ ″	″			″	″	h m	h m	h m
Okt. 14	9 31 17.94	8.96	+15 23 38.6	41.1	18.89 664	1 501	1.81	0.47	0 44	8 2.9	15 22
15	9 31 26.90	8.79	15 22 57.5	40.2	18.88 163	1 515	1.82	0.47	0 40	7 59.1	15 18
16	9 31 35.69	8.61	15 22 17.3	39.4	18.86 648	1 529	1.82	0.47	0 36	7 55.3	15 15
17	9 31 44.30	8.44	15 21 37.9	38.5	18.85 119	1 541	1.82	0.47	0 32	7 51.5	15 11
18	9 31 52.74	8.26	15 20 59.4	37.7	18.83 578	1 554	1.82	0.47	0 29	7 47.7	15 7
19	9 32 1.00	8.09	15 20 21.7	36.8	18.82 024	1 566	1.82	0.47	0 25	7 43.9	15 3
20	9 32 9.09	7.90	+15 19 44.9	35.9	18.80 458	1 579	1.82	0.47	0 21	7 40.1	14 59
21	9 32 16.99	7.72	15 19 9.0	35.0	18.78 879	1 588	1.82	0.47	0 18	7 36.3	14 55
22	9 32 24.71	7.54	15 18 34.0	34.2	18.77 291	1 602	1.83	0.47	0 14	7 32.5	14 51
23	9 32 32.25	7.35	15 17 59.8	33.2	18.75 689	1 611	1.83	0.47	0 10	7 28.7	14 48
24	9 32 39.60	7.16	15 17 26.6	32.4	18.74 078	1 622	1.83	0.47	0 6	7 24.9	14 44
25	9 32 46.76	6.96	15 16 54.2	31.2	18.72 456	1 632	1.83	0.47	{0 2 / 23 57}	7 21.1	14 40
26	9 32 53.72	6.78	+15 16 23.0	30.5	18.70 824	1 641	1.83	0.47	23 55	7 17.2	14 36
27	9 33 0.50	6.59	15 15 52.5	29.5	18.69 183	1 650	1.83	0.47	23 51	7 13.4	14 32
28	9 33 7.09	6.39	15 15 23.0	28.5	18.67 533	1 658	1.84	0.47	23 47	7 9.6	14 28
29	9 33 13.48	6.18	15 14 54.5	27.6	18.65 875	1 667	1.84	0.47	23 44	7 5.8	14 24
30	9 33 19.66	5.99	15 14 26.9	26.5	18.64 208	1 673	1.84	0.47	23 40	7 1.9	14 20
31	9 33 25.65	5.78	15 14 0.4	25.6	18.62 535	1 682	1.84	0.47	23 36	6 58.1	14 17
Nov. 1	9 33 31.43	5.58	+15 13 34.8	24.6	18.60 853	1 688	1.84	0.47	23 32	6 54.3	14 13
2	9 33 37.01	5.38	15 13 10.2	23.7	18.59 165	1 693	1.84	0.47	23 28	6 50.4	14 9
3	9 33 42.39	5.17	15 12 46.5	22.6	18.57 472	1 699	1.85	0.47	23 25	6 46.6	14 5
4	9 33 47.56	4.97	15 12 23.9	21.5	18.55 773	1 705	1.85	0.47	23 21	6 42.7	14 1
5	9 33 52.53	4.75	15 12 2.4	20.6	18.54 068	1 708	1.85	0.47	23 17	6 38.9	13 57
6	9 33 57.28	4.55	15 11 41.8	19.5	18.52 360	1 712	1.85	0.48	23 13	6 35.0	13 53
7	9 34 1.83	4.33	+15 11 22.3	18.4	18.50 648	1 716	1.85	0.48	23 9	6 31.2	13 49
8	9 34 6.16	4.13	15 11 3.9	17.6	18.48 932	1 719	1.85	0.48	23 5	6 27.3	13 45
9	9 34 10.29	3.91	15 10 46.3	16.4	18.47 213	1 721	1.86	0.48	23 2	6 23.5	13 42
10	9 34 14.20	3.70	15 10 29.9	15.3	18.45 492	1 724	1.86	0.48	22 58	6 19.6	13 38
11	9 34 17.90	3.49	15 10 14.6	14.4	18.43 768	1 725	1.86	0.48	22 54	6 15.7	13 34
12	9 34 21.39	3.27	15 10 0.2	13.3	18.42 043	1 725	1.86	0.48	22 50	6 11.8	13 30
13	9 34 24.66	3.06	+15 9 46.9	12.3	18.40 318	1 726	1.86	0.48	22 46	6 8.0	13 26
14	9 34 27.72	2.84	15 9 34.6	11.1	18.38 592	1 726	1.86	0.48	22 42	6 4.1	13 22
15	9 34 30.56	2.63	15 9 23.5	10.2	18.36 866	1 726	1.87	0.48	22 38	6 0.2	13 18
16	9 34 33.19	2.41	15 9 13.3	8.9	18.35 140	1 726	1.87	0.48	22 34	5 56.3	13 14
17	9 34 35.60	2.20	15 9 4.4	8.1	18.33 414	1 722	1.87	0.48	22 31	5 52.4	13 10
18	9 34 37.80	1.97	15 8 56.3	6.9	18.31 692	1 722	1.87	0.48	22 27	5 48.5	13 7
19	9 34 39.77	1.76	+15 8 49.4	5.9	18.29 970	1 720	1.87	0.48	22 23	5 44.6	13 3
20	9 34 41.53	1.53	15 8 43.5	4.7	18.28 250	1 716	1.88	0.48	22 19	5 40.7	12 59
21	9 34 43.06	1.32	15 8 38.8	3.7	18.26 534	1 712	1.88	0.48	22 15	5 36.8	12 55
22	9 34 44.38	1.11	15 8 35.1	2.7	18.24 822	1 710	1.88	0.48	22 11	5 32.9	12 51
23	9 34 45.49	0.87	15 8 32.4	1.5	18.23 112	1 703	1.88	0.48	22 7	5 29.0	12 47
24	9 34 46.36		+15 8 30.9		18.21 409		1.88	0.48	22 3	5 25.1	12 43

Uranus 1959

Tag	0h Weltzeit								Aufgang	Obere Kulmination	Untergang
	Scheinbare Rektaszension		Scheinbare Deklination		Δ		Halbmesser	Hor. Par.	in 0h Länge, +50° Breite		
1959	h m s	s	° ′ ″	″			″	″	h m	h m	h m
Nov. 24	9 34 46.36	0.66	+15 8 30.9	0.5	18.21 409	1 700	1.88	0.48	22 3	5 25.1	12 43
25	9 34 47.02	0.44	15 8 30.4	0.7	18.19 709	1 694	1.88	0.48	21 59	5 21.1	12 39
26	9 34 47.46	0.22	15 8 31.1	1.6	18.18 015	1 688	1.89	0.48	21 55	5 17.2	12 35
27	9 34 47.68	0.01	15 8 32.7	2.9	18.16 327	1 681	1.89	0.48	21 51	5 13.3	12 31
28	9 34 47.67	0.23	15 8 35.6	3.8	18.14 646	1 674	1.89	0.48	21 48	5 9.4	12 27
29	9 34 47.44	0.44	15 8 39.4	4.9	18.12 972	1 667	1.89	0.49	21 44	5 5.4	12 23
30	9 34 47.00	0.67	+15 8 44.3	6.1	18.11 305	1 658	1.89	0.49	21 40	5 1.5	12 20
Dez. 1	9 34 46.33	0.89	15 8 50.4	7.0	18.09 647	1 649	1.89	0.49	21 36	4 57.5	12 16
2	9 34 45.44	1.11	15 8 57.4	8.2	18.07 998	1 640	1.90	0.49	21 32	4 53.6	12 12
3	9 34 44.33	1.31	15 9 5.6	9.1	18.06 358	1 629	1.90	0.49	21 28	4 49.6	12 8
4	9 34 43.02	1.55	15 9 14.7	10.3	18.04 729	1 619	1.90	0.49	21 24	4 45.7	12 4
5	9 34 41.47	1.76	15 9 25.0	11.3	18.03 110	1 608	1.90	0.49	21 20	4 41.7	12 0
6	9 34 39.71	1.98	+15 9 36.3	12.3	18.01 502	1 598	1.90	0.49	21 16	4 37.8	11 56
7	9 34 37.73	2.19	15 9 48.6	13.3	17.99 904	1 584	1.90	0.49	21 12	4 33.8	11 52
8	9 34 35.54	2.40	15 10 1.9	14.5	17.98 320	1 571	1.91	0.49	21 8	4 29.8	11 48
9	9 34 33.14	2.61	15 10 16.4	15.3	17.96 749	1 559	1.91	0.49	21 4	4 25.9	11 44
10	9 34 30.53	2.83	15 10 31.7	16.5	17.95 190	1 546	1.91	0.49	21 0	4 21.9	11 40
11	9 34 27.70	3.03	15 10 48.2	17.4	17.93 644	1 531	1.91	0.49	20 56	4 17.9	11 36
12	9 34 24.67	3.24	+15 11 5.6	18.4	17.92 113	1 517	1.91	0.49	20 52	4 13.9	11 32
13	9 34 21.43	3.44	15 11 24.0	19.5	17.90 596	1 502	1.91	0.49	20 48	4 9.9	11 28
14	9 34 17.99	3.66	15 11 43.5	20.4	17.89 094	1 486	1.92	0.49	20 44	4 5.9	11 24
15	9 34 14.33	3.85	15 12 3.9	21.3	17.87 608	1 472	1.92	0.49	20 40	4 2.0	11 20
16	9 34 10.48	4.06	15 12 25.2	22.3	17.86 136	1 453	1.92	0.49	20 36	3 58.0	11 16
17	9 34 6.42	4.26	15 12 47.5	23.3	17.84 683	1 438	1.92	0.49	20 32	3 54.0	11 12
18	9 34 2.16	4.45	+15 13 10.8	24.3	17.83 245	1 420	1.92	0.49	20 28	3 50.0	11 8
19	9 33 57.71	4.65	15 13 35.1	25.1	17.81 825	1 403	1.92	0.49	20 24	3 45.9	11 4
20	9 33 53.06	4.84	15 14 0.2	26.1	17.80 422	1 384	1.93	0.49	20 20	3 41.9	11 0
21	9 33 48.22	5.04	15 14 26.3	27.0	17.79 038	1 366	1.93	0.49	20 16	3 37.9	10 56
22	9 33 43.18	5.24	15 14 53.3	27.8	17.77 672	1 346	1.93	0.50	20 11	3 33.9	10 53
23	9 33 37.94	5.41	15 15 21.1	28.8	17.76 326	1 327	1.93	0.50	20 7	3 29.9	10 49
24	9 33 32.53	5.61	+15 15 49.9	29.7	17.74 999	1 307	1.93	0.50	20 3	3 25.9	10 45
25	9 33 26.92	5.79	15 16 19.6	30.5	17.73 692	1 286	1.93	0.50	19 59	3 21.8	10 41
26	9 33 21.13	5.97	15 16 50.1	31.2	17.72 406	1 266	1.93	0.50	19 55	3 17.8	10 37
27	9 33 15.16	6.16	15 17 21.3	32.3	17.71 140	1 244	1.94	0.50	19 51	3 13.8	10 33
28	9 33 9.00	6.33	15 17 53.6	33.1	17.69 896	1 222	1.94	0.50	19 47	3 9.7	10 29
29	9 33 2.67	6.50	15 18 26.7	33.7	17.68 674	1 199	1.94	0.50	19 43	3 5.7	10 25
30	9 32 56.17	6.68	+15 19 0.4	34.5	17.67 475	1 177	1.94	0.50	19 39	3 1.7	10 21
31	9 32 49.49	6.84	15 19 34.9	35.4	17.66 298	1 153	1.94	0.50	19 35	2 57.6	10 17
32	9 32 42.65		+15 20 10.3		17.65 145		1.94	0.50	19 31	2 53.6	10 13

Tag	0h Weltzeit: Scheinbare Rektaszension		Scheinbare Deklination		Δ		Halbmesser	Hor. Par.	Aufgang (in 0h Länge, +50° Breite)	Obere Kulmination	Untergang
1959	h m s	s	° ′ ″	″			″	″	h m	h m	h m
Jan. 0	14 19 11.87	4.91	−12 3 42.3	21.5	30.77 587	1 545	1.19	0.29	2 38	7 42.3	12 46
1	14 19 16.78	4.79	12 4 3.8	20.9	30.76 042	1 559	1.19	0.29	2 35	7 38.4	12 42
2	14 19 21.57	4.68	12 4 24.7	20.2	30.74 483	1 572	1.19	0.29	2 31	7 34.6	12 39
3	14 19 26.25	4.56	12 4 44.9	19.6	30.72 911	1 584	1.19	0.29	2 27	7 30.7	12 35
4	14 19 30.81	4.45	12 5 4.5	19.1	30.71 327	1 597	1.19	0.29	2 23	7 26.9	12 31
5	14 19 35.26	4.34	12 5 23.6	18.4	30.69 730	1 609	1.19	0.29	2 19	7 23.0	12 27
6	14 19 39.60	4.21	−12 5 42.0	17.7	30.68 121	1 620	1.19	0.29	2 15	7 19.2	12 23
7	14 19 43.81	4.10	12 5 59.7	17.2	30.66 501	1 629	1.19	0.29	2 12	7 15.3	12 19
8	14 19 47.91	3.97	12 6 16.9	16.4	30.64 872	1 641	1.19	0.29	2 8	7 11.4	12 15
9	14 19 51.88	3.86	12 6 33.3	15.9	30.63 231	1 651	1.19	0.29	2 4	7 7.6	12 11
10	14 19 55.74	3.73	12 6 49.2	15.2	30.61 580	1 659	1.19	0.29	2 0	7 3.7	12 7
11	14 19 59.47	3.60	12 7 4.4	14.5	30.59 921	1 668	1.19	0.29	1 56	6 59.8	12 4
12	14 20 3.07	3.49	−12 7 18.9	13.9	30.58 253	1 676	1.20	0.29	1 52	6 56.0	12 0
13	14 20 6.56	3.35	12 7 32.8	13.3	30.56 577	1 684	1.20	0.29	1 49	6 52.1	11 56
14	14 20 9.91	3.23	12 7 46.1	12.5	30.54 893	1 690	1.20	0.29	1 45	6 48.2	11 52
15	14 20 13.14	3.11	12 7 58.6	12.0	30.53 203	1 697	1.20	0.29	1 41	6 44.3	11 48
16	14 20 16.25	2.98	12 8 10.6	11.2	30.51 506	1 703	1.20	0.29	1 37	6 40.4	11 44
17	14 20 19.23	2.85	12 8 21.8	10.6	30.49 803	1 709	1.20	0.29	1 33	6 36.6	11 40
18	14 20 22.08	2.72	−12 8 32.4	9.9	30.48 094	1 713	1.20	0.29	1 29	6 32.7	11 36
19	14 20 24.80	2.60	12 8 42.3	9.3	30.46 381	1 718	1.20	0.29	1 25	6 28.8	11 32
20	14 20 27.40	2.46	12 8 51.6	8.6	30.44 663	1 722	1.20	0.29	1 21	6 24.9	11 28
21	14 20 29.86	2.34	12 9 0.2	7.9	30.42 941	1 725	1.20	0.29	1 18	6 21.0	11 25
22	14 20 32.20	2.21	12 9 8.1	7.3	30.41 216	1 727	1.20	0.29	1 14	6 17.1	11 21
23	14 20 34.41	2.07	12 9 15.4	6.6	30.39 489	1 731	1.20	0.29	1 10	6 13.2	11 17
24	14 20 36.48	1.95	−12 9 22.0	5.9	30.37 758	1 732	1.20	0.29	1 6	6 9.3	11 13
25	14 20 38.43	1.81	12 9 27.9	5.3	30.36 026	1 734	1.20	0.29	1 2	6 5.4	11 9
26	14 20 40.24	1.69	12 9 33.2	4.6	30.34 292	1 734	1.20	0.29	0 58	6 1.5	11 5
27	14 20 41.93	1.55	12 9 37.8	3.9	30.32 558	1 734	1.21	0.29	0 54	5 57.6	11 1
28	14 20 43.48	1.42	12 9 41.7	3.2	30.30 824	1 735	1.21	0.29	0 50	5 53.7	10 57
29	14 20 44.90	1.29	12 9 44.9	2.6	30.29 089	1 734	1.21	0.29	0 46	5 49.8	10 53
30	14 20 46.19	1.15	−12 9 47.5	1.9	30.27 355	1 733	1.21	0.29	0 43	5 45.9	10 49
31	14 20 47.34	1.03	12 9 49.4	1.3	30.25 622	1 731	1.21	0.29	0 39	5 42.0	10 45
Febr. 1	14 20 48.37	0.89	12 9 50.7	0.5	30.23 891	1 729	1.21	0.29	0 35	5 38.1	10 42
2	14 20 49.26	0.76	12 9 51.2	0.1	30.22 162	1 727	1.21	0.29	0 31	5 34.1	10 38
3	14 20 50.02	0.62	12 9 51.1	0.7	30.20 435	1 723	1.21	0.29	0 27	5 30.2	10 34
4	14 20 50.64	0.49	12 9 50.4	1.5	30.18 712	1 720	1.21	0.29	0 23	5 26.3	10 30
5	14 20 51.13	0.36	−12 9 48.9	2.1	30.16 992	1 715	1.21	0.29	0 19	5 22.4	10 26
6	14 20 51.49	0.22	12 9 46.8	2.8	30.15 277	1 709	1.21	0.29	0 15	5 18.5	10 22
7	14 20 51.71	0.09	12 9 44.0	3.4	30.13 568	1 705	1.21	0.29	0 11	5 14.5	10 18
8	14 20 51.80	0.04	12 9 40.6	4.1	30.11 863	1 699	1.21	0.29	0 7	5 10.6	10 14
9	14 20 51.76	0.17	12 9 36.5	4.7	30.10 164	1 692	1.21	0.29	{0 3 / 23 59}	5 6.7	10 10
10	14 20 51.59		−12 9 31.8		30.08 472		1.22	0.29	23 55	5 2.7	10 6

Neptun 1959

Tag	0h Weltzeit: Scheinbare Rektaszension		0h Weltzeit: Scheinbare Deklination		0h Weltzeit: Δ		0h Weltzeit: Halbmesser	0h Weltzeit: Hor. Par.	Aufgang (in 0h Länge, +50° Breite)	Obere Kulmination (in 0h Länge, +50° Breite)	Untergang (in 0h Länge, +50° Breite)
1959	h m s	s	° ′ ″	″			″	″	h m	h m	h m
Febr. 10	14 20 51.59	0.31	−12 9 31.8	5.4	30.08 472	1 685	1.22	0.29	23 55	5 2.7	10 6
11	14 20 51.28	0.44	12 9 26.4	6.1	30.06 787	1 677	1.22	0.29	23 52	4 58.8	10 2
12	14 20 50.84	0.57	12 9 20.3	6.7	30.05 110	1 668	1.22	0.29	23 48	4 54.9	9 58
13	14 20 50.27	0.70	12 9 13.6	7.3	30.03 442	1 660	1.22	0.29	23 44	4 50.9	9 54
14	14 20 49.57	0.83	12 9 6.3	8.0	30.01 782	1 651	1.22	0.29	23 40	4 47.0	9 50
15	14 20 48.74	0.96	12 8 58.3	8.6	30.00 131	1 640	1.22	0.29	23 36	4 43.0	9 47
16	14 20 47.78	1.08	−12 8 49.7	9.2	29.98 491	1 631	1.22	0.29	23 32	4 39.1	9 43
17	14 20 46.70	1.22	12 8 40.5	9.9	29.96 860	1 620	1.22	0.29	23 28	4 35.1	9 39
18	14 20 45.48	1.33	12 8 30.6	10.5	29.95 240	1 609	1.22	0.29	23 24	4 31.2	9 35
19	14 20 44.15	1.47	12 8 20.1	11.1	29.93 631	1 596	1.22	0.29	23 20	4 27.2	9 31
20	14 20 42.68	1.59	12 8 9.0	11.7	29.92 035	1 585	1.22	0.29	23 16	4 23.3	9 27
21	14 20 41.09	1.72	12 7 57.3	12.3	29.90 450	1 571	1.22	0.29	23 12	4 19.3	9 23
22	14 20 39.37	1.84	−12 7 45.0	12.9	29.88 879	1 559	1.22	0.29	23 8	4 15.3	9 19
23	14 20 37.53	1.96	12 7 32.1	13.5	29.87 320	1 545	1.22	0.29	23 4	4 11.4	9 15
24	14 20 35.57	2.08	12 7 18.6	14.0	29.85 775	1 531	1.22	0.29	23 0	4 7.4	9 11
25	14 20 33.49	2.20	12 7 4.6	14.8	29.84 244	1 517	1.23	0.29	22 56	4 3.4	9 7
26	14 20 31.29	2.32	12 6 49.8	15.2	29.82 727	1 501	1.23	0.30	22 52	3 59.5	9 3
27	14 20 28.97	2.44	12 6 34.6	15.8	29.81 226	1 487	1.23	0.30	22 48	3 55.5	8 59
28	14 20 26.53	2.56	−12 6 18.8	16.4	29.79 739	1 470	1.23	0.30	22 44	3 51.5	8 55
März 1	14 20 23.97	2.68	12 6 2.4	16.9	29.78 269	1 455	1.23	0.30	22 40	3 47.6	8 51
2	14 20 21.29	2.79	12 5 45.5	17.5	29.76 814	1 438	1.23	0.30	22 36	3 43.6	8 47
3	14 20 18.50	2.90	12 5 28.0	18.0	29.75 376	1 420	1.23	0.30	22 32	3 39.6	8 43
4	14 20 15.60	3.03	12 5 10.0	18.6	29.73 956	1 403	1.23	0.30	22 28	3 35.6	8 40
5	14 20 12.57	3.13	12 4 51.4	19.1	29.72 553	1 385	1.23	0.30	22 24	3 31.6	8 36
6	14 20 9.44	3.24	−12 4 32.3	19.6	29.71 168	1 365	1.23	0.30	22 20	3 27.7	8 32
7	14 20 6.20	3.35	12 4 12.7	20.1	29.69 803	1 348	1.23	0.30	22 16	3 23.7	8 28
8	14 20 2.85	3.46	12 3 52.6	20.7	29.68 455	1 327	1.23	0.30	22 12	3 19.7	8 24
9	14 19 59.39	3.57	12 3 31.9	21.1	29.67 128	1 308	1.23	0.30	22 8	3 15.7	8 20
10	14 19 55.82	3.67	12 3 10.8	21.7	29.65 820	1 287	1.23	0.30	22 4	3 11.7	8 16
11	14 19 52.15	3.78	12 2 49.1	22.1	29.64 533	1 267	1.23	0.30	22 0	3 7.7	8 12
12	14 19 48.37	3.87	−12 2 27.0	22.5	29.63 266	1 245	1.23	0.30	21 56	3 3.7	8 8
13	14 19 44.50	3.98	12 2 4.5	23.1	29.62 021	1 223	1.23	0.30	21 52	2 59.7	8 4
14	14 19 40.52	4.07	12 1 41.4	23.6	29.60 798	1 202	1.23	0.30	21 48	2 55.7	8 0
15	14 19 36.45	4.17	12 1 17.8	23.9	29.59 596	1 179	1.24	0.30	21 44	2 51.7	7 56
16	14 19 32.28	4.26	12 0 53.9	24.4	29.58 417	1 157	1.24	0.30	21 40	2 47.7	7 52
17	14 19 28.02	4.36	12 0 29.5	24.8	29.57 260	1 134	1.24	0.30	21 36	2 43.7	7 48
18	14 19 23.66	4.45	−12 0 4.7	25.2	26.56 126	1 110	1.24	0.30	21 32	2 39.7	7 44
19	14 19 19.21	4.53	11 59 39.5	25.6	29.55 016	1 088	1.24	0.30	21 27	2 35.7	7 40
20	14 19 14.68	4.62	11 59 13.9	26.1	29.53 928	1 062	1.24	0.30	21 23	2 31.7	7 36
21	14 19 10.06	4.70	11 58 47.8	26.4	29.52 866	1 039	1.24	0.30	21 19	2 27.7	7 32
22	14 19 5.36	4.79	11 58 21.4	26.7	29.51 827	1 015	1.24	0.30	21 15	2 23.7	7 28
23	14 19 0.57		−11 57 54.7		29.50 812		1.24	0.30	21 11	2 19.7	7 24

Tag	Scheinbare Rektaszension (0h Weltzeit)		Scheinbare Deklination (0h Weltzeit)		Δ (0h Weltzeit)		Halbmesser	Hor. Par.	Aufgang	Obere Kulmination	Untergang
									in 0h Länge, +50° Breite		
1959	h m s	s	° ′ ″	″			″	″	h m	h m	h m
März 23	14 19 0.57	4.87	−11 57 54.7	27.1	29.50 812	989	1.24	0.30	21 11	2 19.7	7 24
24	14 18 55.70	4.94	11 57 27.6	27.5	29.49 823	965	1.24	0.30	21 7	2 15.7	7 20
25	14 18 50.76	5.03	11 57 0.1	27.8	29.48 858	940	1.24	0.30	21 3	2 11.6	7 16
26	14 18 45.73	5.09	11 56 32.3	28.2	29.47 918	913	1.24	0.30	20 59	2 7.6	7 12
27	14 18 40.64	5.17	11 56 4.1	28.5	29.47 005	889	1.24	0.30	20 55	2 3.6	7 8
28	14 18 35.47	5.24	11 55 35.6	28.8	29.46 116	862	1.24	0.30	20 51	1 59.6	7 4
29	14 18 30.23	5.31	−11 55 6.8	29.0	29.45 254	836	1.24	0.30	20 47	1 55.6	7 0
30	14 18 24.92	5.39	11 54 37.8	29.4	29.44 418	809	1.24	0.30	20 43	1 51.6	6 56
31	14 18 19.53	5.43	11 54 8.4	29.6	29.43 609	783	1.24	0.30	20 39	1 47.5	6 52
April 1	14 18 14.10	5.51	11 53 38.8	30.0	29.42 826	755	1.24	0.30	20 35	1 43.5	6 48
2	14 18 8.59	5.57	11 53 8.8	30.1	29.42 071	728	1.24	0.30	20 31	1 39.5	6 44
3	14 18 3.02	5.63	11 52 38.7	30.4	29.41 343	701	1.24	0.30	20 27	1 35.5	6 40
4	14 17 57.39	5.67	−11 52 8.3	30.6	29.40 642	673	1.24	0.30	20 23	1 31.4	6 36
5	14 17 51.72	5.74	11 51 37.7	30.9	29.39 969	644	1.24	0.30	20 19	1 27.4	6 32
6	14 17 45.98	5.79	11 51 6.8	31.1	29.39 325	616	1.24	0.30	20 14	1 23.4	6 28
7	14 17 40.19	5.83	11 50 35.7	31.3	29.38 709	588	1.24	0.30	20 10	1 19.4	6 24
8	14 17 34.36	5.89	11 50 4.4	31.4	29.38 121	559	1.24	0.30	20 6	1 15.3	6 20
9	14 17 28.47	5.92	11 49 33.0	31.6	29.37 562	531	1.24	0.30	20 2	1 11.3	6 16
10	14 17 22.55	5.97	−11 49 1.4	31.8	29.37 031	501	1.24	0.30	19 58	1 7.3	6 12
11	14 17 16.58	6.01	11 48 29.6	31.9	29.36 530	472	1.25	0.30	19 54	1 3.2	6 8
12	14 17 10.57	6.04	11 47 57.7	32.1	29.36 058	444	1.25	0.30	19 50	0 59.2	6 4
13	14 17 4.53	6.08	11 47 25.6	32.1	29.35 614	414	1.25	0.30	19 46	0 55.2	6 0
14	14 16 58.45	6.11	11 46 53.5	32.3	29.35 200	384	1.25	0.30	19 42	0 51.1	5 56
15	14 16 52.34	6.14	11 46 21.2	32.3	29.34 816	355	1.25	0.30	19 38	0 47.1	5 52
16	14 16 46.20	6.16	−11 45 48.9	32.5	29.34 461	325	1.25	0.30	19 34	0 43.1	5 48
17	14 16 40.04	6.19	11 45 16.4	32.5	29.34 136	296	1.25	0.30	19 30	0 39.0	5 44
18	14 16 33.85	6.21	11 44 43.9	32.5	29.33 840	266	1.25	0.30	19 26	0 35.0	5 40
19	14 16 27.64	6.23	11 44 11.4	32.6	29.33 574	237	1.25	0.30	19 21	0 31.0	5 36
20	14 16 21.41	6.25	11 43 38.8	32.7	29.33 337	207	1.25	0.30	19 17	0 26.9	5 32
21	14 16 15.16	6.26	11 43 6.1	32.6	29.33 130	178	1.25	0.30	19 13	0 22.9	5 28
22	14 16 8.90	6.28	−11 42 33.5	32.7	29.32 952	148	1.25	0.30	19 9	0 18.9	5 24
23	14 16 2.62	6.28	11 42 0.8	32.6	29.32 804	118	1.25	0.30	19 5	0 14.8	5 20
24	14 15 56.34	6.29	11 41 28.2	32.7	29.32 686	89	1.25	0.30	19 1	0 10.8	5 16
25	14 15 50.05	6.30	11 40 55.5	32.5	29.32 597	59	1.25	0.30	18 57	0 6.8	5 12
26	14 15 43.75	6.30	11 40 23.0	32.6	29.32 538	29	1.25	0.30	18 53	{0 2.7 / 23 58.7}	5 8
27	14 15 37.45	6.30	11 39 50.4	32.5	29.32 509	−1	1.25	0.30	18 49	23 54.7	5 4
28	14 15 31.15	6.30	−11 39 17.9	32.4	29.32 510	30	1.25	0.30	18 45	23 50.6	5 1
29	14 15 24.85	6.30	11 38 45.5	32.4	29.32 540	60	1.25	0.30	18 41	23 46.6	4 57
30	14 15 18.55	6.29	11 38 13.1	32.2	29.32 600	90	1.25	0.30	18 37	23 42.5	4 53
Mai 1	14 15 12.26	6.28	11 37 40.9	32.2	29.32 690	119	1.25	0.30	18 32	23 38.5	4 49
2	14 15 5.98	6.27	11 37 8.7	32.1	29.32 809	149	1.25	0.30	18 28	23 34.5	4 45
3	14 14 59.71		−11 36 36.6		29.32 958		1.25	0.30	18 24	23 30.4	4 41

Neptun 1959

Tag	Scheinbare Rektaszension (0h Weltzeit)	Diff.	Scheinbare Deklination (0h Weltzeit)	Diff.	Δ (0h Weltzeit)	Diff.	Halbmesser	Hor. Par.	Aufgang (in 0h Länge, +50° Breite)	Obere Kulmination (in 0h Länge, +50° Breite)	Untergang (in 0h Länge, +50° Breite)
1959	h m s	s	° ′ ″	″			″	″	h m	h m	h m
Mai 3	14 14 59.71	6.26	−11 36 36.6	31.9	29.32 958	179	1.25	0.30	18 24	23 30.4	4 41
4	14 14 53.45	6.24	11 36 4.7	31.8	29.33 137	209	1.25	0.30	18 20	23 26.4	4 37
5	14 14 47.21	6.23	11 35 32.9	31.6	29.33 346	237	1.25	0.30	18 16	23 22.4	4 33
6	14 14 40.98	6.20	11 35 1.3	31.5	29.33 583	268	1.25	0.30	18 12	23 18.3	4 29
7	14 14 34.78	6.18	11 34 29.8	31.3	29.33 851	296	1.25	0.30	18 8	23 14.3	4 25
8	14 14 28.60	6.15	11 33 58.5	31.0	29.34 147	326	1.25	0.30	18 4	23 10.3	4 21
9	14 14 22.45	6.12	−11 33 27.5	30.9	29.34 473	355	1.25	0.30	18 0	23 6.2	4 17
10	14 14 16.33	6.10	11 32 56.6	30.7	29.34 828	384	1.25	0.30	17 56	23 2.2	4 13
11	14 14 10.23	6.06	11 32 25.9	30.4	29.35 212	413	1.25	0.30	17 52	22 58.2	4 9
12	14 14 4.17	6.03	11 31 55.5	30.3	29.35 625	441	1.25	0.30	17 48	22 54.1	4 5
13	14 13 58.14	5.98	11 31 25.2	29.9	29.36 066	469	1.25	0.30	17 44	22 50.1	4 1
14	14 13 52.16	5.94	11 30 55.3	29.7	29.36 535	498	1.25	0.30	17 39	22 46.1	3 57
15	14 13 46.22	5.91	−11 30 25.6	29.4	29.37 033	526	1.24	0.30	17 35	22 42.0	3 53
16	14 13 40.31	5.86	11 29 56.2	29.2	29.37 559	554	1.24	0.30	17 31	22 38.0	3 49
17	14 13 34.45	5.81	11 29 27.0	28.8	29.38 113	581	1.24	0.30	17 27	22 34.0	3 45
18	14 13 28.64	5.77	11 28 58.2	28.5	29.38 694	609	1.24	0.30	17 23	22 30.0	3 41
19	14 13 22.87	5.71	11 28 29.7	28.2	29.39 303	636	1.24	0.30	17 19	22 25.9	3 37
20	14 13 17.16	5.66	11 28 1.5	27.9	29.39 939	662	1.24	0.30	17 15	22 21.9	3 33
21	14 13 11.50	5.61	−11 27 33.6	27.6	29.40 601	688	1.24	0.30	17 11	22 17.9	3 29
22	14 13 5.89	5.55	11 27 6.0	27.1	29.41 289	717	1.24	0.30	17 7	22 13.9	3 25
23	14 13 0.34	5.49	11 26 38.9	26.9	29.42 006	741	1.24	0.30	17 3	22 9.8	3 21
24	14 12 54.85	5.43	11 26 12.0	26.4	29.42 747	768	1.24	0.30	16 59	22 5.8	3 17
25	14 12 49.42	5.37	11 25 45.6	26.2	29.43 515	793	1.24	0.30	16 55	22 1.8	3 13
26	14 12 44.05	5.30	11 25 19.4	25.6	29.44 308	820	1.24	0.30	16 51	21 57.8	3 9
27	14 12 38.75	5.24	−11 24 53.8	25.4	29.45 128	843	1.24	0.30	16 47	21 53.8	3 5
28	14 12 33.51	5.17	11 24 28.4	24.9	29.45 971	870	1.24	0.30	16 43	21 49.7	3 1
29	14 12 28.34	5.10	11 24 3.5	24.5	29.46 841	894	1.24	0.30	16 39	21 45.7	2 57
30	14 12 23.24	5.03	11 23 39.0	24.1	29.47 735	919	1.24	0.30	16 35	21 41.7	2 53
31	14 12 18.21	4.95	11 23 14.9	23.6	29.48 654	943	1.24	0.30	16 30	21 37.7	2 49
Juni 1	14 12 13.26	4.88	11 22 51.3	23.2	29.49 597	968	1.24	0.30	16 26	21 33.7	2 45
2	14 12 8.38	4.80	−11 22 28.1	22.7	29.50 565	991	1.24	0.30	16 22	21 29.7	2 41
3	14 12 3.58	4.72	11 22 5.4	22.3	29.51 556	1 015	1.24	0.30	16 18	21 25.7	2 37
4	14 11 58.86	4.64	11 21 43.1	21.9	29.52 571	1 037	1.24	0.30	16 14	21 21.6	2 33
5	14 11 54.22	4.56	11 21 21.2	21.3	29.53 608	1 060	1.24	0.30	16 10	21 17.6	2 29
6	14 11 49.66	4.47	11 20 59.9	20.8	29.54 668	1 083	1.24	0.30	16 6	21 13.6	2 25
7	14 11 45.19	4.39	11 20 39.1	20.3	29.55 751	1 105	1.24	0.30	16 2	21 9.6	2 21
8	14 11 40.80	4.30	−11 20 18.8	19.9	29.56 856	1 127	1.24	0.30	15 58	21 5.6	2 17
9	14 11 36.50	4.20	11 19 58.9	19.4	29.57 983	1 147	1.24	0.30	15 54	21 1.6	2 13
10	14 11 32.30	4.11	11 19 39.5	18.8	29.59 130	1 170	1.24	0.30	15 50	20 57.6	2 9
11	14 11 28.19	4.03	11 19 20.7	18.3	29.60 300	1 189	1.23	0.30	15 46	20 53.6	2 5
12	14 11 24.16	3.92	11 19 2.4	17.7	29.61 489	1 210	1.23	0.30	15 42	20 49.6	2 1
13	14 11 20.24		−11 18 44.7		29.62 699		1.23	0.30	15 38	20 45.6	1 57

Tag	Scheinbare Rektaszension		Scheinbare Deklination		Δ		Halbmesser	Hor. Par.	Aufgang	Obere Kulmination	Untergang
	0h Weltzeit								in 0h Länge, +50° Breite		
1959	h m s	s	° ′ ″	″			″	″	h m	h m	h m
Juni 13	14 11 20.24	3.83	−11 18 44.7	17.2	29.62 699	1 229	1.23	0.30	15 38	20 45.6	1 57
14	14 11 16.41	3.74	11 18 27.5	16.7	29.63 928	1 249	1.23	0.30	15 34	20 41.6	1 53
15	14 11 12.67	3.63	11 18 10.8	16.1	29.65 177	1 268	1.23	0.30	15 30	20 37.6	1 49
16	14 11 9.04	3.53	11 17 54.7	15.5	29.66 445	1 286	1.23	0.30	15 26	20 33.7	1 45
17	14 11 5.51	3.44	11 17 39.2	15.0	29.67 731	1 304	1.23	0.30	15 22	20 29.7	1 41
18	14 11 2.07	3.33	11 17 24.2	14.5	29.69 035	1 322	1.23	0.30	15 18	20 25.7	1 38
19	14 10 58.74	3.23	−11 17 9.7	13.8	29.70 357	1 340	1.23	0.30	15 14	20 21.7	1 34
20	14 10 55.51	3.13	11 16 55.9	13.3	29.71 697	1 356	1.23	0.30	15 10	20 17.7	1 30
21	14 10 52.38	3.02	11 16 42.6	12.7	29.73 053	1 374	1.23	0.30	15 6	20 13.7	1 26
22	14 10 49.36	2.91	11 16 29.9	12.0	29.74 427	1 389	1.23	0.30	15 2	20 9.7	1 22
23	14 10 46.45	2.81	11 16 17.9	11.6	29.75 816	1 405	1.23	0.30	14 58	20 5.8	1 18
24	14 10 43.64	2.70	11 16 6.3	10.9	29.77 221	1 421	1.23	0.30	14 54	20 1.8	1 14
25	14 10 40.94	2.59	−11 15 55.4	10.3	29.78 642	1 436	1.23	0.30	14 50	19 57.8	1 10
26	14 10 38.35	2.48	11 15 45.1	9.7	29.80 078	1 451	1.23	0.30	14 46	19 53.8	1 6
27	14 10 35.87	2.37	11 15 35.4	9.1	29.81 529	1 465	1.23	0.30	14 42	19 49.9	1 2
28	14 10 33.50	2.26	11 15 26.3	8.5	29.82 994	1 480	1.23	0.30	14 38	19 45.9	0 58
29	14 10 31.24	2.14	11 15 17.8	7.8	29.84 474	1 492	1.22	0.29	14 34	19 41.9	0 54
30	14 10 29.10	2.03	11 15 10.0	7.3	29.85 966	1 505	1.22	0.29	14 30	19 38.0	0 50
Juli 1	14 10 27.07	1.92	−11 15 2.7	6.6	29.87 471	1 519	1.22	0.29	14 26	19 34.0	0 46
2	14 10 25.15	1.80	11 14 56.1	5.9	29.88 990	1 530	1.22	0.29	14 22	19 30.0	0 42
3	14 10 23.35	1.68	11 14 50.2	5.3	29.90 520	1 542	1.22	0.29	14 18	19 26.1	0 38
4	14 10 21.67	1.56	11 14 44.9	4.8	29.92 062	1 554	1.22	0.29	14 14	19 22.1	0 34
5	14 10 20.11	1.45	11 14 40.1	4.0	29.93 616	1 564	1.22	0.29	14 10	19 18.2	0 30
6	14 10 18.66	1.32	11 14 36.1	3.4	29.95 180	1 575	1.22	0.29	14 6	19 14.2	0 26
7	14 10 17.34	1.20	−11 14 32.7	2.8	29.96 755	1 584	1.22	0.29	14 2	19 10.3	0 22
8	14 10 16.14	1.09	11 14 29.9	2.1	29.98 339	1 593	1.22	0.29	13 58	19 6.3	0 18
9	14 10 15.05	0.97	11 14 27.8	1.5	29.99 932	1 603	1.22	0.29	13 54	19 2.4	0 14
10	14 10 14.08	0.84	11 14 26.3	0.8	30.01 535	1 611	1.22	0.29	13 50	18 58.4	0 11
11	14 10 13.24	0.72	11 14 25.5	0.2	30.03 146	1 619	1.22	0.29	13 46	18 54.5	0 7
12	14 10 12.52	0.60	11 14 25.3	0.5	30.04 765	1 626	1.22	0.29	13 42	18 50.5	0 3 23 59
13	14 10 11.92	0.48	−11 14 25.8	1.1	30.06 391	1 633	1.22	0.29	13 39	18 46.6	23 55
14	14 10 11.44	0.35	11 14 26.9	1.8	30.08 024	1 640	1.22	0.29	13 35	18 42.7	23 51
15	14 10 11.09	0.23	11 14 28.7	2.4	30.09 664	1 645	1.21	0.29	13 31	18 38.7	23 47
16	14 10 10.86	0.11	11 14 31.1	3.1	30.11 309	1 651	1.21	0.29	13 27	18 34.8	23 43
17	14 10 10.75	0.01	11 14 34.2	3.8	30.12 960	1 656	1.21	0.29	13 23	18 30.9	23 39
18	14 10 10.76	0.14	11 14 38.0	4.3	30.14 616	1 660	1.21	0.29	13 19	18 26.9	23 35
19	14 10 10.90	0.26	−11 14 42.3	5.1	30.16 276	1 664	1.21	0.29	13 15	18 23.0	23 31
20	14 10 11.16	0.37	11 14 47.4	5.7	30.17 940	1 669	1.21	0.29	13 11	18 19.1	23 27
21	14 10 11.53	0.51	11 14 53.1	6.3	30.19 609	1 672	1.21	0.29	13 7	18 15.1	23 23
22	14 10 12.04	0.63	11 14 59.4	7.0	30.21 281	1 675	1.21	0.29	13 3	18 11.2	23 19
23	14 10 12.67	0.74	11 15 6.4	7.7	30.22 956	1 676	1.21	0.29	12 59	18 7.3	23 15
24	14 10 13.41		−11 15 14.1		30.24 632		1.21	0.29	12 55	18 3.4	23 11

Neptun 1959

Tag	0h Weltzeit: Scheinbare Rektaszension		Scheinbare Deklination		Δ		Halbmesser	Hor. Par.	Aufgang (in 0h Länge, +50° Breite)	Obere Kulmination	Untergang
1959	h m s	s	° ′ ″	″			″	″	h m	h m	h m
Juli 24	14 10 13.41	0.88	−11 15 14.1	8.2	30.24 632	1 680	1.21	0.29	12 55	18 3.4	23 11
25	14 10 14.29	1.00	11 15 22.3	8.9	30.26 312	1 680	1.21	0.29	12 51	17 59.5	23 8
26	14 10 15.29	1.12	11 15 31.2	9.6	30.27 992	1 682	1.21	0.29	12 48	17 55.6	23 4
27	14 10 16.41	1.24	11 15 40.8	10.2	30.29 674	1 683	1.21	0.29	12 44	17 51.6	23 0
28	14 10 17.65	1.37	11 15 51.0	10.8	30.31 357	1 682	1.21	0.29	12 40	17 47.7	22 56
29	14 10 19.02	1.49	11 16 1.8	11.6	30.33 039	1 682	1.21	0.29	12 36	17 43.8	22 52
30	14 10 20.51	1.62	−11 16 13.4	12.1	30.34 721	1 681	1.20	0.29	12 32	17 39.9	22 48
31	14 10 22.13	1.74	11 16 25.5	12.8	30.36 402	1 681	1.20	0.29	12 28	17 36.0	22 44
Aug. 1	14 10 23.87	1.86	11 16 38.3	13.4	30.38 083	1 678	1.20	0.29	12 24	17 32.1	22 40
2	14 10 25.73	1.98	11 16 51.7	14.0	30.39 761	1 676	1.20	0.29	12 20	17 28.2	22 36
3	14 10 27.71	2.11	11 17 5.7	14.7	30.41 437	1 674	1.20	0.29	12 17	17 24.3	22 32
4	14 10 29.82	2.23	11 17 20.4	15.3	30.43 111	1 670	1.20	0.29	12 13	17 20.4	22 28
5	14 10 32.05	2.35	−11 17 35.7	16.0	30.44 781	1 667	1.20	0.29	12 9	17 16.5	22 24
6	14 10 34.40	2.47	11 17 51.7	16.5	30.46 448	1 662	1.20	0.29	12 5	17 12.6	22 20
7	14 10 36.87	2.60	11 18 8.2	17.2	30.48 110	1 657	1.20	0.29	12 1	17 8.7	22 17
8	14 10 39.47	2.71	11 18 25.4	17.7	30.49 767	1 652	1.20	0.29	11 57	17 4.9	22 13
9	14 10 42.18	2.84	11 18 43.1	18.5	30.51 419	1 647	1.20	0.29	11 53	17 1.0	22 9
10	14 10 45.02	2.95	11 19 1.6	18.9	30.53 066	1 639	1.20	0.29	11 50	16 57.1	22 5
11	14 10 47.97	3.07	−11 19 20.5	19.6	30.54 705	1 634	1.20	0.29	11 46	16 53.2	22 1
12	14 10 51.04	3.20	11 19 40.1	20.3	30.56 339	1 627	1.20	0.29	11 42	16 49.3	21 57
13	14 10 54.24	3.30	11 20 0.4	20.7	30.57 966	1 619	1.20	0.29	11 38	16 45.5	21 53
14	14 10 57.54	3.43	11 20 21.1	21.3	30.59 585	1 611	1.19	0.29	11 34	16 41.6	21 49
15	14 11 0.97	3.54	11 20 42.4	22.0	30.61 196	1 603	1.19	0.29	11 30	16 37.7	21 45
16	14 11 4.51	3.65	11 21 4.4	22.5	30.62 799	1 594	1.19	0.29	11 26	16 33.8	21 41
17	14 11 8.16	3.77	−11 21 26.9	23.1	30.64 393	1 585	1.19	0.29	11 23	16 30.0	21 37
18	14 11 11.93	3.88	11 21 50.0	23.6	30.65 978	1 576	1.19	0.29	11 19	16 26.1	21 34
19	14 11 15.81	3.99	11 22 13.6	24.2	30.67 554	1 565	1.19	0.29	11 15	16 22.2	21 30
20	14 11 19.80	4.10	11 22 37.8	24.8	30.69 119	1 555	1.19	0.29	11 11	16 18.4	21 26
21	14 11 23.90	4.22	11 23 2.6	25.2	30.70 674	1 545	1.19	0.29	11 7	16 14.5	21 22
22	14 11 28.12	4.32	11 23 27.8	25.9	30.72 219	1 533	1.19	0.29	11 3	16 10.6	21 18
23	14 11 32.44	4.43	−11 23 53.7	26.4	30.73 752	1 522	1.19	0.29	11 0	16 6.8	21 14
24	14 11 36.87	4.55	11 24 20.1	26.8	30.75 274	1 509	1.19	0.29	10 56	16 2.9	21 10
25	14 11 41.42	4.65	11 24 46.9	27.5	30.76 783	1 497	1.19	0.29	10 52	15 59.1	21 6
26	14 11 46.07	4.76	11 25 14.4	27.9	30.78 280	1 485	1.19	0.29	10 48	15 55.2	21 2
27	14 11 50.83	4.86	11 25 42.3	28.5	30.79 765	1 471	1.19	0.29	10 44	15 51.4	20 59
28	14 11 55.69	4.97	11 26 10.8	29.0	30.81 236	1 458	1.19	0.29	10 40	15 47.5	20 55
29	14 12 0.66	5.08	−11 26 39.8	29.4	30.82 694	1 443	1.19	0.29	10 37	15 43.7	20 51
30	14 12 5.74	5.17	11 27 9.2	30.0	30.84 137	1 429	1.19	0.29	10 33	15 39.8	20 47
31	14 12 10.91	5.28	11 27 39.2	30.5	30.85 566	1 414	1.18	0.29	10 29	15 36.0	20 43
Sept. 1	14 12 16.19	5.38	11 28 9.7	30.9	30.86 980	1 399	1.18	0.29	10 25	15 32.1	20 39
2	14 12 21.57	5.48	11 28 40.6	31.4	30.88 379	1 383	1.18	0.28	10 21	15 28.3	20 35
3	14 12 27.05		−11 29 12.0		30.89 762		1.18	0.28	10 18	15 24.4	20 31

Tag	0h Weltzeit: Scheinbare Rektaszension	Diff.	Scheinbare Deklination	Diff.	Δ	Diff.	Halbmesser	Hor. Par.	Aufgang (in 0h Länge, +50° Breite)	Obere Kulmination (in 0h Länge, +50° Breite)	Untergang (in 0h Länge, +50° Breite)
1959	h m s	s	° ′ ″	″			″	″	h m	h m	h m
Sept. 3	14 12 27.05	5.58	−11 29 12.0	31.9	30.89 762	1 366	1.18	0.28	10 18	15 24.4	20 31
4	14 12 32.63	5.68	11 29 43.9	32.3	30.91 128	1 350	1.18	0.28	10 14	15 20.6	20 27
5	14 12 38.31	5.77	11 30 16.2	32.8	30.92 478	1 333	1.18	0.28	10 10	15 16.8	20 24
6	14 12 44.08	5.88	11 30 49.0	33.2	30.93 811	1 315	1.18	0.28	10 6	15 12.9	20 20
7	14 12 49.96	5.95	11 31 22.2	33.7	30.95 126	1 298	1.18	0.28	10 3	15 9.1	20 16
8	14 12 55.91	6.06	11 31 55.9	34.1	30.96 424	1 279	1.18	0.28	9 59	15 5.3	20 12
9	14 13 1.97	6.15	−11 32 30.0	34.5	30.97 703	1 262	1.18	0.28	9 55	15 1.4	20 8
10	14 13 8.12	6.23	11 33 4.5	34.9	30.98 965	1 241	1.18	0.28	9 51	14 57.6	20 4
11	14 13 14.35	6.33	11 33 39.4	35.4	31.00 206	1 224	1.18	0.28	9 47	14 53.8	20 0
12	14 13 20.68	6.40	11 34 14.8	35.7	31.01 430	1 204	1.18	0.28	9 44	14 50.0	19 56
13	14 13 27.08	6.50	11 34 50.5	36.1	31.02 634	1 184	1.18	0.28	9 40	14 46.1	19 52
14	14 13 33.58	6.58	11 35 26.6	36.5	31.03 818	1 164	1.18	0.28	9 36	14 42.3	19 49
15	14 13 40.16	6.66	−11 36 3.1	36.8	31.04 982	1 143	1.18	0.28	9 32	14 38.5	19 45
16	14 13 46.82	6.74	11 36 39.9	37.2	31.06 125	1 123	1.18	0.28	9 29	14 34.7	19 41
17	14 13 53.56	6.82	11 37 17.1	37.6	31.07 248	1 101	1.18	0.28	9 25	14 30.9	19 37
18	14 14 0.38	6.90	11 37 54.7	37.9	31.08 349	1 082	1.18	0.28	9 21	14 27.0	19 33
19	14 14 7.28	6.98	11 38 32.6	38.2	31.09 431	1 059	1.18	0.28	9 17	14 23.2	19 29
20	14 14 14.26	7.05	11 39 10.8	38.6	31.10 490	1 038	1.18	0.28	9 14	14 19.4	19 25
21	14 14 21.31	7.12	−11 39 49.4	38.8	31.11 528	1 015	1.17	0.28	9 10	14 15.6	19 22
22	14 14 28.43	7.20	11 40 28.2	39.3	31.12 543	993	1.17	0.28	9 6	14 11.8	19 18
23	14 14 35.63	7.27	11 41 7.5	39.5	31.13 536	971	1.17	0.28	9 2	14 8.0	19 14
24	14 14 42.90	7.34	11 41 47.0	39.7	31.14 507	947	1.17	0.28	8 58	14 4.2	19 10
25	14 14 50.24	7.41	11 42 26.7	40.1	31.15 454	924	1.17	0.28	8 55	14 0.3	19 6
26	14 14 57.65	7.48	11 43 6.8	40.4	31.16 378	900	1.17	0.28	8 51	13 56.5	19 2
27	14 15 5.13	7.54	−11 43 47.2	40.6	31.17 278	877	1.17	0.28	8 47	13 52.7	18 58
28	14 15 12.67	7.60	11 44 27.8	40.9	31.18 155	853	1.17	0.28	8 43	13 48.9	18 54
29	14 15 20.27	7.66	11 45 8.7	41.1	31.19 008	828	1.17	0.28	8 40	13 45.1	18 51
30	14 15 27.93	7.74	11 45 49.8	41.3	31.19 836	803	1.17	0.28	8 36	13 41.3	18 47
Okt. 1	14 15 35.67	7.78	11 46 31.1	41.6	31.20 639	779	1.17	0.28	8 32	13 37.5	18 43
2	14 15 43.45	7.84	11 47 12.7	41.8	31.21 418	753	1.17	0.28	8 28	13 33.7	18 39
3	14 15 51.29	7.90	−11 47 54.5	42.0	31.22 171	727	1.17	0.28	8 25	13 29.9	18 35
4	14 15 59.19	7.95	11 48 36.5	42.2	31.22 898	703	1.17	0.28	8 21	13 26.1	18 31
5	14 16 7.14	8.00	11 49 18.7	42.4	31.23 601	676	1.17	0.28	8 17	13 22.3	18 28
6	14 16 15.14	8.06	11 50 1.1	42.6	31.24 277	649	1.17	0.28	8 13	13 18.5	18 24
7	14 16 23.20	8.10	11 50 43.7	42.8	31.24 926	625	1.17	0.28	8 10	13 14.7	18 20
8	14 16 31.30	8.14	11 51 26.5	42.9	31.25 551	596	1.17	0.28	8 6	13 10.9	18 16
9	14 16 39.44	8.19	−11 52 9.4	43.1	31.26 147	571	1.17	0.28	8 2	13 7.1	18 12
10	14 16 47.63	8.23	11 52 52.5	43.1	31.26 718	544	1.17	0.28	7 58	13 3.3	18 8
11	14 16 55.86	8.27	11 53 35.6	43.3	31.27 262	517	1.17	0.28	7 55	12 59.5	18 4
12	14 17 4.13	8.31	11 54 18.9	43.5	31.27 779	490	1.17	0.28	7 51	12 55.7	18 1
13	14 17 12.44	8.34	11 55 2.4	43.5	31.28 269	463	1.17	0.28	7 47	12 51.9	17 57
14	14 17 20.78		−11 55 45.9		31.28 732		1.17	0.28	7 44	12 48.1	17 53

Tag	0h Weltzeit Scheinbare Rektaszension		Scheinbare Deklination		Δ		Halbmesser	Hor. Par.	Aufgang	Obere Kulmination	Untergang
1959	h m s	s	° ′ ″	″			″	″	h m	h m	h m
Okt. 14	14 17 20.78	8.38	−11 55 45.9	43.6	31.28 732	436	1.17	0.28	7 44	12 48.1	17 53
15	14 17 29.16	8.41	11 56 29.5	43.8	31.29 168	408	1.17	0.28	7 40	12 44.4	17 49
16	14 17 37.57	8.45	11 57 13.3	43.8	31.29 576	381	1.17	0.28	7 36	12 40.6	17 45
17	14 17 46.02	8.47	11 57 57.1	43.9	31.29 957	353	1.17	0.28	7 32	12 36.8	17 41
18	14 17 54.49	8.50	11 58 41.0	43.9	31.30 310	326	1.17	0.28	7 29	12 33.0	17 37
19	14 18 2.99	8.52	11 59 24.9	44.0	31.30 636	298	1.17	0.28	7 25	12 29.2	17 34
20	14 18 11.51	8.55	−12 0 8.9	44.0	31.30 934	270	1.17	0.28	7 21	12 25.4	17 30
21	14 18 20.06	8.58	12 0 52.9	44.1	31.31 204	241	1.17	0.28	7 18	12 21.6	17 26
22	14 18 28.64	8.59	12 1 37.0	44.0	31.31 445	214	1.17	0.28	7 14	12 17.8	17 22
23	14 18 37.23	8.61	12 2 21.0	44.2	31.31 659	185	1.17	0.28	7 10	12 14.0	17 18
24	14 18 45.84	8.63	12 3 5.2	44.0	31.31 844	157	1.17	0.28	7 6	12 10.2	17 14
25	14 18 54.47	8.64	12 3 49.2	44.1	31.32 001	129	1.17	0.28	7 3	12 6.4	17 10
26	14 19 3.11	8.66	−12 4 33.3	44.1	31.32 130	100	1.17	0.28	6 59	12 2.7	17 6
27	14 19 11.77	8.67	12 5 17.4	44.0	31.32 230	71	1.17	0.28	6 55	11 58.9	17 3
28	14 19 20.44	8.67	12 6 1.4	44.0	31.32 301	43	1.17	0.28	6 52	11 55.1	16 59
29	14 19 29.11	8.69	12 6 45.4	44.0	31.32 344	13	1.17	0.28	6 48	11 51.3	16 55
30	14 19 37.80	8.69	12 7 29.4	43.9	31.32 357	15	1.17	0.28	6 44	11 47.5	16 51
31	14 19 46.49	8.68	12 8 13.3	43.8	31.32 342	44	1.17	0.28	6 40	11 43.7	16 47
Nov. 1	14 19 55.17	8.70	−12 8 57.1	43.8	31.32 298	72	1.17	0.28	6 37	11 39.9	16 43
2	14 20 3.87	8.68	12 9 40.9	43.6	31.32 226	102	1.17	0.28	6 33	11 36.1	16 40
3	14 20 12.55	8.69	12 10 24.5	43.6	31.32 124	131	1.17	0.28	6 29	11 32.4	16 36
4	14 20 21.24	8.68	12 11 8.1	43.4	31.31 993	159	1.17	0.28	6 25	11 28.6	16 32
5	14 20 29.92	8.67	12 11 51.5	43.3	31.31 834	188	1.17	0.28	6 22	11 24.8	16 28
6	14 20 38.59	8.66	12 12 34.8	43.2	31.31 646	217	1.17	0.28	6 18	11 21.0	16 24
7	14 20 47.25	8.66	−12 13 18.0	43.0	31.31 429	246	1.17	0.28	6 14	11 17.2	16 20
8	14 20 55.91	8.63	12 14 1.0	42.9	31.31 183	273	1.17	0.28	6 11	11 13.4	16 16
9	14 21 4.54	8.62	12 14 43.9	42.7	31.30 910	303	1.17	0.28	6 7	11 9.6	16 13
10	14 21 13.16	8.60	12 15 26.6	42.6	31.30 607	331	1.17	0.28	6 3	11 5.8	16 9
11	14 21 21.76	8.59	12 16 9.2	42.4	31.30 276	359	1.17	0.28	5 59	11 2.1	16 5
12	14 21 30.35	8.55	12 16 51.6	42.1	31.29 917	387	1.17	0.28	5 56	10 58.3	16 1
13	14 21 38.90	8.54	−12 17 33.7	42.0	31.29 530	415	1.17	0.28	5 52	10 54.5	15 57
14	14 21 47.44	8.51	12 18 15.7	41.8	31.29 115	444	1.17	0.28	5 48	10 50.7	15 53
15	14 21 55.95	8.48	12 18 57.5	41.5	31.28 671	472	1.17	0.28	5 44	10 46.9	15 49
16	14 22 4.43	8.46	12 19 39.0	41.3	31.28 199	499	1.17	0.28	5 41	10 43.1	15 46
17	14 22 12.89	8.42	12 20 20.3	41.1	31.27 700	526	1.17	0.28	5 37	10 39.3	15 42
18	14 22 21.31	8.39	12 21 1.4	40.9	31.27 174	554	1.17	0.28	5 33	10 35.5	15 38
19	14 22 29.70	8.36	−12 21 42.3	40.5	31.26 620	582	1.17	0.28	5 29	10 31.7	15 34
20	14 22 38.06	8.32	12 22 22.8	40.3	31.26 038	609	1.17	0.28	5 26	10 27.9	15 30
21	14 22 46.38	8.27	12 23 3.8	40.1	31.25 429	636	1.17	0.28	5 22	10 24.1	15 26
22	14 22 54.65	8.24	12 23 43.2	39.7	31.24 793	664	1.17	0.28	5 18	10 20.3	15 23
23	14 23 2.89	8.20	12 24 22.9	39.5	31.24 129	690	1.17	0.28	5 15	10 16.5	15 19
24	14 23 11.09		−12 25 2.4		31.23 439		1.17	0.28	5 11	10 12.7	15 15

Aufgang, Obere Kulmination, Untergang: in 0h Länge, +50° Breite

Tag	0h Weltzeit: Scheinbare Rektaszension	Diff.	Scheinbare Deklination	Diff.	Δ	Diff.	Halbmesser	Hor. Par.	Aufgang	Obere Kulmination	Untergang
1959	h m s	s	° ′ ″	″			″	″	h m	h m	h m
									in 0h Länge, +50° Breite		
Nov. 24	14 23 11.09	8.15	−12 25 2.4	39.2	31.23 439	717	1.17	0.28	5 11	10 12.7	15 15
25	14 23 19.24	8.10	12 25 41.6	38.8	31.22 722	743	1.17	0.28	5 7	10 8.9	15 11
26	14 23 27.34	8.06	12 26 20.4	38.5	31.21 979	771	1.17	0.28	5 3	10 5.2	15 7
27	14 23 35.40	8.00	12 26 58.9	38.2	31.21 208	797	1.17	0.28	5 0	10 1.4	15 3
28	14 23 43.40	7.95	12 27 37.1	37.9	31.20 411	822	1.17	0.28	4 56	9 57.6	14 59
29	14 23 51.35	7.90	12 28 15.0	37.5	31.19 589	848	1.17	0.28	4 52	9 53.8	14 56
30	14 23 59.25	7.84	−12 28 52.5	37.1	31.18 741	875	1.17	0.28	4 48	9 50.0	14 52
Dez. 1	14 24 7.09	7.78	12 29 29.6	36.8	31.17 866	899	1.17	0.28	4 45	9 46.1	14 48
2	14 24 14.87	7.72	12 30 6.4	36.4	31.16 967	925	1.17	0.28	4 41	9 42.3	14 44
3	14 24 22.59	7.65	12 30 42.8	36.0	31.16 042	949	1.17	0.28	4 37	9 38.5	14 40
4	14 24 30.24	7.59	12 31 18.8	35.6	31.15 093	974	1.17	0.28	4 33	9 34.7	14 36
5	14 24 37.83	7.53	12 31 54.4	35.3	31.14 119	999	1.17	0.28	4 30	9 30.9	14 32
6	14 24 45.36	7.45	−12 32 29.7	34.7	31.13 120	1 023	1.17	0.28	4 26	9 27.1	14 29
7	14 24 52.81	7.38	12 33 4.4	34.4	31.12 097	1 045	1.17	0.28	4 22	9 23.3	14 25
8	14 25 0.19	7.31	12 33 38.8	34.0	31.11 052	1 070	1.18	0.28	4 18	9 19.5	14 21
9	14 25 7.50	7.23	12 34 12.8	33.6	31.09 982	1 091	1.18	0.28	4 14	9 15.7	14 17
10	14 25 14.73	7.17	12 34 46.4	33.0	31.08 891	1 115	1.18	0.28	4 11	9 11.9	14 13
11	14 25 21.90	7.07	12 35 19.4	32.7	31.07 776	1 138	1.18	0.28	4 7	9 8.1	14 9
12	14 25 28.97	7.01	−12 35 52.1	32.1	31.06 638	1 159	1.18	0.28	4 3	9 4.3	14 5
13	14 25 35.98	6.93	12 36 24.2	31.8	31.05 479	1 181	1.18	0.28	3 59	9 0.4	14 2
14	14 25 42.91	6.83	12 36 56.0	31.2	31.04 298	1 203	1.18	0.28	3 56	8 56.6	13 58
15	14 25 49.74	6.76	12 37 27.2	30.8	31.03 095	1 223	1.18	0.28	3 52	8 52.8	13 54
16	14 25 56.50	6.67	12 37 58.0	30.2	31.01 872	1 245	1.18	0.28	3 48	8 49.0	13 50
17	14 26 3.17	6.59	12 38 28.2	29.9	31.00 627	1 265	1.18	0.28	3 44	8 45.2	13 46
18	14 26 9.76	6.49	−12 38 58.1	29.3	30.99 362	1 285	1.18	0.28	3 40	8 41.3	13 42
19	14 26 16.25	6.41	12 39 27.4	28.7	30.98 077	1 305	1.18	0.28	3 37	8 37.5	13 38
20	14 26 22.66	6.31	12 39 56.1	28.4	30.96 772	1 323	1.18	0.28	3 33	8 33.7	13 35
21	14 26 28.97	6.22	12 40 24.5	27.7	30.95 449	1 344	1.18	0.28	3 29	8 29.9	13 31
22	14 26 35.19	6.12	12 40 52.2	27.3	30.94 105	1 361	1.18	0.28	3 25	8 26.0	13 27
23	14 26 41.31	6.03	12 41 19.5	26.7	30.92 744	1 381	1.18	0.28	3 22	8 22.2	13 23
24	14 26 47.34	5.93	−12 41 46.2	26.2	30.91 363	1 399	1.18	0.28	3 18	8 18.4	13 19
25	14 26 53.27	5.83	12 42 12.4	25.6	30.89 964	1 416	1.18	0.28	3 14	8 14.5	13 15
26	14 26 59.10	5.73	12 42 38.0	25.2	30.88 548	1 433	1.18	0.28	3 10	8 10.7	13 11
27	14 27 4.83	5.63	12 43 3.2	24.5	30.87 115	1 450	1.18	0.29	3 6	8 6.9	13 7
28	14 27 10.46	5.52	12 43 27.7	24.0	30.85 665	1 467	1.18	0.29	3 3	8 3.0	13 4
29	14 27 15.98	5.41	12 43 51.7	23.4	30.84 198	1 482	1.19	0.29	2 59	7 59.2	12 0
30	14 27 21.39	5.31	−12 44 15.1	22.8	30.82 716	1 498	1.19	0.29	2 55	7 55.3	12 56
31	14 27 26.70	5.19	12 44 37.9	22.3	30.81 218	1 513	1.19	0.29	2 51	7 51.5	12 52
32	14 27 31.89		−12 45 0.2		30.79 705		1.19	0.29	2 47	7 47.6	12 48

Pluto 1959

Tag	0h Weltzeit: Rektaszension 1950.0		Fixstern-aberration	Deklination 1950.0		Fixstern-aberration	Δ		Licht-zeit	Obere Kulmination in Greenwich
1959	h m s	s	s	° ′ ″	″	″			d	h m
Jan. 0	10 42 3.98	4.63	+0.67	+21 15 32.4	75.2	−7.7	33.51 565	2 895	0.1933	4 6
2	41 59.35	5.08	0.72	16 47.6	76.8	7.9	48 670	2 823	1932	3 58
4	41 54.27	5.50	0.76	18 4.4	78.2	8.0	45 847	2 745	1930	3 50
6	41 48.77	5.92	0.80	19 22.6	79.6	8.1	43 102	2 667	1928	3 42
8	41 42.85	6.33	0.84	20 42.2	80.8	8.3	40 435	2 585	1927	3 34
10	10 41 36.52	6.73	+0.87	+21 22 3.0	82.0	−8.4	33.37 850	2 498	0.1925	3 26
12	41 29.79	7.11	0.91	23 25.0	82.9	8.5	35 352	2 408	1924	3 18
14	41 22.68	7.49	0.95	24 47.9	83.8	8.5	32 944	2 317	1923	3 10
16	41 15.19	7.84	0.98	26 11.7	84.6	8.6	30 627	2 221	1921	3 2
18	41 7.35	8.19	1.02	27 36.3	85.1	8.7	28 406	2 123	1920	2 54
20	10 40 59.16	8.52	+1.05	+21 29 1.4	85.7	−8.7	33.26 283	2 024	0.1919	2 46
22	40 50.64	8.84	1.08	30 27.1	86.1	8.8	24 259	1 922	1918	2 38
24	40 41.80	9.14	1.11	31 53.2	86.3	8.8	22 337	1 817	1916	2 30
26	40 32.66	9.43	1.14	33 19.5	86.5	8.8	20 520	1 711	1915	2 22
28	40 23.23	9.71	1.16	34 46.0	86.4	8.8	18 809	1 603	1914	2 14
30	10 40 13.52	9.97	+1.19	+21 36 12.4	86.4	−8.8	33.17 206	1 492	0.1913	2 6
Febr. 1	40 3.55	10.21	1.21	37 38.8	86.2	8.8	15 714	1 381	1913	1 58
3	39 53.34	10.44	1.23	39 5.0	85.8	8.7	14 333	1 266	1912	1 50
5	39 42.90	10.65	1.25	40 30.8	85.3	8.7	13 067	1 151	1911	1 42
7	39 32.25	10.84	1.27	41 56.1	84.7	8.6	11 916	1 034	1910	1 34
9	10 39 21.41	11.01	+1.29	+21 43 20.8	83.9	−8.6	33.10 882	915	0.1910	1 26
11	39 10.40	11.17	1.30	44 44.7	83.0	8.5	09 967	796	1909	1 18
13	38 59.23	11.30	1.32	46 7.7	82.0	8.4	09 171	677	1909	1 10
15	38 47.93	11.42	1.33	47 29.7	80.9	8.3	08 494	557	1908	1 2
17	38 36.51	11.52	1.34	48 50.6	79.7	8.2	07 937	436	1908	0 54
19	10 38 24.99	11.59	+1.35	+21 50 10.3	78.3	−8.0	33.07 501	316	0.1908	0 46
21	38 13.40	11.65	1.36	51 28.6	76.9	7.9	07 185	196	1908	0 38
23	38 1.75	11.70	1.36	52 45.5	75.4	7.8	06 989	77	1908	0 30
25	37 50.05	11.72	1.36	54 0.9	73.6	7.6	06 912	44	1908	0 22
27	37 38.33	11.72	1.36	55 14.5	71.9	7.4	06 956	163	1908	0 14
März 1	10 37 26.61	11.72	+1.36	+21 56 26.4	70.1	−7.3	33.07 119	282	0.1908	0 6
3	37 14.89	11.68	1.36	57 36.5	68.1	7.1	07 401	401	1908	23 54
5	37 3.21	11.63	1.36	58 44.6	66.1	6.9	07 802	519	1908	23 46
7	36 51.58	11.57	1.35	+21 59 50.7	63.9	6.7	08 321	636	1908	23 38
9	36 40.01	11.47	1.35	+22 0 54.6	61.6	6.5	08 957	752	1909	23 30
11	10 36 28.54	11.37	+1.34	+22 1 56.2	59.3	−6.3	33.09 709	867	0.1909	23 22
13	36 17.17	11.23	1.33	2 55.5	56.9	6.0	10 576	981	1910	23 13
15	36 5.94	11.09	1.31	3 52.4	54.4	5.8	11 557	1 091	1910	23 5
17	35 54.85	10.93	1.30	4 46.8	51.8	5.6	12 648	1 200	1911	22 57
19	35 43.92	10.75	1.28	5 38.6	49.2	5.3	13 848	1 307	1912	22 49
21	10 35 33.17	10.55	+1.27	+22 6 27.8	46.6	−5.1	33.15 155	1 412	0.1912	22 41
23	35 22.62	10.34	1.25	7 14.4	43.8	4.8	16 567	1 514	1913	22 33
25	35 12.28	10.12	1.23	7 58.2	41.1	4.6	18 081	1 615	1914	22 25
27	35 2.16	9.87	1.20	8 39.3	38.3	4.3	19 696	1 714	1915	22 17
29	34 52.29	9.61	1.18	9 17.6	35.4	4.0	21 410	1 809	1916	22 9
31	34 42.68	9.35	1.15	9 53.0	32.5	3.7	23 219	1 902	1917	22 1
April 2	10 34 33.33		+1.13	+22 10 25.5		−3.5	33.25 121		0.1918	21 53

Tag	0h Weltzeit Rektaszension 1950.0		Fixstern-aberration	Deklination 1950.0		Fixstern-aberration	Δ		Lichtzeit	Obere Kulmination in Greenwich
1959	h m s	s	s	° ′ ″	″	″			d	h m
April 2	10 34 33.33	9.06	+1.13	+22 10 25.5	29.5	−3.5	33.25 121	1 994	0.1918	21 53
4	34 24.27	8.76	1.10	10 55.0	26.6	3.2	27 115	2 083	1919	21 45
6	34 15.51	8.44	1.07	11 21.6	23.5	2.9	29 198	2 168	1920	21 37
8	34 7.07	8.12	1.04	11 45.1	20.5	2.6	31 366	2 250	1922	21 29
10	33 58.95	7.77	1.01	12 5.6	17.4	2.3	33 616	2 329	1923	21 21
12	10 33 51.18	7.42	+0.98	+22 12 23.0	14.3	−2.0	33.35 945	2 405	0.1924	21 13
14	33 43.76	7.05	0.94	12 37.3	11.3	1.7	38 350	2 477	1926	21 5
16	33 36.71	6.68	0.91	12 48.6	8.1	1.4	40 827	2 546	1927	20 57
18	33 30.03	6.29	0.87	12 56.7	5.1	1.1	43 373	2 611	1929	20 49
20	33 23.74	5.90	0.84	13 1.8	2.0	0.8	45 984	2 672	1930	20 41
22	10 33 17.84	5.50	+0.80	+22 13 3.8	1.0	−0.5	33.48 656	2 731	0.1932	20 33
24	33 12.34	5.09	0.76	13 2.8	4.1	−0.2	51 387	2 786	1933	20 25
26	33 7.25	4.68	0.72	12 58.7	7.1	+0.1	54 173	2 837	1935	20 17
28	33 2.57	4.25	0.68	12 51.6	10.2	0.4	57 010	2 886	1936	20 9
30	32 58.32	3.83	0.64	12 41.4	13.2	0.7	59 896	2 931	1938	20 1
Mai 2	10 32 54.49	3.39	+0.60	+22 12 28.2	16.3	+1.0	33.62 827	2 972	0.1940	19 54
4	32 51.10	2.94	0.55	12 11.9	19.2	1.3	65 799	3 010	1941	19 46
6	32 48.16	2.50	0.51	11 52.7	22.1	1.6	68 809	3 043	1943	19 38
8	32 45.66	2.04	0.47	11 30.6	25.1	1.8	71 852	3 072	1945	19 30
10	32 43.62	1.58	0.42	11 5.5	28.0	2.1	74 924	3 098	1947	19 22
12	10 32 42.04	1.13	+0.38	+22 10 37.5	30.8	+2.4	33.78 022	3 120	0.1949	19 14
14	32 40.91	0.66	0.33	10 6.7	33.6	2.7	81 142	3 138	1950	19 6
16	32 40.25	0.20	0.29	9 33.1	36.3	3.0	84 280	3 151	1952	18 58
18	32 40.05	0.27	0.24	8 56.8	39.0	3.2	87 431	3 161	1954	18 50
20	32 40.32	0.72	0.20	8 17.8	41.7	3.5	90 592	3 167	1956	18 42
22	10 32 41.04	1.19	+0.15	+22 7 36.1	44.3	+3.7	33.93 759	3 170	0.1958	18 35
24	32 42.23	1.65	0.11	6 51.8	46.8	4.0	33.96 929	3 170	1959	18 27
26	32 43.88	2.11	0.06	6 5.0	49.3	4.3	34.00 099	3 166	1961	18 19
28	32 45.99	2.57	+0.02	5 15.7	51.7	4.5	03 265	3 158	1963	18 11
30	32 48.56	3.03	−0.03	4 24.0	54.2	4.7	06 423	3 147	1965	18 3
Juni 1	10 32 51.59	3.49	−0.08	+22 3 29.8	56.5	+5.0	34.09 570	3 132	0.1967	17 56
3	32 55.08	3.95	0.12	2 33.3	58.7	5.2	12 702	3 114	1669	17 48
5	32 59.03	4.41	0.17	1 34.6	60.9	5.4	15 816	3 091	1970	17 40
7	33 3.44	4.85	0.21	+22 0 33.7	63.1	5.7	18 907	3 065	1972	17 32
9	33 8.29	5.30	0.26	+21 59 30.6	65.2	5.9	21 972	3 034	1974	17 24
11	10 33 13.59	5.74	−0.30	+21 58 25.4	67.1	+6.1	34.25 006	3 001	0.1976	17 17
13	33 19.33	6.17	0.34	57 18.3	69.0	6.3	28 007	2 964	1977	17 9
15	33 25.50	6.60	0.39	56 9.3	70.9	6.5	30 971	2 924	1979	17 1
17	33 32.10	7.03	0.43	54 58.4	72.6	6.6	33 895	2 881	1981	16 53
19	33 39.13	7.44	0.47	53 45.8	74.3	6.8	36 776	2 834	1982	16 46
21	10 33 46.57	7.84	−0.51	+21 52 31.5	75.9	+7.0	34.39 610	2 785	0.1984	16 38
23	33 54.41	8.25	0.55	51 15.6	77.5	7.2	42 395	2 733	1986	16 30
25	34 2.66	8.64	0.59	49 58.1	78.9	7.3	45 128	2 678	1987	16 22
27	34 11.30	9.03	0.63	48 39.2	80.4	7.5	47 806	2 620	1989	16 15
29	34 20.33	9.41	0.67	47 18.8	81.7	7.6	50 426	2 559	1990	16 7
Juli 1	10 34 29.74		−0.71	+21 45 57.1		+7.7	34.52 985		0.1992	15 59

Tag	Rektaszension 1950.0		Fix-stern-ab-erration	Deklination 1950.0		Fix-stern-ab-erration	Δ		Licht-zeit	Obere Kul-mination in Green-wich
	0h Weltzeit									
1959	h m s	s	s	° ′ ″	″	″			d	h m
Juli 1	10 34 29.74	9.79	−0.71	+21 45 57.1	82.9	+7.7	34.52 985	2 495	0.1992	15 59
3	34 39.53	10.15	0.75	44 34.2	84.1	7.8	55 480	2 428	1993	15 52
5	34 49.68	10.51	0.78	43 10.1	85.2	8.0	57 908	2 357	1995	15 44
7	35 0.19	10.86	0.82	41 44.9	86.2	8.1	60 265	2 285	1996	15 36
9	35 11.05	11.19	0.86	40 18.7	87.0	8.2	62 550	2 210	1997	15 28
11	10 35 22.24	11.52	−0.89	+21 38 51.7	87.9	+8.3	34.64 760	2 131	0.1999	15 21
13	35 33.76	11.83	0.92	37 23.8	88.6	8.3	66 891	2 051	2000	15 13
15	35 45.59	12.14	0.95	35 55.2	89.3	8.4	68 942	1 969	2001	15 5
17	35 57.73	12.43	0.98	34 25.9	89.8	8.5	70 911	1 885	2002	14 58
19	36 10.16	12.71	1.01	32 56.1	90.3	8.5	72 796	1 798	2003	14 50
21	10 36 22.87	12.98	−1.04	+21 31 25.8	90.8	+8.6	34.74 594	1 711	0.2004	14 43
23	36 35.85	13.25	1.07	29 55.0	91.0	8.6	76 305	1 621	2005	14 35
25	36 49.10	13.50	1.10	28 24.0	91.3	8.7	77 926	1 529	2006	14 27
27	37 2.60	13.74	1.12	26 52.7	91.5	8.7	79 455	1 435	2007	14 20
29	37 16.34	13.97	1.15	25 21.2	91.6	8.7	80 890	1 340	2008	14 12
31	10 37 30.31	14.19	−1.17	+21 23 49.6	91.5	+8.7	34.82 230	1 242	0.2009	14 4
Aug. 2	37 44.50	14.39	1.19	22 18.1	91.5	8.7	83 472	1 144	2009	13 57
4	37 58.89	14.59	1.21	20 46.6	91.2	8.7	84 616	1 042	2010	13 49
6	38 13.48	14.76	1.23	19 15.4	91.0	8.7	85 658	940	2011	13 41
8	38 28.24	14.93	1.25	17 44.4	90.6	8.6	86 598	837	2011	13 34
10	10 38 43.17	15.09	−1.26	+21 16 13.8	90.2	+8.6	34.87 435	733	0.2012	13 26
12	38 58.26	15.22	1.28	14 43.6	89.6	8.5	88 168	628	2012	13 19
14	39 13.48	15.35	1.29	13 14.0	89.0	8.5	88 796	522	2012	13 11
16	39 28.83	15.46	1.30	11 45.0	88.3	8.4	89 318	417	2013	13 3
18	39 44.29	15.56	1.32	10 16.7	87.5	8.3	89 735	309	2013	12 56
20	10 39 59.85	15.65	−1.33	+21 8 49.2	86.7	+8.3	34.90 044	203	0.2013	12 48
22	40 15.50	15.73	1.33	7 22.5	85.7	8.2	90 247	95	2013	12 40
24	40 31.23	15.79	1.34	5 56.8	84.7	8.1	90 342	14	2013	12 33
26	40 47.02	15.84	1.35	4 32.1	83.6	8.0	90 328	122	2013	12 25
28	41 2.86	15.88	1.35	3 8.5	82.5	7.8	90 206	232	2013	12 18
30	10 41 18.74	15.90	−1.35	+21 1 46.0	81.1	+7.7	34.89 974	341	0.2013	12 10
Sept. 1	41 34.64	15.92	1.35	+21 0 24.9	79.8	7.6	89 633	451	2013	12 2
3	41 50.56	15.90	1.35	+20 59 5.1	78.4	7.4	89 182	560	2013	11 55
5	42 6.46	15.88	1.35	57 46.7	76.8	7.3	88 622	669	2012	11 47
7	42 22.34	15.85	1.35	56 29.9	75.2	7.1	87 953	777	2012	11 40
9	10 42 38.19	15.80	−1.35	+20 55 14.7	73.6	+7.0	34.87 176	886	0.2012	11 32
11	42 53.99	15.73	1.34	54 1.1	71.8	6.8	86 290	992	2011	11 24
13	43 9.72	15.66	1.33	52 49.3	69.9	6.6	85 298	1 097	2010	11 17
15	43 25.38	15.57	1.32	51 39.4	68.1	6.4	84 201	1 203	2010	11 9
17	43 40.95	15.46	1.31	50 31.3	66.2	6.2	82 998	1 306	2009	11 2
19	10 43 56.41	15.35	−1.30	+20 49 25.1	64.1	+6.0	34.81 692	1 409	0.2008	10 54
21	44 11.76	15.22	1.29	48 21.0	62.0	5.8	80 283	1 512	2008	10 46
23	44 26.98	15.08	1.27	47 19.0	59.9	5.6	78 771	1 612	2007	10 39
25	44 42.06	14.93	1.26	46 19.1	57.6	5.3	77 159	1 711	2006	10 31
27	44 56.99	14.75	1.24	45 21.5	55.3	5.1	75 448	1 810	2005	10 24
29	45 11.74	14.57	1.22	44 26.2	53.0	4.9	73 638	1 907	2004	10 16
Okt. 1	10 45 26.31		−1.20	+20 43 33.2		+4.6	34.71 731		0.2003	10 8

Tag	Rektaszension 1950.0		Fix-stern-ab-erration	Deklination 1950.0		Fix-stern-ab-erration	Δ		Licht-zeit	Obere Kul-mination in Green-wich
	0h Weltzeit									
1959	h m s	s	s	° ′ ″	″	″			d	h m
Okt. 1	10 45 26.31	14.38	−1.20	+20 43 33.2	50.5	+4.6	34.71 731	2 002	0.2003	10 8
3	45 40.69	14.16	1.18	42 42.7	48.0	4.4	69 729	2 095	2001	10 1
5	45 54.85	13.94	1.16	41 54.7	45.5	4.1	67 634	2 186	2000	9 53
7	46 8.79	13.69	1.13	41 9.2	42.8	3.9	65 448	2 274	1999	9 45
9	46 22.48	13.45	1.11	40 26.4	40.2	3.6	63 174	2 360	1998	9 38
11	10 46 35.93	13.18	−1.08	+20 39 46.2	37.5	+3.3	34.60 814	2 444	0.1996	9 30
13	46 49.11	12.90	1.06	39 8.7	34.7	3.0	58 370	2 525	1995	9 23
15	47 2.01	12.62	1.03	38 34.0	32.0	2.8	55 845	2 603	1993	9 15
17	47 14.63	12.32	1.00	38 2.0	29.1	2.5	53 242	2 679	1992	9 7
19	47 26.95	12.01	0.96	37 32.9	26.2	2.2	50 563	2 753	1990	9 0
21	10 47 38.96	11.70	−0.93	+20 37 6.7	23.4	+1.9	34.47 810	2 824	0.1989	8 52
23	47 50.66	11.36	0.90	36 43.3	20.4	1.6	44 986	2 892	1987	8 44
25	48 2.02	11.02	0.86	36 22.9	17.4	1.3	42 094	2 957	1985	8 37
27	48 13.04	10.66	0.83	36 5.5	14.4	1.0	39 137	3 020	1984	8 29
29	48 23.70	10.29	0.79	35 51.1	11.3	0.7	36 117	3 080	1982	8 21
31	10 48 33.99	9.92	−0.75	+20 35 39.8	8.2	+0.4	34.33 037	3 135	0.1980	8 14
Nov. 2	48 43.91	9.59	0.71	35 31.6	5.2	+0.1	29 902	3 187	1978	8 6
4	48 53.44	9.13	0.67	35 26.4	2.1	−0.2	26 715	3 235	1977	7 58
6	49 2.57	8.72	0.63	35 24.3	1.1	0.5	23 480	3 280	1975	7 50
8	49 11.29	8.31	0.59	35 25.4	4.1	0.8	20 200	3 321	1973	7 43
10	10 49 19.60	7.88	−0.55	+20 35 29.5	7.3	−1.1	34.16 879	3 358	0.1971	7 35
12	49 27.48	7.46	0.51	35 36.8	10.4	1.4	13 521	3 391	1969	7 27
14	49 34.94	7.02	0.47	35 47.2	13.5	1.8	10 130	3 421	1967	7 19
16	49 41.96	6.58	0.42	36 0.7	16.5	2.1	06 709	3 447	1965	7 12
18	49 48.54	6.13	0.38	36 17.2	19.7	2.4	34.03 262	3 470	1963	7 4
20	10 49 54.67	5.68	−0.33	+20 36 36.9	22.7	−2.7	33.99 792	3 489	0.1961	6 56
22	50 0.35	5.21	0.29	36 59.6	25.8	3.0	96 303	3 503	1959	6 48
24	50 5.56	4.74	0.24	37 25.4	28.8	3.3	92 800	3 514	1957	6 41
26	50 10.30	4.27	0.19	37 54.2	31.8	3.6	89 286	3 521	1955	6 33
28	50 14.57	3.80	0.15	38 26.0	34.8	3.8	85 765	3 524	1953	6 25
30	10 50 18.37	3.31	−0.10	+20 39 0.8	37.8	−4.1	33.82 241	3 522	0.1951	6 17
Dez. 2	50 21.68	2.82	−0.05	39 38.6	40.7	4.4	78 719	3 515	1949	6 9
4	50 24.50	2.34	0.00	40 19.3	43.5	4.7	75 204	3 505	1947	6 2
6	50 26.84	1.85	+0.04	41 2.8	46.3	4.9	71 699	3 489	1945	5 54
8	50 28.69	1.36	0.09	41 49.1	49.0	5.2	68 210	3 469	1943	5 46
10	10 50 30.05	0.88	+0.14	+20 42 38.1	51.7	−5.5	33.64 741	3 447	0.1941	5 38
12	50 30.93	0.39	0.19	43 29.8	54.2	5.7	61 294	3 419	1939	5 30
14	50 31.32	0.09	0.23	44 24.0	56.8	6.0	57 875	3 388	1937	5 22
16	50 31.23	0.58	0.28	45 20.8	59.3	6.2	54 487	3 353	1935	5 15
18	50 30.65	1.06	0.33	46 20.1	61.7	6.4	51 134	3 314	1933	5 7
20	10 50 29.59	1.54	+0.37	+20 47 21.8	64.0	−6.7	33.47 820	3 271	0.1931	4 59
22	50 28.05	2.02	0.42	48 25.8	66.2	6.9	44 549	3 224	1929	4 51
24	50 26.03	2.49	0.46	49 32.0	68.4	7.1	41 325	3 173	1927	4 43
26	50 23.54	2.96	0.51	50 40.4	70.4	7.3	38 152	3 119	1926	4 35
28	50 20.58	3.42	0.55	51 50.8	72.4	7.5	35 033	3 059	1924	4 27
30	50 17.16	3.89	0.60	53 3.2	74.3	7.6	31 974	2 995	1922	4 19
32	10 50 13.27		+0.64	+20 54 17.5		−7.8	33.28 979		0.1920	4 12

0^h Weltzeit	Mittleres Äquinoktium 1950.0											
	X			*ΔX*	*Y*			*ΔY*	*Z*			*ΔZ*
1959 Jan. 0	+0.148 363	+17 263	− 45	−1	−0.891 790	+ 2 569	+277	+1	−0.386 739	+1 115	+120	−2
1	0.165 626	17 213	50	−1	0.889 221	2 846	277	+4	0.385 624	1 234	119	−4
2	0.182 839	17 158	55	−1	0.886 375	3 122	276	−3	0.384 390	1 355	121	−3
3	0.199 997	17 097	61	−1	0.883 253	3 397	275	+1	0.383 035	1 474	119	+3
4	0.217 094	17 031	66	+1	0.879 856	3 672	275	−1	0.381 561	1 593	119	+4
5	0.234 125	16 960	71	+3	0.876 184	3 946	274	0	0.379 968	1 711	118	+4
6	+0.251 085	+16 882	− 78	−2	−0.872 238	+ 4 219	+273	+2	−0.378 257	+1 830	+119	−3
7	0.267 967	16 799	83	+1	0.868 019	4 490	271	+4	0.376 427	1 948	118	−2
8	0.284 766	16 711	88	+4	0.863 529	4 761	271	−4	0.374 479	2 065	117	+1
9	0.301 477	16 616	95	0	0.858 768	5 030	269	−3	0.372 414	2 181	116	+4
10	0.318 093	16 517	99	+5	0.853 738	5 297	267	−1	0.370 233	2 297	116	+2
11	0.334 610	16 412	105	0	0.848 441	5 562	265	0	0.367 936	2 411	114	+4
12	+0.351 022	+16 300	−112	−4	−0.842 879	+ 5 825	+263	+1	−0.365 525	+2 526	+115	−3
13	0.367 322	16 185	115	+4	0.837 054	6 086	261	0	0.362 999	2 639	113	0
14	0.383 507	16 065	120	+5	0.830 968	6 344	258	0	0.360 360	2 750	111	+5
15	0.399 572	15 939	126	−1	0.824 624	6 601	257	−5	0.357 610	2 862	112	−4
16	0.415 511	15 808	131	−5	0.818 023	6 855	254	−4	0.354 748	2 972	110	−2
17	0.431 319	15 672	136	−5	0.811 168	7 107	252	−3	0.351 776	3 081	109	−2
18	+0.446 991	+15 533	−139	+1	−0.804 061	+ 7 355	+248	+4	−0.348 695	+3 190	+109	−4
19	0.462 524	15 388	145	−3	0.796 706	7 602	247	+1	0.345 505	3 296	106	+4
20	0.477 912	15 239	149	−3	0.789 104	7 845	243	+4	0.342 209	3 402	106	+4
21	0.493 151	15 085	154	−4	0.781 259	8 087	242	−1	0.338 807	3 506	104	+5
22	0.508 236	14 927	158	−1	0.773 172	8 325	238	+1	0.335 301	3 610	104	−2
23	0.523 163	14 766	161	+3	0.764 847	8 561	236	−4	0.331 691	3 713	103	−4
24	+0.537 929	+14 599	−167	−3	−0.756 286	+ 8 795	+234	−5	−0.327 978	+3 814	+101	−1
25	0.552 528	14 429	170	−3	0.747 491	9 025	230	+2	0.324 164	3 914	100	0
26	0.566 957	14 254	175	−5	0.738 466	9 253	228	+2	0.320 250	4 013	99	−1
27	0.581 211	14 075	179	−4	0.729 213	9 478	225	+3	0.316 237	4 111	98	−2
28	0.595 286	13 893	182	+4	0.719 735	9 701	223	+1	0.312 126	4 208	97	−1
29	0.609 179	13 706	187	+2	0.710 034	9 920	219	+3	0.307 918	4 303	95	+4
30	+0.622 885	+13 515	−191	+2	−0.700 114	+10 138	+218	−4	−0.303 615	+4 397	+ 94	+5
31	0.636 400	13 319	196	0	0.689 976	10 353	215	−4	0.299 218	4 490	93	+3
Febr. 1	0.649 719	13 120	199	+5	0.679 623	10 563	210	+3	0.294 728	4 581	91	+4
2	0.662 839	12 916	204	0	0.669 060	10 772	209	−3	0.290 147	4 672	91	−2
3	0.675 755	12 707	209	−2	0.658 288	10 977	205	−2	0.285 475	4 761	89	0
4	0.688 462	12 495	212	+1	0.647 311	11 178	201	0	0.280 714	4 848	87	+3
5	+0.700 957	+12 278	−217	+1	−0.636 133	+11 377	+199	−4	−0.275 866	+4 933	+ 85	+5
6	0.713 235	12 058	220	+2	0.624 756	11 571	194	+2	0.270 933	5 018	85	−1
7	0.725 293	11 832	226	−3	0.613 185	11 761	190	+4	0.265 915	5 100	82	+4
8	0.737 125	11 605	227	+3	0.601 424	11 947	186	+2	0.260 815	5 180	80	+3
9	0.748 730	+11 372	233	−4	0.589 477	+12 130	183	−4	0.255 635	+5 260	80	−4
10	+0.760 102		−236	−2	−0.577 347		+178	−2	−0.250 375		+ 77	−1

ΔX, *ΔY*, *ΔZ* sind in Einheiten der 7. Dezimale gegeben.

0ʰ Weltzeit	Mittleres Äquinoktium 1950.0											
	X			ΔX	Y			ΔY	Z			ΔZ
1959												
Febr. 10	+0.760 102	+11 136	−236	−2	−0.577 347	+12 308	+178	−2	−0.250 375	+5 337	+77	−1
11	0.771 238	10 898	238	+2	0.565 039	12 482	174	−2	0.245 038	5 412	75	+1
12	0.782 136	10 655	243	−3	0.552 557	12 652	170	−2	0.239 626	5 486	74	−3
13	0.792 791	10 411	244	+3	0.539 905	12 817	165	+1	0.234 140	5 558	72	−2
14	0.803 202	10 162	249	−3	0.527 088	12 978	161	+1	0.228 582	5 627	69	+1
15	0.813 364	9 912	250	+1	0.514 110	13 135	157	−2	0.222 955	5 696	69	−4
16	+0.823 276	+ 9 658	−254	−2	−0.500 975	+13 288	+153	−2	−0.217 259	+5 762	+66	−1
17	0.832 934	9 402	256	−1	0.487 687	13 436	148	+1	0.211 497	5 826	64	−1
18	0.842 336	9 144	258	+2	0.474 251	13 580	144	+1	0.205 671	5 889	63	−5
19	0.851 480	8 883	261	0	0.460 671	13 719	139	+3	0.199 782	5 950	61	−4
20	0.860 363	8 620	263	0	0.446 952	13 855	136	−2	0.193 832	6 008	58	−1
21	0.868 983	8 355	265	+1	0.433 097	13 986	131	0	0.187 824	6 066	58	−5
22	+0.877 338	+ 8 088	−267	+2	−0.419 111	+14 113	+127	0	−0.181 758	+6 121	+55	0
23	0.885 426	7 820	268	+4	0.404 998	14 236	123	0	0.175 637	6 174	53	+2
24	0.893 246	7 548	272	−4	0.390 762	14 354	118	+3	0.169 463	6 226	52	+1
25	0.900 794	7 275	273	−4	0.376 408	14 470	116	−4	0.163 237	6 275	49	+4
26	0.908 069	6 999	276	−4	0.361 938	14 580	110	+1	0.156 962	6 324	49	−2
27	0.915 068	6 723	276	−5	0.347 358	14 687	107	+1	0.150 638	6 370	46	+3
28	+0.921 791	+ 6 444	−279	+2	−0.332 671	+14 789	+102	+3	−0.144 268	+6 414	+44	+4
März 1	0.928 235	6 162	282	+5	0.317 882	14 887	98	+3	0.137 854	6 456	42	+4
2	0.934 397	5 878	284	+5	0.302 995	14 981	94	+2	0.131 398	6 497	41	−1
3	0.940 275	5 593	285	+2	0.288 014	15 070	89	+3	0.124 901	6 536	39	−1
4	0.945 868	5 306	287	+3	0.272 944	15 154	84	+5	0.118 365	6 572	36	+5
5	0.951 174	5 017	289	+2	0.257 790	15 234	80	+1	0.111 793	6 606	34	+5
6	+0.956 191	+ 4 726	−291	0	−0.242 556	+15 309	+ 75	0	−0.105 187	+6 638	+32	+3
7	0.960 917	4 434	292	+2	0.227 247	15 378	69	+1	0.098 549	6 669	31	−3
8	0.965 351	4 141	293	+3	0.211 869	15 444	66	−5	0.091 880	6 697	28	−1
9	0.969 492	3 846	295	−3	0.196 425	15 504	60	−3	0.085 183	6 723	26	+1
10	0.973 338	3 550	296	−4	0.180 921	15 558	54	0	0.078 460	6 746	23	+4
11	0.976 888	3 254	296	0	0.165 363	15 608	50	−2	0.071 714	6 768	22	0
12	+0.980 142	+ 2 957	−297	−2	−0.149 755	+15 653	+ 45	−3	−0.064 946	+6 787	+19	0
13	0.983 099	2 659	298	−3	0.134 102	15 693	40	−2	0.058 159	6 805	18	−5
14	0.985 758	2 361	298	−1	0.118 409	15 727	34	+1	0.051 354	6 820	15	−1
15	0.988 119	2 064	297	+4	0.102 682	15 757	30	0	0.044 534	6 833	13	+2
16	0.990 183	1 765	299	−3	0.086 925	15 782	25	0	0.037 701	6 843	10	+4
17	0.991 948	1 466	299	−4	0.071 143	15 802	20	0	0.030 858	6 853	10	−3
18	+0.993 414	+ 1 169	−297	+2	−0.055 341	+15 817	+ 15	+1	−0.024 005	+6 859	+ 6	+1
19	0.994 583	870	299	−3	0.039 524	15 827	10	+1	0.017 146	6 864	5	−1
20	0.995 453	573	297	+1	0.023 697	15 833	6	−2	0.010 282	6 866	2	0
21	0.996 026	+ 276	297	0	−0.007 864	15 834	+ 1	−3	−0.003 416	6 868	+ 2	−5
22	0.996 302	− 21	297	−3	+0.007 970	+15 831	− 3	+5	+0.003 452	+6 865	− 3	−4
23	+0.996 281		−296	−3	+0.023 801		− 8	+3	+0.010 317		− 2	+4

ΔX, ΔY, ΔZ sind in Einheiten der 7. Dezimale gegeben.

0h Weltzeit	X			ΔX	Y			ΔY	Z			ΔZ
	Mittleres Äquinoktium 1950.0											
1959												
März 23	+0.996 281	− 317	−296	−3	+0.023 801	+15 823	− 8	+3	+0.010 317	+6 863	− 2	+4
24	0.995 964	613	296	−3	0.039 624	15 811	12	+2	0.017 180	6 857	6	−1
25	0.995 351	908	295	−2	0.055 435	15 795	16	+2	0.024 037	6 850	7	+3
26	0.994 443	1 203	295	−3	0.071 230	15 774	21	−4	0.030 887	6 842	8	+5
27	0.993 240	1 497	294	0	0.087 004	15 749	25	−4	0.037 729	6 830	12	−2
28	0.991 743	1 791	294	−3	0.102 753	15 719	30	−4	0.044 559	6 818	12	+2
29	+0.989 952	− 2 085	−294	−5	+0.118 472	+15 686	− 33	+3	+0.051 377	+6 803	−15	−1
30	0.987 867	2 378	293	−4	0.134 158	15 648	38	+4	0.058 180	6 786	17	−2
31	0.985 489	2 671	293	−5	0.149 806	15 605	43	+5	0.064 966	6 767	19	0
April 1	0.982 818	2 963	292	−3	0.165 411	15 558	47	+5	0.071 733	6 747	20	+4
2	0.979 855	3 254	291	0	0.180 969	15 505	53	0	0.078 480	6 724	23	0
3	0.976 601	3 544	290	+1	0.196 474	15 448	57	+2	0.085 204	6 699	25	−2
4	+0.973 057	− 3 833	−289	0	+0.211 922	+15 387	− 61	+5	+0.091 903	+6 672	−27	−3
5	0.969 224	4 121	288	−3	0.227 309	15 320	67	0	0.098 575	6 643	29	−2
6	0.965 103	4 408	287	−5	0.242 629	15 248	72	−3	0.105 218	6 612	31	−2
7	0.960 695	4 693	285	−2	0.257 877	15 172	76	+1	0.111 830	6 579	33	−2
8	0.956 002	4 976	283	0	0.273 049	15 092	80	+4	0.118 409	6 544	35	−2
9	0.951 026	5 257	281	+1	0.288 141	15 006	86	−3	0.124 953	6 507	37	−3
10	+0.945 769	− 5 537	−280	−3	+0.303 147	+14 916	− 90	−3	+0.131 460	+6 467	−40	−4
11	0.940 232	5 814	277	−3	0.318 063	14 821	95	−5	0.137 927	6 427	40	+4
12	0.934 418	6 090	276	−5	0.332 884	14 722	99	−4	0.144 354	6 384	43	+4
13	0.928 328	6 362	272	+1	0.347 606	14 619	103	−2	0.150 738	6 340	44	+5
14	0.921 966	6 633	271	−3	0.362 225	14 511	108	−5	0.157 078	6 293	47	−1
15	0.915 333	6 901	268	−2	0.376 736	14 399	112	−3	0.163 371	6 244	49	−2
16	+0.908 432	− 7 167	−266	−1	+0.391 135	+14 283	−116	−2	+0.169 615	+6 195	−49	+2
17	0.901 265	7 429	262	+5	0.405 418	14 163	120	+1	0.175 810	6 142	53	−3
18	0.893 836	7 689	260	+3	0.419 581	14 040	123	+3	0.181 952	6 089	53	+1
19	0.886 147	7 946	257	+1	0.433 621	13 912	128	+1	0.188 041	6 034	55	+1
20	0.878 201	8 201	255	−4	0.447 533	13 781	131	+3	0.194 075	5 977	57	0
21	0.870 000	8 453	252	−4	0.461 314	13 647	134	+2	0.200 052	5 919	58	+1
22	+0.861 547	− 8 703	−250	−4	+0.474 961	+13 508	−139	−3	+0.205 971	+5 859	−60	−1
23	0.852 844	8 949	246	+2	0.488 469	13 367	141	+3	0.211 830	5 797	62	−2
24	0.843 895	9 193	244	+2	0.501 836	13 223	144	+5	0.217 627	5 735	62	+4
25	0.834 702	9 435	242	+1	0.515 059	13 074	149	0	0.223 362	5 670	65	+2
26	0.825 267	9 674	239	+3	0.528 133	12 923	151	+2	0.229 032	5 605	65	+4
27	0.815 593	9 911	237	+3	0.541 056	12 767	156	−2	0.234 637	5 537	68	−2
28	+0.805 682	−10 144	−233	+5	+0.553 823	+12 608	−159	−1	+0.240 174	+5 467	−70	−4
29	0.795 538	10 376	232	−2	0.566 431	12 446	162	+2	0.245 641	5 397	70	+3
30	0.785 162	10 605	229	−3	0.578 877	12 279	167	−3	0.251 038	5 325	72	+4
Mai 1	0.774 557	10 830	225	+2	0.591 156	12 109	170	−2	0.256 363	5 251	74	0
2	0.763 727	−11 052	222	+4	0.603 265	+11 935	174	0	0.261 614	+5 175	76	−2
3	−0.752 675		−219	+3	+0.615 200		−177	+2	+0.266 789		−77	+1

ΔX, ΔY, ΔZ sind in Einheiten der 7. Dezimale gegeben.

0h Weltzeit	Mittleres Äquinoktium 1950.0 X			ΔX	Y			ΔY	Z			ΔZ
1959 Mai 3	+0.752 675	−11 271	−219	+3	+0.615 200	+11 758	−177	+2	+0.266 789	+5 098	− 77	+1
4	0.741 404	11 486	215	+3	0.626 958	11 577	181	+1	0.271 887	5 020	78	+4
5	0.729 918	11 699	213	−1	0.638 535	11 392	185	+1	0.276 907	4 940	80	+4
6	0.718 219	11 906	207	+4	0.649 927	11 205	187	+5	0.281 847	4 859	81	+2
7	0.706 313	12 112	206	−4	0.661 132	11 013	192	+2	0.286 706	4 775	84	−4
8	0.694 201	12 312	200	+1	0.672 145	10 819	194	+4	0.291 481	4 691	84	0
9	+0.681 889	−12 509	−197	−2	+0.682 964	+10 621	−198	+2	+0.296 172	+4 606	− 85	+3
10	0.669 380	12 702	193	−2	0.693 585	10 421	200	+5	0.300 778	4 519	87	0
11	0.656 678	12 889	187	−3	0.704 006	10 217	204	0	0.305 297	4 430	89	−2
12	0.643 787	13 075	186	+1	0.714 223	10 010	207	−1	0.309 727	4 341	89	+4
13	0.630 712	13 256	181	−3	0.724 233	9 801	209	+2	0.314 068	4 251	90	+5
14	0.617 456	13 432	176	0	0.734 034	9 590	211	+5	0.318 319	4 159	92	+2
15	+0.604 024	−13 604	−172	−1	+0.743 624	+ 9 376	−214	+3	+0.322 478	+4 066	− 93	+3
16	0.590 420	13 772	168	−1	0.753 000	9 159	217	−3	0.326 544	3 973	93	+5
17	0.576 648	13 935	163	+2	0.762 159	8 940	219	−3	0.330 517	3 878	95	0
18	0.562 713	14 094	159	+3	0.771 099	8 719	221	0	0.334 395	3 782	96	−1
19	0.548 619	14 249	155	+1	0.779 818	8 497	222	+5	0.338 177	3 686	96	+1
20	0.534 370	14 400	151	0	0.788 315	8 273	224	+5	0.341 863	3 588	98	−3
21	+0.519 970	−14 547	−147	0	+0.796 588	+ 8 046	−227	+1	+0.345 451	+3 490	− 98	−1
22	0.505 423	14 690	143	0	0.804 634	7 818	228	+3	0.348 941	3 391	99	−1
23	0.490 733	14 829	139	−1	0.812 452	7 589	229	+4	0.352 332	3 291	100	−1
24	0.475 904	14 965	136	−3	0.820 041	7 356	233	−5	0.355 623	3 190	101	−1
25	0.460 939	15 096	131	0	0.827 397	7 122	234	−4	0.358 813	3 089	101	+2
26	0.445 843	15 224	128	−2	0.834 519	6 886	236	−4	0.361 902	2 986	103	−1
27	+0.430 619	−15 347	−123	+1	−0.841 405	+ 6 648	−238	−1	+0.364 888	+2 883	−103	0
28	0.415 272	15 467	120	−1	0.848 053	6 408	240	+1	0.367 771	2 778	105	−1
29	0.399 805	15 581	114	+2	0.854 461	6 166	242	+2	0.370 549	2 674	104	+4
30	0.384 224	15 693	112	−4	0.860 627	5 922	244	+1	0.373 223	2 567	107	−2
31	0.368 531	15 798	105	+2	0.866 549	5 676	246	0	0.375 790	2 461	106	+3
Juni 1	0.352 733	15 900	102	−4	0.872 225	5 428	248	−1	0.378 251	2 354	107	+2
2	+0.336 833	−15 998	− 98	−5	+0.877 653	+ 5 179	−249	+2	+0.380 605	+2 245	−109	−5
3	0.320 835	16 089	91	+5	0.882 832	4 927	252	−3	0.382 850	2 136	109	−3
4	0.304 746	16 176	87	+4	0.887 759	4 675	252	+3	0.384 986	2 027	109	0
5	0.288 570	16 259	83	−2	0.892 434	4 422	253	+4	0.387 013	1 917	110	−1
6	0.272 311	16 337	78	−3	0.896 856	4 166	256	−3	0.388 930	1 806	111	0
7	0.255 974	16 410	73	−1	0.901 022	3 909	257	−5	0.390 736	1 695	111	+3
8	+0.239 564	−16 477	− 67	+4	+0.904 391	+ 3 652	−257	−2	+0.392 431	+1 584	−111	+4
9	0.223 087	16 540	63	+3	0.908 583	3 393	259	−3	0.394 015	1 472	112	+2
10	0.206 547	16 597	57	+5	0.911 976	3 134	259	+2	0.395 487	1 360	112	0
11	0.189 950	16 650	53	−1	0.915 110	2 875	259	+5	0.396 847	1 247	113	−4
12	0.173 300	−16 698	48	−4	0.917 985	+ 2 614	261	−1	0.398 094	+1 134	113	−4
13	+0.156 602		− 43	−3	+0.920 599		−261	0	+0.399 228		−113	−2

ΔX, ΔY, ΔZ sind in Einheiten der 7. Dezimale gegeben.

0h Weltzeit	X			ΔX	Y			ΔY	Z			ΔZ
	Mittleres Äquinoktium 1950.0											
1959												
Juni 13	+0.156 602	−16 741	− 43	−3	+0.920 599	+2 353	−261	0	+0.399 228	+1 021	−113	−2
14	0.139 861	16 778	37	+2	0.922 952	2 093	260	+4	0.400 249	908	113	+1
15	0.123 083	16 812	34	−3	0.925 045	1 831	262	−1	0.401 157	795	113	+2
16	0.106 271	16 839	27	+3	0.926 876	1 571	260	+4	0.401 952	682	113	+3
17	0.089 432	16 864	25	−3	0.928 447	1 309	262	−4	0.402 634	568	114	0
18	0.072 568	16 882	18	+2	0.929 756	1 048	261	−3	0.403 202	455	113	+3
19	+0.055 686	−16 898	− 16	−4	+0.930 804	+ 787	−261	−2	+0.403 657	+ 342	−113	+4
20	0.038 788	16 908	10	+2	0.931 591	526	261	−1	0.403 999	228	114	+1
21	0.021 880	16 914	6	+2	0.932 117	265	261	−1	0.404 227	115	113	+5
22	+0.004 966	16 916	− 2	+1	0.932 382	+ 4	261	0	0.404 342	+ 2	113	+4
23	−0.011 950	16 913	+ 3	−1	0.932 386	− 258	262	−2	0.404 344	− 112	114	+1
24	0.028 863	16 907	6	+4	0.932 128	519	261	+3	0.404 232	225	113	+2
25	−0.045 770	−16 895	+ 12	0	+0.931 609	− 780	−261	+3	+0.404 007	− 339	−114	−3
26	0.062 665	16 879	16	+1	0.930 829	1 043	263	−2	0.403 668	453	114	−3
27	0.079 544	16 858	21	+2	0.929 786	1 304	261	+4	0.403 215	566	113	+1
28	0.096 402	16 833	25	+3	0.928 482	1 565	261	+4	0.402 649	680	114	0
29	0.113 235	16 802	31	−1	0.926 917	1 827	262	−3	0.401 969	793	113	+4
30	0.130 037	16 767	35	0	0.925 090	2 089	262	−5	0.401 176	906	113	+4
Juli 1	−0.146 804	−16 726	+ 41	−3	+0.923 001	−2 349	−260	+1	+0.400 270	−1 019	−113	+2
2	0.163 530	16 681	45	+2	0.920 652	2 610	261	+1	0.399 251	1 132	113	0
3	0.180 211	16 632	49	+4	0.918 042	2 869	259	+5	0.398 119	1 244	112	−1
4	0.196 843	16 576	56	−4	0.915 173	3 128	259	+3	0.396 875	1 357	113	−5
5	0.213 419	16 516	60	−3	0.912 045	3 386	258	0	0.395 518	1 469	112	−3
6	0.229 935	16 451	65	−4	0.908 659	3 644	258	−3	0.394 049	1 580	111	+2
7	−0.246 386	−16 381	+ 70	−4	+0.905 015	−3 900	−256	−1	+0.392 469	−1 691	−111	+2
8	0.262 767	16 306	75	−4	0.901 115	4 154	254	+2	0.390 778	1 801	110	+4
9	0.279 073	16 226	80	−4	0.896 961	4 409	255	−3	0.388 977	1 911	110	+1
10	0.295 299	16 141	85	−3	0.892 552	4 660	251	+3	0.387 066	2 020	109	0
11	0.311 440	16 052	89	+3	0.887 892	4 911	251	0	0.385 046	2 129	109	−3
12	0.327 492	15 959	93	+4	0.882 981	5 159	248	+4	0.382 917	2 237	108	−1
13	−0.343 451	15 860	+ 99	−2	+0.877 822	−5 406	−247	+1	+0.380 680	−2 344	−107	+2
14	0.359 311	15 757	103	−3	0.872 416	5 651	245	0	0.378 336	2 450	106	+5
15	0.375 068	15 650	107	−1	0.866 765	5 895	244	−3	0.375 886	2 555	105	+4
16	0.390 718	15 539	111	−1	0.860 870	6 135	240	+4	0.373 331	2 660	105	−1
17	0.406 257	15 424	115	−1	0.854 735	6 375	240	+2	0.370 671	2 765	105	−4
18	0.421 681	15 304	120	−2	0.848 360	6 612	237	+5	0.367 906	2 867	102	+4
19	−0.436 985	−15 182	+122	+5	+0.841 748	−6 847	−255	+3	+0.365 039	−2 970	−103	0
20	0.452 167	15 056	126	+4	0.834 901	7 082	235	−4	0.362 069	3 071	101	+3
21	0.467 223	14 924	132	−4	0.827 819	7 314	232	−1	0.358 998	3 172	101	0
22	0.482 147	14 790	134	+1	0.820 505	7 544	230	0	0.355 826	3 272	100	−1
23	0.496 937	−14 651	139	−2	0.812 961	−7 773	229	−1	0.352 554	−3 372	100	−3
24	− 0.511 588		+143	−2	+0.805 188		−227	−2	+0.349 182		− 98	+2

ΔX, ΔY, ΔZ sind in Einheiten der 7. Dezimale gegeben.

0h Weltzeit	X			ΔX	Y			ΔY	Z			ΔZ
	Mittleres Äquinoktium 1950.0											
1959												
Juli 24	−0.511 588	−14 508	+143	−2	+0.805 188	− 8 000	−227	−2	+0.349 182	−3 470	−98	+2
25	0.526 096	14 362	146	+3	0.797 188	8 225	225	−1	0.345 712	3 567	97	+4
26	0.540 458	14 210	152	−4	0.788 963	8 449	224	−3	0.342 145	3 665	98	−3
27	0.554 668	14 054	156	−3	0.780 514	8 669	220	+4	0.338 480	3 760	95	+4
28	0.568 722	13 896	158	+4	0.771 845	8 889	220	−2	0.334 720	3 855	95	+1
29	0.582 618	13 731	165	−3	0.762 956	9 105	216	+3	0.330 865	3 949	94	0
30	−0.596 349	−13 564	+167	+2	+0.753 851	− 9 319	−214	+2	+0.326 916	−4 042	−93	+1
31	0.609 913	13 391	173	−2	0.744 532	9 532	213	−4	0.322 874	4 133	91	+2
Aug. 1	0.623 304	13 215	176	+2	0.735 000	9 741	209	+3	0.318 741	4 225	92	−3
2	0.636 519	13 035	180	+3	0.725 259	9 947	206	+4	0.314 516	4 313	88	+4
3	0.649 554	12 851	184	+3	0.715 312	10 152	205	−3	0.310 203	4 402	89	−3
4	0.662 405	12 662	189	−4	0.705 160	10 352	200	+1	0.305 801	4 489	87	−4
5	−0.675 067	−12 469	+193	−5	+0.694 808	−10 551	−199	−4	+0.301 312	−4 575	−86	−5
6	0.687 536	12 273	196	−2	0.684 257	10 745	194	0	0.296 737	4 660	85	−2
7	0.699 809	12 073	200	−3	0.673 512	10 937	192	−4	0.292 077	4 742	82	+5
8	0.711 882	11 869	204	−4	0.662 575	11 125	188	−1	0.287 335	4 823	81	+4
9	0.723 751	11 662	207	−2	0.651 450	11 310	185	−1	0.282 512	4 904	81	−3
10	0.735 413	11 451	211	−1	0.640 140	11 490	180	+2	0.277 608	4 983	79	−2
11	−0.746 864	−11 238	+213	+4	+0.628 650	−11 669	−179	−4	+0.272 625	−5 059	+76	+4
12	0.758 102	11 022	216	+3	0.616 981	11 842	173	+3	0.267 566	5 135	76	−2
13	0.769 124	10 801	221	−4	0.605 139	12 013	171	−2	0.262 431	5 210	75	−3
14	0.779 925	10 580	221	+3	0.593 126	12 180	167	−2	0.257 221	5 282	72	+4
15	0.790 505	10 354	226	−2	0.580 946	12 344	164	−5	0.251 939	5 353	71	+3
16	0.800 859	10 127	227	+3	0.568 602	12 505	161	−5	0.246 586	5 423	70	+2
17	−0.810 986	− 9 897	+230	+2	+0.556 097	−12 661	−156	+1	+0.241 163	−5 491	−68	+3
18	0.820 883	9 663	234	−2	0.543 436	12 816	155	−5	0.235 672	5 558	67	+1
19	0.830 546	9 428	235	+3	0.530 620	12 966	150	−1	0.220 114	5 624	66	−1
20	0.839 974	9 190	238	+3	0.517 654	13 114	148	−1	0.224 490	5 687	63	+3
21	0.849 164	8 949	241	0	0.504 540	13 257	143	+4	0.218 803	5 750	63	−2
22	0.858 113	8 705	244	−3	0.491 283	13 399	142	−4	0.213 053	5 811	61	−2
23	−0.866 818	− 8 458	+247	−5	+0.477 884	−13 535	−136	+2	+0.207 242	−5 871	−60	−3
24	0.875 276	8 209	249	−2	0.464 349	13 670	135	−3	0.201 371	5 928	57	+2
25	0.883 485	7 957	252	−4	0.450 679	13 800	130	+1	0.195 443	5 985	57	−3
26	0.891 442	7 702	255	−5	0.436 879	13 926	126	+4	0.189 458	6 040	55	0
27	0.899 144	7 444	258	−4	0.422 953	14 048	122	+4	0.183 418	6 092	52	+4
28	0.906 588	7 185	259	+2	0.408 905	14 168	120	−2	0.177 326	6 144	52	−1
29	−0.913 773	− 6 922	+263	−3	+0.394 737	−14 282	−114	+3	+0.171 182	−6 193	−49	−1
30	0.920 695	6 657	265	−2	0.380 455	14 393	111	0	0.164 989	6 242	49	−5
31	0.927 352	6 389	268	−2	0.366 062	14 500	107	+1	0.158 747	6 288	46	0
Sept. 1	0.933 741	6 120	269	+3	0.351 562	14 602	102	+5	0.152 459	6 331	43	+4
2	0.939 861	− 5 848	272	+1	0.336 960	−14 700	98	+5	0.146 128	−6 374	43	−2
3	−0.945 709		+275	−2	+0.322 260		− 93	+5	+0.139 754		−41	−5

ΔX, ΔY, ΔZ sind in Einheiten der 7. Dezimale gegeben.

0h Weltzeit	Mittleres Äquinoktium 1950.0											
	X			ΔX	Y			ΔY	Z			ΔZ
1959												
Sept. 3	−0.945 709	−5 573	+275	−2	+0.322 260	−14 793	−93	+5	+0.139 754	−6 415	−41	−5
4	0.951 282	5 298	275	+1	0.307 467	14 882	89	+1	0.133 339	6 453	38	−1
5	0.956 580	5 019	279	−3	0.292 585	14 967	85	−2	0.126 886	6 490	37	−2
6	0.961 599	4 740	279	+2	0.277 618	15 046	79	+3	0.120 396	6 524	34	+1
7	0.966 339	4 460	280	+3	0.262 572	15 121	75	+2	0.113 872	6 557	33	0
8	0.970 799	4 177	283	−1	0.247 451	15 191	70	0	0.107 315	6 587	30	0
9	−0.974 976	−3 895	+282	+2	+0.232 260	−15 257	−66	−4	+0.100 728	−6 616	29	−3
10	0.978 871	3 610	285	−4	0.217 003	15 319	62	−5	0.094 112	6 643	27	−4
11	0.982 481	3 325	285	−2	0.201 684	15 375	56	0	0.087 469	6 668	25	−3
12	0.985 806	3 040	285	+2	0.186 309	15 428	53	−2	0.080 801	6 691	23	0
13	0.988 846	2 753	287	0	0.170 881	15 476	48	0	0.074 110	6 711	20	+4
14	0.991 599	2 467	286	+4	0.155 405	15 520	44	+2	0.067 399	6 731	20	−3
15	−0.994 066	−2 178	+289	−3	+0.139 885	−15 559	−39	+2	+0.060 668	−6 748	−17	−2
16	0.996 244	1 890	288	+3	0.124 326	15 596	37	−4	0.053 920	6 764	16	−4
17	0.998 134	1 601	289	+2	0.108 730	15 627	31	+2	0.047 156	6 778	14	−1
18	0.999 735	1 311	290	−1	0.093 103	15 654	27	+4	0.040 378	6 789	11	+4
19	1.001 046	1 020	291	−3	0.077 449	15 677	23	+3	0.033 589	6 799	10	+2
20	1.002 066	728	292	−2	0.061 772	15 696	19	0	0.026 790	6 808	9	−1
21	−1.002 794	− 437	+291	+3	+0.046 076	−15 710	−14	−1	+0.019 982	−6 813	− 5	+5
22	1.003 231	− 144	293	−1	0.030 366	15 721	11	−5	0.013 169	6 818	5	+1
23	1.003 375	+ 149	293	0	+0.014 645	15 726	− 5	0	+0.006 351	6 820	− 2	+3
24	1.003 226	443	294	−4	−0.001 081	15 727	− 1	+1	−0.000 469	6 820	0	−3
25	1.002 783	738	295	−4	0.016 808	15 724	+ 3	+2	0.007 289	6 819	+ 1	0
26	1.002 045	1 031	293	+4	0.032 532	15 715	9	−3	0.014 108	6 815	4	−4
27	−1.001 014	+1 327	+296	−2	−0.048 247	−15 703	+12	+2	−0.020 923	−6 809	+ 6	−4
28	0.999 687	1 621	294	+4	0.063 950	15 685	18	−1	0.027 732	6 801	8	−1
29	0.998 066	1 916	295	0	0.079 635	15 663	22	−1	0.034 533	6 792	9	+4
30	0.996 150	2 211	295	−2	0.095 298	15 635	28	−4	0.041 325	6 780	12	0
Okt. 1	0.993 939	2 506	295	−3	0.110 933	15 603	32	−1	0.048 105	6 766	14	−2
2	0.991 433	2 800	294	0	0.126 536	15 566	37	−1	0.054 871	6 749	17	−5
3	−0.988 633	+3 094	+294	−1	−0.142 102	−15 523	+43	−3	−0.061 620	−6 731	+18	−1
4	0.985 539	3 387	293	−1	0.157 625	15 476	47	−1	0.068 351	6 711	20	0
5	0.982 152	3 678	291	+3	0.173 101	15 423	53	−4	0.075 062	6 688	23	−3
6	0.978 474	3 969	291	−1	0.188 524	15 366	57	0	0.081 750	6 663	25	−4
7	0.974 505	4 259	290	−3	0.203 890	15 304	62	+2	0.088 413	6 636	27	−1
8	0.970 246	4 546	287	+2	0.219 194	15 238	66	+1	0.095 049	6 608	28	+5
9	−0.965 700	+4 832	+286	+1	−0.234 432	−15 166	+72	−5	−0.101 657	−6 577	+31	+2
10	0.960 868	5 118	286	−4	0.249 598	15 090	76	−3	0.108 234	6 545	32	+4
11	0.955 750	5 400	282	+2	0.264 688	15 011	79	+1	0.114 779	6 510	35	−2
12	0.950 350	5 682	282	−2	0.279 699	14 926	85	−4	0.121 289	6 473	37	−2
13	0.944 668	+5 962	280	−2	0.294 625	−14 838	88	−2	0.127 762	−6 436	37	+3
14	−0.938 706		+278	−1	−0.309 463		+93	−3	−0.134 198		+41	−4

ΔX, ΔY, ΔZ sind in Einheiten der 7. Dezimale gegeben.

0h Weltzeit	Mittleres Äquinoktium 1950.0 X			ΔX	Y			ΔY	Z			ΔZ
1959 Okt. 14	−0.938 706	+ 6 240	+278	−1	−0.309 463	−14 745	+ 93	−3	−0.134 198	−6 395	+ 41	−4
15	0.932 466	6 517	277	−3	0.324 208	14 649	96	+1	0.140 593	6 353	42	−3
16	0.925 949	6 792	275	−3	0.338 857	14 547	102	−3	0.146 946	6 309	44	0
17	0.919 157	7 066	274	−3	0.353 404	14 443	104	+4	0.153 255	6 264	45	+5
18	0.912 091	7 337	271	+3	0.367 847	14 334	109	+2	0.159 519	6 217	47	+4
19	0.904 754	7 607	270	0	0.382 181	14 220	114	−2	0.165 736	6 167	50	−1
20	−0.897 147	+ 7 875	+268	−1	−0.396 401	−14 103	+117	+1	−0.171 903	−6 116	+ 51	0
21	0.889 272	8 142	267	−4	0.410 504	13 981	122	−2	0.178 019	6 063	53	+1
22	0.881 130	8 406	264	−1	0.424 485	13 855	126	−2	0.184 082	6 009	54	+3
23	0.872 724	8 669	263	−2	0.438 340	13 724	131	−1	0.190 091	5 951	58	−3
24	0.864 055	8 928	259	+3	0.452 064	13 590	134	+4	0.196 042	5 894	57	+3
25	0.855 127	9 187	259	−5	0.465 654	13 452	138	+5	0.201 936	5 832	62	−4
26	−0.845 940	+ 9 443	+256	−4	−0.479 106	−13 308	+144	−3	−0.207 768	−5 771	+ 61	+4
27	0.836 497	9 697	254	−2	0.492 414	13 160	148	−3	0.213 539	5 706	65	+1
28	0.826 800	9 947	250	+3	0.505 574	13 009	151	+2	0.219 245	5 641	65	+5
29	0.816 853	10 196	249	−1	0.518 583	12 852	157	−5	0.224 886	5 573	68	+1
30	0.806 657	10 441	245	+2	0.531 435	12 691	161	−3	0.230 459	5 503	70	−1
31	0.796 216	10 684	243	0	0.544 126	12 526	165	−1	0.235 962	5 431	72	−1
Nov. 1	−0.785 532	+10 922	+238	+4	−0.556 652	−12 356	+170	0	−0.241 393	5 358	+ 73	+3
2	0.774 610	11 159	237	−4	0.569 008	12 183	173	+3	0.246 751	5 283	75	+3
3	0.763 451	11 390	231	+1	0.581 191	12 005	178	+1	0.252 034	5 206	77	+1
4	0.752 061	11 619	229	−4	0.593 196	11 823	182	0	0.257 240	5 127	79	−1
5	0.740 442	11 844	225	−4	0.605 019	11 638	185	+2	0.262 367	5 047	80	+1
6	0.728 598	12 064	220	+2	0.616 657	11 449	189	+2	0.267 414	4 965	82	+2
7	−0.716 534	+12 281	+217	+1	−0.628 106	−11 257	+192	+3	−0.272 379	−4 882	+ 83	+4
8	0.704 253	12 494	213	+2	0.639 363	11 061	196	−1	0.277 261	4 798	84	+5
9	0.691 759	12 703	209	+4	0.650 424	10 862	199	+2	0.282 059	4 711	87	−1
10	0.679 056	12 908	205	+2	0.661 286	10 661	201	+5	0.286 770	4 624	87	+1
11	0.666 148	13 110	202	−1	0.671 947	10 456	205	+1	0.291 394	4 535	89	−2
12	0.653 038	13 308	198	0	0.682 403	10 247	209	−3	0.295 929	4 445	90	−2
13	−0.639 730	+13 501	+193	+2	−0.692 650	−10 037	+210	+3	−0.300 374	−4 353	+ 92	−5
14	0.626 229	13 692	191	−5	0.702 687	9 823	214	0	0.304 727	4 260	93	−3
15	0.612 537	13 878	186	−4	0.712 510	9 606	217	−3	0.308 987	4 166	94	−1
16	0.598 659	14 061	183	−5	0.722 116	9 386	220	−2	0.313 153	4 071	95	+2
17	0.584 598	14 239	178	0	0.731 502	9 164	222	+1	0.317 224	3 974	97	−1
18	0.570 359	14 414	175	−1	0.740 666	8 938	226	−2	0.321 198	3 876	98	+1
19	−0.555 945	+14 584	+170	+3	−0.749 604	− 8 709	+229	−3	−0.325 074	−3 777	+ 99	+2
20	0.541 361	14 751	167	0	0.758 313	8 479	230	+4	0.328 851	3 677	100	+2
21	0.526 610	14 913	162	+3	0.766 792	8 244	235	−1	0.332 528	3 575	102	−3
22	0.511 697	15 071	158	+2	0.775 036	8 007	237	0	0.336 103	3 472	103	−4
23	0.496 626	+15 225	154	−1	0.783 043	− 7 768	239	+4	0.339 575	−3 368	104	−5
24	−0.481 401		+150	−3	−0.790 811		+243	+1	−0.342 943		+106	−5

ΔX, ΔY, ΔZ sind in Einheiten der 7. Dezimale gegeben.

0^h Weltzeit	Mittleres Äquinoktium 1950.0											
	X			*ΔX*	*Y*			*ΔY*	*Z*			*ΔZ*
1959 Nov. 24	−0.481 401	+15 375	+150	−3	−0.790 811	−7 525	+243	+1	−0.342 943	−3 262	+106	−5
25	0.466 026	15 520	145	+1	0.798 336	7 280	245	+1	0.346 205	3 156	106	+2
26	0.450 506	15 660	140	+4	0.805 616	7 032	248	−1	0.349 361	3 049	107	+5
27	0.434 846	15 796	136	+2	0.812 648	6 781	251	−4	0.352 410	2 940	109	+3
28	0.419 050	15 926	130	+5	0.819 429	6 527	254	−5	0.355 350	2 830	110	+2
29	0.403 124	16 052	126	+1	0.825 956	6 272	255	+1	0.358 180	2 720	110	+5
30	−0.387 072	+16 172	+120	+1	−0.832 228	−6 013	+259	−4	−0.360 900	−2 607	+113	−2
Dez. 1	0.370 900	16 287	115	−3	0.838 241	5 753	260	−1	0.363 507	2 495	112	+4
2	0.354 613	16 397	110	−3	0.843 994	5 490	263	−2	0.366 002	2 381	114	+2
3	0.338 216	16 501	104	0	0.849 484	5 226	264	+1	0.368 383	2 267	114	+2
4	0.321 715	16 599	98	+4	0.854 710	4 961	265	+5	0.370 650	2 152	115	0
5	0.305 116	16 692	93	+3	0.859 671	4 694	267	+3	0.372 802	2 036	116	−2
6	−0.288 424	+16 780	+ 88	+1	−0.864 365	−4 426	+268	+1	−0.374 838	−1 920	+116	−2
7	0.271 644	16 862	82	+3	0.868 791	4 156	270	−4	0.376 758	1 803	117	−4
8	0.254 782	16 940	78	−1	0.872 947	3 886	270	−1	0.378 561	1 686	117	−3
9	0.237 842	17 012	72	+1	0.876 833	3 614	272	−4	0.380 247	1 568	118	−5
10	0.220 830	17 079	67	+3	0.880 447	3 342	272	0	0.381 815	1 450	118	−4
11	0.203 751	17 140	61	+5	0.883 789	3 069	273	+2	0.383 265	1 331	119	−3
12	−0.186 611	+17 198	+ 58	−2	−0.886 858	−2 795	+274	+1	−0.384 596	−1 213	+118	+1
13	0.169 413	17 249	51	+2	0.889 653	2 520	275	−1	0.385 809	1 093	120	−5
14	0.152 164	17 296	47	0	0.892 173	2 245	275	0	0.386 902	973	120	−3
15	0.134 868	17 337	41	−1	0.894 418	1 968	277	−4	0.387 875	854	119	+4
16	0.117 531	17 374	37	−5	0.896 386	1 691	277	−2	0.388 729	734	120	0
17	0.100 157	17 406	32	−5	0.898 077	1 414	277	+3	0.389 463	612	122	−4
18	−0.082 751	+17 432	+ 26	−1	−0.899 491	−1 136	+278	0	−0.390 075	− 493	+119	+4
19	0.065 319	17 453	21	−1	0.900 627	857	279	−2	0.390 568	371	122	−4
20	0.047 866	17 469	16	−1	0.901 484	577	280	−3	0.390 939	250	121	−2
21	0.030 397	17 480	11	−3	0.902 061	298	279	+5	0.391 189	129	121	−1
22	−0.012 917	17 486	+ 6	−4	0.902 359	− 18	280	+5	0.391 318	− 7	122	−4
23	+0.004 569	17 486	0	+1	0.902 377	+ 262	280	+4	0.391 325	+ 115	122	−3
24	+0.022 055	+17 481	− 5	−1	−0.902 115	+ 544	+282	−3	−0.391 210	+ 236	+121	+1
25	0.039 536	17 470	11	−4	0.901 571	825	281	0	0.390 974	358	122	−2
26	0.057 006	17 453	17	−4	0.900 746	1 106	281	+3	0.390 616	480	122	−4
27	0.074 459	17 432	21	+4	0.899 640	1 387	281	+1	0.390 136	602	122	−4
28	0.091 891	17 403	29	−2	0.898 253	1 669	282	−4	0.389 534	724	122	−4
29	0.109 294	17 370	33	+4	0.896 584	1 949	280	−1	0.388 810	845	121	−1
30	+0.126 664	+17 330	− 40	0	−0.894 635	+2 230	+281	−5	−0.387 965	+ 967	+122	−4
31	0.143 994	+17 284	46	−1	0.892 405	+2 509	279	−1	0.386 998	+1 088	121	0
32	+0.161 278		− 51	+3	−0.889 896		+278	−1	−0.385 910		+121	+4

ΔX, ΔY, ΔZ sind in Einheiten der 7. Dezimale gegeben.

Mittleres Äquinoktium 1950.0

MERKUR 1959

0^h Weltzeit	log r	Helioz. Länge	Red. auf d. Bahn	Helioz. Breite	0^h Weltzeit	log r	Helioz. Länge	Red. auf d. Bahn	Helioz. Breite
1959		°	°	°	1959		°	°	°
Jan. — 3	9.5806	174.24	—0.21	+5.64	Juli 1	9.6313	207.39	—0.14	+2.44
+ 2	9.6111	193.51	—0.20	+3.95	6	9.6504	222.93	—0.04	+0.59
7	9.6355	210.41	—0.12	+2.09	11	9.6628	237.37	+0.07	—1.18
12	9.6533	225.70	—0.02	+0.25	16	9.6686	251.24	+0.16	—2.81
17	9.6644	240.00	+0.09	—1.50	21	9.6678	264.99	+0.21	—4.25
22	9.6689	253.81	+0.17	—3.09	26	9.6605	279.04	+0.21	—5.48
27	9.6669	267.58	+0.21	—4.50	31	9.6466	293.85	+0.16	—6.41
Febr. 1	9.6584	281.74	+0.20	—5.68	Aug. 5	9.6260	309.93	+0.06	—6.94
6	9.6433	296.75	+0.14	—6.54	10	9.5989	327.91	—0.07	—6.89
11	9.6214	313.14	+0.03	—6.98	15	9.5666	348.51	—0.19	—6.02
16	9.5932	331.55	—0.10	—6.80	20	9.5321	12.46	—0.20	—4.06
21	9.5600	352.72	—0.20	—5.75	25	9.5027	40.13	—0.06	—0.93
26	9.5260	17.37	—0.19	—3.55	30	9.4883	70.80	+0.15	+2.76
März 3	9.4984	45.71	—0.02	—0.25	Sept. 4	9.4953	102.18	+0.20	+5.71
8	9.4878	76.72	+0.18	+3.41	9	9.5204	131.44	+0.05	+6.96
13	9.4989	107.91	+0.19	+6.09	14	9.5540	156.96	—0.13	+6.62
18	9.5263	136.55	+0.01	+7.00	19	9.5877	178.69	—0.21	+5.30
23	9.5605	161.32	—0.16	+6.42	24	9.6169	197.37	—0.19	+3.55
28	9.5936	182.41	—0.21	+4.99	29	9.6399	213.86	—0.10	+1.69
April 2	9.6217	200.61	—0.17	+3.20	Okt. 4	9.6563	228.89	+0.01	—0.14
7	9.6436	216.78	—0.08	+1.34	9	9.6660	243.04	+0.11	—1.86
12	9.6586	231.60	+0.03	—0.48	14	9.6690	256.81	+0.18	—3.42
17	9.6670	245.64	+0.13	—2.17	19	9.6657	270.63	+0.21	—4.78
22	9.6689	259.39	+0.19	—3.69	24	9.6557	284.93	+0.20	—5.90
27	9.6643	273.27	+0.21	—5.01	29	9.6391	300.19	+0.12	—6.68
Mai 2	9.6531	287.71	+0.19	—6.07	Nov. 3	9.6157	316.96	+0.01	—7.00
7	9.6352	303.21	+0.10	—6.78	8	9.5862	335.91	—0.13	—6.66
12	9.6107	320.33	—0.02	—7.00	13	9.5525	357.79	—0.21	—5.37
17	9.5801	339.77	—0.15	—6.50	18	9.5190	23.25	—0.16	—2.91
22	9.5460	2.19	—0.21	—5.00	23	9.4944	52.31	+0.03	+0.56
27	9.5135	28.46	—0.13	—2.32	28	9.4884	83.62	+0.20	+4.12
Juni 1	9.4916	58.10	+0.08	+1.27	Dez. 3	9.5038	114.45	+0.16	+6.44
6	9.4898	89.55	+0.21	+4.68	8	9.5336	142.30	—0.03	+6.98
11	9.5085	119.97	+0.12	+6.67	13	9.5681	166.21	—0.18	+6.16
16	9.5400	147.09	—0.07	+6.91	18	9.6002	186.60	—0.21	+4.62
21	9.5744	170.29	—0.19	+5.91	23	9.6271	204.29	—0.16	+2.80
26	9.6057	190.10	—0.21	+4.29	28	9.6474	220.11	—0.06	+0.93
Juli 1	9.6313	207.39	—0.14	+2.44					

$\Omega = 47^\circ.739$ $\quad i = 7^\circ.004$ $\quad m = \frac{1}{6\,000\,000}$

Mittleres Äquinoktium 1950.0

0^h Weltzeit	Julian. Zeit	log r	Heliozentr. Länge	Red. auf d. Bahn	Heliozentr. Breite	log R	Länge
		VENUS 1959				ERDE 1959	
1959	d		°	in 0°001	°		°
Jan. −8	2436 560.5	9.86217	294.325	+49	−2.097	9.99282	90.528
+2	570.5	9.86228	310.134	+48	−2.744	9.99268	100.718
12	580.5	9.86217	325.957	+33	−3.185	9.99276	110.910
22	590.5	9.86185	341.805	+ 8	−3.384	9.99307	121.092
Febr. 1	600.5	9.86133	357.687	−20	−3.326	9.99359	131.255
11	2436 610.5	9.86066	13.607	−41	−3.014	9.99430	141.389
21	620.5	9.85988	29.568	−50	−2.469	9.99518	151.486
März 3	630.5	9.85906	45.573	−44	−1.731	9.99620	161.539
13	640.5	9.85825	61.625	−25	−0.855	9.99733	171.542
23	650.5	9.85753	77.726	+ 3	+0.090	9.99854	181.491
April 2	2436 660.5	9.85695	93.877	+29	+1.031	9.99978	191.384
12	670.5	9.85656	110.073	+47	+1.893	0.00103	201.220
22	680.5	9.85638	126.306	+50	+2.605	0.00223	211.001
Mai 2	690.5	9.85644	142.558	+37	+3.110	0.00337	220.729
12	700.5	9.85672	158.809	+13	+3.366	0.00440	230.409
22	2436 710.5	9.85721	175.035	−15	+3.354	0.00530	240.046
Juni 1	720.5	9.85787	191.214	−39	+3.076	0.00605	249.646
11	730.5	9.85863	207.327	−50	+2.558	0.00662	259.217
21	740.5	9.85946	223.365	−46	+1.842	0.00700	268.766
Juli 1	750.5	9.86026	239.330	−28	+0.986	0.00719	278.304
11	2436 760.5	9.86100	255.229	− 2	+0.058	0.00717	287.837
21	770.5	9.86160	271.078	+25	−0.872	0.00695	297.376
31	780.5	9.86203	286.897	+44	−1.734	0.00653	306.929
Aug. 10	790.5	9.86225	302.705	+50	−2.463	0.00592	316.504
20	800.5	9.86226	318.520	+41	−3.006	0.00515	326.110
30	2436 810.5	9.86203	334.355	+20	−3.322	0.00421	335.754
Sept. 9	820.5	9.86161	350.220	− 7	−3.386	0.00316	345.442
19	830.5	9.86100	6.121	−32	−3.191	0.00201	355.180
29	840.5	9.86027	22.061	−48	−2.752	0.00079	4.972
Okt. 9	850.5	9.85947	38.044	−49	−2.098	9.99954	14.819
19	2436 860.5	9.85865	54.072	−35	−1.280	9.99829	24.723
29	870.5	9.85788	70.148	−11	−0.358	9.99709	34.684
Nov. 8	880.5	9.85722	86.274	+17	+0.594	9.99598	44.697
18	890.5	9.85673	102.449	+40	+1.502	9.99497	54.760
28	900.5	9.85644	118.665	+50	+2.293	9.99412	64.866
Dez. 8	2436 910.5	9.85639	134.909	+45	+2.901	9.99345	75.008
18	920.5	9.85656	151.164	+25	+3.278	9.99297	85.176
28	930.5	9.85695	167.404	− 2	+3.393	9.99271	95.362
38	2436 940.5	9.85753	183.608	−29	+3.239	9.99267	105.555

Venus: ☊ = 76°230 $i = 3°394$ $m = \frac{1}{408\,000}$

Erde: $m = \frac{1}{329\,390}$

Mittleres Äquinoktium 1950.0

0h Weltzeit	log r	Heliozentr. Länge	Red. a. d. Bahn	Heliozentr. Breite	log r	Heliozentr. Länge	Red. a. d. Bahn	Heliozentr. Breite
	MARS 1959				JUPITER 1959			
1959		°	in 0°001	°		°	in 0°0001	°
Jan. −8	0.18463	73.045	+11	+0.749	0.733468	225.6694	−71	+1.0613
+2	0.18827	78.176	+13	0.898	0.733308	226.4363	71	1.0510
12	0.19180	83.224	+14	1.036	0.733145	227.2038	72	1.0405
22	0.19520	88.192	+15	1.165	0.732978	227.9719	72	1.0298
Febr. 1	0.19846	93.084	+15	1.283	0.732809	228.7405	73	1.0189
11	0.20155	97.906	+15	+1.391	0.732635	229.5098	−73	+1.0078
21	0.20446	102.662	+14	1.487	0.732458	230.2797	73	0.9966
März 3	0.20718	107.358	+13	1.572	0.732279	231.0502	74	0.9851
13	0.20968	111.997	+12	1.646	0.732095	231.8214	74	0.9735
23	0.21197	116.586	+11	1.708	0.731909	232.5932	74	0.9616
April 2	0.21403	121.129	+ 9	+1.759	0.731720	233.3656	−74	+0.9496
12	0.21586	125.632	+ 7	1.798	0.731528	234.1388	74	0.9374
22	0.21744	130.100	+ 5	1.826	0.731332	234.9126	74	0.9250
Mai 2	0.21878	134.538	+ 2	1.843	0.731132	235.6872	74	0.9125
12	0.21987	138.952	0	1.849	0.730931	236.4624	74	0.8997
22	0.22070	143.346	− 2	+1.844	0.730726	237.2384	−74	+0.8868
Juni 1	0.22127	147.726	− 4	1.829	0.730518	238.0151	74	0.8737
11	0.22159	152.096	− 7	1.802	0.730307	238.7926	74	0.8605
21	0.22164	156.463	− 8	1.766	0.730093	239.5708	73	0.8470
Juli 1	0.22144	160.831	−10	1.719	0.729876	240.3498	73	0.8334
11	0.22098	165.206	−12	+1.661	0.729657	241.1295	−73	+0.8196
21	0.22026	169.592	−13	1.594	0.729435	241.9101	72	0.8057
31	0.21928	173.995	−14	1.518	0.729209	242.6914	72	0.7916
Aug. 10	0.21805	178.420	−15	1.432	0.728981	243.4736	71	0.7773
20	0.21657	182.872	−15	1.337	0.728751	244.2566	70	0.7629
30	0.21486	187.357	−15	+1.233	0.728517	245.0404	−70	+0.7483
Sept. 9	0.21290	191.880	−14	1.120	0.728281	245.8251	69	0.7336
19	0.21071	196.446	−14	0.999	0.728042	246.6106	68	0.7187
29	0.20829	201.060	−12	0.871	0.727801	247.3970	67	0.7036
Okt. 9	0.20567	205.728	−11	0.735	0.727557	248.1842	66	0.6884
19	0.20284	210.454	− 9	+0.593	0.727310	248.9724	−66	+0.6731
29	0.19982	215.245	− 7	0.444	0.727061	249.7614	65	0.6576
Nov. 8	0.19663	220.104	− 5	0.291	0.726810	250.5513	64	0.6420
18	0.19329	225.036	− 2	+0.133	0.726557	251.3422	63	0.6262
28	0.18981	230.047	0	−0.029	0.726301	252.1339	61	0.6103
Dez. 8	0.18622	235.140	+ 3	−0.193	0.726043	252.9266	−60	+0.5942
18	0.18254	240.319	+ 6	0.358	0.725783	253.7203	59	0.5780
28	0.17880	245.588	+ 8	0.524	0.725520	254.5149	58	0.5617
38	0.17504	250.949	+10	−0.687	0.725255	255.3105	−56	+0.5453

Mars: ☊ = 49°172 i = 1°850 $m = \frac{1}{3\,093\,500}$

Jupiter: ☊ = 99°9528 i = 1°3059 $m = \frac{1}{1\,047.35}$

Mittleres Äquinoktium 1950.0

SATURN 1959

0^h Weltzeit	Julian. Zeit	log r	Heliozentrische Länge	Red. auf die Bahn	Heliozentr. Breite
	d		°	in 0°0001	°
1958 Dez. 23	2436 560.5	1.002789	268.0733	—208	+1.0570
1959 Febr. 1	600.5	1.002828	269.2756	201	1.0095
März 13	640.5	1.002855	270.4777	193	0.9616
April 22	680.5	1.002871	271.6796	—185	+0.9132
Juni 1	720.5	1.002876	272.8815	177	0.8644
Juli 11	760.5	1.002870	274.0834	168	0.8153
Aug. 20	800.5	1.002853	275.2854	—159	+0.7658
Sept. 29	840.5	1.002823	276.4874	149	0.7159
Nov. 8	880.5	1.002783	277.6897	140	0.6658
1959 Dez. 18	920.5	1.002732	278.8921	130	0.6153
1960 Jan. 27	2436 960.5	1.002669	280.0949	—120	+0.5645

☊ = 113°2251 $\quad i = 2°4903 \quad m = \frac{1}{3\,501.6}$

URANUS 1959

0^h Weltzeit	Julian. Zeit	log r	Heliozentrische Länge	Red. auf die Bahn	Heliozentr. Breite
	d		°	in 0°001	°
1958 Dez. 23	2436 560.5	1.26592	133.639	+2	+0.668
1959 Febr. 1	600.5	1.26581	134.146	2	672
März 13	640.5	1.26570	134.653	2	675
April 22	680.5	1.26559	135.161	+2	+0.678
Juni 1	720.5	1.26548	135.669	2	682
Juli 11	760.5	1.26538	136.177	2	685
Aug. 20	800.5	1.26528	136.685	+2	+0.688
Sept. 29	840.5	1.26518	137.194	2	691
Nov. 8	880.5	1.26508	137.702	2	694
1959 Dez. 18	920.5	1.26498	138.211	2	697
1960 Jan. 27	2436 960.5	1.26488	138.720	+2	+0.700

☊ = 73°745 $\quad i = 0°773 \quad m = \frac{1}{22\,869}$

NEPTUN 1959

0^h Weltzeit	Julian. Zeit	log r	Heliozentrische Länge	Red. auf die Bahn	Heliozentr. Breite
	d		°	in 0°001	°
1958 Dez. 23	2436 560.5	1.48188	214.729	+3	+1.763
1959 Febr. 1	600.5	1.48189	214.965	3	1.764
März 13	640.5	1.48189	215.201	3	1.765
April 22	680.5	1.48189	215.436	+3	+1.765
Juni 1	720.5	1.48189	215.672	3	1.766
Juli 11	760.5	1.48189	215.908	3	1.767
Aug. 20	800.5	1.48189	216.144	+2	+1.767
Sept. 29	840.5	1.48189	216.380	2	1.768
Nov. 8	880.5	1.48189	216.616	2	1.769
1959 Dez. 18	920.5	1.48189	216.851	2	1.769
1960 Jan. 27	2436 960.5	1.48189	217.087	+2	+1.770

☊ = 131°230 $\quad i = 1°775 \quad m = \frac{1}{19\,314}$

PLUTO 1959

0^h Weltzeit	Julian. Zeit	log r	Heliozentrische Länge	Red. auf die Bahn	Heliozentr. Breite
	d		°	°	°
1958 Nov. 13	2436 520.5	1.53282	152.315	+1.300	+11.808
1959 Febr. 1	600.5	1.53214	152.728	1.301	11.898
April 22	680.5	1.53146	153.142	1.301	11.987
Juli 11	760.5	1.53078	153.558	1.302	12.076
Sept. 29	840.5	1.53010	153.975	1.302	12.164
1959 Dez. 18	2436 920.5	1.52943	154.393	+1.302	+12.252

☊ = 109°633 $\quad i = 17°144 \quad m \approx \frac{1}{360\,000}$

Mittlere und Scheinbare Sternörter 1959

Reduktionsgrößen

Mittlere Sternörter 1959.0

Nr.	Name	Größe	Spektrum	AR. 1959.0	Jährl. Veränderung 1959.5	Jährl. Eigenbew. in 0ˢ.0001	Dekl. 1959.0	Jährl. Veränderung 1959.5	Jährl. Eigenbew. in 0″.001
		m		h m s	s		° ′ ″	″	
905	[2 Ceti]	4.62	A 0	0 1 38.403	+3.0720	+ 16	−17 33 50.94	+20.039	− 2
1001	[45 G. Tucanae]	5.64	B 9	0 2 37.726	+3.0360	+ 92	−71 39 54.61	+20.024	− 16
1002	[33 Piscium]	4.68	K 0	0 3 14.162	+3.0707	− 8	− 5 56 12.48	+20.137	+ 97
1003	[9 G. Ceti]	6.06	F 0	0 4 44.290	+3.0688	+ 73	−23 20 7.04	+19.998	− 40
1	α Andromedae	2.15	A op	0 6 15.772	+3.1039	+ 103	+28 51 51.00	+19.876	− 159
2	β Cassiopeiae	2.42	F 5	0 6 58.577	+3.2088	+ 676	+58 55 25.43	+19.855	− 178
3	ε Phoenicis	3.94	K 0	0 7 20.170	+3.0417	+ 126	−45 58 24.53	+19.861	− 170
4	[22 Andromedae]	5.08	F 0	0 8 10.828	+3.1231	+ 3	+45 50 39.15	+20.032	+ 3
5	[ϰ² Sculptoris]	5.56	K 0	0 9 29.636	+3.0447	+ 8	−28 1 40.68	+20.050	+ 25
6	[ϑ Sculptoris]	5.19	F 5	0 9 39.071	+3.0463	+ 129	−35 21 44.43	+20.160	+ 136
7	γ Pegasi	2.87	B 2	0 11 7.260	+3.0909	+ 1	+14 57 20.69	+20.012	− 6
1004	[χ Pegasi]	4.94	M 0	0 12 28.613	+3.1064	+ 65	+19 58 43.72	+20.017	+ 5
1005	[σ Andromedae]	4.51	A 2	0 16 10.696	+3.1378	− 57	+36 33 29.38	+19.956	− 35
1006	[Pi 0ʰ 38 Andr]	5.80	A 0	0 16 29.432	+3.1366	+ 47	+31 17 23.32	+19.994	+ 4
9	ι Ceti	3.75	K 0	0 17 20.289	+3.0561	− 12	− 9 3 3.58	+19.957	− 27
10	ζ Tucanae	4.34	F 8	0 17 56.851	+3.1182	+2704	−65 6 55.99	+21.153	+1173
1007	[−18° 41 Cetus]	6.88	K 0	0 17 58.303	+3.0445	+ 50	−17 55 39.87	+19.989	+ 9
1008	[41 Piscium]	5.58	K 0	0 18 29.104	+3.0882	− 4	+ 7 57 45.80	+19.992	+ 15
1009	[ρ Andromedae]	5.20	F 5	0 18 57.252	+3.1639	+ 49	+37 44 30.18	+19.939	− 34
1010	[44 Piscium]	5.99	G 5	0 23 17.966	+3.0766	− 9	+ 1 42 46.18	+19.928	− 10
11	β Hydri	2.90	G 0	0 23 37.750	+3.1396	+6863	−77 29 6.04	+20.264	+ 329
12	α Phoenicis	2.44	K 0	0 24 15.711	+2.9628	+ 189	−42 31 42.19	+19.546	− 384
1011	[Pi 0ʰ 78 Cetus]	7.54	M 3	0 25 55.696	+3.0447	+ 30	−11 53 7.70	+19.898	− 15
1012	[48 Piscium]	6.46	K 2	0 26 4.651	+3.1187	+ 11	+16 13 6.67	+19.901	− 11
13	12 Ceti	6.05	K 5	0 27 56.724	+3.0622	+ 6	− 4 11 0.84	+19.890	− 3
14	[49 G. Ceti]	5.23	A 3	0 28 19.729	+2.9981	− 19	−24 0 51.22	+19.910	+ 22
15	[λ¹ Phoenicis]	4.88	A 2	0 29 26.610	+2.8907	+ 145	−49 1 47.87	+19.907	+ 30
16	[ϰ Cassiopeiae]	4.24	B 0	0 30 39.046	+3.4186	− 5	+62 42 21.06	+19.866	+ 3
1013	[77 G. Sculptoris]	5.62	K 0	0 31 39.463	+2.9660	− 21	−29 47 2.78	+19.818	− 32
1014	[58 G. Phoenicis]	5.55	F 5	0 32 31.028	+2.8502	+ 241	−52 35 57.92	+19.880	+ 39
17	ζ Cassiopeiae	3.72	B 3	0 34 40.435	+3.3492	+ 17	+53 40 17.70	+19.807	− 6
18	π Andromedae	4.47	B 3	0 34 41.049	+3.2080	+ 12	+33 29 38.13	+19.812	0
19	[ε Andromedae]	4.52	G 5	0 36 22.965	+3.1734	− 177	+29 5 22.19	+19.543	− 247
20	δ Andromedae	3.49	K 2	0 37 7.746	+3.2116	+ 104	+30 38 12.80	+19.691	− 88
21	α Cassiopeiae	2.1—2.6	K 0	0 38 9.978	+3.4120	+ 60	+56 18 46.30	+19.736	− 28
1015	[μ Phoenicis]	4.65	K 0	0 39 23.464	+2.8315	− 26	−46 18 34.88	+19.758	+ 11
1016	[Lac 181 Scul]	7.21	M 0	0 40 38.497	+2.8988	− 18	−36 14 49.07	+19.737	+ 10
23	[η Phoenicis]	4.53	A 0	0 41 31.096	+2.6931	+ 4	−57 41 15.27	+19.735	+ 21
22	β Ceti	2.24	K 0	0 41 31.916	+3.0107	+ 165	−18 12 40.78	+19.753	+ 40
26	[λ²Sculptoris]	5.97	K 0	0 42 13.285	+2.8977	+ 201	−38 38 49.88	+19.829	+ 127

Nr.	Name	Größe	Spektrum	AR. 1959.0	Jährl. Veränderung 1959.5	Jährl. Eigenbew. in 0.s0001	Dekl. 1959.0	Jährl. Veränderung 1959.5	Jährl. Eigenbew. in 0."001
		m		h m s	s		° ' "	"	
25	o Cassiopeiae	4.70	B 2	0 42 25.773	+3.3491	+ 17	+48 3 37.30	+19.696	− 3
24	21 Cassiopeiae	*5.7-6.1*	A 2	0 42 54.154	+3.9820	− 53	+74 45 51.80	+19.672	− 20
1017	[70 G. Phoenicis]	6.00	A 5	0 43 0.949	+2.8338	− 79	−42 53 58.86	+19.590	− 100
27	ζ Andromedae	4.30	K 0	0 45 9.600	+3.1828	− 75	+24 2 40.25	+19.578	− 76
1018	[79 G. Ceti]	5.45	B 9	0 45 59.354	+2.9678	+ 17	−21 56 45.48	+19.630	− 9
1019	[96 G. Piscium]	5.82	G 5	0 46 13.773	+3.1477	+ 505	+ 5 4 12.31	+18.493	−1142
28	[δ Piscium]	4.55	K 5	0 46 33.131	+3.1138	+ 55	+ 7 21 44.25	+19.584	− 45
1020	[64 Piscium]	5.23	F 5	0 46 49.176	+3.1547	− 2	+16 43 10.71	+19.427	− 197
31	[λ Hydri]	4.96	K 5	0 47 10.481	+2.0789	+ 353	−75 8 46.94	+19.594	− 24
1021	[ν Andromedae]	4.42	B 3	0 47 32.625	+3.3131	+ 15	+40 51 21.59	+19.595	− 17
30	[φ² Ceti]	5.24	F 5	0 48 4.321	+3.0044	− 157	−10 51 52.98	+19.382	− 220
29	[Br 82 Cass]	5.45	F2+A2	0 48 13.083	+3.6505	+ 39	+64 1 29.28	+19.593	− 6
1022	[20 Ceti]	4.92	K 0	0 50 54.641	+3.0668	+ 3	− 1 21 59.62	+19.536	− 13
34	[λ² Tucanae]	5.34	K 0	0 53 28.802	+2.2379	+ 20	−69 44 54.59	+19.462	− 36
32	γ Cassiopeiae	1.6—2.3	B op	0 54 12.935	+3.6300	+ 28	+60 29 42.74	+19.481	− 2
33	μ Andromedae	3.94	A 2	0 54 28.154	+3.3346	+ 127	+38 16 38.70	+19.515	+ 37
1023	[68 Piscium]	5.64	K 0	0 55 36.612	+3.2500	+ 2	+28 46 15.43	+19.447	− 7
35	α Sculptoris	4.39	B 5	0 56 37.874	+2.8891	+ 12	−29 34 43.24	+19.440	+ 7
1024	[98 G. Ceti]	6.70	K 0	0 56 41.067	+3.0388	+ 3	− 6 6 10.57	+19.358	− 73
1025	[101 G. Ceti]	6.58	G 5	0 59 36.564	+2.9772	+ 55	−16 29 5.22	+19.296	− 71
1027	[80 G. Phoenicis]	6.00	K 0	1 0 17.983	+2.5335	− 2	−57 13 21.76	+19.380	+ 29
1026	[σ Sculptoris]	5.52	A 2	1 0 28.992	+2.8632	+ 57	−31 46 20.49	+19.364	+ 17
36	ε Piscium	4.45	K 0	1 0 48.732	+3.1152	− 54	+ 7 40 11.46	+19.369	+ 30
37	[26 Ceti]	6.18	F 0	1 1 42.255	+3.0884	+ 78	+ 1 8 51.03	+19.283	− 36
1028	[72 Piscium]	5.65	F 2	1 2 55.245	+3.1691	+ 4	+14 43 33.79	+19.349	+ 59
1029	[106 G. Ceti]	6.29	G 5	1 4 8.620	+2.9056	− 19	−24 12 40.68	+19.219	− 42
1030	[μ Cassiopeiae]	5.26	G 5	1 5 31.626	+4.0009	+3945	+54 43 12.00	+17.650	−1577
39	[ι Tucanae]	5.32	K 0	1 5 41.495	+2.3738	+ 108	−61 59 37.75	+19.225	+ 2
1031	υ Phoenicis	5.15	A 3	1 5 55.624	+2.7391	+ 35	−41 42 21.38	+19.222	+ 4
40	[η Ceti]	3.60	K 0	1 6 31.386	+3.0180	+ 147	−10 23 56.61	+19.074	− 128
42	β Andromedae	2.37	M 0	1 7 25.724	+3.3636	+ 146	+35 24 13.30	+19.068	− 112
41	[44 H. Cephei]	5.68	A 0	1 8 39.155	+5.2264	+ 328	+79 27 23.62	+19.150	+ 2
1032	[χ Piscium]	4.89	K 0	1 9 14.672	+3.2272	+ 26	+20 49 1.93	+19.129	− 5
43	[τ Piscium]	4.70	K 0	1 9 23.723	+3.3077	+ 53	+29 52 21.02	+19.098	− 32
44	[102 G. Sculpt.]	5.91	A 5	1 10 52.162	+2.7617	+ 68	−38 4 23.83	+19.066	− 25
1033	[ζ Piscium *pr*]	5.57	A 5	1 11 35.153	+3.1360	+ 95	+ 7 21 32.56	+19.021	− 50
1034	[89 Piscium]	5.28	A 2	1 15 40.868	+3.0957	− 35	+ 3 23 56.73	+18.939	− 19
45	υ Piscium	4.67	A 2	1 17 12.390	+3.3007	+ 16	+27 2 56.86	+18.906	− 9
1035	[ξ Andromedae]	4.99	K 0	1 19 54.938	+3.5383	+ 31	+45 18 52.48	+18.846	+ 11
1036	[109 G. Sculpt.]	5.82	K 5	1 21 36.562	+2.7912	− 5	−31 9 31.38	+18.747	− 37

Mittlere Sternörter 1959.0

Nr.	Name	Größe	Spektrum	AR. 1959.0	Jährl. Veränderung 1959.5	Jährl. Eigenbew. in 0ˢ0001	Dekl. 1959.0	Jährl. Veränderung 1959.5	Jährl. Eigenbew. in 0″001
		m		h m s	s		° ′ ″	″	
47	ϑ Ceti	3.83	K 0	1 21 58.357	+2.9990	− 54	− 8 23 39.96	+18.557	− 216
1037	[138 G. Ceti]	6.38	G 5	1 22 43.582	+3.0493	+ 11	− 3 3 41.37	+18.723	− 26
46	[ψ Cassiopeiae]	4.97	K 0	1 23 0.428	+4.2536	+ 126	+67 55 0.62	+18.771	+ 30
48	δ Cassiopeiae	2.80	A 5	1 23 6.866	+3.9353	+ 397	+60 1 22.63	+18.691	− 46
1038	[9 G. Hydri]	5.82	K 5	1 23 40.317	+2.0722	+ 27	−64 34 56.17	+18.710	− 10
1039	[94 Piscium]	5.63	K 0	1 24 28.476	+3.2427	+ 31	+19 1 42.75	+18.638	− 57
1041	[47 Ceti]	5.68	F 0	1 24 50.132	+2.9606	+ 12	−13 16 8.85	+18.695	+ 12
1040	[ω Andromedae]	4.96	F 5	1 25 11.450	+3.5944	+ 321	+45 11 44.77	+18.571	− 101
49	[γ Phoenicis]	3.40	K 5	1 26 35.193	+2.6036	− 16	−43 31 39.66	+18.430	− 198
1043	[48 Ceti]	5.13	A 0	1 27 38.111	+2.8776	+ 40	−21 50 27.20	+18.603	+ 9
1042	[38 Cassiopeiae]	5.95	F 5	1 28 8.613	+4.4820	+ 264	+70 3 16.43	+18.506	− 70
50	η Piscium	3.72	G 5	1 29 17.100	+3.2126	+ 18	+15 8 6.16	+18.536	− 3
1044	[δ Phoenicis]	3.96	K 0	1 29 32.766	+2.4957	+ 137	−49 17 6.72	+18.693	+ 162
53	[14 G. Hydri]	6.06	G 5	1 33 21.630	+0.4143	− 75	−78 42 45.42	+18.284	− 118
1045	[υ Andromedae]	4.18	G 0	1 34 22.861	+3.5265	− 154	+41 12 4.18	+17.987	− 378
1046	[π Piscium]	5.63	F 0	1 34 55.265	+3.1826	− 46	+11 55 57.19	+18.395	+ 48
51	40 Cassiopeiae	5.50	K 0	1 35 11.669	+4.8159	− 37	+72 49 55.50	+18.326	− 10
52	51 Andromedae	3.77	K 0	1 35 27.818	+3.6896	+ 66	+48 25 16.74	+18.218	− 109
54	α Eridani	0.60	B 5	1 36 11.393	+2.2332	+ 126	−57 26 40.07	+18.278	− 23
55	43 Cassiopeiae	5.54	A op	1 39 16.440	+4.4596	+ 87	+67 50 12.10	+18.186	− 3
56	[ν Piscium]	4.68	K 0	1 39 17.662	+3.1237	− 17	+ 5 16 50.96	+18.196	+ 7
1047	[+ 34° 297 Tria]	5.45	B 8	1 39 40.789	+3.4721	+ 38	+35 2 21.84	+18.145	− 30
58	[129 G. Sculpt.]	5.64	A 0	1 40 14.509	+2.6424	− 39	−37 2 19.05	+18.136	− 19
1048	[π Sculptoris]	5.28	K 0	1 40 17.545	+2.7060	− 62	−32 31 58.74	+18.138	− 14
1049	[175 G. Ceti]	5.27	G 5	1 40 39.022	+3.0346	− 1	− 3 53 45.82	+18.107	− 32
57	φ Persei	4.19	B op	1 41 4.631	+3.7677	+ 26	+50 28 59.01	+18.112	− 11
59	τ Ceti	3.65	K 0	1 42 9.750	+2.7875	−1191	−16 9 9.92	+18.942	+ 860
60	o Piscium	4.50	K 0	1 43 13.495	+3.1699	+ 48	+ 8 57 7.68	+18.096	+ 54
61	ε Sculptoris	5.42	F 0	1 43 43.537	+2.8095	+ 117	−25 15 24.60	+17.971	− 52
1050	[4 Arietis]	5.73	A 0	1 45 57.187	+3.2563	+ 34	+16 45 7.77	+17.907	− 30
1051	[χ Ceti]	4.77	F 0	1 47 34.170	+2.9469	− 103	−10 53 18.67	+17.784	− 90
62	ζ Ceti	3.92	K 0	1 49 26.100	+2.9617	+ 25	−10 32 12.72	+17.767	− 33
1052	[2 Persei]	5.64	B 9	1 49 32.039	+3.8228	+ 12	+50 35 27.95	+17.772	− 23
64	α Trianguli	3.58	F 5	1 50 44.242	+3.4238	+ 8	+29 22 47.83	+17.516	− 231
63	ε Cassiopeiae	3.44	B 3	1 51 25.245	+4.3284	+ 40	+63 28 9.29	+17.701	− 17
65	ξ Piscium	4.84	K 0	1 51 25.801	+3.1074	+ 14	+ 2 59 9.25	+17.746	+ 28
67	ψ Phoenicis	4.41	M 3	1 52 0.217	+2.4041	− 82	−46 30 10.17	+17.616	− 79
66	β Arietis	2.72	A 5	1 52 22.183	+3.3169	+ 68	+20 36 30.28	+17.572	− 108
1053	[φ Phoenicis]	5.00	B 9	1 52 39.943	+2.4876	− 38	−42 41 50.70	+17.649	− 18
69	[η^2 Hydri]	4.72	K 0	1 53 53.603	+1.5216	+ 128	−67 50 54.50	+17.704	+ 87

Nr.	Name	Größe	Spektrum	AR. 1959.0	Jährl. Veränderung 1959.5	Jährl. Eigenbew. in 0.ˢ0001	Dekl. 1959.0	Jährl. Veränderung 1959.5	Jährl. Eigenbew. in 0.″001
		m		h m s	s		° ′ ″	″	
68	χ Eridani	3.73	G 5	1 54 21.830	+2.3338	+ 733	−51 48 44.49	+17.897	+ 300
72	α Hydri	3.02	F 0	1 57 28.699	+1.8903	+ 374	−61 46 7.46	+17.504	+ 39
71	υ Ceti	4.18	M 0	1 58 4.340	+2.8264	+ 93	−21 16 32.60	+17.424	− 16
1054	[4 Persei]	4.99	B 8	1 59 33.323	+4.0037	+ 37	+54 17 25.56	+17.377	+ 3
70	50 Cassiopeiae	4.06	A 2	1 59 53.318	+5.1460	− 104	+72 13 27.48	+17.388	+ 28
73	γ Andromedae *pr*	2.28	K 0	2 1 22.369	+3.6886	+ 44	+42 8 2.41	+17.248	− 47
1055	[ν Fornacis]	4.74	A op	2 2 39.141	+2.6884	+ 4	−29 29 34.47	+17.248	+ 9
74	α Arietis	2.23	K 2	2 4 51.374	+3.3851	+ 138	+23 16 10.11	+16.995	− 144
75	β Trianguli	3.08	A 5	2 7 5.733	+3.5744	+ 119	+34 47 39.60	+16.998	− 38
1056	[15 Arietis]	5.92	M 0	2 8 20.909	+3.3284	+ 62	+19 18 28.33	+16.955	− 23
1057	[19 Arietis]	5.99	K 5	2 10 48.835	+3.2747	+ 66	+15 5 19.04	+16.846	− 17
1058	[ξ¹ Ceti]	4.54	G 5	2 10 49.377	+3.1818	− 16	+ 8 39 19.25	+16.861	− 2
77	[Br 299 Andr]	5.40	K 0	2 10 51.877	+3.9982	+ 366	+50 52 35.50	+16.695	− 166
78	μ Fornacis	5.24	A 0	2 11 6.143	+2.6417	+ 14	−30 54 55.38	+16.862	+ 12
76	55 Cassiopeiae	6.15	F5+A2	2 11 14.149	+4.7237	− 23	+66 20 1.09	+16.843	0
1060	[135 G. Phoenicis]	5.86	K 0	2 12 52.330	+2.4264	− 27	−41 21 25.51	+16.740	− 25
1059	[21 Arietis]	5.64	F 5	2 13 22.825	+3.4071	− 66	+24 51 14.81	+16.663	− 78
79	[γ Trianguli]	4.07	A 0	2 14 52.127	+3.5709	+ 35	+33 39 31.31	+16.625	− 44
80	67 Ceti	5.70	G 5	2 14 56.190	+2.9935	+ 60	− 6 36 36.88	+16.561	− 105
82	[φ Eridani]	3.78	B 8	2 15 2.679	+2.1429	+ 98	−51 42 4.62	+16.645	− 16
1062	[21 G. Fornacis]	6.74	G 5	2 15 35.617	+2.5424	+ 139	−36 10 20.46	+16.694	+ 60
81	[ϑ Arietis]	5.69	A 0	2 15 50.377	+3.3401	− 9	+19 42 44.90	+16.624	+ 3
1061	[232 G. Ceti]	5.82	F 8	2 15 53.440	+3.1182	+ 243	+ 1 33 53.83	+17.000	+ 381
1063	[62 Andromedae]	5.12	A 0	2 16 37.340	+3.8778	− 58	+47 11 31.20	+16.581	− 2
1064	[239 G. Ceti]	5.99	K 0	2 20 9.020	+2.8277	+ 12	−17 50 52.33	+16.357	− 51
83	[κ Fornacis]	5.37	F 5	2 20 39.960	+2.7455	+ 147	−24 0 6.63	+16.328	− 55
1065	[δ Hydri]	4.26	A 2	2 21 0.849	+1.0727	− 79	−68 50 44.12	+16.379	+ 13
1067	[κ Hydri]	6.00	K 0	2 22 36.659	+0.3691	− 186	−73 49 53.21	+16.296	+ 11
84	[λ Horologii]	5.47	F 2	2 23 45.024	+1.6782	− 95	−60 29 41.76	+16.102	− 125
1066	[ρ Ceti]	4.90	A 0	2 23 58.038	+2.8986	− 12	−12 28 28.12	+16.212	− 3
86	[κ Eridani]	4.44	B 5	2 25 28.943	+2.1990	+ 21	−47 53 13.78	+16.135	− 1
1068	[12 Trianguli]	5.38	F 0	2 25 45.314	+3.5209	− 15	+29 29 14.71	+16.039	− 83
85	ξ² Ceti	4.34	A 0	2 25 58.508	+3.1916	+ 25	+ 8 16 38.30	+16.108	− 2
1069	[27 Arietis]	6.41	G 5	2 28 37.636	+3.3305	+ 22	+17 31 24.77	+15.891	− 81
1070	[14 Trianguli]	5.35	K 0	2 29 35.516	+3.6662	+ 37	+35 57 59.88	+15.939	+ 19
1071	[σ Ceti]	4.82	F 5	2 30 8.537	+2.8436	− 53	−15 25 25.41	+15.774	− 117
88	[λ¹ Fornacis]	5.88	K 0	2 31 24.394	+2.5011	− 19	−34 49 46.38	+15.807	− 17
90	μ Hydri	5.29	K 0	2 32 29.630	−1.2404	+ 456	−79 17 18.37	+15.730	− 37
1072	[ν Ceti]	5.04	G 5	2 33 43.136	+3.1501	− 21	+ 5 24 55.16	+15.677	− 21
1073	[268 G. Ceti]	5.92	K 0	2 33 49.728	+3.2921	+1211	+ 6 41 32.39	+17.154	+1462

Nr.	Name	Größe	Spektrum	AR. 1959.0	Jährl. Veränderung 1959.5	Jährl. Eigenbew. in 0.s0001	Dekl. 1959.0	Jährl. Veränderung 1959.5	Jährl. Eigenbew. in 0."001
		m		h m s	s		° ′ ″	″	
1074	[80 Ceti]	5.71	K 5	2 33 58.813	+2.9539	− 25	− 8 0 32.32	+15.629	− 55
87	36 H. Cassiop.	5.34	K 0	2 34 5.170	+5.7285	− 80	+72 38 27.09	+15.701	+ 23
89	ν Arietis	5.36	A 2	2 36 28.937	+3.4096	− 9	+21 47 6.88	+15.534	− 13
91	δ Ceti	4.04	B 2	2 37 22.669	+3.0764	+ 7	+ 0 9 9.76	+15.501	+ 3
95	[ε Hydri]	4.26	B 9	2 38 57.151	+0.9286	+ 170	−68 26 31.68	+15.427	+ 15
1075	[ι Eridani]	4.06	K 0	2 39 2.915	+2.3671	+ 115	−40 1 48.23	+15.380	− 26
1076	[ζ Horologii]	5.26	F 2	2 39 23.059	+1.8681	+ 48	−54 43 29.26	+15.397	+ 10
94	[35 Arietis]	4.58	B 3	2 41 2.358	+3.5242	+ 5	+27 32 2.13	+15.288	− 5
92	[Br 366 Cass]	5.84	A 2	2 41 16.056	+5.1793	+ 23	+67 39 7.82	+15.250	− 29
93	ϑ Persei	4.22	F 8	2 41 23.206	+4.1052	+ 344	+49 3 23.29	+15.189	− 84
1077	[14 Persei]	5.58	G 5	2 41 24.307	+3.9130	+ 3	+44 7 26.52	+15.266	− 6
97	π Ceti	4.39	B 5	2 42 10.173	+2.8558	− 6	−14 1 52.99	+15.218	− 11
1078	[43 G. Fornacis]	6.87	G 0	2 42 25.220	+2.6678	+ 123	−25 40 6.76	+15.276	+ 61
98	μ Ceti	4.36	F 0	2 42 43.300	+3.2451	+ 190	+ 9 56 31.62	+15.167	− 30
101	β Fornacis	4.50	K 0	2 47 22.445	+2.5111	+ 72	−32 34 37.86	+15.093	+ 163
100	41 Arietis	3.68	B 8	2 47 33.837	+3.5348	+ 49	+27 5 33.87	+14.804	− 113
99	[η Persei]	3.95	K 0	2 47 41.369	+4.3859	+ 22	+55 43 36.80	+14.900	− 10
102	τ² Eridani	4.81	K 0	2 49 10.647	+2.7216	− 36	−21 10 19.64	+14.805	− 18
1079	[σ Arietis]	5.46	B 5	2 49 13.484	+3.3152	+ 22	+14 54 51.31	+14.797	− 23
103	τ Persei	4.06	G0+A5	2 51 20.196	+4.2620	+ 3	+52 35 46.27	+14.693	− 2
104	η Eridani	4.05	K 0	2 54 25.344	+2.9318	+ 53	− 9 3 36.93	+14.297	− 214
1080	[40 G. Eridani]	5.27	A 2	2 54 33.957	+3.0087	− 23	− 3 52 34.82	+14.461	− 41
1081	[47 Arietis]	5.85	F 0	2 55 44.088	+3.4368	+ 165	+20 30 19.77	+14.403	− 28
1082	[24 Persei]	4.97	K 0	2 56 30.755	+3.7213	− 42	+35 1 12.55	+14.394	+ 10
106	ϑ Eridani *pr*	3.42	A 2	2 56 42.339	+2.2745	− 46	−40 28 5.19	+14.399	+ 26
1083	[λ Ceti]	4.69	B 5	2 57 30.812	+3.2173	+ 1	+ 8 44 42.43	+14.313	− 10
107	α Ceti	2.82	M 0	3 0 7.987	+3.1378	− 6	+ 3 55 48.13	+14.089	− 73
1084	[−18° 516 Erid.]	7.40	F 0	3 0 9.446	+2.7579	− 17	−18 22 4.37	+14.139	− 22
105	47 H. Cephei	5.72	M 0	3 0 33.454	+8.0549	− 138	+79 15 34.02	+14.144	+ 11
1085	[τ³ Eridani]	4.16	A 3	3 0 34.988	+2.6455	− 105	−23 47 3.03	+14.087	− 47
1086	[58 G. Eridani]	5.66	K 0	3 1 31.675	+2.0505	+ 18	−47 8 5.50	+14.089	+ 14
108	γ Persei	3.08	F5+A3	3 1 48.749	+4.3536	+ 1	+53 20 50.96	+14.054	− 3
113	[ϑ Hydri]	5.52	B 8	3 2 9.479	+0.1343	+ 65	−72 3 44.93	+14.061	+ 23
109	ρ Persei	3.2—4.1	M 3	3 2 32.427	+3.8495	+ 111	+38 40 58.12	+13.908	− 104
110	μ Horologii	5.16	F 0	3 2 38.642	+1.4151	− 101	−59 53 45.98	+13.954	− 52
1087	[63 G. Eridani]	7.16	G 0	3 5 22.365	+2.8345	+ 5	−13 54 56.37	+13.581	− 253
111	β Persei	2.2—3.5	B 8	3 5 29.534	+3.9090	+ 6	+40 47 57.12	+13.829	+ 3
112	[ι Persei]	4.17	G 0	3 6 5.722	+4.3371	+1298	+49 27 30.32	+13.709	− 78
1088	[55 Arietis]	5.60	B 9	3 7 8.344	+3.6130	+ 15	+28 55 18.68	+13.712	− 10
114	δ Arietis	4.53	K 0	3 9 16.777	+3.4335	+ 107	+19 34 22.70	+13.580	− 5

Nr.	Name	Größe	Spektrum	AR. 1959.0	Jährl. Veränderung 1959.5	Jährl. Eigenbew. in 0.s0001	Dekl. 1959.0	Jährl. Veränderung 1959.5	Jährl. Eigenbew. in 0."001
		m		h m s	s		° ′ ″	″	
116	[94 Ceti]	5.14	F 8	3 10 40.727	+3.0634	+ 131	− 1 20 53.59	+13.436	− 59
118	[38 G. Horologii]	5.72	N o	3 11 30.610	+1.5205	+ 11	−57 28 27.99	+13.459	+ 17
1089	[ζ Arietis]	4.95	A o	3 12 32.377	+3.4514	− 19	+20 53 37.72	+13.302	− 72
1090	79 G. Fornacis	6.85	G o	3 13 3.267	+2.3592	+ 24	−35 42 33.65	+13.352	+ 12
1091	[ζ Eridani]	4.90	A 3	3 13 50.380	+2.9152	− 4	− 8 58 15.19	+13.340	+ 51
115	48 H. Cephei	5.50	F o	3 15 2.706	+7.6597	+ 196	+77 35 13.42	+13.152	− 55
1092	[Lac 1044 Forn]	6.89	A o	3 15 14.216	+2.4587	+ 14	−31 30 5.25	+13.178	− 19
1095	[ι Hydri]	5.53	F 2	3 16 56.483	−1.4713	+ 336	−77 32 19.13	+13.153	+ 66
1093	[κ Ceti]	4.96	G 5	3 17 12.456	+3.1483	+ 178	+ 3 13 15.92	+13.165	+ 98
119	[82 G. Eridani]	4.30	G 5	3 18 17.406	+2.3959	+ 2784	−43 13 31.65	+13.745	+ 750
1094	[τ Arietis]	5.17	B 3	3 18 51.294	+3.4667	+ 19	+21 0 1.99	+12.932	− 25
1096	[Pi 3h 27 Caml]	5.55	K 2	3 21 5.487	+5.2214	− 13	+64 26 29.59	+12.811	+ 4
120	α Persei	1.90	F 5	3 21 23.045	+4.2904	+ 30	+49 43 1.12	+12.765	− 22
121	o Tauri	3.80	G 5	3 22 36.194	+3.2305	− 45	+ 8 53 9.31	+12.635	− 71
123	[ξ Tauri]	3.75	B 8	3 24 56.604	+3.2535	+ 39	+ 9 35 28.11	+12.515	− 32
122	2 H. Camelopard.	4.44	B 9p	3 25 43.830	+4.8686	− 2	+59 47 57.76	+12.492	0
124	[σ Persei]	4.55	K o	3 27 40.396	+4.2366	+ 8	+47 51 19.59	+12.383	+ 24
1097	[17 Eridani]	4.80	B 9	3 28 34.833	+2.9780	+ 8	− 5 12 52.08	+12.310	+ 13
125	5 Tauri	4.28	K o	3 28 36.338	+3.3147	+ 15	+12 47 51.16	+12.298	+ 3
126	[κ Reticuli]	4.80	F 5	3 28 39.345	+1.0502	+ 550	−63 4 53.59	+12.673	+ 380
1098	[+34° 674 Pers]	5.80	B 3	3 30 2.941	+3.8242	− 7	+35 19 25.91	+12.199	+ 4
127	ε Eridani	3.81	K o	3 30 59.805	+2.8277	− 660	− 9 35 45.24	+12.151	+ 22
128	[45 G. Horologii]	5.60	K o	3 31 21.188	+1.7885	+ 75	−50 31 1.26	+12.193	+ 87
1099	[τ5 Eridani]	4.32	B 8	3 31 58.505	+2.6503	+ 30	−21 46 9.60	+12.036	− 25
1100	[20 Eridani]	5.32	A op	3 34 25.201	+2.7340	+ 17	−17 36 5.99	+11.885	− 5
1101	[10 Tauri]	4.40	G 5	3 34 46.663	+3.0630	− 156	+ 0 16 22.15	+11.385	− 480
130	[110 G. Eridani]	4.58	K o	3 35 37.282	+2.1530	− 13	−40 24 29.48	+11.783	− 23
1102	[τ Fornacis]	6.08	A o	3 37 5.230	+2.4962	+ 13	−28 4 33.61	+11.728	+ 27
1103	[11 Tauri]	6.15	A o	3 38 19.059	+3.5867	+ 8	+25 11 54.36	+11.604	− 10
129	[Grb 716 Caml]	5.32	M o	3 38 34.588	+5.2178	− 27	+63 5 9.51	+11.611	+ 17
131	δ Persei	3.10	B 5	3 39 59.732	+4.2778	+ 31	+47 39 29.71	+11.461	− 32
133	[δ Fornacis]	4.93	B 5	3 40 36.956	+2.3865	0	−32 4 5.88	+11.469	+ 19
135	[δ Eridani]	3.72	K o	3 41 16.925	+2.8754	− 62	− 9 54 3.61	+12.148	+ 746
134	ν Persei	3.93	F 5	3 42 24.012	+4.0812	− 8	+42 27 2.71	+11.321	0
137	[24 Eridani]	5.09	B 8	3 42 25.383	+3.0486	0	− 1 17 28.12	+11.316	− 3
136	[17 Tauri]	3.81	B 5p	3 42 26.143	+3.5656	+ 15	+23 59 9.51	+11.277	− 41
1104	[29 Tauri]	5.36	B 3	3 43 29.531	+3.1894	+ 12	+ 5 55 22.93	+11.237	− 5
141	β Reticuli	3.80	K o	3 43 40.697	+0.7554	+ 481	−64 56 8.08	+11.312	+ 82
139	η Tauri	2.96	B 5p	3 45 2.542	+3.5692	+ 15	+23 58 47.48	+11.086	− 44
140	τ6 Eridani	4.33	F 8	3 45 4.953	+2.5816	− 116	−23 22 10.90	+10.604	− 523

Nr.	Name	Größe	Spektrum	AR. 1959.0	Jährl. Veränderung 1959.5	Jährl. Eigenbew. in 0.ˢ0001	Dekl. 1959.0	Jährl. Veränderung 1959.5	Jährl. Eigenbew. in 0.″001
		m		h m s	s		° ′ ″	″	
138	γ Camelopard.	4.67	A 0	3 45 59.686	+6.3524	+ 38	+71 12 31.11	+11.020	− 38
142	[27 Tauri]	3.80	B 8	3 46 43.157	+3.5703	+ 13	+23 55 46.50	+10.964	− 43
146	γ Hydri	3.17	M 0	3 47 51.203	−0.9153	+ 131	−74 21 54.02	+11.046	+ 120
143	138 G. Eridani	4.24	K 0	3 47 55.096	+2.2455	− 43	−36 19 24.00	+10.877	− 43
1105	+57° 752 Caml	5.79	A 0	3 50 22.665	+4.8795	+ 106	+57 51 18.93	+10.639	− 98
1106	[Pi 3ʰ 187 Taur]	5.96	F 0	3 50 49.110	+3.4332	+ 100	+17 12 23.16	+10.678	− 27
1107	[145 G. Eridani]	6.55	B 9	3 51 7.706	+2.9391	− 5	− 6 45 16.39	+10.684	+ 1
144	ζ Persei	2.91	B 1	3 51 32.934	+3.7749	+ 7	+31 45 48.50	+10.642	− 10
1108	[55 G. Horologii]	5.77	K 0	3 52 17.007	+1.8597	+ 29	−47 0 48.10	+10.568	− 30
147	ε Persei	2.96	B 1	3 55 5.706	+4.0305	+ 18	+39 53 35.92	+10.361	− 26
149	γ Eridani	3.19	K 5	3 56 6.885	+2.8001	+ 43	−13 37 26.12	+10.204	− 108
148	ξ Persei	4.05	Oe 5	3 56 17.895	+3.8969	+ 5	+35 40 29.30	+10.297	− 1
1109	[17 G. Reticuli]	6.14	F 2	3 57 49.900	+1.2900	+ 33	−57 13 5.03	+10.200	+ 16
1110	[δ Reticuli]	4.41	M 0	3 58 5.498	+0.9521	+ 8	−61 30 56.06	+10.151	− 13
150	λ Tauri	3.8–4.1	B 3	3 58 24.313	+3.3260	− 4	+12 22 33.32	+10.129	− 11
1111	[35 Eridani]	5.25	B 5	3 59 27.211	+3.0413	+ 14	− 1 39 47.48	+10.048	− 12
151	ν Tauri	3.94	A 0	4 0 57.367	−0.3435	+ 57	−71 16 50.26	+ 9.989	+ 40
1114	[63 G. Hydri]	6.72	A 0	4 0 58.317	+3.1930	+ 1	+ 5 52 37.20	+ 9.946	+ 1
1112	[37 Tauri]	4.50	K 0	4 2 16.009	+3.5496	+ 66	+21 58 17.40	+ 9.792	− 54
1113	[λ Persei]	4.33	A 0	4 3 31.181	+4.4757	− 10	+50 14 30.94	+ 9.715	− 36
153	174 G. Eridani	5.57	A 5	4 3 55.963	+2.4737	+ 153	−27 45 46.08	+ 9.825	+ 105
152	48 Persei	4.03	B 3p	4 5 40.553	+4.3612	+ 24	+47 36 18.07	+ 9.558	− 27
1115	[43 Tauri]	5.67	G 5	4 6 46.406	+3.4978	+ 76	+19 30 8.61	+ 9.472	− 29
1116	[44 Tauri]	5.55	F 0	4 8 19.759	+3.6568	− 22	+26 22 32.05	+ 9.345	− 36
154	o¹ Eridani	4.14	F 2	4 9 51.712	+2.9298	+ 6	− 6 56 35.31	+ 9.349	+ 86
1117	[μ Persei]	4.28	G 0	4 11 52.688	+4.4105	+ 8	+48 18 25.61	+ 9.087	− 18
155	α Horologii	3.83	K 0	4 12 38.458	+1.9883	+ 32	−42 23 40.35	+ 8.843	− 204
1118	[μ Tauri]	4.32	B 3	4 13 18.292	+3.2596	+ 15	+ 8 47 28.15	+ 8.976	− 19
156	α Reticuli	3.36	G 5	4 13 53.497	+0.7757	+ 61	−62 34 33.79	+ 9.003	+ 53
157	[γ Doradus]	4.36	F 5	4 14 56.993	+1.5731	+ 108	−51 35 21.19	+ 9.059	+ 192
159	[γ Tauri]	3.86	K 0	4 17 27.399	+3.4164	+ 81	+15 31 48.62	+ 8.646	− 23
158	[54 Persei]	5.10	G 5	4 17 44.551	+3.8989	− 20	+34 28 10.15	+ 8.640	− 6
1119	[208 G. Eridani]	6.65	B 9	4 18 17.612	+2.7169	+ 16	−16 32 3.40	+ 8.599	− 4
161	[212 G. Eridani]	5.31	A 0	4 18 51.612	+2.6180	+ 19	−20 44 10.48	+ 8.550	− 8
162	δ Tauri	3.93	K 0	4 20 34.006	+3.4622	+ 76	+17 26 52.57	+ 8.395	− 27
166	[δ Mensae]	5.62	K op	4 20 42.143	−4.0153	+ 130	−80 18 42.32	+ 8.486	+ 69
163	[η Reticuli]	5.18	K 0	4 21 26.421	+0.6523	+ 128	−63 29 0.24	+ 8.530	+ 174
1120	[ξ Eridani]	5.23	A 2	4 21 38.200	+2.9884	− 36	− 3 50 20.12	+ 8.283	− 55
1121	[43 Eridani]	4.06	K 5	4 22 29.671	+2.2538	+ 46	−34 6 39.52	+ 8.325	+ 54
1122	[+69° 258 Caml]	7.02	K 0	4 25 32.079	+6.3136	+ 16	+69 17 21.58	+ 7.994	− 30

Nr.	Name	Größe	Spektrum	AR. 1959.0	Jährl. Veränderung 1959.5	Jährl. Eigenbew. in 0.s0001	Dekl. 1959.0	Jährl. Veränderung 1959.5	Jährl. Eigenbew. in 0.″001
		m		h m s	s		° ′ ″	″	
164	ε Tauri	3.63	K 0	4 26 13.132	+3.5054	+ 77	+19 5 28.07	+7.937	− 34
1123	[Br 615 Taur]	5.50	B 8	4 26 24.789	+3.1020	+ 9	+ 1 17 28.70	+7.936	− 20
165	[1 Camelop. sq]	5.86	B 1	4 28 46.363	+4.7579	0	+53 49 26.15	+7.765	− 1
167	[δ Caeli]	5.16	B 3	4 29 34.650	+1.8384	+ 1	−45 2 26.98	+7.704	+ 2
1124	[57 Persei]	6.07	F 0	4 30 31.415	+4.2255	+ 6	+42 58 41.82	+7.628	+ 4
1125	[ρ Tauri]	4.75	A 5	4 31 31.089	+3.4064	+ 68	+14 45 35.37	+7.522	− 23
171	α Doradus	3.47	A op	4 33 6.463	+1.2980	+ 57	−55 7 44.65	+7.421	+ 4
168	α Tauri	1.06	K 5	4 33 33.900	+3.4444	+ 47	+16 25 42.43	+7.190	− 188
170	[υ² Eridani]	3.88	K 0	4 33 57.299	+2.3331	− 39	−30 38 42.69	+7.337	− 10
169	ν Eridani	4.12	B 2	4 34 16.094	+2.9990	+ 2	− 3 26 5.53	+7.319	− 2
172	53 Eridani	3.98	K 0	4 36 18.076	+2.7486	− 48	−14 22 58.50	+6.995	− 160
1127	[258 G. Eridani]	5.59	K 0	4 38 24.429	+2.4966	− 45	−24 33 41.08	+7.001	+ 18
1126	[Pi 4ʰ 148 Taur]	5.68	A 0	4 38 45.529	+3.7577	+ 28	+28 32 14.15	+6.922	− 32
1129	[α Caeli]	4.52	F 2	4 39 14.297	+1.9329	− 138	−41 56 28.18	+6.839	− 77
174	τ Tauri	4.33	B 5	4 39 46.828	+3.6031	− 1	+22 52 47.94	+6.856	− 15
1128	[Grb 866 Pers]	5.77	B 8	4 40 14.147	+4.5648	− 2	+49 53 51.18	+6.813	− 19
1130	[β Caeli]	5.08	F 5	4 40 36.348	+2.1217	+ 30	−37 13 24.07	+7.002	+ 199
1131	[56 Eridani]	5.87	B 5	4 42 6.971	+2.8831	− 3	− 8 34 43.59	+6.678	0
173	Grb 848 Caml	6.04	F 0	4 43 16.872	+8.0975	+ 102	+75 52 13.28	+6.444	− 135
176	[μ Eridani]	4.18	B 5	4 43 27.004	+3.0010	+ 9	− 3 19 42.06	+6.559	− 10
177	[μ Mensae]	5.69	B 9	4 43 27.920	−0.5916	+ 20	−71 0 23.43	+6.603	+ 34
175	4 Camelopard.	5.35	A 2	4 44 34.751	+5.0040	+ 65	+56 41 12.39	+6.328	− 145
1132	[268 G. Eridani]	5.97	A 2	4 44 47.457	+2.3965	+ 1	−28 9 37.81	+6.474	+ 16
1133	[Br 658 Pers]	5.10	K 2	4 47 8.753	+4.0415	− 30	+37 25 4.12	+6.301	+ 39
1134	[π³ Orionis]	3.31	F 8	4 47 36.718	+3.2582	+ 312	+ 6 53 28.71	+6.241	+ 18
1135	[97 Tauri]	5.12	F 0	4 48 58.353	+3.5116	+ 57	+18 46 18.28	+6.076	− 34
179	[π⁴ Orionis]	3.78	B 3	4 49 1.192	+3.1967	− 2	+ 5 32 11.55	+6.109	+ 3
178	α Camelopard.	4.38	B 0	4 49 57.537	+5.9735	+ 3	+66 16 33.44	+6.035	+ 9
1136	[o¹ Orionis]	5.19	M 0	4 50 12.603	+3.3953	− 3	+14 11 2.04	+5.951	− 56
180	π⁵ Orionis	3.87	B 3	4 52 6.792	+3.1262	− 3	+ 2 12 30.22	+5.851	+ 3
181	ι Aurigae	2.90	K 2	4 54 19.166	+3.9094	+ 3	+33 6 10.98	+5.644	− 18
1138	[η Mensae]	5.28	K 0	4 56 21.057	−1.7147	+ 72	−75 0 2.80	+5.554	+ 58
183	ε Aurigae	3.1—3.8	F 5 I	4 59 1.311	+4.3086	+ 4	+43 45 52.91	+5.261	− 6
1137	[ζ Aurigae]	4.9—5.6	K0+B1	4 59 36.447	+4.1966	+ 10	+41 1 4.84	+5.196	− 22
182	β Camelopard.	4.22	G 0 I	4 59 45.675	+5.3428	− 6	+60 23 5.68	+5.189	− 14
184	ι Tauri	4.70	A 5	5 0 38.509	+3.5878	+ 47	+21 31 59.33	+5.090	− 40
1139	[26 G. Caeli]	6.00	K 0	5 0 49.608	+2.2708	− 8	−31 49 47.60	+5.198	+ 83
1140	[11 Orionis]	4.65	B 9	5 2 13.413	+3.4297	+ 11	+15 20 55.03	+4.963	− 34
185	η Aurigae	3.28	B 3	5 3 38.095	+4.2099	+ 27	+41 10 52.01	+4.810	− 66
186	ε Leporis	3.29	K 5	5 3 43.441	+2.5404	+ 18	−22 25 29.38	+4.801	− 69

Nr.	Name	Größe	Spektrum	AR. 1959.0	Jährl. Veränderung 1959.5	Jährl. Eigenbew. in 0.s0001	Dekl. 1959.0	Jährl. Veränderung 1959.5	Jährl. Eigenbew. in 0."001
		m		h m s	s		° ′ ″	″	
187	[η² Pictoris]	4.92	K 5	5 3 54.091	+1.5541	+ 55	−49 37 57.56	+4.855	− 1
189	[ζ Doradus]	4.76	F 8	5 4 48.258	+1.0294	− 51	−57 31 41.45	+4.898	+ 118
188	β Eridani	2.92	A 3	5 5 49.926	+2.9502	− 64	− 5 8 16.65	+4.614	− 77
1143	[13 G. Pictoris]	7.10	A 0	5 6 12.993	+1.7822	+ 25	−44 52 27.19	+4.684	+ 25
1142	[16 Orionis]	5.42	A 2	5 7 4.157	+3.3017	+ 41	+ 9 46 42.70	+4.582	− 3
1141	[+27°732 *pr*Taur]	5.97	A 3	5 7 10.442	+3.7689	+ 43	+27 58 48.45	+4.510	− 66
190	[λ Eridani]	4.34	B 2	5 7 10.952	+2.8721	+ 1	− 8 48 18.94	+4.573	− 3
192	μ Aurigae	4.78	A 3	5 10 37.113	+4.1077	− 17	+38 26 16.28	+4.204	− 78
1144	[μ Leporis]	3.30	A op	5 11 5.287	+2.6956	+ 28	−16 15 9.96	+4.215	− 28
194	β Orionis	0.34	B 8p	5 12 33.957	+2.8841	+ 2	− 8 14 51.38	+4.116	− 1
193	α Aurigae	0.21	G 0	5 13 39.384	+4.4350	+ 80	+45 57 30.77	+3.599	− 423
196	ϑ Doradus	4.78	K 0	5 13 46.927	−0.0444	+ 10	−67 13 53.46	+4.050	+ 35
195	[τ Orionis]	3.68	B 5	5 15 36.831	+2.9140	− 11	− 6 53 14.25	+3.848	− 8
191	19 H. Camelop.	5.24	F 8	5 15 45.725	+9.9123	− 289	+79 11 19.92	+3.997	+ 159
197	[ο Columbae]	4.91	K 0	5 16 0.261	+2.1642	+ 69	−34 56 3.47	+3.484	− 338
1145	[λ Aurigae]	4.85	G 0	5 16 15.214	+4.2225	+ 457	+40 3 52.92	+3.136	− 663
1146	[λ Leporis]	4.29	B 1	5 17 41.086	+2.7648	− 2	−13 13 3.90	+3.676	− 2
198	[12 G. Columbae]	5.75	A 0	5 17 45.590	+2.3929	+ 5	−27 24 35.14	+3.667	− 4
199	[ζ Pictoris]	5.52	F 8	5 18 21.596	+1.4718	+ 10	−50 38 57.26	+3.854	+ 234
1147	[22 Orionis]	4.65	B 3	5 19 40.045	+3.0636	− 2	− 0 25 17.30	+3.506	− 1
201	γ Orionis	1.70	B 2	5 22 55.804	+3.2187	− 6	+ 6 18 50.69	+3.211	− 15
202	β Tauri	1.78	B 8	5 23 41.860	+3.7940	+ 20	+28 34 28.80	+2.983	− 175
1148	[115 Tauri]	5.31	B 3	5 24 46.443	+3.5010	+ 4	+17 55 43.07	+3.042	− 24
1149	[18 G. Columbae]	5.85	A 2	5 25 46.201	+1.9250	− 8	−40 58 41.00	+3.075	+ 95
203	17 Camelopard.	5.75	K 5	5 26 17.433	+5.6709	− 7	+63 2 8.94	+2.931	− 2
204	[β Leporis]	2.96	G 0	5 26 29.254	+2.5716	+ 1	−20 47 27.36	+2.827	− 92
1150	[18 Camelopard.]	6.46	G 0	5 29 1.717	+1.6498	+ 14	−47 6 22.44	+2.572	− 127
1152	[20 G. Pictoris]	5.54	G 5	5 29 2.826	+5.1420	+ 145	+57 11 41.10	+2.477	− 218
206	δ Orionis	2.48	B 0	5 29 54.614	+3.0658	0	− 0 19 40.47	+2.623	+ 1
1151	[χ Aurigae]	4.88	B 1	5 30 3.403	+3.9066	0	+32 9 49.18	+2.605	− 3
207	α Leporis	2.69	F 0	5 30 55.229	+2.6468	+ 2	−17 51 1.05	+2.538	+ 4
208	[φ¹ Orionis]	4.53	B 0	5 32 34.064	+3.2945	− 1	+ 9 27 48.38	+2.388	− 2
212	β Doradus	4.2—5.7	F 5v	5 33 15.962	+0.5214	− 11	−62 30 59.01	+2.341	+ 9
209	ι Orionis	2.89	O e5	5 33 25.556	+2.9356	+ 1	− 5 56 7.00	+2.321	+ 4
214	[γ Mensae]	5.06	K 0	5 33 29.858	−2.3691	+ 312	−76 22 16.53	+2.608	+ 294
210	ε Orionis	1.75	B 0	5 34 7.883	+3.0450	0	− 1 13 35.63	+2.256	+ 1
205	Grb 966 Caml	6.36	K 5	5 34 13.805	+8.0339	− 20	+75 1 14.50	+2.269	+ 26
211	ζ Tauri	3.00	B 3p	5 35 11.541	+3.5866	+ 1	+21 7 9.41	+2.140	− 22
1153	[35 G. Columbae]	6.75	K 2	5 36 28.938	+2.3902	+ 8	−27 14 0.43	+2.042	− 9
215	α Columbae	2.75	B 5p	5 38 9.771	+2.1733	+ 2	−34 5 41.56	+1.879	− 26

Nr.	Name	Größe	Spektrum	AR. 1959.0	Jährl. Veränderung 1959.5	Jährl. Eigenbew. in 0.ˢ0001	Dekl. 1959.0	Jährl. Veränderung 1959.5	Jährl. Eigenbew. in 0.″001
		m		h m s	s		° ′ ″	″	
216	o Aurigae	5.52	A 0	5 42 43.277	+4.6497	− 10	+49 48 38.24	+1.503	− 3
217	[γ Leporis]	3.80	F 8	5 42 45.191	+2.5021	− 206	−22 27 37.85	+1.135	− 370
1154	[δ Doradus]	4.52	A 5	5 44 41.882	+0.1088	− 51	−65 45 3.09	+1.344	+ 7
218	[130 Tauri]	5.51	F 0	5 45 2.642	+3.4989	− 4	+17 42 55.56	+1.296	− 8
219	ζ Leporis	3.67	A 2	5 45 5.778	+2.7191	− 12	−14 50 9.51	+1.295	− 5
220	κ Orionis	2.20	B 0	5 45 48.642	+2.8461	+ 2	− 9 40 58.15	+1.234	− 4
1155	[142 G. Orionis]	5.95	G 5	5 46 32.594	+2.9814	+ 36	− 4 6 14.86	+0.972	− 202
221	[ν Aurigae]	4.18	K 0	5 48 38.767	+4.1589	− 5	+39 8 18.73	+0.996	+ 7
1156	[γ Pictoris]	4.38	K 0	5 49 4.798	+1.0900	+ 83	−56 10 34.19	+0.891	− 63
223	[β Columbae]	3.22	K 0	5 49 30.757	+2.1154	+ 40	−35 46 57.54	+1.319	+ 404
222	[δ Leporis]	3.90	K 0	5 49 33.440	+2.5809	+ 166	−20 52 52.68	+0.262	− 649
1159	[37 G. Pictoris]	4.98	K 0	5 49 57.501	+1.3582	+ 5	−52 7 3.50	+0.797	− 79
1158	[136 Tauri]	4.54	A 0	5 50 44.935	+3.7720	+ 4	+27 36 15.82	+0.792	− 14
1157	[ξ Aurigae]	4.92	A 2	5 51 24.456	+5.0291	− 17	+55 41 59.76	+0.768	+ 20
224	α Orionis	0.1—1.2	M 0	5 52 57.060	+3.2488	+ 19	+ 7 24 3.84	+0.625	+ 11
226	[η Leporis]	3.77	F 0	5 54 32.169	+2.7332	− 29	−14 10 25.94	+0.613	+ 138
1160	[γ Columbae]	4.36	B 3	5 56 4.922	+2.1278	− 2	−35 17 11.79	+0.350	+ 9
225	δ Aurigae	3.88	K 0	5 56 8.993	+4.9412	+ 96	+54 17 2.32	+0.206	− 127
227	β Aurigae	2.07	A op	5 56 31.204	+4.4019	− 50	+44 56 43.59	+0.299	− 2
1161	[60 Orionis]	5.25	A 0	5 56 42.999	+3.0853	− 10	+ 0 33 2.46	+0.286	+ 1
1162	+33° 1209 Auri	6.80	A 2	5 57 32.575	+3.9447	− 9	+33 8 9.30	+0.218	+ 6
229	η Columbae	4.03	K 0	5 57 53.405	+1.8368	+ 13	−42 48 59.77	+0.166	− 17
1163	[1 Geminorum]	4.30	G 5	6 1 37.607	+3.6475	− 4	+23 16 2.37	−0.249	− 104
230	[66 Orionis]	5.70	K 0	6 2 48.284	+3.1702	− 4	+ 4 9 45.04	−0.254	− 7
231	[1 G. Puppis]	6.22	F 8	6 3 17.514	+1.7271	− 87	−45 2 7.82	−0.042	+ 247
1164	[74 G. Columbae]	5.72	A 0	6 4 30.738	+2.3105	+ 6	−29 45 10.36	−0.436	− 40
232	ν Orionis	4.40	B 2	6 5 13.787	+3.4260	+ 3	+14 46 30.10	−0.483	− 23
1165	[94 G. Leporis]	5.46	A 0	6 7 14.417	+2.5234	+ 9	−22 25 7.65	−0.671	− 36
233	[36 Camelopard.]	5.39	K 0	6 8 43.611	+6.0357	+ 12	+65 43 46.69	−0.796	− 29
1166	[ν Doradus]	5.21	B 9	6 9 0.101	−0.3844	− 95	−68 50 5.01	−0.764	+ 23
235	[δ Pictoris]	4.84	B 1	6 9 29.874	+1.1679	− 19	−54 57 31.53	−0.818	+ 13
239	[α Mensae]	5.14	K 0	6 11 27.884	−1.7878	+ 302	−74 44 23.72	−1.217	− 216
1168	κ Aurigae	4.45	K 0	6 12 45.890	+3.8231	− 55	+29 30 54.08	−1.383	− 265
1167	[Br 904 *sq* Auri]	6.42	F 0	6 12 53.200	+4.0431	− 53	+36 9 46.46	−1.121	+ 8
1169	[74 Orionis]	5.11	F 5	6 14 8.418	+3.3693	+ 55	+12 17 6.85	−1.052	+ 186
234	22 H. Camelop.	4.73	A 0	6 14 19.869	+6.6102	+ 8	+69 20 15.40	−1.361	− 103
238	[κ Columbae]	4.51	K 0	6 15 5.470	+2.1342	− 14	−35 7 32.96	−1.237	+ 84
237	[2 Lyncis]	4.42	A 0	6 16 0.364	+5.2930	− 12	+59 1 41.93	−1.382	+ 20
1170	[7 Monocerotis]	5.13	B 3	6 17 44.228	+2.8905	− 4	− 7 48 15.45	−1.551	+ 1
240	ζ Canis maj.	3.10	B 3	6 18 44.278	+2.3037	+ 5	−30 2 38.31	−1.634	+ 5

Nr.	Name	Größe	Spektrum	AR. 1959.0	Jährl. Veränderung 1959.5	Jährl. Eigenbew. in 0ˢ.0001	Dekl. 1959.0	Jährl. Veränderung 1959.5	Jährl. Eigenbew. in 0″.001
		m		h m s	s		° ′ ″	″	
241	μ Geminorum	3.19	M o	6 20 28.768	+ 3.6297	+ 40	+22 32 11.03	−1.904	− 113
243	β Canis maj.	1.99	B 1	6 20 53.582	+ 2.6424	− 4	−17 56 3.58	−1.830	− 4
244	8 ε Monocerotis	4.48	A 5	6 21 35.676	+ 3.1796	− 12	+ 4 36 54.97	−1.877	+ 11
242	ψ^1 Aurigae	5.10	K 2	6 21 44.471	+ 4.6205	+ 1	+49 18 39.85	−1.906	− 4
1171	[23 G. Canis maj.]	5.39	K o	6 22 15.518	+ 2.7992	− 35	−11 30 24.23	−1.986	− 40
245	α Carinae	−0.86	F o	6 23 2.462	+ 1.3326	+ 24	−52 40 21.05	−1.987	+ 25
1172	[Grb 1156 Auri]	7.14	G 5	6 23 26.562	+ 4.2695	0	+41 59 3.25	−2.060	− 11
246	10 Monocerotis	4.98	B 3	6 25 56.013	+ 2.9628	− 6	− 4 44 6.96	−2.261	+ 4
1173	[ν Geminorum]	4.06	B 5	6 26 31.690	+ 3.5623	− 4	+20 14 23.18	−2.335	− 18
1174	[13 Monocerotis]	4.50	A op	6 30 41.164	+ 3.2444	− 2	+ 7 21 52.42	−2.685	− 7
1175	[56 G. Monocer.]	5.02	B 3	6 31 32.949	+ 3.0451	− 9	− 1 11 15.58	−2.777	− 24
249	ξ^2 Canis maj.	4.54	A o	6 33 20.198	+ 2.5147	+ 6	−22 55 51.95	−2.893	+ 14
247	8 Lyncis	6.05	G o	6 33 56.809	+ 5.4802	− 290	+61 31 11.53	−3.240	− 278
251	γ Geminorum	1.93	A o	6 35 20.596	+ 3.4659	+ 30	+16 26 9.40	−3.125	− 44
250	51 Aurigae	5.71	K o	6 35 49.095	+ 4.1564	− 22	+39 25 44.14	−3.237	− 115
252	ν Puppis	3.18	B 8	6 36 30.309	+ 1.8357	− 7	−43 9 32.31	−3.182	− 1
248	23 H. Camelop.	5.60	F 8	6 39 16.428	+10.2233	− 324	+79 36 50.50	−4.032	− 607
254	ε Geminorum	3.18	G 5	6 41 24.577	+ 3.6907	− 5	+25 10 24.54	−3.619	− 15
256	ξ Geminorum	3.40	F 5	6 42 59.269	+ 3.3670	− 81	+12 56 29.03	−3.934	− 195
257	*α Canis maj.	−1.58	A o	6 43 20.518	+ 2.6433	− 375	−16 39 31.04	−4.979	−1210
264	[ζ Mensae]	5.64	A 2	6 43 29.681	− 5.0064	− 21	−80 46 21.77	−3.718	+ 59
255	[ψ^5 Aurigae]	5.34	G o	6 43 47.121	+ 4.3234	− 1	+43 37 13.17	−3.647	+ 162
1177	16 Monocerotis	5.84	B 3	6 44 18.211	+ 3.2718	− 7	+ 8 37 55.66	−3.861	− 8
1176	[ψ^6 Aurigae]	5.28	K o	6 44 32.137	+ 4.5723	− 4	+48 50 6.14	−3.869	+ 5
258	18 Monocerotis	4.70	K o	6 45 43.326	+ 3.1282	− 14	+ 2 27 30.73	−3.987	− 13
1178	[31 G. Puppis]	5.25	B 9	6 45 57.080	+ 2.0529	− 19	−37 53 0.40	−4.009	− 16
1179	[80 G. Monocer.]	5.65	A o	6 47 12.441	+ 3.0215	− 11	− 2 13 27.03	−4.097	+ 4
262	α Pictoris	3.30	A 5	6 47 46.236	+ 0.6149	− 107	−61 53 49.01	−3.879	+ 269
1180	[κ Canis maj.]	3.78	B 2p	6 48 18.485	+ 2.2414	− 10	−32 27 36.01	−4.191	+ 4
263	[τ Puppis]	2.83	K o	6 48 55.037	+ 1.4883	+ 26	−50 33 54.13	−4.319	− 73
259	[43 Camelopard.]	5.13	B 5	6 49 17.600	+ 6.4631	+ 2	+68 56 20.57	−4.278	+ 4
261	ϑ Geminorum	3.64	A 2	6 50 5.257	+ 3.9535	− 1	+34 0 45.20	−4.400	− 52
267	[ι Volantis]	5.52	B 8	6 51 55.441	− 0.6902	− 9	−70 54 45.71	−4.482	+ 20
266	ϑ Canis maj.	4.25	K 2	6 52 17.046	+ 2.7876	− 95	−11 59 9.34	−4.549	− 14
260	24 H. Camelop.	4.75	K 5	6 54 6.944	+ 8.7356	+ 209	+77 2 1.95	−4.707	− 12
268	ε Canis maj.	1.63	B 1	6 57 0.823	+ 2.3585	+ 4	−28 54 54.49	−4.934	+ 2
1181	[101 G. Monoc.]	5.84	A o	6 58 25.461	+ 2.8822	− 15	− 8 20 54.50	−5.066	− 10
1182	[ω Geminorum]	5.21	K o	6 59 54.921	+ 3.6549	− 7	+24 16 32.18	−5.186	− 3
1183	[σ Canis maj.]	3.68	K 5	7 0 5.098	+ 2.3905	− 4	−27 52 30.01	−5.195	+ 1
270	[o^2 Canis maj.]	3.12	B 5p	7 1 18.700	+ 2.5057	− 1	−23 46 19.93	−5.298	+ 2

Nr. 257. Ort des Schwerpunktes. Die Reduktion auf den Hauptstern ist nach den Elementen von V o l e t , Bull. Astr. II, Bd. 7, 1931:

1959.0 $\Delta\alpha = -0^{s}.167$ $\Delta\delta = +0''.17$

1960.0 $= -0.175$ $= +0.04$

Nr.	Name	Größe	Spektrum	AR. 1959.0	Jährl. Veränderung 1959.5	Jährl. Eigenbew. in 0.s0001	Dekl. 1959.0	Jährl. Veränderung 1959.5	Jährl. Eigenbew. in 0".001
		m		h m s	s		° ' "	"	
269	ζ Geminorum	3.7—4.1	G op	7 1 40.647	+3.5577	— 7	+20 37 55.67	—5.334	— 3
271	γ Canis maj.	4.07	B 5	7 1 54.163	+2.7148	+ 1	—15 34 16.93	—5.359	— 9
1184	[C Puppis]	5.26	A 2	7 2 44.696	+1.9019	— 20	—42 16 32.94	—5.353	+ 67
272	[27 G. Carinae]	5.30	A 0	7 3 32.402	+1.1169	— 12	—56 41 12.75	—5.484	+ 2
1185	[2 G. Canis min.]	5.92	K 0	7 5 36.449	+3.2427	— 3	+ 7 32 13.57	—5.697	— 36
273	δ Canis maj.	1.98	F 8p	7 6 43.399	+2.4398	— 3	—26 19 36.88	—5.750	+ 5
1186	[20 Monocerotis]	5.02	K 0	7 8 11.457	+2.9802	— 1	— 4 10 18.09	—5.663	+ 215
274	63 Aurigae	5.07	K 2	7 8 50.238	+4.1249	+ 36	+39 23 21 50	—5.935	— 2
1189	[γ² Volantis]	3.87	K 0	7 9 6.186	—0.5117	+ 45	—70 25 57.61	—5.854	+ 98
1187	[22 δ Monocerot.]	4.09	A 0	7 9 46.194	+3.0637	— 3	— 0 25 24.20	—6.003	+ 6
1188	[51 Geminorum]	5.31	M 3	7 11 1.018	+3.4445	+ 6	+16 13 48.53	—6.157	— 43
275	[I Puppis]	4.47	F 0	7 11 23.400	+1.7101	— 141	—46 41 24.34	—6.046	+ 98
1190	[Grb 1281 Lynx]	5.55	G 0	7 12 47.718	+4.4531	+ 35	+47 18 53.44	—6.446	— 184
276	[64 Aurigae]	5.75	A 3	7 15 11.300	+4.1697	— 16	+40 57 29.36	—6.449	+ 11
278	π Puppis	2.74	K 5	7 15 41.633	+2.1194	— 8	—37 1 21.77	—6.492	+ 9
277	λ Geminorum	3.65	A 2	7 15 44.220	+3.4470	— 35	+16 36 57.46	—6.544	— 39
281	δ Volantis	4.02	F 5	7 16 51.378	—0.0323	— 12	—67 52 55.98	—6.597	— 2
279	δ Geminorum	3.52	F 0	7 17 40.510	+3.5822	— 19	+22 3 34.19	—6.680	— 14
280	19 Lyncis *sq*	5.61	B 8	7 19 31.694	+4.8912	— 8	+55 21 39.19	—6.854	— 35
1191	[66 Aurigae]	5.28	K 0	7 21 18.296	+4.1525	— 5	+40 45 11.41	—6.993	— 29
283	[η Canis maj.]	2.43	B 5p	7 22 28.333	+2.3734	— 5	—29 13 19.22	—7.054	+ 6
282	ι Geminorum	3.89	K 0	7 23 10.904	+3.7250	— 92	+27 52 52.56	—7.207	— 89
1192	[169 G. Can. maj.]	5.82	F 0	7 23 15.281	+2.7555	— 142	—13 40 12.21	—7.134	— 11
285	β Canis minor.	3.09	B 8	7 24 55.633	+3.2529	— 38	+ 8 22 24.42	—7.300	— 40
286	ρ Geminorum	4.18	F 0	7 26 28.561	+3.8571	+ 116	+31 52 3.75	—7.215	+ 172
284	Grb 1308 Caml	5.80	K 0	7 26 37.796	+6.2317	— 22	+68 33 8.22	—7.441	— 40
1193	[6 Canis minor.]	4.85	K 0	7 27 30.871	+3.3389	— 1	+12 5 34.64	—7.487	— 17
1194	[σ Puppis]	3.28	K 5	7 27 55.721	+1.9035	— 57	—43 13 2.87	—7.313	+ 190
287	*α Geminorum	1.99 2.85	A 0 A 0	7 31 59.120	+3.8275	— 138	+31 58 48.18	—7.935	— 103
288	[108 G. Puppis]	4.52	F 8	7 32 17.757	+2.5678	— 38	—22 12 23.45	—7.822	+ 35
1196	[υ Geminorum]	4.22	K 5	7 33 23.864	+3.6955	— 26	+26 59 18.67	—8.055	— 110
1195	[+46° 1286 Lynx]	5.80	K 5	7 33 33.318	+4.3524	— 29	+46 16 21.23	—7.997	— 39
1198	[Q Carinae]	4.92	K 5	7 34 38.824	+1.4834	+ 15	—52 26 30.15	—8.066	— 21
1197	[125 G. Puppis]	5.66	B 3	7 34 52.865	+2.6372	— 4	—19 36 35.13	—8.061	+ 3
289	25 Monocerotis	5.17	F 5	7 35 14.330	+2.9825	— 51	— 4 1 5.16	—8.077	+ 16
290	[127 G. Puppis]	4.62	B 8	7 35 50.966	+2.2198	— 27	—34 52 30.55	—8.123	+ 18
291	*α Canis min.	0.48	F 5	7 37 9.371	+3.1396	— 475	+ 5 19 53.31	—9.275	—1029
293	[26 α Monocer.]	4.07	K 0	7 39 17.266	+2.8664	— 51	— 9 27 15.34	—8.440	— 24
292	24 Lyncis	4.96	A 2	7 39 32.854	+5.0699	— 53	+58 48 30.85	—8.491	— 54
294	χ Geminorum	3.70	G 5	7 41 58.451	+3.6206	— 23	+24 29 52.67	—8.682	— 53

Nr. 287. Ort des Schwerpunktes. Die Reduktion auf den Ort des helleren Sterns beträgt nach den Elementen von **S t r a n d**, Astronom. Journal Bd. 49, 1940:

1959.0 $\Delta\alpha = -0^s.014$ $\Delta\delta = +0''.86$

1960.0 $= -0.018$ $= +0.82$

Nr. 291. Ort des Schwerpunktes. Die Reduktion auf den Ort des hellen Sterns beträgt nach den Elementen von **S t r a n d**, Astrophys. Journal Bd. 113,1.; 1951:

1959.0 $\Delta\alpha = -0^s.080$ $\Delta\delta = -0''.36$

1960.0 $= -0.080$ $= -0.21$

Mittlere Sternörter 1959.0

Nr.	Name	Größe	Spektrum	AR. 1959.0	Jährl. Veränderung 1959.5	Jährl. Eigenbew. in 0.s0001	Dekl. 1959.0	Jährl. Veränderung 1959.5	Jährl. Eigenbew. in 0".001
		m		h m s	s		° ′ ″	″	
297	ζ Volantis	3.89	K 0	7 42 20.276	−0.7450	+ 89	−72 30 28.36	− 8.637	+ 18
295	β Geminorum	1.21	K 0	7 42 48.547	+3.6695	− 474	+28 7 36.56	− 8.746	− 52
1200	[81 Geminorum]	5.02	K 2	7 43 45.086	+3.4726	− 54	+18 36 41.68	− 8.830	− 61
1199	[+37° 1769 Lynx]	5.45	M 0	7 43 55.288	+4.0004	+ 15	+37 37 6.10	− 8.775	+ 7
1201	[11 Canis minor.]	5.30	A 0	7 44 0.813	+3.3018	− 22	+10 52 10.72	− 8.813	− 24
1202	[4 Puppis]	5.11	F 0	7 44 3.536	+2.7627	− 10	−14 27 46.53	− 8.788	+ 4
296	π Geminorum	5.29	K 2	7 44 51.935	+3.8664	− 9	+33 31 4.88	− 8.887	− 31
1203	[187 G. Puppis]	5.26	B 2	7 46 17.097	+1.8126	− 13	−46 30 21.23	− 8.962	+ 4
1204	[ξ Puppis]	3.47	G op	7 47 34.135	+2.5236	− 3	−24 45 20.75	− 9.070	− 3
1206	[61 G. Carinae]	5.82	F 2	7 48 32.253	+0.9893	− 95	−60 10 51.37	− 8.991	+ 151
1205	[ζ Canis minor.]	5.11	B 8	7 49 34.390	+3.1108	− 15	+ 1 52 22.35	− 9.228	− 5
301	[213 G. Puppis]	3.76	G 5	7 50 48.346	+2.0621	− 21	−40 28 8.91	− 9.318	0
1207	[φ Geminorum]	4.99	A 2	7 50 59.387	+3.6698	− 28	+26 52 24.54	− 9.368	− 35
299	[26 Lyncis]	5.69	K 0	7 51 43.926	+4.3643	− 50	+47 40 22.06	− 9.393	− 2
1208	[1 Cancri]	5.96	K 0	7 54 39.822	+3.4051	− 23	+15 54 4.43	− 9.661	− 45
300	Grb 1374 Caml	5.56	K 0	7 55 19.583	+7.1598	− 30	+74 1 50.24	− 9.704	− 34
1209	[Grb 1384 Lynx]	6.47	K 0	7 55 24.105	+4.2107	+ 38	+44 5 19.56	− 9.665	+ 8
303	χ Carinae	3.60	B 3	7 55 44.123	+1.5247	− 41	−52 52 17.41	− 9.668	+ 29
1210	[225 G. Puppis]	4.85	A 2	7 56 1.982	+2.3921	− 6	−30 13 23.61	− 9.715	+ 6
304	[27 Monocerotis]	5.06	K 0	7 57 41.203	+2.9966	− 43	− 3 33 59.32	− 9.848	− 1
1212	[232 G. Puppis]	4.64	A 2	7 58 1.721	+2.6885	− 6	−18 17 8.62	− 9.923	− 50
302	[53 Camelop.]	6.00	A 2p	7 58 12.953	+5.1149	− 74	+60 26 19.29	− 9.910	− 22
1211	[ω Cancri]	5.88	K 0	7 58 27.133	+3.6284	+ 8	+25 30 23.55	− 9.906	0
1213	[161 G. Monocer.]	6.30	G 0	8 0 25.094	+2.9481	+ 7	− 6 13 18.57	−10.082	− 28
305	χ Geminorum	5.04	K 0	8 1 0.143	+3.6827	− 21	+27 54 38.91	−10.145	− 46
306	ζ Puppis	2.27	O d	8 2 8.507	+2.1087	− 30	−39 53 12.02	−10.170	+ 14
307	27 Lyncis	4.87	A 2	8 5 22.871	+4.5076	− 67	+51 37 36.16	−10.438	− 9
308	ρ Puppis	2.88	F 5	8 5 47.824	+2.5555	− 60	−24 11 5.72	−10.408	+ 51
1214	[Pi 7ʰ 308 Lynx]	6.64	F 8	8 7 31.569	+3.9013	+ 163	+35 34 46.39	−10.825	− 237
309	γ Velorum	1.92	O ap	8 8 16.096	+1.8493	− 8	−47 12 53.81	−10.636	+ 5
1215	[3 H. Ursae maj.]	5.48	G 5	8 8 45.432	+5.9573	− 4	+68 35 50.27	−10.673	+ 7
311	20 Puppis	5.05	G 5	8 11 26.835	+2.7575	− 12	−15 39 48.74	−10.883	− 6
312	β Cancri	3.76	K 2	8 14 17.549	+3.2526	− 34	+ 9 18 47.72	−11.136	− 51
310	Br 1147 Caml	5.73	G 5	8 14 26.476	+7.5038	+ 65	+75 53 6.66	−11.084	+ 15
1216	[+4° 1945 Hydra]	6.68	G0+A2	8 15 9.046	+3.1580	+ 1	+ 4 20 48.78	−11.146	+ 1
313	[289 G. Puppis]	4.43	A 5	8 17 1.144	+2.2459	− 94	−36 31 52.85	−11.191	+ 91
1218	[7 G. Hydrae]	6.32	A 5	8 17 17.083	+2.8738	− 43	−10 2 12.40	−11.273	+ 29
1217	[χ Cancri]	5.16	F 5	8 17 34.589	+3.6422	− 15	+27 21 6.67	−11.709	− 386
1219	[294 G. Puppis]	4.94	K 0	5 19 46.045	+2.3629	− 13	−32 55 22.36	−11.471	+ 9
314	31 Lyncis	4.43	K 5	8 20 2.102	+4.1037	− 16	+43 19 16.47	−11.604	− 104

Nr.	Name	Größe	Spektrum	AR. 1959.0	Jährl. Veränderung 1959.5	Jährl. Eigenbew. in 0.s0001	Dekl. 1959.0	Jährl. Veränderung 1959.5	Jährl. Eigenbew. in 0.″001
		m		h m s	s		° ′ ″	″	
1220	[20 Cancri]	5.88	F 0	8 21 1.066	+3.4337	− 40	+18 27 54.91	−11.600	− 30
315	ε Carinae	1.74	K0+B	8 21 40.434	+1.2302	− 37	−59 22 37.06	−11.597	+ 18
318	ϑ Chamaeleontis	4.26	K 0	8 21 54.629	−1.8150	− 387	−77 21 10.32	−11.592	+ 39
1221	[302 G. Puppis *pr*]	5.55	K 5	8 23 17.450	+2.5909	− 22	−23 54 43.63	−11.705	+ 27
316	Br 1197 Hydra	3.95	A 0	8 23 36.699	+2.9975	− 46	− 3 46 17.28	−11.780	− 26
319	[β Volantis]	3.65	K 0	8 25 17.864	+0.6511	− 45	−66 59 59.11	−12.032	− 160
1222	[29 Cancri]	5.90	A 2	8 26 20.127	+3.3465	− 13	+14 20 52.26	−11.963	− 16
317	o Ursae maj.	3.47	G 0	8 26 52.420	+4.9754	− 185	+60 51 25.91	−12.097	− 111
320	Grb 1450 Lynx	6.05	K 0	8 30 15.371	+3.8968	− 86	+38 9 30.69	−12.393	− 172
321	η Cancri	5.52	K 0	8 30 20.366	+3.4675	− 35	+20 34 54.33	−12.276	− 49
322	[Grb 1446 Caml]	6.29	K 0	8 35 11.676	+6.6457	− 51	+73 46 31.90	−12.666	− 104
1223	[δ Hydrae]	4.18	A 0	8 35 29.169	+3.1752	− 47	+ 5 50 52.44	−12.591	− 11
324	[48 G. Velorum]	4.13	A 5	8 36 12.021	+2.1094	− 17	−42 50 41.17	−12.620	+ 7
323	[Grb 1460 UMaj]	6.03	K 0	8 36 15.926	+4.4389	− 39	+52 51 24.85	−12.670	− 36
1224	[σ Hydrae]	4.54	K 0	8 36 36.890	+3.1353	− 13	+ 3 29 11.51	−12.678	− 21
325	[6 Hydrae]	5.15	K 2	8 38 4.852	+2.8421	− 60	−12 19 45.78	−12.761	− 6
1225	[34 Lyncis]	5.52	K 0	8 38 11.495	+4.1414	+ 21	+45 58 45.54	−12.678	+ 85
1227	o Velorum	3.68	B 3	8 39 7.113	+1.7196	− 22	−52 46 32.08	−12.803	+ 22
1226	[53 G. Velorum]	4.06	F 5p	8 39 15.875	+1.9914	− 6	−46 30 7.27	−12.830	+ 4
1228	[γ Cancri]	4.73	A 0	8 40 54.937	+3.4700	− 76	+21 37 2.03	−12.989	− 44
327	α Pyxidis	3.70	B 2	8 41 56.593	+2.4113	− 13	−33 2 15.43	−13.004	+ 9
326	δ Cancri	4.17	K 0	8 42 21.414	+3.4076	− 15	+18 18 22.49	−13.275	− 233
331	[η Chamaeleontis]	5.62	B 9	8 42 46.231	−2.0591	− 78	−78 48 55.24	−13.045	+ 21
1229	[25 G. Pyxidis]	6.13	A 2	8 43 5.175	+2.6850	+ 4	−21 1 3.93	−13.065	+ 25
328	ι Cancri	4.20	G 5	8 44 13.175	+3.6279	− 19	+28 54 40.52	−13.210	− 45
1230	[14 Hydrae]	5.19	B 9	8 47 18.073	+3.0144	− 18	− 3 17 23.05	−13.390	− 23
332	[γ Pyxidis]	4.19	K 2	8 48 47.429	+2.5469	− 101	−27 33 24.93	−13.382	+ 81
334	ζ Hydrae	3.30	K 0	8 53 13.624	+3.1704	− 69	+ 6 6 9.71	−13.738	+ 10
1231	[80 G. Hydrae]	5.90	K 0	8 53 19.370	+2.7584	+ 23	−18 5 3.26	−13.773	− 19
336	108 G. Carinae	3.98	B 8	8 54 7.193	+1.3596	− 25	−60 29 14.56	−13.763	+ 41
1233	[109 G. Carinae]	5.29	B 3	8 55 58.216	+1.4672	− 20	−59 4 13.21	−13.909	+ 12
337	α Cancri	4.27	A 3	8 56 14.768	+3.2800	+ 22	+12 1 3.42	−13.973	− 34
335	ι Ursae maj.	3.12	A 5	8 56 24.560	+4.1021	− 443	+48 12 14.28	−14.190	− 240
1232	[64 Cancri]	5.64	G 5	8 57 1.841	+3.6811	− 37	+32 34 44.77	−14.029	− 40
339	Br 1268 Lynx	4.09	F 5	8 57 59.098	+3.8903	− 395	+41 56 46.99	−14.305	− 257
1234	[91 G. Velorum]	4.42	F 8	8 58 33.459	+2.2403	− 40	−41 5 35.91	−14.044	+ 39
338	ρ Ursae maj.	4.99	M 0	8 58 52.524	+5.3937	− 45	+67 47 28.62	−14.089	+ 16
1235	[92 G. Hydrae]	5.80	K 0	8 59 52.287	+3.0644	− 37	− 0 19 16.52	−14.089	+ 76
341	κ Ursae maj.	3.68	A 0	9 0 50.085	+4.0906	− 35	+47 19 12.42	−14.283	− 58
340	[Grb 1501 UMaj]	5.68	A 2	9 1 0.832	+4.3879	− 14	+54 26 49.07	−14.238	− 1

Mittlere Sternörter 1959.0

Nr.	Name	Größe	Spektrum	AR. 1959.0	Jährl. Veränderung 1959.5	Jährl. Eigenbew. in 0.s0001	Dekl. 1959.0	Jährl. Veränderung 1959.5	Jährl. Eigenbew. in 0."001
		m		h m s	s		° ′ ″	″	
1236	[93 G. Hydrae]	6.74	A 0	9 1 40.822	+2.9901	− 11	− 5 0 28.96	−14.272	+ 5
343	α Volantis	4.18	A 5	9 1 48.329	+0.9460	+ 11	−66 13 55.49	−14.384	− 101
342	[97 G. Velorum]	3.69	K 0	9 2 44.279	+2.0691	− 57	−46 56 1.51	−14.356	− 15
1237	[Pi 8h 245 Lynx]	4.71	G 5	9 3 55.625	+3.8122	− 27	+38 37 2.40	−14.437	− 22
1238	[κ Cancri]	5.14	B 8	9 5 31.642	+3.2481	− 17	+10 50 3.66	−14.521	− 10
345	λ Velorum	2.22	K 5	9 6 29.144	+2.2073	− 25	−43 15 58.23	−14.553	+ 15
1239	[ξ Cancri]	5.22	G 5	9 7 0.262	+3.4472	0	+22 12 44.65	−14.601	− 1
1240	[101 G. Hydrae]	5.81	K 0	9 7 13.477	+2.8766	+ 8	−12 11 27.04	−14.628	− 15
1241	[ε Pyxidis]	5.63	A 3	9 8 12.067	+2.5437	0	−30 11 49.35	−14.716	− 45
1242	[107 G. Hydrae]	5.81	K 0	9 10 5.993	+2.7486	− 39	−19 34 45.46	−14.749	+ 35
346	[36 Lyncis]	5.30	B 8	9 11 7.749	+3.9192	− 27	+43 23 17.04	−14.883	− 39
347	ϑ Hydrae	3.84	A 0	9 12 13.910	+3.1208	+ 86	+ 2 29 17.67	−15.223	− 314
348	β Carinae	1.80	A 0	9 12 45.621	+0.6567	− 280	−69 32 53.03	−14.835	+ 103
351	[ι Carinae]	2.25	F 0	9 15 59.572	+1.6062	− 23	−59 6 9.65	−15.121	+ 5
350	83 Cancri	6.60	F 5	9 16 41.678	+3.3465	− 87	+17 52 48.62	−15.302	− 135
352	α Lyncis	3.30	K 5	9 18 33.740	+3.6514	− 181	+34 34 1.41	−15.261	+ 13
1243	[ϑ Pyxidis]	4.93	M 0	9 19 40.591	+2.6570	− 7	−25 47 24.24	−15.346	− 10
353	κ Velorum	2.63	B 3	9 20 50.560	+1.8585	− 12	−54 50 5.62	−15.391	+ 10
1244	[κ Leonis]	4.61	K 0	9 22 16.207	+3.4914	− 25	+26 21 35.73	−15.531	− 49
1245	[28 Hydrae]	5.81	K 5	9 23 21.001	+2.9994	− 11	− 4 56 23.00	−15.555	− 14
354	α Hydrae	2.16	K 2	9 25 34.329	+2.9481	− 10	− 8 28 48.15	−15.636	+ 27
356	ε Antliae	4.64	K 2	9 27 33.041	+2.4771	− 22	−35 46 16.87	−15.780	− 10
355	23 Ursae maj.	3.75	F 0	9 28 19.029	+4.7170	+ 155	+63 14 33.21	−15.787	+ 25
1246	[ξ Leonis]	5.12	G 5	9 29 44.220	+3.2322	− 66	+11 28 56.36	−15.974	− 87
361	[N Velorum]	3.4—4.2	K 5	9 29 58.477	+1.8236	− 42	−56 51 10.39	−15.897	+ 2
358	ϑ Ursae maj.	3.26	F 8p	9 30 7.550	+4.0055	−1030	+51 51 55.20	−16.450	− 541
357	24 Ursae maj.	4.57	G 0	9 30 53.410	+5.2841	− 134	+70 0 43.76	−15.875	+ 75
1247	[160 G. Hydrae]	5.16	K 0	9 31 18.764	+0.4460	− 32	−72 53 56.32	−15.978	− 8
362	[H Carinae]	5.52	K 2	9 31 19.081	+2.7629	− 18	−20 56 0.35	−15.960	+ 11
360	10 Leonis min.	4.62	G 5	9 31 43.021	+3.6714	+ 4	+36 34 50.18	−16.022	− 29
1248	[17 G. Antliae]	5.63	K 0	9 35 23.881	+2.5837	+ 27	−31 59 36.99	−16.209	− 24
1249	[Br 1352 Hydrae]	4.78	K 0	9 36 19.022	+3.1289	− 108	+ 4 50 7.21	−16.287	− 55
1250	[ι Hydrae]	4.10	K 0	9 37 45.725	+3.0635	+ 31	− 0 57 21.03	−16.375	− 69
364	[κ Hydrae]	4.96	B 3	9 38 20.361	+2.8763	− 20	−14 8 43.73	−16.359	− 24
363	[Grb 1564 UMaj]	5.74	K 0	9 38 46.147	+5.1158	− 141	+69 25 32.01	−16.431	− 74
365	[ο Leonis]	3.76	F5+A3	9 38 57.817	+3.2007	− 98	+10 4 47.18	−16.405	− 39
1251	[15 Leonis]	5.73	A 2	9 41 9.278	+3.5137	− 18	+30 9 49.79	−16.586	− 109
1252	[ψ Leonis]	5.62	M 0	9 41 30.019	+3.2655	− 1	+14 12 36.86	−16.497	− 4
366	ϑ Antliae	4.98	F 5p	9 42 22.313	+2.6753	− 38	−27 34 51.73	−16.506	+ 30
367	ε Leonis	3.12	G op	9 43 31.625	+3.4030	− 34	+23 57 50.15	−16.610	− 17

Nr.	Name	Größe	Spektrum	AR. 1959.0	Jährl. Veränderung 1959.5	Jährl. Eigenbew. in 0.s0001	Dekl. 1959.0	Jährl. Veränderung 1959.5	Jährl. Eigenbew. in 0."001
		m		h m s	s		° ′ ″	″	
1253	[+19° 2254 Leo]	6.92	K 0	9 43 35.430	+3.3310	+ 16	+18 52 23.92	−16.616	− 19
1254	[l Carinae]	3.6—4.8	G 0	9 44 7.208	+1.6485	− 18	−62 19 5.24	−16.609	+ 13
1255	[Br 1369 UMaj]	5.20	G 0	9 45 57.232	+3.8643	+ 215	+46 12 46.96	−16.809	− 97
368	υ Ursae maj.	3.89	F 0	9 48 5.417	+4.2561	− 385	+59 13 57.74	−16.971	− 156
370	6 Sextantis	6.00	A 2	9 49 10.025	+3.0228	+ 5	− 4 3 1.50	−16.898	− 33
1256	[162 G.Velorum]	5.72	K 0	9 49 44.406	+2.3259	− 29	−46 0 4.85	−16.857	+ 35
371	[μ Leonis]	4.10	K 0	9 50 26.119	+3.4094	− 162	+26 12 3.32	−16.985	− 60
373	[183 G. Hydrae]	5.16	M 0	9 52 56.090	+2.8307	− 31	−18 48 52.07	−17.088	− 47
1257	[18 G. Sextantis]	7.03	K 0	9 54 5.699	+2.9802	− 20	− 7 27 0.93	−17.100	− 6
372	Grb 1586 UMaj	5.96	K 0	9 54 45.590	+5.3360	− 183	+73 4 32.70	−17.168	− 43
374	[19 Leonis min.]	5.19	F 5	9 55 10.797	+3.6697	− 107	+41 15 6.40	−17.173	− 30
375	φ Velorum	3.70	B 5	9 55 25.192	+2.1076	− 16	−54 22 18.68	−17.143	+ 11
377	[η Antliae]	5.25	F 0	9 57 6.511	+2.5750	− 81	−35 41 38.78	−17.254	− 25
376	[12 Sextantis]	6.63	A 5	9 57 35.467	+3.1111	− 49	+ 3 34 53.48	−17.233	+ 18
378	π Leonis	4.89	M 0	9 58 2.859	+3.1693	− 23	+ 8 14 30.13	−17.298	− 27
1258	[20 Leonis min.]	5.60	G 5	9 58 39.130	+3.4557	− 414	+32 7 34.18	−17.732	− 433
1259	[Pi 9h 229 UMaj]	5.74	F 5	10 1 53.582	+3.9797	− 28	+54 5 27.43	−17.451	− 10
1260	[193 G. Hydrae]	5.80	F 0	10 2 27.274	+2.7733	− 71	−24 5 11.10	−17.444	+ 20
1261	[υ² Hydrae]	4.72	B 8	10 3 7.600	+2.9218	− 26	−12 51 54.87	−17.485	+ 8
379	η Leonis	3.58	A op	10 5 5.948	+3.2689	− 4	+16 57 47.99	−17.582	− 6
380	α Leonis	1.34	B 8	10 6 11.401	+3.1937	− 169	+12 10 6.00	−17.619	+ 3
381	λ Hydrae	3.83	K 0	10 8 35.282	+2.9253	− 138	−12 9 2.70	−17.814	− 93
385	[ω Carinae]	3.56	B 8	10 12 45.980	+1.4280	− 45	−69 50 2.30	−17.886	+ 2
382	191 G.Velorum	4.09	A 2	10 13 0.657	+2.5199	− 137	−41 55 5.70	−17.858	+ 40
384	ζ Leonis	3.65	F 0	10 14 24.763	+3.3343	+ 11	+23 37 20.34	−17.965	− 12
383	λ Ursae maj.	3.52	A 2	10 14 37.883	+3.6133	− 152	+43 7 11.49	−18.006	− 45
1262	[32 Ursae maj.]	5.74	A 3	10 15 4.761	+4.3432	− 144	+65 18 49.71	−17.992	− 13
1263	[ε Sextantis]	5.40	F 0	10 15 35.492	+2.9813	− 109	− 7 51 48.56	−17.998	+ 1
1264	[187 G. Carinae]	3.44	K 5	10 15 42.635	+2.0053	− 32	−61 7 36.85	−17.998	+ 5
1265	[59 G. Antliae]	5.62	B 9	10 16 14.645	+2.7509	− 14	−28 47 10.97	−18.013	+ 10
1266	[23 Sextantis]	6.53	B 3	10 18 54.964	+3.0975	− 8	+ 2 29 47.83	−18.129	− 4
386	μ Ursae maj.	3.21	K 5	10 19 53.607	+3.5695	− 74	+41 42 23.13	−18.132	+ 29
1268	[204 G.Velorum]	4.99	K 5	10 20 33.818	+2.5748	− 28	−41 26 35.26	−18.133	+ 53
1267	[27 Leonis min.]	5.83	A 3	10 20 44.950	+3.4522	− 10	+34 6 56.73	−18.207	− 14
387	30 H. Ursae maj.	4.92	A 0	10 21 11.842	+4.3114	− 24	+65 46 28.48	−18.234	− 25
388	[25 Sextantis]	6.10	B 9	10 21 22.081	+3.0320	− 37	− 3 51 58.34	−18.215	0
1269	[64 G. Antliae]	5.40	A 3	10 21 41.350	+2.6288	− 137	−37 48 4.02	−18.281	− 54
391	I Carinae	4.08	F 5	10 23 35.259	+1.1894	− 30	−73 49 21.44	−18.321	− 26
389	μ Hydrae	4.06	K 5	10 24 6.338	+2.9024	− 89	−16 37 35.07	−18.397	− 83
392	α Antliae	4.42	K 5	10 25 16.367	+2.7471	− 57	−30 51 29.92	−18.340	+ 15

Nr.	Name	Größe	Spektrum	AR. 1959.0	Jährl. Veränderung 1959.5	Jährl. Eigenbew. in 0.s0001	Dekl. 1959.0	Jährl. Veränderung 1959.5	Jährl. Eigenbew. in 0.″001
		m		h m s	s		° ′ ″	″	
390	β Leonis min.	4.41	K 0	10 25 31.079	+3.4654	− 102	+36 55 4.54	−18.473	− 109
393	196 G. Carinae	4.08	F 0	10 26 22.134	+2.2043	− 20	−58 31 46.60	−18.398	− 5
1270	[δ Sextantis]	5.24	B 9	10 27 23.718	+3.0468	− 35	− 2 31 43.20	−18.448	− 19
1271	[+29° 2057 LMin]	6.92	K 0	10 27 35.983	+3.3621	+ 7	+28 47 29.61	−18.444	− 8
394	36 Ursae maj.	4.84	F 5	10 28 0.927	+3.8308	− 218	+56 11 29.43	−18.485	− 35
1272	[46 Leonis]	5.74	M 0	10 30 0.542	+3.2012	− 29	+14 20 53.44	−18.501	+ 16
397	[203 G. Carinae]	3.58	B 5p	10 30 33.689	+2.1357	− 27	−61 28 26.15	−18.526	+ 9
396	[ρ Leonis]	3.85	B 0p	10 30 39.188	+3.1579	− 6	+ 9 31 5.37	−18.545	− 6
1273	219 G. Velorum	5.14	K 0	10 31 12.930	+2.5367	+ 6	−46 47 30.11	−18.558	− 1
395	9 H. Draconis	5.04	G 5	10 31 39.715	+5.0662	− 96	+75 55 30.06	−18.582	− 9
399	[44 Hydrae]	5.32	K 2	10 32 3.710	+2.8549	− 7	−23 31 59.99	−18.567	+ 18
398	[37 Ursae maj.]	5.16	F 0	10 32 32.055	+3.8558	+ 78	+57 17 40.12	−18.567	+ 34
1274	[236 G. Hydrae]	5.85	F 8	10 34 29.749	+2.9874	+ 175	−12 0 34.43	−19.344	− 680
401	[γ Chamaeleon.]	4.10	M 0	10 35 0.001	+0.7025	− 125	−78 23 41.39	−18.659	+ 20
1275	[37 Leonis min.]	4.77	G 0	10 36 25.050	+3.3735	+ 2	+32 11 23.01	−18.724	+ 1
402	[225 G. Velorum]	4.37	G 0	10 37 40.180	+2.3908	− 21	−55 23 21.55	−18.765	− 2
404	33 Sextantis	6.40	K 0	10 39 18.994	+3.0517	− 94	− 1 31 31.88	−18.939	− 125
403	[35 H. Ursae maj.]	5.23	K 0	10 40 9.572	+4.2785	− 8	+69 17 28.72	−18.856	− 17
1277	[78 G. Antliae]	5.73	A 0	10 40 48.946	+2.7829	− 23	−32 30 1.78	−18.857	+ 1
1276	[Pi 10h 135 UMaj]	5.28	F 0	10 41 8.815	+3.5208	− 260	+46 25 11.45	−18.942	− 73
405	[41 Leonis min.]	5.05	A 2	10 41 11.362	+3.2598	− 85	+23 24 12.85	−18.864	+ 5
406	ϑ Carinae	3.03	B 0	10 41 29.359	+2.1436	− 24	−64 10 44.85	−18.866	+ 12
407	42 Leonis min.	5.37	B 9	10 43 35.338	+3.3329	− 21	+30 53 55.57	−18.980	− 41
1278	[Br 1493 Leo]	6.29	K 0	10 43 57.605	+3.1229	− 8	+6 35 23.04	−18.990	− 40
1279	[51 Leonis]	5.64	K 0	10 44 12.110	+3.2301	+ 64	+19 6 29.32	−19.001	− 45
1280	[250 G. Hydrae]	6.86	K 0	10 44 45.673	+2.8528	− 121	−25 49 56.38	−18.923	+ 49
411	[δ² Chamaeleon.]	4.62	B 3	10 45 25.263	+0.5522	− 154	−80 19 25.89	−18.988	+ 2
409	53 Leonis	5.27	A 0	10 47 6.170	+3.1524	− 4	+10 45 45.48	−19.065	− 28
410	[ν Hydrae]	3.32	K 0	10 47 35.994	+2.9613	+ 67	−15 58 43.19	−18.856	+ 195
1281	[41 Sextantis]	5.78	A 2	10 48 14.549	+3.0101	− 5	− 8 40 48.51	−19.089	− 21
412	[46 Leonis min.]	3.92	K 0	10 51 1.410	+3.3518	+ 69	+34 26 10.77	−19.427	− 285
414	[ι Antliae]	4.70	K 0	10 54 48.161	+2.7985	+ 67	−36 55 1.07	−19.369	− 132
413	[Br 1508 Draco]	6.26	G 5	10 56 43.731	+4.7595	− 245	+77 59 25.08	−19.315	− 31
1282	[47 Ursae maj.]	5.14	G 0	10 57 10.564	+3.3558	− 281	+40 38 58.52	−19.245	+ 49
1283	[α Crateris]	4.20	K 0	10 57 46.460	+2.9242	− 323	−18 4 48.32	−19.185	+ 123
415	239 G. Velorum	4.56	A 2	10 58 16.045	+2.7550	+ 17	−42 0 20.35	−19.324	− 4
1284	[58 Leonis]	5.05	K 0	10 58 26.581	+3.0980	+ 8	+ 3 50 16.97	−19.342	− 18
416	β Ursae maj.	2.44	A 0	10 59 22.779	+3.6126	+ 97	+56 36 9.25	−19.318	+ 27
1285	[29 G. Leonis]	7.13	G 5	11 0 31.588	+3.0523	− 14	− 3 17 30.10	−19.401	− 30
417	α Ursae maj.	1.95	K 0	11 1 12.799	+3.6925	− 174	+61 58 21.74	−19.458	− 71

Nr.	Name	Größe	Spektrum	AR. 1959.0	Jährl. Veränderung 1959.5	Jährl. Eigenbew. in 0.s0001	Dekl. 1959.0	Jährl. Veränderung 1959.5	Jährl. Eigenbew. in 0."001
		m		h m s	s		° ' "	"	
418	χ Leonis	4.66	F 0	11 2 54.143	+3.0940	− 231	+ 7 33 28.96	−19.472	− 49
419	[χ¹ Hydrae]	5.06	F 5	11 3 21.167	+2.8921	− 143	−27 4 18.69	−19.437	− 4
1286	[11 G. Crateris]	6.14	A 3	11 3 30.414	+3.0118	+ 10	−10 52 0.18	−19.542	− 105
1287	[65 Leonis]	5.66	G 5	11 4 48.710	+3.0600	− 255	+ 2 10 42.31	−19.554	− 90
1288	[259 G. Carinae]	5.80	B 3	11 5 20.680	+2.1706	− 40	−70 39 20.92	−19.477	− 2
1289	[260 G. Carinae]	4.02	F 8p	11 6 49.843	+2.5665	− 8	−58 45 9.20	−19.506	− 1
420	ψ Ursae maj.	3.15	K 0	11 7 21.919	+3.3683	− 62	+44 43 16.80	−19.547	− 31
421	β Crateris	4.52	A 2	11 9 38.305	+2.9526	+ 3	−22 36 5.98	−19.663	− 103
1290	[275 G. Hydrae]	6.46	M 0	11 10 15.974	+2.8937	+ 14	−32 12 38.93	−19.568	+ 4
1291	[9 G. Centauri]	5.67	A 2	11 10 40.600	+2.7369	− 98	−48 52 40.50	−19.539	+ 41
422	δ Leonis	2.58	A 3	11 11 55.794	+3.1890	+ 102	+20 44 55.02	−19.739	− 136
423	ϑ Leonis	3.41	A 0	11 12 5.387	+3.1468	− 43	+15 39 14.26	−19.688	− 82
424	[Grb 1757 U Maj]	5.97	K 0	11 14 23.680	+3.3753	− 94	+49 42 1.10	−19.662	− 15
1292	[φ Leonis]	4.58	A 5	11 14 34.553	+3.0502	− 75	− 3 25 38.02	−19.693	− 43
425	ν Ursae maj.	3.71	K 0	11 16 16.091	+3.2376	− 23	+33 19 5.72	−19.656	+ 22
1293	[55 Ursae maj.]	4.78	A 2	11 16 54.133	+3.2664	− 49	+38 24 38.40	−19.765	− 77
426	δ Crateris	3.82	K 0	11 17 17.301	+3.0007	− 85	−14 33 23.19	−19.495	+ 200
427	σ Leonis	4.13	A 0	11 19 1.326	+3.0931	− 64	+ 6 15 15.57	−19.736	− 13
428	π Centauri	4.26	B 5	11 19 7.814	+2.7411	− 31	−54 15 57.62	−19.728	− 4
429	Grb 1771 U Maj	5.98	A 0	11 20 26.090	+3.5542	− 13	+64 33 18.28	−19.716	+ 29
1294	[28 G. Centauri]	6.42	B 3	11 22 23.955	+2.8725	− 15	−42 26 37.58	−19.783	− 10
431	[γ Crateris]	4.14	A 5	11 22 49.840	+2.9987	− 69	−17 27 31.00	−19.781	− 2
1295	[Pi 11ʰ 63 Leo]	7.15	A 2	11 23 35.517	+3.1786	− 23	+26 58 22.05	−19.787	+ 3
1296	[83 Leonis]	6.54	K 0	11 24 40.785	+3.0368	− 482	+ 3 14 12.38	−19.627	+ 178
1297	[τ Leonis]	5.18	K 0	11 25 49.700	+3.0853	+ 12	+ 3 4 56.00	−19.837	− 17
1298	[282 G. Hydrae]	6.79	K 0	11 27 35.451	+2.9730	− 12	−27 48 16.04	−19.849	− 7
432	[58 Ursae maj.]	5.88	F 8	11 28 18.333	+3.2422	− 52	+43 23 54.37	−19.775	+ 76
433	λ Draconis	4.06	M 0	11 28 59.511	+3.5486	− 78	+69 33 27.23	−19.879	− 20
434	ξ Hydrae	3.72	G 5	11 30 58.842	+2.9535	− 161	−31 37 49.63	−19.919	− 38
436	λ Centauri	3.34	B 9	11 33 52.762	+2.7728	− 53	−62 47 33.69	−19.917	− 5
435	[C² Centauri]	5.42	F 0	11 33 55.863	+2.9114	+ 28	−47 24 50.71	−19.964	− 51
1299	[ϑ Crateris]	4.81	B 9	11 34 35.978	+3.0442	− 43	− 9 34 31.18	−19.915	+ 4
437	υ Leonis	4.47	K 0	11 34 50.903	+3.0721	+ 2	− 0 35 50.06	−19.883	+ 39
438	[π Chamaeleon.]	5.74	F 0	11 35 33.396	+2.4850	− 320	−75 40 9.11	−19.921	+ 7
439	[ο Hydrae]	4.88	B 8	11 38 10.301	+2.9832	− 30	−34 31 1.75	−19.948	+ 3
1300	[61 Ursae maj.]	5.46	G 5	11 38 53.687	+3.1563	− 12	+34 25 59.73	−20.347	− 390
440	3 Draconis	5.48	K 0	11 40 12.117	+3.3359	− 83	+66 58 18.85	−19.933	+ 34
1301	[ζ Crateris]	4.90	G 5	11 42 40.892	+3.0428	+ 24	−18 7 21.79	−20.021	− 37
442	[λ Muscae]	3.80	A 5	11 43 39.600	+2.8400	− 149	−66 30 4.83	−19.961	+ 30
1302	[ν Virginis]	4.20	M 0	11 43 45.099	+3.0834	− 12	+ 6 45 33.14	−20.178	− 187

Nr.	Name	Größe	Spektrum	AR. 1959.0	Jährl. Veränderung 1959.5	Jährl. Eigenbew. in 0.s0001	Dekl. 1959.0	Jährl. Veränderung 1959.5	Jährl. Eigenbew. in 0.″001
		m		h m s	s		° ′ ″	″	
441	χ Ursae maj.	3.85	K 0	11 43 53.515	+3.1637	− 138	+48 0 24.43	−19.969	+ 23
443	[65 G. Centauri]	4.22	G 0	11 44 31.067	+2.9071	− 42	−60 57 1.04	−20.015	− 19
1303	[Grb 1826 U Maj]	6.64	F 0	11 44 55.769	+3.2305	− 52	+61 37 48.33	−20.043	− 44
1304	[93 Leonis]	4.54	F 8	11 45 52.304	+3.0933	− 108	+20 26 48.43	−20.014	− 11
1305	[298 G. Hydrae]	5.45	M 3	11 46 50.595	+3.0328	− 20	−26 31 17.96	−20.020	− 11
444	β Leonis	2.23	A 2	11 46 58.144	+3.0592	− 342	+14 48 4.61	−20.128	− 119
445	β Virginis	3.80	F 8	11 48 33.512	+3.1251	+ 494	+ 1 59 44.96	−20.291	− 275
1306	[12 G. Virginis]	5.81	K 0	11 48 56.366	+3.0680	+ 3	− 5 6 19.10	−20.024	− 5
446	[B Centauri]	4.71	K 0	11 49 5.145	+3.0013	− 88	−44 56 43.84	−20.048	− 29
1307	[Grb 1830 U Maj]	6.46	G 5	11 50 37.253	+3.4541	+3381	+38 0 46.73	−25.832	−5807
447	γ Ursae maj.	2.54	A 0	11 51 40.927	+3.1502	+ 104	+53 55 21.77	−20.023	+ 6
1308	[95 Leonis]	5.49	A 2	11 53 34.055	+3.0848	+ 7	+15 52 29.71	−20.037	− 3
1309	[η Crateris]	5.16	A 0	11 53 55.357	+3.0590	− 37	−16 55 21.07	−20.046	− 11
1310	[Pi 11h 202 U Maj]	6.30	F 0	11 56 0.998	+3.0797	− 84	+32 30 9.91	−20.107	− 69
1311	[π Virginis]	4.57	A 3	11 58 46.281	+3.0741	− 2	+ 6 50 34.52	−20.074	− 33
449	[88 G. Centauri]	5.28	F 0	12 1 31.684	+3.1109	+ 292	−42 12 16.08	−20.161	− 120
450	o Virginis	4.24	G 5	12 3 7.210	+3.0557	− 149	+ 8 57 38.48	−19.995	+ 45
451	[Grb 1852 Caml]	5.96	K 0	12 3 11.613	+3.0349	+ 436	+77 8 5.41	−20.140	− 100
1312	[311 G. Hydrae]	6.26	B 9	12 3 49.757	+3.0852	− 42	−35 27 55.79	−20.034	+ 5
452	δ Centauri	2.88	B 3p	12 6 13.456	+3.1144	− 33	−50 29 38.60	−20.045	− 11
453	ε Corvi	3.21	K 0	12 8 0.709	+3.0879	− 49	−22 23 30.37	−20.020	+ 10
1313	[3 Comae]	6.34	A 0	12 8 26.256	+3.0569	− 14	+17 2 14.14	−20.034	− 6
454	Br 1634 Caml	5.12	A 5	12 10 18.018	+2.7963	+ 21	+77 50 38.22	−20.003	+ 19
1314	[Br 1636 U Maj]	6.26	K 0	12 12 41.838	+2.9702	− 25	+53 39 45.53	−20.030	− 19
455	[δ Crucis]	3.08	B 3	12 12 57.327	+3.1926	− 44	−58 31 14.73	−20.016	− 6
456	δ Ursae maj.	3.44	A 2	12 13 24.267	+2.9642	+ 125	+57 15 36.87	−20.004	+ 3
457	[γ Corvi]	2.78	B 8	12 13 41.627	+3.0872	− 111	−17 18 51.88	−19.990	+ 16
458	[2 Canum venat.]	5.92	K 5	12 14 4.513	+3.0037	+ 14	+40 53 17.60	−20.043	− 39
459	β Chamaeleontis	4.38	B 5	12 15 53.960	+3.5413	− 134	−79 5 4.53	−19.978	+ 16
1315	[14 Virginis]	7.03	K 0	12 17 13.405	+3.0888	0	− 8 41 12.67	−20.012	− 27
1316	[3 Canum venat.]	5.56	K 2	12 17 47.879	+2.9521	− 10	+49 12 41.58	−19.978	+ 3
460	η Virginis	4.00	A 0	12 17 48.391	+3.0700	− 42	− 0 26 20.71	−20.003	− 22
1317	[16 Virginis]	5.10	K 0	12 18 15.959	+3.0472	− 197	+ 3 32 26.57	−20.048	− 70
1318	[12 Comae]	4.78	F 5	12 20 26.748	+3.0143	− 9	+26 4 24.56	−19.975	− 13
1319	[322 G. Hydrae]	6.34	K 0	12 23 9.280	+3.1441	+ 3	−27 31 19.92	−19.959	− 20
461	[6 Canum venat.]	5.22	K 0	12 23 49.934	+2.9531	− 70	+39 14 44.94	−19.973	− 40
462	α Crucis *m*	1.58 2.09	B 1 B 1	12 24 18.439	+3.3460	− 39	−62 52 19.93	−19.941	− 12
463	[323 G. Hydrae]	5.68	A 0	12 24 41.655	+3.1648	− 6	−32 36 10.44	−19.955	− 30
464	[σ Centauri]	4.16	B 3	12 25 48.765	+3.2501	− 25	−50 0 13.50	−19.935	− 21
1320	[122 G. Centauri]	5.60	B 8	12 26 11.174	+3.1936	− 25	−38 48 51.61	−19.931	− 20

Nr.	Name	Größe	Spektrum	AR. 1959.0	Jährl. Veränderung 1959.5	Jährl. Eigenbew. in 0.s0001	Dekl. 1959.0	Jährl. Veränderung 1959.5	Jährl. Eigenbew. in 0.″001
		m		h m s	s		° ′ ″	″	
466	20 Comae	5.72	A 2	12 27 39.694	+3.0130	+ 17	+21 7 22.63	−19.930	− 34
465	δ Corvi	3.11	A 0	12 27 44.334	+3.1061	− 146	−16 17 14.55	−20.038	− 143
467	[74 Ursae maj.]	5.44	A 5	12 28 2.821	+2.7970	− 87	+58 37 52.03	−19.804	+ 88
468	[γ Crucis]	1.61	M 3	12 28 52.725	+3.3350	+ 39	−56 53 1.44	−20.146	− 264
469	[γ Muscae]	4.04	B 5	12 29 59.562	+3.5985	− 92	−71 54 23.93	−19.876	− 6
1321	[35 G. Corvi]	5.76	G 5	12 31 26.431	+3.1126	− 17	−12 36 17.20	−19.803	+ 50
1322	[Pi 12h 122 C Ven]	5.43	K 0	12 31 37.849	+2.9530	+ 12	+33 28 25.77	−19.890	− 39
472	ϰ Draconis	3.88	B 5p	12 31 44.552	+2.5543	− 117	+70 0 50.36	−19.842	+ 8
470	β Canum venat.	4.32	G 0	12 31 47.917	+2.8464	− 630	+41 34 48.03	−19.562	+ 287
471	β Corvi	2.84	G 5	12 32 13.728	+3.1541	+ 4	−23 10 12.75	−19.901	− 57
1323	[23 Comae]	4.78	A 0	12 32 48.519	+2.9880	− 51	+22 51 16.95	−19.821	+ 15
473	24 Comae *sq*	5.18	K 0	12 33 4.387	+3.0083	− 4	+18 36 9.08	−19.813	+ 20
1324	[25 Virginis]	5.90	A 0	12 34 40.472	+3.0911	− 22	− 5 36 22.05	−19.833	− 20
474	α Muscae	2.94	B 3	12 34 42.993	+3.5903	− 65	−68 54 35.13	−19.825	− 13
475	[χ Virginis]	4.78	K 0	12 37 7.625	+3.0977	− 52	− 7 46 12.94	−19.812	− 33
1325	133 G. Centauri	5.84	K 0	12 39 7.187	+3.3003	− 77	−45 55 17.06	−19.696	+ 54
478	76 Ursae maj.	5.92	A 0	12 39 46.797	+2.6160	− 56	+62 56 16.14	−19.762	− 22
1326	[ρ Virginis]	4.95	A 0	12 39 48.510	+3.0365	+ 57	+10 27 40.58	−19.834	− 94
479	[330 G. Hydrae]	5.73	K 2	12 41 49.010	+3.2002	− 27	−28 5 56.95	−19.747	− 38
1327	[Y Canum ven.]	4.8—6.0	N 3	12 43 12.462	+2.8171	+ 1	+45 39 50.66	−19.677	+ 10
1328	[32 d^2 Virginis]	5.24	A 5	12 43 32.704	+3.0311	− 73	+ 7 53 50.05	−19.679	+ 2
481	β Crucis	1.50	B 1	12 45 18.641	+3.5140	− 47	−59 27 53.35	−19.665	− 14
1329	[332 G. Hydrae]	6.29	B 9	12 45 42.551	+3.1918	− 31	−24 37 42.89	−19.610	+ 34
1330	[35 Virginis]	6.66	M 0	12 45 46.051	+3.0554	− 5	+ 3 47 46.59	−19.648	− 5
1331	[143 G. Centauri]	5.01	A 0	12 48 27.254	+3.2586	− 25	−33 46 33.84	−19.618	− 23
1332	[31 Comae]	5.07	G 0	12 49 42.149	+2.9209	− 12	+27 45 48.29	−19.587	− 16
1333	[32 Comae]	6.53	K 5	12 50 9.871	+2.9825	− 6	+17 17 47.37	−19.580	− 17
482	150 G. Centauri	4.34	A 5	12 51 9.449	+3.3272	+ 58	−39 57 22.34	−19.569	− 25
1334	[52 G. Corvi]	6.84	A 0	12 51 50.205	+3.1672	− 26	−17 48 55.64	−19.533	− 2
1335	[ψ Virginis]	4.91	M 3	12 52 13.041	+3.1213	− 17	− 9 18 59.92	−19.544	− 20
483	ε Ursae maj.	1.68	A op	12 52 13.831	+2.6361	+ 134	+56 10 55.44	−19.532	− 9
484	δ Virginis	3.66	M 0	12 53 32.186	+3.0225	− 314	+ 3 37 11.55	−19.554	− 58
486	8 Draconis	5.27	F 0	12 53 50.913	+2.3842	− 15	+65 39 37.78	−19.527	− 36
485	α Canum ven. *sq*	2.90	A op	12 54 6.726	+2.8043	− 201	+38 32 21.77	−19.435	+ 50
1336	[44 Virginis]	5.88	A 0	12 57 32.627	+3.0917	− 26	− 3 35 28.08	−19.408	+ 5
487	[δ Muscae]	3.63	K 2	12 59 25.264	+4.1452	+ 573	−71 19 41.79	−19.401	− 30
488	ε Virginis	2.95	K 0	13 0 8.090	+2.9863	− 186	+11 10 44.87	−19.336	+ 19
1337	[14 Canum ven.]	5.11	B 9	13 3 49.518	+2.8037	− 26	+36 1 4.21	−19.253	+ 16
1338	[Grb 1956 C Ven]	5.72	K 0	13 4 1.726	+2.6968	− 18	+45 29 14.64	−19.239	+ 25
1339	[39 Comae]	6.04	F 5	13 4 21.295	+2.9230	− 55	+21 22 22.91	−19.302	− 46

Mittlere Sternörter 1959.0

Nr.	Name	Größe	Spektrum	AR. 1959.0	Jährl. Veränderung 1959.5	Jährl. Eigenbew. in 0ˢ.0001	Dekl. 1959.0	Jährl. Veränderung 1959.5	Jährl. Eigenbew. in 0″.001
		m		h m s	s		° ′ ″	″	
489	[ξ² Centauri]	4.40	B 3	13 4 30.282	+3.5079	− 32	−49 41 13.23	−19.264	− 11
1340	[177 G. Centauri]	5.96	B 9	13 5 11.311	+3.5715	− 42	−53 14 26.80	−19.268	− 32
490	ϑ Virginis	4.46	A 0	13 7 49.436	+3.1075	− 23	− 5 19 13.95	−19.205	− 35
491	[17 Canum ven.]	6.05	F 0	13 8 10.339	+2.7530	− 64	+38 42 58.88	−19.123	+ 38
1341	[342 G. Hydrae]	6.48	A 3	13 9 25.109	+3.2668	− 41	−26 20 3.35	−19.135	− 6
492	β Comae	4.32	G 0	13 9 57.641	+2.7987	− 604	+28 5 7.69	−18.238	+ 876
493	[η Muscae]	4.95	B 8	13 12 26.648	+4.0799	− 57	−67 40 40.42	−19.064	− 16
1342	[195 G. Centauri]	5.36	K 0	13 14 36.093	+3.3363	+ 30	−31 17 22.81	−19.040	− 52
1343	[196 G. Centauri]	5.87	A 3p	13 14 50.604	+3.4831	− 10	−43 45 48.50	−18.995	− 13
1344	[σ Virginis]	5.01	M 0	13 15 31.953	+3.0299	− 5	+ 5 41 7.45	−18.949	+ 13
494	[20 Canum ven.]	4.66	F 0	13 15 42.360	+2.6885	− 110	+40 47 16.78	−18.940	+ 18
1345	[61 Virginis]	4.80	G 5	13 16 15.304	+3.1406	− 755	−18 5 1.69	−20.016	−1074
495	γ Hydrae	3.33	G 5	13 16 41.265	+3.2647	+ 54	−22 57 20.81	−18.978	− 49
496	ι Centauri	2.91	A 2	13 18 17.053	+3.3766	− 281	−36 29 47.54	−18.971	− 88
1346	[23 Canum ven.]	5.69	K 0	13 18 28.813	+2.6867	− 53	+40 21 54.69	−18.887	− 10
1347	[J Centauri]	4.62	B 5	13 19 57.903	+3.8864	− 39	−60 46 25.90	−18.843	− 10
497	ζ Ursae maj. *pr*	2.40	A 2p	13 22 16.645	+2.4134	+ 140	+55 8 20.37	−18.789	− 25
498	α Virginis	1.21	B 2	13 23 1.767	+3.1624	− 26	−10 56 52.43	−18.773	− 33
1348	[68 Virginis]	5.59	K 2	13 24 32.936	+3.1710	− 93	−12 29 41.69	−18.717	− 24
499	Grb 2001 U Min	6.07	K 5	13 25 5.127	+1.5302	+ 39	+72 36 14.51	−18.689	− 13
1350	[+31° 2493 C Ven]	7.12	K 2	13 26 25.020	+2.7738	+ 2	+31 21 39.94	−18.635	− 2
1349	[70 Virginis]	5.16	G 0	13 26 25.411	+2.9344	− 164	+13 59 49.84	−19.213	− 580
500	69 H. Ursae maj.	5.41	A 0	13 26 56.917	+2.1998	− 110	+60 9 25.44	−18.583	+ 33
1351	[78 Virginis]	4.93	A 2p	13 32 3.128	+3.0410	+ 28	+ 3 52 7.96	−18.475	− 29
501	ζ Virginis	3.44	A 2	13 32 36.081	+3.0580	− 190	− 0 23 13.16	−18.392	+ 35
502	17 H. Can. ven.	4.96	F 0	13 32 58.014	+2.6772	+ 68	+37 23 30.84	−18.426	− 11
1352	[80 Virginis]	5.75	K 0	13 33 23.110	+3.1225	+ 9	− 5 11 17.28	−18.327	+ 73
1353	[Grb 2017 C Ven]	6.63	A 5	13 33 29.431	+2.5521	− 21	+44 24 21.81	−18.384	+ 12
503	[49 G. Chamael.]	6.44	A 0	13 35 38.329	+5.1614	− 36	−75 28 32.44	−18.335	− 15
505	[Grb 2029 U Min]	5.67	K 0	13 36 11.614	+1.4420	− 89	+71 27 2.02	−18.307	− 6
504	ε Centauri	2.56	B 1	13 37 16.576	+3.8087	− 22	−53 15 30.73	−18.277	− 14
1354	[355 G. Hydrae]	6.42	A 0	13 39 14.746	+3.3137	− 7	−23 14 34.90	−18.189	+ 2
1355	[82 Virginis]	5.16	M 0	13 39 27.396	+3.1507	− 67	− 8 29 48.62	−18.149	+ 34
1356	[253 G. Centauri]	6.30	B 2	13 40 14.237	+3.9284	− 24	−56 33 42.04	−18.164	− 10
1357	[83 Virginis]	5.71	G 0	13 42 16.805	+3.2395	+ 9	−15 58 25.08	−18.090	− 12
506	[1 Centauri]	4.36	F 5	13 43 21.025	+3.4131	− 363	−32 50 13.61	−18.187	− 150
1358	[3 Bootis]	5.91	F 5	13 44 49.067	+2.7852	− 16	+25 54 26.06	−18.046	− 64
507	τ Bootis	4.51	F 5	13 45 18.767	+2.8510	− 338	+17 39 37.40	−17.928	+ 34
509	η Ursae maj.	1.91	B 3	13 45 55.580	+2.3628	− 126	+49 31 2.49	−17.952	− 14
508	[μ Centauri]	3.32	B 2p	13 47 8.206	+3.6190	− 19	−42 16 12.80	−17.915	− 24

Nr.	Name	Größe	Spektrum	AR. 1959.0	Jährl. Veränderung 1959.5	Jährl. Eigenbew. in 0ˢ.0001	Dekl. 1959.0	Jährl. Veränderung 1959.5	Jährl. Eigenbew. in 0″.001
		m		h m s	s		° ′ ″	″	
510	89 Virginis	5.11	K 0	13 47 38.322	+3.2622	− 70	−17 55 50.59	−17.914	− 43
1359	[+9° 2814 Bootes]	6.54	A 0	13 47 41.898	+2.9808	− 10	+ 8 36 41.29	−17.868	0
511	[10 Draconis]	4.77	M 0	13 50 13.987	+1.7519	− 4	+64 55 30.93	−17.776	− 9
513	η Bootis	2.80	G 0	13 52 43.886	+2.8567	− 44	+18 36 8.98	−18.027	− 363
512	ζ Centauri	3.06	B 2p	13 52 58.219	+3.7483	− 55	−47 5 14.10	−17.696	− 42
1360	[+32° 2411 C Ven]	6.29	F 2	13 54 21.260	+2.6597	− 106	+32 13 55.30	−17.552	+ 45
514	[294 G. Centauri]	4.68	K 0	13 54 39.534	+4.3537	− 50	−63 29 11.76	−17.615	− 31
515	[47 Hydrae]	5.17	B 8	13 56 12.763	+3.3698	− 32	−24 46 22.13	−17.547	− 28
1362	[204 G. Virginis]	6.30	F 5	13 57 41.598	+3.1099	− 20	− 3 21 3.32	−17.523	− 68
1361	[48 Hydrae]	5.80	F 0	13 57 41.981	+3.3625	− 145	−24 48 40.13	−17.554	− 99
517	11 Bootis	6.12	A 3	13 59 18.888	+2.7199	− 63	+27 35 1.89	−17.374	+ 12
516	τ Virginis	4.34	A 2	13 59 33.429	+3.0543	+ 11	+ 1 44 31.80	−17.399	− 24
518	β Centauri	0.86	B 1	14 0 54.683	+4.2447	− 25	−60 10 34.05	−17.335	− 20
1364	[307 G. Centauri]	6.44	A op	14 0 56.930	+3.6592	− 40	−41 13 35.97	−17.345	− 32
1363	[ϑ Apodis]	5.5—6.7	M 3	14 1 16.104	+5.8819	− 242	−76 36 0.88	−17.333	− 35
1365	[210 G. Virginis]	6.36	K 0	14 2 13.506	+3.2500	− 26	−14 46 31.82	−17.281	− 24
521	α Draconis	3.64	A op	14 3 16.582	+1.6248	− 89	+64 34 16.65	−17.198	+ 13
519	[π Hydrae]	3.48	K 0	14 4 1.816	+3.4199	+ 34	−26 29 8.53	−17.321	− 144
1366	[94 Virginis]	6.56	A 0	14 4 7.272	+3.1790	+ 1	− 8 41 48.38	−17.154	+ 18
520	ϑ Centauri	2.26	K 0	14 4 15.575	+3.5349	− 427	−36 10 8.89	−17.689	− 523
1367	[+39° 2720 C Ven]	7.90	K 0	14 4 43.423	+2.5219	+ 9	+38 36 44.49	−17.152	− 7
1368	[9 H. Bootis]	5.44	M 3	14 6 17.413	+2.3974	+ 7	+44 2 55.83	−17.103	− 29
522	12 *d* Bootis	4.82	F 5	14 8 31.691	+2.7360	− 18	+25 17 6.41	−17.035	− 64
524	4 Ursae min.	5.00	K 0	14 8 58.529	−0.2171	− 108	+77 44 24.36	−16.923	+ 28
523	ϰ Virginis	4.31	K 0	14 10 42.267	+3.2022	+ 5	−10 5 1.61	−16.733	+ 135
526	α Bootis	0.24	K 0	14 13 47.392	+2.7368	− 774	+19 23 42.42	−18.720	−1999
525	ι Virginis	4.16	F 5	14 13 51.664	+3.1478	− 6	− 5 48 20.39	−17.146	− 428
528	[ι Bootis]	4.87	A 5	14 14 42.794	+2.1238	− 163	+51 33 20.67	−16.588	+ 89
527	λ Bootis	4.26	A 0	14 14 49.501	+2.2800	− 182	+46 16 33.24	−16.514	+ 158
1370	[A Bootis]	4.83	K 0	14 16 15.766	+2.5353	− 3	+35 41 52.56	−16.590	+ 12
1369	[236 G. Virginis]	5.74	A op	14 16 21.876	+3.3199	− 46	−18 31 37.41	−16.639	− 42
1371	[λ Virginis]	4.60	A 2	14 16 53.197	+3.2483	− 12	−13 11 0.00	−16.547	+ 24
1372	[18 Bootis]	5.31	F 0	14 17 17.110	+2.9040	+ 71	+13 11 33.27	−16.585	− 34
529	[ν Centauri]	4.41	B 5	14 17 26.645	+4.1980	− 22	−56 11 55.44	−16.557	− 14
1373	[ψ Centauri]	4.17	A 0	14 18 3.240	+3.6529	− 58	−37 41 51.55	−16.523	− 10
1374	[2 Librae]	6.30	K 0	14 21 12.976	+3.2302	− 8	−11 31 39.91	−16.418	− 63
530	[10 G. Circini]	5.71	A 2p	14 21 40.393	+4.9894	− 23	−68 0 37.04	−16.345	− 14
1375	[244 G. Virginis]	5.08	A 3	14 22 8.762	+2.9863	− 54	+ 6 0 18.90	−16.303	+ 5
1376	[3 G. Librae]	5.39	K 0	14 22 27.892	+3.4262	− 40	−24 37 16.77	−16.318	− 27
1377	[τ^1 Lupi]	4.65	B 3	14 23 29.636	+3.8562	− 14	−45 2 13.19	−16.253	− 15

Nr.	Name	Größe	Spektrum	AR. 1959.0	Jährl. Verände-rung 1959.5	Jährl. Eigen-bew. in $0^{s}.0001$	Dekl. 1959.0	Jährl. Verände-rung 1959.5	Jährl. Eigen-bew. in $0''.001$
		m		h m s	s		° ′ ″	″	
531	ϑ Bootis	4.06	F 8	14 23 47.996	+2.0420	− 260	+52 2 22.57	−16.625	− 401
1378	[22 Bootis]	5.36	A 5	14 24 32.840	+2.7906	− 52	+19 24 37.16	−16.164	+ 21
532	[52 Hydrae]	5.00	B 8	14 25 45.913	+3.5173	− 18	−29 18 30.22	−16.147	− 26
533	[φ Virginis]	4.99	K 0	14 26 5.200	+3.0927	− 92	− 2 2 42.33	−16.109	− 4
1379	[5 Ursae min.]	4.37	K 2	14 27 35.111	−0.1132	+ 12	+75 52 41.73	−16.007	+ 21
534	ρ Bootis	3.78	K 0	14 30 3.715	+2.5852	− 79	+30 33 2.05	−15.779	+ 117
535	γ Bootis	3.00	F 0	14 30 25.581	+2.4153	− 98	+38 29 12.48	−15.728	+ 149
536	[Grb 2125 Draco]	6.18	F 0	14 30 35.840	+4.6293	− 72	+60 24 20.40	−15.854	+ 14
537	η Centauri	2.65	B 3 p + A 2 p	14 32 53.620	+3.8145	− 30	−41 58 43.85	−15.778	− 35
1380	[σ Bootis]	4.48	F 0	14 32 53.664	+2.6123	+ 146	+29 55 20.51	−15.616	+ 128
1381	[10 G. Librae]	6.24	F 8	14 34 48.664	+3.1940	− 591	−12 7 55.64	−15.279	+ 360
538	*α Centauri	0.33 1.70	G 0 K 5	14 36 48.059	+4.0871	−4895	−60 40 2.84	−14.825	+ 705
540	[33 Bootis]	5.39	A 0	14 37 18.612	+2.2322	− 68	+44 34 50.70	−15.522	− 20
539	[α Circini]	3.42	F 0	14 39 10.062	+4.8616	− 295	−64 47 53.24	−15.635	− 237
541	[α Lupi]	2.89	B 2	14 39 11.478	+3.9961	− 16	−47 12 48.13	−15.415	− 19
1382	32 Bootis	5.63	G 5	14 39 45.212	+2.8829	− 108	+11 50 10.53	−15.484	− 118
545	μ Virginis	3.95	F 5	14 40 53.751	+3.1634	+ 71	− 5 28 51.70	−15.622	− 322
544	[371 G. Centauri]	4.13	K 0	14 41 8.487	+3.6733	− 52	−34 59 53.90	−15.473	− 186
1383	[34 Bootis]	4.93	M 0	14 41 37.185	+2.6369	− 10	+26 42 4.47	−15.279	− 19
542	α Apodis	3.81	K 5	14 42 40.287	+7.5020	− 8	−78 52 23.02	−15.219	− 21
1384	[+33° 2489 Boot]	6.47	M 0	14 43 30.715	+2.5095	+ 31	+32 57 39.65	−15.235	− 82
546	[30 G. Lupi]	5.20	K 0	14 44 8.342	+4.2026	− 24	−52 12 40.58	−15.198	− 83
547	109 Virginis	3.76	A 0	14 44 10.398	+3.0344	− 74	+ 2 3 52.45	−15.146	− 32
1385	[56 Hydrae]	5.39	G 5	14 45 20.826	+3.5056	+ 32	−25 54 59.85	−15.048	− 1
1386	[Grb 2152 Boot]	5.98	F 0	14 47 30.066	+2.3552	− 220	+37 58 45.55	−14.814	+ 108
1387	[α¹ Librae]	5.33	F 5	14 48 24.838	+3.3206	− 69	−15 49 40.78	−14.943	− 75
548	α² Librae	2.90	A 3	14 48 36.332	+3.3212	− 73	−15 52 21.14	−14.928	− 71
549	Grb 2164 Draco	5.67	K 2	14 50 23.737	+1.5239	− 167	+59 27 35.96	−14.618	+ 134
550	β Ursae min.	2.24	K 5	14 50 48.136	−0.1631	− 84	+74 19 23.05	−14.720	+ 9
1388	[+ 6° 2957 Virgo]	6.69	K 0	14 51 37.903	+2.9694	− 19	+ 6 24 30.08	−14.670	+ 8
1389	[381 G. Centauri]	5.34	A 0	14 53 13.278	+3.6866	+ 21	−33 41 25.91	−14.588	− 5
551	Pi 14ʰ 221 Boot	5.77	A 0	14 54 16.987	+2.8323	− 10	+14 36 39.43	−14.523	− 4
1390	[ξ² Librae]	5.63	K 0	14 54 32.340	+3.2572	+ 4	−11 14 43.35	−14.499	+ 4
1391	[33 G. Librae]	6.00	K 5	14 55 3.977	+3.5070	+ 744	−21 13 54.47	−16.210	−1739
1392	[Pi 14ʰ 227 Boot]	6.24	A 0	14 55 12.694	+2.7040	− 10	+21 43 11.50	−14.488	− 25
1393	[Br 1908 Virgo]	5.71	K 0	14 55 26.924	+3.0777	+ 42	− 0 0 12.35	−14.476	− 27
552	β Lupi	2.81	B 2p	14 55 50.150	+3.9339	− 37	−42 58 12.26	−14.466	− 41
553	[κ Centauri]	3.35	B 3	14 56 29.068	+3.9080	− 15	−41 56 27.60	−14.414	− 28
554	[2 H. Ursae min.]	4.86	M 3	14 56 55.400	+0.9571	− 138	+66 5 43.07	−14.334	+ 26
1394	[δ Librae]	4.8—5.9	A 0	14 58 46.667	+3.2072	− 44	− 8 21 26.62	−14.254	− 8

Nr. 538. Ort des Schwerpunktes. Die Reduktion auf den Ort des helleren Sterns beträgt nach den Elementen von Finsen, Union Observ. Circular 68, 1926:

1959.0 $\Delta\alpha = -0^{s}.052$ $\Delta\delta = +1''.07$

1960.0 $= +0.006$ $= +2.00$

Nr.	Name	Größe	Spektrum	AR. 1959.0	Jährl. Veränderung 1959.5	Jährl. Eigenbew. in 0.ˢ0001	Dekl. 1959.0	Jährl. Veränderung 1959.5	Jährl. Eigenbew. in 0.″001
		m		h m s	s		° ′ ″	″	
555	β Bootis	3.63	G 5	15 0 24.008	+2.2597	− 40	+40 33 5.02	−14.179	− 33
556	σ Librae	3.41	M 3	15 1 39.866	+3.5145	− 53	−25 7 19.59	−14.114	− 48
557	ψ Bootis	4.67	K 0	15 2 41.232	+2.5709	− 133	+27 6 23.48	−14.013	− 9
1395	[47 Bootis]	5.59	A 0	15 4 4.263	+1.9873	− 68	+48 18 31.14	−13.888	+ 29
1397	[+ 55° 1730 Boot]	5.21	G 5	15 5 6.283	+1.7141	+ 50	+54 42 48.37	−13.843	+ 9
1396	[45 Bootis]	5.03	F 0	15 5 29.921	+2.6354	+ 135	+25 1 39.97	−14.000	− 174
·1398	[κ¹ Lupi]	4.14	B 9	15 9 4.317	+4.1762	− 100	−48 35 0.24	−13.649	− 52
558	ζ Lupi	3.50	K 0	15 9 19.559	+4.3166	− 121	−51 56 40.67	−13.648	− 67
559	[ι Librae]	4.66	A op	15 9 52.734	+3.4222	− 27	−19 38 16.16	−13.588	− 42
1399	[1 Lupi]	4.95	F 0	15 12 6.212	+3.6789	− 2	−31 22 2.67	−13.404	− 2
562	[3 Serpentis]	5.44	K 0	15 13 8.893	+2.9832	− 14	+ 5 5 25.51	−13.333	+ 1
563	δ Bootis	3.54	K 0	15 13 50.889	+2.4189	+ 66	+33 28 0.32	−13.407	− 118
565	1 H. Ursae min.	5.23	G 0	15 14 9.457	+0.6932	+ 372	+67 30 7.84	−13.660	− 390
561	[β Circini]	4.16	A 3	15 14 17.183	+4.7057	− 126	−58 38 59.16	−13.397	− 138
564	β Librae	2.74	B 8	15 14 47.796	+3.2301	− 66	− 9 13 58.33	−13.249	− 23
560	γ Triang. austr.	3.06	A 0	15 15 3.122	+5.6183	− 105	−68 31 47.98	−13.235	− 27
1400	[Pi 15ʰ 36 Serp]	5.66	G 5	15 16 34.101	+2.6903	− 9	+20 43 17.74	−13.132	− 23
1401	[+ 10° 2823 Serp]	6.71	F 8	15 16 43.766	+2.8783	− 63	+10 34 34.18	−13.098	+ 1
1402	[δ Lupi]	3.43	B 2	15 18 40.307	+3.9422	− 13	−40 30 1.77	−12.996	− 27
566	φ¹ Lupi	3.59	K 5	15 19 11.763	+3.8103	− 79	−36 6 50.52	−13.022	− 87
1404	[73 G. Librae]	6.78	K 0	15 20 29.763	+3.5881	+ 24	−26 32 36.93	−12.855	− 8
1403	[φ² Lupi]	4.69	B 3	15 20 31.692	+3.8369	− 14	−36 42 46.32	−12.870	− 25
1405	[30 Librae]	6.74	K 2	15 20 44.282	+3.3481	− 2	−14 59 20.69	−12.820	+ 11
569	γ Ursae min.	3.14	A 2	15 20 46.545	−0.0862	− 48	+71 58 47.71	−12.812	+ 19
1406	[8 Serpentis]	6.10	F 0	15 21 36.688	+3.0942	+ 49	− 0 52 38.44	−12.804	− 31
568	μ Bootis *pr*	4.47	F 0	15 22 56.400	+2.2667	− 124	+37 31 11.96	−12.600	+ 83
570	[τ¹ Serpentis]	5.46	M 0	15 23 53.158	+2.7831	− 12	+15 34 15.62	−12.633	− 14
571	ι Draconis	3.47	K 0	15 24 0.772	+1.3363	− 16	+59 6 32.69	−12.598	+ 13
1407	[32 Librae]	5.92	K 0	15 25 56.366	+3.3857	+ 10	−16 34 29.59	−12.515	− 36
572	β Coronae bor.	3.72	F op	15 26 8.213	+2.4739	− 138	+29 14 45.62	−12.384	+ 82
567	[κ¹ Apodis]	5.65	B 5p	15 27 0.074	+6.5624	+ 15	−73 15 0.29	−12.438	− 34
1408	[+ 9° 3055 Serp]	6.46	F 2	15 28 55.857	+2.9139	+ 24	+ 8 43 5.41	−12.275	− 2
573	ν¹ Bootis	5.15	K 5	15 29 27.282	+2.1552	+ 7	+40 58 19.10	−12.244	− 7
576	[ϑ Coronae bor.]	4.17	B 5	15 31 16.468	+2.4193	− 19	+31 29 47.01	−12.129	− 18
1409	[37 Librae]	4.83	K 0	15 31 55.977	+3.2806	+ 205	− 9 55 31.31	−12.305	− 241
574	[ε Triang. austr.]	4.11	K 0	15 32 56.567	+5.5032	+ 45	−66 10 53.15	−12.061	− 69
578	α Coronae bor.	2.31	A 0	15 32 57.016	+2.5405	+ 90	+26 51 5.85	−12.085	− 91
577	γ Librae	4.02	K 0	15 33 13.688	+3.3580	+ 43	−14 39 15.19	−11.972	+ 1
1410	115 G. Lupi	5.47	K 5	15 33 22.983	+4.1134	− 48	−44 15 38.83	−12.006	− 44
579	[υ Librae]	3.78	K 2	15 34 31.766	+3.6453	− 4	−28 0 2.57	−11.884	− 2

Nr.	Name	Größe	Spektrum	AR. 1959.0	Jährl. Veränderung 1959.5	Jährl. Eigenbew. in 0.ˢ0001	Dekl. 1959.0	Jährl. Veränderung 1959.5	Jährl. Eigenbew. in 0.″001
		m		h m s	s		° ′ ″	″	
1411	[2 G. Normae]	5.48	A 0	15 35 45.901	+4.4643	− 39	−52 14 21.13	−11.834	− 40
580	[φ Bootis]	5.41	G 5	15 36 21.138	+2.1549	+ 52	+40 29 9.41	−11.698	+ 56
1412	[Pi 15ʰ 153 Bootes]	5.78	F 0	15 36 57.278	+1.9217	+ 81	+46 55 55.27	−11.838	− 126
1413	[ϰ Librae]	4.96	K 5	15 39 34.756	+3.4589	− 27	−19 32 50.77	−11.634	− 111
582	α Serpentis	2.75	K 0	15 42 14.760	+2.9561	+ 92	+ 6 33 12.20	−11.287	+ 46
583	β Serpentis	3.74	A 2	15 44 17.603	+2.7698	+ 48	+15 32 56.14	−11.232	− 48
590	ζ Ursae min.	4.34	A 2	15 45 28.677	−2.1192	+ 52	+77 55 17.25	−11.105	− 4
587	[12 H. Draconis]	5.13	A 2	15 46 2.067	+0.9171	+ 48	+62 43 32.84	−11.119	− 61
584	ϰ Serpentis	4.28	K 5	15 46 53.536	+2.7013	− 34	+18 16 1.33	−11.084	− 89
585	μ Serpentis	3.63	A 0	15 47 28.643	+3.1324	− 58	− 3 18 22.02	−10.980	− 28
586	[χ Lupi]	4.11	B 9	15 48 20.777	+3.8152	− 8	−33 30 13.84	−10.920	− 32
588	ε Serpentis	3.75	A 2	15 48 46.171	+2.9916	+ 85	+ 4 35 59.60	−10.794	+ 63
1414	[ϰ Coronae bor.]	4.77	K 0	15 49 41.116	+2.2610	− 9	+35 47 0.65	−11.143	− 353
1415	[λ Librae]	5.06	B 3	15 50 56.966	+3.4851	− 7	−20 2 45.54	−10.725	− 28
1416	[χ Herculis]	4.61	G 0	15 51 15.341	+2.0741	+ 392	+42 33 55.24	−10.046	+ 628
589	β Triang. austr.	3.04	F 0	15 51 30.587	+5.2963	− 281	−63 18 22.19	−11.048	− 394
591	[γ Serpentis]	3.86	F 5	15 54 33.414	+2.7721	+ 214	+15 47 39.02	−11.714	−1286
1417	[48 Librae]	4.68	B 3p	15 55 53.277	+2.4841	− 61	+26 59 43.67	−10.394	− 64
593	ε Coronae bor.	4.22	K 0	15 55 53.350	+3.3614	− 10	−14 9 45.31	−10.350	− 22
592	[π Scorpii]	3.00	B 2	15 56 21.980	+3.6320	− 6	−25 59 51.14	−10.317	− 25
1418	[144 G. Lupi]	5.07	G 5	15 56 42.296	+4.0911	− 22	−41 37 41.89	−10.277	− 10
595	[Grb 2296 Draco]	4.96	A 5	15 56 48.789	+1.4240	− 185	+54 51 53.67	−10.155	+ 106
594	δ Scorpii	2.54	B 0	15 57 54.267	+3.5499	− 5	−22 30 23.59	−10.204	− 27
1419	[49 Librae]	5.53	F 8	15 58 1.265	+3.3686	− 441	−16 24 50.67	−10.566	− 398
1420	[50 Librae]	5.55	A 0	15 58 34.591	+3.2405	− 12	− 8 17 48.63	−10.145	− 18
598	ϑ Draconis	4.11	F 8	16 1 6.961	+1.1257	− 413	+58 40 27.17	− 9.601	+ 335
597	β Scorpii *pr*	2.90	B 1	16 3 2.920	+3.4906	− 2	−19 41 41.05	− 9.809	− 22
596	[δ Normae]	4.84	A 3p	16 3 35.069	+4.2440	+ 4	−45 3 49.23	− 9.715	+ 31
599	[ϑ Lupi]	4.33	B 3	16 3 53.563	+3.9424	− 17	−36 41 32.65	− 9.758	− 36
1421	[ϰ Herculis *pr*]	5.34	G 5	16 6 13.356	+2.7084	− 25	+17 9 17.54	− 9.556	− 11
1422	[+6° 3169 Serp]	6.02	G 5	16 7 9.892	+2.9552	+ 158	+ 6 29 40.15	−10.195	− 723
1423	[τ Coronae bor.]	4.94	K 0	16 7 28.208	+2.1937	− 49	+36 35 38.13	− 9.124	+ 324
601	[φ Herculis]	4.26	B 9p	16 7 28.520	+1.8907	− 28	+45 2 29.38	− 9.414	+ 34
600	[ϰ Normae]	5.09	K 0	16 10 13.944	+4.7366	− 11	−54 31 35.12	− 9.259	− 26
602	[δ Triang. austr.]	4.03	G 0	16 11 41.290	+5.4696	+ 10	−63 34 59.67	− 9.134	− 15
606	19 Ursae min.	5.51	B 8	16 11 57.870	−1.6953	− 15	+75 58 53.64	− 9.089	+ 13
603	δ Ophiuchi	3.03	M 0	16 12 11.631	+3.1451	− 31	− 3 35 24.71	− 9.227	− 146
1424	[δ¹ Apodis]	4.78	M 3	16 14 8.882	+9.0030	− 23	−78 35 46.85	− 8.962	− 37
1425	[17 Herculis]	6.59	K 0	16 14 31.687	+2.5586	− 12	+23 13 24.36	− 8.914	− 14
605	ε Ophiuchi	3.34	K 0	16 16 8.924	+3.1755	+ 55	− 4 35 38.33	− 8.733	+ 39

Nr.	Name	Größe	Spektrum	AR. 1959.0	Jährl. Veränderung 1959.5	Jährl. Eigenbew. in 0.ˢ0001	Dekl. 1959.0	Jährl. Veränderung 1959.5	Jährl. Eigenbew. in 0.″001
		m		h m s	s		° ′ ″	″	
604	γ^2 Normae	4.14	K 0	16 16 45.726	+4.4930	− 170	−50 3 24.87	− 8.777	− 54
1426	[55 G. Scorpii *sq*]	5.69	F 2	16 16 56.784	+3.7977	+ 66	−30 48 32.14	− 8.687	+ 22
608	τ Herculis	3.91	B 5	16 18 30.360	+1.8041	− 12	+46 24 36.52	− 8.550	+ 37
607	[σ Scorpii]	3.10	B 1	16 18 40.575	−1.7396	− 233	+75 51 1.80	− 8.326	+ 250
612	[η Ursae min.]	5.04	F 0	16 18 41.493	+3.6488	− 7	−25 29 45.86	− 8.595	− 24
1427	[σ Serpentis]	4.80	F 0	16 19 59.584	+3.0391	− 106	+ 1 7 26.43	− 8.419	+ 49
609	γ Herculis	3.79	F 0	16 20 6.555	+2.6470	− 35	+19 14 53.50	− 8.416	+ 44
1428	[23 Herculis]	6.30	A 2	16 21 21.898	+2.3029	+ 9	+32 25 39.30	− 8.371	− 10
1429	[21 Herculis]	5.72	A 0	16 22 10.831	+2.9232	− 1	+ 7 2 30.10	− 8.277	+ 18
613	[ω Herculis]	4.53	A op	16 23 31.276	+2.7693	+ 27	+14 7 34.98	− 8.247	− 59
614	[Grb 2343 Draco]	5.66	A 2	16 23 31.322	+1.3138	+ 13	+55 17 51.54	− 8.172	+ 17
610	[ζ Triang. austr.]	4.93	G 0	16 24 2.045	+6.4672	+ 403	−69 59 41.28	− 8.039	+ 105
616	α Scorpii	1.22	Mo+A3	16 26 53.368	+3.6810	− 2	−26 20 33.65	− 7.940	− 23
611	γ Apodis	3.90	K 0	16 27 5.796	+9.2404	− 407	−78 48 32.51	− 7.966	− 68
1430	[22 G. Ophiuchi]	5.75	G 0	16 27 27.617	+3.3924	+ 20	−14 27 44.32	− 7.856	+ 16
619	A Draconis	4.98	B 8p	16 28 3.152	−0.1122	− 53	+68 51 24.75	− 7.792	+ 34
618	β Herculis	2.81	K 0	16 28 27.317	+2.5794	− 72	+21 34 39.76	− 7.808	− 16
1431	[N Scorpii]	4.33	B 3	16 28 41.846	+3.9230	− 6	−34 37 0.23	− 7.787	− 15
1432	Pi 16^h 140 Draco	5.85	A 0	16 31 50.538	+0.8494	+ 18	+60 54 31.54	− 7.533	− 13
623	[Grb 2373 U Min]	6.39	G 5	16 32 22.530	−2.5642	− 331	+77 31 45.33	− 7.206	+ 273
621	σ Herculis	4.25	A 0	16 32 46.740	+1.9347	− 12	+42 31 14.34	− 7.400	+ 43
620	[τ Scorpii]	2.91	B 0	16 33 19.530	+3.7369	− 5	−28 7 57.62	− 7.422	− 25
1433	[12 Ophiuchi]	5.87	K 0	16 34 12.041	+3.1523	+ 302	− 2 14 19.02	− 7.641	− 314
622	ζ Ophiuchi	2.70	B 0	16 34 53.877	+3.3047	+ 8	−10 29 8.19	− 7.246	+ 24
1434	[42 Herculis]	5.14	M 0	16 37 37.930	+1.6295	− 48	+49 0 28.14	− 7.015	+ 32
624	[Br 2114 Ophi]	5.04	K 0	16 39 11.870	+3.4712	− 16	−17 39 52.03	− 6.921	− 3
626	η Herculis	3.61	K 0	16 41 29.299	+2.0573	+ 29	+38 59 57.36	− 6.814	− 83
625	α Triang. austr.	1.88	K 2	16 44 18.304	+6.3639	+ 51	−68 57 19.05	− 6.528	− 33
627	Grb 2377 Draco	4.88	F 0	16 44 30.899	+1.1391	+ 17	+56 51 16.55	− 6.417	+ 65
1436	[19 Ophiuchi]	6.04	A 2	16 45 5.529	+3.0247	− 16	+ 2 8 13.39	− 6.444	− 12
1435	[η Arae]	3.68	K 5	16 46 14.008	+5.1850	+ 44	−58 58 13.91	− 6.366	− 30
1437	[−21° 4422 Ophi]	7.60	M 0	16 47 8.056	+3.5798	− 8	−21 46 55.31	− 6.283	− 20
628	ε Scorpii	2.36	K 0	16 47 30.196	+3.8882	− 490	−34 13 14.03	− 6.485	− 253
1438	[20 Ophiuchi]	4.73	F 5	16 47 33.742	+3.3200	+ 63	−10 42 43.63	− 6.324	− 97
1439	[μ^1 Scorpii]	3.09	B 3p	16 49 5.267	+4.0663	− 8	−37 58 44.23	− 6.128	− 28
1440	[51 Herculis]	5.20	K 0	16 50 3.178	+2.4875	+ 9	+24 43 27.16	− 6.012	+ 9
629	49 Herculis	6.41	A op	16 50 12.712	+2.7319	+ 10	+15 2 29.98	− 6.004	+ 3
1441	[53 Herculis]	5.35	F 0	16 51 24.613	+2.2750	− 78	+31 46 6.18	− 5.927	− 20
1442	[ι Ophiuchi]	4.29	B 8	16 52 3.950	+2.8393	− 35	+10 13 53.21	− 5.889	− 37
1444	24 G. Arae	5.70	B 9	16 55 7.628	+4.6329	− 14	−50 34 42.70	− 5.639	− 44

Nr.	Name	Größe	Spektrum	AR. 1959.0	Jährl. Veränderung 1959.5	Jährl. Eigenbew. in 0.s0001	Dekl. 1959.0	Jährl. Veränderung 1959.5	Jährl. Eigenbew. in 0.″001
		m		h m s	s		° ′ ″	″	
1443	[51 G. Apodis]	7.00	F 8	16 55 13.113	+ 4.9687	− 20	−55 55 39.38	−5.619	− 33
631	ζ Arae	3.06	K 5	16 55 14.134	+ 8.2713	− 96	−76 9 20.94	−5.731	− 149
633	κ Ophiuchi	*4.1-5.0*	K 0	16 55 43.521	+ 2.8402	− 199	+ 9 26 14.65	−5.554	− 9
632	[ε^1 Arae]	4.15	K 2	16 56 18.479	+ 4.7849	0	−53 5 58.56	−5.478	+ 17
634	ε Herculis	3.92	A 0	16 58 43.124	+ 2.2956	− 40	+30 59 8.45	−5.265	+ 28
1445	[30 Ophiuchi]	5.00	K 0	16 58 53.680	+ 3.1639	− 34	− 4 9 45.74	−5.357	− 78
1446	[59 Herculis]	5.27	A 2	17 0 5.402	+ 2.2146	− 4	+33 37 35.19	−5.182	− 4
635	[60 Herculis]	4.91	A 3	17 3 28.484	+ 2.7825	+ 33	+12 47 44.86	−4.900	− 8
1448	[Pi 16^h 307 Herc]	6.36	A 0	17 3 49.873	+ 1.8275	0	+43 52 1.24	−4.862	− 1
1447	[80 G. Ophiuchi]	6.20	A 0	17 4 20.589	+ 3.7192	+ 2	−26 27 33.68	−4.836	− 19
1449	85 G. Ophiuchi	6.14	K 0	17 5 51.808	+ 3.4846	+ 2	−17 33 23.11	−4.722	− 35
636	[Grb 2415 Herc]	6.27	A 2	17 6 26.336	+ 1.9573	− 34	+40 34 7.20	−4.673	− 33
1450	[88 G. Ophiuchi]	5.58	F 5	17 7 31.785	+ 3.3177	+ 38	−10 28 16.52	−4.647	− 101
639	ζ Draconis	3.22	B 5	17 8 39.757	+ 0.1763	− 32	+65 45 54.13	−4.431	+ 21
638	[η Scorpii]	3.44	F 2	17 9 12.694	+ 4.2992	+ 22	−43 11 13.42	−4.685	− 283
1451	[97 G. Ophiuchi]	6.39	K 0	17 9 46.458	+ 2.8933	+ 18	+ 7 56 35.58	−4.344	+ 11
641	δ Herculis	3.16	A 2	17 13 20.734	+ 2.4646	− 18	+24 53 10.65	−4.208	− 158
643	π Herculis	3.36	K 5	17 13 37.023	+ 2.0898	− 25	+36 51 15.60	−4.023	+ 4
1452	[139 G. Scorpii]	5.55	F 5	17 14 23.397	+ 3.9041	− 75	−32 37 6.00	−4.012	− 53
1453	[U Ophiuchi]	5.7—6.4	B 8	17 14 26.744	+ 3.0443	− 5	+ 1 15 16.92	−3.972	− 16
642	[ι Apodis]	5.60	B 8	17 17 30.783	+ 6.6994	+ 12	−70 4 59.77	−3.704	− 14
1454	Pi 17^h 68 Herc	5.17	M 0	17 18 30.317	+ 2.6441	+ 2	+18 5 52.65	−3.661	− 54
1456	[72 Herculis]	5.36	G 0	17 19 7.357	+ 2.2450	+ 98	+32 31 9.55	−4.596	−1042
644	ϑ Ophiuchi	3.37	B 3	17 19 29.321	+ 3.6856	− 2	−24 57 37.34	−3.543	− 21
645	β Arae	2.80	K 2	17 21 53.141	+ 4.9897	− 7	−55 29 36.50	−3.339	− 25
1455	[59 G. Apodis]	5.93	M 3	17 23 45.021	+11.2474	+ 27	−80 49 35.17	−3.190	− 41
1458	[138 G. Ophiuchi]	6.31	F 5	17 23 50.075	+ 3.1155	+ 48	− 1 37 3.25	−3.100	+ 47
1457	[44 Ophiuchi]	4.28	F 0	17 23 51.804	+ 3.6648	0	−24 8 21.67	−3.260	− 116
647	[27 H. Ophiuchi]	4.61	F 0	17 24 27.202	+ 3.1837	− 64	− 5 3 6.93	−3.138	− 44
1459	[σ Ophiuchi]	4.44	K 0	17 24 28.681	+ 2.9770	− 1	+ 4 10 28.16	−3.086	+ 6
646	[45 Ophiuchi]	4.37	F 5	17 24 43.993	+ 3.8321	+ 15	−29 49 54.47	−3.210	− 141
650	[77 Herculis]	5.81	A 2	17 25 38.879	+ 1.5905	− 4	+48 17 37.05	−2.998	− 7
648	δ Arae	3.79	B 8	17 27 23.503	+ 5.4193	− 66	−60 39 7.31	−2.927	− 89
649	[υ Scorpii]	2.80	B 3	17 27 58.372	+ 4.0801	0	−37 15 54.14	−2.820	− 31
651	α Arae	2.97	B 3p	17 28 40.088	+ 4.6396	− 28	−49 50 45.20	−2.800	− 72
1460	[λ Herculis]	4.48	K 0	17 29 4.765	+ 2.4247	+ 11	+26 8 25.20	−2.676	+ 18
653	β Draconis	2.99	G 0	17 29 30.228	+ 1.3560	− 21	+52 19 51.76	−2.646	+ 13
652	λ Scorpii	1.71	B 2	17 30 49.278	+ 4.0749	0	−37 4 32.91	−2.569	− 28
655	[ν^1 Draconis]	4.98	A 5	17 31 21.933	+ 1.1817	+ 165	+55 12 41.96	−2.443	+ 54
657	[ν^2 Draconis]	4.95	A 5	17 31 27.375	+ 1.1827	+ 168	+55 12 0.80	−2.436	+ 53

Nr.	Name	Größe	Spektrum	AR. 1959.0	Jährl. Veränderung 1959.5	Jährl. Eigenbew. in 0.s0001	Dekl. 1959.0	Jährl. Veränderung 1959.5	Jährl. Eigenbew. in 0."001
		m		h m s	s		° ′ ″	″	
1462	[Grb 2444 Herc]	5.82	K 0	17 31 49.056	+1.9026	− 71	+41 16 17.13	−2.521	− 64
659	[27 Draconis]	5.21	K 0	17 32 7.390	−0.2389	− 30	+68 9 40.53	−2.298	+ 134
1461	[−11° 4411 Serp]	5.68	B 8	17 32 29.346	+3.3355	− 10	−11 12 56.93	−2.392	+ 6
656	α Ophiuchi	2.14	A 5	17 33 1.765	+2.7851	+ 80	+12 35 18.54	−2.577	− 226
654	ϑ Scorpii	2.04	F 0	17 34 22.162	+4.3120	+ 15	−42 58 25.37	−2.231	+ 3
658	ξ Serpentis	3.64	A 5	17 35 14.187	+3.4356	− 31	−15 22 28.11	−2.220	− 62
664	ω Draconis	4.87	F 5	17 37 11.202	−0.3501	0	+68 46 37.55	−1.669	+ 323
663	ι Herculis	3.79	B 3	17 38 18.314	+1.6938	− 9	+46 1 38.19	−1.889	+ 4
660	[κ Scorpii]	2.51	B 2	17 39 38.897	+4.1511	− 5	−39 0 39.20	−1.803	− 28
662	[μ Arae]	5.26	G 5	17 40 53.110	+4.7643	− 20	−51 48 51.81	−1.854	− 188
1463	[58 Ophiuchi]	4.89	F 5	17 40 58.258	+3.5957	− 67	−21 39 54.38	−1.708	− 48
665	β Ophiuchi	2.94	K 0	17 41 26.716	+2.9639	− 28	+ 4 34 58.48	−1.460	+ 159
661	η Pavonis	3.58	K 0	17 41 42.286	+5.8916	− 4	−64 42 24.99	−1.644	− 50
670	ψ Draconis *pr*	4.90	F 5	17 42 39.722	−1.0644	+ 41	+72 10 10.25	−1.782	− 267
666	[ι[1] Scorpii]	3.14	F 5p	17 44 42.865	+4.1968	+ 2	−40 6 47.11	−1.337	− 4
667	μ Herculis	3.48	G 5	17 44 51.111	+2.3485	− 238	+27 44 36.85	−2.067	− 744
1464	[X Sagittarii]	4.4—5.0	F 8v	17 44 58.634	+3.7767	− 2	−27 49 1.29	−1.319	− 9
668	[γ Ophiuchi]	3.74	A 0	17 45 50.100	+3.0085	− 16	+ 2 43 16.45	−1.307	− 71
1465	[+ 20° 3570 Herc]	5.77	K 0	17 46 39.068	+2.5736	+ 9	+20 34 39.56	−1.165	0
669	[G Scorpii]	3.25	K 2	17 47 3.953	+4.0850	+ 51	−37 1 55.68	−1.093	+ 34
1466	[+ 9° 3485 Ophi]	6.79	K 5	17 48 12.669	+2.8388	− 27	+ 9 51 33.63	−1.080	− 52
675	35 Draconis	5.04	F 5	17 51 16.801	−2.6852	+ 105	+76 58 10.58	−0.518	+ 246
1467	[−7° 4523 Ophi]	6.87	G 5	17 52 44.261	+3.2512	− 35	− 7 43 38.13	−0.690	− 57
671	ξ Draconis	3.90	K 0	17 52 49.053	+1.0375	+ 110	+56 52 42.59	−0.551	+ 76
1468	[89 Herculis]	5.48	F 5p	17 53 45.816	+2.4202	− 2	+26 3 19.09	−0.538	+ 6
672	ϑ Herculis	3.99	K 0	17 54 50.700	+2.0575	− 1	+37 15 17.58	−0.444	+ 6
676	γ Draconis	2.42	K 5	17 55 39.118	+1.3931	− 13	+51 29 34.87	−0.399	− 20
674	[ξ Herculis]	3.82	K 0	17 56 10.193	+2.3315	+ 62	+29 15 3.93	−0.352	− 18
673	ν Ophiuchi	3.50	K 0	17 56 46.056	+3.3029	− 6	− 9 46 13.01	−0.400	− 120
1469	[93 Herculis]	4.71	K 0	17 58 13.816	+2.6708	− 5	+16 45 6.74	−0.163	− 11
677	67 Ophiuchi	3.95	B 5p	17 58 35.379	+3.0047	− 4	+ 2 55 55.16	−0.132	− 10
1470	[6 Sagittarii]	6.31	K 2	17 59 0.060	+3.4857	− 2	−17 9 25.39	−0.092	− 7
679	γ Sagittarii	3.07	K 0	18 3 10.362	+3.8540	− 41	−30 25 35.21	+0.096	− 185
1471	[ϑ Arae]	3.90	B 1p	18 3 26.244	+4.6696	− 14	−50 5 47.36	+0.286	− 18
680	72 Ophiuchi	3.73	A 3	18 5 24.257	+2.8443	− 43	+ 9 33 23.79	+0.557	+ 82
678	[66 G. Apodis]	5.69	K 5	18 5 31.666	+8.3946	+ 48	−75 53 46.48	+0.211	− 278
681	o Herculis	4.1—4.2	A 0	18 5 56.478	+2.3402	− 3	+28 45 20.38	+0.530	+ 9
1472	[−13° 4863 Serp]	6.50	K 0	18 7 23.580	+3.4051	+ 1	−13 56 34.34	+0.650	+ 1
1473	[ε Telescopii]	4.60	K 0	18 8 11.085	+4.4529	− 15	−45 57 48.91	+0.687	− 32
682	μ Sagittarii	4.01	B 8p	18 11 18.606	+3.5877	+ 1	−21 4 16.92	+0.991	− 1

Nr.	Name	Größe	Spektrum	AR. 1959.0	Jährl. Veränderung 1959.5	Jährl. Eigenbew. in 0.ˢ0001	Dekl. 1959.0	Jährl. Veränderung 1959.5	Jährl. Eigenbew. in 0.″001
		m		h m s	s		° ′ ″	″	
1474	[6 G. Telescopii]	5.54	B 5	18 13 39.539	+0.3447	+ 529	+64 22 59.41	+1.226	+ 32
685	36 Draconis	5.03	F 5	18 13 40.168	+5.0514	− 22	−56 2 18.77	+1.186	− 12
684	[Grb 2533 Lyra]	5.42	B 5	18 14 22.132	+1.8660	− 7	+42 8 39.52	+1.253	− 4
683	[η Sagittarii]	3.16	M 3	18 14 51.085	+4.0591	− 109	−36 46 33.32	+1.137	− 164
1475	[Br 2292 Serp]	6.30	A 5	18 15 8.585	+3.3030	− 1	− 9 46 27.50	+1.261	− 64
687	[δ Sagittarii]	2.84	K 0	18 18 22.123	+3.8408	+ 31	−29 50 50.74	+1.578	− 29
1477	[κ Lyrae]	4.34	K 0	18 18 25.373	+2.1025	− 18	+36 2 42.13	+1.653	+ 42
1476	[74 Ophiuchi]	4.92	G 5	18 18 49.140	+2.9949	− 4	+ 3 21 26.17	+1.656	+ 10
688	η Serpentis	3.42	K 0	18 19 11.194	+3.1040	− 372	− 2 54 39.61	+0.980	− 698
686	[ξ Pavonis]	4.25	K 2	18 19 26.905	+5.5264	− 5	−61 30 54.64	+1.707	+ 4
689	ε Sagittarii	1.95	A 0	18 21 27.040	+3.9822	− 23	−34 24 21.45	+1.750	− 126
695	χ Draconis	3.69	F 8	18 21 47.734	−1.0838	+1173	+72 42 56.24	+1.549	− 354
690	109 Herculis	3.92	K 0	18 21 56.951	+2.5566	+ 138	+21 44 59.42	+1.677	− 241
1478	[+7° 3682 Ophi]	5.69	G0+A3	18 23 40.346	+2.8859	− 6	+ 8 0 27.12	+2.062	− 6
691	α Telescopii	3.76	B 3	18 23 55.977	+4.4475	− 16	−45 59 34.70	+2.051	− 42
1479	[+29° 3259 Herc]	5.71	A 2	18 24 23.724	+2.3127	+ 3	+29 48 14.99	+2.109	− 22
692	[λ Sagittarii]	2.94	K 0	18 25 26.369	+3.7020	− 33	−25 26 46.03	+2.039	− 183
696	[γ Scuti]	4.73	A 3	18 26 51.570	+3.4189	0	−14 35 37.13	+2.343	− 3
1480	[60 Serpentis]	5.44	K 0	18 27 32.866	+3.1218	+ 18	− 2 0 48.17	+2.372	− 33
1481	[+16° 3529 Herc]	5.67	A 0	18 29 14.892	+2.6677	− 32	+16 53 55.40	+2.526	− 27
697	[ϑ Coron. austr.]	4.69	G 5	18 30 34.482	+4.2828	+ 25	−42 20 38.68	+2.648	− 21
700	[Grb 2655 Draco]	5.84	K 0	18 31 44.330	−2.9053	− 12	+77 30 59.53	+2.766	+ 2
1483	[Grb 2603 Lyra]	6.66	A 0	18 32 38.068	+1.6948	− 1	+46 11 9.70	+2.859	+ 14
1482	[α Scuti]	4.06	K 0	18 32 58.482	+3.2643	− 14	− 8 16 27.69	+2.564	− 312
1484	[+9° 3783 Ophi]	5.40	F 2	18 34 30.369	+2.8611	− 10	+ 9 5 19.66	+2.882	− 126
1485	[83 G. Sagittarii]	5.80	A 5	18 35 27.083	+3.5915	− 2	−21 26 0.33	+3.020	− 70
699	α Lyrae	0.14	A 0	18 35 32.939	+2.0311	+ 169	+38 44 39.88	+3.381	+ 283
701	[Grb 2640 Draco]	6.00	A 3	18 36 5.492	+0.1859	+ 16	+65 27 6.70	+3.225	+ 82
698	ζ Pavonis	4.10	K 0	18 38 15.388	+7.0049	+ 16	−71 28 0.19	+3.175	− 160
1486	[δ Scuti]	4.74	F 0	18 40 1.663	+3.2843	+ 3	− 9 5 36.17	+3.485	0
702	[ε Scuti]	5.09	G 5	18 41 17.218	+3.2669	+ 13	− 8 19 2.48	+3.600	+ 6
1487	[φ Sagittarii]	3.30	B 8	18 43 5.677	+3.7471	+ 39	−27 2 5.00	+3.750	+ 1
703	110 Herculis	4.26	F 5	18 43 53.733	+2.5817	− 12	+20 30 20.83	+3.482	− 335
1488	[+26° 3349 Lyra]	4.92	K 0	18 44 25.257	+2.4176	+ 11	+26 37 1.53	+3.887	+ 25
1489	[β Scuti]	4.47	G 0	18 44 59.871	+3.1825	− 8	− 4 47 35.94	+3.895	− 17
1491	[111 Herculis]	4.37	A 3	18 45 12.536	+2.6492	+ 48	+18 8 4.21	+4.044	+ 114
1492	[Grb 2671 Draco]	5.76	B 5	18 45 48.057	+1.3401	+ 9	+52 56 32.02	+3.976	− 3
1490	[η^1 Coron. austr.]	5.59	A 2	18 45 52.987	+4.3280	+ 21	−43 43 35.83	+3.976	− 13
1494	[50 Draconis]	5.37	A 0	18 47 42.215	−1.9462	− 54	+75 23 12.02	+4.218	+ 78
1493	[30 Sagittarii]	6.24	F 0	18 48 22.546	+3.6047	− 21	−22 12 39.00	+4.170	− 31

Nr.	Name	Größe	Spektrum	AR. 1959.0	Jährl. Veränderung 1959.5	Jährl. Eigenbew. in 0.s0001	Dekl. 1959.0	Jährl. Veränderung 1959.5	Jährl. Eigenbew. in 0."001
		m		h m s	s		° ′ ″	″	
704	λ Pavonis	4.42	B 2	18 48 25.368	+5.5539	− 11	−62 14 14.06	+4.190	− 17
705	β Lyrae	3.4—4.3	B 8 p + B 2 p	18 48 33.867	+2.2147	− 2	+33 18 50.35	+4.215	− 2
707	o Draconis	4.85	K o	18 50 35.751	+0.8842	+ 98	+59 20 15.96	+4.414	+ 25
706	σ Sagittarii	2.14	B 3	18 52 43.390	+3.7187	+ 10	−26 20 58.01	+4.517	− 55
1495	[114 G. Sagittarii]	5.58	F 5	18 53 9.252	+3.4545	− 24	−16 25 41.66	+4.422	− 187
711	R Lyrae	4.0—4.5	M 3	18 54 5.162	+1.8254	+ 17	+43 53 28.26	+4.770	+ 82
709	ϑ Serpentis *pr*	4.50	A 5	18 54 10.814	+2.9821	+ 29	+ 4 8 55.94	+4.733	+ 36
714	[υ Draconis]	4.91	K o	18 54 54.288	−0.7393	+ 95	+71 14 34.20	+4.802	+ 47
708	λ Telescopii	5.03	B 9	18 55 11.185	+4.7968	+ 19	−52 59 39.55	+4.791	+ 8
710	[ξ² Sagittarii]	3.61	K o	18 55 17.015	+3.5777	+ 20	−21 9 44.31	+4.776	− 14
713	γ Lyrae	3.30	A op	18 57 24.489	+2.2439	− 7	+32 37 55.83	+4.970	+ 1
712	[ε Aquilae]	4.21	K o	18 57 45.613	+2.7225	− 39	+15 0 40.48	+4.926	− 74
716	ζ Aquilae	3.02	A o	19 3 31.456	+2.7570	− 8	+13 48 4.21	+5.392	− 94
717	λ Aquilae	3.55	B 9	19 4 4.326	+3.1829	− 17	− 4 56 43.94	+5.445	− 87
1496	[τ Sagittarii]	3.42	K o	19 4 22.850	+3.7442	− 41	−27 43 55.68	+5.309	− 250
1497	[21 G. Aquilae]	6.72	B 8	19 4 27.764	+3.1061	+ 10	− 1 24 37.45	+5.556	− 9
1498	[Pi 18ʰ 318 Lyra]	5.46	A 5	19 5 0.015	+2.3806	+ 55	+28 33 46.75	+5.697	+ 87
719	[ι Lyrae]	5.13	B 5	19 5 50.203	+2.1404	− 9	+36 2 5.64	+5.680	0
718	α Coron. austr.	4.12	A 2	19 6 41.071	+4.0796	+ 73	−37 58 12.88	+5.653	− 99
720	π Sagittarii	3.02	F 2	19 7 19.547	+3.5665	− 1	−21 5 25.97	+5.769	− 37
1500	[20 Aquilae]	5.37	B 3	19 10 27.224	+3.2532	+ 6	− 8 0 34.66	+6.060	− 7
1499	[42 G. Octantis]	6.78	A 2	19 10 50.130	+8.1292	− 2	−75 52 18.88	+6.090	− 12
723	δ Draconis	3.24	K o	19 12 32.937	+0.0103	+ 160	+67 35 22.00	+6.332	+ 93
724	ϑ Lyrae	4.46	K o	19 14 56.595	+2.0820	− 8	+38 3 34.81	+6.441	+ 2
722	[43 Sagittarii]	5.03	K o	19 15 14.169	+3.5087	− 9	−19 1 39.41	+6.448	− 16
725	ω Aquilae	5.14	A 5	19 15 53.434	+2.8155	− 4	+11 31 12.67	+6.536	+ 18
726	κ Cygni	3.98	K o	19 16 9.265	+1.3855	+ 61	+53 17 31.71	+6.662	+ 123
729	τ Draconis	4.63	K o	19 16 21.022	−1.1634	− 333	+73 16 47.95	+6.664	+ 111
1501	[162 G. Sagittarii]	5.61	B 5	19 16 57.051	+3.9734	+ 3	−35 29 51.68	+6.604	− 2
727	[υ Sagittarii]	4.58	B 8 p + F 2 p	19 19 22.734	+3.4344	− 2	−16 2 0.88	+6.800	− 6
1502	[β¹ Sagittarii]	4.31	B 8	19 19 41.570	+4.3095	+ 1	−44 32 16.66	+6.814	− 19
728	α Sagittarii	4.11	B 8	19 21 2.877	+4.1539	+ 26	−40 41 41.74	+6.826	− 118
1503	[31 Aquilae]	5.23	G 5	19 23 0.830	+2.8600	+ 489	+11 51 18.95	+7.744	+ 640
730	δ Aquilae	3.44	F o	19 23 25.808	+3.0240	+ 167	+ 3 1 53.86	+7.223	+ 85
734	Grb 2900 Draco	6.00	A 2	19 24 11.988	−3.6661	+ 41	+79 31 20.57	+7.165	− 31
731	[186 G. Sagittarii]	5.68	B 9	19 24 21.108	+3.7896	+ 15	−29 49 33.59	+7.169	− 45
1504	[59 G. Telescopii]	5.58	K 2	19 24 30.906	+4.8144	− 2	−54 24 32.97	+7.243	+ 15
1505	[Br 2462 Vulp]	6.04	K 5	19 24 40.945	+2.6238	− 8	+19 48 31.37	+7.193	− 46
1506	[Grb 2844 Cygn]	6.72	G 5	19 24 41.453	+1.8295	− 46	+44 50 55.27	+7.163	− 77
1507	[Pi 19ʰ 156 Draco]	6.46	B 8	19 25 2.189	+1.0830	− 20	+57 56 38.99	+7.277	+ 9

Nr.	Name	Größe	Spektrum	AR. 1959.0	Jährl. Veränderung 1959.5	Jährl. Eigenbew. in 0.s0001	Dekl. 1959.0	Jährl. Veränderung 1959.5	Jährl. Eigenbew. in 0.″001
		m		h m s	s		° ′ ″	″	
1508	[α Vulpeculae]	4.63	M 0	19 26 59.864	+2.4961	− 97	+24 34 50.66	+ 7.325	− 103
1509	[36 Aquilae]	5.22	M 0	19 28 31.126	+3.1365	+ 9	− 2 52 32.61	+ 7.546	− 6
733	ι Cygni	3.94	A 2	19 28 40.292	+1.5118	+ 18	+51 38 30.15	+ 7.693	+ 129
732	β Cygni *pr*	3.24	Ko+Ao	19 29 3.982	+2.4192	− 3	+27 52 20.52	+ 7.592	− 4
1510	[8 Cygni]	4.85	B 3	19 30 14.779	+2.2291	− 6	+34 21 53.12	+ 7.691	0
1511	[μ Aquilae]	4.65	K 0	19 32 5.116	+2.9302	+ 141	+ 7 17 25.97	+ 7.685	− 154
735	[ι Telescopii]	5.02	K 0	19 32 10.723	+4.4463	− 16	−48 11 22.39	+ 7.814	− 35
736	52 Sagittarii	4.66	B 9	19 34 12.804	+3.6489	+ 51	−24 58 32.70	+ 7.991	− 20
737	[κ Aquilae]	5.04	B 0	19 34 41.109	+3.2262	0	− 7 7 12.57	+ 8.045	− 4
738	ϑ Cygni	4.64	F 5	19 35 20.425	+1.6074	− 30	+50 7 31.08	+ 8.354	+ 254
1512	[54 Sagittarii]	5.45	K 0	19 38 22.474	+3.4353	+ 46	−16 23 19.55	+ 8.298	− 45
1513	[β Sagittae]	4.45	K 0	19 39 12.367	+2.6941	+ 3	+17 22 47.06	+ 8.375	− 34
1514	[55 Sagittarii]	5.10	F 0	19 40 10.429	+3.4298	+ 42	−16 13 17.98	+ 8.475	− 11
1515	[10 Vulpeculae]	5.45	G 5	19 42 0.537	+2.4942	+ 4	+25 40 21.57	+ 8.651	+ 20
740	15 Cygni	5.02	K 0	19 42 47.768	+2.1634	+ 56	+37 15 15.39	+ 8.727	+ 34
1516	[228 G. Sagittarii]	5.56	B 8	19 43 24.382	+3.8252	+ 2	−32 0 33.11	+ 8.722	− 19
1517	[56 Sagittarii]	5.06	K 0	19 43 58.273	+3.4977	− 95	−19 51 40.50	+ 8.699	− 87
741	γ Aquilae	2.80	K 2	19 44 18.568	+2.8516	+ 9	+10 30 43.63	+ 8.815	+ 3
739	[ν Telescopii]	5.52	A 5	19 44 40.786	+4.8926	+ 102	−56 27 47.37	+ 8.713	− 129
743	δ Sagittae	3.78	Mo+Ao	19 45 33.493	+2.6747	+ 2	+18 25 54.89	+ 8.922	+ 12
744	[51 Aquilae]	5.55	F 0	19 48 31.475	+3.2998	− 19	−10 52 8.44	+ 9.176	+ 35
745	α Aquilae	0.89	A 5	19 48 46.920	+2.9263	+ 359	+ 8 45 31.52	+ 9.549	+ 388
746	[η Aquilae]	3.7–4.4	G 0p	19 50 23.020	+3.0552	+ 3	+ 0 53 56.69	+ 9.282	− 4
1518	[75 G. Pavonis]	6.32	A 3	19 51 6.529	+5.2318	+ 13	−61 16 44.19	+ 9.353	+ 9
1519	[90 G. Aquilae]	5.64	Fop+A	19 51 9.879	+3.1414	+ 14	− 3 13 19.31	+ 9.362	+ 16
1520	[ι Sagittarii]	4.21	K 0	19 52 26.174	+4.1343	+ 7	−41 58 40.21	+ 9.501	+ 56
749	β Aquilae	3.90	K 0	19 53 17.892	+2.9462	+ 26	+ 6 18 11.04	+ 9.033	− 478
1521	[η Cygni]	4.03	K 0	19 54 45.983	+2.2506	− 30	+34 58 24.48	+ 9.596	− 27
1522	[61 Sagittarii]	5.05	A 0	19 55 37.532	+3.4007	+ 7	−15 36 6.12	+ 9.594	− 96
748	ε Pavonis	4.10	A 0	19 55 53.156	+6.9202	+ 191	−73 1 17.95	+ 9.582	− 130
752	γ Sagittae	3.71	K 5	19 56 55.931	+2.6675	+ 42	+19 22 46.79	+ 9.817	+ 28
751	ϑ1 Sagittarii	4.39	B 3	19 57 4.215	+3.9013	0	−35 23 19.72	+ 9.776	− 25
1523	[15 Vulpeculae]	4.74	A 5	19 59 24.629	+2.4706	+ 40	+27 38 21.25	+ 9.988	+ 10
753	[62 Sagittarii]	4.60	M 3	20 0 8.354	+3.6866	+ 27	−27 49 31.34	+10.054	+ 20
1524	[τ Aquilae]	5.65	K 0	20 2 8.096	+2.9293	+ 5	+ 7 9 39.60	+10.200	+ 16
755	[ξ Telescopii]	4.86	M 0	20 4 15.172	+4.5906	− 15	−53 0 0.15	+10.356	+ 12
754	δ Pavonis	3.64	G 5	20 4 43.301	+5.8734	+1977	−66 17 20.44	+ 9.244	−1136
1525	[28 Cygni]	4.82	B 2p	20 7 54.138	+2.2279	− 2	+36 43 4.62	+10.630	+ 15
756	ϑ Aquilae	3.37	A 0	20 9 11.339	+3.0942	+ 22	− 0 56 39.87	+10.717	+ 6
759	κ Cephei	4.43	B 9	20 10 18.240	−2.0415	+ 21	+77 35 19.98	+10.818	+ 28

Nr.	Name	Größe	Spektrum	AR. 1959.0	Jährl. Veränderung 1959.5	Jährl. Eigenbew. in 0.s0001	Dekl. 1959.0	Jährl. Veränderung 1959.5	Jährl. Eigenbew. in 0".001
		m		h m s	s		° ' "	"	
757	31 o² Cygni	3.95	Ko+B8	20 12 20.337	+1.8886	− 3	+46 36 58.36	+10.947	+ 6
1526	[ρ Aquilae]	4.96	A o	20 12 22.717	+2.7756	+ 36	+15 4 17.03	+11.000	+ 55
758	33 Cygni	4.32	A 3	20 12 26.685	+1.3935	+ 72	+56 26 30.12	+11.032	+ 83
760	24 Vulpeculae	5.45	K o	20 15 1.723	+2.5670	+ 9	+24 32 37.49	+11.124	− 14
1527	[α¹ Capricorni]	4.55	G op	20 15 22.549	+3.3233	+ 11	−12 38 10.66	+11.167	+ 3
1529	[4 Capricorni]	5.96	K o	20 15 36.964	+3.5223	+ 23	−21 56 17.48	+11.152	− 29
761	α² Capricorni	3.77	G 5	20 15 46.819	+3.3267	+ 41	−12 40 23.91	+11.199	+ 6
1528	[83 G.Telescopii]	6.28	M o	20 15 59.909	+4.2971	+ 6	−47 50 22.29	+11.215	+ 5
1530	[290 G. Sagittarii]	6.51	K 2	20 18 13.190	+3.8685	+ 14	−35 48 15.84	+11.398	+ 28
762	[β Capricorni]	3.25	Go+Ao	20 18 42.517	+3.3686	+ 26	−14 54 44.15	+11.408	+ 3
763	[χ¹ Sagittarii]	5.64	A o	20 19 40.793	+4.0692	+ 32	−42 10 49.47	+11.387	− 88
765	γ Cygni	2.32	F 8p	20 20 45.312	+2.1531	0	+40 7 28.38	+11.552	+ 2
1531	[132 G. Aquilae]	5.41	K o	20 21 8.739	+2.9715	− 25	+ 5 12 38.72	+11.544	− 35
764	α Pavonis	2.12	B 3	20 22 24.929	+4.7387	+ 11	−56 52 5.81	+11.588	− 82
1532	[296 G. Sagittarii]	5.97	K o	20 22 56.362	+3.6703	+ 8	−28 47 51.20	+11.726	+ 19
1533	[69 Aquilae]	5.11	K o	20 27 30.418	+3.1343	+ 44	− 3 1 23.05	+12.014	− 14
1534	[41 Cygni]	4.09	F 5p	20 27 43.113	+2.4512	+ 2	+30 13 50.39	+12.040	− 3
1535	42 Cygni	5.94	A o	20 27 46.458	+2.2886	+ 1	+36 19 1.08	+12.049	+ 2
767	ϑ Cephei	4.28	A 5	20 28 53.732	+1.0042	+ 60	+62 51 21.30	+12.114	− 11
1536	[29 G. Capricorni]	5.82	G 5	20 30 9.120	+3.2803	+ 202	− 9 59 40.63	+12.316	+ 103
1538	[Grb 3241 Draco]	6.42	K 2	20 30 12.060	−0.2662	− 14	+72 23 34.81	+12.198	− 16
768	ε Delphini	3.98	B 5	20 31 15.183	+2.8655	+ 4	+11 9 46.17	+12.272	− 17
1537	[9 G. Delphini]	6.68	K o	20 31 57.441	+2.9864	+ 6	+ 4 45 26.84	+12.332	− 6
770	73 Draconis	5.18	A 2p	20 32 4.177	−0.8043	+ 10	+74 48 52.15	+12.332	− 11
769	α Indi	3.21	K o	20 34 41.442	+4.2141	+ 50	−47 26 9.58	+12.598	+ 72
1539	29 Vulpeculae	4.78	A o	20 36 41.340	+2.6791	+ 44	+21 3 22.50	+12.669	+ 7
772	[κ Delphini]	5.23	G 5	20 37 8.205	+2.9132	+ 210	+ 9 56 26.18	+12.713	+ 21
773	υ Capricorni	5.33	M o	20 37 43.028	+3.4129	− 15	−18 17 3.58	+12.713	− 18
774	α Delphini	3.86	B 8	20 37 43.941	+2.7862	+ 41	+15 45 58.81	+12.733	+ 1
1540	[13 G.Microscopii]	5.54	K 2	20 37 45.774	+3.7609	+ 26	−33 34 41.26	+12.785	+ 50
777	α Cygni	1.33	A 2p	20 40 1.951	+2.0452	0	+45 7 58.99	+12.891	+ 5
776	[η Indi]	4.70	F o	20 41 2.288	+4.3987	+ 172	−52 4 8.65	+12.901	− 54
775	β Pavonis	3.60	A 5	20 41 17.256	+5.3929	− 64	−66 21 8.68	+12.989	+ 18
778	[δ Delphini]	4.53	A 5	20 41 32.612	+2.8005	− 16	+14 55 35.13	+12.947	− 40
779	[ψ Capricorni]	4.26	F 8	20 43 40.232	+3.5492	− 40	−25 25 10.53	+12.974	− 155
782	[6 H. Cephei]	4.63	G o	20 44 20.024	+1.4881	− 86	+57 25 55.41	+12.938	− 234
783	η Cephei	3.59	K o	20 44 27.469	+1.2182	+ 127	+61 40 44.89	+14.001	+ 822
780	ε Cygni	2.64	K o	20 44 33.020	+2.4277	+ 283	+33 48 56.79	+13.516	+ 330
1541	[γ Delphini *sq*]	4.49	G 5	20 44 45.271	+2.7828	− 28	+15 58 31.77	+13.007	− 193
1544	[Grb 3285 Cygn]	6.43	K o	20 45 9.787	+1.7390	− 97	+52 50 43.20	+13.120	− 106

Nr.	Name	Größe	Spektrum	AR. 1959.0	Jährl. Veränderung 1959.5	Jährl. Eigenbew. in 0.ˢ0001	Dekl. 1959.0	Jährl. Veränderung 1959.5	Jährl. Eigenbew. in 0.″001
		m		h m s	s		° ′ ″	″	
781	ε Aquarii	3.83	A 0	20 45 27.427	+3.2459	+ 20	− 9 38 49.42	+13.215	− 31
1543	[3 Aquarii]	4.60	M 0	20 45 34.447	+3.1640	− 2	− 5 10 44.45	+13.217	− 37
1542	[ι Microscopii]	5.14	F 0	20 45 42.739	+4.0621	+ 167	−44 8 21.83	+13.162	− 102
1545	[−1°4057 Aqar]	6.53	M 3	20 47 10.710	+3.0834	− 24	− 0 42 57.16	+13.347	− 12
1546	[ω Capricorni]	4.24	M 0	20 49 22.651	+3.5774	− 7	−27 4 26.07	+13.500	− 2
1547	[μ Aquarii]	4.80	A 3	20 50 26.581	+3.2342	+ 26	− 9 8 18.04	+13.543	− 28
785	β Indi	3.72	K 0	20 51 37.197	+4.6794	+ 23	−58 36 37.59	+13.628	− 19
786	32 Vulpeculae	5.24	K 5	20 52 48.641	+2.5572	− 6	+27 54 2.74	+13.723	+ 2
1548	[64 G. Capricorni]	5.95	A 3	20 55 22.985	+3.3563	+ 31	−16 11 26.22	+13.886	0
788	ν Cygni	4.04	A 0	20 55 38.546	+2.2369	+ 5	+41 0 30.90	+13.891	− 9
1549	[33 Vulpeculae]	5.57	K 5	20 56 26.261	+2.6820	− 6	+22 9 59.47	+13.957	+ 6
789	[11 Aquarii]	6.26	G 0	20 58 24.284	+3.1574	+ 26	− 4 53 22.95	+13.943	− 132
1551	[59 Cygni]	4.88	B 0p	20 58 25.756	+2.0405	0	+47 21 36.72	+14.080	+ 5
1550	[γ Microscopii]	4.71	G 5	20 58 46.826	+3.6765	0	−32 25 9.64	+14.104	+ 6
787	[α Octantis]	5.24	F 2	20 59 49.325	+7.2311	+ 35	−77 10 57.22	+13.802	− 362
790	ζ Microscopii	5.35	F 0	21 0 21.084	+3.8291	− 24	−38 47 34.45	+14.086	− 109
792	[ξ Cygni]	3.92	K 5	21 3 26.238	+2.1826	+ 4	+43 45 48.74	+14.388	+ 5
1552	[ϑ Capricorni]	4.19	A 0	21 3 38.653	+3.3704	+ 57	−17 23 48.80	+14.343	− 54
1553	[−0°4161 Aqar]	7.10	K 2	21 4 27.137	+3.0784	+ 6	− 0 16 12.65	+14.461	+ 15
791	[A Capricorni]	4.60	M 0	21 4 43.946	+3.5060	− 20	−25 10 15.61	+14.420	− 43
793	*61 Cygni *pr*	5.57 6.28	K 5 K 5	21 5 4.144	+2.6898	+3522	+38 32 38.00	+17.671	+3188
795	Br 2777 Ceph	5.90	B 9	21 6 21.025	−1.2269	+ 60	+77 57 38.29	+14.594	+ 36
794	ν Aquarii	4.52	K 0	21 7 21.700	+3.2661	+ 61	−11 32 19.79	+14.609	− 12
1555	[γ Equulei]	4.76	F 0p	21 8 20.835	+2.9174	+ 38	+ 9 57 55.44	+14.528	− 151
1554	[o Pavonis]	5.08	M 0	21 9 31.833	+5.6072	+ 85	−70 17 43.95	+14.720	− 32
1556	[58 G. Microscopii]	5.55	K 5	21 10 51.664	+3.5544	+ 73	−27 47 16.08	+14.713	− 116
797	ζ Cygni	3.40	K 0	21 11 11.338	+2.5536	− 4	+30 3 28.52	+14.795	− 53
796	[23 G. Indi]	5.84	A 5	21 12 50.729	+4.2753	+ 18	−53 26 2.77	+14.934	− 11
800	α Equulei	4.14	F8+A3	21 13 46.422	+2.9983	+ 36	+ 5 4 38.50	+14.916	− 83
1557	[24 G. Indi]	6.70	K 0	21 15 5.508	+4.0799	− 24	−48 53 23.56	+14.997	− 79
801	[ε Microscopii]	4.79	A 0	21 15 27.332	+3.6339	+ 39	−32 20 42.06	+15.075	− 21
1558	[σ Cygni]	4.28	A 0p	21 15 48.167	+2.3569	− 4	+39 13 19.34	+15.113	− 2
1559	[υ Cygni]	4.42	B 3p	21 16 13.760	+2.4673	+ 6	+34 43 25.95	+15.138	− 2
803	α Cephei	2.60	A 5	21 17 36.049	+1.4306	+ 212	+62 24 41.11	+15.270	+ 52
802	[ϑ¹ Microscopii]	4.92	A 2p	21 18 8.630	+3.8322	+ 56	−40 59 2.70	+15.249	− 1
1560	[Grb 3434 Cygn]	6.81	K 2	21 18 21.534	+1.9295	+ 6	+52 53 1.96	+15.261	0
1561	[ι Capricorni]	4.30	K 0	21 19 57.933	+3.3383	+ 22	−17 0 36.98	+15.359	+ 6
804	1 Pegasi	4.27	K 0	21 20 11.318	+2.7747	+ 72	+19 37 41.60	+15.433	+ 68
1562	[18 Aquarii]	5.54	A 5	21 21 57.139	+3.2765	+ 60	−13 3 18.34	+15.474	+ 11
805	γ Pavonis	4.30	F 8	21 23 4.767	+4.9467	+ 151	−65 33 11.93	+16.326	+ 799

Nr. 793. Ort des Schwerpunktes. Die Reduktion auf den Ort des helleren Sterns beträgt nach den Elementen von Strand; (siehe Veröff. des Astr. Rech.-Inst. Heidelberg Nr. 4, S. 10, 1952):

1959.0 $\Delta\alpha = -0.^{s}710$ $\Delta\delta = +10.''50$

1960.0 $= -0.708$ $= +10.56$

Nr.	Name	Größe	Spektrum	AR. 1959.0	Jährl. Veränderung 1959.5	Jährl. Eigenbew. in 0.s0001	Dekl. 1959.0	Jährl. Veränderung 1959.5	Jährl. Eigenbew. in 0.001
		m		h m s	s		° ′ ″	″	
1563	[γ Indi]	6.24	F 0	21 23 20.723	+4.2718	+ 8	−54 50 19.70	+15.587	+ 46
806	ζ Capricorni	3.86	G 5p	21 24 19.746	+3.4227	+ 1	−22 35 23.96	+15.622	+ 27
1564	[2 G. Pegasi]	6.66	M 0	21 26 23.513	+2.9569	+ 4	+ 8 0 58.51	+15.675	− 32
807	[71 Cygni]	5.34	K 0	21 27 56.014	+2.2147	+ 41	+46 21 32.96	+15.899	+ 109
1565	[2 Pegasi]	4.76	K 5	21 28 5.307	+2.7179	+ 13	+23 27 29.75	+15.805	+ 6
809	β Cephei	3.33	B 1	21 28 8.286	+0.7694	+ 21	+70 22 50.20	+15.814	+ 13
808	β Aquarii	3.07	G 0	21 29 24.061	+3.1568	+ 12	− 5 45 9.01	+15.865	− 4
1566	[6 Piscis austr.]	5.99	A 2	21 29 46.099	+3.6258	+ 6	−34 7 35.01	+15.887	− 3
1567	[3 G. Gruis]	5.73	K 0	21 30 44.556	+3.8822	− 18	−45 1 51.84	+15.937	− 4
1568	[ρ Cygni]	4.22	K 0	21 32 26.155	+2.2574	− 25	+45 24 35.76	+15.940	− 90
811	74 Cygni	5.09	A 5	21 35 18.154	+2.4056	− 7	+40 13 43.36	+16.198	+ 19
1569	[ξ Aquarii]	4.78	A 5	21 35 34.183	+3.1920	+ 74	− 8 2 20.49	+16.172	− 22
1570	[5 Pegasi]	5.29	F 0	21 35 50.208	+2.8077	+ 70	+19 7 59.81	+16.223	+ 16
810	ν Octantis	3.74	K 0	21 36 59.796	+6.6332	+ 187	−77 34 26.23	+16.028	− 240
813	[13 H. Cephei]	5.97	O e5	21 37 41.148	+1.8618	− 7	+57 18 11.29	+16.302	0
812	[γ Capricorni]	3.80	F op	21 37 49.270	+3.3217	+ 131	−16 50 54.67	+16.287	− 22
817	[11 Cephei]	4.85	K 0	21 41 19.610	+0.8741	+ 235	+71 7 21.04	+16.589	+ 105
815	ε Pegasi	2.54	K 0	21 42 10.269	+2.9462	+ 18	+ 9 41 10.32	+16.532	+ 5
814	[ι Piscis austr.]	4.35	A 0	21 42 30.567	+3.5701	+ 29	−33 12 49.92	+16.453	− 91
1571	[+35° 4626 Cygn]	6.60	K 0	21 44 0.036	+2.5448	+ 75	+35 40 3.08	+16.633	+ 17
1572	[ν Cephei]	4.46	A 2p	21 44 15.850	+1.7310	− 7	+60 55 52.17	+16.631	+ 2
818	[λ Capricorni]	5.43	A 0	21 44 19.735	+3.2276	+ 17	−11 33 21.26	+16.628	− 4
819	δ Capricorni	2.98	A 5	21 44 46.776	+3.3091	+ 181	−16 18 51.32	+16.362	− 293
1574	[11 Pegasi]	5.50	A 0	21 45 9.193	+3.0416	+ 5	+ 2 29 44.66	+16.677	+ 5
821	π^2 Cygni	4.26	B 3	21 45 16.527	+2.2177	+ 2	+49 7 9.33	+16.680	+ 2
1573	[13 G. Gruis]	5.75	G 5	21 45 36.254	+3.8957	+ 159	−47 29 28.41	+16.400	− 295
820	[ο Indi]	5.50	K 2	21 47 21.108	+5.0570	− 44	−69 49 17.79	+16.777	− 3
1575	[14 Pegasi]	5.00	A 0	21 48 1.683	+2.6547	+ 10	+29 58 57.30	+16.787	− 23
1576	[127 G. Capricor.]	6.85	F 8	21 49 4.793	+3.4122	+ 253	−23 27 44.48	+16.777	− 84
1577	[μ Capricorni]	5.18	F 0	21 51 3.725	+3.2688	+ 211	−13 44 44.45	+16.968	+ 14
823	16 Pegasi	5.05	B 3	21 51 11.646	+2.7305	+ 2	+25 43 53.48	+16.963	+ 3
822	γ Gruis	3.16	B 8	21 51 27.100	+3.6283	+ 85	−37 33 30.80	+16.960	− 12
1578	[Br 2880 Ceph]	6.58	A 0	21 52 18.693	+0.6948	+ 79	+73 30 29.74	+17.042	+ 31
1579	[Pi 21^h 339 Pegs]	6.62	K 5	21 54 28.800	+2.8054	− 3	+21 2 39.41	+17.130	+ 19
824	[δ Indi]	4.56	F 0	21 55 8.472	+4.0752	+ 63	−55 11 18.79	+17.139	− 3
1580	[98 G. Aquarii]	6.42	K 0	21 56 46.683	+3.1277	− 4	− 4 34 0.88	+16.961	− 254
826	[20 Pegasi]	5.66	F 2	21 59 5.390	+2.9226	+ 35	+12 55 22.33	+17.272	− 46
825	[ε Indi]	4.74	K 5	22 0 14.253	+4.5788	+4806	−56 57 20.13	+14.824	−2545
1581	[λ Gruis]	4.60	K 2	22 3 39.003	+3.6115	− 18	−39 44 31.14	+17.401	− 114
827	α Aquarii	3.19	G 0	22 3 40.670	+3.0803	+ 10	− 0 31 11.08	+17.513	− 4

Mittlere Sternörter 1959.0

Nr.	Name	Größe	Spektrum	AR. 1959.0	Jährl. Veränderung 1959.5	Jährl. Eigenbew. in 0ˢ.0001	Dekl. 1959.0	Jährl. Veränderung 1959.5	Jährl. Eigenbew. in 0″.001
		m		h m s	s		° ′ ″	″	
830	20 Cephei	5.39	K 5	22 3 45.576	+1.8243	+ 21	+62 35 6.91	+17.583	+ 64
828	ι Aquarii	4.35	B 8	22 4 13.449	+3.2380	+ 26	−14 4 9.75	+17.487	− 53
831	[ι Pegasi]	3.96	F 5	22 5 5.966	+2.7936	+ 216	+25 8 39.11	+17.605	+ 28
829	α Gruis	2.16	B 5	22 5 39.445	+3.7749	+ 123	−47 9 37.48	+17.453	− 147
832	[μ Piscis austr.]	4.62	A 2	22 5 59.771	+3.4967	+ 64	−33 11 22.33	+17.577	− 37
833	[27 Pegasi]	5.65	K 0	22 7 24.429	+2.6597	− 49	+32 58 17.16	+17.609	− 63
834	ϑ Pegasi	3.70	A 2	22 8 7.826	+3.0258	+ 181	+ 5 59 43.97	+17.739	+ 37
835	π Pegasi	4.38	F 5	22 8 9.787	+2.6658	− 13	+32 58 35.12	+17.687	− 17
837	24 Cephei	4.99	G 5	22 9 1.349	+1.1494	+ 63	+72 8 20.97	+17.752	+ 14
836	ζ Cephei	3.62	K 0	22 9 25.672	+2.0829	+ 14	+57 59 55.32	+17.763	+ 8
838	[λ Piscis austr.]	5.40	B 9	22 11 59.544	+3.3975	+ 20	−27 58 15.60	+17.858	0
1583	[1 H. Lacertae]	4.64	K 2	22 12 6.912	+2.5771	+ 33	+39 30 39.09	+17.874	+ 11
1582	[125 G. Aquarii]	6.60	G 5	22 12 25.087	+3.2461	− 8	−16 1 6.93	+17.523	− 352
840	ϑ Aquarii	4.32	K 0	22 14 40.247	+3.1644	+ 78	− 7 59 17.37	+17.944	− 19
839	[ε Octantis]	5.11	M 3	22 15 33.225	+6.6705	+ 302	−80 38 42.57	+17.964	− 34
841	α Tucanae	2.91	K 2	22 15 42.641	+4.1012	− 83	−60 27 53.16	+17.969	− 34
1584	[47 Aquarii]	5.40	K 0	22 19 20.317	+3.3002	− 5	−21 48 16.08	+18.056	− 84
843	[31 Pegasi]	4.93	B 3p	22 19 29.880	+2.9531	+ 2	+11 59 53.31	+18.164	+ 17
842	γ Aquarii	3.97	A 0	22 19 32.302	+3.0977	+ 85	− 1 35 40.44	+18.160	+ 13
844	β Lacertae	4.58	K 0	22 21 56.564	+2.3614	− 19	+52 1 23.26	+18.051	− 185
1585	[π Aquarii]	4.64	B 1p	22 23 10.949	+3.0632	+ 10	+ 1 10 7.29	+18.285	+ 4
1586	[Pi 22ʰ 97 Pegs]	6.40	K 0	22 23 41.811	+2.8952	+ 13	+18 14 7.06	+18.338	+ 39
1587	[72 G. Indi]	5.70	A 3	22 25 38.127	+4.4041	+ 276	−67 41 52.99	+18.304	− 65
845	[ν Gruis]	5.48	K 0	22 26 15.364	+3.5120	+ 32	−39 20 23.54	+18.233	− 156
846	[δ^1 Gruis]	4.02	G 5	22 26 49.570	+3.5807	+ 24	−43 42 20.56	+18.411	+ 2
1588	[36 Pegasi]	5.82	K 2	22 27 5.133	+2.9943	+ 36	+ 8 55 8.82	+18.403	− 15
1589	[Pi 22ʰ 120 Pegs]	5.96	K 2	22 27 14.754	+2.8121	+ 15	+26 33 10.75	+18.419	− 5
847	[δ Cephei]	*3.7-4.4*	G 0v	22 27 38.576	+2.2294	+ 11	+58 12 17.53	+18.440	+ 3
1590	[38 Pegasi]	5.51	A 0	22 28 9.071	+2.7457	+ 25	+32 21 44.07	+18.443	− 12
1591	[σ Aquarii]	4.89	A 0	22 28 28.686	+3.1733	0	−10 53 18.28	+18.439	− 27
1592	[β Piscis austr.]	4.40	A 0	22 29 10.746	+3.4078	+ 53	−32 33 24.46	+18.484	− 6
1593	[ρ Cephei]	5.50	A 2	22 29 32.089	+0.5202	− 13	+78 36 49.85	+18.486	− 14
848	α Lacertae	3.85	A 0	22 29 35.820	+2.4740	+ 140	+50 4 16.63	+18.526	+ 23
1594	[Grb 3834 Ceph]	5.74	A 0	22 31 33.373	+1.0470	− 69	+76 0 54.18	+18.566	− 2
849	[υ Aquarii]	5.29	F 5	22 32 27.193	+3.2793	+ 155	−20 55 8.01	+18.455	− 143
850	η Aquarii	4.13	B 8	22 33 14.951	+3.0822	+ 60	− 0 19 45.66	+18.574	− 50
851	31 Cephei	5.22	F 0	22 34 45.293	+1.4806	+ 392	+73 25 48.70	+18.703	+ 31
1595	[κ Aquarii]	5.33	K 0	22 35 37.978	+3.1060	− 48	− 4 26 24.07	+18.588	− 112
853	[30 Cephei]	5.21	A 2	22 37 11.395	+2.1302	− 12	+63 22 15.62	+18.728	− 20
852	10 Lacertae	4.91	O e5	22 37 25.022	+2.6942	− 1	+38 50 11.03	+18.752	− 3
854	[ε Piscis austr.]	4.22	B 8	22 38 23.479	+3.3154	+ 21	−27 15 28.70	+18.791	+ 6

Nr.	Name	Größe	Spektrum	AR. 1959.0	Jährl. Veränderung 1959.5	Jährl. Eigenbew. in 0.s0001	Dekl. 1959.0	Jährl. Veränderung 1959.5	Jährl. Eigenbew. in 0."001
		m		h m s	s		° ′ ″	″	
855	ζ Pegasi	3.61	B 8	22 39 24.931	+2.9925	+ 53	+10 37 0.65	+18.810	− 7
856	β Gruis	2.24	M 3	22 40 13.639	+3.5769	+ 133	−47 5 58.55	+18.838	− 3
857	η Pegasi	3.10	G 0	22 41 4.588	+2.8139	+ 9	+30 0 22.92	+18.844	− 22
858	[13 Lacertae]	5.24	K 0	22 42 15.464	+2.6778	− 10	+41 36 13.41	+18.911	+ 11
1596	[45 Pegasi]	6.45	K 0	22 43 28.311	+2.9190	− 24	+19 8 59.90	+18.998	+ 63
859	λ Pegasi	4.14	K 0	22 44 33.181	+2.8909	+ 39	+23 20 57.98	+18.961	− 6
1597	[68 Aquarii]	5.43	G 5	22 45 21.113	+3.2203	− 73	−19 49 39.69	+18.791	− 198
1598	[−2° 5826 Aqar.]	7.58	K 2	22 45 23.084	+3.0887	+ 3	− 2 0 18.52	+18.993	+ 3
860	ε Gruis	3.69	A 2	22 46 5.254	+3.6172	+ 111	−51 31 58.49	+18.951	− 59
861	[τ Aquarii]	4.21	K 5	22 47 25.326	+3.1747	− 10	−13 48 34.03	+19.015	− 31
862	[μ Pegasi]	3.67	K 0	22 48 1.264	+2.8970	+ 107	+24 23 4.96	+19.027	− 36
863	ι Cephei	3.68	K 0	22 48 12.823	+2.1382	− 114	+65 59 4.36	+18.949	− 118
1599	69 G. Gruis	5.39	K 2	22 48 42.473	+3.4107	+ 18	−39 22 28.15	+19.074	− 7
864	λ Aquarii	3.84	M 0	22 50 28.539	+3.1286	+ 5	− 7 47 53.74	+19.167	+ 40
865	ρ Indi	6.14	G 0	22 51 50.150	+4.1586	− 73	−70 17 35.96	+19.237	+ 74
866	δ Aquarii	3.51	A 2	22 52 28.547	+3.1821	− 29	−16 2 21.53	+19.158	− 20
1600	[+36° 4956 Lacr]	6.00	F 2	22 53 7.950	+2.7924	+ 70	+36 51 28.60	+19.210	+ 15
867	α Piscis austr.	1.29	A 3	22 55 23.350	+3.3124	+ 258	−29 50 23.91	+19.092	− 159
868	[ζ Gruis]	4.18	G 5	22 58 28.161	+3.5357	− 73	−52 58 27.80	+19.321	− 4
869	o Andromedae	3.63	B 5 +A 2 p	23 0 1.740	+2.7630	+ 18	+42 6 19.48	+19.362	+ 2
1601	[π Piscis austr.]	5.13	F 0	23 1 13.908	+3.3156	+ 53	−34 58 17.25	+19.476	+ 89
870	β Pegasi	2.61	M 0	23 1 46.962	+2.9102	+ 142	+27 51 36.37	+19.542	+ 143
1602	[β Piscium]	4.58	B 5p	23 1 47.341	+3.0529	+ 6	+ 3 35 56.37	+19.397	− 3
871	α Pegasi	2.57	A 0	23 2 42.963	+2.9892	+ 42	+14 59 3.56	+19.383	− 36
1603	[55 Pegasi]	4.69	M 0	23 4 56.222	+3.0225	+ 5	+ 9 11 15.63	+19.458	− 8
1604	[5 Andromedae]	5.83	F 0	23 5 53.215	+2.7283	+ 152	+49 4 20.01	+19.625	+ 139
873	88 Aquarii	3.80	K 0	23 7 15.755	+3.1966	+ 39	−21 23 42.85	+19.554	+ 40
1605	[ι Gruis]	4.10	K 0	23 8 2.677	+3.3909	+ 124	−45 28 8.58	+19.512	− 18
1606	[59 Pegasi]	5.15	A 3	23 9 39.872	+3.0293	− 7	+ 8 29 49.71	+19.560	− 1
875	Br 3077 Cass	5.65	K 2	23 11 17.884	+2.8935	+2529	+56 56 30.43	+19.892	+ 300
1607	[φ Aquarii]	4.40	M 0	23 12 11.930	+3.1062	+ 24	− 6 16 13.12	+19.418	− 190
1608	[ψ¹ Aquarii]	4.48	K 0	23 13 44.639	+3.1424	+ 251	− 9 18 41.07	+19.624	− 11
876	[25 G. Tucanae]	5.69	G 0	23 14 30.672	+3.5984	+ 251	−62 13 30.17	+19.625	− 24
878	γ Piscium	3.85	K 0	23 15 2.321	+3.1101	+ 506	+ 3 3 28.89	+19.682	+ 24
877	γ Tucanae	4.10	F 2	23 15 2.914	+3.4936	− 38	−58 27 38.47	+19.752	+ 94
879	γ Sculptoris	4.51	K 0	23 16 36.846	+3.2368	+ 18	−32 45 20.05	+19.624	− 60
1609	[ψ³ Aquarii]	5.16	A 0	23 16 49.733	+3.1198	+ 30	− 9 50 6.49	+19.691	+ 4
880	τ Pegasi	4.65	A 5	23 18 36.239	+2.9712	+ 21	+23 30 56.57	+19.714	− 2
1610	[12 Andromedae]	5.75	F 5	23 18 54.146	+2.8979	+ 103	+37 57 29.31	+19.655	− 66
1611	[11 G. Sculptoris]	5.81	G 5	23 19 4.601	+3.1944	− 10	−27 12 41.85	+19.712	− 12
1612	[98 Aquarii]	4.20	K 0	23 20 49.119	+3.1488	− 87	−20 19 28.53	+19.662	− 88

Nr.	Name	Größe	Spektrum	AR. 1959.0	Jährl. Veränderung 1959.5	Jährl. Eigenbew. in 0.ˢ0001	Dekl. 1959.0	Jährl. Veränderung 1959.5	Jährl. Eigenbew. in 0.″001
		m		h m s	s		° ′ ″	″	
1613	[67 Pegasi]	5.46	A 0	23 22 50.094	+2.9387	+ 8	+32 9 33.93	+19.783	+ 4
882	4 Cassiopeiae	5.20	K 5	23 23 0.322	+2.6695	+ 7	+62 3 27.35	+19.776	− 6
881	[υ Pegasi]	4.57	G 0	23 23 19.751	+2.9961	+ 137	+23 10 41.55	+19.828	+ 42
883	[ο Gruis]	5.54	F 0	23 24 19.354	+3.3501	+ 25	−52 56 55.56	+19.933	+ 133
884	κ Piscium	4.94	A 2p	23 24 49.759	+3.0753	+ 56	+ 1 1 51.45	+19.717	− 90
1614	[ϑ Piscium]	4.45	G 5	23 25 53.195	+3.0437	− 84	+ 6 9 12.83	+19.781	− 40
1615	[+15° 4830 Pegs]	6.98	A 2	23 26 58.298	+3.0194	+ 1	+15 47 11.69	+19.844	+ 9
885	70 Pegasi	4.67	K 0	23 27 4.719	+3.0351	+ 42	+12 32 3.49	+19.875	+ 39
886	[β Sculptoris]	4.46	B 9	23 30 46.619	+3.2136	+ 73	−38 2 43.19	+19.900	+ 21
1616	[15 Andromedae]	5.50	A 0	23 32 36.814	+2.9384	− 15	+40 0 37.15	+19.861	− 38
1617	[ι Phoenicis]	4.80	A 2p	23 32 52.511	+3.2231	+ 35	−42 50 30.95	+19.909	+ 8
888	248 G. Aquarii	6.51	K 0	23 33 25.143	+3.0940	− 3	− 7 41 29.20	+19.933	+ 25
890	λ Andromedae	4.00	K 0	23 35 32.963	+2.9402	+ 152	+46 14 9.44	+19.512	− 416
889	[11 G. Phoenicis]	4.86	A 2	23 35 38.907	+3.2249	+ 63	−45 43 9.56	+19.924	− 5
891	ι Andromedae	4.28	B 8	23 36 7.106	+2.9461	+ 23	+43 2 27.57	+19.936	+ 3
893	γ Cephei	3.42	K 0	23 37 38.647	+2.4700	− 215	+77 24 12.79	+20.104	+ 157
892	ι Piscium	4.28	F 8	23 37 50.374	+3.0862	+ 250	+ 5 24 14.24	+19.517	− 432
1619	[κ Andromedae]	4.33	A 0	23 38 22.876	+2.9589	+ 73	+44 6 24.59	+19.938	− 15
1618	[μ Sculptoris]	5.33	K 0	23 38 29.248	+3.1451	− 74	−32 17 59.74	+19.905	− 49
1620	[λ Piscium]	4.61	A 5	23 39 57.185	+3.0615	− 88	+ 1 33 15.89	+19.822	− 143
894	ω² Aquarii	4.62	A 0	23 40 35.795	+3.1098	+ 66	−14 46 18.38	+19.906	− 64
1621	[106 Aquarii]	5.26	B 8	23 42 4.551	+3.1103	+ 19	−18 30 16.28	+19.986	+ 6
1622	[ψ Andromedae]	5.09	K0+A5	23 43 59.649	+2.9770	+ 6	+46 11 33.43	+19.992	− 1
1623	[20 Piscium]	5.60	K 0	23 45 50.004	+3.0837	+ 60	− 2 59 22.39	+20.015	+ 12
895	41 H. Cephei	5.02	A 0	23 45 56.099	+2.8765	+ 13	+67 34 44.37	+20.008	+ 3
896	δ Sculptoris	4.64	A 0	23 46 47.584	+3.1230	+ 81	−28 21 25.43	+19.909	− 100
1624	[Pi 23ʰ 194 Aqar]	7.14	K 0	23 47 18.769	+3.1027	− 3	−21 50 31.62	+20.023	+ 12
897	[268 G. Aquarii]	6.08	K 0	23 48 7.778	+3.0951	+ 92	−10 12 11.32	+20.094	+ 79
898	φ Pegasi	5.23	M 0	23 50 23.906	+3.0538	− 5	+18 53 33.28	+19.994	− 30
1625	[82 Pegasi]	5.39	A 3	23 50 31.484	+3.0614	− 16	+10 43 9.21	+20.032	+ 7
899	ρ Cassiopeiae	4.4—5.1	F 8p	23 52 19.422	+3.0034	− 7	+57 16 16.91	+20.036	+ 5
1626	[27 G. Phoenicis]	6.01	F 8	23 52 29.869	+3.1427	+ 320	−40 31 43.17	+20.065	+ 34
1627	[Grb 4163 Ceph]	6.57	B 9	23 52 48.372	+2.9233	− 26	+74 10 55.48	+20.031	− 1
1628	[Pi 23ʰ 235 Pegs]	6.30	M 0	23 54 35.900	+3.0589	− 16	+22 25 12.06	+20.041	+ 4
1629	[ψ Pegasi]	4.75	M 0	23 55 39.893	+3.0591	− 27	+24 54 48.90	+20.013	− 25
900	27 Piscium	5.07	K 0	23 56 34.411	+3.0715	− 33	− 3 47 0.36	+19.974	− 66
901	[π Phoenicis]	5.14	K 0	23 56 48.700	+3.1035	+ 56	−52 58 29.34	+20.109	+ 69
902	ω Piscium	4.03	F 5	23 57 12.228	+3.0817	+ 101	+ 6 38 10.84	+19.932	− 108
903	ε Tucanae	4.71	B 9	23 57 48.000	+3.1106	+ 89	−65 48 18.76	+20.022	− 19
904	[ϑ Octantis]	4.73	K 0	23 59 31.057	+3.0703	− 150	−77 17 30.67	+19.882	− 160
1630	[30 Piscium]	4.66	M 3	23 59 51.417	+3.0769	+ 34	− 6 14 30.67	+20.009	− 33

Von den Sternen, deren Namen eingeklammert sind, folgen keine Ephemeriden.

Nr.	Name	Größe	Spektrum	AR. 1959.0	Jährl. Veränderung 1959.5	Jährl. Eigenbew. in 0.s001	Dekl. 1959.0	Jährl. Veränderung 1959.5	Jährl. Eigenbew. in 0."001

Nördliche Polsterne

Nr.	Name	Größe	Spektrum	AR. 1959.0	Jährl. Veränderung 1959.5	Jährl. Eigenbew. in 0.s001	Dekl. 1959.0	Jährl. Veränderung 1959.5	Jährl. Eigenbew. in 0."001
		m		h m s	s		° ′ ″	″	
Na	43 H. Cephei	4.52	K 0	1 2 45.40	+ 8.379	+ 79	+86 2 17.99	+19.287	− 7
Nb	α Ursae min.	2.12*	F 8v	1 54 58.40	+43.190	+ 186	+89 4 22.98	+17.551	− 6
Nα	[Br 256 Ceph]	6.86	K 0	2 10 15.29	+ 9.307	+ 39	+83 22 16.57	+16.846	− 41
Nβ	[Br 402 Ceph]	5.78	K 0	3 22 15.32	+14.415	+ 56	+84 46 17.58	+12.592	− 130
Nc	Grb 750 Ceph	6.70	F 8	4 22 38.17	+18.359	+ 18	+85 26 18.89	+ 8.277	+ 28
Nγ	[+85° 74 Ceph]	6.54	A 5	5 17 2.52	+21.432	+ 23	+85 54 14.50	+ 3.638	− 82
Nδ	[Grb 944 Ceph]	6.41	K 0	5 48 24.34	+18.902	+ 12	+85 10 37.64	+ 1.003	+ 3
Nd	51 H. Cephei	5.26	M 0	7 22 2.36	+27.788	− 48	+87 6 32.57	− 7.075	− 33
Nε	[Grb 1359 Caml]	6.39	A 0	8 7 22.09	+14.199	− 8	+84 10 56.24	−10.604	− 22
Nζ	[+84° 196 Caml]	6.26	F 0	9 7 8.02	+12.331	+ 18	+84 20 59.59	−14.603	+ 8
Ne	1 H. Draconis	4.58	K 2	9 31 23.99	+ 8.469	− 7	+81 30 36.65	−15.996	− 18
Nf	30 H. Camelop.	5.34	F 2	10 26 15.18	+ 7.214	− 44	+82 46 6.92	−18.365	+ 25
Nη	[+86° 161 Caml]	7.17	A 2	11 9 52.64	+ 7.034	− 40	+85 51 47.61	−19.565	+ 1
Nϑ	[Grb 1850 Caml]	6.38	F 5	12 2 35.43	+ 2.816	− 49	+85 48 51.26	−19.953	+ 88
Nι	[Grb 2063 Caml]	6.16	G 5	13 43 26.05	− 1.622	+ 20	+82 57 30.23	−18.084	− 48
Nϰ	[Grb 2196 Umin]	5.73	G 0	14 52 57.71	− 3.960	+ 90	+82 40 53.72	−14.833	− 231
Nλ	[Grb 2315 Umin]	7.32	A 2	15 47 32.77	− 6.131	+ 4	+83 4 25.15	−10.953	0
Ng	ε Ursae min.	4.40	G 5	16 50 5.73	− 6.112	+ 6	+82 6 27.78	− 6.020	+ 4
Nh	δ Ursae min.	4.44	A 0	17 45 23.48	−19.404	+ 10	+86 36 24.97	− 1.236	+ 55
Ni	λ Ursae min.	6.55	M 3	18 9 42.37	−77.934	− 113	+89 3 15.73	+ 0.791	0
Nμ	[Br 2412 Drac]	6.15	A 2	18 29 36.34	− 7.950	+ 6	+83 8 55.91	+ 2.545	− 31
Nν	[Grb 3212 Drac]	6.61	A 2	20 5 33.56	− 8.902	− 8	+84 33 10.38	+10.392	− 41
Nk	76 Draconis	5.69	A 0	20 45 40.44	− 4.406	+ 14	+82 22 52.15	+13.284	+ 27
Nξ	[32 H. Cephei]	5.38	A 0	22 16 49.43	− 5.000	+ 51	+85 54 10.03	+18.093	+ 50
No	[36 H. Cephei]	4.96	K 5	22 54 48.66	− 0.515	+ 59	+84 7 37.31	+19.270	+ 34
Nπ	[V Cephei]	6.42	A 0	23 54 29.38	+ 2.840	+ 26	+82 57 46.86	+20.054	+ 18

* var.

Von den Sternen, deren Namen eingeklammert sind, folgen keine Ephemeriden.

Südliche Polsterne

Nr.	Name	Größe	Spektrum	AR. 1959.0	Jährl. Veränderung 1959.5	Jährl. Eigenbew. in 0ˢ.001	Dekl. 1959.0	Jährl. Veränderung 1959.5	Jährl. Eigenbew. in 0″.001
		m		h m s	s		° ′ ″	″	
Sα	[o Octantis]	7.22	A 0	0 12 18.30	+ 0.206	+ 42	−88 35 27.35	+20.015	+ 3
Sa	4 G. Octantis	5.63	K 0	1 39 35.16	− 3.300	+ 21	−84 58 38.92	+18.204	+ 24
Sβ	[Lac 1029 Octn]	7.76	F 0	2 26 54.98	− 8.069	0	−85 54 8.50	+16.045	− 21
Sγ	[Lac 1848 Octn]	8.35	G 5	2 34 10.72	−25.444	− 48	−88 19 44.59	+15.665	− 21
Sδ	[12 G. Mensae]	6.76	A 2	4 27 30.74	− 6.928	− 10	−82 59 27.60	+ 7.877	+ 2
Sb	ξ Mensae	5.85	K 0	5 3 27.74	− 6.807	− 3	−82 31 42.53	+ 4.910	+ 11
Sε	[31 G. Mensae]	6.24	A 0	5 38 6.40	−11.580	− 8	−84 48 40.68	+ 1.969	+ 49
Sζ	[6 G. Octantis]	6.74	K 0	5 50 41.69	−15.698	− 15	−85 55 44.56	+ 0.829	+ 4
Sη	[7 G. Octantis]	6.41	F 2	7 1 48.98	−21.267	+ 10	−86 58 16.71	− 5.323	+ 3
Sϑ	[A Octantis]	7.75	A 0	7 4 51.55	−53.464	− 7	−88 41 54.16	− 5.544	+ 15
Sc	ζ Octantis	5.38	F 0	9 3 1.92	− 8.878	− 92	−85 30 7.17	−14.317	+ 37
Sι	[10 G. Octantis]	6.74	A 0	10 33 35.21	− 3.763	− 2	−85 52 43.43	−18.629	+ 4
Sϰ	[η Octantis]	6.26	A 0	10 59 38.00	− 0.504	− 45	−84 22 23.82	−19.356	− 5
Sd	ι Octantis	5.38	K 0	12 50 27.25	+ 6.396	+ 47	−84 54 4.56	−19.532	+ 25
Sλ	[ϰ Octantis]	5.65	A 2	13 33 53.91	+ 9.897	− 68	−85 34 39.98	−18.403	− 23
Se	20 G. Octantis	6.52	A 2	15 5 55.09	+30.460	− 179	−87 58 58.88	−13.857	− 72
Sμ	[ρ Octantis]	5.66	A 2	15 33 31.22	+13.981	+ 92	−84 20 2.40	−11.854	+ 92
Sf	26 G. Octantis	6.13	A 0	16 45 13.38	+22.657	+ 10	−86 17 54.72	− 6.408	0
Sg	χ Octantis	5.22	K 0	18 31 5.03	+35.215	− 64	−87 38 48.81	+ 2.603	− 132
Sν	[44 G. Octantis]	6.32	K 0	19 48 35.12	+10.990	+ 5	−81 27 26.35	+ 9.153	+ 1
Sh	σ Octantis	5.48	F 0	20 26 15.61	+71.989	+ 126	−89 6 34.66	+11.981	− 1
Sξ	[48 G. Octantis]	7.08	A 0	20 33 7.99	+14.098	+ 36	−84 33 6.91	+12.406	− 19
Sπ	[υ Octantis]	5.74	K 0	22 24 20.87	+11.132	− 37	−86 10 41.65	+18.387	+ 62
So	[B Octantis]	6.54	A 5	22 25 48.96	+34.526	+ 63	−89 1 52.29	+18.343	− 40
Si	β Octantis	4.34	F 0	22 41 59.42	+ 6.068	− 23	−81 35 50.92	+18.902	+ 8
Sk	τ Octantis	5.56	K 0	23 22 39.85	+ 8.498	+ 26	−87 42 29.42	+19.790	+ 12

Von den Sternen, deren Namen eingeklammert sind, folgen keine Ephemeriden.

Scheinbare Sternörter 1959

Obere Kulmination Greenwich

Tag	1) α Andromedae AR.	Δ	1) α Andromedae Dekl.	Δ	2) β Cassiopeiae AR.	Δ	2) β Cassiopeiae Dekl.	Δ
1959	0h 6m		+28° 51′		0h 6m		+58° 55′	
	s		″		s		″	
Jan. 0	16.280	148	61.67	97	59.654	323	44.13	77
10	16.132	143	60.70	123	59.331	311	43.36	129
20	15.989	131	59.47	144	59.020	288	42.07	175
30	15.858	113	58.03	160	58.732	252	40.32	216
Febr. 9	15.745	89	56.43	169	58.480	203	38.16	247
19	15.656	58	54.74	170	58.277	144	35.69	268
März 1	15.598	22	53.04	163	58.133	75	33.01	278
11	15.576	20	51.41	149	58.058	0	30.23	277
21	15.596	65	49.92	128	58.058	80	27.46	264
31	15.661	112	48.64	101	58.138	160	24.82	241
April 10	15.773	159	47.63	67	58.298	238	22.41	208
20	15.932	203	46.96	31	58.536	310	20.33	168
30	16.135	243	46.65	8	58.846	373	18.65	122
Mai 10	16.378	278	46.73	47	59.219	425	17.43	72
20	16.656	306	47.20	86	59.644	466	16.71	19
30	16.962	324	48.06	121	60.110	493	16.52	34
Juni 9	17.286	335	49.27	155	60.603	505	16.86	86
19	17.621	336	50.82	183	61.108	505	17.72	135
29	17.957	328	52.65	207	61.613	490	19.07	180
Juli 9	18.285	312	54.72	225	62.103	464	20.87	222
19	18.597	289	56.97	237	62.567	426	23.09	256
29	18.886	259	59.34	244	62.993	380	25.65	285
Aug. 8	19.145	223	61.78	245	63.373	326	28.50	308
18	19.368	185	64.23	241	63.699	267	31.58	324
28	19.553	144	66.64	232	63.966	204	34.82	333
Sept. 7	19.697	103	68.96	219	64.170	140	38.15	335
17	19.800	62	71.15	202	64.310	76	41.50	330
26	[23] 19.862	24	73.17	181	[23] 64.386	13	44.80	319
Okt. 6	19.886	11	74.98	159	64.399	46	47.99	301
16	19.875	43	76.57	134	64.353	103	51.00	275
26	19.832	70	77.91	106	64.250	155	53.75	245
Nov. 5	19.762	95	78.97	76	64.095	201	56.20	207
15	19.667	114	79.73	46	63.894	242	58.27	165
25	19.553	129	80.19	15	63.652	276	59.92	117
Dez. 5	19.424	141	80.34	18	63.376	303	61.09	65
15	19.283	148	80.16	50	63.073	320	61.74	11
25	19.135	151	79.66	79	62.753	327	61.85	44
35	18.984		78.87		62.426		61.41	
Mittl. Ort	15.772		51.00		58.577		25.43	
sec δ, tg δ	+1.142		+ 0.551		+1.937		+ 1.659	
a, *a′*	+3.1		+20.0		+3.1		+20.0	
b, *b′*	+0.04		− 0.03		+0.11		− 0.03	

Tag	3) ε Phoenicis AR.	Δ	3) ε Phoenicis Dekl.	Δ	7) γ Pegasi AR.	Δ	7) γ Pegasi Dekl.	Δ
1959	0h 7m		−45° 57′		0h 11m		+14° 57′	
	s		″		s		″	
Jan. 0	19.640	207	98.03	27	7.639	126	26.49	89
10	19.433	193	97.76	72	7.513	121	25.60	100
20	19.240	172	97.04	116	7.392	111	24.60	108
30	19.068	145	95.88	157	7.281	97	23.52	110
Febr. 9	18.923	114	94.31	194	7.184	77	22.42	109
19	18.809	76	92.37	227	7.107	50	21.33	102
März 1	18.733	35	90.10	253	7.057	18	20.31	89
11	18.698	12	87.57	276	7.039	17	19.42	71
21	18.710	60	84.81	292	7.056	57	18.71	48
31	18.770	112	81.89	303	7.113	99	18.23	20
April 10	18.882	164	78.86	307	7.212	142	18.03	9
20	19.046	214	75.79	304	7.354	183	18.12	40
30	19.260	262	72.75	296	7.537	220	18.52	72
Mai 10	19.522	304	69.79	280	7.757	253	19.24	103
20	19.826	341	66.99	258	8.010	280	20.27	131
30	20.167	369	64.41	229	8.290	299	21.58	157
Juni 9	20.536	387	62.12	195	8.589	311	23.15	177
19	20.923	395	60.17	156	8.900	313	24.92	194
29	21.318	393	58.61	113	9.213	308	26.86	204
Juli 9	21.711	381	57.48	66	9.521	295	28.90	209
19	22.092	357	56.82	18	9.816	274	30.99	210
29	22.449	324	56.64	29	10.090	247	33.09	205
Aug. 8	22.773	282	56.93	76	10.337	215	35.14	195
18	23.055	235	57.69	120	10.552	179	37.09	182
28	23.290	181	58.89	159	10.731	142	38.91	165
Sept. 7	23.471	124	60.48	191	10.873	103	40.56	146
17	23.595	68	62.39	216	10.976	66	42.02	125
26	[23] 23.663	12	64.55	233	[24] 11.042	31	43.27	102
Okt. 6	23.675	41	66.88	240	11.073	2	44.29	79
16	23.634	88	69.28	236	11.071	32	45.08	57
26	23.546	129	71.64	224	11.039	57	45.65	35
Nov. 5	23.417	162	73.88	203	10.982	78	46.00	13
15	23.255	188	75.91	172	10.904	95	46.13	8
25	23.067	205	77.63	136	10.809	109	46.05	29
Dez. 5	22.862	215	78.99	95	10.700	118	45.76	47
15	22.647	217	79.94	50	10.582	125	45.29	65
25	22.430	212	80.44	3	10.457	127	44.64	81
35	22.218		80.47		10.330		43.83	
Mittl. Ort	20.170		84.53		7.260		20.69	
sec δ, tg δ	+1.439		− 1.035		+1.035		+ 0.267	
a, *a′*	+3.0		+20.0		+3.1		+20.0	
b, *b′*	−0.07		− 0.03		+0.02		− 0.05	

Scheinbare Sternörter 1959

Obere Kulmination Greenwich

Tag	9) ι Ceti AR.		9) ι Ceti Dekl.		10) ζ Tucanae[1] AR.		10) ζ Tucanae[1] Dekl.		11) β Hydri[2] AR.		11) β Hydri[2] Dekl.		12) α Phoenicis AR.		12) α Phoenicis Dekl.	
1958	0h 17m		−9° 2′		0h 17m		−65° 6′		0h 23m		−77° 28′		0h 24m		−42° 31′	
	s		″		s		″		s		″		s		″	
Jan. 0	20.439	122	66.51	62	55.58	41	73.47	73	34.88	89	84.90	95	15.397	198	55.66	1
10	20.317	116	67.13	47	55.17	38	72.74	128	33.99	84	83.95	155	15.199	188	55.65	45
20	20.201	107	67.60	31	54.79	35	71.46	180	33.15	76	82.40	208	15.011	173	55.20	89
30	20.094	94	67.91	12	54.44	29	69.66	227	32.39	66	80.32	256	14.838	151	54.31	130
Febr. 9	20.000	75	68.03	7	54.15	24	67.39	268	31.73	55	77.76	297	14.687	125	53.01	168
19	19.925	50	67.96	29	53.91	18	64.71	302	31.18	42	74.79	330	14.562	92	51.33	202
März 1	19.875	22	67.67	51	53.73	11	61.69	329	30.76	27	71.49	354	14.470	53	49.31	232
11	19.853	11	67.16	75	53.62	3	58.40	348	30.49	13	67.95	371	14.417	11	46.99	257
21	19.864	49	66.41	98	53.59	5	54.92	358	30.36	3	64.24	378	14.406	35	44.42	276
31	19.913	88	65.43	122	53.64	13	51.34	363	30.39	18	60.46	377	14.441	85	41.66	291
April 10	20.001	128	64.21	145	53.77	22	47.71	359	30.57	33	56.69	369	14.526	135	38.75	299
20	20.129	169	62.76	164	53.99	29	44.12	347	30.90	48	53.00	353	14.661	185	35.76	301
30	20.298	206	61.12	181	54.28	36	40.65	327	31.38	62	49.47	328	14.846	233	32.75	297
Mai 10	20.504	239	59.31	195	54.64	44	37.38	301	32.00	74	46.19	296	15.079	276	29.78	285
20	20.743	267	57.36	204	55.08	49	34.37	268	32.74	85	43.23	258	15.355	313	26.93	267
30	21.010	288	55.32	207	55.57	54	31.69	228	33.59	95	40.65	213	15.668	342	24.26	243
Juni 9	21.298	302	53.25	206	56.11	57	29.41	182	34.54	101	38.52	165	16.010	364	21.83	212
19	21.600	308	51.19	199	56.68	59	27.59	133	35.55	105	36.87	111	16.374	376	19.71	176
29	21.908	305	49.20	186	57.27	59	26.26	80	36.60	107	35.76	55	16.750	377	17.95	136
Juli 9	22.213	294	47.34	169	57.86	59	25.46	25	37.67	105	35.21	3	17.127	367	16.59	91
19	22.507	276	45.65	148	58.45	55	25.21	30	38.72	100	35.24	60	17.494	349	15.68	45
29	22.783	251	44.17	122	59.00	50	25.51	85	39.72	93	35.84	116	17.843	321	15.23	3
Aug. 8	23.034	220	42.95	95	59.50	45	26.36	136	40.65	82	37.00	168	18.164	284	15.26	50
18	23.254	185	42.00	65	59.95	37	27.72	183	41.47	70	38.68	214	18.448	241	15.76	95
28	23.439	148	41.35	36	60.32	29	29.55	224	42.17	54	40.82	254	18.689	193	16.71	136
Sept. 7	23.587	110	40.99	7	60.61	20	31.79	256	42.71	37	43.36	284	18.882	141	18.07	172
17	23.697	72	40.92	19	60.81	11	34.35	278	43.08	19	46.20	305	19.023	88	19.79	200
26*	[26] 23.769	35	41.11	43	[26] 60.92	2	37.13	291	[27] 43.27	1	49.25	313	[28] 19.111	36	21.79	221
Okt. 6	23.804	1	41.54	63	60.94	8	40.04	292	43.28	18	52.38	311	19.147	13	24.00	232
16	23.805	29	42.17	79	60.86	17	42.96	280	43.10	36	55.49	295	19.134	59	26.32	235
26	23.776	55	42.96	89	60.69	24	45.76	259	42.74	51	58.44	268	19.075	99	28.67	226
Nov. 5	23.721	76	43.85	96	60.45	31	48.35	226	42.23	65	61.12	231	18.976	132	30.93	209
15	23.645	93	44.81	98	60.14	35	50.61	184	41.58	76	63.43	183	18.844	160	33.02	185
25	23.552	106	45.79	96	59.79	39	52.45	135	40.82	84	65.26	128	18.684	179	34.87	152
Dez. 5	23.446	116	46.75	90	59.40	42	53.80	80	39.98	90	66.54	69	18.505	193	36.39	114
15	23.330	121	47.65	81	58.98	42	54.60	23	39.08	92	67.23	6	18.312	199	37.53	72
25	23.209	122	48.46	70	58.56	42	54.83	36	38.16	90	67.29	57	18.113	200	38.25	28
35	23.087		49.16		58.14		54.47		37.26		66.72		17.913		38.53	
Mittl. Ort	20.289		63.58		56.85		55.99		37.75		66.04		15.711		42.19	
sec δ, tg δ	+1.013		− 0.159		+2.376		− 2.156		+4.615		− 4.505		+1.357		− 0.917	
a, a′	+3.1		+20.0		+2.8		+20.0		+2.5		+19.9		+2.9		+19.9	
b, b′	−0.01		− 0.08		−0.14		− 0.08		−0.30		− 0.10		−0.06		− 0.11	

[1] Die jährliche Parallaxe (0″.133) ist bereits berücksichtigt.
[2] Die jährliche Parallaxe (0″.143) ist bereits berücksichtigt.
* Bei Stern 11) und 12) lies Sept. 27.

Scheinbare Sternörter 1959

Obere Kulmination Greenwich

Tag	13) 12 Ceti AR.		13) 12 Ceti Dekl.		17) ζ Cassiopeiae AR.		17) ζ Cassiopeiae Dekl.		18) π Andromedae AR.		18) π Andromedae Dekl.		20) δ Andromedae AR.		20) δ Andromedae Dekl.	
1959	0h 27m		−4° 10′		0h 34m		+53° 40′		0h 34m		+33° 29′		0h 37m		+30° 38′	
	s		″		s		″		s		″		s		″	
Jan. 0	56.992	121	62.51	70	41.659	271	34.24	51	41.827	164	49.15	74	8.496	155	22.83	75
10	56.871	119	63.21	60	41.388	271	33.73	100	41.663	164	48.41	104	8.341	157	22.08	102
20	56.752	112	63.81	48	41.117	259	32.73	144	41.499	158	47.37	132	8.184	151	21.06	126
30	56.640	99	64.29	34	40.858	236	31.29	184	41.341	144	46.05	153	8.033	139	19.80	145
Febr. 9	56.541	83	64.63	17	40.622	202	29.45	216	41.197	123	44.52	169	7.894	118	18.35	159
19	56 458	60	64.80	2	40.420	157	27.29	239	41.074	93	42.83	176	7.776	90	16.76	165
März 1	56.398	32	64.78	22	40.263	102	24.90	251	40.981	57	41.07	177	7.686	56	15.11	163
11	56.366	1	64.56	45	40.161	39	22.39	254	40.924	15	39.30	169	7.630	15	13.48	155
21	56.367	39	64.11	68	40.122	30	19.85	245	40.909	33	37.61	153	7.615	30	11.93	138
31	56.406	78	63.43	93	40.152	101	17.40	227	40.942	83	36.08	131	7.645	79	10.55	115
April 10	56.484	119	62.50	117	40.253	171	15.13	200	41.025	134	34.77	101	7.724	128	9.40	87
20	56.603	159	61.33	139	40.424	239	13.13	165	41.159	183	33.76	67	7.852	177	8.53	53
30	56.762	197	59.94	160	40.663	300	11.48	123	41.342	229	33.09	30	8.029	222	8.00	17
Mai 10	56.959	232	58.34	177	40.963	354	10.25	77	41.571	270	32.79	10	8.251	261	7.83	21
20	57.191	261	56.57	190	41.317	397	9.48	30	41.841	302	32.89	49	8.512	294	8.04	59
30	57.452	283	54.67	199	41.714	428	9.18	20	42.143	328	33.38	88	8.806	319	8.63	95
Juni 9	57.735	299	52.68	202	42.142	448	9.38	68	42.471	343	34.26	124	9.125	335	9.58	129
19	58.034	305	50.66	200	42.590	456	10.06	115	42.814	350	35.50	156	9.460	342	10.87	159
29	58.339	303	48.66	192	43.046	450	11.21	158	43.164	347	37.06	184	9.802	339	12.46	186
Juli 9	58.642	295	46.74	180	43.496	434	12.79	197	43.511	335	38.90	208	10.141	329	14.32	206
19	58.937	278	44.94	163	43.930	408	14.76	231	43.846	315	40.98	226	10.470	310	16.38	222
29	59.215	254	43.31	142	44.338	372	17.07	259	44.161	289	43.24	239	10.780	285	18.60	232
Aug. 8	59.469	225	41.89	117	44.710	330	19.66	282	44.450	256	45.63	245	11.065	253	20.92	237
18	59.694	192	40.72	91	45.040	282	22.48	298	44.706	220	48.08	247	11.318	218	23.29	236
28	59.886	157	39.81	64	45.322	230	25.46	308	44.926	180	50.55	244	11.536	179	25.65	231
Sept. 7	60.043	119	39.17	36	45.552	176	28.54	312	45.106	140	52.99	236	11.715	140	27.96	222
17	60.162	82	38.81	10	45.728	121	31.66	309	45.246	99	55.35	223	11.855	101	30.18	208
27	60.244	46	38.71	14	45.849	66	34.75	301	45.345	59	57.58	207	11.956	62	32.26	191
Okt. 6	[28] 60.290	13	38.85	36	[30] 45.915	14	37.76	285	[30] 45.404	22	59.65	187	[1] 12.018	25	34.17	172
16	60.303	17	39.21	53	45.929	36	40.61	265	45.426	14	61.52	164	12.043	9	35.89	148
26	60.286	43	39.74	67	45.893	83	43.26	238	45.412	45	63.16	139	12.034	39	37.37	124
Nov. 5	60.243	65	40.41	77	45.810	128	45.64	206	45.367	73	64.55	111	11.995	67	38.61	97
15	60.178	84	41.18	83	45.682	167	47.70	168	45.294	99	65.66	80	11.928	92	39.58	68
25	60.094	98	42.01	85	45.515	202	49.38	125	45.195	121	66.46	48	11.836	112	40.26	38
Dez. 5	59.996	109	42.86	85	45.313	232	50.63	80	45.074	139	66.94	14	11.724	131	40.64	7
15	59.887	117	43.71	81	45.081	254	51.43	31	44.935	153	67.08	19	11.593	145	40.71	25
25	59.770	121	44.52	75	44.827	269	51.74	20	44.782	162	66.89	54	11.448	154	40.46	56
35	59.649		45.27		44.558		51.54		44.620		66.35		11.294		39.90	
Mittl. Ort	56.724		60.84		40.435		17.70		41.049		38.13		7.746		12.80	
sec δ, tg δ	+1.003		− 0.073		+1.688		+ 1.360		+1.199		+ 0.662		+1.162		+ 0.592	
a, *a′*	+3.1		+19.9		+3.3		+19.8		+3.2		+19.8		+3.2		+19.8	
b, *b′*	0.00		− 0.12		+0.09		− 0.15		+0.04		− 0.15		+0.04		− 0.16	

Scheinbare Sternörter 1959

Obere Kulmination Greenwich

Tag	21) α Cassiopeiae AR.		Dekl.		22) β Ceti AR.		Dekl.		25) o Cassiopeiae AR.		Dekl.		24) 21 Cassiopeiae AR.		Dekl.	
1959	0h 38m		+56° 18′		0h 41m		−18° 12′		0h 42m		+48° 3′		0h 42m		+74° 45′	
	s		″		s		″		s		″		s		″	
Jan. 0	11.329	296	63.29	43	32.102	135	47.85	57	26.910	229	52.14	51	57.04	73	71.68	0
10	11.033	296	62.86	94	31.967	133	48.42	32	26.681	230	51.63	95	56.31	73	71.68	62
20	10.737	285	61.92	140	31.834	127	48.74	6	26.451	224	50.68	135	55.58	71	71.06	121
30	10.452	261	60.52	182	31.707	116	48.80	21	26.227	206	49.33	171	54.87	64	69.85	176
Febr. 9	10.191	225	58.70	217	31.591	99	48.59	47	26.021	179	47.62	200	54.23	56	68.09	222
19	9.966	176	56.53	242	31.492	77	48.12	75	25.842	141	45.62	219	53.67	46	65.87	260
März 1	9.790	117	54.11	257	31.415	49	47.37	101	25.701	94	43.43	231	53.21	32	63.27	287
11	9.673	51	51.54	262	31.366	16	46.36	127	25.607	40	41.12	231	52.89	17	60.40	302
21	9.622	23	48.92	255	31.350	22	45.09	152	25.567	20	38.81	222	52.72	2	57.38	305
31	9.645	99	46.37	238	31.372	62	43.57	174	25.587	83	36.59	204	52.70	14	54.33	295
April 10	9.744	174	43.99	212	31.434	104	41.83	193	25.670	147	34.55	178	52.84	30	51.38	276
20	9.918	247	41.87	178	31.538	147	39.90	210	25.817	208	32.77	143	53.14	44	48.62	245
30	10.165	313	40.09	137	31.685	188	37.80	223	26.025	264	31.34	105	53.58	57	46.17	206
Mai 10	10.478	369	38.72	91	31.873	225	35.57	230	26.289	314	30.29	61	54.15	69	44.11	160
20	10.847	416	37.81	43	32.098	258	33.27	232	26.603	355	29.68	15	54.84	78	42.51	110
30	11.263	450	37.38	7	32.356	283	30.95	229	26.958	386	29.53	31	55.62	85	41.41	56
Juni 9	11.713	472	37.45	57	32.639	302	28.66	220	27.344	406	29.84	76	56.47	89	40.85	1
19	12.185	480	38.02	105	32.941	312	26.46	205	27.750	414	30.60	119	57.36	91	40.84	53
29	12.665	476	39.07	149	33.253	315	24.41	184	28.164	412	31.79	159	58.27	90	41.37	107
Juli 9	13.141	460	40.56	191	33.568	308	22.57	160	28.576	399	33.38	194	59.17	87	42.44	157
19	13.601	433	42.47	226	33.876	293	20.97	130	28.975	377	35.32	225	60.04	83	44.01	203
29	14.034	396	44.73	257	34.169	272	19.67	97	29.352	346	37.57	249	60.87	76	46.04	245
Aug. 8	14.430	353	47.30	281	34.441	245	18.70	63	29.698	310	40.06	269	61.63	68	48.49	281
18	14.783	302	50.11	300	34.686	211	18.07	26	30.008	268	42.75	282	62.31	58	51.30	310
28	15.085	248	53.11	312	34.897	175	17.81	9	30.276	221	45.57	289	62.89	48	54.40	334
Sept. 7	15.333	191	56.23	318	35.072	136	17.90	41	30.497	173	48.46	291	63.37	37	57.74	351
17	15.524	133	59.41	317	35.208	98	18.31	72	30.670	125	51.37	286	63.74	25	61.25	360
27	$_{1}$15.657	75	62.58	310	$_{2}$35.306	59	19.03	97	$_{2}$30.795	76	54.23	277	$_{2}$63.99	12	64.85	361
Okt. 6	15.732	19	65.68	297	35.365	23	20.00	118	30.871	30	57.00	261	64.11	1	68.46	355
16	15.751	35	68.65	276	35.388	10	21.18	132	30.901	15	59.61	241	64.12	11	72.01	342
26	15.716	87	71.41	251	35.378	40	22.50	140	30.886	56	62.02	215	64.01	24	75.43	320
Nov. 5	15.629	135	73.92	219	35.338	66	23.90	142	30.830	95	64.17	185	63.77	34	78.63	290
15	15.494	179	76.11	182	35.272	87	25.32	136	30.735	131	66.02	150	63.43	45	81.53	252
25	15.315	217	77.93	139	35.185	104	26.68	127	30.604	162	67.52	111	62.98	54	84.05	207
Dez. 5	15.098	250	79.32	91	35.081	118	27.95	112	30.442	189	68.63	68	62.44	63	86.12	155
15	14.848	276	80.23	42	34.963	127	29.07	93	30.253	210	69.31	23	61.81	68	87.67	99
25	14.572	293	80.65	10	34.836	133	30.00	72	30.043	226	69.54	22	61.13	73	88.66	39
35	14.279		80.55		34.703		30.72		29.817		69.32		60.40		89.05	
Mittl. Ort	9.978		46.30		31.916		40.78		25.773		37.30		54.15		51.80	
sec δ, tg δ	+1.803		+ 1.500		+1.053		− 0.329		+1.496		+ 1.113		+3.805		+ 3.672	
a, *a′*	+3.4		+19.8		+3.0		+19.7		+3.3		+19.7		+4.0		+19.7	
b, *b′*	+0.10		− 0.17		−0.02		− 0.18		+0.07		− 0.18		+0.24		− 0.19	

Obere Kulmination Greenwich

Tag	27) ζ Andromedae AR.	Δ	27) ζ Andromedae Dekl.	Δ	32) γ Cassiopeiae AR.	Δ	32) γ Cassiopeiae Dekl.	Δ	33) μ Andromedae AR.	Δ	33) μ Andromedae Dekl.	Δ	35) α Sculptoris AR.	Δ	35) α Sculptoris Dekl.	Δ
1959	0h 45m		+24° 2′		0h 54m		+60° 29′		0h 54m		+38° 16′		0h 56m		−29° 34′	
	s		″		s		″		s		″		s		″	
Jan. 0	10.309	142	47.77	73	14.66	35	59.85	15	29.164	179	50.29	52	38.012	160	54.49	51
10	10.167	144	47.04	94	14.31	34	59.70	70	28.985	184	49.77	88	37.852	160	55.00	15
20	10.023	141	46.10	111	13.97	34	59.00	120	28.801	181	48.89	120	37.692	155	55.15	21
30	9.882	130	44.99	125	13.63	32	57.80	166	28.620	171	47.69	147	37.537	144	54.94	58
Febr. 9	9.752	114	43.74	132	13.31	29	56.14	206	28.449	151	46.22	169	37.393	128	54.36	93
19	9.638	89	42.42	135	13.02	23	54.08	237	28.298	123	44.53	183	37.265	104	53.43	127
März 1	9.549	58	41.07	130	12.79	16	51.71	258	28.175	86	42.70	189	37.161	76	52.16	158
11	9.491	21	39.77	119	12.63	9	49.13	268	28.089	41	40.81	187	37.085	41	50.58	186
21	9.470	22	38.58	101	12.54	1	46.45	268	28.048	9	38.94	177	37.044	1	48.72	211
31	9.492	67	37.57	79	12.53	7	43.77	256	28.057	62	37.17	157	37.043	42	46.61	233
April 10	9.559	114	36.78	51	12.60	16	41.21	234	28.119	117	35.60	132	37.085	88	44.28	250
20	9.673	160	36.27	20	12.76	25	38.87	203	28.236	171	34.28	101	37.173	134	41.78	263
30	9.833	204	36.07	13	13.01	32	36.84	166	28.407	222	33.27	64	37.307	178	39.15	269
Mai 10	10.037	243	36.20	47	13.33	39	35.18	122	28.629	267	32.63	26	37.485	220	36.46	270
20	10.280	275	36.67	81	13.72	44	33.96	74	28.896	305	32.37	15	37.705	257	33.76	265
30	10.555	300	37.48	113	14.16	48	33.22	25	29.201	335	32.52	55	37.962	288	31.11	253
Juni 9	10.855	318	38.61	141	14.64	52	32.97	26	29.536	355	33.07	94	38.250	311	28.58	235
19	11.173	326	40.02	165	15.16	53	33.23	75	29.891	366	34.01	130	38.561	326	26.23	211
29	11.499	326	41.67	186	15.69	53	33.98	122	30.257	366	35.31	162	38.887	331	24.12	182
Juli 9	11.825	317	43.53	201	16.22	51	35.20	167	30.623	358	36.93	190	39.218	329	22.30	147
19	12.142	301	45.54	211	16.73	49	36.87	206	30.981	341	38.83	214	39.547	317	20.83	108
29	12.443	277	47.65	216	17.22	46	38.93	240	31.322	317	40.97	232	39.864	298	19.75	67
Aug. 8	12.720	249	49.81	215	17.68	41	41.33	270	31.639	285	43.29	244	40.162	270	19.08	24
18	12.969	216	51.96	210	18.09	36	44.03	293	31.924	250	45.73	251	40.432	238	18.84	19
28	13.185	180	54.06	202	18.45	31	46.96	310	32.174	212	48.24	253	40.670	200	19.03	60
Sept. 7	13.365	143	56.08	188	18.76	24	50.06	321	32.386	170	50.77	249	40.870	159	19.63	98
17	13.508	106	57.96	172	19.00	18	53.27	325	32.556	129	53.26	242	41.029	117	20.61	131
27	13.614	69	59.68	154	19.18	11	56.52	322	[5] 32.685	88	55.68	229	[6] 41.146	75	21.92	159
Okt. 6	[3] 13.683	34	61.22	133	[5] 19.29	5	59.74	313	32.773	48	57.97	213	41.221	34	23.51	180
16	13.717	2	62.55	112	19.34	1	62.87	297	32.821	10	60.10	193	41.255	4	25.31	191
26	13.719	27	63.67	89	19.33	7	65.84	275	32.831	26	62.03	169	41.251	39	27.22	196
Nov. 5	13.692	54	64.56	65	19.26	13	68.59	245	32.805	58	63.72	143	41.212	70	29.18	192
15	13.638	77	65.21	40	19.13	18	71.04	211	32.747	88	65.15	112	41.142	96	31.10	180
25	13.561	97	65.61	15	18.95	24	73.15	169	32.659	116	66.27	79	41.046	118	32.90	161
Dez. 5	13.464	115	65.76	10	18.71	27	74.84	122	32.543	140	67.06	44	40.928	135	34.51	136
15	13.349	129	65.66	35	18.44	31	76.06	72	32.403	160	67.50	7	40.793	149	35.87	106
25	13.220	140	65.31	59	18.13	34	76.78	18	32.243	174	67.57	29	40.644	156	36.93	73
35	13.080		64.72		17.79		76.96		32.069		67.28		40.488		37.66	
Mittl. Ort	9.600		40.25		12.94		42.74		28.154		38.70		37.874		43.24	
sec δ, tg δ	+1.095		+ 0.446		+2.030		+ 1.767		+1.274		+ 0.789		+1.150		− 0.568	
a, a′	+3.2		+19.7		+3.6		+19.5		+3.3		+19.5		+2.9		+19.4	
b, b′	+0.03		− 0.20		+0.11		− 0.23		+0.05		− 0.24		−0.04		− 0.24	

Scheinbare Sternörter 1959

Obere Kulmination Greenwich

Tag	36) ε Piscium AR.		36) ε Piscium Dekl.		1031) υ Phoenicis AR.		1031) υ Phoenicis Dekl.		42) β Andromedae AR.		42) β Andromedae Dekl.		45) υ Piscium AR.		45) υ Piscium Dekl.	
1959	1h 0m		+7° 40′		1h 5m		−41° 41′		1h 7m		+35° 24′		1h 17m		+27° 2′	
	s		″		s		″		s		″		s		″	
Jan. 0	49.329	124	12.61	74	55.653	206	96.29	42	26.772	168	23.42	46	13.353	145	63.88	51
10	49.205	129	11.87	76	55.447	206	96.71	5	26.604	175	22.96	79	13.208	154	63.37	75
20	49.076	128	11.11	77	55.241	200	96.66	51	26.429	176	22.17	108	13.054	157	62.62	96
30	48.948	122	10.34	73	55.041	188	96.15	95	26.253	169	21.09	133	12.897	153	61.66	113
Febr. 9	48.826	109	9.61	66	54.853	168	95.20	138	26.084	152	19.76	153	12.744	141	60.53	125
19	48.717	89	8.95	57	54.685	142	93.82	176	25.932	128	18.23	167	12.603	120	59.28	132
März 1	48.628	64	8.38	43	54.543	109	92.06	211	25.804	94	16.56	173	12.483	91	57.96	134
11	48.564	31	7.95	25	54.434	69	89.95	242	25.710	52	14.83	170	12.392	55	56.62	128
21	48.533	6	7.70	5	54.365	24	87.53	267	25.658	6	13.13	161	12.337	13	55.34	116
31	48.539	47	7.65	18	54.341	24	84.86	288	25.652	46	11.52	144	12.324	34	54.18	98
April 10	48.586	90	7.83	44	54.365	76	81.98	301	25.698	100	10.08	120	12.358	82	53.20	74
20	48.676	133	8.27	70	54.441	128	78.97	309	25.798	152	8.88	91	12.440	132	52.46	47
30	48.809	175	8.97	96	54.569	180	75.88	311	25.950	203	7.97	57	12.572	179	51.99	16
Mai 10	48.984	213	9.93	120	54.749	228	72.77	305	26.153	248	7.40	20	12.751	223	51.83	17
20	49.197	246	11.13	143	54.977	271	69.72	292	26.401	287	7.20	17	12.974	261	52.00	50
30	49.443	273	12.56	161	55.248	307	66.80	272	26.688	319	7.37	55	13.235	291	52.50	81
Juni 9	49.716	292	14.17	176	55.555	337	64.08	246	27.007	341	7.92	92	13.526	314	53.31	112
19	50.008	304	15.93	186	55.892	357	61.62	213	27.348	353	8.84	125	13.840	328	54.43	139
29	50.312	306	17.79	191	56.249	367	59.49	175	27.701	357	10.09	156	14.168	333	55.82	162
Juli 9	50.618	302	19.70	191	56.616	368	57.74	131	28.058	352	11.65	181	14.501	331	57.44	181
19	50.920	290	21.61	186	56.984	358	56.43	85	28.410	338	13.46	203	14.832	319	59.25	194
29	51.210	271	23.47	176	57.342	338	55.58	36	28.748	316	15.49	219	15.151	300	61.19	204
Aug. 8	51.481	246	25.23	161	57.680	311	55.22	15	29.064	288	17.68	229	15.451	277	63.23	208
18	51.727	217	26.84	144	57.991	275	55.37	63	29.352	256	19.97	235	15.728	247	65.31	207
28	51.944	184	28.28	124	58.266	234	56.00	109	29.608	220	22.32	237	15.975	214	67.38	201
Sept. 7	52.128	150	29.52	101	58.500	188	57.09	152	29.828	181	24.69	232	16.189	180	69.39	193
17	52.278	116	30.53	79	58.688	139	58.61	187	30.009	141	27.01	224	16.369	143	71.32	181
27	52.394	81	31.32	56	58.827	89	60.48	215	30.150	103	29.25	212	16.512	108	73.13	166
Okt. 7	52.475	49	31.88	34	58.916	40	62.63	235	30.253	65	31.37	197	16.620	73	74.79	149
16	[7] 52.524	18	32.22	14	[8] 58.956	7	64.98	245	[9] 30.318	28	33.34	177	[11] 16.693	39	76.28	130
26	52.542	10	32.36	5	58.949	50	67.43	245	30.346	7	35.11	155	16.732	7	77.58	109
Nov. 5	52.532	35	32.31	22	58.899	90	69.88	235	30.339	40	36.66	131	16.739	22	78.67	87
15	52.497	57	32.09	35	58.809	123	72.23	216	30.299	70	37.97	104	16.717	51	79.54	64
25	52.440	78	31.74	47	58.686	151	74.39	188	30.229	97	39.01	73	16.666	77	80.18	40
Dez. 5	52.362	94	31.27	57	58.535	174	76.27	154	30.132	122	39.74	41	16.589	100	80.58	15
15	52.268	109	30.70	65	58.361	190	77.81	113	30.010	145	40.15	9	16.489	120	80.73	11
25	52.159	120	30.05	71	58.171	201	78.94	70	29.865	161	40.24	25	16.369	138	80.62	35
35	52.039		29.34		57.970		79.64		29.704		39.99		16.231		80.27	
Mittl. Ort	48.732		11.46		55.624		81.38		25.724		13.30		12.390		56.86	
sec δ, tg δ	+1.009		+ 0.135		+1.339		− 0.891		+1.227		+ 0.711		+1.123		+ 0.511	
a, a′	+3.1		+19.3		+2.7		+19.2		+3.3		+19.2		+3.3		+18.9	
b, b′	+0.01		− 0.26		−0.06		− 0.28		+0.05		− 0.29		+0.03		− 0.33	

Scheinbare Sternörter 1959

Obere Kulmination Greenwich

Tag	47) ϑ Ceti AR.		47) ϑ Ceti Dekl.		48) δ Cassiopeiae AR.		48) δ Cassiopeiae Dekl.		50) η Piscium AR.		50) η Piscium Dekl.		51) 40 Cassiopeiae AR.		51) 40 Cassiopeiae Dekl.	
1959	1h 21m		−8° 23′		1h 23m		+60° 1′		1h 29m		+15° 8′		1h 35m		+72° 49′	
	s		″		s		″		s		″		s		″	
Jan. 0	58.899	127	45.32	79	8.89	32	38.11	18	17.959	126	8.63	62	15.27	61	72.30	65
10	58.772	133	46.11	63	8.57	34	38.29	35	17.833	137	8.01	72	14.66	64	72.95	5
20	58.639	136	46.74	45	8.23	35	37.94	85	17.696	142	7.29	80	14.02	65	73.00	54
30	58.503	133	47.19	26	7.88	33	37.09	134	17.554	140	6.49	84	13.37	63	72.46	111
Febr. 9	58.370	123	47.45	5	7.55	31	35.75	177	17.414	132	5.65	86	12.74	58	71.35	164
19	58.247	106	47.50	17	7.24	26	33.98	211	17.282	115	4.79	83	12.16	52	69.71	210
März 1	58.141	83	47.33	41	6.98	21	31.87	238	17.167	91	3.96	76	11.64	42	67.61	246
11	58.058	54	46.92	64	6.77	14	29.49	254	17.076	60	3.20	64	11.22	30	65.15	273
21	58.004	18	46.28	89	6.63	6	26.95	259	17.016	22	2.56	49	10.92	18	62.42	287
31	57.986	21	45.39	113	6.57	2	24.36	255	16.994	20	2.07	28	10.74	3	59.55	291
April 10	58.007	64	44.26	136	6.59	11	21.81	239	17.014	64	1.79	6	10.71	11	56.64	284
20	58.071	108	42.90	158	6.70	19	19.42	215	17.078	111	1.73	20	10.82	25	53.80	265
30	58.179	150	41.32	176	6.89	27	17.27	183	17.189	156	1.93	47	11.07	38	51.15	238
Mai 10	58.329	190	39.56	192	7.16	35	15.44	145	17.345	197	2.40	74	11.45	51	48.77	202
20	58.519	226	37.64	204	7.51	40	13.99	101	17.542	234	3.14	100	11.96	61	56.75	159
30	58.745	256	35.60	210	7.91	46	12.98	55	17.776	265	4.14	124	12.57	70	45.16	113
Juni 9	59.001	279	33.50	211	8.37	50	12.43	7	18.041	289	5.38	145	13.27	76	44.03	63
19	59.280	295	31.39	207	8.87	52	12.36	41	18.330	304	6.83	161	14.03	81	43.40	11
29	59.575	303	29.32	197	9.39	53	12.77	88	18.634	312	8.44	174	14.84	83	43.29	41
Juli 9	59.878	302	27.35	182	9.92	52	13.65	132	18.946	312	10.18	182	15.67	83	43.70	90
19	60.180	295	25.53	162	10.44	51	14.97	173	19.258	303	12.00	184	16.50	82	44.60	139
29	60.475	279	23.91	137	10.95	49	16.70	209	19.561	288	13.84	182	17.32	78	45.99	183
Aug. 8	60.754	259	22.54	109	11.44	44	18.79	240	19.849	268	15.66	176	18.10	73	47.82	223
18	61.013	232	21.45	79	11.88	40	21.19	267	20.117	241	17.42	165	18.83	67	50.05	259
28	61.245	201	20.66	47	12.28	35	23.86	287	20.358	211	19.07	151	19.50	59	52.64	289
Sept. 7	61.446	168	20.19	16	12.63	30	26.73	301	20.569	180	20.58	134	20.09	50	55.53	312
17	61.614	135	20.03	15	12.93	24	29.74	310	20.749	147	21.92	116	20.59	41	58.65	330
27	61.749	100	20.18	42	13.17	18	32.84	312	20.896	114	23.08	97	21.00	31	61.95	342
Okt. 7	[12] 61.849	66	20.60	66	[12] 13.35	11	35.96	308	[14] 21.010	81	24.05	76	[16] 21.31	21	65.37	345
16	61.915	34	21.26	86	13.46	5	39.04	298	21.091	50	24.81	57	21.52	10	68.82	341
26	61.949	5	22.12	100	13.51	0	42.02	281	21.141	20	25.38	37	21.62	2	72.23	330
Nov. 5	61.954	23	23.12	109	13.51	7	44.83	256	21.161	8	25.75	20	21.60	12	75.53	311
15	61.931	48	24.21	114	13.44	13	47.39	227	21.153	35	25.95	3	21.48	23	78.64	284
25	61.883	70	25.35	113	13.31	18	49.66	191	21.118	58	25.98	13	21.25	33	81.48	249
Dez. 5	61.813	89	26.48	108	13.13	24	51.57	148	21.060	81	25.85	28	20.92	43	83.97	206
15	61.724	107	27.56	100	12.89	27	53.05	102	20.979	102	25.57	42	20.49	52	86.03	156
25	61.617	120	28.56	87	12.62	31	54.07	52	20.877	118	25.15	54	19.97	58	87.59	102
35	61.497		29.43		12.31		54.59		20.759		24.61		19.39		88.61	
Mittl. Ort	58.357		39.96		6.87		22.63		17.100		6.16		11.67		55.50	
sec δ, tg δ	+1.011		− 0.148		+2.001		+ 1.734		+1.036		+ 0.270		+3.388		+ 3.237	
a, *a*′	+3.0		+18.8		+3.9		+18.7		+3.2		+18.5		+4.8		+18.3	
b, *b*′	−0.01		− 0.35		+0.11		− 0.35		+0.02		− 0.38		+0.20		− 0.40	

Scheinbare Sternörter 1959

Obere Kulmination Greenwich

Tag	52) 51 Andromedae AR.		52) 51 Andromedae Dekl.		54) α Eridani AR.		54) α Eridani Dekl.		55) 43 Cassiopeiae AR.		55) 43 Cassiopeiae Dekl.		57) φ Persei AR.		57) φ Persei Dekl.	
	Wert	Diff.	Wert	Diff.	Wert	Diff.	Wert	Diff.	Wert	Diff.	Wert	Diff.	Wert	Diff.	Wert	Diff.
1959	1h 35m		+48° 25′		1h 36m		−57° 26′		1h 39m		+67° 50′		1h 41m		+50° 28′	
	s		″		s		″		s		″		s		″	
Jan. 0	29.422	218	28.93	4	11.423	331	59.10	52	19.34	45	27.95	58	6.359	228	71.37	15
10	29.204	234	28.97	39	11.092	338	59.62	4	18.89	48	28.53	0	6.131	248	71.52	30
20	28.970	243	28.58	81	10.754	335	59.58	60	18.41	49	28.53	56	5.883	258	71.22	73
30	28.727	240	27.77	119	10.419	322	58.98	114	17.92	48	27.97	110	5.625	256	70.49	114
Febr. 9	28.487	225	26.58	154	10.097	299	57.84	164	17.44	45	26.87	160	5.369	241	69.35	150
19	28.262	198	25.04	182	9.798	266	56.20	210	16.99	39	25.27	204	5.128	214	67.85	180
März 1	28.064	160	23.22	201	9.532	224	54.10	251	16.60	33	23.23	237	4.914	175	66.05	203
11	27.904	111	21.21	212	9.308	173	51.59	285	16.27	24	20.86	262	4.739	125	64.02	216
21	27.793	54	19.09	214	9.135	114	48.74	313	16.03	13	18.24	275	4.614	67	61.86	221
31	27.739	8	16.95	208	9.021	51	45.61	335	15.90	3	15.49	278	4.547	2	59.65	215
April 10	27.747	74	14.87	191	8.970	18	42.26	348	15.87	9	12.71	269	4.545	67	57.50	201
20	27.821	140	12.96	167	8.988	89	38.78	354	15.96	20	10.02	250	4.612	136	55.49	179
30	27.961	203	11.29	138	9.077	158	35.24	352	16.16	30	7.52	223	4.748	202	53.70	150
Mai 10	28.164	262	9.91	102	9.235	226	31.72	343	16.46	41	5.29	187	4.950	264	52.20	115
20	28.426	313	8.89	62	9.461	289	28.29	326	16.87	49	3.42	146	5.214	318	51.05	76
30	28.739	355	8.27	22	9.750	346	25.03	300	17.36	56	1.96	101	5.532	362	50.29	35
Juni 9	29.094	387	8.05	21	10.096	392	22.03	268	17.92	61	0.95	52	5.894	397	49.94	7
19	29.481	408	8.26	62	10.488	429	19.35	228	18.53	65	0.43	2	6.291	421	50.01	50
29	29.889	419	8.88	101	10.917	455	17.07	183	19.18	67	0.41	48	6.712	433	50.51	90
Juli 9	30.308	419	9.89	137	11.372	467	15.24	133	19.85	67	0.89	96	7.145	434	51.41	128
19	30.727	409	11.26	171	11.839	467	13.91	78	20.52	66	1.85	141	7.579	425	52.69	163
29	31.136	390	12.97	199	12.306	453	13.13	22	21.18	64	3.26	183	8.004	407	54.32	193
Aug. 8	31.526	363	14.96	223	12.759	427	12.91	36	21.82	59	5.09	222	8.411	381	56.25	219
18	31.889	331	17.19	241	13.186	389	13.27	92	22.41	54	7.31	254	8.792	348	58.44	239
28	32.220	292	19.60	255	13.575	342	14.19	145	22.95	49	9.85	282	9.140	309	60.83	255
Sept. 7	32.512	250	22.15	263	13.917	285	15.64	192	23.44	41	12.67	303	9.449	267	63.38	265
17	32.762	207	24.78	266	14.202	221	17.56	234	23.85	34	15.70	318	9.716	223	66.03	271
27	32.969	162	27.44	264	14.423	153	19.90	267	24.19	27	18.88	328	9.939	176	68.74	270
Okt. 7	33.131	116	30.08	257	14.576	84	22.57	288	24.46	18	22.16	330	10.115	128	71.44	265
16*	(16) 33.247	70	32.65	245	(16) 14.660	14	25.45	300	(17) 24.64	10	25.46	326	(17) 10.243	81	74.09	254
26	33.317	25	35.10	228	14.674	53	28.45	300	24.74	1	28.72	313	10.324	33	76.63	239
Nov. 5	33.342	19	37.38	206	14.621	116	31.45	287	24.75	7	31.85	295	10.357	14	79.02	218
15	33.323	62	39.44	180	14.505	173	34.32	264	24.68	15	34.80	268	10.343	59	81.20	192
25	33.261	103	41.24	148	14.332	222	36.96	230	24.53	23	37.48	233	10.284	103	83.12	161
Dez. 5	33.158	142	42.72	112	14.110	264	39.26	188	24.30	31	39.81	192	10.181	145	84.73	126
15	33.016	176	43.84	74	13.846	296	41.14	140	23.99	37	41.73	145	10.036	182	85.99	86
25	32.840	205	44.58	32	13.550	319	42.54	86	23.62	43	43.18	93	9.854	215	86.85	43
35	32.635		44.90		13.231		43.40		23.19		44.11		9.639		87.28	
Mittl. Ort	27.818		16.74		11.393		40.07		16.44		12.10		4.631		59.01	
sec δ, tg δ	+1.507		+ 1.127		+1.858		− 1.566		+2.651		+ 2.455		+1.572		+ 1.212	
a, a′	+3.7		+18.3		+2.2		+18.3		+4.5		+18.2		+3.8		+18.1	
b, b′	+0.07		− 0.40		−0.10		− 0.41		+0.15		− 0.42		+0.07		− 0.43	

* Bei Stern 55) und 57) lies Okt. 17.

Obere Kulmination Greenwich

Tag	59) τ Ceti[1] AR.		59) τ Ceti[1] Dekl.		60) ο Piscium AR.		60) ο Piscium Dekl.		61) ε Sculptoris AR.		61) ε Sculptoris Dekl.		62) ζ Ceti AR.		62) ζ Ceti Dekl.	
1959	1h 42m		−16° 8′		1h 43m		+8° 57′		1h 43m		−25° 15′		1h 49m		−10° 31′	
	s		″		s		″		s		″		s		″	
Jan. 0	10.315	138	78.73	84	14.355	121	7.40	67	44.041	150	36.16	89	26.781	125	79.83	88
10	10.177	147	79.57	58	14.234	132	6.73	70	43.891	159	37.05	56	26.656	137	80.71	69
20	10.030	152	80.15	32	14.102	140	6.03	70	43.732	165	37.61	21	26.519	145	81.40	49
30	9.878	150	80.47	4	13.962	141	5.33	68	43.567	163	37.82	14	26.374	146	81.89	26
Febr. 9	9.728	143	80.51	24	13.821	134	4.65	63	43.404	155	37.68	50	26.228	140	82.15	3
19	9.585	128	80.27	52	13.687	121	4.02	56	43.249	140	37.18	84	26.088	127	82.18	22
März 1	9.457	107	79.75	81	13.566	100	3.46	45	43.109	117	36.34	118	25.961	107	81.96	46
11	9.350	77	78.94	108	13.466	70	3.01	30	42.992	88	35.16	148	25.854	80	81.50	72
21	9.273	43	77.86	134	13.396	36	2.71	13	42.904	51	33.68	177	25.774	46	80.78	97
31	9.230	3	76.52	159	13.360	5	2.58	8	42.853	10	31.91	203	25.728	8	79.81	122
April 10	9.227	41	74.93	182	13.365	49	2.66	31	42.843	34	29.88	225	25.720	35	78.59	145
20	9.268	85	73.11	202	13.414	94	2.97	54	42.877	81	27.63	243	25.755	80	77.14	167
30	9.353	129	71.09	218	13.508	138	3.51	79	42.958	127	25.20	256	25.835	124	75.47	186
Mai 10	9.482	172	68.91	229	13.646	181	4.30	103	43.085	172	22.64	264	25.959	166	73.61	200
20	9.654	210	66.62	236	13.827	218	5.33	125	43.257	213	20.00	266	26.125	205	71.61	212
30	9.864	244	64.26	238	14.045	250	6.58	144	43.470	249	17.34	261	26.330	238	69.49	218
Juni 9	10.108	270	61.88	233	14.295	276	8.02	160	43.719	278	14.73	250	26.568	266	67.31	219
19	10.378	289	59.55	223	14.571	294	9.62	172	43.997	300	12.23	233	26.834	286	65.12	213
29	10.667	301	57.32	206	14.865	304	11.34	178	44.297	313	9.90	209	27.120	298	62.99	203
Juli 9	10.968	304	55.26	184	15.169	306	13.12	181	44.610	319	7.81	180	27.418	302	60.96	186
19	11.272	299	53.42	156	15.475	300	14.93	177	44.929	315	6.01	145	27.720	299	59.10	165
29	11.571	287	51.86	126	15.775	288	16.70	170	45.244	305	4.56	107	28.019	289	57.45	138
Aug. 8	11.858	269	50.60	91	16.063	269	18.40	157	45.549	286	3.49	65	28.308	271	56.07	109
18	12.127	244	49.69	54	16.332	245	19.97	142	45.835	262	2.84	22	28.579	249	54.98	76
28	12.371	215	49.15	17	16.577	219	21.39	123	46.097	232	2.62	21	28.828	222	54.22	43
Sept. 7	12.586	183	48.98	20	16.796	188	22.62	102	46.329	198	2.83	62	29.050	192	53.79	8
17	12.769	149	49.18	54	16.984	157	23.64	81	46.527	162	3.45	100	29.242	160	53.71	24
27	12.918	114	49.72	86	17.141	125	24.45	58	46.689	124	4.45	134	29.402	127	53.95	54
Okt. 7	13.032	79	50.58	111	17.266	93	25.03	37	46.813	87	5.79	160	29.529	93	54.49	80
17	[17] 13.111	45	51.69	131	[18] 17.359	62	25.40	17	[18] 46.900	50	7.39	181	[19] 29.622	62	55.29	101
26	13.156	13	53.00	145	17.421	33	25.57	1	46.950	15	9.20	192	29.684	31	56.30	118
Nov. 5	13.169	17	54.45	152	17.454	5	25.56	17	46.965	19	11.12	196	29.715	1	57.48	127
15	13.152	44	55.97	152	17.459	22	25.39	30	46.946	49	13.08	192	29.716	27	58.75	132
25	13.108	70	57.49	146	17.437	47	25.09	42	46.897	76	15.00	180	29.689	52	60.07	130
Dez. 5	13.038	92	58.95	134	17.390	71	24.67	51	46.821	101	16.80	161	29.637	76	61.37	123
15	12.946	112	60.29	117	17.319	92	24.16	58	46.720	123	18.41	137	29.561	98	62.60	112
25	12.834	129	61.46	97	17.227	111	23.58	63	46.597	140	19.78	108	29.463	115	63.72	98
35	12.705		62.43		17.116		22.95		46.457		20.86		29.348		64.70	
Mittl. Ort	9.750		69.92		13.495		7.68		43.537		24.60		26.100		72.72	
sec δ, tg δ	+1.041		− 0.290		+1.012		+ 0.158		+1.106		− 0.472		+1.017		− 0.186	
a, a′	+2.9		+18.1		+3.2		+18.0		+2.8		+18.0		+3.0		+17.8	
b, b′	−0.02		− 0.43		+0.01		− 0.44		−0.03		− 0.44		−0.01		− 0.46	

[1] Die jährliche Parallaxe (0.″298) ist bereits berücksichtigt.

Scheinbare Sternörter 1959

Obere Kulmination Greenwich

Tag	64) α Trianguli AR.	Diff.	64) α Trianguli Dekl.	Diff.	63) ε Cassiopeiae AR.	Diff.	63) ε Cassiopeiae Dekl.	Diff.	65) ξ Piscium AR.	Diff.	65) ξ Piscium Dekl.	Diff.	67) ψ Phoenicis AR.	Diff.	67) ψ Phoenicis Dekl.	Diff.
1959	1h 50m		+29° 22′		1h 51m		+63° 27′		1h 51m		+2° 59′		1h 51m		−46° 29′	
	s		″		s		″		s		″		s		″	
Jan. 0	45.457	142	53.84	28	27.84	35	83.64	60	26.635	117	6.58	75	60.567	235	87.44	86
10	45.315	158	53.56	52	27.49	39	84.24	7	26.518	131	5.83	70	60.332	246	88.30	36
20	45.157	168	53.04	75	27.10	40	84.31	47	26.387	140	5.13	64	60.086	250	88.66	16
30	44.989	171	52.29	95	26.70	40	83.84	98	26.247	142	4.49	56	59.836	246	88.50	66
Febr. 9	44.818	164	51.34	112	26.30	38	82.86	146	26.105	137	3.93	45	59.590	234	87.84	114
19	44.654	149	50.22	124	25.92	34	81.40	188	25.968	125	3.48	32	59.356	213	86.70	159
März 1	44.505	124	48.98	130	25.58	28	79.52	221	25.843	104	3.16	17	59.143	183	85.11	200
11	44.381	91	47.68	129	25.30	22	77.31	245	25.739	78	2.99	2	58.960	146	83.11	237
21	44.290	50	46.39	124	25.08	14	74.86	259	25.661	44	3.01	21	58.814	100	80.74	268
31	44.240	3	45.15	111	24.94	4	72.27	262	25.617	4	3.22	42	58.714	50	78.06	294
April 10	44.237	47	44.04	92	24.90	6	69.65	255	25.613	38	3.64	66	58.664	5	75.12	313
20	44.284	99	43.12	69	24.96	15	67.10	238	25.651	83	4.30	89	58.669	62	71.99	326
30	44.383	150	42.43	43	25.11	25	64.72	212	25.734	128	5.19	111	58.731	121	68.73	332
Mai 10	44.533	197	42.00	12	25.36	33	62.60	179	25.862	169	6.30	133	58.852	177	65.41	330
20	44.730	239	41.88	19	25.69	40	60.81	141	26.031	208	7.63	151	59.029	230	62.11	320
30	44.969	276	42.07	50	26.09	47	59.40	97	26.239	241	9.14	166	59.259	277	58.91	303
Juni 9	45.245	304	42.57	80	26.56	52	58.43	51	26.480	267	10.80	178	59.536	317	55.88	279
19	45.549	325	43.37	107	27.08	56	57.92	4	36.747	286	12.58	184	59.853	348	53.09	248
29	45.874	336	44.44	133	27.64	58	57.88	44	27.033	299	14.42	186	60.201	371	50.61	209
Juli 9	46.210	338	45.77	154	28.22	59	58.32	89	27.332	302	16.28	182	60.572	382	48.52	165
19	46.548	333	47.31	171	28.81	57	59.21	132	27.634	298	18.10	174	60.954	383	46.87	116
29	46.881	320	49.02	182	29.38	56	60.53	173	27.932	287	19.84	160	61.337	375	45.71	64
Aug. 8	47.201	301	50.84	191	29.94	53	62.26	208	28.219	270	21.44	143	61.712	357	45.07	10
18	47.502	277	52.75	194	30.47	48	64.34	239	28.489	248	22.87	121	62.069	328	44.97	44
28	47.779	248	54.69	192	30.95	44	66.73	265	28.737	222	24.08	98	62.397	292	45.41	97
Sept. 7	48.027	216	56.61	188	31.39	38	69.38	286	28.959	192	25.06	73	62.689	251	46.38	146
17	48.243	183	58.49	180	31.77	32	72.24	301	29.151	162	25.79	48	62.940	204	47.84	189
27	48.426	148	60.29	168	32.09	26	75.25	310	29.313	131	26.27	23	63.144	153	49.73	226
Okt. 7	48.574	114	61.97	155	32.35	19	78.35	312	29.444	99	26.50	1	63.297	101	51.99	254
17	48.688	80	63.52	140	32.54	12	81.47	308	29.543	68	26.49	21	63.398	48	54.53	271
26	[19] 48.768	46	64.92	122	[20] 32.66	5	84.55	297	[20] 29.611	39	26.28	38	[20] 63.446	2	57.24	278
Nov. 5	48.814	14	66.14	103	32.71	2	87.52	280	29.650	11	25.90	53	63.444	50	60.02	274
15	48.828	19	67.17	82	32.69	9	90.32	256	29.661	17	25.37	63	63.394	94	62.76	259
25	48.809	49	67.99	61	32.60	16	92.88	224	29.644	42	24.74	71	63.300	135	65.35	235
Dez. 5	48.760	78	68.60	38	32.44	23	95.12	187	29.602	66	24.03	75	63.165	170	67.70	202
15	48.682	106	68.98	13	32.21	28	96.99	142	29.536	89	23.28	76	62.995	199	69.72	161
25	48.576	130	69.11	11	31.93	34	98.41	94	29.447	107	22.52	76	62.796	221	71.33	115
35	48.446		69.00		31.59		99.35		29.340		21.76		62.575		72.48	
Mittl. Ort	44.242		47.83		25.24		69.29		25.801		9.25		60.217		70.17	
sec δ, tg δ	+1.148		+ 0.563		+2.239		+ 2.003		+1.001		+ 0.052		+1.453		− 1.054	
a, a′	+3.4		+17.7		+4.3		+17.7		+3.1		+17.7		+2.4		+17.7	
b, b′	+0.03		− 0.46		+0.12		− 0.47		0.00		− 0.47		−0.06		− 0.47	

Obere Kulmination Greenwich

Tag	66) β Arietis AR.	Δ	66) β Arietis Dekl.	Δ	68) χ Eridani AR.	Δ	68) χ Eridani Dekl.	Δ
1959	1h 52m		+20° 36′		1h 54m		−51° 48′	
	s		″		s		″	
Jan. 0	23.255	127	33.44	46	22.141	272	62.88	82
10	23.128	142	32.98	60	21.869	284	63.70	29
20	22.986	152	32.38	74	21.585	288	63.99	26
30	22.834	155	31.64	84	21.297	283	63.73	78
Febr. 9	22.679	150	30.80	92	21.014	268	62.95	129
19	22.529	136	29.88	95	20.746	244	61.66	175
März 1	22.393	114	28.93	94	20.502	211	59.91	218
11	22.279	83	27.99	88	20.291	170	57.73	255
21	22.196	46	27.11	78	20.121	120	55.18	287
31	22.150	4	26.33	61	20.001	65	52.31	312
April 10	22.146	43	25.72	41	19.936	4	49.19	330
20	22.189	91	25.31	17	19.932	58	45.89	342
30	22.280	139	25.14	8	19.990	122	42.47	345
Mai 10	22.419	184	25.22	35	20.112	184	39.02	342
20	22.603	224	25.57	63	20.296	241	35.60	330
30	22.827	258	26.20	90	20.537	294	32.30	310
Juni 9	23.085	286	27.10	113	20.831	340	29.20	284
19	23.371	306	28.23	135	21.171	375	26.36	249
29	23.677	316	29.58	152	21.546	401	23.87	208
Juli 9	23.993	320	31.10	165	21.947	415	21.79	161
19	24.313	315	32.75	173	22.362	419	20.18	110
29	24.628	304	34.48	178	22.781	411	19.08	56
Aug. 8	24.932	285	36.26	177	23.192	391	18.52	1
18	25.217	263	38.03	172	23.583	363	18.53	57
28	25.480	235	39.75	163	23.946	324	19.10	111
Sept. 7	25.715	205	41.38	152	24.270	277	20.21	162
17	25.920	174	42.90	138	24.547	226	21.83	206
27	26.094	141	44.28	121	24.773	169	23.89	242
Okt. 7	26.235	109	45.49	105	24.942	111	26.31	270
17	[20] 26.344	77	46.54	87	[20] 25.053	51	29.01	287
26	26.421	46	47.41	69	25.104	7	31.88	292
Nov. 5	26.467	16	48.10	51	25.097	61	34.80	287
15	26.483	13	48.61	34	25.036	113	37.67	270
25	26.470	42	48.95	16	24.923	159	40.37	242
Dez. 5	26.428	68	49.11	1	24.764	198	42.79	206
15	26.360	94	49.10	18	24.566	232	44.85	163
25	26.266	115	48.92	34	24.334	257	46.48	114
35	26.151		48.58		24.077		47.62	
Mittl. Ort	22.183		30.28		21.830		44.49	
sec δ, tg δ	+1.068		+ 0.376		+1.617		− 1.271	
a, a′	+3.3		+17.7		+2.3		+17.6	
b, b′	+0.02		− 0.47		−0.07		− 0.48	

Tag	72) α Hydri AR.	Δ	72) α Hydri Dekl.	Δ	71) υ Ceti AR.	Δ	71) υ Ceti Dekl.	Δ
1959	1h 57m		−61° 45′		1h 58m		−21° 16′	
	s		″		s		″	
Jan. 0	28.91	39	87.52	74	4.973	140	43.39	98
10	28.52	40	88.26	16	4.833	152	44.37	69
20	28.12	41	88.42	43	4.681	161	45.06	36
30	27.71	40	87.99	99	4.520	162	45.42	4
Febr. 9	27.31	38	87.00	152	4.358	157	45.46	28
19	26.93	34	85.48	201	4.201	144	45.18	62
März 1	26.59	30	83.47	244	4.057	124	44.56	93
11	26.29	25	81.03	282	3.933	97	43.63	123
21	26.04	18	78.21	313	3.836	63	42.40	152
31	25.86	11	75.08	336	3.773	23	40.88	179
April 10	25.75	4	71.72	353	3.750	21	39.09	202
20	25.71	4	68.19	361	3.771	66	37.07	223
30	25.75	13	64.58	362	3.837	113	34.84	238
Mai 10	25.88	20	60.96	355	3.950	158	32.46	249
20	26.08	28	57.41	338	4.108	198	29.97	254
30	26.36	34	54.03	315	4.306	235	27.43	253
Juni 9	26.70	40	50.88	284	4.541	265	24.90	246
19	27.10	45	48.04	244	4.806	288	22.44	233
29	27.55	49	45.60	200	5.094	304	20.11	214
Juli 9	28.04	51	43.60	149	5.398	310	17.97	188
19	28.55	52	42.11	93	5.708	310	16.09	157
29	29.07	51	41.18	36	6.018	301	14.52	122
Aug. 8	29.58	49	40.82	23	6.319	285	13.30	83
18	30.07	45	41.05	82	6.604	263	12.47	43
28	30.52	41	41.87	138	6.867	237	12.04	1
Sept. 7	30.93	35	43.25	189	7.104	206	12.03	39
17	31.28	28	45.14	234	7.310	172	12.42	78
27	31.56	21	47.48	270	7.482	137	13.20	111
Okt. 7	31.77	13	50.18	296	7.619	102	14.31	139
17	[21] 31.90	5	53.14	312	[21] 7.721	67	15.70	162
26	31.95	3	56.26	314	7.788	33	17.32	177
Nov. 5	31.92	11	59.40	305	7.821	0	19.09	183
15	31.81	17	62.45	284	7.821	31	20.92	183
25	31.64	24	65.29	252	7.790	59	22.75	174
Dez. 5	31.40	30	67.81	210	7.731	85	24.49	159
15	31.10	34	69.91	163	7.646	108	26.08	140
25	30.76	37	71.54	108	7.538	128	27.48	114
35	30.39		72.62		7.410		28.62	
Mittl. Ort	28.70		67.46		4.340		32.60	
sec δ, tg δ	+2.114		− 1.863		+1.073		− 0.389	
a, a′	+1.9		+17.5		+2.8		+17.4	
b, b′	−0.11		− 0.49		−0.02		− 0.49	

Scheinbare Sternörter 1959

Obere Kulmination Greenwich

Tag	70) 50 Cassiopeiae AR.		Dekl.		73) γ Andromedae *pr* AR.		Dekl.		74) α Arietis AR.		Dekl.		75) β Trianguli AR.		Dekl.	
1959	1h 59m		+72° 13′		2h 1m		+42° 7′		2h 4m		+23° 16′		2h 7m		+34° 47′	
	s		″		s		″		s		″		s		″	
Jan. 0	57.21	55	42.55	95	23.958	176	71.43	12	52.560	126	13.46	34	7.163	148	46.26	3
10	56.66	60	43.50	37	23.782	197	71.55	24	52.434	144	13.12	52	7.015	169	46.23	33
20	56.06	63	43.87	22	23.585	211	71.31	60	52.290	157	12.60	67	6.846	184	45.90	60
30	55.43	63	43.65	79	23.374	215	70.71	93	52.133	162	11.93	81	6.662	189	45.30	86
Febr. 9	54.80	59	42.86	134	23.159	210	69.78	122	51.971	159	11.12	92	6.473	186	44.44	109
19	54.21	54	41.52	183	22.949	192	68.56	148	51.812	148	10.20	98	6.287	172	43.35	127
März 1	53.67	46	39.69	223	22.757	163	67.08	166	51.664	126	9.22	101	6.115	148	42.08	140
11	53.21	36	37.46	254	22.594	124	65.42	176	51.538	96	8.21	97	5.967	114	40.68	145
21	52.85	24	34.92	275	22.470	76	63.66	179	51.442	60	7.24	90	5.853	71	39.23	145
31	52.61	11	32.17	284	22.394	22	61.87	175	51.382	16	6.34	76	5.782	23	37.78	138
April 10	52.50	4	29.33	283	22.372	37	60.12	161	51.366	31	5.58	58	5.759	30	36.40	123
20	52.54	17	26.50	270	22.409	98	58.51	142	51.397	80	5.00	35	5.789	85	35.17	102
30	52.71	31	23.80	249	22.507	157	57.09	116	51.477	129	4.65	11	5.874	139	34.15	78
Mai 10	53.02	43	21.31	218	22.664	212	55.93	86	51.606	176	4.54	16	6.013	191	33.37	49
20	53.45	54	19.13	180	22.876	263	55.07	52	51.782	218	4.70	43	6.204	237	32.88	18
30	53.99	63	17.33	137	23.139	306	54.55	16	52.000	255	5.13	70	6.441	278	32.70	14
Juni 9	54.62	71	15.96	91	23.445	340	54.39	21	52.255	284	5.83	96	6.719	310	32.84	46
19	55.33	77	15.05	41	23.785	364	54.60	57	52.539	305	6.79	119	7.029	334	33.30	78
29	56.10	80	14.64	9	24.149	380	55.17	91	52.844	319	7.98	138	7.363	349	34.08	106
Juli 9	56.90	81	14.73	58	24.529	385	56.08	122	53.163	325	9.36	153	7.712	355	35.14	132
19	57.71	82	15.31	106	24.914	381	57.30	151	53.488	321	10.89	165	8.067	352	36.46	153
29	58.53	79	16.37	151	25.295	369	58.81	174	53.809	312	12.54	172	8.419	342	37.99	171
Aug. 8	59.32	75	17.88	192	25.664	350	60.55	195	54.121	296	14.26	174	8.761	325	39.70	185
18	60.07	70	19.80	230	26.014	324	62.50	210	54.417	274	16.00	172	9.086	302	41.55	194
28	60.77	64	22.10	263	26.338	293	64.60	220	54.691	248	17.72	167	9.388	274	43.49	198
Sept. 7	61.41	56	24.73	290	26.631	259	66.80	226	54.939	220	19.39	157	9.662	244	45.47	199
17	61.97	47	27.63	311	26.890	222	69.06	228	55.159	189	20.96	146	9.906	210	47.46	196
27	62.44	39	30.74	326	27.112	183	71.34	226	55.348	157	22.42	132	10.116	175	49.42	189
Okt. 7	62.83	29	34.00	334	27.295	144	73.60	219	55.505	125	23.74	117	10.291	140	51.31	180
17	63.12	18	37.34	336	27.439	104	75.79	209	55.630	93	24.91	100	10.431	105	53.11	167
26	[22] 63.30	7	40.70	329	[22] 27.543	64	77.88	195	[23] 55.723	61	25.91	84	[24] 10.536	69	54.78	153
Nov. 5	63.37	3	43.99	316	27.607	23	79.83	177	55.784	29	26.75	67	10.605	33	56.31	136
15	63.34	14	47.15	294	27.630	16	81.60	155	55.813	1	27.42	50	10.638	3	57.67	116
25	63.20	25	50.09	264	27.614	55	83.15	130	55.812	31	27.92	31	10.635	38	58.83	94
Dez. 5	62.95	35	52.73	226	27.559	93	84.45	102	55.781	61	28.23	14	10.597	72	59.77	69
15	62.60	44	54.99	181	27.466	128	85.47	70	55.720	88	28.37	4	10.525	104	60.46	44
25	62.16	52	56.80	131	27.338	160	86.17	35	55.632	113	28.33	22	10.421	134	60.90	16
35	61.64		58.11		27.178		86.52		55.519		28.11		10.287		61.06	
Mittl. Ort	53.32		27.48		22.369		62.41		51.374		10.11		5.733		39.60	
sec δ, tg δ	+3.276		+ 3.119		+1.348		+ 0.905		+1.089		+ 0.430		+1.218		+ 0.695	
a, *a′*	+5.2		+17.4		+3.7		+17.3		+3.4		+17.1		+3.6		+17.0	
b, *b′*	+0.18		− 0.50		+0.05		− 0.51		+0.02		− 0.52		+0.04		− 0.53	

Scheinbare Sternörter 1959

Obere Kulmination Greenwich

Tag	78) μ Fornacis AR.		78) μ Fornacis Dekl.		76) 55 Cassiopeiae AR.		76) 55 Cassiopeiae Dekl.		80) 67 Ceti AR.		80) 67 Ceti Dekl.		85) ξ² Ceti AR.		85) ξ² Ceti Dekl.	
1959	2h 11m		−30° 54′		2h 11m		+66° 19′		2h 14m		−6° 36′		2h 25m		+8° 16′	
	s		″		s		″		s		″		s		″	
Jan. 0	6.780	161	69.25	110	17.27	38	74.52	91	57.054	116	43.62	93	59.591	108	35.86	65
10	6.619	176	70.35	72	16.89	43	75.43	38	56.938	133	44.55	77	59.483	128	35.21	64
20	6.443	187	71.07	32	16.46	46	75.81	17	56.805	145	45.32	60	59.355	143	34.57	63
30	6.256	189	71.39	9	16.00	46	75.64	71	56.660	151	45.92	41	59.212	152	33.94	60
Febr. 9	6.067	185	71.30	50	15.54	45	74.93	122	56.509	150	46.33	20	59.060	153	33.34	55
19	5.882	173	70.80	90	15.09	41	73.71	168	56.359	141	46.53	1	58.907	146	32.79	48
März 1	5.709	153	69.90	127	14.68	36	72.03	206	56.218	124	46.52	23	58.761	130	32.31	37
11	5.556	124	68.63	162	14.32	28	69.97	236	56.094	100	46.29	47	58.631	106	31.94	24
21	5.432	89	67.01	194	14.04	19	67.61	256	55.994	68	45.82	71	58.525	75	31.70	9
31	5.343	48	65.07	222	13.85	10	65.05	266	55.926	31	45.11	95	58.450	36	31.61	10
April 10	5.295	2	62.85	246	13.75	1	62.39	264	55.895	12	44.16	118	58.414	6	31.71	30
20	5.293	46	60.39	266	13.76	12	59.75	253	55.907	56	42.98	140	58.420	52	32.01	51
30	5.339	96	57.73	279	13.88	22	57.22	232	55.963	101	41.58	161	58.472	98	32.52	73
Mai 10	5.435	145	54.94	287	14.10	32	54.90	203	56.064	144	39.97	179	58.570	142	33.25	95
20	5.580	190	52.07	288	14.42	41	52.87	168	56.208	185	38.18	192	58.712	184	34.20	116
30	5.770	230	49.19	283	14.83	49	51.19	128	56.393	220	36.26	202	58.896	221	35.36	134
Juni 9	6.000	265	46.36	270	15.32	55	49.91	84	56.613	251	34.24	206	59.117	251	36.70	148
19	6.265	293	43.66	251	15.87	60	49.07	37	56.864	274	32.18	206	59.368	275	38.18	160
29	6.558	312	41.15	225	16.47	62	48.70	10	57.138	289	30.12	199	59.643	292	39.78	166
Juli 9	6.870	324	38.90	192	17.09	64	48.80	56	57.427	297	28.13	187	59.935	301	41.44	169
19	7.194	326	36.98	154	17.73	65	49.36	102	57.724	298	26.26	170	60.236	302	43.13	165
29	7.520	320	35.44	112	18.38	63	50.38	143	58.022	292	24.56	148	60.538	296	44.78	158
Aug. 8	7.840	307	34.32	66	19.01	60	51.81	182	58.314	278	23.08	122	60.834	284	46.36	146
18	8.147	286	33.66	18	19.61	56	53.63	217	58.592	260	21.86	93	61.118	267	47.82	130
28	8.433	260	33.48	29	20.17	52	55.80	247	58.852	237	20.93	61	61.385	246	49.12	111
Sept. 7	8.693	229	33.77	75	20.69	46	58.27	271	59.089	210	20.32	28	61.631	220	50.23	91
17	8.922	193	34.52	118	21.15	40	60.98	291	59.299	181	20.04	3	61.851	194	51.14	69
27	9.115	156	35.70	155	21.55	33	63.89	305	59.480	151	20.07	33	62.045	165	51.83	46
Okt. 7	9.271	117	37.25	187	21.88	26	66.94	313	59.631	119	20.40	59	62.210	136	52.29	25
17	9.388	78	39.12	210	22.14	18	70.07	313	59.750	89	20.99	82	62.346	106	52.54	6
26*	25 9.466	40	41.22	225	25 22.32	10	73.20	308	26 59.839	58	21.81	100	62.452	76	52.60	12
Nov. 5	9.506	2	43.47	230	22.42	2	76.28	295	59.897	28	22.81	113	28 62.528	47	52.48	27
15	9.508	33	45.77	226	22.44	6	79.23	275	59.925	1	23.94	119	62.575	17	52.21	39
25	9.475	67	48.03	213	22.38	14	81.98	248	59.924	29	25.13	121	62.592	12	51.82	48
Dez. 5	9.408	96	50.16	192	22.24	22	84.46	213	59.895	56	26.34	118	62.580	41	51.34	55
15	9.312	124	52.08	165	22.02	30	86.59	172	59.839	81	27.52	111	62.539	68	50.79	59
25	9.188	148	53.73	133	21.72	35	88.31	124	59.758	103	28.63	99	62.471	94	50.20	62
35	9.040		55.06		21.37		89.55		59.655		29.62		62.377		49.58	
Mittl. Ort	6.143		55.38		14.15		61.09		56.190		36.88		58.508		38.30	
sec δ, tg δ	+1.166		− 0.599		+2.491		+ 2.282		+1.007		− 0.116		+1.011		+ 0.145	
a, *a′*	+2.6		+16.9		+4.7		+16.8		+3.0		+16.7		+3.2		+16.1	
b, *b′*	−0.03		− 0.54		+0.13		− 0.54		−0.01		− 0.56		+0.01		− 0.59	

* Bei Stern 85) lies Okt. 27.

Scheinbare Sternörter 1959

Obere Kulmination Greenwich

Tag	90) μ Hydri AR.		90) μ Hydri Dekl.		87) 36 H. Cassiopeiae AR.		87) 36 H. Cassiopeiae Dekl.	
1959	2h 32m		−79° 16′		2h 34m		+72° 38′	
	s		″		s		″	
Jan. 0	30.47	114	100.08	94	9.66	52	39.62	136
10	29.33	119	101.02	34 —	9.14	58	40.98	82
20	28.14	122	101.36	27	8.56	64	41.80	24 —
30	26.92	120	101.09	87	7.92	65	42.04	33
Febr. 9	25.72	117	100.22	143	7.27	64	41.71	89
19	24.55	110	98.79	194	6.63	61	40.82	142
März 1	23.45	99	96.85	240	6.02	54	39.40	188
11	22.46	88	94.45	280	5.48	45	37.52	226
21	21.58	73	91.65	312	5.03	34	35.26	255
31	20.85	56	88.53	338	4.69	21	32.71	272
April 10	20.29	39	85.15	356	4.48	7 —	29.99	279
20	19.90	20	81.59	366	4.41	7	27.20	276
30	19.70	1 —	77.93	367	4.48	21	24.44	263
Mai 10	19.69	18	74.26	361	4.69	34	21.81	239
20	19.87	38	70.65	346	5.03	47	19.42	209
30	20.25	55	67.19	323	5.50	58	17.33	172
Juni 9	20.80	72	63.96	293	6.08	67	15.61	131
19	21.52	86	61.03	255	6.75	75	14.30	86
29	22.38	99	58.48	209	7.50	80	13.44	38 —
Juli 9	23.37	109	56.39	159	8.30	83	13.06	9
19	24.46	114	54.80	103	9.13	84	13.15	57
29	25.60	118	53.77	44 —	9.97	84	13.72	103
Aug. 8	26.78	117	53.33	17	10.81	82	14.75	146
18	27.95	112	53.50	77	11.63	78	16.21	186
28	29.07	104	54.27	136	12.41	72	18.07	222
Sept. 7	30.11	93	55.63	190	13.13	67	20.29	254
17	31.04	78	57.53	238	13.80	59	22.83	280
27	31.82	60	59.91	278	14.39	50	25.63	301
Okt. 7	32.42	41	62.69	307	14.89	41	28.64	316
17	32.83	19 —	65.76	326	15.30	30	31.80	325
27	33.02	2	69.02	332	15.60	20	35.05	325
Nov. 5	^{30}33.00	24	72.34	325	^{31}15.80	9 —	38.30	320
15	32.76	45	75.59	306	15.89	3	41.50	306
25	32.31	64	78.65	276	15.86	15	44.56	284
Dez. 5	31.67	81	81.41	234	15.71	26	47.40	253
15	30.86	96	83.75	185	15.45	37	49.93	215
25	29.90	107	85.60	129	15.08	47	52.08	169
35	28.83		86.89		14.61		53.77	
Mittl. Ort	29.63		78.37		5.17		27.09	
sec δ, tg δ	+5.380		− 5.287		+3.352		+ 3.199	
a, *a′*	−1.3		+15.8		+5.7		+15.7	
b, *b′*	−0.28		− 0.62		+0.17		− 0.62	

Tag	89) ν Arietis AR.		89) ν Arietis Dekl.		91) δ Ceti AR.		91) δ Ceti Dekl.	
1959	2h 36m		+21° 47′		2h 37m		+0° 9′	
	s		″		s		″	
Jan. 0	30.266	111	8.07	26	23.720	105	4.31	84
10	30.155	136	7.81	40	23.615	126	3.47	75
20	30.019	154	7.41	52	23.489	143	2.72	65
30	29.865	166	6.89	64	23.346	153	2.07	53
Febr. 9	29.699	169	6.25	74	23.193	156	1.54	38
19	29.530	163	5.51	80	23.037	151	1.16	23
März 1	29.367	146	4.71	82	22.886	137	0.93	6 —
11	29.221	122	3.89	81	22.749	115	0.87	12
21	29.099	88	3.08	75	22.634	85	0.99	33
31	29.011	48	2.33	65	22.549	49	1.32	54
April 10	28.963	2 —	1.68	50	22.500	7 —	1.86	76
20	28.961	46	1.18	31	22.493	37	2.62	97
30	29.007	96	0.87	10 —	22.530	82	3.59	119
Mai 10	29.103	144	0.77	13	22.612	127	4.78	139
20	29.247	189	0.90	38	22.739	169	6.17	155
30	29.436	228	1.28	62	22.908	206	7.72	169
Juni 9	29.664	262	1.90	85	23.114	238	9.41	179
19	29.926	288	2.75	106	23.352	264	11.20	184
29	30.214	306	3.81	123	23.616	282	13.04	183
Juli 9	30.520	316	5.04	137	23.898	293	14.87	179
19	30.836	319	6.41	148	24.191	297	16.66	169
29	31.155	315	7.89	153	24.488	293	18.35	153
Aug. 8	31.470	304	9.42	154	24.781	284	19.88	133
18	31.774	287	10.96	152	25.065	268	21.21	110
28	32.061	267	12.48	147	25.333	249	22.31	85
Sept. 7	32.328	242	13.95	137	25.582	225	23.16	57
17	32.570	215	15.32	126	25.807	199	23.73	28
27	32.785	187	16.58	113	26.006	171	24.01	2 —
Okt. 7	32.972	157	17.71	99	26.177	143	24.03	23
17	33.129	126	18.70	84	26.320	113	23.80	45
27	33.255	95	19.54	70	26.433	84	23.35	64
Nov. 5	^{31}33.350	63	20.24	55	^{31}26.517	54	22.71	78
15	33.413	31 —	20.79	40	26.571	24 —	21.93	87
25	33.444	1	21.19	27	26.595	6	21.06	93
Dez. 5	33.443	34	21.46	13 —	26.589	35	20.13	94
15	33.409	65	21.59	2	26.554	63	19.19	93
25	33.344	95	21.57	15	26.491	90	18.26	87
35	33.249		21.42		26.401		17.39	
Mittl. Ort	28.937		6.88		22.669		9.76	
sec δ, tg δ	+1.077		+ 0.400		+1.000		+ 0.003	
a, *a′*	+3.4		+15.5		+3.1		+15.5	
b, *b′*	+0.02		− 0.63		0.00		− 0.63	

Scheinbare Sternörter 1959

Obere Kulmination Greenwich

Tag	93) ϑ Persei AR.		93) ϑ Persei Dekl.		97) π Ceti AR.		97) π Ceti Dekl.		98) μ Ceti AR.		98) μ Ceti Dekl.		101) β Fornacis AR.		101) β Fornacis Dekl.	
1959	2h 41m		+49° 3′		2h 42m		−14° 1′		2h 42m		+9° 56′		2h 47m		−32° 34′	
	s		″		s		″		s		″		s		″	
Jan. 0	25.313	181	31.27	67	11.124	115	62.84	115	44.487	101	28.94	60	23.319	154	52.74	143
10	25.132	216	31.94	28	11.009	137	63.99	92	44.386	124	28.34	60	23.165	178	54.17	103
20	24.916	243	32.22	12	10.872	154	64.91	66	44.262	142	27.74	60	22.987	195	55.20	61
30	24.673	258	32.10	51	10.718	164	65.57	39	44.120	155	27.14	59	22.792	206	55.81	18
Febr. 9	24.415	262	31.59	88	10.554	167	65.96	12	43.965	159	26.55	55	22.586	208	55.99	25
19	24.153	252	30.71	123	10.387	162	66.08	17	43.806	154	26.00	49	22.378	201	55.74	68
März 1	23.901	226	29.48	152	10.225	148	65.91	46	43.652	141	25.51	41	22.177	186	55.06	109
11	23.675	189	27.96	173	10.077	127	65.45	74	43.511	119	25.10	31	21.991	163	53.97	147
21	23.486	141	26.23	188	9.950	98	64.71	102	43.392	88	24.79	16	21.828	131	52.50	182
31	23.345	83	24.35	194	9.852	61	63.69	129	43.304	51	24.63	0	21.697	91	50.68	213
April 10	23.262	18	22.41	192	9.791	21	62.40	153	43.253	9	24.63	18	21.606	46	48.55	242
20	23.244	50	20.49	181	9.770	24	60.87	176	43.244	36	24.81	39	21.560	2	46.13	264
30	23.294	117	18.68	165	9.794	71	59.11	196	43.280	83	25.20	60	21.562	53	43.49	281
Mai 10	23.411	183	17.03	141	9.865	115	57.15	212	43.363	129	25.80	81	21.615	104	40.68	293
20	23.594	245	15.62	112	9.980	158	55.03	224	43.492	172	26.61	101	21.719	152	37.75	297
30	23.839	299	14.50	79	10.138	198	52.79	231	43.664	210	27.62	120	21.871	197	34.78	295
Juni 9	24.138	344	13.71	44	10.336	232	50.48	231	43.874	242	28.82	136	22.068	236	31.83	286
19	24.482	380	13.27	9	10.568	259	48.17	226	44.116	269	30.18	148	22.304	270	28.97	268
29	24.862	406	13.18	28	10.827	279	45.91	215	44.385	287	31.66	156	22.574	296	26.29	244
Juli 9	25.268	422	13.46	64	11.106	293	43.76	198	44.672	299	33.22	160	22.870	314	23.85	214
19	25.690	427	14.10	96	11.399	298	41.78	175	44.971	302	34.82	158	23.184	324	21.71	177
29	26.117	423	15.06	126	11.697	297	40.03	147	45.273	300	36.40	153	23.508	325	19.94	134
Aug. 8	26.540	411	16.32	153	11.994	289	38.56	114	45.573	290	37.93	143	23.833	319	18.60	87
18	26.951	391	17.85	177	12.283	274	37.42	78	45.863	276	39.36	129	24.152	304	17.73	38
28	27.342	366	19.62	196	12.557	254	36.64	41	46.139	256	40.65	112	24.456	285	17.35	12
Sept. 7	27.708	335	21.58	211	12.811	231	36.23	2	46.395	234	41.77	93	24.741	258	17.47	62
17	28.043	300	23.69	222	13.042	204	36.21	35	46.629	209	42.70	72	24.999	228	18.09	109
27	28.343	261	25.91	229	13.246	176	36.56	70	46.838	181	43.42	51	25.227	194	19.18	152
Okt. 7	28.604	221	28.20	232	13.422	145	37.26	100	47.019	153	43.93	31	25.421	158	20.70	188
17	28.825	177	30.52	230	13.567	113	38.26	127	47.172	124	44.24	11	25.579	119	22.58	218
27	29.002	132	32.82	224	13.680	82	39.53	146	2 47.296	95	44.35	5	25.698	79	24.76	237
Nov. 5	1 29.134	85	35.06	214	2 13.762	50	40.99	160	47.391	65	44.30	19	3 25.777	41	27.13	247
15	29.219	36	37.20	198	13.812	18	42.59	165	47.456	34	44.11	32	25.818	2	29.60	248
25	29.255	14	39.18	179	13.830	13	44.24	164	47.490	4	43.79	41	25.820	36	32.08	239
Dez. 5	29.241	64	40.97	154	13.817	44	45.88	157	47.494	27	43.38	47	25.784	73	34.47	221
15	29.177	112	42.51	125	13.773	73	47.45	144	47.467	56	42.91	53	25.711	106	36.68	196
25	29.065	157	43.76	91	13.700	100	48.89	126	47.411	86	42.38	56	25.605	137	38.64	163
35	28.908		44.67		13.600		50.15		47.325		41.82		25.468		40.27	
Mittl. Ort	23.206		23.29		10.173		52.99		43.300		31.62		22.445		37.86	
sec δ, tg δ	+1.526		+ 1.153		+1.031		− 0.250		+1.015		+ 0.175		+1.187		− 0.639	
a, *a′*	+4.1		+15.3		+2.9		+15.2		+3.2		+15.2		+2.5		+14.9	
b, *b′*	+0.06		− 0.65		−0.01		− 0.65		+0.01		− 0.65		−0.03		− 0.67	

Scheinbare Sternörter 1959

Obere Kulmination Greenwich

Tag	100) 41 Arietis				102) τ^2 Eridani				103) τ Persei				104) η Eridani			
	AR.		Dekl.		AR.		Dekl.		AR.		Dekl.		AR.		Dekl.	
1959	$2^h\ 47^m$		$+27°\ 5'$		$2^h\ 49^m$		$-21°\ 10'$		$2^h\ 51^m$		$+52°\ 35'$		$2^h\ 54^m$		$-9°\ 3'$	
	s		″		s		″		s		″		s		″	
Jan. 0	35.319	112	35.94	5	11.590	125	31.65	131	22.543	193	54.24	88	26.398	104	45.69	111
10	35.207	140	35.89	23	11.465	147	32.96	101	22.350	235	55.12	48	26.294	128	46.80	92
20	35.067	161	35.66	41	11.318	165	33.97	68	22.115	266	55.60	6	26.166	147	47.72	72
30	34.906	176	35.25	58	11.153	177	34.65	35	21.849	285	55.66	— 37	26.019	160	48.44	49
Febr. 9	34.730	181	34.67	73	10.976	180	35.00	1	21.564	290	55.29	78	25.859	165	48.93	26
19	34.549	176	33.94	86	10.796	176	35.01	— 34	21.274	282	54.51	116	25.694	163	49.19	1
März 1	34.373	161	33.08	94	10.620	163	34.67	68	20.992	257	53.35	148	25.531	152	49.20	— 24
11	34.212	137	32.14	98	10.457	141	33.99	101	20.735	219	51.87	174	25.379	131	48.96	48
21	34.075	102	31.16	97	10.316	112	32.98	133	20.516	168	50.13	193	25.248	104	48.48	74
31	33.973	61	30.19	91	10.204	76	31.65	161	20.348	107	48.20	204	25.144	69	47.74	99
April 10	33.912	14	29.28	80	10.128	34	30.04	188	20.241	39	46.16	205	25.075	28	46.75	124
20	33.898	— 37	28.48	64	10.094	— 12	28.16	211	20.202	— 34	44.11	198	25.047	— 15	45.51	146
30	33.935	89	27.84	44	10.106	59	26.05	230	20.236	107	42.13	184	25.062	61	44.05	166
Mai 10	34.024	139	27.40	21	10.165	105	23.75	245	20.343	179	40.29	162	25.123	106	42.39	185
20	34.163	186	27.19	— 3	10.270	150	21.30	255	20.522	245	38.67	135	25.229	150	40.54	198
30	34.349	228	27.22	29	10.420	192	18.75	258	20.767	304	37.32	104	25.379	189	38.56	208
Juni 9	34.577	264	27.51	53	10.612	227	16.17	255	21.071	355	36.28	69	25.568	223	36.48	212
19	34.841	292	28.04	77	10.839	258	13.62	245	21.426	396	35.59	32	25.791	251	34.36	211
29	35.133	313	28.81	98	11.097	280	11.17	229	21.822	425	35.27	— 6	26.042	273	32.25	205
Juli 9	35.446	326	29.79	117	11.377	296	8.88	207	22.247	445	35.33	42	26.315	287	30.20	192
19	35.772	330	30.96	131	11.673	303	6.81	178	22.692	454	35.75	77	26.602	294	28.28	174
29	36.102	327	32.27	143	11.976	303	5.03	144	23.146	452	36.52	110	26.896	294	26.54	150
Aug. 8	36.429	318	33.70	149	12.279	297	3.59	106	23.598	443	37.62	140	27.190	287	25.04	123
18	36.747	304	35.19	152	12.576	283	2.53	65	24.041	424	39.02	167	27.477	275	23.81	91
28	37.051	283	36.71	152	12.859	265	1.88	21	24.465	399	40.69	189	27.752	258	22.90	57
Sept. 7	37.334	260	38.23	149	13.124	242	1.67	— 22	24.864	368	42.58	209	28.010	236	22.33	22
17	37.594	234	39.72	142	13.366	214	1.89	63	25.232	333	44.67	223	28.246	212	22.11	— 13
27	37.828	205	41.14	133	13.580	184	2.52	103	25.565	293	46.90	234	28.458	185	22.24	45
Okt. 7	38.033	175	42.47	122	13.764	153	3.55	137	25.858	249	49.24	240	28.643	156	22.69	76
17	38.208	144	43.69	112	13.917	119	4.92	164	26.107	204	51.64	241	28.799	127	23.45	101
27	38.352	112	44.81	99	14.036	86	6.56	185	26.311	155	54.05	239	28.926	96	24.46	121
Nov. 5	^{3}38.464	79	45.80	85	^{3}14.122	52	8.41	197	^{4}26.466	104	56.44	231	^{5}29.022	66	25.67	135
15	38.543	44	46.65	72	14.174	18	10.38	202	26.570	50	58.75	218	29.088	34	27.02	144
25	38.587	9	47.37	58	14.192	— 16	12.40	198	26.620	— 6	60.93	200	29.122	3	28.46	145
Dez. 5	38.596	— 25	47.95	42	14.176	48	14.38	187	26.614	61	62.93	176	29.125	— 29	29.91	141
15	38.571	61	48.37	25	14.128	79	16.25	170	26.553	115	64.69	147	29.096	59	31.32	133
25	38.510	94	48.62	8	14.049	108	17.95	145	26.438	167	66.16	113	29.037	88	32.65	119
35	38.416		48.70		13.941		19.40		26.271		67.29		28.949		33.84	
Mittl. Ort	33.837		33.87		10.647		19.64		20.196		46.27		25.344		36.93	
sec δ, tg δ	+1.123		+ 0.512		+1.072		− 0.387		+1.646		+ 1.308		+1.013		− 0.159	
a, *a′*	+3.5		+14.9		+2.7		+14.8		+4.3		+14.7		+2.9		+14.5	
b, *b′*	+0.03		− 0.67		−0.02		− 0.67		+0.06		− 0.68		−0.01		− 0.69	

Obere Kulmination Greenwich

Tag	106) ϑ Eridani *pr* AR.		Dekl.		107) α Ceti AR.		Dekl.		105) 47 H. Cephei AR.		Dekl.		108) γ Persei AR.		Dekl.	
1959	2h 56m		−40° 27′		3h 0m		+3° 55′		3h 0m		+79° 15′		3h 1m		+53° 20′	
	s		″		s		″		s		″		s		″	
Jan. 0	43.258	182	81.90	157	9.189	94	42.92	78	41.04	81	44.95	185	51.204	189	58.27	99
10	43.076	208	83.47	112	9.095	120	42.14	71	40.23	93	46.80	132	51.015	232	59.26	60
20	42.868	228	84.59	65	8.975	140	41.43	64	39.30	103	48.12	74	50.783	268	59.86	19
30	42.640	241	85.24	16	8.835	154	40.79	55	38.27	108	48.86	13	50.515	291	60.05	24
Febr. 9	42.399	243	85.40	33	8.681	162	40.24	46	37.19	109	48.99	47	50.224	299	59.81	66
19	42.156	237	85.07	80	8.519	161	39.78	33	36.10	105	48.52	106	49.925	293	59.15	106
März 1	41.919	222	84.27	124	8.358	150	39.45	20	35.05	97	47.46	159	49.632	271	58.09	139
11	41.697	196	83.03	167	8.208	130	39.25	5	34.08	84	45.87	206	49.361	234	56.70	168
21	41.501	163	81.36	205	8.078	103	39.20	13	33.24	67	43.81	243	49.127	185	55.02	188
31	41.338	121	79.31	239	7.975	68	39.33	31	32.57	49	41.38	270	48.942	124	53.14	201
April 10	41.217	73	76.92	267	7.907	27	39.64	51	32.08	28	38.68	287	48.818	56	51.13	206
20	41.144	21	74.25	291	7.880	17	40.15	71	31.80	5	35.81	292	48.762	18	49.07	201
30	41.123	33	71.34	308	7.897	62	40.86	92	31.75	18	32.89	288	48.780	92	47.06	189
Mai 10	41.156	89	68.26	318	7.959	108	41.78	112	31.93	39	30.01	273	48.872	165	45.17	170
20	41.245	142	65.08	321	8.067	152	42.90	130	32.32	59	27.28	249	49.037	234	43.47	144
30	41.387	192	61.87	316	8.219	190	44.20	145	32.91	77	24.79	217	49.271	296	42.03	115
Juni 9	41.579	237	58.71	304	8.409	225	45.65	157	33.68	94	22.62	181	49.567	349	40.88	81
19	41.816	276	55.67	283	8.634	253	47.22	165	34.62	108	20.81	138	49.916	392	40.07	45
29	42.092	307	52.84	256	8.887	274	48.87	168	35.70	118	19.43	92	50.308	426	39.62	9
Juli 9	42.399	329	50.28	221	9.161	288	50.55	167	36.88	125	18.51	44	50.734	448	39.53	27
19	42.728	344	48.07	179	9.449	295	52.22	161	38.13	131	18.07	4	51.182	459	39.80	63
29	43.072	348	46.28	132	9.744	295	53.83	150	39.44	132	18.11	53	51.641	461	40.43	96
Aug. 8	43.420	344	44.96	81	10.039	288	55.33	134	40.76	131	18.64	99	52.102	453	41.39	127
18	43.764	332	44.15	27	10.327	277	56.67	114	42.07	127	19.63	145	52.555	437	42.66	154
28	44.096	312	43.88	27	10.604	261	57.81	92	43.34	122	21.08	186	52.992	414	44.20	179
Sept. 7	44.408	286	44.15	81	10.865	240	58.73	68	44.56	113	22.94	224	53.406	385	45.99	198
17	44.694	254	44.96	133	11.105	217	59.41	42	45.69	103	25.18	257	53.791	352	47.97	215
27	44.948	216	46.29	178	11.322	192	59.83	17	46.72	90	27.75	287	54.143	312	50.12	228
Okt. 7	45.164	176	48.07	217	11.514	165	60.00	6	47.62	77	30.62	309	54.455	270	52.40	235
17	45.340	133	50.24	248	11.679	137	59.94	27	48.39	61	33.71	326	54.725	224	54.75	239
27	$_5$45.473	88	52.72	269	11.816	109	59.67	46	49.00	43	36.97	336	54.949	175	57.14	238
Nov. 5*	45.561	43	55.41	280	$_6$11.925	78	59.21	60	$_6$49.43	25	40.33	338	$_7$55.124	123	59.52	233
15	45.604	2	58.21	279	12.003	48	58.61	71	49.68	5	43.71	331	55.247	68	61.85	222
25	45.602	45	61.00	268	12.051	17	57.90	77	49.73	15	47.02	317	55.315	11	64.07	206
Dez. 5	45.557	87	63.68	247	12.068	15	57.13	81	49.58	35	50.19	292	55.326	48	66.13	184
15	45.470	126	66.15	217	12.053	47	56.32	80	49.23	53	53.11	259	55.278	105	67.97	156
25	45.344	161	68.32	181	12.006	76	55.52	78	48.70	71	55.70	217	55.173	159	69.53	124
35	45.183		70.13		11.930		54.74		47.99		57.87		55.014		70.77	
Mittl. Ort	42.339		65.19		7.987		48.13		33.45		34.02		48.749		50.96	
sec δ, tg δ	+1.314		− 0.853		+1.002		+ 0.069		+5.366		+ 5.272		+1.675		+ 1.344	
a, *a′*	+2.3		+14.4		+3.1		+14.2		+8.1		+14.1		+4.4		+14.1	
b, *b′*	−0.04		− 0.70		0.00		− 0.71		+0.25		− 0.71		+0.06		− 0.71	

* Bei Stern 107), 105) und 108) lies Nov. 6.

Scheinbare Sternörter 1959

Obere Kulmination Greenwich

Tag	109) ρ Persei AR.	Δ	109) ρ Persei Dekl.	Δ	110) μ Horologii AR.	Δ	110) μ Horologii Dekl.	Δ	111) β Persei AR.	Δ	111) β Persei Dekl.	Δ	114) δ Arietis AR.	Δ	114) δ Arietis Dekl.	Δ
1959	$3^h\ 2^m$		$+38°\ 40'$		$3^h\ 2^m$		$-59°\ 53'$		$3^h\ 5^m$		$+40°\ 47'$		$3^h\ 9^m$		$+19°\ 34'$	
	s		″		s		″		s		″		s		″	
Jan. 0	34.267	126	62.21	45	39.682	336	65.89	163	31.456	130	61.51	55	18.225	92	21.47	24
10	34.141	160	62.66	17	39.346	371	67.52	108	31.326	166	62.06	26	18.133	121	21.23	33
20	33.981	189	62.83	11	38.975	398	68.60	51	31.160	196	62.32	4	18.012	146	20.90	42
30	33.792	207	62.72	40	38.577	412	69.11	6	30.964	216	62.28	36	17.866	164	20.48	50
Febr. 9	33.585	216	62.32	68	38.165	412	69.05	63	30.748	225	61.92	65	17.702	172	19.98	57
19	33.369	214	61.64	92	37.753	401	68.42	117	30.523	223	61.27	92	17.530	173	19.41	61
März 1	33.155	198	60.72	114	37.352	375	67.25	167	30.300	207	60.35	115	17.357	163	18.80	64
11	32.957	171	59.58	129	36.977	337	65.58	214	30.093	181	59.20	132	17.194	143	18.16	63
21	32.786	135	58.29	138	36.640	289	63.44	254	29.912	143	57.88	145	17.051	114	17.53	57
31	32.651	88	56.91	142	36.351	230	60.90	290	29.769	95	56.43	150	16.937	77	16.96	49
April 10	32.563	35	55.49	139	36.121	163	58.00	318	29.674	41	54.93	148	16.860	33	16.47	37
20	32.528	21	54.10	129	35.958	89	54.82	339	29.633	17	53.45	139	16.827	13	16.10	21
30	32.549	80	52.81	113	35.869	12	51.43	352	29.650	78	52.06	125	16.840	62	15.89	3
Mai 10	32.629	137	51.68	93	35.857	66	47.91	358	29.728	137	50.81	106	16.902	111	15.86	17
20	32.766	191	50.75	68	35.923	143	44.33	356	29.865	192	49.75	81	17.013	156	16.03	38
30	32.957	241	50.07	41	36.066	218	40.77	345	30.057	243	48.94	54	17.169	199	16.41	59
Juni 9	33.198	282	49.66	13	36.284	286	37.32	325	30.300	286	48.40	25	17.368	236	17.00	79
19	33.480	316	49.53	16	36.570	346	34.07	297	30.586	321	48.15	5	17.604	265	17.79	97
29	33.796	341	49.69	44	36.916	397	31.10	261	30.907	349	48.20	34	17.869	288	18.76	112
Juli 9	34.137	359	50.13	71	37.313	437	28.49	218	31.256	366	48.54	62	18.157	303	19.88	123
19	34.496	367	50.84	96	37.750	464	26.31	169	31.622	376	49.16	88	18.460	311	21.11	131
29	34.863	367	51.80	117	38.214	480	24.62	114	31.998	377	50.04	111	18.771	313	22.42	135
Aug. 8	35.230	360	52.97	135	38.694	481	23.48	55	32.375	370	51.15	132	19.084	307	23.77	135
18	35.590	347	54.32	150	39.175	470	22.93	6	32.745	357	52.47	148	19.391	296	25.12	131
28	35.937	328	55.82	161	39.645	445	22.99	67	33.102	338	53.95	161	19.687	280	26.43	124
Sept. 7	36.265	304	57.43	168	40.090	408	23.66	126	33.440	315	55.56	171	19.967	261	27.67	114
17	36.569	277	59.11	173	40.498	361	24.92	181	33.755	287	57.27	177	20.228	239	28.81	102
27	36.846	247	60.84	174	40.859	305	26.73	230	34.042	257	59.04	181	20.467	213	29.83	88
Okt. 7	37.093	215	62.58	172	41.164	240	29.03	270	34.299	224	60.85	180	20.680	187	30.71	74
17	37.308	181	64.30	169	41.404	171	31.73	301	34.523	189	62.65	178	20.867	159	31.45	61
27	37.489	144	65.99	162	41.575	97	34.74	320	34.712	152	64.43	172	21.026	129	32.06	48
Nov. 6	37.633	106	67.61	152	41.672	22	37.94	328	34.864	112	66.15	165	21.155	98	32.54	35
15	7 37.739	66	69.13	140	7 41.694	52	41.22	322	7 34.976	70	67.80	153	8 21.253	65	32.89	23
25	37.805	24	70.53	126	41.642	123	44.44	305	35.046	26	69.33	138	21.318	32	33.12	13
Dez. 5	37.829	20	71.79	107	41.519	191	47.49	276	35.072	19	70.71	120	21.350	3	33.25	3
15	37.809	62	72.86	87	41.328	252	50.25	239	35.053	63	71.91	99	21.347	39	33.28	7
25	37.747	104	73.73	63	41.076	304	52.64	192	34.990	106	72.90	74	21.308	72	33.21	16
35	37.643		74.36		40.772		54.56		34.884		73.64		21.236		33.05	
Mittl. Ort	32.427		58.12		38.642		45.98		29.534		57.12		16.777		22.70	
sec δ, tg δ	+1.281		+0.801		+1.994		− 1.725		+1.321		+ 0.863		+1.061		+ 0.356	
a, *a′*	+3.8		+14.0		+1.4		+14.0		+3.9		+13.8		+3.4		+13.6	
b, *b′*	+0.04		− 0.71		−0.08		− 0.72		+0.04		− 0.72		+0.02		− 0.74	

Obere Kulmination Greenwich

Tag	1090) 79 G. Fornacis AR.		Dekl.		115) 48 H. Cephei AR.		Dekl.		120) α Persei AR.		Dekl.		121) ο Tauri AR.		Dekl.	
1959	$3^h\ 13^m$		$-35°\ 42'$		$3^h\ 15^m$		$+77°\ 34'$		$3^h\ 21^m$		$+49°\ 42'$		$3^h\ 22^m$		$+8°\ 53'$	
	s		″		s		″		s		″		s		″	
Jan. 0	4.308	154	49.41	169	9.52	63	82.94	195	25.409	149	66.19	101	37.551	81	4.55	62
10	4.154	182	51.10	128	8.89	77	84.89	144	25.260	195	67.20	67	37.470	111	3.93	60
20	3.972	206	52.38	84	8.12	86	86.33	89	25.065	233	67.87	30	37.359	136	3.33	57
30	3.766	221	53.22	39	7.26	92	87.22	30	24.832	260	68.17	— 9	37.223	156	2.76	52
Febr. 9	3.545	228	53.61	— 7	6.34	94	87.52	— 30	24.572	275	68.08	47	37.067	166	2.24	48
19	3.317	226	53.54	53	5.40	92	87.22	88	24.297	274	67.61	83	36.901	169	1.76	41
März 1	3.091	215	53.01	96	4.48	86	86.34	141	24.023	260	66.78	115	36.732	162	1.35	33
11	2.876	193	52.05	138	3.62	76	84.93	189	23.763	232	65.63	143	36.570	145	1.02	22
21	2.683	164	50.67	176	2.86	62	83.04	228	23.531	189	64.20	164	36.425	120	0.80	10
31	2.519	126	48.91	211	2.24	47	80.76	258	23.342	136	62.56	178	36.305	86	0.70	— 5
April 10	2.393	82	46.80	241	1.77	29	78.18	277	23.206	75	60.78	184	36.219	47	0.75	21
20	2.311	33	44.39	267	1.48	10	75.41	286	23.131	8	58.94	182	36.172	3	0.96	40
30	2.278	— 19	41.72	287	1.38	— 10	72.55	285	23.123	— 61	57.12	173	36.169	— 44	1.36	58
Mai 10	2.297	71	38.85	300	1.48	29	69.70	273	23.184	130	55.39	158	36.213	90	1.94	77
20	2.368	123	35.85	307	1.77	47	66.97	252	23.314	195	53.81	135	36.303	135	2.71	96
30	2.491	171	32.78	306	2.24	64	64.45	224	23.509	255	52.46	110	36.438	176	3.67	113
Juni 9	2.662	216	29.72	298	2.88	78	62.21	189	23.764	308	51.36	81	36.614	212	4.80	127
19	2.878	253	26.74	283	3.66	91	60.32	150	24.072	351	50.55	48	36.826	243	6.07	137
29	3.131	283	23.91	260	4.57	101	58.82	106	24.423	386	50.07	16	37.069	266	7.44	145
Juli 9	3.414	308	21.31	229	5.58	109	57.76	60	24.809	411	49.91	— 16	37.335	284	8.89	148
19	3.722	323	19.02	192	6.67	113	57.16	13	25.220	425	50.07	49	37.619	293	10.37	146
29	4.045	329	17.10	148	7.80	116	57.03	— 34	25.645	431	50.56	79	37.912	297	11.83	140
Aug. 8	4.374	329	15.62	101	8.96	116	57.37	80	26.076	428	51.35	106	38.209	294	13.23	129
18	4.703	320	14.61	49	10.12	114	58.17	124	26.504	417	52.41	131	38.503	285	14.52	115
28	5.023	304	14.12	— 3	11.26	109	59.41	166	26.921	400	53.72	153	38.788	273	15.67	98
Sept. 7	5.327	282	14.15	56	12.35	103	61.07	204	27.321	376	55.25	172	39.061	255	16.65	78
17	5.609	255	14.71	107	13.38	95	63.11	239	27.697	348	56.97	187	39.316	235	17.43	57
27	5.864	223	15.78	154	14.33	85	65.50	269	28.045	316	58.84	198	39.551	213	18.00	35
Okt. 7	6.087	187	17.32	195	15.18	73	68.19	293	28.361	279	60.82	206	39.764	188	18.35	14
17	6.274	149	19.27	227	15.91	60	71.12	312	28.640	239	62.88	211	39.952	161	18.49	— 4
27	6.423	109	21.54	252	16.51	45	74.24	324	28.879	196	64.99	212	40.113	134	18.45	22
Nov. 6	6.532	67	24.06	266	16.96	30	77.48	329	29.075	149	67.11	209	40.247	104	18.23	35
15	[9] 6.599	25	26.72	269	[10] 17.26	13	80.77	326	[11] 29.224	98	69.20	201	[12] 40.351	73	17.88	45
25	6.624	— 16	29.41	263	17.39	— 5	84.03	314	29.322	45	71.21	189	40.424	40	17.43	53
Dez. 5	6.608	57	32.04	247	17.34	23	87.17	293	29.367	— 10	73.10	171	40.464	6	16.90	58
15	6.551	96	34.51	222	17.11	39	90.10	264	29.357	65	74.81	150	40.470	— 28	16.32	60
25	6.455	132	36.73	190	16.72	55	92.74	225	29.292	120	76.31	122	40.442	61	15.72	60
35	6.323		38.63		16.17		94.99		29.172		77.53		40.381		15.12	
Mittl. Ort	3.267		33.65		2.71		73.42		23.045		61.12		36.194		9.31	
sec δ, tg δ	+1.232		− 0.719		+4.652		+ 4.543		+1.547		+ 1.180		+1.012		+ 0.156	
a, a′	+2.4		+13.3		+7.6		+13.2		+4.3		+12.8		+3.2		+12.7	
b, b′	−0.03		− 0.75		+0.20		− 0.75		+0.05		− 0.77		+0.01		− 0.77	

Scheinbare Sternörter 1959

Obere Kulmination Greenwich

Tag	122) 2 H. Camelop. AR.	Δ	Dekl.	Δ	125) 5 Tauri AR.	Δ	Dekl.	Δ
1959	3h 25m		+59° 47′		3h 28m		+12° 47′	
	s		″		s		″	
Jan. 0	46.895	208	64.21	144	37.768	77	47.16	47
10	46.687	267	65.65	103	37.691	109	46.69	48
20	46.420	317	66.68	60	37.582	136	46.21	49
30	46.103	351	67.28	13	37.446	156	45.72	49
Febr. 9	45.752	368	67.41	34	37.290	169	45.23	48
19	45.384	368	67.07	80	37.121	173	44.75	45
März 1	45.016	350	66.27	121	36.948	166	44.30	41
11	44.666	312	65.06	158	36.782	150	43.89	35
21	44.354	259	63.48	187	36.632	125	43.54	25
31	44.095	193	61.61	209	36.507	91	43.29	14
April 10	43.902	115	59.52	221	36.416	51	43.15	0
20	43.787	30	57.31	225	36.365	7	43.15	17
30	43.757	56	55.06	220	36.358	40	43.32	35
Mai 10	43.813	143	52.86	207	36.398	87	43.67	53
20	43.956	226	50.79	187	36.485	132	44.20	71
30	44.182	301	48.92	162	36.617	174	44.91	90
Juni 9	44.483	369	47.30	130	36.791	212	45.81	105
19	44.852	425	46.00	96	37.003	243	46.86	118
29	45.277	470	45.04	59	37.246	268	48.04	127
Juli 9	45.747	504	44.45	21	37.514	286	49.31	134
19	46.251	526	44.24	16	37.800	296	50.65	136
29	46.777	535	44.40	54	38.096	300	52.01	133
Aug. 8	47.312	535	44.94	89	38.396	299	53.34	127
18	47.847	524	45.83	122	38.695	291	54.61	116
28	48.371	504	47.05	152	38.986	278	55.77	102
Sept. 7	48.875	477	48.57	180	39.264	262	56.79	87
17	49.352	443	50.37	203	39.526	243	57.66	69
27	49.795	402	52.40	223	39.769	221	58.35	50
Okt. 7	50.197	356	54.63	238	39.990	196	58.85	32
17	50.553	304	57.01	250	40.186	170	59.17	16
27	50.857	247	59.51	255	40.356	143	59.33	1
Nov. 6	51.104	185	62.06	257	40.499	113	59.34	12
15*	[13]51.289	118	64.63	253	[13]40.612	82	59.22	23
25	51.407	47	67.16	241	40.694	48	58.99	30
Dez. 5	51.454	26	69.57	223	40.742	13	58.69	36
15	51.428	99	71.80	199	40.755	22	58.33	41
25	51.329	170	73.79	168	40.733	57	57.92	43
35	51.159		75.47		40.676		57.49	
Mittl. Ort	43.830		57.76		36.338		51.16	
sec δ, tg δ	+1.988		+ 1.718		+1.025		+ 0.227	
a, *a′*	+4.9		+12.5		+3.3		+12.3	
b, *b′*	+0.07		− 0.78		+0.01		− 0.79	

Tag	127) ε Eridani[1] AR.	Δ	Dekl.	Δ	131) δ Persei AR.	Δ	Dekl.	Δ
1959	3h 30m		−9° 35′		3h 39m		+47° 39′	
	s		″		s		″	
Jan. 0	61.021	91	55.24	124	62.080	121	32.93	104
10	60.930	120	56.48	105	61.959	170	33.97	75
20	60.810	144	57.53	83	61.789	211	34.72	42
30	60.666	164	58.36	59	61.578	243	35.14	7
Febr. 9	60.502	175	58.95	34	61.335	261	35.21	29
19	60.327	177	59.29	9	61.074	267	34.92	64
März 1	60.150	171	59.38	18	60.807	258	34.28	95
11	59.979	156	59.20	43	60.549	235	33.33	122
21	59.823	132	58.77	69	60.314	198	32.11	145
31	59.691	100	58.08	95	60.116	151	30.66	160
April 10	59.591	61	57.13	119	59.965	94	29.06	168
20	59.530	19	55.94	142	59.871	31	27.38	169
30	59.511	26	54.52	163	59.840	35	25.69	163
Mai 10	59.537	72	52.89	181	59.875	102	24.06	151
20	59.609	117	51.08	196	59.977	166	22.55	133
30	59.726	158	49.12	206	60.143	225	21.22	110
Juni 9	59.884	196	47.06	211	60.368	278	20.12	84
19	60.080	227	44.95	211	60.646	323	19.28	55
29	60.307	253	42.84	206	60.969	360	18.73	26
Juli 9	60.560	272	40.78	193	61.329	387	18.47	4
19	60.832	283	38.85	176	61.716	405	18.51	33
29	61.115	289	37.09	154	62.121	414	18.84	61
Aug. 8	61.404	288	35.55	125	62.535	415	19.45	86
18	61.692	280	34.30	94	62.950	409	20.31	110
28	61.972	269	33.36	59	63.359	395	21.41	130
Sept. 7	62.241	252	32.77	22	63.754	377	22.71	148
17	62.493	232	32.55	14	64.131	353	24.19	163
27	62.725	209	32.69	48	64.484	325	25.82	175
Okt. 7	62.934	183	33.17	81	64.809	293	27.57	183
17	63.117	156	33.98	108	65.102	256	29.40	189
27	63.273	127	35.06	130	65.358	217	31.29	192
Nov. 6	63.400	96	36.36	147	65.575	173	33.21	191
15*	[14]63.496	64	37.83	156	[16]65.748	125	35.12	186
25	63.560	30	39.39	159	65.873	73	36.98	178
Dez. 5	63.590	3	40.98	157	65.946	20	38.76	164
15	63.587	38	42.55	147	65.966	36	40.40	146
25	63.549	71	44.02	133	65.930	91	41.86	124
35	63.478		45.35		65.839		43.10	
Mittl. Ort	59.805		45.24		59.732		29.71	
sec δ, tg δ	+1.014		− 0.169		+1.485		+ 1.097	
a, *a′*	+2.9		+12.1		+4.3		+11.5	
b, *b′*	−0.01		− 0.80		+0.04		− 0.82	

[1] Die jährliche Parallaxe (0″.305) ist bereits berücksichtigt.

* Bei Stern 131) lies Nov. 16.

Scheinbare Sternörter 1959

Obere Kulmination Greenwich

Tag	134) ν Persei				141) β Reticuli				139) η Tauri				140) τ^6 Eridani			
	AR.		Dekl.		AR.		Dekl.		AR.		Dekl.		AR.		Dekl.	
1959	3^h 42^m		+42° 26′		3^h 43^m		−64° 55′		3^h 45^m		+23° 58′		3^h 45^m		−23° 21′	
	s		″		s		″		s		″		s		″	
Jan. 0	26.153	103	64.75	83	42.38	37	87.73	211	4.208	71	45.36	2	6.197	100	84.13	174
10	26.050	147	65.58	58	42.01	43	89.84	159	4.137	108	45.38	8	6.097	133	85.87	143
20	25.903	186	66.16	30	41.58	48	91.43	103	4.029	140	45.30	18	5.964	161	87.30	109
30	25.717	216	66.46	1	41.10	51	92.46	46	3.889	165	45.12	30	5.803	183	88.39	73
Febr. 9	25.501	235	66.45	31	40.59	52	92.92	12	3.724	182	44.82	41	5.620	196	89.12	36
19	25.266	240	66.14	60	40.07	52	92.80	69	3.542	189	44.41	51	5.424	202	89.48	2
März 1	25.026	234	65.54	87	39.55	50	92.11	123	3.353	184	43.90	58	5.222	198	89.46	39
11	24.792	213	64.67	110	39.05	47	90.88	173	3.169	169	43.32	63	5.024	183	89.07	75
21	24.579	181	63.57	127	38.58	43	89.15	219	3.000	144	42.69	65	4.841	161	88.32	110
31	24.398	137	62.30	139	38.15	36	86.96	259	2.856	110	42.04	62	4.680	130	87.22	143
April 10	24.261	86	60.91	145	37.79	29	84.37	293	2.746	69	41.42	57	4.550	91	85.79	173
20	24.175	28	59.46	144	37.50	21	81.44	321	2.677	22	40.85	46	4.459	49	84.06	200
30	24.147	32	58.02	136	37.29	13	78.23	342	2.655	28	40.39	33	4.410	2	82.06	224
Mai 10	24.179	93	56.66	123	37.16	3	74.81	355	2.683	78	40.06	18	4.408	46	79.82	242
20	24.272	153	55.43	105	37.13	5	71.26	359	2.761	127	39.88	1	4.454	93	77.40	255
30	24.425	208	54.38	84	37.18	15	67.67	354	2.888	172	39.89	20	4.547	138	74.85	263
Juni 9	24.633	256	53.54	59	37.33	24	64.13	342	3.060	213	40.09	38	4.685	179	72.22	264
19	24.889	299	52.95	33	37.57	31	60.71	321	3.273	247	40.47	56	4.864	216	69.58	257
29	25.188	332	52.62	6	37.88	39	57.50	290	3.520	276	41.03	73	5.080	245	67.01	245
Juli 9	25.520	357	52.56	21	38.27	45	54.60	251	3.796	296	41.76	86	5.325	270	64.56	225
19	25.877	374	52.77	46	38.72	49	52.09	206	4.092	310	42.62	98	5.595	287	62.31	199
29	26.251	382	53.23	69	39.21	53	50.03	154	4.402	317	43.60	105	5.882	296	60.32	166
Aug. 8	26.633	384	53.92	91	39.74	55	48.49	96	4.719	318	44.65	110	6.178	300	58.66	127
18	27.017	377	54.83	109	40.29	55	47.53	35	5.037	312	45.75	110	6.478	296	57.39	85
28	27.394	366	55.92	126	40.84	54	47.18	28	5.349	302	46.85	108	6.774	287	56.54	39
Sept. 7	27.760	348	57.18	138	41.38	52	47.46	90	5.651	288	47.93	104	7.061	273	56.15	7
17	28.108	327	58.56	148	41.90	47	48.36	151	5.939	269	48.97	96	7.334	253	56.22	54
27	28.435	301	60.04	156	42.37	42	49.87	206	6.208	249	49.93	88	7.587	231	56.76	98
Okt. 7	28.736	273	61.60	161	42.79	36	51.93	253	6.457	226	50.81	79	7.818	204	57.74	139
17	29.009	240	63.21	164	43.15	27	54.46	292	6.683	200	51.60	70	8.022	175	59.13	173
27	29.249	204	64.85	164	43.42	19	57.38	321	6.883	171	52.30	60	8.197	143	60.86	201
Nov. 6	29.453	164	66.49	162	43.61	10	60.59	337	7.054	140	52.90	52	8.340	108	62.87	219
16	29.617	121	68.11	156	43.71	1	63.96	340	7.194	107	53.42	43	8.448	73	65.06	230
25	[17] 29.738	76	69.67	148	[17] 43.72	8	67.36	332	[17] 7.301	70	53.85	36	[17] 8.521	36	67.36	232
Dez. 5	29.814	26	71.15	136	43.64	17	70.68	310	7.371	32	54.21	28	8.557	3	69.68	224
15	29.840	24	72.51	120	43.47	25	73.78	279	7.403	8	54.49	19	8.554	41	71.92	210
25	29.816	75	73.71	100	43.22	33	76.57	238	7.395	48	54.68	11	8.513	78	74.02	187
35	29.741		74.71		42.89		78.95		7.347		54.79		8.435		75.89	
Mittl. Ort	24.012		62.71		40.70		68.08		2.542		47.48		4.953		70.90	
sec δ, tg δ	+1.355		+ 0.915		+2.361		− 2.138		+1.094		+ 0.445		+1.089		− 0.432	
a, *a′*	+4.1		+11.3		+0.7		+11.2		+3.6		+11.1		+2.6		+11.1	
b, *b′*	+0.03		− 0.83		−0.08		− 0.83		+0.02		− 0.83		−0.02		−0.83	

Scheinbare Sternörter 1959

Obere Kulmination Greenwich

Tag	138) γ Camelop. AR.		Dekl.		146) γ Hydri AR.		Dekl.		143) 138 G.Eridani AR.		Dekl.		1105) +57° 752 Caml AR.		Dekl.	
1959	3h 45m		+71° 12′		3h 47m		−74° 21′		3h 47m		−36° 19′		3h 50m		+57° 51′	
	s		″		s		″		s		″		s		″	
Jan. 0	64.56	33	37.19	203	53.64	65	74.11	207	56.366	134	39.77	201	25.687	159	22.96	155
10	64.23	43	39.22	159	52.99	73	76.18	154	56.232	170	41.78	162	25.528	223	24.51	119
20	63.80	51	40.81	112	52.26	80	77.72	98	56.062	200	43.40	119	25.305	276	25.70	80
30	63.29	57	41.93	59	51.46	85	78.70	40	55.862	223	44.59	74	25.029	317	26.50	37
Febr. 9	62.72	61	42.52	4	50.61	87	79.10	19	55.639	238	45.33	27	24.712	344	26.87	7
19	62.11	61	42.56	50	49.74	86	78.91	76	55.401	242	45.60	20	24.368	352	26.80	51
März 1	61.50	59	42.06	102	48.88	83	78.15	129	55.159	237	45.40	66	24.016	343	26.29	93
11	60.91	54	41.04	149	48.05	78	76.86	179	54.922	222	44.74	109	23.673	315	25.36	130
21	60.37	47	39.55	190	47.27	71	75.07	224	54.700	197	43.65	150	23.358	272	24.06	161
31	59.90	37	37.65	222	46.56	62	72.83	264	54.503	162	42.15	189	23.086	214	22.45	186
April 10	59.53	25	35.43	245	45.94	51	70.19	297	54.341	122	40.26	222	22.872	144	20.59	203
20	59.28	13	32.98	259	45.43	40	67.22	324	54.219	75	38.04	252	22.728	67	18.56	210
30	59.15	1	30.39	263	45.03	26	63.98	343	54.144	23	35.52	275	22.661	14	16.46	211
Mai 10	59.14	13	27.76	258	44.77	12	60.55	355	54.121	29	32.77	293	22.675	97	14.35	203
20	59.27	26	25.18	244	44.65	2	57.00	357	54.150	81	29.84	305	22.772	177	12.32	187
30	59.53	38	22.74	222	44.67	15	53.43	353	54.231	132	26.79	309	22.949	252	10.45	167
Juni 9	59.91	49	20.52	193	44.82	29	49.90	339	54.363	179	23.70	305	23.201	319	8.78	141
19	60.40	58	18.59	161	45.11	42	46.51	316	54.542	220	20.65	294	23.520	378	7.37	111
29	60.98	65	16.98	123	45.53	53	43.35	285	54.762	257	17.71	275	23.898	426	6.26	78
Juli 9	61.63	72	15.75	83	46.06	63	40.50	246	55.019	286	14.96	247	24.324	464	5.48	45
19	62.35	77	14.92	41	46.69	72	38.04	200	55.305	307	12.49	213	24.788	490	5.03	9
29	63.12	79	14.51	1	47.41	78	36.04	146	55.612	321	10.36	173	25.278	506	4.94	25
Aug. 8	63.91	81	14.52	44	48.19	81	34.58	89	55.933	327	8.63	126	25.784	512	5.19	58
18	64.72	80	14.96	84	49.00	83	33.69	28	56.260	325	7.37	74	26.296	508	5.77	90
28	65.52	78	15.80	123	49.83	82	33.41	35	56.585	317	6.63	21	26.804	495	6.67	120
Sept. 7	66.30	76	17.03	160	50.65	78	33.76	97	56.902	302	6.42	34	27.299	476	7.87	146
17	67.06	71	18.63	194	51.43	72	34.73	157	57.204	280	6.76	88	27.775	450	9.33	170
27	67.77	65	20.57	223	52.15	63	36.30	212	57.484	253	7.64	138	28.225	416	11.03	191
Okt. 7	68.42	58	22.80	249	52.78	53	38.42	259	57.737	222	9.02	184	28.641	377	12.94	209
17	69.00	51	25.29	270	53.31	41	41.01	297	57.959	188	10.86	222	29.018	332	15.03	222
27	69.51	42	27.99	285	53.72	26	43.98	324	58.147	149	13.08	252	29.350	282	17.25	232
Nov. 6	69.93	31	30.84	295	53.98	12	47.22	339	58.296	108	15.60	273	29.632	225	19.57	237
16	18 70.24	21	33.79	298	18 54.10	3	50.61	342	18 58.404	65	18.33	282	29.857	162	21.94	237
25	70.45	10	36.77	293	54.07	18	54.03	332	58.469	21	21.15	281	19 30.019	96	24.31	231
Dez. 5	70.55	3	39.70	279	53.89	32	57.35	309	58.490	23	23.96	269	30.115	25	26.62	219
15	70.52	14	42.49	257	53.57	46	60.44	277	58.467	67	26.65	249	30.140	48	28.81	201
25	70.38	27	45.06	228	53.11	57	63.21	235	58.400	109	29.14	221	30.092	118	30.82	176
35	70.11		47.34		52.54		65.56		58.291		31.35		29.974		32.58	
Mittl. Ort	59.69		31.11		51.20		54.02		55.096		24.00		22.665		18.93	
sec δ, tg δ	+3.104		+ 2.939		+3.710		− 3.573		+1.241		− 0.735		+1.879		+ 1.591	
a, *a′*	+6.3		+11.1		−0.9		+10.9		+2.2		+10.9		+4.9		+10.7	
b, *b′*	+0.11		− 0.83		−0.13		− 0.84		−0.03		− 0.84		+0.06		− 0.84	

Scheinbare Sternörter 1959

Obere Kulmination Greenwich

Tag	144) ζ Persei AR.		144) ζ Persei Dekl.		147) ε Persei AR.		147) ε Persei Dekl.		149) γ Eridani AR.		149) γ Eridani Dekl.		148) ξ Persei AR.		148) ξ Persei Dekl.	
1959	3h 51m		+31° 45′		3h 55m		+39° 53′		3h 56m		−13° 37′		3h 56m		+35° 40′	
	s		″		s		″		s		″		s		″	
Jan. 0	34.788	74	47.70	40	7.803	84	36.51	79	8.209	77	37.36	151	19.867	76	28.98	59
10	34.714	115	48.10	23	7.719	130	37.30	56	8.132	110	38.87	127	19.791	119	29.57	41
20	34.599	150	48.33	6	7.589	170	37.86	32	8.022	139	40.14	102	19.672	157	29.98	20
30	34.449	179	48.39	13	7.419	202	38.18	5	7.883	163	41.16	75	19.515	187	30.18	2
Febr. 9	34.270	197	48.26	32	7.217	222	38.23	22	7.720	179	41.91	46	19.328	208	30.16	25
19	34.073	206	47.94	50	6.995	232	38.01	48	7.541	186	42.37	16	19.120	217	29.91	47
März 1	33.867	202	47.44	66	6.763	228	37.53	73	7.355	185	42.53	14	18.903	215	29.44	68
11	33.665	187	46.78	79	6.535	212	36.80	95	7.170	173	42.39	43	18.688	199	28.76	85
21	33.478	160	45.99	89	6.323	183	35.85	112	6.997	152	41.96	72	18.489	172	27.91	98
31	33.318	124	45.10	93	6.140	143	34.73	123	6.845	124	41.24	100	18.317	135	26.93	106
April 10	33.194	80	44.17	93	5.997	95	33.50	129	6.721	88	40.24	127	18.182	90	25.87	110
20	33.114	31	43.24	87	5.902	40	32.21	128	6.633	47	38.97	152	18.092	38	24.77	107
30	33.083	22	42.37	78	5.862	18	30.93	122	6.586	2	37.45	175	18.054	17	23.70	99
Mai 10	33.105	76	41.59	64	5.880	76	29.71	111	6.584	43	35.70	193	18 071	73	22.71	87
20	33.181	128	40.95	47	5.956	134	28.60	95	6.627	89	33.77	209	18.144	127	21.84	72
30	33.309	177	40.48	28	6.090	188	27.65	76	6.716	132	31.68	220	18.271	178	21.12	52
Juni 9	33.486	220	40.20	8	6.278	236	26.89	53	6.848	172	29.48	226	18.449	225	20.60	31
19	33.706	259	40.12	14	6.514	278	26.36	30	7.020	207	27.22	225	18.674	265	20.29	10
29	33.965	289	40.26	34	6.792	312	26.06	6	7.227	235	24.97	218	18.939	297	20.19	12
Juli 9	34.254	312	40.60	52	7.104	339	26.00	18	7.462	259	22.79	206	19.236	322	20.31	34
19	34.566	328	41.12	70	7.443	357	26.18	41	7.721	275	20.73	187	19.558	339	20.65	54
29	34.894	337	41.82	84	7.800	367	26.59	62	7.996	286	18.86	162	19.897	349	21.19	70
Aug. 8	35.231	339	42.66	95	8.167	371	27.21	81	8.282	289	17.24	132	20.246	352	21.89	86
18	35.570	334	43.61	104	8.538	367	28.02	97	8.571	286	15.92	97	20.598	349	22.75	98
28	35.904	324	44.65	110	8.905	357	28.99	110	8.857	280	14.95	59	20.947	340	23.73	108
Sept. 7	36.228	311	45.75	113	9.262	343	30.09	122	9.137	267	14.36	20	21.287	326	24.81	114
17	36.539	293	46.88	114	9.605	325	31.31	130	9.404	251	14.16	20	21.613	309	25.95	120
27	36.832	272	48.02	112	9.930	302	32.61	137	9.655	231	14.36	60	21.922	288	27.15	122
Okt. 7	37.104	248	49.14	109	10.232	276	33.98	140	9.886	209	14.96	96	22.210	263	28.37	122
17	37.352	221	50.23	106	10.508	247	35.38	143	10.095	183	15.92	127	22.473	235	29.59	122
27	37.573	190	51.29	102	10.755	213	36.81	143	10.278	155	17.19	152	22.708	204	30.81	121
Nov. 6	37.763	158	52.31	96	10.968	176	38.24	142	10.433	124	18.71	172	22.912	170	32.02	117
16	37.921	121	53.27	90	11.144	135	39.66	138	10.557	91	20.43	184	23.082	131	33.19	112
25	19 38.042	82	54.17	83	20 11.279	91	41.04	131	20 10.648	57	22.27	188	20 23.213	89	34.31	106
Dez. 5	38.124	39	55.00	74	11.370	43	42.35	122	10.705	20	24.15	184	23.302	45	35.37	97
15	38.163	5	55.74	63	11.413	6	43.57	109	10.725	17	25.99	175	23.347	1	36.34	87
25	38.158	48	56.37	51	11.407	56	44.66	93	10.708	54	27.74	160	23.346	49	37.21	72
35	38.110		56.88		11.351		45.59		10.654		29.34		23.297		37.93	
Mittl. Ort	32.934		48.50		5.706		35.92		6.885		26.12		17.895		29.30	
sec δ, tg δ	+1.176		+ 0.619		+1.303		+ 0.836		+1.029		− 0.242		+1.231		+ 0.718	
a, *a′*	+3.8		+10.7		+4.0		+10.4		+2.8		+10.3		+3.9		+10.3	
b, *b′*	+0.02		− 0.85		+0.03		− 0.86		−0.01		− 0.86		+0.02		− 0.86	

Scheinbare Sternörter 1959

Obere Kulmination Greenwich

Tag	150) λ Tauri				151) ν Tauri				153) 174 G. Eridani				152) 48 Persei			
	AR.	Δ	Dekl.	Δ	AR.	Δ	Dekl.	Δ	AR.	Δ	Dekl.	Δ	AR.	Δ	Dekl.	Δ
1959	3h 58m		+12° 22′		4h 0m		+5° 52′		4h 3m		−27° 45′		4h 5m		+47° 36′	
	s		″		s		″		s		″		s		″	
Jan. 0	25.849	58	27.86	48	59.790	57	30.17	76	57.304	97	60.20	196	42.990	93	19.22	119
10	25.791	94	27.38	47	59.733	92	29.41	70	57.207	133	62.16	163	42.897	146	20.41	94
20	25.697	125	26.91	45	59.641	124	28.71	62	57.074	165	63.79	127	42.751	194	21.35	63
30	25.572	151	26.46	44	59.517	149	28.09	54	56.909	190	65.06	87	42.557	232	21.98	31
Febr. 9	25.421	169	26.02	42	59.368	166	27.55	44	56.719	208	65.93	47	42.325	258	22.29	3
19	25.252	178	25.60	38	59.202	176	27.11	34	56.511	216	66.40	5	42.067	270	22.26	37
März 1	25.074	176	25.22	34	59.026	175	26.77	23	56.295	215	66.45	35	41.797	268	21.89	70
11	24.898	165	24.88	28	58.851	165	26.54	10	56.080	203	66.10	75	41.529	251	21.19	100
21	24.733	144	24.60	20	58.686	144	26.44	3	55.877	182	65.35	114	41.278	221	20.19	124
31	24.589	114	24.40	9	58.542	115	26.47	18	55.695	153	64.21	149	41.057	177	18.95	144
April 10	24.475	77	24.31	2	58.427	80	26.65	34	55.542	116	62.72	182	40.880	124	17.51	156
20	24.398	34	24.33	17	58.347	38	26.99	52	55.426	73	60.90	211	40.756	64	15.95	162
30	24.364	11	24.50	33	58.309	7	27.51	69	55.353	27	58.79	237	40.692	0	14.33	160
Mai 10	24.375	58	24.83	49	58.316	52	28.20	87	55.326	22	56.42	256	40.692	67	12.73	154
20	24.433	104	25.32	66	58.368	97	29.07	103	55.348	71	53.86	271	40.759	132	11.19	140
30	24.537	148	25.98	82	58.465	140	30.10	118	55.419	117	51.15	279	40.891	193	9.79	122
Juni 9	24.685	187	26.80	96	58.605	179	31.28	130	55.536	162	48.36	280	41.084	249	8.57	101
19	24.872	221	27.76	108	58.784	213	32.58	138	55.698	201	45.56	275	41.333	297	7.56	76
29	25.093	249	28.84	117	58.997	241	33.96	144	55.899	235	42.81	261	41.630	338	6.80	49
Juli 9	25.342	270	30.01	122	59.238	262	35.40	145	56.134	262	40.20	241	41.968	369	6.31	22
19	25.612	286	31.23	123	59.500	278	36.85	141	56.396	283	37.79	213	42.337	393	6.09	5
29	25.898	294	32.46	121	59.778	287	38.26	132	56.679	297	35.66	178	42.730	408	6.14	31
Aug. 8	26.192	297	33.67	114	60.065	290	39.58	120	56.976	304	33.88	138	43.138	414	6.45	56
18	26.489	294	34.81	103	60.355	288	40.78	103	57.280	305	32.50	93	43.552	413	7.01	80
28	26.783	286	35.84	90	60.643	280	41.81	83	57.585	299	31.57	44	43.965	406	7.81	100
Sept. 7	27.069	274	36.74	73	60.923	269	42.64	60	57.884	287	31.13	6	44.371	392	8.81	119
17	27.343	259	37.47	56	61.192	255	43.24	36	58.171	271	31.19	56	44.763	373	10.00	134
27	27.602	241	38.03	38	61.447	237	43.60	12	58.442	250	31.75	104	45.136	350	11.34	149
Okt. 7	27.843	221	38.41	19	61.684	216	43.72	10	58.692	224	32.79	148	45.486	322	12.83	160
17	28.064	197	38.60	3	61.900	194	43.62	31	48.916	196	34.27	186	45.808	290	14.43	169
27	28.261	171	38.63	11	62.094	168	43.31	49	59.112	164	36.13	217	46.098	252	16.12	175
Nov. 6	28.432	142	38.52	24	62.262	140	42.82	63	59.276	128	38.30	239	46.350	210	17.87	178
16	28.574	112	38.28	32	62.402	109	42.19	73	59.404	90	40.69	252	46.560	163	19.65	179
25	[21] 28.686	77	37.96	39	[22] 62.511	76	41.46	79	[22] 59.494	51	43.21	255	[23] 46.723	112	21.44	174
Dez. 5	28.763	41	37.57	43	62.587	40	40.67	82	59.545	10	45.76	248	46.835	57	23.18	166
15	28.804	4	37.14	45	62.627	3	39.85	81	59.555	31	48.24	233	46.892	1	24.84	154
25	28.808	35	36.69	46	62.630	35	39.04	77	59.524	73	50.57	211	46.891	60	26.38	135
35	28.773		36.23		62.595		38.27		59.451		52.68		46.831		27.73	
Mittl. Ort	24.313		33.32		58.317		37.20		55.963		46.08		40.553		18.07	
sec δ, tg δ	+1.024		+ 0.219		+1.005		+ 0.103		+1.130		− 0.526		+1.483		+ 1.095	
a, *a′*	+3.3		+10.1		+3.2		+ 9.9		+2.5		+ 9.7		+4.4		+ 9.6	
b, *b′*	+0.01		− 0.86		0.00		− 0.87		−0.02		− 0.87		+0.03		− 0.88	

Obere Kulmination Greenwich

Tag	154) o¹ Eridani AR.	Δ	Dekl.	Δ	155) α Horologii AR.	Δ	Dekl.	Δ	156) α Reticuli AR.	Δ	Dekl.	Δ	162) δ Tauri AR.	Δ	Dekl.	Δ
1959	4h 9m		−6° 56′		4h 12m		−42° 23′		4h 13m		−62° 34′		4h 20m		+17° 26′	
	s		″		s		″		s		″		s		″	
Jan. 0	53.122		45.36		39.928		56.71		55.46		52.27		35.678		47.15	
10	53.063	59	46.68	132	39.789	139	59.04	233	55.16	30	54.74	247	35.637	41	46.91	24
20	52.968	95	47.82	114	39.607	182	60.97	193	54.80	36	56.75	201	35.556	81	46.66	25
30	52.842	126	48.76	94	39.388	219	62.46	149	54.38	42	58.23	148	35.439	117	46.39	27
Febr. 9	52.689	153	49.49	73	39.140	248	63.46	100	53.93	45	59.16	93	35.291	148	46.10	29
19	52.518	171	49.99	50	38.873	267	63.96	50	53.45	48	59.51	35	35.121	170	45.79	31
März 1	52.337	181	50.26	27	38.595	278	63.95	1	52.96	49	59.30	21	34.938	183	45.46	33
11	52.155	182	50.29	3	38.319	276	63.45	50	52.48	48	58.54	76	34.753	185	45.11	35
21	51.982	173	50.08	21	38.055	264	62.48	97	52.02	46	57.25	129	34.575	178	44.76	35
31	51.828	154	49.62	46	37.814	241	61.05	143	51.59	43	55.47	178	34.416	159	44.44	32
April 10	51.701	127	48.93	69	37.606	208	59.21	184	51.21	38	53.25	222	34.285	131	44.17	27
20	51.608	93	48.00	93	37.439	167	56.99	222	50.90	31	50.64	261	34.190	95	43.97	20
30	51.555	53	46.84	116	37.319	120	54.44	255	50.65	25	47.70	294	34.137	53	43.87	10
Mai 10	51.546	9	45.47	137	37.252	67	51.62	282	50.48	17	44.49	321	34.129	8	43.89	2
20	51.582	36	43.91	156	37.240	12	48.60	302	50.39	9	41.09	340	34.169	40	44.05	16
30	51.662	80	42.19	172	37.285	45	45.43	317	50.39	0	37.58	351	34.256	87	44.35	30
Juni 9	51.785	123	40.34	185	37.385	100	42.20	323	50.47	8	34.04	354	34.388	132	44.80	45
19	51.948	163	38.41	193	37.537	152	38.99	321	50.64	17	30.57	347	34.561	173	45.40	60
29	52.145	197	36.45	196	37.738	201	35.88	311	50.88	24	27.24	333	34.771	210	46.12	72
Juli 9	52.372	227	34.50	195	37.981	243	32.95	293	51.19	31	24.15	309	35.012	241	46.95	83
19	52.623	251	32.64	186	38.260	279	30.29	266	51.57	38	21.38	277	35.277	265	47.87	92
29	52.891	268	30.91	173	38.568	308	27.97	232	52.00	43	19.03	235	35.560	283	48.83	96
Aug. 8	53.170	279	29.36	155	38.897	329	26.07	190	52.47	47	17.15	188	35.855	295	49.81	98
18	53.455	285	28.06	130	39.239	342	24.65	142	52.96	49	15.82	133	36.156	301	50.77	96
28	53.739	284	27.05	101	39.586	347	23.76	89	53.47	51	15.08	74	36.457	301	51.67	90
Sept. 7	54.017	278	26.35	70	39.929	343	23.44	32	53.98	51	14.97	11	36.754	297	52.49	82
17	54.286	269	25.99	36	40.261	332	23.70	26	54.48	50	15.50	53	37.043	289	53.20	71
27	54.541	255	25.99	0	40.576	315	24.54	84	54.95	47	16.64	114	37.320	277	53.78	58
Okt 7	54.779	238	26.33	34	40.866	290	25.93	139	55.37	42	18.38	174	37.582	262	54.23	45
17	54.997	218	27.00	67	41.126	260	27.83	190	55.75	38	20.66	228	37.825	243	54.55	32
27	55.192	195	27.96	96	41.350	224	30.16	233	56.06	31	23.38	272	38.046	221	54.74	19
Nov. 6	55.361	169	29.15	119	41.533	183	32.84	268	56.30	24	26.46	308	38.244	198	54.82	8
16	55.502	141	30.53	138	41.672	139	35.76	292	56.46	16	29.77	331	38.414	170	54.82	0
25*	24 55.611	109	32.03	150	24 41.763	91	38.82	306	25 56.54	8	33.21	344	26 38.552	138	54.74	8
Dez. 5	55.686	75	33.59	156	41.804	41	41.91	309	56.53	1	36.64	343	38.656	104	54.61	13
15	55.725	39	35.14	155	41.795	9	44.91	300	56.44	9	39.94	330	38.722	66	54.45	16
25	55.727	2	36.63	149	41.735	60	47.72	281	56.26	18	42.99	305	38.747	25	54.26	19
35	55.691	36	38.01	138	41.625	110	50.29	257	56.01	25	45.70	271	38.731	16	54.06	20
Mittl. Ort	51.712		35.31		38.458		40.35		53.50		33.79		34.006		52.57	
sec δ, tg δ	+1.007		− 0.122		+1.354		− 0.913		+2.171		− 1.927		+1.048		+ 0.314	
a, a′	+2.9		+ 9.3		+2.0		+ 9.0		+0.8		+ 9.0		+3.5		+ 8.4	
b, b′	0.00		− 0.89		−0.03		− 0.89		−0.06		− 0.89		+0.01		− 0.91	

* **Bei Stern 162) lies Nov. 26.**

Scheinbare Sternörter 1959

Obere Kulmination Greenwich

Tag	164) ε Tauri AR.		164) ε Tauri Dekl.		171) α Doradus AR.		171) α Doradus Dekl.		168) α Tauri AR.		168) α Tauri Dekl.		169) ν Eridani AR.		169) ν Eridani Dekl.	
1959	4h 26m		+19° 5′		4h 33m		−55° 7′		4h 33m		+16° 25′		4h 34m		−3° 25′	
	s		″		s		″		s		″		s		″	
Jan. 0	14.843	37	22.69	16	8.331	194	61.82	266	35.592	31	36.20	29	17.607	38	75.39	124
10	14.806	78	22.53	17	8.137	252	64.48	224	35.561	72	35.91	28	17.569	77	76.63	110
20	14.728	115	22.36	20	7.885	301	66.72	175	35.489	110	35.63	29	17.492	113	77.73	93
30	14.613	147	22.16	24	7.584	340	68.47	124	35.379	142	35.34	29	17.379	142	78.66	74
Febr. 9	14.466	170	21.92	27	7.244	368	69.71	69	35.237	166	35.05	29	17.237	165	79.40	55
19	14.296	185	21.65	31	6.876	383	70.40	13	35.071	182	34.76	30	17.072	180	79.95	35
März 1	14.111	189	21.34	35	6.493	385	70.53	40	34.889	187	34.46	30	16.892	185	80.30	14
11	13.922	181	20.99	35	6.108	373	70.13	93	34.702	181	34.16	29	16.707	179	80.44	8
21	13.741	163	20.64	35	5.735	349	69.20	143	34.521	165	33.87	26	16.528	164	80.36	28
31	13.578	136	20.29	32	5.386	313	67.77	189	34.356	139	33.61	21	16.364	140	80.08	50
April 10	13.442	100	19.97	27	5.073	266	65.88	231	34.217	105	33.40	14	16.224	108	79.58	71
20	13.342	58	19.70	18	4.807	210	63.57	267	34.112	64	33.26	5	16.116	70	78.87	92
30	13.284	13	19.52	7	4.597	148	60.90	297	34.048	20	33.21	6	16.046	29	77.95	112
Mai 10	13.271	35	19.45	5	4.449	81	57.93	320	34.028	27	33.27	19	16.017	16	76.83	131
20	13.306	83	19.50	19	4.368	12	54.73	337	34.055	74	33.46	33	16.033	60	75.52	147
30	13.389	128	19.69	34	4.356	57	51.36	344	34.129	119	33.79	47	16.093	103	74.05	160
Juni 9	13.517	170	20.03	48	4.413	126	47.92	344	34.248	161	34.26	60	16.196	143	72.45	169
19	13.687	208	20.51	61	4.539	190	44.48	334	34.409	198	34.86	72	16.339	180	70.76	175
29	13.895	238	21.12	73	4.729	248	41.14	315	34.607	229	35.58	82	16.519	211	69.01	176
Juli 9	14.133	264	21.85	81	4.977	301	37.99	289	34.836	255	36.40	89	16.730	236	67.25	171
19	14.397	283	22.66	87	5.278	344	35.10	252	35.091	275	37.29	93	16.966	257	65.54	161
29	14.680	296	23.53	90	5.622	380	32.58	208	35.366	289	38.22	92	17.223	270	63.93	146
Aug. 8	14.976	303	24.43	90	6.002	405	30.50	157	35.655	296	39.14	90	17.493	279	62.47	125
18	15.279	304	25.33	85	6.407	420	28.93	101	35.951	299	40.04	84	17.772	282	61.22	100
28	15.583	301	26.18	79	6.827	424	27.92	40	36.250	297	40.88	74	18.054	281	60.22	72
Sept. 7	15.884	293	26.97	69	7.251	418	27.52	22	36.547	290	41.62	62	18.335	274	59.50	41
17	16.177	282	27.66	59	7.669	401	27.74	85	36.837	280	42.24	49	18.609	265	59.09	8
27	16.459	267	28.25	47	8.070	374	28.59	145	37.117	267	42.73	34	18.874	251	59.01	24
Okt. 7	16.726	249	28.72	36	8.444	337	30.04	201	37.384	251	43.07	21	19.125	235	59.25	54
17	16.975	229	29.08	24	8.781	292	32.05	250	37.635	230	43.28	8	19.360	215	59.79	82
27	17.204	205	29.32	15	9.073	240	34.55	289	37.865	208	43.36	3	19.575	192	60.61	106
Nov. 6	17.409	177	29.47	6	9.313	181	37.44	318	38.073	181	43.33	13	19.767	165	61.67	124
16	17.586	146	29.53	1	9.494	116	40.62	336	38.254	151	43.20	19	19.932	135	62.91	137
26	17.732	111	29.54	4	9.610	49	43.98	340	38.405	116	43.01	23	20.067	101	64.28	143
Dez. 5	[28] 17.843	73	29.50	7	[30] 9.659	20	47.38	334	[30] 38.521	78	42.78	26	[30] 20.168	65	65.71	143
15	17.916	31	29.43	10	9.639	89	50.72	315	38.599	38	42.52	26	20.233	26	67.14	139
25	17.947	11	29.33	11	9.550	154	53.87	286	38.637	5	42.26	27	20.259	13	68.53	130
35	17.936		29.22		9.396		56.73		38.632		41.99		20.246		69.83	
Mittl. Ort	13.132		28.07		6.463		44.65		33.900		42.43		16.094		65.53	
sec δ, tg δ	+1.058		+ 0.346		+1.749		− 1.435		+1.043		+ 0.295		+1.002		− 0.060	
a, *a′*	+3.5		+ 8.0		+1.3		+ 7.4		+3.4		+ 7.4		+3.0		+ 7.3	
b, *b′*	+0.01		− 0.92		−0.04		− 0.93		+0.01		− 0.93		0.00		− 0.93	

Obere Kulmination Greenwich

Tag	172) 53 Eridani				174) τ Tauri				173) Grb 848 Caml				175) 4 Camelopard.			
	AR.		Dekl.		AR.		Dekl.		AR.		Dekl.		AR.		Dekl.	
1959	4h 36m		−14° 22′		4h 39m		+22° 52′		4h 43m		+75° 51′		4h 44m		+56° 40′	
	s		″		s		″		s		″		s		″	
Jan. 0	19.559	48	70.27	172	48.632	26	42.52	6	23.55	27	74.20	259	37.833	72	71.49	180
10	19.511	88	71.99	150	48.606	70	42.58	2	23.28	43	76.79	227	37.761	145	73.29	156
20	19.423	124	73.49	124	48.536	111	42.60	—3	22.85	57	79.06	186	37.616	212	74.85	127
30	19.299	153	74.73	96	48.425	146	42.57	9	22.28	69	80.92	139	37.404	269	76.12	91
Febr. 9	19.146	177	75.69	66	48.279	172	42.48	16	21.59	77	82.31	87	37.135	312	77.03	52
19	18.969	191	76.35	36	48.107	189	42.32	24	20.82	82	83.18	31	36.823	338	77.55	11
März 1	18.778	196	76.71	5	47.918	195	42.08	31	20.00	83	83.49	—26	36.485	347	77.66	—30
11	18.582	190	76.76	—26	47.723	191	41.77	36	19.17	81	83.23	80	36.138	338	77.36	70
21	18.392	176	76.50	56	47.532	174	41.41	40	18.36	75	82.43	131	35.800	311	76.66	107
31	18.216	152	75.94	85	47.358	148	41.01	42	17.61	65	81.12	176	35.489	268	75.59	138
April 10	18.064	120	75.09	114	47.210	113	40.59	40	16.96	53	79.36	213	35.221	212	74.21	163
20	17.944	82	73.95	140	47.097	71	40.19	35	16.43	39	77.23	242	35.009	146	72.58	182
30	17.862	40	72.55	163	47.026	25	39.84	28	16.04	23	74.81	261	34.863	71	70.76	193
Mai 10	17.822	—4	70.92	185	47.001	—23	39.56	18	15.81	6	72.20	272	34.792	—7	68.83	196
20	17.826	49	69.07	202	47.024	71	39.38	6	15.75	—11	69.48	272	34.799	85	66.87	193
30	17.875	94	67.05	215	47.095	119	39.32	—7	15.86	27	66.76	265	34.884	160	64.94	184
Juni 9	17.969	135	64.90	222	47.214	162	39.39	21	16.13	43	64.11	249	35.044	232	63.10	168
19	18.104	172	62.68	224	47.376	201	39.60	34	16.56	57	61.62	228	35.276	296	61.42	148
29	18.276	205	60.44	220	47.577	234	39.94	47	17.13	69	59.34	199	35.572	353	59.94	125
Juli 9	18.481	233	58.24	210	47.811	261	40.41	57	17.82	81	57.35	167	35.925	400	58.69	98
19	18.714	254	56.14	192	48.072	283	40.98	65	18.63	90	55.68	130	36.325	438	57.71	70
29	18.968	270	54.22	169	48.355	297	41.63	70	19.53	97	54.38	91	36.763	466	57.01	41
Aug. 8	19.238	280	52.53	140	48.652	307	42.33	73	20.50	102	53.47	51	37.229	486	56.60	11
18	19.518	285	51.13	106	48.959	310	43.06	73	21.52	105	52.96	9	37.715	496	56.49	—18
28	19.803	284	50.07	68	49.269	309	43.79	70	22.57	107	52.87	—33	38.211	498	56.67	46
Sept. 7	20.087	278	49.39	28	49.578	304	44.49	64	23.64	105	53.20	74	38.709	493	57.13	73
17	20.365	268	49.11	—14	49.882	294	45.13	57	24.69	103	53.94	114	39.202	481	57.86	100
27	20.633	254	49.25	56	50.176	282	45.70	50	25.72	99	55.08	152	39.683	461	58.86	123
Okt. 7	20.887	237	49.81	94	50.458	265	46.20	42	26.71	92	56.60	188	40.144	434	60.09	145
17	21.124	215	50.75	129	50.723	246	46.62	35	27.63	84	58.48	219	40.578	402	61.54	165
27	21.339	191	52.04	158	50.969	223	46.97	28	28.47	74	60.67	248	40.980	361	63.19	183
Nov. 6	21.530	163	53.62	181	51.192	195	47.25	22	29.21	62	63.15	272	41.341	312	65.02	197
16	21.693	130	55.43	196	51.387	164	47.47	18	29.83	49	65.87	289	41.653	257	66.99	207
26	21.823	96	57.39	203	51.551	128	47.65	16	30.32	34	68.76	298	41.910	194	69.06	212
Dez. 5	30 21.919	57	59.42	202	1 51.679	89	47.81	14	2 30.66	17	71.74	300	3 42.104	124	71.18	213
15	21.976	17	61.44	195	51.768	45	47.95	12	30.83	0	74.74	294	42.228	51	73.31	207
25	21.993	—23	63.39	181	51.813	1	48.07	10	30.83	17	77.68	276	42.279	—27	75.38	194
35	21.970		65.20		51.814		48.17		30.66		80.44		42.252		77.32	
Mittl. Ort	18.076		58.50		46.828		47.94		16.87		73.28		34.751		72.39	
sec δ, tg δ	+1.032		−0.256		+1.085		+0.422		+4.096		+3.972		+1.821		+1.522	
a, *a′*	+2.8		+7.2		+3.6		+6.9		+8.1		+6.6		+5.0		+6.5	
b, *b′*	−0.01		−0.93		+0.01		−0.94		+0.09		−0.94		+0.03		−0.95	

Scheinbare Sternörter 1959

Obere Kulmination Greenwich

Tag	178) α Camelopard. AR.		178) α Camelopard. Dekl.		180) π^5 Orionis AR.		180) π^5 Orionis Dekl.		181) ι Aurigae AR.		181) ι Aurigae Dekl.		183) ε Aurigae AR.		183) ε Aurigae Dekl.	
1959	$4^h\ 49^m$		$+66°\ 16'$		$4^h\ 52^m$		$+2°\ 22'$		$4^h\ 54^m$		$+33°\ 6'$		$4^h\ 59^m$		$+43°\ 45'$	
	s		″		s		″		s		″		s		″	
Jan. 0	61.69	12	33.00	225	8.391	20	20.94	102	21.206	17	6.29	62	3.691	22	49.29	121
10	61.57	21	35.25	199	8.371	61	19.92	91	21.189	67	6.91	54	3.669	80	50.50	107
20	61.36	31	37.24	164	8.310	100	19.01	78	21.122	114	7.45	43	3.589	135	51.57	88
30	61.05	38	38.88	124	8.210	132	18.23	64	21.008	154	7.88	28	3.454	182	52.45	65
Febr. 9	60.67	44	40.12	77	8.078	159	17.59	49	20.854	186	8.16	12	3.272	220	53.10	39
19	60.23	48	40.89	29	7.919	176	17.10	35	20.668	208	8.28	6	3.052	245	53.49	11
März 1	59.75	49	41.18	21	7.743	184	16.75	20	20.460	218	8.22	24	2.807	256	53.60	18
11	59.26	47	40.97	68	7.559	182	16.55	5	20.242	214	7.98	41	2.551	254	53.42	45
21	58.79	45	40.29	113	7.377	169	16.50	11	20.028	199	7.57	55	2.297	237	52.97	71
31	58.34	39	39.16	153	7.208	147	16.61	28	19.829	173	7.02	67	2.060	207	52.26	94
April 10	57.95	31	37.63	185	7.061	118	16.89	45	19.656	137	6.35	76	1.853	166	51.32	111
20	57.64	23	35.78	210	6.943	81	17.34	61	19.519	92	5.59	79	1.687	116	50.21	123
30	57.41	13	33.68	227	6.862	40	17.95	79	19.427	43	4.80	80	1.571	60	48.98	131
Mai 10	57.28	2	31.41	236	6.822	4	18.74	95	19.384	9	4.00	75	1.511	1	47.67	131
20	57.26	8	29.05	236	6.826	48	19.69	111	19.393	61	3.25	67	1.510	59	46.36	127
30	57.34	18	26.69	228	6.874	91	20.80	123	19.454	113	2.58	57	1.569	119	45.09	119
Juni 9	57.52	28	24.41	215	6.965	132	22.03	134	19.567	161	2.01	45	1.688	174	43.90	106
19	57.80	36	22.26	195	7.097	168	23.37	142	19.728	205	1.56	30	1.862	224	42.84	91
29	58.16	45	20.31	169	7.265	201	24.79	144	19.933	242	1.26	15	2.086	269	41.93	74
Juli 9	58.61	51	18.62	141	7.466	228	26.23	144	20.175	274	1.11	0	2.355	306	41.19	54
19	59.12	56	17.21	109	7.694	249	27.67	138	20.449	299	1.11	13	2.661	336	40.65	35
29	59.68	61	16.12	75	7.943	265	29.05	127	20.748	318	1.24	26	2.997	359	40.30	15
Aug. 8	60.29	64	15.37	40	8.208	276	30.32	112	21.066	330	1.50	37	3.356	375	40.15	4
18	60.93	66	14.97	4	8.484	281	31.44	92	21.396	337	1.87	45	3.731	385	40.19	22
28	61.59	67	14.93	31	8.765	283	32.36	70	21.733	338	2.32	53	4.116	388	40.41	39
Sept. 7	62.26	66	15.24	66	9.048	279	33.06	44	22.071	335	2.85	57	4.504	386	40.80	54
17	62.92	64	15.90	100	9.327	272	33.50	17	22.406	328	3.42	61	4.890	378	41.34	69
27	63.56	62	16.90	131	9.599	261	33.67	10	22.734	317	4.03	65	5.268	366	42.03	82
Okt. 7	64.18	59	18.21	161	9.860	248	33.57	37	23.051	301	4.68	66	5.634	350	42.85	94
17	64.77	54	19.82	189	10.108	230	33.20	60	23.352	282	5.34	68	5.984	327	43.79	105
27	65.31	49	21.71	213	10.338	209	32.60	81	23.634	258	6.02	70	6.311	300	44.84	115
Nov. 6	65.80	41	23.84	232	10.547	185	31.79	97	23.892	229	6.72	71	6.611	267	45.99	125
16	66.21	34	26.16	248	10.732	156	30.82	108	24.121	196	7.43	73	6.878	227	47.24	131
26	66.55	25	28.64	257	10.888	123	29.74	114	24.317	157	8.16	75	7.105	181	48.55	136
Dez. 5*	^{4}66.80	16	31.21	260	^{4}11.011	87	28.60	115	^{5}24.474	112	8.91	74	$_{6}$7.286	129	49.91	138
15	66.96	5	33.81	254	11.098	47	27.45	113	24.586	64	9.65	73	7.415	74	51.29	137
25	67.01	5	36.35	241	11.145	5	26.32	104	24.650	15	10.38	69	7.489	14	52.66	129
35	66.96		38.76		11.150		25.28		24.665		11.07		7.503		53.95	
Mittl. Ort	57.54		33.44		6.792		30.22		19.166		10.98		1.311		52.91	
sec δ, tg δ	+2.486		+2.275		+1.001		+0.041		+1.194		+0.652		+1.385		+0.958	
a, *a′*	+6.0		+6.0		+3.1		+5.8		+3.9		+5.7		+4.3		+5.3	
b, *b′*	+0.05		−0.95		0.00		−0.96		+0.01		−0.96		+0.02		−0.96	

* Bei Stern 183) lies Dez. 6.

Obere Kulmination Greenwich

Tag	182) β Camelopard. AR.		Dekl.		184) ι Tauri AR.		Dekl.	
1959	$4^h\ 59^m$		+60° 22′		$5^h\ 0^m$		+21° 31′	
	s		″		s		″	
Jan. 0	49.10	6	63.79	204	40.330	7	52.63	1
10	49.04	15	65.83	182	40.323	53	52.62	2
20	48.89	22	67.65	152	40.270	96	52.60	3
30	48.67	29	69.17	117	40.174	133	52.57	6
Febr. 9	48.38	34	70.34	77	40.041	164	52.51	11
19	48.04	38	71.11	34	39.877	185	52.40	16
März 1	47.66	39	71.45	11	39.692	194	52.24	21
11	47.27	38	71.34	55	39.498	193	52.03	25
21	46.89	37	70.79	95	39.305	181	51.78	29
31	46.52	32	69.84	131	39.124	159	51.49	31
April 10	46.20	26	68.53	161	38.965	126	51.18	29
20	45.94	19	66.92	185	38.839	88	50.89	26
30	45.75	11	65.07	201	38.751	43	50.63	20
Mai 10	45.64	2	63.06	209	38.708	3	50.43	11
20	45.62	6	60.97	211	38.711	50	50.32	2
30	45.68	14	58.86	204	38.761	97	50.30	10
Juni 9	45.82	22	56.82	193	38.858	141	50.40	22
19	46.04	30	54.89	175	38.999	181	50.62	32
29	46.34	36	53.14	153	39.180	215	50.94	43
Juli 9	46.70	42	51.61	128	39.395	244	51.37	51
19	47.12	46	50.33	100	39.639	268	51.88	58
29	47.58	50	49.33	70	39.907	285	52.46	61
Aug. 8	48.08	52	48.63	40	40.192	297	53.07	62
18	48.60	55	48.23	8	40.489	304	53.69	60
28	49.15	55	48.15	22	40.793	306	54.29	56
Sept. 7	49.70	55	48.37	52	41.099	304	54.85	49
17	50.25	53	48.89	82	41.403	298	55.34	41
27	50.78	52	49.71	109	41.701	288	55.75	33
Okt. 7	51.30	50	50.80	136	41.989	276	56.08	24
17	51.80	46	52.16	160	42.265	259	56.32	16
27	52.26	42	53.76	182	42.524	239	56.48	10
Nov. 6	52.68	37	55.58	201	42.763	213	56.58	4
16	53.05	31	57.59	215	42.976	183	56.62	2
26	53.36	23	59.74	225	43.159	149	56.64	0
Dez. 6	6 53.59	16	61.99	229	7 43.308	110	56.64	0
15	53.75	8	64.28	227	43.418	67	56.64	1
25	53.83	1	66.55	216	43.485	21	56.65	2
35	53.82		68.71		43.506		56.67	
Mittl. Ort	45.68		65.68		38.509		59.33	
sec δ, tg δ	+2.024		+1.759		+1.075		+0.395	
a, a′	+5.3		+5.2		+3.6		+5.1	
b, b′	+0.03		−0.97		+0.01		−0.97	

Tag	185) η Aurigae AR.		Dekl.		186) ε Leporis AR.		Dekl.	
1959	$5^h\ 3^m$		+41° 10′		$5^h\ 3^m$		−22° 25′	
	s		″		s		″	
Jan. 0	40.384	13	47.73	108	45.031	38	42.21	217
10	40.371	71	48.81	96	44.993	82	44.38	191
20	40.300	123	49.77	80	44.911	122	46.29	161
30	40.177	169	50.57	61	44.789	157	47.90	128
Febr. 9	40.008	207	51.18	37	44.632	184	49.18	91
19	39.801	233	51.55	11	44.448	203	50.09	54
März 1	39.568	245	51.66	15	44.245	213	50.63	17
11	39.323	243	51.51	40	44.032	212	50.80	21
21	39.080	228	51.11	63	43.820	201	50.59	57
31	38.852	201	50.48	84	43.619	180	50.02	93
April 10	38.651	162	49.64	99	43.439	151	49.09	126
20	38.489	114	48.65	111	43.288	116	47.83	158
30	38.375	61	47.54	117	43.172	75	46.25	185
Mai 10	38.314	5	46.37	117	43.097	31	44.40	209
20	38.309	53	45.20	114	43.066	15	42.31	229
30	38.362	110	44.06	106	43.081	61	40.02	244
Juni 9	38.472	164	43.00	94	43.142	104	37.58	252
19	38.636	213	42.06	79	43.246	144	35.06	254
29	38.849	255	41.27	64	43.390	181	32.52	249
Juli 9	39.104	292	40.63	46	43.571	213	30.03	237
19	39.396	321	40.17	28	43.784	240	27.66	218
29	39.717	344	39.89	11	44.024	261	25.48	192
Aug. 8	40.061	360	39.78	6	44.285	276	23.56	158
18	40.421	369	39.84	21	44.561	286	21.98	120
28	40.790	373	40.05	36	44.847	290	20.78	77
Sept. 7	41.163	372	40.41	49	45.137	290	20.01	31
17	41.535	366	40.90	60	45.427	284	19.70	18
27	41.901	355	41.50	72	45.711	274	19.88	66
Okt. 7	42.256	339	42.22	82	45.985	259	20.54	112
17	42.595	320	43.04	91	46.244	240	21.66	153
27	42.915	294	43.95	100	46.484	216	23.19	188
Nov. 6	43.209	262	44.95	108	46.700	188	25.07	217
16	43.471	225	46.03	114	46.888	155	27.24	237
26	43.696	182	47.17	119	47.043	118	29.61	247
Dez. 6	7 43.878	133	48.36	121	7 47.161	78	32.08	249
15	44.011	78	49.57	121	47.239	34	34.57	242
25	44.089	22	50.78	116	47.273	10	36.99	227
35	44.111		51.94		47.263		39.26	
Mittl. Ort	38.095		52.01		43.441		29.38	
sec δ, tg δ	+1.329		+0.875		+1.082		−0.413	
a, a′	+4.2		+4.9		+2.5		+4.9	
b, b′	+0.01		−0.97		−0.01		−0.97	

Scheinbare Sternörter 1959

Obere Kulmination Greenwich

Tag	188) β Eridani AR.		188) β Eridani Dekl.		192) μ Aurigae AR.		192) μ Aurigae Dekl.		194) β Orionis AR.		194) β Orionis Dekl.		193) α Aurigae AR.		193) α Aurigae Dekl.	
1959	5h 5m		−5° 8′		5h 10m		+38° 26′		5h 12m		−8° 14′		5h 13m		+45° 57′	
	s		″		s		″		s		″		s		″	
Jan. 0	51.521	15	27.28	143	39.318	3	11.17	94	35.562	12	62.47	160	41.865	6	26.26	135
10	51.506	56	28.71	127	39.315	58	12.11	85	35.550	54	64.07	142	41.859	69	27.61	122
20	51.450	96	29.98	108	39.257	111	12.96	73	35.496	95	65.49	122	41.790	127	28.83	105
30	51.354	131	31.06	87	39.146	157	13.69	55	35.401	130	66.71	98	41.663	179	29.88	83
Febr. 9	51.223	159	31.93	66	38.989	194	14.24	35	35.271	159	67.69	73	41.484	222	30.71	56
19	51.064	178	32.59	44	38.795	220	14.59	14	35.112	180	68.42	49	41.262	251	31.27	26
März 1	50.886	188	33.03	21	38.575	234	14.73	10	34.932	191	68.91	23	41.011	267	31.53	4
11	50.698	188	33.24	2	38.341	234	14.63	33	34.741	191	69.14	3	40.744	267	31.49	34
21	50.510	178	33.22	25	38.107	222	14.30	53	34.550	182	69.11	29	40.477	253	31.15	63
31	50.332	158	32.97	47	37.885	196	13.77	72	34.368	164	68.82	53	40.224	226	30.52	89
April 10	50.174	130	32.50	69	37.689	160	13.05	86	34.204	136	68.29	78	39.998	187	29.63	109
20	50.044	96	31.81	91	37.529	116	12.19	96	34.068	103	67.51	101	39.811	137	28.54	125
30	49.948	56	30.90	111	37.413	65	11.23	102	33.965	64	66.50	123	39.674	81	27.29	136
Mai 10	49.892	13	29.79	130	37.348	11	10.21	102	33.901	22	65.27	143	39.593	20	25.93	141
20	49.879	30	28.49	147	37.337	45	9.19	99	33.879	22	63.84	161	39.573	41	24.52	140
30	49.909	72	27.02	160	37.382	100	8.20	92	33.901	64	62.23	175	39.614	102	23.12	135
Juni 9	49.981	114	25.42	171	37.482	151	7.28	81	33.965	106	60.48	185	39.716	160	21.77	125
19	50.095	152	23.71	176	37.633	198	6.47	68	34.071	144	58.63	190	39.876	214	20.52	112
29	50.247	184	21.95	177	37.831	240	5.79	53	34.215	177	56.73	190	40.090	261	19.40	95
Juli 9	50.431	213	20.18	172	38.071	276	5.26	38	34.392	207	54.83	184	40.351	302	18.45	78
19	50.644	237	18.46	162	38.347	305	4.88	23	34.599	232	52.99	174	40.653	335	17.67	59
29	50.881	255	16.84	147	38.652	328	4.65	8	34.831	251	51.25	156	40.988	361	17.08	39
Aug. 8	51.136	268	15.37	126	38.980	344	4.57	6	35.082	265	49.69	133	41.349	381	16.69	19
18	51.404	276	14.11	101	39.324	354	4.63	20	35.347	274	48.36	105	41.730	394	16.50	0
28	51.680	279	13.10	71	39.678	359	4.83	31	35.621	279	47.31	74	42.124	401	16.50	18
Sept. 7	51.959	278	12.39	39	40.037	359	5.14	41	35.900	279	46.57	38	42.525	402	16.68	35
17	52.237	273	12.00	4	40.396	354	5.55	51	36.179	275	46.19	1	42.927	397	17.03	52
27	52.510	265	11.96	30	40.750	345	6.06	59	36.454	267	46.18	36	43.324	387	17.55	68
Okt. 7	52.775	252	12.26	62	41.095	332	6.65	67	36.721	256	46.54	71	43.711	373	18.23	83
17	53.027	236	12.88	92	41.427	313	7.32	75	36.977	240	47.25	104	44.084	352	19.06	97
27	53.263	216	13.80	119	41.740	290	8.07	81	37.217	221	48.29	132	44.436	326	20.03	111
Nov. 6	53.479	192	14.99	139	42.030	261	8.88	89	37.438	197	49.61	155	44.762	293	21.14	123
16	53.671	164	16.38	153	42.291	226	9.77	95	37.635	168	51.16	170	45.055	253	22.37	132
26	53.835	131	17.91	161	42.517	185	10.72	99	37.803	136	52.86	179	45.308	207	23.69	141
Dez. 6	8 53.966	94	19.52	162	9 42.702	138	11.71	103	10 37.939	98	54.65	182	10 45.515	153	25.10	146
15	54.060	53	21.14	159	42.840	86	12.74	104	38.037	57	56.47	177	45.668	95	26.56	147
25	54.113	12	22.73	148	42.926	31	13.78	100	38.094	15	58.24	166	45.763	32	28.03	143
35	54.125		24.21		42.957		14.78		38.109		59.90		45.795		29.46	
Mittl. Ort	49.926		16.65		37.113		16.28		33.957		51.38		39.384		30.77	
sec δ, tg δ	+1.004		−0.090		+1.277		+0.794		+1.010		−0.145		+1.438		+1.034	
a, a′	+3.0		+4.7		+4.1		+4.3		+2.9		+4.1		+4.4		+4.0	
b, b′	0.00		−0.97		+0.01		−0.98		0.00		−0.98		+0.01		−0.98	

Obere Kulmination Greenwich

Tag	196) δ Doradus AR.		196) δ Doradus Dekl.		191) 19 H. Camelop. AR.		191) 19 H. Camelop. Dekl.		201) γ Orionis AR.		201) γ Orionis Dekl.		202) β Tauri AR.		202) β Tauri Dekl.	
1959	$5^h\ 13^m$		−67° 13′		$5^h\ 15^m$		+79° 10′		$5^h\ 22^m$		+6° 18′		$5^h\ 23^m$		+28° 34′	
	s		″		s		″		s		″		s		″	
Jan. 0	49.92	27	69.30	307	54.33	22	77.79	286	57.493	9	41.16	88	43.831	15	21.74	39
10	49.65	36	72.37	270	54.11	45	80.65	262	57.502	36	40.28	78	43.846	36	22.13	38
20	49.29	44	75.07	225	53.66	65	83.27	227	57.466	79	39.50	66	43.810	85	22.51	33
30	48.85	51	77.32	175	53.01	82	85.54	184	57.387	116	38.84	55	43.725	128	22.84	26
Febr. 9	48.34	56	79.07	122	52.19	96	87.38	134	57.271	148	38.29	43	43.597	164	23.10	17
19	47.78	59	80.29	67	51.23	105	88.72	79	57.123	170	37.86	32	43.433	190	23.27	6
März 1	47.19	61	80.96	10	50.18	110	89.51	21	56.953	184	37.54	20	43.243	206	23.33	7
11	46.58	61	81.06	44	49.08	109	89.72	36	56.769	186	37.34	8	43.037	209	23.26	19
21	45.97	58	80.62	98	47.99	105	89.36	91	56.583	179	37.26	2	42.828	199	23.07	30
31	45.39	55	79.64	148	46.94	95	88.45	142	56.404	161	37.28	15	42.629	180	22.77	40
April 10	44.84	49	78.16	194	45.99	81	87.03	187	56.243	135	37.43	28	42.449	149	22.37	47
20	44.35	42	76.22	236	45.18	65	85.16	223	56.108	101	37.71	41	42.300	111	21.90	50
30	43.93	35	73.86	272	44.53	46	82.93	252	56.007	62	38.12	55	42.189	67	21.40	52
Mai 10	43.58	26	71.14	302	44.07	26	80.41	271	55.945	21	38.67	68	42.122	20	20.88	50
20	43.32	17	68.12	325	43.81	4	77.70	280	55.924	23	39.35	82	42.102	30	20.38	44
30	43.15	7	64.87	340	43.77	17	74.90	282	55.947	65	40.17	93	42.132	79	19.94	37
Juni 9	43.08	3	61.47	347	43.94	38	72.08	274	56.012	107	41.10	103	42.211	125	19.57	28
19	43.11	13	58.00	344	44.32	57	69.34	260	56.119	145	42.13	111	42.336	168	19.29	17
29	43.24	22	54.56	332	44.89	75	66.74	238	56.264	179	43.24	115	42.504	206	19.12	8
Juli 9	43.46	31	51.24	311	45.64	92	64.36	210	56.443	208	44.39	116	42.710	239	19.04	2
19	43.77	39	48.13	280	46.56	105	62.26	179	56.651	233	45.55	113	42.949	266	19.06	12
29	44.16	46	45.33	241	47.61	117	60.47	143	56.884	252	46.68	106	43.215	288	19.18	19
Aug. 8	44.62	51	42.92	194	48.78	126	59.04	103	57.136	267	47.74	93	43.503	304	19.37	24
18	45.13	56	40.98	140	50.04	132	58.01	63	57.403	276	48.67	78	43.807	315	19.61	28
28	45.69	59	39.58	80	51.36	136	57.38	21	57.679	281	49.45	59	44.122	321	19.89	30
Sept. 7	46.28	59	38.78	17	52.72	139	57.17	22	57.960	283	50.04	38	44.443	323	20.19	31
17	46.87	59	38.61	48	54.11	137	57.39	65	58.243	281	50.42	14	44.766	320	20.50	31
27	47.46	57	39.09	113	55.48	134	58.04	106	58.524	276	50.56	9	45.086	314	20.81	29
Okt. 7	48.03	53	40.22	174	56.82	127	59.10	147	58.800	266	50.47	32	45.400	305	21.10	27
17	48.56	47	41.96	229	58.09	119	60.57	185	59.066	252	50.15	54	45.705	290	21.37	27
27	49.03	39	44.25	277	59.28	108	62.42	220	59.318	236	49.61	72	45.995	271	21.64	28
Nov. 6	49.42	31	47.02	314	60.36	93	64.62	251	59.554	214	48.89	85	46.266	248	21.92	28
16	49.73	22	50.16	340	61.29	77	67.13	277	59.768	187	48.04	95	46.514	218	22.20	31
26	49.95	12	53.56	355	62.06	58	69.90	295	59.955	156	47.09	100	46.732	182	22.51	34
Dez. 6	50.07	1	57.11	356	62.64	36	72.85	306	60.111	119	46.09	101	46.914	141	22.85	37
15	[10] 50.08	10	60.67	345	[11] 63.00	15	75.91	307	[12] 60.230	79	45.08	97	[13] 47.055	96	23.22	41
25	49.98	20	64.12	324	63.15	9	78.98	300	60.309	36	44.11	91	47.151	46	23.63	42
35	49.78		67.36		63.06		81.98		60.345		43.20		47.197		24.05	
Mittl. Ort	46.93		53.46		45.73		79.92		55.804		50.69		41.860		28.80	
sec δ, tg δ	+2.584		−2.383		+5.331		+5.237		+1.006		+0.111		+1.139		+0.545	
a, *a′*	0.0		+4.0		+9.9		+3.8		+3.2		+3.2		+3.8		+3.2	
b, *b′*	−0.03		−0.98		+0.07		−0.98		0.00		−0.99		+0.01		−0.99	

Scheinbare Sternörter 1959

Obere Kulmination Greenwich

Tag	203) 17 Camelopard. AR.	Δ	Dekl.	Δ	206) δ Orionis AR.	Δ	Dekl.	Δ	207) α Leporis AR.	Δ	Dekl.	Δ	212) β Doradus AR.	Δ	Dekl.	Δ
1959	5h 26m		+63° 1′		5h 29m		−0° 19′		5h 30m		−17° 50′		5h 33m		−62° 30′	
	s		″		s		″		s		″		s		″	
Jan. 0	21.14	2	64.84	224	56.277	11	50.86	126	56.887	7	73.11	211	18.72	17	73.57	323
10	21.12	12	67.08	208	56.288	34	52.12	111	56.880	52	75.22	190	18.55	25	76.80	290
20	21.00	20	69.16	183	56.254	77	53.23	96	56.828	95	77.12	164	18.30	33	79.70	250
30	20.80	29	70.99	150	56.177	115	54.19	79	56.733	133	78.76	133	17.97	39	82.20	203
Febr. 9	20.51	36	72.49	112	56.062	146	54.98	61	56.600	165	80.09	102	17.58	44	84.23	151
19	20.15	40	73.61	69	55.916	170	55.59	42	56.435	189	81.11	68	17.14	48	85.74	97
März 1	19.75	42	74.30	23	55.746	184	56.01	25	56.246	203	81.79	35	16.66	50	86.71	42
11	19.33	43	74.53	23	55.562	188	56.26	6	56.043	206	82.14	0	16.16	50	87.13	13
21	18.90	41	74.30	67	55.374	181	56.32	12	55.837	200	82.14	34	15.66	49	87.00	66
31	18.49	38	73.63	108	55.193	165	56.20	30	55.637	184	81.80	66	15.17	47	86.34	118
April 10	18.11	33	72.55	144	55.028	141	55.90	49	55.453	159	81.14	98	14.70	42	85.16	167
20	17.78	25	71.11	174	54.887	108	55.41	66	55.294	127	80.16	127	14.28	37	83.49	211
30	17.53	17	69.37	197	54.779	71	54.75	83	55.167	89	78.89	154	13.91	31	81.38	250
Mai 10	17.36	8	67.40	212	54.708	30	53.92	100	55.078	48	77.35	178	13.60	23	78.88	284
20	17.28	0	65.28	219	54.678	13	52.92	116	55.030	5	75.57	199	13.37	16	76.04	310
30	17.28	10	63.09	220	54.691	55	51.76	128	55.025	39	73.58	214	13.21	8	72.94	329
Juni 9	17.38	18	60.89	215	54.746	95	50.48	138	55.064	81	71.44	226	13.13	1	69.65	341
19	17.56	27	58.74	202	54.841	134	49.10	145	55.145	121	69.18	231	13.14	9	66.24	343
29	17.83	34	56.72	185	54.975	168	47.65	148	55.266	158	66.87	229	13.23	16	62.81	335
Juli 9	18.17	41	54.87	163	55.143	197	46.17	146	55.424	190	64.58	222	13.39	24	59.46	319
19	18.58	46	53.24	138	55.340	223	44.71	139	55.614	218	62.36	207	13.63	32	56.27	293
29	19.04	51	51.86	111	55.563	243	43.32	128	55.832	241	60.29	185	13.95	37	53.34	258
Aug. 8	19.55	55	50.75	81	55.806	259	42.04	111	56.073	259	58.44	157	14.32	42	50.76	213
18	20.10	57	49.94	50	56.065	270	40.93	91	56.332	272	56.87	124	14.74	46	48.63	162
28	20.67	59	49.44	19	56.335	276	40.02	65	56.604	280	55.63	84	15.20	50	47.01	105
Sept. 7	21.26	60	49.25	13	56.611	279	39.37	37	56.884	285	54.79	41	15.70	51	45.96	42
17	21.86	60	49.38	44	56.890	279	39.00	8	57.169	283	54.38	3	16.21	50	45.54	23
27	22.46	58	49.82	76	57.169	273	38.92	22	57.452	278	54.41	48	16.71	50	45.77	88
Okt. 7	23.04	57	50.58	106	57.442	265	39.14	51	57.730	268	54.89	92	17.21	47	46.65	150
17	23.61	53	51.64	134	57.707	252	39.65	78	57.998	255	55.81	133	17.68	43	48.15	209
27	24.14	49	52.98	162	57.959	236	40.43	102	58.253	235	57.14	168	18.11	38	50.24	260
Nov. 6	24.63	45	54.60	186	58.195	215	41.45	120	58.488	211	58.82	197	18.49	31	52.84	302
16	25.08	38	56.46	207	58.410	188	42.65	133	58.699	182	60.79	218	18.80	24	55.86	333
26	25.46	31	58.53	224	58.598	157	43.98	140	58.881	148	62.97	231	19.04	15	59.19	352
Dez. 6	25.77	22	60.77	234	58.755	121	45.38	142	59.029	109	65.28	235	19.19	7	62.71	359
15	[13] 25.99	14	63.11	237	[14] 58.876	81	46.80	138	[14] 59.138	67	67.63	231	[15] 19.26	2	66.30	353
25	26.13	3	65.48	235	58.957	38	48.18	130	59.205	22	69.94	219	19.24	12	69.83	337
35	26.16		67.83		58.995		49.48		59.227		72.13		19.12		73.20	
Mittl. Ort	17.43		68.94		54.614		40.47		55.229		61.05		15.96		59.01	
sec δ, tg δ	+2.205		+ 1.966		+1.000		− 0.006		+1.051		− 0.322		+2.167		− 1.922	
a, *a′*	+5.7		+ 2.9		+3.1		+ 2.6		+2.6		+ 2.5		+0.5		+ 2.3	
b, *b′*	+0.02		− 0.99		0.00		− 0.99		0.00		− 0.99		−0.01		− 0.99	

Obere Kulmination Greenwich

Tag	209) ι Orionis AR.	Δ	209) ι Orionis Dekl.	Δ	210) ε Orionis AR.	Δ	210) ε Orionis Dekl.	Δ	205) Grb 966 Caml AR.	Δ	205) Grb 966 Caml Dekl.	Δ	211) ζ Tauri AR.	Δ	211) ζ Tauri Dekl.	Δ
1959	$5^h\ 33^m$		−5° 56′		$5^h\ 34^m$		−1° 13′		$5^h\ 34^m$		+75° 0′		$5^h\ 35^m$		+21° 6′	
	s		″		s		″		s		″		s		″	
Jan. 0	27.211	9	17.97	156	9.550	14	46.16	132	20.08	7	70.35	277	13.395	26	60.99	4
10	27.220	36	19.53	140	9.564	32	47.48	117	20.01	24	73.12	258	13.421	23	60.95	1
20	27.184	79	20.93	120	9.532	74	48.65	101	19.77	39	75.70	230	13.398	70	60.94	1
30	27.105	116	22.13	99	9.458	113	49.66	83	19.38	53	78.00	192	13.328	113	60.95	2
Febr. 9	26.989	149	23.12	75	9.345	145	50.49	64	18.85	65	79.92	148	13.215	149	60.97	0
19	26.840	173	23.87	52	9.200	169	51.13	44	18.20	73	81.40	97	13.066	175	60.97	3
März 1	26.667	187	24.39	29	9.031	184	51.57	26	17.47	77	82.37	43	12.891	192	60.94	6
11	26.480	191	24.68	5	8.847	188	51.83	7	16.70	79	82.80	12	12.699	197	60.88	11
21	26.289	185	24.73	18	8.659	183	51.90	13	15.91	76	82.68	65	12.502	190	60.77	14
31	26.104	170	24.55	41	8.476	167	51.77	31	15.15	71	82.03	115	12.312	174	60.63	17
April 10	25.934	146	24.14	64	8.309	142	51.46	50	14.44	62	80.88	161	12.138	147	60.46	19
20	25.788	114	23.50	86	8.167	111	50.96	69	13.82	50	79.27	198	11.991	113	60.27	17
30	25.674	77	22.64	106	8.056	75	50.27	87	13.32	37	77.29	229	11.878	72	60.10	14
Mai 10	25.597	37	21.58	126	7.981	34	49.40	103	12.95	23	75.00	250	11.806	28	59.96	9
20	25.560	5	20.32	143	7.947	8	48.37	119	12.72	7	72.50	264	11.778	18	59.87	3
30	25.565	47	18.89	157	7.955	50	47.18	132	12.65	9	69.86	269	11.796	63	59.84	5
Juni 9	25.612	88	17.32	167	8.005	91	45.86	142	12.74	23	67.17	266	11.859	107	59.89	14
19	25.700	127	15.65	173	8.096	129	44.44	148	12.97	38	64.51	255	11.966	147	60.03	22
29	25.827	161	13.92	175	8.225	164	42.96	152	13.35	51	61.96	238	12.113	184	60.25	29
Juli 9	25.988	191	12.17	171	8.389	194	41.44	149	13.86	64	59.58	215	12.297	216	60.54	35
19	26.179	218	10.46	162	8.583	219	39.95	142	14.50	74	57.43	188	12.513	243	60.89	40
29	26.397	239	8.84	147	8.802	240	38.53	130	15.24	83	55.55	156	12.756	265	61.29	41
Aug. 8	26.636	256	7.37	127	9.042	257	37.23	113	16.07	90	53.99	121	13.021	281	61.70	41
18	26.892	267	6.10	102	9.299	268	36.10	92	16.97	96	52.78	84	13.302	292	62.11	39
28	27.159	274	5.08	72	9.567	275	35.18	66	17.93	99	51.94	46	13.594	300	62.50	33
Sept. 7	27.433	278	4.36	39	9.842	278	34.52	37	18.92	102	51.48	6	13.894	304	62.83	25
17	27.711	278	3.97	4	10.120	279	34.15	7	19.94	102	51.42	35	14.198	303	63.08	18
27	27.989	273	3.93	31	10.399	274	34.08	24	20.96	100	51.77	74	14.501	299	63.26	9
Okt. 7	28.262	265	4.24	65	10.673	266	34.32	54	21.96	97	52.51	114	14.800	292	63.35	0
17	28.527	253	4.89	97	10.939	255	34.86	82	22.93	91	53.65	157	15.092	280	63.35	7
27	28.780	236	5.86	124	11.194	238	35.68	106	23.84	85	55.16	186	15.372	264	63.28	12
Nov. 6	29.016	215	7.10	147	11.432	217	36.74	125	24.69	75	57.02	219	15.636	242	63.16	16
16	29.231	188	8.57	162	11.649	192	37.99	139	25.44	64	59.21	247	15.878	216	63.00	17
26	29.419	157	10.19	172	11.841	160	39.38	146	26.08	51	61.68	268	16.094	184	62.83	16
Dez. 6	29.576	[15] 120	11.91	175	12.001	[15] 124	40.84	148	26.59	[15] 36	64.36	283	16.278	[15] 145	62.67	13
15	29.696	80	13.66	170	12.125	84	42.32	145	26.95	20	67.19	289	16.423	102	62.54	9
25	29.776	36	15.36	162	12.209	41	43.77	136	27.15	4	70.08	287	16.525	55	62.45	4
35	29.812		16.98		12.250		45.13		27.19		72.95		16.580		62.41	
Mittl. Ort	25.556		7.00		7.883		35.63		13.80		74.50		11.541		69.41	
sec δ, tg δ	+1.005		− 0.104		+1.000		− 0.021		+3.869		+ 3.737		+1.072		+ 0.386	
a, *a′*	+2.9		+ 2.3		+3.0		+ 2.3		+8.0		+ 2.2		+3.6		+ 2.2	
b, *b′*	0.00		− 0.99		0.00		− 0.99		+0.03		− 0.99		0.00		− 0.99	

Scheinbare Sternörter 1959

Obere Kulmination Greenwich

Tag	215) α Columbae				216) ο Aurigae				219) ζ Leporis				220) κ Orionis			
	AR.		Dekl.		AR.		Dekl.		AR.		Dekl.		AR.		Dekl.	
1959	$5^h\ 38^m$		−34° 5′		$5^h\ 42^m$		+49° 48′		$5^h\ 45^m$		−14° 50′		$5^h\ 45^m$		−9° 40′	
	s		″		s		″		s		″		s		″	
Jan. 0	11.577	28	54.66	276	45.929	30	31.78	162	7.459	10	21.18	205	50.317	16	69.46	180
10	11.549	79	57.42	250	45.959	40	33.40	153	7.469	36	23.23	184	50.333	30	71.26	161
20	11.470	127	59.92	217	45.919	108	34.93	139	7.433	80	25.07	160	50.303	73	72.87	140
30	11.343	169	62.09	178	45.811	170	36.32	119	7.353	120	26.67	132	50.230	113	74.27	116
Febr. 9	11.174	204	63.87	136	45.641	221	37.51	92	7.233	154	27.99	103	50.117	146	75.43	90
19	10.970	231	65.23	92	45.420	260	38.43	62	7.079	179	29.02	72	49.971	172	76.33	63
März 1	10.739	246	66.15	47	45.160	285	39.05	29	6.900	196	29.74	40	49.799	189	76.96	36
11	10.493	251	66.62	1	44.875	293	39.34	4	6.704	202	30.14	9	49.610	195	77.32	9
21	10.242	245	66.63	43	44.582	286	39.30	38	6.502	197	30.23	23	49.415	191	77.41	18
31	9.997	229	66.20	87	44.296	263	38.92	69	6.305	184	30.00	53	49.224	178	77.23	44
April 10	9.768	203	65.33	128	44.033	228	38.23	96	6.121	161	29.47	82	49.046	155	76.79	70
20	9.565	170	64.05	166	43.805	180	37.27	102	5.960	131	28.65	110	48.891	125	76.09	94
30	9.395	130	62.39	200	43.625	125	36.07	137	5.829	95	27.55	136	48.766	89	75.15	117
Mai 10	9.265	85	60.39	231	43.500	64	34.70	149	5.734	56	26.19	160	48.677	51	73.98	138
20	9.180	38	58.08	255	43.436	0	33.21	156	5.678	14	24.59	180	48.626	9	72.60	157
30	9.142	9	55.53	274	43.436	65	31.65	157	5.664	29	22.79	196	48.617	33	71.03	171
Juni 9	9.151	58	52.79	286	43.501	127	30.08	152	5.693	70	20.83	208	48.650	74	69.32	183
19	9.209	104	49.93	291	43.628	186	28.56	144	5.763	110	18.75	214	48.724	113	67.49	189
29	9.313	146	47.02	287	43.814	239	27.12	133	5.873	146	16.61	214	48.837	148	65.60	190
Juli 9	9.459	186	44.15	276	44.053	287	25.79	118	6.019	178	14.47	209	48.985	180	63.70	186
19	9.645	221	41.39	257	44.340	327	24.61	100	6.197	207	12.38	196	49.165	207	61.84	176
29	9.866	250	38.82	228	44.667	361	23.61	82	6.404	231	10.42	177	49.372	230	60.08	159
Aug. 8	10.116	274	36.54	192	45.028	388	22.79	62	6.635	250	8.65	152	49.602	249	58.49	137
18	10.390	292	34.62	150	45.416	408	22.17	42	6.885	264	7.13	120	49.851	262	57.12	110
28	10.682	306	33.12	101	45.824	421	21.75	22	7.149	274	5.93	85	50.113	272	56.02	78
Sept. 7	10.988	312	32.11	48	46.245	429	21.53	1	7.423	281	5.08	45	50.385	278	55.24	41
17	11.300	313	31.63	7	46.674	431	21.52	18	7.704	282	4.63	2	50.663	279	54.83	4
27	11.613	308	31.70	64	47.105	427	21.70	39	7.986	279	4.61	41	50.942	277	54.79	35
Okt. 7	11.921	297	32.34	118	47.532	417	22.09	58	8.265	272	5.02	83	51.219	270	55.14	73
17	12.218	280	33.52	169	47.949	401	22.67	78	8.537	261	5.85	122	51.489	259	55.87	108
27	12.498	257	35.21	214	48.350	378	23.45	98	8.798	244	7.07	156	51.748	244	56.95	139
Nov. 6	12.755	227	37.35	251	48.728	347	24.43	115	9.042	222	8.63	185	51.992	224	58.34	164
16	12.982	192	39.86	279	49.075	307	25.58	132	9.264	195	10.48	205	52.216	197	59.98	182
26	13.174	151	42.65	297	49.382	259	26.90	147	9.459	163	12.53	219	52.413	166	61.80	194
Dez. 6	13.325	106	45.62	303	49.641	204	28.37	158	9.622	126	14.72	224	52.579	130	63.74	198
16	$_{16}$13.431	56	48.65	300	$_{17}$49.845	141	29.95	165	$_{18}$9.748	83	16.96	221	$_{18}$52.709	88	65.72	195
25	13.487	4	51.65	287	49.986	73	31.60	166	9.831	38	19.17	211	52.797	45	67.67	185
35	13.491		54.52		50.059		33.26		9.869		21.28		52.842		69.52	
Mittl. Ort	9.771		41.56		43.277		38.24		5.778		9.51		48.642		58.15	
sec δ, tg δ	+1.208		−0.677		+1.550		+1.184		+1.034		−0.265		+1.014		−0.171	
a, *a′*	+2.2		+1.9		+4.7		+1.5		+2.7		+1.3		+2.8		+1.2	
b, *b′*	0.00		−1.00		+0.01		−1.00		0.00		−1.00		0.00		−1.00	

Obere Kulmination Greenwich

Tag	224) α Orionis AR.		224) α Orionis Dekl.		225) δ Aurigae AR.		225) δ Aurigae Dekl.	
1959	$5^h\ 52^m$		$+7°\ 23'$		$5^h\ 56^m$		$+54°\ 16'$	
	s		″		s		″	
Jan. 0	58.791	36	53.67	88	11.881	48	55.06	186
10	58.827	—10	52.79	77	11.929	—31	56.92	180
20	58.817	56	52.02	65	11.898	107	58.72	165
30	58.761	98	51.37	52	11.791	176	60.37	144
Febr. 9	58.663	133	50.85	40	11.615	236	61.81	117
19	58.530	161	50.45	29	11.379	283	62.98	84
März 1	58.369	179	50.16	18	11.096	313	63.82	49
11	58.190	187	49.98	7	10.783	326	64.31	11
21	58.003	185	49.91	—3	10.457	322	64.42	—27
31	57.818	171	49.94	13	10.135	302	64.15	63
April 10	57.647	149	50.07	25	9.833	266	63.52	95
20	57.498	119	50.32	35	9.567	218	62.57	124
30	57.379	84	50.67	47	9.349	159	61.33	147
Mai 10	57.295	44	51.14	59	9.190	94	59.86	163
20	57.251	3	51.73	70	9.096	26	58.23	174
30	57.248	—39	52.43	80	9.070	—45	56.49	180
Juni 9	57.287	81	53.23	89	9.115	113	54.69	178
19	57.368	119	54.12	96	9.228	178	52.91	173
29	57.487	154	55.08	101	9.406	239	51.18	163
Juli 9	57.641	185	56.09	100	9.645	293	49.55	149
19	57.826	212	57.09	97	9.938	340	48.06	132
29	58.038	234	58.06	91	10.278	379	46.74	113
Aug. 8	58.272	252	58.97	81	10.657	413	45.61	92
18	58.524	266	59.78	65	11.070	438	44.69	70
28	58.790	276	60.43	48	11.508	456	43.99	47
Sept. 7	59.066	282	60.91	28	11.964	468	43.52	23
17	59.348	284	61.19	5	12.432	474	43.29	0
27	59.632	283	61.24	—18	12.906	473	43.29	25
Okt. 7	59.915	278	61.06	39	13.379	465	43.54	49
17	60.193	270	60.67	60	13.844	450	44.03	74
27	60.463	257	60.07	77	14.294	426	44.77	97
Nov. 6	60.720	238	59.30	91	14.720	394	45.74	120
16	60.958	214	58.39	99	15.114	353	46.94	142
26	61.172	185	57.40	104	15.467	301	48.36	160
Dez. 6	61.357	149	56.36	103	15.768	240	49.96	176
16	20 61.506	109	55.33	99	21 16.008	171	51.72	185
25	61.615	65	54.34	91	16.179	96	53.57	190
35	61.680		53.43		16.275		55.47	
Mittl. Ort	57.060		63.84		8.993		62.32	
sec δ, tg δ	+1.008		+0.130		+1.713		+1.391	
a, *a'*	+3.2		+0.6		+4.9		+0.3	
b, *b'*	0.00		−1.00		0.00		−1.00	

Tag	227) β Aurigae AR.		227) β Aurigae Dekl.		1162) +33° 1209 Auri AR.		1162) +33° 1209 Auri Dekl.	
1959	$5^h\ 56^m$		$+44°\ 56'$		$5^h\ 57^m$		$+33°\ 7'$	
	s		″		s		″	
Jan. 0	33.624	51	35.75	136	34.644	52	60.67	66
10	33.675	—15	37.11	132	34.696	—5	61.33	68
20	33.660	78	38.43	123	34.691	59	62.01	65
30	33.582	137	39.66	108	34.632	110	62.66	59
Febr. 9	33.445	188	40.74	88	34.522	153	63.25	49
19	33.257	227	41.62	64	34.369	187	63.74	36
März 1	33.030	252	42.26	37	34.182	209	64.10	20
11	32.778	265	42.63	8	33.973	220	64.30	4
21	32.513	261	42.71	—21	33.753	217	64.34	—13
31	32.252	244	42.50	48	33.536	203	64.21	28
April 10	32.008	213	42.02	73	33.333	177	63.93	42
20	31.795	173	41.29	94	33.156	142	63.51	54
30	31.622	124	40.35	110	33.014	100	62.97	61
Mai 10	31.498	70	39.25	122	32.914	54	62.36	67
20	31.428	12	38.03	129	32.860	5	61.69	68
30	31.416	—46	36.74	131	32.855	—45	61.01	66
Juni 9	31.462	104	35.43	129	32.900	93	60.35	62
19	31.566	157	34.14	123	32.993	139	59.73	56
29	31.723	206	32.91	114	33.132	180	59.17	49
Juli 9	31.929	251	31.77	103	33.312	218	58.68	41
19	32.180	289	30.74	90	33.530	250	58.27	33
29	32.469	321	29.84	75	33.780	276	57.94	25
Aug. 8	32.790	347	29.09	61	34.056	298	57.69	18
18	33.137	368	28.48	45	34.354	314	57.51	13
28	33.505	382	28.03	30	34.668	327	57.38	7
Sept. 7	33.887	391	27.73	14	34.995	334	57.31	2
17	34.278	396	27.59	—1	35.329	338	57.29	—1
27	34.674	395	27.60	17	35.667	338	57.30	5
Okt. 7	35.069	389	27.77	33	36.005	333	57.35	9
17	35.458	377	28.10	48	36.338	323	57.44	14
27	35.835	359	28.58	65	36.661	309	57.58	20
Nov. 6	36.194	334	29.23	81	36.970	289	57.78	27
16	36.528	300	30.04	97	37.259	261	58.05	35
26	36.828	259	31.01	111	37.520	227	58.40	44
Dez. 6	37.087	209	32.12	124	37.747	185	58.84	53
16	21 37.296	153	33.36	133	21 37.932	137	59.37	61
25	37.449	91	34.69	137	38.069	86	59.98	67
35	37.540		36.06		38.155		60.65	
Mittl. Ort	31.204		43.59		32.575		69.30	
sec δ, tg δ	+1.413		+0.998		+1.194		+0.653	
a, *a'*	+4.4		+0.3		+3.9		+0.2	
b, *b'*	0.00		−1.00		0.00		−1.00	

Scheinbare Sternörter 1959

Obere Kulmination Greenwich

Tag	229) η Columbae				232) ν Orionis			
	AR.	Δ	Dekl.	Δ	AR.	Δ	Dekl.	Δ
1959	5h 57m		−42° 48′		6h 5m		+14° 46′	
	s		″		s		″	
Jan. 0	55.445	27	72.43	312	15.580	52	20.05	47
10	55.418	86	75.55	287	15.632	3 —	19.58	38
20	55.332	141	78.42	253	15.635	44	19.20	28
30	55.191	190	80.95	213	15.591	89	18.92	21
Febr. 9	55.001	231	83.08	169	15.502	128	18.71	14
19	54.770	263	84.77	121	15.374	159	18.57	9
März 1	54.507	284	85.98	72	15.215	179	18.48	6
11	54.223	292	86.70	23 —	15.036	189	18.42	2 —
21	53.931	290	86.93	27	14.847	189	18.40	1
31	53.641	276	86.66	75	14.658	177	18.41	3
April 10	53.365	252	85.91	120	14.481	157	18.44	7
20	53.113	219	84.71	164	14.324	127	18.51	12
30	52.894	178	83.07	202	14.197	92	18.63	16
Mai 10	52.716	133	81.05	237	14.105	52	18.79	23
20	52.583	83	78.68	266	14.053	10 —	19.02	30
30	52.500	31 —	76.02	288	14.043	32	19.32	37
Juni 9	52.469	22	73.14	304	14.075	74	19.69	43
19	52.491	73	70.10	311	14.149	113	20.12	50
29	52.564	123	66.99	310	14.262	150	20.62	54
Juli 9	52.687	169	63.89	300	14.412	182	21.16	56
19	52.856	211	60.89	281	14.594	210	21.72	57
29	53.067	248	58.08	254	14.804	234	22.29	53
Aug. 8	53.315	280	55.54	217	15.038	254	22.82	47
18	53.595	306	53.37	173	15.292	268	23.29	39
28	53.901	326	51.64	122	15.560	280	23.68	27
Sept. 7	54.227	339	50.42	66	15.840	289	23.95	14 —
17	54.566	345	49.76	7 —	16.129	293	24.09	1
27	54.911	343	49.69	54	16.422	293	24.08	16
Okt. 7	55.254	334	50.23	113	16.715	291	23.92	31
17	55.588	318	51.36	170	17.006	284	23.61	44
27	55.906	294	53.06	221	17.290	272	23.17	55
Nov. 6	56.200	262	55.27	264	17.562	256	22.62	62
16	56.462	223	57.91	298	17.818	232	22.00	67
26	56.685	177	60.89	320	18.050	204	21.33	66
Dez. 6	56.862	124	64.09	332	18.254	168	20.67	63
16	56.986	68	67.41	332	18.422	127	20.04	58
25	[21] 57.054	10	70.73	321	[23] 18.549	82	19.46	49
35	57.064		73.94		18.631		18.97	
Mittl. Ort	53.405		59.77		13.787		30.10	
sec δ, tg δ	+1.363		−0.927		+1.034		+0.264	
a, *a′*	+1.8		+0.2		+3.4		−0.5	
b, *b′*	0.00		−1.00		0.00		−1.00	

Tag	1168) κ Aurigae				234) 22 H. Camelop.			
	AR.	Δ	Dekl.	Δ	AR.	Δ	Dekl.	Δ
1959	6h 12m		+29° 30′		6h 14m		+69° 19′	
	s		″		s		″	
Jan. 0	47.874	68	44.41	42	24.38	8 —	67.23	259
10	47.942	12 —	44.83	47	24.46	6	69.82	253
20	47.954	42	45.30	49	24.40	17	72.35	236
30	47.912	92	45.79	48	24.23	29	74.71	210
Febr. 9	47.820	137	46.27	42	23.94	40	76.81	177
19	47.683	172	46.69	34	23.54	47	78.58	135
März 1	47.511	196	47.03	24	23.07	53	79.93	89
11	47.315	209	47.27	11 —	22.54	56	80.82	40 —
21	47.106	210	47.38	2	21.98	56	81.22	11
31	46.896	199	47.36	14	21.42	54	81.11	60
April 10	46.697	177	47.22	26	20.88	49	80.51	106
20	46.520	146	46.96	35	20.39	42	79.45	146
30	46.374	107	46.61	42	19.97	34	77.99	182
Mai 10	46.267	64	46.19	47	19.63	23	76.17	210
20	46.203	18 —	45.72	48	19.40	13	74.07	230
30	46.185	28	45.24	47	19.27	2 —	71.77	243
Juni 9	46.213	75	44.77	44	19.25	9	69.34	249
19	46.288	119	44.33	40	19.34	20	66.85	248
29	46.407	159	43.93	35	19.54	30	64.37	240
Juli 9	46.566	196	43.58	30	19.84	39	61.97	227
19	46.762	227	43.28	25	20.23	48	59.70	209
29	46.989	255	43.03	20	20.71	56	57.61	186
Aug. 8	47.244	277	42.83	17	21.27	62	55.75	159
18	47.521	295	42.66	14	21.89	67	54.16	130
28	47.816	308	42.52	13	22.56	71	52.86	98
Sept. 7	48.124	319	42.39	12	23.27	74	51.88	64
17	48.443	325	42.27	13	24.01	76	51.24	29 —
27	48.768	327	42.14	13	24.77	76	50.95	8
Okt. 7	49.095	325	42.01	12	25.53	75	51.03	44
17	49.420	319	41.89	10	26.28	73	51.47	82
27	49.739	308	41.79	7	27.01	70	52.29	119
Nov. 6	50.047	290	41.72	1 —	27.71	65	53.48	153
16	50.337	265	41.71	5	28.36	58	55.01	185
26	50.602	234	41.76	13	28.94	49	56.86	214
Dez. 6	50.836	195	41.89	23	29.43	39	59.00	237
16	51.031	151	42.12	32	29.82	28	61.37	254
25	[25] 51.182	100	42.44	41	[25] 30.10	16	63.91	261
35	51.282		42.85		30.26		66.52	
Mittl. Ort	45.890		54.08		19.87		75.40	
sec δ, tg δ	+1.149		+0.566		+2.834		+2.652	
a, *a′*	+3.8		−1.1		+6.6		−1.3	
b, *b′*	0.00		−1.00		−0.01		−1.00	

Scheinbare Sternörter 1959

Obere Kulmination Greenwich

Tag	240) ζ Canis maj. AR.		240) ζ Canis maj. Dekl.		241) μ Geminorum AR.		241) μ Geminorum Dekl.	
1959	6h 18m		−30° 2′		6h 20m		+22° 31′	
	s		″		s		″	
Jan. 0	46.145	24	49.80	283	30.640	71	60.75	2
10	46.169	29	52.63	263	30.711	20	60.73	6
20	46.140	80	55.26	234	30.731	31	60.79	13
30	46.060	127	57.60	200	30.700	80	60.92	17
Febr. 9	45.933	166	59.60	164	30.620	123	61.09	18
19	45.767	199	61.24	123	30.497	158	61.27	17
März 1	45.568	222	62.47	81	30.339	182	61.44	14
11	45.346	233	63.28	39	30.157	195	61.58	10
21	45.113	235	63.67	4	29.962	197	61.68	4
31	44.878	226	63.63	45	29.765	188	61.72	2
April 10	44.652	208	63.18	86	29.577	169	61.70	6
20	44.444	181	62.32	124	29.408	141	61.64	10
30	44.263	147	61.08	160	29.267	105	61.54	12
Mai 10	44.116	109	59.48	191	29.162	66	61.42	12
20	44.007	68	57.57	219	29.096	23	61.30	11
30	43.939	23	55.38	241	29.073	21	61.19	8
Juni 9	43.916	21	52.97	258	29.094	64	61.11	5
19	43.937	64	50.39	267	29.158	105	61.06	1
29	44.001	105	47.72	270	29.263	143	61.05	3
Juli 9	44.106	144	45.02	265	29.406	178	61.08	7
19	44.250	180	42.37	251	29.584	209	61.15	8
29	44.430	212	39.86	230	29.793	234	61.23	9
Aug. 8	44.642	239	37.56	201	30.027	256	61.32	8
18	44.881	261	35.55	163	30.283	275	61.40	4
28	45.142	280	33.92	121	30.558	288	61.44	1
Sept. 7	45.422	294	32.71	72	30.846	299	61.43	8
17	45.716	302	31.99	19	31.145	305	61.35	14
27	46.018	305	31.80	35	31.450	309	61.21	22
Okt. 7	46.323	303	32.15	89	31.759	309	60.99	28
17	46.626	295	33.04	140	32.068	304	60.71	34
27	46.921	279	34.44	187	32.372	295	60.37	36
Nov. 6	47.200	258	36.31	227	32.667	279	60.01	37
16	47.458	230	38.58	259	32.946	257	59.64	35
26	47.688	194	41.17	281	33.203	229	59.29	30
Dez. 6	47.882	153	43.98	294	33.432	193	58.99	23
16	48.035	106	46.92	297	33.625	150	58.76	14
26	48.141	55	49.89	289	33.775	103	58.62	4
35	^{26}48.196		52.78		^{27}33.878		58.58	
Mittl. Ort	44.278		38.31		28.768		71.03	
sec δ, tg δ	+1.155		−0.578		+1.083		+0.415	
a, a′	+2.3		−1.6		+3.6		−1.8	
b, b′	0.00		−1.00		0.00		−1.00	

Tag	243) β Canis maj. AR.		243) β Canis maj. Dekl.		244) 8 ε Monocerotis AR.		244) 8 ε Monocerotis Dekl.	
1959	6h 20m		−17° 56′		6h 21m		+4° 36′	
	s		″		s		″	
Jan. 0	55.338	41	14.85	233	37.406	62	44.15	111
10	55.379	8	17.18	214	37.468	14	43.04	98
20	55.371	55	19.32	190	37.482	34	42.06	84
30	55.316	100	21.22	162	37.448	78	41.22	67
Febr. 9	55.216	138	22.84	131	37.370	117	40.55	52
19	55.078	170	24.15	98	37.253	149	40.03	37
März 1	54.908	192	25.13	65	37.104	172	39.66	22
11	54.716	203	25.78	31	36.932	184	39.44	8
21	54.513	205	26.09	4	36.748	186	39.36	4
31	54.308	197	26.05	37	36.562	177	39.40	18
April 10	54.111	180	25.68	68	36.385	160	39.58	30
20	53.931	154	25.00	99	36.225	134	39.88	43
30	53.777	123	24.01	128	36.091	103	40.31	55
Mai 10	53.654	87	22.73	154	35.988	66	40.86	68
20	53.567	47	21.19	177	35.922	27	41.54	79
30	53.520	7	19.42	195	35.895	13	42.33	89
Juni 9	53.513	34	17.47	210	35.908	52	43.22	97
19	53.547	74	15.37	218	35.960	91	44.19	104
29	53.621	111	13.19	221	36.051	126	45.23	107
Juli 9	53.732	146	10.98	218	36.177	158	46.30	106
19	53.878	177	8.80	207	36.335	187	47.36	102
29	54.055	204	6.73	190	36.522	212	48.38	95
Aug. 8	54.259	228	4.83	165	36.734	232	49.33	82
18	54.487	248	3.18	135	36.966	250	50.15	65
28	54.735	264	1.83	98	37.216	263	50.80	45
Sept. 7	54.999	275	0.85	57	37.479	273	51.25	23
17	55.274	283	0.28	13	37.752	280	51.48	2
27	55.557	287	0.15	32	38.032	284	51.46	28
Okt. 7	55.844	285	0.47	77	38.316	284	51.18	53
17	56.129	279	1.24	121	38.600	279	50.65	76
27	56.408	268	2.45	160	38.879	269	49.89	96
Nov. 6	56.676	250	4.05	193	39.148	255	48.93	112
16	56.926	225	5.98	218	39.403	235	47.81	123
26	57.151	196	8.16	236	39.638	207	46.58	128
Dez. 6	57.347	159	10.52	246	39.845	174	45.30	129
16	57.506	117	12.98	246	40.019	134	44.01	125
26	57.623	71	15.44	238	40.153	90	42.76	115
35	^{27}57.694		17.82		^{27}40.243		41.61	
Mittl. Ort	53.582		3.58		35.676		54.97	
sec δ, tg δ	+1.051		−0.324		+1.003		+0.081	
a, a′	+2.6		−1.8		+3.2		−1.9	
b, b′	0.00		−1.00		0.00		−1.00	

Scheinbare Sternörter 1959

Obere Kulmination Greenwich

Tag	242) ψ^1 Aurigae AR.		242) ψ^1 Aurigae Dekl.		245) α Carinae AR.		245) α Carinae Dekl.		246) 10 Monocerotis AR.		246) 10 Monocerotis Dekl.		249) ξ^2 Canis maj. AR.		249) ξ^2 Canis maj. Dekl.	
1959	6h 21m		+49° 18′		6h 23m		−52° 40′		6h 25m		−4° 44′		6h 33m		−22° 55′	
	s		″		s		″		s		″		s		″	
Jan. 0	47.027	87	30.37	160	4.942	24	32.36	346	57.731	59	17.98	167	22.009	48	62.93	260
10	47.114	15	31.97	160	4.918	95	35.82	323	57.790	11	19.65	150	22.057	2	65.53	241
20	47.129	57	33.57	153	4.823	162	39.05	292	57.801	37	21.15	132	22.055	52	67.94	217
30	47.072	124	35.10	141	4.661	224	41.97	254	57.764	80	22.47	111	22.003	99	70.11	187
Febr. 9	46.948	183	36.51	121	4.437	276	44.51	209	57.684	119	23.58	88	21.904	139	71.98	154
19	46.765	231	37.72	97	4.161	318	46.60	161	57.565	152	24.46	65	21.765	173	73.52	119
März 1	46.534	265	38.69	67	3.843	347	48.21	110	57.413	174	25.11	42	21.592	196	74.71	81
11	46.268	285	39.36	36	3.496	362	49.31	58	57.239	186	25.53	19	21.396	211	75.52	44
21	45.983	288	39.72	2	3.134	366	49.89	5	57.053	189	25.72	3	21.185	215	75.96	7
31	45.695	276	39.74	30	2.768	356	49.94	47	56.864	182	25.69	25	20.970	209	76.03	31
April 10	45.419	250	39.44	60	2.412	334	49.47	97	56.682	165	25.44	46	20.761	193	75.72	67
20	45.169	212	38.84	88	2.078	302	48.50	145	56.517	140	24.98	67	20.568	169	75.05	101
30	44.957	164	37.96	112	1.776	260	47.05	189	56.377	110	24.31	86	20.399	139	74.04	133
Mai 10	44.793	109	36.84	129	1.516	212	45.16	228	56.267	75	23.45	104	20.260	104	72.71	162
20	44.684	49	35.55	143	1.304	157	42.88	263	56.192	37	22.41	121	20.156	65	71.09	188
30	44.635	11	34.12	152	1.147	99	40.25	290	56.155	3	21.20	135	20.091	24	69.21	209
Juni 9	44.646	72	32.60	155	1.048	39	37.35	310	56.158	42	19.85	146	20.067	16	67.12	225
19	44.718	131	31.05	153	1.009	23	34.25	323	56.200	80	18.39	153	20.083	57	64.87	236
29	44.849	185	29.52	149	1.032	83	31.02	326	56.280	115	16.86	156	20.140	96	62.51	240
Juli 9	45.034	235	28.03	141	1.115	141	27.76	321	56.395	148	15.30	154	20.236	132	60.11	237
19	45.269	280	26.62	130	1.256	196	24.55	305	56.543	177	13.76	148	20.368	165	57.74	226
29	45.549	318	25.32	116	1.452	247	21.50	281	56.720	203	12.28	135	20.533	196	55.48	209
Aug. 8	45.867	351	24.16	102	1.699	292	18.69	246	56.923	225	10.93	118	20.729	221	53.39	184
18	46.218	378	23.14	86	1.991	331	16.23	203	57.148	242	9.75	96	20.950	244	51.55	151
28	46.596	399	22.28	68	2.322	362	14.20	153	57.390	258	8.79	68	21.194	263	50.04	113
Sept. 7	46.995	414	21.60	50	2.684	385	12.67	95	57.648	269	8.11	38	21.457	277	48.91	69
17	47.409	425	21.10	32	3.069	400	11.72	34	57.917	276	7.73	4	21.734	287	48.22	22
27	47.834	430	20.78	12	3.469	406	11.38	30	58.193	280	7.69	30	22.021	292	48.00	27
Okt. 7	48.264	428	20.66	9	3.875	401	11.68	95	58.473	281	7.99	64	22.313	294	48.27	76
17	48.692	421	20.75	30	4.276	386	12.63	156	58.754	277	8.63	96	22.607	289	49.03	124
27	49.113	406	21.05	51	4.662	360	14.19	213	59.031	267	9.59	125	22.896	279	50.27	167
Nov. 6	49.519	383	21.56	74	5.022	324	16.32	262	59.298	252	10.84	148	23.175	261	51.94	205
16	49.902	351	22.30	95	5.346	279	18.94	302	59.550	232	12.32	166	23.436	238	53.99	234
26	50.253	308	23.25	116	5.625	223	21.96	333	59.782	205	13.98	177	23.674	207	56.33	256
Dez. 6	50.561	257	24.41	134	5.848	161	25.29	351	59.987	170	15.75	182	23.881	169	58.89	268
16	50.818	198	25.75	148	6.009	93	28.80	357	60.157	131	17.57	179	24.050	127	61.57	271
26	51.016	131	27.23	159	6.102	21	32.37	352	60.288	88	19.36	171	24.177	79	64.28	265
35	^{27}51.147		28.82		^{28}6.123		35.89		^{28}60.376		21.07		^{30}24.256		66.93	
Mittl. Ort	44.471		39.85		2.462		21.05		56.013		6.96		20.198		51.95	
sec δ, tg δ	+1.534		+1.163		+1.649		−1.311		+1.003		−0.083		+1.086		−0.423	
a, *a′*	+4.6		−1.9		+1.3		−2.0		+3.0		−2.3		+2.5		−2.9	
b, *b′*	−0.01		−1.00		+0.01		−0.99		0.00		−0.99		0.00		−0.99	

Obere Kulmination Greenwich

Tag	247) 8 Lyncis AR.		247) 8 Lyncis Dekl.		251) γ Geminorum AR.		251) γ Geminorum Dekl.		250) 51 Aurigae AR.		250) 51 Aurigae Dekl.		252) ν Puppis AR.		252) ν Puppis Dekl.	
1959	6h 33m		+61° 30′		6h 35m		+16° 25′		6h 35m		+39° 25′		6h 36m		−43° 9′	
	s		″		s		″		s		″		s		″	
Jan. 0	60.14	12	61.43	222	22.393	83	58.48	43	°51.265	99	33.47	100	°32.484	21	42.91	333
10	60.26	2	63.65	222	22.476	33	58.05	31	51.364	38	34.47	106	32.505	40	46.24	312
20	60.28	8	65.87	214	22.509	18	57.74	21	51.402	25	35.53	107	32.465	100	49.36	285
30	60.20	17	68.01	196	22.491	66	57.53	11	51.377	85	36.60	102	32.365	154	52.21	249
Febr. 9	60.03	25	69.97	171	22.425	109	57.42	4	51.292	137	37.62	93	32.211	202	54.70	209
19	59.78	32	71.68	139	22.316	144	57.38	2	51.155	181	38.55	78	32.009	241	56.79	164
März 1	59.46	37	73.07	100	22.172	170	57.40	6	50.974	213	39.33	59	31.768	270	58.43	117
11	59.09	40	74.07	59	22.002	186	57.46	8	50.761	232	39.92	38	31.498	286	59.60	68
21	58.69	40	74.66	14	21.816	190	57.54	9	50.529	239	40.30	16	31.212	292	60.28	19
31	58.29	40	74.80	29	21.626	184	57.63	9	50.290	231	40.46	8	30.920	285	60.47	30
April 10	57.89	37	74.51	70	21.442	167	57.72	10	50.059	212	40.38	31	30.635	269	60.17	78
20	57.52	31	73.81	109	21.275	143	57.82	12	49.847	181	40.07	50	30.366	243	59.39	123
30	57.21	26	72.72	142	21.132	111	57.94	13	49.666	143	39.57	68	30.123	209	58.16	166
Mai 10	56.95	19	71.30	170	21.021	74	58.07	17	49.523	98	38.89	82	29.914	168	56.50	203
20	56.76	12	69.60	192	20.947	35	58.24	20	49.425	48	38.07	92	29.746	123	54.47	237
30	56.64	3	67.68	207	20.912	6	58.44	24	49.377	2	37.15	99	29.623	75	52.10	265
Juni 9	56.61	5	65.61	215	20.918	47	58.68	29	49.379	53	36.16	103	29.548	25	49.45	287
19	56.66	13	63.46	218	20.965	87	58.97	32	49.432	102	35.13	102	29.523	25	46.58	300
29	56.79	20	61.28	215	21.052	123	59.29	34	49.534	148	34.11	100	29.548	75	43.58	305
Juli 9	56.99	28	59.13	207	21.175	157	59.63	36	49.682	191	33.11	96	29.623	123	40.53	303
19	57.27	34	57.06	195	21.332	187	59.99	34	49.873	228	32.15	90	29.746	167	37.50	290
29	57.61	39	55.11	178	21.519	213	60.33	31	50.101	262	31.25	83	29.913	209	34.60	268
Aug. 8	58.00	45	53.33	158	21.732	236	60.64	27	50.363	290	30.42	75	30.122	246	31.92	239
18	58.45	48	51.75	136	21.968	255	60.91	18	50.653	314	29.67	68	30.368	278	29.53	199
28	58.93	52	50.39	112	22.223	270	61.09	7	50.967	333	28.99	60	30.646	305	27.54	152
Sept. 7	59.45	55	49.27	84	22.493	283	61.16	6	51.300	348	28.39	50	30.951	327	26.02	99
17	60.00	57	48.43	55	22.776	292	61.10	18	51.648	360	27.89	42	31.278	341	25.03	42
27	60.57	57	47.88	26	23.068	297	60.92	32	52.008	367	27.47	32	31.619	348	24.61	19
Okt. 7	61.14	57	47.62	6	23.365	299	60.60	46	52.375	368	27.15	21	31.967	349	24.80	81
17	61.71	57	47.68	38	23.664	298	60.14	56	52.743	366	26.94	8	32.316	341	25.61	140
27	62.28	55	48.06	70	23.962	290	59.58	65	53.109	357	26.86	5	32.657	325	27.01	195
Nov. 6	62.83	52	48.76	103	24.252	277	58.93	71	53.466	340	26.91	20	32.982	300	28.96	243
16	63.35	47	49.79	134	24.529	259	58.22	73	53.806	316	27.11	36	33.282	266	31.39	283
26	63.82	41	51.13	163	24.788	232	57.49	71	54.122	284	27.47	53	33.548	224	34.22	313
Dez. 6	64.23	35	52.76	187	25.020	198	56.78	65	54.406	242	28.00	70	33.772	175	37.35	332
16	64.58	27	54.63	207	25.218	159	56.13	58	54.648	192	28.70	84	33.947	119	40.67	340
26	64.85	17	56.70	221	25.377	113	55.55	46	54.840	137	29.54	97	34.066	59	44.07	337
35	[30] 65.02		58.91		[31] 25.490		55.09		[31] 54.977		30.51		[31] 34.125		47.44	
Mittl. Ort	56.81		71.53		20.596		69.40		49.095		44.14		30.309		32.31	
sec δ, tg δ	+2.097		+1.843		+1.043		+0.295		+1.295		+0.822		+1.371		−0.938	
a, *a′*	+5.5		−3.0		+3.5		−3.1		+4.2		−3.1		+1.8		−3.2	
b, *b′*	−0.02		−0.99		0.00		−0.99		−0.01		−0.99		+0.01		−0.99	

Scheinbare Sternörter 1959

Obere Kulmination Greenwich

Tag	248) 23 H. Camelop. AR.		Dekl.		254) ε Geminorum AR.		Dekl.	
1959	6h 39m		+79° 36′		6h 41m		+25° 10′	
	s		″		s		″	
Jan. 0*	c24.60	20	40.35	297	26.461	95	13.45	11
10	24.80	5	43.32	294	^{1}26.556	42	13.56	21
20	24.75	30	46.26	281	26.598	12	13.77	28
30	24.45	53	49.07	257	26.586	64	14.05	34
Febr. 9	23.92	73	51.64	224	26.522	110	14.39	36
19	23.19	90	53.88	180	26.412	149	14.75	34
März 1	22.29	103	55.68	130	26.263	177	15.09	29
11	21.26	111	56.98	76	26.086	194	15.38	23
21	20.15	114	57.74	20	25.892	201	15.61	15
31	19.01	112	57.94	37	25.691	196	15.76	6
April 10	17.89	106	57.57	91	25.495	179	15.82	2
20	16.83	95	56.66	142	25.316	154	15.80	10
30	15.88	80	55.24	185	25.162	121	15.70	15
Mai 10	15.08	64	53.39	223	25.041	83	15.55	19
20	14.44	45	51.16	252	24.958	42	15.36	22
30	13.99	24	48.64	273	24.916	2	15.14	23
Juni 9	13.75	3	45.91	287	24.918	45	14.91	22
19	13.72	18	43.04	292	24.963	86	14.69	20
29	13.90	38	40.12	289	25.049	125	14.49	19
Juli 9	14.28	58	37.23	280	25.174	161	14.30	17
19	14.86	75	34.43	265	25.335	193	14.13	16
29	15.61	92	31.78	243	25.528	222	13.97	16
Aug. 8	16.53	106	29.35	217	25.750	246	13.81	16
18	17.59	119	27.18	186	25.996	267	13.65	19
28	18.78	129	25.32	150	26.263	284	13.46	23
Sept. 7	20.07	137	23.82	113	26.547	297	13.23	27
17	21.44	142	22.69	73	26.844	308	12.96	32
27	22.86	144	21.96	30	27.152	315	12.64	37
Okt. 7	24.30	145	21.66	15	27.467	319	12.27	41
17	25.75	143	21.81	59	27.786	317	11.86	43
27	27.18	136	22.40	104	28.103	310	11.43	43
Nov. 6	28.54	127	23.44	147	28.413	298	11.00	40
16	29.81	115	24.91	188	28.711	278	10.60	35
26	30.96	99	26.79	225	28.989	252	10.25	27
Dez. 6	31.95	80	29.04	257	29.241	217	9.98	17
16	32.75	59	31.61	280	29.458	175	9.81	5
26	33.34	36	34.41	295	29.633	127	9.76	6
35	^{32}33.70		37.36		^{32}29.760		9.82	
Mittl. Ort	16.43		50.50		24.577		24.54	
sec δ, tg δ	+ 5.547		+5.456		+1.105		+0.470	
a, a′	+10.3		−3.4		+3.7		−3.6	
b, b′	− 0.06		−0.99		−0.01		−0.98	

Tag	256) ξ Geminorum AR.		Dekl.		257) α Canis maj.[1] AR.		Dekl.	
1959	6h 42m		+12° 56′		6h 43m		−16° 39′	
	s		″		s		″	
Jan. 0*	61.034	88	17.90	67	22.121	59	41.88	238
10	^{1}61.122	38	17.23	54	^{1}22.180	10	44.26	219
20	61.160	12	16.69	41	22.190	39	46.45	197
30	61.148	59	16.28	30	22.151	85	48.42	169
Febr. 9	61.089	103	15.98	18	22.066	125	50.11	139
19	60.986	139	15.80	9	21.941	159	51.50	108
März 1	60.847	165	15.71	2	21.782	184	52.58	74
11	60.682	181	15.69	4	21.598	199	53.32	42
21	60.501	188	15.73	9	21.399	203	53.74	9
31	60.313	182	15.82	13	21.196	198	53.83	24
April 10	60.131	167	15.95	17	20.998	183	53.59	54
20	59.964	144	16.12	21	20.815	161	53.05	84
30	59.820	115	16.33	26	20.654	132	52.21	112
Mai 10	59.705	79	16.59	31	20.522	97	51.09	137
20	59.626	41	16.90	36	20.425	60	49.72	160
30	59.585	2	17.26	42	20.365	21	48.12	178
Juni 9	59.583	38	17.68	47	20.344	18	46.34	193
19	59.621	77	18.15	50	20.362	57	44.41	202
29	59.698	113	18.65	52	20.419	94	42.39	206
Juli 9	59.811	146	19.17	53	20.513	128	40.33	204
19	59.957	176	19.70	50	20.641	160	38.29	194
29	60.133	203	20.20	46	20.801	189	36.35	179
Aug. 8	60.336	225	20.66	37	20.990	214	34.56	157
18	60.561	245	21.03	27	21.204	235	32.99	127
28	60.806	262	21.30	14	21.439	253	31.72	93
Sept. 7	61.068	274	21.44	2	21.692	267	30.79	54
17	61.342	285	21.42	19	21.959	278	30.25	11
27	61.627	292	21.23	36	22.237	284	30.14	33
Okt. 7	61.919	294	20.87	53	22.521	286	30.47	78
17	62.213	294	20.34	68	22.807	283	31.25	120
27	62.507	288	19.66	80	23.090	275	32.45	159
Nov. 6	62.795	277	18.86	88	23.365	259	34.04	193
16	63.072	259	17.98	93	23.624	239	35.97	219
26	63.331	233	17.05	94	23.863	211	38.16	237
Dez. 6	63.564	201	16.11	89	24.074	175	40.53	247
16	63.765	162	15.22	82	24.249	135	43.00	249
26	63.927	118	14.40	71	24.384	89	45.49	242
35	^{33}64.045		13.69		^{33}24.473		47.91	
Mittl. Ort	59.269		29.03		20.351		30.87	
sec δ, tg δ	+1.026		+0.230		+1.044		−0.299	
a, a′	+3.4		−3.7		+2.7		−3.8	
b, b′	0.00		−0.98		0.00		−0.98	

[1] Ort des Hauptsterns; die jährliche Parallaxe (0″.377) ist bereits berücksichtigt.

* Bei Stern 254), 256) und 257) lies Jan. 1.

Scheinbare Sternörter 1959

Obere Kulmination Greenwich

Tag	1177) 16 Monocerotis AR.		1177) 16 Monocerotis Dekl.		258) 18 Monocerotis AR.		258) 18 Monocerotis Dekl.		262) α Pictoris AR.		262) α Pictoris Dekl.		261) ϑ Geminorum AR.		261) ϑ Geminorum Dekl.	
1959	6h 44m		+8° 37′		6h 45m		+2° 27′		6h 47m		−61° 53′		6h 50m		+34° 0′	
	s		″		s		″		s		″		s		″	
Jan. 1	2 19.052	87	44.54	93	2 45.049	83	19.67	131	3 49.44	2	58.39	366	3 7.268	113	33.70	64
10	20.039	37	43.61	80	45.132	35	18.36	116	49.42	11	62.05	349	7.381	53	34.34	74
20	20.076	12	42.81	65	45.167	14	17.20	100	49.31	19	65.54	332	7.434	6	35.08	79
30	20.064	59	42.16	51	45.153	60	16.20	82	49.12	28	68.76	288	7.428	62	35.87	81
Febr. 9	20.005	102	41.65	37	45.093	102	15.38	63	48.84	35	71.64	246	7.366	114	36.68	77
19	19.903	136	41.28	24	44.991	137	14.75	46	48.49	40	74.10	200	7.252	157	37.45	69
März 1	19.767	163	41.04	12	44.854	163	14.29	29	48.09	44	76.10	150	7.095	190	38.14	56
11	19.604	180	40.92	2	44.691	178	14.00	12	47.65	48	77.60	97	6.905	211	38.70	42
21	19.424	185	40.90	7	44.513	185	13.88	3	47.17	48	78.57	43	6.694	219	39.12	24
31	19.239	180	40.97	15	44.328	180	13.91	18	46.69	48	79.00	11	6.475	215	39.36	7
April 10	19.059	166	41.12	24	44.148	166	14.09	32	46.21	46	78.89	64	6.260	200	39.43	11
20	18.893	143	41.36	33	43.982	145	14.41	46	45.75	43	78.25	114	6.060	174	39.32	27
30	18.750	115	41.69	40	43.837	116	14.87	59	45.32	39	77.11	163	5.886	140	39.05	42
Mai 10	18.635	80	42.09	49	43.721	83	15.46	73	44.93	33	75.48	206	5.746	100	38.63	53
20	18.555	42	42.58	57	43.638	46	16.19	84	44.60	27	73.42	245	5.646	56	38.10	62
30	18.513	4	43.15	64	43.592	8	17.03	94	44.33	20	70.97	279	5.590	9	37.48	69
Juni 9	18.509	35	43.79	70	43.584	30	17.97	103	44.13	13	68.18	304	5.581	37	36.79	72
19	18.544	73	44.49	75	43.614	67	19.00	109	44.00	5	65.14	322	5.618	82	36.07	74
29	18.617	108	45.24	77	43.681	103	20.09	112	43.95	2	61.92	331	5.700	125	35.33	73
Juli 9	18.725	141	46.01	78	43.784	135	21.21	111	43.97	10	58.61	332	5.825	165	34.60	71
19	18.866	171	46.79	74	43.919	165	22.32	107	44.07	18	55.29	321	5.990	200	33.89	69
29	19.037	198	47.53	67	44.084	191	23.39	98	44.25	24	52.08	301	6.190	232	33.20	66
Aug. 8	19.235	220	48.20	57	44.275	214	24.37	84	44.49	31	49.07	271	6.422	260	32.54	63
18	19.455	240	48.77	44	44.489	234	25.21	67	44.80	37	46.36	232	6.682	284	31.91	60
28	19.695	256	49.21	27	44.723	251	25.88	46	45.17	42	44.04	184	6.966	304	31.31	56
Sept. 7	19.951	269	49.48	8	44.974	264	26.34	21	45.59	47	42.20	128	7.270	320	30.75	54
17	20.220	280	49.56	14	45.238	275	26.55	6	46.06	49	40.92	67	7.590	333	30.21	50
27	20.500	287	49.42	35	45.513	282	26.49	33	46.55	50	40.25	2	7.923	342	29.71	46
Okt. 7	20.787	290	49.07	56	45.795	285	26.16	61	47.05	51	40.23	64	8.265	347	29.25	41
17	21.077	289	48.51	75	46.080	285	25.55	86	47.56	49	40.87	129	8.612	346	28.84	34
27	21.366	284	47.76	92	46.365	279	24.69	109	48.05	46	42.16	191	8.958	341	28.50	25
Nov. 6	21.650	272	46.84	105	46.644	268	23.60	126	48.51	43	44.07	246	9.299	329	28.25	14
16	21.922	255	45.79	112	46.912	250	22.34	140	48.94	37	46.53	292	9.628	308	28.11	0
26	22.177	230	44.67	116	47.162	225	20.94	147	49.31	30	49.45	328	9.936	280	28.11	14
Dez. 6	22.407	197	43.51	114	47.387	194	19.47	148	49.61	22	52.73	354	10.216	244	28.25	29
16	22.604	160	42.37	108	47.581	156	17.99	145	49.83	13	56.27	367	10.460	198	28.54	45
26	22.764	116	41.29	98	47.737	112	16.54	135	49.96	4	59.94	368	10.658	147	28.99	59
35	33 22.880		40.31		33 47.849		15.19		34 50.00		63.62		34 10.805		29.58	
Mittl. Ort	18.211		55.66		43.326		30.73		46.24		49.01		5.257		45.20	
sec δ, tg δ	+1.011		+0.152		+1.001		+0.043		+2.123		−1.873		+1.206		+0.675	
a, a′	+3.3		−3.9		+3.1		−4.0		+0.6		−4.1		+4.0		−4.3	
b, b′	0.00		−0.98		0.00		−0.98		+0.03		−0.98		−0.01		−0.98	

Scheinbare Sternörter 1959

Obere Kulmination Greenwich

Tag	266) ϑ Canis maj.				260) 24 H. Camelop.				268) ε Canis maj.				269) ζ Geminorum			
	AR.		Dekl		AR.		Dekl.		AR.		Dekl.		AR.		Dekl.	
1959	6h 52m		−11° 59′		6h 54m		+77° 1′		6h 57m		−28° 54′		7h 1m		+20° 37′	
	s		″		s		″		s		″		s		″	
Jan. 1	18.792	78	20.05	214	13.38	24	50.42	287	2.733	68	64.46	292	42.448	112	43.92	23
10	[4] 18.870	29	22.19	197	[4] 13.62	4	53.29	289	[5] 2.801	14	67.38	277	[6] 42.560	61	43.69	10
20	18.899	$\overline{20}$	24.16	177	13.66	$\overline{16}$	56.18	280	2.815	$\overline{40}$	70.15	253	42.621	8	43.59	$\overline{3}$
30	18.879	67	25.93	152	13.50	35	58.98	262	2.775	90	72.68	223	42.629	$\overline{44}$	43.62	12
Febr. 9	18.812	109	27.45	126	13.15	53	61.60	232	2.685	134	74.91	189	42.585	91	43.74	19
19	18.703	144	28.71	97	12.62	68	63.92	193	2.551	172	76.80	152	42.494	131	43.93	24
März 1	18.559	170	29.68	68	11.94	79	65.85	147	2.379	201	78.32	112	42.363	162	44.17	25
11	18.389	187	30.36	39	11.15	86	67.32	96	2.178	219	79.44	71	42.201	182	44.42	24
21	18.202	194	30.75	10	10.29	90	68.28	42	1.959	227	80.15	29	42.019	191	44.66	21
31	18.008	191	30.85	$\overline{18}$	9.39	90	68.70	$\overline{14}$	1.732	225	80.44	$\overline{12}$	41.828	189	44.87	17
April 10	17.817	178	30.67	45	8.49	85	68.56	67	1.507	213	80.32	52	41.639	178	45.04	13
20	17.639	158	30.22	72	7.64	78	67.89	118	1.294	193	79.80	91	41.461	156	45.17	9
30	17.481	130	29.50	97	6.86	67	66.71	163	1.101	166	78.89	127	41.305	128	45.26	6
Mai 10	17.351	99	28.53	120	6.19	54	65.08	201	0.935	132	77.62	161	41.177	94	45.32	3
20	17.252	63	27.33	140	5.65	39	63.07	233	0.803	95	76.01	190	41.083	55	45.35	2
30	17.189	26	25.93	158	5.26	24	60.74	257	0.708	55	74.11	216	41.028	16	45.37	1
Juni 9	17.163	$\overline{12}$	24.35	171	5.02	6	58.17	274	0.653	15	71.95	236	41.012	$\overline{24}$	45.38	2
19	17.175	50	22.64	181	4.96	$\overline{10}$	55.43	283	0.638	$\overline{27}$	69.59	250	41.036	64	45.40	3
29	17.225	86	20.83	186	5.06	26	52.60	284	0.665	67	67.09	257	41.100	101	45.43	3
Juli 9	17.311	120	18.97	185	5.32	42	49.76	278	0.732	106	64.52	257	41.201	136	45.46	2
19	17.431	150	17.12	178	5.74	57	46.98	266	0.838	142	61.95	248	41.337	168	45.48	1
29	17.581	179	15.34	164	6.31	70	44.32	248	0.980	176	59.47	232	41.505	196	45.49	$\overline{2}$
Aug. 8	17.760	204	13.70	145	7.01	82	41.84	226	1.156	206	57.15	208	41.701	222	45.47	7
18	17.964	226	12.25	120	7.83	93	39.58	198	1.362	233	55.07	176	41.923	244	45.40	13
28	18.190	245	11.05	89	8.76	101	37.60	166	1.595	257	53.31	136	42.167	263	45.27	21
Sept. 7	18.435	261	10.16	53	9.77	108	35.94	132	1.852	277	51.95	91	42.430	279	45.06	30
17	18.696	273	9.63	15	10.85	114	34.62	93	2.129	291	51.04	41	42.709	293	44.76	40
27	18.969	281	9.48	$\overline{26}$	11.99	117	33.69	53	2.420	302	50.63	$\overline{12}$	43.002	302	44.36	50
Okt. 7	19.250	285	9.74	66	13.16	117	33.16	10	2.722	307	50.75	65	43.304	309	43.86	59
17	19.535	285	10.40	106	14.33	117	33.06	$\overline{34}$	3.029	307	51.40	118	43.613	311	43.27	65
27	19.820	280	11.46	141	15.50	113	33.40	78	3.336	298	52.58	166	43.924	308	42.62	70
Nov. 6	20.100	268	12.87	172	16.63	107	34.18	121	3.634	284	54.24	210	44.232	300	41.92	71
16	20.368	249	14.59	197	17.70	98	35.39	164	3.918	262	56.34	246	44.532	283	41.21	68
26	20.617	223	16.56	213	18.68	86	37.03	203	4.180	231	58.80	273	44.815	259	40.53	63
Dez. 6	20.840	190	18.69	223	19.54	72	39.06	236	4.411	193	61.53	290	45.074	228	39.90	53
16	21.030	152	20.92	224	20.26	55	41.42	263	4.604	149	64.43	298	45.302	190	39.37	42
26	21.182	107	23.16	218	20.81	37	44.05	282	4.753	99	67.41	296	45.492	143	38.95	29
35*	[35] 21.289		25.34		[35] 21.18		46.87		[36] 4.852		70.37		[37] 45.635		38.66	
Mittl. Ort	17.046		9.34		6.94		61.95		0.823		54.49		40.647		55.67	
sec δ, tg δ	+1.022		−0.212		+4.457		+4.343		+1.142		−0.552		+1.069		+0.377	
a, *a′*	+2.8		−4.5		+8.7		−4.7		+2.4		−4.9		+3.6		−5.3	
b, *b′*	0.00		−0.97		−0.07		−0.97		+0.01		−0.97		−0.01		−0.96	

* Bei Stern 268) und 269) lies Dez. 36.

Scheinbare Sternörter 1959

Obere Kulmination Greenwich

Tag	271) γ Canis maj.				273) δ Canis maj.				274) 63 Aurigae				278) π Puppis			
	AR.		Dekl.		AR.		Dekl.		AR.		Dekl.		AR.		Dekl.	
1959	7h 1m		−15° 34′		7h 6m		−26° 19′		7h 8m		+39° 23′		7h 15m		−37° 1′	
	s	Δ	″	Δ	s	Δ	″	Δ	s	Δ	″	Δ	s	Δ	″	Δ
Jan. 1	$_{6}$55.932	85	27.30	235	$_{7}$45.279	81	46.56	285	$_{8}$52.313	140	8.95	92	$_{10}$43.714	81	30.39	327
10	56.017	36	29.65	219	45.360	28	49.41	270	52.453	78	9.87	104	43.795	23	33.66	314
20	56.053	15	31.84	198	45.388	25	52.11	248	52.531	14	10.91	112	43.818	35	36.80	292
30	56.038	63	33.82	172	45.363	75	54.59	219	52.545	48	12.03	113	43.783	91	39.72	262
Febr. 9	55.975	106	35.54	144	45.288	120	56.78	187	52.497	106	13.16	109	43.692	141	42.34	228
19	55.869	142	36.98	113	45.168	159	58.65	151	52.391	155	14.25	99	43.551	183	44.62	189
März 1	55.727	170	38.11	82	45.009	189	60.16	113	52.236	193	15.24	83	43.368	216	46.51	146
11	55.557	188	38.93	51	44.820	208	61.29	74	52.043	220	16.07	65	43.152	239	47.97	102
21	55.369	197	39.44	18	44.612	217	62.03	35	51.823	233	16.72	43	42.913	251	48.99	56
31	55.172	195	39.62	13	44.395	217	62.38	5	51.590	233	17.15	20	42.662	253	49.55	11
April 10	54.977	184	39.49	43	44.178	207	62.33	43	51.357	221	17.35	4	42.409	244	49.66	35
20	54.793	165	39.06	72	43.971	189	61.90	81	51.136	197	17.31	26	42.165	226	49.31	78
30	54.628	140	38.34	100	43.782	163	61.09	116	50.939	164	17.05	48	41.939	201	48.53	120
Mai 10	54.488	109	37.34	125	43.619	131	59.93	148	50.775	125	16.57	65	41.738	169	47.33	159
20	54.379	74	36.09	149	43.488	96	58.45	178	50.650	81	15.92	79	41.569	132	45.74	194
30	54.305	37	34.60	168	43.392	58	56.67	202	50.569	33	15.13	92	41.437	92	43.80	225
Juni 9	54.268	1	32.92	183	43.334	19	54.65	222	50.536	16	14.21	100	41.345	50	41.55	249
19	54.269	38	31.09	195	43.315	21	52.43	237	50.552	63	13.21	106	41.295	6	39.06	267
29	54.307	74	29.14	200	43.336	60	50.06	244	50.615	109	12.15	108	41.289	38	36.39	277
Juli 9	54.381	109	27.14	200	43.396	97	47.62	245	50.724	152	11.07	109	41.327	80	33.62	281
19	54.490	141	25.14	193	43.493	133	45.17	239	50.876	191	9.98	108	41.407	121	30.81	275
29	54.631	170	23.21	179	43.626	166	42.78	223	51.067	227	8.90	105	41.528	160	28.06	261
Aug. 8	54.801	196	21.42	160	43.792	196	40.55	201	51.294	259	7.85	101	41.688	196	25.45	238
18	54.997	221	19.82	133	43.988	223	38.54	170	51.553	287	6.84	96	41.884	230	23.07	205
28	55.218	241	18.49	101	44.211	247	36.84	134	51.840	311	5.88	91	42.114	259	21.02	165
Sept. 7	55.459	258	17.48	63	44.458	267	35.50	90	52.151	331	4.97	84	42.373	285	19.37	118
17	55.717	273	16.85	23	44.725	284	34.60	42	52.482	348	4.13	76	42.658	305	18.19	66
27	55.990	283	16.62	21	45.009	296	34.18	8	52.830	362	3.37	68	42.963	321	17.53	9
Okt. 7	56.273	288	16.83	65	45.305	303	34.26	60	53.192	370	2.69	57	43.284	329	17.44	49
17	56.561	290	17.48	107	45.608	304	34.86	111	53.562	373	2.12	44	43.613	332	17.93	107
27	56.851	285	18.55	146	45.912	298	35.97	159	53.935	371	1.68	29	43.945	326	19.00	161
Nov. 6	57.136	275	20.01	180	46.210	286	37.56	202	54.306	361	1.39	13	44.271	312	20.61	212
16	57.411	256	21.81	208	46.496	266	39.58	236	54.667	342	1.26	6	44.583	289	22.73	254
26	57.667	231	23.89	228	46.762	239	41.94	264	55.009	314	1.32	27	44.872	257	25.27	288
Dez. 6	57.898	198	26.17	239	47.001	202	44.58	281	55.323	278	1.59	47	45.129	217	28.15	312
16	58.096	159	28.56	243	47.203	160	47.39	289	55.601	231	2.06	68	45.346	169	31.27	325
26	58.255	115	30.99	239	47.363	112	50.28	288	55.832	177	2.74	85	45.515	115	34.52	328
36	58.370		33.38		47.475		53.16		56.009		3.59		45.630		37.80	
Mittl. Ort	54.163		16.93		43.399		36.88		50.238		21.50		41.633		21.77	
sec δ, tg δ	+1.038		−0.279		+1.116		−0.495		+1.294		+0.821		+1.253		−0.754	
a, a′	+2.7		−5.4		+2.4		−5.8		+4.1		−5.9		+2.1		−6.5	
b, b′	0.00		−0.96		+0.01		−0.96		−0.02		−0.96		+0.02		−0.95	

Scheinbare Sternörter 1959

Obere Kulmination Greenwich

Tag	277) λ Geminorum AR.	Diff.	Dekl.	Diff.	281) δ Volantis AR.	Diff.	Dekl.	Diff.	279) δ Geminorum AR.	Diff.	Dekl.	Diff.	280) 19 Lyncis *sq* AR.	Diff.	Dekl.	Diff.
1959	$7^h\ 15^m$		+16° 36′		$7^h\ 16^m$		−67° 52′		$7^h\ 17^m$		+22° 3′		$7^h\ 19^m$		+55° 21′	
	s		″		s		″		s		″		s		″	
Jan. 1	45.964	123	45.51	53	55.44	3	62.78	377	42.291	130	21.91	19	34.312	187	25.64	180
10*	10 46.087	73	44.98	37	10 55.47	— 9	66.55	368	10 42.421	78	21.72	3	11 34.499	104	27.44	192
20	46.160	20	44.61	23	55.38	20	70.23	348	42.499	24	21.69	— 9	34.603	18	29.36	198
30	46.180	— 31	44.38	10	55.18	30	73.71	319	42.523	— 29	21.78	21	34.621	— 65	31.34	194
Febr. 9	46.149	78	44.28	— 2	54.88	40	76.90	284	42.494	78	21.99	29	34.556	142	33.28	181
19	46.071	119	44.30	10	54.48	48	79.74	241	42.416	121	22.28	33	34.414	210	35.09	162
März 1	45.952	150	44.40	15	54.00	53	82.15	194	42.295	154	22.61	35	34.204	264	36.71	135
11	45.802	173	44.55	20	53.47	58	84.09	144	42.141	178	22.96	33	33.940	303	38.06	102
21	45.629	184	44.75	21	52.89	60	85.53	91	41.963	189	23.29	30	33.637	324	39.08	66
31	45.445	185	44.96	22	52.29	61	86.44	38	41.774	191	23.59	24	33.313	328	39.74	28
April 10	45.260	175	45.18	21	51.68	60	86.82	— 17	41.583	181	23.83	18	32.985	317	40.02	11
20	45.085	157	45.39	21	51.08	57	86.65	69	41.402	163	24.01	12	32.668	290	39.91	48
30	44.928	132	45.60	21	50.51	53	85.96	120	41.239	137	24.13	7	32.378	250	39.43	83
Mai 10	44.796	100	45.81	20	49.98	47	84.76	168	41.102	104	24.20	2	32.128	200	38.60	114
20	44.696	64	46.01	21	49.51	41	83.08	211	40.998	68	24.22	— 2	31.928	144	37.46	140
30	44.632	28	46.22	22	49.10	34	80.97	250	40.930	30	24.20	5	31.784	82	36.06	162
Juni 9	44.604	— 11	46.44	22	48.76	25	78.47	282	40.900	— 10	24.15	7	31.702	17	34.44	178
19	44.615	49	46.66	23	48.51	16	75.65	306	40.910	49	24.08	8	31.685	— 47	32.66	190
29	44.664	84	46.89	23	48.35	6	72.59	322	40.959	86	24.00	9	31.732	109	30.76	196
Juli 9	44.748	119	47.12	22	48.29	— 3	69.37	330	41.045	122	23.91	11	31.841	169	28.80	197
19	44.867	150	47.34	18	48.32	12	66.07	227	41.167	154	23.80	14	32.010	225	26.83	195
29	45.017	179	47.52	14	48.44	22	62.80	313	41.321	184	23.66	17	32.235	276	24.88	189
Aug. 8	45.196	205	47.66	6	48.66	31	59.67	291	41.505	211	23.49	22	32.511	323	22.99	179
18	45.401	227	47.72	— 3	48.97	40	56.76	257	41.716	234	23.27	28	32.834	364	21.20	167
28	45.628	248	47.69	14	49.37	46	54.19	214	41.950	255	22.99	36	33.198	399	19.53	151
Sept. 7	45.876	265	47.55	27	49.83	53	52.05	163	42.205	274	22.63	44	33.597	431	18.02	132
17	46.141	281	47.28	41	50.36	58	50.42	105	42.479	290	22.19	53	34.028	457	16.70	112
27	46.422	292	46.87	55	50.94	61	49.37	41	42.769	302	21.66	62	34.485	475	15.58	89
Okt. 7	46.714	301	46.32	68	51.55	62	48.96	— 25	43.071	311	21.04	69	34.960	489	14.69	63
17	47.015	306	45.64	79	52.17	62	49.21	92	43.382	316	20.35	75	35.449	495	14.06	36
27	47.321	305	44.85	88	52.79	60	50.13	156	43.698	316	19.60	77	35.944	492	13.70	6
Nov. 6	47.626	298	43.97	93	53.39	55	51.69	215	44.014	310	18.83	77	36.436	478	13.64	— 26
16	47.924	285	43.04	93	53.94	49	53.84	268	44.324	296	18.06	73	36.914	454	13.90	59
26	48.209	263	42.11	90	54.43	41	56.52	311	44.620	274	17.33	65	37.368	418	14.49	90
Dez. 6	48.472	235	41.21	83	54.84	31	59.63	344	44.894	244	16.68	54	37.786	368	15.39	121
16	48.707	197	40.38	72	55.15	21	63.07	365	45.138	206	16.14	40	38.154	307	16.60	148
26	48.904	153	39.66	59	55.36	10	66.72	374	45.344	162	15.74	25	38.461	236	18.08	172
36	49.057		39.07		55.46		70.46		45.506		15.49		38.697		19.80	
Mittl. Ort	44.220		57.46		51.38		55.98		40.510		34.19		31.694		39.19	
sec δ, tg δ	+1.044		+0.298		+2.656		−2.461		+1.079		+0.405		+1.759		+1.447	
a, *a′*	+3.5		−6.5		0.0		−6.6		+3.6		−6.7		+4.9		−6.8	
b, *b′*	−0.01		−0.95		+0.05		−0.94		−0.01		−0.94		−0.03		−0.94	

* Bei Stern 280) lies Jan. 11.

Obere Kulmination Greenwich

Tag	282) ι Geminorum				285) β Canis min.				286) ρ Geminorum				284) Grb 1308 Caml			
	AR.	Δ	Dekl.	Δ	AR.	Δ	Dekl.	Δ	AR.	Δ	Dekl.	Δ	AR.	Δ	Dekl.	Δ
1959	7h 23m		+27° 52′		7h 24m		+8° 22′		7h 26m		+31° 51′		7h 26m		+68° 32′	
	s		″		s		″		s		″		s		″	
Jan. 1	12.732	142	39.80	15	57.327	126	12.84	106	30.434	151	50.66	41	41.57	27	54.00	242
11	12.874	88	39.95	33	57.453	76	11.78	91	30.585	94	51.07	56	41.84	14	56.42	254
20	[12] 12.962	30	40.28	44	[12] 57.529	25	10.87	74	[12] 30.679	35	51.63	69	[12] 41.98	1	58.96	258
30	12.992	26	40.72	53	57.554	24	10.13	56	30.714	23	52.32	76	41.99	12	61.54	250
Febr. 9	12.966	77	41.25	59	57.530	70	9.57	40	30.691	77	53.08	80	41.87	23	64.04	233
19	12.889	122	41.84	60	57.460	111	9.17	25	30.614	125	53.88	79	41.64	34	66.37	205
März 1	12.767	159	42.44	56	57.349	142	8.92	12	30.489	162	54.67	72	41.30	42	68.42	170
11	12.608	184	43.00	49	57.207	165	8.80	1	30.327	190	55.39	61	40.88	48	70.12	129
21	12.424	198	43.49	40	57.042	177	8.81	11	30.137	205	56.00	48	40.40	52	71.41	82
31	12.226	200	43.89	29	56.865	179	8.92	19	29.932	208	56.48	33	39.88	53	72.23	33
April 10	12.026	191	44.18	16	56.686	171	9.11	28	29.724	201	56.81	17	39.35	52	72.56	16
20	11.835	174	44.34	5	56.515	156	9.39	35	29.523	182	56.98	0	38.83	49	72.40	63
30	11.661	147	44.39	7	56.359	132	9.74	42	29.341	155	56.98	15	38.34	43	71.77	108
Mai 10	11.514	113	44.32	17	56.227	103	10.16	48	29.186	121	56.83	29	37.91	36	70.69	148
20	11.401	77	44.15	26	56.124	70	10.64	54	29.065	83	56.54	40	37.55	28	69.21	183
30	11.324	37	43.89	32	56.054	36	11.18	60	28.982	42	56.14	51	37.27	18	67.38	211
Juni 9	11.287	4	43.57	38	56.018	0	11.78	65	28.940	0	55.63	58	37.09	9	65.27	233
19	11.291	45	43.19	42	56.018	37	12.43	67	28.940	43	55.05	63	37.00	2	62.94	248
29	11.336	84	42.77	45	56.055	71	13.10	69	28.983	84	54.42	68	37.02	11	60.46	257
Juli 9	11.420	122	42.32	47	56.126	103	13.79	67	29.067	122	53.74	71	37.13	20	57.89	259
19	11.542	156	41.85	50	56.229	134	14.46	63	29.189	159	53.03	73	37.33	30	55.30	256
29	11.698	187	41.35	52	56.363	163	15.09	56	29.348	191	52.30	75	37.63	38	52.74	247
Aug. 8	11.885	215	40.83	54	56.526	189	15.65	44	29.539	221	51.55	76	38.01	45	50.27	234
18	12.100	241	40.29	58	56.715	211	16.09	31	29.760	248	50.79	77	38.46	53	47.93	215
28	12.341	264	39.71	62	56.926	232	16.40	14	30.008	272	50.02	78	38.99	59	45.78	192
Sept. 7	12.605	283	39.09	65	57.158	251	16.54	6	30.280	293	49.24	79	39.58	64	43.86	166
17	12.888	301	38.44	69	57.409	267	16.48	27	30.573	312	48.45	80	40.22	68	42.20	137
27	13.189	315	37.75	72	57.676	280	16.21	49	30.885	326	47.65	78	40.90	71	40.83	104
Okt. 7	13.504	325	37.03	74	57.956	290	15.72	71	31.211	338	46.87	76	41.61	73	39.79	67
17	13.829	331	36.29	73	58.246	295	15.01	90	31.549	344	46.11	71	42.34	74	39.12	29
27	14.160	331	35.56	70	58.541	297	14.11	108	31.893	345	45.40	64	43.08	74	38.83	12
Nov. 6	14.491	326	34.86	63	58.838	291	13.03	121	32.238	340	44.76	53	43.82	72	38.95	53
16	14.817	313	34.23	53	59.129	279	11.82	129	32.578	326	44.23	39	44.54	67	39.48	94
26	15.130	290	33.70	41	59.408	260	10.53	133	32.904	304	43.84	23	45.21	62	40.42	135
Dez. 6	15.420	260	33.29	26	59.668	232	9.20	130	33.208	273	43.61	6	45.83	54	41.77	173
16	15.680	221	33.03	8	59.900	196	7.90	123	33.481	233	43.55	13	46.37	45	43.50	205
26	15.901	174	32.95	8	60.096	155	6.67	113	33.714	184	43.68	33	46.82	34	45.55	232
36	16.075		33.03		60.251		5.54		33.898		44.01		47.16		47.87	
Mittl. Ort	10.904		52.56		55.633		24.42		28.561		63.75		37.80		68.22	
sec δ, tg δ	+1.131		+0.529		+1.011		+0.147		+1.177		+0.622		+2.735		+2.545	
a, *a′*	+3.7		−7.1		+3.3		−7.3		+3.8		−7.4		+6.2		−7.4	
b, *b′*	−0.01		−0.93		0.00		−0.93		−0.02		−0.93		−0.06		−0.93	

Scheinbare Sternörter 1959

Obere Kulmination Greenwich

Tag	287) α Geminorum[1] AR.		Dekl.		289) 25 Monocerotis AR.		Dekl.		291) α Canis min.[2] AR.		Dekl.		292) 24 Lyncis AR.		Dekl.	
1959	7h 31m		+31° 58′		7h 35m		−4° 1′		7h 37m		+5° 19′		7h 39m		+58° 48′	
	s		″		s		″		s		″		s		″	
Jan. 1	60.961	157	35.72	38	16.018	127	15.70	182	10.964	131	41.48	130	35.544	233	15.88	190
11	61.118	99	36.10	56	16.145	78	17.52	167	11.095	82	40.18	114	[16]35.777	144	17.78	207
20	[14]61.217	41	36.66	68	[15]16.223	27	19.19	148	[15]11.177	31	39.04	96	35.921	51	19.85	216
30	61.258	18	37.34	77	16.250	22	20.67	127	11.208	19	38.08	76	35.972	42	22.01	215
Febr. 9	61.240	73	38.11	81	16.228	67	21.94	104	11.189	65	37.32	58	35.930	129	24.16	206
19	61.167	121	38.92	80	16.161	107	22.98	81	11.124	105	36.74	40	35.801	207	26.22	188
März 1	61.046	160	39.72	74	16.054	140	23.79	57	11.019	138	36.34	23	35.594	271	28.10	161
11	60.886	188	40.46	65	15.914	162	24.36	34	10.881	162	36.11	9	35.323	319	29.71	129
21	60.698	204	41.11	51	15.752	176	24.70	13	10.719	175	36.02	5	35.004	349	31.00	91
31	60.494	209	41.62	36	15.576	180	24.83	8	10.544	178	36.07	18	34.655	361	31.91	50
April 10	60.285	202	41.98	19	15.396	174	24.75	29	10.366	173	36.25	28	34.294	355	32.41	9
20	60.083	184	42.17	3	15.222	159	24.46	47	10.193	158	36.53	37	33.939	333	32.50	33
30	59.899	158	42.20	13	15.063	139	23.99	65	10.035	136	36.90	47	33.606	296	32.17	72
Mai 10	59.741	126	42.07	28	14.924	113	23.34	82	9.899	108	37.37	55	33.310	248	31.45	108
20	59.615	88	41.79	40	14.811	82	22.52	98	9.791	78	37.92	64	33.062	190	30.37	139
30	59.527	48	41.39	50	14.729	49	21.54	111	9.713	44	38.56	70	32.872	127	28.98	166
Juni 9	59.479	5	40.89	59	14.680	15	20.43	121	9.669	9	39.26	75	32.745	60	27.32	187
19	59.474	36	40.30	65	14.665	19	19.22	129	9.660	26	40.01	78	32.685	9	25.45	203
29	59.510	77	39.65	70	14.684	53	17.93	134	9.686	60	40.79	80	32.694	77	23.42	214
Juli 9	59.587	115	38.95	74	14.737	86	16.59	134	9.746	92	41.59	79	32.771	143	21.28	220
19	59.702	152	38.21	77	14.823	116	15.25	129	9.838	123	42.38	73	32.914	205	19.08	221
29	59.854	185	37.44	79	14.939	145	13.96	119	9.961	151	43.11	65	33.119	263	16.87	217
Aug. 8	60.039	215	36.65	81	15.084	172	12.77	105	10.112	178	43.76	53	33.382	317	14.70	209
18	60.254	243	35.84	82	15.256	196	11.72	86	10.290	201	44.29	38	33.699	366	12.61	197
28	60.497	267	35.02	83	15.452	219	10.86	61	10.491	223	44.67	19	34.065	409	10.64	183
Sept. 7	60.764	289	34.19	85	15.671	239	10.25	33	10.714	242	44.86	3	34.474	448	8.81	164
17	61.053	308	33.34	85	15.910	256	9.92	2	10.956	259	44.83	27	34.922	480	7.17	143
27	61.361	324	32.49	85	16.166	272	9.90	32	11.215	274	44.56	52	35.402	507	5.74	118
Okt. 7	61.685	337	31.64	81	16.438	283	10.22	65	11.489	285	44.04	77	35.909	526	4.56	90
17	62.022	344	30.83	77	16.721	290	10.87	98	11.774	292	43.27	99	36.435	538	3.66	59
27	62.366	346	30.06	70	17.011	292	11.85	127	12.066	294	42.28	120	36.973	540	3.07	27
Nov. 6	62.712	342	29.36	58	17.303	288	13.12	152	12.360	291	41.08	136	37.513	531	2.80	9
16	63.054	329	28.78	45	17.591	276	14.64	173	12.651	280	39.72	147	38.044	509	2.89	46
26	63.383	307	28.33	28	17.867	258	16.37	186	12.931	261	38.25	152	38.553	474	3.35	83
Dez. 6	63.690	277	28.05	10	18.125	230	18.23	193	13.192	234	36.73	152	39.027	424	4.18	118
16	63.967	238	27.95	10	18.355	196	20.16	193	13.426	200	35.21	147	39.451	361	5.36	150
26	64.205	190	28.05	30	18.551	155	22.09	186	13.626	159	33.74	136	39.812	286	6.86	178
36	64.395		28.35		18.706		23.95		13.785		32.38		40.098		8.64	
Mittl. Ort	59.105		49.04		14.330		5.16		9.291		52.95		32.854		30.85	
sec δ, tg δ	+1.179		+0.624		+1.002		−0.070		+1.004		+0.093		+1.931		+1.652	
a, a′	+3.8		−7.8		+3.0		−8.1		+3.2		−8.2		+5.1		−8.4	
b, b′	−0.02		−0.92		0.00		−0.91		0.00		−0.91		−0.05		−0.91	

1 Ort des helleren Sterns.

2 Ort des hellen Sterns; die jährliche Parallaxe (0″.291) ist bereits berücksichtigt.

Obere Kulmination Greenwich

Tag	294) κ Geminorum AR.		294) κ Geminorum Dekl.		297) ζ Volantis AR.		297) ζ Volantis Dekl.		295) β Geminorum[1] AR.		295) β Geminorum[1] Dekl.		296) π Geminorum AR.		296) π Geminorum Dekl.	
1959	7h 41m		+24° 29′		7h 42m		−72° 30′		7h 42m		+28° 7′		7h 44m		+33° 30′	
	s		″		s		″		s		″		s		″	
Jan. 1	60.188	158	39.54	11	25.39	9	32.70	379	50.319	162	23.13	11	53.766	174	50.96	44
11	16 60.346	105	39.43	— 6	16 25.48	— 6	36.49	376	17 50.481	106	23.24	29	17 53.940	116	51.40	62
20	60.451	50	39.49	22	25.42	19	40.25	364	50.587	49	23.53	45	54.056	56	52.02	77
30	60.501	— 6	39.71	36	25.23	32	43.89	342	50.636	— 7	23.98	57	54.112	— 4	52.79	87
Febr. 9	60.495	57	40.07	45	24.91	45	47.31	311	50.629	61	24.55	64	54.108	61	53.66	93
19	60.438	104	40.52	50	24.46	55	50.42	274	50.568	109	25.19	67	54.047	111	54.59	92
März 1	60.334	141	41.02	51	23.91	63	53.16	231	50.459	147	25.86	66	53.936	153	55.51	86
11	60.193	169	41.53	50	23.28	69	55.47	183	50.312	176	26.52	60	53.783	184	56.37	77
21	60.024	186	42.03	45	22.59	74	57.30	133	50.136	193	27.12	52	53.599	203	57.14	62
31	59.838	191	42.48	37	21.85	76	58.63	81	49.943	200	27.64	40	53.396	210	57.76	46
April 10	59.647	186	42.85	28	21.09	76	59.44	27	49.743	194	28.04	28	53.186	205	58.22	28
20	59.461	172	43.13	19	20.33	74	59.71	— 27	49.549	179	28.32	15	52.981	191	58.50	9
30	59.289	149	43.32	9	19.59	70	59.44	80	49.370	156	28.47	1	52.790	167	58.59	— 9
Mai 10	59.140	120	43.41	1	18.89	65	58.64	129	49.214	126	28.48	— 10	52.623	136	58.50	25
20	59.020	86	43.42	— 6	18.24	58	57.35	177	49.088	91	28.38	21	52.487	99	58.25	41
30	58.934	50	43.36	13	17.66	50	55.58	220	48.997	53	28.17	30	52.388	60	57.84	53
Juni 9	58.884	12	43.23	19	17.16	40	53.38	256	48.944	14	27.87	37	52.328	19	57.31	64
19	58.872	— 26	43.04	24	16.76	29	50.82	286	48.930	— 26	27.50	44	52.309	— 23	56.67	74
29	58.898	64	42.80	28	16.47	18	47.96	309	48.956	64	27.06	50	52.332	64	55.93	80
Juli 9	58.962	99	42.52	32	16.29	7	44.87	322	49.020	101	26.56	54	52.396	103	55.13	85
19	59.061	132	42.20	36	16.22	— 6	41.65	327	49.121	136	26.02	58	52.499	140	54.28	90
29	59.193	164	41.84	41	16.28	18	38.38	320	49.257	168	25.44	62	52.639	175	53.38	93
Aug. 8	59.357	192	41.43	47	16.46	30	35.18	304	49.425	197	24.82	67	52.814	206	52.45	96
18	59.549	219	40.96	53	16.76	41	32.14	276	49.622	224	24.15	72	53.020	235	51.49	97
28	59.768	243	40.43	61	17.17	51	29.38	239	49.846	249	23.43	75	53.255	261	50.52	99
Sept. 7	60.011	264	39.82	67	17.68	61	26.99	193	50.095	272	22.68	80	53.516	285	49.53	100
17	60.275	283	39.15	75	18.29	67	25.06	138	50.367	291	21.88	85	53.801	307	48.53	99
27	60.558	300	38.40	82	18.96	73	23.68	77	50.658	308	21.03	88	54.108	325	47.54	98
Okt. 7	60.858	314	37.58	88	19.69	77	22.91	13	50.966	321	20.15	89	54.433	339	46.56	94
17	61.172	322	36.70	90	20.46	77	22.78	— 54	51.287	331	19.26	89	54.772	350	45.62	88
27	61.494	327	35.80	90	21.23	75	23.32	120	51.618	335	18.37	85	55.122	354	44.74	78
Nov. 6	61.821	324	34.90	88	21.98	72	24.52	183	51.953	332	17.52	78	55.476	352	43.96	66
16	62.145	314	34.02	80	22.70	64	26.35	240	52.285	322	16.74	68	55.828	341	43.30	50
26	62.459	296	33.22	69	23.34	55	28.75	288	52.607	303	16.06	53	56.169	322	42.80	31
Dez. 6	62.755	269	32.53	55	23.89	44	31.63	327	52.910	274	15.53	37	56.491	292	42.49	11
16	63.024	232	31.98	39	24.33	32	34.90	355	53.184	238	15.16	18	56.783	254	42.38	— 12
26	63.256	189	31.59	20	24.65	17	38.45	371	53.422	193	14.98	— 2	57.037	207	42.50	33
36	63.445		31.39		24.82		42.16		53.615		15.00		57.244		42.83	
Mittl. Ort	58.451		52.67		20.28		28.36		48.547		36.56		51.935		64.88	
sec δ, tg δ	+1.099		+0.456		+3.327		−3.173		+1.134		+0.535		+1.199		+0.662	
a, a′	+3.6		−8.6		−0.8		−8.7		+3.7		−8.7		+3.9		−8.9	
b, b′	−0.01		−0.90		+0.09		−0.90		−0.02		−0.90		−0.02		−0.90	

[1] Die jährliche Parallaxe (0.″100) ist bereits berücksichtigt.

Scheinbare Sternörter 1959

Obere Kulmination Greenwich

Tag	300) Grb 1374 Caml AR.		300) Dekl.		303) χ Carinae AR.		303) Dekl.		305) χ Geminorum AR.		305) Dekl.		306) ζ Puppis AR.		306) Dekl.	
1959	7h 55m		+74° 1′		7h 55m		−52° 52′		8h 1m		+27° 54′		8h 2m		−39° 53′	
	s		″		s		″		s		″		s		″	
Jan. 1	24.03	42	33.89	250	46.823	128	22.05	370	1.845	183	24.95	2	10.672	138	17.55	342
11	24.45	25	36.39	271	46.951	53	25.75	366	2.028	128	24.97	23	10.810	79	20.97	337
20*	20 24.70	9	39.10	280	20 47.004	$\overline{21}$	29.41	353	21 2.156	72	25.20	41	21 10.889	17	24.34	322
30	24.79	$\overline{8}$	41.90	278	46.983	94	32.94	331	2.228	14	25.61	55	10.906	$\overline{43}$	27.56	299
Febr. 9	24.71	24	44.68	266	46.889	161	36.25	300	2.242	$\overline{41}$	26.16	66	10.863	99	30.55	270
19	24.47	38	47.34	242	46.728	219	39.25	264	2.201	90	26.82	71	10.764	148	33.25	235
März 1	24.09	51	49.76	209	46.509	268	41.89	221	2.111	131	27.53	73	10.616	189	35.60	196
11	23.58	61	51.85	168	46.241	304	44.10	175	1.980	163	28.26	69	10.427	220	37.56	152
21	22.97	67	53.53	120	45.937	329	45.85	126	1.817	183	28.95	61	10.207	242	39.08	108
31	22.30	71	54.73	69	45.608	342	47.11	76	1.634	193	29.56	51	9.965	252	40.16	62
April 10	21.59	71	55.42	17	45.266	342	47.87	24	1.441	192	30.07	38	9.713	252	40.78	16
20	20.88	69	55.59	$\overline{36}$	44.924	332	48.11	$\overline{27}$	1.249	181	30.45	26	9.461	243	40.94	$\overline{29}$
30	20.19	64	55.23	87	44.592	311	47.84	77	1.068	160	30.71	12	9.218	226	40.65	74
Mai 10	19.55	55	54.36	133	44.281	282	47.07	125	0.908	134	30.83	$\overline{2}$	8.992	202	39.91	117
20	19.00	46	53.03	175	43.999	246	45.82	170	0.774	102	30.81	13	8.790	172	38.74	157
30	18.54	36	51.28	211	43.753	203	44.12	209	0.672	67	30.68	24	8.618	138	37.17	192
Juni 9	18.18	23	49.17	240	43.550	156	42.03	245	0.605	30	30.44	34	8.480	100	35.25	222
19	17.95	10	46.77	262	43.394	105	39.58	273	0.575	$\overline{8}$	30.10	42	8.380	60	33.03	248
29	17.85	$\overline{2}$	44.15	277	43.289	50	36.85	294	0.583	46	29.68	49	8.320	18	30.55	266
Juli 9	17.87	14	41.38	286	43.239	$\overline{5}$	33.91	307	0.629	81	29.19	56	8.302	$\overline{24}$	27.89	276
19	18.01	27	38.52	289	43.244	61	30.84	310	0.710	116	28.63	62	8.326	66	25.13	278
29	18.28	39	35.63	284	43.305	117	27.74	304	0.826	149	28.01	68	8.392	108	22.35	272
Aug. 8	18.67	50	32.79	274	43.422	172	24.70	288	0.975	179	27.33	74	8.500	149	19.63	255
18	19.17	60	30.05	258	43.594	224	21.82	261	1.154	207	26.59	80	8.649	188	17.08	231
28	19.77	69	27.47	238	43.818	273	19.21	225	1.361	234	25.79	86	8.837	225	14.77	196
Sept. 7	20.46	77	25.09	212	44.091	317	16.96	180	1.595	258	24.93	93	9.062	259	12.81	154
17	21.23	84	22.97	182	44.408	355	15.16	128	1.853	281	24.00	98	9.321	290	11.27	105
27	22.07	90	21.15	147	44.763	387	13.88	68	2.134	300	23.02	102	9.611	315	10.22	51
Okt. 7	22.97	94	19.68	109	45.150	408	13.20	$\overline{5}$	2.434	318	22.00	104	9.926	334	9.71	$\overline{8}$
17	23.91	96	18.59	68	45.558	420	13.15	59	2.752	330	20.96	104	10.260	346	9.79	67
27	24.87	97	17.91	23	45.978	420	13.74	123	3.082	337	19.92	101	10.606	351	10.46	126
Nov. 6	25.84	95	17.68	$\overline{24}$	46.398	409	14.97	184	3.419	338	18.91	94	10.957	346	11.72	181
16	26.79	91	17.92	71	46.807	384	16.81	238	3.757	332	17.97	83	11.303	330	13.53	230
26	27.70	85	18.63	118	47.191	347	19.19	285	4.089	316	17.14	68	11.633	305	15.83	271
Dez. 6	28.55	76	19.81	162	47.538	297	22.04	322	4.405	290	16.46	50	11.938	270	18.54	304
16	29.31	65	21.43	202	47.835	239	25.26	348	4.695	256	15.96	30	12.208	225	21.58	326
26	29.96	51	23.45	236	48.074	171	28.74	363	4.951	213	15.66	9	12.433	173	24.84	337
36	30.47		25.81		48.245		32.37		5.164		15.57		12.606		28.21	
Mittl. Ort	19.58		50.24		44.123		17.41		0.143		38.91		8.507		12.02	
sec δ, tg δ	+3.635		+3.494		+1.657		−1.321		+1.132		+ 0.530		+1.303		− 0.836	
a, *a′*	+7.2		−9.7		+1.5		−9.7		+3.7		−10.1		+2.1		−10.2	
b, *b′*	−0.11		−0.88		+0.04		−0.88		−0.02		− 0.86		+0.03		− 0.86	

* Bei Stern 305) und 306) lies Jan. 21.

Scheinbare Sternörter 1959

Obere Kulmination Greenwich

Tag	307) 27 Lyncis AR.	Diff.	307) 27 Lyncis Dekl.	Diff.	308) ρ Puppis AR.	Diff.	308) ρ Puppis Dekl.	Diff.	309) γ Velorum AR.	Diff.	309) γ Velorum Dekl.	Diff.	311) 20 Puppis AR.	Diff.	311) 20 Puppis Dekl.	Diff.
1959	8h 5m		+51° 37′		8h 5m		−24° 11′		8h 8m		−47° 12′		8h 11m		−15° 39′	
	s		″		s		″		s		″		s		″	
Jan. 1	25.020	243	20.01	139	49.651	146	13.02	287	18.517	147	58.09	360	28.547	155	57.00	250
11	25.263	170	21.40	162	49.797	95	15.89	278	18.664	80	61.69	357	28.702	107	59.50	239
21	22 25.433	92	23.02	179	22 49.892	41	18.67	262	23 18.744	13	65.26	346	24 28.809	55	61.89	222
30	25.525	12	24.81	187	49.933	— 12	21.29	239	18.757	— 54	68.72	324	28.864	3	64.11	199
Febr. 9	25.537	— 65	26.68	186	49.921	61	23.68	211	18.703	116	71.96	296	28.867	— 45	66.10	174
19	25.472	133	28.54	179	49.860	106	25.79	179	18.587	170	74.92	261	28.822	88	67.84	145
März 1	25.339	193	30.33	162	49.754	143	27.58	146	18.417	217	77.53	221	28.734	125	69.29	115
11	25.146	239	31.95	138	49.611	171	29.04	110	18.200	252	79.74	177	28.609	153	70.44	85
21	24.907	271	33.33	110	49.440	189	30.14	73	17.948	276	81.51	130	28.456	172	71.29	54
31	24.636	287	34.43	77	49.251	199	30.87	37	17.672	290	82.81	82	28.284	181	71.83	23
April 10	24.349	288	35.20	41	49.052	198	31.24	0	17.382	293	83.63	32	28.103	182	72.06	— 8
20	24.061	276	35.61	5	48.854	190	31.24	36	17.089	285	83.95	— 17	27.921	173	71.98	36
30	23.785	251	35.66	— 30	48.664	174	30.88	71	16.804	268	83.78	64	27.748	159	71.62	64
Mai 10	23.534	216	35.36	64	48.490	152	30.17	103	16.536	244	83.14	111	27.589	138	70.98	90
20	23.318	173	34.72	94	48.338	125	29.14	134	16.292	213	82.03	155	27.451	112	70.08	114
30	23.145	124	33.78	122	48.213	95	27.80	160	16.079	177	80.48	194	27.339	84	68.94	135
Juni 9	23.021	72	32.56	144	48.118	63	26.20	183	15.902	135	78.54	228	27.255	53	67.59	154
19	22.949	17	31.12	163	48.055	29	24.37	202	15.767	92	76.26	257	27.202	21	66.05	168
29	22.932	— 37	29.49	178	48.026	— 6	22.35	214	15.675	46	73.69	278	27.181	— 11	64.37	178
Juli 9	22.969	90	27.71	189	48.032	41	20.21	221	15.629	— 2	70.91	292	27.192	44	62.59	182
19	23.059	141	25.82	194	48.073	75	18.00	221	15.631	51	67.99	296	27.236	76	60.77	180
29	23.200	189	23.88	197	48.148	108	15.79	213	15.682	100	65.03	292	27.312	106	58.97	172
Aug. 8	23.389	235	21.91	197	48.256	140	13.66	197	15.782	147	62.11	277	27.418	136	57.25	158
18	23.624	278	19.94	192	48.396	172	11.69	175	15.929	194	59.34	253	27.554	165	55.67	138
28	23.902	317	18.02	185	48.568	201	9.94	144	16.123	237	56.81	219	27.719	192	54.29	110
Sept. 7	24.219	352	16.17	175	48.769	228	8.50	107	16.360	278	54.62	177	27.911	218	53.19	77
17	24.571	384	14.42	161	48.997	254	7.43	64	16.638	314	52.85	127	28.129	242	52.42	39
27	24.955	412	12.81	144	49.251	275	6.79	18	16.952	343	51.58	70	28.371	263	52.03	— 1
Okt. 7	25.367	435	11.37	124	49.526	292	6.61	— 32	17.295	367	50.88	10	28.634	281	52.04	45
17	25.802	452	10.13	100	49.818	305	6.93	81	17.662	382	50.78	— 53	28.915	294	52.49	87
27	26.254	461	9.13	73	50.123	311	7.74	129	18.044	386	51.31	115	29.209	302	53.36	129
Nov. 6	26.715	461	8.40	43	50.434	309	9.03	174	18.430	380	52.46	174	29.511	302	54.65	166
16	27.176	451	7.97	10	50.743	301	10.77	213	18.810	364	54.20	227	29.813	296	56.31	198
26	27.627	428	7.87	— 24	51.044	282	12.90	244	19.174	334	56.47	274	30.109	280	58.29	224
Dez. 6	28.055	393	8.11	59	51.326	254	15.34	267	19.508	294	59.21	311	30.389	256	60.53	241
16	28.448	346	8.70	94	51.580	219	18.01	281	19.802	243	62.32	337	30.645	223	62.94	250
26	28.794	286	9.64	124	51.799	176	20.82	286	20.045	185	65.69	353	30.868	183	65.44	251
36	29.080		10.88		51.975		23.68		20.230		69.22		31.051		67.95	
Mittl. Ort	22.871		36.16		47.824		5.72		16.096		53.81		26.835		48.74	
sec δ, tg δ	+1.611		+ 1.263		+1.096		− 0.449		+1.472		− 1.080		+1.039		− 0.280	
a, a′	+4.5		−10.4		+2.6		−10.5		+1.9		−10.6		+2.8		−10.9	
b, b′	−0.04		− 0.85		+0.02		− 0.85		+0.04		− 0.85		+0.01		− 0.84	

Scheinbare Sternörter 1959

Obere Kulmination Greenwich

Tag	312) β Cancri				310) Br 1147 Caml				314) 31 Lyncis				315) ε Carinae			
	AR.		Dekl.		AR.		Dekl.		AR.		Dekl.		AR.		Dekl.	
1959	8h 14m		+9° 18′		8h 14m		+75° 52′		8h 20m		+43° 18′		8h 21m		−59° 22′	
	s		″		s		″		s		″		s		″	
Jan. 1	19.130	173	35.88	117	31.06	53	49.00	246	3.929	235	60.32	84	43.586	179	38.97	375
11	19.303	126	34.71	97	31.59	35	51.46	271	4.164	172	61.16	110	43.765	93	42.72	379
21	19.429	74	33.74	78	31.94	16	54.17	285	4.336	105	62.26	130	43.858	6	46.51	373
30	[25] 19.503	23	32.96	58	[25] 32.10	2	57.02	288	[26] 4.441	36	63.56	144	[26] 43.864	79	50.24	357
Febr. 9	19.526	27	32.38	39	32.08	21	59.90	280	4.477	31	65.00	151	43.785	158	53.81	332
19	19.499	71	31.99	21	31.87	38	62.70	260	4.446	93	66.51	150	43.627	230	57.13	299
März 1	19.428	109	31.78	6	31.49	52	65.30	229	4.353	145	68.01	142	43.397	290	60.12	261
11	19.319	139	31.72	7	30.97	65	67.59	191	4.208	187	69.43	128	43.107	339	62.73	217
21	19.180	158	31.79	18	30.32	74	69.50	145	4.021	217	70.71	107	42.768	374	64.90	170
31	19.022	168	31.97	27	29.58	78	70.95	94	3.804	234	71.78	83	42.394	397	66.60	119
April 10	18.854	169	32.24	34	28.80	81	71.89	41	3.570	237	72.61	56	41.997	406	67.79	67
20	18.685	161	32.58	39	27.99	79	72.30	14	3.333	230	73.17	28	41.591	402	68.46	15
30	18.524	145	32.97	43	27.20	75	72.16	67	3.103	211	73.45	2	41.189	388	68.61	38
Mai 10	18.379	123	33.40	48	26.45	67	71.49	116	2.892	183	73.43	30	40.801	363	68.23	89
20	18.256	97	33.88	50	25.78	58	70.33	161	2.709	149	73.13	56	40.438	329	67.34	137
30	18.159	68	34.38	53	25.20	46	68.72	201	2.560	109	72.57	80	40.109	287	65.97	182
Juni 9	18.091	37	34.91	55	24.74	34	66.71	234	2.451	67	71.77	101	39.822	237	64.15	223
19	18.054	5	35.46	54	24.40	20	64.37	261	2.384	22	70.76	119	39.585	182	61.92	257
29	18.049	27	36.00	53	24.20	6	61.76	281	2.362	22	69.57	134	39.403	123	59.35	284
Juli 9	18.076	58	36.53	51	24.14	8	58.95	294	2.384	66	68.23	145	39.280	59	56.51	304
19	18.134	89	37.04	44	24.22	22	56.01	299	2.450	109	66.78	155	39.221	8	53.47	313
29	18.223	118	37.48	36	24.44	36	53.02	300	2.559	149	65.23	161	39.229	75	50.34	314
Aug. 8	18.341	146	37.84	25	24.80	48	50.02	293	2.708	188	63.62	165	39.304	142	47.20	305
18	18.487	172	38.09	11	25.28	60	47.09	280	2.896	225	61.97	166	39.446	209	44.15	284
28	18.659	197	38.20	6	25.88	71	44.29	261	3.121	258	60.31	166	39.655	272	41.31	253
Sept. 7	18.856	221	38.14	25	26.59	81	41.68	238	3.379	291	58.65	162	39.927	331	38.78	212
17	19.077	243	37.89	46	27.40	90	39.30	209	3.670	321	57.03	157	40.258	384	36.66	163
27	19.320	263	37.43	68	28.30	97	37.21	176	3.991	347	55.46	148	40.642	429	35.03	107
Okt. 7	19.583	281	36.75	88	29.27	103	35.45	138	4.338	370	53.98	136	41.071	462	33.96	44
17	19.864	294	35.87	108	30.30	106	34.07	95	4.708	388	52.62	122	41.533	483	33.52	21
27	20.158	304	34.79	125	31.36	108	33.12	50	5.096	400	51.40	102	42.016	492	33.73	87
Nov. 6	20 462	307	33.54	137	32.44	107	32.62	1	5.496	405	50.38	79	42.508	484	34.60	151
16	20.769	302	32.17	145	33.51	105	32.61	48	5.901	400	49.59	53	42.992	461	36.11	211
26	21.071	291	30.72	148	34.56	98	33.09	98	6.301	384	49.06	25	43.453	423	38.22	264
Dez. 6	21.362	269	29.24	145	35.54	89	34.07	146	6.685	357	48.81	7	43.876	370	40.86	307
16	21.631	238	27.79	136	36.43	78	35.53	190	7.042	320	48.88	39	44.246	304	43.93	341
26	21.869	201	26.43	124	37.21	63	37.43	228	7.362	270	49.27	69	44.550	229	47.34	364
36	22.070		25.19		37.84		39.71		7.632		49.96		44.779		50.98	
Mittl. Ort	17.549		47.72		26.48		66.66		2.102		76.47		40.434		37.06	
sec δ, tg δ	+1.013		+ 0.164		+4.101		+ 3.977		+1.375		+ 0.943		+1.963		− 1.689	
a, *a*′	+3.3		−11.1		+7.5		−11.1		+4.1		−11.5		+1.2		−11.6	
b, *b*′	−0.01		− 0.83		−0.15		− 0.83		−0.04		− 0.82		+0.07		− 0.81	

Obere Kulmination Greenwich

Tag	318) ϑ Chamael. AR.	Diff.	318) ϑ Chamael. Dekl.	Diff.	316) Br 1197 Hydra AR.	Diff.	316) Br 1197 Hydra Dekl.	Diff.
1959	8h 21m		−77° 21′		8h 23m		−3° 46′	
	s		″		s		″	
Jan. 1	61.60		10.75		38.293		27.03	
11	61.87	27	14.46	371	38.466	173	28.95	192
21	61.94	7	18.26	380	38.591	125	30.73	178
30	[26] 61.83	11	22.05	379	[27] 38.667	76	32.32	159
Febr. 9	61.53	30	25.71	366	38.692	25	33.70	138
19	61.06	47	29.17	346	38.668	24	34.84	114
März 1	60.43	63	32.34	317	38.600	68	35.75	91
11	59.68	75	35.15	281	38.495	105	36.42	67
21	58.82	86	37.55	240	38.360	135	36.85	43
31	57.88	94	39.49	194	38.206	154	37.07	22
April 10	56.88	100	40.94	145	38.040	166	37.08	1
20	55.85	103	41.87	93	37.872	168	36.90	18
30	54.82	103	42.27	40	37.711	161	36.53	37
Mai 10	53.81	101	42.13	14	37.563	148	35.99	54
20	52.84	97	41.46	67	37.434	129	35.30	69
30	51.94	90	40.28	118	37.329	105	34.46	84
Juni 9	51.14	80	38.62	166	37.250	79	33.49	97
19	50.44	70	36.53	209	37.201	49	32.42	107
29	49.86	58	34.05	248	37.182	19	31.28	114
Juli 9	49.43	43	31.26	279	37.194	12	30.09	119
19	49.15	28	28.23	303	37.236	42	28.90	119
29	49.03	12	25.06	317	37.308	72	27.74	116
Aug. 8	49.09	6	21.85	321	37.409	101	26.65	109
18	49.31	22	18.70	315	37.538	129	25.70	95
28	49.70	39	15.71	299	37.694	156	24.92	78
Sept. 7	50.25	55	13.00	271	37.876	182	24.36	56
17	50.94	69	10.66	234	38.084	208	24.07	29
27	51.76	82	8.80	186	38.316	232	24.08	1
Okt. 7	52.68	92	7.49	131	38.569	253	24.41	33
17	53.68	100	6.79	70	38.841	272	25.07	66
27	54.72	104	6.74	5	39.128	287	26.05	98
Nov. 6	55.76	104	7.35	61	39.426	298	27.34	129
16	56.77	101	8.62	127	39.727	301	28.89	155
26	57.72	95	10.51	189	40.025	298	30.65	176
Dez. 6	58.56	84	12.95	244	40.311	286	32.57	192
16	59.27	71	15.87	292	40.576	265	34.57	200
26	59.82	55	19.17	330	40.812	236	36.58	201
36	60.20	38	22.74	357	41.011	199	38.54	196
Mittl. Ort	54.63		10.32		36.699		17.28	
sec δ, tg δ	+4.567		− 4.457		+1.002		− 0.066	
a, *a′*	−1.8		−11.6		+3.0		−11.8	
b, *b′*	+0.17		− 0.81		0.00		− 0.81	

Tag	317) o Ursae maj. AR.	Diff.	317) o Ursae maj. Dekl.	Diff.	320) Grb 1450 Lynx AR.	Diff.	320) Grb 1450 Lynx Dekl.	Diff.
1959	8h 26m		+60° 50′		8h 30m		+38° 9′	
	s		″		s		″	
Jan. 1	54.81		68.06		17.053		14.73	
11	55.14	33	69.78	172	17.285	232	15.21	48
21	55.38	24	71.79	201	17.460	175	15.96	75
30	[28] 55.52	14	74.00	221	[29] 17.572	112	16.93	97
Febr. 9	55.56	4	76.32	232	17.620	48	18.08	115
19	55.51	5	78.65	233	17.606	14	19.34	126
März 1	55.36	15	80.89	224	17.533	73	20.63	129
11	55.14	22	82.94	205	17.410	123	21.90	127
21	54.85	29	84.72	178	17.247	163	23.08	118
31	54.51	34	86.17	145	17.055	192	24.11	103
April 10	54.15	36	87.23	106	16.846	209	24.96	85
20	53.77	38	87.86	63	16.631	215	25.59	63
30	53.40	37	88.05	19	16.422	209	25.98	39
Mai 10	53.05	35	87.80	25	16.228	194	26.12	14
20	52.74	31	87.13	67	16.058	170	26.02	10
30	52.48	26	86.07	106	15.918	140	25.69	33
Juni 9	52.27	21	84.66	141	15.814	104	25.14	55
19	52.12	15	82.94	172	15.747	67	24.40	74
29	52.04	8	80.96	198	15.719	28	23.50	90
Juli 9	52.03	1	78.78	218	15.732	13	22.44	106
19	52.08	5	76.45	233	15.785	53	21.26	118
29	52.20	12	74.01	244	15.876	91	19.98	128
Aug. 8	52.39	19	71.52	249	16.004	128	18.62	136
18	52.63	24	69.03	249	16.168	164	17.19	143
28	52.93	30	66.59	244	16.366	198	15.71	148
Sept. 7	53.29	36	64.24	235	16.596	230	14.20	151
17	53.70	41	62.02	222	16.857	261	12.68	152
27	54.15	45	59.98	204	17.147	290	11.17	151
Okt. 7	54.64	49	58.16	182	17.464	317	9.69	148
17	55.17	53	56.60	156	17.803	339	8.27	142
27	55.72	55	55.35	125	18.162	359	6.95	132
Nov. 6	56.29	57	54.45	90	18.535	373	5.77	118
16	56.87	58	53.93	52	18.914	379	4.76	101
26	57.43	56	53.83	10	19.291	377	3.97	79
Dez. 6	57.97	54	54.15	32	19.657	366	3.43	54
16	58.48	51	54.89	74	19.999	342	3.17	26
26	58.93	45	56.05	116	20.308	309	3.21	4
36	59.30	37	57.59	154	20.572	264	3.54	33
Mittl. Ort	52.42		85.91		15.371		30.69	
sec δ, tg δ	+2.053		+ 1.793		+1.272		+ 0.786	
a, *a′*	+5.0		−12.0		+3.9		−12.2	
b, *b′*	−0.07		− 0.80		−0.03		− 0.79	

Scheinbare Sternörter 1959

Obere Kulmination Greenwich

Tag	321) η Cancri				1227) o Velorum				327) α Pyxidis				326) δ Cancri			
	AR.	Δ	Dekl.	Δ	AR.	Δ	Dekl.	Δ	AR.	Δ	Dekl.	Δ	AR.	Δ	Dekl.	Δ
1959	8h 30m		+20° 34′		8h 39m		−52° 46′		8h 41m		−33° 2′		8h 42m		+18° 17′	
	s		″		s		″		s		″		s		″	
Jan. 1	21.909	200	40.74	55	9.777	199	33.33	365	58.527	185	19.45	321	22.903	209	69.17	74
11	22.109	151	40.19	33	9.976	127	36.98	371	58.712	132	22.66	319	23.112	161	68.43	51
21	22.260	98	39.86	11	10.103	53	40.69	366	58.844	76	25.85	308	23.273	109	67.92	29
30*	^{29}22.358	44	39.75	9	10.156	21	44.35	352	58.920	19	28.93	290	23.382	55	67.63	7
Febr. 9	22.402	10	39.84	26	^{31}10.135	92	47.87	330	^{1}58.939	36	31.83	266	^{1}23.437	2	67.56	12
19	22.392	59	40.10	40	10.043	156	51.17	299	58.903	86	34.49	236	23.439	47	67.68	27
März 1	22.333	100	40.50	49	9.887	210	54.16	263	58.817	129	36.85	202	23.392	89	67.95	40
11	22.233	134	40.99	54	9.677	255	56.79	221	58.688	163	38.87	164	23.303	123	68.35	47
21	22.099	158	41.53	55	9.422	288	59.00	176	58.525	188	40.51	125	23.180	149	68.82	52
31	21.941	171	42.08	53	9.134	311	60.76	129	58.337	205	41.76	84	23.031	164	69.34	52
April 10	21.770	175	42.61	50	8.823	321	62.05	78	58.132	211	42.60	43	22.867	169	69.86	51
20	21.595	169	43.11	43	8.502	322	62.83	28	57.921	210	43.03	2	22.698	166	70.37	47
30	21.426	156	43.54	36	8.180	313	63.11	22	57.711	200	43.05	39	22.532	154	70.84	42
Mai 10	21.270	135	43.90	28	7.867	294	62.89	72	57.511	184	42.66	79	22.378	136	71.26	36
20	21.135	110	44.18	20	7.573	268	62.17	120	57.327	163	41.87	115	22.242	113	71.62	29
30	21.025	81	44.38	13	7.305	235	60.97	163	57.164	137	40.72	150	22.129	86	71.91	22
Juni 9	20.944	49	44.51	5	7.070	196	59.34	204	57.027	107	39.22	180	22.043	57	72.13	16
19	20.895	17	44.56	2	6.874	153	57.30	239	56.920	75	37.42	206	21.986	26	72.29	9
29	20.878	16	44.54	10	6.721	105	54.91	266	56.845	42	35.36	226	21.960	5	72.38	2
Juli 9	20.894	48	44.44	17	6.616	55	52.25	287	56.803	7	33.10	239	21.965	36	72.40	6
19	20.942	80	44.27	26	6.561	2	49.38	299	56.796	30	30.71	245	22.001	67	72.34	15
29	21.022	111	44.01	35	6.559	53	46.39	301	56.826	67	28.26	244	22.068	97	72.19	25
Aug. 8	21.133	140	43.66	44	6.612	108	43.38	294	56.893	103	25.82	233	22.165	126	71.94	35
18	21.273	168	43.22	56	6.720	164	40.44	277	56.996	139	23.49	215	22.291	154	71.59	48
28	21.441	196	42.66	67	6.884	217	37.67	248	57.135	176	21.34	187	22.445	182	71.11	61
Sept. 7	21.637	222	41.99	80	7.101	268	35.19	211	57.311	211	19.47	152	22.627	209	70.50	76
17	21.859	246	41.19	92	7.369	316	33.08	165	57.522	244	17.95	109	22.836	234	69.74	90
27	22.105	269	40.27	105	7.685	357	31.43	110	57.766	273	16.86	61	23.070	259	68.84	105
Okt. 7	22.374	290	39.22	115	8.042	390	30.33	51	58.039	299	16.25	9	23.329	281	67.79	117
17	22.664	308	38.07	123	8.432	415	29.82	12	58.338	319	16.16	46	23.610	300	66.62	129
27	22.972	319	36.84	128	8.847	428	29.94	76	58.657	333	16.62	101	23.910	315	65.33	136
Nov. 6	23.291	326	35.56	129	9.275	429	30.70	139	58.990	337	17.63	154	24.225	322	63.97	140
16	23.617	324	34.27	125	9.704	417	32.09	198	59.327	333	19.17	201	24.547	323	62.57	138
26	23.941	314	33.02	117	10.121	391	34.07	250	59.660	318	21.18	242	24.870	316	61.19	132
Dez. 6	24.255	295	31.85	103	10.512	352	36.57	295	59.978	293	23.60	275	25.186	298	59.87	121
16	24.550	266	30.82	87	10.864	301	39.52	329	60.271	258	26.35	300	25.484	271	58.66	104
26	24.816	229	29.95	66	11.165	239	42.81	352	60.529	216	29.35	314	25.755	235	57.62	85
36	25.045		29.29		11.404		46.33		60.745		32.49		25.990		56.77	
Mittl. Ort	20.366		54.33		7.113		32.08		56.593		15.43		21.415		82.49	
sec δ, tg δ	+1.068		+ 0.376		+1.653		− 1.316		+1.193		− 0.650		+1.053		+ 0.331	
a, *a′*	+3.5		−12.2		+1.7		−12.8		+2.4		−13.0		+3.4		−13.0	
b, *b′*	−0.02		− 0.79		+0.06		− 0.77		+0.03		− 0.76		−0.01		− 0.76	

* Bei Stern 1227), 327) und 326) lies Jan. 31.

Tag	328) ι Cancri AR.		328) ι Cancri Dekl.		334) ζ Hydrae AR.		334) ζ Hydrae Dekl.	
1959	$8^h\,44^m$		$+28°\,54'$		$8^h\,53^m$		$+6°\,5'$	
	s		″		s		″	
Jan. 1	14.694	227	25.47	13	15.084	205	58.68	147
11	14.921	176	25.34	14	15.289	161	57.21	128
21	15.097	119	25.48	38	15.450	111	55.93	107
31	15.216	62	25.86	59	15.561	60	54.86	84
Febr. 9	[1] 15.278	4	26.45	75	[3] 15.621	9	54.02	62
19	15.282	49	27.20	86	15.630	37	53.40	41
März 1	15.233	95	28.06	91	15.593	78	52.99	22
11	15.138	133	28.97	92	15.515	111	52.77	4
21	15.005	161	29.89	87	15.404	136	52.73	11
31	14.844	179	30.76	78	15.268	151	52.84	24
April 10	14.665	186	31.54	65	15.117	158	53.08	33
20	14.479	182	32.19	51	14.959	157	53.41	42
30	14.297	171	32.70	35	14.802	148	53.83	49
Mai 10	14.126	151	33.05	18	14.654	132	54.32	55
20	13.975	127	33.23	2	14.522	112	54.87	59
30	13.848	97	33.25	13	14.410	89	55.46	63
Juni 9	13.751	66	33.12	28	14.321	63	56.09	65
19	13.685	32	32.84	42	14.258	35	56.74	65
29	13.653	2	32.42	54	14.223	7	57.39	64
Juli 9	13.655	36	31.88	66	14.216	22	58.03	61
19	13.691	70	31.22	77	14.238	50	58.64	55
29	13.761	103	30.45	87	14.288	78	59.19	46
Aug. 8	13.864	135	29.58	97	14.366	107	59.65	33
18	13.999	165	28.61	106	14.473	134	59.98	19
28	14.164	195	27.55	115	14.607	162	60.17	1
Sept. 7	14.359	224	26.40	124	14.769	189	60.18	21
17	14.583	252	25.16	130	14.958	215	59.97	44
27	14.835	278	23.86	136	15.173	240	59.53	68
Okt. 7	15.113	302	22.50	140	15.413	263	58.85	92
17	15.415	322	21.10	139	15.676	283	57.93	115
27	15.737	338	19.71	136	15.959	299	56.78	136
Nov. 6	16.075	346	18.35	128	16.258	308	55.42	153
16	16.421	348	17.07	115	16.566	311	53.89	165
26	16.769	340	15.92	98	16.877	304	52.24	171
Dez. 6	17.109	321	14.94	78	17.181	288	50.53	171
16	17.430	293	14.16	53	17.469	264	48.82	165
26	17.723	255	13.63	26	17.733	230	47.17	153
36	17.978		13.37		17.963		45.64	
Mittl. Ort	13.175		40.52		13.624		69.71	
sec δ, tg δ	+1.142		+ 0.552		+1.006		+ 0.107	
a, a′	+3.6		−13.2		+3.2		−13.7	
b, b′	−0.02		− 0.75		0.00		− 0.73	

Tag	336) 108 G. Carinae AR.		336) 108 G. Carinae Dekl.		337) α Cancri AR.		337) α Cancri Dekl.	
1959	$8^h\,54^m$		$-60°\,29'$		$8^h\,56^m$		$+12°\,0'$	
	s		″		s		″	
Jan. 1	10.39	25	13.61	367	16.202	214	51.26	115
11	10.64	16	17.28	380	16.416	168	50.11	94
21	10.80	7	21.08	380	16.584	118	49.17	71
31	10.87	2	24.88	372	16.702	66	48.46	48
Febr. 9	[4] 10.85	10	28.60	353	[4] 16.768	15	47.98	27
19	10.75	17	32.13	326	16.783	33	47.71	8
März 1	10.58	25	35.39	293	16.750	75	47.63	10
11	10.33	30	38.32	254	16.675	110	47.73	23
21	10.03	35	40.86	210	16.565	135	47.96	33
31	9.68	38	42.96	163	16.430	152	48.29	40
April 10	9.30	40	44.59	112	16.278	160	48.69	45
20	8.90	40	45.71	60	16.118	158	49.14	48
30	8.50	40	46.31	7	15.960	149	49.62	49
Mai 10	8.10	38	46.38	45	15.811	135	50.11	49
20	7.72	36	45.93	95	15.676	114	50.60	47
30	7.36	33	44.98	144	15.562	91	51.07	45
Juni 9	7.03	28	43.54	188	15.471	64	51.52	43
19	6.75	23	41.66	227	15.407	36	51.95	39
29	6.52	18	39.39	261	15.371	7	52.34	34
Juli 9	6.34	12	36.78	286	15.364	22	52.68	28
19	6.22	5	33.92	303	15.386	50	52.96	21
29	6.17	2	30.89	311	15.436	79	53.17	10
Aug. 8	6.19	8	27.78	308	15.515	108	53.27	2
18	6.27	16	24.70	296	15.623	136	53.25	15
28	6.43	23	21.74	272	15.759	163	53.10	32
Sept. 7	6.66	29	19.02	238	15.922	190	52.78	51
17	6.95	35	16.64	194	16.112	218	52.27	70
27	7.30	41	14.70	142	16.330	243	51.57	89
Okt. 7	7.71	46	13.28	83	16.573	267	50.68	109
17	8.17	49	12.45	19	16.840	287	49.59	126
27	8.66	51	12.26	46	17.127	303	48.33	140
Nov. 6	9.17	51	12.72	112	17.430	314	46.93	151
16	9.68	50	13.84	175	17.744	317	45.42	157
26	10.18	47	15.59	232	18.061	312	43.85	157
Dez. 6	10.65	42	17.91	281	18.373	296	42.28	151
16	11.07	37	20.72	322	18.669	272	40.77	140
26	11.44	29	23.94	352	18.941	239	39.37	124
36	11.73		27.46		19.180		38.13	
Mittl. Ort	7.19		14.56		14.768		63.42	
sec δ, tg δ	+2.030		− 1.767		+1.022		+ 0.213	
a, a′	+1.4		−13.8		+3.3		−13.9	
b, b′	+0.08		− 0.72		−0.01		− 0.72	

Scheinbare Sternörter 1959

Obere Kulmination Greenwich

Tag	335) ι Ursae maj. AR.		335) ι Ursae maj. Dekl.		339) Br 1268 Lynx AR.		339) Br 1268 Lynx Dekl.		338) ρ Ursae maj. AR.		338) ρ Ursae maj. Dekl.		341) ϰ Ursae maj. AR.		341) ϰ Ursae maj. Dekl.	
1959	8h 56m		+48° 11′		8h 57m		+41° 56′		8h 58m		+67° 46′		9h 0m		+47° 18′	
	s		″		s		″		s		″		s		″	
Jan. 1	26.234	294	56.26	87	60.659	271	29.72	52	55.01	46	68.78	179	51.708	296	54.37	79
11	26.528	230	57.13	120	60.930	214	30.24	85	55.47	36	70.57	215	52.004	234	55.16	113
21	26.758	160	58.33	147	61.144	151	31.09	111	55.83	24	72.72	242	52.238	166	56.29	142
31	26.918	86	59.80	168	61.295	84	32.20	133	56.07	12	75.14	260	52.404	93	57.71	163
Febr. 9	^{4}27.004	13	61.48	181	^{5}61.379	17	33.53	149	^{5}56.19	0	77.74	267	^{5}52.497	20	59.34	177
19	27.017	57	63.29	185	61.396	46	35.02	156	56.19	13	80.41	262	52.517	49	61.71	183
März 1	26.960	120	65.14	180	61.350	102	36.58	155	56.06	23	83.03	246	52.468	110	62.94	179
11	26.840	172	66.94	168	61.248	149	38.13	147	55.83	33	85.49	221	52.358	163	64.73	168
21	26.668	212	68.62	148	61.099	186	39.60	133	55.50	40	87.70	187	52.195	203	66.41	150
31	26.456	240	70.10	122	60.913	209	40.93	113	55.10	45	89.57	147	51.992	231	67.91	125
April 10	26.216	253	71.32	92	60.704	222	42.06	88	54.65	48	91.04	101	51.761	246	69.16	96
20	25.963	255	72.24	59	60.482	222	42.94	61	54.17	49	92.05	53	51.515	247	70.12	64
30	25.708	244	72.83	25	60.260	212	43.55	33	53.68	48	92.58	3	51.268	238	70.76	31
Mai 10	25.464	223	73.08	10	60.048	194	43.88	3	53.20	45	92.61	46	51.030	219	71.07	4
20	25.241	194	72.98	43	59.854	168	43.91	25	52.75	40	92.15	93	50.811	191	71.03	36
30	25.047	159	72.55	74	59.686	136	43.66	52	52.35	34	91.22	135	50.620	157	70.67	68
Juni 9	24.888	119	71.81	103	59.550	101	43.14	77	52.01	27	89.87	174	50.463	119	69.99	96
19	24.769	75	70.78	130	59.449	62	42.37	100	51.74	20	88.13	207	50.344	77	69.03	122
29	24.694	31	69.48	151	59.387	23	41.37	120	51.54	12	86.06	236	50.267	34	67.81	145
Juli 9	24.663	14	67.97	169	59.364	17	40.17	137	51.42	3	83.70	258	50.233	11	66.36	165
19	24.677	60	66.28	185	59.381	57	38.80	152	51.39	5	81.12	274	50.244	54	64.71	180
29	24.737	105	64.43	197	59.438	96	37.28	164	51.44	14	78.38	285	50.298	98	62.91	192
Aug. 8	24.842	147	62.46	205	59.534	135	35.64	174	51.58	22	75.53	289	50.396	141	60.99	202
18	24.989	190	60.41	210	59.669	172	33.90	181	51.80	30	72.64	289	50.537	182	58.97	208
28	25.179	231	58.31	212	59.841	208	32.09	185	52.10	37	69.75	282	50.719	222	56.89	210
Sept. 7	25.410	270	56.19	210	60.049	243	30.24	188	52.47	44	66.93	270	50.941	262	54.79	209
17	25.680	307	54.09	205	60.292	277	28.36	186	52.91	51	64.23	252	51.203	299	52.70	206
27	25.987	343	52.04	195	60.569	310	26.50	182	53.42	57	61.71	229	51.502	334	50.64	197
Okt. 7	26.330	374	50.09	181	60.879	338	24.68	175	53.99	62	59.42	200	51.836	366	48.67	184
17	26.704	402	48.28	164	61.217	364	22.93	162	54.61	67	57.42	167	52.202	394	46.83	168
27	27.106	422	46.64	141	61.581	384	21.31	146	55.28	70	55.75	128	52.596	416	45.15	146
Nov. 6	27.528	435	45.23	114	61.965	396	19.85	124	55.98	71	54.47	84	53.012	429	43.69	120
16	27.963	439	44.09	82	62.361	400	18.61	99	56.69	72	53.63	38	53.441	434	42.49	89
26	28.402	430	43.27	48	62.761	394	17.62	69	57.41	70	53.25	11	53.875	427	41.60	55
Dez. 6	28.832	409	42.79	10	63.155	375	16.93	36	58.11	67	53.36	61	54.302	407	41.05	18
16	29.241	375	42.69	29	63.530	345	16.57	2	58.78	60	53.97	110	54.709	376	40.87	21
26	29.616	330	42.98	67	63.875	304	16.55	33	59.38	53	55.07	156	55.085	330	41.08	59
36	29.946		43.65		64.179		16.88		59.91		56.63		55.415		41.67	
Mittl. Ort	24.560		74.28		59.098		46.99		52.52		88.62		50.085		72.42	
sec δ, tg δ	+1.500		+ 1.119		+1.345		+ 0.899		+2.646		+ 2.449		+1.475		+ 1.084	
a, *a′*	+4.1		−13.9		+3.9		−14.0		+5.4		−14.1		+4.1		−14.2	
b, *b′*	−0.05		− 0.72		−0.04		− 0.71		−0.11		− 0.71		−0.05		− 0.70	

Obere Kulmination Greenwich

Tag	343) α Volantis AR.		343) α Volantis Dekl.		345) λ Velorum AR.		345) λ Velorum Dekl.		347) ϑ Hydrae AR.		347) ϑ Hydrae Dekl.		348) β Carinae AR.		348) β Carinae Dekl.	
1959	9h 1m		−66° 13′		9h 6m		−43° 15′		9h 12m		+2° 28′		9h 12m		−69° 32′	
	s		″		s		″		s		″		s		″	
Jan. 1	52.17	29	53.22	366	31.314	223	58.87	342	15.315	219	67.71	172	49.97	35	49.45	359
11	52.46	20	56.88	381	31.537	165	62.29	349	15.534	176	65.99	154	50.32	24	53.04	378
21	52.66	8	60.69	386	31.702	103	65.78	346	15.710	128	64.45	134	50.56	11	56.82	386
31	$_6$52.74	2	64.55	381	$_7$31.805	39	69.24	335	$_8$15.838	77	63.11	112	$_8$50.67	0	60.68	385
Febr. 9	52.72	12	68.36	365	31.844	23	72.59	314	15.915	28	61.99	88	50.67	12	64.53	373
19	52.60	21	72.01	341	31.821	79	75.73	288	15.943	20	61.11	64	50.55	23	68.26	352
März 1	52.39	30	75.42	311	31.742	129	78.61	255	15.923	62	60.47	43	50.32	32	71.78	324
11	52.09	37	78.53	273	31.613	171	81.16	218	15.861	96	60.04	23	50.00	40	75.02	289
21	51.72	42	81.26	230	31.442	204	83.34	177	15.765	123	59.81	4	49.60	47	77.91	248
31	51.30	46	83.56	184	31.238	227	85.11	134	15.642	141	59.77	12	49.13	53	80.39	202
April 10	50.84	49	85.40	133	31.011	240	86.45	89	15.501	150	59.89	25	48.60	56	82.41	153
20	50.35	51	86.73	81	30.771	245	87.34	43	15.351	151	60.14	38	48.04	58	83.94	102
30	49.84	50	87.54	28	30.526	240	87.77	3	15.200	146	60.52	48	47.46	58	84.96	49
Mai 10	49.34	49	87.82	26	30.286	229	87.74	49	15.054	134	61.00	56	46.88	58	85.45	6
20	48.85	46	87.56	78	30.057	211	87.25	93	14.920	117	61.56	64	46.30	55	85.39	59
30	48.39	42	86.78	129	29.846	188	86.32	135	14.803	97	62.20	70	45.75	51	84.80	111
Juni 9	47.97	38	85.49	175	29.658	160	84.97	172	14.706	74	62.90	75	45.24	47	83.69	160
19	47.59	32	83.74	218	29.498	128	83.25	205	14.632	49	63.65	77	44.77	41	82.09	204
29	47.27	26	81.56	253	29.370	93	81.20	233	14.583	23	64.42	77	44.36	33	80.05	243
Juli 9	47.01	18	79.03	283	29.277	55	78.87	254	14.560	5	65.19	76	44.03	25	77.62	275
19	46.83	10	76.20	303	29.222	14	76.33	267	14.565	31	65.95	70	43.78	16	74.87	298
29	46.73	2	73.17	314	29.208	28	73.66	272	14.596	59	66.65	62	43.62	6	71.89	313
Aug. 8	46.71	7	70.03	315	29.236	72	70.94	269	14.655	87	67.27	50	43.56	4	68.76	317
18	46.78	15	66.88	305	29.308	117	68.25	254	14.742	115	67.77	35	43.60	14	65.59	311
28	46.93	25	63.83	284	29.425	162	65.71	231	14.857	143	68.12	16	43.74	25	62.48	294
Sept. 7	47.18	33	60.99	253	29.587	205	63.40	198	15.000	171	68.28	7	43.99	34	59.54	265
17	47.51	41	58.46	211	29.792	247	61.42	157	15.171	200	68.21	32	44.33	44	56.89	227
27	47.92	48	56.35	161	30.039	287	59.85	109	15.371	227	67.89	59	44.77	53	54.62	178
Okt. 7	48.40	54	54.74	102	30.326	321	58.76	54	15.598	252	67.30	86	45.30	60	52.84	122
17	48.94	58	53.72	39	30.647	348	58.22	4	15.850	276	66.44	112	45.90	65	51.62	59
27	49.52	60	53.33	27	30.995	368	58.26	65	16.126	294	65.32	137	46.55	68	51.03	6
Nov. 6	50.12	61	53.60	93	31.363	377	58.91	123	16.420	306	63.95	159	47.23	69	51.09	73
16	50.73	59	54.53	158	31.740	377	60.14	179	16.726	312	62.36	174	47.92	68	51.82	139
26	51.32	56	56.11	218	32.117	363	61.93	229	17.038	308	60.62	185	48.60	65	53.21	200
Dez. 6	51.88	51	58.29	271	32.480	338	64.22	273	17.346	296	58.77	188	49.25	59	55.21	255
16	52.39	44	61.00	314	32.818	302	66.95	306	17.642	274	56.89	186	49.84	50	57.76	302
26	52.83	35	64.14	347	33.120	255	70.01	330	17.916	242	55.03	178	50.34	41	60.78	339
36	53.18		67.61		33.375		73.31		18.158		53.25		50.75		64.17	
Mittl. Ort	48.33		55.49		29.144		58.23		13.910		77.67		45.62		53.03	
sec δ, tg δ	+2.481		− 2.271		+1.373		− 0.941		+1.001		+ 0.043		+2.862		− 2.681	
a, a′	+0.9		−14.3		+2.2		−14.6		+3.1		−14.9		+0.7		−14.9	
b, b′	+0.11		− 0.70		+0.05		− 0.69		0.00		− 0.67		+0.13		− 0.67	

Scheinbare Sternörter 1959

Obere Kulmination Greenwich

Tag	350) 83 Cancri AR.		Dekl.		352) α Lyncis AR.		Dekl.	
1959	$9^h\ 16^m$		$+17°\ 52'$		$9^h\ 18^m$		$+34°\ 33'$	
	s		″		s		″	
Jan. 1	43.015	238	35.35	91	35.100	270	44.87	1
11	43.253	192	34.44	66	35.370	221	44.86	32
21	43.445	143	33.78	41	35.591	164	45.18	61
31	43.588	90	33.37	16	35.755	103	45.79	87
Febr. 9*	9 43.678	37	33.21	7	10 35.858	43	46.66	108
19	43.715	13	33.28	26	35.901	15	47.74	122
März 1	43.702	58	33.54	42	35.886	67	48.96	129
11	43.644	96	33.96	53	35.819	113	50.25	130
21	43.548	126	34.49	60	35.706	148	51.55	124
31	43.422	146	35.09	64	35.558	173	52.79	112
April 10	43.276	157	35.73	63	35.385	187	53.91	96
20	43.119	159	36.36	59	35.198	191	54.87	76
30	42.960	153	36.95	55	35.007	186	55.63	55
Mai 10	42.807	142	37.50	48	34.821	172	56.18	32
20	42.665	124	37.98	40	34.649	153	56.50	8
30	42.541	103	38.38	32	34.496	128	56.58	15
Juni 9	42.438	78	38.70	23	34.368	99	56.43	37
19	42.360	52	38.93	14	34.269	68	56.06	58
29	42.308	24	39.07	5	34.201	35	55.48	77
Juli 9	42.284	4	39.12	6	34.166	2	54.71	94
19	42.288	32	39.06	16	34.164	32	53.77	111
29	42.320	62	38.90	28	34.196	66	52.66	125
Aug. 8	42.382	90	38.62	41	34.262	100	51.41	139
18	42.472	120	38.21	56	34.362	134	50.02	150
28	42.592	149	37.65	71	34.496	168	48.52	160
Sept. 7	42.741	177	36.94	86	34.664	201	46.92	168
17	42.918	207	36.08	103	34.865	234	45.24	174
27	43.125	236	35.05	119	35.099	266	43.50	177
Okt. 7	43.361	262	33.86	133	35.365	296	41.73	177
17	43.623	286	32.53	146	35.661	323	39.96	174
27	43.909	306	31.07	154	35.984	345	38.22	165
Nov. 6	44.215	320	29.53	159	36.329	362	36.57	152
16	44.535	328	27.94	158	36.691	369	35.05	134
26	44.863	325	26.36	152	37.060	368	33.71	111
Dez. 6	45.188	314	24.84	141	37.428	356	32.60	83
16	45.502	293	23.43	125	37.784	332	31.77	52
26	45.795	261	22.18	104	38.116	298	31.25	20
36	46.056		21.14		38.414		31.05	
Mittl. Ort	41.678		48.62		33.740		61.41	
sec δ, tg δ	+1.051		+ 0.323		+1.214		+ 0.689	
a, a′	+3.4		−15.2		+3.7		−15.2	
b, b′	−0.02		− 0.65		−0.03		− 0.65	

Tag	353) ϰ Velorum AR.		Dekl.		354) α Hydrae AR.		Dekl.	
1959	$9^h\ 20^m$		$-54°\ 50'$		$9^h\ 25^m$		$-8°\ 28'$	
	s		″		s		″	
Jan. 1	53.241	271	3.25	353	35.767	225	55.19	225
11	53.512	201	6.78	368	35.992	182	57.44	214
21	53.713	126	10.46	373	36.174	135	59.58	199
31	53.839	49	14.19	368	36.309	85	61.57	178
Febr. 9*	10 53.888	26	17.87	353	12 36.394	35	63.35	154
19	53.862	95	21.40	330	36.429	12	64.89	130
März 1	53.767	158	24.70	301	36.417	54	66.19	104
11	53.609	211	27.71	265	36.363	89	67.23	78
21	53.398	254	30.36	224	36.274	117	68.01	52
31	53.144	286	32.60	180	36.157	137	68.53	28
April 10	52.858	308	34.40	132	36.020	148	68.81	5
20	52.550	319	35.72	83	35.872	152	68.86	17
30	52.231	320	36.55	33	35.720	148	68.69	38
Mai 10	51.911	313	36.88	18	35.572	139	68.31	56
20	51.598	297	36.70	68	35.433	126	67.75	74
30	51.301	274	36.02	116	35.307	107	67.01	90
Juni 9	51.027	243	34.86	160	35.200	87	66.11	103
19	50.784	207	33.26	200	35.113	64	65.08	114
29	50.577	166	31.26	235	35.049	40	63.94	121
Juli 9	50.411	119	28.91	263	35.009	14	62.73	126
19	50.292	68	26.28	283	34.995	13	61.47	126
29	50.224	14	23.45	295	35.008	40	60.21	120
Aug. 8	50.210	44	20.50	297	35.048	68	59.01	111
18	50.254	103	17.53	288	35.116	98	57.90	96
28	50.357	164	14.65	269	35.214	127	56.94	75
Sept. 7	50.521	222	11.96	240	35.341	158	56.19	50
17	50.743	279	9.56	201	35.499	188	55.69	20
27	51.022	333	7.55	153	35.687	217	55.49	13
Okt. 7	51.355	378	6.02	98	35.904	245	55.62	48
17	51.733	415	5.04	38	36.149	271	56.10	85
27	52.148	442	4.66	26	36.420	291	56.95	119
Nov. 6	52.590	455	4.92	90	36.711	305	58.14	151
16	53.045	455	5.82	153	37.016	312	59.65	180
26	53.500	440	7.35	210	37.328	310	61.45	202
Dez. 6	53.940	410	9.45	261	37.638	300	63.47	217
16	54.350	366	12.06	303	37.938	278	65.64	225
26	54.716	309	15.09	335	38.216	247	67.89	225
36	55.025		18.44		38.463		70.14	
Mittl. Ort	50.560		5.62		34.329		48.15	
sec δ, tg δ	+1.736		− 1.419		+1.011		− 0.149	
a, a′	+1.9		−15.4		+2.9		−15.7	
b, b′	+0.07		− 0.64		+0.01		− 0.62	

* Bei Stern 352), 353) und 354) lies Febr. 10.

Obere Kulmination Greenwich

Tag	356) ε Antliae AR.	Diff.	356) ε Antliae Dekl.	Diff.	355) 23 Ursae maj. AR.	Diff.	355) 23 Ursae maj. Dekl.	Diff.	358) ϑ Ursae maj. AR.	Diff.	358) ϑ Ursae maj. Dekl.	Diff.	357) 24 Ursae maj. AR.	Diff.	357) 24 Ursae maj. Dekl.	Diff.
1959	9ʰ 27ᵐ		−35° 46′		9ʰ 28ᵐ		+63° 13′		9ʰ 30ᵐ		+51° 51′		9ʰ 30ᵐ		+70° 0′	
	s		″		s		″		s		″		s		″	
Jan. 1	34.919	238	17.53	319	20.82	45	72.54	133	9.003	350	35.74	77	55.55	57	22.50	159
11	35.157	187	20.72	326	21.27	37	73.87	175	9.353	287	36.51	118	56.12	46	24.09	201
21	35.344	131	23.98	323	21.64	27	75.62	209	9.640	216	37.69	152	56.58	35	26.10	236
31	35.475	74	27.21	312	21.91	17	77.71	235	9.856	139	39.21	179	56.93	21	28.46	262
Febr. 10	35.549	17	30.33	293	22.08	6	80.06	251	9.995	61	41.00	199	57.14	7	31.08	276
19	35.566	36	33.26	268	22.14	3	82.57	256	10.056	16	42.99	208	57.21	6	33.84	279
März 1	35.530	84	35.94	238	22.11	13	85.13	250	10.040	87	45.07	209	57.15	18	36.63	270
11	35.446	125	38.32	205	21.98	22	87.63	233	9.953	148	47.16	200	56.97	29	39.33	250
21	35.321	157	40.37	168	21.76	29	89.96	208	9.805	199	49.16	183	56.68	39	41.83	221
31	35.164	180	42.05	128	21.47	34	92.04	175	9.606	237	50.99	158	56.29	46	44.04	184
April 10	34.984	196	43.33	88	21.13	37	93.79	135	9.369	261	52.57	127	55.83	51	45.88	139
20	34.788	202	44.21	47	20.76	40	95.14	91	9.108	271	53.84	93	55.32	53	47.27	91
30	34.586	201	44.68	5	20.36	39	96.05	45	8.837	270	54.77	55	54.79	54	48.18	41
Mai 10	34.385	195	44.73	36	19.97	37	96.50	2	8.567	257	55.32	16	54.25	52	48.59	11
20	34.190	181	44.37	76	19.60	35	96.48	49	8.310	236	55.48	22	53.73	49	48.48	61
30	34.009	163	43.61	113	19.25	31	95.99	92	8.074	205	55.26	59	53.24	43	47.87	108
Juni 9	33.846	140	42.48	147	18.94	25	95.07	133	7.869	169	54.67	94	52.81	37	46.79	152
19	33.706	115	41.01	178	18.69	20	93.74	170	7.700	129	53.73	126	52.44	30	45.27	192
29	33.591	87	39.23	204	18.49	14	92.04	202	7.571	86	52.47	155	52.14	22	43.35	227
Juli 9	33.504	55	37.19	224	18.35	7	90.02	230	7.485	41	50.92	180	51.92	13	41.08	255
19	33.449	22	34.95	236	18.28	1	87.72	252	7.444	6	49.12	202	51.79	4	38.53	278
29	33.427	14	32.59	242	18.27	6	85.20	269	7.450	52	47.10	220	51.75	5	35.75	295
Aug. 8	33.441	52	30.17	239	18.33	12	82.51	281	7.502	100	44.90	232	51.80	14	32.80	305
18	33.493	90	27.78	228	18.45	19	79.70	287	7.602	146	42.58	242	51.94	22	29.75	311
28	33.583	130	25.50	207	18.64	26	76.83	287	7.748	192	40.16	248	52.16	32	26.64	309
Sept. 7	33.713	170	23.43	179	18.90	32	73.96	282	7.940	239	37.68	248	52.48	40	23.55	301
17	33.883	210	21.64	141	19.22	38	71.14	272	8.179	283	35.20	245	52.88	48	20.54	288
27	34.093	247	20.23	97	19.60	44	68.42	256	8.462	325	32.75	236	53.36	56	17.66	268
Okt. 7	34.340	282	19.26	47	20.04	49	65.86	234	8.787	366	30.39	223	53.92	63	14.98	242
17	34.622	311	18.79	6	20.53	54	63.52	206	9.153	402	28.16	205	54.55	68	12.56	209
27	34.933	335	18.85	62	21.07	57	61.46	173	9.555	432	26.11	181	55.23	73	10.47	171
Nov. 6	35.268	349	19.47	116	21.64	60	59.73	134	9.987	454	24.30	151	55.96	77	8.76	128
16	35.617	354	20.63	168	22.24	62	58.39	90	10.441	467	22.79	117	56.73	78	7.48	80
26	35.971	348	22.31	215	22.86	61	57.49	43	10.908	467	21.62	78	57.51	78	6.68	28
Dez. 6	36.319	332	24.46	254	23.47	60	57.06	7	11.375	452	20.84	35	58.29	75	6.40	25
16	36.651	303	27.00	286	24.07	55	57.13	57	11.827	425	20.49	8	59.04	70	6.65	79
26	36.954	264	29.86	308	24.62	50	57.70	106	12.252	384	20.57	53	59.74	63	7.44	131
36	37.218		32.94		25.12		58.76		12.636		21.10		60.37		8.75	
Mittl. Ort	33.041		16.87		19.03		93.21		7.550		55.20		53.41		43.76	
sec δ, tg δ	+1.233		− 0.720		+2.221		+ 1.983		+1.619		+ 1.274		+2.926		+ 2.749	
a, a′	+2.5		−15.8		+4.7		−15.8		+4.1		−15.9		+5.3		−15.9	
b, b′	+0.04		− 0.62		−0.10		− 0.61		−0.07		− 0.61		−0.15		− 0.61	

Scheinbare Sternörter 1959

Obere Kulmination Greenwich

Tag	360) 10 Leonis min. AR.		Dekl.	
1959	9h 31m		+36° 34′	
	s		″	
Jan. 1	44.307	288	33.11	1
11	44.595	239	33.12	35
21	44.834	182	33.47	68
31	45.016	122	34.15	96
Febr. 10	45.138	60	35.11	119
19	13 45.198	1	36.30	134
März 1	45.197	55	37.64	142
11	45.142	102	39.06	144
21	45.040	141	40.50	138
31	44.899	168	41.88	126
April 10	44.731	186	43.14	109
20	44.545	193	44.23	88
30	44.352	190	45.11	64
Mai 10	44.162	180	45.75	39
20	43.982	162	46.14	13
30	43.820	140	46.27	13
Juni 9	43.680	112	46.14	38
19	43.568	82	45.76	61
29	43.486	50	45.15	82
Juli 9	43.436	17	44.33	103
19	43.419	18	43.30	122
29	43.437	51	42.08	138
Aug. 8	43.488	86	40.70	152
18	43.574	121	39.18	165
28	43.695	156	37.53	176
Sept. 7	43.851	191	35.77	184
17	44.042	226	33.93	190
27	44.268	260	32.03	194
Okt. 7	44.528	293	30.09	192
17	44.821	322	28.17	187
27	45.143	348	26.30	178
Nov. 6	45.491	366	24.52	164
16	45.857	378	22.88	143
26	46.235	379	21.45	118
Dez. 6	46.614	369	20.27	88
16	46.983	347	19.39	55
26	47.330	315	18.84	20
36	47.645		18.64	
Mittl. Ort	43.021		50.18	
sec δ, tg δ	+1.245		+ 0.742	
a, *a*′	+3.7		−16.0	
b, *b*′	−0.04		− 0.60	

Tag	366) ϑ Antliae AR.		Dekl.	
1959	9h 42m		−27° 34′	
	s		″	
Jan. 1	23.955	245	53.35	293
11	24.200	199	56.28	297
21	24.399	148	59.25	291
31	24.547	95	62.16	279
Febr. 10	24.642	42	64.95	260
19	16 24.684	8	67.55	235
März 1	24.676	54	69.90	208
11	24.622	93	71.98	177
21	24.529	125	73.75	143
31	24.404	148	75.18	108
April 10	24.256	164	76.26	73
20	24.092	171	76.99	37
30	23.921	173	77.36	1
Mai 10	23.748	168	77.37	34
20	23.580	157	77.03	67
30	23.423	142	76.36	99
Juni 9	23.281	123	75.37	128
19	23.158	102	74.09	154
29	23.056	77	72.55	175
Juli 9	22.979	51	70.80	192
19	22.928	23	68.88	203
29	22.905	9	66.85	206
Aug. 8	22.914	41	64.79	203
18	22.955	75	62.76	191
28	23.030	111	60.85	173
Sept. 7	23.141	148	59.12	146
17	23.289	184	57.66	113
27	23.473	220	56.53	73
Okt. 7	23.693	254	55.80	27
17	23.947	285	55.53	21
27	24.232	309	55.74	71
Nov. 6	24.541	326	56.45	119
16	24.867	336	57.64	165
26	25.203	334	59.29	207
Dez. 6	25.537	323	61.36	240
16	25.860	300	63.76	267
26	26.160	268	66.43	285
36	26.428		69.28	
Mittl. Ort	22.313		51.73	
sec δ, tg δ	+1.128		− 0.522	
a, *a*′	+2.7		−16.5	
b, *b*′	+0.03		− 0.56	

Tag	367) ε Leonis AR.		Dekl.	
1959	9h 43m		+23° 57′	
	s		″	
Jan. 1	32.817	268	35.63	72
11	33.085	225	34.91	43
21	33.310	176	34.48	12
31	33.486	122	34.36	17
Febr. 10	33.608	68	34.53	41
19	16 33.676	15	34.94	63
März 1	33.691	34	35.57	79
11	33.657	76	36.36	89
21	33.581	110	37.25	94
31	33.471	136	38.19	93
April 10	33.335	152	39.12	89
20	33.183	159	40.01	81
30	33.024	158	40.82	69
Mai 10	32.866	151	41.51	56
20	32.715	137	42.07	41
30	32.578	119	42.48	26
Juni 9	32.459	98	42.74	11
19	32.361	74	42.85	5
29	32.287	48	42.80	21
Juli 9	32.239	20	42.59	36
19	32.219	7	42.23	51
29	32.226	36	41.72	67
Aug. 8	32.262	65	41.05	82
18	32.327	96	40.23	97
28	32.423	127	39.26	112
Sept. 7	32.550	158	38.14	127
17	32.708	190	36.87	141
27	32.898	223	35.46	154
Okt. 7	33.121	253	33.92	165
17	33.374	282	32.27	172
27	33.656	307	30.55	176
Nov. 6	33.963	327	28.79	174
16	34.290	339	27.05	168
26	34.629	342	25.37	156
Dez. 6	34.971	336	23.81	138
16	35.307	319	22.43	115
26	35.626	290	21.28	89
36	35.916		20.39	
Mittl. Ort	31.625		50.15	
sec δ, tg δ	+1.094		+ 0.444	
a, *a*′	+3.4		−16.6	
b, *b*′	−0.02		− 0.56	

Tag	368) υ Ursae maj. AR.		Dekl.	
1959	9h 48m		+59° 13′	
	s		″	
Jan. 1	6.827	430	36.94	95
11	7.257	361	37.89	141
21	7.618	280	39.30	179
31	7.898	191	41.09	210
Febr. 10	8.089	99	43.19	232
19	17 8.188	8	45.51	244
März 1	8.196	79	47.95	244
11	8.117	156	50.39	234
21	7.961	222	52.73	215
31	7.739	273	54.88	188
April 10	7.466	308	56.76	153
20	7.158	329	58.29	114
30	6.829	335	59.43	72
Mai 10	6.494	326	60.15	27
20	6.168	306	60.42	18
30	5.862	277	60.24	61
Juni 9	5.585	239	59.63	103
19	5.346	194	58.60	141
29	5.152	145	57.19	174
Juli 9	5.007	92	55.45	205
19	4.915	38	53.40	231
29	4.877	19	51.09	251
Aug. 8	4.896	76	48.58	267
18	4.972	134	45.91	278
28	5.106	191	43.13	283
Sept. 7	5.297	248	40.30	284
17	5.545	304	37.46	279
27	5.849	358	34.67	269
Okt. 7	6.207	409	31.98	252
17	6.616	456	29.46	229
27	7.072	496	27.17	200
Nov. 6	7.568	526	25.17	166
16	8.094	544	23.51	125
26	8.638	550	22.26	81
Dez. 6	9.188	539	21.45	33
16	9.727	512	21.12	18
26	10.239	468	21.30	67
36	10.707		21.97	
Mittl. Ort	5.417		57.74	
sec δ, tg δ	+1.955		+ 1.680	
a, *a*′	+4.3		−16.8	
b, *b*′	−0.09		− 0.54	

Obere Kulmination Greenwich

Tag	370) 6 Sextantis AR.	Δ	370) Dekl.	Δ	372) Grb 1586 U Maj. AR.	Δ	372) Dekl.	Δ	375) φ Velorum AR.	Δ	375) Dekl.	Δ	378) π Leonis AR.	Δ	378) Dekl.	Δ
1959	$9^h\,49^m$		−4° 3′		$9^h\,54^m$		+73° 3′		$9^h\,55^m$		−54° 22′		$9^h\,58^m$		+8° 14′
	s		″		s		″		s		″		s		″	
Jan. 1	11.328	245	8.87	208	47.50	71	70.55	144	27.697	322	13.69	334	4.031	259	19.71	156
11	11.573	205	10.95	195	48.21	59	71.99	192	28.019	257	17.03	355	4.290	219	18.15	134
21	11.778	159	12.90	178	48.80	45	73.91	233	28.276	187	20.58	367	4.509	174	16.81	110
31	11.937	111	14.68	157	49.25	31	76.24	263	28.463	113	24.25	368	4.683	126	15.71	85
Febr. 10	12.048	62	16.25	133	49.56	16	78.87	283	28.576	39	27.93	360	4.809	76	14.86	59
19*	(18) 12.110	14	17.58	108	(19) 49.72	0	81.70	291	(19) 28.615	31	31.53	344	(20) 4.885	27	14.27	34
März 1	12.124	29	18.66	83	49.72	15	84.61	287	28.584	95	34.97	319	4.912	18	13.93	11
11	12.095	66	19.49	58	49.57	29	87.48	271	28.489	152	38.16	287	4.894	56	13.82	8
21	12.029	97	20.07	36	49.28	40	90.19	245	28.337	200	41.03	253	4.838	89	13.90	24
31	11.932	119	20.43	15	48.88	50	92.64	210	28.137	239	43.56	214	4.749	113	14.14	37
April 10	11.813	133	20.58	5	48.38	57	94.74	167	27.898	268	45.70	169	4.636	129	14.51	47
20	11.680	140	20.53	22	47.81	62	96.41	119	27.630	286	47.39	122	4.507	137	14.98	54
30	11.540	141	20.31	39	47.19	64	97.60	68	27.344	297	48.61	73	4.370	139	15.52	58
Mai 10	11.399	135	19.92	53	46.55	63	98.28	14	27.047	298	49.34	23	4.231	135	16.10	60
20	11.264	125	19.39	66	45.92	61	98.42	39	26.749	291	49.57	27	4.096	124	16.70	61
30	11.139	111	18.73	78	45.31	56	98.03	89	26.458	278	49.30	75	3.972	111	17.31	60
Juni 9	11.028	93	17.95	86	44.75	50	97.14	138	26.180	256	48.55	121	3.861	94	17.91	58
19	10.935	73	17.09	94	44.25	42	95.76	182	25.924	229	47.34	165	3.767	75	18.49	54
29	10.862	52	16.15	98	43.83	33	93.94	220	25.695	197	45.69	203	3.692	54	19.03	49
Juli 9	10.810	29	15.17	99	43.50	24	91.74	254	25.498	157	43.66	236	3.638	31	19.52	42
19	10.781	5	14.18	98	43.26	14	89.20	282	25.341	112	41.30	262	3.607	7	19.94	34
29	10.776	21	13.20	92	43.12	4	86.38	303	25.229	62	38.68	280	3.600	18	20.28	22
Aug. 8	10.797	48	12.28	82	43.08	7	83.35	318	25.167	9	35.88	288	3.618	45	20.50	10
18	10.845	77	11.46	67	43.15	17	80.17	327	25.158	49	33.00	287	3.663	73	20.60	6
28	10.922	105	10.79	48	43.32	28	76.90	329	25.207	109	30.13	275	3.736	101	20.54	25
Sept. 7	11.027	137	10.31	25	43.60	38	73.61	325	25.316	170	27.38	253	3.837	132	20.29	45
17	11.164	168	10.06	1	43.98	48	70.36	314	25.486	231	24.85	221	3.969	164	19.84	67
27	11.332	200	10.07	32	44.46	58	67.22	296	25.717	289	22.64	179	4.133	195	19.17	90
Okt. 7	11.532	230	10.39	63	45.04	67	64.26	271	26.006	342	20.85	129	4.328	226	18.27	113
17	11.762	258	11.02	95	45.71	74	61.55	240	26.348	389	19.56	73	4.554	256	17.14	135
27	12.020	282	11.97	126	46.45	81	59.15	202	26.737	425	18.83	11	4.810	281	15.79	154
Nov. 6	12.302	301	13.23	155	47.26	86	57.13	158	27.162	450	18.72	52	5.091	302	14.25	171
16	12.603	313	14.78	178	48.12	89	55.55	109	27.612	460	19.24	115	5.393	316	12.54	181
26	12.916	315	16.56	196	49.01	90	54.46	56	28.072	456	20.39	174	5.709	321	10.73	187
Dez. 6	13.231	308	18.52	209	49.91	89	53.90	1	28.528	437	22.13	228	6.030	317	8.86	185
16	13.539	292	20.61	213	50.80	84	53.91	57	28.965	403	24.41	275	6.347	303	7.01	178
26	13.831	265	22.74	210	51.64	76	54.48	113	29.368	355	27.16	313	6.650	278	5.23	165
36	14.096		24.84		52.40		55.61		29.723		30.29		6.928		3.58	
Mittl. Ort	10.025		1.50		45.59		92.70		25.192		18.68		2.859		30.13	
sec δ, tg δ	+1.003		− 0.071		+3.435		+ 3.286		+1.717		− 1.395		+1.010		+ 0.145	
a, *a′*	+3.0		−16.9		+5.4		−17.1		+2.1		−17.2		+3.2		−17.3	
b, *b′*	0.00		− 0.54		−0.19		− 0.52		+0.08		− 0.52		−0.01		− 0.51	

* Bei Stern 378) lies Febr. 20.

Scheinbare Sternörter 1959

Obere Kulmination Greenwich

Tag	379) η Leonis AR.		379) η Leonis Dekl.		380) α Leonis AR.		380) α Leonis Dekl.		381) λ Hydrae AR.		381) λ Hydrae Dekl.		382) 191 G. Velorum AR.		382) 191 G. Velorum Dekl.	
1959	10h 5m		+16° 57′		10h 6m		+12° 9′		10h 8m		−12° 9′		10h 13m		−41° 55′	
	s		″		s		″		s		″		s		″	
Jan. 1	7.040	272	35.38	118	12.510	267	54.69	140	36.584	258	7.09	240	2.529	297	2.01	311
11	7.312	234	34.20	91	12.777	229	53.29	117	36.842	220	9.49	234	2.826	248	5.12	329
21	7.546	188	33.29	61	13.006	185	52.12	90	37.062	175	11.83	222	3.074	193	8.41	335
31	7.734	139	32.68	33	13.191	136	51.22	62	37.237	127	14.05	205	3.267	134	11.76	334
Febr. 10	7.873	87	32.35	5	13.327	85	50.60	35	37.364	78	16.10	183	3.401	75	15.10	324
20	22 7.960	37	32.30	20	22 13.412	36	50.25	10	23 37.442	31	17.93	159	24 3.476	17	18.34	307
März 1	7.997	11	32.50	40	13.448	10	50.15	12	37.473	13	19.52	133	3.493	36	21.41	283
11	7.986	52	32.90	56	13.438	50	50.27	30	37.460	52	20.85	106	3.457	84	24.24	254
21	7.934	86	33.46	68	13.388	83	50.57	44	37.408	84	21.91	80	3.373	124	26.78	220
31	7.848	112	34.14	75	13.305	109	51.01	55	37.324	109	22.71	54	3.249	156	28.98	184
April 10	7.736	131	34.89	77	13.196	127	51.56	62	37.215	126	23.25	29	3.093	180	30.82	144
20	7.605	141	35.66	76	13.069	136	52.18	65	37.089	136	23.54	4	2.913	197	32.26	102
30	7.464	144	36.42	72	12.933	140	52.83	66	36.953	140	23.58	18	2.716	206	33.28	60
Mai 10	7.320	140	37.14	66	12.793	136	53.49	64	36.813	138	23.40	40	2.510	208	33.88	17
20	7.180	131	37.80	58	12.657	127	54.13	61	36.675	131	23.00	60	2.302	204	34.05	27
30	7.049	117	38.38	48	12.530	115	54.74	55	36.544	121	22.40	78	2.098	196	33.78	68
Juni 9	6.932	101	38.86	37	12.415	99	55.29	49	36.423	106	21.62	95	1.902	182	33.10	109
19	6.831	81	39.23	26	12.316	80	55.78	42	36.317	90	20.67	109	1.720	163	32.01	145
29	6.750	60	39.49	14	12.236	60	56.20	34	36.227	71	19.58	119	1.557	140	30.56	179
Juli 9	6.690	37	39.63	1	12.176	37	56.54	24	36.156	50	18.39	126	1.417	113	28.77	207
19	6.653	12	39.64	13	12.139	13	56.78	12	36.106	26	17.13	130	1.304	82	26.70	228
29	6.641	14	39.51	27	12.126	11	56.90	0	36.080	2	15.83	129	1.222	47	24.42	243
Aug. 8	6.655	40	39.24	43	12.137	37	56.90	15	36.078	25	14.54	122	1.175	8	21.99	249
18	6.695	69	38.81	60	12.174	66	56.75	31	36.103	54	13.32	110	1.167	33	19.50	247
28	6.764	99	38.21	77	12.240	95	56.44	49	36.157	85	12.22	92	1.200	79	17.03	236
Sept. 7	6.863	130	37.44	95	12.335	125	55.95	68	36.242	117	11.30	69	1.279	125	14.67	215
17	6.993	163	36.49	114	12.460	158	55.27	89	36.359	151	10.61	42	1.404	173	12.52	185
27	7.156	195	35.35	133	12.618	190	54.38	110	36.510	186	10.19	9	1.577	220	10.67	146
Okt. 7	7.351	228	34.02	149	12.808	223	53.28	131	36.696	219	10.10	27	1.797	266	9.21	101
17	7.579	259	32.53	164	13.031	253	51.97	149	36.915	250	10.37	64	2.063	306	8.20	49
27	7.838	286	30.89	175	13.284	280	50.48	165	37.165	278	11.01	102	2.369	340	7.71	7
Nov. 6	8.124	309	29.14	182	13.564	303	48.83	178	37.443	300	12.03	138	2.709	366	7.78	64
16	8.433	324	27.32	184	13.867	317	47.05	184	37.743	315	13.41	170	3.075	381	8.42	121
26	8.757	331	25.48	179	14.184	325	45.21	185	38.058	320	15.11	197	3.456	386	9.63	173
Dez. 6	9.088	329	23.69	169	14.509	323	43.36	180	38.378	316	17.08	218	3.842	376	11.36	221
16	9.417	316	22.00	154	14.832	309	41.56	169	38.694	302	19.26	232	4.218	354	13.57	262
26	9.733	292	20.46	131	15.141	286	39.87	152	38.996	277	21.58	238	4.572	322	16.19	294
36	10.025		19.15		15.427		38.35		39.273		23.96		4.894		19.13	
Mittl. Ort	5.948		47.99		11.401		66.00		35.282		2.70		0.657		5.70	
sec δ, tg δ	+1.045		+ 0.305		+1.023		+ 0.216		+1.023		− 0.215		+1.344		− 0.898	
a, *a′*	+3.3		−17.6		+3.2		−17.6		+2.9		−17.7		+2.5		−17.9	
b, *b′*	−0.02		− 0.48		−0.01		− 0.48		+0.01		− 0.47		+0.05		− 0.45	

Scheinbare Sternörter 1959

Obere Kulmination Greenwich

Tag	384) ζ Leonis AR.		384) ζ Leonis Dekl.		383) λ Ursae maj. AR.		383) λ Ursae maj. Dekl.		386) μ Ursae maj. AR.		386) μ Ursae maj. Dekl.		387) 30 H. Ursae maj. AR.		387) 30 H. Ursae maj. Dekl.	
1959	10h 14m	Δ	+23° 36′	Δ	10h 14m	Δ	+43° 6′	Δ	10h 19m	Δ	+41° 41′	Δ	10h 21m	Δ	+65° 45′	Δ
	s		″		s		″		s		″		s		″	
Jan. 1	25.775	289	66.13	92	38.869	347	52.84	2	54.549	344	64.75	13	12.94	56	66.39	87
11	26.064	251	65.21	60	39.216	300	52.82	— 42	54.893	301	64.62	— 31	13.50	48	67.26	139
21	26.315	205	64.61	26	39.516	245	53.24	82	55.194	247	64.93	71	13.98	40	68.65	185
31	26.520	154	64.35	— 5	39.761	184	54.06	118	55.441	187	65.64	108	14.38	30	70.50	223
Febr. 10	26.674	101	64.40	34	39.945	118	55.24	147	55.628	123	66.72	139	14.68	19	72.73	251
20	26.775	48	64.74	59	40.063	53	56.71	170	55.751	59	68.11	163	14.87	7	75.24	269
März 1	^{24}26.823	— 2	65.33	80	^{24}40.116	— 10	58.41	184	^{25}55.810	— 1	69.74	177	^{26}14.94	— 3	77.93	275
11	26.821	45	66.13	93	40.106	66	60.25	188	55.809	57	71.51	184	14.91	13	80.68	269
21	26.776	83	67.06	102	40.040	114	62.13	184	55.752	105	73.35	182	14.78	23	83.37	253
31	26.693	112	68.08	105	39.926	153	63:97	173	55.647	143	75.17	172	14.55	30	85.90	227
April 10	26.581	133	69.13	102	39.773	181	65.70	154	55.504	172	76.89	155	14.25	35	88.17	193
20	26.448	145	70.15	95	39.592	198	67.24	130	55.332	190	78.44	133	13.90	40	90.10	152
30	26.303	150	71.10	85	39.394	207	68.54	102	55.142	198	79.77	106	13.50	42	91.62	107
Mai 10	26.153	148	71.95	72	39.187	205	69.56	70	54.944	198	80.83	76	13.08	42	92.69	58
20	26.005	140	72.67	57	38.982	196	70.26	37	54.746	190	81.59	44	12.66	42	93.27	9
30	25.865	127	73.24	41	38.786	180	70.63	4	54.556	176	82.03	11	12.24	39	93.36	— 41
Juni 9	25.738	111	73.65	23	38.606	159	70.67	— 30	54.380	156	82.14	— 22	11.85	36	92.95	88
19	25.627	92	73.88	6	38.447	133	70.37	62	54.224	132	81.92	53	11.49	31	92.07	133
29	25.535	71	73.94	— 11	38.314	105	69.75	92	54.092	106	81.39	83	11.18	26	90.74	174
Juli 9	25.464	47	73.83	30	38.209	74	68.83	121	53.986	76	80.56	112	10.92	20	89.00	211
19	25.417	22	73.53	47	38.135	40	67.62	146	53.910	44	79.44	138	10.72	14	86.89	243
29	25.395	— 5	73.06	65	38.095	5	66.16	170	53.866	10	78.06	161	10.58	7	84.46	270
Aug. 8	25.400	32	72.41	82	38.090	— 31	64.46	191	53.856	— 24	76.45	183	10.51	0	81.76	292
18	25.432	61	71.59	100	38.121	69	62.55	208	53.880	62	74.62	201	10.51	7	78.84	307
28	25.493	93	70.59	118	38.190	109	60.47	222	53.942	100	72.61	216	10.58	15	75.77	317
Sept. 7	25.586	126	69.41	134	38.299	149	58.25	234	54.042	139	70.45	229	10.73	22	72.60	320
17	25.712	159	68.07	151	38.448	191	55.91	241	54.181	181	68.16	238	10.95	29	69.40	318
27	25.871	194	66.56	166	38.639	232	53.50	244	54.362	222	65.78	242	11.24	37	66.22	309
Okt. 7	26.065	228	64.90	178	38.871	273	51.06	242	54.584	263	63.36	241	11.61	43	63.13	293
17	26.293	261	63.12	188	39.144	313	48.64	235	54.847	302	60.95	237	12.04	50	60.20	269
27	26.554	291	61.24	193	39.457	348	46.29	223	55.149	338	58.58	226	12.54	56	57.51	240
Nov. 6	26.845	316	59.31	193	39.805	377	44.06	204	55.487	368	56.32	208	13.10	60	55.11	202
16	27.161	334	57.38	189	40.182	399	42.02	178	55.855	390	54.24	185	13.70	64	53.09	159
26	27.495	343	55.49	177	40.581	410	40.24	148	56.245	403	52.39	156	14.34	66	51.50	111
Dez. 6	27.838	343	53.72	159	40.991	410	38.76	111	56.648	403	50.83	120	15.00	66	50.39	57
16	28.181	331	52.13	137	41.401	396	37.65	71	57.051	392	49.63	81	15.66	64	49.82	2
26	28.512	309	50.76	109	41.797	371	36.94	28	57.443	367	48.82	38	16.30	60	49.80	— 55
36	28.821		49.67		42.168		36.66		57.810		48.44		16.90		50.35	
Mittl. Ort	27.763		80.34		37.883		71.49		53.607		83.13		11.84		88.48	
sec δ, tg δ	+1.091		+ 0.437		+1.370		+ 0.936		+1.339		+ 0.891		+2.437		+ 2.222	
a, *a′*	+3.3		−18.0		+3.6		−18.0		+3.6		−18.2		+4.3		−18.2	
b, *b′*	−0.03		− 0.44		−0.06		− 0.44		−0.05		− 0.42		−0.13		− 0.42	

Scheinbare Sternörter 1959

Obere Kulmination Greenwich

Tag	391) I Carinae AR.		391) I Carinae Dekl.		389) μ Hydrae AR.		389) μ Hydrae Dekl.	
1959	10h 23m		−73° 49′		10h 24m		−16° 37′	
	s		″		s		″	
Jan. 1	40.04	64	11.41	304	7.627	271	37.49	252
11	40.68	51	14.45	340	7.898	234	40.01	251
21	41.19	39	17.85	367	8.132	190	42.52	243
31	41.58	25	21.52	382	8.322	143	44.95	229
Febr. 10	41.83	11	25.34	388	8.465	93	47.24	209
20	41.94	3	29.22	385	8.558	45	49.33	187
März 1	26 41.91	16	33.07	371	26 8.603	1	51.20	161
11	41.75	27	36.78	351	8.604	39	52.81	134
21	41.48	38	40.29	323	8.565	72	54.15	106
31	41.10	47	43.52	288	8.493	99	55.21	79
April 10	40.63	55	46.40	247	8.394	119	56.00	51
20	40.08	61	48.87	203	8.275	131	56.51	25
30	39.47	65	50.90	153	8.144	138	56.76	2
Mai 10	38.82	69	52.43	101	8.006	139	56.74	27
20	38.13	69	53.44	48	7.867	134	56.47	51
30	37.44	69	53.92	7	7.733	127	55.96	72
Juni 9	36.75	67	53.85	62	7.606	116	55.24	93
19	36.08	63	53.23	114	7.490	101	54.31	111
29	35.45	57	52.09	163	7.389	84	53.20	125
Juli 9	34.88	50	50.46	207	7.305	65	51.95	137
19	34.38	41	48.39	246	7.240	44	50.58	143
29	33.97	31	45.93	277	7.196	19	49.15	145
Aug. 8	33.66	19	43.16	299	7.177	8	47.70	141
18	33.47	7	40.17	311	7.185	37	46.29	132
28	33.40	7	37.06	312	7.222	68	44.97	116
Sept. 7	33.47	21	33.94	302	7.290	103	43.81	94
17	33.68	34	30.92	281	7.393	138	42.87	67
27	34.02	47	28.11	248	7.531	175	42.20	33
Okt. 7	34.49	60	25.63	205	7.706	211	41.87	3
17	35.09	70	23.58	153	7.917	245	41.90	42
27	35.79	77	22.05	93	8.162	275	42.32	83
Nov. 6	36.56	84	21.12	29	8.437	300	43.15	122
16	37.40	87	20.83	36	8.737	317	44.37	159
26	38.27	87	21.19	103	9.054	326	45.96	191
Dez. 6	39.14	83	22.22	167	9.380	324	47.87	217
16	39.97	78	23.89	224	9.704	311	50.04	236
26	40.75	69	26.13	275	10.015	289	52.40	248
36	41.44		28.88		10.304		54.88	
Mittl. Ort	35.26		21.44		6.338		35.07	
sec δ, tg δ	+3.589		− 3.447		+1.044		− 0.299	
a, *a′*	+1.2		−18.3		+2.9		−18.3	
b, *b′*	+0.21		− 0.41		+0.02		− 0.41	

Tag	392) α Antliae AR.		392) α Antliae Dekl.		390) β Leonis min. AR.		390) β Leonis min. Dekl.	
1959	10h 25m		−30° 51′		10h 25m		+36° 54′	
	s		″		s		″	
Jan. 1	17.893	286	28.25	287	31.980	330	47.19	39
11	18.179	245	31.12	297	32.310	289	46.80	2
21	18.424	197	34.09	299	32.599	240	46.82	42
31	18.621	145	37.08	293	32.839	184	47.24	79
Febr. 10	18.766	93	40.01	279	33.023	124	48.03	110
20	18.859	41	42.80	261	33.147	65	49.13	136
März 1	27 18.900	7	45.41	237	27 33.212	7	50.49	153
11	18.893	50	47.78	208	33.219	45	52.02	163
21	18.843	86	49.86	178	33.174	89	53.65	165
31	18.757	116	51.64	145	33.085	125	55.30	159
April 10	18.641	138	53.09	110	32.960	152	56.89	147
20	18.503	153	54.19	75	32.808	170	58.36	129
30	18.350	162	54.94	39	32.638	178	59.65	107
Mai 10	18.188	164	55.33	3	32.460	179	60.72	81
20	18.024	162	55.36	33	32.281	173	61.53	53
30	17.862	155	55.03	66	32.108	160	62.06	24
Juni 9	17.707	144	54.37	99	31.948	143	62.30	5
19	17.563	129	53.38	128	31.805	123	62.25	33
29	17.434	112	52.10	154	31.682	98	61.92	61
Juli 9	17.322	90	50.56	176	31.584	72	61.31	88
19	17.232	65	48.80	192	31.512	44	60.43	113
29	17.167	38	46.88	203	31.468	13	59.30	136
Aug. 8	17.129	6	44.85	205	31.455	18	57.94	158
18	17.123	28	42.80	201	31.473	53	56.36	176
28	17.151	65	40.79	188	31.526	88	54.60	194
Sept. 7	17.216	104	38.91	168	31.614	125	52.66	208
17	17.320	146	37.23	139	31.739	164	50.58	219
27	17.466	187	35.84	104	31.903	204	48.39	227
Okt. 7	17.653	227	34.80	63	32.107	243	46.12	231
17	17.880	266	34.17	16	32.350	281	43.81	231
27	18.146	299	34.01	34	32.631	316	41.50	224
Nov. 6	18.445	325	34.35	84	32.947	345	39.26	212
16	18.770	342	35.19	132	33.292	368	37.14	193
26	19.112	351	36.51	177	33.660	380	35.21	169
Dez. 6	19.463	347	38.28	217	34.040	383	33.52	138
16	19.810	331	40.45	250	34.423	373	32.14	103
26	20.141	306	42.95	274	34.796	350	31.11	63
36	20.447		45.69		35.146		30.48	
Mittl. Ort	16.367		29.92		31.079		64.54	
sec δ, tg δ	+1.165		− 0.597		+1.251		+ 0.751	
a, *a′*	+2.8		−18.4		+3.5		−18.4	
b, *b′*	+0.04		− 0.40		−0.05		− 0.40	

Obere Kulmination Greenwich

Tag	393) 196 G. Carinae				394) 36 Ursae maj.				1273) 219 G. Velorum				395) 9 H. Draconis			
	AR.		Dekl.		AR.		Dekl.		AR.		Dekl.		AR.		Dekl.	
1959	10h 26m		−58° 31′		10h 28m		+56° 10′		10h 31m		−46° 47′		10h 31m		+75° 54′	
	s		″		s		″		s		″		s		″	
Jan. 1	24.734	393	38.53	313	1.825	441	68.46	42	14.879	333	24.08	305	40.91	90	67.09	110
11	25.127	329	41.66	342	2.266	388	68.88	92	15.212	283	27.13	328	41.81	79	68.19	165
21	25.456	256	45.08	361	2.654	321	69.80	138	15.495	226	30.41	341	42.60	65	69.84	213
31	25.712	178	48.69	370	2.975	244	71.18	177	15.721	165	33.82	346	43.25	49	71.97	253
Febr. 10	25.890	99	52.39	371	3.219	163	72.95	209	15.886	103	37.28	340	43.74	32	74.50	281
20	25.989	22	56.10	361	[27] 3.382	79	75.04	231	[28] 15.989	41	40.68	327	[28] 44.06	13	77.31	298
März 1	[27] 26.011	— 51	59.71	344	3.461	— 2	77.35	243	16.030	— 16	43.95	308	44.19	— 5	80.29	303
11	25.960	116	63.15	319	3.459	78	79.78	244	16.014	69	47.03	281	44.14	22	83.32	295
21	25.844	174	66.34	288	3.381	144	82.22	234	15.945	113	49.84	250	43.92	37	86.27	276
31	25.670	223	69.22	251	3.237	198	84.56	216	15.832	151	52.34	215	43.55	51	89.03	246
April 10	25.447	262	71.73	211	3.039	241	86.72	189	15.681	181	54.49	176	43.04	62	91.49	207
20	25.185	291	73.84	166	2.798	271	88.61	156	15.500	202	56.25	134	42.42	69	93.56	162
30	24.894	312	75.50	119	2.527	287	90.17	117	15.298	217	57.59	90	41.73	75	95.18	112
Mai 10	24.582	324	76.69	69	2.240	291	91.34	76	15.081	224	58.49	46	40.98	77	96.30	58
20	24.258	327	77.38	19	1.949	285	92.10	33	14.857	225	58.95	1	40.21	76	96.88	3
30	23.931	322	77.57	— 32	1.664	269	92.43	— 12	14.632	221	58.96	— 44	39.45	73	96.91	— 51
Juni 9	23.609	308	77.25	82	1.395	245	92.31	54	14.411	210	58.52	88	38.72	69	96.40	103
19	23.301	287	76.43	128	1.150	214	91.77	96	14.201	195	57.64	129	38.03	61	95.37	153
29	23.014	259	75.15	172	0.936	178	90.81	134	14.006	174	56.35	166	37.42	53	93.84	198
Juli 9	22.755	222	73.43	211	0.758	137	89.47	170	13.832	147	54.69	198	36.89	43	91.86	237
19	22.533	179	71.32	243	0.621	94	87.77	201	13.685	117	52.71	226	36.46	32	89.49	272
29	22.354	128	68.89	268	0.527	48	85.76	228	13.568	80	50.45	245	36.14	21	86.77	301
Aug. 8	22.226	71	66.21	284	0.479	— 1	83.48	252	13.488	40	48.00	257	35.93	9	83.76	323
18	22.155	8	63.37	291	0.480	52	80.96	270	13.448	— 5	45.43	260	35.84	— 4	80.53	338
28	22.147	— 60	60.46	288	0.532	105	78.26	284	13.453	55	42.83	253	35.88	17	77.15	347
Sept. 7	22.207	130	57.58	273	0.637	159	75.42	293	13.508	107	40.30	236	36.05	29	73.68	349
17	22.337	202	54.85	249	0.796	214	72.49	295	13.615	160	37.94	211	36.34	42	70.19	343
27	22.539	272	52.36	213	1.010	269	69.54	292	13.775	214	35.83	175	36.76	54	66.76	331
Okt. 7	22.811	337	50.23	168	1.279	323	66.62	284	13.989	266	34.08	131	37.30	66	63.45	310
17	23.148	397	48.55	115	1.602	374	63.78	268	14.255	313	32.77	81	37.96	77	60.35	283
27	23.545	447	47.40	57	1.976	421	61.10	246	14.568	353	31.96	25	38.73	86	57.52	248
Nov. 6	23.992	483	46.83	— 6	2.397	460	58.64	217	14.921	386	31.71	— 33	39.59	95	55.04	206
16	24.475	505	46.89	69	2.857	490	56.47	181	15.307	406	32.04	92	40.54	101	52.98	157
26	24.980	509	47.58	132	3.347	508	54.66	139	15.713	413	32.96	148	41.55	104	51.41	103
Dez. 6	25.489	498	48.90	190	3.855	511	53.27	92	16.126	408	34.44	201	42.59	105	50.38	44
16	25.987	469	50.80	243	4.366	499	52.35	41	16.534	389	36.45	247	43.64	102	49.94	— 15
26	26.456	425	53.23	287	4.865	470	51.94	— 10	16.923	357	38.92	284	44.66	96	50.09	75
36	26.881		56.10		5.335		52.04		17.280		41.76		45.62		50.84	
Mittl. Ort	22.134		46.60		0.927		89.43		12.930		30.11		39.71		90.06	
sec δ, tg δ	+1.915		− 1.634		+1.797		+ 1.493		+1.461		− 1.065		+4.112		+ 3.989	
a, *a′*	+2.2		−18.4		+3.9		−18.4		+2.5		−18.6		+5.1		−18.6	
b, *b′*	+0.10		− 0.40		−0.09		− 0.39		+0.07		− 0.38		−0.25		− 0.38	

Scheinbare Sternörter 1959

Obere Kulmination Greenwich

Tag	404) 33 Sextantis AR.		404) 33 Sextantis Dekl.		406) ϑ Carinae AR.		406) ϑ Carinae Dekl.		407) 42 Leonis min. AR.		407) 42 Leonis min. Dekl.		409) 53 Leonis AR.		409) 53 Leonis Dekl.	
1959	10h 39m		−1° 31′		10h 41m		−64° 10′		10h 43m		+30° 53′		10h 47m		+10° 45′	
	s		″		s		″		s		″		s		″	
Jan. 1	20.037	278	38.25	204	32.33	48	34.72	296	36.129	323	39.83	79	7.066	291	35.55	161
11	20.315	246	40.29	190	32.81	40	37.68	332	36.452	288	39.04	40	7.357	258	33.94	138
21	20.561	205	42.19	171	33.21	32	41.00	357	36.740	243	38.64	0	7.615	219	32.56	110
31	20.766	160	43.90	150	33.53	23	44.57	373	36.983	193	38.64	37	7.834	174	31.46	81
Febr. 10	20.926	113	45.40	125	33.76	15	48.30	378	37.176	138	39.01	70	8.008	126	30.65	51
20	21.039	66	46.65	99	33.91	5	52.08	373	37.314	83	39.71	99	8.134	78	30.14	23
März 2	21.105	22	47.64	74	33.96	4	55.81	[illegible]	37.397	30	40.70	122	8.212	32	29.91	1
11	^{2}21.127	18	48.38	49	^{3}33.92	11	59.43	341	37.427	19	41.92	137	^{4}8.244	9	29.92	24
21	21.109	52	48.87	27	33.81	18	62.84	313	37.408	62	43.29	145	8.235	46	30.16	42
31	21.057	80	49.14	6	33.63	25	65.97	280	37.346	98	44.74	145	8.189	75	30.58	56
April 10	20.977	101	49.20	11	33.38	30	68.77	241	37.248	124	46.19	140	8.114	98	31.14	65
20	20.876	114	49.09	27	33.08	34	71.18	198	37.124	142	47.59	129	8.016	114	31.79	71
30	20.762	122	48.82	40	32.74	37	73.16	151	36.982	154	48.88	113	7.902	122	32.50	73
Mai 10	20.640	125	48.42	51	32.37	39	74.67	101	36.828	157	50.01	93	7.780	126	33.23	73
20	20.515	123	47.91	60	31.98	40	75.68	50	36.671	155	50.94	70	7.654	124	33.96	71
30	20.392	116	47.31	69	31.58	40	76.18	3	36.516	147	51.64	47	7.530	119	34.67	65
Juni 9	20.276	106	46.62	74	31.18	39	76.15	54	36.369	134	52.11	22	7.411	109	35.32	59
19	20.170	94	45.88	77	30.79	37	75.61	105	36.235	118	52.33	4	7.302	97	35.91	51
29	20.076	80	45.11	80	30.42	35	74.56	153	36.117	100	52.29	29	7.205	82	36.42	42
Juli 9	19.996	62	44.31	79	30.07	30	73.03	195	36.017	78	52.00	54	7.123	66	36.84	32
19	19.934	44	43.52	76	29.77	26	71.08	232	35.939	55	51.46	78	7.057	47	37.16	19
29	19.890	22	42.76	69	29.51	20	68.76	263	35.884	28	50.68	101	7.010	25	37.35	6
Aug. 8	19.868	2	42.07	59	29.31	13	66.13	285	35.856	1	49.67	123	6.985	2	37.41	10
18	19.870	29	41.48	46	29.18	5	63.28	297	35.855	30	48.44	144	6.983	24	37.31	27
28	19.899	57	41.02	28	29.13	3	60.31	298	35.885	63	47.00	163	7.007	54	37.04	46
Sept. 7	19.956	89	40.74	7	29.16	11	57.33	290	35.948	97	45.37	181	7.061	84	36.58	67
17	20.045	122	40.67	18	29.27	20	54.43	270	36.045	135	43.56	197	7.145	118	35.91	88
27	20.167	157	40.85	44	29.47	29	51.73	238	36.180	173	41.59	209	7.263	153	35.03	111
Okt. 7	20.324	193	41.29	73	29.76	37	49.35	198	36.353	212	39.50	220	7.416	189	33.92	133
17	20.517	227	42.02	103	30.13	45	47.37	147	36.565	251	37.30	225	7.605	224	32.59	154
27	20.744	259	43.05	131	30.58	51	45.90	90	36.816	286	35.05	225	7.829	257	31.05	172
Nov. 6	21.003	285	44.36	157	31.09	55	45.00	28	37.102	317	32.80	220	8.086	286	29.33	187
16	21.288	306	45.93	179	31.64	58	44.72	37	37.419	342	30.60	209	8.372	308	27.46	196
26	21.594	318	47.72	196	32.22	60	45.09	101	37.761	357	28.51	191	8.680	322	25.50	200
Dez. 6	21.912	321	49.68	207	32.82	59	46.10	153	38.118	364	26.60	166	9.002	328	23.50	197
16	22.233	312	51.75	211	33.41	55	47.73	219	38.482	358	24.94	136	9.330	322	21.53	188
26	22.545	295	53.86	207	33.96	51	49.92	268	38.840	340	23.58	101	9.652	305	19.65	172
36	22.840		55.93		34.47		52.60		39.180		22.57		9.957		17.93	
Mittl. Ort	18.994		31.88		29.36		44.85		35.338		55.57		6.170		45.48	
sec δ, tg δ	+1.000		− 0.027		+2.296		− 2.067		+1.165		+ 0.598		+1.018		+ 0.190	
a, *a′*	+3.1		−18.8		+2.1		−18.9		+3.3		−18.9		+3.2		−19.1	
b, *b′*	0.00		− 0.34		+0.13		− 0.34		−0.04		− 0.33		−0.01		− 0.31	

Obere Kulmination Greenwich

Tag	415) 239 G. Velorum AR.	Diff.	415) Dekl.	Diff.	416) β Ursae maj. AR.	Diff.	416) Dekl.	Diff.	417) α Ursae maj. AR.	Diff.	417) Dekl.	Diff.	418) χ Leonis AR.	Diff.	418) Dekl.	Diff.
1959	10h 58m		−42° 0′		10h 59m		+56° 35′		11h 1m		+61° 57′		11h 2m		+7° 33′	
	s		″		s		″		s		″		s		″	
Jan. 1	17.674	340	13.74	282	23.309	470	48.22	8	13.27	54	59.94	26	54.976	295	20.50	177
11	18.014	300	16.56	306	23.779	425	48.30	63	13.81	48	60.20	82	55.271	266	18.73	156
21	18.314	251	19.62	319	24.204	366	48.93	114	14.29	42	61.02	135	55.537	228	17.17	130
31	18.565	196	22.81	325	24.570	294	50.07	160	14.71	34	62.37	181	55.765	186	15.87	103
Febr. 10	18.761	140	26.06	321	24.864	216	51.67	198	15.05	25	64.18	219	55.951	139	14.84	74
20	18.901	83	29.27	311	25.080	135	53.65	228	15.30	15	66.37	248	56.090	92	14.10	45
März 2	18.984	30	32.38	294	25.215	52	55.93	246	15.45	5	68.85	266	56.182	48	13.65	19
11	7 19.014	21	35.32	270	7 25.267	26	58.39	254	8 15.50	3	71.51	272	8 56.230	6	13.46	5
21	18.993	64	38.02	242	25.241	96	60.93	251	15.47	12	74.23	266	56.236	31	13.51	25
31	18.929	101	40.44	211	25.145	157	63.44	239	15.35	19	76.89	251	56.205	61	13.76	41
April 10	18.828	132	42.55	176	24.988	208	65.83	217	15.16	25	79.40	226	56.144	85	14.17	54
20	18.696	156	44.31	138	24.780	245	68.00	187	14.91	30	81.66	193	56.059	103	14.71	63
30	18.540	174	45.69	98	24.535	270	69.87	151	14.61	33	83.59	154	55.956	113	15.34	68
Mai 10	18.366	185	46.67	58	24.265	285	71.38	110	14.28	35	85.13	110	55.843	119	16.02	71
20	18.181	190	47.25	17	23.980	288	72.48	68	13.93	35	86.23	63	55.724	121	16.73	71
30	17.991	191	47.42	25	23.692	281	73.16	23	13.58	34	86.86	15	55.603	117	17.44	69
Juni 9	17.800	187	47.17	65	23.411	266	73.39	23	13.24	33	87.01	34	55.486	111	18.13	65
19	17.613	178	46.52	103	23.145	244	73.16	67	12.91	31	86.67	80	55.375	102	18.78	60
29	17.435	165	45.49	139	22.901	216	72.49	109	12.60	27	85.87	125	55.273	90	19.38	53
Juli 9	17.270	145	44.10	171	22.685	182	71.40	148	12.33	23	84.62	167	55.183	75	19.91	44
19	17.125	122	42.39	197	22.503	143	69.92	185	12.10	18	82.95	205	55.108	59	20.35	34
29	17.003	94	40.42	218	22.360	101	68.07	217	11.92	14	80.90	238	55.049	39	20.69	22
Aug. 8	16.909	60	38.24	231	22.259	55	65.90	246	11.78	8	78.52	267	55.010	18	20.91	7
18	16.849	21	35.93	236	22.204	6	63.44	270	11.70	2	75.85	290	54.992	8	20.98	10
28	16.828	22	33.57	233	22.198	46	60.74	288	11.68	4	72.95	309	55.000	36	20.88	28
Sept. 7	16.850	69	31.24	220	22.244	101	57.86	302	11.72	11	69.86	321	55.036	66	20.60	49
17	16.919	120	29.04	198	22.345	158	54.84	310	11.83	17	66.65	328	55.102	101	20.11	71
27	17.039	171	27.06	168	22.503	216	51.74	312	12.00	24	63.37	327	55.203	136	19.40	95
Okt. 7	17.210	221	25.38	129	22.719	275	48.62	308	12.24	31	60.10	320	55.339	173	18.45	120
17	17.431	270	24.09	82	22.994	332	45.54	296	12.55	38	56.90	305	55.512	211	17.25	142
27	17.701	314	23.27	32	23.326	386	42.58	278	12.93	43	53.85	283	55.723	245	15.83	164
Nov. 6	18.015	349	22.95	23	23.712	434	39.80	251	13.36	49	51.02	253	55.968	275	14.19	182
16	18.364	376	23.18	78	24.146	473	37.29	218	13.85	54	48.49	216	56.243	300	12.37	195
26	18.740	391	23.96	131	24.619	500	35.11	177	14.39	57	46.33	171	56.543	318	10.42	203
Dez. 6	19.131	393	25.27	181	25.119	514	33.34	131	14.96	58	44.62	121	56.861	325	8.39	204
16	19.524	383	27.08	225	25.633	511	32.03	79	15.54	58	43.41	67	57.186	321	6.35	199
26	19.907	359	29.33	263	26.144	493	31.24	25	16.12	56	42.74	9	57.507	309	4.36	186
36	20.266		31.96		26.637		30.99		16.68		42.65		57.816		2.50	
Mittl. Ort	16.045		20.35		22.779		69.25		12.80		81.74		54.143		28.96	
sec δ, tg δ	+1.346		− 0.901		+1.817		+ 1.517		+2.128		+ 1.879		+1.009		+ 0.133	
a, a′	+2.8		−19.3		+3.6		−19.3		+3.7		−19.4		+3.1		−19.4	
b, b′	+0.06		− 0.27		−0.10		− 0.26		−0.12		− 0.25		−0.01		− 0.25	

Scheinbare Sternörter 1959

Obere Kulmination Greenwich

Tag	420) ψ Ursae maj.				421) β Crateris				422) δ Leonis				423) ϑ Leonis			
	AR.	Diff.	Dekl.	Diff.	AR.	Diff.	Dekl.	Diff.	AR.	Diff.	Dekl.	Diff.	AR.	Diff.	Dekl.	Diff.
1959	11h 7m		+44° 42′		11h 9m		−22° 36′		11h 11m		+20° 44′		11h 12m		+15° 38′	
	s		″		s		″		s		″		s		″	
Jan. 1	22.443		58.08		39.454		4.34		56.464		42.70		6.098		63.51	
11	22.831	388	57.64	44	39.759	305	6.87	253	56.779	315	41.33	137	6.406	308	61.98	153
21	23.183	352	57.69	5	40.033	274	9.48	261	57.066	287	40.30	103	6.685	279	60.73	125
31	23.489	306	58.22	53	40.268	235	12.08	260	57.315	249	39.62	68	6.928	243	59.79	94
Febr. 10	23.739	250	59.20	98	40.459	191	14.61	253	57.521	206	39.29	33	7.128	200	59.19	60
20	23.927	188	60.58	138	40.602	143	17.01	240	57.679	158	39.31	2	7.282	154	58.91	28
März 2	24.052	125	62.28	170	40.697	95	19.23	222	57.787	108	39.65	34	7.387	105	58.94	3
11	(9) 24.113	61	64.21	193	(10) 40.747	50	21.23	200	(11) 57.847	60	40.26	61	(11) 7.446	59	59.24	30
21	24.113	0	66.29	208	40.755	8	22.98	175	57.862	15	41.10	84	7.461	15	59.78	54
31	24.058	55	68.42	213	40.726	29	24.47	149	57.837	25	42.09	99	7.438	23	60.50	72
April 10	23.957	101	70.50	208	40.665	61	25.68	121	57.778	59	43.19	110	7.382	56	61.34	84
20	23.818	139	72.46	196	40.578	87	26.60	92	57.692	86	44.33	114	7.300	82	62.26	92
30	23.650	168	74.22	176	40.473	105	27.24	64	57.585	107	45.46	113	7.199	101	63.21	95
Mai 10	23.462	188	75.72	150	40.354	119	27.60	36	57.465	120	46.53	107	7.085	114	64.15	94
20	23.263	199	76.91	119	40.226	128	27.68	8	57.337	128	47.51	98	6.963	122	65.05	90
30	23.061	202	77.76	85	40.093	133	27.49	19	57.207	130	48.37	86	6.838	125	65.86	81
Juni 9	22.862	199	78.25	49	39.960	133	27.03	46	57.078	129	49.07	70	6.716	122	66.57	71
19	22.674	188	78.36	11	39.831	129	26.33	70	56.956	122	49.60	53	6.599	117	67.17	60
29	22.500	174	78.10	26	39.708	123	25.39	94	56.843	113	49.96	36	6.491	108	67.63	46
Juli 9	22.345	155	77.48	62	39.595	113	24.25	114	56.742	101	50.12	16	6.394	97	67.94	31
19	22.214	131	76.50	98	39.495	100	22.94	131	56.655	87	50.09	3	6.311	83	68.10	16
29	22.109	105	75.19	131	39.411	84	21.50	144	56.586	69	49.86	23	6.244	67	68.09	1
Aug. 8	22.035	74	73.58	161	39.348	63	19.98	152	56.537	49	49.42	44	6.197	47	67.91	18
18	21.993	42	71.68	190	39.309	39	18.42	156	56.511	26	48.78	64	6.171	26	67.54	37
28	21.987	6	69.54	214	39.297	12	16.90	152	56.511	0	47.92	86	6.171	0	66.98	56
Sept. 7	22.020	33	67.18	236	39.318	21	15.47	143	56.540	29	46.85	107	6.199	28	66.21	77
17	22.095	75	64.64	254	39.374	56	14.21	126	56.601	61	45.57	128	6.258	59	65.23	98
27	22.215	120	61.96	268	39.470	96	13.17	104	56.697	96	44.08	149	6.352	94	64.03	120
Okt. 7	22.381	166	59.20	276	39.606	136	12.43	74	56.830	133	42.39	169	6.482	130	62.62	141
17	22.595	214	56.39	281	39.784	178	12.03	40	57.002	172	40.53	186	6.651	169	61.01	161
27	22.857	262	53.61	278	40.003	219	12.02	1	57.214	212	38.53	200	6.858	207	59.21	180
Nov. 6	23.164	307	50.92	269	40.260	257	12.42	40	57.462	248	36.41	212	7.101	243	57.27	194
16	23.511	347	48.38	254	40.550	290	13.25	83	57.744	282	34.23	218	7.377	276	55.21	206
26	23.892	381	46.07	231	40.866	316	14.50	125	58.054	310	32.05	218	7.680	303	53.10	211
Dez. 6	24.297	405	44.07	200	41.199	333	16.13	163	58.383	329	29.93	212	8.003	323	51.00	210
16	24.715	418	42.43	164	41.538	339	18.09	196	58.723	340	27.94	199	8.335	332	48.97	203
26	25.133	418	41.22	121	41.873	335	20.32	223	59.063	340	26.14	180	8.666	331	47.09	188
36	25.537	404	40.48	74	42.192	319	22.76	244	59.391	328	24.60	154	8.987	321	45.41	168
Mittl. Ort	21.919		76.80		38.305		5.98		55.794		55.02		5.387		74.26	
sec δ, tg δ	+1.407		+ 0.990		+1.083		− 0.416		+1.069		+ 0.379		+1.039		+ 0.280	
a, *a′*	+3.4		−19.5		+3.0		−19.6		+3.2		−19.6		+3.2		−19.6	
b, *b′*	−0.06		− 0.23		+0.03		− 0.22		−0.02		− 0.21		−0.02		− 0.21	

Obere Kulmination Greenwich

Tag	425) ν Ursae maj. AR.		Dekl.		426) δ Crateris AR.		Dekl.	
1959	11h 16m		+33° 18′		11h 17m		−14° 33′	
	s		″		s		″	
Jan. 1	16.630	346	49.91	94	18.293	302	23.78	236
11	16.976	316	48.97	52	18.595	273	26.14	235
21	17.292	276	48.45	8	18.868	236	28.49	229
31	17.568	229	48.37	35	19.104	194	30.78	216
Febr. 10	17.797	177	48.72	73	19.298	149	32.94	198
20	17.974	122	49.45	106	19.447	104	34.92	178
März 2	18.096	68	50.51	134	19.551	59	36.70	154
12	18.164	17	51.85	154	19.610	19	38.24	129
21	(12) 18.181	29	53.39	165	(12) 19.629	18	39.53	103
31	18.152	69	55.04	169	19.611	49	40.56	78
April 10	18.083	101	56.73	166	19.562	74	41.34	54
20	17.982	125	58.39	155	19.488	93	41.88	30
30	17.857	143	59.94	139	19.395	107	42.18	7
Mai 10	17.714	153	61.33	118	19.288	115	42.25	14
20	17.561	156	62.51	94	19.173	121	42.11	35
30	17.405	155	63.45	68	19.052	121	41.76	54
Juni 9	17.250	149	64.13	39	18.931	118	41.22	71
19	17.101	138	64.52	10	18.813	113	40.51	86
29	16.963	125	64.62	19	18.700	105	39.65	100
Juli 9	16.838	107	64.43	49	18.595	93	38.65	110
19	16.731	87	63.94	76	18.502	79	37.55	117
29	16.644	65	63.18	104	18.423	60	36.38	119
Aug. 8	16.579	38	62.14	131	18.363	39	35.19	118
18	16.541	10	60.83	154	18.324	13	34.01	112
28	16.531	23	59.29	177	18.311	16	32.89	100
Sept. 7	16.554	59	57.52	198	18.327	49	31.89	83
17	16.613	97	55.54	217	18.376	86	31.06	59
27	16.710	138	53.37	231	18.462	124	30.47	32
Okt. 7	16.848	180	51.06	242	18.586	165	30.15	1
17	17.028	223	48.64	249	18.751	205	30.16	35
27	17.251	265	46.15	251	18.956	242	30.51	72
Nov. 6	17.516	301	43.64	245	19.198	275	31.23	108
16	17.817	332	41.19	233	19.473	302	32.31	142
26	18.149	356	38.86	215	19.775	321	33.73	174
Dez. 6	18.505	369	36.71	189	20.096	329	35.47	199
16	18.874	369	34.82	157	20.425	327	37.46	218
26	19.243	360	33.25	119	20.752	314	39.64	231
36	19.603		32.06		21.066		41.95	
Mittl. Ort	16.091		65.72		17.301		23.19	
sec δ, tg δ	+1.197		+ 0.657		+1.033		− 0.260	
a, a′	+3.2		−19.7		+3.0		−19.7	
b, b′	−0.04		− 0.19		+0.02		− 0.19	

Tag	427) σ Leonis AR.		Dekl.		428) π Centauri AR.		Dekl.	
1959	11h 19m		+6° 14′		11h 19m		−54° 15′	
	s		″		s		″	
Jan. 1	2.080	302	68.09	185	9.766	425	46.79	266
11	2.382	275	66.24	165	10.191	378	49.45	301
21	2.657	240	64.59	141	10.569	322	52.46	326
31	2.897	199	63.18	113	10.891	260	55.72	343
Febr. 10	3.096	154	62.05	84	11.151	193	59.15	350
20	3.250	109	61.21	55	11.344	125	62.65	349
März 2	3.359	64	60.66	28	11.469	60	66.14	340
12	(12) 3.423	22	60.38	3	11.529	1	69.54	323
21	3.445	14	60.35	18	(12) 11.528	58	72.77	299
31	3.431	46	60.53	37	11.470	108	75.76	271
April 10	3.385	71	60.90	50	11.362	151	78.47	237
20	3.314	90	61.40	60	11.211	186	80.84	200
30	3.224	103	62.00	67	11.025	216	82.84	159
Mai 10	3.121	112	62.67	71	10.809	237	84.43	115
20	3.009	116	63.38	72	10.572	253	85.58	68
30	2.893	115	64.10	71	10.319	262	86.26	21
Juni 9	2.778	112	64.81	69	10.057	264	86.47	26
19	2.666	105	65.50	64	9.793	260	86.21	72
29	2.561	95	66.14	57	9.533	248	85.49	117
Juli 9	2.466	84	66.71	49	9.285	229	84.32	158
19	2.382	69	67.20	40	9.056	202	82.74	194
29	2.313	52	67.60	27	8.854	169	80.80	225
Aug. 8	2.261	32	67.87	14	8.685	127	78.55	248
18	2.229	7	68.01	2	8.558	79	76.07	263
28	2.222	19	67.99	22	8.479	23	73.44	269
Sept. 7	2.241	51	67.77	42	8.456	39	70.75	265
17	2.292	84	67.35	64	8.495	105	68.10	251
27	2.376	121	66.71	89	8.600	172	65.59	225
Okt. 7	2.497	159	65.82	114	8.772	239	63.34	191
17	2.656	197	64.68	138	9.011	304	61.43	147
27	2.853	234	63.30	160	9.315	362	59.96	96
Nov. 6	3.087	267	61.70	180	9.677	410	59.00	40
16	3.354	294	59.90	195	10.087	447	58.60	19
26	3.648	314	57.95	204	10.534	470	58.79	79
Dez. 6	3.962	324	55.91	208	11.004	477	59.58	138
16	4.286	324	53.83	204	11.481	468	60.96	191
26	4.610	314	51.79	194	11.949	443	62.87	239
36	4.924		49.85		12.392		65.26	
Mittl. Ort	1.326		75.57		7.814		57.62	
sec δ, tg δ	+1.006		+ 0.110		+1.712		− 1.390	
a, a′	+3.1		−19.7		+2.7		−19.7	
b, b′	−0.01		− 0.18		+0.09		− 0.18	

Scheinbare Sternörter 1959

Obere Kulmination Greenwich

Tag	429) Grb 1771 U Maj AR.	Diff.	429) Grb 1771 U Maj Dekl.	Diff.	433) λ Draconis AR.	Diff.	433) λ Draconis Dekl.	Diff.
1959	11h 20m		+64° 32′		11h 28m		+69° 32′	
	s		″		s		″	
Jan. 1	26.25		56.32		59.41		64.84	
11	26.84	59	56.44	12	60.12	71	65.00	16
21	27.39	55	57.14	70	60.78	66	65.77	77
31	27.87	48	58.40	126	61.36	58	67.12	135
Febr. 10	28.26	39	60.17	177	61.85	49	68.99	187
20	28.56	30	62.36	219	62.23	38	71.30	231
März 2	28.77	21	64.87	251	62.49	26	73.94	264
12	28.87	10	67.60	273	62.63	14	76.80	286
21	[13] 28.87	0	70.43	283	[15] 62.64	1	79.76	296
31	28.78	9	73.24	281	62.53	11	82.71	295
April 10	28.60	18	75.92	258	62.32	21	85.52	281
20	28.35	25	78.37	245	62.02	30	88.08	256
30	28.05	30	80.51	214	61.65	37	90.32	224
Mai 10	27.70	35	82.26	175	61.21	44	92.16	184
20	27.32	38	83.56	130	60.74	47	93.53	137
30	26.93	39	84.39	83	60.24	50	94.40	87
Juni 9	26.54	39	84.73	34	59.74	50	94.76	36
19	26.16	38	84.57	16	59.24	50	94.59	17
29	25.80	36	83.91	66	58.77	47	93.90	69
Juli 9	25.48	32	82.77	114	58.34	43	92.71	119
19	25.19	29	81.19	158	57.95	39	91.06	165
29	24.94	25	79.20	199	57.61	34	88.97	209
Aug. 8	24.75	19	76.84	236	57.34	27	86.50	247
18	24.61	14	74.16	268	57.13	21	83.70	280
28	24.54	7	71.22	294	57.00	13	80.62	308
Sept. 7	24.54	0	68.06	316	56.96	4	77.32	330
17	24.60	6	64.75	331	57.00	4	73.87	345
27	24.74	14	61.35	340	57.13	13	70.33	354
Okt. 7	24.95	21	57.93	342	57.35	22	66.78	355
17	25.24	29	54.57	336	57.67	32	63.29	349
27	25.61	37	51.34	323	58.08	41	59.95	334
Nov. 6	26.04	43	48.31	303	58.58	50	56.83	312
16	26.54	50	45.58	273	59.16	58	54.03	280
26	27.09	55	43.22	236	59.81	65	51.61	242
Dez. 6	27.69	60	41.30	192	60.51	70	49.66	195
16	28.31	62	39.90	140	61.25	74	48.25	141
26	28.94	63	39.05	85	61.99	74	47.42	83
36	29.55	61	38.80	25	62.73	74	47.20	22
Mittl. Ort	26.09		78.28		59.51		87.23	
sec δ, tg δ	+2.328		+ 2.102		+2.863		+ 2.683	
a, *a′*	+3.6		−19.7		+3.6		−19.9	
b, *b′*	−0.14		− 0.17		−0.18		− 0.13	

Tag	434) ξ Hydrae AR.	Diff.	434) ξ Hydrae Dekl.	Diff.	436) λ Centauri AR.	Diff.	436) λ Centauri Dekl.	Diff.
1959	11h 30m		−31° 37′		11h 33m		−62° 47′	
	s		″		s		″	
Jan. 1	60.026		44.09		55.10		20.27	
11	60.360	334	46.61	252	55.63	53	22.70	243
21	60.663	303	49.32	271	56.11	48	25.56	286
31	60.927	264	52.12	280	56.52	41	28.75	319
Febr. 10	61.146	219	54.93	281	56.86	34	32.19	344
20	61.318	172	57.69	276	57.12	26	35.78	359
März 2	61.441	123	60.33	264	57.30	18	39.42	364
12	61.515	74	62.80	247	[16] 57.40	10	43.03	361
21	[15] 61.545	30	65.05	225	57.42	2	46.54	351
31	61.534	11	67.06	201	57.36	6	49.86	332
April 10	61.489	45	68.80	174	57.24	12	52.94	308
20	61.414	75	70.24	144	57.07	17	55.70	270
30	61.314	100	71.37	113	56.84	23	58.11	241
Mai 10	61.196	118	72.18	81	56.57	27	60.11	200
20	61.064	132	72.66	48	56.26	31	61.67	156
30	60.922	142	72.81	15	55.93	33	62.75	108
Juni 9	60.775	147	72.64	17	55.58	35	63.34	59
19	60.626	149	72.15	49	55.22	36	63.42	8
29	60.480	146	71.35	80	54.86	36	63.00	42
Juli 9	60.340	140	70.28	107	54.51	35	62.08	92
19	60.211	129	68.95	133	54.18	33	60.69	139
29	60.096	115	67.40	155	53.88	30	58.88	181
Aug. 8	60.000	96	65.69	171	53.62	26	56.69	219
18	59.929	71	63.88	181	53.41	21	54.20	249
28	59.887	42	62.02	186	53.26	15	51.48	272
Sept. 7	59.879	8	60.19	183	53.19	7	48.63	285
17	59.910	31	58.47	172	53.19	0	45.76	287
27	59.984	74	56.94	153	53.28	9	42.97	279
Okt. 7	60.104	120	55.67	127	53.46	18	40.38	259
17	60.271	167	54.73	94	53.73	27	38.08	230
27	60.485	214	54.18	55	54.08	35	36.19	189
Nov. 6	60.743	258	54.07	11	54.50	42	34.79	140
16	61.039	296	54.42	35	54.99	49	33.94	85
26	61.367	328	55.25	83	55.53	54	33.69	25
Dez. 6	61.716	349	56.53	128	56.10	57	34.07	38
16	62.076	360	58.23	170	56.69	59	35.07	100
26	62.434	358	60.30	207	57.26	57	36.65	158
36	62.780	346	62.67	237	57.81	55	38.78	213
Mittl. Ort	58.842		49.63		52.76		33.69	
sec δ, tg δ	+1.174		− 0.616		+2.187		− 1.945	
a, *a′*	+3.0		−19.9		+2.8		−19.9	
b, *b′*	+0.04		− 0.13		+0.13		− 0.11	

Scheinbare Sternörter 1959

Obere Kulmination Greenwich

Tag	437) υ Leonis AR.	Δ	437) υ Leonis Dekl.	Δ	440) 3 Draconis AR.	Δ	440) 3 Draconis Dekl.	Δ	441) χ Ursae maj. AR.	Δ	441) χ Ursae maj. Dekl.	Δ	444) β Leonis AR.	Δ	444) β Leonis Dekl.	Δ
1959	11h 34m		−0° 35′		11h 40m		+66° 57′		11h 43m		+47° 59′		11h 46m		+14° 47′	
	s		″		s		″		s		″		s		″	
Jan. 1	51.635	306	54.64	204	11.90	65	56.92	7	53.664	421	65.70	71	58.648	318	55.26	171
11	51.941	281	56.68	192	12.55	61	56.85	56	54.085	394	64.99	16	58.966	296	53.55	143
21	52.222	249	58.60	173	13.16	54	57.41	114	54.479	353	64.83	37	59.262	266	52.12	110
31	52.471	210	60.33	150	13.70	47	58.55	168	54.832	302	65.20	88	59.528	227	51.02	76
Febr. 10	52.681	167	61.83	124	14.17	37	60.23	214	55.134	243	66.08	134	59.755	184	50.26	42
20	52.848	123	63.07	98	14.54	26	62.37	251	55.377	179	67.42	174	59.939	139	49.84	8
März 2	52.971	79	64.05	71	14.80	15	64.88	277	55.556	114	69.16	204	60.078	93	49.76	22
12	16 53.050	38	64.76	45	18 14.95	4	67.65	290	19 55.670	50	71.20	224	19 60.171	51	49.98	48
21	53.088	2	65.21	22	14.99	6	70.55	293	55.720	11	73.44	236	60.222	11	50.46	70
31	53.090	30	65.43	1	14.93	15	73.48	283	55.709	64	75.80	237	60.233	23	51.16	86
April 10	53.060	56	65.44	17	14.78	24	76.31	263	55.645	111	78.17	227	60.210	52	52.02	97
20	53.004	76	65.27	32	14.54	31	78.94	233	55.534	148	80.44	210	60.158	76	52.99	103
30	52.928	92	64.95	44	14.23	37	81.27	196	55.386	177	82.54	186	60.082	93	54.02	103
Mai 10	52.836	102	64.51	54	13.86	40	83.23	152	55.209	198	84.40	155	59.989	106	55.05	100
20	52.734	109	63.97	62	13.46	43	84.75	105	55.011	211	85.95	120	59.883	114	56.05	93
30	52.625	111	63.35	67	13.03	44	85.80	54	54.800	216	87.15	82	59.769	118	56.98	84
Juni 9	52.514	111	62.68	71	12.59	43	86.34	3	54.584	214	87.97	41	59.651	118	57.82	72
19	52.403	107	61.97	72	12.16	42	86.37	49	54.370	207	88.38	1	59.533	116	58.54	58
29	52.296	101	61.25	72	11.74	39	85.88	99	54.163	195	88.37	41	59.417	111	59.12	43
Juli 9	52.195	92	60.53	69	11.35	36	84.89	146	53.968	177	87.96	82	59.306	102	59.55	27
19	52.103	80	59.84	65	10.99	32	83.43	190	53.791	156	87.14	120	59.204	90	59.82	9
29	52.023	64	59.19	58	10.67	26	81.53	230	53.635	129	85.94	156	59.114	75	59.91	10
Aug. 8	51.959	46	58.61	47	10.41	20	79.23	265	53.506	99	84.38	190	59.039	57	59.81	29
18	51.913	23	58.14	35	10.21	14	76.58	295	53.407	63	82.48	220	58.982	35	59.52	51
28	51.890	3	57.79	18	10.07	6	73.63	320	53.344	25	80.28	247	58.947	9	59.01	72
Sept. 7	51.893	34	57.61	1	10.01	1	70.43	337	53.319	19	77.81	269	58.938	21	58.29	94
17	51.927	68	57.62	24	10.02	9	67.06	349	53.338	66	75.12	287	58.959	56	57.35	117
27	51.995	105	57.86	49	10.11	17	63.57	354	53.404	117	72.25	300	59.015	93	56.18	140
Okt. 7	52.100	145	58.35	76	10.28	26	60.03	351	53.521	170	69.25	307	59.108	133	54.78	162
17	52.245	184	59.11	104	10.54	35	56.52	340	53.691	223	66.18	308	59.241	174	53.16	181
27	52.429	223	60.15	131	10.89	43	53.12	321	53.914	276	63.10	301	59.415	214	51.35	199
Nov. 6	52.652	257	61.46	157	11.32	50	49.91	293	54.190	326	60.09	287	59.629	252	49.36	212
16	52.909	287	63.03	178	11.82	57	46.98	256	54.516	369	57.22	265	59.881	284	47.24	220
26	53.196	309	64.81	195	12.39	62	44.42	213	54.885	403	54.57	235	60.165	310	45.04	222
Dez. 6	53.505	322	66.76	207	13.01	66	42.29	162	55.288	426	52.22	196	60.475	326	42.82	216
16	53.827	323	68.83	211	13.67	68	40.67	105	55.714	437	50.26	153	60.801	331	40.66	205
26	54.150	316	70.94	209	14.35	67	39.62	45	56.151	432	48.73	103	61.132	327	38.61	185
36	54.466		73.03		15.02		39.17		56.583		47.70		61.459		36.76	
Mittl. Ort	50.903		50.06		12.12		78.85		53.515		84.43		58.144		64.61	
sec δ, tg δ	+1.000		− 0.010		+2.556		+ 2.353		+1.495		+ 1.111		+1.034		+ 0.264	
a, *a′*	+3.1		−19.9		+3.3		−20.0		+3.2		−20.0		+3.1		−20.0	
b, *b′*	0.00		− 0.11		−0.16		− 0.09		−0.07		− 0.07		−0.02		− 0.06	

Scheinbare Sternörter 1959

Obere Kulmination Greenwich

Tag	445) β Virginis[1] AR.		445) β Virginis[1] Dekl.		447) γ Ursae maj. AR.		447) γ Ursae maj. Dekl.		450) ο Virginis AR.		450) ο Virginis Dekl.		452) δ Centauri AR.		452) δ Centauri Dekl.	
1959	11h 48m		+1° 59′		11h 51m		+53° 54′		12h 3m		+8° 57′		12h 6m		−50° 29′	
	s		″		s		″		s		″		s		″	
Jan. 1	34.143	312	39.98	200	40.894	469	62.05	61	7.677	317	31.70	189	14.866	434	25.99	220
11	34.455	290	37.98	185	41.363	441	61.44	3	7.994	299	29.81	166	15.300	404	28.19	258
21	34.745	259	36.13	164	41.804	399	61.41	54	8.293	270	28.15	139	15.704	362	30.77	286
31	35.004	222	34.49	140	42.203	344	61.95	107	8.563	235	26.76	109	16.066	312	33.63	307
Febr. 10	35.226	181	33.09	112	42.547	280	63.02	155	8.798	195	25.67	77	16.378	257	36.70	320
20	35.407	137	31.97	83	42.827	209	64.57	196	8.993	152	24.90	44	16.635	199	39.90	323
März 2	35.544	93	31.14	56	43.036	136	66.53	228	9.145	109	24.46	14	16.834	140	43.13	321
12	35.637	53	30.58	30	43.172	63	68.81	248	9.254	68	24.32	13	16.974	84	46.34	310
21*	20 35.690	16	30.28	6	21 43.235	5	71.29	259	24 9.322	29	24.45	37	24 17.058	30	49.44	294
31	35.706	16	30.22	15	43.230	68	73.88	258	9.351	5	24.82	56	17.088	18	52.38	272
April 10	35.690	44	30.37	31	43.162	123	76.46	247	9.346	34	25.38	70	17.070	63	55.10	245
20	35.646	66	30.68	45	43.039	169	78.93	228	9.312	58	26.08	81	17.007	101	57.55	214
30	35.580	83	31.13	56	42.870	205	81.21	200	9.254	77	26.89	86	16.906	135	59.69	180
Mai 10	35.497	95	31.69	63	42.665	231	83.21	166	9.177	91	27.75	89	16.771	164	61.49	142
20	35.402	103	32.32	67	42.434	248	84.87	127	9.086	102	28.64	87	16.607	188	62.91	102
30	35.299	107	32.99	70	42.186	256	86.14	84	8.984	109	29.51	83	16.419	206	63.93	60
Juni 9	35.192	109	33.69	71	41.930	258	86.98	40	8.875	112	30.34	76	16.213	220	64.53	16
19	35.083	108	34.40	69	41.672	251	87.38	5	8.763	113	31.10	68	15.993	227	64.69	27
29	34.975	103	35.09	66	41.421	238	87.33	50	8.650	110	31.78	58	15.766	229	64.42	69
Juli 9	34.872	95	35.75	61	41.183	219	86.83	94	8.540	105	32.36	46	15.537	224	63.73	110
19	34.777	85	36.36	54	40.964	195	85.89	135	8.435	96	32.82	32	15.313	211	62.63	147
29	34.692	72	36.90	44	40.769	165	84.54	175	8.339	84	33.14	18	15.102	191	61.16	181
Aug. 8	34.620	54	37.34	32	40.604	131	82.79	211	8.255	69	33.32	1	14.911	162	59.35	208
18	34.566	33	37.66	19	40.473	92	80.68	242	8.186	48	33.33	18	14.749	126	57.27	229
28	34.533	7	37.85	1	40.381	47	78.26	269	8.138	23	33.15	37	14.623	80	54.98	242
Sept. 7	34.526	23	37.86	19	40.334	2	75.57	293	8.115	5	32.78	59	14.543	28	52.56	245
17	34.549	57	37.67	42	40.336	55	72.64	311	8.120	39	32.19	82	14.515	30	50.11	239
27	34.606	94	37.25	66	40.391	112	69.53	322	8.159	77	31.37	106	14.545	94	47.72	223
Okt. 7	34.700	133	36.59	91	40.503	172	66.31	327	8.236	116	30.31	130	14.639	160	45.49	198
17	34.833	174	35.68	118	40.675	233	63.04	326	8.352	158	29.01	153	14.799	226	43.51	163
27	35.007	214	34.50	144	40.908	293	59.78	317	8.510	200	27.48	175	15.025	288	41.88	120
Nov. 6	35.221	251	33.06	167	41.201	349	56.61	300	8.710	238	25.73	193	15.313	345	40.68	72
16	35.472	282	31.39	186	41.550	398	53.61	273	8.948	273	23.80	206	15.658	391	39.96	18
26	35.754	306	29.53	201	41.948	438	50.88	240	9.221	300	21.74	215	16.049	426	39.78	38
Dez. 6	36.060	321	27.52	210	42.386	467	48.48	198	9.521	318	19.59	217	16.475	447	40.16	93
16	36.381	326	25.42	212	42.853	481	46.50	149	9.839	326	17.42	211	16.922	453	41.09	145
26	36.707	320	23.30	206	43.334	480	45.01	96	10.165	325	15.31	200	17.375	444	42.54	193
36	37.027		21.24		43.814		44.05		10.490		13.31		17.819		44.47	
Mittl. Ort	33.512		44.96		40.927		81.77		7.210		38.48		13.456		38.60	
sec δ, tg δ	+1.001		+ 0.035		+1.698		+ 1.372		+1.012		+ 0.158		+1.572		− 1.213	
a, a′	+3.1		−20.0		+3.1		−20.0		+3.1		−20.0		+3.1		−20.0	
b, b′	0.00		− 0.05		−0.09		− 0.04		−0.01		+ 0.01		+0.08		+ 0.03	

1 Die jährliche Parallaxe (0.101) ist bereits berücksichtigt.

* Bei Stern 450) und 452) lies März 22.

Scheinbare Sternörter 1959

Obere Kulmination Greenwich

Tag	453) ε Corvi AR.		453) ε Corvi Dekl.		454) Br 1634 Caml AR.		454) Br 1634 Caml Dekl.		456) δ Ursae maj. AR.		456) δ Ursae maj. Dekl.		459) β Chamael. AR.		459) β Chamael. Dekl.	
1959	12h 8m		−22° 23′		12h 10m		+77° 49′		12h 13m		+57° 14′		12h 15m		−79° 4′	
	s		″		s		″		s		″		s		″	
Jan. 1	1.516	332	26.00	226	16.20	115	76.16	16	23.905	506	77.20	77	58.27	124	46.54	162
11	1.848	311	28.26	236	17.35	109	76.00	49	24.411	484	76.43	16	59.51	116	48.16	218
21	2.159	281	30.62	241	18.44	101	76.49	112	24.895	446	76.27	43	60.67	104	50.34	266
31	2.440	244	33.03	237	19.45	90	77.61	171	25.341	394	76.70	101	61.71	90	53.00	305
Febr. 10	2.684	203	35.40	228	20.35	74	79.32	221	25.735	330	77.71	153	62.61	75	56.05	337
20	2.887	159	37.68	215	21.09	56	81.53	263	26.065	257	79.24	198	63.36	58	59.42	359
März 2	3.046	116	39.83	196	21.65	37	84.16	293	26.322	181	81.22	233	63.94	40	63.01	373
12	3.162	75	41.79	175	22.02	17	87.09	310	26.503	103	83.55	258	64.34	22	66.74	378
22	3.237	36	43.54	153	22.19	2	90.19	315	26.606	27	86.13	272	64.56	5	70.52	374
31	25 3.273	2	45.07	128	25 22.17	21	93.34	308	26 26.633	43	88.85	275	27 64.61	11	74.26	362
April 10	3.275	28	46.35	104	21.96	38	96.42	290	26.590	107	91.60	267	64.50	28	77.88	343
20	3.247	54	47.39	79	21.58	54	99.32	261	26.483	161	94.27	249	64.22	43	81.31	316
30	3.193	75	48.18	54	21.04	67	101.93	223	26.322	206	96.76	223	63.79	57	84.47	283
Mai 10	3.118	92	48.72	30	20.37	76	104.16	178	26.116	240	98.99	189	63.22	69	87.30	245
20	3.026	106	49.02	6	19.61	84	105.94	128	25.876	266	100.88	149	62.53	79	89.75	200
30	2.920	115	49.08	18	18.77	88	107.22	74	25.610	283	102.37	106	61.74	88	91.75	151
Juni 9	2.805	123	48.90	41	17.89	90	107.96	20	25.327	290	103.43	60	60.86	95	93.26	100
19	2.682	126	48.49	63	16.99	90	108.16	36	25.037	289	104.03	12	59.91	98	94.26	45
29	2.556	126	47.86	82	16.09	86	107.80	90	24.748	281	104.15	36	58.93	100	94.71	11
Juli 9	2.430	124	47.04	100	15.23	82	106.90	142	24.467	266	103.79	82	57.93	98	94.60	66
19	2.306	116	46.04	114	14.41	75	105.48	191	24.201	245	102.97	127	56.95	94	93.94	119
29	2.190	104	44.90	126	13.66	66	103.57	235	23.956	217	101.70	169	56.01	85	92.75	169
Aug. 8	2.086	87	43.64	133	13.00	56	101.22	274	23.739	183	100.01	209	55.16	75	91.06	214
18	1.999	65	42.31	134	12.44	44	98.48	308	23.556	142	97.92	244	54.41	62	88.92	252
28	1.934	38	40.97	130	12.00	31	95.40	335	23.414	97	95.48	275	53.79	45	86.40	281
Sept. 7	1.896	4	39.67	121	11.69	18	92.05	356	23.317	45	92.73	301	53.34	26	83.59	302
17	1.892	34	38.46	104	11.51	3	88.49	370	23.272	13	89.72	321	53.08	5	80.57	310
27	1.926	76	37.42	82	11.48	13	84.79	376	23.285	74	86.51	336	53.03	16	77.47	307
Okt. 7	2.002	121	36.60	54	11.61	29	81.03	374	23.359	140	83.15	343	53.19	37	74.40	292
17	2.123	167	36.06	21	11.90	44	77.29	364	23.499	207	79.72	343	53.56	59	71.48	266
27	2.290	212	35.85	16	12.34	60	73.65	344	23.706	275	76.29	336	54.15	79	68.82	228
Nov. 6	2.502	254	36.01	54	12.94	75	70.21	315	23.981	339	72.93	319	54.94	96	66.54	181
16	2.756	290	36.55	93	13.69	89	67.06	279	24.320	397	69.74	294	55.90	110	64.73	126
26	3.046	318	37.48	130	14.58	100	64.27	233	24.717	447	66.80	260	57.00	120	63.47	65
Dez. 6	3.364	336	38.78	164	15.58	108	61.94	180	25.164	484	64.20	218	58.20	127	62.82	1
16	3.700	343	40.42	193	16.66	114	60.14	120	25.648	507	62.02	168	59.47	129	62.81	63
26	4.043	339	42.35	215	17.80	116	58.94	57	26.155	513	60.34	114	60.76	126	63.44	125
36	4.382		44.50		18.96		58.37		26.668		59.20		62.02		64.69	
Mittl. Ort	0.709		30.37		18.02		98.22		24.267		96.87		53.96		64.53	
sec δ, tg δ	+1.082		− 0.412		+4.749		+ 4.642		+1.849		+ 1.555		+5.281		− 5.185	
a, *a′*	+3.1		−20.0		+2.8		−20.0		+3.0		−20.0		+3.6		−20.0	
b, *b′*	+0.03		+ 0.04		−0.31		+ 0.05		−0.10		+ 0.06		+0.34		+ 0.07	

Scheinbare Sternörter 1959

Obere Kulmination Greenwich

Tag	460) η Virginis AR.		460) η Virginis Dekl.		462) α Crucis *med.* AR.		462) α Crucis *med.* Dekl.		466) 20 Comae AR.		466) 20 Comae Dekl.		465) δ Corvi AR.		465) δ Corvi Dekl.	
1959	12h 17m		−0° 26′		12h 24m		−62° 52′		12h 27m		+21° 6′		12h 27m		−16° 17′	
	s		″		s		″		s		″		s		″	
Jan. 1	48.872	318	23.60	206	20.21	58	3.79	182	39.869	336	72.73	175	44.940	329	11.40	215
11	49.190	301	25.66	193	20.79	55	5.61	231	40.205	321	70.98	142	45.269	312	13.55	221
21	49.491	275	27.59	175	21.34	50	7.92	270	40.526	297	69.56	103	45.581	287	15.76	219
31	49.766	243	29.34	152	21.84	43	10.62	302	40.823	265	68.53	62	45.868	254	17.95	211
Febr. 10	50.009	204	30.86	127	22.27	37	13.64	326	41.088	225	67.91	21	46.122	216	20.06	198
20	50.213	163	32.13	99	22.64	29	16.90	341	41.313	183	67.70	18	46.338	175	22.04	182
März 2	50.376	122	33.12	71	22.93	22	20.31	348	41.496	139	67.88	53	46.513	135	23.86	161
12	50.498	83	33.83	45	23.15	14	23.79	347	41.635	95	68.41	84	46.648	95	25.47	139
22	50.581	45	34.28	20	23.29	7	27.26	337	41.730	53	69.25	109	46.743	57	26.86	117
31	[27] 50.626	12	34.48	2	[29] 23.36	0	30.63	322	[30] 41.783	16	70.34	127	[30] 46.800	23	28.03	93
April 10	50.638	17	34.46	20	23.36	7	33.85	300	41.799	17	71.61	138	46.823	6	28.96	71
20	50.621	41	34.26	36	23.29	13	36.85	273	41.782	46	72.99	144	46.817	33	29.67	50
30	50.580	62	33.90	49	23.16	17	39.58	239	41.736	70	74.43	142	46.784	55	30.17	28
Mai 10	50.518	78	33.41	57	22.99	23	41.97	202	41.666	89	75.85	136	46.729	73	30.45	9
20	50.440	90	32.84	64	22.76	27	43.99	160	41.577	104	77.21	124	46.656	88	30.54	9
30	50.350	100	32.20	69	22.49	30	45.59	115	41.473	115	78.45	109	46.568	101	30.45	28
Juni 9	50.250	106	31.51	71	22.19	33	46.74	68	41.358	122	79.54	91	46.467	111	30.17	44
19	50.144	110	30.80	71	21.86	35	47.42	18	41.236	125	80.45	70	46.356	116	29.73	59
29	50.034	110	30.09	69	21.51	36	47.60	31	41.111	127	81.15	49	46.240	120	29.14	73
Juli 9	49.924	108	29.40	66	21.15	36	47.29	80	40.984	124	81.64	25	46.120	121	28.41	85
19	49.816	103	28.74	61	20.79	34	46.49	126	40.860	118	81.89	0	45.999	116	27.56	94
29	49.713	92	28.13	53	20.45	32	45.23	169	40.742	108	81.89	25	45.883	108	26.62	100
Aug. 8	49.621	79	27.60	43	20.13	28	43.54	206	40.634	94	81.64	50	45.775	95	25.62	103
18	49.542	60	27.17	31	19.85	22	41.48	238	40.540	75	81.14	76	45.680	76	24.59	102
28	49.482	37	26.86	15	19.63	17	39.10	261	40.465	51	80.38	102	45.604	51	23.57	96
Sept. 7	49.445	9	26.71	4	19.46	10	36.49	274	40.414	22	79.36	127	45.553	22	22.61	84
17	49.436	24	26.75	25	19.36	1	33.75	278	40.392	12	78.09	152	45.531	13	21.77	68
27	49.460	63	27.00	50	19.35	7	30.97	271	40.404	50	76.57	176	45.544	54	21.09	47
Okt. 7	49.523	103	27.50	75	19.42	17	28.26	252	40.454	92	74.81	198	45.598	98	20.62	21
17	49.626	145	28.25	102	19.59	27	25.74	223	40.546	137	72.83	217	45.696	143	20.41	9
27	49.771	188	29.27	128	19.86	35	23.51	184	40.683	181	70.66	233	45.839	189	20.50	41
Nov. 6	49.959	229	30.55	153	20.21	42	21.67	137	40.864	225	68.33	243	46.028	231	20.91	76
16	50.188	264	32.08	176	20.63	50	20.30	84	41.089	264	65.90	248	46.259	269	21.67	109
26	50.452	292	33.84	193	21.13	55	19.46	25	41.353	296	63.42	245	46.528	300	22.76	141
Dez. 6	50.744	313	35.77	205	21.68	58	19.21	34	41.649	321	60.97	236	46.828	321	24.17	169
16	51.057	324	37.82	211	22.26	59	19.55	93	41.970	336	58.61	219	47.149	333	25.86	192
26	51.381	323	39.93	209	22.85	59	20.48	150	42.306	340	56.42	194	47.482	334	27.78	208
36	51.704		42.02		23.44		21.98		42.646		54.48		47.816		29.86	
Mittl. Ort	48.391		20.71		18.44		19.93		39.694		82.63		44.334		14.55	
sec δ, tg δ	+1.000		− 0.008		+2.193		− 1.952		+1.072		+ 0.386		+1.042		− 0.292	
a, *a′*	+3.1		−20.0		+3.3		−19.9		+3.0		−19.9		+3.1		−19.9	
b, *b′*	0.00		+ 0.08		+0.13		+ 0.11		−0.03		+ 0.12		+0.02		+ 0.12	

Obere Kulmination Greenwich

Tag	472) κ Draconis AR.		472) κ Draconis Dekl.		470) β Canum ven.[1] AR.		470) β Canum ven.[1] Dekl.		471) β Corvi AR.		471) β Corvi Dekl.		473) 24 Comae *sq* AR.		473) 24 Comae *sq* Dekl.	
1959	12h 31m		+70° 0′		12h 31m		+41° 34′		12h 32m		−23° 10′		12h 33m		+18° 35′	
	s		″		s		″		s		″		s		″	
Jan. 1	43.25	74	29.64	67	47.762	392	32.35	135	14.396	340	7.05	213	4.559	333	60.23	183
11	43.99	72	28.97	1	48.154	378	31.00	83	14.736	324	9.18	226	4.892	319	58.40	150
21	44.71	68	28.96	63	48.532	351	30.17	29	15.060	298	11.44	232	5.211	296	56.90	114
31	45.39	61	29.59	125	48.883	315	29.88	24	15.358	265	13.76	231	5.507	264	55.76	75
Febr. 10	46.00	52	30.84	180	49.198	269	30.12	75	15.623	226	16.07	224	5.771	227	55.01	36
20	46.52	42	32.64	228	49.467	218	30.87	122	15.849	185	18.31	212	5.998	185	54.65	3
März 2	46.94	30	34.92	265	49.685	163	32.09	161	16.034	144	20.43	196	6.183	143	54.68	38
12	47.24	19	37.57	290	49.848	108	33.70	192	16.178	102	22.39	177	6.326	100	55.06	69
22	47.43	6	40.47	305	49.956	54	35.62	215	16.280	64	24.16	156	6.426	59	55.75	95
31	31 47.49	5	43.52	307	31 50.010	4	37.77	227	31 16.344	29	25.72	134	31 6.485	23	56.70	114
April 10	47.44	16	46.59	296	50.014	39	40.04	230	16.373	3	27.06	111	6.508	11	57.84	127
20	47.28	26	49.55	276	49.975	79	42.34	224	16.370	30	28.17	88	6.497	39	59.11	134
30	47.02	34	52.31	245	49.896	112	44.58	209	16.340	53	29.05	64	6.458	63	60.45	135
Mai 10	46.68	40	54.76	208	49.784	137	46.67	189	16.287	74	29.69	40	6.395	82	61.80	130
20	46.28	46	56.84	163	49.647	158	48.56	161	16.213	92	30.09	17	6.313	97	63.10	121
30	45.82	50	58.47	114	49.489	172	50.17	129	16.121	105	30.26	6	6.216	109	64.31	108
Juni 9	45.32	51	59.61	63	49.317	181	51.46	94	16.016	116	30.20	28	6.107	117	65.39	93
19	44.81	52	60.24	10	49.136	186	52.40	56	15.900	125	29.92	49	5.990	122	66.32	74
29	44.29	52	60.34	44	48.950	185	52.96	17	15.775	129	29.43	69	5.868	124	67.06	54
Juli 9	43.77	50	59.90	96	48.765	179	53.13	23	15.646	130	28.74	87	5.744	123	67.60	33
19	43.27	47	58.94	145	48.586	170	52.90	61	15.516	127	27.87	103	5.621	117	67.93	10
29	42.80	42	57.49	192	48.416	155	52.29	99	15.389	119	26.84	116	5.504	109	68.03	13
Aug. 8	42.38	37	55.57	235	48.261	136	51.30	136	15.270	105	25.68	125	5.395	96	67.90	38
18	42.01	31	53.22	273	48.125	111	49.94	170	15.165	86	24.43	128	5.299	77	67.52	62
28	41.70	24	50.49	305	48.014	81	48.24	202	15.079	61	23.15	127	5.222	55	66.90	87
Sept. 7	41.46	15	47.44	332	47.933	45	46.22	231	15.018	29	21.88	121	5.167	27	66.03	113
17	41.31	7	44.12	353	47.888	5	43.91	257	14.989	8	20.67	107	5.140	6	64.90	137
27	41.24	3	40.59	366	47.883	42	41.34	278	14.997	51	19.60	88	5.146	45	63.53	161
Okt. 7	41.27	13	36.93	372	47.925	92	38.56	294	15.048	96	18.72	62	5.191	86	61.92	185
17	41.40	23	33.21	369	48.017	143	35.62	304	15.144	145	18.10	33	5.277	130	60.07	205
27	41.63	34	29.52	358	48.160	197	32.58	309	15.289	192	17.77	2	5.407	175	58.02	222
Nov. 6	41.97	44	25.94	338	48.357	249	29.49	305	15.481	237	17.79	39	5.582	218	55.80	234
16	42.41	53	22.56	308	48.606	296	26.44	293	15.718	277	18.18	77	5.800	258	53.46	242
26	42.94	61	19.48	269	48.902	336	23.51	273	15.995	309	18.95	114	6.058	291	51.04	242
Dez. 6	43.55	68	16.79	221	49.238	368	20.78	245	16.304	331	20.09	148	6.349	316	48.62	235
16	44.23	72	14.58	167	49.606	388	18.33	209	16.635	344	21.57	177	6.665	331	46.27	221
26	44.95	75	12.91	106	49.994	395	16.24	164	16.979	345	23.34	201	6.996	335	44.06	199
36	45.70		11.85		50.389		14.60		17.324		25.35		7.331		42.07	
Mittl. Ort	44.55		50.36		47.917		48.03		13.728		12.75		4.387		69.08	
sec δ, tg δ	+2.926		+ 2.750		+1.337		+ 0.887		+1.088		− 0.428		+1.055		+ 0.337	
a, a′	+2.6		−19.8		+2.9		−19.8		+3.2		−19.8		+3.0		−19.8	
b, b′	−0.18		+ 0.14		−0.06		+ 0.14		+0.03		+ 0.14		−0.02		+ 0.14	

[1] Die jährliche Parallaxe (0.″108) ist bereits berücksichtigt.

H

Scheinbare Sternörter 1959

Obere Kulmination Greenwich

Tag	474) α Muscae AR.		Dekl.		1325) 133 G. Centauri AR.		Dekl.		478) 76 Ursae maj. AR.		Dekl.		481) β Crucis AR.		Dekl.	
1959	12h 34m		−68° 54′		12h 39m		−45° 55′		12h 39m		+62° 55′		12h 45m		−59° 27′	
	s		″		s		″		s		″		s		″	
Jan. 1	45.05	72	17.51	158	8.194	421	4.11	190	45.87	58	56.60	95	19.996	544	36.97	162
11	45.77	69	19.09	210	8.615	401	6.01	226	46.45	57	55.65	32	20.540	520	38.59	209
21	46.46	62	21.19	254	9.016	370	8.27	254	47.02	53	55.33	32	21.060	481	40.68	248
31	47.08	55	23.73	292	9.386	330	10.81	275	47.55	49	55.65	94	21.541	431	43.16	281
Febr. 10	47.63	47	26.65	322	9.716	283	13.56	288	48.04	42	56.59	150	21.972	373	45.97	305
20	48.10	39	29.87	341	9.999	233	16.44	294	48.46	34	58.09	200	22.345	309	49.02	321
März 2	48.49	29	33.28	354	10.232	182	19.38	293	48.80	26	60.09	240	22.654	243	52.23	330
12	48.78	20	36.82	357	10.414	132	22.31	286	49.06	16	62.49	270	22.897	176	55.53	331
22	48.98	11	40.39	353	10.546	83	25.17	272	49.22	8	65.19	289	23.073	111	58.84	324
April 1	49.09	2	43.92	342	10.629	37	27.89	254	49.30	1	68.08	295	23.184	49	62.08	311
10	49.11	7	47.34	323	10.666	5	30.43	233	49.29	9	71.03	290	23.233	10	65.19	293
20	49.04	15	50.57	298	10.661	43	32.76	207	49.20	16	73.93	274	23.223	66	68.12	268
30	48.89	22	53.55	267	10.618	78	34.83	177	49.04	22	76.67	250	23.157	117	70.80	239
Mai 10	48.67	28	56.22	231	10.540	108	36.60	145	48.82	28	79.17	216	23.040	163	73.19	204
20	48.39	34	58.53	189	10.432	135	38.05	110	48.54	31	81.33	177	22.877	204	75.23	166
30	48.05	40	60.42	144	10.297	159	39.15	73	48.23	34	83.10	132	22.673	240	76.89	125
Juni 9	47.65	43	61.86	96	10.138	177	39.88	36	47.89	36	84.42	83	22.433	270	78.14	81
19	47.22	46	62.82	45	9.961	191	40.24	4	47.53	37	85.25	33	22.163	292	78.95	34
29	46.76	47	63.27	7	9.770	200	40.20	42	47.16	37	85.58	17	21.871	307	79.29	13
Juli 9	46.29	48	63.20	59	9.570	203	39.78	80	46.79	36	85.41	68	21.564	313	79.16	59
19	45.81	46	62.61	109	9.367	200	38.98	115	46.43	34	84.73	117	21.251	309	78.57	104
29	45.35	44	61.52	156	9.167	190	37.83	148	46.09	31	83.56	163	20.942	293	77.53	147
Aug. 8	44.91	39	59.96	198	8.977	170	36.35	175	45.78	27	81.93	207	20.649	267	76.06	185
18	44.52	33	57.98	234	8.807	143	34.60	196	45.51	24	79.86	246	20.382	228	74.21	216
28	44.19	25	55.64	262	8.664	108	32.64	212	45.27	18	77.40	280	20.154	177	72.05	241
Sept. 7	43.94	16	53.02	282	8.556	64	30.52	219	45.09	12	74.60	310	19.977	116	69.64	258
17	43.78	6	50.20	291	8.492	12	28.33	217	44.97	6	71.50	333	19.861	45	67.06	264
27	43.72	6	47.29	288	8.480	45	26.16	207	44.91	2	68.17	351	19.816	35	64.42	260
Okt. 7	43.78	18	44.41	274	8.525	106	24.09	186	44.93	9	64.66	361	19.851	118	61.82	246
17	43.96	29	41.67	249	8.631	169	22.23	158	45.02	17	61.05	363	19.969	204	59.36	220
27	44.25	40	39.18	214	8.800	232	20.65	121	45.19	26	57.42	357	20.173	287	57.16	186
Nov. 6	44.65	51	37.04	169	9.032	289	19.44	78	45.45	33	53.85	341	20.460	364	55.30	143
16	45.16	59	35.35	116	9.321	340	18.66	31	45.78	41	50.44	317	20.824	432	53.87	93
26	45.75	66	34.19	59	9.661	381	18.35	20	46.19	47	47.27	284	21.256	485	52.94	38
Dez. 6	46.41	71	33.60	2	10.042	409	18.55	71	46.66	53	44.43	241	21.741	524	52.56	19
16	47.12	73	33.62	64	10.451	423	19.26	119	47.19	56	42.02	190	22.265	544	52.75	75
26	47.85	72	34.26	123	10.874	425	20.45	165	47.75	59	40.12	133	22.809	547	53.50	130
36	48.57		35.49		11.299		22.10		48.34		38.79		23.356		54.80	
Mittl. Ort	42.99		35.13		7.187		17.06		46.80		76.14		18.641		53.35	
sec δ, tg δ	+2.779		− 2.593		+1.438		− 1.033		+2.198		+ 1.957		+1.968		− 1.695	
a, *a′*	+3.6		−19.8		+3.3		−19.7		+2.6		−19.7		+3.5		−19.7	
b, *b′*	+0.17		+ 0.15		+0.07		+ 0.17		−0.13		+ 0.17		+0.11		+ 0.20	

Tag	482) 150 G. Centauri AR.		482) 150 G. Centauri Dekl.		483) ε Ursae maj. AR.		483) ε Ursae maj. Dekl.	
1959	12h 51m		−39° 57′		12h 52m		+56° 10′	
	s		″		s		″	
Jan. 1	10.242	394	10.57	186	13.072	493	37.53	125
11	10.636	379	12.43	216	13.565	484	36.28	66
21	11.015	353	14.59	241	14.049	461	35.62	4
31	11.368	318	17.00	257	14.510	421	35.58	58
Febr. 10	11.686	277	19.57	266	14.931	369	36.16	116
20	11.963	232	22.23	269	15.300	306	37.32	167
März 2	12.195	186	24.92	266	15.606	238	38.99	210
12	12.381	140	27.58	256	15.844	166	41.09	245
22	12.521	96	30.14	243	16.010	94	43.54	268
April 1	12.617	55	32.57	226	16.104	24	46.22	280
10	12.672	16	34.83	204	16.128	40	49.02	280
20	12.688	19	36.87	180	16.088	98	51.82	271
30	12.669	51	38.67	153	15.990	150	54.53	252
Mai 10	12.618	80	40.20	125	15.840	192	57.05	224
20	12.538	105	41.45	94	15.648	227	59.29	190
30	12.433	127	42.39	61	15.421	254	61.19	150
Juni 9	12.306	146	43.00	28	15.167	272	62.69	106
19	12.160	161	43.28	6	14.895	282	63.75	59
29	11.999	171	43.22	40	14.613	287	64.34	11
Juli 9	11.828	177	42.82	72	14.326	283	64.45	37
19	11.651	177	42.10	104	14.043	272	64.08	84
29	11.474	170	41.06	131	13.771	255	63.24	130
Aug. 8	11.304	156	39.75	155	13.516	230	61.94	174
18	11.148	134	38.20	174	13.286	199	60.20	213
28	11.014	104	36.46	186	13.087	160	58.07	250
Sept. 7	10.910	67	34.60	192	12.927	114	55.57	282
17	10.843	22	32.68	189	12.813	61	52.75	309
27	10.821	30	30.79	178	12.752	2	49.66	330
Okt. 7	10.851	86	29.01	158	12.750	62	46.36	345
17	10.937	144	27.43	132	12.812	131	42.91	353
27	11.081	202	26.11	98	12.943	200	39.38	352
Nov. 6	11.283	257	25.13	57	13.143	269	35.86	343
16	11.540	305	24.56	13	13.412	334	32.43	325
26	11.845	346	24.43	33	13.746	392	29.18	297
Dez. 6	12.191	375	24.76	79	14.138	439	26.21	260
16	12.566	393	25.55	123	14.577	473	23.61	215
26	12.959	396	26.78	164	15.050	492	21.46	162
36	13.355		28.42		15.542		19.84	
Mittl. Ort	9.449		22.34		13.831		55.44	
sec δ, tg δ	+1.305		− 0.838		+1.797		+ 1.493	
a, *a′*	+3.3		−19.5		+2.6		−19.5	
b, *b′*	+0.05		+ 0.22		−0.10		+ 0.23	

Tag	484) δ Virginis AR.		484) δ Virginis Dekl.		486) 8 Draconis AR.		486) 8 Draconis Dekl.	
1959	12h 53m		+3° 36′		12h 53m		+65° 39′	
	s		″		s		″	
Jan. 1	32.410	322	68.71	203	49.61	63	18.52	107
11	32.732	312	66.68	187	50.24	62	17.45	42
21	33.044	292	64.81	165	50.86	59	17.03	23
31	33.336	265	63.16	140	51.45	55	17.26	86
Febr. 10	33.601	231	61.76	110	52.00	48	18.12	145
20	33.832	195	60.66	80	52.48	39	19.57	198
März 2	34.027	156	59.86	49	52.87	31	21.55	240
12	34.183	117	59.37	20	53.18	21	23.95	272
22	34.300	80	59.17	7	53.39	11	26.67	294
April 1	34.380	46	59.24	29	53.50	2	29.61	303
10	34.426	16	59.53	47	53.52	8	32.64	299
20	34.442	12	60.00	62	53.44	16	35.63	286
30	34.430	35	60.62	73	53.28	23	38.49	262
Mai 10	34.395	56	61.35	79	53.05	29	41.11	230
20	34.339	73	62.14	82	52.76	34	43.41	191
30	34.266	87	62.96	83	52.42	37	45.32	146
Juni 9	34.179	99	63.79	80	52.05	41	46.78	97
19	34.080	108	64.59	76	51.64	42	47.75	46
29	33.972	114	65.35	70	51.22	42	48.21	5
Juli 9	33.858	117	66.05	61	50.80	41	48.16	58
19	33.741	117	66.66	52	50.39	40	47.58	108
29	33.624	113	67.18	40	49.99	37	46.50	156
Aug. 8	33.511	103	67.58	26	49.62	34	44.94	202
18	33.408	89	67.84	10	49.28	30	42.92	242
28	33.319	69	67.94	7	48.98	24	40.50	279
Sept. 7	33.250	44	67.87	26	48.74	17	37.71	311
17	33.206	12	67.61	49	48.57	10	34.60	336
27	33.194	25	67.12	72	48.47	3	31.24	355
Okt. 7	33.219	66	66.40	97	48.44	6	27.69	367
17	33.285	109	65.43	123	48.50	14	24.02	370
27	33.394	154	64.20	146	48.64	24	20.32	366
Nov. 6	33.548	198	62.74	169	48.88	33	16.66	352
16	33.746	238	61.05	189	49.21	41	13.14	328
26	33.984	273	59.16	203	49.62	49	9.86	295
Dez. 6	34.257	300	57.13	212	50.11	55	6.91	253
16	34.557	316	55.01	215	50.66	60	4.38	203
26	34.873	323	52.86	210	51.26	63	2.35	146
36	35.196		50.76		51.89		0.89	
Mittl. Ort	32.186		71.55		50.91		37.78	
sec δ, tg δ	+1.002		+ 0.063		+2.426		+ 2.211	
a, *a′*	+3.1		−19.5		+2.4		−19.5	
b, *b′*	0.00		+ 0.23		−0.14		+ 0.23	

Scheinbare Sternörter 1959

Obere Kulmination Greenwich

Tag	485) α Can. ven. *sq*				488) ε Virginis				490) ϑ Virginis				492) β Comae[1]			
	AR.	Δ	Dekl.	Δ	AR.	Δ	Dekl.	Δ	AR.	Δ	Dekl.	Δ	AR.	Δ	Dekl.	Δ
1959	$12^h\ 54^m$		+38° 31′		$13^h\ 0^m$		+11° 10′		$13^h\ 7^m$		−5° 19′		$13^h\ 9^m$		+28° 4′	
	s		″		s		″		s		″		s		″	
Jan. 1	6.447	380	67.86	163	8.186	326	39.68	200	49.676	324	13.02	203	57.449	347	57.43	186
11	6.827	372	66.23	114	8.512	317	37.68	176	50.000	317	15.05	198	57.796	341	55.57	147
21	7.199	351	65.09	61	8.829	298	35.92	147	50.317	299	17.03	185	58.137	325	54.10	101
31	7.550	321	64.48	8	9.127	273	34.45	113	50.616	273	18.88	169	58.462	298	53.09	53
Febr. 10	7.871	281	64.40	45	9.400	240	33.32	78	50.889	242	20.57	147	58.760	265	52.56	6
20	8.152	235	64.85	93	9.640	202	32.54	42	51.131	207	22.04	123	59.025	226	52.50	40
März 2	8.387	185	65.78	136	9.842	164	32.12	8	51.338	171	23.27	97	59.251	183	52.90	83
12	8.572	134	67.14	172	10.006	125	32.04	24	51.509	133	24.24	71	59.434	140	53.73	119
22	8.706	85	68.86	199	10.131	87	32.28	52	51.642	97	24.95	47	59.574	96	54.92	149
April 1	8.791	37	70.85	216	10.218	52	32.80	75	51.739	63	25.42	24	59.670	56	56.41	171
10	[6] 8.828	7	73.01	224	[7] 10.270	19	33.55	92	[9] 51.802	33	25.66	4	[10] 59.726	18	58.12	185
20	8.821	45	75.25	224	10.289	9	34.47	104	51.835	6	25.70	14	59.744	16	59.97	192
30	8.776	79	77.49	215	10.280	34	35.51	110	51.841	19	25.56	28	59.728	46	61.89	189
Mai 10	8.697	107	79.64	198	10.246	56	36.61	113	51.822	41	25.28	40	59.682	72	63.78	181
20	8.590	130	81.62	175	10.190	74	37.74	111	51.781	61	24.88	50	59.610	94	65.59	167
30	8.460	149	83.37	148	10.116	89	38.85	104	51.720	77	24.38	57	59.516	113	67.26	147
Juni 9	8.311	162	84.85	115	10.027	102	39.89	95	51.643	91	23.81	62	59.403	127	68.73	123
19	8.149	171	86.00	80	9.925	111	40.84	84	51.552	103	23.19	66	59.276	139	69.96	97
29	7.978	176	86.80	42	9.814	119	41.68	70	51.449	112	22.53	68	59.137	146	70.93	68
Juli 9	7.802	176	87.22	5	9.695	122	42.38	54	51.337	118	21.85	69	58.991	150	71.61	37
19	7.626	171	87.27	33	9.573	122	42.92	37	51.219	121	21.16	66	58.841	150	71.98	5
29	7.455	162	86.94	72	9.451	118	43.29	19	51.098	119	20.50	63	58.691	145	72.03	27
Aug. 8	7.293	148	86.22	109	9.333	109	43.48	1	50.979	112	19.87	57	58.546	136	71.76	59
18	7.145	128	85.13	144	9.224	96	43.47	22	50.867	99	19.30	48	58.410	121	71.17	91
28	7.017	102	83.69	178	9.128	77	43.25	44	50.768	80	18.82	36	58.289	100	70.26	122
Sept. 7	6.915	70	81.91	209	9.051	51	42.81	68	50.688	56	18.46	22	58.189	73	69.04	152
17	6.845	32	79.82	238	9.000	20	42.13	92	50.632	24	18.24	4	58.116	40	67.52	181
27	6.813	12	77.44	262	8.980	17	41.21	117	50.608	12	18.20	17	58.076	1	65.71	208
Okt. 7	6.825	60	74.82	282	8.997	57	40.04	141	50.620	54	18.37	41	58.075	42	63.63	231
17	6.885	111	72.00	298	9.054	102	38.63	165	50.674	99	18.78	67	58.117	90	61.32	250
27	6.996	164	69.02	306	9.156	147	36.98	186	50.773	145	19.45	94	58.207	139	58.82	266
Nov. 6	7.160	216	65.96	308	9.303	192	35.12	205	50.918	191	20.39	122	58.346	188	56.16	276
16	7.376	265	62.88	301	9.495	234	33.07	219	51.109	232	21.61	146	58.534	234	53.40	278
26	7.641	309	59.87	287	9.729	269	30.88	228	51.341	268	23.07	168	58.768	275	50.62	273
Dez. 6	7.950	343	57.00	263	9.998	298	28.60	230	51.609	297	24.75	186	59.043	308	47.89	260
16	8.293	368	54.37	232	10.296	317	26.30	224	51.906	315	26.61	198	59.351	332	45.29	239
26	8.661	380	52.05	191	10.613	325	24.06	212	52.221	324	28.59	204	59.683	345	42.90	209
36	9.041		50.14		10.938		21.94		52.545		30.63		60.028		40.81	
Mittl. Ort	6.726		81.77		8.090		44.87		49.436		13.95		57.641		67.69	
sec δ, tg δ	+1.278		+ 0.797		+1.019		+ 0.198		+1.004		− 0.093		+1.133		+ 0.534	
a, a′	+2.8		−19.5		+3.0		−19.4		+3.1		−19.2		+2.9		−19.1	
b, b′	−0.05		+ 0.23		−0.01		+ 0.26		+0.01		+ 0.29		−0.03		+ 0.30	

[1] Die jährliche Parallaxe (0″.121) ist bereits berücksichtigt.

Obere Kulmination Greenwich

Tag	495) γ Hydrae AR.		Dekl.		496) ι Centauri AR.		Dekl.	
1959	13h 16m		−22° 57′		13h 18m		−36° 29′	
	s		″		s		″	
Jan. 1	41.645	347	13.43	186	17.587	384	35.83	165
11	41.992	338	15.29	201	17.971	375	37.48	194
21	42.330	320	17.30	208	18.346	355	39.42	216
31	42.650	295	19.38	210	18.701	327	41.58	231
Febr. 10	42.945	263	21.48	205	19.028	292	43.89	240
20	43.208	227	23.53	196	19.320	252	46.29	242
März 2	43.435	189	25.49	183	19.572	211	48.71	239
12	43.624	151	27.32	167	19.783	169	51.10	232
22	43.775	115	28.99	148	19.952	128	53.42	220
April 1	43.890	79	30.47	129	20.080	89	55.62	204
11	[11]43.969	47	31.76	109	[12]20.169	51	57.66	186
20	44.016	17	32.85	89	20.220	16	59.52	166
30	44.033	10	33.74	69	20.236	15	61.18	142
Mai 10	44.023	36	34.43	49	20.221	46	62.60	118
20	43.987	58	34.92	28	20.175	74	63.78	92
30	43.929	78	35.20	9	20.101	98	64.70	64
Juni 9	43.851	97	35.29	10	20.003	120	65.34	35
19	43.754	113	35.19	29	19.883	140	65.69	6
29	43.641	125	34.90	48	19.743	155	65.75	24
Juli 9	43.516	133	34.42	65	19.588	166	65.51	53
19	43.383	139	33.77	80	19.422	171	64.98	81
29	43.244	138	32.97	93	19.251	170	64.17	107
Aug. 8	43.106	131	32.04	103	19.081	163	63.10	129
18	42.975	119	31.01	110	18.918	147	61.81	147
28	42.856	98	29.91	112	18.771	123	60.34	160
Sept. 7	42.758	71	28.79	109	18.648	90	58.74	167
17	42.687	38	27.70	100	18.558	51	57.07	167
27	42.649	4	26.70	86	18.507	3	55.40	159
Okt. 7	42.653	50	25.84	67	18.504	50	53.81	143
17	42.703	99	25.17	42	18.554	107	52.38	120
27	42.802	149	24.75	12	18.661	164	51.18	91
Nov. 6	42.951	199	24.63	20	18.825	220	50.27	55
16	43.150	244	24.83	55	19.045	271	49.72	16
26	43.394	284	25.38	89	19.316	315	49.56	26
Dez. 6	43.678	314	26.27	121	19.631	348	49.82	68
16	43.992	335	27.48	151	19.979	371	50.50	108
26	44.327	345	28.99	174	20.350	382	51.58	145
36	44.672		30.73		20.732		53.03	
Mittl. Ort	41.265		20.81		17.053		47.54	
sec δ, tg δ	+1.086		− 0.424		+1.244		− 0.740	
a, *a′*	+3.3		−18.9		+3.4		−18.9	
b, *b′*	+0.03		+ 0.33		+0.05		+ 0.34	

Tag	497) ζ Ursae maj. *pr* AR.		Dekl.		498) α Virginis AR.		Dekl.	
1959	13h 22m		+55° 7′		13h 23m		−10° 56′	
	s		″		s		″	
Jan. 1	15.624	475	64.20	163	1.978	328	48.92	195
11	16.099	476	62.57	103	2.306	323	50.87	197
21	16.575	462	61.54	41	2.629	307	52.84	192
31	17.037	433	61.13	22	2.936	284	54.76	180
Febr. 10	17.470	390	61.35	83	3.220	255	56.56	165
20	17.860	337	62.18	139	3.475	221	58.21	146
März 2	18.197	275	63.57	188	3.696	186	59.67	124
12	18.472	210	65.45	229	3.882	150	60.91	101
22	18.682	142	67.74	259	4.032	114	61.92	78
April 1	18.824	75	70.33	277	4.146	81	62.70	57
11	[13]18.899	10	73.10	286	[13]4.227	50	63.27	36
20	18.909	49	75.96	283	4.277	22	63.63	18
30	18.860	103	78.79	270	4.299	5	63.81	1
Mai 10	18.757	150	81.49	248	4.294	28	63.82	13
20	18.607	190	83.97	217	4.266	49	63.69	25
30	18.417	223	86.14	182	4.217	68	63.44	37
Juni 9	18.194	250	87.96	140	4.149	86	63.07	46
19	17.944	269	89.36	95	4.063	100	62.61	54
29	17.675	281	90.31	49	3.963	113	62.07	61
Juli 9	17.394	286	90.80	0	3.850	121	61.46	67
19	17.108	284	90.80	49	3.729	127	60.79	70
29	16.824	274	90.31	96	3.602	127	60.09	72
Aug. 8	16.550	258	89.35	141	3.475	122	59.37	70
18	16.292	234	87.94	185	3.353	112	58.67	67
28	16.058	201	86.09	225	3.241	94	58.00	60
Sept. 7	15.857	160	83.84	261	3.147	70	57.40	50
17	15.697	113	81.23	293	3.077	39	56.90	35
27	15.584	57	78.30	320	3.038	3	56.55	17
Okt. 7	15.527	6	75.10	339	3.035	40	56.38	6
17	15.533	73	71.71	353	3.075	86	56.44	30
27	15.606	143	68.18	358	3.161	134	56.74	58
Nov. 6	15.749	213	64.60	355	3.295	181	57.32	86
16	15.962	282	61.05	343	3.476	225	58.18	114
26	16.244	344	57.62	320	3.701	263	59.32	140
Dez. 6	16.588	398	54.42	289	3.964	294	60.72	163
16	16.986	440	51.53	247	4.258	315	62.35	180
26	17.426	467	49.06	198	4.573	326	64.15	192
36	17.893		47.08		4.899		66.07	
Mittl. Ort	16.645		80.37		1.767		52.43	
sec δ, tg δ	+1.750		+ 1.436		+1.019		− 0.193	
a, *a′*	+2.4		−18.8		+3.2		−18.7	
b, *b′*	−0.09		+ 0.35		+0.01		+ 0.35	

Scheinbare Sternörter 1959

Obere Kulmination Greenwich

Tag	499) Grb 2001 U Min				500) 69 H. Ursae maj.				501) ζ Virginis				502) 17 H. Can. ven.			
	AR.		Dekl.		AR.		Dekl.		AR.		Dekl.		AR.		Dekl.	
1959	13h 25m		+72° 35′		13h 26m		+60° 8′		13h 32m		−0° 23′		13h 32m		+37° 23′	
	s		″		s		″		s		″		s		″	
Jan. 1	2.51	80	56.22	132	55.58	52	68.71	159	36.122	321	12.95	202	57.478	369	19.20	198
11	3.31	83	54.90	66	56.10	53	67.12	98	36.443	318	14.97	191	57.847	370	17.22	150
21	4.14	80	54.24	1	56.63	52	66.14	33	36.761	304	16.88	175	58.217	360	15.72	97
31	4.94	76	54.25	67	57.15	49	65.81	32	37.065	284	18.63	153	58.577	337	14.75	43
Febr. 10	5.70	69	54.92	130	57.64	44	66.13	94	37.349	257	20.16	127	58.914	306	14.32	12
20	6.39	60	56.22	187	58.08	39	67.07	152	37.606	225	21.43	99	59.220	267	14.44	64
März 2	6.99	49	58.09	235	58.47	31	68.59	202	37.831	190	22.42	70	59.487	224	15.08	112
12	7.48	36	60.44	273	58.78	24	70.61	242	38.021	155	23.12	42	59.711	178	16.20	154
22	7.84	23	63.17	300	59.02	16	73.03	272	38.176	120	23.54	15	59.889	131	17.74	187
April 1	8.07	9	66.17	314	59.18	9	75.75	291	38.296	87	23.69	9	60.020	85	19.61	212
11	8.16	3	69.31	316	59.27	1	78.66	299	38.383	56	23.60	29	60.105	41	21.73	228
20	^{13}8.13	15	72.47	306	^{14}59.28	6	81.65	294	^{15}38.439	27	23.31	45	^{15}60.146	1	24.01	234
30	7.98	27	75.53	287	59.22	13	84.59	280	38.466	0	22.86	58	60.147	36	26.35	230
Mai 10	7.71	37	78.40	257	59.09	18	87.39	256	38.466	23	22.28	68	60.111	68	28.65	220
20	7.34	45	80.97	219	58.91	22	89.95	225	38.443	44	21.60	74	60.043	98	30.85	201
30	6.89	52	83.16	176	58.69	27	92.20	186	38.399	64	20.86	76	59.945	122	32.86	177
Juni 9	6.37	57	84.92	127	58.42	30	94.06	143	38.335	82	20.10	77	59.823	143	34.63	148
19	5.80	61	86.19	75	58.12	33	95.49	96	38.253	97	19.33	76	59.680	159	36.11	115
29	5.19	63	86.94	21	57.79	34	96.45	46	38.156	110	18.57	72	59.521	172	37.26	78
Juli 9	4.56	63	87.15	32	57.45	34	96.91	4	38.046	120	17.85	67	59.349	180	38.04	41
19	3.93	63	86.83	86	57.11	35	96.87	55	37.926	125	17.18	60	59.169	183	38.45	2
29	3.30	60	85.97	137	56.76	33	96.32	103	37.801	128	16.58	51	58.986	182	38.47	38
Aug. 8	2.70	56	84.60	185	56.43	31	95.29	151	37.673	124	16.07	40	58.804	174	38.09	77
18	2.14	51	82.75	230	56.12	29	93.78	196	37.549	114	15.67	28	58.630	161	37.32	115
28	1.63	45	80.45	271	55.83	24	91.82	237	37.435	100	15.39	13	58.469	140	36.17	152
Sept. 7	1.18	36	77.74	306	55.59	20	89.45	274	37.335	77	15.26	4	58.329	113	34.65	187
17	0.82	27	74.68	336	55.39	15	86.71	305	37.258	48	15.30	23	58.216	79	32.78	218
27	0.55	17	71.32	358	55.24	9	83.66	332	37.210	13	15.53	45	58.137	38	30.60	248
Okt. 7	0.38	5	67.74	373	55.15	1	80.34	352	37.197	27	15.98	69	58.099	8	28.12	273
17	0.33	6	64.01	381	55.14	6	76.82	364	37.224	72	16.67	94	58.107	60	25.39	294
27	0.39	19	60.20	379	55.20	14	73.18	368	37.296	119	17.61	118	58.167	114	22.45	307
Nov. 6	0.58	32	56.41	369	55.34	22	69.50	363	37.415	165	18.79	143	58.281	169	19.38	315
16	0.90	44	52.72	348	55.56	30	65.87	349	37.580	209	20.22	165	58.450	222	16.23	315
26	1.34	55	49.24	318	55.86	37	62.38	325	37.789	249	21.87	184	58.672	270	13.08	306
Dez. 6	1.89	65	46.06	277	56.23	44	59.13	291	38.038	281	23.71	197	58.942	311	10.02	287
16	2.54	74	43.29	228	56.67	48	56.22	247	38.319	304	25.68	205	59.253	343	7.15	260
26	3.28	79	41.01	171	57.15	52	53.75	196	38.623	318	27.73	205	59.596	363	4.55	225
36	4.07		39.30		57.67		51.79		38.941		29.78		59.959		2.30	
Mittl. Ort	5.13		74.51		56.92		85.44		36.081		13.16		58.014		30.84	
sec δ, tg δ	+3.345		+ 3.192		+2.010		+ 1.743		+1.000		− 0.007		+1.259		+ 0.764	
a, *a′*	+1.5		−18.7		+2.2		−18.6		+3.1		−18.4		+2.7		−18.4	
b, *b′*	−0.20		+ 0.36		−0.11		+ 0.37		0.00		+ 0.39		−0.05		+ 0.39	

Scheinbare Sternörter 1959

Obere Kulmination Greenwich

Tag	504) ε Centauri				507) τ Bootis				509) η Ursae maj.				510) 89 Virginis			
	AR.		Dekl.		AR.		Dekl.		AR.		Dekl.		AR.		Dekl.	
1959	$13^h\ 37^m$		$-53°\ 15'$		$13^h\ 45^m$		$+17°\ 39'$		$13^h\ 45^m$		$+49°\ 30'$		$13^h\ 47^m$		$-17°\ 55'$	
	s		″		s		″		s		″		s		″	
Jan. 1	17.198	487	14.08	109	18.511	325	32.15	212	54.587	421	48.79	196	38.455	336	43.83	176
11	17.685	482	15.17	153	18.836	326	30.03	182	55.008	427	46.83	141	38.791	334	45.59	184
21	18.167	463	16.70	191	19.162	316	28.21	147	55.435	421	45.42	81	39.125	322	47.43	188
31	18.630	432	18.61	224	19.478	298	26.74	108	55.856	401	44.61	20	39.447	302	49.31	186
Febr. 10	19.062	393	20.85	249	19.776	272	25.66	66	56.257	368	44.41	42	39.749	276	51.17	178
20	19.455	347	23.34	268	20.048	241	25.00	24	56.625	325	44.83	100	40.025	246	52.95	165
März 2	19.802	298	26.02	279	20.289	205	24.76	17	56.950	276	45.83	152	40.271	213	54.60	150
12	20.100	246	28.81	285	20.494	169	24.93	54	57.226	221	47.35	197	40.484	178	56.10	132
22	20.346	193	31.66	285	20.663	132	25.47	88	57.447	164	49.32	233	40.662	143	57.42	113
April 1	20.539	141	34.51	278	20.795	96	26.35	114	57.611	107	51.65	258	40.805	110	58.55	94
11	20.680	90	37.29	267	20.891	62	27.49	134	57.718	51	54.23	272	40.915	78	59.49	75
20	$_{16}$20.770	41	39.96	251	$_{18}$20.953	30	28.83	147	$_{19}$57.769	1	56.95	277	$_{19}$40.993	49	60.24	57
30	20.811	6	42.47	230	20.983	1	30.30	155	57.768	50	59.72	271	41.042	21	60.81	40
Mai 10	20.805	51	44.77	205	20.984	26	31.85	155	57.718	94	62.43	256	41.063	6	61.21	24
20	20.754	94	46.82	176	20.958	51	33.40	150	57.624	133	64.99	232	41.057	31	61.45	9
30	20.660	134	48.58	143	20.907	72	34.90	141	57.491	166	67.31	202	41.026	54	61.54	5
Juni 9	20.526	170	50.01	107	20.835	92	36.31	127	57.325	195	69.33	166	40.972	76	61.49	19
19	20.356	202	51.08	70	20.743	109	37.58	109	57.130	217	70.99	126	40.896	96	61.30	32
29	20.154	228	51.78	30	20.634	122	38.67	88	56.913	234	72.25	82	40.800	112	60.98	44
Juli 9	19.926	247	52.08	12	20.512	134	39.55	67	56.679	246	73.07	37	40.688	126	60.54	56
19	19.679	259	51.96	53	20.378	141	40.22	43	56.433	250	73.44	10	40.562	135	59.98	65
29	19.420	261	51.43	93	20.237	143	40.65	18	56.183	249	73.34	56	40.427	141	59.33	73
Aug. 8	19.159	254	50.50	129	20.094	141	40.83	9	55.934	240	72.78	101	40.286	139	58.60	80
18	18.905	234	49.21	163	19.953	132	40.74	36	55.694	225	71.77	146	40.147	131	57.80	82
28	18.671	203	47.58	191	19.821	118	40.38	63	55.469	201	70.31	187	40.016	117	56.98	82
Sept. 7	18.468	162	45.67	212	19.703	97	39.75	91	55.268	169	68.44	226	39.899	95	56.16	79
17	18.306	108	43.55	226	19.606	69	38.84	119	55.099	129	66.18	261	39.804	64	55.37	69
27	18.198	45	41.29	230	19.537	34	37.65	146	54.970	81	63.57	291	39.740	27	54.68	56
Okt. 7	18.153	26	38.99	224	19.503	7	36.19	172	54.889	27	60.66	316	39.713	16	54.12	39
17	18.179	101	36.75	210	19.510	52	34.47	197	54.862	33	57.50	336	39.729	64	53.73	16
27	18.280	177	34.65	186	19.562	100	32.50	218	54.895	97	54.14	347	39.793	114	53.57	10
Nov. 6	18.457	252	32.79	153	19.662	148	30.32	236	54.992	163	50.67	351	39.907	164	53.67	38
16	18.709	321	31.26	112	19.810	195	27.96	248	55.155	226	47.16	346	40.071	211	54.05	68
26	19.030	381	30.14	68	20.005	238	25.48	254	55.381	286	43.70	331	40.282	254	54.73	97
Dez. 6	19.411	428	29.46	19	20.243	274	22.94	253	55.667	339	40.39	306	40.536	289	55.70	125
16	19.839	462	29.27	32	20.517	302	20.41	245	56.006	380	37.33	271	40.825	315	56.95	148
26	20.301	481	29.59	80	20.819	319	17.96	227	56.386	410	34.62	229	41.140	330	58.43	167
36	20.782		30.39		21.138		15.69		56.796		32.33		41.470		60.10	
Mittl. Ort	16.576		30.73		18.767		37.40		55.580		62.49		38.322		50.59	
sec δ, tg δ	+1.672		− 1.340		+1.049		+ 0.318		+1.540		+ 1.172		+1.051		− 0.324	
a, *a′*	+3.8		−18.3		+2.9		−18.0		+2.4		−17.9		+3.3		−17.9	
b, *b′*	+0.08		+ 0.41		−0.02		+ 0.44		−0.07		+ 0.45		+0.02		+ 0.45	

Scheinbare Sternörter 1959

Obere Kulmination Greenwich

Tag	513) η Bootis[1] AR.		513) η Bootis[1] Dekl.		512) ζ Centauri AR.		512) ζ Centauri Dekl.		517) 11 Bootis AR.		517) 11 Bootis Dekl.		516) τ Virginis AR.		516) τ Virginis Dekl.	
1959	13h 52m		+18° 35′		13h 52m		−47° 4′		13h 59m		+27° 34′		13h 59m		+1° 44′	
	s		″		s		″		s		″		s		″	
Jan. 1	43.581	325	63.75	214	58.605	438	58.58	106	18.389	336	54.37	220	33.295	316	32.40	201
11	43.906	328	61.61	185	59.043	437	59.64	145	18.725	340	52.17	181	33.611	319	30.39	190
21	44.234	319	59.76	149	59.480	424	61.09	178	19.065	335	50.36	137	33.930	310	28.49	172
31	44.553	301	58.27	108	59.904	399	62.87	206	19.400	319	48.99	90	34.240	294	26.77	148
Febr. 10	44.854	277	57.19	66	60.303	368	64.93	227	19.719	295	48.09	39	34.534	272	25.29	120
20	45.131	247	56.53	22	60.671	329	67.20	242	20.014	264	47.70	10	34.806	243	24.09	90
März 2	45.378	212	56.31	19	61.000	287	69.62	252	20.278	228	47.80	57	35.049	212	23.19	60
12	45.590	176	56.50	58	61.287	242	72.14	254	20.506	191	48.37	99	35.261	179	22.59	29
22	45.766	139	57.08	91	61.529	198	74.68	253	20.697	151	49.36	136	35.440	146	22.30	1
April 1	45.905	103	57.99	119	61.727	152	77.21	246	20.848	112	50.72	165	35.586	113	22.29	24
11	46.008	69	59.18	140	61.879	108	79.67	236	20.960	74	52.37	186	35.699	82	22.53	46
20*	[20] 46.077	36	60.58	153	[20] 61.987	66	82.03	221	[22] 21.034	39	54.23	199	[22] 35.781	53	22.99	62
30	46.113	7	62.11	161	62.053	24	84.24	202	21.073	5	56.22	204	35.834	26	23.61	74
Mai 10	46.120	21	63.72	161	62.077	17	86.26	180	21.078	25	58.26	201	35.860	1	24.35	84
20	46.099	47	65.33	155	62.060	55	88.06	155	21.053	54	60.27	191	35.859	25	25.19	88
30	46.052	69	66.88	146	62.005	91	89.61	127	20.999	79	62.18	175	35.834	47	26.07	89
Juni 9	45.983	89	68.34	131	61.914	126	90.88	96	20.920	102	63.93	155	35.787	69	26.96	87
19	45.894	107	69.65	112	61.788	156	91.84	63	20.818	122	65.48	130	35.718	88	27.83	84
29	45.787	123	70.77	92	61.632	182	92.47	28	20.696	138	66.78	101	35.630	104	28.67	78
Juli 9	45.664	134	71.69	68	61.450	203	92.75	8	20.558	152	67.79	71	35.526	118	29.45	69
19	45.530	142	72.37	43	61.247	218	92.67	44	20.406	160	68.50	39	35.408	128	30.14	60
29	45.388	146	72.80	17	61.029	224	92.23	79	20.246	165	68.89	5	35.280	135	30.74	49
Aug. 8	45.242	145	72.97	10	60.805	222	91.44	111	20.081	164	68.94	29	35.145	135	31.23	36
18	45.097	136	72.87	39	60.583	210	90.33	141	19.917	156	68.65	63	35.010	129	31.59	21
28	44.961	123	72.48	67	60.373	187	88.92	166	19.761	142	68.02	98	34.881	118	31.80	5
Sept. 7	44.838	103	71.81	95	60.186	154	87.26	185	19.619	121	67.04	131	34.763	99	31.85	13
17	44.735	74	70.86	123	60.032	109	85.41	197	19.498	93	65.73	162	34.664	72	31.72	33
27	44.661	40	69.63	151	59.923	56	83.44	201	19.405	57	64.11	193	34.592	39	31.39	55
Okt. 7	44.621	0	68.12	178	59.867	5	81.43	196	19.348	15	62.18	221	34.553	0	30.84	79
17	44.621	45	66.34	203	59.872	72	79.47	182	19.333	32	59.97	246	34.553	44	30.05	103
27	44.666	94	64.31	224	59.944	140	77.65	161	19.365	82	57.51	266	34.597	92	29.02	127
Nov. 6	44.760	143	62.07	241	60.084	209	76.04	130	19.447	134	54.85	281	34.689	140	27.75	151
16	44.903	190	59.66	254	60.293	272	74.74	94	19.581	184	52.04	288	34.829	186	26.24	171
26	45.093	233	57.12	259	60.565	329	73.80	53	19.765	231	49.16	290	35.015	228	24.53	189
Dez. 6	45.326	271	54.53	258	60.894	375	73.27	9	19.996	273	46.26	282	35.243	265	22.64	201
16	45.597	300	51.95	248	61.269	409	73.18	37	20.269	305	43.44	265	35.508	292	20.63	207
26	45.897	319	49.47	231	61.678	430	73.55	81	20.574	327	40.79	241	35.800	309	18.56	207
36	46.216		47.16		62.108		74.36		20.901		38.38		36.109		16.49	
Mittl. Ort	43.886		68.98		58.219		74.10		18.888		61.89		33.429		31.80	
sec δ, tg δ	+1.055		+ 0.337		+1.469		− 1.076		+1.128		+ 0.522		+1.000		+ 0.030	
a, *a′*	+2.9		−17.7		+3.8		−17.7		+2.7		−17.4		+3.1		−17.4	
b, *b′*	−0.02		+ 0.47		+0.06		+ 0.47		−0.03		+ 0.50		0.00		+ 0.50	

[1] Die jährliche Parallaxe (0.″112) ist bereits berücksichtigt.

* Bei Stern 517) und 516) lies April 21.

Scheinbare Sternörter 1959

Obere Kulmination Greenwich

Tag	518) β Centauri AR.		518) β Centauri Dekl.		521) α Draconis AR.		521) α Draconis Dekl.	
1959	14h 0m		−60° 10′		14h 3m		+64° 33′	
	s		″		s		″	
Jan. 1	55.15		15.55		14.49		61.65	
11	55.71	56	16.15	60	15.05	56	59.71	194
21	56.28	57	17.24	109	15.64	59	58.37	134
31	56.84	56	18.78	154	16.23	59	57.69	68
Febr. 10	57.37	53	20.71	193	16.80	57	57.69	0
20	57.86	49	22.98	227	17.34	54	58.34	65
März 2	58.30	44	25.51	253	17.83	49	59.61	127
12	58.69	39	28.24	273	18.24	41	61.45	184
22	59.02	33	31.11	287	18.58	34	63.76	231
April 1	59.29	27	34.05	294	18.84	26	66.45	269
11	59.50	21	37.00	295	19.00	16	69.39	294
21	59.65	15	39.91	291	19.08	8	72.48	309
30	[22]59.74	9	42.71	280	[23]19.08	0	75.60	312
Mai 10	59.77	3	45.35	264	18.99	9	78.64	304
20	59.74	3	47.78	243	18.83	16	81.49	285
30	59.66	8	49.95	217	18.60	23	84.06	257
Juni 9	59.52	14	51.81	186	18.31	29	86.29	223
19	59.33	19	53.33	152	17.98	33	88.11	182
29	59.09	24	54.45	112	17.60	38	89.46	135
Juli 9	58.81	28	55.16	71	17.20	40	90.32	86
19	58.51	30	55.44	28	16.78	42	90.66	34
29	58.19	32	55.27	17	16.34	44	90.48	18
Aug. 8	57.85	34	54.65	62	15.91	43	89.79	69
18	57.52	33	53.59	106	15.49	42	88.59	120
28	57.20	32	52.14	145	15.09	40	86.90	169
Sept. 7	56.92	28	50.33	181	14.73	36	84.76	214
17	56.68	24	48.22	211	14.41	32	82.21	255
27	56.50	18	45.90	232	14.15	26	79.28	293
Okt. 7	56.40	10	43.44	246	13.96	19	76.04	324
17	56.38	2	40.95	249	13.84	12	72.55	349
27	56.44	6	38.53	242	13.81	3	68.89	366
Nov. 6	56.60	16	36.27	226	13.87	6	65.12	377
16	56.85	25	34.29	198	14.03	16	61.35	377
26	57.19	34	32.66	163	14.28	25	57.67	368
Dez. 6	57.60	41	31.46	120	14.62	34	54.18	349
16	58.08	48	30.73	73	15.04	42	50.98	320
26	58.60	52	30.51	22	15.53	49	48.19	279
36	59.15	55	30.81	30	16.07	54	45.89	230
Mittl. Ort	54.68		34.05		16.58		76.65	
sec δ, tg δ	+2.011		− 1.744		+2.329		+ 2.103	
a, *a′*	+4.2		−17.3		+1.6		−17.2	
b, *b′*	+0.10		+ 0.50		−0.12		+ 0.51	

Tag	520) ϑ Centauri AR.		520) ϑ Centauri Dekl.		522) 12 *d* Bootis AR.		522) 12 *d* Bootis Dekl.	
1959	14h 4m		−36° 9′		14h 8m		+25° 16′	
	s		″		s		″	
Jan. 1	15.864		56.05		31.181		60.05	
11	16.243	379	57.29	124	31.509	328	57.82	223
21	16.624	381	58.81	152	31.844	335	55.94	188
31	16.996	372	60.57	176	32.175	331	54.47	147
Febr. 10	17.348	352	62.50	193	32.492	317	53.46	101
20	17.674	326	64.55	205	32.787	295	52.94	52
März 2	17.969	295	66.65	210	33.053	266	52.91	3
12	18.228	259	68.77	212	33.285	232	53.34	43
22	18.450	222	70.86	209	33.482	197	54.20	86
April 1	18.634	184	72.87	201	33.641	159	55.42	122
11	18.781	147	74.77	190	33.762	121	56.95	153
21	18.891	110	76.55	178	33.847	85	58.70	175
30	[23]18.965	74	78.18	163	[24]33.897	50	60.60	190
Mai 10	19.004	39	79.64	146	33.914	17	62.57	197
20	19.010	6	80.91	127	33.900	14	64.52	195
30	18.984	26	81.97	106	33.858	42	66.40	188
Juni 9	18.927	57	82.80	83	33.790	68	68.14	174
19	18.840	87	83.40	60	33.698	92	69.70	156
29	18.726	114	83.75	35	33.585	113	71.03	133
Juli 9	18.588	138	83.83	8	33.454	131	72.10	107
19	18.431	157	83.64	19	33.309	145	72.88	78
29	18.258	173	83.20	44	33.152	157	73.35	47
Aug. 8	18.077	181	82.50	70	32.990	162	73.50	15
18	17.895	182	81.57	93	32.827	163	73.32	18
28	17.719	176	80.43	114	32.670	157	72.82	50
Sept. 7	17.560	159	79.12	131	32.525	145	71.98	84
17	17.426	134	77.69	143	32.399	126	70.81	117
27	17.327	99	76.21	148	32.301	98	69.33	148
Okt. 7	17.271	56	74.74	147	32.237	64	67.54	179
17	17.266	5	73.34	140	32.213	24	65.47	207
27	17.318	52	72.10	124	32.236	23	63.14	233
Nov. 6	17.429	111	71.08	102	32.309	73	60.60	254
16	17.598	169	70.33	75	32.433	124	57.89	271
26	17.824	226	69.92	41	32.607	174	55.08	281
Dez. 6	18.101	277	69.87	5	32.828	221	52.24	284
16	18.420	319	70.19	32	33.091	263	49.45	279
26	18.770	350	70.89	70	33.387	296	46.80	265
36	19.141	371	71.93	104	33.707	320	44.37	243
Mittl. Ort	15.675		68.89		31.691		66.41	
sec δ, tg δ	+1.239		− 0.731		+1.106		+ 0.472	
a, *a′*	+3.6		−17.2		+2.7		−17.0	
b, *b′*	+0.04		+ 0.52		−0.03		+ 0.53	

Scheinbare Sternörter 1959

Obere Kulmination Greenwich

Tag	524) 4 Ursae min. AR.		524) 4 Ursae min. Dekl.		523) κ Virginis AR.		523) κ Virginis Dekl.		526) α Bootis AR.		526) α Bootis Dekl.		525) ι Virginis AR.		525) ι Virginis Dekl.	
1958	14h 8m		+77° 43′		14h 10m		−10° 4′		14h 13m		+19° 23′		14h 13m		−5° 48′	
	s		″		s		″		s		″		s		″	
Jan. 1	53.58	102	68.67	177	42.191	321	56.67	179	46.951	317	38.06	228	51.529	317	16.74	188
11	54.60	109	66.90	114	42.512	324	58.46	181	47.268	324	35.78	198	51.846	320	18.62	185
21	55.69	110	65.76	47	42.836	317	60.27	175	47.592	319	33.80	162	52.166	314	20.47	176
31	56.79	109	65.29	21	43.153	302	62.02	165	47.911	307	32.18	121	52.480	300	22.23	160
Febr. 10	57.88	103	65.50	87	43.455	281	63.67	150	48.218	286	30.97	77	52.780	280	23.83	140
20	58.91	93	66.37	149	43.736	255	65.17	130	48.504	259	30.20	33	53.060	254	25.23	117
März 2	59.84	80	67.86	204	43.991	224	66.47	109	48.763	228	29.87	11	53.314	224	26.40	92
12	60.64	66	69.90	251	44.215	193	67.56	87	48.991	194	29.98	52	53.538	193	27.32	66
22	61.30	48	72.41	286	44.408	161	68.43	64	49.185	158	30.50	88	53.731	161	27.98	42
April 1	61.78	30	75.27	309	44.569	129	69.07	42	49.343	123	31.38	117	53.892	130	28.40	19
11	62.08	12	78.36	321	44.698	98	69.49	24	49.466	90	32.55	140	54.022	100	28.59	1
21	62.20	6	81.57	321	44.796	69	69.73	6	49.556	56	33.95	157	54.122	70	28.58	19
30	[24] 62.14	24	84.78	309	[25] 44.865	42	69.79	9	[26] 49.612	25	35.52	165	[26] 54.192	43	28.39	33
Mai 10	61.90	40	87.87	288	44.907	14	69.70	21	49.637	4	37.17	168	54.235	15	28.06	44
20	61.50	54	90.75	256	44.921	12	69.49	32	49.633	31	38.85	163	54.250	10	27.62	52
30	60.96	67	93.31	218	44.909	36	69.17	40	49.602	57	40.48	153	54.240	34	27.10	58
Juni 9	60.29	78	95.49	173	44.873	59	68.77	47	49.545	80	42.01	140	54.206	58	26.52	62
19	59.51	86	97.22	125	44.814	81	68.30	52	49.465	102	43.41	121	54.148	79	25.90	64
29	58.65	91	98.47	72	44.733	100	67.78	56	49.363	120	44.62	100	54.069	99	25.26	64
Juli 9	57.74	96	99.19	18	44.633	117	67.22	59	49.243	136	45.62	75	53.970	115	24.62	62
19	56.78	97	99.37	35	44.516	129	66.63	61	49.107	148	46.37	50	53.855	128	24.00	60
29	55.81	96	99.02	89	44.387	138	66.02	61	48.959	155	46.87	23	53.727	137	23.40	55
Aug. 8	54.85	94	98.13	141	44.249	141	65.41	59	48.804	157	47.10	6	53.590	140	22.85	50
18	53.91	88	96.72	189	44.108	137	64.82	55	48.647	152	47.04	35	53.450	137	22.35	43
28	53.03	81	94.83	234	43.971	126	64.27	49	48.495	142	46.69	65	53.313	127	21.92	32
Sept. 7	52.22	72	92.49	275	43.845	108	63.78	40	48.353	124	46.04	94	53.186	109	21.60	20
17	51.50	60	89.74	310	43.737	82	63.38	28	48.229	98	45.10	124	53.077	84	21.40	4
27	50.90	47	86.64	339	43.655	48	63.10	12	48.131	65	43.86	153	52.993	51	21.36	13
Okt. 7	50.43	32	83.25	361	43.607	8	62.98	7	48.066	26	42.33	181	52.942	12	21.49	34
17	50.11	16	79.64	376	43.599	38	63.05	29	48.040	19	40.52	206	52.930	33	21.83	56
27	49.95	1	75.88	383	43.637	87	63.34	53	48.059	67	38.46	230	52.963	81	22.39	80
Nov. 6	49.96	20	72.05	380	43.724	136	63.87	78	48.126	117	36.16	248	53.044	130	23.19	105
16	50.16	38	68.25	367	43.860	183	64.65	104	48.243	167	33.68	262	53.174	178	24.24	128
26	50.54	55	64.58	343	44.043	228	65.69	127	48.410	212	31.06	268	53.352	222	25.52	150
Dez. 6	51.09	72	61.15	310	44.271	265	66.96	149	48.622	253	28.38	269	53.574	259	27.02	168
16	51.81	86	58.05	267	44.536	294	68.45	165	48.875	285	25.69	260	53.833	288	28.70	181
26	52.67	97	55.38	215	44.830	313	70.10	174	49.160	308	23.09	243	54.121	309	30.51	188
36	53.64		53.23		45.143		71.84		49.468		20.66		54.430		32.39	
Mittl. Ort	58.53		84.36		42.267		61.61		47.392		42.42		51.664		20.39	
sec δ, tg δ	+4.709		+ 4.602		+1.016		− 0.178		+1.060		+ 0.352		+1.005		− 0.102	
a, *a′*	−0.2		−17.0		+3.2		−16.9		+2.8		−16.7		+3.1		−16.7	
b, *b′*	−0.26		+ 0.53		+0.01		+ 0.54		−0.02		+ 0.55		+0.01		+ 0.55	

Obere Kulmination Greenwich

Tag	527) λ Bootis				531) ϑ Bootis				534) ρ Bootis				535) γ Bootis			
	AR.		Dekl.		AR.		Dekl.		AR.		Dekl.		AR.		Dekl.	
1959	14h 14m		+46° 16′		14h 23m		+52° 1′		14h 30m		+30° 32′		14h 30m		+38° 28′	
	s		″		s		″		s		″		s		″	
Jan. 1	48.417	387	22.04	226	46.601	414	70.88	232	2.983	328	55.49	236	24.651	348	64.01	240
11	48.804	401	19.78	174	47.015	433	68.56	177	3.311	340	53.13	198	24.999	362	61.61	195
21	49.205	401	18.04	117	47.448	438	66.79	118	3.651	341	51.15	153	25.361	365	59.66	143
31	49.606	389	16.87	57	47.886	429	65.61	55	3.992	332	49.62	103	25.726	356	58.23	88
Febr. 10	49.995	366	16.30	5	48.315	406	65.06	9	4.324	314	48.59	50	26.082	338	57.35	30
20	50.361	332	16.35	64	48.721	372	65.15	72	4.638	288	48.09	3	26.420	310	57.05	27
März 2	50.693	290	16.99	120	49.093	328	65.87	130	4.926	257	48.12	54	26.730	276	57.32	83
12	50.983	244	18.19	170	49.421	278	67.17	181	5.183	222	48.66	101	27.006	238	58.15	132
22	51.227	195	19.89	211	49.699	223	68.98	224	5.405	184	49.67	142	27.244	196	59.47	175
April 1	51.422	143	22.00	242	49.922	165	71.22	256	5.589	146	51.09	176	27.440	153	61.22	209
11	51.565	91	24.42	263	50.087	107	73.78	279	5.735	108	52.85	201	27.593	109	63.31	234
21	51.656	42	27.05	274	50.194	50	76.57	290	5.843	70	54.86	217	27.702	67	65.65	250
30	26 51.698	4	29.79	275	28 50.244	5	79.47	291	30 5.913	34	57.03	225	30 27.769	27	68.15	255
Mai 10	51.694	49	32.54	266	50.239	56	82.38	281	5.947	0	59.28	225	27.796	13	70.70	252
20	51.645	89	35.20	249	50.183	103	85.19	263	5.947	32	61.53	217	27.783	49	73.22	241
30	51.556	125	37.69	224	50.080	147	87.82	236	5.915	63	63.70	203	27.734	82	75.63	222
Juni 9	51.431	157	39.93	192	49.933	184	90.18	203	5.852	91	65.73	181	27.652	113	77.85	197
19	51.274	185	41.85	156	49.749	217	92.21	164	5.761	115	67.54	156	27.539	141	79.82	166
29	51.089	207	43.41	116	49.532	244	93.85	122	5.646	138	69.10	126	27.398	164	81.48	131
Juli 9	50.882	225	44.57	73	49.288	265	95.07	76	5.508	156	70.36	94	27.234	184	82.79	93
19	50.657	237	45.30	28	49.023	280	95.83	28	5.352	171	71.30	59	27.050	199	83.72	53
29	50.420	243	45.58	18	48.743	287	96.11	20	5.181	181	71.89	23	26.851	208	84.25	12
Aug. 8	50.177	241	45.40	63	48.456	286	95.91	68	5.000	184	72.12	14	26.643	211	84.37	30
18	49.936	232	44.77	108	48.170	277	95.23	116	4.816	182	71.98	51	26.432	208	84.07	73
28	49.704	216	43.69	151	47.893	260	94.07	161	4.634	171	71.47	89	26.224	195	83.34	113
Sept. 7	49.488	190	42.18	192	47.633	232	92.46	204	4.463	154	70.58	125	26.029	176	82.21	153
17	49.298	156	40.26	230	47.401	196	90.42	243	4.309	128	69.33	160	25.853	148	80.68	192
27	49.142	115	37.96	265	47.205	150	87.99	280	4.181	95	67.73	194	25.705	112	78.76	226
Okt. 7	49.027	65	35.31	294	47.055	96	85.19	310	4.086	54	65.79	224	25.593	68	76.50	258
17	48.962	8	32.37	318	46.959	35	82.09	334	4.032	8	63.55	252	25.525	18	73.92	285
27	48.954	52	29.19	336	46.924	32	78.75	352	4.024	44	61.03	274	25.507	37	71.07	307
Nov. 6	49.006	116	25.83	346	46.956	102	75.23	362	4.068	98	58.29	292	25.544	95	68.00	321
16	49.122	179	22.37	347	47.058	172	71.61	362	4.166	152	55.37	302	25.639	152	64.79	329
26	49.301	239	18.90	339	47.230	240	67.99	352	4.318	203	52.35	304	25.791	208	61.50	327
Dez. 6	49.540	293	15.51	321	47.470	302	64.47	333	4.521	248	49.31	298	25.999	259	58.23	317
16	49.833	339	12.30	293	47.772	354	61.14	307	4.769	287	46.33	283	26.258	301	55.06	295
26	50.172	373	9.37	255	48.126	396	58.11	262	5.056	316	43.50	258	26.559	333	52.11	265
36	50.545		6.82		48.522		55.49		5.372		40.92		26.892		49.46	
Mittl. Ort	49.501		33.24		47.996		82.57		3.715		62.05		25.581		72.48	
sec δ, tg δ	+1.447		+ 1.046		+1.626		+ 1.282		+1.161		+ 0.590		+1.278		+ 0.795	
a, *a′*	+2.3		−16.7		+2.1		−16.2		+2.6		−15.9		+2.4		−15.9	
b, *b′*	−0.06		+ 0.56		−0.07		+ 0.59		−0.03		+ 0.61		−0.04		+ 0.61	

Scheinbare Sternörter 1959

Obere Kulmination Greenwich

Tag	537) η Centauri				538) α Centauri[1]				1382) 32 Bootis				545) μ Virginis			
	AR.		Dekl.		AR.		Dekl.		AR.		Dekl.		AR.		Dekl.	
1959	$14^h\ 32^m$		−41° 58′		$14^h\ 36^m$		−60° 39′		$14^h\ 39^m$		+11° 49′		$14^h\ 40^m$		−5° 28′	
	s		″		s		″		s		″		s		″	
Jan. 1	53.628	399	29.02	77	48.11	55	42.81	16	44.746	304	69.71	218	53.468	307	47.22	181
11	54.027	408	29.79	110	48.66	57	42.97	64	45.050	314	67.53	198	53.775	317	49.03	178
21	54.435	404	30.89	139	49.23	57	43.61	109	45.364	314	65.55	170	54.092	315	50.81	169
31	54.839	391	32.28	163	49.80	55	44.70	149	45.678	306	63.85	137	54.407	306	52.50	153
Febr. 10	55.230	369	33.91	183	50.35	52	46.19	185	45.984	289	62.48	99	54.713	290	54.03	134
20	55.599	341	35.74	196	50.87	48	48.04	214	46.273	268	61.49	60	55.003	268	55.37	111
März 2	55.940	308	37.70	205	51.35	43	50.18	238	46.541	241	60.89	21	55.271	243	56.48	86
12	56.248	272	39.75	209	51.78	37	52.56	256	46.782	212	60.68	18	55.514	214	57.34	60
22	56.520	235	41.84	208	52.15	32	55.12	267	46.994	181	60.86	52	55.728	185	57.94	34
April 1	56.755	196	43.92	204	52.47	26	57.79	273	47.175	150	61.38	82	55.913	156	58.28	12
11	56.951	157	45.96	197	52.73	20	60.52	273	47.325	118	62.20	107	56.069	126	58.40	9
21	57.108	118	47.93	187	52.93	14	63.25	268	47.443	87	63.27	126	56.195	97	58.31	26
Mai 1	[1]57.226	80	49.80	175	[2]53.07	7	65.93	258	[2]47.530	58	64.53	138	56.292	69	58.05	40
10	57.306	41	51.55	158	53.14	2	68.51	242	47.588	28	65.91	145	[3]56.361	40	57.65	50
20	57.347	3	53.13	140	53.16	5	70.93	221	47.616	0	67.36	145	56.401	13	57.15	59
30	57.350	35	54.53	120	53.11	11	73.14	195	47.616	26	68.81	142	56.414	14	56.56	63
Juni 9	57.315	72	55.73	97	53.00	16	75.09	166	47.590	53	70.23	133	56.400	39	55.93	66
19	57.243	106	56.70	71	52.84	22	76.75	132	47.537	78	71.56	121	56.361	65	55.27	66
29	57.137	138	57.41	43	52.62	27	78.07	93	47.459	99	72.77	106	56.296	88	54.61	66
Juli 9	56.999	165	57.84	15	52.35	30	79.00	53	47.360	119	73.83	89	56.208	109	53.95	63
19	56.834	188	57.99	16	52.05	34	79.53	10	47.241	136	74.72	69	56.099	126	53.32	59
29	56.646	203	57.83	45	51.71	35	79.63	34	47.105	147	75.41	47	55.973	139	52.73	53
Aug. 8	56.443	210	57.38	74	51.36	36	79.29	77	46.958	153	75.88	25	55.834	147	52.20	48
18	56.233	208	56.64	101	51.00	35	78.52	118	46.805	154	76.13	1	55.687	148	51.72	40
28	56.025	196	55.63	124	50.65	33	77.34	157	46.651	148	76.14	23	55.539	141	51.32	29
Sept. 7	55.829	172	54.39	144	50.32	29	75.77	191	46.503	133	75.91	49	55.398	127	51.03	18
17	55.657	139	52.95	158	50.03	23	73.86	217	46.370	111	75.42	76	55.271	105	50.85	3
27	55.518	95	51.37	165	49.80	17	71.69	237	46.259	82	74.66	102	55.166	75	50.82	14
Okt. 7	55.423	42	49.72	165	49.63	9	69.32	246	46.177	45	73.64	128	55.091	37	50.96	33
17	55.381	17	48.07	157	49.54	1	66.86	247	46.132	1	72.36	155	55.054	6	51.29	54
27	55.398	81	46.50	142	49.55	10	64.39	237	46.131	46	70.81	179	55.060	54	51.83	77
Nov. 6	55.479	147	45.08	120	49.65	19	62.02	217	46.177	95	69.02	200	55.114	104	52.60	101
16	55.626	210	43.88	91	49.84	28	59.85	188	46.272	144	67.02	219	55.218	153	53.61	123
26	55.836	268	42.97	57	50.12	37	57.97	151	46.416	191	64.83	231	55.371	199	54.84	144
Dez. 6	56.104	318	42.40	20	50.49	44	56.46	109	46.607	232	62.52	238	55.570	239	56.28	161
16	56.422	358	42.20	18	50.93	50	55.37	62	46.839	267	60.14	237	55.809	273	57.89	174
26	56.780	386	42.38	55	51.43	54	54.75	13	47.106	292	57.77	230	56.082	297	59.63	182
36	57.166		42.93		51.97		54.62		47.398		55.47		56.379		61.45	
Mittl. Ort	53.620		43.85		48.01		61.77		45.212		70.53		53.751		51.70	
sec δ, tg δ	+1.345		− 0.900		+2.041		− 1.780		+1.022		+ 0.210		+1.005		− 0.096	
a, *a′*	+3.8		−15.7		+4.6		−15.5		+2.9		−15.4		+3.2		−15.3	
b, *b′*	+0.05		+ 0.62		+0.09		+ 0.63		−0.01		+ 0.64		0.00		+ 0.65	

[1] Ort des helleren Sterns. Die jährliche Parallaxe (0.″756) ist bereits berücksichtigt.

Scheinbare Sternörter 1959

Obere Kulmination Greenwich

Tag	542) α Apodis				547) 109 Virginis				548) α^2 Librae				549) Grb 2164 Draco			
	AR.		Dekl.		AR.		Dekl.		AR.		Dekl.		AR.		Dekl.	
1959	$14^h\ 42^m$		$-78°\ 52'$		$14^h\ 44^m$		$+2°\ 3'$		$14^h\ 48^m$		$-15°\ 52'$		$14^h\ 50^m$		$+59°\ 27'$	
	s		″		s		″		s		″		s		″	
Jan. 1	39.91	128	1.88	53	10.025	302	54.75	198	36.090	316	13.30	148	21.672	450	25.12	250
11	41.19	133	1.35	3	10.327	312	52.77	187	36.406	326	14.78	155	22.122	485	22.62	195
21	42.52	135	1.38	59	10.639	311	50.90	170	36.732	326	16.33	158	22.607	503	20.67	135
31	43.87	133	1.97	112	10.950	304	49.20	147	37.058	317	17.91	154	23.110	504	19.32	70
Febr. 10	45.20	127	3.09	160	11.254	289	47.73	119	37.375	302	19.45	146	23.614	488	18.62	2
20	46.47	119	4.69	205	11.543	267	46.54	89	37.677	280	20.91	134	24.102	458	18.60	64
März 2	47.66	110	6.74	242	11.810	241	45.65	57	37.957	256	22.25	118	24.560	415	19.24	126
12	48.76	97	9.16	274	12.051	214	45.08	26	38.213	229	23.43	101	24.975	361	20.50	181
22	49.73	84	11.90	299	12.265	185	44.82	4	38.442	199	24.44	83	25.336	299	22.31	229
April 1	50.57	69	14.89	317	12.450	155	44.86	31	38.641	170	25.27	66	25.635	232	24.60	267
11	51.26	53	18.06	327	12.605	126	45.17	54	38.811	140	25.93	48	25.867	162	27.27	293
21	51.79	37	21.33	332	12.731	96	45.71	72	38.951	111	26.41	34	26.029	92	30.20	309
Mai 1	52.16	20	24.65	330	12.827	67	46.43	85	[5]39.062	82	26.75	20	26.121	22	33.29	313
10	[3]52.36	3	27.95	319	[3]12.894	39	47.28	94	39.144	52	26.95	8	[5]26.143	45	36.42	306
20	52.39	14	31.14	302	12.933	12	48.22	100	39.196	23	27.03	3	26.098	108	39.48	290
30	52.25	31	34.16	278	12.945	16	49.22	101	39.219	5	27.00	13	25.990	166	42.38	265
Juni 9	51.94	47	36.94	247	12.929	42	50.23	98	39.214	34	26.87	20	25.824	219	45.03	232
19	51.47	61	39.41	210	12.887	66	51.21	93	39.180	61	26.67	28	25.605	265	47.35	193
29	50.86	74	41.51	168	12.821	90	52.14	86	39.119	87	26.39	35	25.340	304	49.28	150
Juli 9	50.12	84	43.19	120	12.731	110	53.00	77	39.032	110	26.04	41	25.036	336	50.78	102
19	49.28	93	44.39	69	12.621	127	53.77	66	38.922	129	25.63	47	24.700	360	51.80	53
29	48.35	98	45.08	16	12.494	141	54.43	53	38.793	145	25.16	52	24.340	374	52.33	2
Aug. 8	47.37	99	45.24	39	12.353	148	54.96	40	38.648	153	24.64	56	23.966	379	52.35	49
18	46.38	97	44.85	93	12.205	149	55.36	25	38.495	156	24.08	57	23.587	374	51.86	100
28	45.41	92	43.92	144	12.056	144	55.61	8	38.339	151	23.51	57	23.213	358	50.86	148
Sept. 7	44.49	82	42.48	191	11.912	131	55.69	11	38.188	137	22.94	55	22.855	330	49.38	195
17	43.67	68	40.57	232	11.781	109	55.58	30	38.051	114	22.39	49	22.525	292	47.43	238
27	42.99	52	38.25	264	11.672	79	55.28	51	37.937	83	21.90	39	22.233	242	45.05	277
Okt. 7	42.47	33	35.61	287	11.593	43	54.77	74	37.854	44	21.51	27	21.991	181	42.28	311
17	42.14	11	32.74	299	11.550	1	54.03	98	37.810	1	21.24	9	21.810	112	39.17	339
27	42.03	12	29.75	299	11.549	47	53.05	121	37.811	51	21.15	12	21.698	35	35.78	359
Nov. 6	42.15	35	26.76	287	11.596	96	51.84	144	37.862	102	21.27	33	21.663	48	32.19	372
16	42.50	57	23.89	265	11.692	144	50.40	165	37.964	153	21.60	58	21.711	133	28.47	375
26	43.07	77	21.24	231	11.836	191	48.75	183	38.117	202	22.18	83	21.844	216	24.72	367
Dez. 6	43.84	96	18.93	189	12.027	232	46.92	195	38.319	244	23.01	105	22.060	294	21.05	350
16	44.80	110	17.04	141	12.259	265	44.97	202	38.563	279	24.06	125	22.354	364	17.55	320
26	45.90	122	15.63	86	12.524	291	42.95	203	38.842	304	25.31	142	22.718	423	14.35	282
36	47.12		14.77		12.815		40.92		39.146		26.73		23.141		11.53	
Mittl. Ort	40.29		23.02		10.398		52.45		36.332		21.14		23.737		35.96	
sec δ, tg δ	+5.182		− 5.084		+1.001		+ 0.036		+1.040		− 0.284		+1.968		+ 1.695	
a, *a′*	+7.5		−15.2		+3.0		−15.1		+3.3		−14.9		+1.5		−14.8	
b, *b′*	+0.26		+ 0.65		0.00		+ 0.66		+0.01		+ 0.67		−0.08		+ 0.68	

Scheinbare Sternörter 1959

Obere Kulmination Greenwich

Tag	550) β Ursae min.				551) Pi 14h 221 Boot				552) β Lupi				555) β Bootis			
	AR.	Δ	Dekl.	Δ	AR.	Δ	Dekl.	Δ	AR.	Δ	Dekl.	Δ	AR.	Δ	Dekl.	Δ
1959	$14^h\ 50^m$		$+74^\circ\ 18'$		$14^h\ 54^m$		$+14^\circ\ 36'$		$14^h\ 55^m$		$-42^\circ\ 57'$		$15^h\ 0^m$		$+40^\circ\ 32'$	
	s		″		s		″		s		″		s		″	
Jan. 1	43.72	74	70.85	232	16.413	298	38.51	225	49.976	396	57.06	49	22.852	334	58.11	261
11	44.46	82	68.53	174	16.711	312	36.26	202	50.372	409	57.55	83	23.186	357	55.50	218
21	45.28	87	66.79	111	17.023	315	34.24	173	50.781	411	58.38	112	23.543	367	53.32	167
31	46.15	88	65.68	43	17.338	309	32.51	138	51.192	403	59.50	137	23.910	365	51.65	111
Febr. 10	47.03	85	65.25	25	17.647	296	31.13	97	51.595	386	60.87	159	24.275	354	50.54	51
20	47.88	81	65.50	92	17.943	276	30.16	56	51.981	362	62.46	175	24.629	333	50.03	9
März 2	48.69	73	66.42	154	18.219	251	29.60	13	52.343	333	64.21	186	24.962	304	50.12	66
12	49.42	64	67.96	208	18.470	224	29.47	27	52.676	300	66.07	192	25.266	270	50.78	121
22	50.06	52	70.04	253	18.694	194	29.74	65	52.976	265	67.99	196	25.536	231	51.99	168
April 1	50.58	38	72.57	288	18.888	163	30.39	96	53.241	229	69.95	195	25.767	189	53.67	207
11	50.96	25	75.45	312	19.051	132	31.35	122	53.470	190	71.90	191	25.956	147	55.74	238
21	51.21	10	78.57	323	19.183	101	32.57	143	53.660	151	73.81	185	26.103	103	58.12	258
Mai 1	51.31	3	81.80	324	19.284	71	34.00	156	53.811	112	75.66	176	26.206	60	60.70	268
10	[5] 51.28	17	85.04	312	[6] 19.355	40	35.56	163	[6] 53.923	71	77.42	163	[8] 26.266	18	63.38	270
20	51.11	29	88.16	291	19.395	10	37.19	164	53.994	31	79.05	148	26.284	22	66.08	262
30	50.82	40	91.07	262	19.405	18	38.83	159	54.025	10	80.53	131	26.262	61	68.70	245
Juni 9	50.42	51	93.69	224	19.387	46	40.42	149	54.015	49	81.84	110	26.201	97	71.15	222
19	49.91	60	95.93	182	19.341	72	41.91	135	53.966	88	82.94	87	26.104	130	73.37	194
29	49.31	66	97.75	134	19.269	97	43.26	118	53.878	125	83.81	62	25.974	160	75.31	159
Juli 9	48.65	72	99.09	84	19.172	118	44.44	99	53.753	158	84.43	34	25.814	185	76.90	122
19	47.93	76	99.93	31	19.054	137	45.43	76	53.595	184	84.77	6	25.629	206	78.12	81
29	47.17	77	100.24	23	18.917	151	46.19	52	53.411	205	84.83	24	25.423	222	78.93	38
Aug. 8	46.40	78	100.01	76	18.766	160	46.71	27	53.206	218	84.59	54	25.201	230	79.31	6
18	45.62	76	99.25	127	18.606	162	46.98	1	52.988	220	84.05	82	24.971	232	79.25	49
28	44.86	73	97.98	176	18.444	157	46.99	26	52.768	213	83.23	107	24.739	225	78.76	94
Sept. 7	44.13	67	96.22	222	18.287	146	46.73	54	52.555	194	82.16	130	24.514	210	77.82	136
17	43.46	59	94.00	265	18.141	125	46.19	83	52.361	164	80.86	148	24.304	186	76.46	177
27	42.87	51	91.35	301	18.016	96	45.36	110	52.197	123	79.38	158	24.118	152	74.69	215
Okt. 7	42.36	39	88.34	332	17.920	60	44.26	139	52.074	71	77.80	163	23.966	110	72.54	250
17	41.97	27	85.02	357	17.860	18	42.87	166	52.003	12	76.17	160	23.856	60	70.04	281
27	41.70	14	81.45	374	17.842	29	41.21	190	51.991	52	74.57	150	23.796	6	67.23	306
Nov. 6	41.56	0	77.71	381	17.871	79	39.31	213	52.043	119	73.07	132	23.790	53	64.17	325
16	41.56	16	73.90	379	17.950	129	37.18	230	52.162	185	71.75	107	23.843	114	60.92	336
26	41.72	31	70.11	368	18.079	177	34.88	242	52.347	246	70.68	77	23.957	174	57.56	338
Dez. 6	42.03	45	66.43	344	18.256	220	32.46	249	52.593	300	69.91	44	24.131	228	54.18	331
16	42.48	58	62.99	310	18.476	257	29.97	247	52.893	345	69.47	8	24.359	276	50.87	314
26	43.06	70	59.89	267	18.733	286	27.50	237	53.238	379	69.39	28	24.635	316	47.73	285
36	43.76		57.22		19.019		25.13		53.617		69.67		24.951		44.88	
Mittl. Ort	48.14		83.05		16.987		39.43		50.150		72.26		24.008		65.02	
sec δ, tg δ	+3.701		+ 3.563		+1.033		+ 0.261		+1.367		− 0.932		+1.316		+ 0.856	
a, a′	−0.2		−14.7		+2.8		−14.5		+3.9		−14.4		+2.3		−14.1	
b, b′	−0.17		+ 0.68		−0.01		+ 0.69		+0.04		+ 0.69		−0.04		+ 0.71	

Tag	556) σ Librae AR.	Δ	Dekl.	Δ	557) ψ Bootis AR.	Δ	Dekl.	Δ	558) ζ Lupi AR.	Δ	Dekl.	Δ	563) δ Bootis AR.	Δ	Dekl.	Δ
1959	15h 1m		−25° 7′		15h 2m		+27° 6′		15h 9m		−51° 56′		15h 13m		+33° 27′	
	s		″		s		″		s		″		s		″	
Jan. 1	39.602	328	8.88	108	40.409	305	19.74	249	19.252	447	23.60	1	49.872	308	55.82	263
11	39.930	341	9.96	126	40.714	321	17.25	215	19.699	468	23.61	40	50.180	329	53.19	226
21	40.271	343	11.22	137	41.035	329	15.10	176	20.167	475	24.01	78	50.509	341	50.93	181
31	40.614	337	12.59	144	41.364	326	13.34	129	20.642	469	24.79	111	50.850	341	49.12	130
Febr. 10	40.951	323	14.03	147	41.690	314	12.05	78	21.111	455	25.90	142	51.191	332	47.82	75
20	41.274	303	15.50	144	42.004	296	11.27	27	21.566	431	27.32	167	51.523	315	47.07	19
März 2	41.577	279	16.94	139	42.300	271	11.00	25	21.997	401	28.99	187	51.838	291	46.88	37
12	41.856	252	18.33	130	42.571	242	11.25	73	22.398	365	30.86	203	52.129	262	47.25	89
22	42.108	224	19.63	119	42.813	209	11.98	117	22.763	326	32.89	214	52.391	229	48.14	136
April 1	42.332	194	20.82	109	43.022	176	13.15	154	23.089	284	35.03	221	52.620	193	49.50	176
11	42.526	163	21.91	96	43.198	141	14.69	183	23.373	240	37.24	224	52.813	156	51.26	208
21	42.689	133	22.87	84	43.339	106	16.52	204	23.613	194	39.48	223	52.969	118	53.34	231
Mai 1	8 42.822	102	23.71	72	8 43.445	71	18.56	217	10 23.807	146	41.71	218	11 53.087	80	55.65	245
10*	42.924	70	24.43	61	43.516	37	20.73	222	23.953	97	43.89	209	53.167	43	58.10	250
20	42.994	38	25.04	49	43.553	4	22.95	219	24.050	47	45.98	196	53.210	6	60.60	246
30	43.032	6	25.53	37	43.557	29	25.14	210	24.097	4	47.94	178	53.216	30	63.06	235
Juni 9	43.038	26	25.90	25	43.528	60	27.24	193	24.093	54	49.72	157	53.186	65	65.41	217
19	43.012	57	26.15	12	43.468	89	29.17	172	24.039	103	51.29	133	53.121	97	67.58	192
29	42.955	86	26.27	0	43.379	116	30.89	146	23.936	148	52.62	104	53.024	126	69.50	164
Juli 9	42.869	113	26.27	14	43.263	139	32.35	116	23.788	190	53.66	72	52.898	153	71.14	130
19	42.756	137	26.13	27	43.124	159	33.51	85	23.598	225	54.38	38	52.745	176	72.44	94
29	42.619	155	25.86	40	42.965	175	34.36	52	23.373	252	54.76	2	52.569	193	73.38	57
Aug. 8	42.464	167	25.46	53	42.790	185	34.88	16	23.121	270	54.78	35	52.376	205	73.95	17
18	42.297	171	24.93	64	42.605	188	35.04	20	22.851	276	54.43	71	52.171	209	74.12	24
28	42.126	168	24.29	73	42.417	183	34.84	57	22.575	269	53.72	106	51.962	206	73.88	64
Sept. 7	41.958	154	23.56	80	42.234	171	34.27	92	22.306	249	52.66	136	51.756	195	73.24	104
17	41.804	132	22.76	82	42.063	150	33.35	128	22.057	215	51.30	162	51.561	174	72.20	143
27	41.672	100	21.94	81	41.913	121	32.07	163	21.842	168	49.68	183	51.387	145	70.77	181
Okt. 7	41.572	59	21.13	75	41.792	85	30.44	195	21.674	109	47.85	195	51.242	107	68.96	216
17	41.513	12	20.38	63	41.707	40	28.49	224	21.565	42	45.90	200	51.135	62	66.80	247
27	41.501	41	19.75	47	41.667	9	26.25	251	21.523	33	43.90	196	51.073	12	64.33	275
Nov. 6	41.542	95	19.28	27	41.676	62	23.74	272	21.556	112	41.94	183	51.061	43	61.58	297
16	41.637	150	19.01	3	41.738	115	21.02	287	21.668	189	40.11	162	51.104	100	58.61	311
26	41.787	202	18.98	23	41.853	167	18.15	295	21.857	262	38.49	134	51.204	156	55.50	318
Dez. 6	41.989	248	19.21	49	42.020	214	15.20	295	22.119	328	37.15	100	51.360	207	52.32	316
16	42.237	285	19.70	74	42.234	256	12.25	286	22.447	382	36.15	63	51.567	252	49.16	305
26	42.522	315	20.44	97	42.490	289	9.39	267	22.829	425	35.52	23	51.819	289	46.11	283
36	42.837		21.41		42.779		6.72		23.254		35.29		52.108		43.28	
Mittl. Ort	39.866		19.59		41.232		23.48		19.559		40.67		50.889 •		60.32	
sec δ, tg δ	+1.104		− 0.469		+1.123		+ 0.512		+1.622		− 1.277		+1.199		+0.661	
a, a′	+3.5		−14.1		+2.6		−14.0		+4.3		−13.6		+2.4		−13.3	
b, b′	+0.02		+ 0.71		−0.02		+ 0.72		+0.06		+ 0.74		−0.03		+ 0.75	

• Bei Stern 563) lies Mai 11.

Scheinbare Sternörter 1959

Obere Kulmination Greenwich

Tag	565) ι H. Ursae min. AR.		565) Dekl.		564) β Librae AR.		564) Dekl.	
1959	15h 14m		+67° 29′		15h 14m		−9° 13′	
	s		″		s		″	
Jan. 1	6.29	53	58.11	267	47.371	296	51.75	157
11	6.82	58	55.44	213	47.667	310	53.32	159
21	7.40	62	53.31	153	47.977	315	54.91	154
31	8.02	64	51.78	87	48.292	312	56.45	143
Febr. 10	8.66	63	50.91	18	48.604	301	57.88	129
20	9.29	61	50.73	50	48.905	284	59.17	110
März 2	9.90	56	51.23	114	49.189	264	60.27	88
12	10.46	50	52.37	173	49.453	240	61.15	66
22	10.96	43	54.10	225	49.693	215	61.81	43
April 1	11.39	34	56.35	266	49.908	187	62.24	23
11	11.73	25	59.01	296	50.095	160	62.47	4
21	11.98	15	61.97	315	50.255	132	62.51	13
Mai 1	12.13	6	65.12	323	50.387	104	62.38	26
11	12.19	3	68.35	320	50.491	74	62.12	36
20	^{11}12.16	13	71.55	306	^{11}50.565	45	61.76	44
30	12.03	21	74.61	283	50.610	15	61.32	50
Juni 9	11.82	29	77.44	252	50.625	14	60.82	53
19	11.53	35	79.96	214	50.611	43	60.29	55
29	11.18	42	82.10	171	50.568	72	59.74	56
Juli 9	10.76	47	83.81	123	50.496	97	59.18	54
19	10.29	50	85.04	73	50.399	120	58.64	53
29	9.79	53	85.77	21	50.279	139	58.11	51
Aug. 8	9.26	54	85.98	32	50.140	152	57.60	47
18	8.72	54	85.66	84	49.988	159	57.13	43
28	8.18	52	84.82	135	49.829	158	56.70	37
Sept. 7	7.66	50	83.47	184	49.671	148	56.33	28
17	7.16	45	81.63	229	49.523	129	56.05	18
27	6.71	39	79.34	271	49.394	103	55.87	6
Okt. 7	6.32	32	76.63	307	49.291	67	55.81	10
17	6.00	23	73.56	337	49.224	26	55.91	28
27	5.77	13	70.19	361	49.198	22	56.19	48
Nov. 6	5.64	4	66.58	376	49.220	72	56.67	69
16	5.60	8	62.82	382	49.292	123	57.36	91
26	5.68	19	59.00	378	49.415	171	58.27	112
Dez. 6	5.87	30	55.22	361	49.586	215	59.39	130
16	6.17	39	51.61	335	49.801	253	60.69	145
26	6.56	49	48.26	298	50.054	282	62.14	156
36	7.05		45.28		50.336		63.70	
Mittl. Ort	• 9.46		67.84		47.796		58.33	
sec δ, tg δ	+2.613		+ 2.414		+1.013		− 0.163	
a, *a′*	+0.7		−13.3		+3.2		−13.2	
b, *b′*	−0.11		+ 0.75		+0.01		+ 0.75	

Tag	560) γ Triang. austr. AR.		560) Dekl.		566) φ¹ Lupi AR.		566) Dekl.	
1959	15h 15m		−68° 31′		15h 19m		−36° 6′	
	s		″		s		″	
Jan. 1	2.47	69	28.34	66	11.415	353	36.91	52
11	3.16	73	27.68	17	11.768	370	37.43	78
21	3.89	75	27.51	31	12.138	376	38.21	101
31	4.64	75	27.82	78	12.514	373	39.22	120
Febr. 10	5.39	73	28.60	122	12.887	362	40.42	135
20	6.12	70	29.82	162	13.249	344	41.77	144
März 2	6.82	65	31.44	196	13.593	321	43.21	150
12	7.47	60	33.40	225	13.914	295	44.71	153
22	8.07	54	35.65	248	14.209	265	46.24	153
April 1	8.61	47	38.13	267	14.474	234	47.77	150
11	9.08	39	40.80	280	14.708	202	49.27	145
21	9.47	31	43.60	286	14.910	168	50.72	139
Mai 1	9.78	22	46.46	287	15.078	133	52.11	131
11	10.00	14	49.33	282	15.211	96	53.42	122
20	^{11}10.14	4	52.15	271	^{12}15.307	60	54.64	111
30	10.18	4	54.86	253	15.367	22	55.75	98
Juni 9	10.14	13	57.39	231	15.389	17	56.73	83
19	10.01	22	59.70	201	15.372	54	57.56	67
29	9.79	29	61.71	167	15.318	90	58.23	48
Juli 9	9.50	37	63.38	127	15.228	123	58.71	29
19	9.13	42	64.65	84	15.105	153	59.00	7
29	8.71	47	65.49	38	14.952	176	59.07	16
Aug. 8	8.24	49	65.87	10	14.776	193	58.91	38
18	7.75	50	65.77	59	14.583	201	58.53	59
28	7.25	49	65.18	106	14.382	199	57.94	80
Sept. 7	6.76	46	64.12	150	14.183	188	57.14	98
17	6.30	40	62.62	190	13.995	164	56.16	112
27	5.90	32	60.72	222	13.831	130	55.04	120
Okt. 7	5.58	22	58.50	246	13.701	87	53.84	124
17	5.36	11	56.04	262	13.614	35	52.60	121
27	5.25	0	53.42	266	13.579	23	51.39	112
Nov. 6	5.25	13	50.76	259	13.602	83	50.27	97
16	5.38	26	48.17	243	13.685	145	49.30	76
26	5.64	38	45.74	217	13.830	203	48.54	51
Dez. 6	6.02	49	43.57	182	14.033	256	48.03	23
16	6.51	58	41.75	141	14.289	300	47.80	7
26	7.09	65	40.34	95	14.589	335	47.87	36
36	7.74		39.39		14.924		48.23	
Mittl. Ort	3.12		47.98		11.763		50.52	
sec δ, tg δ	+2.732		− 2.543		+1.238		− 0.730	
a, *a′*	+5.6		−13.2		+3.3		−12.9	
b, *b′*	+0.11		+ 0.75		+0.03		+ 0.76	

Scheinbare Sternörter 1959

Obere Kulmination Greenwich

Tag	569) γ Ursae min.				568) μ Bootis *pr*				571) ι Draconis				572) β Coronae bor.			
	AR.		Dekl.		AR.		Dekl.		AR.		Dekl.		AR.		Dekl.	
1959	15h 20m		+71° 58′		15h 22m		+37° 30′		15h 23m		+59° 6′		15h 26m		+29° 14′	
	s		″		s		″		s		″		s		″	
Jan. 1	42.43	61	38.24	267	55.233	309	67.23	271	58.513	408	24.64	281	7.242	292	42.82	261
11	43.04	68	35.57	213	55.542	334	64.52	233	58.921	451	21.83	231	7.534	314	40.21	229
21	43.72	74	33.44	153	55.876	348	62.19	186	59.372	481	19.52	173	7.848	326	37.92	188
31	44.46	77	31.91	87	56.224	352	60.33	133	59.853	494	17.79	110	8.174	329	36.04	141
Febr. 10	45.23	77	31.04	18	56.576	345	59.00	76	60.347	491	16.69	44	8.503	322	34.63	89
20	46.00	74	30.86	49	56.921	330	58.24	16	60.838	473	16.25	24	8.825	308	33.74	35
März 2	46.74	69	31.35	114	57.251	307	58.08	42	61.311	441	16.49	89	9.133	287	33.39	18
12	47.43	62	32.49	174	57.558	277	58.50	97	61.752	397	17.38	150	9.420	261	33.57	69
22	48.05	52	34.23	226	57.835	245	59.47	146	62.149	344	18.88	202	9.681	231	34.26	116
April 1	48.57	42	36.49	267	58.080	208	60.93	188	62.493	284	20.90	247	9.912	200	35.42	157
11	48.99	31	39.16	299	58.288	168	62.81	222	62.777	219	23.37	281	10.112	166	36.99	190
21	49.30	19	42.15	318	58.456	129	65.03	247	62.996	152	26.18	304	10.278	130	38.89	214
Mai 1	49.49	7	45.33	327	58.585	89	67.50	261	63.148	83	29.22	316	10.408	95	41.03	230
11	^{13}49.56	5	48.60	323	^{13}58.674	47	70.11	267	^{14}63.231	14	32.38	316	^{14}10.503	59	43.33	237
20	49.51	16	51.83	310	58.721	8	72.78	263	63.245	51	35.54	308	10.562	24	45.70	237
30	49.35	27	54.93	287	58.729	30	75.41	252	63.194	114	38.62	289	10.586	12	48.07	228
Juni 9	49.08	37	57.80	256	58.699	68	77.93	232	63.080	173	41.51	262	10.574	45	50.35	213
19	48.71	46	60.36	219	58.631	103	80.25	207	62.907	227	44.13	228	10.529	78	52.48	192
29	48.25	53	62.55	175	58.528	136	82.32	177	62.680	275	46.41	188	10.451	109	54.40	167
Juli 9	47.72	60	64.30	128	58.392	164	84.09	142	62.405	315	48.29	144	10.342	136	56.07	137
19	47.12	64	65.58	77	58.228	189	85.51	104	62.090	349	49.73	96	10.206	161	57.44	104
29	46.48	67	66.35	25	58.039	209	86.55	63	61.741	373	50.69	47	10.045	180	58.48	69
Aug. 8	45.81	69	66.60	28	57.830	222	87.18	22	61.368	387	51.16	5	9.865	193	59.17	32
18	45.12	69	66.32	80	57.608	228	87.40	22	60.981	392	51.11	56	9.672	201	59.49	6
28	44.43	68	65.52	132	57.380	226	87.18	65	60.589	385	50.55	106	9.471	200	59.43	44
Sept. 7	43.75	64	64.20	181	57.154	215	86.53	107	60.204	366	49.49	155	9.271	191	58.99	83
17	43.11	58	62.39	226	56.939	194	85.46	149	59.838	336	47.94	202	9.080	173	58.16	120
27	42.53	52	60.13	268	56.745	166	83.97	188	59.502	293	45.92	246	8.907	147	56.96	157
Okt. 7	42.01	43	57.45	305	56.579	128	82.09	224	59.209	238	43.46	284	8.760	111	55.39	191
17	41.58	32	54.40	336	56.451	82	79.85	258	58.971	174	40.62	317	8.649	69	53.48	224
27	41.26	21	51.04	359	56.369	30	77.27	286	58.797	100	37.45	344	8.580	20	51.24	251
Nov. 6	41.05	8	47.45	374	56.339	27	74.41	309	58.697	19	34.01	364	8.560	32	48.73	275
16	40.97	5	43.71	380	56.366	86	71.32	323	58.678	65	30.37	373	8.592	87	45.98	293
26	41.02	18	39.91	377	56.452	144	68.09	331	58.743	150	26.64	374	8.679	141	43.05	302
Dez. 6	41.20	32	36.14	361	56.596	198	64.78	329	58.893	233	22.90	364	8.820	192	40.03	304
16	41.52	44	32.53	334	56.794	248	61.49	315	59.126	308	19.26	341	9.012	236	36.99	296
26	41.96	55	29.19	297	57.042	289	58.34	293	59.434	374	15.85	309	9.248	273	34.03	279
36	42.51		26.22		57.331		55.41		59.808		12.76		9.521		31.24	
Mittl. Ort	46.55		47.71		56.400		71.96		60.772		32.69		8.213		45.62	
sec δ, tg δ	+3.233		+ 3.074		+1.261		+ 0.768		+1.948		+ 1.671		+1.146		+ 0.560	
a, *a′*	−0.1		−12.8		+2.3		−12.7		+1.3		−12.6		+2.5		−12.5	
b, *b′*	−0.13		+ 0.77		−0.03		+ 0.77		−0.07		+ 0.78		−0.02		+ 0.78	

Scheinbare Sternörter 1959

Obere Kulmination Greenwich

Tag	573) ν^1 Bootis				578) α Coronae bor.				577) γ Librae				1410) 115 G. Lupi			
	AR.		Dekl.		AR.		Dekl.		AR.		Dekl.		AR.		Dekl.	
1959	15h 29m		+40° 58′		15h 32m		+26° 50′		15h 33m		−14° 39′		15h 33m		−44° 15′	
	s		″		s		″		s		″		s		″	
Jan. 1	25.977	312	14.19	279	56.069	285	63.99	259	13.206	294	6.78	128	22.513	381	23.51	4
11	26.289	341	11.40	239	56.354	307	61.40	230	13.500	310	8.06	135	22.894	403	23.55	37
21	26.630	358	9.01	191	56.661	320	59.10	191	13.810	318	9.41	137	23.297	414	23.92	67
31	26.988	364	7.10	136	56.981	324	57.19	146	14.128	318	10.78	132	23.711	415	24.59	93
Febr. 10	27.352	359	5.74	76	57.305	318	55.73	97	14.446	310	12.10	123	24.126	406	25.52	115
20	27.711	345	4.98	16	57.623	305	54.76	45	14.756	297	13.33	110	24.532	390	26.67	135
März 2	28.056	322	4.82	45	57.928	286	54.31	8	15.053	279	14.43	95	24.922	368	28.02	150
12	28.378	294	5.27	102	58.214	262	54.39	58	15.332	257	15.38	78	25.290	340	29.52	160
22	28.672	259	6.29	153	58.476	234	54.97	105	15.589	234	16.16	60	25.630	311	31.12	168
April 1	28.931	222	7.82	196	58.710	203	56.02	144	15.823	208	16.76	43	25.941	278	32.80	173
11	29.153	181	9.78	232	58.913	172	57.46	178	16.031	182	17.19	27	26.219	242	34.53	175
21	29.334	138	12.10	258	59.085	138	59.24	204	16.213	154	17.46	13	26.461	204	36.28	173
Mai 1	29.472	95	14.68	273	59.223	103	61.28	220	16.367	126	17.59	2	26.665	165	38.01	170
11	29.567	53	17.41	279	16 59.326	69	63.48	228	16 16.493	96	17.61	9	16 26.830	124	39.71	164
20	15 29.620	9	20.20	276	59.395	34	65.76	229	16.589	66	17.52	16	26.954	80	41.35	155
30	29.629	32	22.96	264	59.429	1	68.05	223	16.655	34	17.36	23	27.034	36	42.90	143
Juni 9	29.597	72	25.60	244	59.428	34	70.28	209	16.689	2	17.13	28	27.070	9	44.33	127
19	29.525	109	28.04	218	59.394	67	72.37	190	16.691	29	16.85	31	27.061	53	45.60	110
29	29.416	145	30.22	186	59.327	99	74.27	166	16.662	61	16.54	34	27.008	96	46.70	89
Juli 9	29.271	176	32.08	150	59.228	127	75.93	139	16.601	90	16.20	38	26.912	137	47.59	64
19	29.095	202	33.58	110	59.101	152	77.32	107	16.511	116	15.82	40	26.775	172	48.23	38
29	28.893	223	34.68	68	58.949	172	78.39	74	16.395	138	15.42	41	26.603	201	48.61	10
Aug. 8	28.670	238	35.36	24	58.777	187	79.13	39	16.257	155	15.01	43	26.402	223	48.71	19
18	28.432	245	35.60	21	58.590	195	79.52	2	16.102	165	14.58	44	26.179	234	48.52	48
28	28.187	244	35.39	66	58.395	196	79.54	35	15.937	166	14.14	42	25.945	235	48.04	77
Sept. 7	27.943	233	34.73	110	58.199	188	79.19	71	15.771	159	13.72	40	25.710	224	47.27	102
17	27.710	214	33.63	153	58.011	172	78.48	109	15.612	143	13.32	36	25.486	200	46.25	125
27	27.496	184	32.10	194	57.839	146	77.39	144	15.469	118	12.96	28	25.286	165	45.00	142
Okt. 7	27.312	145	30.16	232	57.693	113	75.95	178	15.351	83	12.68	17	25.121	117	43.58	154
17	27.167	98	27.84	267	57.580	71	74.17	210	15.268	42	12.51	3	25.004	60	42.04	158
27	27.069	45	25.17	295	57.509	24	72.07	239	15.226	6	12.48	13	24.944	3	40.46	155
Nov. 6	27.024	13	22.22	318	57.485	28	69.68	263	15.232	57	12.61	32	24.947	71	38.91	146
16	27.037	75	19.04	335	57.513	81	67.05	282	15.289	109	12.93	52	25.018	139	37.45	128
26	27.112	136	15.69	341	57.594	135	64.23	293	15.398	160	13.45	73	25.157	205	36.17	105
Dez. 6	27.248	194	12.28	338	57.729	185	61.30	296	15.558	205	14.18	93	25.362	265	35.12	78
16	27.442	246	8.90	324	57.914	229	58.34	291	15.763	245	15.11	111	25.627	317	34.34	47
26	27.688	290	5.66	302	58.143	265	55.43	276	16.008	277	16.22	124	25.944	359	33.87	13
36	27.978		2.64		58.408		52.67		16.285		17.46		26.303		33.74	
Mittl. Ort	27.282		19.10		57.016		65.85		13.688		15.19		22.983		38.83	
sec δ, tg δ	+1.324		+ 0.868		+1.121		+ 0.506		+1.034		− 0.261		+1.396		− 0.975	
a, *a′*	+2.2		−12.2		+2.5		−12.0		+3.4		−12.0		+4.1		−12.0	
b, *b′*	−0.04		+ 0.79		−0.02		+ 0.80		+0.01		+ 0.80		+0.04		+ 0.80	

Scheinbare Sternörter 1959

Obere Kulmination Greenwich

Tag	582) α Serpentis AR.		582) α Serpentis Dekl.		583) β Serpentis AR.		583) β Serpentis Dekl.	
1959	15h 42m		+6° 33′		15h 44m		+15° 32′	
	s		″		s		″	
Jan. 1	14.079	271	15.53	205	16.805	270	57.44	234
11	14.350	291	13.48	192	17.075	291	55.10	213
21	14.641	301	11.56	173	17.366	303	52.97	186
31	14.942	303	9.83	146	17.669	306	51.11	151
Febr. 10	15.245	299	8.37	115	17.975	303	49.60	111
20	15.544	287	7.22	80	18.278	292	48.49	68
März 2	15.831	270	6.42	44	18.570	276	47.81	24
12	16.101	251	5.98	8	18.846	255	47.57	— 20
22	16.352	228	5.90	— 26	19.101	232	47.77	60
April 1	16.580	203	6.16	58	19.333	205	48.37	96
11	16.783	177	6.74	85	19.538	178	49.33	127
21	16.960	149	7.59	106	19.716	149	50.60	152
Mai 1	17.109	121	8.65	122	19.865	118	52.12	169
11	18 17.230	91	9.87	133	19 19.983	88	53.81	180
20	17.321	61	11.20	138	20.071	56	55.61	183
30	17.382	29	12.58	138	20.127	23	57.44	181
Juni 9	17.411	— 1	13.96	134	20.150	— 9	59.25	174
19	17.410	32	15.30	126	20.141	41	60.99	161
29	17.378	63	16.56	115	20.100	71	62.60	144
Juli 9	17.315	91	17.71	101	20.029	101	64.04	124
19	17.224	117	18.72	86	19.928	126	65.28	101
29	17.107	138	19.58	68	19.802	148	66.29	77
Aug. 8	16.969	155	20.26	49	19.654	165	67.06	50
18	16.814	165	20.75	30	19.489	175	67.56	22
28	16.649	168	21.05	8	19.314	179	67.78	— 6
Sept. 7	16.481	164	21.13	— 14	19.135	173	67.72	36
17	16.317	149	20.99	36	18.962	159	67.36	66
27	16.168	127	20.63	61	18.803	137	66.70	95
Okt. 7	16.041	95	20.02	85	18.666	106	65.75	125
17	15.946	57	19.17	110	18.560	67	64.50	154
27	15.889	13	18.07	133	18.493	22	62.96	181
Nov. 6	15.876	— 36	16.74	157	18.471	— 26	61.15	205
16	15.912	86	15.17	177	18.497	77	59.10	225
26	15.998	135	13.40	194	18.574	128	56.85	241
Dez. 6	16.133	180	11.46	207	18.702	175	54.44	249
16	16.313	221	9.39	212	18.877	217	51.95	251
26	16.534	254	7.27	211	19.094	251	49.44	245
36	16.788		5.16		19.345		46.99	
Mittl. Ort	14.760		12.20		17.603		56.14	
sec δ, tg δ	+1.007		+ 0.115		+1.038		+ 0.278	
a, *a′*	+2.9		−11.3		+2.8		−11.2	
b, *b′*	0.00		+ 0.82		−0.01		+ 0.83	

Tag	590) ζ Ursae min. AR.		590) ζ Ursae min. Dekl.		584) κ Serpentis AR.		584) κ Serpentis Dekl.	
1959	15h 45m		+77° 54′		15h 46m		+18° 15′	
	s		″		s		″	
Jan. 1	22.05	77	69.81	281	52.689	268	62.15	242
11	22.82	90	67.00	232	52.957	291	59.73	219
21	23.72	100	64.68	174	53.248	304	57.54	190
31	24.72	107	62.94	110	53.552	308	55.64	153
Febr. 10	25.79	110	61.84	44 —	53.860	305	54.11	110
20	26.89	109	61.40	25	54.165	295	53.01	65
März 2	27.98	103	61.65	91	54.460	279	52.36	19
12	29.01	95	62.56	152	54.739	259	52.17	— 27
22	29.96	83	64.08	206	54.998	235	52.44	69
April 1	30.79	68	66.14	252	55.233	208	53.13	107
11	31.47	53	68.66	287	55.441	180	54.20	139
21	32.00	35	71.53	311	55.621	151	55.59	165
Mai 1	32.35	17	74.64	325	55.772	120	57.24	183
11	19 32.52	— 1	77.89	326	19 55.892	88	59.07	193
20	32.51	19	81.15	317	55.980	56	61.00	197
30	32.32	36	84.32	299	56.036	23	62.97	194
Juni 9	31.96	51	87.31	271	56.059	— 10	64.91	185
19	31.45	66	90.02	238	56.049	43	66.76	171
29	30.79	78	92.40	197	56.006	75	68.47	153
Juli 9	30.01	89	94.37	152	55.931	103	70.00	132
19	29.12	97	95.89	104	55.828	130	71.32	107
29	28.15	103	96.93	52	55.698	152	72.39	80
Aug. 8	27.12	107	97.45	0	55.546	170	73.19	51
18	26.05	108	97.45	52	55.376	180	73.70	21
28	24.97	107	96.93	103	55.196	183	73.91	— 10
Sept. 7	23.90	103	95.90	153	55.013	179	73.81	41
17	22.87	97	94.37	200	54.834	165	73.40	73
27	21.90	87	92.37	244	54.669	142	72.67	105
Okt. 7	21.03	76	89.93	283	54.527	112	71.62	136
17	20.27	63	87.10	317	54.415	73	70.26	166
27	19.64	46	83.93	344	54.342	28	68.60	193
Nov. 6	19.18	28	80.49	362	54.314	— 21	66.67	218
16	18.90	10	76.87	373	54.335	73	64.49	239
26	18.80	— 11	73.14	374	54.408	123	62.10	253
Dez. 6	18.91	30	69.40	363	54.531	171	59.57	261
16	19.21	49	65.77	342	54.702	214	56.96	262
26	19.70	67	62.35	308	54.916	250	54.34	254
36	20.37		59.27		55.166		51.80	
Mittl. Ort	28.68		77.25		53.536		61.33	
sec δ, tg δ	+4.779		+ 4.673		+1.053		+ 0.330	
a, *a′*	−2.1		−11.1		+2.7		−11.0	
b, *b′*	−0.17		+ 0.83		−0.01		+ 0.84	

Scheinbare Sternörter 1959

Obere Kulmination Greenwich

Tag	585) μ Serpentis AR.		585) μ Serpentis Dekl.		588) ε Serpentis AR.		588) ε Serpentis Dekl.		589) β Triang. austr. AR.		589) β Triang. austr. Dekl.		593) ε Coronae bor. AR.		593) ε Coronae bor. Dekl.	
1959	$15^h\ 47^m$		$-3°\ 18'$		$15^h\ 48^m$		$+4°\ 35'$		$15^h\ 51^m$		$-63°\ 18'$		$15^h\ 55^m$		$+26°\ 59'$	
	s		″		s		″		s		″		s		″	
Jan. 1	28.029	272	16.12	168	45.485	267	63.64	197	29.61	54	4.08	93	52.245	267	43.17	267
11	28.301	292	17.80	165	45.752	288	61.67	187	30.15	58	3.15	51	52.512	293	40.50	238
21	28.593	302	19.45	154	46.040	299	59.80	169	30.73	61	2.64	7	52.805	310	38.12	203
31	28.895	304	20.99	138	46.339	302	58.11	145	31.34	63	2.57	35	53.115	319	36.09	159
Febr. 10	29.199	300	22.37	117	46.641	299	56.66	115	31.97	62	2.92	74	53.434	317	34.50	109
20	29.499	290	23.54	93	46.940	288	55.51	83	32.59	60	3.66	111	53.751	309	33.41	57
März 2	29.789	274	24.47	65	47.228	273	54.68	49	33.19	58	4.77	144	54.060	295	32.84	5
12	30.063	255	25.12	38	47.501	254	54.19	14	33.77	55	6.21	172	54.355	274	32.79	47
22	30.318	233	25.50	11	47.755	232	54.05	19	34.32	50	7.93	197	54.629	250	33.26	96
April 1	30.551	210	25.61	14	47.987	208	54.24	50	34.82	45	9.90	218	54.879	223	34.22	139
11	30.761	185	25.47	36	48.195	182	54.74	76	35.27	40	12.08	234	55.102	192	35.61	174
21	30.946	158	25.11	54	48.377	156	55.50	97	35.67	34	14.42	244	55.294	160	37.35	202
Mai 1	31.104	130	24.57	68	48.533	128	56.47	113	36.01	27	16.86	251	55.454	127	39.37	223
11	31.234	102	23.89	79	48.661	99	57.60	124	36.28	20	19.37	252	55.581	92	41.60	234
20*	19 31.336	72	23.10	85	20 48.760	68	58.84	129	21 36.48	13	21.89	248	22 55.673	57	43.94	236
30	31.408	41	22.25	88	48.828	37	60.13	130	36.61	6	24.37	239	55.730	20	46.30	233
Juni 9	31.449	9	21.37	88	48.865	5	61.43	127	36.67	2	26.76	223	55.750	15	48.63	222
19	31.458	22	20.49	85	48.870	26	62.70	120	36.65	10	28.99	203	55.735	51	50.85	204
29	31.436	53	19.64	80	48.844	57	63.90	110	36.55	17	31.02	176	55.684	85	52.89	182
Juli 9	31.383	83	18.84	74	48.787	86	65.00	98	36.38	23	32.78	145	55.599	116	54.71	154
19	31.300	110	18.10	65	48.701	113	65.98	84	36.15	30	34.23	110	55.483	145	56.25	125
29	31.190	133	17.45	57	48.588	136	66.82	68	35.85	35	35.33	69	55.338	168	57.50	92
Aug. 8	31.057	151	16.88	47	48.452	153	67.50	50	35.50	38	36.02	27	55.170	188	58.42	56
18	30.906	162	16.41	36	48.299	164	68.00	32	35.12	40	36.29	17	54.982	200	58.98	20
28	30.744	166	16.05	23	48.135	169	68.32	13	34.72	41	36.12	62	54.782	204	59.18	18
Sept. 7	30.578	162	15.82	11	47.966	165	68.45	7	34.31	39	35.50	104	54.578	201	59.00	55
17	30.416	149	15.71	3	47.801	152	68.38	29	33.92	36	34.46	144	54.377	187	58.45	93
27	30.267	126	15.74	20	47.649	130	68.09	51	33.56	31	33.02	179	54.190	165	57.52	130
Okt. 7	30.141	95	15.94	38	47.519	99	67.58	74	33.25	24	31.23	207	54.025	134	56.22	165
17	30.046	57	16.32	57	47.420	61	66.84	98	33.01	16	29.16	227	53.891	95	54.57	199
27	29.989	12	16.89	78	47.359	18	65.86	121	32.85	6	26.89	238	53.796	48	52.58	230
Nov. 6	29.977	36	17.67	99	47.341	31	64.65	144	32.79	5	24.51	239	53.748	2	50.28	255
16	30.013	87	18.66	118	47.372	81	63.21	165	32.84	14	22.12	231	53.750	55	47.73	276
26	30.100	136	19.84	137	47.453	130	61.56	182	32.98	25	19.81	213	53.805	109	44.97	291
Dez. 6	30.236	182	21.21	153	47.583	175	59.74	194	33.23	35	17.68	187	53.914	160	42.06	297
16	30.418	222	22.74	164	47.758	216	57.80	202	33.58	43	15.81	154	54.074	206	39.09	293
26	30.640	255	24.38	169	47.974	250	55.78	203	34.01	50	14.27	117	54.280	247	36.16	282
36	30.895		26.07		48.224		53.75		34.51		13.10		54.527		33.34	
Mittl. Ort	28.643		22.02		46.171		59.60		30.59		22.19		53.277		43.67	
sec δ, tg δ	+1.002		− 0.058		+1.003		+ 0.080		+2.226		− 1.989		+1.122		+ 0.509	
a, *a′*	+3.1		−11.0		+3.0		−10.9		+5.3		−10.7		+2.5		−10.3	
b, *b′*	0.00		+ 0.84		0.00		+ 0.84		+0.07		+ 0.85		−0.02		+ 0.86	

* Bei Stern 589) und 593) lies Mai 21.

Scheinbare Sternörter 1959

Obere Kulmination Greenwich

Tag	594) δ Scorpii AR.		594) δ Scorpii Dekl.		598) ϑ Draconis AR.		598) ϑ Draconis Dekl.		597) β Scorpii *pr* AR.		597) β Scorpii *pr* Dekl.		606) 19 Ursae min. AR.		606) 19 Ursae min. Dekl.	
1959	15h 57m		−22° 30′		16h 1m		+58° 40′		16h 3m		−19° 41′		16h 11m		+75° 58′	
	s		″		s		″		s		″		s		″	
Jan. 1	53.688	292	13.05	81	4.560	352	22.37	308	2.313	283	31.10	90	52.01	59	48.80	305
11	53.980	313	13.86	93	4.912	405	19.29	264	2.596	304	32.00	101	52.60	72	45.75	262
21	54.293	325	14.79	102	5.317	446	16.65	212	2.900	318	33.01	107	53.32	83	43.13	208
31	54.618	329	15.81	106	5.763	471	14.53	153	3.218	322	34.08	108	54.15	90	41.05	147
Febr. 10	54.947	326	16.87	107	6.234	481	13.00	87	3.540	320	35.16	104	55.05	95	39.58	82
20	55.273	316	17.94	102	6.715	476	12.13	20	3.860	312	36.20	98	56.00	95	38.76	14
März 2	55.589	302	18.96	96	7.191	457	11.93	48	4.172	298	37.18	88	56.95	92	38.62	54
12	55.891	283	19.92	87	7.648	426	12.41	112	4.470	281	38.06	77	57.87	87	39.16	118
22	56.174	263	20.79	77	8.074	384	13.53	170	4.751	260	38.83	65	58.74	79	40.34	177
April 1	56.437	239	21.56	66	8.458	333	15.23	220	5.011	239	39.48	52	59.53	68	42.11	227
11	56.676	214	22.22	56	8.791	275	17.43	262	5.250	214	40.00	41	60.21	54	44.38	269
21	56.890	187	22.78	47	9.066	212	20.05	294	5.464	188	40.41	29	60.75	41	47.07	300
Mai 1	57.077	158	23.25	39	9.278	147	22.99	314	5.652	160	40.70	20	61.16	26	50.07	320
11	57.235	127	23.64	32	9.425	79	26.13	323	5.812	130	40.90	13	61.42	10	53.27	329
21	57.362	95	23.96	25	9.504	12	29.36	321	5.942	98	41.03	8	61.52	5	56.56	327
30	22 57.457	61	24.21	19	23 9.516	55	32.57	311	23 6.040	64	41.11	2	26 61.47	21	59.83	315
Juni 9	57.518	25	24.40	13	9.461	118	35.68	291	6.104	29	41.13	3	61.26	35	62.98	294
19	57.543	11	24.53	8	9.343	179	38.59	264	6.133	6	41.10	7	60.91	48	65.92	266
29	57.532	46	24.61	2	9.164	235	41.23	229	6.127	41	41.03	10	60.43	60	68.58	230
Juli 9	57.486	80	24.63	5	8.929	284	43.52	189	6.086	75	40.93	15	59.83	70	70.88	188
19	57.406	112	24.58	13	8.645	326	45.41	144	6.011	107	40.78	20	59.13	80	72.76	143
29	57.294	138	24.45	20	8.319	361	46.85	97	5.904	134	40.58	24	58.33	86	74.19	95
Aug. 8	57.156	160	24.25	28	7.958	386	47.82	47	5.770	156	40.34	30	57.47	91	75.14	43
18	56.996	175	23.97	36	7.572	401	48.29	5	5.614	171	40.04	34	56.56	94	75.57	9
28	56.821	181	23.61	43	7.171	405	48.24	56	5.443	178	39.70	39	55.62	95	75.48	61
Sept. 7	56.640	177	23.18	48	6.766	395	47.68	107	5.265	175	39.31	42	54.67	93	74.87	112
17	56.463	164	22.70	52	6.371	375	46.61	156	5.090	164	38.89	42	53.74	89	73.75	162
27	56.299	140	22.18	53	5.996	341	45.05	203	4.926	141	38.47	41	52.85	82	72.13	208
Okt. 7	56.159	108	21.65	50	5.655	294	43.02	246	4.785	110	38.06	37	52.03	73	70.05	252
17	56.051	66	21.15	44	5.361	236	40.56	286	4.675	69	37.69	29	51.30	62	67.53	290
27	55.985	17	20.71	34	5.125	167	37.70	319	4.606	22	37.40	18	50.68	49	64.63	323
Nov. 6	55.968	35	20.37	20	4.958	91	34.51	345	4.584	29	37.22	3	50.19	35	61.40	349
16	56.003	89	20.17	3	4.867	8	31.06	364	4.613	82	37.19	14	49.84	18	57.91	365
26	56.092	143	20.14	17	4.859	77	27.42	372	4.695	135	37.33	32	49.66	0	54.26	373
Dez. 6	56.235	193	20.31	36	4.936	160	23.70	370	4.830	184	37.65	51	49.66	17	50.53	370
16	56.428	236	20.67	55	5.096	240	20.00	356	5.014	227	38.16	69	49.83	33	46.83	355
26	56.664	272	21.22	74	5.336	313	16.44	332	5.241	263	38.85	85	50.16	50	43.28	330
36	56.936		21.96		5.649		13.12		5.504		39.70		50.66		39.98	
Mittl. Ort	54.267		23.59		6.961		27.17		2.920		41.05		57.87		53.64	
sec δ, tg δ	+1.082		− 0.414		+1.923		+ 1.643		+1.062		− 0.358		+4.128		+ 4.005	
a, *a′*	+3.6		−10.2		+1.2		− 9.9		+3.5		− 9.8		−1.7		− 9.1	
b, *b′*	+0.01		+ 0.86		−0.05		+ 0.87		+0.01		+ 0.87		−0.12		+ 0.89	

Scheinbare Sternörter 1959

Obere Kulmination Greenwich

Tag	603) δ Ophiuchi				605) ε Ophiuchi				604) γ² Normae				608) τ Herculis			
	AR.		Dekl.		AR.		Dekl.		AR.		Dekl.		AR.		Dekl.	
1959	16h 12m		−3° 35′		16h 16m		−4° 35′		16h 16m		−50° 3′		16h 18m		+46° 24′	
	s		″		s		″		s		″		s		″	
Jan. 1	10.923	256	18.12	160	8.208	254	31.44	154	44.852	378	9.38	66	28.671	278	34.52	310
11	11.179	279	19.72	157	8.462	278	32.98	152	45.230	413	8.72	33	28.949	319	31.42	275
21	11.458	293	21.29	148	8.740	292	34.50	143	45.643	437	8.39	2	29.268	350	28.67	230
31	11.751	300	22.77	132	9.032	300	35.93	129	46.080	449	8.37	28	29.618	370	26.37	176
Febr. 10	12.051	300	24.09	112	9.332	300	37.22	110	46.529	452	8.65	56	29.988	380	24.61	117
20	12.351	293	25.21	88	9.632	295	38.32	87	46.981	445	9.21	81	30.368	378	23.44	54
März 2	12.644	282	26.09	61	9.927	283	39.19	61	47.426	430	10.02	103	30.746	367	22.90	11
12	12.926	267	26.70	35	10.210	269	39.80	35	47.856	411	11.05	123	31.113	346	23.01	74
22	13.193	248	27.05	7	10.479	252	40.15	9	48.267	385	12.28	139	31.459	319	23.75	131
April 1	13.441	227	27.12	18	10.731	231	40.24	15	48.652	356	13.67	152	31.778	286	25.06	183
11	13.668	205	26.94	40	10.962	208	40.09	37	49.008	321	15.19	163	32.064	247	26.89	227
21	13.873	180	26.54	58	11.170	185	39.72	55	49.329	284	16.82	171	32.311	204	29.16	262
Mai 1	14.053	154	25.96	73	11.355	158	39.17	68	49.613	242	18.53	176	32.515	158	31.78	286
11	14.207	125	25.23	83	11.513	130	38.49	79	49.855	197	20.29	179	32.673	111	34.64	300
21	14.332	95	24.40	90	11.643	100	37.70	85	50.052	148	22.08	177	32.784	62	37.64	305
30	26 14.427	64	23.50	92	27 11.743	67	36.85	88	27 50.200	96	23.85	172	27 32.846	11	40.69	300
Juni 9	14.491	30	22.58	91	11.810	35	35.97	88	50.296	43	25.57	164	32.857	37	43.69	286
19	14.521	4	21.67	88	11.845	1	35.09	84	50.339	12	27.21	151	32.820	85	46.55	264
29	14.517	36	20.79	83	11.846	34	34.25	80	50.327	66	28.72	135	32.735	130	49.19	235
Juli 9	14.481	69	19.96	75	11.812	66	33.45	73	50.261	119	30.07	113	32.605	172	51.54	202
19	14.412	99	19.21	67	11.746	97	32.72	65	50.142	167	31.20	89	32.433	211	53.56	163
29	14.313	126	18.54	58	11.649	124	32.07	56	49.975	208	32.09	60	32.222	242	55.19	121
Aug. 8	14.187	148	17.96	47	11.525	146	31.51	47	49.767	242	32.69	29	31.980	267	56.40	75
18	14.039	163	17.49	37	11.379	163	31.04	37	49.525	266	32.98	3	31.713	285	57.15	28
28	13.876	171	17.12	24	11.216	171	30.67	25	49.259	277	32.95	36	31.428	293	57.43	20
Sept. 7	13.705	170	16.88	12	11.045	171	30.42	14	48.982	275	32.59	69	31.135	291	57.23	67
17	13.535	161	16.76	2	10.874	162	30.28	1	48.707	259	31.90	100	30.844	279	56.56	116
27	13.374	141	16.78	18	10.712	144	30.27	14	48.448	229	30.90	127	30.565	256	55.40	162
Okt. 7	13.233	114	16.96	35	10.568	115	30.41	29	48.219	184	29.63	150	30.309	221	53.78	205
17	13.119	77	17.31	53	10.453	80	30.70	47	48.035	129	28.13	165	30.088	178	51.73	246
27	13.042	34	17.84	72	10.373	38	31.17	66	47.906	63	26.48	174	29.910	125	49.27	282
Nov. 6	13.008	13	18.56	92	10.335	10	31.83	85	47.843	10	24.74	176	29.785	66	46.45	312
16	13.021	63	19.48	111	10.345	60	32.68	103	47.853	85	22.98	169	29.719	2	43.33	335
26	13.084	112	20.59	129	10.405	110	33.71	121	47.938	160	21.29	156	29.717	64	39.98	349
Dez. 6	13.196	160	21.88	144	10.515	157	34.92	137	48.098	231	19.73	136	29.781	130	36.49	353
16	13.356	201	23.32	155	10.672	199	36.29	148	48.329	294	18.37	110	29.911	191	32.96	347
26	13.557	237	24.87	162	10.871	235	37.77	155	48.623	348	17.27	82	30.102	247	29.49	330
36	13.794		26.49		11.106		39.32		48.971		16.45		30.349		26.19	
Mittl. Ort	11.631		24.71		8.924		38.33		45.726		24.87		30.360		36.52	
sec δ, tg δ	+1.002		−0.063		+1.003		−0.080		+1.558		−1.194		+1.450		+1.050	
a, a′	+3.1		−9.1		+3.2		−8.8		+4.5		−8.7		+1.8		−8.6	
b, b′	0.00		+0.89		0.00		+0.90		+0.03		+0.90		−0.03		+0.90	

Obere Kulmination Greenwich

Tag	609) γ Herculis AR.		609) γ Herculis Dekl.		616) α Scorpii AR.		616) α Scorpii Dekl.		611) γ Apodis AR.		611) γ Apodis Dekl.		619) A Draconis AR.		619) A Draconis Dekl.	
1959	16h 20m		+19° 14′		16h 26m		−26° 20′		16h 27m		−78° 48′		16h 27m		+68° 51′	
	s		″		s		″		s		″		s		″	
Jan. 1	5.587	243	55.81	248	52.648	278	22.39	43	2.23	103	14.32	193	59.32	40	21.71	323
11	5.830	271	53.33	228	52.926	305	22.82	58	3.26	116	12.39	149	59.72	49	18.48	283
21	6.101	290	51.05	199	53.231	323	23.40	68	4.42	126	10.90	102	60.21	56	15.65	233
31	6.391	300	49.06	164	53.554	332	24.08	76	5.68	133	9.88	54	60.77	61	13.32	175
Febr. 10	6.691	304	47.42	122	53.886	333	24.84	80	7.01	137	9.34	5	61.38	65	11.57	111
20	6.995	299	46.20	76	54.219	329	25.64	81	8.38	137	9.29	43	62.03	66	10.46	43
März 2	7.294	289	45.44	28	54.548	320	26.45	79	9.75	134	9.72	88	62.69	65	10.03	26
12	7.583	275	45.16	18	54.868	306	27.24	74	11.09	129	10.60	131	63.34	61	10.29	92
22	7.858	256	45.34	64	55.174	288	27.98	69	12.38	121	11.91	169	63.95	57	11.21	154
April 1	8.114	233	45.98	105	55.462	268	28.67	64	13.59	112	13.60	204	64.52	50	12.75	208
11	8.347	208	47.03	140	55.730	246	29.31	58	14.71	100	15.64	233	65.02	43	14.83	254
21	8.555	181	48.43	168	55.976	220	29.89	52	15.71	87	17.97	258	65.45	33	17.37	290
Mai 1	8.736	151	50.11	190	56.196	192	30.41	47	16.58	72	20.55	278	65.78	24	20.27	315
11	8.887	120	52.01	204	56.388	162	30.88	44	17.30	55	23.33	290	66.02	14	23.42	329
21	9.007	87	54.05	211	56.550	128	31.32	40	17.85	38	26.23	297	66.16	4	26.71	333
30	28 9.094	53	56.16	210	29 56.678	92	31.72	37	30 18.23	20	29.20	296	30 66.20	7	30.04	326
Juni 9	9.147	17	58.26	203	56.770	54	32.09	33	18.43	1	32.16	289	66.13	16	33.30	309
19	9.164	19	60.29	191	56.824	15	32.42	28	18.44	18	35.05	274	65.97	25	36.39	285
29	9.145	53	62.20	174	56.839	24	32.70	24	18.26	36	37.79	251	65.72	34	39.24	253
Juli 9	9.092	87	63.94	152	56.815	63	32.94	17	17.90	53	40.30	222	65.38	42	41.77	215
19	9.005	118	65.46	128	56.752	100	33.11	10	17.37	68	42.52	186	64.96	49	43.92	172
29	8.887	145	66.74	101	56.652	131	33.21	1	16.69	81	44.38	143	64.47	54	45.64	124
Aug. 8	8.742	168	67.75	71	56.521	159	33.22	10	15.88	92	45.81	95	63.93	58	46.88	75
18	8.574	183	68.46	41	56.362	179	33.12	19	14.96	99	46.76	44	63.35	61	47.63	23
28	8.391	192	68.87	8	56.183	190	32.93	30	13.97	102	47.20	10	62.74	63	47.86	29
Sept. 7	8.199	193	68.95	24	55.993	192	32.63	40	12.95	101	47.10	64	62.11	62	47.57	81
17	8.006	184	68.71	57	55.801	183	32.23	49	11.94	97	46.46	117	61.49	59	46.76	133
27	7.822	166	68.14	90	55.618	163	31.74	55	10.97	87	45.29	167	60.90	56	45.43	182
Okt. 7	7.656	139	67.24	123	55.455	133	31.19	57	10.10	74	43.62	210	60.34	51	43.61	229
17	7.517	103	66.01	154	55.322	94	30.62	57	9.36	58	41.52	246	59.83	43	41.32	270
27	7.414	61	64.47	184	55.228	47	30.05	53	8.78	37	39.06	274	59.40	34	38.62	307
Nov. 6	7.353	14	62.63	211	55.181	6	29.52	44	8.41	16	36.32	290	59.06	25	35.55	338
16	7.339	37	60.52	233	55.187	62	29.08	32	8.25	7	33.42	296	58.81	13	32.17	360
26	7.376	88	58.19	251	55.249	116	28.76	17	8.32	31	30.46	290	58.68	1	28.57	372
Dez. 6	7.464	138	55.68	261	55.365	169	28.59	1	8.63	53	27.56	274	58.67	10	24.85	375
16	7.602	183	53.07	264	55.534	216	28.60	18	9.16	73	24.82	249	58.77	22	21.10	366
26	7.785	222	50.43	258	55.750	256	28.78	36	9.89	92	22.33	215	58.99	34	17.44	344
36	8.007		47.85		56.006		29.14		10.81		20.18		59.33		14.00	
Mittl. Ort	6.555		53.50		53.368		33.65		5.80		32.51		63.15		24.75	
sec δ, tg δ	+1.059		+0.349		+1.116		−0.495		+5.153		−5.055		+2.772		+2.586	
a, *a′*	+2.7		−8.5		+3.7		−7.9		+9.3		−7.9		−0.1		−7.8	
b, *b′*	−0.01		+0.91		+0.01		+0.92		+0.13		+0.92		−0.07		+0.92	

Scheinbare Sternörter 1959

Obere Kulmination Greenwich

Tag	618) β Herculis AR.		Dekl.		1432) Pi 16h 140 Draco AR.		Dekl.		621) σ Herculis AR.		Dekl.		622) ζ Ophiuchi AR.		Dekl.	
1959	16h 28m		+21° 34′		16h 31m		+60° 54′		16h 32m		+42° 31′		16h 34m		−10° 28′	
	s		″		s		″		s		″		s		″	
Jan. 1	26.290	238	42.10	257	47.83	32	29.31	327	45.177	253	13.92	310	53.120	246	59.86	119
11	26.528	266	39.53	236	48.15	38	26.04	290	45.430	294	10.82	280	53.366	272	61.05	121
21	26.794	287	37.17	206	48.53	44	23.14	242	45.724	324	8.02	238	53.638	290	62.26	118
31	27.081	299	35.11	169	48.97	47	20.72	185	46.048	346	5.64	187	53.928	300	63.44	110
Febr. 10	27.380	305	33.42	126	49.44	50	18.87	122	46.394	356	3.77	131	54.228	303	64.54	97
20	27.685	302	32.16	79	49.94	51	17.65	55	46.750	358	2.46	70	54.531	300	65.51	81
März 2	27.987	294	31.37	29	50.45	50	17.10	13	47.108	351	1.76	7	54.831	292	66.32	62
12	28.281	280	31.08	20	50.95	47	17.23	79	47.459	335	1.69	54	55.123	280	66.94	41
22	28.561	262	31.28	68	51.42	44	18.02	142	47.794	312	2.23	112	55.403	266	67.35	21
April 1	28.823	240	31.96	110	51.86	39	19.44	197	48.106	284	3.35	165	55.669	248	67.56	1
11	29.063	216	33.06	147	52.25	34	21.41	244	48.390	250	5.00	210	55.917	227	67.57	16
21	29.279	189	34.53	177	52.59	28	23.85	281	48.640	213	7.10	247	56.144	205	67.41	31
Mai 1	29.468	159	36.30	201	52.87	20	26.66	309	48.853	172	9.57	273	56.349	179	67.10	43
11	29.627	127	38.31	215	53.07	14	29.75	324	49.025	129	12.30	291	56.528	152	66.67	51
21	29.754	93	40.46	222	53.21	6	32.99	330	49.154	83	15.21	298	56.680	121	66.16	56
30*	[30] 29.847	58	42.68	223	[31] 53.27	1	36.29	325	[31] 49.237	37	18.19	295	[1] 56.801	89	65.60	59
Juni 9	29.905	22	44.91	216	53.26	8	39.54	310	49.274	9	21.14	285	56.890	55	65.01	59
19	29.927	15	47.07	203	53.18	15	42.64	288	49.265	56	23.99	267	56.945	19	64.42	57
29	29.912	51	49.10	186	53.03	22	45.52	258	49.209	101	26.66	242	56.964	18	63.85	55
Juli 9	29.861	86	50.96	163	52.81	28	48.10	222	49.108	143	29.08	210	56.946	53	63.30	51
19	29.775	118	52.59	138	52.53	33	50.32	181	48.965	181	31.18	175	56.893	86	62.79	46
29	29.657	147	53.97	109	52.20	38	52.13	134	48.784	214	32.93	134	56.807	117	62.33	42
Aug. 8	29.510	170	55.06	79	51.82	41	53.47	86	48.570	241	34.27	92	56.690	143	61.91	37
18	29.340	188	55.85	45	51.41	43	54.33	36	48.329	261	35.19	47	56.547	162	61.54	32
28	29.152	198	56.30	12	50.98	45	54.69	17	48.068	272	35.66	0	56.385	173	61.22	27
Sept. 7	28.954	199	56.42	23	50.53	45	54.52	69	47.796	273	35.66	47	56.212	177	60.95	20
17	28.755	192	56.19	57	50.08	43	53.83	120	47.523	264	35.19	93	56.035	171	60.75	13
27	28.563	175	55.62	92	49.65	40	52.63	169	47.259	245	34.26	139	55.864	154	60.62	5
Okt. 7	28.388	149	54.70	127	49.25	36	50.94	216	47.014	216	32.87	182	55.710	128	60.57	6
17	28.239	114	53.43	159	48.89	31	48.78	260	46.798	176	31.05	224	55.582	94	60.63	18
27	28.125	72	51.84	191	48.58	24	46.18	297	46.622	127	28.81	261	55.488	52	60.81	32
Nov. 6	28.053	25	49.93	218	48.34	16	43.21	330	46.495	72	26.20	293	55.436	5	61.13	48
16	28.028	26	47.75	241	48.18	8	39.91	354	46.423	13	23.27	318	55.431	45	61.61	64
26	28.054	77	45.34	259	48.10	1	36.37	368	46.410	50	20.09	336	55.476	96	62.25	80
Dez. 6	28.131	128	42.75	271	48.11	10	32.69	373	46.460	112	16.73	343	55.572	144	63.05	96
16	28.259	174	40.04	273	48.21	19	28.96	367	46.572	169	13.30	341	55.716	188	64.01	108
26	28.433	215	37.31	267	48.40	27	25.29	347	46.741	224	9.89	327	55.904	226	65.09	118
36	28.648		34.64		48.67		21.82		46.965		6.62		56.130		66.27	
Mittl. Ort	27.317		39.76		50.54		31.54		46.740		14.34		53.877		68.19	
sec δ, tg δ	+1.075		+0.395		+2.057		+1.797		+1.357		+0.917		+1.017		−0.185	
a, *a′*	+2.6		−7.8		+0.8		−7.5		+1.9		−7.4		+3.3		−7.3	
b, *b′*	−0.01		+0.92		−0.04		+0.93		−0.02		+0.93		0.00		+0.93	

* Bei Stern 1432), 621) und 622) lies Mai 31.

Obere Kulmination Greenwich

Tag	626) η Herculis AR.		626) η Herculis Dekl.		625) α Triang. austr. AR.		625) α Triang. austr. Dekl.		627) Grb 2377 Draco AR.		627) Grb 2377 Draco Dekl.		628) ε Scorpii AR.		628) ε Scorpii Dekl.	
1959	16h 41m		+38° 59′		16h 44m		−68° 56′		16h 44m		+56° 51′		16h 47m		−34° 13′	
			″		s		″		s		″		s		″	
Jan. 1	27.842	238	58.01	307	16.25	56	62.44	176	28.533	277	15.75	332	29.334	280	1.77	12
11	28.080	277	54.94	279	16.81	64	60.68	139	28.810	337	12.43	298	29.614	311	1.65	6
21	28.357	308	52.15	240	17.45	70	59.29	99	29.147	386	9.45	254	29.925	334	1.71	23
31	28.665	328	49.75	193	18.15	74	58.30	58	29.533	423	6.91	199	30.259	348	1.94	37
Febr. 10	28.993	340	47.82	138	18.89	76	57.72	16	29.956	445	4.92	139	30.607	354	2.31	48
20	29.333	343	46.44	80	19.65	76	57.56	25	30.401	455	3.53	73	30.961	354	2.79	57
März 2	29.676	338	45.64	19	20.41	76	57.81	65	30.856	451	2.80	5	31.315	348	3.36	64
12	30.014	324	45.45	42	21.17	73	58.46	100	31.307	435	2.75	61	31.663	336	4.00	69
22	30.338	305	45.87	99	21.90	70	59.46	134	31.742	408	3.36	124	31.999	322	4.69	72
April 1	30.643	280	46.86	151	22.60	66	60.80	165	32.150	370	4.60	180	32.321	303	5.41	74
11	30.923	250	48.37	196	23.26	60	62.45	192	32.520	324	6.40	230	32.624	281	6.15	76
21	31.173	216	50.33	234	23.86	53	64.37	214	32.844	273	8.70	270	32.905	256	6.91	77
Mai 1	31.389	179	52.67	262	24.39	46	66.51	233	33.117	215	11.40	299	33.161	227	7.68	78
11	31.568	139	55.29	280	24.85	37	68.84	246	33.332	153	14.39	318	33.388	194	8.46	80
21	31.707	96	58.09	288	25.22	29	71.30	254	33.485	89	17.57	327	33.582	159	9.26	79
31	31.803	53	60.97	289	25.51	19	73.84	256	33.574	24	20.84	326	33.741	120	10.05	79
Juni 9	31.856	8	63.86	280	25.70	9	76.40	253	33.598	41	24.10	315	33.861	77	10.84	77
19	31.864	37	66.66	264	25.79	2	78.93	243	33.557	104	27.25	295	33.938	34	11.61	72
29	31.827	80	69.30	241	25.77	11	81.36	225	33.453	165	30.20	268	33.972	10	12.33	67
Juli 9	31.747	122	71.71	212	25.66	20	83.61	203	33.288	222	32.88	234	33.962	55	13.00	59
19	31.625	160	73.83	178	25.46	31	85.64	173	33.066	272	35.22	196	33.907	97	13.59	48
29	31.465	193	75.61	141	25.15	39	87.37	137	32.794	316	37.18	152	33.810	135	14.07	35
Aug. 8	31.272	222	77.02	100	24.76	45	88.74	96	32.478	351	38.70	104	33.675	168	14.42	20
18	31.050	242	78.02	56	24.31	50	89.70	52	32.127	378	39.74	56	33.507	193	14.62	3
28	30.808	255	78.58	12	23.81	52	90.22	5	31.749	392	40.30	5	33.314	209	14.65	15
Sept. 7	30.553	258	78.70	33	23.29	54	90.27	43	31.357	396	40.35	47	33.105	215	14.50	32
17	30.295	251	78.37	79	22.75	52	89.84	91	30.961	386	39.88	99	32.890	209	14.18	49
27	30.044	234	77.58	124	22.23	47	88.93	135	30.575	364	38.89	148	32.681	191	13.69	65
Okt. 7	29.810	207	76.34	166	21.76	41	87.58	176	30.211	329	37.41	196	32.490	162	13.04	76
17	29.603	169	74.68	208	21.35	32	85.82	210	29.882	281	35.45	240	32.328	122	12.28	85
27	29.434	125	72.60	245	21.03	21	83.72	235	29.601	223	33.05	281	32.206	74	11.43	88
Nov. 6	29.309	73	70.15	277	20.82	10	81.37	252	29.378	155	30.24	315	32.132	19	10.55	87
16	29.236	15	67.38	304	20.72	3	78.85	260	29.223	79	27.09	342	32.113	40	9.68	80
26	29.221	43	64.34	323	20.75	16	76.25	256	29.144	0	23.67	360	32.153	99	8.88	70
Dez. 6	29.264	103	61.11	333	20.91	28	73.69	244	29.144	81	20.07	368	32.252	156	8.18	56
16	29.367	159	57.78	332	21.19	40	71.25	222	29.225	161	16.39	365	32.408	208	7.62	39
26	29.526	209	54.46	323	21.59	51	69.03	195	29.386	234	12.74	350	32.616	254	7.23	20
36	29.735		51.23		22.10		67.08		29.620		9.24		32.870		7.03	
Mittl. Ort	29.299		57.36		18.30		79.05		30.899		16.55		30.196		14.03	
sec δ, tg δ	+1.287		+0.810		+2.785		−2.599		+1.829		+1.531		+1.209		−0.680	
a, *a′*	+2.1		−6.7		+6.4		−6.5		+1.1		−6.5		+3.9		−6.2	
b, *b′*	−0.02		+0.94		+0.06		+0.95		−0.03		+0.95		+0.01		+0.95	

Scheinbare Sternörter 1959

Obere Kulmination Greenwich

Tag	629) 49 Herculis AR.	Diff.	629) 49 Herculis Dekl.	Diff.	1444) 24 G. Arae AR.	Diff.	1444) 24 G. Arae Dekl.	Diff.	631) ζ Arae AR.	Diff.	631) ζ Arae Dekl.	Diff.	633) κ Ophiuchi AR.	Diff.	633) κ Ophiuchi Dekl.	Diff.
1959	16h 50m		+15° 2′		16h 55m		−50° 34′		16h 55m		−55° 55′		16h 55m		+9° 26′	
	s		″		s		″		s		″		s		″	
Jan. 1	11.728	219	34.41	233	6.456	339	28.47	103	11.767	376	24.56	130	42.586	215	20.11	208
11	11.947	248	32.08	218	6.795	383	27.44	77	12.143	425	23.26	101	42.801	244	18.03	198
21	12.195	271	29.90	195	7.178	416	26.67	50	12.568	463	22.25	69	43.045	266	16.05	179
31	12.466	286	27.95	165	7.594	437	26.17	21	13.031	488	21.56	38	43.311	281	14.26	153
Febr. 10	12.752	293	26.30	128	8.031	449	25.96	5	13.519	502	21.18	6	43.592	288	12.73	122
20	13.045	294	25.02	87	8.480	451	26.01	30	14.021	507	21.12	23	43.880	290	11.51	86
März 2	13.339	289	24.15	43	8.931	447	26.31	53	14.528	502	21.35	52	44.170	287	10.65	47
12	13.628	280	23.72	2	9.378	435	26.84	75	15.030	488	21.87	79	44.457	278	10.18	7
22	13.908	267	23.74	45	9.813	418	27.59	94	15.518	469	22.66	102	44.735	265	10.11	32
April 1	14.175	249	24.19	85	10.231	395	28.53	111	15.987	444	23.68	124	45.000	250	10.43	68
11	14.424	229	25.04	120	10.626	367	29.64	127	16.431	411	24.92	143	45.250	231	11.11	100
21	14.653	205	26.24	150	10.993	334	30.91	140	16.842	373	26.35	159	45.481	209	12.11	127
Mai 1	14.858	179	27.74	172	11.327	297	32.31	151	17.215	330	27.94	174	45.690	184	13.38	147
11	15.037	150	29.46	188	11.624	253	33.82	159	17.545	280	29.68	185	45.874	157	14.85	162
21	15.187	119	31.34	198	11.877	206	35.41	165	17.825	226	31.53	191	46.031	126	16.47	171
31	15.306	84	33.32	199	12.083	154	37.06	167	18.051	166	33.44	194	46.157	93	18.18	174
Juni 9	4 15.390	49	35.31	196	6 12.237	98	38.73	166	6 18.217	102	35.38	193	6 46.250	58	19.92	171
19	15.439	13	37.27	187	12.335	40	40.39	160	18.319	37	37.31	187	46.308	23	21.63	163
29	15.452	25	39.14	172	12.375	18	41.99	150	18.356	29	39.18	175	46.331	15	23.26	152
Juli 9	15.427	61	40.86	155	12.357	76	43.49	135	18.327	95	40.93	158	46.316	51	24.78	137
19	15.366	95	42.41	133	12.281	132	44.84	116	18.232	157	42.51	136	46.265	86	26.15	118
29	15.271	126	43.74	110	12.149	182	46.00	93	18.075	213	43.87	110	46.179	117	27.33	99
Aug. 8	15.145	153	44.84	84	11.967	224	46.93	65	17.862	261	44.97	78	46.062	145	28.32	77
18	14.992	174	45.68	56	11.743	258	47.58	35	17.601	298	45.75	44	45.917	166	29.09	53
28	14.818	187	46.24	27	11.485	279	47.93	3	17.303	322	46.19	8	45.751	180	29.62	30
Sept. 7	14.631	192	46.51	2	11.206	288	47.96	31	16.981	331	46.27	31	45.571	187	29.92	5
17	14.439	189	46.49	33	10.918	281	47.65	63	16.650	323	45.96	68	45.384	183	29.97	22
27	14.250	175	46.16	63	10.637	260	47.02	94	16.327	299	45.28	104	45.201	171	29.75	47
Okt. 7	14.075	152	45.53	93	10.377	224	46.08	122	16.028	259	44.24	136	45.030	150	29.28	73
17	13.923	121	44.60	124	10.153	175	44.86	144	15.769	203	42.88	162	44.880	119	28.55	100
27	13.802	82	43.36	152	9.978	114	43.42	161	15.566	136	41.26	182	44.761	80	27.55	126
Nov. 6	13.720	37	41.84	179	9.864	45	41.81	170	15.430	58	39.44	195	44.681	37	26.29	149
16	13.683	11	40.05	202	9.819	28	40.11	172	15.372	25	37.49	200	44.644	11	24.80	172
26	13.694	61	38.03	221	9.847	104	38.39	168	15.397	109	35.49	196	44.655	60	23.08	191
Dez. 6	13.755	110	35.82	235	9.951	178	36.71	156	15.506	192	33.53	185	44.715	107	21.17	205
16	13.865	156	33.47	241	10.129	245	35.15	138	15.698	269	31.68	167	44.822	153	19.12	212
26	14.021	196	31.06	241	10.374	306	33.77	117	15.967	336	30.01	144	44.975	193	17.00	215
36	14.217		28.65		10.680		32.60		16.303		28.57		45.168		14.85	
Mittl. Ort	12.712		29.98		7.628		42.70		13.113		39.38		43.521		14.65	
sec δ, tg δ	+1.035		+0.269		+1.575		−1.216		+1.785		−1.479		+1.014		+0.166	
a, *a′*	+2.7		−6.0		+4.6		−5.6		+5.0		−5.6		+2.9		−5.5	
b, *b′*	−0.01		+0.95		+0.02		+0.96		+0.03		+0.96		0.00		+0.96	

Obere Kulmination Greenwich

Tag	634) ε Herculis AR.		634) ε Herculis Dekl.		1449) 85 G. Ophiuchi AR.		1449) 85 G. Ophiuchi Dekl.		639) ζ Draconis AR.		639) ζ Draconis Dekl.		641) δ Herculis AR.		641) δ Herculis Dekl.	
1959	16h 58m		+30° 58′		17h 5m		−17° 33′		17h 8m		+65° 45′		17h 13m		+24° 53′	
	s		″		s		″		s		″		s		″	
Jan. 1	41.856	213	71.21	290	50.952	231	13.55	68	36.40	28	55.08	344	19.568	197	14.93	271
11	42.069	250	68.31	268	51.183	260	14.23	74	36.68	36	51.64	315	19.765	233	12.22	254
21	42.319	278	65.63	235	51.443	283	14.97	76	37.04	44	48.49	273	19.998	260	9.68	226
31	42.597	299	63.28	195	51.726	297	15.73	74	37.48	50	45.76	221	20.258	282	7.42	191
Febr. 10	42.896	312	61.33	147	52.023	306	16.47	68	37.98	55	43.55	162	20.540	295	5.51	148
20	43.208	316	59.86	93	52.329	308	17.15	60	38.53	58	41.93	97	20.835	301	4.03	100
März 2	43.524	314	58.93	38	52.637	305	17.75	49	39.11	58	40.96	29	21.136	302	3.03	49
12	43.838	306	58.55	19	52.942	298	18.24	35	39.69	57	40.67	39	21.438	296	2.54	4
22	44.144	291	58.74	73	53.240	288	18.59	23	40.26	54	41.06	105	21.734	286	2.58	55
April 1	44.435	272	59.47	124	53.528	275	18.82	10	40.80	50	42.11	164	22.020	270	3.13	103
11	44.707	249	60.71	168	53.803	257	18.92	1	41.30	45	43.75	218	22.290	251	4.16	145
21	44.956	222	62.39	205	54.060	237	18.91	11	41.75	38	45.93	262	22.541	227	5.61	181
Mai 1	45.178	190	64.44	233	54.297	214	18.80	18	42.13	30	48.55	297	22.768	201	7.42	210
11	45.368	156	66.77	254	54.511	187	18.62	22	42.43	22	51.52	320	22.969	170	9.52	231
21	45.524	119	69.31	265	54.698	157	18.40	25	42.65	14	54.72	333	23.139	136	11.83	243
31	[7] 45.643	79	71.96	268	[8] 54.855	124	18.15	26	[9] 42.79	5	58.05	337	23.275	99	14.26	248
Juni 9*	45.722	39	74.64	263	54.979	88	17.89	25	42.84	5	61.42	330	[10] 23.374	61	16.74	245
19	45.761	2	77.27	251	55.067	49	17.64	23	42.79	13	64.72	314	23.435	21	19.19	235
29	45.759	44	79.78	232	55.116	10	17.41	21	42.66	21	67.86	291	23.456	19	21.54	220
Juli 9	45.715	84	82.10	208	55.126	30	17.20	19	42.45	30	70.77	259	23.437	60	23.74	199
19	45.631	122	84.18	179	55.096	68	17.01	17	42.15	36	73.36	223	23.377	98	25.73	174
29	45.509	157	85.97	147	55.028	104	16.84	16	41.79	43	75.59	180	23.279	132	27.47	145
Aug. 8	45.352	185	87.44	110	54.924	135	16.68	16	41.36	48	77.39	134	23.147	163	28.92	113
18	45.167	208	88.54	72	54.789	160	16.52	16	40.88	52	78.73	85	22.984	188	30.05	79
28	44.959	224	89.26	32	54.629	177	16.36	17	40.36	55	79.58	34	22.796	205	30.84	43
Sept. 7	44.735	230	89.58	9	54.452	185	16.19	18	39.81	55	79.92	18	22.591	214	31.27	6
17	44.505	227	89.49	51	54.267	184	16.01	17	39.26	55	79.74	72	22.377	214	31.33	32
27	44.278	214	88.98	92	54.083	172	15.84	17	38.71	53	79.02	123	22.163	203	31.01	69
Okt. 7	44.064	191	88.06	132	53.911	150	15.67	15	38.18	49	77.79	173	21.960	183	30.32	107
17	43.873	159	86.74	171	53.761	118	15.52	10	37.69	44	76.06	221	21.777	154	29.25	144
27	43.714	119	85.03	207	53.643	78	15.42	3	37.25	37	73.85	265	21.623	117	27.81	178
Nov. 6	43.595	71	82.96	240	53.565	31	15.39	6	36.88	29	71.20	302	21.506	73	26.03	210
16	43.524	20	80.56	268	53.534	18	15.45	17	36.59	20	68.18	333	21.433	25	23.93	237
26	43.504	35	77.88	289	53.552	70	15.62	29	36.39	10	64.85	356	21.408	27	21.56	259
Dez. 6	43.539	88	74.99	302	53.622	120	15.91	42	36.29	1	61.29	369	21.435	78	18.97	275
16	43.627	139	71.97	307	53.742	166	16.33	55	36.30	12	57.60	371	21.513	126	16.22	281
26	43.766	187	68.90	301	53.908	207	16.88	65	36.42	21	53.89	360	21.639	172	13.41	280
36	43.953		65.89		54.115		17.53		36.63		50.29		21.811		10.61	
Mittl. Ort	43.124		68.45		51.808		23.11		39.76		54.13		20.734		10.65	
sec δ, tg δ	+1.166		+ 0.601		+1.049		−0.316		+2.436		+2.221		+1.102		+0.464	
a, *a′*	+2.3		−5.3		+3.5		−4.7		+0.2		−4.5		+2.5		−4.0	
b, *b′*	−0.01		+0.96		0.00		+0.97		−0.03		+0.98		−0.01		+0.98	

* Bei Stern 641) lies Juni 10.

Scheinbare Sternörter 1959

Obere Kulmination Greenwich

Tag	643) π Herculis AR.	Diff.	643) π Herculis Dekl.	Diff.	1454) Pi 17^h 68 Herc AR.	Diff.	1454) Pi 17^h 68 Herc Dekl.	Diff.	644) ϑ Ophiuchi AR.	Diff.	644) ϑ Ophiuchi Dekl.	Diff.	645) β Arae AR.	Diff.	645) β Arae Dekl.	Diff.
1959	17^h 13^m		+36° 51′		17^h 18^m		+18° 5′		17^h 19^m		−24° 57′		17^h 21^m		−55° 29′	
	s		″		s		″		s		″		s		″	
Jan. 1	35.589	201	18.73	308	29.247	193	57.90	244	28.394	230	26.98	18	51.610	334	23.01	150
11	35.790	243	15.65	286	29.440	227	55.46	230	28.624	263	27.16	29	51.944	390	21.51	126
21	36.033	276	12.79	254	29.667	253	53.16	208	28.887	288	27.45	35	52.334	432	20.25	99
31	36.309	302	10.25	211	29.920	272	51.08	177	29.175	306	27.80	39	52.766	463	19.26	71
Febr. 10	36.611	320	8.14	161	30.192	285	49.31	140	29.481	317	28.19	42	53.229	485	18.55	42
20	36.931	329	6.53	105	30.477	292	47.91	96	29.798	321	28.61	40	53.714	495	18.13	13
März 2	37.260	330	5.48	46	30.769	293	46.95	51	30.119	321	29.01	36	54.209	498	18.00	15
12	37.590	325	5.02	14	31.062	287	46.44	3	30.440	316	29.37	32	54.707	493	18.15	41
22	37.915	313	5.16	72	31.349	279	46.41	43	30.756	308	29.69	26	55.200	479	18.56	65
April 1	38.228	294	5.88	126	31.628	266	46.84	86	31.064	295	29.95	22	55.679	460	19.21	89
11	38.522	271	7.14	175	31.894	248	47.70	126	31.359	280	30.17	17	56.139	434	20.10	111
21	38.793	243	8.89	215	32.142	227	48.96	158	31.639	260	30.34	13	56.573	402	21.21	131
Mai 1	39.036	210	11.04	248	32.369	203	50.54	185	31.899	237	30.47	12	56.975	363	22.52	148
11	39.246	173	13.52	271	32.572	175	52.39	203	32.136	211	30.59	11	57.338	317	24.00	162
21	39.419	134	16.23	286	32.747	144	54.42	216	32.347	179	30.70	12	57.655	265	25.62	174
31	39.553	92	19.09	290	32.891	109	56.58	221	32.526	144	30.82	14	57.920	208	27.36	183
Juni 10	$_{10}$39.645	47	21.99	287	$_{12}$33.000	72	58.79	218	$_{12}$32.670	107	30.96	15	$_{12}$58.128	146	29.19	186
19	39.692	1	24.86	276	33.072	34	60.97	210	32.777	66	31.11	18	58.274	80	31.05	185
29	39.693	43	27.62	257	33.106	5	63.07	197	32.843	23	31.29	19	58.354	12	32.90	179
Juli 9	39.650	88	30.19	232	33.101	44	65.04	179	32.866	20	31.48	18	58.366	56	34.69	168
19	39.562	130	32.51	203	33.057	82	66.83	157	32.846	61	31.66	17	58.310	121	36.37	151
29	39.432	167	34.54	168	32.975	117	68.40	132	32.785	101	31.83	14	58.189	182	37.88	129
Aug. 8	39.265	200	36.22	130	32.858	147	69.72	104	32.684	135	31.97	9	58.007	236	39.17	102
18	39.065	226	37.52	89	32.711	173	70.76	75	32.549	164	32.06	4	57.771	280	40.19	70
28	38.839	245	38.41	46	32.538	190	71.51	44	32.385	184	32.10	4	57.491	311	40.89	36
Sept. 7	38.594	253	38.87	2	32.348	199	71.95	11	32.201	195	32.06	13	57.180	327	41.25	2
17	38.341	253	38.89	42	32.149	200	72.06	21	32.006	196	31.93	20	56.853	328	41.23	39
27	38.088	242	38.47	88	31.949	191	71.85	54	31.810	185	31.73	27	56.525	312	40.84	75
Okt. 7	37.846	221	37.59	132	31.758	173	71.31	87	31.625	165	31.46	33	56.213	280	40.09	110
17	37.625	189	36.27	174	31.585	144	70.44	120	31.460	133	31.13	35	55.933	232	38.99	140
27	37.436	149	34.53	213	31.441	109	69.24	150	31.327	92	30.78	36	55.701	170	37.59	164
Nov. 6	37.287	102	32.40	249	31.332	66	67.74	180	31.235	45	30.42	34	55.531	98	35.95	183
16	37.185	48	29.91	280	31.266	20	65.94	206	31.190	6	30.08	27	55.433	18	34.12	193
26	37.137	8	27.11	303	31.246	30	63.88	226	31.196	60	29.81	19	55.415	64	32.19	195
Dez. 6	37.145	64	24.08	319	31.276	79	61.62	242	31.256	112	29.62	8	55.479	146	30.24	191
16	37.209	120	20.89	324	31.355	125	59.20	251	31.368	161	29.54	3	55.625	224	28.33	179
26	37.329	171	17.65	320	31.480	169	56.69	251	31.529	205	29.57	15	55.849	294	26.54	161
36	37.500		14.45		31.649		54.18		31.734		29.72		56.143		24.93	
Mittl. Ort	37.023		15.60		30.317		52.65		29.321		37.34		53.141		36.50	
sec δ, tg δ	+1.250		+0.750		+1.052		+0.327		+1.103		−0.465		+1.765		−1.455	
a, *a′*	+2.1		−4.0		+2.6		−3.6		+3.7		−3.5		+5.0		−3.3	
b, *b′*	−0.01		+0.98		0.00		+0.98		+0.01		+0.98		+0.02		+0.99	

Obere Kulmination Greenwich

Tag	648) δ Arae AR.		648) δ Arae Dekl.		651) α Arae AR.		651) α Arae Dekl.		653) β Draconis AR.		653) β Draconis Dekl.		652) λ Scorpii AR.		652) λ Scorpii Dekl.	
1959	$17^h\ 27^m$		−60° 38′		$17^h\ 28^m$		−49° 50′		$17^h\ 29^m$		+52° 19′		$17^h\ 30^m$		−37° 4′	
	s		″		s		″		s		″		s		″	
Jan. 1	21.65	37	53.71	180	38.724	293	32.55	126	28.153	196	55.09	343	48.186	246	21.55	58
11	22.02	43	51.91	154	39.017	342	31.29	107	28.349	255	51.66	319	48.432	284	20.97	44
21	22.45	48	50.37	126	39.359	380	30.22	83	28.604	306	48.47	283	48.716	315	20.53	28
31	22.93	53	49.11	94	39.739	408	29.39	59	28.910	348	45.64	239	49.031	336	20.25	15
Febr. 10	23.46	55	48.17	61	40.147	427	28.80	36	29.258	379	43.25	184	49.367	352	20.10	3
20	24.01	56	47.56	29	40.574	438	28.44	12	29.637	399	41.41	123	49.719	360	20.07	8
März 2	24.57	57	47.27	2	41.012	442	28.32	10	30.036	408	40.18	58	50.079	362	20.15	18
12	25.14	56	47.29	34	41.454	437	28.42	30	30.444	407	39.60	7	50.441	359	20.33	26
22	25.70	55	47.63	64	41.891	428	28.72	51	30.851	394	39.67	73	50.800	351	20.59	33
April 1	26.25	53	48.27	91	42.319	412	29.23	70	31.245	373	40.40	134	51.151	339	20.92	40
11	26.78	50	49.18	117	42.731	391	29.93	87	31.618	344	41.74	188	51.490	323	21.32	47
21	27.28	47	50.35	141	43.122	364	30.80	104	31.962	306	43.62	235	51.813	303	21.79	54
Mai 1	27.75	42	51.76	163	43.486	332	31.84	118	32.268	262	45.97	274	52.116	278	22.33	61
11	28.17	36	53.39	180	43.818	294	33.02	132	32.530	213	48.71	301	52.394	247	22.94	68
21	28.53	31	55.19	195	44.112	249	34.34	143	32.743	158	51.72	319	52.641	213	23.62	75
31	28.84	24	57.14	204	44.361	200	35.77	151	32.901	101	54.91	328	52.854	174	24.37	79
Juni 10	29.08	17	59.18	210	44.561	145	37.28	155	33.002	41	58.19	327	53.028	130	25.16	84
19	[14] 29.25	9	61.28	210	[14] 44.706	88	38.83	156	[14] 33.043	19	61.46	316	[15] 53.158	84	26.00	86
29	29.34	1	63.38	205	44.794	28	40.39	153	33.024	79	64.62	297	53.242	35	26.86	85
Juli 9	29.35	6	65.43	192	44.822	33	41.92	144	32.945	136	67.59	272	53.277	15	27.71	82
19	29.29	15	67.35	174	44.789	92	43.36	131	32.809	190	70.31	240	53.262	63	28.53	75
29	29.14	21	69.09	151	44.697	147	44.67	114	32.619	239	72.71	201	53.199	109	29.28	66
Aug. 8	28.93	27	70.60	121	44.550	196	45.81	91	32.380	281	74.72	160	53.090	150	29.94	53
18	28.66	33	71.81	86	44.354	237	46.72	65	32.099	316	76.32	115	52.940	183	30.47	37
28	28.33	36	72.67	48	44.117	266	47.37	35	31.783	340	77.47	66	52.757	209	30.84	19
Sept. 7	27.97	39	73.15	8	43.851	283	47.72	4	31.443	354	78.13	16	52.548	224	31.03	1
17	27.58	38	73.23	34	43.568	286	47.76	29	31.089	356	78.29	34	52.324	226	31.02	21
27	27.20	37	72.89	76	43.282	274	47.47	61	30.733	347	77.95	86	52.098	217	30.81	41
Okt. 7	26.83	34	72.13	115	43.008	246	46.86	91	30.386	324	77.09	136	51.881	195	30.40	59
17	26.49	28	70.98	150	42.762	205	45.95	117	30.062	289	75.73	184	51.686	161	29.81	74
27	26.21	21	69.48	179	42.557	152	44.78	139	29.773	245	73.89	229	51.525	118	29.07	86
Nov. 6	26.00	13	67.69	201	42.405	89	43.39	154	29.528	189	71.60	271	51.407	66	28.21	93
16	25.87	4	65.68	215	42.316	19	41.85	163	29.339	125	68.89	305	51.341	8	27.28	95
26	25.83	5	63.53	220	42.297	54	40.22	166	29.214	57	65.84	332	51.333	51	26.33	93
Dez. 6	25.88	14	61.33	219	42.351	127	38.56	161	29.157	14	62.52	350	51.384	110	25.40	86
16	26.02	24	59.14	208	42.478	195	36.95	151	29.171	85	59.02	358	51.494	165	24.54	77
26	26.26	32	57.06	190	42.673	257	35.44	135	29.256	155	55.44	354	51.659	217	23.77	63
36	26.58		55.16		42.930		34.09		29.411		51.90		51.876		23.14	
Mittl. Ort	23.50		67.31		40.088		45.20		30.228		51.76		49.278		32.91	
sec δ, tg δ	+2.040		−1.778		+1.551		−1.185		+1.636		+1.295		+1.253		−0.756	
a, *a′*	+5.4		−2.8		+4.6		−2.7		+1.4		−2.7		+4.1		−2.5	
b, *b′*	+0.02		+0.99		+0.01		+0.99		−0.01		+0.99		+0.01		+0.99	

Scheinbare Sternörter 1959

Obere Kulmination Greenwich

Tag	656) α Ophiuchi AR.		656) α Ophiuchi Dekl.		654) ϑ Scorpii AR.		654) ϑ Scorpii Dekl.	
1959	17h 33m		+12° 35′		17h 34m		−42° 58′	
	s		″		s		″	
Jan. 1	0.739	181	24.89	218	20.949	258	13.59	93
11	0.920	215	22.71	208	21.207	302	12.66	77
21	1.135	241	20.63	190	21.509	336	11.89	59
31	1.376	262	18.73	165	21.845	361	11.30	41
Febr. 10	1.638	277	17.08	132	22.206	379	10.89	23
20	1.915	284	15.76	94	22.585	388	10.66	7
März 2	2.199	287	14.82	53	22.973	392	10.59	8
12	2.486	285	14.29	11	23.365	390	10.67	23
22	2.771	279	14.18	31	23.755	382	10.90	36
April 1	3.050	268	14.49	71	24.137	369	11.26	49
11	3.318	254	15.20	107	24.506	353	11.75	61
21	3.572	236	16.27	138	24.859	330	12.36	73
Mai 1	3.808	214	17.65	163	25.189	303	13.09	84
11	4.022	188	19.28	181	25.492	270	13.93	94
21	4.210	160	21.09	192	25.762	233	14.87	104
31	4.370	126	23.01	198	25.995	190	15.91	111
Juni 10	4.496	91	24.99	196	26.185	142	17.02	116
19	[15] 4.587	53	26.95	190	[16] 26.327	91	18.18	118
29	4.640	14	28.85	179	26.418	38	19.36	118
Juli 9	4.654	26	30.64	163	26.456	16	20.54	112
19	4.628	64	32.27	145	26.440	69	21.66	103
29	4.564	100	33.72	123	26.371	119	22.69	91
Aug. 8	4.464	132	34.95	99	26.252	163	23.60	74
18	4.332	159	35.94	73	26.089	201	24.34	53
28	4.173	179	36.67	46	25.888	229	24.87	31
Sept. 7	3.994	191	37.13	19	25.659	246	25.18	5
17	3.803	194	37.32	10	25.413	249	25.23	21
27	3.609	187	37.22	38	25.164	240	25.02	47
Okt. 7	3.422	170	36.84	67	24.924	217	24.55	70
17	3.252	145	36.17	96	24.707	181	23.85	92
27	3.107	111	35.21	124	24.526	134	22.93	108
Nov. 6	2.996	71	33.97	151	24.392	79	21.85	120
16	2.925	26	32.46	174	24.313	18	20.65	127
26	2.899	22	30.72	195	24.295	47	19.38	127
Dez. 6	2.921	69	28.77	211	24.342	111	18.11	123
16	2.990	115	26.66	221	24.453	172	16.88	113
26	3.105	157	24.45	223	24.625	227	15.75	100
36	3.262		22.22		24.852		14.75	
Mittl. Ort	1.765		18.54		22.162		25.37	
sec δ, tg δ	+1.025		+0.223		+1.367		−0.932	
a, *a′*	+2.8		−2.4		+4.3		−2.2	
b, *b′*	0.00		+0.99		+0.01		+0.99	

Tag	658) ξ Serpentis AR.		658) ξ Serpentis Dekl.		664) ω Draconis AR.		664) ω Draconis Dekl.	
1959	17h 35m		−15° 22′		17h 37m		+68° 46′	
	s		″		s		″	
Jan. 1	13.254	201	19.00	67	7.37	23	41.13	352
11	13.455	234	19.67	70	7.60	33	37.61	329
21	13.689	259	20.37	70	7.93	43	34.32	294
31	13.948	278	21.07	65	8.36	51	31.38	247
Febr. 10	14.226	291	21.72	58	8.87	57	28.91	192
20	14.517	298	22.30	46	9.44	62	26.99	130
März 2	14.815	301	22.76	33	10.06	65	25.69	63
12	15.116	298	23.09	18	10.71	64	25.06	5
22	15.414	292	23.27	2	11.35	63	25.11	71
April 1	15.706	283	23.29	11	11.98	60	25.82	135
11	15.989	270	23.18	24	12.58	54	27.17	191
21	16.259	254	22.94	35	13.12	47	29.08	241
Mai 1	16.513	234	22.59	42	13.59	40	31.49	280
11	16.747	210	22.17	47	13.99	30	34.29	311
21	16.957	181	21.70	48	14.29	21	37.40	330
31	17.138	150	21.22	48	14.50	11	40.70	340
Juni 10	17.288	114	20.74	46	14.61	1	44.10	340
19	[16] 17.402	75	20.28	41	[16] 14.62	10	47.50	330
29	17.477	35	19.87	36	14.52	20	50.80	312
Juli 9	17.512	6	19.51	31	14.32	29	53.92	286
19	17.506	47	19.20	25	14.03	38	56.78	254
29	17.459	85	18.95	21	13.65	46	59.32	215
Aug. 8	17.374	120	18.74	17	13.19	52	61.47	173
18	17.254	149	18.57	13	12.67	58	63.20	125
28	17.105	170	18.44	11	12.09	61	64.45	76
Sept. 7	16.935	183	18.33	9	11.48	64	65.21	25
17	16.752	187	18.24	8	10.84	65	65.46	29
27	16.565	180	18.16	5	10.19	63	65.17	81
Okt. 7	16.385	163	18.11	1	9.56	60	64.36	133
17	16.222	135	18.10	3	8.96	55	63.03	184
27	16.087	100	18.13	9	8.41	49	61.19	231
Nov. 6	15.987	57	18.22	18	7.92	40	58.88	273
16	15.930	10	18.40	27	7.52	30	56.15	309
26	15.920	39	18.67	37	7.22	20	53.06	338
Dez. 6	15.959	89	19.04	48	7.02	9	49.68	358
16	16.048	135	19.52	58	6.93	4	46.10	366
26	16.183	177	20.10	66	6.97	15	42.44	364
36	16.360		20.76		7.12		38.80	
Mittl. Ort	14.187		28.11		11.20		37.55	
sec δ, tg δ	+1.037		−0.275		+2.762		+2.575	
a, *a′*	+3.4		−2.2		−0.4		−2.0	
b, *b′*	0.00		+0.99		−0.02		+1.00	

Obere Kulmination Greenwich

Tag	663) ι Herculis AR.		663) ι Herculis Dekl.		665) β Ophiuchi AR.		665) β Ophiuchi Dekl.		661) η Pavonis AR.		661) η Pavonis Dekl.		670) ψ Draconis pr AR.		670) ψ Draconis pr Dekl.	
1959	17h 38m		+46° 1′		17h 41m		+4° 34′		17h 41m		−64° 42′		17h 42m		+72° 9′	
	s		″		s		″		s		″		s		″	
Jan. 1	16.559	177	42.50	334	25.739	178	65.77	176	40.00	38	11.99	210	35.13	23	74.32	353
11	16.736	228	39.16	313	25.917	210	64.01	170	40.38	46	9.89	186	35.36	36	70.79	332
21	16.964	274	36.03	281	26.127	237	62.31	156	40.84	52	8.03	157	35.72	47	67.47	297
31	17.238	311	33.22	239	26.364	257	60.75	137	41.36	57	6.46	125	36.19	58	64.50	253
Febr. 10	17.549	338	30.83	188	26.621	272	59.38	112	41.93	61	5.21	92	36.77	66	61.97	198
20	17.887	356	28.95	130	26.893	280	58.26	81	42.54	63	4.29	57	37.43	71	59.99	137
März 2	18.243	366	27.65	67	27.173	283	57.45	47	43.17	65	3.72	22	38.14	75	58.62	71
12	18.609	366	26.98	3	27.456	283	56.98	13	43.82	64	3.50	—12	38.89	75	57.91	3
22	18.975	359	26.95	—60	27.739	278	56.85	—23	44.46	63	3.62	45	39.64	74	57.88	—63
April 1	19.334	342	27.55	120	28.017	270	57.08	56	45.09	62	4.07	78	40.38	70	58.51	126
11	19.676	318	28.75	174	28.287	257	57.64	86	45.71	58	4.85	107	41.08	63	59.77	184
21	19.994	289	30.49	220	28.544	242	58.50	112	46.29	55	5.92	136	41.71	56	61.61	234
Mai 1	20.283	252	32.69	259	28.786	221	59.62	132	46.84	49	7.28	161	42.27	47	63.95	274
11	20.535	211	35.28	288	29.007	198	60.94	147	47.33	44	8.89	183	42.74	36	66.69	306
21	20.746	166	38.16	308	29.205	170	62.41	157	47.77	37	10.72	202	43.10	24	69.75	327
31	20.912	116	41.24	317	29.375	139	63.98	161	48.14	29	12.74	216	43.34	13	73.02	337
Juni 10	21.028	63	44.41	317	29.514	104	65.59	160	48.43	21	14.90	224	[18] 43.47	0	76.39	338
19	[17] 21.091	11	47.58	309	[17] 29.618	67	67.19	154	[17] 48.64	13	17.14	227	43.47	12	79.77	329
29	21.102	—43	50.67	293	29.685	28	68.73	144	48.77	3	19.41	224	43.35	24	83.06	313
Juli 9	21.059	95	53.60	269	29.713	—11	70.17	132	48.80	—6	21.65	214	43.11	35	86.19	288
19	20.964	145	56.29	240	29.702	50	71.49	117	48.74	14	23.79	197	42.76	45	89.07	256
29	20.819	191	58.69	204	29.652	88	72.66	99	48.60	23	25.76	174	42.31	55	91.63	219
Aug. 8	20.628	231	60.73	165	29.564	120	73.65	81	48.37	31	27.50	145	41.76	62	93.82	177
18	20.397	264	62.38	122	29.444	148	74.46	61	48.06	37	28.95	110	41.14	69	95.59	130
28	20.133	288	63.60	76	29.296	169	75.07	41	47.69	41	30.05	70	40.45	74	96.89	82
Sept. 7	19.845	304	64.36	28	29.127	183	75.48	20	47.28	44	30.75	27	39.71	76	97.71	30
17	19.541	307	64.64	—21	28.944	187	75.68	—1	46.84	45	31.02	—18	38.95	78	98.01	—22
27	19.234	300	64.43	70	28.757	181	75.67	24	46.39	44	30.84	63	38.17	76	97.79	75
Okt. 7	18.934	281	63.73	119	28.576	166	75.43	45	45.95	41	30.21	107	37.41	72	97.04	127
17	18.653	252	62.54	166	28.410	142	74.98	68	45.54	35	29.14	147	36.69	68	95.77	177
27	18.401	212	60.88	211	28.268	109	74.30	90	45.19	27	27.67	181	36.01	60	94.00	225
Nov. 6	18.189	162	58.77	252	28.159	69	73.40	111	44.92	18	25.86	208	35.41	50	91.75	268
16	18.027	107	56.25	287	28.090	26	72.29	132	44.74	9	23.78	227	34.91	40	89.07	306
26	17.920	46	53.38	315	28.064	—21	70.97	150	44.65	—1	21.51	239	34.51	27	86.01	335
Dez. 6	17.874	—17	50.23	334	28.085	68	69.47	164	44.66	13	19.12	240	34.24	13	82.66	355
16	17.891	80	46.89	345	28.153	112	67.83	175	44.79	23	16.72	234	34.11	0	79.11	365
26	17.971	140	43.44	343	28.265	154	66.08	179	45.02	32	14.38	219	34.11	14	75.46	364
36	18.111		40.01		28.419		64.29		45.34		12.19		34.25		71.82	
Mittl. Ort	18.314		38.19		26.716		58.48		42.29		24.99		39.72		70.25	
sec δ, tg δ	+1.440		+1.037		+1.003		+0.080		+2.341		−2.116		+3.266		+3.109	
a, *a′*	+1.7		−1.9		+3.0		−1.6		+5.9		−1.6		−1.1		−1.5	
b, *b′*	−0.01		+1.00		0.00		+1.00		+0.01		+1.00		−0.02		+1.00	

Tag	667) μ Herculis[1] AR.		Dekl.		675) 35 Draconis AR.		Dekl.		671) ξ Draconis AR.		Dekl.		672) ϑ Herculis AR.		Dekl.	
1959	$17^h\ 44^m$		$+27°\ 44'$		$17^h\ 51^m$		$+76°\ 57'$		$17^h\ 52^m$		$+56°\ 52'$		$17^h\ 54^m$		$+37°\ 15'$	
	s		″		s		″		s		″		s		″	
Jan. 1	49.876	166	42.48	282	10.47	23	75.50	349	46.702	164	47.74	352	49.254	153	23.42	313
11	50.042	205	39.66	268	10.70	42	72.01	330	46.866	234	44.22	332	49.407	200	20.29	297
21	50.247	238	36.98	243	11.12	58	68.71	298	47.100	296	40.90	302	49.607	238	17.32	270
31	50.485	265	34.55	209	11.70	72	65.73	256	47.396	350	37.88	259	49.845	271	14.62	234
Febr. 10	50.750	284	32.46	167	12.42	85	63.17	204	47.746	392	35.29	208	50.116	297	12.28	189
20	51.034	296	30.79	119	13.27	93	61.13	144	48.138	424	33.21	148	50.413	314	10.39	136
März 2	51.330	302	29.60	66	14.20	99	59.69	80	48.562	442	31.73	84	50.727	325	9.03	78
12	51.632	303	28.94	12	15.19	100	58.89	13	49.004	448	30.89	17	51.052	328	8.25	18
22	51.935	298	28.82	42	16.19	99	58.76	54	49.452	442	30.72	49	51.380	325	8.07	41
April 1	52.233	288	29.24	93	17.18	94	59.30	116	49.894	425	31.21	113	51.705	315	8.48	98
11	52.521	272	30.17	139	18.12	86	60.46	174	50.319	397	32.34	171	52.020	299	9.46	150
21	52.793	252	31.56	179	18.98	76	62.20	225	50.716	359	34.05	223	52.319	277	10.96	196
Mai 1	53.045	227	33.35	213	19.74	63	64.45	267	51.075	314	36.28	264	52.596	249	12.92	234
11	53.272	198	35.48	238	20.37	49	67.12	300	51.389	260	38.92	298	52.845	217	15.26	264
21	53.470	164	37.86	254	20.86	33	70.12	322	51.649	201	41.90	321	53.062	179	17.90	285
31	53.634	128	40.40	263	21.19	16	73.34	334	51.850	137	45.11	334	53.241	138	20.75	296
Juni 10	53.762	88	43.03	263	21.35	0	76.68	337	51.987	70	48.45	338	53.379	93	23.71	299
19*	[18] 53.850	47	45.66	257	[20] 21.35	17	80.05	330	[20] 52.057	2	51.83	331	[21] 53.472	46	26.70	294
29	53.897	3	48.23	243	21.18	33	83.35	316	52.059	67	55.14	317	53.518	1	29.64	280
Juli 9	53.900	40	50.66	224	20.85	48	86.51	293	51.992	133	58.31	295	53.517	50	32.44	261
19	53.860	82	52.90	199	20.37	62	89.44	263	51.859	196	61.26	265	53.467	96	35.05	235
29	53.778	122	54.89	171	19.75	75	92.07	227	51.663	254	63.91	231	53.371	139	37.40	204
Aug. 8	53.656	156	56.60	139	19.00	86	94.34	187	51.409	305	66.22	190	53.232	178	39.44	169
18	53.500	185	57.99	104	18.14	95	96.21	142	51.104	347	68.12	146	53.054	211	41.13	130
28	53.315	207	59.03	67	17.19	101	97.63	94	50.757	379	69.58	98	52.843	237	42.43	89
Sept. 7	53.108	222	59.70	28	16.18	105	98.57	44	50.378	400	70.56	47	52.606	253	43.32	45
17	52.886	226	59.98	11	15.13	107	99.01	7	49.978	409	71.03	4	52.353	260	43.77	0
27	52.660	221	59.87	52	14.06	106	98.94	60	49.569	404	70.99	56	52.093	256	43.77	46
Okt. 7	52.439	205	59.35	92	13.00	102	98.34	111	49.165	386	70.43	108	51.837	242	43.31	92
17	52.234	180	58.43	130	11.98	96	97.23	162	48.779	354	69.35	160	51.595	218	42.39	136
27	52.054	147	57.13	168	11.02	86	95.61	210	48.425	310	67.75	207	51.377	184	41.03	178
Nov. 6	51.907	106	55.45	203	10.16	75	93.51	254	48.115	254	65.68	252	51.193	142	39.25	218
16	51.801	59	53.42	233	9.41	60	90.97	293	47.861	189	63.16	291	51.051	94	37.07	254
26	51.742	10	51.09	259	8.81	44	88.04	323	47.672	117	60.25	323	50.957	40	34.53	283
Dez. 6	51.732	42	48.50	277	8.37	26	84.81	345	47.555	40	57.02	346	50.917	14	31.70	304
16	51.774	91	45.73	288	8.11	7	81.36	358	47.515	39	53.56	358	50.931	69	28.66	317
26	51.865	139	42.85	289	8.04	12	77.78	358	47.554	116	49.98	360	51.000	122	25.49	319
36	52.004		39.96		8.16		74.20		47.670		46.38		51.122		22.30	
Mittl. Ort	51.111		36.85		16.80		70.58		49.053		42.59		50.700		17.58	
sec δ, tg δ	+1.130		+0.526		+4.435		+4.321		+1.830		+1.533		+1.256		+0.761	
a, *a′*	+2.4		−1.3		−2.7		−0.8		+1.0		−0.6		+2.1		−0.4	
b, *b′*	0.00		+1.00		−0.01		+1.00		0.00		+1.00		0.00		+1.00	

1 Die jährliche Parallaxe (0″.109) ist bereits berücksichtigt.

* Bei Stern 675), 671) und 672) lies Juni 20.

Tag	676) γ Draconis AR.		676) γ Draconis Dekl.		673) ν Ophiuchi AR.		673) ν Ophiuchi Dekl.		677) 67 Ophiuchi AR.		677) 67 Ophiuchi Dekl.		679) γ Sagittarii AR.		679) γ Sagittarii Dekl.	
1959	17h 55m		+51° 29′		17h 56m		−9° 45′		17h 58m		+2° 55′		18h 3m		−30° 25′	
	s		″		s		″		s		″		s		″	
Jan. 1	37.120	154	40.35	345	45.090	176	64.50	92	34.393	163	62.87	163	9.254	196	25.51	36
11	37.274	216	36.90	328	45.266	209	65.42	91	34.556	197	61.24	158	9.450	235	25.15	28
21	37.490	270	33.62	297	45.475	236	66.33	87	34.753	224	59.66	147	9.685	266	24.87	22
31	37.760	316	30.65	257	45.711	257	67.20	79	34.977	247	58.19	129	9.951	291	24.65	15
Febr. 10	38.076	352	28.08	207	45.968	273	67.99	65	35.224	263	56.90	106	10.242	310	24.50	11
20	38.428	379	26.01	149	46.241	284	68.64	48	35.487	274	55.84	77	10.552	323	24.39	8
März 2	38.807	394	24.52	86	46.525	289	69.12	29	35.761	281	55.07	45	10.875	330	24.31	6
12	39.201	401	23.66	20	46.814	290	69.41	8	36.042	283	54.62	12	11.205	333	24.25	5
22	39.602	396	23.46	45	47.104	289	69.49	13	36.325	281	54.50	22	11.538	331	24.20	4
April 1	39.998	382	23.91	107	47.393	282	69.36	33	36.606	275	54.72	53	11.869	326	24.16	2
11	40.380	360	24.98	165	47.675	273	69.03	50	36.881	265	55.25	83	12.195	317	24.14	1
21	40.740	328	26.63	215	47.948	260	68.53	64	37.146	252	56.08	108	12.512	302	24.13	3
Mai 1	41.068	290	28.78	258	48.208	242	67.89	76	37.398	234	57.16	127	12.814	283	24.16	8
11	41.358	245	31.36	290	48.450	220	67.13	84	37.632	212	58.43	143	13.097	259	24.24	13
21	41.603	194	34.26	314	48.670	194	66.29	87	37.844	185	59.86	152	13.356	230	24.37	20
31	41.797	140	37.40	327	48.864	164	65.42	87	38.029	155	61.38	156	13.586	196	24.57	28
Juni 10	41.937	81	40.67	330	49.028	129	64.55	84	38.184	121	62.94	155	13.782	157	24.85	35
20	42.018	21	43.97	326	49.157	91	63.71	78	38.305	84	64.49	150	13.939	113	25.20	41
29	[21] 42.039	40	47.23	312	[21] 49.248	52	62.93	71	[22] 38.389	44	65.99	141	[23] 14.052	68	25.61	47
Juli 9	41.999	99	50.35	290	49.300	10	62.22	63	38.433	4	67.40	128	14.120	21	26.08	50
19	41.900	155	53.25	262	49.310	31	61.59	53	38.437	36	68.68	114	14.141	28	26.58	51
29	41.745	208	55.87	228	49.279	71	61.06	44	38.401	74	69.82	98	14.113	73	27.09	49
Aug. 8	41.537	255	58.15	189	49.208	106	60.62	34	38.327	110	70.80	80	14.040	116	27.58	45
18	41.282	294	60.04	146	49.102	137	60.28	26	38.217	140	71.60	61	13.924	152	28.03	38
28	40.988	323	61.50	99	48.965	162	60.02	17	38.077	163	72.21	42	13.772	180	28.41	28
Sept. 7	40.665	343	62.49	51	48.803	178	59.85	9	37.914	179	72.63	22	13.592	201	28.69	16
17	40.322	351	63.00	0	48.625	185	59.76	2	37.735	186	72.85	2	13.391	210	28.85	4
27	39.971	348	63.00	51	48.440	181	59.74	6	37.549	184	72.87	18	13.181	207	28.89	10
Okt. 7	39.623	332	62.49	103	48.259	168	59.80	15	37.365	171	72.69	38	12.974	193	28.79	23
17	39.291	303	61.46	152	48.091	145	59.95	24	37.194	148	72.31	59	12.781	167	28.56	35
27	38.988	264	59.94	199	47.946	113	60.19	34	37.046	119	71.72	80	12.614	132	28.21	44
Nov. 6	38.724	214	57.95	244	47.833	74	60.53	44	36.927	81	70.92	100	12.482	89	27.77	51
16	38.510	156	55.51	282	47.759	30	60.97	55	36.846	38	69.92	119	12.393	38	27.26	54
26	38.354	91	52.69	314	47.729	16	61.52	67	36.808	7	68.73	136	12.355	15	26.72	53
Dez. 6	38.263	23	49.55	338	47.745	64	62.19	78	36.815	53	67.37	151	12.370	68	26.19	51
16	38.240	45	46.17	350	47.809	109	62.97	86	36.868	97	65.86	160	12.438	120	25.68	45
26	38.285	114	42.67	353	47.918	151	63.83	92	36.965	139	64.26	166	12.558	168	25.23	38
36	38.399		39.14		48.069		64.75		37.104		62.60		12.726		24.85	
Mittl. Ort	39.118		34.87		46.056		73.01		35.379		55.16		10.362		35.21	
sec δ, tg δ	+1.606		+1.257		+1.015		−0.172		+1.001		+0.051		+1.160		−0.587	
a, *a′*	+1.4		−0.4		+3.3		−0.3		+3.0		−0.1		+3.9		+0.3	
b, *b′*	0.00		+1.00		0.00		+1.00		0.00		+1.00		0.00		+1.00	

Scheinbare Sternörter 1959

Obere Kulmination Greenwich

Tag	680) 72 Ophiuchi AR.		680) 72 Ophiuchi Dekl.		681) o Herculis AR.		681) o Herculis Dekl.		682) μ Sagittarii AR.		682) μ Sagittarii Dekl.		685) 36 Draconis AR.		685) 36 Draconis Dekl.	
1959	$18^h\ 5^m$		$+9°\ 33'$		$18^h\ 5^m$		$+28°\ 45'$		$18^h\ 11^m$		$-21°\ 4'$		$18^h\ 13^m$		$+64°\ 22'$	
	s		″		s		″		s		″		s		″	
Jan. 1	23.231	152	31.28	196	55.227	143	27.15	283	17.571	174	7.97	17	36.52	13	66.31	357
11	23.383	187	29.32	190	55.370	184	24.32	271	17.745	210	8.14	21	36.65	22	62.74	344
21	23.570	217	27.42	175	55.554	219	21.61	250	17.955	240	8.35	22	36.87	31	59.30	317
31	23.787	240	25.67	154	55.773	249	19.11	218	18.195	264	8.57	20	37.18	38	56.13	279
Febr. 10	24.027	259	24.13	125	56.022	272	16.93	177	18.459	283	8.77	17	37.56	45	53.34	230
20	24.286	271	22.88	92	56.294	289	15.16	130	18.742	295	8.94	11	38.01	50	51.04	173
März 2	24.557	279	21.96	54	56.583	300	13.86	79	19.037	303	9.05	2	38.51	53	49.31	109
12	24.836	283	21.42	15	56.883	304	13.07	24	19.340	307	9.07	6	39.04	55	48.22	43
22	25.119	282	21.27	25	57.187	304	12.83	31	19.647	307	9.01	15	39.59	55	47.79	25
April 1	25.401	276	21.52	63	57.491	297	13.14	83	19.954	304	8.86	23	40.14	53	48.04	90
11	25.677	268	22.15	98	57.788	286	13.97	131	20.258	296	8.63	30	40.67	51	48.94	151
21	25.945	255	23.13	128	58.074	268	15.28	175	20.554	284	8.33	35	41.18	46	50.45	206
Mai 1	26.200	236	24.41	153	58.342	246	17.03	210	20.838	268	7.98	37	41.64	40	52.51	252
11	26.436	215	25.94	171	58.588	219	19.13	239	21.106	246	7.61	37	42.04	34	55.03	290
21	26.651	188	27.65	184	58.807	188	21.52	258	21.352	220	7.24	34	42.38	27	57.93	318
31	26.839	156	29.49	191	58.995	150	24.10	270	21.572	189	6.90	29	42.65	19	61.11	336
Juni 10	26.995	123	31.40	191	59.145	111	26.80	273	21.761	154	6.61	24	42.84	10	64.47	344
20	[23] 27.118	85	33.31	186	[24] 59.256	69	29.53	270	[25] 21.915	114	6.37	17	[26] 42.94	1	67.91	343
29	27.203	45	35.17	176	59.325	24	32.23	258	22.029	71	6.20	9	42.95	7	71.34	333
Juli 9	27.248	4	36.93	163	59.349	20	34.81	241	22.100	27	6.11	3	42.88	16	74.67	314
19	27.252	37	38.56	146	59.329	65	37.22	219	22.127	18	6.08	3	42.72	24	77.81	288
29	27.215	76	40.02	126	59.264	106	39.41	191	22.109	61	6.11	7	42.48	31	80.69	255
Aug. 8	27.139	111	41.28	104	59.158	144	41.32	160	22.048	100	6.18	10	42.17	38	83.24	218
18	27.028	142	42.32	81	59.014	177	42.92	125	21.948	136	6.28	11	41.79	44	85.42	175
28	26.886	167	43.13	57	58.837	203	44.17	89	21.812	164	6.39	11	41.35	48	87.17	128
Sept. 7	26.719	184	43.70	31	58.634	220	45.06	50	21.648	183	6.50	8	40.87	51	88.45	79
17	26.535	191	44.01	6	58.414	229	45.56	10	21.465	193	6.58	4	40.36	53	89.24	27
27	26.344	190	44.07	21	58.185	227	45.66	31	21.272	192	6.62	1	39.83	53	89.51	27
Okt. 7	26.154	179	43.86	47	57.958	215	45.35	72	21.080	180	6.63	3	39.30	52	89.24	80
17	25.975	157	43.39	73	57.743	194	44.63	112	20.900	158	6.60	6	38.78	48	88.44	134
27	25.818	128	42.66	99	57.549	164	43.51	151	20.742	126	6.54	7	38.30	44	87.10	184
Nov. 6	25.690	92	41.67	124	57.385	125	42.00	188	20.616	87	6.47	7	37.86	38	85.26	232
16	25.598	50	40.43	147	57.260	82	40.12	220	20.529	42	6.40	4	37.48	30	82.94	275
26	25.548	6	38.96	168	57.178	33	37.92	249	20.487	6	6.36	0	37.18	22	80.19	311
Dez. 6	25.542	40	37.28	183	57.145	17	35.43	271	20.493	56	6.36	5	36.96	13	77.08	338
16	25.582	86	35.45	195	57.162	67	32.72	283	20.549	104	6.41	12	36.83	3	73.70	357
26	25.668	127	33.50	200	57.229	114	29.89	288	20.653	148	6.53	17	36.80	7	70.13	363
36	25.795		31.50		57.343		27.01		20.801		6.70		36.87		66.50	
Mittl. Ort	24.257		23.79		56.478		20.38		18.606		16.92		39.54		59.41	
sec δ, tg δ	+1.014		+0.168		+1.141		+0.549		+1.072		−0.385		+2.313		+2.086	
a, a′	+2.8		+0.5		+2.3		+0.5		+3.6		+1.0		+0.3		+1.2	
b, b′	0.00		+1.00		0.00		+1.00		0.00		+1.00		+0.01		+1.00	

Obere Kulmination Greenwich

Tag	688) η Serpentis AR.		688) η Serpentis Dekl.		689) ε Sagittarii AR.		689) ε Sagittarii Dekl.	
1959	18h 19m		−2° 54′		18h 21m		−34° 24′	
	s		″		s		″	
Jan. 1	10.206	147	31.46	126	25.827	183	12.29	69
11	10.353	182	32.72	123	26.010	225	11.60	63
21	10.535	211	33.95	116	26.235	260	10.97	55
31	10.746	234	35.11	102	26.495	288	10.42	48
Febr. 10	10.980	254	36.13	83	26.783	310	9.94	41
20	11.234	267	36.96	61	27.093	327	9.53	36
März 2	11.501	276	37.57	35	27.420	339	9.17	30
12	11.777	282	37.92	7	27.759	344	8.87	26
22	12.059	283	37.99	21	28.103	346	8.61	20
April 1	12.342	281	37.78	47	28.449	344	8.41	15
11	12.623	274	37.31	71	28.793	337	8.26	8
21	12.897	264	36.60	92	29.130	325	8.18	0
Mai 1	13.161	249	35.68	109	29.455	308	8.18	9
11	13.410	229	34.59	120	29.763	285	8.27	18
21	13.639	205	33.39	127	30.048	256	8.45	29
31	13.844	176	32.12	130	30.304	221	8.74	40
Juni 10	14.020	143	30.82	127	30.525	182	9.14	50
20	14.163	105	29.55	122	30.707	137	9.64	59
29	27 14.268	66	28.33	114	28 30.844	90	10.23	67
Juli 9	14.334	25	27.19	102	30.934	39	10.90	72
19	14.359	17	26.17	89	30.973	12	11.62	74
29	14.342	57	25.28	75	30.961	61	12.36	72
Aug. 8	14.285	95	24.53	61	30.900	107	13.08	68
18	14.190	129	23.92	45	30.793	148	13.76	59
28	14.061	154	23.47	31	30.645	181	14.35	48
Sept. 7	13.907	173	23.16	16	30.464	205	14.83	34
17	13.734	184	23.00	1	30.259	219	15.17	17
27	13.550	185	22.99	13	30.040	220	15.34	1
Okt. 7	13.365	175	23.12	28	29.820	208	15.33	18
17	13.190	155	23.40	43	29.612	185	15.15	35
27	13.035	128	23.83	58	29.427	152	14.80	50
Nov. 6	12.907	93	24.41	74	29.275	109	14.30	61
16	12.814	52	25.15	88	29.166	59	13.69	70
26	12.762	8	26.03	101	29.107	6	12.99	75
Dez. 6	12.754	37	27.04	114	29.101	49	12.24	76
16	12.791	81	28.18	123	29.150	102	11.48	74
26	12.872	122	29.41	128	29.252	154	10.74	70
36	12.994		30.69		29.406		10.04	
Mittl. Ort	11.194		39.61		27.040		21.45	
sec δ, tg δ	+1.001		−0.051		+1.212		−0.685	
a, a′	+3.1		+1.7		+4.0		+1.9	
b, b′	0.00		+1.00		0.00		+1.00	

Tag	695) χ Draconis[1] AR.		695) χ Draconis[1] Dekl.		690) 109 Herculis AR.		690) 109 Herculis Dekl.	
1959	18h 21m		+72° 42′		18h 21m		+21° 44′	
	s		″		s		″	
Jan. 1	43.21	12	63.86	357	55.815	130	67.08	253
11	43.33	25	60.29	345	55.945	168	64.55	244
21	43.58	39	56.84	321	56.113	202	62.11	227
31	43.97	50	53.63	284	56.315	231	59.84	200
Febr. 10	44.47	61	50.79	237	56.546	254	57.84	166
20	45.08	68	48.42	182	56.800	271	56.18	124
März 2	45.76	73	46.60	119	57.071	284	54.94	77
12	46.49	77	45.41	54	57.355	291	54.17	29
22	47.26	78	44.87	13	57.646	293	53.88	21
April 1	48.04	75	45.00	79	57.939	290	54.09	69
11	48.79	72	45.79	141	58.229	282	54.78	114
21	49.51	65	47.20	196	58.511	270	55.92	154
Mai 1	50.16	57	49.16	244	58.781	251	57.46	188
11	50.73	47	51.60	283	59.032	228	59.34	214
21	51.20	36	54.43	312	59.260	201	61.48	233
31	51.56	24	57.55	331	59.461	168	63.81	244
Juni 10	51.80	12	60.86	342	59.629	131	66.25	248
20	51.92	1	64.28	342	59.760	91	68.73	246
29	28 51.91	13	67.70	334	28 59.851	49	71.19	237
Juli 9	51.78	26	71.04	317	59.900	6	73.56	221
19	51.52	38	74.21	292	59.906	38	75.77	202
29	51.14	48	77.13	261	59.868	79	77.79	178
Aug. 8	50.66	57	79.74	225	59.789	118	79.57	151
18	50.09	66	81.99	184	59.671	152	81.08	120
28	49.43	72	83.83	137	59.519	179	82.28	88
Sept. 7	48.71	76	85.20	89	59.340	198	83.16	54
17	47.95	79	86.09	37	59.142	208	83.70	19
27	47.16	80	86.46	15	58.934	210	83.89	17
Okt. 7	46.36	79	86.31	69	58.724	201	83.72	53
17	45.57	74	85.62	122	58.523	183	83.19	90
27	44.83	68	84.40	174	58.340	156	82.29	124
Nov. 6	44.15	60	82.66	222	58.184	121	81.05	157
16	43.55	50	80.44	266	58.063	80	79.48	188
26	43.05	39	77.78	303	57.983	35	77.60	215
Dez. 6	42.66	26	74.75	333	57.948	11	75.45	236
16	42.40	12	71.42	352	57.959	58	73.09	249
26	42.28	3	67.90	361	58.017	103	70.60	257
36	42.31		64.29		58.120		68.03	
Mittl. Ort	47.73		56.24		56.951		59.42	
sec δ, tg δ	+3.366		+3.214		+1.077		+0.399	
a, a′	−1.2		+1.9		+2.5		+1.9	
b, b′	+0.02		+1.00		0.00		+1.00	

[1] Die jährliche Parallaxe (0″.119) ist bereits berücksichtigt.

Scheinbare Sternörter 1959

Obere Kulmination Greenwich

Tag	691) α Telescopii				699) α Lyrae[1]				698) ζ Pavonis				703) 110 Herculis			
	AR.	Δ	Dekl.	Δ	AR.	Δ	Dekl.	Δ	AR.	Δ	Dekl.	Δ	AR.	Δ	Dekl.	Δ
1959	$18^h\ 23^m$		−45° 59′		$18^h\ 35^m$		+38° 44′		$18^h\ 38^m$		−71° 27′		$18^h\ 43^m$		+20° 30′	
	s		″		s		″		s		″		s		″	
Jan. 1	54.482	205	25.26	139	31.511	106	48.12	312	11.63	31	51.06	274	52.631	108	29.29	243
11	54.687	255	23.87	129	31.617	154	45.00	304	11.94	44	48.32	261	52.739	146	26.86	237
21	54.942	298	22.58	117	31.771	199	41.96	284	12.38	54	45.71	241	52.885	181	24.49	223
31	55.240	333	21.41	103	31.970	238	39.12	253	12.92	63	43.30	215	53.066	212	22.26	199
Febr. 10	55.573	361	20.38	88	32.208	270	36.59	212	13.55	71	41.15	185	53.278	237	20.27	166
20	55.934	382	19.50	71	32.478	296	34.47	164	14.26	76	39.30	152	53.515	257	18.61	128
März 2	56.316	396	18.79	55	32.774	315	32.83	108	15.02	81	37.78	116	53.772	273	17.33	84
12	56.712	404	18.24	39	33.089	328	31.75	49	15.83	83	36.62	78	54.045	284	16.49	36
22	57.116	407	17.85	22	33.417	333	31.26	11	16.66	84	35.84	40	54.329	290	16.13	12
April 1	57.523	404	17.63	4	33.750	331	31.37	70	17.50	84	35.44	0	54.619	292	16.25	60
11	57.927	396	17.59	13	34.081	322	32.07	125	18.34	83	35.44	38	54.911	287	16.85	104
21	58.323	381	17.72	31	34.403	307	33.32	176	19.17	79	35.82	75	55.198	278	17.89	145
Mai 1	58.704	360	18.03	49	34.710	285	35.08	219	19.96	74	36.57	112	55.476	263	19.34	179
11	59.064	333	18.52	67	34.995	256	37.27	255	20.70	68	37.69	146	55.739	244	21.13	207
21	59.397	298	19.19	84	35.251	222	39.82	282	21.38	61	39.15	177	55.983	218	23.20	227
31	59.695	257	20.03	100	35.473	182	42.64	299	21.99	51	40.92	203	56.201	187	25.47	240
Juni 10	59.952	210	21.03	113	35.655	138	45.63	308	22.50	41	42.95	225	56.388	152	27.87	247
20	60.162	158	22.16	124	35.793	91	48.71	310	22.91	30	45.20	240	56.540	113	30.34	245
29*	^{28}60.320	101	23.40	131	$_{1}$35.884	40	51.81	302	$_{2}$23.21	18	47.60	250	^{3}56.653	71	32.79	238
Juli 9	60.421	41	24.71	134	35.924	10	54.83	288	23.39	5	50.10	252	56.724	28	35.17	225
19	60.462	18	26.05	132	35.914	61	57.71	266	23.44	7	52.62	246	56.752	17	37.42	207
29	60.444	77	27.37	126	35.853	109	60.37	239	23.37	20	55.08	232	56.735	60	39.49	184
Aug. 8	60.367	131	28.63	115	35.744	153	62.76	206	23.17	31	57.40	211	56.675	101	41.33	159
18	60.236	179	29.78	99	35.591	192	64.82	170	22.86	42	59.51	181	56.574	136	42.92	129
28	60.057	218	30.77	77	35.399	225	66.52	130	22.44	51	61.32	145	56.438	166	44.21	99
Sept. 7	59.839	247	31.54	53	35.174	248	67.82	88	21.93	56	62.77	102	56.272	189	45.20	67
17	59.592	263	32.07	25	34.926	262	68.70	43	21.37	61	63.79	54	56.083	202	45.87	32
27	59.329	266	32.32	3	34.664	266	69.13	4	20.76	63	64.33	5	55.881	207	46.19	3
Okt. 7	59.063	253	32.29	33	34.398	259	69.09	51	20.13	61	64.38	47	55.674	203	46.16	38
17	58.810	227	31.96	61	34.139	241	68.58	97	19.52	56	63.91	97	55.471	187	45.78	72
27	58.583	189	31.35	87	33.898	215	67.61	142	18.96	50	62.94	144	55.284	164	45.06	108
Nov. 6	58.394	139	30.48	109	33.683	178	66.19	186	18.46	41	61.50	186	55.120	132	43.98	141
16	58.255	82	29.39	125	33.505	135	64.33	225	18.05	29	59.64	220	54.988	95	42.57	171
26	58.173	19	28.14	137	33.370	86	62.08	259	17.76	17	57.44	248	54.893	53	40.86	198
Dez. 6	58.154	45	26.77	144	33.284	33	59.49	287	17.59	3	54.96	266	54.840	8	38.88	221
16	58.199	109	25.33	145	33.251	20	56.62	306	17.56	11	52.30	276	54.832	37	36.67	236
26	58.308	170	23.88	141	33.271	73	53.56	314	17.67	23	49.54	275	54.869	80	34.31	245
36	58.478		22.47		33.344		50.42		17.90		46.79		54.949		31.86	
Mittl. Ort	55.977		34.70		32.939		39.88		15.39		60.19		53.733		20.83	
sec δ, tg δ	+1.439		−1.035		+1.282		+0.802		+3.146		− 2.983		+1.068		+0.374	
a, a′	+4.4		+2.1		+2.0		+3.1		+7.0		+3.3		+2.6		+3.8	
b, b′	−0.01		+0.99		+0.01		+0.99		−0.03		+0.99		0.00		+0.98	

[1] Die jährliche Parallaxe (0″.121) ist bereits berücksichtigt.

* Bei Stern 699), 698) und 703) lies Juni 30.

Scheinbare Sternörter 1959

Obere Kulmination Greenwich

Tag	704) λ Pavonis AR.	Δ	704) λ Pavonis Dekl.	Δ	705) β Lyrae AR.	Δ	705) β Lyrae Dekl.	Δ	707) ο Draconis AR.	Δ	707) ο Draconis Dekl.	Δ	706) σ Sagittarii AR.	Δ	706) σ Sagittarii Dekl.	Δ
1959	18h 48m		−62° 13′		18h 48m		+33° 18′		18h 50m		+59° 20′		18h 52m		−26° 20′	
	s		″		s		″		s		″		s		″	
Jan. 1	22.86	22	65.92	237	32.590	92	59.29	293	33.421	58	25.82	351	42.245	137	50.25	31
11	23.08	30	63.55	228	32.682	138	56.36	288	33.479	137	22.31	346	42.382	176	49.94	30
21	23.38	37	61.27	214	32.820	179	53.48	270	33.616	213	18.85	329	42.558	211	49.64	30
31	23.75	43	59.13	194	32.999	216	50.78	244	33.829	282	15.56	300	42.769	240	49.34	31
Febr. 10	24.18	49	57.19	171	33.215	247	48.34	207	34.111	341	12.56	258	43.009	264	49.03	32
20	24.67	52	55.48	145	33.462	272	46.27	162	34.452	392	9.98	206	43.273	284	48.71	35
März 2	25.19	55	54.03	117	33.734	292	44.65	111	34.844	431	7.92	148	43.557	299	48.36	40
12	25.74	58	52.86	87	34.026	306	43.54	55	35.275	458	6.44	85	43.856	310	47.96	43
22	26.32	58	51.99	56	34.332	314	42.99	1	35.733	472	5.59	19	44.166	317	47.53	47
April 1	26.90	59	51.43	23	34.646	316	43.00	58	36.205	473	5.40	48	44.483	321	47.06	49
11	27.49	58	51.20	9	34.962	311	43.58	111	36.678	461	5.88	111	44.804	319	46.57	50
21	28.07	57	51.29	41	35.273	300	44.69	160	37.139	437	6.99	169	45.123	313	46.07	49
Mai 1	28.64	53	51.70	73	35.573	283	46.29	202	37.576	401	8.68	221	45.436	302	45.58	46
11	29.17	50	52.43	103	35.856	259	48.31	237	37.977	355	10.89	264	45.738	285	45.12	39
21	29.67	45	53.46	132	36.115	229	50.68	264	38.332	301	13.53	299	46.023	263	44.73	31
31	30.12	39	54.78	158	36.344	194	53.32	283	38.633	238	16.52	325	46.286	234	44.42	22
Juni 10	30.51	33	56.36	179	36.538	154	56.15	293	38.871	169	19.77	340	46.520	199	44.20	10
20	30.84	25	58.15	196	36.692	110	59.08	294	39.040	96	23.17	347	46.719	159	44.10	1
30	31.09	16	60.11	208	36.802	63	62.02	289	39.136	21	26.64	344	46.878	116	44.11	13
Juli 9	^{4}31.25	8	62.19	214	^{4}36.865	15	64.91	277	^{5}39.157	54	30.08	333	^{5}46.994	69	44.24	23
19	31.33	1	64.33	212	36.880	33	67.68	257	39.103	128	33.41	313	47.063	21	44.47	31
29	31.32	10	66.45	204	36.847	80	70.25	233	38.975	198	36.54	288	47.084	27	44.78	38
Aug. 8	31.22	18	68.49	189	36.767	124	72.58	203	38.777	263	39.42	255	47.057	73	45.16	41
18	31.04	25	70.38	166	36.643	164	74.61	169	38.514	320	41.97	217	46.984	115	45.57	43
28	30.79	32	72.04	136	36.479	196	76.30	133	38.194	368	44.14	174	46.869	149	46.00	41
Sept. 7	30.47	37	73.40	102	36.283	220	77.63	93	37.826	405	45.88	128	46.720	176	46.41	35
17	30.10	40	74.42	62	36.063	236	78.56	52	37.421	428	47.16	78	46.544	194	46.76	29
27	29.70	41	75.04	19	35.827	243	79.08	8	36.993	440	47.94	26	46.350	201	47.05	20
Okt. 7	29.29	41	75.23	25	35.584	238	79.16	35	36.553	437	48.20	27	46.149	196	47.25	10
17	28.88	38	74.98	70	35.346	224	78.81	79	36.116	420	47.93	81	45.953	181	47.35	0
27	28.50	33	74.28	111	35.122	201	78.02	123	35.696	390	47.12	135	45.772	155	47.35	10
Nov. 6	28.17	27	73.17	149	34.921	168	76.79	164	35.306	345	45.77	186	45.617	120	47.25	17
16	27.90	19	71.68	180	34.753	129	75.15	202	34.961	290	43.91	233	45.497	79	47.08	23
26	27.71	11	69.88	206	34.624	84	73.13	236	34.671	225	41.58	275	45.418	33	46.85	27
Dez. 6	27.60	2	67.82	224	34.540	36	70.77	263	34.446	152	38.83	310	45.385	15	46.58	29
16	27.58	8	65.58	234	34.504	13	68.14	284	34.294	75	35.73	336	45.400	64	46.29	30
26	27.66	17	63.24	236	34.517	62	65.30	294	34.219	7	32.37	351	45.464	109	45.99	29
36	27.83		60.88		34.579		62.36		34.226		28.86		45.573		45.70	
Mittl. Ort	25.37		74.06		33.867		50.35		35.751		15.96		43.390		58.01	
sec δ, tg δ	+2.147		−1.900		+1.197		+0.657		+1.961		+1.687		+1.116		−0.495	
a, *a′*	+5.6		+4.2		+2.2		+4.2		+0.9		+4.4		+3.7		+4.6	
b, *b′*	−0.03		+0.98		+0.01		+0.98		+0.02		+0.98		−0.01		+0.97	

Scheinbare Sternörter 1959

Obere Kulmination Greenwich

Tag	711) R Lyrae				709) ϑ Serpentis *pr*				708) λ Telescopii				713) γ Lyrae			
	AR.		Dekl.		AR.		Dekl.		AR.		Dekl.		AR.		Dekl.	
1959	$18^h\ 54^m$		$+43°\ 53'$		$18^h\ 54^m$		$+4°\ 8'$		$18^h\ 55^m$		$-52°\ 59'$		$18^h\ 57^m$		$+32°\ 37'$	
	s		″		s		″		s		″		s		″	
Jan. 1	3.635	75	37.85	323	9.817	110	64.24	155	9.302	176	31.99	192	23.244	83	65.19	289
11	3.710	130	34.62	320	9.927	145	62.69	151	9.478	238	30.07	186	23.327	128	62.30	284
21	3.840	179	31.42	302	10.072	177	61.18	142	9.716	291	28.21	176	23.455	169	59.46	269
31	4.019	225	28.40	274	10.249	204	59.76	126	10.007	338	26.45	163	23.624	206	56.77	244
Febr. 10	4.244	264	25.66	236	10.453	228	58.50	103	10.345	376	24.82	146	23.830	238	54.33	208
20	4.508	297	23.30	188	10.681	247	57.47	75	10.721	408	23.36	128	24.068	265	52.25	165
März 2	4.805	323	21.42	132	10.928	261	56.72	45	11.129	432	22.08	108	24.333	286	50.60	115
12	5.128	341	20.10	73	11.189	272	56.27	11	11.561	448	21.00	86	24.619	301	49.45	61
22	5.469	352	19.37	11	11.461	280	56.16	24	12.009	460	20.14	63	24.920	311	48.84	4
April 1	5.821	354	19.26	50	11.741	283	56.40	58	12.469	464	19.51	39	25.231	314	48.80	52
11	6.175	349	19.76	110	12.024	281	56.98	88	12.933	460	19.12	14	25.545	312	49.32	105
21	6.524	336	20.86	164	12.305	276	57.86	116	13.393	450	18.98	11	25.857	302	50.37	154
Mai 1	6.860	314	22.50	211	12.581	265	59.02	139	13.843	432	19.09	37	26.159	287	51.91	197
11	7.174	286	24.61	252	12.846	249	60.41	157	14.275	406	19.46	63	26.446	265	53.88	233
21	7.460	251	27.13	283	13.095	228	61.98	168	14.681	370	20.09	88	26.711	236	56.21	260
31	7.711	208	29.96	306	13.323	201	63.66	175	15.051	327	20.97	110	26.947	203	58.81	279
Juni 10	7.919	162	33.02	320	13.524	169	65.41	175	15.378	276	22.07	131	27.150	163	61.60	291
20	8.081	111	36.22	324	13.693	133	67.16	172	15.654	218	23.38	149	27.313	120	64.51	294
30	8.192	57	39.46	320	13.826	94	68.88	163	15.872	153	24.87	161	27.433	74	67.45	289
Juli 9	^{6}8.249	2	42.66	309	^{6}13.920	51	70.51	150	^{6}16.025	86	26.48	169	^{7}27.507	25	70.34	277
19	8.251	53	45.75	291	13.971	9	72.01	136	16.111	16	28.17	172	27.532	23	73.11	260
29	8.198	107	48.66	265	13.980	33	73.37	119	16.127	54	29.89	169	27.509	70	75.71	236
Aug. 8	8.091	155	51.31	234	13.947	74	74.56	99	16.073	120	31.58	158	27.439	114	78.07	207
18	7.936	199	53.65	199	13.873	110	75.55	79	15.953	181	33.16	143	27.325	155	80.14	175
28	7.737	237	55.64	158	13.763	140	76.34	58	15.772	232	34.59	121	27.170	188	81.89	139
Sept. 7	7.500	265	57.22	115	13.623	164	76.92	37	15.540	272	35.80	93	26.982	214	83.28	100
17	7.235	284	58.37	70	13.459	180	77.29	16	15.268	299	36.73	62	26.768	231	84.28	59
27	6.951	292	59.07	21	13.279	185	77.45	5	14.969	311	37.35	27	26.537	239	84.87	16
Okt. 7	6.659	289	59.28	28	13.094	182	77.40	27	14.658	306	37.62	9	26.298	237	85.03	27
17	6.370	275	59.00	77	12.912	168	77.13	47	14.352	286	37.53	46	26.061	223	84.76	70
27	6.095	251	58.23	127	12.744	146	76.66	68	14.066	250	37.07	81	25.838	202	84.06	114
Nov. 6	5.844	217	56.96	173	12.598	117	75.98	89	13.816	202	36.26	112	25.636	171	82.92	155
16	5.627	175	55.23	216	12.481	81	75.09	108	13.614	143	35.14	140	25.465	133	81.37	194
26	5.452	126	53.07	255	12.400	40	74.01	125	13.471	77	33.74	161	25.332	90	79.43	227
Dez. 6	5.326	73	50.52	287	12.360	1	72.76	140	13.394	6	32.13	177	25.242	44	77.16	256
16	5.253	17	47.65	310	12.361	43	71.36	150	13.388	66	30.36	187	25.198	5	74.60	277
26	5.236	40	44.55	324	12.404	85	69.86	157	13.454	135	28.49	189	25.203	53	71.83	289
36	5.276		41.31		12.489		68.29		13.589		26.60		25.256		68.94	
Mittl. Ort	5.162		28.26		10.814		55.94		11.185		39.55		24.489		55.83	
sec δ, tg δ	+1.388		+0.962		+1.003		+0.073		+1.661		−1.327		+1.187		+0.640	
a, *a′*	+1.8		+4.7		+3.0		+4.7		+4.8		+4.8		+2.2		+5.0	
b, *b′*	+0.01		+0.97		0.00		+0.97		−0.02		+0.97		+0.01		+0.97	

Obere Kulmination Greenwich

Tag	716) ζ Aquilae AR.	Δ	716) ζ Aquilae Dekl.	Δ	717) λ Aquilae AR.	Δ	717) λ Aquilae Dekl.	Δ	718) α Coron. austr. AR.	Δ	718) α Coron. austr. Dekl.	Δ	720) π Sagittarii AR.	Δ	720) π Sagittarii Dekl.	Δ
1959	19h 3m		+13° 48′		19h 4m		−4° 56′		19h 6m		−37° 57′		19h 7m		−21° 5′	
	s		″		s		″		s		″		s		″	
Jan. 1	30.433	92	12.99	205	3.331	106	35.94	100	39.702	134	65.96	108	18.454	115	18.62	2
11	30.525	130	10.94	201	3.437	143	36.94	97	39.836	180	64.88	107	18.569	155	18.60	4
21	30.655	164	8.93	190	3.580	174	37.91	89	40.016	220	63.81	104	18.724	188	18.56	6
31	30.819	194	7.03	170	3.754	201	38.80	77	40.236	255	62.77	100	18.912	217	18.50	10
Febr. 10	31.013	220	5.33	144	3.955	225	39.57	61	40.491	286	61.77	95	19.129	242	18.40	17
20	31.233	241	3.89	110	4.180	245	40.18	41	40.777	310	60.82	89	19.371	263	18.23	26
März 2	31.474	259	2.79	71	4.425	261	40.59	17	41.087	329	59.93	84	19.634	280	17.97	34
12	31.733	272	2.08	30	4.686	272	40.76	8	41.416	344	59.09	76	19.914	292	17.63	44
22	32.005	281	1.78	12	4.958	281	40.68	34	41.760	355	58.33	68	20.206	302	17.19	53
April 1	32.286	285	1.90	55	5.239	286	40.34	59	42.115	361	57.65	59	20.508	307	16.66	61
11	32.571	286	2.45	95	5.525	287	39.75	81	42.476	362	57.06	47	20.815	309	16.05	68
21	32.857	280	3.40	130	5.812	283	38.94	101	42.838	357	56.59	35	21.124	306	15.37	71
Mai 1	33.137	270	4.70	162	6.095	274	37.93	116	43.195	346	56.24	21	21.430	297	14.66	72
11	33.407	254	6.32	186	6.369	260	36.77	127	43.541	329	56.03	5	21.727	282	13.94	69
21	33.661	232	8.18	205	6.629	240	35.50	133	43.870	305	55.98	12	22.009	263	13.25	65
31	33.893	205	10.23	216	6.869	214	34.17	135	44.175	274	56.10	30	22.272	236	12.60	56
Juni 10	34.098	172	12.39	221	7.083	184	32.82	132	44.449	237	56.40	46	22.508	204	12.04	46
20	34.270	136	14.60	220	7.267	148	31.50	125	44.686	192	56.86	62	22.712	167	11.58	35
30	34.406	95	16.80	214	7.415	109	30.25	115	44.878	143	57.48	76	22.879	125	11.23	23
Juli 9	8 34.501	52	18.94	202	8 7.524	67	29.10	103	9 45.021	91	58.24	88	9 23.004	80	11.00	11
19	34.553	9	20.96	185	7.591	24	28.07	90	45.112	36	59.12	96	23.084	34	10.89	1
29	34.562	35	22.81	166	7.615	20	27.17	75	45.148	19	60.08	100	23.118	13	10.90	10
Aug. 8	34.527	76	24.47	143	7.595	62	26.42	60	45.129	71	61.08	99	23.105	58	11.00	19
18	34.451	113	25.90	118	7.533	99	25.82	44	45.058	120	62.07	95	23.047	100	11.19	24
28	34.338	145	27.08	91	7.434	131	25.38	29	44.938	162	63.02	85	22.947	134	11.43	28
Sept. 7	34.193	169	27.99	64	7.303	157	25.09	15	44.776	195	63.87	72	22.813	163	11.71	29
17	34.024	186	28.63	34	7.146	174	24.94	2	44.581	218	64.59	54	22.650	182	12.00	27
27	33.838	194	28.97	5	6.972	182	24.92	11	44.363	228	65.13	34	22.468	191	12.27	24
Okt. 7	33.644	192	29.02	25	6.790	179	25.03	23	44.135	227	65.47	12	22.277	189	12.51	20
17	33.452	180	28.77	54	6.611	167	25.26	35	43.908	213	65.59	10	22.088	177	12.71	14
27	33.272	160	28.23	84	6.444	146	25.61	47	43.695	187	65.49	32	21.911	155	12.85	10
Nov. 6	33.112	132	27.39	112	6.298	117	26.08	59	43.508	151	65.17	52	21.756	124	12.95	6
16	32.980	97	26.27	139	6.181	82	26.67	71	43.357	106	64.65	69	21.632	86	13.01	4
26	32.883	59	24.88	162	6.099	43	27.38	81	43.251	57	63.96	84	21.546	44	13.05	1
Dez. 6	32.824	17	23.26	182	6.056	1	28.19	90	43.194	3	63.12	94	21.502	1	13.06	1
16	32.807	26	21.44	197	6.055	41	29.09	97	43.191	51	62.18	100	21.503	46	13.07	1
26	32.833	67	19.47	206	6.096	81	30.06	102	43.242	102	61.18	104	21.549	90	13.08	1
36	32.900		17.41		6.177		31.08		43.344		60.14		21.639		13.09	
Mittl. Ort	31.456		4.21		4.326		43.94		41.071		72.88		19.547		25.97	
sec δ, tg δ	+1.030		+0.246		+1.004		−0.087		+1.269		−0.780		+1.072		−0.386	
a, a′	+2.8		+5.5		+3.2		+5.5		+4.1		+5.8		+3.6		+5.8	
b, b′	0.00		+0.96		0.00		+0.96		−0.01		+0.96		−0.01		+0.96	

Scheinbare Sternörter 1959

Obere Kulmination Greenwich

Tag	723) δ Draconis AR.		Dekl.		724) ϑ Lyrae AR.		Dekl.		725) ω Aquilae AR.		Dekl.		726) κ Cygni AR.		Dekl.	
1959	19h 12m		+67° 35′		19h 14m		+38° 3′		19h 15m		+11° 31′		19h 16m		+53° 17′	
	s		″		s		″		s		″		s		″	
Jan. 1	29.88	2 —	33.90	349	55.293	56	45.30	302	52.440	82	21.53	189	7.456	28	43.16	337
11	29.86	9	30.41	351	55.349	105	42.28	301	52.522	119	19.64	186	7.484	94	39.79	338
21	29.95	20	26.90	340	55.454	151	39.27	289	52.641	153	17.78	176	7.578	158	36.41	326
31	30.15	29	23.50	316	55.605	193	36.38	265	52.794	184	16.02	159	7.736	218	33.15	302
Febr. 10	30.44	39	20.34	280	55.798	230	33.73	231	52.978	210	14.43	134	7.954	272	30.13	266
20	30.83	47	17.54	233	56.028	262	31.42	188	53.188	232	13.09	102	8.226	318	27.47	220
März 2	31.30	53	15.21	177	56.290	289	29.54	137	53.420	251	12.07	67	8.544	357	25.27	166
12	31.83	57	13.44	116	56.579	309	28.17	82	53.671	266	11.40	27 —	8.901	385	23.61	106
22	32.40	60	12.28	51 —	56.888	324	27.35	23 —	53.937	277	11.13	13	9.286	405	22.55	42 —
April 1	33.00	62	11.77	16	57.212	331	27.12	36	54.214	284	11.26	54	9.691	414	22.13	23
11	33.62	60	11.93	80	57.543	331	27.48	93	54.498	286	11.80	92	10.105	412	22.36	86
21	34.22	58	12.73	142	57.874	324	28.41	145	54.784	283	12.72	126	10.517	400	23.22	145
Mai 1	34.80	54	14.15	197	58.198	309	29.86	193	55.067	275	13.98	156	10.917	377	24.67	198
11	35.34	48	16.12	245	58.507	288	31.79	233	55.342	260	15.54	179	11.294	346	26.65	244
21	35.82	41	18.57	285	58.795	259	34.12	265	55.602	241	17.33	197	11.640	305	29.09	282
31	36.23	33	21.42	316	59.054	224	36.77	289	55.843	215	19.30	209	11.945	255	31.91	311
Juni 10	36.56	24	24.58	337	59.278	183	39.66	304	56.058	184	21.39	214	12.200	201	35.02	331
20	36.80	14	27.95	349	59.461	138	42.70	311	56.242	148	23.53	213	12.401	140	38.33	341
30	36.94	4 —	31.44	352	59.599	89	45.81	310	56.390	108	25.66	205	12.541	76	41.74	343
Juli 10	36.98	6	34.96	346	59.688	38 —	48.91	301	56.498	66	27.71	194	12.617	10 —	45.17	337
19	(10) 36.92	15	38.42	332	(11) 59.726	15	51.92	285	(11) 56.564	22 —	29.65	180	(11) 12.627	55	48.54	321
29	36.77	25	41.74	311	59.711	65	54.77	263	56.586	22	31.45	160	12.572	119	51.75	300
Aug. 8	36.52	34	44.85	283	59.646	113	57.40	236	56.564	63	33.05	138	12.453	179	54.75	271
18	36.18	41	47.68	248	59.533	157	59.76	203	5.6501	102	34.43	115	12.274	234	57.46	237
28	35.77	48	50.16	208	59.376	195	61.79	167	56.399	135	35.58	89	12.040	279	59.83	197
Sept. 7	35.29	54	52.24	164	59.181	225	63.46	126	56.264	161	36.47	63	11.761	317	61.80	154
17	34.75	58	53.88	116	58.956	245	64.72	84	56.103	179	37.10	36	11.444	344	63.34	107
27	34.17	60	55.04	64	58.711	257	65.56	39	55.924	189	37.46	9 —	11.100	359	64.41	57
Okt. 7	33.57	60	55.68	11 —	58.454	258	65.95	7 —	55.735	189	37.55	19	10.741	362	64.98	5 —
17	32.97	59	55.79	45	58.196	248	65.88	54	55.546	179	37.36	47	10.379	353	65.03	48
27	32.38	57	55.34	100	57.948	229	65.34	101	55.367	160	36.89	74	10.026	331	64.55	101
Nov. 6	31.81	52	54.34	154	57.719	201	64.33	146	55.207	135	36.15	101	9.695	298	63.54	152
16	31.29	45	52.80	205	57.518	165	62.87	188	55.072	102	35.14	125	9.397	256	62.02	202
26	30.84	38	50.75	251	57.353	122	60.99	226	54.970	64	33.89	148	9.141	203	60.00	246
Dez. 6	30.46	29	48.24	292	57.231	75	58.73	259	54.906	25 —	32.41	167	8.938	145	57.54	284
16	30.17	19	45.32	323	57.156	26 —	56.14	285	54.881	17	30.74	181	8.793	82	54.70	313
26	29.98	9	42.09	345	57.130	24	53.29	300	54.898	57	28.93	190	8.711	15	51.57	333
36	29.89		38.64		57.154		50.29		54.955		27.03		8.696		48.24	
Mittl. Ort	32.94		22.00		56.595		34.81		53.434		12.67		9.265		31.71	
sec δ, tg δ	+2.623		+2.425		+1.270		+0.783		+1.021		+0.204		+1.673		+1.341	
a, a′	0.0		+6.2		+2.1		+6.4		+2.8		+6.5		+1.4		+6.5	
b, b′	+0.05		+0.95		+0.02		+ 0.95		0.00		+0.95		+0.03		+0.95	

Scheinbare Sternörter 1959

Obere Kulmination Greenwich

Tag	729) τ Draconis AR.	Δ	729) τ Draconis Dekl.	Δ	728) α Sagittarii AR.	Δ	728) α Sagittarii Dekl.	Δ
1959	19^h 16^m		$+73°$ $16'$		19^h 21^m		$-40°$ $41'$	
	s		″		s		″	
Jan. 1	16.90	7	60.40	346	1.420	118	35.73	128
11	16.83	7	56.94	350	1.538	167	34.45	129
21	16.90	21	53.44	340	1.705	209	33.16	128
31	17.11	35	50.04	319	1.914	248	31.88	124
Febr. 10	17.46	48	46.85	284	2.162	281	30.64	119
20	17.94	59	44.01	239	2.443	308	29.45	113
März 2	18.53	67	41.62	185	2.751	331	28.32	105
12	19.20	73	39.77	124	3.082	350	27.27	96
22	19.93	78	38.53	59	3.432	363	26.31	86
April 1	20.71	80	37.94	7	3.795	372	25.45	74
11	21.51	78	38.01	71	4.167	375	24.71	60
21	22.29	75	38.72	132	4.542	373	24.11	44
Mai 1	23.04	69	40.04	189	4.915	365	23.67	28
11	23.73	61	41.93	237	5.280	349	23.39	8
21	24.34	52	44.30	278	5.629	326	23.31	12
31	24.86	41	47.08	310	5.955	296	23.43	32
Juni 10	25.27	29	50.18	333	6.251	258	23.75	51
20	25.56	16	53.51	346	6.509	213	24.26	70
30	25.72	3	56.97	351	6.722	164	24.96	87
Juli 10	25.75	10	60.48	346	6.886	109	25.83	101
19	[11] 25.65	23	63.94	334	[13] 6.995	53	26.84	110
29	25.42	35	67.28	314	7.048	5	27.94	116
Aug. 8	25.07	46	70.42	288	7.043	61	29.10	116
18	24.61	56	73.30	254	6.982	112	30.26	113
28	24.05	66	75.84	216	6.870	158	31.39	103
Sept. 7	23.39	72	78.00	172	6.712	195	32.42	88
17	22.67	78	79.72	125	6.517	221	33.30	70
27	21.89	81	80.97	74	6.296	236	34.00	48
Okt. 7	21.08	82	81.71	21	6.060	238	34.48	23
17	20.26	81	81.92	34	5.822	226	34.71	2
27	19.45	78	81.58	89	5.596	203	34.69	28
Nov. 6	18.67	72	80.69	144	5.393	169	34.41	52
16	17.95	64	79.25	196	5.224	125	33.89	73
26	17.31	55	77.29	243	5.099	76	33.16	91
Dez. 6	16.76	43	74.86	284	5.023	22	32.25	106
16	16.33	31	72.02	318	5.001	32	31.19	116
26	16.02	16	68.84	340	5.033	86	30.03	122
36	15.86		65.44		5.119		28.81	
Mittl. Ort	21.02		47.95		2.877		41.74	
sec δ, tg δ	+3.476		+3.329		+1.319		−0.860	
a, *a′*	−1.1		+6.6		+4.2		+6.9	
b, *b′*	+0.07		+0.94		−0.02		+0.94	

Tag	730) δ Aquilae AR.	Δ	730) δ Aquilae Dekl.	Δ	734) Grb 2900 Draco AR.	Δ	734) Grb 2900 Draco Dekl.	Δ
1959	19^h 23^m		$+3°$ $1'$		19^h 24^m		$+79°$ $31'$	
	s		″		s		″	
Jan. 1	24.841	82	62.20	140	5.43	22	33.90	337
11	24.923	118	60.80	138	5.21	1	30.53	344
21	25.041	151	59.42	129	5.22	25	27.09	339
31	25.192	180	58.13	115	5.47	47	23.70	319
Febr. 10	25.372	206	56.98	94	5.94	68	20.51	289
20	25.578	228	56.04	68	6.62	86	17.62	247
März 2	25.806	247	55.36	39	7.48	101	15.15	195
12	26.053	262	54.97	7	8.49	112	13.20	137
22	26.315	274	54.90	27	9.61	119	11.83	74
April 1	26.589	282	55.17	59	10.80	122	11.09	9
11	26.871	286	55.76	89	12.02	121	11.00	55
21	27.157	284	56.65	116	13.23	116	11.55	116
Mai 1	27.441	278	57.81	139	14.39	107	12.71	172
11	27.719	266	59.20	157	15.46	94	14.43	222
21	27.985	248	60.77	169	16.40	80	16.65	264
31	28.233	224	62.46	176	17.20	62	19.29	298
Juni 10	28.457	194	64.22	176	17.82	44	22.27	322
20	28.651	160	65.98	173	18.26	23	25.49	338
30	28.811	121	67.71	165	18.49	3	28.87	345
Juli 10	28.932	80	69.36	153	18.52	17	32.32	344
19	[13] 29.012	36	70.89	138	[13] 18.35	37	35.76	334
29	29.048	7	72.27	121	17.98	57	39.10	317
Aug. 8	29.041	50	73.48	102	17.41	74	42.27	292
18	28.991	89	74.50	82	16.67	90	45.19	262
28	28.902	122	75.32	61	15.77	104	47.81	226
Sept. 7	28.780	150	75.93	41	14.73	115	50.07	184
17	28.630	169	76.34	20	13.58	124	51.91	139
27	28.461	179	76.54	0	12.34	130	53.30	91
Okt. 7	28.282	181	76.54	20	11.04	133	54.21	38
17	28.101	172	76.34	39	9.71	132	54.59	16
27	27.929	154	75.95	59	8.39	128	54.43	71
Nov. 6	27.775	129	75.36	78	7.11	120	53.72	125
16	27.646	98	74.58	95	5.91	109	52.47	177
26	27.548	61	73.63	111	4.82	95	50.70	226
Dez. 6	27.487	22	72.52	125	3.87	78	48.44	270
16	27.465	18	71.27	136	3.09	59	45.74	304
26	27.483	58	69.91	142	2.50	36	42.70	330
36	27.541		68.49		2.14		39.40	
Mittl. Ort	25.808		53.86		11.99		20.57	
sec δ, tg δ	+1.001		+0.053		+5.499		+5.407	
a, *a′*	+3.0		+7.1		−3.7		+7.2	
b, *b′*	0.00		+0.93		+0.13		+0.93	

Scheinbare Sternörter 1959

Obere Kulmination Greenwich

Tag	733) ι Cygni AR.		733) ι Cygni Dekl.		732) β Cygni *pr* AR.		732) β Cygni *pr* Dekl.		736) 52 Sagittarii AR.		736) 52 Sagittarii Dekl.		738) ϑ Cygni AR.		738) ϑ Cygni Dekl.	
1959	19h 28m		+51° 38′		19h 29m		+27° 52′		19h 34m		−24° 58′		19h 35m		+50° 7′	
	s		″		s		″		s		″		s		″	
Jan. 1	38.629	13	42.31	330	2.893	54	30.89	261	11.664	90	26.59	33	18.861	7	43.54	324
11	38.642	76	39.01	333	2.947	94	28.28	261	11.754	130	26.26	37	18.868	68	40.30	329
21	38.718	138	35.68	324	3.041	135	25.67	251	11.884	165	25.89	41	18.936	126	37.01	322
31	38.856	195	32.44	303	3.176	172	23.16	232	12.049	198	25.48	46	19.062	183	33.79	301
Febr. 10	39.051	249	29.41	270	3.348	204	20.84	202	12.247	226	25.02	52	19.245	235	30.78	270
20	39.300	295	26.71	227	3.552	233	18.82	163	12.473	250	24.50	58	19.480	281	28.08	227
März 2	39.595	334	24.44	174	3.785	258	17.19	120	12.723	271	23.92	65	19.761	320	25.81	177
12	39.929	366	22.70	116	4.043	277	15.99	70	12.994	289	23.27	71	20.081	351	24.04	119
22	40.295	388	21.54	53	4.320	293	15.29	17	13.283	302	22.56	77	20.432	374	22.85	57
April 1	40.683	399	21.01	11	4.613	302	15.12	35	13.585	313	21.79	82	20.806	388	22.28	6
11	41.082	402	21.12	74	4.915	306	15.47	86	13.898	318	20.97	84	21.194	392	22.34	68
21	41.484	394	21.86	133	5.221	304	16.33	133	14.216	320	20.13	84	21.586	386	23.02	127
Mai 1	41.878	376	23.19	187	5.525	295	17.66	176	14.536	315	19.29	80	21.972	371	24.29	182
11	42.254	348	25.06	234	5.820	279	19.42	212	14.851	304	18.49	73	22.343	346	26.11	229
21	42.602	311	27.40	274	6.099	257	21.54	240	15.155	287	17.76	64	22.689	312	28.40	269
31	42.913	267	30.14	304	6.356	228	23.94	261	15.442	263	17.12	53	23.001	270	31.09	300
Juni 10	43.180	215	33.18	326	6.584	193	26.55	275	15.705	233	16.59	39	23.271	221	34.09	322
20	43.395	158	36.44	339	6.777	155	29.30	281	15.938	197	16.20	24	23.492	166	37.31	336
30	43.553	97	39.83	342	6.932	111	32.11	279	16.135	155	15.96	9	23.658	107	40.67	341
Juli 10	43.650	33	43.25	337	7.043	65	34.90	270	16.290	110	15.87	6	23.765	46	44.08	337
19	15 43.683	31	46.62	325	15 7.108	18	37.60	256	16 16.400	61	15.93	19	16 23.811	17	47.45	326
29	43.652	93	49.87	305	7.126	30	40.16	236	16.461	12	16.12	32	23.794	78	50.71	306
Aug. 8	43.559	153	52.92	279	7.096	75	42.52	211	16.473	35	16.44	41	23.716	136	53.77	281
18	43.406	207	55.71	246	7.021	117	44.63	182	16.438	81	16.85	47	23.580	190	56.58	249
28	43.199	254	58.17	208	6.904	154	46.45	150	16.357	120	17.32	50	23.390	236	59.07	213
Sept. 7	42.945	292	60.25	166	6.750	183	47.95	115	16.237	153	17.82	50	23.154	275	61.20	171
17	42.653	321	61.91	120	6.567	204	49.10	78	16.084	177	18.32	46	22.879	305	62.91	126
27	42.332	339	63.11	72	6.363	216	49.88	38	15.907	190	18.78	41	22.574	322	64.17	78
Okt. 7	41.993	344	63.83	20	6.147	219	50.26	1	15.717	194	19.19	32	22.252	329	64.95	28
17	41.649	338	64.03	32	5.928	213	50.25	41	15.523	187	19.51	23	21.923	325	65.23	24
27	41.311	319	63.71	86	5.715	196	49.84	82	15.336	168	19.74	13	21.598	309	64.99	77
Nov. 6	40.992	291	62.85	137	5.519	171	49.02	122	15.168	142	19.87	3	21.289	281	64.22	128
16	40.701	252	61.48	186	5.348	140	47.80	159	15.026	107	19.90	6	21.008	245	62.94	178
26	40.449	204	59.62	232	5.208	103	46.21	192	14.919	68	19.84	13	20.763	200	61.16	224
Dez. 6	40.245	150	57.30	271	5.105	61	44.29	221	14.851	24	19.71	19	20.563	149	58.92	263
16	40.095	91	54.59	303	5.044	19	42.08	244	14.827	20	19.52	24	20.414	92	56.29	295
26	40.004	28	51.56	324	5.025	25	39.64	259	14.847	64	19.28	28	20.322	32	53.34	318
36	39.976		48.32		5.050		37.05		14.911		19.00		20.290		50.16	
Mittl. Ort	40.292		30.15		3.982		20.52		12.804		32.70		20.425		31.08	
sec δ, tg δ	+1.611		+1.264		+1.131		+0.529		+1.103		−0.466		+1.560		+1.197	
a, *a′*	+1.5		+7.6		+2.4		+7.6		+3.6		+8.0		+1.6		+8.1	
b, *b′*	+0.03		+0.93		+0.01		+0.93		−0.01		+0.92		+0.03		+0.91	

Obere Kulmination Greenwich

Tag	740) 15 Cygni				741) γ Aquilae				743) δ Sagittae				745) α Aquilae[1]			
	AR.		Dekl.		AR.		Dekl.		AR.		Dekl.		AR.		Dekl.	
1959	19h 42m		+37° 15′		19h 44m		+10° 30′		19h 45m		+18° 25′		19h 48m		+8° 45′	
	s		″		s		″		s		″		s		″	
Jan. 1	46.588	25	27.12	289	17.631	55	52.70	175	32.531	46	64.81	214	45.992	56	40.32	163
11	46.613	72	24.23	293	17.686	92	50.95	174	32.577	85	62.67	215	46.048	92	38.69	162
21	46.685	118	21.30	286	17.778	126	49.21	166	32.662	121	60.52	206	46.140	126	37.07	154
31	46.803	160	18.44	268	17.904	157	47.55	151	32.783	155	58.46	190	46.266	157	35.53	139
Febr. 10	46.963	200	15.76	238	18.061	186	46.04	128	32.938	185	56.56	165	46.423	186	34.14	117
20	47.163	236	13.38	199	18.247	212	44.76	99	33.123	212	54.91	133	46.609	211	32.97	89
März 2	47.399	267	11.39	153	18.459	234	43.77	66	33.335	236	53.58	95	46.820	233	32.08	56
12	47.666	292	9.86	100	18.693	252	43.11	$\underline{29}$	33.571	257	52.63	52	47.053	252	31.52	$\underline{21}$
22	47.958	311	8.86	$\underline{43}$	18.945	268	42.82	11	33.828	274	52.11	$\underline{7}$	47.305	267	31.31	17
April 1	48.269	325	8.43	15	19.213	280	42.93	50	34.102	285	52.04	39	47.572	280	31.48	54
11	48.594	331	8.58	71	19.493	287	43.43	87	34.387	292	52.43	83	47.852	287	32.02	91
21	48.925	331	9.29	125	19.780	288	44.30	121	34.679	294	53.26	123	48.139	289	32.93	123
Mai 1	49.256	321	10.54	174	20.068	285	45.51	152	34.973	289	54.49	160	48.428	285	34.16	151
11	49.577	305	12.28	216	20.353	274	47.03	176	35.262	279	56.09	191	48.713	276	35.67	174
21	49.882	281	14.44	252	20.627	258	48.79	194	35.541	261	58.00	215	48.989	260	37.41	192
31	50.163	250	16.96	279	20.885	236	50.73	206	35.802	237	60.15	233	49 249	239	39.33	202
Juni 10	50.413	212	19.75	298	21.121	208	52.79	213	36.039	207	62.48	243	49.488	210	41.35	207
20	50.625	170	22.73	308	21.329	173	54.92	213	36.246	172	64.91	246	49.698	177	43.42	207
30	50.795	122	25.81	312	21.502	135	57.05	207	36.418	132	67.37	243	49.875	139	45.49	201
Juli 10	50.917	71	28.93	306	21.637	94	59.12	197	36.550	89	69.80	235	50.014	97	47.50	189
19*	[18] 50.988	$\underline{20}$	31.99	294	[19] 21.731	49	61.09	182	[19] 36.639	$\underline{44}$	72.15	222	[20] 50.111	54	49.39	175
29	51.008	32	34.93	276	21.780	$\underline{5}$	62.91	164	36.683	1	74.37	203	50.165	$\underline{9}$	51.14	157
Aug. 8	50.976	82	37.69	252	21.785	38	64.55	144	36.682	45	76.40	180	50.174	34	52.71	136
18	50.894	128	40.21	222	21.747	79	65.99	121	36.637	87	78.20	156	50.140	75	54.07	114
28	50.766	168	42.43	187	21.668	115	67.20	96	36.550	124	79.76	127	50.065	110	55.21	90
Sept. 7	50.598	202	44.30	151	21.553	145	68.16	70	36.426	154	81.03	97	49.955	141	56.11	66
17	50.396	228	45.81	110	21.408	166	68.86	45	36.272	176	82.00	67	49.814	163	56.77	40
27	50.168	243	46.91	66	21.242	180	69.31	$\underline{18}$	36.096	190	82.67	34	49.651	176	57.17	$\underline{16}$
Okt. 7	49.925	250	47.57	$\underline{21}$	21.062	184	69.49	8	35.906	195	83.01	$\underline{1}$	49.475	181	57.33	10
17	49.675	245	47.78	25	20.878	180	69.41	35	35.711	191	83.02	32	49.294	176	57.23	34
27	49.430	232	47.53	71	20.698	165	69.06	61	35.520	177	82.70	65	49.118	163	56.89	59
Nov. 6	49.198	209	46.82	117	20.533	144	68.45	86	35.343	156	82.05	98	48.955	142	56.30	82
16	48.989	178	45.65	161	20.389	116	67.59	111	35.187	128	81.07	128	48.813	114	55.48	104
26	48.811	141	44.04	201	20.273	82	66.48	132	35.059	94	79.79	156	48.699	80	54.44	124
Dez. 6	48.670	98	42.03	236	20.191	46	65.16	150	34.965	58	78.23	180	48.619	44	53.20	142
16	48.572	53	39.67	265	20.145	$\underline{8}$	63.66	166	34.907	$\underline{18}$	76.43	200	48.575	$\underline{7}$	51.78	155
26	48.519	6	37.02	284	20.137	31	62.00	175	34.889	22	74.43	212	48.568	32	50.23	163
36	48.513		34.18		20.168		60.25		34.911		72.31		48.600		48.60	
Mittl. Ort	47.768		15.39		18.568		43.63		33.493		54.89		46.920		31.52	
sec δ, tg δ	+1.256		+0.761		+1.017		+0.186		+1.054		+0.333		+1.012		+0.154	
a, *a′*	+2.2		+8.7		+2.9		+8.8		+2.7		+8.9		+2.9		+9.2	
b, *b′*	+0.02		+0.90		+0.01		+0.90		+0.01		+0.90		0.00		+0.89	

[1] Die jährliche Parallaxe (0″.208) ist bereits berücksichtigt.

* Bei Stern 745) lies Juli 20.

Scheinbare Sternörter 1959

Obere Kulmination Greenwich

Tag	749) β Aquilae AR.	Δ	749) β Aquilae Dekl.	Δ	748) ε Pavonis AR.	Δ	748) ε Pavonis Dekl.	Δ	752) γ Sagittae AR.	Δ	752) γ Sagittae Dekl.	Δ	751) ϑ¹ Sagittarii AR.	Δ	751) ϑ¹ Sagittarii Dekl.	Δ
1959	19h 53m		+6° 18′		19h 55m		−73° 0′		19h 56m		+19° 22′		19h 57m		−35° 23′	
	s		″		s		″		s		″		s		″	
Jan. 1	16.979	50	19.67	152	48.59	7	75.53	297	54.997	34	57.02	215	2.890	69	15.58	101
11	17.029	86	18.15	150	48.66	21	72.56	303	55.031	73	54.87	216	2.959	114	14.57	108
21	17.115	120	16.65	142	48.87	33	69.53	301	55.104	109	52.71	209	3.073	154	13.49	114
31	17.235	150	15.23	128	49.20	45	66.52	292	55.213	143	50.62	194	3.227	191	12.35	117
Febr. 10	17.385	179	13.95	108	49.65	55	63.60	276	55.356	175	48.68	170	3.418	225	11.18	119
20	17.564	205	12.87	82	50.20	65	60.84	253	55.531	204	46.98	139	3.643	255	9.99	121
März 2	17.769	228	12.05	51	50.85	72	58.31	226	55.735	229	45.59	101	3.898	281	8.78	120
12	17.997	247	11.54	17	51.57	79	56.05	194	55.964	251	44.58	58	4.179	304	7.58	118
22	18.244	264	11.37	18	52.36	84	54.11	159	56.215	270	44.00	13	4.483	323	6.40	114
April 1	18.508	276	11.55	53	53.20	88	52.52	120	56.485	284	43.87	33	4.806	338	5.26	109
11	18.784	285	12.08	87	54.08	89	51.32	80	56.769	293	44.20	78	5.144	348	4.17	101
21	19.069	289	12.95	118	54.97	89	50.52	38	57.062	297	44.98	120	5.492	354	3.16	90
Mai 1	19.358	286	14.13	145	55.86	88	50.14	5	57.359	294	46.18	158	5.846	352	2.26	76
11	19.644	278	15.58	165	56.74	84	50.19	48	57.653	284	47.76	189	6.198	344	1.50	60
21	19.922	264	17.23	181	57.58	80	50.67	89	57.937	268	49.65	215	6.542	328	0.90	41
31	20.186	242	19.04	191	58.38	72	51.56	130	58.205	246	51.80	234	6.870	305	0.49	21
Juni 10	20.428	216	20.95	196	59.10	64	52.86	166	58.451	217	54.14	246	7.175	275	0.28	1
20	20.644	183	22.91	193	59.74	53	54.52	198	58.668	182	56.60	251	7.450	237	0.27	21
30	20.827	146	24.84	187	60.27	41	56.50	225	58.850	142	59.11	249	7.687	193	0.48	42
Juli 10	20.973	104	26.71	177	60.68	29	58.75	245	58.992	100	61.60	242	7.880	144	0.90	60
20	21.077	61	28.48	161	60.97	15	61.20	258	59.092	55	64.02	229	8.024	91	1.50	77
29	[21] 21.138	17	30.09	144	[22] 61.12	0	63.78	262	[22] 59.147	9	66.31	211	[22] 8.115	37	2.27	89
Aug. 8	21.155	27	31.53	124	61.12	13	66.40	257	59.156	37	68.42	190	8.152	18	3.16	97
18	21.128	68	32.77	103	60.99	27	68.97	244	59.119	78	70.32	164	8.134	69	4.13	102
28	21.060	105	33.80	80	60.72	39	71.41	221	59.041	116	71.96	137	8.065	116	5.15	101
Sept. 7	20.955	135	34.60	57	60.33	50	73.62	190	58.925	147	73.33	107	7.949	155	6.16	95
17	20.820	159	35.17	35	59.83	58	75.52	150	58.778	172	74.40	75	7.794	186	7.11	85
27	20.661	173	35.52	11	59.25	64	77.02	105	58.606	188	75.15	42	7.608	206	7.96	69
Okt. 7	20.488	179	35.63	12	58.61	68	78.07	54	58.418	194	75.57	9	7.402	215	8.65	52
17	20.309	175	35.51	34	57.93	67	78.61	1	58.224	192	75.66	24	7.187	212	9.17	31
27	20.134	163	35.17	56	57.26	65	78.62	54	58.032	180	75.42	59	6.975	198	9.48	9
Nov. 6	19.971	142	34.61	78	56.61	59	78.08	106	57.852	161	74.83	91	6.777	173	9.57	12
16	19.829	116	33.83	97	56.02	50	77.02	155	57.691	134	73.92	123	6.604	139	9.45	32
26	19.713	83	32.86	116	55.52	41	75.47	200	57.557	103	72.69	152	6.465	98	9.13	52
Dez. 6	19.630	48	31.70	132	55.11	28	73.47	237	57.454	67	71.17	178	6.367	54	8.61	68
16	19.582	11	30.38	143	54.83	15	71.10	265	57.387	30	69.39	197	6.313	7	7.93	82
26	19.571	27	28.95	152	54.68	1	68.45	286	57.357	10	67.42	212	6.306	40	7.11	93
36	19.598		27.43		54.67		65.59		57.367		65.30		6.346		6.18	
Mittl. Ort	17.892		11.04		53.16		77.95		55.931		46.79		4.215		19.72	
sec δ, tg δ	+1.006		+0.110		+3.425		−3.275		+1.060		+0.352		+1.227		−0.710	
a, *a′*	+2.9		+9.5		+6.9		+9.7		+2.7		+9.8		+3.9		+9.8	
b, *b′*	0.00		+0.88		−0.11		+0.87		+0.01		+0.87		−0.02		+0.87	

Obere Kulmination Greenwich

Tag	754) δ Pavonis[1] AR.	Δ	Dekl.	Δ	756) ϑ Aquilae AR.	Δ	Dekl.	Δ	759) ϰ Cephei AR.	Δ	Dekl.	Δ	757) 31 o² Cygni AR.	Δ	Dekl.	Δ
1959	20h 4m		−66° 16′		20h 9m		−0° 56′		20h 10m		+77° 35′		20h 12m		+46° 36′	
	s		″		s		″		s		″		s		″	
Jan. 1	40.08	7	78.58	267	10.446	41	32.29	105	13.69	36	36.63	316	19.105	33	72.42	300
11	40.15	15	75.91	274	10.487	75	33.34	103	13.33	17	33.47	335	19.072	22	69.42	312
21	40.30	25	73.17	276	10.562	109	34.37	95	13.16	2	30.12	342	19.094	75	66.30	311
31	40.55	33	70.41	271	10.671	139	35.32	83	13.18	22	26.70	335	19.169	128	63.19	300
Febr. 10	40.88	41	67.70	258	10.810	168	36.15	65	13.40	40	23.35	316	19.297	178	60.19	275
20	41.29	47	65.12	241	10.978	194	36.80	44	13.80	57	20.19	284	19.475	225	57.44	241
März 2	41.76	53	62.71	219	11.172	218	37.24	18	14.37	73	17.35	242	19.700	268	55.03	196
12	42.29	58	60.52	192	11.390	239	37.42	10	15.10	85	14.93	190	19.968	305	53.07	144
22	42.87	62	58.60	162	11.629	258	37.32	39	15.95	95	13.03	132	20.273	334	51.63	86
April 1	43.49	65	56.98	129	11.887	273	36.93	67	16.90	101	11.71	69	20.607	357	50.77	26
11	44.14	66	55.69	94	12.160	284	36.26	95	17.91	104	11.02	5	20.964	370	50.51	34
21	44.80	67	54.75	56	12.444	290	35.31	118	18.95	104	10.97	59	21.334	374	50.85	93
Mai 1	45.47	66	54.19	16	12.734	291	34.13	139	19.99	99	11.56	119	21.708	370	51.78	149
11	46.13	64	54.03	23	13.025	285	32.74	154	20.98	93	12.75	175	22.078	355	53.27	199
21	46.77	61	54.26	63	13.310	274	31.20	164	21.91	83	14.50	225	22.433	331	55.26	242
31	47.38	56	54.89	101	13.584	256	29.56	169	22.74	70	16.75	267	22.764	299	57.68	277
Juni 10	47.94	50	55.90	137	13.840	231	27.87	169	23.44	57	19.42	302	23.063	259	60.45	304
20	48.44	42	57.27	169	14.071	200	26.18	164	24.01	41	22.44	328	23.322	211	63.49	323
30	48.86	34	58.96	196	14.271	164	24.54	155	24.42	24	25.72	345	23.533	159	66.72	334
Juli 10	49.20	25	60.92	218	14.435	123	22.99	143	24.66	8	29.17	354	23.692	102	70.06	335
20	24 49.45	15	63.10	234	25 14.558	81	21.56	127	25 24.74	10	32.71	354	26 23.794	44	73.41	329
29	49.60	4	65.44	241	14.639	36	20.29	110	24.64	27	36.25	347	23.838	16	76.70	316
Aug. 8	49.64	6	67.85	241	14.675	9	19.19	91	24.37	42	39.72	331	23.822	73	79.86	296
18	49.58	16	70.26	231	14.666	50	18.28	72	23.95	58	43.03	309	23.749	127	82.82	270
28	49.42	26	72.57	214	14.616	89	17.56	53	23.37	72	46.12	281	23.622	175	85.52	237
Sept. 7	49.16	33	74.71	187	14.527	121	17.03	33	22.65	83	48.93	245	23.447	218	87.89	201
17	48.83	40	76.58	154	14.406	147	16.70	16	21.82	94	51.38	204	23.229	251	89.90	160
27	48.43	44	78.12	113	14.259	164	16.54	2	20.88	101	53.42	159	22.978	276	91.50	115
Okt. 7	47.99	47	79.25	68	14.095	172	16.56	18	19.87	106	55.01	109	22.702	289	92.65	67
17	47.52	47	79.93	20	13.923	170	16.74	33	18.81	108	56.10	56	22.413	292	93.32	18
27	47.05	46	80.13	30	13.753	161	17.07	47	17.73	109	56.66	0	22.121	285	93.50	34
Nov. 6	46.59	41	79.83	80	13.592	142	17.54	62	16.64	105	56.66	57	21.836	267	93.16	85
16	46.18	35	79.03	126	13.450	118	18.16	74	15.59	99	56.09	114	21.569	241	92.31	135
26	45.83	27	77.77	169	13.332	87	18.90	86	14.60	90	54.95	169	21.328	206	90.96	182
Dez. 6	45.56	19	76.08	204	13.245	54	19.76	96	13.70	78	53.26	219	21.122	165	89.14	225
16	45.37	10	74.04	232	13.191	19	20.72	103	12.92	64	51.07	264	20.957	118	86.89	262
26	45.27	0	71.72	255	13.172	18	21.75	108	12.28	47	48.43	302	20.839	67	84.27	290
36	45.27		69.17		13.190		22.83		11.81		45.41		20.772		81.37	
Mittl. Ort	43.30		80.44		11.339		39.87		18.24		19.98		20.337		58.36	
sec δ, tg δ	+2.487		−2.277		+1.000		−0.016		+4.653		+4.544		+1.456		+1.058	
a, *a′*	+5.7		+10.4		+3.1		+10.7		−2.0		+10.8		+1.9		+10.9	
b, *b′*	−0.08		+0.86		0.00		+0.85		+0.16		+0.84		+0.04		+0.84	

[1] Die jährliche Parallaxe (0″.174) ist bereits berücksichtigt.

Scheinbare Sternörter 1959

Obere Kulmination Greenwich

Tag	758) 33 Cygni				760) 24 Vulpeculae				761) α² Capricorni				765) γ Cygni			
	AR.		Dekl.		AR.		Dekl.		AR.		Dekl.		AR.		Dekl.	
1959	20h 12m		+56° 26′		20h 15m		+24° 32′		20h 15m		−12° 40′		20h 20m		+40° 7′	
	s		″		s		″		s		″		s		″	
Jan. 1	25.107	72	45.25	316	0.822	10	48.73	230	45.866	41	18.10	35	44.266	$\underline{24}$	41.97	280
11	25.035	$\underline{4}$	42.09	329	0.832	50	46.43	235	45.907	76	18.45	30	44.242	22	39.17	291
21	25.031	65	38.80	332	0.882	87	44.08	230	45.983	110	18.75	22	44.264	69	36.26	291
31	25.096	135	35.48	322	0.969	123	41.78	218	46.093	142	18.97	11	44.333	116	33.35	280
Febr. 10	25.231	201	32.26	298	1.092	158	39.60	195	46.235	170	19.08	$\overline{3}$	44.449	160	30.55	257
20	25.432	262	29.28	263	1.250	191	37.65	163	46.405	197	19.05	19	44.609	202	27.98	224
März 2	25.694	316	26.65	219	1.441	220	36.02	125	46.602	222	18.86	36	44.811	240	25.74	182
12	26.010	363	24.46	165	1.661	246	34.77	82	46.824	243	18.50	55	45.051	274	23.92	133
22	26.373	401	22.81	106	1.907	268	33.95	34	47.067	263	17.95	73	45.325	302	22.59	79
April 1	26.774	428	21.75	$\underline{43}$	2.175	286	33.61	$\overline{16}$	47.330	279	17.22	91	45.627	324	21.80	$\underline{21}$
11	27.202	443	21.32	20	2.461	298	33.77	63	47.609	292	16.31	107	45.951	338	21.59	36
21	27.645	447	21.52	83	2.759	304	34.40	110	47.901	299	15.24	118	46.289	346	21.95	93
Mai 1	28.092	438	22.35	142	3.063	305	35.50	153	48.200	301	14.06	127	46.635	344	22.88	145
11	28.530	417	23.77	195	3.368	297	37.03	189	48.501	298	12.79	132	46.979	334	24.33	193
21	28.947	385	25.72	242	3.665	283	38.92	219	48.799	287	11.47	132	47.313	315	26.26	233
31	29.332	343	28.14	281	3.948	261	41.11	244	49.086	270	10.15	127	47.628	288	28.59	267
Juni 10	29.675	292	30.95	312	4.209	233	43.55	260	49.356	246	8.88	120	47.916	254	31.26	292
20	29.967	232	34.07	334	4.442	198	46.15	269	49.602	215	7.68	109	48.170	213	34.18	309
30	30.199	167	37.41	347	4.640	158	48.84	271	49.817	179	6.59	94	48.383	167	37.27	319
Juli 10	30.366	99	40.88	352	4.798	115	51.55	267	49.996	138	5.65	78	48.550	115	40.46	320
20	30.465	27	44.40	348	4.913	69	54.22	256	50.134	94	4.87	61	48.665	62	43.66	314
29	[26] 30.492	$\overline{44}$	47.88	337	[26] 4.982	22	56.78	240	[27] 50.228	49	4.26	44	[28] 48.727	$\underline{9}$	46.80	301
Aug. 8	30.448	113	51.25	318	5.004	$\overline{25}$	59.18	219	50.277	2	3.82	27	48.736	45	49.81	281
18	30.335	177	54.43	292	4.979	69	61.37	195	50.279	$\overline{42}$	3.55	11	48.691	96	52.62	256
28	30.158	236	57.35	260	4.910	109	63.32	166	50.237	82	3.44	$\overline{3}$	48.595	141	55.18	225
Sept. 7	29.922	286	59.95	223	4.801	144	64.98	135	50.155	117	3.47	15	48.454	180	57.43	191
17	29.636	327	62.18	180	4.657	170	66.33	101	50.038	144	3.62	24	48.274	212	59.34	151
27	29.309	357	63.98	134	4.487	189	67.34	66	49.894	163	3.86	31	48.062	236	60.85	109
Okt. 7	28.952	374	65.32	84	4.298	200	68.00	29	49.731	172	4.17	37	47.826	249	61.94	65
17	28.578	380	66.16	$\underline{31}$	4.098	200	68.29	$\overline{8}$	49.559	172	4.54	40	47.577	252	62.59	$\underline{18}$
27	28.198	374	66.47	24	3.898	192	68.21	45	49.387	163	4.94	42	47.325	247	62.77	30
Nov. 6	27.824	356	66.23	78	3.706	176	67.76	83	49.224	146	5.36	44	47.078	231	62.47	78
16	27.468	325	65.45	133	3.530	153	66.93	119	49.078	120	5.80	44	46.847	208	61.69	125
26	27.143	285	64.12	184	3.377	123	65.74	152	48.958	89	6.24	45	46.639	177	60.44	169
Dez. 6	26.858	235	62.28	231	3.254	90	64.22	182	48.869	56	6.69	44	46.462	140	58.75	209
16	26.623	179	59.97	271	3.164	53	62.40	207	48.813	19	7.13	43	46.322	99	56.66	244
26	26.444	116	57.26	303	3.111	15	60.33	224	48.794	$\overline{18}$	7.56	41	46.223	55	54.22	270
36	26.328		54.23		3.096		58.09		48.812		7.97		46.168		51.52	
Mittl. Ort	26.685		30.12		1.723		37.49		46.819		23.91		45.312		28.38	
sec δ, tg δ	+1.809		+ 1.507		+1.099		+ 0.457		+1.025		− 0.225		+1.308		+ 0.843	
a, *a′*	+1.4		+10.9		+2.6		+11.1		+3.3		+11.2		+2.2		+11.5	
b, *b′*	+0.05		+ 0.84		+0.02		+ 0.83		−0.01		+ 0.83		+0.03		+ 0.82	

Scheinbare Sternörter 1959

Obere Kulmination Greenwich

Tag	764) α Pavonis AR.		764) α Pavonis Dekl.		1535) 42 Cygni AR.		1535) 42 Cygni Dekl.		767) ϑ Cephei AR.		767) ϑ Cephei Dekl.		768) ε Delphini AR.		768) ε Delphini Dekl.	
1959	20h 22m		−56° 51′		20h 27m		+36° 18′		20h 28m		+62° 51′		20h 31m		+11° 9′	
	s		″		s		″		s		″		s		″	
Jan. 1	22.699	26	65.13	221	45.507	24	74.36	265	51.94	14	37.95	309	14.377	11	55.44	163
11	22.725	94	62.92	235	45.483	21	71.71	276	51.80	6	34.86	330	14.388	45	53.81	164
21	22.819	159	60.57	241	45.504	64	68.95	277	51.74	2	31.56	337	14.433	79	52.17	160
31	22.978	218	58.16	242	45.568	107	66.18	266	51.76	11	28.19	333	14.512	111	50.57	148
Febr. 10	23.196	274	55.74	239	45.675	149	63.52	245	51.87	19	24.86	314	14.623	143	49.09	128
20	23.470	325	53.35	230	45.824	189	61.07	213	52.06	28	21.72	284	14.766	172	47.81	103
März 2	23.795	370	51.05	217	46.013	225	58.94	173	52.34	34	18.88	243	14.938	200	46.78	72
12	24.165	408	48.88	200	46.238	258	57.21	126	52.68	40	16.45	192	15.138	225	46.06	36
22	24.573	442	46.88	179	46.496	286	55.95	74	53.08	46	14.53	134	15.363	247	45.70	2
April 1	25.015	469	45.09	155	46.782	308	55.21	18	53.54	50	13.19	73	15.610	266	45.72	40
11	25.484	488	43.54	127	47.090	324	55.03	37	54.04	52	12.46	9	15.876	281	46.12	78
21	25.972	499	42.27	96	47.414	332	55.40	91	54.56	53	12.37	55	16.157	291	46.90	114
Mai 1	26.471	502	41.31	64	47.746	333	56.31	142	55.09	52	12.92	117	16.448	294	48.04	146
11	26.973	494	40.67	30	48.079	326	57.73	188	55.61	50	14.09	173	16.742	291	49.50	172
21	27.467	476	40.37	7	48.405	309	59.61	226	56.11	46	15.82	223	17.033	282	51.22	194
31	27.943	447	40.44	42	48.714	286	61.87	259	56.57	42	18.05	267	17.315	265	53.16	209
Juni 10	28.390	406	40.86	77	49.000	255	64.46	283	56.99	35	20.72	302	17.580	241	55.25	217
20	28.796	356	41.63	109	49.255	216	67.29	300	57.34	29	23.74	329	17.821	212	57.42	221
30	29.152	296	42.72	139	49.471	173	70.29	309	57.63	21	27.03	347	18.033	177	59.63	218
Juli 10	29.448	227	44.11	165	49.644	125	73.38	309	57.84	13	30.50	357	18.210	137	61.81	209
20	29.675	152	45.76	184	49.769	74	76.47	303	57.97	5	34.07	358	18.347	93	63.90	197
29*	(28) 29.827	75	47.60	199	(30) 49.843	22	79.50	291	(30) 58.02	4	37.65	351	(30) 18.440	49	65.87	181
Aug. 8	29.902	4	49.59	205	49.865	29	82.41	272	57.98	12	41.16	337	18.489	4	67.68	161
18	29.898	81	51.64	204	49.836	78	85.13	247	57.86	20	44.53	314	18.493	39	69.29	138
28	29.817	153	53.68	195	49.758	122	87.60	217	57.66	27	47.67	286	18.454	78	70.67	115
Sept. 7	29.664	216	55.63	178	49.636	161	89.77	184	57.39	33	50.53	251	18.376	113	71.82	89
17	29.448	269	57.41	155	49.475	192	91.61	147	57.06	39	53.04	211	18.263	141	72.71	63
27	29.179	307	58.96	123	49.283	216	93.08	106	56.67	43	55.15	165	18.122	160	73.34	37
Okt. 7	28.872	330	60.19	87	49.067	229	94.14	64	56.24	45	56.80	116	17.962	172	73.71	10
17	28.542	336	61.06	47	48.838	234	94.78	19	55.79	46	57.96	63	17.790	175	73.81	16
27	28.206	326	61.53	4	48.604	228	94.97	26	55.33	47	58.59	8	17.615	169	73.65	42
Nov. 6	27.880	301	61.57	39	48.376	215	94.71	72	54.86	46	58.67	49	17.446	155	73.23	68
16	27.579	261	61.18	81	48.161	194	93.99	117	54.40	42	58.18	106	17.291	134	72.55	92
26	27.318	209	60.37	120	47.967	165	92.82	159	53.98	38	57.12	161	17.157	109	71.63	114
Dez. 6	27.109	150	59.17	154	47.802	130	91.23	197	53.60	33	55.51	212	17.048	79	70.49	134
16	26.959	84	57.63	184	47.672	93	89.26	230	53.27	27	53.39	257	16.969	45	69.15	150
26	26.875	15	55.79	207	47.579	51	86.96	256	53.00	20	50.82	293	16.924	12	67.65	161
36	26.860		53.72		47.528		84.40		52.80		47.89		16.912		66.04	
Mittl. Ort	24.929		65.81		46.458		61.08		53.73		21.30		15.183		46.17	
sec δ, tg δ	+1.830		− 1.532		+1.241		+ 0.735		+2.192		+ 1.950		+1.019		+ 0.197	
a, *a′*	+4.7		+11.7		+2.3		+12.0		+1.0		+12.1		+2.9		+12.3	
b, *b′*	−0.06		+ 0.81		+0.03		+ 0.80		+0.08		+0.80		+0.01		+ 0.79	

* Bei Stern 1535), 767) und 768) lies Juli 30.

Scheinbare Sternörter 1959

Obere Kulmination Greenwich

Tag	770) 73 Draconis AR.	Diff.	770) 73 Draconis Dekl.	Diff.	769) α Indi AR.	Diff.	769) α Indi Dekl.	Diff.	1539) 29 Vulpeculae AR.	Diff.	1539) 29 Vulpeculae Dekl.	Diff.	773) υ Capricorni AR.	Diff.	773) υ Capricorni Dekl.	Diff.
1959	20h 32m		+74° 48′		20h 34m		−47° 25′		20h 36m		+21° 3′		20h 37m		−18° 16′	
	s		″		s		″		s		″		s		″	
Jan. 1	0.93	35	69.99	304	39.760	17	69.11	171	40.542	5	33.50	205	42.060	22	59.42	0
11	0.58	20	66.95	328	39.777	70	67.40	185	40.537	30	31.45	212	42.082	57	59.42	9
21	0.38	4	63.67	340	39.847	120	65.55	195	40.567	67	29.33	210	42.139	90	59.33	19
31	0.34	11	60.27	339	39.967	168	63.60	201	40.634	102	27.23	198	42.229	123	59.14	30
Febr. 10	0.45	27	56.88	324	40.135	212	61.59	204	40.736	136	25.25	179	42.352	154	58.84	43
20	0.72	41	53.64	297	40.347	253	59.55	202	40.872	169	23.46	152	42.506	183	58.41	57
März 2	1.13	55	50.67	259	40.600	290	57.53	197	41.041	199	21.94	116	42.689	210	57.84	71
12	1.68	66	48.08	211	40.890	324	55.56	188	41.240	227	20.78	76	42.899	235	57.13	87
22	2.34	75	45.97	156	41.214	354	53.68	176	41.467	252	20.02	32	43.134	257	56.26	100
April 1	3.09	82	44.41	94	41.568	378	51.92	161	41.719	273	19.70	13	43.391	278	55.26	112
11	3.91	85	43.47	30	41.946	398	50.31	143	41.992	289	19.83	59	43.669	293	54.14	122
21	4.76	87	43.17	34	42.344	411	48.88	120	42.281	299	20.42	104	43.962	304	52.92	129
Mai 1	5.63	85	43.51	95	42.755	417	47.68	95	42.580	303	21.46	143	44.266	311	51.63	133
11	6.48	81	44.46	154	43.172	414	46.73	67	42.883	300	22.89	178	44.577	311	50.30	132
21	7.29	74	46.00	207	43.586	403	46.06	38	43.183	290	24.67	208	44.888	303	48.98	126
31	8.03	65	48.07	252	43.989	383	45.68	7	43.473	273	26.75	231	45.191	289	47.72	117
Juni 10	8.68	55	50.59	290	44.372	353	45.61	25	43.746	248	29.06	247	45.480	267	46.55	105
20	9.23	43	53.49	321	44.725	313	45.86	55	43.994	216	31.53	256	45.747	238	45.50	90
30	9.66	30	56.70	342	45.038	265	46.41	85	44.210	179	34.09	259	45.985	204	44.60	72
Juli 10	9.96	16	60.12	356	45.303	211	47.26	111	44.389	138	36.68	255	46.189	163	43.88	53
20	10.12	2	63.68	360	45.514	151	48.37	133	44.527	94	39.23	246	46.352	119	43.35	33
30	10.14	12	67.28	356	^{31}45.665	87	49.70	151	44.621	47	41.69	231	46.471	72	43.02	14
Aug. 8	^{31}10.02	26	70.84	346	45.752	21	51.21	163	$_{1}$44.668	1	44.00	211	$_{1}$46.543	24	42.88	3
18	9.76	39	74.30	327	45.773	43	52.84	168	44.669	44	46.11	188	46.567	22	42.91	19
28	9.37	51	77.57	300	45.730	102	54.52	166	44.625	84	47.99	162	46.545	65	43.10	32
Sept. 7	8.86	61	80.57	268	45.628	155	56.18	158	44.541	120	49.61	133	46.480	103	43.42	42
17	8.25	70	83.25	231	45.473	200	57.76	142	44.421	149	50.94	102	46.377	134	43.84	49
27	7.55	78	85.56	187	45.273	233	59.18	120	44.272	171	51.96	69	46.243	157	44.33	53
Okt. 7	6.77	83	87.43	138	45.040	253	60.38	93	44.101	183	52.65	36	46.086	170	44.86	53
17	5.94	86	88.81	86	44.787	260	61.31	62	43.918	188	53.01	2	45.916	174	45.39	51
27	5.08	86	89.67	30	44.527	255	61.93	28	43.730	183	53.03	33	45.742	168	45.90	47
Nov. 6	4.22	85	89.97	28	44.272	235	62.21	8	43.547	171	52.70	67	45.574	154	46.37	41
16	3.37	82	89.69	86	44.037	205	62.13	43	43.376	151	52.03	100	45.420	132	46.78	35
26	2.55	75	88.83	143	43.832	166	61.70	76	43.225	126	51.03	131	45.288	105	47.13	29
Dez. 6	1.80	67	87.40	196	43.666	119	60.94	106	43.099	97	49.72	159	45.183	72	47.42	21
16	1.13	55	85.44	245	43.547	69	59.88	133	43.002	63	48.13	183	45.111	37	47.63	15
26	0.58	44	82.99	285	43.478	16	58.55	156	42.939	29	46.30	201	45.074	1	47.78	7
36	0.14		80.14		43.462		56.99		42.910		44.29		45.073		47.85	
Mittl. Ort	4.18		52.15		41.442		69.58		41.340		22.50		43.028		63.58	
sec δ, tg δ	+3.818		+ 3.684		+1.478		− 1.089		+1.072		+ 0.385		+1.053		− 0.330	
a, *a′*	−0.8		+12.3		+4.2		+12.5		+2.7		+12.7		+3.4		+12.7	
b, *b′*	+0.15		+ 0.79		−0.05		+ 0.78		+0.02		+ 0.78		−0.01		+ 0.77	

Scheinbare Sternörter 1959

Obere Kulmination Greenwich

Tag	774) α Delphini AR.		774) α Delphini Dekl.		777) α Cygni AR.		777) α Cygni Dekl.		775) β Pavonis AR.		775) β Pavonis Dekl.		783) η Cephei AR.		783) η Cephei Dekl.	
1959	20h 37m		+15° 45′		20h 40m		+45° 7′		20h 41m		−66° 20′		20h 44m		+61° 40′	
	s		″		s		″		s		″		s		″	
Jan. 1	43.158		68.90		0.935		73.98		14.06		70.16		25.93		62.21	
11	43.158	0	67.07	183	0.873	62	71.18	280	14.02	4	67.54	262	25.77	16	59.25	296
21	43.193	35	65.21	186	0.861	12	68.22	296	14.07	5	64.74	280	25.68	9	56.07	318
31	43.263	70	63.38	183	0.900	39	65.20	302	14.21	14	61.84	290	25.68	0	52.77	330
Febr. 10	43.366	103	61.67	171	0.990	90	62.24	296	14.44	23	58.91	293	25.76	8	49.48	329
20	43.501	135	60.15	152	1.130	140	59.47	277	14.75	31	56.02	289	25.92	16	46.34	314
März 2	43.668	167	58.89	126	1.319	189	57.00	247	15.13	38	53.24	278	26.15	23	43.46	288
12	43.864	196	57.96	93	1.552	233	54.92	208	15.58	45	50.62	262	26.46	31	40.97	249
22	44.086	222	57.40	56	1.826	274	53.31	161	16.09	51	48.20	242	26.83	37	38.95	202
April 1	44.332	246	57.25	15	2.134	308	52.25	106	16.65	56	46.05	215	27.26	43	37.49	146
11	44.599	267	57.52	27	2.471	337	51.76	49	17.25	60	44.20	185	27.72	46	36.63	86
21	44.882	283	58.21	69	2.827	356	51.87	11	17.88	63	42.70	150	28.22	50	36.40	23
Mai 1	45.175	293	59.29	108	3.195	368	52.56	69	18.53	65	41.56	114	28.73	51	36.81	41
11	45.473	298	60.73	144	3.564	369	53.80	124	19.19	66	40.82	74	29.24	51	37.83	102
21	45.769	296	62.48	175	3.926	362	55.56	176	19.84	65	40.50	32	29.74	50	39.42	159
31	46.055	286	64.49	201	4.272	346	57.77	221	20.47	63	40.60	10	30.21	47	41.53	211
Juni 10	46.325	270	66.68	219	4.591	319	60.37	260	21.07	60	41.13	53	30.63	42	44.10	257
20	46.572	247	69.00	232	4.875	284	63.27	290	21.62	55	42.06	93	31.00	37	47.05	295
30	46.788	216	71.38	238	5.117	242	66.39	312	22.11	49	43.38	132	31.31	31	50.28	323
Juli 10	46.969	181	73.76	238	5.310	193	69.65	326	22.52	41	45.05	167	31.54	23	53.73	345
20	47.110	141	76.09	233	5.450	140	72.98	333	22.84	32	47.01	196	31.70	16	57.30	357
30	[1] 47.208	98	78.30	221	[2] 5.534	84	76.29	331	23.06	22	49.21	220	31.78	8	60.91	361
Aug. 8	47.260	52	80.35	205	5.560	26	79.50	321	[2] 23.19	13	51.58	237	[3] 31.78	0	64.48	357
18	47.267	7	82.21	186	5.528	32	82.55	305	23.21	2	54.03	245	31.70	8	67.93	345
28	47.230	37	83.85	164	5.442	86	85.38	283	23.12	9	56.47	244	31.55	15	71.19	326
Sept. 7	47.152	78	85.23	138	5.306	136	87.93	255	22.93	19	58.82	235	31.32	23	74.18	299
17	47.040	112	86.34	111	5.126	180	90.14	221	22.65	28	60.98	216	31.03	29	76.85	267
27	46.899	141	87.17	83	4.908	218	91.97	183	22.30	35	62.87	189	30.68	35	79.13	228
Okt. 7	46.737	162	87.71	54	4.663	245	93.38	149	21.89	41	64.41	154	30.29	39	80.98	185
17	46.562	175	87.94	23	4.399	264	94.33	95	21.44	45	65.53	112	29.87	42	82.35	137
27	46.383	179	87.88	6	4.126	273	94.80	47	20.97	47	66.18	65	29.44	43	83.21	86
Nov. 6	46.210	173	87.52	36	3.854	272	94.77	3	20.50	47	66.32	14	29.00	44	83.51	30
16	46.048	162	86.86	66	3.594	260	94.24	53	20.05	45	65.96	36	28.57	43	83.24	27
26	45.905	143	85.91	95	3.353	241	93.21	103	19.65	40	65.09	87	28.16	41	82.41	83
Dez. 6	45.788	117	84.70	121	3.140	213	91.69	152	19.30	35	63.74	135	27.78	38	81.02	139
16	45.699	89	83.26	144	2.962	178	89.73	196	19.03	27	61.97	177	27.45	33	79.11	191
26	45.643	56	81.62	164	2.825	137	87.37	236	18.85	18	59.82	215	27.18	27	76.72	239
36	45.621	22	79.83	179	2.732	93	84.70	267	18.75	10	57.38	244	26.97	21	73.95	277
Mittl. Ort	43.941		58.81		1.951		58.99		17.26		68.68		27.47		44.89	
sec δ, tg δ	+1.039		+ 0.282		+1.418		+ 1.005		+2.493		− 2.284		+2.108		+ 1.856	
a, *a′*	+2.8		+12.7		+2.0		+12.9		+5.4		+13.0		+1.2		+13.2	
b, *b′*	+0.01		+0.77		+0.04		+ 0.77		−0.10		+ 0.76		+0.08		+ 0.75	

Scheinbare Sternörter 1959

Obere Kulmination Greenwich

Tag	780) ε Cygni AR.		780) ε Cygni Dekl.		781) ε Aquarii AR.		781) ε Aquarii Dekl.	
1959	20h 44m		+33° 48′		20h 45m		−9° 38′	
	s		″		s		″	
Jan. 1	32.185	34	70.12	247	26.570	12	44.08	48
11	32.151	6	67.65	260	26.582	45	44.56	43
21	32.157	48	65.05	262	26.627	77	44.99	34
31	32.205	89	62.43	254	26.704	109	45.33	22
Febr. 10	32.294	130	59.89	236	26.813	139	45.55	6
20	32.424	170	57.53	207	26.952	167	45.61	12
März 2	32.594	205	55.46	170	27.119	195	45.49	31
12	32.799	239	53.76	126	27.314	220	45.18	52
22	33.038	269	52.50	76	27.534	243	44.66	74
April 1	33.307	295	51.74	24	27.777	263	43.92	95
11	33.602	313	51.50	31	28.040	281	42.97	114
21	33.915	325	51.81	83	28.321	293	41.83	129
Mai 1	34.240	329	52.64	132	28.614	300	40.54	141
11	34.569	326	53.96	177	28.914	300	39.13	149
21	34.895	314	55.73	217	29.214	294	37.64	151
31	35.209	293	57.90	249	29.508	282	36.13	150
Juni 10	35.502	266	60.39	274	29.790	261	34.63	144
20	35.768	232	63.13	291	30.051	234	33.19	134
30	36.000	190	66.04	300	30.285	204	31.85	120
Juli 10	36.190	145	69.04	303	30.486	162	30.65	104
20	36.335	96	72.07	299	30.648	119	29.61	86
30	36.431	45	75.06	287	30.767	74	28.75	67
Aug. 8	^{3}36.476	4	77.93	269	^{3}30.841	29	28.08	48
18	36.472	53	80.62	247	30.870	16	27.60	30
28	36.419	98	83.09	220	30.854	57	27.30	12
Sept. 7	36.321	138	85.29	188	30.797	94	27.18	4
17	36.183	170	87.17	152	30.703	124	27.22	16
27	36.013	195	88.69	115	30.579	147	27.38	28
Okt. 7	35.818	210	89.84	74	30.432	161	27.66	37
17	35.608	218	90.58	31	30.271	165	28.03	43
27	35.390	216	90.89	12	30.106	161	28.46	48
Nov. 6	35.174	205	90.77	56	29.945	149	28.94	53
16	34.969	187	90.21	99	29.796	130	29.47	55
26	34.782	163	89.22	141	29.666	104	30.02	56
Dez. 6	34.619	133	87.81	178	29.562	75	30.58	57
16	34.486	98	86.03	211	29.487	43	31.15	56
26	34.388	60	83.92	238	29.444	10	31.71	54
36	34.328		81.54		29.434		32.25	
Mittl. Ort	33.020		56.79		27.427		49.42	
sec δ, tg δ	+1.204		+ 0.670		+1.014		− 0.170	
a, *a′*	+2.4		+13.2		+3.2		+13.2	
b, *b′*	+0.03		+ 0.75		−0.01		+ 0.75	

Tag	785) β Indi AR.		785) β Indi Dekl.		786) 32 Vulpeculae AR.		786) 32 Vulpeculae Dekl.	
1959	20h 51m		−58° 36′		20h 52m		+27° 53′	
	s		″		s		″	
Jan. 1	34.874	31	39.45	223	47.890	32	75.18	224
11	34.843	38	37.22	243	47.858	6	72.94	235
21	34.881	104	34.79	256	47.864	44	70.59	237
31	34.985	169	32.23	263	47.908	82	68.22	229
Febr. 10	35.154	230	29.60	264	47.990	119	65.93	211
20	35.384	286	26.96	260	48.109	156	63.82	185
März 2	35.670	338	24.36	249	48.265	190	61.97	150
12	36.008	385	21.87	235	48.455	222	60.47	108
22	36.393	426	19.52	216	48.677	251	59.39	62
April 1	36.819	462	17.36	193	48.928	276	58.77	13
11	37.281	490	15.43	165	49.204	296	58.64	37
21	37.771	510	13.78	134	49.500	309	59.01	86
Mai 1	38.281	520	12.44	100	49.809	316	59.87	131
11	38.801	520	11.44	63	50.125	314	61.18	172
21	39.321	509	10.81	24	50.439	305	62.90	208
31	39.830	487	10.57	14	50.744	289	64.98	237
Juni 10	40.317	451	10.71	53	51.033	264	67.35	259
20	40.768	405	11.24	91	51.297	233	69.94	274
30	41.173	347	12.15	126	51.530	195	72.68	282
Juli 10	41.520	280	13.41	156	51.725	153	75.50	282
20	41.800	206	14.97	183	51.878	107	78.32	277
30	42.006	126	16.80	202	51.985	59	81.09	265
Aug. 8	^{5}42.132	43	18.82	215	^{5}52.044	11	83.74	247
18	42.175	38	20.97	220	52.055	36	86.21	225
28	42.137	117	23.17	216	52.019	79	88.46	199
Sept. 7	42.020	189	25.33	204	51.940	117	90.45	169
17	41.831	250	27.37	183	51.823	150	92.14	136
27	41.581	298	29.20	155	51.673	174	93.50	101
Okt. 7	41.283	331	30.75	120	51.499	190	94.51	64
17	40.952	348	31.95	80	51.309	197	95.15	26
27	40.604	348	32.75	36	51.112	197	95.41	14
Nov. 6	40.256	332	33.11	10	50.915	187	95.27	53
16	39.924	300	33.01	55	50.728	171	94.74	92
26	39.624	256	32.46	99	50.557	149	93.82	129
Dez. 6	39.368	202	31.47	139	50.408	121	92.53	163
16	39.166	139	30.08	176	50.287	89	90.90	193
26	39.027	72	28.32	205	50.198	55	88.97	215
36	38.955		26.27		50.143		86.82	
Mittl. Ort	37.197		37.59		48.641		62.74	
sec δ, tg δ	+1.920		− 1.639		+1.132		+ 0.529	
a, *a′*	+4.7		+13.6		+2.6		+13.7	
b, *b′*	−0.07		+ 0.73		+0.02		+ 0.73	

Obere Kulmination Greenwich

Tag	788) ν Cygni AR.		788) ν Cygni Dekl.		790) ζ Microscopii AR.		790) ζ Microscopii Dekl.		793) 61 Cygni pr[1] AR.		793) 61 Cygni pr[1] Dekl.		795) Br 2777 Ceph AR.		795) Br 2777 Ceph Dekl.	
1959	20h 55m		+41° 0′		21h 0m		−38° 47′		21h 5m		+38° 32′		21h 6m		+77° 57′	
	s		″		s		″		s		″		s		″	
Jan. 1	37.700	66	45.73	261	19.763	8	34.74	117	2.663	54	62.91	241	17.79	59	58.16	271
11	37.634	21	43.12	278	19.755	34	33.57	135	2.609	12	60.50	258	17.20	41	55.45	305
21	37.613	25	40.34	285	19.789	76	32.22	149	2.597	31	57.92	265	16.79	23	52.40	326
31	37.638	72	37.49	281	19.865	117	30.73	161	2.628	75	55.27	261	16.56	4	49.14	336
Febr. 10	37.710	117	34.68	265	19.982	155	29.12	170	2.703	119	52.66	246	16.52	17	45.78	332
20	37.827	163	32.03	238	20.137	192	27.42	177	2.822	163	50.20	220	16.69	36	42.46	316
März 2	37.990	207	29.65	202	20.329	227	25.65	180	2.985	205	48.00	185	17.05	54	39.30	286
12	38.197	246	27.63	157	20.556	260	23.85	180	3.190	243	46.15	141	17.59	70	36.44	245
22	38.443	280	26.06	107	20.816	290	22.05	178	3.433	278	44.74	93	18.29	85	33.99	196
April 1	38.723	310	24.99	52	21.106	316	20.27	173	3.711	308	43.81	39	19.14	95	32.03	140
11	39.033	333	24.47	5	21.422	338	18.54	163	4.019	331	43.42	17	20.09	102	30.63	80
21	39.366	348	24.52	62	21.760	356	16.91	149	4.350	347	43.59	71	21.11	106	29.83	16
Mai 1	39.714	354	25.14	115	22.116	367	15.42	133	4.697	355	44.30	124	22.17	108	29.67	46
11	40.068	350	26.29	166	22.483	370	14.09	112	5.052	353	45.54	172	23.25	104	30.13	106
21	40.418	339	27.95	210	22.853	365	12.97	89	5.405	343	47.26	216	24.29	98	31.19	163
31	40.757	318	30.05	247	23.218	353	12.08	62	5.748	325	49.42	253	25.27	89	32.82	214
Juni 10	41.075	288	32.52	277	23.571	331	11.46	34	6.073	298	51.95	282	26.16	78	34.96	258
20	41.363	251	35.29	301	23.902	300	11.12	4	6.371	262	54.77	303	26.94	65	37.54	295
30	41.614	207	38.30	315	24.202	262	11.08	24	6.633	221	57.80	318	27.59	49	40.49	325
Juli 10	41.821	159	41.45	322	24.464	217	11.32	52	6.854	175	60.98	325	28.08	33	43.74	345
20	41.980	106	44.67	321	24.681	165	11.84	78	7.029	124	64.23	323	28.41	17	47.19	359
30	42.086	52	47.88	313	24.846	110	12.62	101	7.153	71	67.46	315	28.58	1	50.78	364
Aug. 8	[6] 42.138	3	51.01	298	[7] 24.956	53	13.63	118	[8] 7.224	19	70.61	300	[8] 28.57	18	54.42	360
18	42.135	55	53.99	278	25.009	3	14.81	131	7.243	33	73.61	280	28.39	35	58.02	349
28	42.080	104	56.77	251	25.006	57	16.12	138	7.210	80	76.41	254	28.04	50	61.51	331
Sept. 7	41.976	147	59.28	220	24.949	107	17.50	139	7.130	123	78.95	223	27.54	65	64.82	306
17	41.829	184	61.48	184	24.842	148	18.89	134	7.007	160	81.18	188	26.89	77	67.88	274
27	41.645	213	63.32	144	24.694	181	20.23	122	6.847	188	83.06	150	26.12	88	70.62	235
Okt. 7	41.432	233	64.76	101	24.513	203	21.45	104	6.659	207	84.56	108	25.24	97	72.97	191
17	41.199	243	65.77	56	24.310	214	22.49	83	6.452	219	85.64	64	24.27	103	74.88	142
27	40.956	244	66.33	8	24.096	213	23.32	57	6.233	221	86.28	19	23.24	107	76.30	88
Nov. 6	40.712	237	66.41	40	23.883	202	23.89	30	6.012	214	86.47	28	22.17	108	77.18	31
16	40.475	221	66.01	88	23.681	181	24.19	1	5.798	199	86.19	74	21.09	106	77.49	28
26	40.254	197	65.13	134	23.500	152	24.20	27	5.599	178	85.45	119	20.03	101	77.21	88
Dez. 6	40.057	167	63.79	177	23.348	116	23.93	55	5.421	150	84.26	161	19.02	93	76.33	146
16	39.890	133	62.02	216	23.232	77	23.38	79	5.271	117	82.65	197	18.09	83	74.87	199
26	39.757	93	59.86	248	23.155	35	22.59	102	5.154	81	80.68	229	17.26	69	72.88	248
36	39.664		57.38		23.120		21.57		5.073		78.39		16.57		70.40	
Mittl. Ort	38.546		30.90		21.084		34.45		3.434		48.50		21.03		38.29	
sec δ, tg δ	+1.325		+ 0.870		+1.283		− 0.804		+1.279		+ 0.797		+4.794		+ 4.689	
a, *a′*	+2.2		+13.9		+3.8		+14.2		+2.3		+14.5		−1.2		+14.6	
b, *b′*	+0.04		+ 0.72		−0.04		+ 0.71		+0.04		+ 0.69		+0.23		+ 0.69	

[1] Ort des Hauptsterns; die jährliche Parallaxe (0″.299) ist bereits berücksichtigt.

Scheinbare Sternörter 1959

Obere Kulmination Greenwich

Tag	794) ν Aquarii				797) ζ Cygni				800) α Equulei				803) α Cephei			
	AR.		Dekl.		AR.		Dekl.		AR.		Dekl.		AR.		Dekl.	
1959	$21^h\ 7^m$		$-11°\ 31'$		$21^h\ 11^m$		$+30°\ 3'$		$21^h\ 13^m$		$+5°\ 4'$		$21^h\ 17^m$		$+62°\ 24'$	
	s		″		s		″		s		″		s		″	
Jan. 1	20.890	8	75.57	36	10.674	52	41.62	222	45.756	21	46.15	121	34.86	22	59.91	270
11	20.882	25	75.93	28	10.622	16	39.40	235	45.735	10	44.94	120	34.64	14	57.21	301
21	20.907	56	76.21	17	10.606	21	37.05	240	45.745	41	43.74	116	34.50	8	54.20	320
31	20.963	88	76.38	5	10.627	60	34.65	236	45.786	72	42.58	105	34.42	1	51.00	328
Febr. 10	21.051	118	76.43	11	10.687	99	32.29	221	45.858	103	41.53	89	34.43	10	47.72	322
20	21.169	148	76.32	28	10.786	137	30.08	197	45.961	133	40.64	68	34.53	17	44.50	303
März 2	21.317	177	76.04	47	10.923	174	28.11	164	46.094	164	39.96	41	34.70	26	41.47	272
12	21.494	204	75.57	68	11.097	210	26.47	124	46.258	192	39.55	11	34.96	33	38.75	232
22	21.698	230	74.89	87	11.307	242	25.23	79	46.450	220	39.44	20	35.29	39	36.43	182
April 1	21.928	254	74.02	107	11.549	270	24.44	30	46.670	244	39.64	53	35.68	45	34.61	125
11	22.182	274	72.95	125	11.819	294	24.14	20	46.914	265	40.17	86	36.13	48	33.36	65
21	22.456	290	71.70	138	12.113	311	24.34	70	47.179	282	41.03	116	36.61	52	32.71	2
Mai 1	22.746	301	70.32	149	12.424	320	25.04	118	47.461	293	42.19	142	37.13	53	32.69	59
11	23.047	305	68.83	154	12.744	323	26.22	161	47.754	297	43.61	165	37.66	52	33.28	119
21	23.352	302	67.29	156	13.067	316	27.83	199	48.051	295	45.26	183	38.18	50	34.47	174
31	23.654	292	65.73	153	13.383	302	29.82	231	48.346	285	47.09	194	38.68	47	36.21	224
Juni 10	23.946	275	64.20	145	13.685	280	32.13	257	48.631	268	49.03	200	39.15	43	38.45	266
20	24.221	251	62.75	134	13.965	250	34.70	274	48.899	244	51.03	201	39.58	37	41.11	301
30	24.472	219	61.41	118	14.215	214	37.44	285	49.143	213	53.04	196	39.95	30	44.12	329
Juli 10	24.691	183	60.23	100	14.429	172	40.29	289	49.356	177	55.00	187	40.25	23	47.41	348
20	24.874	141	59.23	81	14.601	126	43.18	286	49.533	137	56.87	174	40.48	15	50.89	358
30	25.015	97	58.42	61	14.727	79	46.04	277	49.670	93	58.61	157	40.63	7	54.47	361
Aug. 9	25.112	50	57.81	40	$_{10}$14.806	29	48.81	261	$_{10}$49.763	48	60.18	137	40.70	1	58.08	356
18	^{9}25.162	5	57.41	20	14.835	19	51.42	241	49.811	5	61.55	116	$_{11}$40.69	9	61.64	342
28	25.167	37	57.21	3	14.816	63	53.83	216	49.816	36	62.71	94	40.60	17	65.06	322
Sept. 7	25.130	76	57.18	14	14.753	104	55.99	188	49.780	74	63.65	71	40.43	24	68.28	295
17	25.054	110	57.32	27	14.649	138	57.87	156	49.706	106	64.36	49	40.19	30	71.23	262
27	24.944	135	57.59	37	14.511	165	59.43	120	49.600	131	64.85	26	39.89	35	73.85	223
Okt. 7	24.809	151	57.96	45	14.346	184	60.63	83	49.469	148	65.11	4	39.54	39	76.08	178
17	24.658	160	58.41	51	14.162	195	61.46	45	49.321	157	65.15	16	39.15	42	77.86	129
27	24.498	160	58.92	54	13.967	198	61.91	4	49.164	158	64.99	35	38.73	43	79.15	75
Nov. 6	24.338	151	59.46	55	13.769	193	61.95	37	49.006	151	64.64	54	38.30	44	79.90	19
16	24.187	135	60.01	54	13.576	179	61.58	77	48.855	138	64.10	72	37.86	42	80.09	38
26	24.052	114	60.55	54	13.397	161	60.81	116	48.717	118	63.38	88	37.44	40	79.71	96
Dez. 6	23.938	88	61.09	51	13.236	136	59.65	152	48.599	95	62.50	101	37.04	37	78.75	151
16	23.850	58	61.60	47	13.100	107	58.13	185	48.504	69	61.49	112	36.67	32	77.24	203
26	23.792	28	62.07	42	12.993	74	56.28	210	48.435	40	60.37	120	36.35	26	75.21	248
36	23.764		62.49		12.919		54.18		48.395		59.17		36.09		72.73	
Mittl. Ort	21.700		79.79		11.338		28.52		46.422		38.50		36.05		41.11	
sec δ, tg δ	+1.021		− 0.204		+1.155		+ 0.579		+1.004		+ 0.089		+2.159		+ 1.914	
a, *a′*	+3.3		+14.6		+2.6		+14.8		+3.0		+15.0		+1.4		+15.2	
b, *b′*	−0.01		+ 0.68		+0.03		+ 0.67		0.00		+ 0.66		+0.10		+ 0.65	

Tag	804) ι Pegasi AR.		804) ι Pegasi Dekl.		805) γ Pavonis[1] AR.		805) γ Pavonis[1] Dekl.		806) ζ Capricorni AR.		806) ζ Capricorni Dekl.		809) β Cephei AR.		809) β Cephei Dekl.	
1959	21h 20m		+19° 37′		21h 23m		−65° 32′		21h 24m		−22° 35′		21h 28m		+70° 22′	
	s		″		s		″		s		″		s		″	
Jan. 1	10.718	41	52.49	179	1.80	12	76.96	245	18.848	24	22.78	23	6.77	37	70.31	258
11	10.677	9	50.70	189	1.68	5	74.51	271	18.824	10	22.55	39	6.40	28	67.73	294
21	10.668	23	48.81	191	1.63	3	71.80	291	18.834	42	22.16	53	6.12	16	64.79	319
31	10.691	57	46.90	184	1.66	12	68.89	304	18.876	75	21.63	68	5.96	5	61.60	331
Febr. 10	10.748	92	45.06	169	1.78	20	65.85	309	18.951	108	20.95	83	5.91	7	58.29	331
20	10.840	126	43.37	146	1.98	28	62.76	306	19.059	140	20.12	98	5.98	19	54.98	318
März 2	10.966	159	41.91	117	2.26	35	59.70	298	19.199	171	19.14	113	6.17	30	51.80	292
12	11.125	192	40.74	81	2.61	41	56.72	284	19.370	201	18.01	126	6.47	41	48.88	253
22	11.317	222	39.93	41	3.02	47	53.88	263	19.571	230	16.75	138	6.88	50	46.35	207
April 1	11.539	249	39.52	1	3.49	52	51.25	238	19.801	257	15.37	149	7.38	58	44.28	153
11	11.788	272	39.53	45	4.01	57	48.87	207	20.058	280	13.88	155	7.96	63	42.75	94
21	12.060	291	39.98	87	4.58	60	46.80	172	20.338	299	12.33	159	8.59	68	41.81	31
Mai 1	12.351	302	40.85	127	5.18	63	45.08	134	20.637	314	10.74	158	9.27	70	41.50	31
11	12.653	307	42.12	162	5.81	63	43.74	92	20.951	321	9.16	154	9.97	69	41.81	92
21	12.960	304	43.74	193	6.44	63	42.82	49	21.272	322	7.62	145	10.66	67	42.73	150
31	13.264	293	45.67	217	7.07	61	42.33	4	21.594	315	6.17	131	11.33	63	44.23	203
Juni 10	13.557	275	47.84	236	7.68	57	42.29	42	21.909	299	4.86	114	11.96	56	46.26	248
20	13.832	249	50.20	247	8.25	53	42.71	85	22.208	276	3.72	94	12.52	49	48.74	288
30	14.081	217	52.67	252	8.78	46	43.56	126	22.484	246	2.78	71	13.01	40	51.62	320
Juli 10	14.298	180	55.19	252	9.24	39	44.82	163	22.730	209	2.07	47	13.41	31	54.82	344
20	14.478	138	57.71	245	9.63	30	46.45	196	22.939	167	1.60	23	13.72	20	58.26	358
30	14.616	93	60.16	232	9.93	21	48.41	221	23.106	120	1.37	0	13.92	9	61.84	366
Aug. 9	14.709	47	62.48	216	10.14	11	50.62	239	23.226	72	1.37	23	14.01	2	65.50	366
18	[12] 14.756	2	64.64	195	[13] 10.25	0	53.01	249	[13] 23.298	24	1.60	43	[14] 13.99	12	69.16	357
28	14.758	41	66.59	172	10.25	10	55.50	249	23.322	23	2.03	59	13.87	23	72.73	340
Sept. 7	14.717	80	68.31	145	10.15	19	57.99	239	23.299	66	2.62	71	13.64	32	76.13	316
17	14.637	113	69.76	117	9.96	27	60.38	221	23.233	102	3.33	79	13.32	41	79.29	287
27	14.524	139	70.93	87	9.69	34	62.59	193	23.131	132	4.12	82	12.91	48	82.16	250
Okt. 7	14.385	158	71.80	55	9.35	40	64.52	156	22.999	154	4.94	82	12.43	54	84.66	207
17	14.227	169	72.35	23	8.95	44	66.08	114	22.845	165	5.76	77	11.89	58	86.73	159
27	14.058	171	72.58	8	8.51	45	67.22	65	22.680	168	6.53	69	11.31	61	88.32	106
Nov. 6	13.887	167	72.50	41	8.06	44	67.87	14	22.512	163	7.22	58	10.70	63	89.38	49
16	13.720	155	72.09	73	7.62	42	68.01	39	22.349	149	7.80	45	10.07	62	89.87	10
26	13.565	138	71.36	102	7.20	38	67.62	91	22.200	129	8.25	31	9.45	60	89.77	69
Dez. 6	13.427	116	70.34	130	6.82	32	66.71	139	22.071	103	8.56	17	8.85	56	89.08	128
16	13.311	91	69.04	154	6.50	26	65.32	183	21.968	75	8.73	2	8.29	50	87.80	183
26	13.220	61	67.50	173	6.24	18	63.49	222	21.893	44	8.75	13	7.79	43	85.97	232
36	13.159		65.77		6.06		61.27		21.849		8.62		7.36		83.65	
Mittl. Ort	11.318		41.60		4.77		71.93		19.746		23.96		8.29		50.20	
sec δ, tg δ	+1.062		+ 0.357		+2.416		− 2.200		+1.083		− 0.416		+2.978		+ 2.805	
a, *a′*	+2.8		+15.4		+4.9		+15.5		+3.4		+15.6		+0.8		+15.8	
b, *b′*	+0.02		+ 0.64		−0.11		+ 0.63		−0.02		+ 0.63		+0.15		+ 0.62	

[1] Die jährliche Parallaxe (0″.113) ist bereits berücksichtigt.

Scheinbare Sternörter 1959

Obere Kulmination Greenwich

Tag	808) β Aquarii AR.	Δ	808) β Aquarii Dekl.	Δ	811) 74 Cygni AR.	Δ	811) 74 Cygni Dekl.	Δ	810) ν Octantis AR.	Δ	810) ν Octantis Dekl.	Δ	815) ε Pegasi AR.	Δ	815) ε Pegasi Dekl.	Δ
1959	21h 29m		−5° 44′		21h 35m		+40° 13′		21h 36m		−77° 33′		21h 42m		+9° 41′	
	s		″		s		″		s		″		s		″	
Jan. 1	23.383	28	64.27	64	17.590	102	58.88	231	53.78	39	93.16	278	9.748	47	18.59	131
11	23.355	2	64.91	58	17.488	63	56.57	254	53.39	24	90.38	309	9.701	19	17.28	136
21	23.357	31	65.49	49	17.425	21	54.03	267	53.15	7	87.29	331	9.682	10	15.92	134
31	23.388	62	65.98	37	17.404	22	51.36	270	53.08	9	83.98	344	9.692	41	14.58	125
Febr. 10	23.450	92	66.35	21	17.426	67	48.66	261	53.17	26	80.54	348	9.733	73	13.33	112
20	23.542	122	66.56	1	17.493	114	46.05	243	53.43	41	77.06	345	9.806	104	12.21	91
März 2	23.664	153	66.57	21	17.607	160	43.62	213	53.84	56	73.61	334	9.910	137	11.30	65
12	23.817	182	66.36	44	17.767	203	41.49	175	54.40	68	70.27	315	10.047	169	10.65	35
22	23.999	210	65.92	69	17.970	245	39.74	130	55.08	81	67.12	290	10.216	199	10.30	2
April 1	24.209	237	65.23	93	18.215	281	38.44	79	55.89	91	64.22	259	10.415	228	10.28	33
11	24.446	260	64.30	116	18.496	311	37.65	25	56.80	100	61.63	223	10.643	254	10.61	69
21	24.706	279	63.14	135	18.807	335	37.40	29	57.80	107	59.40	181	10.897	275	11.30	103
Mai 1	24.985	292	61.79	152	19.142	350	37.69	83	58.87	111	57.59	136	11.172	290	12.33	134
11	25.277	301	60.27	165	19.492	356	38.52	133	59.98	114	56.23	89	11.462	299	13.67	161
21	25.578	301	58.62	172	19.848	352	39.85	180	61.12	113	55.34	39	11.761	301	15.28	184
31	25.879	295	56.90	174	20.200	340	41.65	221	62.25	110	54.95	12	12.062	296	17.12	201
Juni 10	26.174	280	55.16	172	20.540	317	43.86	254	63.35	105	55.07	63	12.358	282	19.13	212
20	26.454	259	53.44	164	20.857	287	46.40	282	64.40	96	55.70	111	12.640	260	21.25	217
30	26.713	230	51.80	152	21.144	249	49.22	301	65.36	86	56.81	156	12.900	233	23.42	217
Juli 10	26.943	196	50.28	138	21.393	205	52.23	313	66.22	72	58.37	197	13.133	199	25.59	211
20	27.139	156	48.90	119	21.598	156	55.36	318	66.94	57	60.34	232	13.332	161	27.70	201
30	27.295	113	47.71	99	21.754	104	58.54	315	67.51	39	62.66	259	13.493	118	29.71	186
Aug. 9	27.408	69	46.72	78	21.858	50	61.69	305	67.90	22	65.25	279	13.611	74	31.57	168
18	[14] 27.477	25	45.94	56	[16] 21.908	2	64.74	290	[16] 68.12	2	68.04	288	[17] 13.685	30	33.25	147
28	27.502	18	45.38	36	21.906	52	67.64	269	68.14	16	70.92	287	13.715	12	34.72	125
Sept. 7	27.484	58	45.02	17	21.854	99	70.33	241	67.98	35	73.79	276	13.703	51	35.97	101
17	27.426	91	44.85	2	21.755	139	72.74	210	67.63	52	76.55	254	13.652	86	36.98	76
27	27.335	119	44.87	17	21.616	173	74.84	175	67.11	66	79.09	222	13.566	113	37.74	52
Okt. 7	27.216	138	45.04	30	21.443	198	76.59	135	66.45	78	81.31	180	13.453	133	38.26	27
17	27.078	149	45.34	41	21.245	215	77.94	92	65.67	86	83.11	131	13.320	147	38.53	3
27	26.929	152	45.75	50	21.030	225	78.86	47	64.81	92	84.42	77	13.173	153	38.56	20
Nov. 6	26.777	148	46.25	58	20.805	226	79.33	1	63.89	92	85.19	18	13.020	151	38.36	42
16	26.629	137	46.83	64	20.579	218	79.34	47	62.97	90	85.37	43	12.869	143	37.94	65
26	26.492	120	47.47	67	20.361	204	78.87	93	62.07	84	84.94	101	12.726	129	37.29	84
Dez. 6	26.372	98	48.14	69	20.157	183	77.94	138	61.23	74	83.93	157	12.597	110	36.45	102
16	26.274	73	48.83	70	19.974	156	76.56	179	60.49	63	82.36	208	12.487	89	35.43	117
26	26.201	46	49.53	69	19.818	125	74.77	214	59.86	49	80.28	252	12.398	64	34.26	129
36	26.155		50.22		19.693		72.63		59.37		77.76		12.334		32.97	
Mittl. Ort	24.061		69.01		18.154		43.36		59.80		86.23		10.269		10.32	
sec δ, tg δ	+1.005		− 0.101		+1.310		+0.846		+4.647		− 4.538		+1.014		+ 0.171	
a, a′	+3.2		+15.9		+2.4		+16.2		+6.6		+16.3		+2.9		+16.5	
b, b′	−0.01		+ 0.61		+0.05		+ 0.59		−0.25		+ 0.58		+0.01		+ 0.57	

Obere Kulmination Greenwich

Tag	819) δ Capricorni AR.		Dekl.		821) π² Cygni AR.		Dekl.		823) 16 Pegasi AR.		Dekl.		822) γ Gruis AR.		Dekl.	
1959	21h 44m		−16° 18′		21h 45m		+49° 7′		21h 51m		+25° 43′		21h 51m		−37° 33′	
	s		″		s		″		s		″		s		″	
Jan. 1	46.042	39	49.72	11 —	15.965	149	26.77	236	11.219	76	65.76	184	25.982	64	34.26	95
11	46.003	10 —	49.83	1	15.816	106	24.41	266	11.143	46	63.92	200	25.918	27 —	33.31	120
21	45.993	20	49.82	15	15.710	58	21.75	286	11.097	15 —	61.92	207	25.891	9	32.11	142
31	46.013	51	49.67	31	15.652	6 —	18.89	294	11.082	20	59.85	206	25.900	48	30.69	161
Febr. 10	46.064	81	49.36	48	15.646	49	15.95	290	11.102	56	57.79	197	25.948	86	29.08	178
20	46.145	113	48.88	65	15.695	106	13.05	275	11.158	93	55.82	178	26.034	124	27.30	192
März 2	46.258	145	48.23	83	15.801	161	10.30	249	11.251	130	54.04	151	26.158	162	25.38	201
12	46.403	175	47.40	102	15.962	215	7.81	212	11.381	168	52.53	117	26.320	199	23.37	208
22	46.578	206	46.38	119	16.177	265	5.69	168	11.549	204	51.36	78	26.519	235	21.29	211
April 1	46.784	234	45.19	135	16.442	309	4.01	116	11.753	236	50.58	35 —	26.754	269	19.18	211
11	47.018	261	43.84	149	16.751	346	2.85	60	11.989	266	50.23	11	27.023	300	17.07	205
21	47.279	282	42.35	159	17.097	375	2.25	2 —	12.255	290	50.34	57	27.323	326	15.02	196
Mai 1	47.561	299	40.76	165	17.472	393	2.23	55	12.545	307	50.91	101	27.649	346	13.06	181
11	47.860	310	39.11	167	17.865	401	2.78	110	12.852	317	51.92	142	27.995	360	11.25	163
21	48.170	314	37.44	164	18.266	398	3.88	162	13.169	319	53.34	179	28.355	366	9.62	139
31	48.484	310	35.80	157	18.664	383	5.50	209	13.488	312	55.13	209	28.721	363	8.23	113
Juni 10	48.794	298	34.23	145	19.047	359	7.59	249	13.800	297	57.22	235	29.084	350	7.10	84
20	49.092	278	32.78	129	19.406	324	10.08	282	14.097	275	59.57	254	29.434	330	6.26	51
30	49.370	251	31.49	109	19.730	282	12.90	308	14.372	245	62.11	265	29.764	300	5.75	18
Juli 10	49.621	218	30.40	88	20.012	232	15.98	326	14.617	209	64.76	271	30.064	261	5.57	16
20	49.839	179	29.52	65	20.244	177	19.24	336	14.826	168	67.47	269	30.325	217	5.73	47
30	50.018	135	28.87	41	20.421	119	22.60	339	14.994	124	70.16	262	30.542	166	6.20	77
Aug. 9	18 50.153	90	28.46	17 —	18 20.540	58 —	25.99	334	15.118	77	72.78	250	30.708	112	6.97	104
18*	50.243	43 —	28.29	5	20.598	1	29.33	322	20 15.195	30 —	75.28	232	20 30.820	56	8.01	125
28	50.286	2	28.34	25	20.597	58	32.55	303	15.225	14	77.60	211	30.876	2 —	9.26	141
Sept. 7	50.284	44	28.59	42	20.539	111	35.58	279	15.211	56	79.71	185	30.878	50	10.67	151
17	50.240	80	29.01	55	20.428	158	38.37	248	15.155	92	81.56	157	30.828	96	12.18	153
27	50.160	111	29.56	65	20.270	199	40.85	213	15.063	123	83.13	127	30.732	136	13.71	149
Okt. 7	50.049	134	30.21	70	20.071	231	42.98	172	14.940	146	84.40	93	30.596	166	15.20	139
17	49.915	148	30.91	72	19.840	254	44.70	127	14.794	163	85.33	59	30.430	186	16.59	122
27	49.767	154	31.63	71	19.586	268	45.97	80	14.631	171	85.92	24 —	30.244	197	17.81	99
Nov. 6	49.613	153	32.34	67	19.318	273	46.77	29 —	14.460	173	86.16	13	30.047	197	18.80	74
16	49.460	143	33.01	60	19.045	270	47.06	23	14.287	167	86.03	49	29.850	189	19.54	44
26	49.317	128	33.61	52	18.775	258	46.83	76	14.120	156	85.54	84	29.661	171	19.98	14 —
Dez. 6	49.189	107	34.13	43	18.517	238	46.07	126	13.964	140	84.70	117	29.490	147	20.12	17
16	49.082	84	34.56	33	18.279	210	44.81	173	13.824	119	83.53	148	29.343	118	19.95	48
26	48.998	57	34.89	21	18.069	177	43.08	216	13.705	94	82.05	173	29.225	85	19.47	76
36	48.941		35.10		17.892		40.92		13.611		80.32		29.140		18.71	
Mittl. Ort	46.776		51.32		16.527		9.33		11.646		53.48		27.100		30.80	
sec δ, tg δ	+1.042		− 0.293		+1.528		+ 1.155		+1.110		+ 0.482		+1.261		− 0.769	
a, a′	+3.3		+16.7		+2.2		+16.7		+2.7		+17.0		+3.6		+17.0	
b, b′	−0.02		+ 0.56		+0.06		+ 0.55		+0.03		+ 0.53		−0.04		+ 0.53	

* Bei Stern 823) und 822) lies Aug. 19.

Scheinbare Sternörter 1959

Obere Kulmination Greenwich

Tag	827) α Aquarii AR.		827) α Aquarii Dekl.		830) 20 Cephei AR.		830) 20 Cephei Dekl.		828) ι Aquarii AR.		828) ι Aquarii Dekl.		829) α Gruis AR.		829) α Gruis Dekl.	
1959	22h 3m		−0° 30′		22h 3m		+62° 34′		22h 4m		−14° 3′		22h 5m		−47° 9′	
	s		″		s		″		s		″		s		″	
Jan. 1	40.181	56	66.07	84	45.00	29	87.01	224	12.823	55	68.45	24	38.065	103	43.68	134
11	40.125	30	66.91	80	44.71	23	84.77	264	12.768	28	68.69	10	37.962	62	42.34	165
21	40.095	3	67.71	74	44.48	16	82.13	294	12.740	0	68.79	4	37.900	18	40.69	191
31	40.092	25	68.45	62	44.32	8	79.19	312	12.740	29	68.75	19	37.882	26	38.78	214
Febr. 10	40.117	54	69.07	47	44.24	0	76.07	318	12.769	60	68.56	37	37.908	71	36.64	232
20	40.171	86	69.54	28	44.24	8	72.89	311	12.829	90	68.19	56	37.979	117	34.32	244
März 2	40.257	117	69.82	5	44.32	17	69.78	292	12.919	123	67.63	75	38.096	162	31.88	253
12	40.374	150	69.87	20	44.49	25	66.86	260	13.042	155	66.88	96	38.258	205	29.35	256
22	40.524	181	69.67	48	44.74	32	64.26	220	13.197	186	65.92	115	38.463	249	26.79	253
April 1	40.705	212	69.19	75	45.06	39	62.06	171	13.383	217	64.77	133	38.712	290	24.26	247
11	40.917	240	68.44	102	45.45	45	60.35	116	13.600	246	63.44	149	39.002	326	21.79	235
21	41.157	264	67.42	128	45.90	49	59.19	57	13.846	270	61.95	162	39.328	359	19.44	218
Mai 1	41.421	282	66.14	150	46.39	52	58.62	4	14.116	290	60.33	171	39.687	384	17.26	195
11	41.703	296	64.64	167	46.91	54	58.66	64	14.406	304	58.62	176	40.071	403	15.31	169
21	41.999	302	62.97	181	47.45	53	59.30	122	14.710	311	56.86	176	40.474	412	13.62	138
31	42.301	300	61.16	189	47.98	51	60.52	175	15.021	310	55.10	170	40.886	412	12.24	104
Juni 10	42.601	291	59.27	192	48.49	49	62.27	223	15.331	302	53.40	160	41.298	402	11.20	66
20	42.892	274	57.35	189	48.98	44	64.50	265	15.633	284	51.80	147	41.700	380	10.54	27
30	43.166	250	55.46	181	49.42	38	67.15	300	15.917	260	50.33	128	42.080	349	10.27	13
Juli 10	43.416	218	53.65	169	49.80	32	70.15	327	16.177	230	49.05	107	42.429	308	10.40	51
20	43.634	183	51.96	154	50.12	24	73.42	346	16.407	192	47.98	84	42.737	259	10.91	88
30	43.817	142	50.42	135	50.36	17	76.88	358	16.599	151	47.14	59	42.996	203	11.79	122
Aug. 9	43.959	99	49.07	114	50.53	9	80.46	362	16.750	107	46.55	35	43.199	143	13.01	150
19	44.058	55	47.93	92	50.62	1	84.08	357	16.857	61	46.20	11	43.342	79	14.51	173
28	^{23}44.113	13	47.01	70	^{23}50.63	7	87.65	345	^{23}16.918	16	46.09	10	^{23}43.421	16	16.24	189
Sept. 7	44.126	27	46.31	48	50.56	14	91.10	327	16.934	25	46.19	30	43.437	45	18.13	198
17	44.099	62	45.83	26	50.42	21	94.37	300	16.909	63	46.49	45	43.392	101	20.11	198
27	44.037	92	45.57	7	50.21	27	97.37	268	16.846	95	46.94	58	43.291	149	22.09	189
Okt. 7	43.945	116	45.50	12	49.94	33	100.05	229	16.751	119	47.52	67	43.142	189	23.98	173
17	43.829	132	45.62	27	49.61	36	102.34	185	16.632	137	48.19	71	42.953	217	25.71	150
27	43.697	140	45.89	41	49.25	39	104.19	136	16.495	145	48.90	73	42.736	233	27.21	120
Nov. 6	43.557	142	46.30	54	48.86	41	105.55	83	16.350	147	49.63	71	42.503	239	28.41	84
16	43.415	137	46.84	64	48.45	42	106.38	26	16.203	142	50.34	66	42.264	234	29.25	47
26	43.278	126	47.48	72	48.03	41	106.64	32	16.061	130	51.00	61	42.030	218	29.72	6
Dez. 6	43.152	111	48.20	79	47.62	39	106.32	91	15.931	114	51.61	53	41.812	194	29.78	34
16	43.041	93	48.99	84	47.23	36	105.41	146	15.817	94	52.14	43	41.618	162	29.44	74
26	42.948	70	49.83	86	46.87	33	103.95	197	15.723	70	52.57	32	41.456	127	28.70	110
36	42.878		50.69		46.54		101.98		15.653		52.89		41.329		27.60	
Mittl. Ort	40.670		71.08		45.58		66.91		13.449		69.75		39.445		37.48	
sec δ, tg δ	+1.000		− 0.009		+2.172		+ 1.928		+1.031		− 0.251		+1.471		− 1.078	
a, a′	+3.1		+17.5		+1.8		+17.5		+3.2		+17.5		+3.8		+17.6	
b, b′	0.00		+ 0.49		+0.11		+ 0.49		−0.01		+ 0.48		−0.06		+ 0.48	

Obere Kulmination Greenwich

Tag	834) θ Pegasi AR.		834) θ Pegasi Dekl.		835) π Pegasi AR.		835) π Pegasi Dekl.	
1959	22h 8m		+5° 59′		22h 8m		+32° 58′	
	s		″		s		″	
Jan. 1	7.408	62	50.69	109	9.473	105	49.18	191
11	7.346	37	49.60	111	9.368	75	47.27	214
21	7.309	10	48.49	108	9.293	43	45.13	227
31	7.299	18	47.41	99	9.250	7	42.86	232
Febr. 10	7.317	48	46.42	86	9.243	32	40.54	227
20	7.365	79	45.56	67	9.275	74	38.27	213
März 2	7.444	112	44.89	43	9.349	115	36.14	188
12	7.556	145	44.46	16	9.464	157	34.26	157
22	7.701	178	44.30	15	9.621	199	32.69	117
April 1	7.879	210	44.45	46	9.820	236	31.52	72
11	8.089	238	44.91	79	10.056	270	30.80	25
21	8.327	263	45.70	109	10.326	298	30.55	25
Mai 1	8.590	283	46.79	136	10.624	319	30.80	73
11	8.873	296	48.15	161	10.943	333	31.53	119
21	9.169	302	49.76	181	11.276	336	32.72	162
31	9.471	302	51.57	195	11.612	332	34.34	200
Juni 10	9.773	292	53.52	204	11.944	319	36.34	231
20	10.065	275	55.56	208	12.263	297	38.65	257
30	10.340	251	57.64	205	12.560	267	41.22	275
Juli 10	10.591	220	59.69	197	12.827	231	43.97	287
20	10.811	184	61.66	186	13.058	188	46.84	292
30	10.995	144	63.52	171	13.246	142	49.76	290
Aug. 9	11.139	101	65.23	151	13.388	95	52.66	281
19	11.240	58	66.74	131	13.483	46	55.47	268
28	^{24}11.298	16	68.05	108	^{24}13.529	2	58.15	249
Sept. 7	11.314	24	69.13	85	13.527	45	60.64	225
17	11.290	60	69.98	62	13.482	85	62.89	198
27	11.230	90	70.60	39	13.397	120	64.87	166
Okt. 7	11.140	113	70.99	17	13.277	147	66.53	132
17	11.027	130	71.16	4	13.130	167	67.85	95
27	10.897	140	71.12	23	12.963	180	68.80	56
Nov. 6	10.757	142	70.89	42	12.783	185	69.36	16
16	10.615	138	70.47	60	12.598	185	69.52	26
26	10.477	129	69.87	75	12.413	177	69.26	67
Dez. 6	10.348	115	69.12	88	12.236	164	68.59	106
16	10.233	97	68.24	99	12.072	146	67.53	144
26	10.136	77	67.25	108	11.926	123	66.09	176
36	10.059		66.17		11.803		64.33	
Mittl. Ort	7.826		43.97		9.787		35.12	
sec δ, tg δ	+1.005		+ 0.105		+1.192		+ 0.649	
a, *a′*	+3.0		+17.7		+2.7		+17.7	
b, *b′*	+0.01		+ 0.47		+0.04		+ 0.47	

Tag	837) 24 Cephei AR.		837) 24 Cephei Dekl.		836) ζ Cephei AR.		836) ζ Cephei Dekl.	
1959	22h 8m		+72° 8′		22h 9m		+57° 59′	
	s		″		s		″	
Jan. 1	60.51	50	42.42	212	25.249	240	74.76	218
11	60.01	40	40.30	258	25.009	191	72.58	257
21	59.61	30	37.72	292	24.818	134	70.01	286
31	59.31	19	34.80	315	24.684	70	67.15	303
Febr. 10	59.12	6	31.65	327	24.614	2	64.12	308
20	59.06	8	28.38	325	24.612	70	61.04	302
März 2	59.14	21	25.13	310	24.682	143	58.02	282
12	59.35	33	22.03	283	24.825	213	55.20	251
22	59.68	45	19.20	245	25.038	280	52.69	212
April 1	60.13	55	16.75	198	25.318	341	50.57	163
11	60.68	63	14.77	144	25.659	392	48.94	109
21	61.31	70	13.33	86	26.051	432	47.85	51
Mai 1	62.01	74	12.47	24	26.483	460	47.34	8
11	62.75	76	12.23	37	26.943	475	47.42	67
21	63.51	76	12.60	96	27.418	476	48.09	124
31	64.27	73	13.56	153	27.894	465	49.33	175
Juni 10	65.00	68	15.09	204	28.359	439	51.08	222
20	65.68	61	17.13	250	28.798	403	53.30	263
30	66.29	54	19.63	289	29.201	356	55.93	297
Juli 10	66.83	44	22.52	320	29.557	299	58.90	322
20	67.27	34	25.72	344	29.856	236	62.12	341
30	67.61	23	29.16	360	30.092	169	65.53	352
Aug. 9	67.84	11	32.76	369	30.261	99	69.05	354
19	67.95	1	36.45	369	30.360	28	72.59	349
28	^{24}67.94	12	40.14	361	^{24}30.388	41	76.08	337
Sept. 7	67.82	22	43.75	346	30.347	106	79.45	318
17	67.60	32	47.21	324	30.241	166	82.63	292
27	67.28	42	50.45	294	30.075	219	85.55	260
Okt. 7	66.86	50	53.39	257	29.856	263	88.15	222
17	66.36	56	55.96	214	29.593	299	90.37	178
27	65.80	61	58.10	166	29.294	325	92.15	130
Nov. 6	65.19	65	59.76	111	28.969	342	93.45	79
16	64.54	67	60.87	54	28.627	347	94.24	23
26	63.87	66	61.41	6	28.280	342	94.47	33
Dez. 6	63.21	65	61.35	68	27.938	328	94.14	88
16	62.56	61	60.67	127	27.610	304	93.26	143
26	61.95	54	59.40	182	27.306	269	91.83	193
36	61.41		57.58		27.037		89.90	
Mittl. Ort	61.35		20.97		25.672		55.32	
sec δ, tg δ	+3.260		+ 3.103		+1.887		+ 1.600	
a, *a′*	+1.1		+17.7		+2.1		+17.8	
b, *b′*	+0.18		+ 0.47		+0.09		+ 0.46	

Scheinbare Sternörter 1959

Obere Kulmination Greenwich

Tag	840) ϑ Aquarii AR.		840) ϑ Aquarii Dekl.		841) α Tucanae AR.		841) α Tucanae Dekl.		842) γ Aquarii AR.		842) γ Aquarii Dekl.		844) β Lacertae AR.		844) β Lacertae Dekl.	
1959	22h 14m		−7° 58′		22h 15m		−60° 27′		22h 19m		−1° 35′		22h 21m		+52° 1′	
	s		″		s		″		s		″		s		″	
Jan. 1	39.738	62	74.85	50	40.53	19	62.06	185	31.879	66	36.25	77	56.332	202	41.72	205
11	39.676	36	75.35	42	40.34	13	60.21	222	31.813	42	37.02	73	56.130	163	39.67	241
21	39.640	11	75.77	31	40.21	7	57.99	253	31.771	17	37.75	65	55.967	117	37.26	269
31	39.629	17	76.08	16	40.14	1	55.46	278	31.754	10	38.40	54	55.850	66	34.57	286
Febr. 10	39.646	46	76.24	0	40.13	6	52.68	295	31.764	39	38.94	38	55.784	10	31.71	291
20	39.692	77	76.24	20	40.19	12	49.73	306	31.803	70	39.32	19	55.774	51	28.80	285
März 2	39.769	109	76.04	41	40.31	18	46.67	310	31.873	102	39.51	3	55.825	112	25.95	268
12	39.878	142	75.63	64	40.49	25	43.57	308	31.975	135	39.48	27	55.937	173	23.27	239
22	40.020	174	74.99	87	40.74	31	40.49	299	32.110	168	39.21	54	56.110	232	20.88	201
April 1	40.194	206	74.12	109	41.05	36	37.50	283	32.278	200	38.67	81	56.342	287	18.87	154
11	40.400	235	73.03	131	41.41	41	34.67	263	32.478	230	37.86	108	56.629	334	17.33	103
21	40.635	260	71.72	149	41.82	46	32.04	237	32.708	257	36.78	131	56.963	373	16.30	47
Mai 1	40.895	282	70.23	165	42.28	49	29.67	204	32.965	278	35.47	152	57.336	402	15.83	10
11	41.177	297	68.58	175	42.77	52	27.63	168	33.243	293	33.95	170	57.738	420	15.93	66
21	41.474	305	66.83	182	43.29	54	25.95	128	33.536	302	32.25	182	58.158	426	16.59	120
31	41.779	306	65.01	182	43.83	53	24.67	83	33.838	303	30.43	190	58.584	420	17.79	170
Juni 10	42.085	298	63.19	178	44.36	53	23.84	38	34.141	296	28.53	191	59.004	402	19.49	216
20	42.383	284	61.41	169	44.89	50	23.46	8	34.437	282	26.62	188	59.406	374	21.65	254
30	42.667	261	59.72	156	45.39	46	23.54	55	34.719	260	24.74	180	59.780	336	24.19	286
Juli 10	42.928	231	58.16	139	45.85	40	24.09	100	34.979	230	22.94	168	60.116	289	27.05	311
20	43.159	195	56.77	118	46.25	35	25.09	140	35.209	196	21.26	152	60.405	236	30.16	329
30	43.354	156	55.59	97	46.60	27	26.49	177	35.405	157	19.74	132	60.641	178	33.45	338
Aug. 9	43.510	114	54.62	73	46.87	20	28.26	207	35.562	115	18.42	110	60.819	117	36.83	341
19	43.624	69	53.89	49	47.07	11	30.33	230	35.677	71	17.32	88	60.936	56	40.24	336
28	26 43.693	26	53.40	26	26 47.18	2	32.63	245	27 35.748	29	16.44	65	28 60.992	5	43.60	323
Sept. 7	43.719	16	53.14	5	47.20	6	35.08	250	35.777	11	15.79	43	60.987	63	46.83	305
17	43.703	52	53.09	14	47.14	14	37.58	245	35.766	48	15.36	21	60.924	115	49.88	281
27	43.651	84	53.23	30	47.00	20	40.03	231	35.718	79	15.15	2	60.809	163	52.69	249
Okt. 7	43.567	108	53.53	44	46.80	27	42.34	207	35.639	104	15.13	16	60.646	202	55.18	213
17	43.459	127	53.97	53	46.53	31	44.41	174	35.535	122	15.29	31	60.444	235	57.31	172
27	43.332	137	54.50	61	46.22	34	46.15	135	35.413	133	15.60	44	60.209	258	59.03	127
Nov. 6	43.195	140	55.11	66	45.88	36	47.50	89	35.280	137	16.04	56	59.951	274	60.30	77
16	43.055	137	55.77	68	45.52	35	48.39	39	35.143	135	16.60	64	59.677	281	61.07	25
26	42.918	128	56.45	68	45.17	34	48.78	12	35.008	127	17.24	71	59.396	279	61.32	27
Dez. 6	42.790	114	57.13	66	44.83	31	48.66	62	34.881	115	17.95	77	59.117	269	61.05	81
16	42.676	96	57.79	63	44.52	27	48.04	112	34.766	99	18.72	79	58.848	251	60.24	133
26	42.580	76	58.42	57	44.25	23	46.92	158	34.667	79	19.51	79	58.597	224	58.91	179
36	42.504		58.99		44.02		45.34		34.588		20.30		58.373		57.12	
Mittl. Ort	40.247		77.37		42.64		53.16		32.302		40.44		56.564		23.26	
sec δ, tg δ	+1.010		− 0.140		+2.029		− 1.765		+1.000		− 0.028		+1.625		+ 1.281	
a, *a′*	+3.2		+18.0		+4.1		+18.0		+3.1		+18.1		+2.4		+18.2	
b, *b′*	−0.01		+0.44		−0.11		+ 0.44		0.00		+ 0.42		+0.08		+ 0.41	

Obere Kulmination Greenwich

Tag	848) α Lacertae AR.		848) α Lacertae Dekl.		850) η Aquarii AR.		850) η Aquarii Dekl.	
1959	22h 29m		+50° 4′		22h 33m		−0° 19′	
	s		″		s		″	
Jan. 1	35.670	194	34.72	196	14.607	75	41.56	81
11	35.476	159	32.76	232	14.532	53	42.37	77
21	35.317	117	30.44	259	14.479	30	43.14	70
31	35.200	69	27.85	277	14.449	3	43.84	59
Febr. 10	35.131	17	25.08	284	14.446	25	44.43	44
20	35.114	40	22.24	278	14.471	55	44.87	26
März 2	35.154	99	19.46	261	14.526	88	45.13	3
12	35.253	159	16.85	234	14.614	121	45.16	21
22	35.412	215	14.51	197	14.735	156	44.95	48
April 1	35.627	269	12.54	153	14.891	189	44.47	75
11	35.896	316	11.01	102	15.080	220	43.72	102
21	36.212	356	9.99	48	15.300	249	42.70	127
Mai 1	36.568	386	9.51	8	15.549	272	41.43	150
11	36.954	405	9.59	63	15.821	290	39.93	168
21	37.359	413	10.22	117	16.111	301	38.25	182
31	37.772	410	11.39	166	16.412	304	36.43	192
Juni 10	38.182	395	13.05	210	16.716	299	34.51	195
20	38.577	370	15.15	249	17.015	287	32.56	193
30	38.947	335	17.64	281	17.302	266	30.63	186
Juli 10	39.282	292	20.45	306	17.568	239	28.77	175
20	39.574	241	23.51	323	17.807	206	27.02	159
30	39.815	187	26.74	333	18.013	168	25.43	141
Aug. 9	40.002	128	30.07	336	18.181	127	24.02	120
19	40.130	69	33.43	331	18.308	85	22.82	97
29	40.199	11	36.74	320	18.393	42	21.85	74
Sept. 7	29 40.210	44	39.94	301	30 18.435	1	21.11	50
17	40.166	96	42.95	278	18.436	35	20.61	29
27	40.070	142	45.73	248	18.401	67	20.32	8
Okt. 7	39.928	182	48.21	213	18.334	94	20.24	10
17	39.746	213	50.34	174	18.240	113	20.34	27
27	39.533	237	52.08	129	18.127	126	20.61	41
Nov. 6	39.296	253	53.37	80	18.001	133	21.02	53
16	39.043	262	54.17	30	17.868	132	21.55	63
26	38.781	261	54.47	21	17.736	128	22.18	71
Dez. 6	38.520	253	54.26	74	17.608	118	22.89	77
16	38.267	238	53.52	124	17.490	104	23.66	81
26	38.029	215	52.28	170	17.386	87	24.47	83
36	37.814		50.58		17.299		25.30	
Mittl. Ort	35.820		16.63		14.951		45.66	
sec δ, tg δ	+1.558		+ 1.195		+1.000		− 0.006	
a, *a′*	+2.5		+18.5		+3.1		+18.6	
b, *b′*	+0.07		+ 0.38		0.00		+ 0.37	

Tag	851) 31 Cephei AR.		851) 31 Cephei Dekl.		852) 10 Lacertae AR.		852) 10 Lacertae Dekl.	
1959	22h 34m		+73° 25′		22h 37m		+38° 50′	
	s		″		s		″	
Jan. 1	44.96	58	70.68	181	24.932	143	26.46	179
11	44.38	50	68.87	230	24.789	117	24.67	207
21	43.88	40	66.57	270	24.672	86	22.60	229
31	43.48	28	63.87	301	24.586	49	20.31	241
Febr. 10	43.20	15	60.86	319	24.537	8	17.90	244
20	43.05	0	57.67	325	24.529	36	15.46	236
März 2	43.05	13	54.42	317	24.565	83	13.10	218
12	43.18	27	51.25	297	24.648	131	10.92	190
22	43.45	41	48.28	265	24.779	178	9.02	155
April 1	43.86	53	45.63	224	24.957	223	7.47	113
11	44.39	63	43.39	174	25.180	264	6.34	66
21	45.02	71	41.65	118	25.444	299	5.68	17
Mai 1	45.73	77	40.47	60	25.743	327	5.51	34
11	46.50	81	39.87	0	26.070	347	5.85	84
21	47.31	82	39.87	61	26.417	357	6.69	131
31	48.13	80	40.48	119	26.774	357	8.00	174
Juni 10	48.93	76	41.67	172	27.131	348	9.74	211
20	49.69	71	43.39	222	27.479	330	11.85	243
30	50.40	64	45.61	264	27.809	302	14.28	269
Juli 10	51.04	54	48.25	301	28.111	268	16.97	288
20	51.58	44	51.26	330	28.379	226	19.85	299
30	52.02	32	54.56	351	28.605	180	22.84	303
Aug. 9	52.34	21	58.07	365	28.785	131	25.87	302
19	52.55	9	61.72	371	28.916	81	28.89	294
29	52.64	4	65.43	369	28.997	32	31.83	280
Sept. 7	31 52.60	15	69.12	359	31 29.029	16	34.63	260
17	52.45	26	72.71	342	29.013	60	37.23	236
27	52.19	36	76.13	318	28.953	99	39.59	207
Okt. 7	51.83	46	79.31	285	28.854	131	41.66	174
17	51.37	54	82.16	246	28.723	158	43.40	137
27	50.83	61	84.62	201	28.565	178	44.77	98
Nov. 6	50.22	66	86.63	149	28.387	190	45.75	56
16	49.56	69	88.12	94	28.197	196	46.31	12
26	48.87	71	89.06	34	28.001	196	46.43	33
Dez. 6	48.16	71	89.40	28	27.805	190	46.10	77
16	47.45	68	89.12	89	27.615	177	45.33	119
26	46.77	63	88.23	147	27.438	160	44.14	158
36	46.14		86.76		27.278		42.56	
Mittl. Ort	45.29		48.70		25.022		11.03	
sec δ, tg δ	+3.507		+ 3.361		+1.284		+ 0.805	
a, *a′*	+1.4		+18.7		+2.7		+18.8	
b, *b′*	+0.21		+ 0.36		+0.05		+ 0.35	

Scheinbare Sternörter 1959

Obere Kulmination Greenwich

Tag	855) ζ Pegasi AR.	Diff.	855) ζ Pegasi Dekl.	Diff.	856) β Gruis AR.	Diff.	856) β Gruis Dekl.	Diff.
1959	22h 39m		+10° 36′		22h 40m		−47° 5′	
	s		″		s		″	
Jan. 1	24.710	86	67.91	115	12.446	142	67.13	111
11	24.624	64	66.76	121	12.304	106	66.02	147
21	24.560	42	65.55	123	12.198	68	64.55	181
31	24.518	15	64.32	117	12.130	26	62.74	208
Febr. 10	24.503	14	63.15	107	12.104	17	60.66	231
20	24.517	46	62.08	92	12.121	61	58.35	250
März 2	24.563	80	61.16	69	12.182	108	55.85	264
12	24.643	115	60.47	42	12.290	154	53.21	271
22	24.758	151	60.05	13	12.444	200	50.50	274
April 1	24.909	186	59.92	20	12.644	245	47.76	272
11	25.095	219	60.12	55	12.889	288	45.04	263
21	25.314	249	60.67	88	13.177	327	42.41	250
Mai 1	25.563	273	61.55	119	13.504	359	39.91	230
11	25.836	292	62.74	148	13.863	385	37.61	204
21	26.128	303	64.22	173	14.248	403	35.57	175
31	26.431	307	65.95	192	14.651	411	33.82	141
Juni 10	26.738	302	67.87	206	15.062	408	32.41	103
20	27.040	289	69.93	215	15.470	394	31.38	62
30	27.329	269	72.08	218	15.864	371	30.76	20
Juli 10	27.598	242	74.26	215	16.235	337	30.56	22
20	27.840	208	76.41	208	16.572	295	30.78	64
30	28.048	171	78.49	195	16.867	243	31.42	102
Aug. 9	28.219	130	80.44	179	17.110	186	32.44	136
19	28.349	87	82.23	160	17.296	125	33.80	166
29	28.436	45	83.83	139	17.421	63	35.46	188
Sept. 7	[1] 28.481	5	85.22	115	[1] 17.484	1	37.34	204
17	28.486	32	86.37	92	17.485	57	39.38	211
27	28.454	65	87.29	67	17.428	109	41.49	208
Okt. 7	28.389	91	87.96	43	17.319	153	43.57	198
17	28.298	112	88.39	20	17.166	189	45.55	179
27	28.186	125	88.59	3	16.977	214	47.34	152
Nov. 6	28.061	134	88.56	25	16.763	228	48.86	119
16	27.927	136	88.31	46	16.535	231	50.05	82
26	27.791	132	87.85	66	16.304	225	50.87	40
Dez. 6	27.659	124	87.19	83	16.079	211	51.27	2
16	27.535	113	86.36	98	15.868	188	51.25	44
26	27.422	97	85.38	111	15.680	161	50.81	85
36	27.325		84.27		15.519		49.96	
Mittl. Ort	24.931		60.65		13.639		58.55	
sec δ, tg δ	+1.017		+ 0.187		+1.469		− 1.076	
a, *a′*	+3.0		+18.8		+3.6		+18.8	
b, *b′*	+0.01		+ 0.34		−0.07		+ 0.34	

Tag	857) η Pegasi AR.	Diff.	857) η Pegasi Dekl.	Diff.	859) λ Pegasi AR.	Diff.	859) λ Pegasi Dekl.	Diff.
1959	22h 41m		+30° 0′		22h 44m		+23° 20′	
	s		″		s		″	
Jan. 1	4.492	119	35.93	162	33.073	106	69.01	146
11	4.373	95	34.31	184	32.967	84	67.55	163
21	4.278	68	32.47	200	32.883	60	65.92	174
31	4.210	37	30.47	207	32.823	32	64.18	178
Febr. 10	4.173	2	28.40	206	32.791	1	62.40	174
20	4.171	36	26.34	196	32.792	36	60.66	161
März 2	4.207	77	24.38	176	32.828	73	59.05	142
12	4.284	120	22.62	149	32.901	113	57.63	115
22	4.404	162	21.13	115	33.014	152	56.48	81
April 1	4.566	203	19.98	75	33.166	191	55.67	45
11	4.769	240	19.23	32	33.357	227	55.22	4
21	5.009	273	18.91	14	33.584	260	55.18	37
Mai 1	5.282	300	19.05	59	33.844	285	55.55	79
11	5.582	319	19.64	103	34.129	305	56.34	117
21	5.901	331	20.67	144	34.434	317	57.51	153
31	6.232	333	22.11	180	34.751	321	59.04	184
Juni 10	6.565	326	23.91	212	35.072	315	60.88	210
20	6.891	310	26.03	237	35.387	302	62.98	231
30	7.201	287	28.40	256	35.689	280	65.29	244
Juli 10	7.488	256	30.96	269	35.969	251	67.73	252
20	7.744	218	33.65	275	36.220	217	70.25	254
30	7.962	177	36.40	275	36.437	177	72.79	250
Aug. 9	8.139	133	39.15	269	36.614	134	75.29	240
19	8.272	86	41.84	257	36.748	91	77.69	227
29	8.358	40	44.41	241	36.839	47	79.96	208
Sept. 7	[1] 8.398	3	46.82	220	[2] 36.886	4	82.04	187
17	8.395	44	49.02	196	36.890	34	83.91	162
27	8.351	80	50.98	167	36.856	68	85.53	136
Okt. 7	8.271	109	52.65	137	36.788	97	86.89	107
17	8.162	133	54.02	104	36.691	119	87.96	76
27	8.029	150	55.06	68	36.572	135	88.72	46
Nov. 6	7.879	162	55.74	32	36.437	146	89.18	14
16	7.717	166	56.06	6	36.291	151	89.32	19
26	7.551	165	56.00	43	36.140	149	89.13	50
Dez. 6	7.386	159	55.57	80	35.991	143	88.63	81
16	7.227	148	54.77	115	35.848	133	87.82	109
26	7.079	132	53.62	146	35.715	118	86.73	134
36	6.947		52.16		35.597		85.39	
Mittl. Ort	4.588		22.92		33.181		57.98	
sec δ, tg δ	+1.155		+ 0.577		+1.089		+ 0.432	
a, *a′*	+2.8		+18.9		+2.9		+19.0	
b, *b′*	+0.04		+ 0.34		+0.03		+ 0.32	

Obere Kulmination Greenwich

Tag	860) ε Gruis AR.		860) ε Gruis Dekl.		863) ι Cephei AR.		863) ι Cephei Dekl.	
1959	22h 46m		−51° 31′		22h 48m		+65° 58′	
	s		″		s		″	
Jan. 1	3.908	170	68.28	124	12.86	39	85.43	172
11	3.738	131	67.04	164	12.47	34	83.71	221
21	3.607	89	65.40	199	12.13	28	81.50	260
31	3.518	44	63.41	228	11.85	20	78.90	290
Febr. 10	3.474	4	61.13	253	11.65	11	76.00	308
20	3.478	53	58.60	271	11.54	2	72.92	314
März 2	3.531	103	55.89	284	11.52	8	69.78	307
12	3.634	154	53.05	291	11.60	18	66.71	288
22	3.788	206	50.14	293	11.78	27	63.83	258
April 1	3.994	255	47.21	287	12.05	36	61.25	217
11	4.249	302	44.34	277	12.41	44	59.08	169
21	4.551	344	41.57	260	12.85	50	57.39	115
Mai 1	4.895	380	38.97	238	13.35	55	56.24	58
11	5.275	410	36.59	209	13.90	58	55.66	2
21	5.685	430	34.50	176	14.48	60	55.68	60
31	6.115	440	32.74	139	15.08	60	56.28	117
Juni 10	6.555	438	31.35	97	15.68	58	57.45	170
20	6.993	426	30.38	54	16.26	54	59.15	217
30	7.419	401	29.84	10	16.80	50	61.32	260
Juli 10	7.820	367	29.74	35	17.30	43	63.92	295
20	8.187	322	30.09	79	17.73	36	66.87	323
30	8.509	267	30.88	119	18.09	29	70.10	344
Aug. 9	8.776	207	32.07	155	18.38	20	73.54	358
19	8.983	141	33.62	185	18.58	11	77.12	363
29	9.124	74	35.47	208	18.69	3	80.75	360
Sept. 7	[3] 9.198	6	37.55	223	[3] 18.72	5	84.35	351
17	9.204	58	39.78	229	18.67	14	87.86	334
27	9.146	116	42.07	226	18.53	21	91.20	310
Okt. 7	9.030	166	44.33	214	18.32	28	94.30	278
17	8.864	207	46.47	192	18.04	33	97.08	241
27	8.657	236	48.39	162	17.71	39	99.49	196
Nov. 6	8.421	254	50.01	127	17.32	42	101.45	147
16	8.167	261	51.28	85	16.90	45	102.92	92
26	7.906	256	52.13	40	16.45	46	103.84	35
Dez. 6	7.650	241	52.53	6	15.99	46	104.19	24
16	7.409	219	52.47	52	15.53	45	103.95	83
26	7.190	189	51.95	97	15.08	42	103.12	140
36	7.001		50.98		14.66		101.72	
Mittl. Ort	5.254		58.49		12.82		64.36	
sec δ, tg δ	+1.608		− 1.259		+2.457		+ 2.244	
a, *a′*	+3.6		+19.0		+2.1		+19.1	
b, *b′*	−0.08		+ 0.32		+0.14		+ 0.31	

Tag	1599) 69 G. Gruis AR.		1599) 69 G. Gruis Dekl.		864) λ Aquarii AR.		864) λ Aquarii Dekl.	
1959	22h 48m		−39° 22′		22h 50m		−7° 47′	
	s		″		s		″	
Jan. 1	41.580	123	35.66	74	28.207	84	52.60	53
11	41.457	94	34.92	106	28.123	65	53.13	42
21	41.363	63	33.86	138	28.058	43	53.55	29
31	41.300	29	32.48	165	28.015	18	53.84	14
Febr. 10	41.271	9	30.83	190	27.997	9	53.98	3
20	41.280	47	28.93	211	28.006	40	53.95	22
März 2	41.327	87	26.82	227	28.046	72	53.73	44
12	41.414	128	24.55	240	28.118	105	53.29	67
22	41.542	171	22.15	248	28.223	141	52.62	91
April 1	41.713	212	19.67	251	28.364	175	51.71	114
11	41.925	251	17.16	250	28.539	209	50.57	135
21	42.176	288	14.66	243	28.748	240	49.22	154
Mai 1	42.464	319	12.23	230	28.988	266	47.68	171
11	42.783	344	9.93	213	29.254	286	45.97	182
21	43.127	362	7.80	189	29.540	301	44.15	190
31	43.489	371	5.91	162	29.841	307	42.25	191
Juni 10	43.860	370	4.29	129	30.148	305	40.34	188
20	44.230	359	3.00	94	30.453	296	38.46	180
30	44.589	340	2.06	57	30.749	279	36.66	166
Juli 10	44.929	311	1.49	17	31.028	253	35.00	149
20	45.240	273	1.32	22	31.281	223	33.51	129
30	45.513	228	1.54	59	31.504	186	32.22	106
Aug. 9	45.741	179	2.13	94	31.690	146	31.16	81
19	45.920	125	3.07	124	31.836	103	30.35	55
29	46.045	70	4.31	150	31.939	61	29.80	31
Sept. 7	[3] 46.115	15	5.81	169	[4] 32.000	19	29.49	8
17	46.130	35	7.50	180	32.019	18	29.41	14
27	46.095	82	9.30	184	32.001	53	29.55	32
Okt. 7	46.013	121	11.14	179	31.948	81	29.87	47
17	45.892	152	12.93	168	31.867	103	30.34	58
27	45.740	175	14.61	148	31.764	119	30.92	67
Nov. 6	45.565	188	16.09	123	31.645	128	31.59	72
16	45.377	192	17.32	93	31.517	130	32.31	74
26	45.185	189	18.25	59	31.387	129	33.05	73
Dez. 6	44.996	177	18.84	23	31.258	121	33.78	71
16	44.819	161	19.07	14	31.137	109	34.49	65
26	44.658	138	18.93	50	31.028	96	35.14	59
36	44.520		18.43		30.932		35.73	
Mittl. Ort	42.473		28.15		28.539		53.74	
sec δ, tg δ	+1.294		− 0.821		+1.009		− 0.137	
a, *a′*	+3.4		+19.1		+3.1		+19.1	
b, *b′*	−0.05		+ 0.31		−0.01		+ 0.30	

Scheinbare Sternörter 1959

Obere Kulmination Greenwich

Tag	865) ρ Indi AR.		865) ρ Indi Dekl.		866) δ Aquarii AR.		866) δ Aquarii Dekl.		867) α Piscis austr.[1] AR.		867) α Piscis austr.[1] Dekl.		869) o Andromedae AR.		869) o Andromedae Dekl.	
1959	22h 51m		−70° 17′		22h 52m		−16° 1′		22h 55m		−29° 49′		23h 0m		+42° 6′	
	s		″		s		″		s		″		s		″	
Jan. 1	47.17	40	48.61	190	28.122	88	83.01	22	22.707	105	89.47	32	1.849	170	35.55	162
11	46.77	33	46.71	235	28.034	68	83.23	4	22.602	81	89.15	59	1.679	147	33.93	195
21	46.44	24	44.36	274	27.966	46	83.27	13	22.521	55	88.56	87	1.532	118	31.98	221
31	46.20	15	41.62	305	27.920	19	83.14	33	22.466	26	87.69	112	1.414	82	29.77	239
Febr. 10	46.05	6	38.57	328	27.901	8	82.81	53	22.440	6	86.57	136	1.332	41	27.38	248
20	45.99	3	35.29	344	27.909	38	82.28	73	22.446	39	85.21	157	1.291	5	24.90	245
März 2	46.02	13	31.85	351	27.947	72	81.55	95	22.485	76	83.64	177	1.296	55	22.45	232
12	46.15	24	28.34	351	28.019	106	80.60	116	22.561	113	81.87	194	1.351	106	20.13	210
22	46.39	32	24.83	343	28.125	142	79.44	136	22.674	151	79.93	207	1.457	157	18.03	178
April 1	46.71	41	21.40	328	28.267	177	78.08	154	22.825	190	77.86	218	1.614	208	16.25	139
11	47.12	49	18.12	305	28.444	212	76.54	170	23.015	226	75.68	223	1.822	254	14.86	94
21	47.61	56	15.07	277	28.656	243	74.84	183	23.241	261	73.45	224	2.076	295	13.92	46
Mai 1	48.17	63	12.30	242	28.899	270	73.01	192	23.502	290	71.21	221	2.371	329	13.46	5
11	48.80	68	9.88	202	29.169	291	71.09	195	23.792	314	69.00	211	2.700	353	13.51	55
21	49.48	71	7.86	157	29.460	307	69.14	194	24.106	331	66.89	197	3.053	369	14.06	104
31	50.19	73	6.29	109	29.767	314	67.20	188	24.437	339	64.92	177	3.422	374	15.10	150
Juni 10	50.92	73	5.20	58	30.081	314	65.32	177	24.776	340	63.15	154	3.796	369	16.60	191
20	51.65	71	4.62	5	30.395	305	63.55	161	25.116	331	61.61	125	4.165	354	18.51	227
30	52.36	68	4.57	47	30.700	287	61.94	141	25.447	313	60.36	94	4.519	329	20.78	256
Juli 10	53.04	61	5.04	98	30.987	262	60.53	117	25.760	287	59.42	61	4.848	297	23.34	279
20	53.65	54	6.02	145	31.249	231	59.36	92	26.047	254	58.81	25	5.145	257	26.13	296
30	54.19	45	7.47	189	31.480	194	58.44	63	26.301	214	58.56	9	5.402	212	29.09	306
Aug. 9	54.64	35	9.36	225	31.674	153	57.81	35	26.515	169	58.65	42	5.614	163	32.15	308
19	54.99	23	11.61	255	31.827	109	57.46	7	26.684	121	59.07	73	5.777	112	35.23	304
29	55.22	11	14.16	275	31.936	65	57.39	18	26.805	72	59.80	99	5.889	62	38.27	295
Sept. 7	[4] 55.33	1	16.91	285	[4] 32.001	22	57.57	42	[5] 26.877	24	60.79	121	[6] 5.951	12	41.22	279
17	55.32	13	19.76	284	32.023	18	57.99	61	26.901	21	62.00	136	5.963	35	44.01	257
27	55.19	24	22.60	272	32.005	54	58.60	76	26.880	62	63.36	146	5.928	76	46.58	232
Okt. 7	54.95	34	25.32	250	31.951	84	59.36	87	26.818	97	64.82	148	5.852	113	48.90	201
17	54.61	42	27.82	217	31.867	107	60.23	92	26.721	124	66.30	144	5.739	145	50.91	166
27	54.19	49	29.99	175	31.760	124	61.15	94	26.597	144	67.74	133	5.594	169	52.57	127
Nov. 6	53.70	53	31.74	126	31.636	133	62.09	91	26.453	156	69.07	117	5.425	187	53.84	85
16	53.17	55	33.00	72	31.503	137	63.00	84	26.297	160	70.24	96	5.238	199	54.69	42
26	52.62	56	33.72	14	31.366	135	63.84	75	26.137	158	71.20	72	5.039	204	55.11	5
Dez. 6	52.06	53	33.86	45	31.231	127	64.59	63	25.979	149	71.92	45	4.835	204	55.06	51
16	51.53	49	33.41	103	31.104	115	65.22	49	25.830	135	72.37	16	4.631	197	54.55	96
26	51.04	44	32.38	156	30.989	100	65.71	34	25.695	118	72.53	12	4.434	184	53.59	138
36	50.60		30.82		30.889		66.05		25.577		72.41		4.250		52.21	
Mittl. Ort	50.15		35.96		28.547		81.53		23.350		83.91		1.740		19.48	
sec δ, tg δ	+2.966		− 2.792		+1.041		− 0.287		+1.153		− 0.574		+1.348		+ 0.904	
a, *a′*	+4.2		+19.2		+3.2		+19.2		+3.3		+19.3		+2.8		+19.4	
b, *b′*	−0.18		+ 0.29		−0.02		+ 0.29		−0.04		+ 0.28		+0.06		+ 0.26	

1 Die jährliche Parallaxe (0″.135) ist bereits berücksichtigt.

Obere Kulmination Greenwich

Tag	870) β Pegasi AR.		870) β Pegasi Dekl.		871) α Pegasi AR.		871) α Pegasi Dekl.	
1959	23h 1m		+27° 51′		23h 2m		+14° 59′	
	s		″		s		″	
Jan. 1	46.995	124	48.42	143	42.909	102	11.57	118
11	46.871	105	46.99	165	42.807	85	10.39	128
21	46.766	81	45.34	181	42.722	64	9.11	134
31	46.685	54	43.53	190	42.658	40	7.77	133
Febr. 10	46.631	21	41.63	189	42.618	12	6.44	127
20	46.610	15	39.74	181	42.606	20	5.17	113
März 2	46.625	54	37.93	165	42.626	55	4.04	94
12	46.679	96	36.28	140	42.681	92	3.10	69
22	46.775	139	34.88	109	42.773	131	2.41	39
April 1	46.914	181	33.79	73	42.904	169	2.02	7
11	47.095	221	33.06	32	43.073	204	1.95	29
21	47.316	256	32.74	11	43.277	238	2.24	64
Mai 1	47.572	286	32.85	54	43.515	267	2.88	98
11	47.858	309	33.39	96	43.782	288	3.86	131
21	48.167	324	34.35	135	44.070	303	5.17	159
31	48.491	330	35.70	170	44.373	311	6.76	184
Juni 10	48.821	328	37.40	201	44.684	310	8.60	202
20	49.149	316	39.41	225	44.994	300	10.62	216
30	49.465	296	41.66	245	45.294	283	12.78	224
Juli 10	49.761	269	44.11	257	45.577	258	15.02	226
20	50.030	236	46.68	263	45.835	227	17.28	222
30	50.266	197	49.31	264	46.062	191	19.50	214
Aug. 9	50.463	154	51.95	258	46.253	152	21.64	202
19	50.617	110	54.53	248	46.405	110	23.66	184
29	50.727	66	57.01	233	46.515	68	25.50	165
Sept. 7*	7 50.793	22	59.34	213	7 46.583	28	27.15	143
17	50.815	17	61.47	190	46.611	11	28.58	119
27	50.798	54	63.37	164	46.600	44	29.77	95
Okt. 7	50.744	85	65.01	136	46.556	73	30.72	70
17	50.659	110	66.37	104	46.483	96	31.42	44
27	50.549	130	67.41	72	46.387	114	31.86	19
Nov. 6	50.419	144	68.13	38	46.273	125	32.05	5
16	50.275	152	68.51	4	46.148	132	32.00	30
26	50.123	155	68.55	31	46.016	134	31.70	53
Dez. 6	49.968	153	68.24	66	45.882	130	31.17	74
16	49.815	146	67.58	99	45.752	123	30.43	94
26	49.669	134	66.59	128	45.629	112	29.49	111
36	49.535		65.31		45.517		28.38	
Mittl. Ort	46.962		36.37		42.963		3.56	
sec δ, tg δ	+1.131		+ 0.529		+1.035		+ 0.268	
a, a′	+2.9		+19.4		+3.0		+19.4	
b, b′	+0.03		+ 0.25		+0.02		+ 0.25	

Tag	873) 88 Aquarii AR.		873) 88 Aquarii Dekl.		875) Br 3077 Cass[1] AR.		875) Br 3077 Cass[1] Dekl.	
1959	23h 7m		−21° 23′		23h 11m		+56° 56′	
	s		″		s		″	
Jan. 1	15.330	102	46.64	7	18.193	271	49.73	151
11	15.228	83	46.71	16	17.922	242	48.22	197
21	15.145	61	46.55	40	17.680	201	46.25	235
31	15.084	36	46.15	62	17.479	151	43.90	263
Febr. 10	15.048	7	45.53	85	17.328	93	41.27	282
20	15.041	23	44.68	107	17.235	28	38.45	289
März 2	15.064	57	43.61	128	17.207	43	35.56	283
12	15.121	92	42.33	149	17.250	115	32.73	266
22	15.213	129	40.84	168	17.365	188	30.07	239
April 1	15.342	167	39.16	183	17.553	257	27.68	202
11	15.509	203	37.33	196	17.810	321	25.66	157
21	15.712	238	35.37	205	18.131	377	24.09	107
Mai 1	15.950	267	33.32	210	18.508	422	23.02	53
11	16.217	291	31.22	209	18.930	455	22.49	3
21	16.508	310	29.13	204	19.385	476	22.52	58
31	16.818	321	27.09	192	19.861	482	23.10	112
Juni 10	17.139	322	25.17	176	20.343	476	24.22	162
20	17.461	316	23.41	156	20.819	457	25.84	208
30	17.777	301	21.85	131	21.276	426	27.92	248
Juli 10	18.078	278	20.54	103	21.702	385	30.40	281
20	18.356	248	19.51	73	22.087	334	33.21	308
30	18.604	212	18.78	41	22.421	278	36.29	328
Aug. 9	18.816	171	18.37	10	22.699	216	39.57	339
19	18.987	127	18.27	21	22.915	152	42.96	345
29	19.114	82	18.48	48	23.067	87	46.41	343
Sept. 7*	8 19.196	38	18.96	72	9 23.154	22	49.84	333
17	19.234	5	19.68	92	23.176	40	53.17	317
27	19.229	42	20.60	106	23.136	97	56.34	295
Okt. 7	19.187	75	21.66	116	23.039	148	59.29	266
17	19.112	101	22.82	118	22.891	194	61.95	230
27	19.011	122	24.00	116	22.697	232	64.25	190
Nov. 6	18.889	134	25.16	109	22.465	263	66.15	145
16	18.755	140	26.25	97	22.202	286	67.60	94
26	18.615	140	27.22	81	21.916	300	68.54	41
Dez. 6	18.475	135	28.03	64	21.616	306	68.95	13
16	18.340	126	28.67	43	21.310	302	68.82	68
26	18.214	112	29.10	21	21.008	289	68.14	121
36	18.102		29.31		20.719		66.93	
Mittl. Ort	15.755		42.85		17.884		30.43	
sec δ, tg δ	+1.074		− 0.392		+1.833		+ 1.536	
a, a′	+3.2		+19.5		+2.6		+19.6	
b, b′	−0.03		+ 0.23		+0.10		+ 0.21	

[1] Die jährliche Parallaxe (0″.146) ist bereits berücksichtigt.

* Bei Stern 873) und 875) lies Sept. 8.

Scheinbare Sternörter 1959

Obere Kulmination Greenwich

Tag	878) γ Piscium AR.		878) γ Piscium Dekl.		877) γ Tucanae AR.		877) γ Tucanae Dekl.		879) γ Sculptoris AR.		879) γ Sculptoris Dekl.		880) τ Pegasi AR.		880) τ Pegasi Dekl.	
1959	23h 15m		+3° 3′		23h 15m		−58° 27′		23h 16m		−32° 44′		23h 18m		+23° 30′	
	s		″		s		″		s		″		s		″	
Jan. 1	2.233	97	32.58	84	1.406	255	51.33	125	36.270	126	87.54	30	36.352	122	66.89	127
11	2.136	82	31.74	84	1.151	215	50.08	170	36.144	106	87.24	62	36.230	107	65.62	145
21	2.054	63	30.90	80	0.936	170	48.38	212	36.038	82	86.62	93	36.123	88	64.17	158
31	1.991	42	30.10	71	0.766	120	46.26	248	35.956	55	85.69	122	36.035	63	62.59	165
Febr. 10	1.949	16	29.39	58	0.646	65	43.78	277	35.901	23	84.47	149	35.972	34	60.94	164
20	1.933	13	28.81	42	0.581	7	41.01	300	35.878	10	82.98	173	35.938	1	59.30	156
März 2	1.946	46	28.39	22	0.574	53	38.01	316	35.888	47	81.25	194	35.937	37	57.74	141
12	1.992	81	28.17	3	0.627	115	34.85	324	35.935	87	79.31	212	35.974	77	56.33	119
22	2.073	117	28.20	29	0.742	178	31.61	327	36.022	127	77.19	227	36.051	118	55.14	89
April 1	2.190	154	28.49	56	0.920	239	28.34	323	36.149	168	74.92	237	36.169	160	54.25	56
11	2.344	191	29.05	85	1.159	299	25.11	311	36.317	208	72.55	243	36.329	200	53.69	18
21	2.535	224	29.90	113	1.458	354	22.00	293	36.525	246	70.12	244	36.529	237	53.51	21
Mai 1	2.759	254	31.03	137	1.812	402	19.07	268	36.771	279	67.68	239	36.766	269	53.72	60
11	3.013	277	32.40	160	2.214	443	16.39	238	37.050	308	65.29	229	37.035	294	54.32	99
21	3.290	295	34.00	178	2.657	475	14.01	201	37.358	329	63.00	212	37.329	312	55.31	134
31	3.585	305	35.78	190	3.132	494	12.00	161	37.687	343	60.88	192	37.641	322	56.65	166
Juni 10	3.890	307	37.68	199	3.626	502	10.39	115	38.030	347	58.96	166	37.963	322	58.31	194
20	4.197	300	39.67	202	4.128	496	9.24	67	38.377	343	57.30	135	38.285	315	60.25	215
30	4.497	285	41.69	198	4.624	478	8.57	18	38.720	329	55.95	101	38.600	298	62.40	232
Juli 10	4.782	265	43.67	191	5.102	445	8.39	32	39.049	307	54.94	64	38.898	275	64.72	241
20	5.047	236	45.58	178	5.547	400	8.71	81	39.356	276	54.30	27	39.173	245	67.13	246
30	5.283	202	47.36	162	5.947	344	9.52	127	39.632	238	54.03	11	39.418	209	69.59	245
Aug. 9	5.485	165	48.98	143	6.291	279	10.79	168	39.870	194	54.14	47	39.627	169	72.04	238
19	5.650	125	50.41	121	6.570	206	12.47	203	40.064	147	54.61	82	39.796	127	74.42	226
29	5.775	83	51.62	98	6.776	129	14.50	231	40.211	98	55.43	111	39.923	84	76.68	211
Sept. 8	$_{10}$5.858	44	52.60	74	$_{10}$6.905	51	16.81	251	$_{10}$40.309	49	56.54	135	$_{11}$40.007	43	78.79	191
17	5.902	6	53.34	51	6.956	27	19.32	260	40.358	2	57.89	154	40.050	4	80.70	169
27	5.908	27	53.85	28	6.929	100	21.92	259	40.360	42	59.43	165	40.054	32	82.39	145
Okt. 7	5.881	57	54.13	7	6.829	166	24.51	249	40.318	81	61.08	168	40.022	64	83.84	118
17	5.824	82	54.20	11	6.663	223	27.00	227	40.237	111	62.76	165	39.958	90	85.02	90
27	5.742	99	54.09	28	6.440	266	29.27	197	40.126	136	64.41	154	39.868	110	85.92	61
Nov. 6	5.643	112	53.81	43	6.174	298	31.24	158	39.990	153	65.95	137	39.758	126	86.53	31
16	5.531	120	53.38	56	5.876	318	32.82	114	39.837	163	67.32	113	39.632	136	86.84	0
26	5.411	122	52.82	66	5.558	323	33.96	64	39.674	164	68.45	87	39.496	141	86.84	30
Dez. 6	5.289	120	52.16	75	5.235	318	34.60	11	39.510	161	69.32	57	39.355	143	86.54	60
16	5.169	114	51.41	81	4.917	300	34.71	41	39.349	151	69.89	24	39.212	139	85.94	87
26	5.055	105	50.60	85	4.617	273	34.30	93	39.198	137	70.13	8	39.073	130	85.07	113
36	4.950		49.75		4.344		33.37		39.061		70.05		38.943		83.94	
Mittl. Ort	2.321		28.89		2.914		38.47		36.846		80.05		36.239		56.57	
sec δ, tg δ	+1.001		+ 0.053		+1.912		− 1.629		+1.189		− 0.643		+1.091		+ 0.435	
a, *a′*	+3.1		+19.7		+3.5		+19.7		+3.2		+19.7		+3.0		+19.7	
b, *b′*	0.00		+ 0.19		−0.11		+ 0.19		−0.04		+ 0.19		+0.03		+ 0.18	

Obere Kulmination Greenwich

Tag	882) 4 Cassiopeiae AR.	Δ	Dekl.	Δ	884) κ Piscium AR.	Δ	Dekl.	Δ	885) 70 Pegasi AR.	Δ	Dekl.	Δ	888) 248 G. Aquarii AR.	Δ	Dekl.	Δ
1959	$23^h\ 22^m$		$+62°\ 3'$		$23^h\ 24^m$		$+1°\ 1'$		$23^h\ 27^m$		$+12°\ 32'$		$23^h\ 33^m$		$-7°\ 41'$	
	s		″		s		″		s		″		s		″	
Jan. 1	60.86	35	47.57	133	49.706	102	54.10	79	4.790	110	9.95	103	25.042	105	29.84	56
11	60.51	32	46.24	183	49.604	88	53.31	76	4.680	97	8.92	111	24.937	93	30.40	44
21	60.19	27	44.41	226	49.516	71	52.55	69	4.583	80	7.81	116	24.844	76	30.84	30
31	59.92	22	42.15	260	49.445	51	51.86	60	4.503	58	6.65	114	24.768	57	31.14	15
Febr. 10	59.70	16	39.55	284	49.394	26	51.26	46	4.445	33	5.51	108	24.711	33	31.29	4
20	59.54	8	36.71	297	49.368	3	50.80	29	4.412	4	4.43	95	24.678	5	31.25	24
März 2	59.46	1	33.74	297	49.371	35	50.51	9	4.408	30	3.48	78	24.673	27	31.01	46
12	59.47	9	30.77	285	49.406	69	50.42	15	4.438	67	2.70	55	24.700	61	30.55	69
22	59.56	18	27.92	261	49.475	107	50.57	40	4.505	106	2.15	28	24.761	98	29.86	93
April 1	59.74	26	25.31	228	49.582	144	50.97	68	4.611	145	1.87	3	24.859	136	28.93	116
11	60.00	33	23.03	186	49.726	181	51.65	94	4.756	184	1.90	35	24.995	173	27.77	138
21	60.33	41	21.17	138	49.907	215	52.59	120	4.940	219	2.25	68	25.168	209	26.39	158
Mai 1	60.74	46	19.79	84	50.122	246	53.79	143	5.159	250	2.93	100	25.377	241	24.81	176
11	61.20	50	18.95	29	50.368	272	55.22	164	5.409	277	3.93	130	25.618	267	23.05	188
21	61.70	53	18.66	28	50.640	291	56.86	181	5.686	296	5.23	156	25.885	289	21.17	196
31	62.23	54	18.94	84	50.931	302	58.67	191	5.982	307	6.79	179	26.174	302	19.21	200
Juni 10	62.77	53	19.78	136	51.233	306	60.58	198	6.289	310	8.58	196	26.476	308	17.21	197
20	63.30	52	21.14	185	51.539	301	62.56	199	6.599	305	10.54	208	26.784	305	15.24	190
30	63.82	48	22.99	230	51.840	288	64.55	194	6.904	292	12.62	215	27.089	294	13.34	177
Juli 10	64.30	44	25.29	267	52.128	269	66.49	185	7.196	271	14.77	216	27.383	276	11.57	161
20	64.74	39	27.96	298	52.397	241	68.34	171	7.467	244	16.93	211	27.659	250	9.96	139
30	65.13	33	30.94	323	52.638	209	70.05	154	7.711	210	19.04	202	27.909	219	8.57	116
Aug. 9	65.46	25	34.17	340	52.847	172	71.59	133	7.921	174	21.06	189	28.128	183	7.41	90
19	65.71	19	37.57	350	53.019	133	72.92	110	8.095	134	22.95	172	28.311	143	6.51	63
29	65.90	11	41.07	352	53.152	93	74.02	86	8.229	94	24.67	153	28.454	103	5.88	36
Sept. 8	66.01	4	44.59	348	53.245	53	74.88	62	8.323	54	26.20	130	28.557	62	5.52	10
17	^{12}66.05	3	48.07	336	^{12}53.298	15	75.50	38	^{13}8.377	15	27.50	108	^{15}28.619	24	5.42	14
27	66.02	10	51.43	316	53.313	20	75.88	16	8.392	19	28.58	84	28.643	12	5.56	34
Okt. 7	65.92	16	54.59	291	53.293	49	76.04	3	8.373	48	29.42	60	28.631	44	5.90	52
17	65.76	22	57.50	258	53.244	75	76.01	22	8.325	74	30.02	37	28.587	70	6.42	65
27	65.54	27	60.08	219	53.169	94	75.79	37	8.251	95	30.39	14	28.517	90	7.07	75
Nov. 6	65.27	30	62.27	175	53.075	108	75.42	50	8.156	110	30.53	8	28.427	106	7.89	80
16	64.97	34	64.02	124	52.967	116	74.92	61	8.046	119	30.45	29	28.321	116	8.62	83
26	64.63	37	65.26	71	52.851	121	74.31	69	7.927	125	30.16	48	28.205	122	9.45	82
Dez. 6	64.26	37	65.97	14	52.730	121	73.62	75	7.802	126	29.68	67	28.083	122	10.27	78
16	63.89	38	66.11	43	52.609	116	72.87	79	7.676	124	29.01	83	27.961	119	11.05	71
26	63.51	37	65.68	100	52.493	109	72.08	80	7.552	116	28.18	97	27.842	111	11.76	63
36	63.14		64.68		52.384		71.28		7.436		27.21		27.731		12.39	
Mittl. Ort	60.32		27.35		49.759		51.45		4.719		3.49		25.143		29.20	
sec δ, tg δ	+2.134		+ 1.885		+1.000		+ 0.018		+1.024		+ 0.222		+1.009		− 0.135	
a, a′	+2.7		+19.8		+3.1		+19.8		+3.0		+19.8		+3.1		+19.9	
b, b′	+0.12		+ 0.16		0.00		+ 0.15		+0.01		+ 0.14		−0.01		+ 0.12	

Scheinbare Sternörter 1959

Obere Kulmination Greenwich

Tag	890) λ Andromedae AR.		Dekl.		891) ι Andromedae AR.		Dekl.		893) γ Cephei AR.		Dekl.		892) ι Piscium AR.		Dekl.	
1959	23h 35m		+46° 14′		23h 36m		+43° 2′		23h 37m		+77° 24′		23h 37m		+5° 24′	
	s		″		s		″		s		″		s		″	
Jan. 1	33.424	207	25.97	129	7.535	191	43.25	127	40.08	89	34.98	92	50.439	108	17.89	88
11	33.217	190	24.68	168	7.344	175	41.98	164	39.19	83	34.06	150	50.331	97	17.01	89
21	33.027	167	23.00	201	7.169	153	40.34	195	38.36	73	32.56	203	50.234	81	16.12	86
31	32.860	134	20.99	228	7.016	123	38.39	219	37.63	61	30.53	249	50.153	63	15.26	80
Febr. 10	32.726	94	18.71	244	6.893	86	36.20	234	37.02	47	28.04	284	50.090	39	14.46	70
20	32.632	47	16.27	251	6.807	42	33.86	238	36.55	30	25.20	307	50.051	10	13.76	54
März 2	32.585	5	13.76	247	6.765	7	31.48	232	36.25	11	22.13	317	50.041	21	13.22	36
12	32.590	61	11.29	232	6.772	59	29.16	217	36.14	8	18.96	316	50.062	57	12.86	13
22	32.651	119	8.97	207	6.831	114	26.99	193	36.22	26	15.80	301	50.119	94	12.73	13
April 1	32.770	177	6.90	175	6.945	168	25.06	160	36.48	45	12.79	276	50.213	133	12.86	41
11	32.947	231	5.15	136	7.113	221	23.46	120	36.93	61	10.03	239	50.346	172	13.27	69
21	33.178	281	3.79	90	7.334	268	22.26	76	37.54	75	7.64	194	50.518	208	13.96	98
Mai 1	33.459	324	2.89	41	7.602	309	21.50	28	38.29	87	5.70	144	50.726	240	14.94	125
11	33.783	358	2.48	8	7.911	342	21.22	20	39.16	96	4.26	89	50.966	267	16.19	148
21	34.141	382	2.56	58	8.253	366	21.42	68	40.12	103	3.37	30	51.233	288	17.67	169
31	34.523	395	3.14	107	8.619	379	22.10	115	41.15	105	3.07	28	51.521	302	19.36	184
Juni 10	34.918	398	4.21	151	8.998	381	23.25	157	42.20	104	3.35	85	51.823	307	21.20	196
20	35.316	390	5.72	192	9.379	374	24.82	196	43.24	102	4.20	139	52.130	305	23.16	201
30	35.706	371	7.64	227	9.753	357	26.78	229	44.26	96	5.59	191	52.435	293	25.17	201
Juli 10	36.077	343	9.91	257	10.110	330	29.07	257	45.22	89	7.50	236	52.728	275	27.18	196
20	36.420	307	12.48	280	10.440	296	31.63	277	46.11	78	9.86	277	53.003	250	29.14	186
30	36.727	264	15.28	296	10.736	256	34.40	291	46.89	66	12.63	310	53.253	218	31.00	172
Aug. 9	36.991	218	18.24	306	10.992	211	37.31	299	47.55	53	15.73	337	53.471	183	32.72	154
19	37.209	167	21.30	309	11.203	162	40.30	300	48.08	39	19.10	357	53.654	145	34.26	133
29	37.376	115	24.39	306	11.365	113	43.30	296	48.47	25	22.67	369	53.799	105	35.59	111
Sept. 8	15 37.491	64	27.45	296	15 11.478	64	46.26	285	16 48.72	10	26.36	374	16 53.904	66	36.70	88
17	37.555	14	30.41	281	11.542	17	49.11	269	48.82	5	30.10	370	53.970	29	37.58	64
27	37.569	33	33.22	261	11.559	28	51.80	247	48.77	20	33.80	359	53.999	7	38.22	42
Okt. 7	37.536	75	35.83	235	11.531	68	54.27	221	48.57	34	37.39	340	53.992	37	38.64	20
17	37.461	112	38.18	203	11.463	104	56.48	191	48.23	47	40.79	313	53.955	62	38.84	1
27	37.349	146	40.21	168	11.359	134	58.39	156	47.76	59	43.92	278	53.893	84	38.83	19
Nov. 6	37.203	172	41.89	129	11.225	159	59.95	118	47.17	70	46.70	236	53.809	100	38.64	35
16	37.031	193	43.18	85	11.066	178	61.13	76	46.47	80	49.06	187	53.709	111	38.29	49
26	36.838	208	44.03	40	10.888	193	61.89	32	45.67	86	50.93	131	53.598	117	37.80	62
Dez. 6	36.630	218	44.43	8	10.695	201	62.21	13	44.81	91	52.24	73	53.481	120	37.18	72
16	36.412	221	44.35	56	10.494	203	62.08	58	43.90	93	52.97	10	53.361	118	36.46	80
26	36.191	215	43.79	101	10.291	198	61.50	102	42.97	92	53.07	54	53.243	114	35.66	86
36	35.976		42.78		10.093		60.48		42.05		52.53		53.129		34.80	
Mittl. Ort	32.963		9.44		7.106		27.57		38.65		12.79		50.374		14.24	
sec δ, tg δ	+1.446		+ 1.044		+1.368		+ 0.934		+4.585		+ 4.475		+1.004		+ 0.095	
a, *a′*	+2.9		+19.9		+2.9		+19.9		+2.5		+19.9		+3.1		+19.9	
b, *b′*	+0.07		+ 0.11		+0.06		+ 0.10		+0.30		+ 0.10		+0.01		+ 0.10	

Obere Kulmination Greenwich

Tag	894) ω² Aquarii AR.		Dekl.	
1959	23h 40m		−14° 45′	
	s		″	
Jan. 1	35.648	112	81.69	38
11	35.536	100	82.07	20
21	35.436	84	82.27	0
31	35.352	64	82.27	22
Febr. 10	35.288	41	82.05	43
20	35.247	12 —	81.62	66
März 2	35.235	19	80.96	90
12	35.254	54	80.06	112
22	35.308	92	78.94	134
April 1	35.400	130	77.60	155
11	35.530	169	76.05	173
21	35.699	205	74.32	189
Mai 1	35.904	239	72.43	200
11	36.143	268	70.43	207
21	36.411	290	68.36	209
31	36.701	305	66.27	206
Juni 10	37.006	313	64.21	197
20	37.319	312	62.24	182
30	37.631	302	60.42	164
Juli 10	37.933	285	58.78	141
20	38.218	261	57.37	114
30	38.479	229	56.23	85
Aug. 9	38.708	193	55.38	55
19	38.901	154	54.83	24 —
29	39.055	113	54.59	5
Sept. 8	$_{16}$39.168	71	54.64	32
17*	39.239	30 —	54.96	56
27	39.269	6	55.52	76
Okt. 7	39.263	40	56.28	90
17	39.223	68	57.18	101
27	39.155	90	58.19	106
Nov. 6	39.065	107	59.25	106
16	38.958	119	60.31	101
26	38.839	125	61.32	93
Dez. 6	38.714	127	62.25	81
16	38.587	125	63.06	67
26	38.462	118	63.73	50
36	38.344		64.23	
Mittl. Ort	35.795		78.38	
sec δ, tg δ	+1.034		− 0.264	
a, *a′*	+3.1		+20.0	
b, *b′*	−0.02		+ 0.08	

Tag	895) 41 H. Cephei AR.		Dekl.	
1959	23h 45m		+67° 34′	
	s		″	
Jan. 1	57.14	47	65.13	97
11	56.67	44	64.16	152
21	56.23	39	62.64	201
31	55.84	33	60.63	243
Febr. 10	55.51	26	58.20	275
20	55.25	16	55.45	296
März 2	55.09	6 —	52.49	303
12	55.03	4	49.46	300
22	55.07	15	46.46	284
April 1	55.22	26	43.62	256
11	55.48	36	41.06	221
21	55.84	44	38.85	176
Mai 1	56.28	52	37.09	125
11	56.80	57	35.84	72
21	57.37	62	35.12	15 —
31	57.99	64	34.97	42
Juni 10	58.63	65	35.39	97
20	59.28	63	36.36	149
30	59.91	60	37.85	196
Juli 10	60.51	56	39.81	240
20	61.07	50	42.21	277
30	61.57	43	44.98	307
Aug. 9	62.00	36	48.05	331
19	62.36	27	51.36	348
29	62.63	19	54.84	357
Sept. 8	62.82	10	58.41	359
17*	$_{18}$62.92	1 —	62.00	353
27	62.93	6	65.53	340
Okt. 7	62.87	15	68.93	320
17	62.72	23	72.13	292
27	62.49	29	75.05	257
Nov. 6	62.20	35	77.62	215
16	61.85	40	79.77	168
26	61.45	44	81.45	114
Dez. 6	61.01	47	82.59	58 —
16	60.54	48	83.17	2
26	60.06	49	83.15	61
36	59.57		82.54	
Mittl. Ort	56.10		44.37	
sec δ, tg δ	+2.622		+ 2.424	
a, *a′*	+2.9		+20.0	
b, *b′*	+0.16		+ 0.06	

Tag	896) δ Sculptoris AR.		Dekl.	
1959	23h 46m		−28° 21′	
	s		″	
Jan. 1	47.273	135	33.26	4 —
11	47.138	120	33.30	29
21	47.018	102	33.01	59
31	46.916	81	32.42	89
Febr. 10	46.835	54	31.53	118
20	46.781	24 —	30.35	144
März 2	46.757	10	28.91	169
12	46.767	48	27.22	190
22	46.815	88	25.32	210
April 1	46.903	130	23.22	225
11	47.033	171	20.97	236
21	47.204	211	18.61	242
Mai 1	47.415	247	16.19	244
11	47.662	279	13.75	239
21	47.941	305	11.36	229
31	48.246	324	9.07	213
Juni 10	48.570	333	6.94	192
20	48.903	334	5.02	165
30	49.237	326	3.37	135
Juli 10	49.563	309	2.02	100
20	49.872	285	1.02	64
30	50.157	252	0.38	26 —
Aug. 9	50.409	214	0.12	11
19	50.623	172	0.23	48
29	50.795	128	0.71	81
Sept. 8	50.923	81	1.52	109
17*	$_{18}$51.004	36 —	2.61	133
27	51.040	6	3.94	150
Okt. 7	51.034	44	5.44	160
17	50.990	76	7.04	163
27	50.914	104	8.67	158
Nov. 6	50.810	124	10.25	148
16	50.686	138	11.73	130
26	50.548	147	13.03	109
Dez. 6	50.401	149	14.12	82
16	50.252	148	14.94	54
26	50.104	140	15.48	23
36	49.964		15.71	
Mittl. Ort	47.584		25.43	
sec δ, tg δ	+1.136		− 0.540	
a, *a′*	+3.1		+20.0	
b, *b′*	−0.04		+ 0.06	

Tag	898) φ Pegasi AR.		Dekl.	
1959	23h 50m		+18° 53′	
	s		″	
Jan. 1	24.183	126	41.11	103
11	24.057	116	40.08	118
21	23.941	103	38.90	128
31	23.838	84	37.62	134
Febr. 10	23.754	59	36.28	133
20	23.695	30 —	34.95	125
März 2	23.665	4	33.70	112
12	23.669	43	32.58	93
22	23.712	83	31.65	67
April 1	23.795	126	30.98	38
11	23.921	168	30.60	4 —
21	24.089	207	30.56	30
Mai 1	24.296	242	30.86	65
11	24.538	273	31.51	99
21	24.811	295	32.50	130
31	25.106	310	33.80	159
Juni 10	25.416	318	35.39	182
20	25.734	316	37.21	201
30	26.050	305	39.22	214
Juli 10	26.355	288	41.36	222
20	26.643	262	43.58	225
30	26.905	231	45.83	221
Aug. 9	27.136	197	48.04	214
19	27.333	158	50.18	201
29	27.491	118	52.19	185
Sept. 8	27.609	78	54.04	167
17*	$_{19}$27.687	40	55.71	145
27	27.727	4 —	57.16	123
Okt. 7	27.731	28	58.39	98
17	27.703	56	59.37	74
27	27.647	79	60.11	49
Nov. 6	27.568	98	60.60	24 —
16	27.470	113	60.84	2
26	27.357	123	60.82	26
Dez. 6	27.234	129	60.56	49
16	27.105	132	60.07	72
26	26.973	130	59.35	93
36	26.843		58.42	
Mittl. Ort	23.906		33.28	
sec δ, tg δ	+1.057		+ 0.342	
a, *a′*	+3.1		+20.0	
b, *b′*	+0.02		+ 0.04	

* Bei Stern 895), 896) und 898) lies Sept. 18.

Scheinbare Sternörter 1959

Obere Kulmination Greenwich

Tag	899) ρ Cassiopeiae AR.	Δ	899) ρ Cassiopeiae Dekl.	Δ	900) 27 Piscium AR.	Δ	900) 27 Piscium Dekl.	Δ	902) ω Piscium AR.	Δ	902) ω Piscium Dekl.	Δ	903) ε Tucanae AR.	Δ	903) ε Tucanae Dekl.	Δ
1959	23h 52m		+57° 16′		23h 56m		−3° 46′		23h 57m		+6° 38′		23h 57m		−65° 47′	
	s		″		s		″		s		″		s		″	
Jan. 1	20.244	302	35.63	102	34.488	113	60.64	67	12.421	115	14.18	85	46.39	41	95.22	100
11	19.942	284	34.61	151	34.375	105	61.31	59	12.306	108	13.33	88	45.98	37	94.22	154
21	19.658	257	33.10	195	34.270	93	61.90	47	12.198	95	12.45	86	45.61	32	92.68	203
31	19.401	217	31.15	231	34.177	75	62.37	34	12.103	78	11.59	81	45.29	27	90.65	246
Febr. 10	19.184	167	28.84	257	34.102	54	62.71	18	12.025	57	10.78	72	45.02	21	88.19	284
20	19.017	107	26.27	273	34.048	28	62.89	2	11.968	30	10.06	58	44.81	13	85.35	313
März 2	18.910	39	23.54	278	34.020	2	62.87	22	11.938	1	9.48	41	44.68	6	82.22	335
12	18.871	34	20.76	272	34.022	37	62.65	45	11.939	36	9.07	19	44.62	2	78.87	350
22	18.905	110	18.04	254	34.059	74	62.20	69	11.975	74	8.88	5	44.64	10	75.37	357
April 1	19.015	185	15.50	226	34.133	113	61.51	94	12.049	115	8.93	33	44.74	18	71.80	356
11	19.200	257	13.24	189	34.246	152	60.57	118	12.164	155	9.26	61	44.92	27	68.24	347
21	19.457	322	11.35	146	34.398	190	59.39	141	12.319	192	9.87	90	45.19	34	64.77	331
Mai 1	19.779	379	9.89	97	34.588	225	57.98	160	12.511	228	10.77	116	45.53	41	61.46	308
11	20.158	424	8.92	45	34.813	255	56.38	178	12.739	258	11.93	142	45.94	48	58.38	278
21	20.582	458	8.47	8	35.068	278	54.60	190	12.997	281	13.35	163	46.42	53	55.60	241
31	21.040	478	8.55	62	35.346	296	52.70	197	13.278	298	14.98	180	46.95	56	53.19	198
Juni 10	21.518	484	9.17	112	35.642	305	50.73	200	13.576	307	16.78	193	47.51	60	51.21	152
20	22.002	478	10.29	160	35.947	305	48.73	197	13.883	306	18.71	200	48.11	61	49.69	100
30	22.480	459	11.89	203	36.252	298	46.76	188	14.189	299	20.71	201	48.72	60	48.69	47
Juli 10	22.939	428	13.92	242	36.550	283	44.88	175	14.488	283	22.72	199	49.32	57	48.22	8
20	23.367	387	16.34	274	36.833	261	43.13	158	14.771	260	24.71	190	49.89	54	48.30	62
30	23.754	339	19.08	299	37.094	233	41.55	137	15.031	232	26.61	177	50.43	48	48.92	114
Aug. 9	24.093	284	22.07	318	37.327	199	40.18	112	15.263	199	28.38	160	50.91	41	50.06	163
19	24.377	224	25.25	330	37.526	162	39.06	87	15.462	162	29.98	141	51.32	34	51.69	206
29	24.601	162	28.55	335	37.688	124	38.19	61	15.624	123	31.39	119	51.66	24	53.75	242
Sept. 8	24.763	99	31.90	333	37.812	85	37.58	34	15.747	85	32.58	96	51.90	15	56.17	269
18	19 24.862	37	35.23	325	21 37.897	47	37.24	10	21 15.832	48	33.54	73	21 52.05	5	58.86	286
27	24.899	22	38.48	310	37.944	11	37.14	13	15.880	13	34.27	50	52.10	5	61.72	292
Okt. 7	24.877	78	41.58	288	37.955	21	37.27	33	15.893	19	34.77	28	52.05	14	64.64	287
17	24.799	130	44.46	260	37.934	48	37.60	48	15.874	46	35.05	7	51.91	22	67.51	271
27	24.669	176	47.06	225	37.886	72	38.08	62	15.828	69	35.12	12	51.69	30	70.22	243
Nov. 6	24.493	217	49.31	186	37.814	90	38.70	71	15.759	87	35.00	28	51.39	35	72.65	206
16	24.276	251	51.17	140	37.724	103	39.41	77	15.672	101	34.72	43	51.04	40	74.71	160
26	24.025	279	52.57	91	37.621	112	40.18	79	15.571	112	34.29	56	50.64	43	76.31	108
Dez. 6	23.746	298	53.48	39	37.509	118	40.97	79	15.459	117	33.73	67	50.21	44	77.39	53
16	23.448	308	53.87	15	37.391	119	41.76	77	15.342	120	33.06	77	49.77	43	77.92	6
26	23.140	310	53.72	70	37.272	117	42.53	72	15.222	118	32.29	82	49.34	43	77.86	64
36	22.830		53.02		37.155		43.25		15.104		31.47		48.91		77.22	
Mittl. Ort	19.422		16.91		34.411		60.36		12.228		10.84		48.00		78.76	
sec δ, tg δ	+1.850		+ 1.556		+1.002		− 0.066		+1.007		+ 0.116		+2.440		− 2.226	
a, *a′*	+3.0		+20.0		+3.1		+20.0		+3.1		+20.0		+3.1		+20.0	
b, *b′*	+0.10		+ 0.03		0.00		+ 0.01		+0.01		+ 0.01		−0.15		+ 0.01	

Na) 43 Hev. Cephei $4^{m}.52$

Tag	Januar AR.	Januar Dekl.	Januar ☾ Glieder		Februar AR.	Februar Dekl.	Februar ☾ Glieder		März AR.	März Dekl.	März ☾ Glieder		April AR.	April Dekl.	April ☾ Glieder	
	$1^{h}\ 2^{m}$	+ 86° 2′	in s 0.01	in ″ 0.01	$1^{h}\ 2^{m}$	+ 86° 2′	in s 0.01	in ″ 0.01	$1^{h}\ 2^{m}$	+ 86° 2′	in s 0.01	in ″ 0.01	$1^{h}\ 2^{m}$	+ 86° 2′	in s 0.01	in ″ 0.01
	s	″			s	″			s	″			s	″		
1	57.13	37.90	−8	0	47.76	37.27	0	−7	40.96	31.79	+3	−6	37.83	22.53	+8	+6
2	56.83	37.98	−8	−3	47.48	37.15	+4	−5	40.78	31.53	+6	−3	37.83	22.21	+5	+8
3	56.53	38.05	−6	−6	47.19	37.02	+7	−2	40.60	31.27	+8	0	37.82	21.90	+2	+9
4	56.22	38.12	−3	−7	46.91	36.88	+8	+1	40.43	30.99	+8	+4	37.83	21.58	−1	+8
5	55.92	38.18	+1	−7	46.63	36.74	+8	+4	40.26	30.72	+6	+7	37.84	21.26	−4	+6
6	55.62	38.23	+5	−5	46.35	36.60	+6	+7	40.10	30.44	+4	+8	37.86	20.94	−6	+3
7	55.32	38.28	+7	−1	46.08	36.44	+3	+8	39.94	30.16	+1	+8	37.88	20.63	−6	0
8	55.01	38.31	+8	+3	45.80	36.29	0	+8	39.78	29.88	−2	+7	*37.91	20.31	−6	−3
9	54.71	38.34	+7	+6	45.54	36.12	−3	+7	39.64	29.60	−5	+5	37.94	20.00	−4	−5
10	54.40	38.37	+5	+8	45.27	35.95	−6	+4	39.49	29.31	−6	+2	37.98	19.69	−2	−7
11	54.10	38.39	+2	+9	45.01	35.78	−7	+1	39.36	29.02	−6	−1	38.03	19.37	0	−7
12	53.79	38.40	−2	+8	44.75	35.60	−6	−2	39.23	28.73	−6	−4	38.08	19.06	+3	−7
13	53.48	38.40	−4	+6	44.50	35.41	−5	−5	39.10	28.43	−4	−6	38.14	18.76	+5	−5
14	53.17	38.40	−6	+3	44.25	35.22	−3	−7	38.98	28.13	−1	−7	38.20	18.45	+6	−3
15	52.86	38.39	−7	0	44.00	35.02	0	−7	38.87	27.83	+1	−7	38.27	18.14	+6	0
16	52.55	38.38	−6	−3	43.76	34.82	+2	−7	38.76	27.53	+4	−6	38.34	17.83	+5	+2
17	52.24	38.36	−4	−6	43.51	34.62	+5	−5	38.66	27.23	+6	−4	38.42	17.53	+2	+4
18	51.94	38.33	−2	−7	43.28	34.41	+6	−3	38.56	26.93	+7	−2	38.51	17.23	−2	+5
19	51.63	38.29	+1	−7	43.05	34.19	+6	0	38.47	26.62	+6	+1	38.60	16.93	−5	+4
20	51.33	38.25	+3	−6	42.82	33.97	+5	+3	38.39	26.31	+4	+4	38.70	16.63	−8	+1
21	51.02	38.21	+5	−4	42.59	33.75	+3	+5	38.31	26.00	+1	+5	38.81	16.34	−9	−2
22	50.72	38.15	+6	−1	42.38	33.52	−1	+6	38.23	25.69	−3	+5	38.92	16.05	−8	−5
23	50.42	38.09	+6	+2	42.16	33.28	−4	+5	38.17	25.38	−6	+3	39.03	15.76	−5	−7
24	50.12	38.02	+4	+4	41.95	33.04	−7	+3	38.10	25.07	−8	+1	39.15	15.47	−1	−7
25	49.82	37.95	+1	+6	41.74	32.80	−8	0	38.05	24.75	−8	−2	39.28	15.19	+3	−6
26	49.52	37.87	−2	+6	41.54	32.55	−7	−3	38.00	24.43	−6	−5	39.41	14.91	+7	−2
27	49.22	37.79	−5	+4	41.34	32.31	−5	−6	37.96	24.11	−3	−6	39.55	14.63	+9	+1
28	48.93	37.70	−7	+1	41.15	32.05	−1	−7	37.92	23.80	+1	−6	39.69	14.35	+9	+5
29	48.63	37.60	−8	−2	40.96	31.79	+3	−6	37.89	23.48	+5	−4	39.83	14.08	+7	+8
30	48.34	37.50	−7	−5					37.87	23.17	+8	−1	39.99	13.81	+4	+10
31	48.05	37.39	−4	−7					37.85	22.85	+9	+3	40.14	13.55	0	+9
32	47.76	37.27	0	−7					37.83	22.53	+8	+6				

δ	sec δ	tg δ	δ	sec δ	tg δ	δ	sec δ	tg δ
+86° 2′ 10″	+14.466	+14.431	+86° 2′ 20″	+14.476	+14.442	+86° 2′ 30″	+14.486	+14.452
20	+14.476	+14.442	30	+14.486	+14.452	40	+14.496	+14.462

$\alpha_{1959.0} = 1^{h}\ 2^{m}\ 45^{s}.40$ $\delta_{1959.0} = +86°\ 2'\ 17''.99$

* Tag der doppelten unteren Kulmination: April 8

Scheinbare Sternörter 1959

Obere Kulmination Greenwich

Na) 43 Hev. Cephei $4^m_. 52$

Tag	Mai AR.	Mai Dekl.	☾ Glieder		Juni AR.	Juni Dekl.	☾ Glieder		Juli AR.	Juli Dekl.	☾ Glieder		August AR.	August Dekl.	☾ Glieder	
		+	in s 0.01	in ″ 0.01		+	in s 0.01	in ″ 0.01		+	in s 0.01	in ″ 0.01		+	in s 0.01	in ″ 0.01
	$1^h\ 2^m$	86° 2′			$1^h\ 2^m$	86° 2′			$1^h\ 2^m$	86° 2′			$1^h\ 3^m$	86° 2′		
	s	″			s	″			s	″			s	″		
1	40.14	13.55	0	+9	47.16	7.31	-6	0	56.39	5.94	-2	-5	6.05	9.65	+6	-3
2	40.30	13.28	-3	+8	47.44	7.19	-5	-3	56.72	5.98	+1	-6	6.34	9.85	+7	0
3	40.47	13.03	-5	+5	47.73	7.07	-3	-5	57.04	6.03	+3	-5	6.63	10.06	+6	+2
4	40.64	12.77	-6	+2	48.02	6.96	-1	-6	57.36	6.08	+5	-4	6.92	10.27	+4	+4
5	40.82	12.52	-6	-1	48.31	6.85	+1	-6	57.68	6.13	+6	-2	7.20	10.48	+1	+5
6	41.00	12.27	-5	-4	48.60	6.74	+3	-5	58.01	6.19	+6	+1	7.48	10.70	-2	+5
7	41.18	12.02	-3	-6	48.89	6.65	+5	-4	58.33	6.26	+5	+3	7.75	10.92	-6	+3
8	41.37	11.78	0	-7	49.18	6.55	+6	-1	58.65	6.33	+3	+4	8.03	11.15	-7	+1
9	41.57	11.54	+2	-6	49.48	6.47	+6	+1	58.97	6.41	0	+5	8.30	11.38	-8	-2
10	41.77	11.31	+4	-5	49.78	6.39	+4	+3	59.29	6.50	-4	+4	8.57	11.61	-7	-5
11	41.97	11.08	+5	-3	50.08	6.31	+2	+4	59.61	6.59	-7	+2	8.84	11.85	-4	-7
12	42.18	10.86	+6	-1	50.39	6.24	-2	+4	59.93	6.68	-8	-1	9.10	12.09	0	-7
13	42.40	10.64	+5	+1	50.70	6.18	-5	+3	60.24	6.78	-8	-4	9.36	12.34	+4	-6
14	42.62	10.42	+3	+3	51.01	6.12	-8	+1	60.56	6.89	-6	-7	9.62	12.59	+6	-3
15	42.84	10.21	0	+4	51.32	6.06	-9	-3	60.88	7.00	-3	-8	9.88	12.84	+8	+1
16	43.06	10.00	-4	+4	51.63	6.01	-8	-6	61.20	7.12	+1	-8	10.13	13.10	+7	+4
17	43.29	9.80	-7	+2	51.94	5.97	-5	-8	61.51	7.24	+5	-5	10.38	13.36	+5	+7
18	43.52	9.60	-9	-1	52.25	5.93	-1	-8	61.83	7.36	+7	-2	10.63	13.63	+2	+9
19	43.76	9.40	-8	-4	52.57	5.90	+3	-7	62.14	7.50	+8	+2	10.87	13.90	-1	+8
20	44.00	9.21	-6	-7	52.88	5.87	+6	-3	62.45	7.63	+7	+6	11.11	14.17	-4	+7
21	44.25	9.03	-3	-8	53.20	5.85	+8	+1	62.76	7.77	+4	+8	11.35	14.45	-6	+4
22	44.50	8.85	+1	-7	53.51	5.83	+8	+5	63.06	7.92	+1	+9	11.58	14.73	-7	+1
23	44.75	8.67	+5	-5	53.83	5.82	+6	+8	63.37	8.07	-2	+8	11.81	15.02	-6	-2
24	45.01	8.50	+8	-1	54.15	5.82	+3	+10	63.67	8.23	-5	+6	12.04	15.31	-4	-5
25	45.27	8.34	+9	+3	54.47	5.82	0	+9	63.97	8.39	-6	+3	12.26	15.60	-2	-6
26	45.53	8.18	+8	+7	54.79	5.82	-3	+8	64.28	8.56	-6	0	12.48	15.89	+1	-6
27	45.79	8.02	+5	+9	55.11	5.84	-5	+5	64.58	8.73	-5	-3	12.70	16.19	+3	-6
28	46.06	7.86	+2	+10	55.43	5.85	-6	+2	64.88	8.90	-3	-5	12.91	16.49	+5	-4
29	46.33	7.72	-2	+9	55.75	5.88	-6	-2	65.17	9.08	0	-6	13.12	16.80	+7	-2
30	46.60	7.58	-5	+7	56.07	5.91	-4	-4	65.47	9.27	+2	-6	13.33	17.10	+6	+1
31	46.88	7.44	-6	+3	56.39	5.94	-2	-5	65.76	9.46	+4	-5	13.53	17.42	+5	+3
32	47.16	7.31	-6	0					66.05	9.65	+6	-3	13.73	17.73	+2	+5

δ	sec δ	tg δ	δ	sec δ	tg δ
+86° 2′ 0″	+14.456	+14.421	+86° 2′ 10″	+14.466	+14.431
10	+14.466	+14.431	20	+14.476	+14.442

$\alpha_{1959.0} = 1^h\ 2^m\ 45^s_.40$ $\delta_{1959.0} = +86°\ 2'\ 17''_.99$

Obere Kulmination Greenwich

Na) 43 Hev. Cephei $4^{m}.52$

Tag	September AR.	September Dekl.	September ☾ Glieder	Oktober AR.	Oktober Dekl.	Oktober ☾ Glieder	November AR.	November Dekl.	November ☾ Glieder	Dezember AR.	Dezember Dekl.	Dezember ☾ Glieder
	$1^h 3^m$ s	+ 86° 2′ ″	in s 0.01 ″ 0.01	$1^h 3^m$ s	+ 86° 2′ ″	in s 0.01 ″ 0.01	$1^h 3^m$ s	+ 86° 2′ ″	in s 0.01 ″ 0.01	$1^h 3^m$ s	+ 86° 2′ ″	in s 0.01 ″ 0.01
1	13.73	17.73	+2 +5	17.86	28.20	−6 +3	17.76	40.06	−1 −8	13.27	49.41	+8 −1
2	13.93	18.05	−1 +5	17.93	28.57	−8 0	17.68	40.41	+3 −6	13.06	49.66	+8 +3
3	14.12	18.37	−4 +4	18.00	28.94	−8 −3	17.59	40.76	+6 −3	12.84	49.91	+7 +7
4	14.31	18.69	−7 +2	18.06	29.32	−6 −6	17.50	41.11	+8 +1	12.62	50.16	+5 +9
5	14.50	19.01	−8 −1	18.12	29.69	−3 −7	17.40	41.46	+8 +5	12.39	50.40	+1 +10
6	14.68	19.34	−7 −4	18.17	30.07	+1 −7	17.30	41.80	+6 +8	12.16	50.63	−2 +9
7	14.86	19.67	−5 −6	18.22 / 18.26	30.44 / 30.82	+5 −5 / +7 −1	17.19	42.14	+3 +10	11.92	50.86	−5 +6
8	15.03	20.00	−1 −7	18.30	31.19	+8 +3	17.08	42.48	0 +9	11.68	51.09	−6 +3
9	15.20	20.34	+2 −6	18.33	31.57	+7 +6	16.96	42.82	−3 +7	11.44	51.31	−6 0
10	15.36	20.68	+6 −4	18.36	31.94	+5 +8	16.84	43.15	−5 +5	11.19	51.52	−5 −3
11	15.52	21.02	+8 0	18.38	32.32	+2 +9	16.72	43.48	−6 +1	10.94	51.73	−3 −5
12	15.68	21.36	+8 +3	18.40	32.70	−2 +8	16.59	43.81	−6 −2	10.69	51.94	0 −5
13	15.83	21.70	+6 +6	18.41	33.08	−4 +6	16.46	44.14	−4 −4	10.44	52.13	+3 −5
14	15.98	22.05	+3 +8	18.42	33.45	−6 +3	16.32	44.46	−2 −5	10.18	52.33	+5 −4
15	16.13	22.40	0 +8	18.43	33.83	−6 0	16.17	44.78	0 −6	9.92	52.51	+6 −2
16	16.27	22.75	−3 +7	18.43	34.20	−5 −3	16.03	45.10	+3 −5	9.65	52.69	+6 0
17	16.40	23.10	−5 +5	18.42	34.58	−4 −5	15.87	45.41	+5 −4	9.39	52.87	+6 +2
18	16.54	23.46	−6 +2	18.41	34.95	−1 −6	15.71	45.72	+6 −2	9.11	53.04	+4 +3
19	16.66	23.81	−6 −1	18.40	35.32	+1 −6	15.55	46.03	+6 0	8.84	53.20	+1 +4
20	16.79	24.17	−5 −4	18.38	35.69	+4 −6	15.38	46.33	+5 +2	8.56	53.36	−2 +4
21	16.91	24.53	−3 −6	18.35	36.06	+5 −4	15.21	46.63	+3 +4	8.28	53.52	−5 +3
22	17.02	24.89	0 −6	18.32	36.43	+6 −2	15.03	46.93	0 +4	8.00	53.67	−8 0
23	17.13	25.25	+3 −6	18.29	36.80	+6 +1	14.86	47.22	−4 +4	7.72	53.81	−9 −3
24	17.24	25.62	+5 −5	18.25	37.17	+4 +3	14.67	47.51	−7 +3	7.44	53.94	−8 −6
25	17.35	25.98	+6 −3	18.21	37.54	+1 +4	14.48	47.79	−9 −1	7.15	54.07	−5 −8
26	17.45	26.35	+7 0	18.16	37.90	−2 +4	14.29	48.07	−9 −5	6.86	54.20	−2 −9
27	17.54	26.72	+5 +2	18.11	38.27	−5 +3	14.10	48.35	−7 −7	6.57	54.31	+3 −7
28	17.63	27.08	+3 +4	18.05	38.63	−8 +1	13.89	48.62	−3 −8	6.27	54.42	+6 −4
29	17.71	27.45	0 +5	17.98	38.99	−9 −2	13.69	48.89	+1 −8	5.97	54.52	+8 0
30	17.79	27.83	−3 +5	17.91	39.34	−8 −5	13.48	49.15	+5 −5	5.67	54.62	+8 +5
31	17.86	28.20	−6 +3	17.84	39.70	−5 −7	13.27	49.41	+8 −1	5.37	54.71	+6 +8
32				17.76	40.06	−1 −8				5.08	54.80	+3 +10

δ	sec δ	tg δ	δ	sec δ	tg δ	δ	sec δ	tg δ
+86° 2′ 10″	+14.466	+14.431	+86° 2′ 30″	+14.486	+14.452	+86° 2′ 50″	+14.507	+14.472
20	+14.476	+14.442	40	+14.496	+14.462	60	+14.517	+14.482

$\alpha_{1959.0} = 1^h\ 2^m\ 45^s.40$ $\delta_{1959.0} = +86°\ 2'\ 17''.99$

Scheinbare Sternörter 1959

Obere Kulmination Greenwich

Nb) α Ursae minoris $2^m\!.12$ var.

Tag	Januar AR.	Januar Dekl.	Januar ☾ Glieder	Februar AR.	Februar Dekl.	Februar ☾ Glieder	März AR.	März Dekl.	März ☾ Glieder	April AR.	April Dekl.	April ☾ Glieder
	$1^h 55^m$ s	+ 89° 4′ ″	in s 0.01 | ″ 0.01	$1^h 54'$ s	+ 89° 4′ ″	in s 0.01 | ″ 0.01	$1^h 54^m$ s	+ 89° 4′ ″	in s 0.01 | ″ 0.01	$1^h 54^m$ s	+ 89° 4′ ″	in s 0.01 | ″ 0.01
1	65.02	39.82	−32 +1	84.67	41.67	− 3 −7	50.68	38.07	+ 8 −6	28.53	29.80	+34 +5
2	63.82	39.98	−33 −2	83.34	41.62	+13 −6	49.66	37.86	+23 −4	28.19	29.49	+25 +7
3	62.61	40.13	−26 −5	82.01	41.57	+26 −4	48.65	37.65	+32 −1	27.87	29.18	+12 +9
4	61.39	40.27	−13 −7	80.69	41.51	+33 −1	47.66	37.43	+35 +2	27.58	28.87	− 1 +8
5	60.16	40.41	+ 3 −7	79.38	41.44	+33 +3	46.69	37.21	+29 +5	27.31	28.56	−13 +7
6	58.92	40.54	+19 −6	78.07	41.37	+27 +6	45.74	36.98	+19 +7	27.07	28.24	−22 +5
7	57.66	40.66	+30 −3	76.77	41.29	+15 +8	44.81	36.75	+ 7 +8	26.86	27.93	−26 +2
8	56.40	40.78	+35 +1	75.47	41.21	+ 2 +8	43.90	36.51	− 6 +8	26.67	27.61	−25 −1
9	55.14	40.89	+32 +5	74.18	41.12	−11 +8	43.00	36.27	−17 +6	26.50	27.30	−19 −4
10	53.86	41.00	+23 +7	72.90	41.02	−21 +5	42.13	36.03	−24 +3	26.36	26.98	−11 −6
11	52.57	41.10	+11 +9	71.62	40.92	−26 +2	41.27	35.78	−26 0	26.25	26.66	− 2 −7
12	51.28	41.19	− 3 +8	70.36	40.81	−27 −1	40.44	35.52	−24 −3	26.16	26.35	+ 8 −7
13	49.98	41.28	−14 +7	69.10	40.70	−22 −4	39.63	35.26	−18 −5	26.09	26.03	+17 −6
14	48.67	41.36	−23 +4	67.85	40.58	−15 −6	38.84	35.00	− 9 −7	26.05	25.72	+23 −4
15	47.36	41.43	−27 +1	66.62	40.45	− 5 −7	38.07	34.74	+ 1 −8	26.03	25.40	+24 −1
16	46.04	41.50	−25 −2	65.40	40.32	+ 6 −8	37.32	34.47	+12 −7	26.04	25.08	+19 +1
17	44.72	41.56	−20 −5	64.18	40.18	+16 −6	36.60	34.20	+21 −6	26.08	24.77	+10 +4
18	43.39	41.61	−10 −7	62.98	40.03	+24 −4	35.89	33.92	+25 −3	26.14	24.45	− 5 +5
19	42.06	41.66	0 −7	61.79	39.88	+25 −1	35.21	33.64	+24 0	26.23	24.14	−19 +5
20	40.73	41.70	+11 −7	60.62	39.72	+21 +2	34.56	33.36	+16 +3	26.34	23.82	−30 +3
21	39.39	41.73	+20 −5	59.46	39.56	+13 +4	33.92	33.08	+ 5 +5	*26.48	23.51	−36 0
22	38.05	41.76	+25 −3	58.31	39.39	− 1 +6	33.31	32.79	− 9 +6	26.64	23.20	−33 −3
23	36.71	41.78	+26 0	57.17	39.22	−15 +6	32.73	32.50	−23 +5	26.83	22.88	−21 −6
24	35.37	41.79	+19 +3	56.05	39.04	−26 +4	32.16	32.21	−31 +2	27.04	22.57	− 6 −7
25	34.03	41.80	+ 7 +5	54.94	38.85	−32 +1	31.62	31.92	−33 −1	27.28	22.26	+11 −6
26	32.69	41.80	− 5 +6	53.85	38.66	−30 −2	31.10	31.62	−27 −4	27.54	21.96	+27 −4
27	31.35	41.79	−19 +5	52.78	38.47	−21 −5	30.61	31.32	−14 −6	27.82	21.65	+36 0
28	30.01	41.78	−29 +3	51.72	38.27	− 7 −6	30.14	31.02	+ 3 −6	28.13	21.35	+37 +4
29	28.67	41.76	−32 0	50.68	38.07	+ 8 −6	29.70	30.71	+19 −5	28.46	21.04	+30 +7
30	27.33	41.74	−29 −3				29.28	30.41	+31 −3	28.82	20.74	+19 +9
31	26.00	41.71	−17 −6				28.89	30.11	+36 +1	29.20	20.44	+ 5 +9
32	24.67	41.67	− 3 −7				28.53	29.80	+34 +5			

δ	sec δ	tg δ	δ	sec δ	tg δ	δ	sec δ	tg δ
+89° 4′ 20″	+61.759	+61.751	+89° 4′ 30″	+61.944	+61.936	+89° 4′ 40″	+62.131	+62.123
30	+61.944	+61.936	40	+62.131	+62.123	50	+62.318	+62.310

$\alpha_{1959.0} = 1^h\ 54^m\ 58^s\!.40$ $\delta_{1959.0} = +89°\ 4'\ 22''\!.98$

* Tag der doppelten unteren Kulmination: April 21.

Obere Kulmination Greenwich

Nb) α Ursae minoris $2^m.12$ var.

Tag	Mai AR.	Mai Dekl.	Mai ☾ Glieder	Juni AR.	Juni Dekl.	Juni ☾ Glieder	Juli AR.	Juli Dekl.	Juli ☾ Glieder	August AR.	August Dekl.	August ☾ Glieder
	$1^h 54^m$	+ 89° 4′	in s 0.01 | ″ 0.01	$1^h 54^m$	+ 89° 4′	in s 0.01 | ″ 0.01	$1^h 55^m$	+ 89° 4′	in s 0.01 | ″ 0.01	$1^h 56^m$	+ 89° 4′	in s 0.01 | ″ 0.01
	s	″		s	″		s	″		s	″	
1	29.20	20.44	+ 5 + 9	51.58	12.61	−24 + 1	27.44	8.97	−10 −5	9.80	10.17	+23 −4
2	29.61	20.14	− 8 + 8	52.60	12.42	−22 − 2	28.77	8.93	0 −6	11.15	10.29	+27 −2
3	30.04	19.85	−18 + 6	53.63	12.23	−16 − 4	30.11	8.89	+10 −6	12.50	10.42	+24 +1
4	30.49	19.55	−24 + 3	54.68	12.05	− 7 − 6	31.45	8.86	+18 −5	13.84	10.55	+17 +3
5	30.96	19.26	−24 0	55.74	11.87	+ 3 − 7	32.80	8.84	+24 −3	15.17	10.69	+ 6 +5
6	31.46	18.97	−21 − 3	56.82	11.70	+12 − 6	34.15	8.82	+25 −1	16.50	10.83	− 7 +6
7	31.98	18.69	−14 − 5	57.91	11.53	+20 − 5	35.51	8.81	+22 +2	17.83	10.98	−21 +5
8	32.52	18.41	− 4 − 7	59.02	11.36	+24 − 3	36.87	8.80	+13 +4	19.15	11.13	−29 +2
9	33.08	18.13	+ 5 − 7	60.14	11.20	+24 0	38.23	8.79	0 +5	20.46	11.29	−34 −1
10	33.67	17.85	+14 − 6	61.27	11.05	+18 + 2	39.60	8.79	−13 +5	21.77	11.45	−29 −4
11	34.28	17.58	+21 − 5	62.42	10.90	+ 8 + 4	40.97	8.80	−26 +4	23.07	11.62	−20 −6
12	34.91	17.31	+24 − 2	63.57	10.76	− 6 + 5	42.34	8.81	−33 +1	24.37	11.79	− 5 −7
13	35.56	17.04	+22 0	64.74	10.62	−20 + 4	43.71	8.83	−35 −2	25.66	11.96	+11 −7
14	36.23	16.77	+14 + 3	65.92	10.48	−31 + 2	45.09	8.85	−27 −6	26.94	12.14	+25 −5
15	36.92	16.51	+ 2 + 4	67.11	10.35	−36 − 1	46.47	8.88	−15 −8	28.21	12.33	+32 −1
16	37.63	16.25	−13 + 5	68.31	10.23	−34 − 4	47.85	8.91	+ 1 −8	29.48	12.52	+31 +3
17	38.36	16.00	−26 + 4	69.53	10.11	−23 − 7	49.22	8.95	+17 −6	30.74	12.71	+24 +6
18	39.11	15.74	−35 + 1	70.75	9.99	− 8 − 8	50.60	8.99	+29 −3	31.99	12.91	+13 +8
19	39.88	15.49	−37 − 2	71.98	9.88	+ 9 − 7	51.98	9.04	+33 +1	33.23	13.11	0 +8
20	40.67	15.24	−29 − 5	73.23	9.78	+24 − 5	53.36	9.10	+30 +5	34.46	13.32	−13 +7
21	41.48	15.00	−16 − 7	74.48	9.68	+34 − 1	54.74	9.16	+22 +7	35.69	13.53	−22 +5
22	42.31	14.76	+ 2 − 8	75.74	9.58	+35 + 3	56.11	9.23	+ 8 +9	36.90	13.75	−26 +2
23	43.16	14.53	+19 − 6	77.01	9.49	+29 + 7	57.49	9.30	− 5 +9	38.11	13.97	−25 −1
24	44.03	14.30	+32 − 3	78.29	9.40	+17 + 9	58.87	9.37	−16 +7	39.30	14.20	−18 −4
25	44.91	14.07	+37 + 1	79.58	9.32	+ 3 +10	60.25	9.45	−24 +4	40.49	14.43	−10 −6
26	45.81	13.85	+34 + 5	80.87	9.25	−11 + 8	61.62	9.54	−25 +1	41.66	14.66	+ 1 −7
27	46.73	13.63	+25 + 8	82.17	9.18	−20 + 6	62.99	9.63	−22 −2	42.83	14.90	+12 −6
28	47.67	13.42	+12 +10	83.48	9.12	−25 + 3	64.36	9.73	−15 −4	43.98	15.14	+20 −5
29	48.62	13.21	− 2 + 9	84.79	9.06	−24 0	65.73	9.83	− 5 −6	45.12	15.38	+26 −3
30	49.59	13.01	−15 + 7	86.11	9.01	−18 − 3	67.09	9.94	+ 6 −7	46.25	15.63	+25 0
31	50.58	12.81	−23 + 5	87.44	8.97	−10 − 5	68.45	10.05	+16 −6	47.36	15.88	+21 +2
32	51.58	12.61	−24 + 1				69.80	10.17	+23 −4	48.47	16.14	+11 +5

δ	sec δ	tg δ	δ	sec δ	tg δ	δ	sec δ	tg δ
+89° 4′ 0″	+61.391	+61.383	+89° 4′ 10″	+61.574	+61.566	+89° 4′ 20″	+61.759	+61.751
10	+61.574	+61.566	20	+61.759	+61.751	30	+61.944	+61.936

$\alpha_{1959.0} = 1^h\ 54^m\ 58^s.40$ $\delta_{1959.0} = +89°\ 4'\ 22''.98$

Scheinbare Sternörter 1959

Obere Kulmination Greenwich

Nb) α Ursae minoris $2^{m}_{.}12$ var.

Tag	September AR.	September Dekl.	September ☾ Glieder		Oktober AR.	Oktober Dekl.	Oktober ☾ Glieder	
	$1^h 56^m$	+89° 4′	in 0.01 s	in 0.01 ″	$1^h 57^m$	+89° 4′	in 0.01 s	in 0.01 ″
	s	″			s	″		
1	48.47	16.14	+11	+5	15.12	25.36	−24	+4
2	49.57	16.40	− 2	+6	15.76	25.71	−32	+2
3	50.65	16.66	−16	+5	16.38	26.06	−34	−1
4	51.72	16.93	−27	+4	16.98	26.42	−27	−4
5	52.78	17.20	−32	+1	17.56	26.77	−15	−6
6	53.83	17.48	−31	−2	18.12	27.13	0	−7
7	54.86	17.76	−22	−5	18.67	27.48	+17	−6
8	55.88	18.05	− 8	−7	19.19	27.84	+29	−3
9	56.88	18.33	+ 7	−7	19.70	28.20	+34	+1
10	57.87	18.62	+21	−5	20.18	28.57	+32	+4
11	58.85	18.92	+30	−2	20.65	28.93	+23	+7
12	59.81	19.21	+33	+2	21.10	29.29	+11	+9
13	60.76	19.51	+28	+5	21.53	29.66	− 3	+8
14	61.69	19.81	+17	+8	21.93	30.02	−15	+7
15	62.61	20.12	+ 5	+8	22.32	30.39	−23	+4
16	63.51	20.42	− 8	+8	22.68	30.75	−26	+1
17	64.40	20.73	−19	+6	23.03	31.12	−23	−2
18	65.27	21.05	−25	+3	23.35	31.49	−17	−4
19	66.12	21.36	−25	0	23.66	31.86	− 7	−6
20	66.96	21.68	−21	−3	23.94	32.23	+ 2	−7
21	67.79	22.01	−14	−5	24.21 24.45	32.60 32.97	+12 +20	−6 −5
22	68.60	22.33	− 4	−6	24.67	33.34	+25	−3
23	69.39	22.66	+ 7	−7	24.87	33.71	+24	0
24	70.17	22.99	+16	−6	25.04	34.09	+19	+2
25	70.93	23.32	+23	−4	25.20	34.46	+ 8	+4
26	71.67	23.65	+26	−2	25.34	34.83	− 5	+5
27	72.40	23.99	+23	+1	25.45	35.20	−20	+4
28	73.10	24.33	+15	+3	25.54	35.57	−31	+2
29	73.79	24.67	+ 3	+5	25.61	35.95	−36	0
30	74.46	25.02	−11	+5	25.66	36.32	−33	−4
31	75.12	25.36	−24	+4	25.69	36.69	−24	−6
32					25.69	37.06	− 7	−7

Tag	November AR.	November Dekl.	November ☾ Glieder		Dezember AR.	Dezember Dekl.	Dezember ☾ Glieder	
	$1^h 57^m$	+89° 4′	in 0.01 s	in 0.01 ″	$1^h 56^m$	+89° 4′	in 0.01 s	in 0.01 ″
	s	″			s	″		
1	25.69	37.06	− 7	−7	75.47	47.50	+30	− 3
2	25.68	37.43	+ 9	−7	74.79	47.80	+35	+ 1
3	25.64	37.80	+25	−4	74.09	48.11	+33	+ 5
4	25.57	38.17	+34	−1	73.37	48.41	+23	+ 9
5	25.49	38.54	+36	+3	72.63	48.71	+10	+10
6	25.38	38.91	+29	+7	71.87	49.00	− 5	+ 9
7	25.25	39.27	+17	+9	71.08	49.29	−17	+ 7
8	25.10	39.64	+ 4	+9	70.28	49.57	−23	+ 4
9	24.93	40.00	−10	+8	69.45	49.86	−24	+ 1
10	24.73	40.37	−19	+6	68.61	50.14	−20	− 2
11	24.51	40.73	−24	+3	67.75	50.41	−12	− 4
12	24.27	41.09	−23	0	66.86	50.68	− 2	− 5
13	24.00	41.44	−18	−3	65.96	50.94	+ 8	− 6
14	23.72	41.80	− 9	−5	65.05	51.20	+16	− 5
15	23.41	42.16	0	−6	64.11	51.46	+23	− 4
16	23.08	42.51	+10	−6	63.15	51.71	+25	− 2
17	22.72	42.86	+18	−5	62.18	51.96	+24	0
18	22.35	43.21	+24	−4	61.19	52.20	+17	+ 3
19	21.95	43.56	+25	−1	60.19	52.44	+ 7	+ 4
20	21.53	43.90	+22	+1	59.17	52.67	− 7	+ 5
21	21.08	44.24	+13	+3	58.13	52.89	−21	+ 4
22	20.62	44.58	0	+4	57.07	53.11	−31	+ 2
23	20.13	44.91	−14	+4	56.00	53.33	−37	− 1
24	19.63	45.25	−27	+3	54.91	53.54	−34	− 5
25	19.10	45.58	−36	0	53.81	53.75	−25	− 7
26	18.55	45.91	−37	−3	52.69	53.94	−10	− 9
27	17.97	46.23	−30	−6	51.56	54.13	+ 8	− 8
28	17.38	46.55	−17	−8	50.41	54.32	+23	− 5
29	16.76	46.87	0	−8	49.25	54.50	+33	− 1
30	16.13	47.19	+17	−6	48.08	54.68	+33	+ 3
31	15.47	47.50	+30	−3	46.89	54.85	+27	+ 7
32					45.69	55.02	+16	+ 9

δ	sec δ	tg δ	δ	sec δ	tg δ	δ	sec δ	tg δ
+89° 4′ 10″	+61.574	+61.566	+89° 4′ 30″	+61.944	+61.936	+89° 4′ 50″	+62.318	+62.310
20	+61.759	+61.751	40	+62.131	+62.123	60	+62.507	+62.499

$\alpha_{1959.0} = 1^h\ 54^m\ 58^s_{.}40$ $\delta_{1959.0} = +89°\ 4'\ 22''_{.}98$

Obere Kulmination Greenwich

Nc) Grb 750 **Cephei** 6ᵐ.70

Tag	Januar AR.	Januar Dekl.	Januar ☾ Glieder in 0.01 s	Januar ☾ Glieder in 0.01 ″	Februar AR.	Februar Dekl.	Februar ☾ Glieder in 0.01 s	Februar ☾ Glieder in 0.01 ″	März AR.	März Dekl.	März ☾ Glieder in 0.01 s	März ☾ Glieder in 0.01 ″	April AR.	April Dekl.	April ☾ Glieder in 0.01 s	April ☾ Glieder in 0.01 ″
	$4^h 22^m$ s	+85° 26′ ″			$4^h 22^m$ s	+85° 26′ ″			$4^h 22^m$ s	+85° 26′ ″			$4^h 22^m$ s	+85° 26′ ″		
1	57.75	22.65	-5	+6	52.40	29.72	-4	-5	45.24	31.63	-2	-6	37.61	28.25	+9	-1
2	57.64	22.94	-7	+3	52.17	29.87	-1	-7	44.97	31.61	+2	-7	37.40	28.05	+9	+3
3	57.53	23.23	-8	-1	51.93	30.01	+2	-7	44.71	31.58	+5	-6	37.20	27.85	+7	+6
4	57.41	23.51	-6	-4	51.69	30.15	+6	-5	44.44	31.55	+7	-3	37.00	27.65	+5	+7
5	57.29	23.79	-4	-7	51.45	30.28	+8	-2	44.18	31.51	+8	0	36.80	27.44	+2	+8
6	57.17	24.07	0	-7	51.22	30.41	+8	+1	43.91	31.46	+8	+4	36.60	27.23	-1	+7
7	57.04	24.34	+4	-6	50.97	30.53	+7	+5	43.64	31.41	+6	+6	36.41	27.02	-4	+5
8	56.90	24.61	+7	-4	50.73	30.64	+5	+7	43.38	31.35	+3	+7	36.23	26.80	-5	+2
9	56.76	24.87	+8	0	50.48	30.75	+2	+8	43.11	31.28	0	+7	36.04	26.58	-6	-1
10	56.62	25.13	+8	+3	50.23	30.85	-2	+7	42.85	31.21	-2	+6	35.86	26.35	-6	-4
11	56.47	25.39	+7	+6	49.98	30.95	+4	+5	42.59	31.14	-5	+4	35.69	26.12	-5	-6
12	56.31	25.64	+4	+8	49.73	31.04	-5	+3	42.33	31.06	-6	+1	35.52	25.88	-3	-7
13	56.15	25.89	+1	+8	49.47	31.12	-6	0	42.08	30.97	-6	-2	35.36	25.64	-1	-7
14	55.99	26.13	-2	+7	49.21	31.20	-6	-3	41.82	30.88	-6	-5	35.20	25.40	+2	-6
15	55.82	26.37	-4	+4	48.95	31.27	-5	-6	41.57	30.78	-4	-7	35.04	25.15	+3	-4
16	55.65	26.61	-6	+2	48.69	31.34	-3	-7	41.32	30.67	-2	-8	34.88	24.90	+4	-1
17	55.48	26.84	-6	-1	48.43	31.40	-1	-8	41.07	30.56	0	-7	34.73	24.65	+4	+2
18	55.30	27.07	-6	-4	48.17	31.46	+2	-7	40.82	30.45	+3	-6	34.59	24.40	+2	+5
19	55.12	27.29	-4	-6	47.91	31.50	+4	-4	40.57	30.32	+4	-3	34.45	24.14	-1	+7
20	54.93	27.51	-2	-7	47.65	31.54	+5	-1	40.33	30.20	+5	0	34.31	23.88	-4	+7
21	54.74	27.72	+1	-7	47.38	31.58	+5	+2	40.09	30.06	+4	+4	34.18	23.62	-6	+5
22	54.54	27.93	+3	-6	47.11	31.61	+3	+5	39.85	29.92	+2	+6	34.06	23.35	-8	+2
23	54.34	28.13	+5	-3	46.85	31.63	+1	+7	39.61	29.78	-1	+7	33.94	23.08	-7	-2
24	54.14	28.33	+5	0	46.58	31.64	-2	+7	39.38	29.63	-4	+6	33.82	22.81	-5	-5
25	53.93	28.52	+4	+4	46.31	31.65	-5	+5	39.15	29.47	-6	+4	33.71	22.53	-1	-7
26	53.72	28.71	+2	+6	46.04	31.66	-6	+2	38.92	29.31	-7	0	33.60	22.25	+3	-7
27	53.51	28.89	0	+7	45.78	31.66	-6	-1	38.69	29.15	-6	-3	33.50	21.98	+6	-5
28	53.29	29.07	-3	+6	45.51	31.65	-5	-4	38.47	28.98	-3	-6	33.40	21.69	+9	-2
29	53.08	29.24	-6	+4	45.24	31.63	-2	-6	38.25	28.80	0	-7	33.30	21.41	+10	+2
30	52.85	29.41	-7	+1					38.03	28.62	+4	-6	33.22	21.13	+9	+5
31	52.63	29.57	-6	-3					37.82	28.44	+7	-4	33.13	20.84	+6	+7
32	52.40	29.72	-4	-5					37.61	28.25	+9	-1				

δ	sec δ	tg δ	δ	sec δ	tg δ
+85° 26′ 20″	+12.575	+12.535	+85° 26′ 30″	+12.583	+12.543
30	+12.583	+12.543	40	+12.590	+12.551

$\alpha_{1959.0} = 4^h\ 22^m\ 38^s.17$ $\delta_{1959.0} = +85°\ 26'\ 18''.89$

Scheinbare Sternörter 1959

Obere Kulmination Greenwich

Nc) Grb 750 Cephei $6^{m}.70$

Tag	* Mai AR.	Mai Dekl.	Mai ☾ Glieder in s	Mai ☾ Glieder in ″	Juni AR.	Juni Dekl.	Juni ☾ Glieder in s	Juni ☾ Glieder in ″	Juli AR.	Juli Dekl.	Juli ☾ Glieder in s	Juli ☾ Glieder in ″	August AR.	August Dekl.	August ☾ Glieder in s	August ☾ Glieder in ″
	$4^h 22^m$ s	+85° 26′ ″	0.01	0.01	$4^h 22^m$ s	+85° 26′ ″	0.01	0.01	$4^h 22^m$ s	+85° 25′ ″	0.01	0.01	$4^h 22^m$ s	+85° 25′ ″	0.01	0.01
1	33.13	20.84	+6	+7	33.01	11.61	-4	+4	37.26	63.81	-5	-3	44.99	58.93	+2	-7
2	33.05	20.55	+3	+8	33.09	11.32	-5	+2	37.47	63.59	-4	-5	45.28	58.84	+4	-5
3	32.98	20.27	0	+7	33.17	11.03	-5	-1	37.68	63.38	-2	-7	45.57	58.76	+5	-2
4	32.91	19.97	-3	+6	33.26	10.74	-5	-4	37.89	63.17	0	-7	45.86	58.68	+5	+1
5	32.85	19.68	-5	+3	33.35	10.45	-3	-6	38.10	62.96	+2	-6	46.15	58.60	+4	+4
6	32.79	19.39	-5	0	33.44	10.17	-1	-7	38.32	62.76	+4	-4	46.44	58.53	+2	+6
7	32.74	19.09	-5	-2	33.54	9.89	+1	-7	38.54	62.56	+5	-1	46.74	58.46	-1	+7
8	32.69	18.79	-5	-5	33.65	9.61	+3	-6	38.76	62.37	+5	+2	47.04	58.40	-4	+6
9	32.64	18.50	-3	-6	33.76	9.33	+4	-3	38.99	62.18	+3	+5	47.34	58.34	-7	+4
10	32.60	18.20	-1	-7	33.87	9.05	+4	-1	39.22	61.99	0	+6	47.64	58.29	-8	0
11	32.57	17.90	+1	-7	33.99	8.77	+4	+2	39.46	61.81	-3	+6	47.94	58.25	-7	-3
12	32.54	17.60	+3	-5	34.12	8.50	+2	+5	39.69	61.63	-6	+5	48.24	58.21	-5	-6
13	32.51	17.30	+4	-3	34.25	8.23	-1	+6	39.94	61.46	-8	+2	48.55	58.17	-2	-7
14	32.49	16.99	+4	0	34.38	7.96	-5	+5	40.18	61.29	-8	-1	48.85	58.14	+2	-7
15	32.48	16.69	+3	+4	34.52	7.69	-7	+4	40.43	61.12	-7	-4	49.16	58.11	+5	-5
16	32.47	16.39	0	+6	34.66	7.43	-8	+1	40.67	60.96	-4	-7	49.47	58.08	+7	-2
17	32.47	16.09	-3	+7	34.80	7.17	-8	-3	40.93	60.80	0	-7	49.77	58.06	+8	+2
18	32.47	15.78	-6	+6	34.95	6.91	-6	-6	41.18	60.65	+3	-6	50.08	58.05	+7	+5
19	32.47	15.48	-8	+3	35.10	6.65	-2	-7	41.44	60.50	+6	-4	50.39	58.04	+5	+7
20	32.49	15.18	-8	0	35.26	6.40	+2	-7	41.70	60.35	+8	0	50.70	58.03	+2	+8
21	32.50	14.88	-7	-4	35.43	6.15	+6	-5	41.96	60.21	+8	+3	51.01	58.03	-1	+7
22	32.52	14.58	-4	-6	35.59	5.90	+8	-2	42.22	60.07	+7	+6	51.33	58.04	-4	+5
23	32.55	14.28	0	-7	35.76	5.65	+9	+2	42.49	59.94	+4	+8	51.64	58.05	-5	+2
24	32.58	13.98	+4	-6	35.94	5.41	+8	+5	42.76	59.81	+1	+8	51.95	58.06	-5	-1
25	32.62	13.68	+8	-4	36.12	5.17	+6	+7	43.03	59.68	-2	+7	52.26	58.08	-5	-4
26	32.66	13.38	+9	0	36.30	4.93	+3	+8	43.30	59.56	-4	+4	52.58	58.10	-4	-6
27	32.71	13.08	+9	+3	36.48	4.70	0	+8	43.57	59.44	-5	+1	52.89	58.13	-2	-7
28	*32.76	12.79	+8	+6	36.67	4.47	-3	+6	43.85	59.33	-5	-2	53.20	58.16	+1	-7
29	32.81	12.49	+5	+8	36.86	4.25	-5	+3	44.13	59.22	-4	-5	53.51	58.20	+3	-6
30	32.88	12.20	+2	+8	37.06	4.02	-5	0	44.41	59.12	-3	-6	53.83	58.24	+4	-4
31	32.94	11.90	-1	+7	37.26	3.81	-5	-3	44.70	59.02	0	-7	54.14	58.29	+5	-1
32	33.01	11.61	-4	+4					44.99	58.93	+2	-7	54.46	58.34	+5	+2

δ	sec δ	tg δ	δ	sec δ	tg δ	δ	sec δ	tg δ
+85° 25′ 50″	+12.552	+12.512	+85° 26′ 0″	+12.560	+12.520	+85° 26′ 20″	+12.575	+12.535
60	+12.560	+12.520	10	+12.567	+12.528	30	+12.583	+12.543

$\alpha_{1959.0} = 4^h\,22^m\,38^s.17$ $\delta_{1959.0} = +85°\,26'\,18''.89$

* Tag der doppelten unteren Kulmination: Mai 28.

Obere Kulmination Greenwich

Nc) Grb 750 Cephei $6^m.70$

Tag	September AR.	September Dekl.	September ☾ Glieder	Oktober AR.	Oktober Dekl.	Oktober ☾ Glieder	November AR.	November Dekl.	November ☾ Glieder	Dezember AR.	Dezember Dekl.	Dezember ☾ Glieder
	$4^h 22^m$ s	+ 85° 25′ ″	in s 0.01 ″ 0.01	$4^h 23^m$ s	+ 85° 26′ ″	in s 0.01 ″ 0.01	$4^h 23^m$ s	+ 85° 26′ ″	in s 0.01 ″ 0.01	$4^h 23^m$ s	+ 85° 26′ ″	in s 0.01 ″ 0.01
1	54.46	58.34	+5 +2	3.52	1.97	−2 +7	11.02	9.48	−8 −2	14.97	19.42	+4 −6
2	54.77	58.40	+3 +5	3.80	2.16	−5 +6	11.21	9.77	−5 −5	15.02	19.75	+7 −4
3	55.09	58.46	0 +7	4.08	2.35	−7 +3	11.40	10.06	−2 −7	15.07	20.09	+9 0
4	55.40	58.52	−3 +7	4.36	2.54	−8 0	11.59	10.36	+2 −7	15.11	20.43	+9 +4
5	55.71	58.59	−5 +5	4.64	2.74	−6 −3	11.77	10.66	+6 −5	15.14	20.76	+7 +7
6	56.03	58.66	−7 +2	4.91	2.94	−4 −6	11.94	10.96	+8 −2	15.18	21.10	+5 +8
7	56.34	58.74	−7 −1	5.18	3.15	0 −7	12.12	11.27	+9 +2	15.20	21.44	+1 +8
8	56.65	58.82	−5 −5	5.45	3.36	+4 −6	12.28	11.57	+8 +5	15.22	21.77	−2 +7
9	56.96	58.91	−2 −7	5.71	3.58	+7 −4	12.45	11.88	+6 +7	15.24	22.11	−4 +4
10	57.27	59.01	+1 −7	5.97	3.80	+8 −1	12.61	12.19	+3 +8	15.25	22.44	−5 +1
11	57.57	59.11	+4 −6	6.23	4.02	+8 +3	12.76	12.51	0 +7	15.26	22.78	−5 −2
12	57.88	59.21	+7 −3	6.49	4.25	+7 +6	12.91	12.82	−3 +5	15.26	23.11	−4 −4
13	58.19	59.31	+8 0	6.75	4.48	+4 +7	13.06	13.14	−5 +3	15.26	23.45	−2 −6
14	58.49	59.42	+8 +4	7.00	4.71	+1 +8	13.21	13.46	−5 0	15.25	23.78	0 −6
15	58.80	59.53	+6 +6	7.25	4.95	−2 +7	13.35	13.78	−5 −3	15.23	24.11	+2 −6
16	59.11	59.65	+3 +8	7.50	5.19	−4 +4	13.48	14.10	−4 −5	15.21	24.44	+3 −5
17	59.41	59.78	0 +7	7.74	5.44	−5 +2	13.61	14.43	−2 −6	15.19	24.76	+4 −3
18	59.71	59.90	−3 +6	7.98	5.68	−5 −1	13.73	14.75	0 −7	15.15	25.09	+5 0
19	60.01	60.04	−5 +3	8.22	5.94	−5 −4	13.85	15.08	+2 −6	15.11	25.41	+3 +3
20	60.31	60.18	−5 0	8.45	6.19	−3 −6	13.96	15.41	+4 −4	15.07	25.73	+1 +5
21	60.61	60.32	−5 −2	8.68	6.45	−2 −7	14.07	15.74	+4 −2	15.02	26.05	−1 +6
22	60.91	60.47	−4 −5	8.91	6.71	+1 −7	14.18	16.07	+4 +1	14.97	26.38	−5 +6
23	61.21	60.62	−3 −7	9.14	6.97	+3 −6	14.28	16.40	+2 +4	14.91	26.69	−8 +4
24	61.50	60.77	−1 −7	9.36	7.24	+4 −4	14.38	16.73	0 +6	14.85	27.01	−9 +1
25	61.80	60.93	+2 −7	9.58	7.51	+5 −1	14.47	17.06	−3 +6	14.78	27.32	−9 −3
26	62.09	61.09	+4 −5	9.80	7.79	+4 +2	14.55	17.40	−6 +5	14.71	27.63	−7 −6
27	62.38	61.26	+5 −2	10.01	8.06	+2 +5	14.64 14.71	17.73 18.07	−8 +3 −9 −1	14.63	27.94	−3 −8
28	62.67	61.43	+5 +1	10.22	8.34	−1 +6	14.78	18.40	−7 −4	14.55	28.25	+1 −8
29	62.95	61.61	+3 +4	10.42	8.62	−4 +6	14.85	18.74	−4 −7	14.46	28.55	+5 −6
30	63.24	61.79	+1 +6	10.63	8.90	−7 +4	14.91	19.08	0 −8	14.37	28.85	+8 −2
31	63.52	61.97	−2 +7	10.82	9.19	−8 +1	14.97	19.42	+4 −6	14.27	29.15	+9 +2
32				11.02	9.48	−8 −2				14.17	29.45	+8 +5

δ	sec δ	tg δ	δ	sec δ	tg δ	δ	sec δ	tg δ
+85° 25′ 50″	+12.552	+12.512	+85° 26′ 0″	+12.560	+12.520	+85° 26′ 20″	+12.575	+12.535
60	+12.560	+12.520	10	+12.567	+12.528	30	+12.583	+12.543

$\alpha_{1959.0} = 4^h\ 22^m\ 38^s.17$ $\delta_{1959.0} = +85°\ 26'\ 18''.89$

Scheinbare Sternörter 1959

Obere Kulmination Greenwich

Nd) 51 Hev. Cephei $5^m_{\cdot}26$

Tag	Januar AR.	Januar Dekl.	Januar ☾ Glieder		Februar AR.	Februar Dekl.	Februar ☾ Glieder		März AR.	März Dekl.	März ☾ Glieder		April AR.	April Dekl.	April ☾ Glieder	
	$7^h 22^m$	+ 87° 6′	in s 0.01	in ″ 0.01	$7^h 22^m$	+ 87° 6′	in s 0.01	in ″ 0.01	$7^h 22^m$	+ 87° 6′	in s 0.01	in ″ 0.01	$7^h 21^m$	+ 87° 6′	in s 0.01	in ″ 0.01
	s	″			s	″			s	″			s	″		
1	27.71	18.84	+ 4	+7	28.72	28.90	−10	−1	22.63	36.44	− 8	−4	70.92	40.55	+ 9	−7
2	27.87	19.14	− 1	+8	28.60	29.21	− 7	−5	22.31	36.65	− 4	−7	70.51	40.59	+12	−4
3	28.03	19.44	− 6	+7	28.48	29.51	− 3	−7	21.99	36.86	+ 1	−8	70.09	40.63	+13	−1
4	28.18	19.75	−10	+4	28.35	29.82	+ 2	−8	21.66	37.06	+ 6	−8	69.67	40.65	+12	+2
5	28.32	20.06	−11	+1	28.21	30.12	+ 7	−7	21.33	37.26	+10	−5	69.25	40.67	+ 8	+5
6	28.45	20.37	−10	−3	28.07	30.42	+11	−5	20.99	37.45	+12	−3	68.83	40.69	+ 4	+6
7	28.58	20.68	− 6	−6	27.92	30.72	+12	−1	20.65	37.64	+12	+1	68.41	40.70	0	+6
8	28.69	20.99	− 1	−8	27.75	31.01	+12	+2	20.30	37.83	+10	+3	67.99	40.70	− 4	+5
9	28.80	21.31	+ 4	−8	27.58	31.30	+ 9	+4	19.95	38.00	+ 7	+5	67.58	40.70	− 8	+3
10	28.90	21.62	+ 9	−6	27.41	31.59	+ 5	+6	19.59	38.18	+ 2	+6	67.16	40.69	−10	+1
11	28.99 / 29.07	21.94 / 22.25	+12 / +13	−3 / 0	27.22	31.88	+ 1	+7	19.23	38.34	− 2	+6	66.75	40.68	−10	−1
12	29.14	22.57	+11	+3	27.02	32.16	− 4	+6	18.87	38.50	− 6	+5	66.33	40.66	−10	−4
13	29.20	22.89	+ 8	+5	26.82	32.44	− 8	+4	18.50	38.66	− 9	+3	65.92	40.63	− 7	−5
14	29.26	23.21	+ 4	+6	26.61	32.72	−10	+2	18.13	38.81	−11	0	65.51	40.59	− 4	−6
15	29.30	23.53	− 1	+6	26.39	33.00	−11	−1	17.75	38.95	−11	−2	65.10	40.55	0	−6
16	29.34	23.85	− 5	+5	26.17	33.27	−10	−3	17.37	39.09	− 9	−4	64.69	40.51	+ 4	−4
17	29.36	24.18	− 9	+3	25.94	33.54	− 8	−5	16.99	39.23	− 6	−6	64.28	40.46	+ 6	−1
18	29.38	24.50	−10	+1	25.70	33.80	− 4	−6	16.60	39.36	− 2	−6	63.87	40.40	+ 7	+3
19	29.39	24.82	−10	−2	25.46	34.06	+ 1	−6	16.21	39.48	+ 2	−5	63.47	40.34	+ 5	+6
20	29.39	25.14	− 9	−4	25.21	34.32	+ 5	−4	15.81	39.60	+ 6	−3	63.07	40.27	+ 1	+8
21	29.39	25.46	− 6	−6	24.95	34.57	+ 8	−2	15.42	39.71	+ 8	0	62.67	40.19	− 3	+8
22	29.37	25.77	− 1	−6	24.68	34.82	+ 8	+2	15.02	39.81	+ 7	+4	62.27	40.11	− 7	+7
23	29.34	26.09	+ 3	−6	24.40	35.06	+ 7	+5	14.62	39.91	+ 5	+7	61.88	40.03	−10	+3
24	29.30	26.41	+ 6	−3	24.12	35.30	+ 4	+7	14.22	40.01	0	+8	61.49	39.94	−10	−1
25	29.26	26.72	+ 8	0	23.83	35.54	− 1	+8	13.81	40.10	− 4	+7	61.10	39.84	− 8	−4
26	29.21	27.03	+ 8	+3	23.54	35.77	− 5	+6	13.40	40.18	− 8	+5	60.71	39.74	− 3	−7
27	29.15	27.35	+ 6	+6	23.24	36.00	− 9	+3	12.99	40.26	− 9	+1	60.32	39.64	+ 3	−8
28	29.08	27.66	+ 1	+7	22.94	36.22	− 9	0	12.58	40.33	− 9	−2	59.94	39.52	+ 8	−8
29	29.01	27.97	− 3	+7	22.63	36.44	− 8	−4	12.17	40.40	− 5	−6	59.56	39.41	+12	−5
30	28.92	28.28	− 7	+5					11.75	40.46	0	−8	59.19	39.28	+14	−2
31	28.82	28.59	−10	+2					11.34	40.51	+ 5	−8	58.82	39.15	+13	+1
32	28.72	28.90	−10	−1					10.92	40.55	+ 9	−7				

δ	sec δ	tg δ	δ	sec δ	tg δ	δ	sec δ	tg δ
+87° 6′ 10″	+19.785	+19.759	+87° 6′ 20″	+19.804	+19.778	+87° 6′ 40″	+19.842	+19.816
20	+19.804	+19.778	30	+19.823	+19.797	50	+19.861	+19.835

$\alpha_{1959.0} = 7^h\ 22^m\ 2^s_{\cdot}36$ $\delta_{1959.0} = +87°\ 6'\ 32''_{\cdot}57$

Obere Kulmination Greenwich

Nd) 51 Hev. Cephei $5^{m}.26$

Tag	Mai AR.	Mai Dekl.	Mai ☾ Glieder	Juni AR.	Juni Dekl.	Juni ☾ Glieder	Juli AR.	Juli Dekl.	Juli ☾ Glieder	August AR.	August Dekl.	August ☾ Glieder
	$7^h 21^m$	$+87° 6'$	in s 0.01 | ″ 0.01	$7^h 21^m$	$+87° 6'$	in s 0.01 | ″ 0.01	$7^h 21^m$	$+87° 6'$	in s 0.01 | ″ 0.01	$7^h 21^m$	$+87° 6'$	in s 0.01 | ″ 0.01
	s	″		s	″		s	″		s	″	
1	58.82	39.15	+13 +1	49.80	32.86	−1 +6	46.95	23.95	−8 +1	50.76	14.18	−4 −6
2	58.46	39.02	+10 +4	49.60	32.59	−4 +4	46.96	23.63	−9 −2	50.99	13.89	0 −6
3	58.10	38.88	+6 +6	49.41	32.32	−7 +2	46.99	23.31	−8 −4	51.23	13.59	+4 −5
4	57.74	38.73	+2 +6	49.23	32.05	−9 0	47.02	22.99	−6 −6	51.47	13.29	+6 −3
5	57.39	38.58	−3 +5	49.05	31.78	−9 −2	47.06	22.67	−3 −6	51.72	13.00	+8 0
6	57.04	38.43	−6 +4	48.88	31.50	−8 −4	47.10	22.35	+1 −6	51.97	12.70	+7 +3
7	56.69	38.27	−9 +2	48.72	31.22	−5 −6	47.15	22.03	+4 −4	52.23	12.41	+5 +6
8	56.35	38.11	−10 −1	48.56	30.94	−2 −6	47.21	21.71	+7 −2	52.50	12.13	0 +7
9	56.02	37.94	−9 −3	48.41	30.66	+2 −5	47.28	21.39	+7 +2	52.78	11.84	−4 +7
10	55.69	37.76	−8 −5	48.27	30.37	+5 −3	47.36	21.07	+6 +4	53.06	11.56	−8 +5
11	55.36	37.59	−5 −6	48.14	30.08	+6 0	47.44	20.75	+3 +7	53.34	11.28	−10 +3
12	55.04	37.40	−1 −6	48.01	29.79	+6 +3	47.53	20.43	−2 +8	53.64	11.00	−10 −1
13	54.73	37.21	+2 −5	47.89	29.50	+4 +6	*47.63	20.11	−7 +7	53.94	10.73	−8 −5
14	54.42	37.02	+5 −2	47.78	29.20	0 +8	47.73	19.79	−10 +5	54.24	10.45	−4 −7
15	54.11	36.82	+6 +1	47.67	28.90	−4 +8	47.84	19.47	−12 +1	54.55	10.18	+2 −8
16	53.81	36.62	+6 +4	47.57	28.61	−9 +7	47.95	19.15	−10 −3	54.86	9.91	+7 −6
17	53.51	36.41	+3 +7	47.48	28.31	−12 +4	48.08	18.83	−7 −6	55.18	9.65	+11 −4
18	53.22	36.21	−2 +8	47.39	28.01	−12 0	48.21	18.52	−2 −8	55.50	9.38	+12 −1
19	52.94	35.99	−6 +8	47.32	27.70	−9 −4	48.35	18.20	+4 −7	55.83	9.12	+12 +2
20	52.66	35.77	−10 +5	47.25	27.40	−4 −7	48.49	17.89	+9 −6	56.17	8.86	+9 +5
21	52.39	35.55	−11 +2	47.18	27.09	+2 −8	48.65	17.57	+12 −3	56.51	8.60	+5 +6
22	52.12	35.33	−10 −3	47.13	26.78	+8 −7	48.81	17.26	+13 0	56.86	8.35	0 +6
23	51.86	35.09	−6 −6	47.08	26.47	+12 −5	48.97	16.95	+11 +3	57.21	8.10	−4 +5
24	51.61	34.86	0 −8	47.04	26.16	+14 −2	49.15	16.64	+8 +5	57.56	7.85	−7 +3
25	51.36	34.62	+6 −8	47.00	25.85	+14 +2	49.33	16.33	+3 +6	57.92	7.60	−9 +1
26	51.12	34.38	+11 −7	46.98	25.53	+11 +5	49.51	16.01	−1 +6	58.29	7.36	−9 −2
27	50.88	34.13	+14 −4	46.96	25.22	+7 +6	49.70	15.71	−5 +4	58.66	7.12	−8 −4
28	50.65	33.89	+14 0	46.94	24.91	+2 +6	49.90	15.40	−8 +2	59.03	6.89	−5 −6
29	50.43	33.63	+13 +3	46.94	24.59	−3 +5	50.11	15.09	−9 −1	59.41	6.65	−2 −7
30	50.21	33.38	+9 +5	46.94	24.27	−6 +3	50.32	14.79	−9 −3	59.80	6.43	+2 −6
31	50.00	33.12	+4 +6	46.95	23.95	−8 +1	50.54	14.49	−7 −5	60.19	6.20	+5 −4
32	49.80	32.86	−1 +6				50.76	14.18	−4 −6	60.58	5.98	+7 −1

δ	sec δ	tg δ	δ	sec δ	tg δ	δ	sec δ	tg δ
+87° 6′ 0″	+19.766	+19.740	+87° 6′ 10″	+19.785	+19.759	+87° 6′ 30″	+19.823	+19.797
10	+19.785	+19.759	20	+19.804	+19.778	40	+19.842	+19.816

$\alpha_{1959.0} = 7^h\ 22^m\ 2^s.36$ $\delta_{1959.0} = +87°\ 6'\ 32''.57$

* Tag der doppelten unteren Kulmination: Juli 13.

Scheinbare Sternörter 1959

Obere Kulmination Greenwich

Nd) 51 Hev. Cephei $5^m_{.}26$

Tag	September AR.	September Dekl.	September ☾ Glieder	Oktober AR.	Oktober Dekl.	Oktober ☾ Glieder	November AR.	November Dekl.	November ☾ Glieder	Dezember AR.	Dezember Dekl.	Dezember ☾ Glieder
	$7^h 22^m$	+ 87° 6′	in s ″ 0.01 0.01	$7^h 22^m$	+ 87° 6′	in s ″ 0.01 0.01	$7^h 22^m$	+ 87° 6′	in s ″ 0.01 0.01	$7^h 22^m$	+ 87° 6′	in s ″ 0.01 0.01
	s	″		s	″		s	″		s	″	
1	0.58	5.98	+ 7 −1	14.04	1.08	+ 4 +7	29.51	0.27	−11 +4	43.00	4.06	− 7 −6
2	0.98	5.76	+ 8 +2	14.53	0.98	− 1 +8	30.00	0.32	−11 0	43.39	4.26	− 1 −8
3	1.38	5.54	+ 6 +5	15.02	0.89	− 5 +7	30.50	0.38	− 8 −4	43.77	4.47	+ 5 −8
4	1.79	5.33	+ 3 +7	15.52	0.80	− 9 +5	30.98	0.45	− 4 −7	44.14	4.67	+11 −6
5	2.19	5.12	− 2 +8	16.01	0.71	−10 +2	31.47	0.52	+ 2 −8	44.51	4.89	+14 −3
6	2.61	4.91	− 6 +6	16.50	0.63	− 9 −2	31.95	0.59	+ 8 −7	44.87	5.11	+14 0
7	3.03	4.71	− 9 +4	17.00	0.56	− 6 −6	32.43	0.67	+12 −5	45.22	5.33	+12 +3
8	3.45	4.51	−10 0	17.50	0.49	− 1 −8	32.91	0.76	+14 −2	45.57	5.55	+ 8 +5
9	3.87	4.32	− 8 −3	18.00	0.42	+ 5 −8	33.39	0.85	+13 +1	45.92	5.79	+ 4 +6
10	4.31	4.13	− 5 −6	18.50	0.36	+ 9 −6	33.86	0.94	+10 +5	46.26	6.02	− 1 +5
11	4.74	3.95	0 −8	19.00	0.31	+12 −3	34.33	1.04	+ 6 +6	46.59	6.26	− 5 +4
12	5.18	3.77	+ 6 −7	19.50	0.26	+13 0	34.80	1.14	+ 1 +6	46.92	6.50	− 7 +2
13	5.62	3.59	+10 −5	20.00	0.21	+11 +3	35.27	1.25	− 3 +5	47.24	6.75	− 8 −1
14	6.06	3.41	+12 −2	20.50	0.17	+ 8 +5	35.73	1.37	− 6 +3	47.56	7.00	− 7 −3
15	6.51	3.24	+12 +1	21.01	0.13	+ 4 +6	36.19	1.49	− 8 +1	47.86	7.25	− 6 −5
16	6.95	3.07	+10 +4	21.51	0.10	− 1 +6	36.64	1.61	− 9 −1	48.16	7.51	− 3 −6
17	7.41	2.91	+ 6 +6	22.01	0.07	− 4 +5	37.10	1.74	− 8 −4	48.46	7.77	0 −6
18	7.86	2.75	+ 2 +6	22.51	0.05	− 7 +3	37.54	1.88	− 6 −5	48.74	8.03	+ 3 −5
19	8.32	2.60	− 2 +5	23.02	0.03	− 9 0	37.99	2.02	− 3 −6	49.02	8.30	+ 5 −3
20	8.78	2.45	− 6 +4	23.52	0.02	− 9 −2	38.43	2.16	0 −6	49.29	8.57	+ 6 0
21	9.25	2.30	− 9 +2	24.03	0.01	− 8 −4	38.87	2.31	+ 3 −4	49.55	8.84	+ 6 +3
22	9.72	2.16	− 9 −1	24.53	0.01	− 5 −6	39.31	2.46	+ 6 −2	49.81	9.12	+ 3 +6
23	10.19	2.02	− 9 −3	25.03	0.01	− 2 −6	39.74	2.62	+ 6 +1	50.06	9.40	− 1 +8
24	10.66	1.88	− 7 −5	25.53	0.02	+ 2 −5	40.16	2.78	+ 5 +5	50.30	9.68	− 6 +8
25	11.13	1.75	− 4 −6	26.04	0.03	+ 5 −3	40.58	2.95	+ 2 +7	50.54	9.96	−10 +7
26	11.61	1.63	0 −6	26.54	0.05	+ 6 0	41.00	3.12	− 3 +8	50.76	10.25	−12 +4
27	12.09	1.51	+ 3 −5	27.03	0.08	+ 6 +3	41.41	3.30	− 7 +8	50.98	10.54	−12 0
28	12.57	1.39	+ 6 −2	27.53	0.10	+ 4 +6	41.81	3.48	−11 +5	51.19	10.83	−10 −4
29	13.06	1.28	+ 7 +1	28.03	0.14	+ 1 +8	42.21	3.67	−12 +2	51.39	11.13	− 5 −7
30	13.55	1.18	+ 6 +4	28.52	0.18	− 4 +8	42.61	3.86	−11 −2	51.59	11.43	+ 1 −8
31	14.04	1.08	+ 4 +7	29.02	0.22	− 8 +7	43.00	4.06	− 7 −6	51.77	11.73	+ 7 −7
32				29.51	0.27	−11 +4				51.95	12.03	+12 −4

δ	sec δ	tg δ	δ	sec δ	tg δ
+87° 6′ 0″	+19.766	+19.740	+87° 6′ 10″	+19.785	+19.759
10	+19.785	+19.759	20	+19.804	+19.778

$\alpha_{1959.0} = 7^h\ 22^m\ 2^s_{.}36$ $\delta_{1959.0} = +87°\ 6'\ 32''_{.}57$

Obere Kulmination Greenwich

Ne) 1 Hev. Draconis $4^{m}.58$

Tag	Januar AR.	Januar Dekl.	Januar ☾ Glieder in s 0.01	Januar ☾ Glieder in ″ 0.01	Februar AR.	Februar Dekl.	Februar ☾ Glieder in s 0.01	Februar ☾ Glieder in ″ 0.01	März AR.	März Dekl.	März ☾ Glieder in s 0.01	März ☾ Glieder in ″ 0.01	April AR.	April Dekl.	April ☾ Glieder in s 0.01	April ☾ Glieder in ″ 0.01
	$9^h 31^m$ s	+81° 30′ ″			$9^h 31^m$ s	+81° 30′ ″			$9^h 31^m$ s	+81° 30′ ″			$9^h 31^m$ s	+81° 30′ ″		
1	28.31	14.95	+2	+5	31.24	22.37	−3	+5	31.49	31.23	−4	−1	29.21	39.37	+2	−9
2	28.44	15.12	+1	+7	31.29	22.66	−4	+2	31.46	31.53	−3	−4	29.10	39.57	+4	−8
3	28.57	15.30	−1	+8	31.34	22.95	−3	−2	31.42	31.83	−1	−7	29.00	39.77	+5	−5
4	28.70	15.49	−3	+7	31.38	23.25	−2	−5	31.38	32.13	+1	−8	28.88	39.96	+5	−2
5	28.82	15.68	−4	+5	31.42	23.55	−1	−7	31.33	32.43	+3	−8	28.77	40.15	+4	+1
6	28.94	15.88	−4	+1	31.46	23.85	+1	−8	31.28	32.72	+4	−6	28.66	40.34	+3	+4
7	29.06	16.08	−3	−3	31.50	24.14	+3	−8	31.23	33.01	+4	−4	28.55	40.52	+1	+5
8	29.18	16.29	−2	−6	31.53	24.45	+4	−6	31.18	33.30	+4	−1	28.43	40.69	−1	+6
9	29.30	16.50	0	−8	31.56	24.75	+4	−3	31.13	33.59	+3	+2	28.31	40.86	−2	+6
10	29.41	16.71	+2	−9	31.59	25.05	+4	0	31.07	33.88	+2	+4	28.19	41.03	−3	+4
11	29.52	16.93	+4	−7	31.61	25.36	+3	+3	31.01	34.16	0	+6	28.07	41.19	−4	+3
12	29.63	17.15	+5	−5	31.63	25.67	+1	+5	30.95	34.44	−1	+6	27.95	41.34	−4	0
13	29.73	17.38	+5	−2	31.65 / 31.66	25.97 / 26.29	0 / −2	+6 / +6	30.88	34.72	−3	+6	27.83	41.49	−4	−2
14	29.83	17.61	+4	+1	31.67	26.60	−3	+5	30.81	34.99	−4	+4	27.70	41.64	−2	−4
15	29.93	17.85	+2	+4	31.68	26.91	−4	+3	30.74	35.26	−4	+2	27.57	41.78	−1	−5
16	30.03	18.09	+1	+6	31.69	27.22	−4	+1	30.67	35.53	−4	−1	27.45	41.92	+1	−4
17	30.13	18.33	−1	+6	31.69	27.53	−4	−2	30.60	35.80	−3	−3	27.32	42.05	+2	−3
18	30.22	18.58	−2	+6	31.69	27.84	−2	−4	30.52	36.06	−2	−4	27.19	42.17	+3	0
19	30.31	18.83	−3	+4	31.69	28.15	−1	−5	30.44	36.32	0	−5	27.07	42.29	+3	+3
20	30.40	19.08	−4	+2	31.68	28.46	+1	−5	30.36	36.58	+2	−4	26.94	42.40	+2	+6
21	30.48	19.34	−4	−1	31.67	28.77	+2	−4	30.28	36.83	+3	−2	26.81	42.50	+1	+8
22	30.57	19.60	−3	−3	31.66	29.08	+3	−1	30.19	37.08	+3	+1	26.68	42.60	−1	+8
23	30.65	19.87	−2	−5	31.64	29.39	+3	+2	30.10	37.32	+3	+4	26.55	42.70	−3	+6
24	30.72	20.13	0	−6	31.62	29.70	+3	+5	30.01	37.57	+2	+6	26.41	42.79	−4	+3
25	30.80	20.41	+2	−5	31.60	30.01	+1	+7	29.92	37.80	0	+7	26.28	42.87	−4	−1
26	30.87	20.68	+3	−3	31.58	30.32	−1	+7	29.82	38.04	−2	+7	26.15	42.95	−2	−5
27	30.94	20.95	+3	0	31.55	30.63	−3	+6	29.72	38.27	−3	+4	26.02	43.03	0	−8
28	31.01	21.23	+3	+3	31.53	30.93	−4	+3	29.63	38.50	−4	+1	25.88	43.09	+2	−9
29	31.07	21.51	+2	+6	31.49	31.23	−4	−1	29.52	38.73	−3	−3	25.75	43.16	+3	−9
30	31.13	21.80	0	+7					29.42	38.95	−2	−7	25.62	43.21	+5	−7
31	31.19	22.08	−2	+7					29.32	39.16	0	−9	25.49	43.26	+5	−4
32	31.24	22.37	−3	+5					29.21	39.37	+2	−9				

δ	sec δ	tg δ	δ	sec δ	tg δ	δ	sec δ	tg δ
+81° 30′ 10″	+6.768	+6.693	+81° 30′ 20″	+6.770	+6.696	+81° 30′ 40″	+6.774	+6.700
20	+6.770	+6.696	30	+6.772	+6.698	50	+6.776	+6.702

$\alpha_{1959.0} = 9^h\ 31^m\ 23^s.99$ $\delta_{1959.0} = +81°\ 30'\ 36''.65$

Scheinbare Sternörter 1959

Obere Kulmination Greenwich

Ne) 1 Hev. Draconis $4^{m}\!.58$

Tag	Mai AR.	Mai Dekl.	Mai ☾ Glieder	Juni AR.	Juni Dekl.	Juni ☾ Glieder	Juli AR.	Juli Dekl.	Juli ☾ Glieder	August AR.	August Dekl.	August ☾ Glieder
	$9^h 31^m$	+ 81° 30′	in s 0.01 | ″ 0.01	$9^h 31^m$	+ 81° 30′	in s 0.01 | ″ 0.01	$9^h 31^m$	+ 81° 30′	in s 0.01 | ″ 0.01	$9^h 31^m$	+ 81° 30′	in s 0.01 | ″ 0.01
	s	″		s	″		s	″		s	″	
1	25.49	43.26	+5 −4	21.50	42.05	+1 +5	18.67	36.26	−3 +4	17.56	27.04	−2 −4
2	25.35	43.31	+4 −1	21.38	41.92	−1 +5	18.61	36.00	−4 +2	17.56	26.71	−1 −5
3	25.22	43.35	+3 +2	21.26	41.79	−2 +5	18.54	35.74	−4 −1	17.56	26.38	0 −5
4	25.08	43.38	+2 +4	21.15	41.65	−3 +3	18.48	35.47	−3 −3	17.56	26.05	+2 −5
5	24.95	43.41	0 +5	21.04	41.51	−4 +1	18.42	35.21	−2 −4	17.56	25.72	+3 −3
6	24.82	43.43	−2 +5	20.92	41.36	−3 −1	18.35	34.94	−1 −5	17.57	25.39	+3 0
7	24.68	43.45	−3 +4	20.81	41.21	−3 −3	18.30	34.67	+1 −5	17.58	25.05	+3 +4
8	24.55	43.46	−4 +3	20.70	41.06	−2 −4	18.24	34.39	+2 −4	17.59	24.72	+2 +6
9	24.41	43.47	−4 +1	20.60	40.90	0 −5	18.19	34.11	+3 −1	17.61	24.38	0 +8
10	24.28	43.47	−4 −1	20.49	40.73	+1 −4	18.14	33.83	+3 +2	17.62	24.05	−2 +8
11	24.15	43.46	−3 −3	20.39	40.56	+2 −3	18.09	33.55	+2 +5	17.64	23.71	−3 +6
12	24.02	43.45	−2 −4	20.29	40.39	+3 0	18.04	33.26	+1 +7	17.66	23.37	−4 +3
13	23.88	43.43	0 −5	20.19	40.21	+3 +4	18.00	32.97	−1 +8	17.69	23.03	−4 −1
14	23.75	43.41	+1 −4	20.09	40.02	+2 +7	17.96	32.67	−3 +7	17.71	22.69	−3 −5
15	23.62	43.38	+2 −1	19.99	39.83	0 +9	17.92	32.38	−4 +5	*17.74	22.35	−1 −7
16	23.49	43.35	+3 +2	19.89	39.64	−2 +9	17.88	32.08	−4 +1	17.77	22.01	+1 −8
17	23.36	43.31	+2 +5	19.80	39.44	−3 +7	17.84	31.78	−3 −2	17.80	21.67	+3 −7
18	23.22	43.26	+1 +8	19.71	39.24	−4 +4	17.80	31.48	−2 −6	17.83	21.33	+4 −5
19	23.09	43.21	−1 +9	19.62	39.03	−4 0	17.77	31.18	0 −8	17.87	20.99	+5 −2
20	22.97	43.15	−3 +8	19.53	38.82	−3 −4	17.74	30.87	+2 −8	17.91	20.65	+4 +1
21	22.84	43.09	−4 +5	19.44	38.61	−1 −8	17.71	30.56	+4 −7	17.95	20.30	+3 +4
22	22.71	43.02	−4 +1	19.35	38.39	+1 −9	17.69	30.25	+5 −4	17.99	19.96	+1 +5
23	22.59	42.95	−3 −3	19.27	38.17	+3 −8	17.67	29.94	+5 −1	18.04	19.62	−1 +6
24	22.46	42.87	−2 −7	19.19	37.94	+5 −6	17.65	29.62	+4 +2	18.08	19.28	−2 +5
25	22.34	42.78	+1 −9	19.11	37.71	+5 −3	17.63	29.30	+2 +4	18.13	18.93	−3 +4
26	22.22	42.69	+3 −9	19.03	37.48	+5 0	17.61	28.99	+1 +5	18.18	18.59	−4 +2
27	22.09	42.60	+4 −8	18.96	37.24	+3 +3	17.59	28.67	−1 +5	18.23	18.25	−4 −1
28	21.97	42.50	+5 −5	18.88	37.00	+2 +5	17.58	28.35	−2 +4	18.29	17.91	−3 −3
29	21.85	42.40	+5 −2	18.81	36.76	0 +5	17.57	28.02	−3 +3	18.34	17.57	−2 −5
30	21.73	42.29	+4 +1	18.74	36.51	−2 +5	17.56	27.70	−4 0	18.40	17.24	0 −5
31	21.61	42.17	+3 +4	18.67	36.26	−3 +4	17.56	27.37	−3 −2	18.47	16.90	+1 −5
32	21.50	42.05	+1 +5				17.56	27.04	−2 −4	18.53	16.56	+2 −3

δ	sec δ	tg δ	δ	sec δ	tg δ	δ	sec δ	tg δ
+81° 30′ 10″	+6.768	+6.693	+81° 30′ 20″	+6.770	+6.696	+81° 30′ 40″	+6.774	+6.700
20	+6.770	+6.696	30	+6.772	+6.698	50	+6.776	+6.702

$\alpha_{1959.0} = 9^h\,31^m\,23^s\!.99$ $\delta_{1959.0} = +81°\,30'\,36''\!.65$

* Tag der doppelten unteren Kulmination: Aug. 15.

Scheinbare Sternörter 1959

Obere Kulmination Greenwich

Ne) 1 Hev. Draconis $4^{m}.58$

Tag	September AR.	September Dekl.	September ☾ Glieder	Oktober AR.	Oktober Dekl.	Oktober ☾ Glieder	November AR.	November Dekl.	November ☾ Glieder	Dezember AR.	Dezember Dekl.	Dezember ☾ Glieder
	$9^h 31^m$	+81° 30′	in s 0.01 | ″ 0.01	$9^h 31^m$	+81° 30′	in s 0.01 | ″ 0.01	$9^h 31^m$	+81° 29′	in s 0.01 | ″ 0.01	$9^h 31^m$	+81° 29′	in s 0.01 | ″ 0.01
	s	″		s	″		s	″		s	″	
1	18.53	16.56	+2 −3	21.35	7.18	+2 +4	25.78	60.20	−3 +7	30.81	57.72	−3 −3
2	18.60	16.23	+3 −1	21.47	6.90	+1 +7	25.94	60.04	−4 +3	30.98	57.72	−2 −6
3	18.66	15.89	+3 +2	21.59	6.62	0 +8	26.10	59.89	−4 −1	31.15	57.73	+1 −8
4	18.73	15.56	+2 +5	21.71	6.35	−2 +7	26.26	59.74	−3 −5	31.32	57.75	+3 −9
5	18.80	15.22	+1 +7	21.84	6.08	−3 +5	26.42	59.59	−1 −8	31.49	57.77	+4 −7
6	18.88	14.89	−1 +8	21.97	5.81	−4 +1	26.59	59.46	+2 −9	31.65	57.79	+5 −5
7	18.95	14.56	−3 +6	22.10	5.55	−3 −3	26.75	59.32	+3 −8	31.82	57.82	+5 −1
8	19.03	14.23	−4 +3	22.23	5.29	−2 −6	26.92	59.19	+5 −6	31.98	57.86	+4 +1
9	19.11	13.91	−4 0	22.36	5.04	0 −8	27.08	59.07	+5 −3	32.15	57.90	+2 +4
10	19.19	13.58	−3 −4	22.49	4.78	+2 −9	27.25	58.95	+4 0	32.31	57.95	+1 +5
11	19.28	13.26	−1 −7	22.63	4.54	+4 −7	27.42	58.84	+3 +3	32.47	58.01	−1 +5
12	19.37	12.94	+1 −8	22.77	4.29	+5 −5	27.59	58.73	+2 +4	32.64	58.07	−2 +4
13	19.46	12.62	+2 −8	22.91	4.05	+5 −2	27.76	58.62	0 +5	32.80	58.14	−3 +2
14	19.55	12.30	+4 −6	23.04	3.81	+4 +1	27.92	58.53	−2 +5	32.96	58.21	−3 0
15	19.64	11.98	+4 −3	23.19	3.57	+2 +4	28.09	58.43	−3 +3	33.12	58.29	−3 −2
16	19.73	11.67	+4 0	23.33	3.34	+1 +5	28.26	58.35	−3 +2	33.28	58.37	−2 −4
17	19.83	11.35	+3 +3	23.47	3.11	−1 +6	28.43	58.27	−4 0	33.43	58.46	−1 −5
18	19.92	11.04	+2 +5	23.62	2.89	−2 +5	28.60	58.19	−3 −2	33.59	58.56	0 −5
19	20.02	10.73	0 +6	23.77	2.67	−3 +3	28.77	58.12	−2 −4	33.74	58.66	+1 −4
20	20.12	10.42	−2 +5	23.91	2.46	−4 +1	28.94	58.06	−1 −5	33.89	58.77	+2 −2
21	20.23	10.11	−3 +4	24.07	2.25	−4 −1	29.11	58.00	0 −5	34.04	58.88	+3 +1
22	20.33	9.81	−3 +3	24.22	2.04	−3 −3	29.28	57.95	+2 −3	34.19	59.00	+2 +4
23	20.44	9.51	−4 0	24.37	1.83	−2 −5	29.45	57.90	+3 −1	34.34	59.12	+1 +7
24	20.54	9.21	−3 −2	24.52	1.63	0 −5	29.62	57.85	+3 +2	34.49	59.25	0 +9
25	20.65	8.91	−2 −4	24.68	1.43	+1 −4	29.79	57.82	+2 +6	34.63	59.38	−2 +9
26	20.76	8.61	−1 −5	24.83	1.24	+2 −2	29.96	57.79	+1 +8	34.77	59.52	−4 +8
27	20.88	8.32	0 −5	24.99	1.06	+3 0	30.13	57.76	−1 +9	34.91	59.67	−4 +4
28	20.99	8.03	+2 −4	25.14	0.87	+3 +4	30.30	57.74	−3 +8	35.05	59.82	−4 0
29	21.11	7.74	+3 −2	25.30	0.70	+2 +7	30.47	57.73	−4 +6	35.19	59.98	−3 −4
30	21.23	7.46	+3 +1	25.46	0.53	0 +8	30.64	57.72	−4 +2	35.33	60.14	−1 −7
31	21.35	7.18	+2 +4	25.62	0.36	−2 +8	30.81	57.72	−3 −3	35.46	60.31	+1 −8
32				25.78	0.20	−3 +7				35.59	60.48	+3 −8

δ	sec δ	tg δ	δ	sec δ	tg δ	δ	sec δ	tg δ
+81° 29′ 50″	+6.763	+6.689	+81° 30′ 0″	+6.765	+6.691	+81° 30′ 10″	+6.768	+6.693
60	+6.765	+6.691	10	+6.768	+6.693	20	+6.770	+6.696

$\alpha_{1959.0} = 9^h\ 31^m\ 23^s.99$ $\delta_{1959.0} = +81°\ 30'\ 36''.65$

Scheinbare Sternörter 1959

Obere Kulmination Greenwich

Nf) 30 Hev. Camelopardalis $5^m_{\cdot}34$

Tag	Januar AR.	Januar Dekl.	Januar ☾ Glieder	Februar AR.	Februar Dekl.	Februar ☾ Glieder	März AR.	März Dekl.	März ☾ Glieder	April AR.	April Dekl.	April ☾ Glieder
		+	in		+	in		+	in		+	in
	10h 26m	82° 45′	s 0.01 | ″ 0.01	10h 26m	82° 45′	s 0.01 | ″ 0.01	10h 26m	82° 45′	s 0.01 | ″ 0.01	10h 26m	82° 46′	s 0.01 | ″ 0.01
	s	″		s	″		s	″		s	″	
1	17.35	43.79	+3 +3	21.65	49.73	−3 +6	23.07	58.37	−4 +1	21.50	7.57	+1 −9
2	17.52	43.90	+2 +6	21.75	49.99	−4 +3	23.07	58.69	−4 −3	21.40	7.82	+3 −9
3	17.69	44.02	0 +8	21.84	50.26	−4 0	23.06	59.00	−2 −6	21.30	8.08	+4 −7
4	17.86	44.14	−2 +8	21.93	50.53	−3 −4	23.05	59.32	0 −8	21.19	8.32	+5 −4
5	18.03	44.27	−3 +6	22.01	50.81	−2 −7	23.04	59.63	+2 −8	21.08	8.57	+4 −1
6	18.19	44.41	−4 +2	22.09	51.09	0 −8	23.02	59.95	+3 −7	20.98	8.81	+3 +2
7	18.36	44.55	−4 −1	22.17	51.37	+2 −8	23.00	60.27	+5 −5	20.87	9.05	+2 +4
8	18.52	44.69	−3 −5	22.25	51.65	+4 −7	22.98	60.58	+5 −2	20.76	9.28	0 +6
9	18.68	44.85	−1 −8	22.32	51.94	+5 −4	22.95	60.90	+4 +1	20.64	9.51	−2 +6
10	18.83	45.00	+1 −9	22.39	52.23	+5 −1	22.93	61.21	+3 +3	20.53	9.74	−3 +5
11	18.99	45.17	+3 −8	22.46	52.52	+4 +2	22.89	61.52	+1 +5	20.41	9.96	−4 +4
12	19.14	45.34	+5 −6	22.52	52.81	+2 +4	22.86	61.83	−1 +6	20.29	10.18	−5 +2
13	19.29	45.51	+5 −3	22.58	53.11	0 +6	22.82	62.13	−2 +6	20.17	10.39	−4 0
14	19.44	45.69	+4 0	22.64	53.41	−1 +6	22.78	62.44	−4 +5	20.04	10.60	−3 −2
15	19.58	45.88	+3 +3	22.69	53.71	−3 +6	22.73	62.74	−4 +3	19.91	10.80	−2 −4
16	19.72	46.07	+2 +5	22.74	54.01	−4 +5	22.68	63.04	−5 +1	19.78	11.00	0 −4
17	19.86	46.26	0 +6	22.79	54.31	−5 +2	22.63	63.34	−4 −1	19.66	11.19	+2 −3
18	20.00	46.46	−2 +6	22.83	54.62	−4 0	22.58	63.65	−3 −3	19.52	11.38	+4 −1
19	20.14	46.66	−3 +5	22.87	54.92	−3 −3	22.52	63.94	−1 −5	19.39	11.57	+4 +2
20	20.27	46.87	−4 +3	22.90	55.23	−2 −4	22.46	64.24	+1 −5	19.26	11.74	+3 +5
21	20.40	47.09	−4 +1	22.94	55.54	0 −5	22.39	64.53	+3 −3	19.12	11.92	+1 +7
22	20.53	47.30	−4 −1	22.96	55.85	+2 −5	22.33	64.82	+4 −1	18.98	12.09	0 +8
23	20.65	47.53	−2 −4	22.99	56.17	+4 −2	22.25	65.11	+4 +2	18.85	12.25	−2 +7
24	20.77	47.76	−1 −5	23.01	56.48	+4 0	22.18	65.40	+3 +5	18.70	12.41	−4 +4
25	20.89	47.99	+1 −5	23.03	56.80	+4 +3	22.10	65.68	+1 +7	18.56	12.56	−4 0
26	21.01	48.23	+3 −4	23.04	57.11	+2 +6	22.02	65.96	−1 +7	18.42	12.71	−3 −4
27	21.13	48.47	+4 −2	23.06 23.06	57.43 57.74	0 +7 −2 +6	21.94	66.24	−3 +5	18.27	12.86	−2 −7
28	21.24	48.71	+4 +2	23.07	58.06	−3 +4	21.86	66.51	−4 +2	18.13	12.99	+1 −9
29	21.35	48.96	+3 +4	23.07	58.37	−4 +1	21.77	66.78	−4 −2	17.98	13.13	+3 −10
30	21.45	49.21	+1 +7				21.69	67.05	−3 −5	17.83	13.25	+4 −8
31	21.55	49.47	−1 +7				21.59	67.31	−1 −8	17.69	13.37	+5 −5
32	21.65	49.73	−3 +6				21.50	67.57	+1 −9			

δ	sec δ	tg δ	δ	sec δ	tg δ	δ	sec δ	tg δ
+82° 45′ 40″	+7.936	+7.873	+82° 46′ 0″	+7.942	+7.879	+82° 46′ 10″	+7.945	+7.882
50	+7.939	+7.876	10	+7.945	+7.882	20	+7.948	+7.885

$\alpha_{1959.0} = 10^h\ 26^m\ 15^s_{\cdot}19$ $\delta_{1959.0} = +82°\ 46'\ 6''_{\cdot}92$

Obere Kulmination Greenwich

Nf) 30 Hev. Camelopardalis $5^m.34$

Tag	Mai AR.	Mai Dekl.	Mai ☾ Glieder		Juni AR.	Juni Dekl.	Juni ☾ Glieder		Juli AR.	Juli Dekl.	Juli ☾ Glieder		August AR.	August Dekl.	August ☾ Glieder	
	$10^h 26^m$	+82° 46′	in s 0.01	in ″ 0.01	$10^h 26^m$	+82° 46′	in s 0.01	in ″ 0.01	$10^h 26^m$	+82° 46′	in s 0.01	in ″ 0.01	$10^h 26^m$	+82° 45′	in s 0.01	in ″ 0.01
	s	″			s	″			s	″			s	″		
1	17.69	13.37	+5	−5	12.88	14.33	+2	+4	8.82	10.24	−3	+5	6.29	61.91	−3	−3
2	17.54	13.49	+5	−2	12.73	14.27	0	+5	8.71	10.02	−4	+3	6.24	61.59	−2	−4
3	17.38	13.60	+4	+1	12.58	14.20	−2	+5	8.60	9.80	−4	+1	6.20	61.27	0	−5
4	17.23	13.70	+3	+3	12.43	14.13	−3	+4	8.49	9.58	−4	−1	6.16	60.95	+1	−5
5	17.08	13.80	+1	+5	12.28	14.06	−4	+3	8.38	9.36	−3	−3	6.12	60.63	+3	−3
6	16.93	13.89	−1	+6	12.13	13.98	−4	+1	8.27	9.13	−1	−5	6.08	60.30	+4	−1
7	16.78	13.98	−2	+5	11.98	13.89	−4	−1	8.17	8.90	0	−5	6.04	59.97	+4	+2
8	16.63	14.07	−4	+4	11.84	13.80	−3	−3	8.07	8.66	+2	−4	6.01	59.64	+2	+5
9	16.47	14.14	−4	+2	11.69	13.70	−1	−5	7.97	8.42	+3	−2	5.98	59.31	+1	+7
10	16.32	14.21	−4	0	11.55	13.59	+1	−4	7.87	8.17	+3	+1	5.95	58.97	−1	+8
11	16.16	14.28	−3	−2	11.40	13.48	+2	−3	7.78	7.92	+3	+4	5.93	58.64	−3	+7
12	16.01	14.34	−2	−3	11.26	13.37	+3	−1	7.68	7.67	+2	+7	5.91	58.29	−4	+4
13	15.85	14.39	−1	−4	11.12	13.25	+3	+2	7.60	7.41	0	+8	5.89	57.95	−4	0
14	15.69	14.44	+1	−4	10.98	13.12	+3	+5	7.51	7.15	−2	+8	5.87	57.61	−3	−3
15	15.53	14.48	+3	−2	10.84	12.99	+1	+8	7.42	6.89	−4	+6	5.86	57.27	−2	−6
16	15.37	14.52	+3	+1	10.70	12.85	−1	+9	7.33	6.62	−5	+3	5.84	56.93	+1	−8
17	15.21	14.55	+3	+4	10.56	12.71	−3	+8	7.25	6.35	−4	−1	5.83	56.58	+3	−8
18	15.06	14.57	+2	+7	10.43	12.57	−4	+5	7.17	6.08	−3	−5	5.83	56.23	+4	−6
19	14.90	14.59	0	+8	10.30	12.42	−4	+1	7.09	5.80	−1	−7	5.82	55.88	+5	−4
20	14.74	14.61	−2	+8	10.17	12.26	−4	−3	7.02	5.52	+2	−9	5.82	55.53	+5	−1
21	14.58	14.62	−3	+6	10.04	12.10	−2	−7	6.94	5.23	+3	−8	5.82	55.18	+4	+2
22	14.43	14.62	−4	+3	9.91	11.94	+1	−9	6.87	4.95	+5	−6	5.82	54.83	+2	+4
23	14.27	14.62	−4	−2	9.78	11.77	+3	−9	6.80	4.65	+5	−3	5.83	54.47	0	+6
24	14.12	14.61	−3	−6	9.66	11.59	+4	−8	6.74	4.36	+4	0	5.84	54.12	−2	+6
25	13.96	14.59	−1	−9	9.53	11.41	+5	−5	6.67	4.06	+3	+3	5.85	53.76	−3	+5
26	13.80	14.57	+2	−10	9.41	11.23	+5	−2	6.61	3.76	+1	+5	5.86	53.41	−4	+3
27	13.65	14.55	+4	−9	9.29	11.04	+4	+1	6.55	3.46	−1	+5	5.87	53.06	−4	+1
28	13.49	14.51	+5	−7	9.17	10.85	+2	+4	6.49	3.16	−2	+5	5.89	52.70	−4	−2
29	13.33	14.48	+5	−4	9.05	10.65	0	+5	6.44	2.85	−3	+4	*5.91	52.34	−3	−4
30	13.18	14.43	+5	0	8.94	10.45	−1	+5	6.38	2.54	−4	+2	5.93	51.98	−1	−5
31	13.03	14.38	+3	+2	8.82	10.24	−3	+5	6.33	2.23	−4	0	5.96	51.62	+1	−5
32	12.88	14.33	+2	+4					6.29	1.91	−3	−3	5.99	51.26	+2	−4

δ	sec δ	tg δ	δ	sec δ	tg δ	δ	sec δ	tg δ
+82° 45′ 50″	+7.939	+7.876	+82° 46′ 0″	+7.942	+7.879	+82° 46′ 10″	+7.945	+7.882
60	+7.942	+7.879	10	+7.945	+7.882	20	+7.948	+7.885

$\alpha_{1959.0} = 10^h\ 26^m\ 15^s.19$ $\delta_{1959.0} = +82°\ 46'\ 6''.92$

* Tag der doppelten unteren Kulmination: Aug. 29.

Scheinbare Sternörter 1959

Obere Kulmination Greenwich

Nf) 30 Hev. Camelopardalis $5^{m}.34$

Tag	September				Oktober				November				Dezember			
	AR.	Dekl.	☾ Glieder		AR.	Dekl.	☾ Glieder		AR.	Dekl.	☾ Glieder		AR.	Dekl.	☾ Glieder	
		+	in			+	in			+	in			+	in	
	$10^h 26^m$	82° 45′	s 0.01	″ 0.01	$10^h 26^m$	82° 45′	s 0.01	″ 0.01	$10^h 26^m$	82° 45′	s 0.01	″ 0.01	$10^h 26^m$	82° 45′	s 0.01	″ 0.01
	s	″			s	″			s	″			s	″		
1	5.99	51.26	+2	−4	7.97	40.71	+4	+3	12.15	31.74	−3	+7	17.60	26.90	−4	−1
2	6.02	50.90	+4	−2	8.08	40.38	+2	+6	12.31	31.50	−4	+4	17.79	26.82	−3	−5
3	6.05	50.54	+4	+1	8.18	40.05	+1	+7	12.48	31.27	−4	+1	17.99	26.75	0	−8
4	6.09	50.18	+3	+4	8.29	39.72	−1	+7	12.64	31.05	−3	−4	18.18	26.69	+2	−9
5	6.12	49.82	+2	+6	8.40	39.39	−3	+6	12.81	30.83	−2	−7	18.37	26.63	+4	−9
6	6.16	49.46	0	+7	8.51	39.07	−4	+3	12.98	30.61	+1	−9	18.57	26.58	+5	−7
7	6.21	49.10	−2	+7	8.63	38.75	−4	−1	13.15	30.40	+3	−9	18.76	26.53	+5	−3
8	6.25	48.74	−4	+5	8.74	38.43	−3	−5	13.33	30.20	+4	−8	18.95	26.49	+5	0
9	6.30	48.38	−4	+1	8.86	38.12	−1	−8	13.50	30.00	+5	−5	19.15	26.45	+3	+2
10	6.35	48.03	−4	−2	8.99	37.81	+1	−9	13.68	29.80	+5	−2	19.34	26.42	+1	+4
11	6.40	47.67	−2	−5	9.11	37.50	+3	−8	13.86	29.61	+4	+1	19.54	26.40	0	+5
12	6.46	47.31	0	−8	9.24	37.19	+4	−6	14.04	29.42	+2	+4	19.74	26.38	−2	+4
13	6.52	46.95	+2	−8	9.36	36.88	+5	−3	14.22	29.24	0	+5	19.93	26.37	−3	+3
14	6.58	46.60	+4	−7	9.49	36.58	+5	0	14.40	29.06	−1	+5	20.12	26.36	−4	+1
15	6.64	46.24	+5	−5	9.62	36.28	+3	+3	14.58	28.89	−3	+4	20.32	26.36	−4	−1
16	6.70	45.88	+5	−2	9.75	35.99	+2	+5	14.76	28.72	−4	+3	20.51	26.37	−3	−3
17	6.77	45.53	+4	+1	9.89	35.70	0	+5	14.94	28.56	−4	+1	20.70	26.39	−2	−4
18	6.84	45.18	+3	+4	10.02	35.41	−2	+5	15.13	28.41	−4	−1	20.89	26.41	−1	−5
19	6.91	44.83	+1	+5	10.16	35.12	−3	+4	15.32	28.26	−3	−3	21.08	26.43	+1	−4
20	6.99	44.48	−1	+6	10.31	34.84	−4	+3	15.50	28.12	−2	−4	21.26	26.47	+2	−3
21	7.07	44.13	−3	+5	10.45	34.56	−4	+1	15.69	27.98	0	−5	21.45	26.51	+3	0
22	7.15	43.78	−4	+4	10.60	34.29	−4	−2	15.88	27.85	+1	−4	21.64	26.55	+3	+3
23	7.23	43.43	−4	+2	10.75	34.02	−3	−3	16.06	27.72	+3	−2	21.83	26.60	+2	+6
24	7.31	43.08	−4	0	10.89	33.75	−1	−4	16.25	27.59	+3	+1	22.02	26.66	+1	+8
25	7.40	42.74	−3	−2	11.05	33.48	+1	−4	16.44	27.48	+3	+4	22.20	26.72	−1	+9
26	7.49	42.40	−2	−4	11.20	33.22	+2	−3	16.63	27.37	+2	+7	22.38	26.79	−3	+8
27	7.58	42.06	0	−5	11.35	32.96	+3	−1	16.82	27.26	0	+9	22.56	26.87	−4	+6
28	7.68	41.72	+1	−4	11.51	32.71	+3	+2	17.02	27.16	−2	+9	22.74	26.95	−5	+2
29	7.77	41.38	+3	−3	11.67	32.46	+3	+5	17.21	27.07	−4	+7	22.92	27.04	−4	−3
30	7.87	41.04	+4	0	11.82	32.22	+1	+8	17.40	26.98	−5	+3	23.10	27.14	−2	−6
31	7.97	40.71	+4	+3	11.99	31.98	−1	+8	17.60	26.90	−4	−1	23.27	27.24	+1	−8
32					12.15	31.74	−3	+7					23.45	27.35	+3	−9

δ	sec δ	tg δ	δ	sec δ	tg δ	δ	sec δ	tg δ
+82° 45′ 20″	+7.930	+7.867	+82° 45′ 30″	+7.933	+7.870	+82° 45′ 50″	+7.939	+7.876
30	+7.933	+7.870	40	+7.936	+7.873	60	+7.942	+7.879

$\alpha_{1959.0} = 10^h\,26^m\,15^s.19$ $\delta_{1959.0} = +82°\,46'\,6''.92$

Obere Kulmination Greenwich

Ng) ε Ursae minoris $4^m.40$

Tag	Januar AR.	Dekl.	☾ Glieder		Februar AR.	Dekl.	☾ Glieder	
	$16^h 49^m$	$+82° 6'$	in s 0.01	″ 0.01	$16^h 49^m$	$+82° 6'$	in s 0.01	″ 0.01
	s	″			s	″		
1	54.82	26.64	+1	−7	57.89	17.97	+2	+4
2	54.88	26.31	+2	−5	58.02	17.76	+1	+6
3	54.94	25.98	+3	−2	58.16	17.56	0	+7
4	55.00	25.65	+2	+2	58.30	17.37	−2	+7
5	55.07	25.33	+2	+5	58.44	17.18	−3	+4
6	55.14	25.01	0	+7	58.58	16.99	−3	+1
7	55.21	24.69	−1	+7	58.72	16.81	−3	−2
8	55.29	24.37	−2	+6	58.86	16.64	−2	−5
9	55.37	24.06	−3	+3	59.01	16.48	−1	−7
10	55.45	23.75	−3	0	59.16	16.32	0	−7
11	55.54	23.44	−3	−3	59.31	16.16	+1	−7
12	55.62	23.14	−2	−6	59.46	16.02	+2	−5
13	55.71	22.84	−1	−7	59.61	15.88	+2	−2
14	55.81	22.54	0	−7	59.76	15.75	+2	+1
15	55.90	22.25	+1	−6	59.92	15.62	+2	+4
16	56.00	21.96	+2	−4	60.07	15.50	+1	+6
17	56.10	21.67	+2	−1	60.23	15.38	0	+7
18	56.20	21.39	+2	+3	60.39	15.27	0	+7
19	56.31	21.11	+2	+5	60.54	15.17	−1	+6
20	56.42	20.84	+1	+6	60.70	15.07	−2	+3
21	56.53	20.58	0	+7	60.86	14.98	−2	0
22	56.64	20.31	−1	+7	61.02	14.90	−1	−3
23	56.76	20.06	−2	+5	61.18	14.82	−1	−6
24	56.87	19.81	−2	+2	61.35	14.75	0	−7
25	57.00	19.56	−2	−1	61.51	14.69	+1	−7
26	57.12	19.32	−1	−4	61.67	14.63	+2	−5
27	57.24	19.08	0	−6	61.83	14.58	+2	−2
28	57.37	18.84	+1	−7	61.99	14.54	+2	+2
29	57.50	18.62	+2	−6	62.15	14.50	+1	+5
30	57.63	18.39	+2	−3				
31	57.76	18.18	+2	0				
32	57.89	17.97	+2	+4				

Tag	März AR.	Dekl.	☾ Glieder		April AR.	Dekl.	☾ Glieder	
	$16^h 50^m$	$+82° 6'$	in s 0.01	″ 0.01	$16^h 50^m$	$+82° 6'$	in s 0.01	″ 0.01
	s	″			s	″		
1	2.15	14.50	+1	+5	6.99	16.58	−3	+3
2	2.32	14.47	0	+7	7.13	16.74	−3	0
3	2.48	14.45	−1	+7	7.27	16.91	−3	−3
4	2.64	14.43	−2	+5	7.41	17.09	−2	−6
5	2.80	14.42	−3	+2	7.54	17.27	−1	−7
6	2.97	14.42	−3	−1	7.67	17.46	0	−7
7	3.13	14.42	−3	−4	7.80	17.65	+1	−6
8	3.30	14.43	−2	−6	7.94	17.85	+2	−4
9	3.46	14.44	−1	−7	8.06	18.05	+2	−1
10	3.62	14.47	0	−7	8.19	18.25	+2	+2
11	3.79	14.50	+1	−5	8.31	18.46	+2	+4
12	3.95	14.53	+2	−3	8.43	18.68	+1	+6
13	4.11	14.57	+2	0	8.55	18.90	0	+7
14	4.27	14.62	+2	+3	8.67	19.12	0	+7
15	4.43	14.68	+2	+5	8.78	19.35	−1	+6
16	4.58	14.74	+1	+7	8.89	19.59	−1	+3
17	4.74	14.81	0	+8	9.00	19.83	−1	0
18	4.90	14.88	0	+7	9.11	20.07	−1	−3
19	5.05	14.96	−1	+5	9.22	20.31	0	−6
20	5.21	15.05	−1	+2	9.33	20.56	+1	−7
21	5.37	15.14	−2	−2	9.43	20.81	+2	−7
22	5.52	15.24	−1	−5	9.53	21.07	+3	−4
23	5.67	15.35	0	−7	9.63	21.34	+3	−1
24	5.82	15.46	+1	−7	9.72	21.60	+2	+3
25	5.97	15.58	+2	−6	9.81	21.87	+1	+6
26	6.12	15.71	+2	−3	9.90	22.15	0	+7
27	6.27	15.84	+2	+1	9.99	22.43	−2	+7
28	6.42	15.98	+2	+4	10.07	22.71	−3	+5
29	6.57	16.12	+1	+6	10.16	22.99	−3	+1
30	6.71	16.26	0	+7	10.24	23.27	−3	−2
31	6.85	16.42	−2	+6	10.31	23.56	−2	−5
32	6.99	16.58	−3	+3				

δ	sec δ	tg δ	δ	sec δ	tg δ
+82° 6′ 10″	+7.278	+7.209	+82° 6′ 20″	+7.281	+7.212
20	+7.281	+7.212	30	+7.283	+7.214

$\alpha_{1959.0} = 16^h\ 50^m\ 5^s.73$ $\delta_{1959.0} = +82°\ 6'\ 27''.78$

Scheinbare Sternörter 1959

Obere Kulmination Greenwich

Ng) ε Ursae minoris $4^{m}.40$

Tag	Mai				Juni				Juli				August			
	AR.	Dekl.	☾ Glieder		AR.	Dekl.	☾ Glieder		AR.	Dekl.	☾ Glieder		AR.	Dekl.	☾ Glieder	
	$16^h 50^m$	+ 82° 6′	in s 0.01	in ″ 0.01	$16^h 50^m$	+ 82° 6′	in s 0.01	in ″ 0.01	$16^h 50^m$	+ 82° 6′	in s 0.01	in ″ 0.01	$16^h 50^m$	+ 82° 6′	in s 0.01	in ″ 0.01
	s	″			s	″			s	″			s	″		
1	10.31	23.56	−2	−5	11.39	33.33	+1	−6	9.84	42.76	+1	+4	6.09	49.38	−1	+6
2	10.39	23.85	−1	−7	11.37	33.66	+2	−3	9.75	43.03	+1	+6	5.94	49.53	−2	+4
3	10.46	24.14	0	−7	11.36	33.98	+2	−1	9.66	43.29	0	+7	5.79	49.67	−2	+1
4	10.53	24.44	+1	−7	{ 11.34 11.32	34.31 34.63	+2 +1	+2 +4 }	9.56	43.55	−1	+7	5.64	49.81	−2	−1
5	10.60	24.74	+1	−5	11.30	34.96	+1	+6	9.47	43.81	−1	+6	5.49	49.94	−1	−4
6	10.66	25.04	+2	−2	11.28	35.28	0	+7	9.37	44.06	−2	+3	5.34	50.07	0	−6
7	10.72	25.34	+2	0	11.25	35.60	−1	+6	9.27	44.32	−2	0	5.19	50.20	+1	−7
8	10.78	25.65	+2	+3	11.22	35.92	−1	+5	9.16	44.56	−1	−2	5.03	50.32	+2	−6
9	10.84	25.95	+1	+5	11.19	36.24	−1	+3	9.06	44.81	0	−5	4.88	50.43	+3	−3
10	10.89	26.26	+1	+7	11.15	36.55	−1	0	8.95	45.05	+1	−6	4.72	50.54	+3	0
11	10.94	26.57	0	+7	11.12	36.87	−1	−3	8.84	45.29	+2	−7	4.56	50.65	+2	+3
12	10.99	26.88	−1	+6	11.08	37.18	0	−6	8.73	45.52	+2	−5	4.39	50.75	+1	+6
13	11.04	27.20	−1	+4	11.04	37.49	+1	−7	8.61	45.75	+3	−2	4.23	50.84	0	+7
14	11.08	27.51	−1	+1	10.99	37.80	+2	−6	8.49	45.98	+3	+2	4.07	50.93	−1	+7
15	11.12	27.83	−1	−2	10.94	38.11	+3	−4	8.37	46.21	+2	+5	3.90	51.02	−2	+4
16	11.16	28.15	0	−5	10.89	38.42	+3	0	8.25	46.43	+1	+7	3.74	51.10	−3	+1
17	11.20	28.47	+1	−7	10.84	38.73	+2	+3	8.13	46.64	−1	+7	3.58	51.18	−3	−1
18	11.23	28.79	+2	−7	10.79	39.03	+1	+6	8.00	46.86	−2	+6	3.41	51.25	−2	−5
19	11.26	29.11	+3	−5	10.73	39.33	0	+7	7.88	47.07	−3	+3	3.24	51.32	−1	−7
20	11.29	29.43	+3	−2	10.67	39.63	−1	+7	7.75	47.27	−3	0	3.07	51.38	0	−8
21	11.31	29.75	+3	+1	10.61	39.93	−3	+5	7.62	47.47	−3	−4	2.90	51.43	+1	−6
22	11.33	30.07	+2	+4	10.54	40.22	−3	+1	7.49	47.66	−2	−6	2.73	51.48	+2	−4
23	11.35	30.40	0	+7	10.47	40.51	−3	−2	7.36	47.85	−1	−8	2.56	51.53	+2	−1
24	11.36	30.73	−1	+7	10.40	40.80	−2	−6	7.22	48.04	0	−7	2.39	51.57	+2	+2
25	11.37	31.05	−2	+6	10.33	41.09	−1	−8	7.09	48.23	+1	−6	2.22	51.61	+1	+4
26	11.38	31.38	−3	+3	10.25	41.38	0	−8	6.95	48.41	+2	−3	2.05	51.64	+1	+6
27	11.39	31.71	−3	0	10.18	41.66	+1	−7	6.81	48.58	+2	0	1.88	51.67	0	+7
28	11.40	32.03	−3	−4	10.10	41.94	+1	−5	6.67	48.75	+2	+3	1.71	51.69	−1	+7
29	11.40	32.36	−2	−7	10.01	42.22	+2	−2	6.53	48.92	+1	+5	1.54	51.71	−1	+5
30	11.40	32.68	−1	−8	9.93	42.49	+2	+1	6.38	49.08	0	+7	1.36	51.72	−2	+3
31	11.39	33.01	0	−8	9.84	42.76	+1	+4	6.24	49.23	0	+7	1.18	51.72	−2	0
32	11.39	33.33	+1	−6					6.09	49.38	−1	+6	1.01	51.72	−1	−3

δ	sec δ	tg δ	δ	sec δ	tg δ	δ	sec δ	tg δ
+82° 6′ 20″	+7.281	+7.212	+82° 6′ 30″	+7.283	+7.214	+82° 6′ 50″	+7.288	+7.219
30	+7.283	+7.214	40	+7.286	+7.217	60	+7.291	+7.222

$\alpha_{1959.0} = 16^h\ 50^m\ 5^s.73$ $\delta_{1959.0} = +82°\ 6'\ 27''.78$

Ng) ε Ursae minoris $4^m.40$

Tag	September AR.	September Dekl.	September ☾ Glieder	Oktober AR.	Oktober Dekl.	Oktober ☾ Glieder	November AR.	November Dekl.	November ☾ Glieder	Dezember AR.	Dezember Dekl.	Dezember ☾ Glieder
	$16^h 49^m$	+ 82° 6′	in s 0.01 | ″ 0.01	$16^h 49^m$	+ 82° 6′	in s 0.01 | ″ 0.01	$16^h 49^m$	+ 82° 6′	in s 0.01 | ″ 0.01	$16^h 49^m$	+ 82° 6′	in s 0.01 | ″ 0.01
	s	″		s	″		s	″		s	″	
1	61.01	51.72	−1 −3	55.81	49.41	+1 −7	51.36	42.59	+2 +3	49.00	32.86	−1 +8
2	60.83	51.72	0 −6	55.65	49.26	+2 −6	51.24	42.31	+1 +6	48.96	32.51	−2 +6
3	60.66	51.71	+1 −7	55.48	49.10	+3 −3	51.13	42.02	0 +7	48.93	32.15	−3 +3
4	60.48	51.70	+2 −7	55.32	48.94	+2 +1	51.02	41.73	−2 +7	*48.90	31.79	−3 −1
5	60.31	51.68	+2 −4	55.16	48.78	+2 +4	50.91	41.44	−3 +5	48.87	31.44	−3 −5
6	60.13	51.65	+3 −1	55.00	48.61	0 +6	50.80	41.14	−3 +1	48.85	31.08	−2 −7
7	59.95	51.62	+2 +2	54.84	48.43	−1 +7	50.70	40.84	−3 −2	48.83	30.72	−1 −8
8	59.78	51.59	+1 +5	54.68	48.25	−2 +6	50.60	40.53	−2 −5	48.81	30.36	0 −8
9	59.60	51.55	0 +7	54.52	48.06	−3 +3	50.50	40.23	−1 −7	48.80	30.00	+1 −6
10	59.42	51.50	−1 +7	54.37	47.87	−3 0	50.40	39.91	0 −8	48.79	29.63	+2 −3
11	59.25	51.45	−2 +5	54.22	47.67	−3 −3	50.31	39.60	+1 −7	48.78	29.27	+2 0
12	59.07	51.40	−3 +2	54.07	47.47	−2 −6	50.22	39.29	+1 −4	48.77	28.91	+1 +2
13	58.89	51.34	−3 −1	53.92	47.27	−1 −7	50.13	38.97	+2 −2	48.77	28.54	+1 +5
14	58.71	51.28	−2 −4	53.77	47.06	0 −7	50.04	38.65	+2 +1	48.77	28.18	0 +6
15	58.54	51.21	−1 −6	53.62	46.84	+1 −6	49.96	38.32	+1 +4	48.77	27.82	0 +6
16	58.36	51.13	0 −8	53.47	46.63	+2 −4	49.88	38.00	+1 +5	48.78	27.46	−1 +6
17	58.19	51.05	+1 −7	53.33	46.40	+2 −1	49.80	37.67	0 +7	48.79	27.10	−1 +4
18	58.01	50.97	+1 −5	53.18	46.18	+2 +2	49.73	37.34	−1 +7	48.81	26.75	−2 +2
19	57.84	50.88	+2 −3	53.04	45.95	+1 +4	49.66	37.01	−1 +6	48.82	26.39	−1 −1
20	57.67	50.78	+2 0	52.90	45.71	+1 +6	49.59	36.67	−1 +4	48.85	26.03	−1 −4
21	57.50	50.68	+2 +3	52.77	45.47	0 +7	49.52	36.33	−1 +1	48.87	25.68	0 −6
22	57.33	50.58	+1 +5	52.63	45.23	−1 +7	49.45	35.99	−1 −2	48.89	25.32	+1 −6
23	57.16	50.47	0 +7	52.49	44.99	−1 +5	49.39	35.65	0 −5	48.92	24.97	+2 −6
24	56.99	50.36	0 +7	52.35	44.74	−2 +3	49.33	35.31	+1 −6	48.95	24.61	+3 −3
25	56.81	50.24	−1 +6	52.22	44.48	−1 0	49.27	34.96	+2 −6	48.99	24.26	+3 0
26	56.64	50.11	−2 +4	52.09	44.23	−1 −3	49.22	34.62	+3 −5	49.03	23.91	+3 +3
27	56.48	49.98	−2 +1	51.96	43.96	0 −6	49.17	34.27	+3 −2	49.07	23.56	+2 +6
28	56.31	49.85	−1 −2	51.84	43.70	+1 −7	49.12	33.92	+3 +2	49.11	23.22	0 +8
29	56.14	49.71	−1 −5	51.71	43.43	+2 −6	49.08	33.57	+2 +5	49.16	22.87	−1 +7
30	55.98	49.56	0 −7	51.59	43.15	+3 −4	49.04	33.22	+1 +7	49.21	22.53	−2 +5
31	55.81	49.41	+1 −7	51.47	42.87	+3 0	49.00	32.86	−1 +8	49.27	22.19	−3 +1
32				51.36	42.59	+2 +3				49.32	21.85	−3 −3

δ	sec δ	tg δ	δ	sec δ	tg δ	δ	sec δ	tg δ
+82° 6′ 20″	+7.281	+7.212	+82° 6′ 30″	+7.283	+7.214	+82° 6′ 50″	+7.288	+7.219
30	+7.283	+7.214	40	+7.286	+7.217	60	+7.291	+7.222

$\alpha_{1959.0} = 16^h\ 50^m\ 5^s.73$ $\delta_{1959.0} = +82°\ 6'\ 27''.78$

* Tag der doppelten unteren Kulmination: Dez. 4.

Scheinbare Sternörter 1959

Obere Kulmination Greenwich

Nh) δ Ursae minoris $4^m\!.44$

Tag	Januar AR.	Januar Dekl.	Januar ☾ Glieder	Februar AR.	Februar Dekl.	Februar ☾ Glieder	März AR.	März Dekl.	März ☾ Glieder	April AR.	April Dekl.	April ☾ Glieder
	$17^h 44^m$	+ 86° 36′	in s 0.01 ″ 0.01	$17^h 45^m$	+ 86° 36′	in s 0.01 ″ 0.01	$17^h 45^m$	+ 86° 36′	in s 0.01 ″ 0.01	$17^h 45^m$	+ 86° 36′	in s 0.01 ″ 0.01
	s	″		s	″		s	″		s	″	
1	58.10	29.43	+2 −7	2.47	19.91	+6 +2	10.98	14.68	+5 +4	22.26	14.47	−7 +5
2	58.14	29.09	+5 −6	2.72	19.66	+4 +5	11.34	14.58	+2 +6	22.61	14.56	−9 +2
3	58.18	28.76	+7 −4	2.96	19.40	+1 +7	11.69	14.48	−2 +7	22.96	14.66	−9 −1
4	58.23	28.42	+7 0	3.22	19.16	−2 +7	12.05	14.39	−5 +7	23.31	14.76	−7 −4
5	58.29	28.08	+6 +3	3.48	18.91	−6 +6	12.41	14.31	−7 +4	23.65	14.87	−5 −6
6	58.36	27.75	+4 +6	3.74	18.67	−8 +3	12.77	14.23	−8 +1	23.99	14.99	−2 −7
7	58.43	27.41	0 +8	4.01	18.44	−8 0	13.14	14.16	−8 −2	24.33	15.11	+1 −6
8	58.51	27.08	−4 +7	4.28	18.21	−7 −3	13.50	14.09	−6 −5	24.67	15.24	+4 −5
9	58.60	26.75	−7 +5	4.56	17.99	−5 −6	13.87	14.03	−4 −6	25.00	15.37	+5 −3
10	58.69	26.42	−8 +2	4.85	17.77	−3 −7	14.23	13.98	−1 −7	25.33	15.51	+6 0
11	58.79	26.09	−9 −2	5.13	17.56	0 −7	14.59	13.94	+2 −6	25.65	15.66	+6 +3
12	58.90	25.77	−7 −4	5.43	17.35	+3 −6	14.96	13.90	+4 −4	25.98	15.81	+5 +5
13	59.02	25.45	−5 −6	5.73	17.15	+5 −3	15.33	13.86	+6 −2	26.29	15.96	+4 +7
14	59.14	25.13	−2 −7	6.03	16.95	+6 0	15.70	13.84	+7 +1	26.61	16.13	+2 +7
15	59.27	24.81	+1 −6	6.34	16.76	+7 +2	16.07	13.82	+6 +4	26.92	16.30	−1 +6
16	59.41	24.50	+4 −5	6.65	16.57	+6 +5	16.44	13.81	+5 +6	27.23	16.47	−3 +4
17	59.55	24.19	+6 −2	6.96	16.39	+4 +6	16.81	13.80	+3 +7	27.53	16.65	−4 +1
18	59.70	23.88	+6 +1	7.28	16.22	+1 +7	17.18	13.80	0 +7	27.83	16.83	−4 −2
19	59.86	23.57	+6 +3	7.60	16.05	−1 +6	17.55	13.80	−2 +6	28.13	17.01	−2 −6
20	60.02	23.27	+5 +6	7.93	15.89	−3 +4	17.92	13.82	−4 +3	28.42	17.20	0 −7
21	60.19	22.97	+2 +7	8.25	15.73	−5 +1	18.29	13.84	−5 0	28.71	17.40	+3 −8
22	60.37	22.67	0 +7	8.59	15.58	−5 −2	18.65	13.86	−4 −4	28.99	17.60	+6 −6
23	60.55	22.38	−3 +6	8.92	15.43	−4 −5	19.02	13.89	−2 −7	29.27	17.81	+7 −3
24	60.74	22.09	−4 +3	9.26	15.29	−1 −7	19.38	13.93	+1 −8	29.54	18.02	+7 +1
25	60.94	21.80	−5 0	9.60	15.16	+2 −8	19.75	13.98	+4 −7	29.81	18.24	+5 +5
26	61.14	21.52	−5 −3	9.94	15.03	+5 −6	20.11	14.03	+6 −5	30.08	18.46	+1 +7
27	61.35	21.24	−3 −6	10.29	14.91	+6 −3	20.47	14.09	+7 −1	30.34	18.68	−3 +8
28	61.56	20.97	0 −7	10.63	14.79	+6 +1	20.83	14.15	+6 +3	30.60	18.91	−6 +6
29	61.78	20.70	+3 −7	10.98	14.68	+5 +4	21.20	14.22	+3 +6	30.85	19.14	−9 +4
30	62.01	20.43	+6 −5				21.55	14.30	0 +7	31.09	19.38	−10 0
31	62.24	20.17	+7 −2				21.91	14.38	−4 +7	31.33	19.62	−9 −3
32	62.47	19.91	+6 +2				22.26	14.47	−7 +5			

δ	sec δ	tg δ	δ	sec δ	tg δ
+86° 36′ 10″	+16.875	+16.846	+86° 36′ 20″	+16.889	+16.860
20	+16.889	+16.860	30	+16.903	+16.873

$\alpha_{1959.0} = 17^h\,45^m\,23^s\!.48$ $\delta_{1959.0} = +86°\,36'\,24''\!.97$

Obere Kulmination Greenwich

Nh) δ Ursae minoris $4^{m}.44$

Tag	Mai AR.	Mai Dekl.	Mai ☾ Glieder		Juni AR.	Juni Dekl.	Juni ☾ Glieder		Juli AR.	Juli Dekl.	Juli ☾ Glieder		August AR.	August Dekl.	August ☾ Glieder	
	$17^h 45^m$	+86° 36′	in s 0.01	in ″ 0.01	$17^h 45^m$	+86° 36′	in s 0.01	in ″ 0.01	$17^h 45^m$	+86° 36′	in s 0.01	in ″ 0.01	$17^h 45^m$	+86° 36′	in s 0.01	in ″ 0.01
	s	″			s	″			s	″			s	″		
1	31.33	19.62	−9	−3	35.94	28.55	+1	−6	34.47	38.38	+5	+3	27.34	46.56	−1	+7
2	31.57	19.86	−7	−6	35.99	28.87	+4	−4	34.32	38.69	+4	+5	27.03	46.77	−3	+5
3	31.80	20.11	−4	−7	36.03	29.19	+5	−2	34.16	38.98	+2	+6	26.71	46.98	−5	+3
4	32.02	20.36	−1	−7	36.06	29.51	+6	+1	34.00	39.28	0	+7	26.39	47.19	−5	0
5	32.24	20.62	+2	−5	36.09	29.83	+5	+4	33.84	39.58	−2	+6	26.07	47.39	−4	−4
6	32.46	20.88	+4	−3	36.11	30.15	+4	+5	33.67	39.87	−4	+4	25.75	47.59	−2	−6
7	32.67	21.14	+5	−1	36.13	30.47	+2	+6	33.49	40.16	−5	+1	25.42	47.79	+1	−7
8	32.87	21.41	+6	+2	36.14	30.79	0	+7	33.31	40.45	−4	−2	25.09	47.98	+4	−7
9	33.07	21.67	+5	+4	36.15	31.11	−2	+6	33.12	40.74	−3	−5	24.75	48.17	+6	−5
10	33.26	21.95	+4	+6	36.14	31.44	−4	+3	32.92	41.02	−1	−7	24.41	48.35	+7	−1
11	33.45	22.22	+2	+7	36.13	31.76	−4	0	32.72	41.30	+2	−7	24.06	48.53	+7	+2
12	33.63	22.50	0	+6	36.12	32.08	−4	−3	32.52	41.58	+5	−6	23.71	48.70	+5	+5
13	33.80	22.78	−2	+5	36.10	32.40	−2	−6	32.31	41.86	+7	−4	23.36	48.87	+2	+7
14	33.97	23.07	−4	+2	36.07	32.73	+1	−7	32.09	42.13	+8	0	23.01	49.04	−2	+7
15	34.13	23.36	−4	−1	36.03	33.05	+4	−7	31.87	42.40	+7	+3	22.65	49.20	−5	+6
16	34.29	23.65	−3	−4	35.99	33.37	+7	−5	31.64	42.68	+4	+6	22.29	49.36	−7	+3
17	34.44	23.94	−1	−7	35.94	33.69	+8	−2	31.41	42.94	0	+7	21.93	49.52	−8	−1
18	34.59	24.23	+2	−8	{35.89 / 35.83}	34.02 / 34.34	+8 / +6	+1 / +5	31.17	43.21	−3	+7	21.56	49.67	−7	−4
19	34.73	24.53	+5	−7	35.76	34.65	+2	+7	30.93	43.47	−7	+5	21.19	49.81	−5	−6
20	34.86	24.83	+7	−4	35.69	34.97	−2	+7	30.68	43.73	−8	+2	20.81	49.95	−2	−7
21	34.98	25.13	+8	0	35.61	35.29	−6	+6	30.43	43.98	−8	−2	20.44	50.09	+1	−7
22	35.10	25.43	+7	+3	35.52	35.60	−8	+3	30.17	44.23	−7	−5	20.05	50.22	+3	−5
23	35.21	25.74	+4	+6	35.43	35.92	−9	0	29.91	44.48	−5	−7	19.67	50.34	+5	−3
24	35.32	26.04	0	+8	35.33	36.23	−9	−4	29.64	44.72	−1	−7	19.29	50.46	+6	0
25	35.42	26.36	−4	+7	35.23	36.54	−6	−6	29.37	44.96	+2	−6	18.90	50.58	+5	+3
26	35.51	26.67	−8	+5	35.12	36.86	−3	−7	29.09	45.20	+4	−4	18.51	50.70	+4	+5
27	35.60	26.98	−9	+2	35.00	37.16	0	−7	28.81	45.43	+5	−1	18.12	50.81	+2	+7
28	35.68	27.29	−10	−2	34.88	37.47	+2	−5	28.53	45.67	+6	+1	17.73	50.91	0	+7
29	35.75	27.61	−8	−5	34.75	37.78	+4	−3	28.24	45.89	+5	+4	17.33	51.01	−2	+6
30	35.82	27.92	−5	−7	34.61	38.08	+5	0	27.94	46.12	+3	+6	16.93	51.11	−4	+4
31	35.88	28.24	−2	−7	34.47	38.38	+5	+3	27.64	46.34	+1	+7	16.53	51.20	−5	+1
32	35.94	28.55	+1	−6					27.34	46.56	−1	+7	16.13	51.28	−5	−2

δ	sec δ	tg δ	δ	sec δ	tg δ	δ	sec δ	tg δ
+86° 36′ 10″	+16.875	+16.846	+86° 36′ 30″	+16.903	+16.873	+86° 36′ 50″	+16.931	+16.901
20	+16.889	+16.860	40	+16.917	+16.887	60	+16.945	+16.915

$\alpha_{1959.0} = 17^h\,45^m\,23^s.48$ $\delta_{1959.0} = +86°\,36'\,24''.97$

Scheinbare Sternörter 1959

Obere Kulmination Greenwich

Nh) δ Ursae minoris $4^{m}.44$

Tag	September AR.	September Dekl.	September ☾ Glieder		Oktober AR.	Oktober Dekl.	Oktober ☾ Glieder		November AR.	November Dekl.	November ☾ Glieder		Dezember AR.	Dezember Dekl.	Dezember ☾ Glieder	
	$17^h 45^m$	+86° 36′	in s 0.01	in ″ 0.01	$17^h 44^m$	+86° 36′	in s 0.01	in ″ 0.01	$17^h 44^m$	+86° 36′	in s 0.01	in ″ 0.01	$17^h 44^m$	+86° 36′	in s 0.01	in ″ 0.01
	s	″			s	″			s	″			s	″		
1	16.13	51.28	−5	−2	63.59	51.60	+1	−7	51.53	47.31	+7	+1	43.37	39.31	0	+8
2	15.72	51.36	−3	−5	63.17	51.53	+4	−7	51.18	47.10	+5	+5	43.19	39.00	−4	+7
3	15.32	51.44	−1	−7	62.75	51.46	+6	−4	50.84	46.88	+2	+7	43.01	38.68	−7	+5
4	14.91	51.51	+2	−7	62.33	51.38	+7	−1	50.51	46.67	−2	+7	42.84	38.36	−9	+1
5	14.50	51.58	+5	−6	61.92	51.30	+6	+3	50.18	46.44	−6	+6	42.68	38.04	−9	−2
6	14.09	51.64	+7	−3	61.50	51.22	+4	+6	49.85	46.21	−8	+3	42.52	37.72	−8	−5
7	13.68	51.69	+7	+1	61.09	51.13	0	+7	49.53	45.98	−9	0	42.37	37.39	−5	−7
8	13.26	51.75	+5	+4	60.68	51.03	−4	+7	49.22	45.75	−8	−3	42.23	37.06	−2	−7
9	12.85	51.79	+2	+6	60.27	50.93	−7	+5	48.91	45.50	−6	−6	42.09	36.73	+1	−6
10	12.43	51.83	−1	+7	59.87	50.83	−8	+2	48.60	45.26	−3	−7	41.96	36.40	+4	−4
11	12.01	51.87	−4	+6	59.46	50.72	−9	−2	48.30	45.01	0	−7	41.84	36.06	+5	−1
12	11.59	51.90	−7	+4	59.06	50.60	−7	−4	48.00	44.76	+2	−5	41.72	35.72	+5	+2
13	11.17	51.93	−8	+1	58.66	50.48	−5	−6	47.70	44.50	+4	−3	41.61	35.39	+4	+4
14	10.76	51.95	−8	−3	58.26	50.36	−2	−7	47.41	44.24	+5	0	41.51	35.05	+3	+6
15	10.34	51.97	−6	−5	57.86	50.23	+1	−6	47.13	43.98	+5	+2	41.41	34.71	+1	+7
16	9.92	51.99	−3	−7	57.46	50.10	+4	−4	46.85	43.71	+4	+5	41.33	34.37	−1	+6
17	9.50	51.99	0	−7	57.07	49.96	+5	−2	46.58	43.44	+2	+6	41.25	34.03	−3	+5
18	9.08	52.00	+2	−6	56.68	49.82	+6	+1	46.31	43.16	+1	+7	*41.17	33.69	−4	+3
19	8.65	52.00	+4	−4	56.29	49.67	+5	+3	46.05	42.89	−1	+6	41.11	33.35	−4	0
20	8.23	51.99	+5	−1	55.91	49.51	+4	+5	45.80	42.60	−3	+4	41.05	33.00	−3	−3
21	7.81	51.98	+6	+2	55.53	49.35	+2	+7	45.55	42.32	−4	+2	41.00	32.66	−1	−6
22	7.38	51.96	+5	+4	55.15	49.19	0	+7	45.30	42.03	−4	−1	40.95	32.31	+2	−7
23	6.95	51.94	+3	+6	54.77	49.02	−2	+6	45.06	41.75	−2	−4	40.92	31.97	+5	−7
24	6.53	51.91	+1	+7	54.40	48.85	−3	+3	44.83	41.45	0	−7	40.89	31.62	+7	−5
25	6.11	51.88	−1	+7	54.03	48.68	−4	+1	44.60	41.16	+3	−7	40.86	31.28	+9	−2
26	5.68	51.85	−3	+5	53.66	48.50	−4	−3	44.38	40.86	+6	−7	40.85	30.94	+9	+1
27	5.26	51.81	−4	+2	53.30	48.31	−2	−6	44.16	40.56	+8	−4	40.84	30.59	+6	+5
28	4.84	51.76	−4	−1	52.94	48.12	+1	−7	43.95	40.25	+8	0	40.84	30.25	+3	+7
29	4.42	51.71	−3	−4	52.58	47.93	+4	−7	43.75	39.94	+7	+3	40.84	29.91	−1	+8
30	4.00	51.66	−1	−7	52.23	47.73	+6	−6	43.56	39.63	+4	+6	40.86	29.56	−5	+6
31	3.59	51.60	+1	−7	51.88	47.52	+8	−2	43.37	39.31	0	+8	40.88	29.22	−8	+3
32					51.53	47.31	+7	+1					40.91	28.88	−9	−1

δ	sec δ	tg δ	δ	sec δ	tg δ	δ	sec δ	tg δ
+86° 36′ 20″	+16.889	+16.860	+86° 36′ 30″	+16.903	+16.873	+86° 36′ 50″	+16.931	+16.901
30	+16.903	+16.873	40	+16.917	+16.887	60	+16.945	+16.915

$\alpha_{1959.0} = 17^h\ 45^m\ 23^s.48$ $\delta_{1959.0} = +86°\ 36'\ 24''.97$

* Tag der doppelten unteren Kulmination: Dez. 18.

Obere Kulmination Greenwich

Ni) λ Ursae minoris $6^m_.55$

Tag	Januar				Februar				März				April			
	AR.	Dekl.	☾ Glieder		AR.	Dekl.	☾ Glieder		AR.	Dekl.	☾ Glieder		AR.	Dekl.	☾ Glieder	
	$18^h 8^m$	+89° 3′	in s 0.01	in ″ 0.01	$18^h 8^m$	+89° 3′	in s 0.01	in ″ 0.01	$18^h 8^m$	+89° 3′	in s 0.01	in ″ 0.01	$18^h 9^m$	+89° 3′	in s 0.01	in ″ 0.01
	s	″			s	″			s	″			s	″		
1	12.71	22.58	+ 4	−8	23.77	12.87	+26	+2	51.55	7.02	+20	+4	31.15	5.78	−26	+6
2	12.68	22.25	+16	−7	24.51	12.60	+20	+5	52.75	6.88	+10	+6	32.42	5.84	−34	+3
3	12.68	21.91	+26	−4	25.28	12.33	+ 8	+7	53.96	6.75	− 3	+8	33.69	5.91	−36	0
4	12.70	21.58	+30	−1	26.06	12.07	− 6	+8	55.19	6.63	−17	+7	34.95	5.98	−31	−3
5	12.75	21.24	+26	+3	26.87	11.81	−19	+6	56.42	6.52	−27	+5	36.21	6.06	−23	−6
6	12.82	20.91	+17	+6	27.70	11.56	−29	+4	57.65	6.41	−33	+2	37.46	6.14	−11	−7
7	12.92	20.58	+ 3	+8	28.55	11.31	−33	+1	58.90	6.31	−33	−1	38.70	6.23	+ 1	−7
8	13.05	20.25	−12	+7	29.41	11.06	−31	−3	60.16	6.21	−27	−4	39.94	6.33	+12	−5
9	13.20	19.92	−25	+6	30.30	10.82	−24	−5	61.42	6.12	−17	−6	41.16	6.43	+20	−3
10	13.38	19.59	−33	+3	31.21	10.58	−14	−7	62.69	6.04	− 6	−7	42.38	6.54	+25	0
11	13.59	19.26	−35	−1	32.14	10.35	− 1	−7	63.96	5.96	+ 6	−6	43.59	6.65	+26	+2
12	13.82	18.94	−31	−4	33.08	10.12	+10	−6	65.24	5.89	+16	−5	44.79	6.77	+23	+4
13	14.08	18.62	−22	−6	34.04	9.90	+19	−4	66.53	5.83	+23	−2	45.97	6.90	+17	+6
14	14.37	18.29	−10	−7	35.02	9.68	+26	−1	67.81	5.77	+27	0	47.15	7.03	+ 9	+7
15	14.68	17.97	+ 3	−7	36.02	9.46	+28	+2	69.10	5.72	+27	+3	48.31	7.16	− 1	+6
16	15.02	17.65	+14	−5	37.03	9.25	+26	+4	70.40	5.67	+23	+5	49.47	7.30	−10	+4
17	15.39	17.33	+22	−3	38.06	9.05	+19	+6	71.69	5.63	+14	+7	50.61	7.45	−16	+1
18	15.78	17.02	+26	0	39.11	8.85	+ 9	+7	72.99	5.60	+ 4	+7	51.75	7.60	−16	−2
19	16.19	16.70	+26	+3	40.17	8.65	− 2	+7	74.29	5.57	− 6	+6	52.87	7.76	−12	−6
20	16.63	16.39	+22	+5	41.25	8.46	−12	+5	75.59	5.55	−15	+3	53.97	7.92	− 2	−8
21	17.09	16.08	+13	+6	42.35	8.28	−19	+2	76.89	5.54	−19	0	55.07	8.08	+10	−8
22	17.58	15.78	+ 3	+7	43.45	8.10	−21	−2	78.20	5.53	−17	−3	56.15	8.25	+21	−6
23	18.09	15.47	− 8	+6	44.57	7.93	−17	−5	79.51	5.53	−10	−6	57.21	8.43	+27	−3
24	18.63	15.17	−16	+4	45.71	7.76	− 8	−7	80.81	5.53	0	−8	58.26	8.61	+28	+1
25	19.19	14.88	−21	0	46.85	7.60	+ 4	−8	82.11	5.54	+12	−7	59.30	8.80	+21	+4
26	19.77	14.58	−20	−3	48.01	7.45	+16	−6	83.41	5.56	+22	−5	60.32	8.99	+ 8	+7
27	20.38	14.29	−13	−6	49.18	7.30	+23	−3	84.71	5.58	+25	−2	61.32	9.19	− 8	+8
28	21.01	14.00	− 3	−7	50.36	7.16	+25	0	86.01	5.61	+23	+2	62.31	9.39	−23	+7
29	21.67	13.72	+ 9	−7	51.55	7.02	+20	+4	87.30	5.64	+14	+5	63.28	9.59	−34	+4
30	22.34	13.43	+20	−5					88.59	5.68	+ 1	+7	64.24	9.80	−38	+1
31	23.04	13.15	+26	−2					89.87	5.73	−14	+8	65.18	10.01	−36	−2
32	23.77	12.87	+26	+2					91.15	5.78	−26	+6				

δ	sec δ	tg δ	δ	sec δ	tg δ	δ	sec δ	tg δ
+89° 3′ 0″	+60.314	+60.306	+89° 3′ 10″	+60.491	+60.483	+89° 3′ 20″	+60.669	+60.661
10	+60.491	+60.483	20	+60.669	+60.661	30	+60.848	+60.840

$\alpha_{1959.0} = 18^h\ 9^m\ 42^s_.37$ $\delta_{1959.0} = +89°\ 3'\ 15''_.73$

Scheinbare Sternörter 1959

Obere Kulmination Greenwich

Ni) λ Ursae minoris $6^{m}.55$

Tag	Mai AR.	Mai Dekl.	Mai ☾ Glieder	Juni AR.	Juni Dekl.	Juni ☾ Glieder	Juli AR.	Juli Dekl.	Juli ☾ Glieder	August AR.	August Dekl.	August ☾ Glieder
	18h 10m	+ 89° 3′	in s 0.01 | ″ 0.01	18h 10m	+ 89° 3′	in s 0.01 | ″ 0.01	18h 9m	+ 89° 3′	in s 0.01 | ″ 0.01	18h 9m	+ 89° 3′	in s 0.01 | ″ 0.01
	s	″		s	″		s	″		s	″	
1	5.18	10.01	−36 −2	24.69	18.34	+ 1 −6	82.78	28.11	+22 +2	59.98	36.79	− 1 +7
2	6.10	10.23	−29 −5	24.97	18.65	+12 −4	82.36	28.42	+19 +5	58.94	37.03	−10 +5
3	7.00	10.45	−17 −6	25.23	18.95	+19 −2	81.91	28.73	+13 +6	57.89	37.27	−17 +3
4	7.89	10.68	− 5 −7	25.47	19.26	+22 0	81.44	29.04	+ 4 +7	56.82	37.50	−20 0
5	8.76	10.91	+ 7 −6	25.69	19.57	+22 +3	80.95	29.34	− 4 +6	55.73	37.72	−18 −3
6	9.62	11.14	+16 −4	25.88	19.88	+18 +5	80.43	29.64	−13 +4	54.63	37.95	−11 −6
7	10.45	11.38	+22 −1	26.05	20.20	+11 +6	79.90	29.95	−18 +2	53.51	38.17	0 −7
8	11.27	11.63	+24 +1	26.19	20.51	+ 3 +7	79.34	30.25	−18 −1	52.38	38.39	+12 −7
9	12.06	11.87	+23 +4	26.32	20.83	− 6 +6	78.77	30.55	−14 −4	51.23	38.60	+23 −5
10	12.84	12.12	+18 +5	26.42	21.14	−13 +4	78.17	30.85	− 5 −6	50.07	38.81	+29 −2
11	13.60	12.37	+10 +7	26.49	21.46	−17 +1	77.55	31.14	+ 6 −7	48.89	39.02	+29 +1
12	14.34	12.63	+ 1 +6	26.55	21.78	−16 −2	76.91	31.44	+19 −7	47.70	39.23	+22 +4
13	15.06	12.89	− 7 +5	26.58	22.09	−10 −5	76.25	31.73	+28 −4	46.50	39.43	+11 +7
14	15.75	13.15	−13 +3	26.58	22.41	+ 1 −7	75.57	32.02	+32 −1	45.28	39.63	− 4 +7
15	16.43	13.41	−16 0	26.57	22.73	+13 −7	74.87	32.31	+29 +3	44.04	39.82	−18 +6
16	17.09	13.68	−13 −4	26.53	23.05	+25 −6	74.14	32.59	+19 +6	42.80	40.01	−28 +3
17	17.72	13.95	− 5 −7	26.46	23.37	+32 −3	73.40	32.87	+ 5 +7	41.54	40.19	−33 0
18	18.34	14.23	+ 6 −8	26.38	23.69	+32 +1	72.63	33.15	−10 +7	40.27	40.37	−31 −3
19	18.93	14.51	+18 −7	26.27	24.01	+25 +4	71.85	33.43	−24 +5	38.98	40.55	−23 −6
20	19.51	14.79	+28 −5	26.14	24.33	+12 +7	71.05	33.70	−33 +2	37.69	40.72	−12 −7
21	20.06	15.07	+31 −1	25.98	24.65	− 4 +8	70.22	33.98	−35 −1	36.38	40.89	0 −7
22	20.59	15.36	+28 +3	25.81	24.97	−20 +7	69.38	34.25	−30 −4	35.05	41.05	+11 −6
23	21.10	15.64	+17 +6	25.61	25.28	−32 +4	68.53	34.51	−21 −6	33.72	41.21	+19 −3
24	21.58	15.93	+ 2 +8	25.38	25.60	−37 +1	67.65	34.78	− 9 −7	32.37	41.36	+23 0
25	22.05	16.23	−14 +8	{ 25.14 24.87	25.92 26.23	−36 −3 −29 −6 }	66.75	35.04	+ 3 −6	31.02	41.51	+23 +2
26	22.50	16.52	−29 +6	24.58	26.55	−17 −7	65.84	35.30	+14 −4	29.65	41.66	+20 +5
27	22.92	16.82	−37 +3	24.26	26.86	− 4 −7	64.91	35.55	+20 −2	28.28	41.80	+12 +6
28	23.32	17.12	−39 −1	23.93	27.18	+ 8 −6	63.96	35.81	+23 +1	26.89	41.94	+ 3 +7
29	23.69	17.43	−34 −4	23.57	27.49	+16 −3	62.99	36.06	+21 +4	25.49	42.07	− 6 +6
30	24.05	17.73	−24 −6	23.19	27.80	+21 0	62.00	36.31	+16 +6	24.09	42.20	−15 +4
31	24.38	18.03	−11 −7	22.78	28.11	+22 +2	61.00	36.55	+ 8 +7	22.67	42.33	−19 +1
32	24.69	18.34	+ 1 −6				59.98	36.79	− 1 +7	21.25	42.45	−19 −2

δ	sec δ	tg δ	δ	sec δ	tg δ	δ	sec δ	tg δ
+89° 3′ 10″	+60.491	+60.483	+89° 3′ 30″	+60.848	+60.840	+89° 3′ 40″	+61.028	+61.020
20	+60.669	+60.661	40	+61.028	+61.020	50	+61.209	+61.201

$\alpha_{1959.0} = 18^{h}\ 9^{m}\ 42^{s}.37$ $\delta_{1959.0} = +89°\ 3'\ 15''.73$

Obere Kulmination Greenwich

Ni) λ Ursae minoris $6^m.55$

Tag	September			Oktober			November			Dezember		
	AR.	Dekl.	☾ Glieder	AR.	Dekl.	☾ Glieder	AR.	Dekl.	☾ Glieder	AR.	Dekl.	☾ Glieder
	$18^h 8^m$ s	+ 89° 3′ ″	in s 0.01 | ″ 0.01	$18^h 7^m$ s	+ 89° 3′ ″	in s 0.01 | ″ 0.01	$18^h 7^m$ s	+ 89° 3′ ″	in s 0.01 | ″ 0.01	$18^h 7^m$ s	+ 89° 3′ ″	in s 0.01 | ″ 0.01
1	81.25	42.45	−19 −2	95.99	43.91	+ 3 −7	50.49	40.81	+30 0	17.46	33.71	+ 4 +8
2	79.82	42.57	−14 −5	94.45	43.88	+15 −7	49.16	40.63	+23 +4	16.66	33.42	−13 +7
3	78.38	42.68	− 5 −7	92.91	43.85	+24 −5	47.85	40.45	+10 +7	15.87	33.12	−28 +5
4	76.93	42.79	+ 6 −7	91.37	43.81	+28 −1	46.54	40.26	− 6 +8	15.11	32.82	−36 +2
5	75.48	42.89	+18 −6	89.84	43.77	+25 +2	45.25	40.07	−21 +7	14.38	32.52	−39 −1
6	74.02	42.99	+26 −4	88.30	43.72	+16 +5	43.97	39.88	−33 +4	13.66	32.22	−33 −4
7	72.55	43.08	+28 0	86.77	43.67	+ 3 +7	42.71	39.68	−37 +1	12.97	31.91	−23 −7
8	71.07	43.17	+23 +4	85.24	43.61	−12 +7	41.46	39.48	−35 −3	12.30	31.61	−10 −7
9	69.59	43.25	+13 +6	83.72	43.55	−25 +6	40.23	39.27	−28 −5	11.66	31.30	+ 2 −6
10	68.10	43.33	− 1 +7	82.20	43.48	−33 +3	39.01	39.06	−16 −7	11.03	30.98	+12 −4
11	66.60	43.41	−15 +7	80.68	43.41	−35 −1	37.81	38.84	− 3 −7	10.43	30.67	+18 −2
12	65.10	43.48	−26 +5	79.17	43.34	−31 −4	36.62	38.62	+ 8 −5	9.86	30.35	+20 +1
13	63.59	43.54	−32 +1	77.66	43.26	−21 −6	35.45	38.40	+16 −3	9.31	30.04	+18 +4
14	62.08	43.60	−32 −2	76.16	43.17	−10 −7	34.29	38.17	+20 0	8.79	29.72	+13 +6
15	60.57	43.66	−26 −4	74.67	43.08	+ 2 −6	33.15	37.94	+21 +2	8.29	29.39	+ 6 +6
16	59.05	43.71	−16 −6	73.18	42.99	+12 −5	32.03	37.70	+18 +4	7.81	29.07	− 2 +6
17	57.53	43.76	− 4 −7	71.70	42.89	+19 −3	30.92	37.46	+13 +6	7.36	28.74	− 9 +5
18	56.00	43.80	+ 7 −6	70.23	42.78	+23 0	29.84	37.22	+ 5 +7	6.94	28.41	−15 +3
19	54.47	43.84	+16 −4	68.76	42.67	+22 +3	28.77	36.97	− 3 +6	6.54	28.08	−17 0
20	52.94	43.87	+22 −1	67.30	42.56	+18 +5	27.71	36.72	−10 +5	6.17	27.75	−15 −3
21	51.41	43.90	+24 +1	65.85	42.44	+12 +6	26.68	36.46	−15 +2	5.82	27.42	− 8 −5
22	49.87	43.93	+22 +4	64.40	42.32	+ 3 +7	25.67	36.20	−16 −1	5.50	27.09	+ 3 −7
23	48.33	43.95	+16 +6	62.97	42.19	− 5 +6	24.68	35.93	−12 −4	*5.21	26.75	+16 −7
24	46.79	43.96	+ 8 +7	61.54	42.05	−12 +4	23.71	35.67	− 3 −6	4.94	26.42	+27 −6
25	45.24	43.97	− 1 +7	60.13	41.91	−16 +1	22.76	35.40	+ 8 −8	4.70	26.08	+34 −3
26	43.70	43.97	−10 +5	58.72	41.77	−16 −2	21.82	35.13	+21 −7	4.48	25.75	+35 0
27	42.16	43.97	−16 +3	57.32	41.62	−10 −5	20.91	34.85	+30 −5	4.29	25.41	+28 +4
28	40.62	43.96	−18 0	55.93	41.47	0 −7	20.02	34.57	+34 −1	4.13	25.08	+14 +7
29	39.08	43.95	−16 −4	54.56	41.31	+12 −8	19.14	34.28	+30 +2	3.99	24.74	− 2 +8
30	37.53	43.93	− 8 −6	53.19	41.15	+23 −6	18.29	34.00	+19 +6	3.88	24.41	−18 +7
31	35.99	43.91	+ 3 −7	51.84	40.98	+30 −3	17.46	33.71	+ 4 +8	3.80	24.07	−31 +4
32				50.49	40.81	+30 0				3.75	23.73	−37 0

δ	sec δ	tg δ	δ	sec δ	tg δ	δ	sec δ	tg δ
+89° 3′ 20″	+60.669	+60.661	+89° 3′ 30″	+60.848	+60.840	+89° 3′ 40″	+61.028	+61.020
30	+60.848	+60.840	40	+61.028	+61.020	50	+61.209	+61.201

$\alpha_{1959.0} = 18^h\ 9^m\ 42^s.37$ $\delta_{1959.0} = +89°\ 3'\ 15''.73$

* Tag der doppelten unteren Kulmination: Dez. 23.

Scheinbare Sternörter 1959

Obere Kulmination Greenwich

Nk) 76 Draconis $5^m.69$

Tag	Januar AR.	Januar Dekl.	Januar ☾ Glieder	Februar AR.	Februar Dekl.	Februar ☾ Glieder	März AR.	März Dekl.	März ☾ Glieder	April AR.	April Dekl.	April ☾ Glieder
	$20^h 45^m$	+82° 23′	in s 0.01, ″ 0.01	$20^h 45^m$	+82° 22′	in s 0.01, ″ 0.01	$20^h 45^m$	+82° 22′	in s 0.01, ″ 0.01	$20^h 45^m$	+82° 22′	in s 0.01, ″ 0.01
	s	″		s	″		s	″		s	″	
1	34.28	11.22	−2 −7	*32.54	61.64	+2 −3	33.55	52.58	+2 0	37.15	45.49	0 +9
2	34.18	10.95	−1 −8	32.54	61.30	+3 +1	33.63	52.29	+3 +3	37.30	45.35	−1 +8
3	34.08	10.68	0 −7	32.53	60.97	+3 +4	33.71	52.00	+2 +7	37.45	45.21	−2 +5
4	33.99	10.41	+2 −5	32.54	60.63	+2 +7	33.80	51.72	+1 +8	37.60	45.07	−3 +2
5	33.90	10.13	+2 −2	32.54	60.29	+1 +8	33.89	51.43	0 +8	37.75	44.94	−3 −1
6	33.81	9.85	+3 +2	32.55	59.95	−1 +8	33.98	51.16	−1 +6	37.91	44.82	−3 −4
7	33.72	9.57	+2 +6	32.55	59.62	−2 +6	34.08	50.88	−2 +4	38.06	44.70	−2 −5
8	33.64	9.28	+1 +8	32.57	59.28	−3 +3	34.17	50.61	−3 +1	38.22	44.59	−1 −6
9	33.55	8.99	0 +8	32.58	58.95	−3 0	34.27	50.34	−3 −2	38.37	44.48	0 −6
10	33.48	8.70	−1 +7	32.60	58.62	−3 −3	34.37	50.08	−2 −5	38.53	44.38	+1 −4
11	33.40	8.40	−2 +5	32.62	58.28	−2 −5	34.48	49.82	−2 −6	38.69	44.29	+2 −2
12	33.33	8.10	−3 +2	32.65	57.95	−1 −6	34.58	49.57	0 −6	38.84	44.21	+3 0
13	33.26	7.79	−3 −1	32.68	57.63	0 −6	34.69	49.32	+1 −6	39.00	44.13	+3 +2
14	33.20	7.49	−3 −4	32.71	57.30	+1 −5	34.80	49.07	+2 −4	39.17	44.05	+3 +4
15	33.14	7.17	−2 −6	32.75	56.97	+2 −3	34.91	48.83	+3 −2	39.33	43.99	+2 +5
16	33.08	6.86	−1 −6	32.79	56.64	+3 −1	35.03	48.59	+3 +1	39.49	43.93	+1 +5
17	33.02	6.55	0 −6	32.83	56.31	+3 +2	35.15	48.36	+3 +3	39.65	43.87	−1 +3
18	32.97	6.23	+2 −4	32.87	55.99	+3 +4	35.27	48.13	+2 +5	39.81	43.82	−2 +1
19	32.91	5.91	+3 −2	32.92	55.67	+2 +6	35.39	47.91	+1 +5	39.98	43.78	−2 −3
20	32.87	5.59	+3 +1	32.97	55.35	+1 +5	35.51	47.69	0 +5	40.14	43.74	−2 −6
21	32.82	5.27	+3 +3	33.02	55.03	−1 +4	35.63	47.48	−1 +3	40.30	43.71	−2 −8
22	32.78	4.94	+2 +5	33.08	54.72	−2 +2	35.76	47.27	−2 0	40.46	43.69	−1 −8
23	32.74	4.62	+1 +6	33.14	54.40	−3 −1	35.89	47.07	−3 −3	40.63	43.67	+1 −7
24	32.71	4.29	0 +5	33.20	54.10	−3 −4	36.02	46.87	−2 −6	40.79	43.66	+2 −4
25	32.68	3.96	−1 +3	33.27	53.79	−2 −7	36.16	46.68	−1 −8	40.96	43.66	+3 0
26	32.65	3.63	−2 0	33.34	53.48	−1 −7	36.30	46.49	0 −7	41.12	43.66	+3 +4
27	32.62	3.30	−3 −2	33.40	53.18	0 −6	36.44	46.31	+1 −5	41.29	43.66	+2 +8
28	32.60	2.97	−3 −6	33.48	52.88	+2 −4	36.58	46.13	+2 −2	41.45	43.68	+1 +9
29	32.58	2.64	−2 −7	33.55	52.58	+2 0	36.72	45.96	+3 +2	41.62	43.69	−1 +9
30	32.56	2.31	0 −7				36.86	45.80	+2 +6	41.78	43.72	−2 +7
31	32.55	1.97	+1 −6				37.01	45.64	+1 +8	41.94	43.75	−3 +4
32	32.54	1.64	+2 −3				37.15	45.49	0 +9			

δ	sec δ	tg δ	δ	sec δ	tg δ	δ	sec δ	tg δ
+82° 22′ 40″	+7.539	+7.473	+82° 22′ 50″	+7.542	+7.475	+82° 23′ 10″	+7.547	+7.481
50	+7.542	+7.475	60	+7.545	+7.478	20	+7.550	+7.484

$\alpha_{1959.0} = 20^h\ 45^m\ 40^s.44$ $\delta_{.959.0} = +82°\ 22'\ 52''.15$

* Tag der doppelten unteren Kulmination: Febr. 1.

Obere Kulmination Greenwich

Nk) 76 Draconis $5^m.69$

Tag	Mai AR.	Mai Dekl.	Mai ☾ Glieder	Juni AR.	Juni Dekl.	Juni ☾ Glieder	Juli AR.	Juli Dekl.	Juli ☾ Glieder	August AR.	August Dekl.	August ☾ Glieder
	$20^h 45^m$	+82° 22′	in s 0.01 | ″ 0.01	$20^h 45^m$	+82° 22′	in s 0.01 | ″ 0.01	$20^h 45^m$	+82° 22′	in s 0.01 | ″ 0.01	$20^h 45^m$	+82° 23′	in s 0.01 | ″ 0.01
	s	″		s	″		s	″		s	″	
1	41.94	43.75	−3 +4	46.68	47.66	−2 −5	49.77	55.74	+1 −4	50.62	6.42	+3 +4
2	42.11	43.79	−3 +1	46.81	47.87	−1 −6	49.84	56.06	+2 −2	50.61	6.78	+2 +6
3	42.27	43.83	−3 −2	46.95	48.08	0 −5	49.90	56.39	+3 +1	{ 50.59 { 50.57	7.13 7.49	+1 +6 0 +5
4	42.43	43.89	−2 −5	47.07	48.30	+1 −3	49.96	56.71	+3 +3	50.55	7.85	−1 +3
5	42.60	43.94	−1 −6	47.20	48.53	+2 −1	50.02	57.04	+2 +5	50.52	8.20	−2 0
6	42.76	44.01	0 −5	47.33	48.76	+3 +1	50.08	57.37	+2 +6	50.49	8.56	−2 −3
7	42.92	44.08	+1 −4	47.45	48.99	+3 +3	50.13	57.70	0 +6	50.46	8.92	−2 −6
8	43.09	44.15	+2 −3	47.58	49.22	+2 +5	50.18	58.03	−1 +4	50.43	9.27	−1 −7
9	43.25	44.24	+3 −1	47.70	49.46	+1 +5	50.23	58.37	−2 +2	50.39	9.62	0 −8
10	43.41	44.32	+3 +2	47.81	49.71	0 +5	50.28	58.71	−2 −1	50.35	9.97	+1 −6
11	43.57	44.42	+3 +4	47.93	49.96	−1 +3	50.32	59.05	−2 −4	50.31	10.32	+2 −4
12	43.73	44.52	+2 +5	48.04	50.22	−2 0	50.36	59.39	−2 −7	50.27	10.67	+3 0
13	43.89	44.62	+1 +5	48.15	50.48	−2 −3	50.40	59.73	−1 −8	50.22	11.02	+3 +4
14	44.05	44.73	0 +4	48.26	50.75	−2 −6	50.44	60.07	0 −8	50.17	11.37	+2 +7
15	44.20	44.85	−1 +2	48.36	51.02	−1 −8	50.47	60.42	+2 −5	50.12	11.72	+1 +8
16	44.36	44.97	−2 −1	48.47	51.29	0 −9	50.50	60.77	+3 −2	50.07	12.07	−1 +7
17	44.52	45.10	−2 −5	48.57	51.56	+1 −7	50.53	61.11	+3 +2	50.01	12.42	−2 +5
18	44.67	45.23	−2 −7	48.67	51.84	+2 −4	50.55	61.46	+2 +5	49.95	12.76	−3 +2
19	44.83	45.37	−1 −9	48.77	52.12	+3 0	50.57	61.81	+1 +8	49.89	13.11	−3 −1
20	44.98	45.51	0 −8	48.87	52.41	+3 +4	50.59	62.16	0 +8	49.82	13.45	−3 −4
21	45.13	45.66	+2 −6	48.96	52.69	+2 +7	50.61	62.51	−1 +7	49.75	13.79	−2 −5
22	45.28	45.82	+3 −2	49.05	52.99	+1 +9	50.62	62.87	−3 +5	49.68	14.12	−1 −6
23	45.42	45.98	+3 +2	49.14	53.28	−1 +8	50.64	63.22	−3 +1	49.61	14.46	0 −5
24	45.57	46.15	+3 +6	49.23	53.58	−2 +6	50.64	63.57	−3 −2	49.54	14.80	+1 −4
25	45.71	46.32	+1 +9	49.31	53.88	−3 +3	50.65	63.93	−3 −4	49.46	15.13	+2 −2
26	45.85	46.50	0 +9	49.39	54.18	−3 0	50.65	64.28	−2 −6	49.38	15.47	+3 +1
27	45.99	46.68	−1 +8	49.47	54.49	−3 −3	50.66	64.64	0 −6	49.30	15.80	+3 +3
28	46.14	46.87	−3 +5	49.55	54.80	−2 −5	50.65	64.99	+1 −5	49.21	16.12	+2 +5
29	46.27	47.06	−3 +2	49.63	55.11	−1 −6	50.65	65.35	+2 −3	49.13	16.45	+2 +6
30	46.41	47.25	−3 −1	49.70	55.43	0 −5	50.64	65.71	+3 0	49.04	16.77	0 +6
31	46.55	47.45	−3 −4	49.77	55.74	+1 −4	50.63	66.06	+3 +2	48.94	17.09	−1 +4
32	46.68	47.66	−2 −5				50.62	66.42	+3 +4	48.85	17.41	−2 +1

δ	sec δ	tg δ	δ	sec δ	tg δ	δ	sec δ	tg δ
+82° 22′ 40″	+7.539	+7.473	+82° 22′ 50″	+7.542	+7.475	+82° 23′ 10″	+7.547	+7.481
50	+7.542	+7.475	60	+7.545	+7.478	20	+7.550	+7.484

$\alpha_{1959.0} = 20^h\ 45^m\ 40^s.44$ $\delta_{1959.0} = +82°\ 22'\ 52''.15$

Scheinbare Sternörter 1959

Obere Kulmination Greenwich

Nk) 76 Draconis $5^{m}.69$

Tag	September AR.	September Dekl.	September ☾ Glieder in s 0.01	September ☾ Glieder in ″ 0.01	Oktober AR.	Oktober Dekl.	Oktober ☾ Glieder in s 0.01	Oktober ☾ Glieder in ″ 0.01
	$20^h 45^m$	+ 82° 23′			$20^h 45^m$	+ 82° 23′		
	s	″			s	″		
1	48.85	17.41	−2	+1	45.11	25.57	−2	−7
2	48.75	17.72	−3	−2	44.96	25.78	−1	−8
3	48.65	18.03	−2	−5	44.81	25.99	0	−8
4	48.56	18.34	−2	−7	44.65	26.20	+1	−5
5	48.45	18.65	−1	−8	44.49	26.41	+2	−2
6	48.35	18.96	+1	−7	44.34	26.61	+3	+2
7	48.24	19.26	+2	−4	44.18	26.80	+3	+6
8	48.13	19.56	+3	0	44.02	26.99	+1	+8
9	48.02	19.86	+3	+3	43.86	27.17	0	+8
10	47.91	20.15	+2	+6	43.70	27.35	−1	+7
11	47.79	20.44	+1	+8	43.53	27.52	−2	+5
12	47.67	20.73	0	+8	43.37	27.69	−3	+2
13	47.55	21.02	−2	+6	43.21	27.86	−3	−1
14	47.43	21.30	−3	+3	43.04	28.02	−3	−4
15	47.31	21.58	−3	0	42.87	28.17	−2	−6
16	47.18	21.86	−3	−3	42.71	28.32	−1	−6
17	47.06	22.13	−2	−5	42.54	28.47	0	−5
18	46.93	22.40	−1	−6	42.37	28.61	+2	−3
19	46.80	22.66	0	−6	42.20	28.74	+2	−1
20	46.67	22.93	+1	−4	42.03	28.87	+3	+1
21	46.54	23.18	+2	−3	41.85	29.00	+3	+3
22	46.40	23.44	+3	0	41.68	29.12	+2	+5
23	46.26	23.69	+3	+2	41.51	29.24	+2	+6
24	46.13	23.94	+3	+4	41.34	29.35	0	+5
25	45.99	24.19	+2	+5	41.17	29.45	−1	+3
26	45.85	24.43	+1	+6	41.00	29.55	−2	0
27	45.70	24.66	0	+4	40.82	29.65	−2	−3
28	45.56	24.90	−1	+2	40.65	29.74	−2	−6
29	45.41	25.12	−2	−1	40.47	29.82	−2	−8
30	45.26	25.35	−3	−4	40.30	29.90	−1	−9
31	45.11	25.57	−2	−7	40.12	29.97	+1	−7
32					39.94	30.03	+2	−4

Tag	November AR.	November Dekl.	November ☾ Glieder in s 0.01	November ☾ Glieder in ″ 0.01	Dezember AR.	Dezember Dekl.	Dezember ☾ Glieder in s 0.01	Dezember ☾ Glieder in ″ 0.01
	$20^h 45^m$	+ 82° 23′			$20^h 45^m$	+ 82° 23′		
	s	″			s	″		
1	39.94	30.03	+2	−4	34.75	29.35	+3	+6
2	39.76	30.09	+3	0	34.59	29.24	+1	+8
3	39.59	30.15	+3	+4	34.43	29.12	0	+9
4	39.41	30.20	+2	+7	34.27	29.00	−2	+7
5	39.24	30.24	+1	+9	34.11	28.87	−3	+5
6	39.06	30.28	−1	+9	33.96	28.73	−3	+1
7	38.88	30.31	−2	+6	33.80	28.59	−3	−2
8	38.70	30.34	−3	+3	33.65	28.45	−3	−4
9	38.53	30.36	−3	0	33.50	28.29	−2	−5
10	38.35	30.37	−3	−3	33.36	28.13	0	−5
11	38.17	30.38	−2	−5	33.21	27.97	+1	−4
12	37.99	30.38	−1	−5	33.06	27.80	+2	−2
13	37.81	30.38	0	−5	32.92	27.63	+2	0
14	37.63	30.38	+1	−3	32.78	27.46	+3	+2
15	37.46	30.36	+2	−2	32.64	27.27	+2	+4
16	37.28	30.34	+3	+1	32.50	27.08	+2	+5
17	37.11	30.32	+3	+3	32.36	26.89	+1	+6
18	36.93	30.29	+3	+4	32.22	26.69	0	+5
19	36.76	30.25	+2	+5	32.09	26.48	−1	+3
20	36.59	30.21	+1	+5	31.96	26.27	−2	0
21	36.42	30.16	0	+4	31.83	26.05	−2	−3
22	36.25	30.11	−1	+2	31.70	25.83	−2	−6
23	36.08	30.05	−2	−2	31.57	25.61	−1	−8
24	35.91	29.98	−2	−5	31.45	25.38	0	−9
25	35.74	29.91	−2	−8	31.33	25.15	+1	−8
26	35.57	29.83	−1	−9	31.21	24.91	+2	−5
27	35.40	29.74	0	−9	31.10	24.67	+3	−1
28	35.24	29.65	+2	−6	30.98	24.42	+3	+4
29	35.08	29.56	+3	−2	30.87	24.16	+2	+7
30	34.91	29.46	+3	+2	30.76	23.90	+1	+8
31	34.75	29.35	+3	+6	30.66	23.64	−1	+8
32					30.55	23.38	−2	+6

δ	sec δ	tg δ	δ	sec δ	tg δ	δ	sec δ	tg δ
+82° 23′ 10″	+7.547	+7.481	+82° 23′ 20″	+7.550	+7.484	+82° 23′ 30″	+7.553	+7.486
20	+7.550	+7.484	30	+7.553	+7.486	40	+7.556	+7.489

$\alpha_{1959.0} = 20^h\ 45^m\ 40^s.44$ $\delta_{1959.0} = +82°\ 22'\ 52''.15$

Obere Kulmination Greenwich

Sa) 4 G. Octantis $5^m\!.63$

Tag	Januar AR.	Januar Dekl.	Januar ☾ Glieder	Februar AR.	Februar Dekl.	Februar ☾ Glieder	März AR.	März Dekl.	März ☾ Glieder	April AR.	April Dekl.	April ☾ Glieder
	$1^h 39^m$ s	−84° 58′ ″	in 0.01 s, 0.01 ″	$1^h 39^m$ s	−84° 58′ ″	in 0.01 s, 0.01 ″	$1^h 39^m$ s	−84° 58′ ″	in 0.01 s, 0.01 ″	$1^h 39^m$ s	−84° 58′ ″	in 0.01 s, 0.01 ″
1	32.37	60.44	+6 +1	24.43	58.31	−1 −7	18.36	51.88	−3 −6	14.23	41.53	−4 +5
2	32.12	60.47	+5 −2	24.19	58.15	−3 −6	18.18	51.59	−5 −4	14.15	41.16	−2 +8
3	31.86	60.49	+3 −5	23.95	57.98	−5 −4	18.00	51.30	−6 −1	14.08	40.79	0 +9
4	31.60	60.50	+1 −7	23.71	57.80	−6 0	17.83	50.99	−5 +2	14.01	40.42	+2 +8
5	31.34	60.51	−2 −7	23.47	57.62	−5 +3	17.66	50.69	−4 +6	13.95	40.05	+4 +7
6	31.08	60.51	−4 −6	23.23	57.44	−3 +6	17.49	50.38	−2 +8	13.89	39.68	+5 +4
7	30.82	60.50	−5 −3	23.00	57.25	−1 +8	17.32	50.07	+1 +9	13.83	39.31	+5 +1
8	30.57	60.49	−5 +1	22.77	57.05	+1 +8	17.16	49.76	+3 +8	13.77	38.94	+4 −2
9	30.31	60.47	−4 +5	22.54	56.85	+3 +7	17.00	49.45	+4 +6	13.72	38.57	+2 −4
10	30.05	60.44	−2 +8	22.31	56.65	+4 +5	16.84	49.13	+5 +3	13.67	38.20	+1 −6
11	29.79	60.41	0 +9	22.08	56.44	+5 +2	16.69	48.81	+4 0	13.63	37.83	−1 −7
12	29.53	60.37	+2 +8	21.85	56.22	+4 −1	16.54	48.49	+3 −3	13.59	37.45	−3 −7
13	29.27	60.32	+4 +7	21.63	56.00	+3 −4	16.39	48.16	+2 −5	13.56	37.07	−4 −6
14	29.01	60.27	+5 +4	21.41	55.78	+1 −6	16.25	47.83	0 −7	13.53	36.70	−5 −4
15	28.75	60.21	+5 +1	21.19	55.55	−1 −7	16.11	47.50	−2 −8	13.50	36.32	−4 −1
16	28.49	60.15	+4 −2	20.97	55.32	−3 −8	15.97	47.16	−3 −7	13.47	35.94	−3 +2
17	28.23	60.08	+2 −5	20.75	55.08	−4 −6	15.84	46.83	−5 −5	*13.45	35.57	−1 +4
18	27.97	60.00	0 −7	20.54	54.84	−5 −4	15.70	46.49	−5 −3	13.44	35.19	+2 +5
19	27.71	59.92	−2 −7	20.33	54.59	−4 −1	15.58	46.15	−4 0	13.42	34.81	+4 +5
20	27.45	59.83	−3 −7	20.12	54.34	−3 +2	15.45	45.80	−2 +3	13.41	34.44	+6 +3
21	27.19	59.74	−4 −5	19.92	54.08	−1 +5	15.33	45.46	0 +5	13.41	34.07	+6 0
22	26.94	59.64	−5 −2	19.72	53.82	+1 +6	15.21	45.11	+3 +6	13.41	33.70	+5 −4
23	26.69	59.53	−4 +1	19.52	53.55	+3 +6	15.10	44.76	+5 +4	13.42	33.33	+2 −6
24	26.43	59.41	−2 +4	19.32	53.28	+5 +4	14.99	44.41	+6 +2	13.43	32.96	0 −7
25	26.18	59.29	0 +5	19.12	53.01	+6 +1	14.88	44.05	+5 −1	13.44	32.59	−3 −6
26	25.92	59.17	+2 +6	18.93	52.73	+5 −2	14.78	43.69	+4 −4	13.45	32.22	−5 −4
27	25.67	59.04	+4 +5	18.73	52.46	+2 −5	14.68	43.33	+1 −6	13.47	31.85	−6 0
28	25.42	58.90	+5 +2	18.55	52.17	0 −7	14.58	42.98	−2 −6	13.49	31.48	−5 +4
29	25.17	58.76	+5 −1	18.36	51.88	−3 −6	14.49	42.62	−4 −5	13.52	31.12	−3 +7
30	24.92	58.62	+4 −4				14.40	42.26	−6 −2	13.55	30.75	−1 +9
31	24.68	58.47	+2 −6				14.31	41.89	−6 +2	13.58	30.39	+1 +10
32	24.43	58.31	−1 −7				14.23	41.53	−4 +5			

δ	sec δ	tg δ	δ	sec δ	tg δ	δ	sec δ	tg δ
−84° 58′ 30″	+11.417	−11.373	−84° 58′ 50″	+11.429	−11.386	−84° 59′ 0″	+11.436	−11.392
40	+11.423	−11.379	60	+11.436	−11.392	10	+11.442	−11.398

$\alpha_{1959.0} = 1^h\ 39^m\ 35^s\!.16$ $\delta_{1959.0} = -84°\ 58'\ 38''\!.92$

* Tag der doppelten unteren Kulmination: April 17.

Scheinbare Sternörter 1959

Obere Kulmination Greenwich

Sa) 4 G. Octantis $5^{m}.63$

Tag	Mai AR.	Mai Dekl.	Mai ☾ Glieder	Juni AR.	Juni Dekl.	Juni ☾ Glieder	Juli AR.	Juli Dekl.	Juli ☾ Glieder	August AR.	August Dekl.	August ☾ Glieder
	$1^h\ 39^m$	−84° 58′	in s | ″ 0.01 | 0.01	$1^h\ 39^m$	−84° 58′	in s | ″ 0.01 | 0.01	$1^h\ 39^m$	−84° 58′	in s | ″ 0.01 | 0.01	$1^h\ 39^m$	−84° 58′	in s | ″ 0.01 | 0.01
	s	″		s	″		s	″		s	″	
1	13.58	30.39	+1 +10	16.49	20.07	+4 + 1	22.14	13.30	+1 −5	29.46	11.26	−5 −4
2	13.62	30.02	+3 + 8	16.64	19.78	+3 − 2	22.36	13.15	−1 −6	29.70	11.29	−5 −1
3	13.66	29.66	+4 + 6	16.79	19.50	+2 − 4	22.58	13.01	−3 −6	29.94	11.32	−4 +1
4	13.71	29.30	+5 + 3	16.95	19.22	0 − 6	22.81	12.87	−4 −5	30.18	11.36	−2 +4
5	13.76	28.94	+4 0	17.11	18.94	−2 − 6	23.04	12.73	−5 −3	30.42	11.40	0 +5
6	13.81	28.58	+3 − 3	17.26	18.67	−3 − 6	23.27	12.60	−4 0	30.65	11.46	+2 +5
7	13.87	28.22	+1 − 5	17.43	18.40	−4 − 5	23.49	12.48	−3 +2	30.89	11.51	+4 +4
8	13.93	27.87	−1 − 6	17.59	18.14	−5 − 2	23.72	12.36	−1 +4	31.12	11.58	+5 +2
9	13.99	27.52	−2 − 7	17.76	17.88	−4 0	23.96	12.25	+1 +5	31.36	11.65	+5 −1
10	14.06	27.17	−4 − 6	17.93	17.62	−2 + 2	24.19	12.15	+3 +5	31.59	11.72	+4 −5
11	14.13	26.82	−4 − 4	18.11	17.37	0 + 4	24.42	12.05	+5 +3	31.82	11.80	+2 −7
12	14.21	26.47	−4 − 2	18.29	17.12	+2 + 5	24.66	11.95	+5 0	32.05	11.89	−1 −8
13	14.29	26.12	−3 + 1	18.47	16.88	+4 + 4	24.89	11.86	+5 −3	32.28	11.98	−3 −7
14	14.38	25.78	−2 + 3	18.66	16.64	+5 + 2	25.13	11.78	+3 −6	32.51	12.08	−5 −4
15	14.47	25.44	0 + 4	18.84	16.40	+6 − 1	25.37	11.70	+1 −8	32.73	12.18	−5 −1
16	14.56	25.10	+3 + 5	19.03	16.17	+5 − 5	25.60	11.63	−2 −8	32.96	12.29	−5 +3
17	14.66	24.76	+5 + 3	19.22	15.95	+2 − 7	25.84	11.56	−4 −6	33.18	12.40	−3 +6
18	14.75	24.43	+6 0	19.42	15.73	0 − 8	26.08	11.50	−5 −3	33.40	12.52	0 +8
19	14.86	24.10	+5 − 3	19.61	15.51	−3 − 7	26.32	11.44	−5 +1	33.62	12.65	+2 +8
20	14.96	23.77	+4 − 6	19.81	15.30	−5 − 4	26.56	11.39	−4 +5	33.83	12.78	+4 +7
21	15.07	23.45	+1 − 7	20.01	15.10	−6 0	26.80	11.35	−2 +8	34.05	12.92	+4 +5
22	15.18	23.12	−2 − 7	20.21	14.90	−5 + 4	27.04	11.31	0 +9	34.26	13.06	+5 +2
23	15.30	22.80	−4 − 6	20.42	14.70	−3 + 7	27.29	11.28	+3 +8	34.47	13.21	+4 −1
24	15.42	22.48	−6 − 2	20.63	14.51	−1 + 9	27.53	11.25	+4 +7	34.68	13.36	+2 −4
25	15.54	22.17	−6 + 2	20.84	14.32	+1 +10	27.77	11.23	+5 +4	34.89	13.52	0 −6
26	15.67	21.86	−4 + 6	21.05	14.13	+3 + 8	28.01	11.22	+4 0	35.09	13.69	−1 −7
27	15.79	21.55	−2 + 9	21.26	13.96	+4 + 6	28.26	11.21	+3 −3	35.29	13.86	−3 −6
28	15.93	21.25	0 +10	21.48	13.78	+5 + 2	28.50	11.21	+2 −5	35.49	14.03	−4 −5
29	16.06	20.95	+2 + 9	21.70	13.62	+4 − 1	28.74	11.21	0 −6	35.68	14.21	−5 −3
30	16.20	20.65	+4 + 7	21.92	13.46	+2 − 4	28.98	11.22	−2 −6	35.88	14.40	−4 0
31	16.34	20.36	+5 + 4	22.14	13.30	+1 − 5	29.22	11.24	−4 −6	36.07	14.59	−3 +3
32	16.49	20.07	+4 + 1				29.46	11.26	−5 −4	36.26	14.78	−1 +5

δ	sec δ	tg δ	δ	sec δ	tg δ	δ	sec δ	tg δ
−84° 58′ 10″	+11.404	−11.360	−84° 58′ 20″	+11.410	−11.367	−84° 58′ 30″	+11.417	−11.373
20	+11.410	−11.367	30	+11.417	−11.373	40	+11.423	−11.379

$\alpha_{1959.0} = 1^h\ 39^m\ 35^s.16$ $\delta_{1959.0} = -84°\ 58'\ 38''.92$

Sa) 4 G. Octantis $5^{m}.63$

Tag	September AR.	September Dekl.	September ☾ Glieder		Oktober AR.	Oktober Dekl.	Oktober ☾ Glieder		November AR.	November Dekl.	November ☾ Glieder		Dezember AR.	Dezember Dekl.	Dezember ☾ Glieder	
	$1^h 39^m$	−84° 58′	in s 0.01	″ 0.01	$1^h 39^m$	−84° 58′	in s 0.01	″ 0.01	$1^h 39^m$	−84° 58′	in s 0.01	″ 0.01	$1^h 39^m$	−84° 58′	in s 0.01	″ 0.01
	s	″			s	″			s	″			s	″		
1	36.26	14.78	−1	+5	40.31	22.53	+5	+4	40.36	32.77	0	−7	36.28	40.80	−6	−3
2	36.44	14.98	+2	+6	40.38	22.84	+6	+1	40.29	33.08	−3	−7	36.09	41.01	−5	+2
3	36.62	15.18	+4	+5	40.45	23.15	+5	−2	40.21	33.39	−5	−4	35.89	41.21	−4	+6
4	36.81	15.39	+5	+3	40.52	23.46	+4	−5	40.13	33.70	−6	0	35.70	41.41	−2	+9
5	36.98	15.60	+5	0	40.58	23.77	+1	−7	40.04	34.00	−5	+4	35.49	41.60	0	+10
6	37.16	15.82	+5	−3	40.63	24.08	−1	−7	39.95	34.31	−3	+7	35.29	41.78	+3	+9
7	37.33	16.04	+3	−6	40.68	24.40	−4	−5	39.85	34.61	−1	+9	35.08	41.96	+4	+7
8	37.50	16.27	0	−7	40.73	24.71	−5	−2	39.74	34.90	+1	+9	34.87	42.13	+5	+4
9	37.66	16.50	−3	−7	40.77	25.03	−5	+1	39.63	35.20	+3	+8	34.65	42.30	+4	+1
10	37.82	16.74	−4	−5	40.80	25.35	−4	+5	39.52	35.49	+4	+5	34.43	42.46	+3	−2
11	37.98	16.98	−5	−1	40.83	25.68	−2	+8	39.41	35.78	+5	+2	34.21	42.62	+1	−4
12	38.13	17.23	−5	+2	40.86	26.00	0	+9	39.29	36.07	+4	−1	34.00	42.77	−1	−5
13	38.28	17.48	−4	+5	40.88	26.32	+2	+8	39.16	36.35	+2	−3	33.77	42.91	−2	−6
14	38.43	17.73	−1	+8	40.90	26.65	+4	+7	39.04	36.63	0	−5	33.55	43.05	−4	−5
15	38.57	17.98	+1	+8	40.92	26.97	+5	+4	38.90	36.91	−1	−6	33.32	43.19	−4	−3
16	38.71	18.24	+3	+8	40.93	27.30	+5	+1	38.77	37.18	−3	−6	33.09	43.32	−5	−1
17	38.85	18.50	+4	+6	{40.93 40.93}	{27.62 27.95}	{+4 +2	−2 −4}	38.63	37.45	−4	−5	32.86	43.44	−4	+1
18	38.98	18.77	+5	+3	40.93	28.27	0	−6	38.48	37.72	−5	−3	32.63	43.56	−2	+3
19	39.11	19.04	+4	0	40.92	28.60	−2	−7	38.33	37.98	−4	−1	32.39	43.67	0	+4
20	39.23	19.32	+3	−3	40.90	28.92	−3	−6	38.18	38.24	−3	+1	32.15	43.77	+2	+5
21	39.35	19.60	+1	−5	40.88	29.25	−4	−5	38.02	38.50	−2	+3	31.91	43.87	+4	+4
22	39.46	19.88	−1	−6	40.86	29.57	−5	−3	37.87	38.75	+1	+4	31.68	43.97	+5	+1
23	39.57	20.16	−3	−7	40.83	29.90	−4	0	37.70	39.00	+3	+4	31.43	44.05	+6	−2
24	39.68	20.45	−4	−6	40.80	30.22	−3	+2	37.54	39.24	+5	+3	31.19	44.13	+5	−5
25	39.78	20.74	−5	−4	40.76	30.54	0	+4	37.37	39.48	+5	0	30.95	44.21	+3	−8
26	39.88	21.03	−5	−1	40.72	30.86	+2	+5	37.20	39.71	+5	−3	30.70	44.28	0	−9
27	39.97	21.33	−4	+1	40.67	31.18	+4	+4	37.02	39.94	+4	−6	30.45	44.34	−3	−8
28	40.06	21.62	−2	+4	40.62	31.50	+5	+2	36.84	40.16	+1	−8	30.21	44.39	−5	−5
29	40.15	21.92	+1	+5	40.56	31.82	+6	−1	36.66	40.38	−2	−8	29.95	44.44	−6	−1
30	40.23	22.23	+3	+5	40.50	32.13	+5	−4	36.47	40.59	−4	−6	29.70	44.48	−5	+3
31	40.31	22.53	+5	+4	40.43	32.45	+3	−7	36.28	40.80	−6	−3	29.45	44.52	−3	+7
32					40.36	32.77	0	−7					29.20	44.55	−1	+9

δ	sec δ	tg δ	δ	sec δ	tg δ	δ	sec δ	tg δ
−84° 58′ 10″	+11.404	−11.360	−84° 58′ 30″	+11.417	−11.373	−84° 58′ 40″	+11.433	−11.379
20	+11.410	−11.367	40	+11.423	−11.379	50	+11.429	−11.386

$\alpha_{1959.0} = 1^h\ 39^m\ 35^s.16$ $\delta_{1959.0} = -84°\ 58'\ 38''.92$

Scheinbare Sternörter 1959

Obere Kulmination Greenwich

Sb) ξ Mensae $5^{m}.85$

Tag	Januar			Februar			März			April		
	AR.	Dekl.	☾ Glieder	AR.	Dekl.	☾ Glieder	AR.	Dekl.	☾ Glieder	AR.	Dekl.	☾ Glieder
	$5^h\ 3^m$ s	$-82°\ 31'$ "	in s 0.01 | " 0.01	$5^h\ 3^m$ s	$-82°\ 32'$ "	in s 0.01 | " 0.01	$5^h\ 3^m$ s	$-82°\ 32'$ "	in s 0.01 | " 0.01	$5^h\ 3^m$ s	$-82°\ 32'$ "	in s 0.01 | " 0.01
1	35.32	59.46	+2 +6	31.14	6.71	+2 -5	26.02	9.15	+1 -6	20.19	7.01	-3 -2
2	35.23	59.76	+3 +4	30.97	6.87	+1 -7	25.83	9.16	-1 -7	20.02	6.86	-3 +1
3	35.13	60.05	+3 +1	30.80	7.02	-1 -7	25.64	9.17	-2 -6	19.85	6.70	-3 +4
4	35.02	60.34	+2 -3	30.63	7.17	-2 -6	25.45	9.16	-3 -4	19.68	6.54	-2 +6
5	34.91	60.62	+1 -6	30.46	7.32	-3 -3	25.25	9.15	-3 -1	19.51	6.38	-1 +7
6	34.80	60.90	0 -8	30.29	7.46	-3 0	25.06	9.14	-3 +2	19.34	6.21	0 +7
7	34.69	61.18	-1 -7	30.12	7.59	-3 +3	24.87	9.13	-2 +5	19.17	6.04	+1 +5
8	34.58	61.45	-2 -5	29.94	7.72	-2 +6	24.67	9.11	-1 +7	19.00	5.87	+2 +3
9	34.46	61.72	-3 -2	29.76	7.84	-1 +7	24.48	9.08	0 +7	18.84	5.69	+2 0
10	34.34	61.99	-3 +1	29.58	7.96	0 +7	24.29	9.05	+1 +6	18.67	5.51	+2 -3
11	34.22	62.25	-3 +4	29.40	8.07	+1 +6	24.10	9.01	+2 +4	18.51	5.32	+2 -5
12	34.09	62.51	-2 +7	29.22	8.18	+2 +4	23.90	8.96	+2 +2	18.35	5.12	+1 -7
13	33.96	62.76	0 +7	29.04	8.28	+2 +1	23.71	8.91	+2 -1	18.19	4.93	0 -7
14	33.83	63.01	+1 +7	28.85	8.37	+2 -2	23.52	8.86	+2 -4	18.03	4.73	-1 -7
15	33.70	63.25	+2 +5	28.67	8.46	+2 -5	23.33	8.80	+2 -6	17.88	4.52	-1 -5
16	33.57	63.49	+2 +3	28.48	8.55	+1 -7	23.14	8.73	+1 -7	17.73	4.31	-2 -2
17	33.43	63.73	+2 0	28.30	8.63	0 -7	22.95	8.66	0 -8	17.57	4.10	-1 +1
18	33.30	63.96	+2 -3	28.12	8.70	-1 -7	22.76	8.58	-1 -6	17.42	3.88	-1 +5
19	33.16	64.19	+2 -5	27.93	8.77	-1 -5	22.57	8.50	-2 -4	17.27	3.66	0 +7
20	33.01	64.41	+1 -7	27.74	8.83	-2 -2	22.38	8.42	-2 0	17.13	3.44	+1 +7
21	32.87	64.63	0 -7	27.55	8.89	-2 +1	22.19	8.33	-2 +3	16.98	3.21	+2 +6
22	32.72	64.84	-1 -6	27.36	8.94	-1 +5	22.00	8.23	-1 +6	16.84	2.98	+3 +3
23	32.57	65.05	-2 -4	27.17	8.98	0 +7	21.82	8.13	+1 +7	16.70	2.74	+3 -1
24	32.42	65.25	-2 -1	26.98	9.02	+1 +8	21.64	8.03	+2 +7	16.56	2.50	+2 -4
25	32.26	65.45	-2 +3	26.79	9.06	+2 +6	21.45	7.92	+2 +5	16.42	2.25	+1 -7
26	32.11	65.64	-1 +5	26.60	9.09	+2 +4	21.27	7.80	+3 +2	16.28	2.00	-1 -7
27	31.95	65.83	0 +7	26.41	9.12	+2 0	21.09	7.68	+2 -2	16.15	1.76	-2 -6
28	31.79	66.02	+1 +7	26.22	9.14	+2 -4	20.90	7.56	+1 -5	16.02	1.50	-3 -4
29	31.63	66.20	+2 +5	26.02	9.15	+1 -6	20.72	7.43	0 -7	15.89	1.25	-4 0
30	31.47	66.37	+3 +2				20.54	7.29	-2 -7	15.76	0.99	-3 +3
31	31.30	66.54	+2 -2				20.37	7.15	-3 -5	15.64	0.73	-2 +6
32	31.14	66.71	+2 -5				20.19	7.01	-3 -2			

δ	sec δ	tg δ	δ	sec δ	tg δ
−82° 31′ 50″	+7.692	−7.627	−82° 32′ 0″	+7.695	−7.630
60	+7.695	−7.630	10	+7.698	−7.633

$\alpha_{1959.0} = 5^h\ 3^m\ 27^s.74$ $\delta_{1959.0} = -82°\ 31'\ 42''.53$

Obere Kulmination Greenwich

Sb) ξ Mensae $5^{m}.85$

Tag	Mai AR.	Mai Dekl.	Mai ☾ Glieder	Juni AR.	Juni Dekl.	Juni ☾ Glieder	Juli AR.	Juli Dekl.	Juli ☾ Glieder	August AR.	August Dekl.	August ☾ Glieder
	$5^h\ 3^m$	$-82°\ 31'$	in 0.01 s, 0.01 ″	$5^h\ 3^m$	$-82°\ 31'$	in 0.01 s, 0.01 ″	$5^h\ 3^m$	$-82°\ 31'$	in 0.01 s, 0.01 ″	$5^h\ 3^m$	$-82°\ 31'$	in 0.01 s, 0.01 ″
	s	″		s	″		s	″		s	″	
1	15.64	60.73	−2 +6	13.03	51.33	+1 +5	13.05	41.37	+2 −2	15.66	32.68	−1 −7
2	15.52	60.46	−1 +7	12.99	50.99	+2 +2	13.10	41.05	+1 −5	15.78	32.46	−1 −6
3	15.40	60.19	0 +7	12.95	50.66	+2 0	13.15	40.73	+1 −6	15.91	32.24	−2 −3
4	15.28	59.92	+1 +6	12.92	50.33	+2 −3	13.20	40.42	0 −7	16.03	32.02	−2 0
5	15.17	59.64	+2 +4	12.88	50.00	+1 −5	13.25	40.10	−1 −6	16.16	31.81	−1 +3
6	15.06	59.37	+2 +1	12.85	49.66	+1 −7	13.31	39.79	−2 −5	16.29	31.60	−1 +5
7	14.95	59.09	+2 −2	12.82	49.33	0 −7	13.37	39.48	−2 −2	16.42	31.40	0 +7
8	14.84	58.81	+2 −4	*12.80	48.99	−1 −6	13.43	39.17	−2 +1	16.55	31.20	+2 +7
9	14.73	58.52	+1 −6	12.78	48.66	−1 −4	13.49	38.87	−1 +4	16.69	31.01	+3 +5
10	14.63	58.23	0 −7	12.76	48.32	−2 −1	13.56	38.56	0 +6	16.82	30.82	+3 +2
11	14.53	57.94	0 −7	12.74	47.99	−1 +2	13.63	38.26	+1 +7	16.96	30.64	+3 −1
12	14.43	57.65	−1 −6	12.73	47.65	−1 +5	13.70	37.97	+2 +6	17.10	30.46	+2 −5
13	14.34	57.35	−2 −3	12.72	47.32	0 +7	13.77	37.67	+3 +4	17.24	30.29	+1 −7
14	14.25	57.05	−2 0	12.72	46.98	+2 +7	13.85	37.38	+3 0	17.38	30.12	−1 −7
15	14.16	56.74	−1 +3	12.71	46.64	+3 +5	13.93	37.09	+3 −3	17.52	29.95	−2 −6
16	14.07	56.44	0 +6	12.71	46.31	+3 +2	14.01	36.80	+1 −6	17.67	29.80	−3 −3
17	13.99	56.13	+1 +7	12.71	45.97	+3 −1	14.09	36.52	0 −7	17.81	29.64	−3 0
18	13.90	55.82	+2 +7	12.72	45.63	+2 −5	14.18	36.24	−1 −7	17.96	29.50	−3 +4
19	13.82	55.51	+3 +4	12.73	45.30	+1 −7	14.27	35.96	−2 −5	18.11	29.36	−2 +6
20	13.75	55.20	+3 +1	12.74	44.97	−1 −7	14.36	35.69	−3 −2	18.26	29.22	−1 +7
21	13.67	54.88	+3 −3	12.75	44.64	−2 −6	14.46	35.42	−3 +2	18.42	29.09	0 +7
22	13.60	54.57	+1 −6	12.77	44.31	−3 −4	14.56	35.15	−2 +5	18.57	28.97	+1 +6
23	13.53	54.25	0 −7	12.79	43.98	−3 0	14.66	34.89	−1 +7	18.73	28.85	+2 +3
24	13.46	53.93	−2 −7	12.82	43.65	−3 +4	14.76	34.63	0 +8	18.89	28.73	+2 0
25	13.40	53.61	−3 −5	12.84	43.32	−2 +6	14.86	34.37	+1 +7	19.04	28.62	+2 −3
26	13.34	53.29	−3 −2	12.87	42.99	−1 +8	14.97	34.12	+2 +5	19.20	28.52	+2 −5
27	13.28	52.96	−3 +2	12.90	42.66	0 +8	15.08	33.87	+2 +2	19.36	28.43	+1 −7
28	13.22	52.64	−3 +5	12.93	42.34	+1 +6	15.19	33.62	+2 −1	19.52	28.34	0 −7
29	13.17	52.31	−2 +7	12.97	42.01	+2 +4	15.30	33.38	+2 −4	19.68	28.25	−1 −6
30	13.12	51.98	−1 +8	13.01	41.69	+2 +1	15.42	33.14	+1 −6	19.85	28.18	−2 −4
31	13.07	51.66	0 +7	13.05	41.37	+2 −2	15.54	32.91	0 −7	20.01	28.11	−2 −1
32	13.03	51.33	+1 +5				15.66	32.68	−1 −7	20.17	28.05	−2 +2

δ	sec δ	tg δ	δ	sec δ	tg δ	δ	sec δ	tg δ
−82° 31′ 20″	+7.684	−7.619	−82° 31′ 40″	+7.690	−7.624	−82° 32′ 0″	+7.695	−7.630
30	+7.687	−7.621	50	+7.692	−7.627	10	+7.698	−7.633

$\alpha_{1959.0} = 5^h\ 3^m\ 27^s.74$ $\delta_{1959.0} = -82°\ 31'\ 42''.53$

* Tag der doppelten unteren Kulmination: Juni 8.

Scheinbare Sternörter 1959

Obere Kulmination Greenwich

Sb) ξ Mensae $5^m.85$

Tag	September AR.	Dekl.	☾ Glieder		Oktober AR.	Dekl.	☾ Glieder		November AR.	Dekl.	☾ Glieder		Dezember AR.	Dekl.	☾ Glieder	
	$5^h\ 3^m$	−82° 31′	in s 0.01	in ″ 0.01	$5^h\ 3^m$	−82° 31′	in s 0.01	in ″ 0.01	$5^h\ 3^m$	−82° 31′	in s 0.01	in ″ 0.01	$5^h\ 3^m$	−82° 31′	in s 0.01	in ″ 0.01
	s	″			s	″			s	″			s	″		
1	20.17	28.05	−2	+2	25.09	28.94	+1	+7	29.15	35.38	+3	−1	30.74	45.01	0	−8
2	20.34	27.99	−1	+5	25.25	29.07	+2	+7	29.25	35.66	+2	−4	30.74	45.35	−1	−7
3	20.50	27.93	0	+7	25.41	29.20	+3	+5	29.34	35.95	+1	−7	30.75	45.70	−3	−5
4	20.67	27.88	+1	+7	25.56	29.34	+3	+1	29.44	36.24	−1	−7	30.74	46.04	−3	−1
5	20.83	27.84	+2	+6	25.72	29.48	+2	−2	29.52	36.53	−2	−6	30.74	46.39	−3	+2
6	21.00	27.81	+3	+3	25.87	29.63	+1	−5	29.61	36.83	−3	−4	30.73	46.73	−3	+5
7	21.16	27.78	+3	0	26.02	29.79	0	−7	29.69	37.13	−3	0	30.72 30.70	47.07 47.41	−2 0	+8 +8
8	21.33	27.75	+2	−4	26.17	29.95	−1	−7	29.77	37.43	−3	+4	30.68	47.76	+1	+6
9	21.49	27.74	+1	−6	26.31	30.11	−2	−5	29.84	37.74	−2	+6	30.66	48.10	+1	+5
10	21.66	27.73	0	−7	26.46	30.29	−3	−2	29.91	38.05	−1	+8	30.63	48.44	+2	+2
11	21.82	27.73	−2	−6	26.60	30.47	−3	+1	29.98	38.36	0	+7	30.60	48.78	+2	−1
12	21.99	27.73	−3	−4	26.74	30.65	−3	+4	30.05	38.67	+1	+6	30.57	49.12	+1	−4
13	22.16	27.74	−3	−1	26.88	30.84	−2	+7	30.12	38.99	+2	+3	30.54	49.46	+1	−6
14	22.32	27.75	−3	+3	27.02	31.04	−1	+7	30.18	39.31	+2	+1	30.50	49.80	0	−7
15	22.49	27.77	−2	+5	27.16	31.24	0	+7	30.24	39.63	+2	−2	30.46	50.13	−1	−6
16	22.66	27.79	−1	+7	27.30	31.44	+1	+5	30.29	39.95	+1	−4	30.41	50.47	−1	−5
17	22.82	27.83	0	+7	27.43	31.65	+2	+3	30.35	40.28	+1	−6	30.37	50.80	−2	−3
18	22.99	27.87	+1	+6	27.56	31.87	+2	0	30.39	40.61	0	−7	30.31	51.13	−2	−1
19	23.16	27.91	+2	+4	27.69	32.09	+2	−3	30.44	40.94	−1	−7	30.26	51.45	−1	+2
20	23.32	27.96	+2	+1	27.81	32.31	+1	−5	30.48	41.27	−1	−5	30.20	51.78	0	+5
21	23.49	28.02	+2	−2	27.93	32.54	0	−7	30.52	41.61	−2	−3	30.14	52.11	+1	+6
22	23.65	28.09	+2	−4	28.05	32.78	0	−7	30.56	41.95	−2	0	30.08	52.43	+2	+6
23	23.81	28.16	+1	−6	28.17	33.02	−1	−6	30.59	42.28	−1	+3	30.01	52.75	+3	+5
24	23.98	28.23	0	−7	28.29	33.27	−1	−4	30.62	42.62	0	+6	29.94	53.07	+3	+2
25	24.14	28.31	−1	−7	28.41	33.51	−2	−1	30.65	42.96	+1	+7	29.87	53.38	+3	−1
26	24.30	28.40	−1	−6	28.52	33.77	−1	+2	30.67	43.30	+2	+6	29.79	53.70	+2	−4
27	24.46	28.50	−2	−3	28.63	34.03	−1	+5	30.69	43.64	+3	+4	29.71	54.01	+1	−7
28	24.62	28.60	−2	0	28.74	34.29	0	+7	30.71	43.98	+3	+1	29.63	54.31	−1	−8
29	24.78	28.71	−1	+3	28.85	34.55	+1	+7	30.72	44.32	+3	−3	29.54	54.62	−2	−6
30	24.94	28.82	0	+6	28.95	34.83	+3	+6	30.73	44.67	+1	−6	29.45	54.92	−3	−3
31	25.09	28.94	+1	+7	29.05	35.10	+3	+3	30.74	45.01	0	−8	29.36	55.22	−3	0
32					29.15	35.38	+3	−1					29.27	55.52	−3	+4

δ	sec δ	tg δ	δ	sec δ	tg δ	δ	sec δ	tg δ
−82° 31′ 20″	+7.684	−7.619	−82° 31′ 30″	+7.687	−7.621	−82° 31′ 50″	+7.692	−7.627
30	+7.687	−7.621	40	+7.690	−7.624	60	+7.695	−7.630

$\alpha_{1959.0} = 5^h\ 3^m\ 27^s.74$ $\delta_{1959.0} = -82°\ 31'\ 42''.53$

Obere Kulmination Greenwich

Sc) ζ Octantis $5^m\!.38$

Tag	Januar AR.	Januar Dekl.	☾ Glieder		Februar AR.	Februar Dekl.	☾ Glieder		März AR.	März Dekl.	☾ Glieder		April AR.	April Dekl.	☾ Glieder	
	$9^h\ 3^m$	−85° 30′	in s 0.01	in ″ 0.01	$9^h\ 3^m$	−85° 30′	in s 0.01	in ″ 0.01	$9^h\ 3^m$	−85° 30′	in s 0.01	in ″ 0.01	$9^h\ 3^m$	−85° 30′	in s 0.01	in ″ 0.01
	s	″			s	″			s	″			s	″		
1	20.51	3.33	−4	+5	22.20	14.53	+3	+5	19.55	25.08	+5	−1	13.10	34.04	−1	−9
2	20.64	3.66	−3	+8	22.18	14.91	+5	+1	19.39	25.42	+4	−5	12.85	34.26	−4	−7
3	20.77	4.00	0	+8	22.15	15.28	+5	−2	19.23	25.75	+3	−7	12.59	34.49	−5	−4
4	20.89	4.33	+2	+7	22.11	15.66	+4	−6	19.06	26.09	+1	−8	12.33	34.71	−6	−1
5	21.00	4.68	+4	+4	22.07	16.04	+2	−8	18.89	26.41	−2	−8	12.07	34.92	−6	+2
6	21.11	5.02	+5	0	{22.03 / 21.98	16.42 / 16.79	0 / −3	−8 / −7}	18.72	26.74	−4	−6	11.81	35.13	−4	+4
7	21.21	5.36	+5	−4	21.92	17.17	−5	−5	18.54	27.07	−5	−3	11.55	35.34	−2	+6
8	21.31	5.71	+4	−7	21.86	17.55	−6	−2	18.36	27.39	−6	0	11.28	35.54	0	+6
9	21.41	6.05	+1	−8	21.80	17.92	−6	+1	18.18	27.71	−5	+3	11.02	35.74	+2	+5
10	21.50	6.40	−1	−8	21.73	18.29	−5	+4	17.99	28.02	−4	+5	10.75	35.93	+4	+4
11	21.58	6.76	−4	−7	21.65	18.66	−3	+6	17.80	28.33	−2	+6	10.48	36.12	+5	+2
12	21.66	7.11	−5	−4	21.57	19.03	−1	+6	17.61	28.64	0	+6	10.21	36.30	+6	0
13	21.74	7.47	−6	−1	21.49	19.40	+1	+6	17.41	28.95	+3	+5	9.93	36.47	+5	−3
14	21.81	7.83	−5	+2	21.40	19.77	+4	+4	17.21	29.25	+4	+3	9.66	36.64	+4	−5
15	21.87	8.19	−4	+5	21.31	20.14	+5	+2	17.01	29.55	+5	+1	9.38	36.81	+2	−5
16	21.93	8.56	−2	+6	21.21	20.50	+6	0	16.80	29.84	+6	−1	9.10	36.97	0	−4
17	21.98	8.93	0	+6	21.11	20.87	+5	−3	16.59	30.13	+5	−4	8.82	37.13	−2	−2
18	22.03	9.29	+2	+5	21.01	21.23	+4	−5	16.38	30.42	+3	−5	8.54	37.28	−4	+1
19	22.08	9.66	+4	+3	20.90	21.59	+2	−5	16.16	30.71	+1	−5	8.26	37.43	−5	+4
20	22.12	10.03	+5	+1	20.78	21.95	0	−5	15.95	30.99	−1	−4	7.98	37.57	−4	+7
21	22.15	10.40	+5	−1	20.66	22.30	−3	−3	15.72	31.26	−4	−1	7.70	37.71	−2	+8
22	22.18	10.77	+5	−4	20.54	22.66	−5	0	15.50	31.54	−5	+2	7.41	37.84	0	+8
23	22.21	11.15	+3	−5	20.41	23.01	−5	+3	15.27	31.80	−5	+5	7.12	37.96	+3	+5
24	22.23	11.52	+1	−6	20.27	23.36	−5	+5	15.04	32.07	−3	+7	6.84	38.08	+5	+2
25	22.24	11.89	−1	−5	20.13	23.71	−3	+7	14.80	32.33	−1	+8	6.55	38.20	+5	−2
26	22.25	12.27	−4	−2	19.99	24.06	0	+7	14.56	32.58	+1	+7	6.26	38.32	+4	−6
27	22.25	12.65	−5	0	19.85	24.40	+2	+5	14.32	32.83	+3	+4	5.97	38.43	+2	−8
28	22.25	13.02	−5	+4	19.70	24.74	+4	+2	14.08	33.08	+5	0	5.69	38.53	0	−9
29	22.25	13.40	−4	+6	19.55	25.08	+5	−1	13.84	33.33	+5	−4	5.40	38.63	−3	−8
30	22.24	13.77	−2	+7					13.60	33.57	+4	−7	5.11	38.72	−5	−6
31	22.22	14.15	+1	+7					13.35	33.80	+1	−9	4.82	38.80	−6	−3
32	22.20	14.53	+3	+5					13.10	34.04	−1	−9				

δ	sec δ	tg δ	δ	sec δ	tg δ	δ	sec δ	tg δ
−85° 30′ 0″	+12.745	−12.706	−85° 30′ 20″	+12.761	−12.722	−85° 30′ 30″	+12.769	−12.730
10	+12.753	−12.714	30	+12.769	−12.730	40	+12.777	−12.738

$\alpha_{1959.0} = 9^h\ 3^m\ 1^s\!.92$ $\delta_{1959.0} = -85°\ 30'\ 7''\!.17$

Scheinbare Sternörter 1959

Obere Kulmination Greenwich

Sc) ζ Octantis $5^{m}.38$

Tag	Mai AR.	Mai Dekl.	Mai ☾ Glieder in s 0.01	Mai ☾ Glieder in ″ 0.01	Juni AR.	Juni Dekl.	Juni ☾ Glieder in s 0.01	Juni ☾ Glieder in ″ 0.01	Juli AR.	Juli Dekl.	Juli ☾ Glieder in s 0.01	Juli ☾ Glieder in ″ 0.01	August AR.	August Dekl.	August ☾ Glieder in s 0.01	August ☾ Glieder in ″ 0.01
	$9^h\ 2^m$	$-85°\ 30'$			$9^h\ 2^m$	$-85°\ 30'$			$9^h\ 2^m$	$-85°\ 30'$			$9^h\ 2^m$	$-85°\ 30'$		
	s	″			s	″			s	″			s	″		
1	64.82	38.80	−6	−3	56.03	38.83	−2	+5	49.09	34.21	+3	+3	45.23	25.86	+4	−5
2	64.53	38.88	−6	0	55.76	38.75	0	+5	48.91	33.99	+5	+1	45.18	25.55	+3	−6
3	64.24	38.96	−5	+3	55.50	38.66	+2	+4	48.73	33.76	+5	−1	45.13	25.24	+1	−5
4	63.95	39.03	−3	+5	55.24	38.56	+4	+2	48.55	33.53	+5	−3	45.09	24.93	−2	−4
5	63.66	39.09	−1	+6	54.98	38.46	+5	0	48.37	33.30	+4	−5	45.05	24.62	−3	−2
6	63.37	39.15	+1	+5	54.72	38.36	+5	−2	48.20	33.06	+2	−5	45.01	24.32	−5	+1
7	63.08	39.21	+3	+4	54.46	38.25	+5	−4	48.03	32.82	0	−5	*44.98	24.01	−5	+4
8	62.79	39.26	+5	+2	54.20	38.13	+3	−5	47.87	32.57	−2	−3	44.96	23.69	−3	+7
9	62.50	39.30	+5	0	53.95	38.01	+1	−5	47.71	32.32	−4	0	44.94	23.38	−1	+8
10	62.21	39.34	+5	−2	53.70	37.89	−1	−4	47.56	32.07	−4	+3	44.92	23.07	+1	+7
11	61.92	39.38	+4	−4	53.45	37.76	−3	−2	47.41	31.82	−4	+6	44.91	22.75	+3	+5
12	61.63	39.40	+3	−5	53.21	37.62	−4	+1	47.26	31.56	−2	+8	44.91	22.44	+5	+2
13	61.35	39.43	+1	−5	52.97	37.48	−4	+4	47.12	31.30	0	+8	44.91	22.12	+5	−2
14	61.06	39.44	−1	−3	52.73	37.34	−3	+7	46.98	31.03	+2	+7	44.92	21.80	+4	−5
15	60.77	39.45	−3	−1	52.49	37.19	−2	+9	46.85	30.76	+4	+4	44.93	21.49	+2	−7
16	60.48	39.46	−4	+3	52.25	37.04	+1	+9	46.72	30.49	+6	+1	44.94	21.17	0	−8
17	60.20	39.46	−4	+6	52.02	36.89	+4	+6	46.59	30.22	+5	−3	44.96	20.85	−3	−7
18	59.91	39.46	−3	+8	51.79	36.73	+5	+3	46.47	29.95	+4	−6	44.99	20.54	−5	−4
19	59.62	39.45	−1	+9	51.56	36.56	+6	−1	46.35	29.67	+1	−8	45.02	20.23	−6	−1
20	59.34	39.43	+2	+7	51.34	36.39	+5	−5	46.24	29.39	−2	−8	45.05	19.92	−6	+2
21	59.06	39.41	+4	+4	51.12	36.21	+2	−8	46.13	29.11	−4	−6	45.09	19.61	−5	+4
22	58.78	39.39	+5	0	50.90	36.03	0	−9	46.03	28.82	−6	−3	45.14	19.30	−3	+6
23	58.50	39.35	+5	−4	50.69	35.84	−3	−8	45.93	28.53	−6	0	45.19	18.99	0	+6
24	58.22	39.31	+4	−7	50.48	35.65	−5	−5	45.83	28.24	−6	+3	45.24	18.68	+2	+5
25	57.94	39.27	+1	−9	50.27	35.46	−7	−2	45.74	27.95	−4	+5	45.30	18.37	+4	+3
26	57.66	39.23	−2	−9	50.07	35.26	−6	+1	45.65	27.66	−2	+5	45.36	18.06	+5	+1
27	57.38	39.18	−4	−7	49.86	35.06	−5	+4	45.57	27.36	0	+5	45.43	17.75	+5	−2
28	57.11	39.12	−6	−4	49.67	34.85	−3	+5	45.49	27.06	+2	+4	45.51	17.45	+5	−4
29	56.84	39.06	−6	−1	49.47	34.64	−1	+5	45.42	26.76	+4	+2	45.58	17.14	+3	−5
30	56.57	38.99	−6	+2	49.28	34.43	+1	+5	45.35	26.46	+5	0	45.67	16.84	+1	−6
31	56.30	38.91	−4	+4	49.09	34.21	+3	+3	45.29	26.16	+5	−3	45.76	16.54	−1	−5
32	56.03	38.83	−2	+5					45.23	25.86	+4	−5	45.85	16.25	−3	−3

δ	sec δ	tg δ	δ	sec δ	tg δ	δ	sec δ	tg δ
−85° 30′ 10″	+12.753	−12.714	−85° 30′ 20″	+12.761	−12.722	−85° 30′ 30″	+12.769	−12.730
20	+12.761	−12.722	30	+12.769	−12.730	40	+12.777	−12.738

$\alpha_{1959.0} = 9^h\ 3^m\ 1^s.92$ $\delta_{1959.0} = -85°\ 30'\ 7''.17$

* Tag der doppelten unteren Kulmination: Aug. 7.

Obere Kulmination Greenwich

Sc) ζ Octantis $5^{m}.38$

Tag	September AR.	September Dekl.	September ☾ Glieder	Oktober AR.	Oktober Dekl.	Oktober ☾ Glieder	November AR.	November Dekl.	November ☾ Glieder	Dezember AR.	Dezember Dekl.	Dezember ☾ Glieder
	$9^h\ 2^m$ s	−85° 30′ ″	in s 0.01 | ″ 0.01	$9^h\ 2^m$ s	−85° 30′ ″	in s 0.01 | ″ 0.01	$9^h\ 2^m$ s	−85° 30′ ″	in s 0.01 | ″ 0.01	$9^h\ 3^m$ s	−85° 30′ ″	in s 0.01 | ″ 0.01
1	45.85	16.25	−3 −3	50.72	8.69	−4 +5	58.73	5.47	+3 +6	6.90	8.15	+5 −3
2	45.95	15.95	−4 0	50.94	8.50	−3 +7	59.01	5.46	+5 +2	7.15	8.33	+4 −7
3	46.05	15.65	−5 +3	51.16	8.31	−1 +8	59.29	5.47	+5 −2	7.39	8.52	+1 −9
4	46.16	15.36	−4 +6	51.39	8.13	+2 +7	59.58	5.47	+4 −5	7.64	8.72	−2 −8
5	46.27	15.07	−2 +7	51.62	7.96	+4 +4	59.86	5.49	+2 −8	7.87	8.92	−5 −7
6	46.38	14.79	0 +7	51.85	7.79	+5 +1	60.14	5.51	0 −9	8.11	9.13	−6 −4
7	46.51	14.50	+2 +6	52.09	7.63	+5 −3	60.42	5.54	−3 −8	8.34	9.35	−7 0
8	46.63	14.22	+4 +3	52.33	7.47	+3 −7	60.70	5.57	−5 −5	8.57	9.57	−6 +2
9	46.76	13.94	+5 −1	52.58	7.32	+1 −8	60.98	5.62	−6 −2	8.79	9.79	−4 +4
10	46.90	13.66	+5 −4	52.82	7.17	−1 −8	61.26	5.66	−6 +1	9.01	10.02	−2 +5
11	47.04	13.39	+3 −7	53.08	7.03	−4 −7	61.54	5.72	−5 +3	9.23	10.26	0 +5
12	47.19	13.12	0 −8	53.33	6.90	−5 −4	61.82	5.78	−3 +5	9.45	10.50	+2 +3
13	47.34	12.85	−2 −7	53.58	6.77	−6 −1	62.10	5.85	−1 +5	9.66	10.74	+4 +1
14	47.49	12.58	−4 −5	53.84	6.64	−5 +2	62.38	5.92	+1 +4	9.87	10.99	+5 −1
15	47.65	12.32	−6 −2	54.10	6.52	−4 +5	62.66	6.00	+3 +3	10.08	11.25	+5 −3
16	47.81	12.06	−6 +1	54.36	6.41	−2 +6	62.93	6.09	+4 +1	10.28	11.51	+4 −5
17	47.98	11.81	−5 +3	54.62	6.30	0 +6	63.21	6.18	+5 −1	10.48	11.77	+3 −5
18	48.15	11.56	−3 +5	54.89	6.20	+2 +4	63.48	6.28	+5 −3	10.67	12.04	+1 −5
19	48.32	11.31	−1 +6	55.15	6.11	+4 +3	63.76	6.39	+4 −5	10.86	12.32	−1 −4
20	48.50	11.07	+1 +5	55.42	6.02	+5 +1	64.03	6.50	+2 −5	11.04	12.60	−3 −2
21	48.68	10.83	+3 +4	55.69	5.94	+5 −2	64.30	6.62	0 −5	11.22	12.88	−4 +1
22	48.87	10.60	+4 +2	55.96	5.87	+5 −4	64.57	6.74	−2 −3	11.40	13.16	−4 +4
23	49.06	10.37	+5 0	56.23	5.80	+3 −5	64.84	6.87	−3 0	11.57	13.45	−3 +7
24	49.26	10.14	+5 −3	56.51	5.74	+2 −5	65.11	7.01	−4 +3	11.74	13.75	−1 +9
25	49.45	9.92	+4 −4	56.78	5.68	0 −4	65.37	7.15	−4 +6	11.91	14.04	+1 +9
26	49.66	9.70	+3 −6	57.05	5.63	−3 −2	65.63	7.30	−2 +8	12.07	14.35	+4 +7
27	49.86	9.49	+1 −5	57.33	5.59	−4 +1	65.89	7.46	0 +9	12.22	14.65	+5 +3
28	50.07	9.28	−2 −4	57.61	5.55	−4 +4	66.15	7.62	+2 +8	12.37	14.96	+6 −1
29	50.28	9.08	−4 −1	57.89	5.52	−4 +7	66.40	7.79	+4 +5	12.52	15.28	+5 −5
30	50.50	8.88	−5 +2	58.17	5.50	−2 +8	66.65	7.97	+6 +1	12.66	15.60	+3 −7
31	50.72	8.69	−4 +5	58.45	5.48	+1 +8	66.90	8.15	+5 −3	12.79	15.92	0 −8
32				58.73	5.47	+3 +6				12.92	16.24	−3 −7

δ	sec δ	tg δ	δ	sec δ	tg δ
−85° 30′ 0″	+12.745	−12.706	−85° 30′ 10″	+12.753	−12.714
10	+12.753	−12.714	20	+12.761	−12.722

$\alpha_{1959.0} = 9^h\ 3^m\ 1^s.92$ $\delta_{1959.0} = -85°\ 30'\ 7''.17$

Scheinbare Sternörter 1959

Obere Kulmination Greenwich

Sd) ι Octantis $5^m.38$

Tag	Januar AR.	Januar Dekl.	Januar ☾ Glieder		Februar AR.	Februar Dekl.	Februar ☾ Glieder		März AR.	März Dekl.	März ☾ Glieder		April AR.	April Dekl.	April ☾ Glieder	
	$12^h 50^m$	−84° 53′	in s 0.01	in ″ 0.01	$12^h 50^m$	−84° 53′	in s 0.01	in ″ 0.01	$12^h 50^m$	−84° 53′	in s 0.01	in ″ 0.01	$12^h 50^m$	−84° 54′	in s 0.01	in ″ 0.01
	s	″			s	″			s	″			s	″		
1	33.92	44.64	−6	−1	41.74	49.58	−1	+7	46.94	57.92	+1	+6	49.64	9.26	+6	−5
2	34.19	44.71	−6	+2	41.97	49.83	+1	+6	47.08	58.26	+3	+4	49.67	9.64	+5	−8
3	34.46	44.78	−5	+5	42.19	50.08	+4	+4	47.22	58.61	+5	+1	49.69	10.02	+3	−9
4	34.73	44.86	−3	+7	42.41	50.33	+6	0	47.35	58.96	+7	−2	49.71	10.39	0	−9
5	35.00	44.95	0	+7	42.62	50.59	+6	−3	47.48	59.31	+6	−5	49.73 49.74	10.77 11.14	−2 −4	−7 −4
6	35.26	45.05	+3	+6	42.84	50.85	+5	−6	47.61	59.66	+4	−8	49.75	11.51	−5	−2
7	35.53	45.15	+5	+3	43.05	51.12	+3	−8	47.73	60.02	+2	−9	49.76	11.89	−5	+1
8	35.79	45.26	+6	−1	43.26	51.39	+1	−8	47.85	60.37	−1	−8	49.77	12.26	−4	+4
9	36.05	45.37	+6	−5	43.47	51.66	−1	−7	47.97	60.73	−3	−6	49.77	12.63	−2	+6
10	36.32	45.49	+5	−8	43.67	51.94	−4	−5	48.08	61.09	−4	−3	49.77	13.00	−1	+7
11	36.58	45.62	+3	−9	43.87	52.22	−5	−2	48.19	61.45	−5	0	49.76	13.37	+1	+7
12	36.84	45.75	0	−9	44.06	52.51	−5	+1	48.30	61.81	−5	+3	49.74	13.73	+3	+6
13	37.10	45.89	−2	−7	44.26	52.80	−5	+4	48.40	62.18	−4	+5	49.73	14.10	+4	+4
14	37.36	46.04	−4	−4	44.44	53.10	−3	+6	48.50	62.54	−2	+7	49.71	14.47	+5	+1
15	37.61	46.19	−5	−1	44.63	53.40	−1	+7	48.59	62.91	0	+7	49.68	14.83	+4	−1
16	37.87	46.35	−5	+2	44.82	53.70	+1	+7	48.68	63.28	+2	+7	49.65	15.19	+3	−3
17	38.13	46.51	−4	+5	45.00	54.01	+3	+6	48.76	63.65	+4	+5	49.63	15.56	0	−4
18	38.38	46.68	−2	+6	45.18	54.31	+4	+4	48.85	64.02	+5	+3	49.59	15.91	−3	−4
19	38.63	46.85	0	+7	45.36	54.63	+5	+1	48.93	64.39	+5	0	49.56	16.27	−5	−2
20	38.88	47.03	+2	+7	45.53	54.94	+4	−2	49.01	64.76	+4	−3	49.52	16.63	−6	0
21	39.13	47.21	+3	+5	45.70	55.26	+3	−4	49.08	65.13	+2	−4	49.48	16.98	−6	+3
22	39.38	47.40	+5	+3	45.86	55.58	+1	−5	49.15	65.50	−1	−5	49.43	17.33	−5	+6
23	39.63	47.60	+5	0	46.03	55.91	−2	−5	49.21	65.87	−3	−4	49.38	17.69	−2	+7
24	39.87	47.80	+4	−3	46.18	56.24	−4	−4	49.27	66.25	−5	−2	49.33	18.03	+1	+6
25	40.11	48.01	+2	−5	46.34	56.57	−6	−1	49.33	66.63	−6	+1	49.27	18.38	+4	+4
26	40.35	48.22	0	−6	46.49	56.90	−6	+2	49.38	67.00	−6	+4	49.21	18.73	+6	0
27	40.59	48.43	−3	−5	46.65	57.24	−5	+5	49.43	67.38	−4	+6	49.15	19.07	+7	−4
28	40.83	48.65	−5	−3	46.79	57.58	−2	+6	49.48	67.76	−1	+6	49.08	19.41	+6	−7
29	41.06	48.88	−6	0	46.94	57.92	+1	+6	49.53	68.13	+2	+5	49.01	19.75	+4	−9
30	41.29	49.11	−6	+4					49.57	68.51	+5	+2	48.93	20.08	+1	−10
31	41.52	49.34	−4	+6					49.61	68.89	+6	−1	48.86	20.42	−1	−8
32	41.74	49.58	−1	+7					49.64	69.26	+6	−5				

δ	sec δ	tg δ	δ	sec δ	tg δ	δ	sec δ	tg δ
−84° 53′ 40″	+11.237	−11.193	−84° 54′ 0″	+11.249	−11.205	−84° 54′ 20″	+11.262	−11.217
50	+11.243	−11.199	10	+11.255	−11.211	30	+11.268	−11.223

$\alpha_{1959.0} = 12^h\ 50^m\ 27^s.25$ $\delta_{1959.0} = -84°\ 54'\ 4''.56$

Obere Kulmination Greenwich

Sdj ι Octantis $5^m.38$

Tag	Mai AR.	Mai Dekl.	Mai ☾ Glieder	Juni AR.	Juni Dekl.	Juni ☾ Glieder	Juli AR.	Juli Dekl.	Juli ☾ Glieder	August AR.	August Dekl.	August ☾ Glieder
	$12^h 50^m$ s	−84° 54′ ″	in s 0.01 | ″ 0.01	$12^h 50^m$ s	−84° 54′ ″	in s 0.01 | ″ 0.01	$12^h 50^m$ s	−84° 54′ ″	in s 0.01 | ″ 0.01	$12^h 50^m$ s	−84° 54′ ″	in s 0.01 | ″ 0.01
1	48.86	20.42	−1 −8	44.94	29.13	−4 +2	39.03	33.48	0 +6	32.24	32.78	+5 +1
2	48.77	20.75	−3 −6	44.77	29.34	−3 +4	38.81	33.55	+1 +6	32.03	32.67	+5 −1
3	48.69	21.07	−4 −3	44.60	29.55	−2 +6	38.59	33.60	+3 +5	31.82	32.55	+4 −3
4	48.60	21.40	−5 0	44.42	29.76	0 +6	38.37	33.65	+4 +3	31.61	32.43	+2 −5
5	48.51	21.72	−4 +3	44.25	29.96	+2 +6	38.15	33.70	+5 0	31.41	32.31	0 −5
6	48.42	22.04	−3 +5	44.07	30.16	+3 +4	37.93	33.74	+4 −2	31.20	32.17	−3 −4
7	48.32	22.36	−1 +6	43.89	30.36	+4 +2	37.71	33.77	+3 −4	31.00	32.04	−5 −2
8	48.22	22.67	+1 +6	43.71	30.55	+5 0	37.49	33.80	+1 −5	30.80	31.89	−6 +1
9	48.12	22.98	+2 +6	43.52	30.73	+4 −2	37.27	33.82	−2 −5	30.60	31.74	−6 +4
10	48.01	23.29	+4 +4	43.34	30.91	+2 −4	37.05	33.84	−4 −3	30.41	31.59	−4 +7
11	47.90	23.59	+5 +2	43.15	31.09	0 −4	36.83	33.85	−6 0	30.21	31.43	−2 +7
12	47.79	23.89	+5 0	42.95	31.26	−3 −4	36.60	33.86	−6 +3	30.02	31.26	+1 +7
13	47.67	24.19	+3 −3	42.76	31.42	−5 −2	36.38	33.86	−6 +6	29.83	31.09	+4 +4
14	47.55	24.48	+1 −4	42.56	31.58	−6 +1	36.16	33.85	−3 +8	29.64	30.92	+6 +1
15	47.43	24.77	−1 −4	42.36	31.74	−7 +5	35.93	33.84	−1 +8	29.45	30.74	+6 −3
16	47.31	25.06	−4 −3	42.17	31.89	−5 +7	35.71	33.82	+2 +6	29.27	30.56	+5 −6
17	47.18	25.34	−6 0	41.97	32.03	−2 +8	35.49	33.80	+5 +3	29.09	30.37	+3 −8
18	47.06	25.63	−7 +3	41.77	32.17	+1 +7	35.26	33.77	+6 0	28.91	30.17	+1 −8
19	46.92	25.90	−6 +6	41.56	32.31	+4 +5	35.04	33.74	+6 −4	28.74	29.98	−2 −7
20	46.79	26.17	−4 +8	41.36	32.44	+6 +1	34.82	33.70	+4 −8	28.56	29.77	−4 −5
21	46.65	26.44	−1 +8	41.15	32.56	+7 −3	34.60	33.65	+2 −9	28.39	29.56	−5 −2
22	46.51	26.71	+2 +6	40.94	32.68	+6 −7	34.38	33.60	0 −9	28.22	29.35	−5 +1
23	46.36	26.96	+5 +3	40.73	32.79	+4 −9	34.17	33.54	−3 −7	28.06	29.13	−4 +4
24	46.21	27.22	+7 −1	40.52	32.89	+1 −10	33.95	33.48	−4 −4	27.90	28.91	−2 +5
25	46.06	27.47	+7 −5	40.31	32.99	−2 −8	33.73	33.41	−5 −1	27.74	28.69	0 +6
26	45.91	27.72	+5 −8	40.10	33.09	−4 −6	33.52	33.34	−4 +2	27.58	28.46	+2 +6
27	45.75	27.97	+3 −10	39.89	33.18	−5 −3	33.30	33.26	−3 +4	27.43	28.23	+4 +5
28	45.60	28.21	0 −10	39.67	33.26	−5 0	33.08	33.18	−1 +6	27.28	27.99	+5 +2
29	45.44	28.45	−2 −8	39.46	33.34	−4 +3	32.87	33.09	+1 +6	27.13	27.75	+5 0
30	45.27	28.68	−4 −5	39.24	33.42	−2 +5	32.66	32.99	+3 +5	26.99	27.51	+4 −2
31	45.11	28.91	−5 −2	39.03	33.48	0 +6	32.45	32.89	+4 +3	26.85	27.26	+3 −4
32	44.94	29.13	−4 +2				32.24	32.78	+5 +1	26.71	27.01	+1 −5

δ	sec δ	tg δ	δ	sec δ	tg δ
−84° 54′ 20″	+11.262	−11.217	−84° 54′ 30″	+11.268	−11.223
30	+11.268	−11.223	40	+11.274	−11.229

$\alpha_{1959.0} = 12^h\ 50^m\ 27^s.25$ $\delta_{1959.0} = -84°\ 54'\ 4''.56$

Scheinbare Sternörter 1959

Obere Kulmination Greenwich

Sd) ι Octantis $5^{m}_{.}38$

Tag	September				Oktober				November				Dezember			
	AR.	Dekl.	☾ Glieder		AR.	Dekl.	☾ Glieder		AR.	Dekl.	☾ Glieder		AR.	Dekl.	☾ Glieder	
	$12^h 50^m$	$-84° 54'$	in s 0.01	in ″ 0.01	$12^h 50^m$	$-84° 54'$	in s 0.01	in ″ 0.01	$12^h 50^m$	$-84° 54'$	in s 0.01	in ″ 0.01	$12^h 50^m$	$-84° 54'$	in s 0.01	in ″ 0.01
	s	″			s	″			s	″			s	″		
1	26.71	27.01	+1	−5	24.41	18.22	−5	−1	26.29	8.85	−2	+8	31.90	2.72	+5	+3
2	26.58	26.75	−2	−5	24.40	17.90	−6	+2	26.42	8.58	+1	+7	32.14	2.59	+6	−1
3	26.45	26.49	−4	−3	24.39	17.58	−6	+5	26.56	8.31	+4	+4	32.37	2.47	+6	−5
4	26.32	26.23	−6	0	*24.39	17.27	−4	+7	26.70	8.05	+6	+1	32.61	2.36	+5	−8
5	26.20	25.97	−6	+3	24.39	16.95	−1	+7	26.84	7.79	+6	−3	32.85	2.25	+2	−10
6	26.08	25.70	−5	+5	24.40	16.64	+2	+6	26.99	7.54	+6	−7	33.10	2.15	0	−9
7	25.96	25.43	−3	+7	24.42	16.32	+5	+3	27.14	7.29	+4	−9	33.34	2.06	−3	−7
8	25.85	25.15	0	+7	24.43	16.01	+6	−1	27.30	7.05	+1	−10	33.59	1.97	−4	−4
9	25.74	24.88	+3	+5	24.46	15.69	+6	−5	27.46	6.81	−1	−8	33.84	1.89	−5	−1
10	25.64	24.59	+5	+2	24.49	15.38	+5	−7	27.63	6.57	−3	−6	34.09	1.82	−4	+2
11	25.54	24.31	+6	−2	24.52	15.06	+3	−9	27.80	6.34	−5	−3	34.34	1.75	−3	+4
12	25.45	24.02	+6	−5	24.56	14.75	0	−9	27.97	6.11	−5	0	34.59	1.69	−1	+5
13	25.36	23.73	+4	−8	24.60	14.44	−2	−7	28.15	5.89	−4	+3	34.85	1.63	+1	+5
14	25.27	23.44	+1	−8	24.65	14.12	−4	−4	28.33	5.67	−2	+5	35.11	1.58	+3	+5
15	25.18	23.15	−1	−8	24.70	13.81	−5	−1	28.51	5.45	0	+6	35.36	1.53	+4	+3
16	25.10	22.86	−3	−6	24.75	13.50	−5	+2	28.70	5.24	+1	+5	35.62	1.50	+5	+1
17	25.03	22.56	−5	−3	24.82	13.20	−4	+4	28.89	5.04	+3	+5	35.88	1.47	+5	−1
18	24.95	22.26	−5	0	24.88	12.89	−2	+6	29.09	4.84	+4	+3	36.14	1.44	+4	−3
19	24.89	21.96	−4	+3	24.95	12.59	0	+6	29.28	4.64	+5	+1	36.40	1.42	+2	−4
20	24.82	21.65	−3	+5	25.03	12.29	+2	+6	29.49	4.45	+5	−1	36.67	1.41	0	−4
21	24.76	21.34	−1	+6	25.11	11.99	+4	+4	29.69	4.27	+3	−3	36.93	1.41	−3	−3
22	24.71	21.03	+1	+6	25.20	11.69	+5	+2	29.90	4.09	+1	−4	37.19	1.41	−5	−1
23	24.66	20.72	+3	+6	25.29	11.39	+5	0	30.10	3.91	−2	−4	37.46	1.41	−6	+2
24	24.61	20.41	+4	+4	25.38	11.10	+4	−2	30.32	3.74	−4	−2	37.72	1.43	−7	+5
25	24.56	20.10	+5	+1	25.47	10.81	+2	−4	30.53	3.58	−6	0	37.99	1.45	−5	+8
26	24.52	19.79	+5	−1	25.57	10.52	0	−4	30.75	3.42	−7	+3	38.26	1.47	−3	+9
27	24.49	19.48	+3	−3	25.68	10.24	−3	−4	30.97	3.27	−6	+6	38.52	1.50	0	+8
28	24.46	19.17	+1	−5	25.79	9.95	−5	−2	31.20	3.12	−4	+8	38.79	1.54	+3	+6
29	24.44	18.85	−1	−5	25.91	9.67	−6	+1	31.43	2.98	−1	+8	39.06	1.59	+6	+2
30	24.42	18.53	−4	−3	26.03	9.40	−6	+4	31.66	2.85	+2	+6	39.32	1.64	+6	−3
31	24.41	18.22	−5	−1	26.16	9.12	−5	+7	31.90	2.72	+5	+3	39.59	1.70	+5	−7
32					26.29	8.85	−2	+8					39.86	1.76	+3	−9

δ	sec δ	tg δ	δ	sec δ	tg δ	δ	sec δ	gt δ
−84° 54′ 0″	+11.249	−11.205	−84° 54′ 10″	+11.255	−11.211	−84° 54′ 20″	+11.262	−11.217
10	+11.255	−11.211	20	+11.262	−11.217	30	+11.268	−11.223

$\alpha_{1959.0} = 12^h\ 50^m\ 27^s_{.}25$ $\delta_{1959.0} = -84°\ 54'\ 4''_{.}56$

* Tag der doppelten unteren Kulmination: Okt. 4.

Obere Kulmination Greenwich

Se) 20 G. Octantis $6^{m}.52$

Tag	Januar AR.	Januar Dekl.	Januar ☾ Glieder in s 0.01	Januar ☾ Glieder in ″ 0.01	Februar AR.	Februar Dekl.	Februar ☾ Glieder in s 0.01	Februar ☾ Glieder in ″ 0.01	März AR.	März Dekl.	März ☾ Glieder in s 0.01	März ☾ Glieder in ″ 0.01	April AR.	April Dekl.	April ☾ Glieder in s 0.01	April ☾ Glieder in ″ 0.01
	$15^h 5^m$ s	−87° 58′ ″			$15^h 6^m$ s	−87° 58′ ″			$15^h 6^m$ s	−87° 58′ ″			$15^h 6^m$ s	−87° 58′ ″		
1	47.60	37.50	−11	−5	8.47	35.91	− 8	+6	27.72	39.05	− 4	+6	45.14	46.60	+18	0
2	48.21	37.36	−15	−2	9.17	35.95	− 2	+7	28.36	39.23	+ 4	+6	45.60	46.90	+17	−4
3	48.82	37.23	−16	+1	9.88	35.99	+ 4	+6	29.00	39.42	+11	+5	46.04	47.20	+14	−6
4	49.44	37.10	−13	+5	10.59	36.04	+11	+4	29.64	39.62	+15	+2	46.48	47.50	+ 8	−8
5	50.07	36.98	− 7	+7	11.30	36.10	+16	+1	30.27	39.82	+17	−1	46.91	47.80	+ 2	−8
6	50.71	36.87	+ 1	+7	12.01	36.16	+16	−2	30.90	40.02	+15	−5	47.33	48.11	− 4	−7
7	51.35	36.76	+ 8	+6	12.72	36.23	+14	−5	31.52	40.23	+11	−7	47.75	48.42	− 9	−5
8	52.00	36.66	+14	+3	13.42	36.30	+ 9	−7	32.14	40.44	+ 5	−8	48.16	48.72	−11	−2
9	52.65	36.56	+17	0	14.13	36.38	+ 3	−8	32.75	40.65	− 1	−8	48.56	49.04	−12	+1
10	53.30	36.47	+16	−4	14.83	36.46	− 3	−7	33.36	40.87	− 6	−6	48.95	49.35	−10	+4
11	53.96	36.38	+13	−7	15.53	36.55	− 8	−5	33.96	41.09	−10	−4	49.33	49.67	− 7	+6
12	54.62	36.30	+ 7	−8	16.23	36.65	−11	−2	34.55	41.32	−12	−1	49.70	49.99	− 3	+7
13	55.29	36.23	+ 1	−8	16.92	36.75	−13	+1	35.14	41.55	−12	+2	50.06	50.31	+ 1	+8
14	55.96	36.16	− 5	−7	17.62	36.86	−12	+4	35.73	41.78	−10	+5	50.42	50.63	+ 5	+6
15	56.64	36.10	− 9	−5	18.31	36.97	− 9	+6	36.30	42.02	− 6	+7	50.76	50.96	+ 9	+4
16	57.32	36.04	−12	−1	19.00	37.09	− 4	+7	36.87	42.26	− 2	+8	51.10	51.29	+10	+1
17	58.00	35.99	−12	+2	19.70	37.21	+ 1	+8	37.44	42.51	+ 3	+7	51.43	51.62	+ 8	−2
18	58.68	35.94	−10	+4	20.38	37.33	+ 6	+7	38.00	42.76	+ 7	+6	51.75	51.94	+ 4	−4
19	59.37	35.90	− 7	+6	21.07	37.46	+ 9	+4	38.56	43.01	+10	+3	52.06	52.27	− 2	−6
20	60.06	35.87	− 2	+7	21.75	37.60	+11	+1	39.10	43.27	+10	0	52.37	52.60	− 9	−6
21	60.75	35.84	+ 3	+7	22.43	37.74	+10	−2	39.64	43.53	+ 7	−3	52.66	52.94	−14	−4
22	61.45	35.82	+ 8	+6	23.10	37.89	+ 6	−5	40.18	43.79	+ 2	−5	52.94	53.27	−16	−1
23	62.14	35.80	+11	+3	23.77	38.04	0	−6	40.71	44.06	− 4	−6	53.22	53.61	−15	+2
24	62.84	35.79	+11	0	24.44	38.20	− 6	−6	41.23	44.33	−10	−5	53.48	53.95	−10	+5
25	63.54	35.79	+ 9	−3	25.10	38.36	−11	−5	41.74	44.60	−14	−3	53.74	54.29	− 3	+7
26	64.25	35.79	+ 4	−6	25.76	38.52	−14	−2	42.25	44.88	−15	0	53.99	54.63	+ 5	+6
27	64.95	35.79	− 2	−6	26.42	38.69	−14	+1	42.75	45.16	−12	+3	54.23	54.97	+13	+4
28	65.65	35.80	− 8	−6	27.07	38.87	−10	+4	43.25	45.44	− 6	+6	54.46	55.31	+17	+1
29	66.35	35.82	−13	−3	27.72	39.05	− 4	+6	43.73	45.73	+ 1	+6	54.68	55.65	+19	−3
30	67.06	35.84	−15	0					44.21	46.02	+ 9	+5	54.89	55.99	+16	−6
31	67.76	35.87	−13	+3					44.68	46.31	+15	+3	55.09	56.33	+11	−8
32	68.47	35.91	− 8	+6					45.14	46.60	+18	0				

δ	sec δ	tg δ	δ	sec δ	tg δ	δ	sec δ	tg δ
−87° 58′ 30″	+28.300	−28.282	−87° 58. 40″	+28.339	−28.321	−87° 58′ 50″	+28.378	−28.360
40	+28.339	−28.321	50	+28.378	−28.360	60	+28.417	−28.399

$\alpha_{1959.0} = 15^h\ 5^m\ 55^s.09$ $\delta_{1959.0} = -87°\ 58'\ 58''.88$

Scheinbare Sternörter 1959

Obere Kulmination Greenwich

Se) 20 G. Octantis $6^{m}.52$

Tag	Mai AR.	Mai Dekl.	Mai ☾ Glieder	Juni AR.	Juni Dekl.	Juni ☾ Glieder	Juli AR.	Juli Dekl.	Juli ☾ Glieder	August AR.	August Dekl.	August ☾ Glieder
	$15^h\ 6^m$	$-87°\ 58'$	in s 0.01, ″ 0.01	$15^h\ 6^m$	$-87°\ 59'$	in s 0.01, ″ 0.01	$15^h\ 6^m$	$-87°\ 59'$	in s 0.01, ″ 0.01	$15^h\ 6^m$	$-87°\ 59'$	in s 0.01, ″ 0.01
	s	″		s	″		s	″		s	″	
1	55.09	56.33	+11 −8	56.35	7.16	−10 −1	48.64	15.56	−6 +5	33.67	20.38	+9 +5
2	55.28	56.67	+5 −9	56.23	7.48	−11 +2	48.25	15.78	−2 +7	33.11	20.45	+11 +2
3	55.47	57.02	−1 −8	56.09	7.79	−8 +4	47.86	16.00	+3 +7	32.55	20.51	+11 −1
4	55.64	57.37	−7 −6	55.95	8.11	−5 +6	47.45	16.22	+7 +6	31.99	20.57	+8 −3
5	55.80	57.71	−10 −3	55.80	8.42	−1 +7	47.04	16.44	+10 +4	31.42	20.63	+3 −5
6	55.95	58.06	−11 0	55.64	8.74	+3 +7	46.62	16.65	+11 +1	30.85	20.68	−3 −6
7	56.09	58.41	−10 +3	55.47	9.04	+7 +5	46.19	16.85	+10 −1	30.28	20.72	−9 −5
8	56.23	58.75	−8 +5	55.29	9.35	+10 +3	45.76	17.05	+6 −4	29.71	20.76	−14 −3
9	56.35 / 56.46	59.10 / 59.44	−4 +7 / 0 +7	55.10	9.65	+10 +1	45.32	17.25	0 −6	29.14	20.79	−16 0
10	56.57	59.78	+4 +7	54.90	9.95	+8 −2	44.88	17.44	−6 −6	28.57	20.82	−14 +3
11	56.66	60.13	+8 +5	54.69	10.25	+3 −4	44.43	17.62	−12 −4	27.99	20.84	−10 +6
12	56.75	60.47	+10 +3	54.47	10.55	−3 −5	43.97	17.80	−16 −1	27.41	20.85	−3 +7
13	56.82	60.81	+9 0	54.24	10.84	−9 −5	43.50	17.98	−17 +2	26.83	20.86	+5 +7
14	56.89	61.16	+6 −3	54.00	11.13	−15 −3	43.03	18.15	−14 +5	26.25	20.86	+11 +5
15	56.94	61.50	+1 −5	53.75	11.42	−18 0	42.55	18.32	−8 +7	25.67	20.86	+15 +1
16	56.98	61.84	−6 −6	53.50	11.70	−17 +3	42.07	18.48	0 +7	25.09	20.85	+16 −2
17	57.02	62.18	−12 −4	53.24	11.99	−12 +5	41.59	18.64	+7 +6	24.51	20.83	+13 −6
18	57.04	62.52	−16 −2	52.97	12.26	−5 +8	41.09	18.79	+13 +4	23.93	20.81	+8 −7
19	57.06	62.86	−17 +1	52.68	12.54	+4 +7	40.59	18.94	+16 0	23.35	20.79	+2 −8
20	57.06	63.20	−14 +4	52.39	12.81	+11 +5	40.09	19.08	+16 −4	22.77	20.75	−4 −7
21	57.06	63.54	−8 +7	52.09	13.08	+16 +1	39.58	19.22	+12 −7	22.19	20.72	−9 −5
22	57.04	63.87	0 +7	51.78	13.34	+18 −2	39.06	19.35	+6 −8	21.61	20.67	−11 −2
23	57.02	64.20	+9 +6	51.47	13.60	+16 −6	38.54	19.48	0 −8	21.03	20.62	−11 +1
24	56.98	64.54	+15 +3	51.14	13.86	+11 −8	38.01	19.60	−5 −7	20.45	20.56	−9 +4
25	56.94	64.87	+18 −1	50.81	14.12	+4 −9	37.48	19.72	−10 −4	19.87	20.50	−6 +6
26	56.89	65.20	+18 −5	50.47	14.37	−2 −8	36.95	19.83	−11 −1	19.30	20.44	−1 +7
27	56.82	65.53	+14 −7	50.12	14.61	−7 −6	36.41	19.93	−11 +2	18.73	20.36	+4 +7
28	56.75	65.86	+8 −9	49.76	14.86	−10 −3	35.87	20.03	−8 +4	18.16	20.28	+8 +6
29	56.66	66.19	+1 −9	49.40	15.10	−11 0	35.32	20.13	−4 +6	17.60	20.20	+10 +3
30	56.57	66.51	−5 −7	49.03	15.33	−9 +3	34.78	20.22	+1 +7	17.03	20.11	+11 0
31	56.46	66.84	−9 −5	48.64	15.56	−6 +5	34.22	20.30	+6 +6	16.47	20.01	+9 −2
32	56.35	67.16	−10 −1				33.67	20.38	+9 +5	15.91	19.91	+5 −5

δ	sec δ	tg δ	δ	sec δ	tg δ	δ	sec δ	tg δ
−87° 58′ 50″	+28.378	−28.360	−87° 59′ 0″	+28.417	−28.399	−87° 59′ 20″	+28.495	−28.478
60	+28.417	−28.399	10	+28.456	−28.439	30	+28.535	−28.517

$\alpha_{1959.0} = 15^h\ 5^m\ 55^s.09$ $\delta_{1959.0} = -87°\ 58'\ 58''.88$

Obere Kulmination Greenwich

Se) 20 G. Octantis $6^m.52$

Tag	September AR.	September Dekl.	September ☾ Glieder	Oktober AR.	Oktober Dekl.	Oktober ☾ Glieder	November AR.	November Dekl.	November ☾ Glieder	Dezember AR.	Dezember Dekl.	Dezember ☾ Glieder
	$15^h 6^m$	−87° 59′	in s ″ 0.01 0.01	$15^h 5^m$	−87° 59′	in s ″ 0.01 0.01	$15^h 5^m$	−87° 58′	in s ″ 0.01 0.01	$15^h 5^m$	−87° 58′	in s ″ 0.01 0.01
	s	″		s	″		s	″		s	″	
1	15.91	19.91	+5 −5	61.62	14.42	−11 −5	55.26	65.29	−12 +6	59.94	56.08	+8 +6
2	15.36	19.80	−1 −6	61.26	14.17	−15 −2	55.24	64.97	−4 +7	60.28	55.80	+14 +3
3	14.81	19.69	−7 −6	60.91	13.91	−16 +1	55.23	64.65	+4 +7	60.63	55.53	+17 −1
4	14.26	19.57	−12 −4	60.56	13.65	−13 +4	55.24	64.33	+12 +4	60.99	55.26	+17 −5
5	13.71	19.45	−15 −1	60.23	13.39	−8 +6	55.25	64.01	+17 +1	61.36	54.99	+13 −8
6	13.17	19.32	−15 +2	59.90	13.12	0 +7	55.28	63.69	+18 −3	61.74	54.73	+8 −9
7	12.64	19.18	−11 +5	59.59	12.85	+8 +6	55.32	63.37	+16 −6	62.13	54.47	0 −9
8	12.11	19.04	−5 +7	59.28	12.57	+14 +3	*55.38	63.05	+11 −8	62.53	54.22	−5 −7
9	11.58	18.90	+3 +7	58.99	12.30	+17 0	55.44	62.74	+4 −9	62.94	53.97	−9 −4
10	11.06	18.74	+10 +5	58.70	12.01	+16 −4	55.52	62.42	−2 −8	63.37	53.73	−10 −1
11	10.55	18.58	+14 +2	58.43	11.73	+13 −7	55.61	62.10	−7 −6	63.80	53.49	−9 +2
12	10.04	18.42	+16 −1	58.16	11.44	+7 −8	55.71	61.78	−10 −3	64.24	53.25	−6 +4
13	9.53	18.25	+15 −4	57.91	11.15	+1 −8	55.83	61.46	−10 0	64.69	53.01	−2 +6
14	9.03	18.08	+10 −7	57.66	10.86	−5 −7	55.95	61.15	−9 +3	65.15	52.78	+2 +6
15	8.54	17.90	+4 −8	57.43	10.57	−9 −4	56.09	60.83	−6 +5	65.62	52.55	+6 +6
16	8.06	17.72	−2 −8	57.21	10.28	−11 −1	56.24	60.52	−2 +6	66.10	52.33	+9 +4
17	7.58	17.53	−7 −6	57.00	9.98	−11 +1	56.40	60.21	+3 +7	66.58	52.11	+11 +2
18	7.10	17.34	−10 −3	56.80	9.68	−9 +4	56.58	59.90	+7 +6	67.08	51.90	+10 0
19	6.64	17.14	−11 0	56.62	9.38	−5 +6	56.77	59.60	+9 +4	67.58	51.70	+8 −3
20	6.18	16.94	−10 +3	56.44	9.07	−1 +7	56.97	59.29	+10 +2	68.10	51.50	+3 −4
21	5.73	16.73	−8 +5	56.28	8.76	+4 +7	57.18	58.99	+9 −1	68.62	51.30	−4 −5
22	5.28	16.52	−3 +6	56.13	8.45	+8 +6	57.40	58.69	+5 −3	69.15	51.11	−10 −4
23	4.84	16.30	+1 +7	55.99	8.14	+10 +3	57.64	58.39	0 −5	69.69	50.92	−15 −2
24	4.41	16.08	+6 +6	55.86	7.83	+10 +1	57.89	58.09	−7 −5	70.23	50.74	−18 0
25	3.99	15.86	+9 +5	55.74	7.51	+8 −2	58.15	57.79	−13 −4	70.79	50.56	−17 +4
26	3.57	15.63	+11 +2	55.63	7.20	+3 −4	58.42	57.50	−17 −1	71.35	50.39	−13 +7
27	3.17	15.40	+10 −1	55.54	6.88	−3 −5	58.70	57.21	−18 +2	71.91	50.22	−6 +8
28	2.77	15.16	+7 −3	55.46	6.57	−9 −5	58.99	56.92	−15 +5	72.49	50.06	+3 +8
29	2.38	14.92	+1 −5	55.39	6.25	−15 −3	59.30	56.64	−9 +7	73.07	49.90	+11 +5
30	2.00	14.67	−5 −6	55.34	5.93	−17 0	59.61	56.36	0 +8	73.66	49.75	+16 +2
31	1.62	14.42	−11 −5	55.29	5.61	−16 +3	59.94	56.08	+8 +6	74.26	49.60	+17 −3
32				55.26	5.29	−12 +6				74.86	49.46	+15 −6

δ	sec δ	tg δ	δ	sec δ	tg δ	δ	sec δ	tg δ
−87° 58′ 40″	+28.339	−28.321	−87° 59′ 0″	+28.417	−28.399	−87° 59′ 10″	+28.456	−28.439
50	+28.378	−28.360	10	+28.456	−28.439	20	+28.495	−28.478

$\alpha_{1959.0} = 15^h\ 5^m\ 55^s.09$ $\delta_{1959.0} = -87°\ 58'\ 58''.88$

* **Tag der doppelten unteren Kulmination: Nov. 8**

Scheinbare Sternörter 1959

Obere Kulmination Greenwich

Sf) 26 G. Octantis $6^{m}.13$

Tag	Januar				Februar				März				April			
	AR.	Dekl.	☾ Glieder		AR.	Dekl.	☾ Glieder		AR.	Dekl.	☾ Glieder		AR.	Dekl.	☾ Glieder	
	$16^h 45^m$	$-86° 17'$	in s 0.01	in ″ 0.01	$16^h 45^m$	$-86° 17'$	in s 0.01	in ″ 0.01	$16^h 45^m$	$-86° 17'$	in s 0.01	in ″ 0.01	$16^h 45^m$	$-86° 17'$	in s 0.01	in ″ 0.01
	s	″			s	″			s	″			s	″		
1	0.57	37.09	− 4	−7	10.32	31.22	− 7	+4	21.29	29.93	− 5	+5	33.24	32.97	+10	+3
2	0.82	36.83	− 7	−5	10.69	31.10	− 4	+6	21.69	29.96	− 1	+7	33.59	33.14	+11	0
3	1.07	36.59	− 9	−2	11.07	30.99	0	+7	22.09	29.99	+ 3	+7	33.95	33.32	+10	−3
4	1.33	36.34	− 9	+2	11.44	30.89	+ 4	+7	22.49	30.03	+ 7	+5	34.30	33.49	+ 8	−6
5	1.59	36.10	− 7	+5	11.82	30.79	+ 8	+4	22.89	30.07	+ 9	+2	34.65	33.67	+ 5	−7
6	1.86	35.87	− 3	+7	12.20	30.70	+10	+1	23.29	30.12	+10	−1	34.99	33.86	+ 1	−7
7	2.13	35.64	+ 2	+7	12.58	30.61	+10	−2	23.69	30.17	+ 9	−4	35.33	34.05	− 3	−6
8	2.41	35.41	+ 6	+6	12.96	30.52	+ 8	−5	24.09	30.23	+ 6	−6	35.67	34.24	− 5	−4
9	2.69	35.18	+ 9	+3	13.35	30.44	+ 5	−7	24.49	30.29	+ 3	−7	36.01	34.43	− 7	−1
10	2.98	34.96	+10	0	13.73	30.37	+ 2	−8	24.88	30.35	− 1	−7	36.34	34.63	− 7	+2
11	3.27	34.74	+10	−4	14.12	30.30	− 2	−7	25.28	30.42	− 4	−5	36.67	34.83	− 7	−4
12	3.57	34.53	+ 8	−6	14.51	30.24	− 5	−5	25.67	30.50	− 6	−3	37.00	35.04	− 5	+6
13	3.87	34.32	+ 4	−7	14.90	30.18	− 7	−2	26.07	30.58	− 8	0	37.32	35.25	− 3	+7
14	4.18	34.12	0	−7	15.29	30.13	− 8	+1	26.46	30.67	− 8	+3	37.64	35.47	0	+7
15	4.49	33.92	− 3	−6	15.69	30.08	− 7	+4	26.85	30.76	− 7	+5	37.96	35.69	+ 3	+6
16	4.81	33.72	− 6	−4	16.08	30.04	− 6	+6	27.24	30.86	− 5	+7	38.27	35.91	+ 4	+3
17	5.13	33.53	− 7	−1	16.48	30.00	− 3	+7	27.63	30.96	− 2	+8	38.58	36.13	+ 5	0
18	5.45	33.34	− 8	+2	16.88	29.96	0	+7	28.02	31.06	+ 1	+7	38.89	36.36	+ 4	−3
19	5.77	33.15	− 7	+5	17.27	29.93	+ 3	+6	28.40	31.17	+ 4	+5	39.19	36.59	+ 1	−6
20	6.10	32.97	− 4	+7	17.67	29.91	+ 5	+3	28.79	31.29	+ 5	+2	39.49	36.82	− 2	−7
21	6.43	32.80	− 1	+7	18.07	29.89	+ 6	0	29.17	31.40	+ 5	−2	39.78	37.06	− 5	−6
22	6.77	32.63	+ 2	+7	18.47	29.88	+ 5	−3	29.55	31.53	+ 4	−5	40.07	37.30	− 8	−4
23	7.11	32.47	+ 4	+5	18.87	29.87	+ 3	−6	29.93	31.65	+ 1	−7	40.35	37.54	− 9	−1
24	7.46	32.31	+ 6	+2	19.28	29.87	0	−7	30.30	31.78	− 3	−7	40.63	37.79	− 8	+3
25	7.81	32.16	+ 6	−1	19.68	29.87	− 4	−7	30.68	31.92	− 6	−6	40.91	38.04	− 5	+6
26	8.16	32.01	+ 5	−5	20.08	29.88	− 7	−5	31.05	32.06	− 8	−3	41.18	38.29	0	+7
27	8.51	31.87	+ 2	−6	20.48	29.89	− 8	−1	31.42	32.20	− 8	+1	41.45	38.54	+ 5	+7
28	8.87	31.73	− 2	−7	20.89	29.91	− 7	+2	31.79	32.35	− 6	+4	41.72	38.80	+ 9	+4
29	9.23	31.59	− 5	−6	21.29	29.93	− 5	+5	32.16	32.50	− 2	+6	41.98	39.06	+11	+1
30	9.59	31.46	− 8	−3					32.52	32.65	+ 2	+7	42.24	39.32	+11	−2
31	9.96	31.34	− 8	0					32.88	32.81	+ 7	+6	42.49	39.59	+10	−5
32	10.32	31.22	− 7	+4					33.24	32.97	+10	+3				

δ	sec δ	tg δ	δ	sec δ	tg δ
−86° 17′ 20″	+15.450	−15.417	−86° 17′ 30″	+15.461	−15.429
30	+15.461	−15.429	40	+15.473	−15.441

$\alpha_{1959.0} = 16^h\ 45^m\ 13^s.38$ $\delta_{1959.0} = -86°\ 17'\ 54''.72$

Obere Kulmination Greenwich

Sf) 26 G. Octantis $6^m.13$

Tag	Mai AR.	Mai Dekl.	Mai ☾ Glieder	Juni AR.	Juni Dekl.	Juni ☾ Glieder	Juli AR.	Juli Dekl.	Juli ☾ Glieder	August AR.	August Dekl.	August ☾ Glieder
	$16^h 45^m$	−86° 17′	in s 0.01 | ″ 0.01	$16^h 45^m$	−86° 17′	in s 0.01 | ″ 0.01	$16^h 45^m$	−86° 17′	in s 0.01 | ″ 0.01	$16^h 45^m$	−86° 18′	in s 0.01 | ″ 0.01
	s	″		s	″		s	″		s	″	
1	42.49	39.59	+10 −5	47.86	48.74	−3 −6	47.97	58.30	−6 +4	42.84	5.89	+2 +6
2	42.74	39.85	+6 −7	47.95	49.06	−5 −3	47.89	58.59	−4 +6	42.60	6.07	+5 +4
3	42.98	40.12	+3 −8	{48.03 / 48.11}	{49.38 / 49.69}	{−6 −1 / −6 +2}	47.79	58.88	−1 +7	42.36	6.26	+6 +1
4	43.21	40.40	−1 −7	48.18	50.01	−5 +5	47.69	59.16	+1 +7	42.11	6.44	+6 −2
5	43.44	40.67	−4 −5	48.25	50.33	−3 +6	47.58	59.44	+3 +5	41.86	6.61	+4 −4
6	43.67	40.95	−6 −2	48.31	50.64	−1 +7	47.47	59.72	+5 +3	41.61	6.78	+1 −6
7	43.90	41.23	−7 0	48.36	50.96	+1 +6	47.36	60.00	+6 0	41.35	6.94	−3 −7
8	44.12	41.51	−6 +3	48.41	51.27	+4 +5	47.24	60.27	+5 −3	41.09	7.10	−6 −5
9	44.33	41.80	−5 +5	48.46	51.58	+5 +2	47.11	60.54	+3 −5	40.83	7.25	−8 −3
10	44.54	42.08	−3 +7	48.50	51.90	+5 0	46.98	60.81	−1 −6	40.56	7.40	−9 0
11	44.75	42.37	−1 +7	48.53	52.21	+4 −3	46.84	61.08	−4 −6	40.29	7.54	−8 +3
12	44.95	42.66	+2 +6	48.56	52.52	+1 −6	46.70	61.34	−8 −4	40.02	7.68	−5 +6
13	45.14	42.95	+4 +4	48.58	52.84	−3 −7	46.55	61.60	−10 −2	39.74	7.81	−1 +7
14	45.33	43.25	+5 +1	48.59	53.15	−6 −6	46.40	61.86	−9 +2	39.46	7.94	+4 +7
15	45.52	43.54	+4 −2	48.60	53.46	−9 −4	46.24	62.11	−7 +5	39.18	8.07	+7 +4
16	45.70	43.84	+2 −5	48.61	53.77	−10 0	46.08	62.37	−4 +7	38.89	8.18	+9 +1
17	45.88	44.14	−1 −7	48.60	54.09	−9 +3	45.92	62.61	+1 +7	38.60	8.30	+9 −3
18	46.05	44.43	−4 −7	48.60	54.40	−6 +6	45.75	62.86	+6 +6	38.31	8.40	+8 −6
19	46.21	44.73	−8 −5	48.58	54.70	−1 +7	45.57	63.10	+9 +3	38.02	8.50	+5 −7
20	46.37	45.03	−10 −2	48.56	55.01	+4 +7	45.39	63.34	+10 −1	37.72	8.60	+1 −8
21	46.53	45.34	−9 +2	48.54	55.32	+8 +5	45.20	63.57	+10 −4	37.43	8.69	−2 −6
22	46.68	45.64	−7 +5	48.51	55.62	+11 +1	45.01	63.80	+7 −7	37.12	8.77	−5 −4
23	46.82	45.95	−3 +7	48.47	55.93	+11 −3	44.81	64.03	+4 −8	36.82	8.85	−6 −1
24	46.96	46.26	+2 +7	48.43	56.23	+9 −6	44.61	64.25	0 −7	36.52	8.93	−7 +2
25	47.09	46.57	+7 +6	48.38	56.53	+6 −8	44.40	64.47	−3 −6	36.21	9.00	−6 +4
26	47.21	46.88	+10 +3	48.33	56.83	+2 −8	44.19	64.68	−5 −3	35.90	9.06	−4 +6
27	47.33	47.19	+12 −1	48.27	57.13	−1 −7	43.98	64.89	−6 0	35.59	9.12	−1 +7
28	47.45	47.50	+11 −4	48.20	57.42	−4 −5	43.76	65.10	−6 +3	35.28	9.17	+2 +7
29	47.56	47.81	+8 −7	48.13	57.72	−6 −2	43.54	65.30	−5 +5	34.97	9.21	+4 +5
30	47.67	48.12	+5 −8	48.06	58.01	−6 +1	43.31	65.50	−2 +7	34.66	9.25	+6 +3
31	47.77	48.43	+1 −8	47.97	58.30	−6 +4	43.08	65.69	0 +7	34.34	9.29	+6 0
32	47.86	48.74	−3 −6				42.84	65.89	+2 +6	34.02	9.32	+5 −3

δ	sec δ	tg δ	δ	sec δ	tg δ	δ	sec δ	tg δ
−86° 17′ 30″	+15.461	−15.429	−86° 17′ 50″	+15.485	−15.452	−86° 18′ 0″	+15.496	−15.464
40	+15.473	−15.441	60	+15.496	−15.464	10	+15.508	−15.475

$\alpha_{1959.0} = 16^h\ 45^m\ 13^s.38$ $\qquad \delta_{1959.0} = -86°\ 17'\ 54''.72$

Scheinbare Sternörter 1959

Obere Kulmination Greenwich

Sf) 26 G. Octantis $6^m.13$

Tag	September AR.	September Dekl.	September ☾ Glieder		Oktober AR.	Oktober Dekl.	Oktober ☾ Glieder		November AR.	November Dekl.	November ☾ Glieder		Dezember AR.	Dezember Dekl.	Dezember ☾ Glieder	
	$16^h 45^m$	−86° 18′	in s 0.01	in ″ 0.01	$16^h 45^m$	−86° 18′	in s 0.01	in ″ 0.01	$16^h 45^m$	−86° 17′	in s 0.01	in ″ 0.01	$16^h 45^m$	−86° 17′	in s 0.01	in ″ 0.01
	s	″			s	″			s	″			s	″		
1	34.02	9.32	+5	−3	24.66	7.51	−4	−7	17.62	60.72	−9	+3	16.03	51.49	+1	+8
2	33.70	9.34	+2	−6	24.37	7.36	−7	−5	17.47	60.44	−5	+6	16.08	51.17	+6	+6
3	33.38	9.36	−1	−7	24.09	7.21	−9	−3	17.33	60.16	−1	+7	*16.14	50.85	+10	+3
4	33.06	9.37	−4	−6	23.80	7.05	−9	+1	17.19	59.87	+4	+7	16.21	50.54	+11	−1
5	32.74	9.38	−7	−4	23.53	6.88	−7	+4	17.06	59.58	+8	+4	16.28	50.22	+10	−5
6	32.42	9.38	−9	−1	23.25	6.71	−3	+6	16.94	59.29	+11	+1	16.36	49.91	+8	−7
7	32.10	9.37	−8	+2	22.98	6.54	+2	+7	16.83	58.99	+11	−3	16.44	49.59	+4	−8
8	31.78	9.36	−5	+5	22.71	6.36	+6	+6	16.72	58.70	+9	−6	16.53	49.28	0	−8
9	31.46	9.35	−1	+7	22.45	6.17	+9	+3	16.61	58.40	+6	−7	16.63	48.97	−3	−6
10	31.14	9.32	+3	+7	22.19	5.98	+10	0	16.52	58.10	+2	−8	16.74	48.66	−5	−3
11	30.82	9.29	+7	+5	21.93	5.79	+10	−4	16.43	57.79	−1	−6	16.85	48.35	−6	0
12	30.50	9.26	+9	+2	21.68	5.59	+8	−6	16.35	57.49	−4	−4	16.97	48.04	−5	+3
13	30.18	9.22	+10	−1	21.43	5.39	+4	−7	16.27	57.18	−6	−2	17.09	47.73	−4	+5
14	29.86	9.17	+9	−5	21.18	5.18	0	−7	16.20	56.87	−6	+1	17.22	47.43	−2	+6
15	29.54	9.12	+6	−7	20.94	4.96	−3	−6	16.13	56.56	−5	+4	17.36	47.13	+1	+7
16	29.23	9.06	+2	−8	20.71	4.75	−5	−3	16.08	56.25	−4	+5	17.51	46.83	+3	+6
17	28.91	9.00	−1	−7	20.48	4.52	−6	−1	16.03	55.94	−2	+7	17.66	46.53	+4	+4
18	28.60	8.93	−4	−5	20.25	4.30	−6	+2	15.98	55.63	+1	+7	17.82	46.24	+5	+2
19	28.28	8.85	−6	−2	20.03	4.07	−5	+5	15.94	55.31	+3	+6	17.98	45.94	+5	−1
20	27.97	8.77	−7	+1	19.82	3.83	−4	+6	15.91	54.99	+5	+4	18.15	45.66	+3	−4
21	27.66	8.68	−6	+3	19.61	3.59	−1	+7	15.89	54.67	+5	+1	18.33	45.37	0	−6
22	27.35	8.59	−5	+5	19.40	3.35	+2	+7	15.87	54.35	+4	−2	18.51	45.08	−3	−6
23	27.04	8.49	−2	+7	19.20	3.10	+4	+5	15.86	54.04	+2	−5	18.70	44.80	−7	−5
24	26.73	8.39	0	+7	19.00	2.85	+5	+3	15.85	53.72	−1	−6	18.89	44.52	−10	−3
25	26.43	8.28	+3	+6	18.80	2.60	+5	0	15.86	53.40	−5	−6	19.09	44.24	−11	0
26	26.13	8.17	+5	+4	18.62	2.34	+4	−4	15.87	53.08	−8	−5	19.30	43.97	−10	+3
27	25.83	8.05	+6	+1	18.44	2.08	+1	−6	15.88	52.77	−10	−2	19.51	43.70	−7	+6
28	25.53	7.92	+5	−2	18.26	1.81	−3	−7	15.91	52.45	−10	+2	19.72	43.43	−2	+8
29	25.24	7.79	+3	−5	18.09	1.55	−6	−6	15.94	52.13	−8	+5	19.95	43.17	+3	+7
30	24.94	7.65	0	−7	17.93	1.27	−9	−4	15.98	51.81	−4	+7	20.18	42.91	+8	+5
31	24.66	7.51	−4	−7	17.77	1.00	−10	0	16.03	51.49	+1	+8	20.41	42.65	+10	+1
32					17.62	0.72	−9	+3					20.65	42.39	+11	−3

δ	sec δ	tg δ	δ	sec δ	tg δ	δ	sec δ	tg δ
−86° 17′ 40″	+15.473	−15.441	−86° 17′ 50″	+15.485	−15.452	−86° 18′ 0″	+15.496	−15.464
50	+15.485	−15.452	60	+15.496	−15.464	10	+15.508	−15.475

$\alpha_{1959.0} = 16^h\, 45^m\, 13^s.38$ $\delta_{1959.0} = -86°\, 17'\, 54''.72$

* Tag der doppelten unteren Kulmination: Dez. 3.

Obere Kulmination Greenwich

Sg) χ Octantis $5^m_.22$

Tag	Januar AR.	Januar Dekl.	Januar ☾ Glieder	Februar AR.	Februar Dekl.	Februar ☾ Glieder	März AR.	März Dekl.	März ☾ Glieder	April AR.	April Dekl.	April ☾ Glieder
	$18^h 30^m$	$\overline{87° 38'}$	in s 0.01 / ″ 0.01	$18^h 30^m$	$\overline{87° 38'}$	in s 0.01 / ″ 0.01	$18^h 30^m$	$\overline{87° 38'}$	in s 0.01 / ″ 0.01	$18^h 31^m$	$\overline{87° 38'}$	in s 0.01 / ″ 0.01
	s	″		s	″		s	″		s	″	
1	34.06	38.63	−1 −8	43.26	29.24	−12 +1	57.59	23.42	−10 +3	16.52	21.08	+11 +6
2	34.22	38.30	−6 −7	43.69	28.98	−10 +4	58.17	23.28	−5 +6	17.14	21.08	+15 +4
3	34.39	37.97	−11 −5	44.13	28.72	−4 +7	58.75	23.13	+1 +8	17.76	21.08	+16 0
4	34.56	37.64	−13 −1	44.58	28.47	+2 +8	59.34	23.00	+7 +7	18.38	21.09	+15 −3
5	34.75	37.32	−12 +2	45.03	28.22	+8 +7	59.93	22.86	+12 +6	19.00	21.11	+11 −5
6	34.94	37.00	−8 +6	45.49	27.98	+13 +5	60.52	22.73	+15 +2	19.62	21.13	+7 −6
7	35.15	36.67	−2 +8	45.96	27.73	+15 +1	61.12	22.61	+15 −1	20.24	21.15	0 −7
8	35.37	36.35	+4 +7	46.43	27.50	+15 −2	61.72	22.49	+13 −4	20.85	21.18	−5 −5
9	35.59	36.03	+11 +6	46.91	27.26	+12 −4	62.32	22.38	+9 −6	21.46	21.21	−9 −4
10	35.83	35.71	+15 +3	47.39	27.03	+7 −6	62.92	22.27	+4 −7	22.07	21.25	−11 −1
11	36.08	35.39	+16 0	47.88	26.80	+1 −7	63.53	22.17	−2 −6	22.68	21.30	−12 +2
12	36.33	35.07	+14 −3	48.38	26.58	−4 −6	64.14	22.07	−7 −5	23.28	21.34	−11 +4
13	36.59	34.75	+11 −5	48.88	26.36	−8 −4	64.75	21.98	−10 −3	23.89	21.40	−9 +6
14	36.87	34.44	+5 −6	49.39	26.14	−11 −2	65.36	21.89	−12 0	24.49	21.46	−5 +6
15	37.15	34.13	0 −6	49.90	25.93	−13 +1	65.97	21.80	−13 +3	25.09	21.52	0 +6
16	37.44	33.82	−6 −5	50.42	25.72	−12 +4	66.58	21.72	−11 +5	25.69	21.59	+4 +5
17	37.74	33.51	−10 −3	50.95	25.52	−9 +6	67.20	21.64	−7 +6	26.28	21.66	+7 +2
18	38.05	33.21	−12 −1	51.48	25.32	−5 +7	67.82	21.57	−3 +7	26.88	21.74	+8 −2
19	38.37	32.91	−12 +2	52.01	25.13	0 +7	68.44	21.50	+2 +6	27.46	21.82	+6 −5
20	38.70	32.61	−10 +4	52.55	24.94	+5 +5	69.06	21.44	+6 +4	28.05	21.91	+2 −7
21	39.04	32.31	−7 +6	53.09	24.75	+8 +2	69.68	21.38	+8 0	28.63	22.00	−3 −8
22	39.38	32.02	−2 +7	53.64	24.57	+10 −1	70.30	21.33	+8 −3	29.21	22.10	−9 −7
23	39.73	31.73	+3 +6	54.19	24.39	+8 −5	70.92	21.28	+6 −6	29.79	22.20	−12 −4
24	40.09	31.44	+7 +4	54.75	24.22	+4 −7	71.54	21.24	+1 −8	30.37	22.30	−13 0
25	40.46	31.15	+9 +1	55.31	24.05	−1 −8	72.17	21.21	−4 −7	30.94	22.41	−10 +4
26	40.84	30.87	+9 −3	55.88	23.89	−6 −7	72.79	21.18	−9 −6	31.51	22.52	−5 +7
27	41.23	30.59	+7 −5	56.44	23.73	−10 −4	73.41	21.15	−11 −2	32.07	22.64	+2 +8
28	41.62	30.31	+2 −7	57.02	23.57	−12 0	74.03	21.13	−11 +2	32.63	22.76	+9 +7
29	42.02	30.04	−3 −7	57.59	23.42	−10 +3	74.65	21.11	−8 +5	33.19	22.88	+15 +5
30	42.43	29.77	−9 −6				75.28	21.09	−1 +7	33.74	23.01	+17 +2
31	42.84	29.50	−12 −3				75.90	21.08	+5 +8	34.28	23.14	+17 −1
32	43.26	29.24	−12 +1				76.52	21.08	+11 +6			

δ	sec δ	tg δ	δ	sec δ	tg δ
−87° 38′ 20″	+24.273	−24.253	−87° 38′ 30″	+24.302	−24.281
30	+24.302	−24.281	40	+24.331	−24.310

$\alpha_{1959.0} = 18^h\ 31^m\ 5^s_.03$ $\delta_{1959.0} = -87°\ 38'\ 48''_.81$

Scheinbare Sternörter 1959

Obere Kulmination Greenwich

Sg) χ Octantis $5^m_.22$

Tag	Mai AR.	Mai Dekl.	Mai ☾ Glieder	Juni AR.	Juni Dekl.	Juni ☾ Glieder	Juli AR.	Juli Dekl.	Juli ☾ Glieder	August AR.	August Dekl.	August ☾ Glieder
	$18^h\,31^m$	−87° 38′	in s 0.01 | ″ 0.01	$18^h\,31^m$	−87° 38′	in s 0.01 | ″ 0.01	$18^h\,31^m$	−87° 38′	in s 0.01 | ″ 0.01	$18^h\,31^m$	−87° 38′	in s 0.01 | ″ 0.01
	s	″		s	″		s	″		s	″	
1	34.28	23.14	+17 −1	48.52	29.22	0 −6	55.63	37.93	−10 +2	54.00	47.12	0 +7
2	34.83	23.28	+14 −4	48.87	29.47	− 5 −5	55.72	38.23	− 9 +4	53.80	47.40	+ 4 +6
3	35.36	23.43	+ 9 −6	49.22	29.72	− 8 −3	55.80	38.53	− 7 +6	53.59	47.67	+ 7 +3
4	35.90	23.57	+ 3 −7	49.56	29.97	−10 0	55.87	38.84	− 3 +6	53.37	47.94	+ 9 0
5	36.43	23.72	− 2 −6	49.89	30.23	−10 +2	55.93	39.15	+ 1 +6	53.14	48.21	+ 9 −3
6	36.95	23.88	− 7 −4	50.21	30.49	− 9 +5	55.98	39.45	+ 5 +5	52.91	48.47	+ 6 −6
7	37.47	24.04	−10 −2	50.53	30.76	− 6 +6	56.02	39.76	+ 8 +2	52.67	48.73	+ 1 −7
8	37.98	24.20	−11 +1	50.84	31.02	− 2 +6	56.05	40.06	+ 9 −1	52.41	48.99	− 5 −7
9	38.49	24.37	−11 +3	51.13	31.29	+ 2 +6	56.07	40.36	+ 7 −4	52.15	49.25	−10 −6
10	38.99	24.54	− 9 +5	51.42	31.56	+ 5 +4	56.08	40.67	+ 3 −6	51.89	49.50	−13 −3
11	39.49	24.72	− 6 +6	51.71	31.83	+ 7 +1	56.08	40.97	− 2 −8	51.61	49.76	−13 0
12	39.98	24.89	− 2 +6	51.98	32.11	+ 8 −2	56.08	41.27	− 8 −7	51.32	50.00	−11 +4
13	40.47	25.08	+ 2 +5	52.24	32.38	+ 5 −5	56.06	41.58	−12 −5	51.03	50.25	− 5 +7
14	40.95	25.26	+ 6 +3	52.50	32.66	+ 1 −7	56.04	41.88	−14 −1	50.73	50.49	+ 1 +8
15	41.43	25.45	+ 8 0	52.75	32.94	− 5 −8	56.00	42.18	−13 +2	50.42	50.73	+ 7 +7
16	41.90	25.64	+ 7 −3	52.99	33.22	−11 −7	55.96	42.48	− 9 +5	50.11	50.96	+12 +4
17	42.36	25.84	+ 3 −6	53.22	33.51	−14 −4	55.90	42.78	− 3 +7	49.78	51.19	+15 +1
18	42.82	26.04	− 2 −8	53.44	33.80	−15 0	55.84	43.08	+ 4 +7	49.45	51.41	+14 −2
19	43.27	26.25	− 7 −8	53.65	34.08	−12 +4	55.77	43.38	+10 +6	49.12	51.64	+11 −5
20	43.72	26.45	−12 −6	53.86	34.37	− 6 +7	55.69	43.68	+15 +3	48.77	51.85	+ 7 −7
21	44.15	26.67	−14 −2	54.06	34.66	+ 1 +8	55.60	43.97	+16 0	48.42	52.07	+ 1 −7
22	44.58	26.88	−13 +2	54.24	34.95	+ 8 +7	55.50	44.26	+14 −4	48.06	52.28	− 4 −6
23	45.01	27.10	− 9 +6	54.42	35.24	+14 +5	55.39	44.56	+10 −6	47.69	52.49	− 8 −4
24	45.43	27.32	− 2 +8	54.60	35.54	+17 +2	55.27	44.85	+ 5 −7	47.31	52.69	−10 −1
25	45.84	27.55	+ 5 +8	54.76	35.83	+17 −2	55.14	45.14	− 1 −6	46.93	52.89	−11 +2
26	46.24	27.78	+12 +6	54.91	36.13	+14 −5	55.01	45.43	− 6 −5	46.54	53.08	− 9 +4
27	46.64	28.01	+17 +4	55.05	36.42	+ 9 −7	54.86	45.72	− 9 −3	46.15	53.27	− 6 +6
28	47.03	28.25	+18 0	55.19	36.72	+ 3 −7	54.71	46.00	−10 0	45.75	53.45	− 2 +7
29	47.41	28.49	+16 −3	55.31	37.02	− 3 −6	54.54	46.28	−10 +2	45.34	53.63	+ 2 +6
30	47.79	28.73	+12 −5	55.43 55.54	37.32 37.62	− 7 −4 −10 −1	54.37	46.56	− 8 +5	44.93	53.81	+ 6 +4
31	48.16	28.97	+ 6 −7	55.63	37.93	−10 +2	54.19	46.84	− 4 +6	44.51	53.98	+ 8 +2
32	48.52	29.22	0 −6				54.00	47.12	0 +7	44.09	54.15	+ 9 −2

δ	sec δ	tg δ	δ	sec δ	tg δ	δ	sec δ	tg δ
−87° 38′ 20″	+24.273	−24.253	−87° 38′ 30″	+24.302	−24.281	−87° 38′ 50″	+24.359	−24.339
30	+24.302	−24.281	40	+24.331	−24.310	60	+24.388	−24.368

$\alpha_{1959.0} = 18^h\,31^m\,5^s_.03$ $\delta_{1959.0} = -87°\,38'\,48''_.81$

Scheinbare Sternörter 1959

Obere Kulmination Greenwich

Sg) χ Octantis $5^m_{.}22$

Tag	September AR.	September Dekl.	September ☾ Glieder		Oktober AR.	Oktober Dekl.	Oktober ☾ Glieder		November AR.	November Dekl.	November ☾ Glieder		Dezember AR.	Dezember Dekl.	Dezember ☾ Glieder	
	$18^h 31^m$ s	— 87° 38′ ″	in s 0.01	″ 0.01	$18^h 31^m$ s	— 87° 38′ ″	in s 0.01	″ 0.01	$18^h 31^m$ s	— 87° 38′ ″	in s 0.01	″ 0.01	$18^h 31^m$ s	— 87° 38′ ″	in s 0.01	″ 0.01
1	44.09	54.15	+ 9	−2	29.57	56.63	0	−7	14.58	53.62	−14	0	5.40	46.09	− 3	+7
2	43.66	54.31	+ 7	−5	29.05	56.62	− 6	−7	14.16	53.43	−11	+4	5.23	45.78	+ 5	+8
3	43.22	54.47	+ 3	−7	28.53	56.61	−10	−6	13.75	53.24	− 5	+6	5.08	45.48	+12	+6
4	42.78	54.62	− 2	−8	28.02	56.59	−13	−2	13.35	53.05	+ 2	+8	4.93	45.17	+16	+3
5	42.34	54.76	− 7	−7	27.51	56.56	−12	+2	12.95	52.85	+ 9	+7	4.79	44.86	+18	−1
6	41.89	54.90	−11	−4	26.99	56.53	− 8	+5	12.56	52.64	+14	+5	4.67	44.54	+16	−4
7	41.44	55.04	−13	0	26.48	56.49	− 2	+7	12.18	52.43	+17	+1	4.55	44.23	+11	−6
8	40.98	55.17	−11	+3	25.97	56.44	+ 5	+7	11.80	52.21	+16	−2	4.44	43.91	+ 5	−7
9	40.51	55.29	− 7	+6	25.46	56.39	+11	+6	11.43	51.99	+13	−5	4.34	43.59	0	−6
10	40.05	55.41	− 1	+7	24.95	56.34	+15	+3	11.07	51.76	+ 8	−6	4.26	43.27	− 5	−4
11	39.58	55.53	+ 6	+7	24.45	56.28	+16	0	10.71	51.53	+ 2	−6	4.18	42.95	− 8	−2
12	39.10	55.64	+11	+5	23.94	56.21	+14	−3	10.36	51.30	− 3	−5	4.11	42.63	− 9	+1
13	38.62	55.74	+15	+2	23.44	56.14	+10	−5	10.02	51.06	− 7	−4	4.06	42.30	− 9	+3
14	38.14	55.84	+15	−1	22.93	56.06	+ 5	−6	9.69	50.81	− 9	−1	4.01	41.97	− 7	+5
15	37.65	55.94	+12	−4	22.44	55.97	0	−6	9.37	50.57	−10	+2	3.98	41.65	− 4	+6
16	37.16	56.02	+ 8	−6	21.94	55.88	− 5	−5	9.06	50.31	− 9	+4	3.95	41.32	0	+6
17	36.67	56.10	+ 3	−7	21.45	55.78	− 8	−3	8.75	50.06	− 6	+5	3.94	40.99	+ 3	+5
18	36.17	56.18	− 2	−6	20.96	55.67	−10	0	8.45	49.80	− 3	+7	3.93	40.66	+ 6	+4
19	35.68	56.25	− 7	−4	20.48	55.56	−11	+2	8.16	49.53	+ 1	+6	3.94	40.33	+ 8	+1
20	35.18	56.31	−10	−2	20.00	55.45	− 9	+4	7.88	49.26	+ 4	+5	3.96	39.99	+ 7	−2
21	34.68	56.37	−11	+1	19.52	55.33	− 6	+6	7.61	48.99	+ 7	+3	3.99	39.66	+ 4	−5
22	34.17	56.42	−10	+3	19.05	55.20	− 2	+7	7.35	48.71	+ 7	0	4.03	39.33	0	−7
23	33.66	56.47	− 8	+5	18.58	55.06	+ 2	+6	7.10	48.43	+ 6	−4	4.08	38.99	− 6	−8
24	33.15	56.51	− 5	+7	18.12	54.92	+ 5	+4	6.85	48.15	+ 2	−6	4.14	38.66	−12	−7
25	32.65	56.54	− 1	+7	17.66	54.78	+ 7	+1	6.62	47.86	− 3	−8	4.21	38.33	−15	−4
26	32.14	56.57	+ 4	+6	17.20	54.63	+ 8	−2	6.39	47.57	− 8	−8	4.29	38.00	−16	0
27	31.62	56.59	+ 7	+3	16.75	54.47	+ 5	−5	6.17	47.28	−12	−6	4.38	37.66	−13	+4
28	31.11	56.61	+ 8	0	16.31	54.31	+ 1	−7	5.97	46.99	−15	−2	4.49	37.33	− 7	+6
29	30.60	56.62	+ 8	−4	15.87	54.15	− 4	−8	5.77	46.69	−14	+2	4.60	37.00	0	+7
30	30.08	56.63	+ 4	−6	15.43	53.98	−10	−7	5.58	46.39	−10	+5	*4.72	36.67	+ 8	+7
31	29.57	56.63	0	−7	15.00	53.80	−13	−4	5.40	46.09	− 3	+7	4.86	36.34	+14	+5
32					14.58	53.62	−14	0					5.00	36.01	+17	+1

δ	sec δ	tg δ	δ	sec δ	tg δ	δ	sec δ	tg δ
−87° 38′ 30″	+24.302	−24.281	−87° 38′ 40″	+24.331	−24.310	−87° 38′ 50″	+24.359	−24.339
40	+24.331	−24.310	50	+24.359	−24.339	60	+24.388	−24.368

$\alpha_{1959.0} = 18^h\ 31^m\ 5^s_{.}03$ $\delta_{1959.0} = -87°\ 38'\ 48''_{.}81$

* Tag der doppelten unteren Kulmination: Dez. 30.

Scheinbare Sternörter 1959

Obere Kulmination Greenwich

Sh) σ Octantis $5^m.48$

Tag	Januar AR.	Januar Dekl.	☾ Glieder		Februar AR.	Februar Dekl.	☾ Glieder		März AR.	März Dekl.	☾ Glieder		April AR.	April Dekl.	☾ Glieder	
	$20^h 24^m$	−89° 6′	in s 0.01	in ″ 0.01	$20^h 24^m$	−89° 6′	in s 0.01	in ″ 0.01	$20^h 25^m$	−89° 6′	in s 0.01	in ″ 0.01	$20^h 25^m$	−89° 6′	in s 0.01	in ″ 0.01
	s	″			s	″			s	″			s	″		
1	42.19	34.94	+13	−7	43.70	23.95	−29	−2	4.63	14.61	−28	0	43.41	7.00	+12	+9
2	41.86	34.60	0	−8	44.15	23.60	−30	+1	5.67	14.31	−24	+4	44.84	6.82	+26	+7
3	41.55	34.26	−15	−7	44.62	23.24	−23	+5	6.72	14.01	−16	+7	46.28	6.64	+35	+5
4	41.26	33.92	−27	−5	45.12	22.89	−11	+7	7.79	13.72	0	+8	47.72	6.47	+38	+1
5	41.00	33.58	−32	−1	45.64	22.53	+ 5	+8	8.88	13.43	+15	+8	49.18	6.30	+34	−2
6	40.76	33.23	−30	+3	46.19	22.18	+20	+7	9.98	13.14	+28	+6	50.64	6.14	+25	−4
7	40.55	32.88	−20	+6	46.75	21.82	+31	+5	11.10	12.86	+35	+3	52.11	5.98	+14	−6
8	40.37	32.54	− 5	+8	47.34	21.47	+36	+2	12.24	12.58	+36	0	53.58	5.83	0	−6
9	40.21	32.19	+11	+8	47.96	21.13	+35	−1	13.39	12.30	+31	−3	55.06	5.68	−13	−5
10	40.08	31.83	+26	+7	48.59	20.78	+28	−4	14.55	12.03	+21	−5	56.55	5.53	−24	−4
11	39.98	31.48	+36	+4	49.25	20.44	+17	−6	15.73	11.76	+ 8	−6	58.04	5.39	−31	−2
12	39.90	31.12	+38	+1	49.93	20.09	+ 3	−6	16.92	11.50	− 5	−6	59.54	5.26	−33	+1
13	39.85	30.77	+34	−2	50.63	19.75	−11	−6	18.13	11.24	−17	−5	61.04	5.13	−31	+3
14	39.82	30.41	+25	−4	51.35	19.42	−23	−4	19.35	10.98	−28	−3	62.54	5.01	−24	+5
15	39.82	30.06	+12	−6	52.10	19.08	−31	−2	20.59	10.72	−34	−1	64.05	4.89	−13	+5
16	39.84	29.70	− 2	−6	52.87	18.75	−34	0	21.84	10.47	−34	+1	65.56	4.77	0	+5
17	39.89	29.34	−15	−5	53.66	18.41	−32	+3	23.10	10.22	−29	+4	67.08	4.66	+13	+3
18	39.97	28.98	−26	−4	54.46	18.08	−24	+5	24.38	9.98	−20	+5	68.60	4.56	+21	0
19	40.07	28.62	−32	−1	55.29	17.76	−12	+6	25.67	9.74	− 7	+6	70.12	4.46	+25	−3
20	40.20	28.26	−32	+1	56.14	17.43	+ 2	+5	26.97	9.50	+ 7	+5	71.64	4.36	+19	−6
21	40.36	27.90	−28	+4	57.01	17.11	+15	+4	28.28	9.27	+19	+2	73.17	4.27	+ 9	−8
22	40.54	27.54	−18	+5	57.89	16.79	+24	+1	29.61	9.04	+25	−1	74.70	4.19	− 5	−8
23	40.74	27.18	− 5	+6	58.80	16.47	+28	−2	30.95	8.82	+25	−4	76.23	4.11	−19	−6
24	40.97	26.82	+ 8	+5	59.72	16.15	+24	−5	32.29	8.60	+17	−7	77.76	4.03	−29	−3
25	41.22	26.46	+20	+3	60.67	15.84	+14	−7	33.65	8.39	+ 5	−8	79.29	3.96	−30	+1
26	41.50	26.10	+27	0	61.63	15.53	− 1	−7	35.01	8.18	−10	−7	80.83	3.89	−23	+5
27	*41.81	25.74	+26	−3	62.62	15.22	−15	−6	36.39	7.97	−22	−5	82.36	3.83	−10	+8
28	42.14	25.38	+20	−6	63.62	14.92	−25	−3	37.78	7.77	−28	−1	83.89	3.77	+ 7	+9
29	42.49	25.03	+ 7	−7	64.63	14.61	−28	0	39.17	7.57	−27	+3	85.43	3.72	+23	+8
30	42.87	24.67	− 8	−7					40.58	7.38	−18	+6	86.96	3.67	+35	+6
31	43.27	24.31	−19	−5					41.99	7.19	− 4	+8	88.49	3.63	+41	+3
32	43.70	23.95	−29	−2					43.41	7.00	+12	+9				

δ	sec δ	tg δ	δ	sec δ	tg δ	δ	sec δ	tg δ
−89° 6′ 0″	+63.665	−63.657	−89° 6′ 10″	+63.862	−63.854	−89° 6′ 30″	+64.260	−64.252
10	+63.862	−63.854	20	+64.060	−64.052	40	+64.460	−64.453

$\alpha_{1959.0} = 20^h\ 26^m\ 15^s.61$ $\delta_{1959.0} = -89°\ 6'\ 34''.66$

* Tag der doppelten unteren Kulmination: Jan. 27.

Obere Kulmination Greenwich

Sh) σ Octantis $5^m.48$

Tag	Mai AR.	Mai Dekl.	Mai ☾ Glieder in s 0.01	Mai ☾ Glieder in ″ 0.01	Juni AR.	Juni Dekl.	Juni ☾ Glieder in s 0.01	Juni ☾ Glieder in ″ 0.01	Juli AR.	Juli Dekl.	Juli ☾ Glieder in s 0.01	Juli ☾ Glieder in ″ 0.01	August AR.	August Dekl.	August ☾ Glieder in s 0.01	August ☾ Glieder in ″ 0.01
	$20^h 26^m$	−89° 6′			$20^h 27^m$	−89° 6′			$20^h 27^m$	−89° 6′			$20^h 27^m$	−89° 6′		
	s	″			s	″			s	″			s	″		
1	28.49	3.63	+41	+3	13.61	4.88	+13	−6	46.99	10.32	−20	−3	63.01	19.25	−14	+6
2	30.02	3.59	+39	0	14.94	5.00	−2	−5	47.84	10.56	−26	−1	63.12	19.56	−2	+6
3	31.54	3.56	+31	−3	16.25	5.12	−14	−4	48.66	10.80	−29	+1	63.20	19.86	+10	+5
4	33.07	3.53	+20	−5	17.54	5.25	−23	−3	49.47	11.05	−26	+3	63.26	20.17	+20	+3
5	34.59	3.51	+6	−6	18.83	5.38	−28	−1	50.25	11.30	−19	+5	63.29	20.47	+25	0
6	36.11	3.50	−7	−5	20.10	5.52	−29	+2	51.01	11.56	−10	+6	63.30	20.78	+24	−3
7	37.63	3.49	−18	−4	21.36	5.66	−25	+4	51.76	11.81	+2	+5	63.28	21.08	+17	−6
8	39.14	3.48	−26	−2	22.61	5.81	−18	+5	52.48	12.07	+13	+4	63.23	21.39	+4	−8
9	40.65	3.48	−31	0	23.85	5.96	−7	+6	53.17	12.34	+21	+1	63.16	21.69	−10	−8
10	42.16	3.49	−30	+2	25.07	6.11	+4	+5	53.85	12.60	+25	−2	63.07	22.00	−24	−6
11	43.66	3.50	−25	+4	26.28	6.27	+15	+3	54.50	12.87	+20	−5	62.95	22.30	−30	−3
12	45.16	3.51	−16	+5	27.47	6.43	+21	0	55.13	13.14	+11	−7	62.81	22.61	−32	+1
13	46.65	3.53	−5	+5	28.65	6.60	+22	−3	55.74	13.41	−3	−8	62.64	22.91	−26	+5
14	48.14	3.56	+7	+4	29.81	6.77	+16	−6	56.33	13.68	−18	−8	62.45	23.21	−12	+7
15	49.62	3.59	+17	+2	30.96	6.95	+4	−8	56.89	13.96	−30	−5	62.23	23.51	+4	+8
16	51.09	3.63	+22	−2	32.09	7.13	−10	−9	57.43	14.24	−34	−2	61.98	23.82	+20	+7
17	52.56	3.67	+21	−5	33.20	7.32	−24	−7	57.95	14.52	−32	+2	61.71	24.12	+32	+5
18	54.02	3.71	+12	−8	34.30	7.51	−33	−4	58.44	14.81	−21	+6	61.41	24.42	+37	+2
19	55.48	3.76	−1	−9	35.38	7.70	−34	0	58.92	15.09	−6	+8	61.09	24.72	+36	−2
20	56.92	3.82	−16	−8	36.45	7.90	−27	+4	59.37	15.38	+12	+8	60.74	25.02	+27	−4
21	58.36	3.88	−28	−5	37.50	8.10	−13	+7	59.80	15.67	+27	+6	60.37	25.31	+15	−6
22	59.79	3.94	−33	−2	38.53	8.30	+4	+9	60.20	15.96	+36	+4	59.97	25.61	+2	−6
23	61.22	4.01	−30	+3	39.55	8.51	+22	+8	60.58	16.25	+39	0	59.55	25.90	−12	−5
24	62.63	4.09	−19	+7	40.54	8.72	+35	+6	60.93	16.54	+35	−3	59.11	26.19	−22	−3
25	64.04	4.17	−3	+9	41.52	8.94	+41	+3	61.26	16.84	+24	−5	58.64	26.48	−28	−1
26	65.44	4.26	+15	+9	42.48	9.16	+40	−1	61.56	17.14	+11	−6	58.15	26.77	−30	+2
27	66.83	4.35	+30	+7	43.42	9.38	+32	−4	61.84	17.43	−4	−5	57.63	27.06	−27	+4
28	68.21	4.45	+40	+5	44.35	9.61	+20	−5	62.10	17.73	−16	−4	57.09	27.34	−19	+5
29	69.57	4.55	+42	+1	45.25	9.84	+5	−6	62.33	18.04	−24	−2	56.53	27.62	−8	+6
30	70.93	4.65	+37	−2	46.13	10.08	−9	−5	{ 62.54 { 62.72	18.34 18.64	−29 −29	0 } +3 }	55.94	27.90	+5	+5
31	72.28	4.76	+27	−4	46.99	10.32	−20	−3	62.88	18.95	−23	+5	55.33	28.17	+16	+4
32	73.61	4.88	+13	−6					63.01	19.25	−14	+6	54.69	28.45	+24	+1

δ	sec δ	tg δ	δ	sec δ	tg δ	δ	sec δ	tg δ
−89° 6′ 0″	+63.665	−63.657	−89° 6′ 10″	+63.862	−63.854	−89° 6′ 20″	+64.060	−64.052
10	+63.862	−63.854	20	+64.060	−64.052	30	+64.260	−64.252

$\alpha_{1959.0} = 20^h\ 26^m\ 15^s.61$ $\delta_{1959.0} = -89°\ 6'\ 34''.66$

Scheinbare Sternörter 1959

Obere Kulmination Greenwich

Sh) σ Octantis $5\overset{m}{.}48$

Tag	September				Oktober				November				Dezember			
	AR.	Dekl.	☾ Glieder in s 0.01	☾ Glieder in ″ 0.01	AR.	Dekl.	☾ Glieder in s 0.01	☾ Glieder in ″ 0.01	AR.	Dekl.	☾ Glieder in s 0.01	☾ Glieder in ″ 0.01	AR.	Dekl.	☾ Glieder in s 0.01	☾ Glieder in ″ 0.01
	$20^h 27^m$ s	−89° 6′ ″			$20^h 26^m$ s	−89° 6′ ″			$20^h 26^m$ s	−89° 6′ ″			$20^h 25^m$ s	−89° 6′ ″		
1	54.69	28.45	+24	+1	86.13	34.99	+14	−7	44.87	36.81	−30	−4	67.44	32.91	−21	+6
2	54.03	28.72	+26	−2	84.92	35.14	+ 1	−8	43.50	36.77	−32	+1	66.40	32.69	− 4	+8
3	53.35	28.99	+21	−5	83.69	35.28	−12	−7	42.13	36.72	−25	+4	65.38	32.47	+15	+8
4	52.64	29.25	+11	−7	82.46	35.42	−25	−5	40.77	36.67	−11	+7	64.37	32.24	+31	+7
5	51.92	29.51	− 3	−8	81.21	35.55	−29	−2	39.41	36.61	+ 6	+9	63.39	32.01	+41	+4
6	51.17	29.77	−17	−7	79.94	35.67	−28	+2	38.06	36.54	+22	+8	62.42	31.77	+42	+1
7	50.40	30.03	−27	−4	78.67	35.79	−19	+6	36.72	36.47	+35	+6	61.47	31.52	+37	−2
8	49.61	30.28	−31	0	77.39	35.90	− 5	+8	35.38	36.39	+40	+3	60.55	31.27	+26	−5
9	48.79	30.53	−26	+4	76.10	36.01	+12	+8	34.05	36.30	+38	−1	59.64	31.02	+11	−5
10	47.96	30.78	−16	+7	74.80	36.11	+26	+7	32.72	36.21	+31	−4	58.76	30.76	− 3	−5
11	47.10	31.02	0	+8	73.49	36.21	+36	+4	31.40	36.11	+18	−5	57.89	30.50	−14	−4
12	46.23	31.26	+15	+7	72.17	36.30	+38	+1	30.09	36.01	+ 4	−6	57.05	30.23	−22	−2
13	45.34	31.50	+28	+6	70.84	36.38	+34	−2	28.79	35.90	− 8	−5	56.23	29.96	−26	+1
14	44.42	31.73	+36	+3	69.51	36.46	+25	−5	27.49	35.78	−19	−3	55.43	29.69	−26	+3
15	43.49	31.96	+36	0	68.17	36.53	+12	−6	26.21	35.66	−25	−1	54.65	29.41	−21	+4
16	42.53	32.18	+30	−3	66.82	36.60	− 1	−6	24.94	35.53	−27	+1	53.90	29.13	−13	+6
17	41.56	32.40	+20	−5	65.47	36.66	−13	−5	23.68	35.40	−26	+3	53.17	28.84	− 3	+6
18	40.57	32.61	+ 6	−6	64.11	36.71	−23	−3	22.43	35.26	−21	+5	52.46	28.55	+ 7	+5
19	39.56	32.82	− 7	−6	62.75	36.76	−29	−1	21.19	35.11	−12	+6	51.77	28.26	+16	+3
20	38.53	33.03	−18	−4	61.38	36.80	−29	+2	19.96	34.96	− 1	+5	51.11	27.96	+21	0
21	37.48	33.23	−26	−2	60.01	36.84	−26	+4	18.75	34.80	+ 9	+4	50.47	27.66	+21	−4
22	36.42	33.43	−30	0	58.64	36.87	−19	+5	17.55	34.64	+18	+1	49.85	27.36	+14	−7
23	35.34	33.62	−30	+3	57.27	36.89	− 8	+6	16.37	34.47	+22	−2	49.26	27.05	+ 1	−9
24	34.24	33.81	−24	+5	55.89	36.91	+ 4	+5	15.20	34.29	+19	−6	48.69	26.74	−13	−9
25	33.13	33.99	−14	+6	54.51	36.92	+14	+3	14.04	34.11	+ 9	−8	48.15	26.43	−27	−7
26	32.00	34.17	− 2	+6	53.13	36.92	+21	0	12.90	33.92	− 4	−9	47.63	26.11	−35	−4
27	30.85	34.35	+10	+4	51.75	36.92	+22	−3	11.78	33.73	−18	−8	47.14	25.79	−36	0
28	29.69	34.52	+19	+2	50.37	36.91	+17	−6	10.67	33.53	−30	−6	46.67	25.47	−29	+4
29	28.52	34.68	+25	−1	48.99	36.89	+ 6	−8	9.58	33.33	−35	−2	46.23	25.14	−15	+7
30	27.33	34.84	+23	−4	47.62	36.87	− 8	−8	8.50	33.12	−32	+2	45.81	24.82	+ 3	+8
31	26.13	34.99	+14	−7	46.24	36.84	−22	−7	7.44	32.91	−21	+6	45.42	24.49	+22	+7
32					44.87	36.81	−30	−4					45.05	24.16	+36	+5

δ	sec δ	tg δ	δ	sec δ	tg δ
−89° 6′ 20″	+64.060	−64.052	−89° 6′ 30″	+64.260	−64.252
30	+64.260	−64.252	40	+64.460	−64.453

$\alpha_{1959.0} = 20^h\, 26^m\, 15\overset{s}{.}61$ $\delta_{1959.0} = -89°\, 6'\, 34\overset{''}{.}66$

Scheinbare Sternörter 1959

Obere Kulmination Greenwich

Si) β Octantis $4^{m}.34$

Tag	Januar AR.	Januar Dekl.	Januar ☾ Glieder	Februar AR.	Februar Dekl.	Februar ☾ Glieder	März AR.	März Dekl.	März ☾ Glieder	April AR.	April Dekl.	April ☾ Glieder
	$22^h 41^m$	− 81° 35′	in s 0.01, ″ 0.01	$22^h 41^m$	− 81° 35′	in s 0.01, ″ 0.01	$22^h 41^m$	− 81° 35′	in s 0.01, ″ 0.01	$22^h 41^m$	− 81° 35′	in s 0.01, ″ 0.01
	s	″		s	″		s	″		s	″	
1	51.62	63.39	+3 −4	49.17	54.75	−3 −5	48.79	44.69	−3 −3	50.41	33.46	0 +9
2	51.51	63.18	+1 −7	49.13	54.41	−3 −2	48.81	44.32	−3 +1	50.50	33.12	+2 +9
3	51.41	62.96	−1 −8	49.08	54.07	−3 +1	*48.83	43.95	−3 +4	50.59	32.79	+3 +8
4	51.30	62.74	−2 −7	49.04	53.73	−2 +5	48.85	43.57	−1 +7	50.67	32.45	+4 +6
5	51.20	62.51	−3 −5	49.00	53.39	−1 +7	48.87	43.20	0 +9	50.77	32.12	+4 +3
6	51.10	62.28	−4 −1	48.96	53.04	+1 +8	48.90	42.82	+2 +8	50.86	31.79	+4 0
7	51.00	62.04	−3 +3	48.93	52.70	+3 +8	48.93	42.45	+3 +7	50.95	31.47	+2 −3
8	50.90	61.80	−2 +6	48.90	52.35	+4 +6	48.96	42.08	+4 +4	51.05	31.14	+1 −5
9	50.81	61.55	0 +9	48.87	52.00	+4 +3	49.00	41.70	+4 +1	51.15	30.83	−1 −6
10	50.71	61.30	+2 +9	48.84	51.64	+4 0	49.04	41.33	+3 −2	51.25	30.51	−2 −6
11	50.62	61.04	+3 +8	48.82	51.29	+3 −3	49.08	40.96	+2 −4	51.35	30.20	−3 −5
12	50.53	60.78	+4 +6	48.80	50.93	+1 −5	49.12	40.59	0 −6	51.46	29.89	−4 −4
13	50.44	60.51	+4 +2	48.78	50.57	0 −6	49.17	40.22	−1 −7	51.56	29.58	−4 −1
14	50.36	60.24	+3 −1	48.76	50.21	−2 −7	49.21	39.86	−3 −6	51.67	29.27	−3 +1
15	50.27	59.97	+2 −4	48.75	49.85	−3 −6	49.26	39.49	−4 −5	51.78	28.97	−2 +3
16	50.19	59.69	+1 −6	48.74	49.49	−4 −4	49.31	39.12	−4 −3	51.89	28.67	−1 +4
17	50.11	59.41	−1 −7	48.73	49.12	−4 −2	49.36	38.76	−4 0	52.00	28.38	+1 +4
18	50.03	59.12	−2 −6	48.72	48.76	−3 +1	49.42	38.40	−3 +2	52.12	28.08	+2 +3
19	49.96	58.83	−3 −5	48.72	48.40	−2 +3	49.47	38.04	−2 +4	52.24	27.80	+3 0
20	49.89	58.54	−4 −3	48.72	48.03	−1 +5	49.54	37.67	0 +5	52.35	27.51	+3 −3
21	49.82	58.24	−4 0	48.72	47.66	+1 +5	49.60	37.31	+2 +4	52.47	27.23	+2 −6
22	49.75	57.94	−3 +2	48.72	47.29	+3 +4	49.66	36.96	+3 +2	52.59	26.95	+1 −8
23	49.68	57.63	−2 +4	48.72	46.92	+4 +2	49.73	36.60	+4 0	52.71	26.68	−1 −8
24	49.61	57.33	0 +5	48.72	46.55	+3 −1	49.80	36.24	+3 −3	52.83	26.41	−3 −6
25	49.55	57.01	+2 +5	48.73	46.18	+3 −4	49.86	35.89	+2 −6	52.96	26.14	−4 −3
26	49.49	56.70	+3 +3	48.74	45.81	+1 −6	49.94	35.53	0 −7	53.08	25.88	−3 +1
27	49.43	56.38	+3 0	48.75	45.44	−1 −7	50.01	35.18	−2 −6	53.21	25.62	−2 +5
28	49.38	56.06	+3 −3	48.77	45.06	−2 −6	50.09	34.83	−3 −4	53.34	25.36	−1 +8
29	49.32	55.74	+2 −5	48.79	44.69	−3 −3	50.16	34.49	−3 −1	53.47	25.11	+1 +10
30	49.27	55.41	0 −7				50.25	34.14	−3 +3	53.60	24.86	+3 +9
31	49.22	55.08	−2 −7				50.33	33.80	−2 +7	53.73	24.62	+4 +7
32	49.17	54.75	−3 −5				50.41	33.46	0 +9			

δ	sec δ	tg δ	δ	sec δ	tg δ	δ	sec δ	tg δ
−81° 35′ 20″	+6.836	−6.763	−81° 35′ 40″	+6.841	−6.767	−81° 36′ 0″	+6.845	−6.772
30	+6.839	−6.765	50	+6.843	−6.770	10	+6.848	−6.774

$\alpha_{1959.0} = 22^h\ 41^m\ 59^s.42$ $\delta_{1959.0} = -81°\ 35'\ 50''.92$

* Tag der doppelten unteren Kulmination: März 3.

Obere Kulmination Greenwich

Si) β Octantis $4^m.34$

Tag	Mai AR.	Mai Dekl.	Mai ☾ Glieder in s 0.01	Mai ☾ Glieder in ″ 0.01	Juni AR.	Juni Dekl.	Juni ☾ Glieder in s 0.01	Juni ☾ Glieder in ″ 0.01	Juli AR.	Juli Dekl.	Juli ☾ Glieder in s 0.01	Juli ☾ Glieder in ″ 0.01	August AR.	August Dekl.	August ☾ Glieder in s 0.01	August ☾ Glieder in ″ 0.01
	$22^h 41^m$ s	— 81° 35′ ″			$22^h 41^m$ s	— 81° 35′ ″			$22^h 42^m$ s	— 81° 35′ ″			$22^h 42^m$ s	— 81° 35′ ″		
1	53.73	24.62	+4	+7	58.31	19.38	+2	−3	2.94	19.06	−2	−5	6.78	23.66	−3	+1
2	53.86	24.38	+4	+4	58.47	19.29	+1	−5	3.08	19.14	−3	−4	6.88	23.89	−2	+3
3	54.00	24.15	+4	+1	58.62	19.20	−1	−6	3.23	19.22	−3	−2	6.97	24.11	−1	+5
4	54.14	23.92	+3	−2	58.78	19.12	−2	−5	3.37	19.30	−3	0	7.06	24.34	+1	+5
5	54.27	23.69	+2	−4	58.94	19.05	−3	−4	3.51	19.39	−3	+2	7.15	24.57	+2	+5
6	54.41	23.47	0	−5	59.10	18.98	−4	−2	3.65	19.49	−2	+4	7.23	24.81	+3	+3
7	54.55	23.25	−1	−6	59.26	18.92	−4	0	3.79	19.59	−1	+5	7.32	25.04	+3	0
8	54.69	23.04	−3	−5	59.41	18.87	−3	+2	3.93	19.69	+1	+5	7.40	25.29	+3	−3
9	54.83	22.83	−3	−4	59.57	18.82	−2	+4	4.06	19.80	+2	+4	7.48	25.53	+2	−6
10	54.97	22.63	−4	−2	59.73	18.77	0	+5	4.20	19.92	+3	+1	7.56	25.78	0	−8
11	55.12	22.43	−4	0	59.89	18.73	+1	+4	4.33	20.04	+3	−2	7.63	26.03	−2	−8
12	55.26	22.24	−3	+2	60.04	18.70	+2	+3	4.47	20.16	+2	−5	7.71	26.29	−3	−6
13	55.41	22.05	−1	+4	60.20	18.67	+3	0	4.60	20.29	+1	−7	7.78	26.55	−4	−3
14	55.55	21.86	0	+4	60.35	18.64	+3	−3	4.73	20.43	−1	−9	7.85	26.81	−4	+1
15	55.70	21.68	+2	+4	60.51	18.62	+2	−7	4.86	20.57	−3	−8	7.92	27.07	−2	+5
16	55.85	21.50	+3	+1	60.67	18.61	0	−9	4.99	20.72	−4	−5	7.98	27.34	−1	+7
17	56.00	21.33	+3	−2	60.82	18.60	−2	−9	5.12	20.87	−4	−2	8.04	27.61	+1	+8
18	56.15	21.16	+3	−5	60.98	18.60	−3	−7	5.24	21.03	−3	+2	8.09	27.88	+3	+8
19	56.30	21.00	+1	−8	61.13	18.60	−4	−4	5.36	21.19	−2	+6	8.15	28.16	+4	+6
20	56.45	20.85	−1	−9	61.28	18.61	−4	0	5.48	21.35	0	+8	8.20	28.43	+4	+3
21	56.61	20.70	−2	−8	61.44	18.62	−3	+5	5.60	21.52	+2	+9	8.25	28.71	+4	0
22	56.76	20.55	−3	−5	61.59	18.64	−1	+8	5.72	21.69	+4	+8	8.30	29.00	+3	−3
23	56.91	20.41	−4	−1	61.74	18.67	+1	+9	5.84	21.87	+4	+5	8.34	29.28	+1	−5
24	57.06	20.28	−3	+3	61.90	18.70	+3	+9	5.95	22.05	+4	+2	8.38	29.57	−1	−6
25	57.22	20.15	−2	+7	62.05	18.73	+4	+7	6.06	22.24	+3	−1	8.42	29.86	−2	−5
26	57.37	20.02	0	+9	62.20	18.77	+5	+4	6.17	22.43	+2	−4	8.46	30.15	−3	−4
27	57.53	19.90	+2	+10	62.35	18.82	+4	+1	6.28	22.63	0	−5	8.49	30.45	−4	−2
28	57.68	19.79	+4	+9	62.50	18.87	+3	−2	6.38	22.82	−1	−6	8.52	30.74	−4	0
29	57.84	19.68	+5	+6	62.65	18.93	+1	−4	6.48	23.03	−2	−5	8.55	31.04	−3	+2
30	57.99	19.57	+5	+3	62.79	19.00	0	−5	6.58	23.24	−3	−3	8.57	31.33	−2	+4
31	58.15	19.47	+4	−1	62.94	19.06	−2	−5	6.68	23.45	−4	−1	8.60	31.63	0	+5
32	58.31	19.38	+2	−3					6.78	23.66	−3	+1	8.62	31.93	+1	+5

δ	sec δ	tg δ	δ	sec δ	tg δ	δ	sec δ	tg δ
−81° 35′ 10″	+6.834	−6.761	−81° 35′ 20″	+6.836	−6.763	−81° 35′ 30″	+6.839	−6.765
20	+6.836	−6.763	30	+6.839	−6.765	40	+6.841	−6.767

$\alpha_{1959.0} = 22^h\ 41^m\ 59^s.42$ $\qquad$ $\delta_{1959.0} = -81°\ 35'\ 50''.92$

Obere Kulmination Greenwich

Si) β Octantis $4^m.34$

Tag	September AR.	September Dekl.	September ☾ Glieder	Oktober AR.	Oktober Dekl.	Oktober ☾ Glieder	November AR.	November Dekl.	November ☾ Glieder	Dezember AR.	Dezember Dekl.	Dezember ☾ Glieder
	$22^h 42^m$	−81° 35′	in s 0.01 | ″ 0.01	$22^h 42^m$	−81° 35′	in s 0.01 | ″ 0.01	$22^h 42^m$	−81° 35′	in s 0.01 | ″ 0.01	$22^h 41^m$	−81° 35′	in s 0.01 | ″ 0.01
	s	″		s	″		s	″		s	″	
1	8.62	31.93	+1 +5	7.88	41.21	+3 −4	4.84	48.22	−3 −7	60.75	50.28	−3 +3
2	8.64 8.65	32.23 32.53	+3 +4 +3 +2	7.81	41.49	+1 −7	4.71	48.37	−4 −3	60.61	50.25	−2 +7
3	8.66	32.83	+3 −2	7.74	41.77	0 −8	4.59	48.52	−4 +1	60.47	50.22	0 +9
4	8.67	33.14	+2 −5	7.67	42.04	−2 −7	4.46	48.67	−3 +5	60.34	50.17	+2 +10
5	8.68	33.44	+1 −7	7.59	42.31	−3 −5	4.33	48.80	−1 +8	60.20	50.13	+4 +8
6	8.68	33.75	−1 −8	7.52	42.57	−4 −1	4.20	48.93	+1 +9	60.06	50.07	+5 +6
7	8.68	34.05	−3 −6	7.44	42.84	−3 +3	4.07	49.06	+3 +9	59.92	50.01	+5 +2
8	8.68	34.36	−4 −4	7.36	43.10	−2 +6	3.93	49.18	+4 +7	59.79	49.95	+4 −1
9	8.67	34.66	−4 0	7.28	43.36	0 +8	3.80	49.29	+4 +4	59.65	49.88	+2 −3
10	8.66	34.97	−3 +4	7.19	43.62	+2 +9	3.67	49.40	+4 +1	59.52	49.80	+1 −5
11	8.65	35.27	−1 +7	7.11	43.87	+3 +8	3.53	49.50	+3 −2	59.38	49.72	−1 −5
12	8.64	35.58	+1 +8	7.02	44.12	+4 +6	3.39	49.60	+1 −4	59.25	49.63	−2 −4
13	8.62	35.89	+2 +8	6.93	44.37	+4 +2	3.26	49.69	0 −5	59.11	49.53	−3 −3
14	8.61	36.19	+4 +7	6.84	44.61	+3 −1	3.12	49.77	−2 −5	58.98	49.43	−3 −1
15	8.58	36.50	+4 +4	6.74	44.85	+2 −3	2.98	49.85	−3 −4	58.85	49.32	−3 +1
16	8.56	36.80	+4 +1	6.64	45.08	+1 −5	2.84	49.92	−3 −2	58.72	49.20	−2 +3
17	8.53	37.10	+3 −2	6.54	45.31	−1 −6	2.71	49.99	−3 0	58.59	49.08	−1 +4
18	8.50	37.41	+2 −4	6.44	45.54	−2 −5	2.57	50.05	−3 +2	58.47	48.96	0 +5
19	8.47	37.71	0 −6	6.34	45.76	−3 −4	2.43	50.11	−2 +3	58.34	48.82	+1 +4
20	8.44	38.00	−1 −6	6.24	45.98	−4 −2	2.29	50.16	−1 +4	58.21	48.68	+2 +2
21	8.40	38.30	−3 −5	6.13	46.19	−4 0	2.15	50.20	+1 +4	58.09	48.54	+3 −1
22	8.36	38.60	−4 −3	6.02	46.40	−3 +2	2.01	50.23	+2 +3	57.97	48.39	+3 −4
23	8.32	38.90	−4 −1	5.91	46.60	−2 +4	1.87	50.26	+3 +1	57.85	48.23	+2 −7
24	8.27	39.19	−3 +1	5.79	46.80	0 +5	1.73	50.29	+3 −2	57.73	48.07	0 −9
25	8.22	39.49	−2 +3	5.68	47.00	+1 +4	1.59	50.30	+2 −5	57.61	47.90	−2 −9
26	8.17	39.78	−1 +5	5.56	47.19	+3 +3	1.45	50.31	+1 −8	57.49	47.73	−3 −8
27	8.12	40.07	+1 +5	5.44	47.37	+3 0	1.31	50.32	−1 −9	57.37	47.55	−4 −4
28	8.06	40.36	+2 +4	5.33	47.55	+3 −3	1.17	50.32	−3 −8	57.26	47.37	−4 0
29	8.00	40.64	+3 +2	5.21	47.73	+2 −6	1.03	50.31	−4 −6	57.15	47.18	−3 +4
30	7.94	40.93	+3 −1	5.08	47.90	0 −8	0.89	50.30	−4 −2	57.03	46.99	−1 +7
31	7.88	41.21	+3 −4	4.96	48.06	−2 −8	0.75	50.28	−3 +3	56.92	46.79	+1 +9
32				4.84	48.22	−3 −7				56.81	46.58	+3 +9

δ	sec δ	tg δ	δ	sec δ	tg δ	δ	sec δ	tg δ
−81° 35′ 30″	+6.839	−6.765	−81° 35′ 40″	+6.841	−6.767	−81° 35′ 50″	+6.843	−6.770
40	+6.841	−6.767	50	+6.843	−6.770	60	+6.845	−6.772

$\alpha_{1959.0} = 22^h\ 41^m\ 59^s.42$ $\delta_{1959.0} = -81°\ 35'\ 50''.92$

Scheinbare Sternörter 1959

Obere Kulmination Greenwich

Sk) τ Octantis $5^m.56$

Tag	Januar AR.	Januar Dekl.	Januar ☾ Glieder in s 0.01	Januar ☾ Glieder in ″ 0.01	Februar AR.	Februar Dekl.	Februar ☾ Glieder in s 0.01	Februar ☾ Glieder in ″ 0.01	März AR.	März Dekl.	März ☾ Glieder in s 0.01	März ☾ Glieder in ″ 0.01	April AR.	April Dekl.	April ☾ Glieder in s 0.01	April ☾ Glieder in ″ 0.01
	$23^h 22^m$	−87° 42′			$23^h 21^m$	−87° 42′			$23^h 21^m$	−87° 42′			$23^h 21^m$	−87° 42′		
	s	″			s	″			s	″			s	″		
1	14.33	44.88	+12	−3	62.07	36.92	−7	−6	57.18	26.91	−10	−4	59.37	15.15	−5	+8
2	13.85	44.70	+8	−6	61.79	36.60	−11	−3	57.13	26.53	−12	−1	59.56	14.78	+1	+9
3	13.37	44.52	+3	−8	61.51	36.27	−13	0	57.08	26.15	−12	+3	59.77	14.42	+6	+9
4	12.90	44.32	−4	−7	61.24	35.94	−11	+4	57.04	25.76	−9	+6	59.98	14.06	+10	+7
5	12.43	44.12	−9	−6	60.98	35.61	−7	+7	57.01	25.38	−3	+8	60.20	13.71	+12	+4
6	11.96	43.92	−12	−2	60.73	35.27	−2	+8	56.99	25.00	+3	+9	60.43	13.35	+12	+1
7	11.50	43.71	−13	+2	60.48	34.93	+4	+8	56.98	24.61	+7	+8	60.67	13.00	+10	−2
8	11.05	43.49	−10	+5	60.24	34.59	+9	+7	56.98	24.22	+11	+6	60.91	12.64	+6	−5
9	10.60	43.27	−5	+8	60.02	34.25	+12	+5	56.98	23.84	+13	+2	61.16	12.30	+1	−6
10	10.16	43.05	+1	+9	59.80	33.90	+13	+1	56.99	23.45	+11	−1	61.42	11.95	−4	−6
11	9.72	42.82	+7	+9	59.58	33.55	+11	−2	57.02	23.07	+8	−3	61.68	11.61	−8	−6
12	9.29	42.58	+11	+7	59.38	33.20	+7	−4	57.05	22.69	+4	−5	61.95	11.27	−11	−5
13	8.87	42.34	+13	+4	59.19	32.84	+3	−6	*57.08	22.30	0	−7	62.23	10.93	−12	−3
14	8.45	42.10	+12	0	59.00	32.48	−2	−7	57.13	21.92	−5	−7	62.51	10.59	−12	0
15	8.04	41.85	+10	−3	58.82	32.12	−7	−6	57.19	21.54	−9	−6	62.80	10.26	−9	+2
16	7.63	41.59	+6	−5	58.65	31.76	−11	−5	57.25	21.15	−12	−4	63.10	9.93	−5	+4
17	7.23	41.33	+1	−6	58.49	31.40	−13	−3	57.32	20.77	−13	−2	63.40	9.60	+1	+4
18	6.84	41.06	−4	−7	58.33	31.03	−12	0	57.40	20.39	−11	+1	63.72	9.27	+6	+4
19	6.45	40.80	−8	−6	58.18	30.66	−10	+2	57.49	20.01	−8	+3	64.03	8.95	+11	+1
20	6.07	40.52	−11	−4	58.05	30.29	−5	+4	57.58	19.62	−2	+5	64.36	8.63	+13	−2
21	5.70	40.24	−12	−2	57.92	29.92	+1	+5	57.69	19.24	+4	+5	64.69	8.32	+11	−5
22	5.34	39.96	−11	+1	57.79	29.55	+6	+5	57.80	18.87	+9	+3	65.03	8.00	+7	−7
23	4.98	39.68	−8	+4	57.68	29.18	+11	+3	57.92	18.49	+12	+1	65.37	7.70	+1	−8
24	4.62	39.38	−3	+5	57.58	28.80	+13	0	58.05	18.11	+12	−2	65.73	7.39	−6	−6
25	4.28	39.09	+3	+5	57.48	28.42	+12	−3	58.19	17.74	+10	−5	66.08	7.09	−10	−4
26	3.94	38.79	+8	+4	57.39	28.04	+8	−6	58.34	17.36	+4	−7	66.45	6.79	−12	0
27	3.61	38.49	+11	+2	57.31	27.67	+2	−7	58.49	16.99	−2	−7	66.82	6.50	−11	+4
28	3.29	38.18	+12	−1	57.24	27.29	−5	−6	58.65	16.62	−8	−5	67.20	6.21	−7	+8
29	2.97	37.87	+10	−4	57.18	26.91	−10	−4	58.82	16.25	−12	−2	67.58	5.92	−2	+10
30	2.67	37.56	+5	−7					58.99	15.88	−12	+2	67.96	5.64	+4	+10
31	2.37	37.24	−1	−7					59.18	15.51	−10	+6	68.36	5.36	+9	+8
32	2.07	36.92	−7	−6					59.37	15.15	−5	+8				

δ	sec δ	tg δ	δ	sec δ	tg δ	δ	sec δ	tg δ
−87° 42′ 0″	+24.918	−24.898	−87° 42′ 20″	+24.978	−24.958	−87° 42′ 40″	+25.039	−25.019
10	+24.948	−24.928	30	+25.008	−24.988	50	+25.069	−25.049

$\alpha_{1959.0} = 23^h\ 22^m\ 39^s.85$ $\delta_{1959.0} = -87°\ 42'\ 29''.42$

* Tag der doppelten unteren Kulmination: März 13.

Scheinbare Sternörter 1959

Obere Kulmination Greenwich

Sk) τ Octantis $5^{m}.56$

Tag	Mai AR.	Mai Dekl.	Mai ☾ Glieder		Juni AR.	Juni Dekl.	Juni ☾ Glieder		Juli AR.	Juli Dekl.	Juli ☾ Glieder		August AR.	August Dekl.	August ☾ Glieder	
	$23^h 22^m$	−87° 41′	in 0.01 s	in 0.01 ″	$23^h 22^m$	−87° 41′	in 0.01 s	in 0.01 ″	$23^h 22^m$	−87° 41′	in 0.01 s	in 0.01 ″	$23^h 22^m$	−87° 42′	in 0.01 s	in 0.01 ″
	s	″			s	″			s	″			s	″		
1	8.36	65.36	+ 9	+ 8	22.76	58.85	+10	− 2	38.70	57.31	− 3	− 6	53.33	0.93	−12	0
2	8.75	65.08	+12	+ 6	23.28	58.72	+ 5	− 4	39.22	57.35	− 7	− 5	53.72	1.13	−10	+ 2
3	9.15	64.81	+13	+ 2	23.79	58.60	0	− 6	39.75	57.39	−10	− 4	54.11	1.33	− 7	+ 4
4	9.56	64.54	+11	− 1	24.32	58.48	− 4	− 6	40.26	57.44	−12	− 1	54.49	1.53	− 2	+ 5
5	9.97	64.27	+ 8	− 3	24.84	58.36	− 8	− 5	40.78	57.49	−11	+ 1	54.86	1.74	+ 4	+ 5
6	10.39	64.01	+ 3	− 5	25.37	58.25	−11	− 3	41.30	57.55	− 9	+ 3	55.23	1.95	+ 8	+ 4
7	10.81	63.75	− 1	− 6	25.90	58.15	−12	− 1	41.81	57.62	− 5	+ 4	55.59	2.17	+11	+ 1
8	11.24	63.50	− 6	− 6	26.43	58.05	−11	+ 1	42.32	57.69	0	+ 5	55.94	2.39	+12	− 2
9	11.68	63.26	−10	− 5	26.96	57.96	− 8	+ 3	42.83	57.76	+ 5	+ 4	56.29	2.62	+ 9	− 5
10	12.11	63.01	−11	− 3	27.49	57.87	− 4	+ 4	43.33	57.84	+10	+ 2	56.63	2.85	+ 5	− 7
11	12.56	62.77	−12	− 1	28.02	57.79	+ 2	+ 4	43.83	57.93	+11	0	56.96	3.09	− 1	− 8
12	13.00	62.54	−10	+ 1	28.56	57.71	+ 7	+ 3	44.32	58.02	+11	− 4	57.28	3.33	− 7	− 7
13	13.45	62.31	− 7	+ 3	29.10	57.64	+11	+ 1	44.82	58.11	+ 8	− 7	57.59	3.57	−11	− 4
14	13.91	62.09	− 2	+ 4	29.63	57.57	+12	− 2	45.30	58.21	+ 2	− 8	57.90	3.82	−13	0
15	14.37	61.87	+ 4	+ 4	30.17	57.51	+10	− 5	45.79	58.32	− 4	− 8	58.20	4.07	−11	+ 3
16	14.83	61.65	+ 9	+ 2	30.71	57.45	+ 6	− 8	46.27	58.43	− 9	− 6	58.49	4.32	− 8	+ 7
17	15.30	61.44	+12	− 1	31.24	57.40	0	− 9	46.75	58.55	−12	− 3	58.77	4.58	− 1	+ 8
18	15.77	61.23	+12	− 4	31.78	57.36	− 6	− 8	47.22	58.67	−12	+ 1	59.05	4.84	+ 5	+ 8
19	16.25	61.03	+ 9	− 7	32.32	57.32	−11	− 5	47.69	58.80	−10	+ 5	59.31	5.10	+10	+ 7
20	16.73	60.83	+ 3	− 8	32.85	57.29	−13	− 1	48.15	58.94	− 4	+ 8	59.57	5.37	+13	+ 4
21	17.22	60.64	− 3	− 8	33.39	57.27	−12	+ 3	48.61	59.07	+ 2	+ 9	59.82	5.64	+13	+ 1
22	17.70	60.45	− 9	− 6	33.93	57.25	− 8	+ 7	49.07	59.22	+ 7	+ 8	60.06	5.91	+11	− 2
23	18.20	60.27	−13	− 2	34.46	57.23	− 2	+ 9	49.52	59.37	+12	+ 6	60.30	6.19	+ 7	− 4
24	18.69	60.09	−13	+ 2	35.00	57.22	+ 5	+10	49.97	59.52	+13	+ 3	60.52	6.47	+ 2	− 6
25	19.19	59.92	−10	+ 6	35.53	57.22	+10	+ 8	50.41	59.68	+12	0	60.73	6.75	− 4	− 6
26	19.69	59.75	− 4	+ 9	36.06	57.22	+13	+ 6	50.84	59.85	+ 9	− 3	60.94	7.04	− 8	− 5
27	20.20	59.59	+ 2	+10	36.60	57.23	+14	+ 2	51.27	60.02	+ 4	− 5	61.13	7.33	−11	− 4
28	20.70	59.43	+ 7	+ 9	37.12	57.24	+11	− 1	51.70	60.19	0	− 6	61.32	7.62	−12	− 1
29	21.22	59.28	+12	+ 7	37.65	57.26	+ 7	− 4	52.11	60.37	− 5	− 6	61.50	7.91	−11	+ 1
30	21.73	59.13	+13	+ 4	38.18	57.28	+ 2	− 5	52.52	60.55	− 9	− 4	61.67	8.20	− 9	+ 3
31	22.24	58.99	+13	+ 1	38.70	57.31	− 3	− 6	52.93	60.74	−12	− 2	61.83	8.49	− 4	+ 5
32	22.76	58.85	+10	− 2					53.33	60.93	−12	0	61.98	8.79	+ 1	+ 5

δ	sec δ	tg δ	δ	sec δ	tg δ
−87° 41′ 50″	+24.888	−24.868	−87° 42′ 0″	+24.918	−24.898
60	+24.918	−24.898	10	+24.948	−24.928

$\alpha_{1959.0} = 23^h\ 22^m\ 39^s.85$ $\delta_{1959.0} = -87°\ 42'\ 29''.42$

Scheinbare Sternörter 1959

Obere Kulmination Greenwich

Sk) τ Octantis $5^m_.56$

Tag	September AR.	September Dekl.	September ☾ Glieder	Oktober AR.	Oktober Dekl.	Oktober ☾ Glieder	November AR.	November Dekl.	November ☾ Glieder	Dezember AR.	Dezember Dekl.	Dezember ☾ Glieder
	$23^h 23^m$	−87° 42′	in s 0.01 | ″ 0.01	$23^h 22^m$	−87° 42′	in s 0.01 | ″ 0.01	$23^h 22^m$	−87° 42′	in s 0.01 | ″ 0.01	$23^h 22^m$	−87° 42′	in s 0.01 | ″ 0.01
	s	″		s	″		s	″		s	″	
1	1.98	8.79	+ 1 +5	61.74	18.42	+12 −3	52.38	26.47	− 6 − 7	37.51	29.85	−13 + 2
2	2.12	9.09	+ 7 +4	61.57	18.73	+ 9 −6	51.95	26.66	−10 − 4	36.97	29.87	−10 + 6
3	2.25	9.39	+11 +2	61.39	19.03	+ 4 −7	51.52	26.85	−12 0	36.43	29.88	− 4 + 9
4	2.37	9.69	+12 −1	61.20	19.33	− 3 −7	51.08	27.04	−11 + 4	35.89	29.88	+ 2 +10
5	2.49	10.00	+11 −4	61.01	19.63	− 8 −6	50.63	27.22	− 7 + 7	35.35	29.88	+ 8 + 9
6	2.59	10.31	+ 7 −6	60.80	19.93	−11 −2	50.18	27.39	− 1 +10	34.81	29.87	+12 + 7
7	2.68	10.61	+ 1 −7	60.58	20.22	−12 +2	49.73	27.56	+ 5 +10	34.27	29.85	+14 + 5
8	2.76	10.92	− 5 −7	60.36	20.51	−10 +5	49.26	27.72	+10 + 8	33.73	29.83	+12 0
9	2.84	11.23	−10 −5	60.13	20.80	− 5 +8	48.80	27.88	+12 + 5	33.18	29.80	+ 9 − 2
10	2.90	11.54	−12 −1	59.88	21.08	+ 1 +9	48.32	28.03	+13 + 2	32.64	29.76	+ 4 − 4
11	2.95	11.85	−12 +2	59.63	21.36	+ 7 +9	47.84	28.18	+11 − 1	32.10	29.72	− 1 − 5
12	3.00 / 3.03	12.17 / 12.48	− 8 +6 / − 3 +8	59.37	21.64	+11 +7	47.35	28.32	+ 7 − 3	31.56	29.67	− 5 − 5
13	3.05	12.79	+ 3 +8	59.10	21.92	+13 +4	46.86	28.46	+ 2 − 5	31.02	29.61	− 9 − 4
14	3.06	13.11	+ 8 +7	58.82	22.19	+12 0	46.37	28.58	− 3 − 5	30.48	29.55	−11 − 2
15	3.06	13.42	+11 +5	58.53	22.46	+10 −2	45.87	28.71	− 7 − 5	29.95	29.48	−11 0
16	3.06	13.74	+13 +2	58.23	22.73	+ 5 −4	45.37	28.82	−10 −3	29.42	29.40	−10 + 2
17	3.04	14.05	+12 −1	57.92	22.99	+ 1 −6	44.87	28.93	−12 − 2	28.89	29.32	− 7 + 4
18	3.01	14.37	+ 8 −3	57.61	23.25	− 4 −6	44.36	29.04	−12 0	28.36	29.24	− 3 + 5
19	2.97	14.68	+ 3 −5	57.29	23.51	− 8 −5	43.85	29.14	− 9 + 2	27.83	29.14	+ 3 + 4
20	2.93	15.00	− 2 −6	56.96	23.76	−11 −3	43.34	29.23	− 6 + 4	27.30	29.04	+ 7 + 3
21	2.87	15.31	− 6 −6	56.62	24.01	−12 −1	42.82	29.32	− 1 + 4	26.78	28.94	+10 0
22	2.80	15.63	−10 −4	56.27	24.26	−11 +1	42.30	29.40	+ 4 + 4	26.26	28.83	+11 − 3
23	2.72	15.94	−12 −2	55.91	24.50	− 8 +3	41.77	29.47	+ 9 + 2	25.74	28.71	+ 9 − 6
24	2.63	16.26	−12 0	55.55	24.74	− 4 +4	41.25	29.54	+11 − 1	25.23	28.58	+ 5 − 8
25	2.53	16.57	−10 +2	55.18	24.97	+ 2 +4	40.72	29.60	+11 − 4	24.72	28.45	− 1 − 9
26	2.43	16.88	− 7 +4	54.80	25.20	+ 7 +3	40.19	29.66	+ 8 − 7	24.22	28.31	− 6 − 8
27	2.31	17.19	− 1 +5	54.42	25.42	+10 +1	39.66	29.71	+ 3 − 9	23.71	28.17	−11 − 5
28	2.18	17.50	+ 4 +4	54.03	25.64	+12 −2	39.12	29.75	− 3 − 9	23.22	28.02	−13 − 1
29	2.04	17.81	+ 9 +3	53.63	25.85	+11 −5	38.59	29.79	− 9 − 7	22.72	27.87	−12 + 3
30	1.90	18.12	+12 0	53.22	26.06	+ 6 −8	38.05	29.82	−13 − 3	22.23	27.71	− 7 + 7
31	1.74	18.42	+12 −3	52.80	26.27	0 −8	37.51	29.85	−13 + 2	21.74	27.54	− 1 + 9
32				52.38	26.47	− 6 −7				21.26	27.37	+ 5 + 9

δ	sec δ	tg δ	δ	sec δ	tg δ	δ	sec δ	tg δ
−87° 42′ 0″	+24.918	−24.898	−87° 42′ 10″	+24.948	−24.928	−87° 42′ 20″	+24.978	−24.958
10	+24.948	−24.928	20	+24.978	−24.958	30	+25.008	−24.988

$\alpha_{1959.0} = 23^h\ 22^m\ 39^s_.85$ $\delta_{1959.0} = -87°\ 42'\ 29''_.42$

Koordinaten der scheinbaren Örter für 12h Sternzeit Greenwich

Tag	BD +89° 1 Gr. 10m.56		BD +89° 3 Gr. 9m.06		BD +89° 37 Gr. 10m.06		CPD −89° 38 Gr. 9m.5		Kurzperiod. Nutations-glieder*	
1959	x	y	x	y	x	y	x	y	in x	in y
	″	″	″	″	″	″	″	″	Einh. 0″.01	
Jan. 0	−683.37	+83.08	−487.44	+868.69	−1463.61	−343.89	+338.48	−318.45	−2	−6
1	683.38	82.75	487.45	868.36	1463.62	344.23	338.61	318.77	+1	−8
2	683.38	82.42	487.45	868.02	1463.62	344.56	338.74	319.10	+4	−7
3	683.37	82.10	487.44	867.68	1463.61	344.89	338.88	319.42	+6	−5
4	683.36	81.77	487.43	867.35	1463.60	345.23	339.03	319.74	+8	−1
5	−683.34	+81.44	−487.41	+867.02	−1463.58	−345.56	+339.18	−320.06	+7	+2
6	683.32	81.11	487.39	866.69	1463.56	345.89	339.33	320.37	+5	+6
7	683.29	80.78	487.36	866.37	1463.53	346.22	339.50	320.68	+1	+7
8	683.25	80.45	487.32	866.04	1463.49	346.55	339.66	320.99	−2	+8
9	683.20	80.12	487.27	865.72	1463.44	346.87	339.84	321.30	−6	+6
10	−683.15	+79.79	−487.22	+865.40	−1463.39	−347.20	+340.02	−321.60	−8	+3
11	683.09	79.47	487.16	865.07	1463.33	347.53	340.20	321.91	−9	0
12	683.03	79.14	487.10	864.75	1463.27	347.85	340.39	322.21	−8	−3
13	682.96	78.82	487.03	864.43	1463.20	348.18	340.59	322.51	−6	−6
14	682.88	78.50	486.95	864.11	1463.13	348.50	340.79	322.81	−3	−7
15	−682.80	+78.19	−486.87	+863.79	−1463.04	−348.81	+341.00	−323.10	0	−7
16	682.71	77.87	486.78	863.48	1462.95	349.13	341.22	323.39	+3	−6
17	682.61	77.56	486.68	863.17	1462.86	349.44	341.44	323.67	+5	−3
18	682.51	77.25	486.58	862.86	1462.76	349.75	341.66	323.96	+7	−1
19	682.40	76.94	486.47	862.55	1462.65	350.06	341.89	324.23	+7	+2
20	−682.28	+76.63	−486.35	+862.25	−1462.53	−350.36	+342.13	−324.51	+6	+5
21	682.16	76.33	486.23	861.95	1462.41	350.67	342.37	324.79	+4	+6
22	682.04	76.03	486.10	861.64	1462.28	350.97	342.61	325.06	+1	+7
23	681.91	75.73	485.97	861.35	1462.14	351.27	342.86	325.33	−2	+6
24	681.77	75.44	485.83	861.05	1462.00	351.57	343.11	325.59	−4	+4
25	−681.62	+75.15	−485.69	+860.76	−1461.86	−351.86	+343.37	−325.85	−5	+1
26	681.47	74.86	485.54	860.47	1461.71	352.15	343.63	326.10	−5	−3
27	681.31	74.57	485.38	860.19	1461.55	352.43	343.90	326.35	−4	−5
28	681.15	74.29	485.22	859.91	1461.39	352.72	344.18	326.60	−1	−7
29	680.98	74.01	485.05	859.63	1461.22	352.99	344.46	326.84	+2	−7
30	−680.80	+73.73	−484.88	+859.36	−1461.04	−353.27	+344.74	−327.08	+5	−6
31	680.62	73.46	484.70	859.09	1460.86	353.54	345.02	327.32	+7	−3
Febr. 1	680.44	73.19	484.51	858.82	1460.67	353.81	345.31	327.55	+7	+1
2	680.25	72.92	484.32	858.55	1460.48	354.08	345.60	327.78	+5	+4
3	680.05	72.66	484.13	858.29	1460.29	354.34	345.90	328.00	+3	+7
4	−679.85	+72.41	−483.93	+858.04	−1460.09	−354.59	+346.20	−328.22	−1	+8
5	679.65	72.15	483.72	857.78	1459.88	354.85	346.50	328.44	−5	+7
6	−679.43	+71.91	−483.50	+857.54	−1459.67	−355.09	+346.80	−328.65	−7	+4
Mittl. Ort	−660.″86	+76.″68	−464.″91	+862.″28	−1441.″11	−350.″27	+356.″40	−306.″14		

* Die Vorzeichen gelten für die drei nördlichen Sterne; für den südlichen sind sie umzukehren.

Polnahe Sterne 1959

Koordinaten der scheinbaren Örter für 12ʰ Sternzeit Greenwich

Tag	BD +89° 1 Gr. 10ᵐ.56		BD +89° 3 Gr. 9ᵐ.06		BD +89° 37 Gr. 10ᵐ.06		CPD −89° 38 Gr. 9ᵐ.5		Kurzperiod. Nutationsglieder*	
1959	x	y	x	y	x	y	x	y	in x Einh. 0″.01	in y
Febr. 6	−679″.43	+71″.91	−483″.50	+857″.54	−1459″.67	−355″.09	+346″.80	−328″.65	−7	+4
7	679.22	71.66	483.29	857.29	1459.46	355.34	347.11	328.86	−8	+1
8	678.99	71.42	483.07	857.05	1459.24	355.58	347.43	329.06	−8	−2
9	−678.76	+71.19	482.85	856.82	1459.01	355.81	347.76	329.26	−7	−5
10	678.53	70.96	482.62	856.59	1458.78	356.04	348.08	329.46	−4	−7
11	−678.30	+70.73	−482.38	+856.37	−1458.55	−356.27	+348.41	−329.65	−1	−7
12	678.07	70.51	482.15	856.15	1458.31	356.49	348.73	329.84	+2	−6
13	677.83	70.30	481.90	855.93	1458.07	356.70	349.07	330.02	+5	−4
14	677.58	70.09	481.65	855.72	1457.82	356.91	349.40	330.19	+6	−2
15	677.33	69.88	481.40	855.52	1457.57	357.12	349.74	330.37	+7	+1
16	−677.07	+69.68	−481.15	+855.32	−1457.31	−357.32	+350.08	−330.53	+7	+4
17	676.81	69.49	480.88	855.12	1457.05	357.51	350.43	330.69	+5	+6
18	676.54	69.30	480.62	854.93	1456.79	357.70	350.78	330.85	+3	+7
19	676.27	69.11	480.35	854.75	1456.52	357.89	351.13	331.00	0	+7
20	676.00	68.93	480.08	854.57	1456.25	358.07	351.48	331.15	−3	+5
21	−675.73	+68.76	−479.81	+854.40	−1455.98	−358.25	+351.83	−331.29	−5	+2
22	675.46	68.59	479.53	854.23	1455.70	358.41	352.18	331.43	−5	−1
23	675.18	68.43	479.25	854.07	1455.42	358.58	352.54	331.57	−4	−4
24	674.89	68.27	478.97	853.91	1455.13	358.73	352.90	331.70	−2	−7
25	674.61	68.12	478.68	853.76	1454.85	358.88	353.26	331.82	+1	−8
26	−674.31	+67.98	−478.39	+853.62	−1454.55	−359.03	+353.63	−331.94	+4	−7
27	674.02	67.84	478.10	853.48	1454.26	359.17	354.00	332.06	+6	−4
28	673.72	67.71	477.80	853.35	1453.96	359.30	354.37	332.17	+7	0
März 1	673.41	67.58	477.50	853.22	1453.66	359.43	354.74	332.27	+6	+3
2	673.11	67.46	477.20	853.10	1453.36	359.56	355.11	332.37	+3	+6
3	−672.81	+67.34	−476.90	+852.98	−1453.06	−359.67	+355.48	−332.47	0	+7
4	672.51	67.24	476.59	852.87	1452.75	359.79	355.85	332.56	−4	+7
5	672.20	67.13	476.28	852.76	1452.44	359.89	356.23	332.64	−7	+5
6	671.89	67.04	475.97	852.67	1452.13	359.99	356.61	332.72	−8	+2
7	671.58	66.95	475.66	852.58	1451.82	360.08	356.99	332.80	−8	−1
8	−671.27	+66.86	−475.35	+852.49	−1451.51	−360.17	+357.37	−332.87	−7	−4
9	670.95	66.78	475.04	852.41	1451.20	360.24	357.75	332.93	−5	−6
10	670.63	66.71	474.72	852.34	1450.88	360.32	358.13	332.99	−2	−7
11	670.31	66.64	474.40	852.28	1450.56	360.38	358.52	333.05	+1	−6
12	670.00	66.58	474.08	852.22	1450.24	360.44	358.90	333.10	+4	−5
13	−669.68	+66.52	−473.77	+852.16	−1449.92	−360.50	+359.29	−333.15	+6	−3
14	669.36	66.47	473.45	852.11	1449.61	360.55	359.67	333.19	+7	0
15	−669.04	+66.43	−473.13	+852.07	−1449.29	−360.59	+360.05	−333.23	+7	+3
Mittl. Ort	−660″.86	+76″.68	−464″.91	+862″.28	−1441″.11	−350″.27	+356″.40	−306″.14		

* Die Vorzeichen gelten für die drei nördlichen Sterne; für den südlichen sind sie umzukehren.

Koordinaten der scheinbaren Örter für 12ʰ Sternzeit Greenwich

Tag	BD +89° 1 Gr. 10ᵐ.56		BD +89° 3 Gr. 9ᵐ.06		BD +89° 37 Gr. 10ᵐ.06		CPD −89° 38 Gr. 9ᵐ.5		Kurzperiod. Nutationsglieder*	
1959	x	y	x	y	x	y	x	y	in x	in y
	″	″	″	″	″	″	″	″	Einh. 0.″01	
März 15	−669.04	+66.43	−473.13	+852.07	−1449.29	−360.59	+360.05	−333.23	+7	+3
16	668.72	66.40	472.81	852.04	1448.96	360.62	360.44	333.26	+6	+5
17	668.40	66.37	472.49	852.01	1448.64	360.65	360.82	333.29	+4	+7
18	668.08	66.35	472.16	851.99	1448.32	360.67	361.20	333.31	+1	+7
19	667.75	66.33	471.84	851.97	1447.99	360.69	361.59	333.32	−1	+6
20	−667.42	+66.32	−471.52	+851.96	−1447.67	−360.70	+361.97	−333.33	−3	+4
21	667.09	66.32	471.19	851.96	1447.34	360.70	362.36	333.34	−5	+1
22	666.77	66.32	470.87	851.96	1447.02	360.70	362.75	333.34	−5	−3
23	666.45	66.33	470.54	851.97	1446.69	360.69	363.13	333.34	−3	−6
23	666.13	66.34	470.22	851.98	1446.37	360.68	363.52	333.33	0	−8
24	−665.81	+66.36	−469.90	+852.00	−1446.05	−360.66	+363.91	−333.32	+3	−7
25	665.49	66.39	469.58	852.03	1445.73	360.63	364.29	333.30	+5	−6
26	665.17	66.43	469.26	852.07	1445.41	360.60	364.67	333.28	+7	−2
27	664.85	66.47	468.94	852.11	1445.09	360.56	365.05	333.25	+6	+2
28	664.53	66.51	468.62	852.15	1444.77	360.51	365.43	333.21	+4	+5
29	−664.21	+66.57	−468.31	+852.21	−1444.46	−360.46	+365.81	−333.17	+1	+7
30	663.89	66.63	467.99	852.27	1444.14	360.40	366.19	333.13	−3	+8
31	663.58	66.69	467.67	852.33	1443.83	360.34	366.57	333.08	−6	+6
April 1	663.26	66.76	467.36	852.40	1443.51	360.27	366.95	333.03	−9	+4
2	662.95	66.83	467.04	852.48	1443.20	360.19	367.33	332.98	−9	0
3	−662.64	+66.91	−466.73	+852.56	−1442.89	−360.11	+367.70	−332.92	−8	−3
4	662.34	67.00	466.43	852.65	1442.59	360.02	368.07	332.85	−6	−5
5	662.03	67.10	466.12	852.75	1442.28	359.92	368.44	332.78	−3	−7
6	661.73	67.20	465.82	852.85	1441.98	359.82	368.81	332.70	0	−7
7	661.43	67.30	465.52	852.95	1441.68	359.72	369.18	332.62	+3	−6
8	−661.13	+67.42	−465.22	+853.06	−1441.38	−359.61	+369.55	−332.53	+5	−4
9	660.83	67.54	464.93	853.18	1441.08	359.49	369.91	332.44	+6	−1
10	660.54	67.66	464.63	853.30	1440.78	359.37	370.28	332.35	+7	+2
11	660.25	67.79	464.34	853.43	1440.49	359.24	370.64	332.25	+6	+4
12	659.96	67.92	464.05	853.56	1440.20	359.11	371.00	332.15	+5	+6
13	−659.67	+68.06	−463.76	+853.70	−1439.91	−358.97	+371.36	−332.04	+3	+7
14	659.39	68.20	463.48	853.84	1439.63	358.83	371.72	331.93	0	+7
15	659.11	68.35	463.20	853.99	1439.35	358.68	372.07	331.81	−2	+5
16	658.83	68.51	462.93	854.15	1439.07	358.52	372.42	331.69	−4	+2
17	658.56	68.67	462.65	854.31	1438.80	358.36	372.77	331.56	−4	−1
18	−658.29	+68.84	−462.39	+854.48	−1438.53	−358.19	+373.12	−331.43	−3	−5
19	658.02	69.01	462.12	854.65	1438.26	358.02	373.46	331.29	−1	−7
20	−657.76	+69.18	−461.86	+854.82	−1437.99	−357.85	+373.81	−331.15	+2	−8
Mittl. Ort	−660.″86	+76.″68	−464.″91	+862.″28	−1441.″11	−350.″27	+356.″40	−306.″14		

* Die Vorzeichen gelten für die drei nördlichen Sterne; für den südlichen sind sie umzukehren.

Polnahe Sterne 1959

Koordinaten der scheinbaren Örter für 12^h Sternzeit Greenwich

Tag	BD +89° 1 Gr. $10^m\!.56$		BD +89° 3 Gr. $9^m\!.06$		BD +89° 37 Gr. $10^m\!.06$		CPD −89° 38 Gr. $9^m\!.5$		Kurzperiod. Nutationsglieder*	
1959	x	y	x	y	x	y	x	y	in x Einh. 0″01	in y
	″	″	″	″	″	″	″	″		
April 20	−657.76	+69.18	−461.86	+854.82	−1437.99	−357.85	+373.81	−331.15	+ 2	−8
21	657.50	69.36	461.60	855.00	1437.73	357.67	374.15	331.01	+ 5	−7
22	657.25	69.54	461.34	855.18	1437.48	357.49	374.49	330.86	+ 7	−4
23	656.99	69.73	461.09	855.37	1437.22	357.30	374.82	330.71	+ 7	0
24	656.75	69.93	460.84	855.57	1436.98	357.10	375.15	330.55	+ 6	+4
25	−656.50	+70.12	−460.60	+855.76	−1436.73	−356.91	+375.48	−330.39	+ 3	+6
26	656.26	70.33	460.36	855.97	1436.49	356.70	375.81	330.22	− 1	+8
27	656.02	70.54	460.13	856.18	1436.26	356.49	376.13	330.05	− 5	+7
28	655.79	70.75	459.90	856.39	1436.03	356.28	376.45	329.88	− 8	+5
29	655.56	70.97	459.67	856.61	1435.80	356.06	376.76	329.70	−10	+1
30	−655.34	+71.19	−459.45	+856.83	−1435.57	−355.84	+377.08	−329.52	−10	−2
Mai 1	655.12	71.41	459.23	857.05	1435.35	355.62	377.39	329.34	− 8	−5
2	654.90	71.64	459.01	857.28	1435.14	355.39	377.70	329.15	− 5	−6
3	654.69	71.87	458.80	857.51	1434.93	355.16	378.00	328.96	− 2	−7
4	654.49	72.11	458.60	857.75	1434.72	354.92	378.30	328.76	+ 1	−6
5	−654.29	+72.35	−458.40	+857.99	−1434.52	−354.68	+378.59	−328.56	+ 4	−4
6	654.09	72.59	458.20	858.23	1434.33	354.44	378.88	328.36	+ 5	−2
7	653.90	72.84	458.01	858.48	1434.14	354.19	379.17	328.15	+ 6	+1
8	653.72	73.09	457.83	858.73	1433.95	353.94	379.45	327.94	+ 6	+3
9	653.54	73.35	457.65	858.99	1433.77	353.68	379.73	327.72	+ 5	+5
10	−653.36	+73.61	−457.47	+859.25	−1433.59	−353.42	+380.01	−327.50	+ 3	+7
11	653.19	73.87	457.30	859.51	1433.41	353.16	380.28	327.28	+ 1	+7
12	653.03	74.13	457.13	859.77	1433.25	352.90	380.55	327.06	− 2	+6
13	652.87	74.40	456.97	860.04	1433.08	352.63	380.81	326.83	− 3	+3
14	652.71	74.67	456.81	860.31	1432.93	352.36	381.07	326.60	− 4	0
15	−652.56	+74.94	−456.66	+860.58	−1432.78	−352.09	+381.33	−326.36	− 4	−3
16	652.42	75.22	456.52	860.86	1432.63	351.81	381.58	326.13	− 2	−6
17	652.28	75.50	456.38	861.14	1432.49	351.53	381.83	325.88	+ 1	−8
18	652.14	75.78	456.25	861.42	1432.36	351.25	382.07	325.64	+ 4	−7
19	652.01	76.07	456.12	861.70	1432.23	350.96	382.31	325.39	+ 7	−5
20	−651.88	+76.35	−456.00	+861.99	−1432.10	−350.67	+382.55	−325.14	+ 8	−2
21	651.76	76.64	455.88	862.27	1431.98	350.39	382.78	324.89	+ 7	+2
22	651.65	76.93	455.77	862.57	1431.87	350.09	383.01	324.63	+ 5	+5
23	651.54	77.22	455.66	862.86	1431.76	349.80	383.23	324.37	+ 1	+8
24	651.44	77.51	455.56	863.15	1431.66	349.51	383.44	324.11	− 3	+8
25	−651.35	+77.81	−455.47	+863.45	−1431.57	−349.21	+383.66	−323.85	− 7	+6
26	651.26	78.11	455.38	863.75	1431.48	348.91	383.86	323.58	− 9	+3
27	−651.17	+78.41	−455.30	+864.04	−1431.39	−348.62	+384.06	−323.32	−10	0
Mittl. Ort	−660″86	+76″68	−464″91	+862″28	−1441″11	−350″27	+356″40	−306″14		

* Die Vorzeichen gelten für die drei nördlichen Sterne; für den südlichen sind sie umzukehren.

Koordinaten der scheinbaren Örter für 12^h Sternzeit Greenwich

Tag	BD +89° 1 Gr. $10^m.56$		BD +89° 3 Gr. $9^m.06$		BD +89° 37 Gr. $10^m.06$		CPD −89° 38 Gr. $9^m.5$		Kurzperiod. Nutationsglieder*	
1959	x	y	x	y	x	y	x	y	in x	in y Einh. 0.″01
	″	″	″	″	″	″	″	″		
Mai 27	−651.17	+78.41	−455.30	+864.04	−1431.39	−348.62	+384.06	−323.32	−10	0
28	651.09	78.71	455.22	864.35	1431.31	348.31	384.26	323.04	− 9	−4
29	651.02	79.02	455.15	864.65	1431.24	348.01	384.45	322.76	− 7	−6
30	650.95	79.32	455.08	864.95	1431.17	347.71	384.64	322.49	− 3	−7
31	650.89	79.62	455.02	865.26	1431.11	347.40	384.82	322.21	0	−7
Juni 1	−650.83	+79.93	−454.96	+865.57	−1431.05	−347.09	+385.00	−321.93	+ 3	−5
2	650.78	80.23	454.91	865.87	1431.00	346.79	385.17	321.65	+ 5	−3
3	650.74	80.54	454.87	866.18	1430.95	346.48	385.34	321.36	+ 6	0
4	650.70	80.85	454.83	866.49	1430.91	346.17	385.50	321.08	+ 6	+3
5	650.66	81.16	454.79	866.80	1430.88	345.86	385.66	320.79	+ 5	+5
6	−650.64	+81.48	−454.77	+867.11	−1430.85	−345.55	+385.81	−320.49	+ 3	+6
7	650.62	81.79	454.75	867.43	1430.83	345.23	385.96	320.20	+ 1	+7
8	650.60	82.11	454.73	867.74	1430.81	344.92	386.10	319.90	− 1	+6
9	650.59	82.42	454.72	868.05	1430.80	344.61	386.24	319.61	− 3	+4
10	650.58	82.73	454.72	868.37	1430.79	344.29	386.37	319.31	− 4	+2
11	−650.59	+83.04	−454.72	+868.68	−1430.79	−343.98	+386.49	−319.01	− 4	−2
12	650.59	83.36	454.73	869.00	1430.80	343.66	386.61	318.71	− 3	−5
13	650.61	83.67	454.74	869.31	1430.81	343.35	386.73	318.41	0	−7
14	650.63	83.99	454.76	869.63	1430.83	343.03	386.84	318.10	+ 3	−7
15	650.65	84.30	454.79	869.94	1430.85	342.72	386.94	317.80	+ 6	−6
16	−650.68	+84.62	−454.82	+870.26	−1430.88	−342.40	+387.04	−317.49	+ 8	−4
17	650.72	84.94	454.86	870.57	1430.92	342.09	387.13	317.18	+ 8	0
18	650.76	85.26	454.90	870.89	1430.96	341.77	387.21	316.87	+ 7	+4
19	650.81	85.57	454.95	871.21	1431.01	341.45	387.29	316.56	+ 4	+6
20	650.86	85.89	455.00	871.52	1431.06	341.14	387.37	316.26	0	+8
21	−650.92	+86.20	−455.06	+871.83	−1431.12	−340.83	+387.44	−315.95	− 4	+7
22	650.98	86.51	455.12	872.15	1431.18	340.51	387.50	315.64	− 8	+5
23	651.05	86.82	455.19	872.46	1431.25	340.20	387.56	315.33	− 9	+1
24	651.13	87.14	455.27	872.77	1431.32	339.89	387.62	315.02	− 9	−2
25	651.21	87.45	455.35	873.08	1431.40	339.58	387.66	314.70	− 8	−5
26	−651.30	+87.76	−455.44	+873.39	−1431.49	−339.27	+387.71	−314.39	− 5	−7
27	651.39	88.07	455.53	873.69	1431.58	338.97	387.74	314.08	− 2	−7
28	651.49	88.38	455.63	874.00	1431.68	338.66	387.77	313.76	+ 1	−6
29	651.59	88.69	455.73	874.31	1431.78	338.35	387.79	313.44	+ 4	−4
30	651.70	88.99	455.84	874.61	1431.89	338.05	387.81	313.13	+ 5	−1
Juli 1	−651.81	+89.30	−455.95	+874.92	−1432.00	−337.74	+387.83	−312.82	+ 6	+2
2	651.93	89.60	456.07	875.22	1432.12	337.44	387.83	312.50	+ 5	+4
3	−652.05	+89.90	−456.20	+875.52	−1432.24	−337.14	+387.83	−312.19	+ 3	+6
Mittl. Ort	−660.″86	+76.″68	−464.″91	+862.″28	−1441.″11	−350.″27	+356.″40	−306.″14		

* Die Vorzeichen gelten für die drei nördlichen Sterne; für den südlichen sind sie umzukehren.

Polnahe Sterne 1959

Koordinaten der scheinbaren Örter für 12^h Sternzeit Greenwich

Tag	BD +89° 1 Gr. $10^m\!.56$		BD +89° 3 Gr. $9^m\!.06$		BD +89° 37 Gr. $10^m\!.06$		CPD −89° 38 Gr. $9^m\!.5$		Kurzperiod. Nutations-glieder*	
1959	x	y	x	y	x	y	x	y	in x	in y
	"	"	"	"	"	"	"	"	Einh. 0".01	
Juli 3	−652.05	+89.90	−456.20	+875.52	−1432.24	−337.14	+387.83	−312.19	+3	+6
4	652.18	90.20	456.33	875.82	1432.37	336.84	387.83	311.88	+1	+7
5	652.32	90.49	456.46	876.11	1432.51	336.55	387.82	311.57	−1	+6
6	652.46	90.79	456.61	876.41	1432.65	336.25	387.80	311.26	−3	+5
7	652.61	91.08	456.76	876.70	1432.80	335.96	387.78	310.96	−4	+2
8	−652.76	+91.37	−456.91	+876.99	−1432.95	−335.67	+387.75	−310.65	−5	−1
9	652.91	91.66	457.07	877.28	1433.11	335.38	387.72	310.34	−4	−4
10	653.07	91.95	457.23	877.57	1433.27	335.09	387.68	310.03	−2	−6
11	653.24	92.23	457.40	877.86	1433.43	334.80	387.64	309.72	+1	−7
12	653.41	92.51	457.57	878.14	1433.60	334.52	387.59	309.42	+4	−7
13	−653.58	+92.79	−457.75	+878.42	−1433.78	−334.24	+387.53	−309.11	+7	−5
14	653.76	93.07	457.93	878.70	1433.96	333.96	387.47	308.81	+8	−1
15	653.95	93.35	458.12	878.98	1434.14	333.68	387.41	308.51	+8	+2
16	654.14	93.63	458.31	879.25	1434.33	333.41	387.33	308.21	+5	+5
17	654.34	93.90	458.51	879.52	1434.53	333.14	387.25	307.91	+2	+7
18	−654.55	+94.17	−458.71	+879.79	−1434.73	−332.87	+387.17	−307.62	−2	+7
19	654.75	94.44	458.91	880.06	1434.93	332.60	387.08	307.32	−6	+6
20	654.96	94.70	459.12	880.33	1435.14	332.34	386.99	307.03	−8	+3
21	655.17	94.96	459.33	880.59	1435.35	332.08	386.89	306.74	−9	−1
22	655.39	95.22	459.55	880.85	1435.57	331.82	386.78	306.45	−8	−4
23	−655.62	+95.48	−459.78	+881.10	−1435.79	−331.56	+386.67	−306.17	−6	−6
24	655.84	95.73	460.00	881.36	1436.02	331.31	386.56	305.88	−3	−7
25	656.08	95.98	460.24	881.60	1436.25	331.06	386.43	305.60	0	−7
26	656.32	96.23	460.48	881.85	1436.49	330.81	386.31	305.33	+3	−5
27	656.56	96.48	460.72	882.09	1436.73	330.56	386.17	305.05	+5	−2
28	−656.81	+96.72	−460.97	+882.33	−1436.98	−330.32	+386.03	−304.78	+6	0
29	657.06	96.96	461.22	882.57	1437.23	330.08	385.89	304.51	+6	+3
30	657.31	97.20	461.47	882.81	1437.48	329.85	385.74	304.24	+4	+5
31	657.57	97.43	461.73	883.04	1437.74	329.61	385.59	303.97	+2	+7
Aug. 1	657.83	97.66	461.99	883.27	1438.00	329.39	385.43	303.71	0	+7
2	−658.09	+97.88	−462.26	+883.49	−1438.26	−329.16	+385.26	−303.45	−2	+6
3	658.36	98.11	462.53	883.72	1438.53	328.94	385.10	303.19	−4	+4
4	658.63	98.32	462.80	883.93	1438.80	328.72	384.92	302.94	−5	+1
5	658.91	98.54	463.08	884.15	1439.08	328.51	384.74	302.69	−5	−3
6	659.19	98.75	463.36	884.36	1439.36	328.30	384.56	302.44	−3	−5
7	−659.48	+98.96	−463.65	+884.57	−1439.65	−328.09	+384.37	−302.20	0	−7
8	659.76	99.17	463.94	884.78	1439.94	327.88	384.18	301.96	+3	−7
9	−660.05	+99.37	−464.23	+884.98	−1440.23	−327.68	+383.98	−301.72	+5	−6
Mittl. Ort	−660".86	+76".68	−464".91	+862".28	−1441".11	−350".27	+356".40	−306".14		

* Die Vorzeichen gelten für die drei nördlichen Sterne; für den südlichen sind sie umzukehren.

Koordinaten der scheinbaren Örter für 12^h Sternzeit Greenwich

Tag	BD +89° 1 Gr. $10^m.56$		BD +89° 3 Gr. $9^m.06$		BD +89° 37 Gr. $10^m.06$		CPD –89° 38 Gr. $9^m.5$		Kurzperiod. Nutationsglieder*	
1959	x	y	x	y	x	y	x	y	in x	in y
	″	″	″	″	″	″	″	″	Einh. 0″.01	
Aug. 9	–660.05	+ 99.37	–464.23	+884.98	–1440.23	–327.68	+383.98	–301.72	+5	–6
10	660.35	99.57	464.53	885.18	1440.52	327.48	383.78	301.49	+7	–3
11	660.64	99.76	464.82	885.37	1440.82	327.29	383.57	301.26	+7	+1
12	660.95	99.95	465.13	885.56	1441.12	327.10	383.36	301.04	+6	+4
13	661.25	100.13	465.43	885.74	1441.42	326.91	383.14	300.82	+3	+7
14	–661.56	+100.31	–465.74	+885.92	–1441.73	–326.73	+382.92	–300.60	–1	+7
15	661.88	100.49	466.05	886.10	1442.04	326.55	382.70	300.39	–4	+6
16	662.20	100.66	466.37	886.27	1442.35	326.38	382.47	300.18	–7	+4
17	662.52	100.83	466.69	886.44	1442.67	326.21	382.24	299.98	–8	+1
18	662.84	101.00	467.01	886.61	1442.99	326.04	382.00	299.78	–8	–3
19	–663.16	+101.16	–467.33	+886.77	–1443.31	–325.88	+381.76	–299.58	–6	–5
20	663.48	101.32	467.66	886.93	1443.64	325.72	381.52	299.39	–4	–7
21	663.81	101.47	467.99	887.08	1443.97	325.57	381.27	299.20	–1	–7
22	664.14	101.62	468.32	887.23	1444.30	325.42	381.02	299.02	+2	–6
23	664.47	101.77	468.66	887.37	1444.64	325.28	380.76	298.84	+5	–4
24	–664.81	+101.91	–468.99	+887.51	–1444.97	–325.14	+380.51	–298.67	+6	–1
25	665.15	102.05	469.33	887.65	1445.31	325.00	380.24	298.51	+6	+2
26	665.49	102.18	469.67	887.78	1445.65	324.87	379.98	298.35	+5	+5
27	665.84	102.31	470.02	887.91	1446.00	324.74	379.71	298.19	+3	+6
28	666.18	102.43	470.37	888.04	1446.35	324.61	379.44	298.03	+1	+7
29	–666.53	102.55	–470.72	+888.16	–1446.69	–324.49	+379.16	–297.88	–1	+7
30	666.88	102.67	471.07	888.28	1447.05	324.37	378.89	297.74	–3	+5
31	667.23	102.78	471.42	888.39	1447.40	324.26	378.61	297.60	–5	+2
Sept. 1	667.59	102.88	471.78	888.49	1447.75	324.16	378.32	297.47	–5	–1
2	667.94	102.99	472.13	888.60	1448.11	324.05	378.04	297.35	–4	–4
3	–668.30	+103.08	–472.49	+888.69	–1448.47	–323.96	+377.75	–297.23	–2	–7
4	668.67	103.18	472.85	888.78	1448.82	323.87	377.46	297.11	+1	–7
5	669.03	103.27	473.22	888.87	1449.19	323.78	377.17	297.00	+4	–6
6	669.40	103.35	473.58	888.95	1449.55	323.70	376.87	296.90	+6	–4
7	669.76	103.43	473.95	889.03	1449.91	323.62	376.57	296.80	+7	0
8	–670.13	+103.51	–474.31	+889.11	–1450.27	–323.54	+376.27	–296.71	+6	+3
9	670.49	103.58	474.68	889.18	1450.64	323.47	375.97	296.62	+4	+6
10	670.86	103.65	475.05	889.25	1451.01	323.40	375.66	296.54	0	+7
11	671.23	103.71	475.42	889.31	1451.38	323.34	375.36	296.46	–3	+7
12	671.60	103.77	475.79	889.37	1451.75	323.28	375.05	296.39	–6	+5
13	–672.98	+103.82	–476.17	+889.42	–1452.12	–323.23	+374.74	–296.33	–8	+2
14	672.35	103.86	476.54	889.46	1452.49	323.19	374.43	296.27	–8	–1
15	–672.73	+103.90	–476.91	+889.50	–1452.87	–323.15	+374.12	–296.22	–7	–4
Mittl. Ort	–660″.86	+ 76″.68	–464″.91	+862″.28	–1441″.11	–350″.27	+356″.40	–306″.14		

* Die Vorzeichen gelten für die drei nördlichen Sterne; für den südlichen sind sie umzukehren.

Polnahe Sterne 1959

Koordinaten der scheinbaren Örter für 12^h Sternzeit Greenwich

Tag	BD +89° 1 Gr. 10ᵐ.56		BD +89° 3 Gr. 9ᵐ.06		BD +89° 37 Gr. 10ᵐ.06		CPD –89° 38 Gr. 9ᵐ.5		Kurzperiod. Nutationsglieder*	
1959	x	y	x	y	x	y	x	y	in x Einh. 0ʺ.01	in y
	″	″	″	″	″	″	″	″		
Sept. 15	–672.73	+103.90	–476.91	+889.50	–1452.87	–323.15	+374.12	–296.22	–7	–4
16	673.11	+103.94	477.29	889.54	1453.25	323.11	373.80	296.17	–5	–6
17	673.48	103.97	477.67	889.57	1453.62	323.08	373.49	296.13	–2	–7
18	673.86	104.00	478.05	889.60	1454.00	323.05	373.18	296.09	+1	–6
19	674.23	104.03	478.42	889.63	1454.38	323.02	372.86	296.06	+4	–4
20	–674.61	+104.05	–478.80	+889.65	–1454.75	–323.00	+372.55	–296.04	+5	–2
21	674.99	104.06	479.18	889.66	1455.13	322.99	372.23	296.02	+6	+1
22	675.36	104.07	479.56	889.67	1455.51	322.98	371.92	296.01	+6	+4
23	675.74	104.07	479.94	889.67	1455.89	322.98	371.60	296.01	+4	+6
24	676.13	104.07	480.32	889.67	1456.27	322.98	371.28	296.01	+2	+7
25	–676.51	+104.06	–480.70	+889.66	–1456.66	–322.99	+370.96	–296.02	0	+7
26	676.89	104.05	481.08	889.65	1457.04	323.00	370.64	296.04	–2	+6
27	677.27	104.04	481.46	889.64	1457.42	323.01	370.32	296.06	–4	+3
28	677.65	104.02	481.84	889.62	1457.80	323.03	370.00	296.08	–5	0
29	678.02	103.99	482.22	889.60	1458.19	323.06	369.68	296.11	–4	–3
30	–678.40	+103.96	–482.60	+889.57	–1458.57	–323.09	+369.36	–296.15	–2	–6
Okt. 1	678.78	103.93	482.97	889.53	1458.94	323.12	369.05	296.19	0	–7
2	679.16	103.89	483.35	889.50	1459.32	323.16	368.73	296.24	+3	–7
3	679.54	103.84	483.73	889.45	1459.70	323.21	368.42	296.30	+6	–5
4	679.92	103.79	484.11	889.40	1460.07	323.26	368.10	296.36	+7	–2
5	–680.30	+103.74	–484.48	+889.35	–1460.45	–323.31	+367.79	–296.43	+7	+2
6	680.68	103.68	484.86	889.29	1460.82	323.37	367.48	296.51	+5	+5
7	681.05	103.62	485.24	889.23	1461.20	323.43	367.17	296.59	+1	+7
8	681.43	103.55	485.62	889.16	1461.58	323.50	366.85	296.68	–2	+7
9	681.80	103.48	485.99	889.09	1461.95	323.57	366.55	296.77	–6	+6
10	–682.17	+103.40	–486.37	+889.01	–1462.32	–323.65	+366.24	–296.87	–8	+3
11	682.54	103.31	486.74	888.92	1462.69	323.74	365.94	296.98	–9	0
12	682.91	103.23	487.11	888.84	1463.06	323.82	365.64	297.09	–8	–3
13	683.28	103.13	487.48	888.74	1463.43	323.92	365.34	297.20	–6	–6
14	683.65	103.03	487.84	888.64	1463.80	324.02	365.04	297.33	–3	–7
15	–684.01	+102.93	–488.21	+888.54	–1464.16	–324.12	+364.75	–297.46	0	–7
16	684.38	102.82	488.57	888.43	1464.52	324.23	364.46	297.59	+3	–5
17	684.74	102.71	488.94	888.32	1464.89	324.34	364.17	297.73	+5	–3
18	685.10	102.59	489.30	888.21	1465.25	324.46	363.88	297.87	+6	0
19	685.46	102.47	489.66	888.09	1465.61	324.58	363.60	298.02	+6	+3
20	–685.81	+102.35	–490.01	+887.96	–1465.96	–324.70	+363.31	–298.18	+5	+5
21	686.17	102.22	490.37	887.83	1466.32	324.84	363.04	298.34	+3	+6
22	–686.52	+102.08	–490.72	+887.70	–1466.67	–324.97	+362.76	–298.50	+1	+7
Mittl. Ort	–660″.86	+ 76″.68	–464″.91	+862″.28	–1441″.11	–350″.27	+356″.40	–306″.14		

* Die Vorzeichen gelten für die drei nördlichen Sterne; für den südlichen sind sie umzukehren.

Koordinaten der scheinbaren Örter für 12ʰ Sternzeit Greenwich

Tag	BD +89° 1 Gr. 10ᵐ.56		BD +89° 3 Gr. 9ᵐ.06		BD +89° 37 Gr. 10ᵐ.06		CPD −89° 38 Gr. 9ᵐ.5		Kurzperiod. Nutations-glieder*	
1959	x	y	x	y	x	y	x	y	in x (Einh. 0″.01)	in y
Okt. 22	−686.52″	+102.08″	−490.72″	+887.70″	−1466.67″	−324.97″	+362.76″	−298.50″	+ 1	+7
23	686.87	101.94	491.07	887.56	1467.02	325.11	362.49	298.68	− 1	+6
24	687.22	101.80	491.42	887.41	1467.37	325.26	362.22	298.85	− 3	+4
25	687.57	101.65	491.76	887.26	1467.71	325.41	361.96	299.04	− 4	+2
26	687.91	101.49	492.10	887.11	1468.05	325.57	361.70	299.23	− 4	−2
27	−688.25	+101.33	−492.44	+886.95	−1468.39	−325.73	+361.44	−299.42	− 3	−5
28	688.59	101.17	492.78	886.79	1468.73	325.89	361.19	299.62	0	−7
29	688.92	101.01	493.12	886.62	1469.07	326.05	360.94	299.83	+ 3	−8
30	689.25	100.84	493.45	886.45	1469.40	326.22	360.69	300.04	+ 6	−6
31	689.58	100.66	493.78	886.27	1469.73	326.40	360.45	300.25	+ 8	−4
Nov. 1	−689.90	+100.48	−494.11	+886.09	−1470.06	−326.58	+360.21	−300.47	+ 8	0
2	690.23	100.30	494.43	885.91	1470.38	326.77	359.98	300.70	+ 6	+4
3	690.55	100.11	494.75	885.72	1470.70	326.96	359.75	300.93	+ 3	+6
4	690.87	99.91	495.07	885.53	1471.02	327.16	359.53	301.16	− 1	+8
5	691.18	99.71	495.38	885.33	1471.33	327.36	359.31	301.40	− 5	+7
6	−691.49	+ 99.51	−495.69	+885.13	−1471.64	−327.56	+359.09	−301.64	− 8	+5
7	691.80	99.30	496.00	884.92	1471.95	327.77	358.88	301.89	−10	+1
8	692.10	99.09	496.31	884.71	1472.26	327.98	358.68	302.13	− 9	−2
9	692.40	98.88	496.61	884.50	1472.56	328.20	358.48	302.39	− 7	−5
10	692.69	98.66	496.90	884.28	1472.85	328.42	358.28	302.65	− 5	−7
11	−692.99	+ 98.44	−497.20	+884.06	−1473.15	−328.64	+358.09	−302.91	− 1	−7
12	693.27	98.21	497.48	883.83	1473.43	328.87	357.91	303.17	+ 2	−6
13	693.56	97.98	497.77	883.60	1473.72	329.10	357.73	303.45	+ 4	−4
14	693.84	97.74	498.05	883.36	1474.00	329.34	357.55	303.72	+ 5	−1
15	694.12	97.50	498.32	883.12	1474.27	329.58	357.38	304.00	+ 5	+2
16	−694.39	+ 97.26	−498.59	+882.88	−1474.54	−329.82	+357.22	−304.28	+ 5	+4
17	694.66	97.01	498.86	882.63	1474.81	330.07	357.06	304.56	+ 3	+6
18	694.92	96.77	499.13	882.38	1475.08	330.32	356.90	304.85	+ 2	+7
19	695.18	96.51	499.39	882.13	1475.34	330.58	356.76	305.14	0	+7
20	695.43	96.25	499.64	881.87	1475.59	330.84	356.62	305.43	− 2	+5
21	−695.68	+ 95.99	−499.89	+881.61	−1475.84	−331.10	+356.48	−305.73	− 4	+3
22	695.92	95.73	500.13	881.34	1476.08	331.36	356.35	306.03	− 4	0
23	696.16	95.45	500.37	881.08	1476.32	331.63	356.23	306.33	− 3	−4
24	696.40	95.18	500.60	880.80	1476.55	331.90	356.11	306.64	− 1	−6
25	696.63	94.90	500.83	880.53	1476.78	332.18	356.00	306.95	+ 2	−7
26	−696.85	+ 94.62	−501.06	+880.25	−1477.01	−332.46	+355.89	−307.26	+ 5	−7
27	697.07	94.34	501.28	879.97	1477.23	332.74	355.79	307.57	+ 7	−5
28	−697.29	+ 94.06	−501.50	+879.69	−1477.44	−333.02	+355.70	−307.89	+ 9	−2
Mittl. Ort	−660.86″	+ 76.68″	−464.91″	+862.28″	−1441.11″	−350.27″	+356.40″	−306.14″		

* Die Vorzeichen gelten für die drei nördlichen Sterne; für den südlichen sind sie umzukehren.

Polnahe Sterne 1959

Koordinaten der scheinbaren Örter für 12ʰ Sternzeit Greenwich

Tag	BD +89° 1 Gr. 10ᵐ.56		BD +89° 3 Gr. 9ᵐ.06		BD +89° 37 Gr. 10ᵐ.06		CPD −89° 38 Gr. 9ᵐ.5		Kurzperiod. Nutations-glieder*	
1959	*x*	*y*	*x*	*y*	*x*	*y*	*x*	*y*	in *x* Einh. 0".01	in *y*
	"	"	"	"	"	"	"	"		
Nov. 28	−697.29	+94.06	−501.50	+879.69	−1477.44	−333.02	+355.70	−307.89	+ 9	−2
29	697.50	93.77	501.71	879.40	1477.65	333.31	355.61	308.20	+ 8	+2
30	697.70	93.48	501.91	879.11	1477.86	333.60	355.53	308.52	+ 6	+5
Dez. 1	697.90	93.19	502.11	878.82	1478.06	333.89	355.46	308.84	+ 2	+7
2	698.09	92.89	502.31	878.52	1478.25	334.19	355.39	309.16	− 3	+8
3	−698.28	+92.59	−502.49	+878.22	−1478.44	−334.49	+355.33	−309.49	− 7	+6
4	698.46	92.29	502.67	877.92	1478.62	334.79	355.28	309.81	− 9	+3
5	698.64	91.98	502.85	877.62	1478.79	335.10	355.23	310.14	−10	−1
6	698.81	91.68	503.02	877.32	1478.96	335.40	355.19	310.47	− 9	−4
7	698.98	91.37	503.19	877.01	1479.13	335.71	355.15	310.79	− 6	−7
8	−699.14	+91.06	−503.35	+876.70	−1479.29	−336.02	+355.12	−311.12	− 3	−7
9	699.29	90.75	503.50	876.39	1479.44	336.34	355.10	311.45	0	−6
10	699.44	90.44	503.65	876.08	1479.59	336.65	355.09	311.78	+ 3	−5
11	699.58	90.12	503.79	875.76	1479.73	336.97	355.08	312.11	+ 4	−2
12	699.72	89.80	503.93	875.44	1479.87	337.29	355.08	312.45	+ 5	+1
13	−699.85	−89.48	−504.06	+875.12	−1480.00	−337.61	+355.08	−312.78	+ 5	+3
14	699.97	89.16	504.18	874.80	1480.12	337.94	355.09	313.11	+ 3	+5
15	700.09	88.83	504.30	874.47	1480.24	338.27	355.11	313.45	+ 2	+6
16	700.20	88.51	504.41	874.15	1480.35	338.59	355.13	313.78	0	+7
17	700.31	88.18	504.52	873.82	1480.46	338.92	355.16	314.12	− 2	+6
18	−700.41	+87.86	−504.61	+873.50	−1480.55	−339.25	+355.20	−314.45	− 4	+4
19	700.50	87.53	504.71	873.17	1480.65	339.58	355.24	314.78	− 4	+1
20	700.59	87.20	504.79	872.84	1480.73	339.91	355.29	315.12	− 4	−2
21	700.67	86.87	504.87	872.51	1480.81	340.24	355.34	315.45	− 2	−5
22	700.74	86.53	504.95	872.17	1480.89	340.57	355.40	315.78	0	−7
23	−700.81	+86.20	−505.02	+871.84	−1480.96	−340.91	+355.47	−316.12	+ 4	−7
24	700.87	85.86	505.08	871.50	1481.02	341.25	355.55	316.45	+ 7	−6
25	700.92	85.52	505.14	871.16	1481.08	341.59	355.63	316.79	+ 9	−3
26	700.97	85.19	505.20	870.83	1481.14	341.93	355.71	317.12	+ 9	0
27	701.01	84.85	505.25	870.49	1481.19	342.27	355.80	317.45	+ 8	+4
28	−701.04	+84.51	−505.28	+870.16	−1481.22	−342.60	+355.90	−317.77	+ 4	+7
29	701.07	84.17	505.30	869.82	1481.24	342.94	356.01	318.10	0	+8
30	701.09	83.83	505.31	869.49	1481.25	343.27	356.13	318.42	− 4	+7
31	701.11	83.50	505.33	869.15	1481.26	343.61	356.25	318.74	− 7	+4
32	−701.12	+83.16	−505.34	+868.82	−1481.27	−343.94	+356.38	−319.06	− 9	+1
Mittl. Ort	−660.86	+76.68	−464.91	+862.28	−1441.11	−350.27	+356.40	−306.14		

* Die Vorzeichen gelten für die drei nördlichen Sterne; für den südlichen sind sie umzukehren.

Formeln
zur Reduktion auf den scheinbaren Ort

$$A = t - (0.34213 + 0.00034\,T)\sin\Omega + 0.00415\sin 2\Omega - 0.02525\sin 2L_{\odot}$$
$$+ 0.00250\sin M_{\odot} - 0.00099\sin(2L_{\odot} + M_{\odot}) + 0.00042\sin(2L_{\odot} - M_{\odot})$$
$$+ 0.00024\sin(2L_{\odot} - \Omega) + 0.00010\sin(2L_{☾} - 2M_{☾} - \Omega)$$
$$+ 0.00008\sin(2L_{\odot} - 2L_{☾} + 2M_{☾})$$

$$A' = -0.00405\sin 2L_{☾} + 0.00135\sin M_{☾} - 0.00067\sin(2L_{☾} - \Omega)$$
$$- 0.00052\sin(2L_{☾} + M_{☾}) + 0.00030\sin(2L_{☾} - 2L_{\odot} - M_{☾})$$
$$+ 0.00022\sin(2L_{☾} - M_{☾}) + 0.00012\sin(2L_{☾} - 2L_{\odot})$$
$$+ 0.00012\sin(M_{☾} + \Omega) + 0.00012\sin(M_{☾} - \Omega)$$
$$- 0.00010\sin(4L_{☾} - 2L_{\odot} - M_{☾}) - 0.00008\sin(2L_{☾} + M_{☾} - \Omega)$$

$$B = -(9''210 + 0''001\,T)\cos\Omega + 0''090\cos 2\Omega - 0''551\cos 2L_{\odot}$$
$$- 0''022\cos(2L_{\odot} + M_{\odot}) + 0''009\cos(2L_{\odot} - M_{\odot})$$
$$+ 0''007\cos(2L_{\odot} - \Omega) + 0''003\cos(2L_{☾} - 2M_{☾} - \Omega)$$

$$B' = -0''089\cos 2L_{☾} - 0''018\cos(2L_{☾} - \Omega) - 0''011\cos(2L_{☾} + M_{☾})$$
$$+ 0''005\cos(2L_{☾} - M_{☾}) + 0''003\cos(M_{☾} + \Omega) - 0''003\cos(M_{☾} - \Omega)$$
$$- 0''002\cos(4L_{☾} - 2L_{\odot} - M_{☾}) - 0''002\cos(2L_{☾} + M_{☾} - \Omega)$$

$$C = -20''47\cos\odot\cos\varepsilon$$

$$D = -20''47\sin\odot$$

$$E = -(0^{s}0029 - 0^{s}0004\,T)\sin\Omega$$

T Zeit seit 1900.0 in Einheiten von 100 tropischen Jahren,
t Zeit seit Beginn des annus fictus in Bruchteilen des tropischen Jahres:
$t = 0$ für 1959 Januar $1^{d}1031$ Weltzeit.

$a = m + {}^{1}/_{15}\,n\sin\alpha\,\mathrm{tg}\,\delta$	$a' = n\cos\alpha$
$b = {}^{1}/_{15}\cos\alpha\,\mathrm{tg}\,\delta$	$b' = -\sin\alpha$
$c = {}^{1}/_{15}\cos\alpha\sec\delta$	$c' = \mathrm{tg}\,\varepsilon\cos\delta - \sin\alpha\sin\delta$
$d = {}^{1}/_{15}\sin\alpha\sec\delta$	$d' = \cos\alpha\sin\delta$

Für 1959.0 gilt: $m = +3^{s}0734$, $n = +20''042$, $\varepsilon = 23^{\circ}\,26'\,40''62$

$$\alpha_{app.} = \alpha_{1959.0} + t\,\mu_{\alpha} + Aa + Bb + Cc + Dd + E + [A'a + B'b]$$
$$\delta_{app.} = \delta_{1959.0} + t\,\mu_{\delta} + Aa' + Bb' + Cc' + Dd' + [A'a' + B'b']$$

μ_{α}, μ_{δ} jährliche Eigenbewegung in Rektaszension, bez. Deklination.

Setzt man

$f = mA + E$	$f' = mA'$	$i = C\,\mathrm{tg}\,\varepsilon$
$g\sin G = B$	$g'\sin G' = B'$	$h\sin H = C$
$g\cos G = nA$	$g'\cos G' = nA'$	$h\cos H = D,$

so wird:

$$\alpha_{app.} = \alpha_{1959.0} + t\,\mu_{\alpha} + f + {}^{1}/_{15}\,g\sin(G + \alpha)\,\mathrm{tg}\,\delta + {}^{1}/_{15}\,h\sin(H + \alpha)\sec\delta$$
$$+ [f' + {}^{1}/_{15}\,g'\sin(G' + \alpha)\,\mathrm{tg}\,\delta]$$
$$\delta_{app.} = \delta_{1959.0} + t\,\mu_{\delta} + g\cos(G + \alpha) + h\cos(H + \alpha)\sin\delta + i\cos\delta$$
$$+ [g'\cos(G' + \alpha)]$$

Reduktionsgrößen 1959

Tag	0h Weltzeit								
	Sternzeit Greenwich	*t*	*f*	log *g*	*G*	log *h*	*H*	log *i*	*i*
1959	h	a	s		h m		h m		″
Jan. 0	6.6	-0.0030	+0.350	0.9841	5 5.4	1.3103	23 27.6	0.0962*n*	−1.248
1	6.7	-0.0003	0.360	0.9847	5 3.9	1.3101	23 23.9	0.1430*n*	1.390
2	6.7	+0.0025	0.370	0.9852	5 2.3	1.3099	23 20.1	0.1855*n*	1.533
3	6.8	0.0052	0.380	0.9858	5 0,7	1.3097	23 16.3	0.2240*n*	1.675
4	6.9	0.0079	0.391	0.9863	4 59.2	1.3094	23 12.6	0.2591*n*	1.816
5	6.9	0.0107	0.401	0.9868	4 57.6	1.3091	23 8.8	0.2916*n*	1.957
6	7.0	0.0134	+0.411	0.9873	4 56.1	1.3088	23 5.0	0.3218*n*	−2.098
7	7.1	0.0161	0.421	0.9878	4 54.6	1.3085	23 1.3	0.3499*n*	2.238
8	7.1	0.0189	0.431	0.9883	4 53.1	1.3082	22 57.5	0.3758*n*	2.376
9	7.2	0.0216	0.441	0.9887	4 51.5	1.3078	22 53.7	0.4005*n*	2.515
10	7.3	0.0244	0.450	0.9892	4 50.0	1.3075	22 49.9	0.4236*n*	2.652
11	7.3	0.0271	0.460	0.9896	4 48.5	1.3071	22 46.1	0.4454*n*	2.789
12	7.4	0.0298	+0.470	0.9900	4 47.0	1.3066	22 42.2	0.4660*n*	−2.924
13	7.4	0.0326	0.480	0.9905	4 45.5	1.3062	22 38.4	0.4856*n*	3.059
14	7.5	0.0353	0.489	0.9909	4 44.1	1.3058	22 34.6	0.5042*n*	3.193
15	7.6	0.0380	0.499	0.9913	4 42.6	1.3053	22 30.8	0.5218*n*	3.325
16	7.6	0.0408	0.508	0.9917	4 41.1	1.3048	22 26.9	0.5387*n*	3.457
17	7.7	0.0435	0.518	0.9921	4 39.7	1.3043	22 23.1	0.5549*n*	3.588
18	7.8	0.0463	+0.527	0.9924	4 38.3	1.3038	22 19.2	0.5702*n*	−3.717
19	7.8	0.0490	0.536	0.9928	4 36.8	1.3033	22 15.3	0.5849*n*	3.845
20	7.9	0.0517	0.545	0.9932	4 35.4	1.3028	22 11.5	0.5990*n*	3.972
21	8.0	0.0545	0.554	0.9935	4 34.0	1.3022	22 7.6	0.6125*n*	4.097
22	8.0	0.0572	0.563	0.9939	4 32.6	1.3017	22 3.7	0.6255*n*	4.222
23	8.1	0.0600	0.572	0.9942	4 31.3	1.3011	21 59.8	0.6380*n*	4.345
24	8.2	0.0627	+0.581	0.9945	4 29.9	1.3005	21 55.8	0.6500*n*	−4.467
25	8.2	0.0654	0.589	0.9948	4 28.6	1.2999	21 51.9	0.6615*n*	4.587
26	8.3	0.0682	0.598	0.9951	4 27.2	1.2993	21 48.0	0.6727*n*	4.706
27	8.4	0.0709	0.606	0.9954	4 25.9	1.2987	21 44.1	0.6833*n*	4.823
28	8.4	0.0736	0.615	0.9957	4 24.6	1.2981	21 40.1	0.6936*n*	4.939
29	8.5	0.0764	0.623	0.9960	4 23.3	1.2975	21 36.1	0.7035*n*	5.052
30	8.6	0.0791	+0.631	0.9962	4 22.0	1.2968	21 32.2	0.7130*n*	−5.164
31	8.6	0.0819	0.639	0.9965	4 20.7	1.2962	21 28.2	0.7223*n*	5.276
Febr. 1	8.7	0.0846	0.647	0.9968	4 19.4	1.2956	21 24.2	0.7312*n*	5.385
2	8.8	0.0873	0.655	0.9971	4 18.2	1.2949	21 20.2	0.7397*n*	5.492
3	8.8	0.0901	0.663	0.9974	4 17.0	1.2942	21 16.2	0.7480*n*	5.597
4	8.9	0.0928	0.671	0.9976	4 15.8	1.2936	21 12.1	0.7560*n*	5.701
5	9.0	0.0955	+0.678	0.9979	4 14.6	1.2929	21 8.1	0.7637*n*	−5.803
6	9.0	0.0983	0.686	0.9982	4 13.4	1.2922	21 4.0	0.7711*n*	5.904
7	9.1	0.1010	0.693	0.9985	4 12.2	1.2916	21 0.0	0.7783*n*	6.002
8	9.2	0.1038	0.700	0.9987	4 11.0	1.2909	20 55.9	0.7852*n*	6.098
9	9.2	0.1065	0.708	0.9990	4 9.9	1.2903	20 51.8	0.7919*n*	6.193
10	9.3	0.1092	+0.715	0.9992	4 8.8	1.2896	20 47.7	0.7984*n*	−6.286

Tag	0h Weltzeit										
	f'	g'	G'	Allgemeine Präzession seit 1959.0	Nutation in Länge $\Delta\psi$	Nutation in Länge $\Delta\psi'$	Mittlere Schiefe	Nutation in Schiefe $\Delta\varepsilon$	Nutation in Schiefe $\Delta\varepsilon'$	j	k
1959	s in 0.001	″ in 0.01	h	″	″	″ in 0.01	23° 26′ ″	″	″ in 0.01	in 0.001	
Jan. 0	+ 5	+6	19.9	−0.15	+5.87	+ 8	40.62	−9.37	+ 6	42	89
1	0	7	18.1	−0.01	5.90	0	40.62	9.37	+ 7	42	89
2	− 5	8	16.4	+0.12	5.93	− 8	40.62	9.36	+ 7	42	89
3	− 9	8	14.8	0.26	5.96	−15	40.62	9.36	+ 5	42	89
4	−12	8	13.1	0.40	5.99	−19	40.62	9.35	+ 2	42	89
5	−11	7	11.2	0.54	6.02	−18	40.61	9.34	− 2	42	89
6	− 9	+7	9.2	+0.67	+6.04	−14	40.61	−9.34	− 5	42	89
7	− 3	7	7.1	0.81	6.07	− 5	40.61	9.33	− 7	42	89
8	+ 2	8	5.2	0.95	6.10	+ 4	40.61	9.32	− 8	42	89
9	+ 8	8	3.3	1.09	6.12	+13	40.61	9.31	− 6	43	89
10	+12	9	1.7	1.22	6.14	+20	40.61	9.30	− 4	43	89
11	+13	9	0.2	1.36	6.17	+22	40.61	9.29	− 1	43	89
12	+13	+9	22.7	+1.50	+6.19	+21	40.61	−9.28	+ 3	43	88
13	+10	9	21.3	1.64	6.21	+16	40.60	9.27	+ 6	43	88
14	+ 5	8	19.9	1.78	6.23	+ 9	40.60	9.26	+ 7	43	88
15	+ 1	7	18.2	1.91	6.25	+ 1	40.60	9.25	+ 7	43	88
16	− 4	6	16.3	2.05	6.26	− 7	40.60	9.24	+ 6	43	88
17	− 8	6	14.4	2.19	6.28	−13	40.60	9.22	+ 4	43	88
18	−10	+7	12.6	+2.33	+6.29	−16	40.60	−9.21	+ 1	43	88
19	−10	7	10.9	2.46	6.30	−17	40.60	9.20	− 2	43	88
20	− 9	8	9.5	2.60	6.32	−15	40.60	9.18	− 5	43	88
21	− 6	8	8.1	2.74	6.33	−10	40.59	9.17	− 6	43	88
22	− 2	7	6.8	2.88	6.34	− 4	40.59	9.15	− 7	43	87
23	+ 2	6	5.2	3.01	6.34	+ 3	40.59	9.14	− 6	43	87
24	+ 5	+6	3.4	+3.15	+6.35	+ 9	40.59	−9.12	− 5	43	87
25	+ 8	5	1.0	3.29	6.35	+13	40.59	9.11	− 1	43	87
26	+ 9	6	22.6	3.43	6.35	+14	40.59	9.09	+ 2	43	87
27	+ 6	6	20.6	3.56	6.36	+10	40.59	9.07	+ 5	43	87
28	+ 2	7	18.8	3.70	6.36	+ 4	40.59	9.06	+ 7	43	87
29	− 2	8	17.2	3.84	6.35	− 3	40.58	9.04	+ 7	43	87
30	− 7	+8	15.6	+3.98	+6.35	−11	40.58	−9.02	+ 6	43	86
31	−10	7	13.8	4.11	6.34	−16	40.58	9.00	+ 3	43	86
Febr. 1	−11	7	11.8	4.25	6.34	−18	40.58	8.99	0	43	86
2	− 9	7	9.7	4.39	6.33	−14	40.58	8.97	− 4	43	86
3	− 4	7	7.6	4.53	6.32	− 7	40.58	8.95	− 6	43	86
4	+ 1	7	5.7	4.67	6.31	+ 1	40.58	8.93	− 7	43	86
5	+ 6	+8	3.9	+4.80	+6.29	+10	40.57	−8.92	− 7	43	86
6	+10	8	2.3	4.94	6.28	+17	40.57	8.90	− 5	43	86
7	+13	8	0.6	5.08	6.26	+21	40.57	8.88	− 1	43	85
8	+13	8	23.2	5.22	6.24	+21	40.57	8.86	+ 2	44	85
9	+10	8	21.8	5.35	6.22	+17	40.57	8.85	+ 4	44	85
10	+ 7	+8	20.3	+5.49	+6.20	+11	40.57	−8.83	+ 6	44	85

Reduktionsgrößen 1959

Tag	0ʰ Weltzeit								
	Sternzeit Greenwich	t	f	log g	G	log h	H	log i	i
1959	h	a	s		h m		h m		″
Febr. 10	9.3	0.1092	+0.715	0.9992	4 8.8	1.2896	20 47.7	0.7984n	−6.286
11	9.4	0.1120	0.722	0.9995	4 7.7	1.2890	20 43.6	0.8045n	6.376
12	9.4	0.1147	0.729	0.9998	4 6.6	1.2883	20 39.5	0.8106n	6.465
13	9.5	0.1174	0.735	1.0000	4 5.5	1.2877	20 35.4	0.8163n	6.551
14	9.6	0.1202	0.742	1.0003	4 4.4	1.2870	20 31.2	0.8218n	6.635
15	9.6	0.1229	0.749	1.0006	4 3.4	1.2864	20 27.1	0.8272n	6.718
16	9.7	0.1257	+0.755	1.0009	4 2.4	1.2857	20 22.9	0.8324n	−6.798
17	9.7	0.1284	0.762	1.0012	4 1.4	1.2851	20 18.7	0.8373n	6.875
18	9.8	0.1311	0.768	1.0015	4 0.4	1.2845	20 14.6	0.8420n	6.951
19	9.9	0.1339	0.774	1.0018	3 59.4	1.2839	20 10.4	0.8466n	7.025
20	9.9	0.1366	0.780	1.0021	3 58.4	1.2833	20 6.2	0.8511n	7.097
21	10.0	0.1394	0.786	1.0025	3 57.5	1.2827	20 2.0	0.8553n	7.166
22	10.1	0.1421	+0.792	1.0028	3 56.6	1.2822	19 57.8	0.8593n	−7.232
23	10.1	0.1448	0.798	1.0032	3 55.6	1.2816	19 53.5	0.8631n	7.297
24	10.2	0.1476	0.804	1.0035	3 54.7	1.2811	19 49.3	0.8669n	7.360
25	10.3	0.1503	0.810	1.0039	3 53.9	1.2805	19 45.0	0.8704n	7.420
26	10.3	0.1530	0.815	1.0042	3 53.0	1.2800	19 40.8	0.8738n	7.478
27	10.4	0.1558	0.821	1.0046	3 52.2	1.2795	19 36.5	0.8770n	7.533
28	10.5	0.1585	+0.826	1.0051	3 51.3	1.2790	19 32.3	0.8800n	−7.586
März 1	10.5	0.1613	0.832	1.0055	3 50.5	1.2786	19 28.0	0.8829n	7.637
2	10.6	0.1640	0.837	1.0059	3 49.7	1.2781	19 23.7	0.8856n	7.685
3	10.7	0.1667	0.843	1.0064	3 48.9	1.2777	19 19.4	0.8882n	7.731
4	10.7	0.1695	0.848	1.0068	3 48.1	1.2773	19 15.1	0.8907n	7.775
5	10.8	0.1722	0.853	1.0073	3 47.4	1.2769	19 10.8	0.8930n	7.816
6	10.9	0.1749	+0.858	1.0078	3 46.7	1.2765	19 6.5	0.8951n	−7.855
7	10.9	0.1777	0.864	1.0083	3 46.0	1.2762	19 2.2	0.8971n	7.891
8	11.0	0.1804	0.869	1.0088	3 45.3	1.2759	18 57.9	0.8990n	7.925
9	11.1	0.1832	0.874	1.0094	3 44.6	1.2756	18 53.6	0.9007n	7.957
10	11.1	0.1859	0.879	1.0100	3 43.9	1.2753	18 49.2	0.9023n	7.986
11	11.2	0.1886	0.884	1.0106	3 43.2	1.2750	18 44.9	0.9037n	8.012
12	11.3	0.1914	+0.889	1.0111	3 42.6	1.2748	18 40.6	0.9051n	−8.037
13	11.3	0.1941	0.893	1.0118	3 41.9	1.2746	18 36.3	0.9063n	8.059
14	11.4	0.1968	0.898	1.0124	3 41.3	1.2744	18 31.9	0.9073n	8.078
15	11.5	0.1996	0.903	1.0131	3 40.7	1.2742	18 27.6	0.9082n	8.095
16	11.5	0.2023	0.908	1.0138	3 40.1	1.2741	18 23.2	0.9090n	8.110
17	11.6	0.2051	0.913	1.0145	3 39.5	1.2739	18 18.9	0.9097n	8.122
18	11.7	0.2078	+0.918	1.0152	3 39.0	1.2738	18 14.6	0.9101n	−8.131
19	11.7	0.2105	0.922	1.0160	3 38.4	1.2738	18 10.2	0.9105n	8.138
20	11.8	0.2133	0.927	1.0167	3 37.9	1.2737	18 5.9	0.9107n	8.142
21	11.9	0.2160	0.932	1.0175	3 37.3	1.2737	18 1.6	0.9108n	8.144
22	11.9	0.2188	0.936	1.0183	3 36.8	1.2737	17 57.2	0.9108n	8.144
23	12.0	0.2215	+0.941	1.0192	3 36.3	1.2737	17 52.9	0.9107n	−8.141

Tag	0h Weltzeit										
	f'	g'	G'	Allgemeine Präzession seit 1959.0	Nutation in Länge $\Delta\psi$	$\Delta\psi'$	Mittlere Schiefe	Nutation in Schiefe $\Delta\varepsilon$	$\Delta\varepsilon'$	j	k
1959	s in 0.001	s in 0.01	h	"	"	s in 0.01	23° 26' "	"	s in 0.01	in 0.001	
Febr. 10	+ 7	+8	20.3	+ 5.49	+6.20	+11	40.57	−8.83	+ 6	44	85
11	+ 2	7	18.7	5.63	6.18	+ 3	40.57	8.81	+ 7	44	85
12	− 3	7	16.9	5.77	6.15	− 5	40.57	8.80	+ 6	44	85
13	− 7	6	15.0	5.90	6.12	−11	40.56	8.78	+ 5	44	85
14	−10	7	13.2	6.04	6.10	−16	40.56	8.76	+ 2	44	84
15	−11	7	11.5	6.18	6.07	−18	40.56	8.75	− 1	44	84
16	−10	+8	10.2	+ 6.32	+6.04	−17	40.56	−8.73	− 4	44	84
17	− 8	8	8.9	6.45	6.00	−13	40.56	8.71	− 5	44	84
18	− 4	7	7.5	6.59	5.97	− 7	40.56	8.70	− 7	44	84
19	0	7	6.0	6.73	5.93	0	40.56	8.68	− 7	44	84
20	+ 4	6	4.3	6.87	5.90	+ 6	40.56	8.67	− 5	44	84
21	+ 7	5	2.0	7.01	5.86	+11	40.55	8.65	− 3	44	84
22	+ 8	+5	23.4	+ 7.14	+5.82	+13	40.55	−8.64	+ 1	44	84
23	+ 7	6	21.2	7.28	5.78	+12	40.55	8.63	+ 4	44	83
24	+ 4	7	19.4	7.42	5.73	+ 6	40.55	8.61	+ 7	44	83
25	− 1	8	17.8	7.56	5.69	− 1	40.55	8.60	+ 8	44	83
26	− 5	8	16.3	7.69	5.65	− 8	40.55	8.59	+ 7	44	83
27	− 9	7	14.6	7.83	5.60	−14	40.55	8.58	+ 5	44	83
28	−10	+7	12.7	+ 7.97	+5.55	−16	40.55	−8.56	+ 1	44	83
März 1	− 9	6	10.4	8.11	5.50	−15	40.54	8.55	− 3	44	83
2	− 5	7	8.0	8.24	5.45	− 8	40.54	8.54	− 6	44	83
3	0	7	5.9	8.38	5.40	0	40.54	8.53	− 7	44	83
4	+ 5	8	4.2	8.52	5.35	+ 9	40.54	8.52	− 7	44	83
5	+10	8	2.7	8.66	5.30	+16	40.54	8.51	− 6	44	83
6	+13	+9	1.2	+ 8.79	+5.25	+21	40.54	−8.51	− 3	44	82
7	+13	9	23.9	8.93	5.19	+21	40.54	8.50	0	44	82
8	+11	8	22.4	9.07	5.14	+18	40.54	8.49	+ 3	45	82
9	+ 8	8	20.8	9.21	5.08	+13	40.53	8.49	+ 6	45	82
10	+ 3	7	19.2	9.34	5.03	+ 5	40.53	8.48	+ 7	45	82
11	− 1	6	17.5	9.48	4.97	− 2	40.53	8.47	+ 6	45	82
12	− 5	+6	15.7	+ 9.62	+4.91	− 9	40.53	−8.47	+ 5	45	82
13	− 9	7	14.0	9.76	4.85	−14	40.53	8.47	+ 3	45	82
14	−10	7	12.3	9.90	4.80	−17	40.53	8.46	+ 1	45	82
15	−11	7	10.7	10.03	4.74	−18	40.53	8.46	− 2	45	82
16	− 9	8	9.4	10.17	4.68	−15	40.52	8.46	− 5	45	82
17	− 6	8	8.1	10.31	4.62	−10	40.52	8.46	− 7	45	82
18	− 2	+7	6.7	+10.45	+4.56	− 4	40.52	−8.46	− 7	45	82
19	+ 2	6	5.3	10.58	4.50	+ 3	40.52	8.46	− 6	45	82
20	+ 5	5	3.5	10.72	4.44	+ 8	40.52	8.46	− 4	45	82
21	+ 7	5	0.7	10.86	4.38	+12	40.52	8.46	− 1	45	82
22	+ 7	5	22.1	11.00	4.32	+11	40.52	8.46	+ 3	46	82
23	+ 4	+6	19.8	+11.13	+4.26	+ 7	40.52	−8.46	+ 6	46	82

Tag	0h Weltzeit								
	Sternzeit Greenwich	*t*	*f*	log *g*	*G*	log *h*	*H*	log *i*	*i*
1959	h	a	s		h m		h m		"
März 23	12.0	0.2215	+0.941	1.0192	3 36.3	1.2737	17 52.9	0.9107*n*	−8.141
24	12.0	0.2242	0.946	1.0201	3 35.8	1.2738	17 48.6	0.9104*n*	8.136
25	12.1	0.2270	0.951	1.0210	3 35.3	1.2739	17 44.3	0.9100*n*	8.129
26	12.2	0.2297	0.955	1.0219	3 34.8	1.2740	17 40.0	0.9094*n*	8.118
27	12.2	0.2324	0.960	1.0229	3 34.3	1.2741	17 35.7	0.9088*n*	8.106
28	12.3	0.2352	0.965	1.0238	3 33.9	1.2742	17 31.3	0.9081*n*	8.092
29	12.4	0.2379	+0.970	1.0248	3 33.4	1.2744	17 27.0	0.9071*n*	−8.074
30	12.4	0.2407	0.975	1.0258	3 32.9	1.2746	17 22.8	0.9060*n*	8.054
31	12.5	0.2434	0.980	1.0268	3 32.5	1.2748	17 18.5	0.9048*n*	8.032
April 1	12.6	0.2461	0.985	1.0279	3 32.0	1.2751	17 14.2	0.9035*n*	8.008
2	12.6	0.2489	0.989	1.0290	3 31.6	1.2753	17 9.9	0.9021*n*	7.981
3	12.7	0.2516	0.994	1.0301	3 31.2	1.2756	17 5.7	0.9004*n*	7.951
4	12.8	0.2543	+0.999	1.0313	3 30.8	1.2759	17 1.4	0.8987*n*	−7.920
5	12.8	0.2571	1.005	1.0325	3 30.3	1.2762	16 57.2	0.8969*n*	7.886
6	12.9	0.2598	1.010	1.0337	3 29.9	1.2766	16 52.9	0.8949*n*	7.850
7	13.0	0.2626	1.015	1.0349	3 29.5	1.2769	16 48.7	0.8927*n*	7.811
8	13.0	0.2653	1.020	1.0361	3 29.1	1.2773	16 44.5	0.8904*n*	7.770
9	13.1	0.2680	1.025	1.0374	3 28.7	1.2777	16 40.3	0.8881*n*	7.728
10	13.2	0.2708	+1.030	1.0386	3 28.3	1.2782	16 36.1	0.8855*n*	−7.683
11	13.2	0.2735	1.036	1.0399	3 27.9	1.2786	16 31.9	0.8828*n*	7.635
12	13.3	0.2762	1.041	1.0413	3 27.5	1.2790	16 27.7	0.8800*n*	7.585
13	13.4	0.2790	1.047	1.0426	3 27.1	1.2795	16 23.5	0.8770*n*	7.533
14	13.4	0.2817	1.052	1.0440	3 26.8	1.2800	16 19.4	0.8739*n*	7.480
15	13.5	0.2845	1.058	1.0454	3 26.4	1.2805	16 15.2	0.8706*n*	7.424
16	13.6	0.2872	+1.064	1.0468	3 26.0	1.2810	16 11.1	0.8672*n*	−7.365
17	13.6	0.2899	1.069	1.0482	3 25.6	1.2815	16 7.0	0.8636*n*	7.305
18	13.7	0.2927	1.075	1.0496	3 25.2	1.2821	16 2.9	0.8599*n*	7.243
19	13.8	0.2954	1.081	1.0511	3 24.8	1.2826	15 58.8	0.8560*n*	7.178
20	13.8	0.2981	1.087	1.0526	3 24.4	1.2832	15 54.7	0.8519*n*	7.111
21	13.9	0.3009	1.093	1.0541	3 24.0	1.2838	15 50.6	0.8477*n*	7.042
22	14.0	0.3036	+1.099	1.0556	3 23.6	1.2844	15 46.6	0.8433*n*	−6.971
23	14.0	0.3064	1.105	1.0571	3 23.3	1.2849	15 42.5	0.8388*n*	6.899
24	14.1	0.3091	1.112	1.0586	3 22.9	1.2855	15 38.5	0.8340*n*	6.824
25	14.2	0.3118	1.118	1.0602	3 22.5	1.2861	15 34.5	0.8292*n*	6.748
26	14.2	0.3146	1.125	1.0617	3 22.1	1.2867	15 30.5	0.8241*n*	6.669
27	14.3	0.3173	1.131	1.0633	3 21.7	1.2874	15 26.5	0.8188*n*	6.589
28	14.3	0.3201	+1.138	1.0650	3 21.3	1.2880	15 22.5	0.8134*n*	−6.507
29	14.4	0.3228	1.144	1.0666	3 20.8	1.2886	15 18.6	0.8077*n*	6.423
30	14.5	0.3255	1.151	1.0682	3 20.4	1.2892	15 14.6	0.8019*n*	6.337
Mai 1	14.5	0.3283	1.158	1.0698	3 20.0	1.2899	15 10.7	0.7959*n*	6.250
2	14.6	0.3310	1.165	1.0715	3 19.6	1.2905	15 6.8	0.7896*n*	6.160
3	14.7	0.3337	+1.172	1.0731	3 19.2	1.2912	15 2.9	0.7831*n*	−6.069

Tag	f'	g'	G'	Allgemeine Präzession seit 1959.0	Nutation in Länge $\Delta\psi$	Nutation in Länge $\Delta\psi'$	Mittlere Schiefe	Nutation in Schiefe $\Delta\varepsilon$	Nutation in Schiefe $\Delta\varepsilon'$	j	k
	0h Weltzeit										
1959	s in 0.001	s in 0.01	h	"	"	s in 0.01	23° 26' "	"	s in 0.01	in 0.001	
März 23	+ 4	+ 6	19.8	+11.13	+4.26	+ 7	40.52	−8.46	+ 6	46	82
24	+ 1	8	18.1	11.27	4.20	+ 1	40.51	8.47	+ 8	46	82
25	− 4	8	16.7	11.41	4.14	− 7	40.51	8.47	+ 8	46	82
26	− 8	8	15.1	11.55	4.08	−13	40.51	8.48	+ 6	46	82
27	−10	7	13.2	11.68	4.02	−17	40.51	8.48	+ 2	46	82
28	− 9	6	11.0	11.82	3.96	−15	40.51	8.49	− 2	46	82
29	− 6	+ 7	8.5	+11.96	+3.90	−10	40.51	−8.49	− 5	46	82
30	− 1	7	6.4	12.10	3.84	− 2	40.51	8.50	− 7	46	82
31	+ 5	8	4.5	12.24	3.79	+ 8	40.51	8.51	− 8	46	82
April 1	+10	9	2.9	12.37	3.73	+16	40.50	8.52	− 6	47	82
2	+13	9	1.5	12.51	3.67	+21	40.50	8.53	− 3	47	82
3	+14	9	0.0	12.65	3.62	+23	40.50	8.54	0	47	82
4	+13	+ 9	22.6	+12.79	+3.56	+21	40.50	−8.55	+ 3	47	82
5	+ 9	8	21.2	12.92	3.50	+15	40.50	8.56	+ 5	47	82
6	+ 5	7	19.7	13.06	3.45	+ 8	40.50	8.57	+ 7	47	82
7	0	7	18.1	13.20	3.40	0	40.50	8.58	+ 7	47	83
8	− 4	6	16.2	13.34	3.34	− 7	40.50	8.60	+ 5	47	83
9	− 7	6	14.4	13.47	3.29	−12	40.49	8.61	+ 4	48	83
10	−10	+ 6	12.5	+13.61	+3.24	−16	40.49	−8.62	+ 1	48	83
11	−10	7	11.0	13.75	3.19	−17	40.49	8.64	− 2	48	83
12	− 9	7	9.7	13.89	3.14	−15	40.49	8.65	− 4	48	83
13	− 7	8	8.5	14.02	3.09	−11	40.49	8.67	− 6	48	83
14	− 4	7	7.3	14.16	3.05	− 6	40.49	8.68	− 7	48	83
15	0	6	6.0	14.30	3.00	0	40.49	8.70	− 6	48	83
16	+ 4	+ 5	4.2	+14.44	+2.96	+ 6	40.49	−8.72	− 5	49	83
17	+ 6	4	1.7	14.57	2.91	+10	40.48	8.73	− 2	49	83
18	+ 7	5	22.6	14.71	2.87	+11	40.48	8.75	+ 2	49	84
19	+ 5	6	20.2	14.85	2.83	+ 8	40.48	8.77	+ 5	49	84
20	+ 1	7	18.3	14.99	2.79	+ 2	40.48	8.79	+ 7	49	84
21	− 4	8	16.9	15.13	2.75	− 6	40.48	8.80	+ 8	49	84
22	− 8	+ 8	15.5	+15.26	+2.71	−13	40.48	−8.82	+ 7	50	84
23	−10	8	13.8	15.40	2.68	−17	40.48	8.84	+ 4	50	84
24	−11	7	11.9	15.54	2.64	−18	40.47	8.86	0	50	84
25	− 9	7	9.6	15.68	2.61	−14	40.47	8.88	− 4	50	84
26	− 4	7	7.2	15.81	2.58	− 6	40.47	8.90	− 7	50	84
27	+ 3	8	5.1	15.95	2.55	+ 5	40.47	8.92	− 8	50	85
28	+ 9	+ 9	3.4	+16.09	+2.52	+14	40.47	−8.94	− 7	51	85
29	+13	10	1.8	16.23	2.49	+21	40.47	8.96	− 4	51	85
30	+15	10	0.5	16.36	2.46	+25	40.47	8.98	− 1	51	85
Mai 1	+15	10	23.1	16.50	2.44	+24	40.47	9.00	+ 2	51	85
2	+12	9	21.8	16.64	2.41	+19	40.46	9.02	+ 5	51	85
3	+ 7	+ 8	20.4	+16.78	+2.39	+12	40.46	−9.04	+ 6	52	85

Reduktionsgrößen 1959

Tag	0h Weltzeit								
	Sternzeit Greenwich	*t*	*f*	log *g*	*G*	log *h*	*H*	log *i*	*i*
1959	h	a	s		h m		h m		"
Mai 3	14.7	0.3337	+1.172	1.0731	3 19.2	1.2912	15 2.9	0.7831*n*	−6.069
4	14.7	0.3365	1.179	1.0748	3 18.8	1.2918	14 59.0	0.7765*n*	5.977
5	14.8	0.3392	1.186	1.0765	3 18.3	1.2924	14 55.1	0.7695*n*	5.882
6	14.9	0.3420	1.194	1.0782	3 17.9	1.2930	14 51.2	0.7624*n*	5.786
7	14.9	0.3447	1.201	1.0799	3 17.4	1.2937	14 47.3	0.7550*n*	5.688
8	15.0	0.3474	1.209	1.0816	3 17.0	1.2943	14 43.5	0.7473*n*	5.589
9	15.1	0.3502	+1.216	1.0833	3 16.5	1.2949	14 39.7	0.7394*n*	−5.488
10	15.1	0.3529	1.224	1.0850	3 16.1	1.2955	14 35.9	0.7313*n*	5.386
11	15.2	0.3556	1.232	1.0868	3 15.6	1.2962	14 32.1	0.7228*n*	5.282
12	15.3	0.3584	1.239	1.0885	3 15.1	1.2968	14 28.3	0.7141*n*	5.177
13	15.3	0.3611	1.247	1.0902	3 14.6	1.2974	14 24.5	0.7050*n*	5.070
14	15.4	0.3639	1.255	1.0919	3 14.1	1.2980	14 20.7	0.6957*n*	4.962
15	15.5	0.3666	+1.263	1.0937	3 13.6	1.2985	14 16.9	0.6859*n*	−4.852
16	15.5	0.3693	1.272	1.0954	3 13.1	1.2991	14 13.2	0.6759*n*	4.741
17	15.6	0.3721	1.280	1.0972	3 12.6	1.2997	14 9.5	0.6655*n*	4.629
18	15.7	0.3748	1.288	1.0989	3 12.1	1.3003	14 5.7	0.6548*n*	4.516
19	15.7	0.3775	1.296	1.1006	3 11.6	1.3009	14 2.0	0.6437*n*	4.402
20	15.8	0.3803	1.305	1.1024	3 11.1	1.3014	13 58.4	0.6321*n*	4.286
21	15.9	0.3830	+1.314	1.1041	3 10.6	1.3019	13 54.7	0.6200*n*	−4.169
22	15.9	0.3858	1.322	1.1059	3 10.1	1.3024	13 51.0	0.6076*n*	4.051
23	16.0	0.3885	1.331	1.1076	3 9.5	1.3030	13 47.3	0.5946*n*	3.932
24	16.1	0.3912	1.340	1.1094	3 9.0	1.3035	13 43.7	0.5812*n*	3.812
25	16.1	0.3940	1.348	1.1111	3 8.4	1.3040	13 40.0	0.5671*n*	3.691
26	16.2	0.3967	1.357	1.1128	3 7.9	1.3044	13 36.4	0.5525*n*	3.569
27	16.3	0.3995	+1.366	1.1146	3 7.3	1.3049	13 32.7	0.5372*n*	−3.445
28	16.3	0.4022	1.375	1.1163	3 6.7	1.3053	13 29.1	0.5213*n*	3.321
29	16.4	0.4049	1.385	1.1180	3 6.2	1.3058	13 25.5	0.5046*n*	3.196
30	16.5	0.4077	1.394	1.1197	3 5.6	1.3062	13 21.9	0.4871*n*	3.070
31	16.5	0.4104	1.403	1.1214	3 5.0	1.3066	13 18.3	0.4688*n*	2.943
Juni 1	16.6	0.4131	1.412	1.1231	3 4.4	1.3070	13 14.7	0.4496*n*	2.816
2	16.6	0.4159	+1.421	1.1248	3 3.8	1.3073	13 11.1	0.4294*n*	−2.688
3	16.7	0.4186	1.431	1.1265	3 3.2	1.3077	13 7.5	0.4079*n*	2.558
4	16.8	0.4214	1.440	1.1281	3 2.6	1.3080	13 4.0	0.3854*n*	2.429
5	16.8	0.4241	1.450	1.1298	3 2.0	1.3084	13 0.4	0.3615*n*	2.299
6	16.9	0.4268	1.459	1.1315	3 1.4	1.3087	12 56.9	0.3361*n*	2.168
7	17.0	0.4296	1.469	1.1331	3 0.8	1.3090	12 53.3	0.3090*n*	2.037
8	17.0	0.4323	+1.478	1.1347	3 0.1	1.3092	12 49.8	0.2799*n*	−1.905
9	17.1	0.4350	1.488	1.1364	2 59.5	1.3095	12 46.2	0.2487*n*	1.773
10	17.2	0.4378	1.498	1.1380	2 58.9	1.3097	12 42.7	0.2148*n*	1.640
11	17.2	0.4405	1.507	1.1396	2 58.2	1.3099	12 39.2	0.1781*n*	1.507
12	17.3	0.4433	1.517	1.1412	2 57.6	1.3101	12 35.7	0.1377*n*	1.373
13	17.4	0.4460	+1.527	1.1428	2 56.9	1.3103	12 32.1	0.0927*n*	−1.238

Tag	0ʰ Weltzeit										
	f'	g'	G'	Allgemeine Präzession seit 1959.0	Nutation in Länge $\Delta\psi$	Nutation in Länge $\Delta\psi'$	Mittlere Schiefe	Nutation in Schiefe $\Delta\varepsilon$	Nutation in Schiefe $\Delta\varepsilon'$	j	k
1959	in 0.001	in 0.01ˢ	h	″	″	in 0.01ˢ	23° 26′ ″	″	in 0.01ˢ	in 0.001	
Mai 3	+ 7	+ 8	20.4	+16.78	+2.39	+12	40.46	−9.04	+ 6	52	85
4	+ 2	7	18.8	16.91	2.37	+ 4	40.46	9.06	+ 7	52	85
5	− 2	6	17.0	17.05	2.35	− 4	40.46	9.08	+ 6	52	86
6	− 6	6	15.0	17.19	2.33	−10	40.46	9.10	+ 4	52	86
7	− 9	6	13.0	17.33	2.31	−14	40.46	9.12	+ 1	52	86
8	−10	6	11.3	17.47	2.30	−16	40.46	9.14	− 1	53	86
9	− 9	+ 7	9.9	+17.60	+2.29	−15	40.46	−9.16	− 4	53	86
10	− 7	7	8.7	17.74	2.27	−12	40.45	9.18	− 5	53	86
11	− 4	7	7.5	17.88	2.26	− 7	40.45	9.20	− 7	53	86
12	− 1	7	6.2	18.02	2.25	− 1	40.45	9.22	− 7	53	86
13	+ 3	6	4.8	18.15	2.24	+ 5	40.45	9.24	− 5	54	87
14	+ 5	5	2.6	18.29	2.24	+ 9	40.45	9.26	− 3	54	87
15	+ 7	+ 4	23.5	+18.43	+2.23	+11	40.45	−9.28	+ 1	54	87
16	+ 5	5	20.8	18.57	2.23	+ 9	40.45	9.30	+ 4	54	87
17	+ 2	6	18.8	18.70	2.22	+ 4	40.45	9.32	+ 6	55	87
18	− 2	8	17.2	18.84	2.22	− 4	40.44	9.34	+ 8	55	87
19	− 7	9	15.8	18.98	2.22	−12	40.44	9.36	+ 7	55	87
20	−11	9	14.3	19.12	2.22	−18	40.44	9.37	+ 5	55	87
21	−12	+ 8	12.7	+19.25	+2.23	−20	40.44	−9.39	+ 1	55	87
22	−11	8	10.7	19.39	2.23	−18	40.44	9.41	− 3	56	88
23	− 7	7	8.4	19.53	2.24	−11	40.44	9.43	− 6	56	88
24	− 1	8	6.2	19.67	2.24	− 1	40.44	9.44	− 8	56	88
25	+ 6	8	4.2	19.81	2.25	+10	40.44	9.46	− 8	56	88
26	+12	9	2.4	19.94	2.26	+19	40.43	9.48	− 6	57	88
27	+15	+10	1.0	+20.08	+2.27	+24	40.43	−9.49	− 3	57	88
28	+15	10	23.6	20.22	2.28	+25	40.43	9.51	+ 1	57	88
29	+13	10	22.3	20.36	2.29	+22	40.43	9.52	+ 4	57	88
30	+ 9	9	20.9	20.49	2.30	+15	40.43	9.54	+ 6	57	88
31	+ 4	8	19.4	20.63	2.31	+ 7	40.43	9.55	+ 7	58	88
Juni 1	− 1	6	17.8	20.77	2.33	− 1	40.43	9.57	+ 6	58	88
2	− 5	+ 6	15.7	+20.91	+2.34	− 8	40.42	−9.58	+ 5	58	89
3	− 7	5	13.7	21.04	2.36	−12	40.42	9.59	+ 2	58	89
4	− 9	6	11.7	21.18	2.37	−15	40.42	9.61	− 1	59	89
5	− 9	6	10.1	21.32	2.39	−14	40.42	9.62	− 3	59	89
6	− 7	7	8.7	21.46	2.41	−11	40.42	9.63	− 5	59	89
7	− 4	7	7.5	21.59	2.43	− 7	40.42	9.64	− 6	59	89
8	− 1	+ 7	6.3	+21.73	+2.45	− 1	40.42	−9.65	− 7	60	89
9	+ 2	6	4.9	21.87	2.47	+ 4	40.42	9.66	− 6	60	89
10	+ 5	5	3.2	22.01	2.49	+ 9	40.41	9.67	− 4	60	89
11	+ 7	4	0.5	22.14	2.51	+11	40.41	9.68	− 1	60	89
12	+ 6	5	21.8	22.28	2.53	+10	40.41	9.68	+ 3	60	89
13	+ 4	+ 6	19.5	+22.42	+2.55	+ 6	40.41	−9.69	+ 5	61	89

Reduktionsgrößen 1959

Tag	0h Weltzeit								
	Sternzeit Greenwich	t	f	log g	G	log h	H	log i	i
1959	h	a	s		h m		h m		″
Juni 13	17.4	0.4460	+1.527	1.1428	2 56.9	1.3103	12 32.1	0.0927n	−1.238
14	17.4	0.4487	1.537	1.1443	2 56.2	1.3105	12 28.6	0.0430n	1.104
15	17.5	0.4515	1.546	1.1459	2 55.6	1.3106	12 25.1	9.9863n	0.969
16	17.6	0.4542	1.556	1.1475	2 55.0	1.3108	12 21.6	9.9217n	0.835
17	17.6	0.4569	1.566	1.1490	2 54.3	1.3109	12 18.1	9.8445n	0.699
18	17.7	0.4597	1.576	1.1505	2 53.6	1.3110	12 14.6	9.7513n	0.564
19	17.8	0.4624	+1.586	1.1521	2 53.0	1.3110	12 11.1	9.6325n	−0.429
20	17.8	0.4652	1.596	1.1536	2 52.3	1.3111	12 7.6	9.4669n	0.293
21	17.9	0.4679	1.605	1.1550	2 51.6	1.3111	12 4.1	9.1987n	0.158
22	18.0	0.4706	1.615	1.1565	2 50.9	1.3111	12 0.6	8.3424n	−0.022
23	18.0	0.4734	1.625	1.1580	2 50.3	1.3111	11 57.1	9.0569	+0.114
24	18.1	0.4761	1.635	1.1594	2 49.6	1.3111	11 53.6	9.3962	0.249
25	18.2	0.4789	+1.645	1.1608	2 48.9	1.3111	11 50.1	9.5855	+0.385
26	18.2	0.4816	1.655	1.1622	2 48.2	1.3110	11 46.6	9.7160	0.520
27	18.3	0.4843	1.665	1.1636	2 47.5	1.3109	11 43.1	9.8169	0.656
28	18.4	0.4871	1.674	1.1650	2 46.8	1.3108	11 39.6	9.8976	0.790
29	18.4	0.4898	1.684	1.1664	2 46.1	1.3107	11 36.0	9.9661	0.925
30	18.5	0.4925	1.694	1.1677	2 45.4	1.3105	11 32.5	0.0253	1.060
Juli 1	18.6	0.4953	+1.704	1.1691	2 44.7	1.3104	11 29.0	0.0770	+1.194
2	18.6	0.4980	1.713	1.1704	2 44.0	1.3102	11 25.5	0.1232	1.328
3	18.7	0.5008	1.723	1.1717	2 43.3	1.3100	11 22.0	0.1647	1.461
4	18.8	0.5035	1.733	1.1730	2 42.7	1.3098	11 18.5	0.2025	1.594
5	18.8	0.5062	1.742	1.1743	2 42.0	1.3096	11 15.0	0.2373	1.727
6	18.9	0.5090	1.752	1.1756	2 41.3	1.3093	11 11.4	0.2693	1.859
7	18.9	0.5117	+1.762	1.1768	2 40.6	1.3090	11 7.9	0.2991	+1.991
8	19.0	0.5144	1.771	1.1781	2 39.9	1.3088	11 4.4	0.3267	2.122
9	19.1	0.5172	1.781	1.1793	2 39.2	1.3085	11 0.8	0.3528	2.253
10	19.1	0.5199	1.790	1.1805	2 38.5	1.3082	10 57.3	0.3771	2.383
11	19.2	0.5227	1.799	1.1816	2 37.8	1.3078	10 53.7	0.4000	2.512
12	19.3	0.5254	1.809	1 1828	2 37.1	1.3075	10 50.2	0.4218	2.641
13	19.3	0.5281	+1.818	1.1840	2 36.4	1.3071	10 46.6	0.4422	+2.768
14	19.4	0.5309	1.827	1.1851	2 35.7	1.3067	10 43.1	0.4616	2.895
15	19.5	0.5336	1.837	1.1862	2 35.0	1.3063	10 39.5	0.4803	3.022
16	19.5	0.5363	1.846	1.1873	2 34.3	1.3059	10 35.9	0.4979	3.147
17	19.6	0.5391	1.855	1.1884	2 33.6	1.3055	10 32.3	0.5148	3.272
18	19.7	0.5418	1.864	1.1895	2 32.9	1.3050	10 28.7	0.5308	3.395
19	19.7	0.5446	+1.873	1.1905	2 32.3	1.3046	10 25.1	0.5463	+3.518
20	19.8	0.5473	1.882	1.1916	2 31.6	1.3041	10 21.5	0.5611	3.640
21	19.9	0.5500	1.890	1.1926	2 30.9	1.3037	10 17.9	0.5754	3.762
22	19.9	0.5528	1.899	1.1936	2 30.2	1.3032	10 14.2	0.5889	3.881
23	20.0	0.5555	1.908	1.1947	2 29.5	1.3027	10 10.6	0.6021	4.000
24	20.1	0.5583	+1.916	1.1957	2 28.9	1.3021	10 7.0	0.6147	+4.118

Tag	0^h Weltzeit										
	f'	g'	G'	Allgemeine Präzession seit 1959.0	Nutation in Länge $\Delta\psi$	Nutation in Länge $\Delta\psi'$	Mittlere Schiefe	Nutation in Schiefe $\Delta\varepsilon$	Nutation in Schiefe $\Delta\varepsilon'$	j	k
1959	s in 0.001	in 0.01	h	"	"	in 0.01	23° 26' "	"	in 0.01	in 0.001	
Juni 13	+ 4	+ 6	19.5	+22.42	+2.55	+ 6	40.41	−9.69	+ 5	61	89
14	− 1	7	17.7	22.56	2.57	− 1	40.41	9.70	+ 7	61	89
15	− 6	8	16.1	22.70	2.60	−10	40.41	9.70	+ 7	61	89
16	−10	9	14.8	22.83	2.62	−17	40.41	9.71	+ 6	61	89
17	−13	9	13.2	22.97	2.64	−21	40.41	9.72	+ 3	61	89
18	−13	8	11.5	23.11	2.67	−21	40.40	9.72	− 1	62	89
19	−10	+ 8	9.5	+23.25	+2.69	−16	40.40	−9.72	− 5	62	89
20	− 4	8	7.5	23.38	2.71	− 7	40.40	9.73	− 7	62	89
21	+ 2	8	5.3	23.52	2.74	+ 3	40.40	9.73	− 8	62	89
22	+ 9	9	3.4	23.66	2.76	+14	40.40	9.73	− 7	63	89
23	+13	9	1.7	23.80	2.79	+21	40.40	9.73	− 4	63	89
24	+15	10	0.1	23.93	2.81	+24	40.40	9.73	0	63	89
25	+14	+10	22.7	+24.07	+2.83	+23	40.40	−9.73	+ 3	63	89
26	+11	9	21.4	24.21	2.86	+18	40.39	9.73	+ 6	63	89
27	+ 6	8	20.0	24.35	2.88	+10	40.39	9.73	+ 7	64	89
28	+ 1	7	18.4	24.48	2.90	+ 2	40.39	9.73	+ 7	64	89
29	− 4	6	16.5	24.62	2.93	− 6	40.39	9.73	+ 5	64	89
30	− 7	5	14.4	24.76	2.95	−11	40.39	9.72	+ 3	64	89
Juli 1	− 9	+ 5	12.2	+24.90	+2.97	−14	40.39	−9.72	0	64	89
2	− 9	6	10.4	25.04	2.99	−14	40.39	9.72	− 3	65	89
3	− 7	7	9.0	25.17	3.01	−12	40.38	9.71	− 5	65	89
4	− 4	7	7.6	25.31	3.03	− 7	40.38	9.71	− 6	65	89
5	− 1	7	6.5	25.45	3.05	− 2	40.38	9.70	− 7	65	89
6	+ 2	6	5.1	25.59	3.07	+ 4	40.38	9.69	− 6	65	89
7	+ 5	+ 6	3.3	+25.72	+3.09	+ 9	40.38	−9.69	− 4	66	89
8	+ 7	5	1.3	25.86	3.11	+12	40.38	9.68	− 2	66	89
9	+ 7	5	22.8	26.00	3.13	+12	40.38	9.67	+ 2	66	89
10	+ 5	6	20.4	26.14	3.15	+ 9	40.38	9.66	+ 5	66	89
11	+ 1	7	18.5	26.27	3.16	+ 2	40.37	9.65	+ 7	66	89
12	− 4	8	16.8	26.41	3.18	− 6	40.37	9.64	+ 7	66	89
13	− 8	+ 8	15.3	+26.55	+3.19	−13	40.37	−9.63	+ 6	67	89
14	−12	8	13.9	26.69	3.20	−19	40.37	9.62	+ 4	67	88
15	−12	8	12.1	26.82	3.22	−20	40.37	9.61	0	67	88
16	−11	8	10.3	26.96	3.23	−18	40.37	9.60	− 3	67	88
17	− 7	8	8.5	27.10	3.24	−11	40.37	9.59	− 6	67	88
18	− 1	8	6.3	27.24	3.25	− 2	40.37	9.57	− 8	68	88
19	+ 5	+ 8	4.3	+27.37	+3.26	+ 9	40.36	−9.56	− 7	68	88
20	+10	8	2.4	27.51	3.26	+17	40.36	9.55	− 5	68	88
21	+13	9	0.7	27.65	3.27	+22	40.36	9.53	− 2	68	88
22	+13	9	23.2	27.79	3.28	+22	40.36	9.52	+ 2	68	88
23	+12	9	21.8	27.93	3.28	+19	40.36	9.51	+ 5	68	88
24	+ 7	+ 8	20.4	+28.06	+3.28	+12	40.36	−9.49	+ 7	68	87

Tag	0h Weltzeit								
	Sternzeit Greenwich	t	f	log g	G	log h	H	log i	i
1959	h	a	s		h m		h m		"
Juli 24	20.1	0.5583	+1.916	1.1957	2 28.9	1.3021	10 7.0	0.6147	+4.118
25	20.1	0.5610	1.925	1.1967	2 28.2	1.3016	10 3.3	0.6268	4.234
26	20.2	0.5637	1.933	1.1976	2 27.6	1.3011	9 59.6	0.6384	4.349
27	20.3	0.5665	1.942	1.1985	2 26.9	1.3005	9 56.0	0.6496	4.463
28	20.3	0.5692	1.950	1.1995	2 26.3	1.3000	9 52.3	0.6605	4.576
29	20.4	0.5719	1.958	1.2004	2 25.6	1.2994	9 48.6	0.6710	4.688
30	20.5	0.5747	+1.966	1.2013	2 25.0	1.2988	9 44.9	0.6812	+4.799
31	20.5	0.5774	1.974	1.2022	2 24.3	1.2983	9 41.1	0.6909	4.908
Aug. 1	20.6	0.5802	1.982	1.2031	2 23.7	1.2977	9 37.4	0.7004	5.016
2	20.7	0.5829	1.990	1.2039	2 23.1	1.2971	9 33.7	0.7094	5.122
3	20.7	0.5856	1.998	1.2048	2 22.4	1.2965	9 29.9	0.7183	5.227
4	20.8	0.5884	2.006	1.2057	2 21.8	1.2959	9 26.2	0.7268	5.331
5	20.9	0.5911	+2.013	1.2065	2 21.2	1.2953	9 22.4	0.7350	+5.433
6	20.9	0.5938	2.021	1.2073	2 20.6	1.2947	9 18.6	0.7430	5.534
7	21.0	0.5966	2.028	1.2081	2 20.0	1.2940	9 14.8	0.7507	5.633
8	21.1	0.5993	2.036	1.2089	2 19.4	1.2934	9 11.0	0.7582	5.730
9	21.1	0.6021	2.043	1.2097	2 18.8	1.2928	9 7.2	0.7654	5.826
10	21.2	0.6048	2.050	1.2104	2 18.3	1.2922	9 3.3	0.7724	5.921
11	21.2	0.6075	+2.057	1.2112	2 17.7	1.2915	8 59.5	0.7792	+6.014
12	21.3	0.6103	2.064	1.2119	2 17.1	1.2909	8 55.6	0.7858	6.106
13	21.4	0.6130	2.071	1.2127	2 16.5	1.2903	8 51.7	0.7920	6.195
14	21.4	0.6157	2.078	1.2134	2 16.0	1.2896	8 47.9	0.7981	6.282
15	21.5	0.6185	2.085	1.2141	2 15.5	1.2890	8 44.0	0.8040	6.368
16	21.6	0.6212	2.092	1.2148	2 14.9	1.2884	8 40.1	0.8097	6.452
17	21.6	0.6240	+2.098	1.2155	2 14.4	1.2878	8 36.1	0.8152	+6.535
18	21.7	0.6267	2.105	1.2162	2 13.9	1 2872	8 32.2	0.8206	6.616
19	21.8	0.6294	2.111	1.2169	2 13.3	1.2866	8 28.3	0.8257	6.694
20	21.8	0.6322	2.118	1.2176	2 12.8	1.2860	8 24.3	0.8307	6.771
21	21.9	0.6349	2.124	1.2183	2 12.3	1.2854	8 20.3	0.8354	6.846
22	22.0	0.6377	2.130	1.2189	2 11.8	1.2848	8 16.3	0.8400	6.919
23	22.0	0.6404	+2.136	1.2196	2 11.4	1.2842	8 12.3	0.8445	+6.991
24	22.1	0.6431	2.142	1.2202	2 10.9	1.2836	8 8.3	0.8488	7.060
25	22.2	0.6459	2.148	1.2209	2 10.4	1.2830	8 4.3	0.8530	7.128
26	22.2	0.6486	2.154	1.2215	2 10.0	1.2825	8 0.3	0.8569	7.193
27	22.3	0.6513	2.160	1.2222	2 9.5	1.2820	7 56.2	0.8608	7.257
28	22.4	0.6541	2.166	1.2228	2 9.1	1.2814	7 52.2	0.8644	7.318
29	22.4	0.6568	+2.172	1.2235	2 8.6	1.2809	7 48.1	0.8679	+7.377
30	22.5	0.6596	2.177	1.2241	2 8.2	1.2804	7 44.0	0.8712	7.434
31	22.6	0.6623	2.183	1.2247	2 7.8	1.2799	7 39.9	0.8744	7.489
Sept. 1	22.6	0.6650	2.188	1.2253	2 7.4	1.2794	7 35.8	0.8775	7.542
2	22.7	0.6678	2.194	1.2259	2 7.0	1.2790	7 31.7	0.8804	7.593
3	22.8	0.6705	+2.199	1.2265	2 6.6	1.2785	7 27.6	0.8832	+7.641

Tag	f′	g′	G′	Allgemeine Präzession seit 1959.0	Nutation in Länge Δψ	Nutation in Länge Δψ′	Mittlere Schiefe	Nutation in Schiefe Δε	Nutation in Schiefe Δε′	j	k
	0.h Weltzeit										
1959	s in 0.001	s in 0.01	h	″	″	s in 0.01	23° 26′ ″	″	s in 0.01	in 0.001	
Juli 24	+ 7	+8	20.4	+28.06	+3.28	+12	40.36	−9.49	+ 7	68	87
25	+ 2	7	18.8	28.20	3.28	+ 4	40.36	9.48	+ 7	69	87
26	− 2	6	17.2	28.34	3.28	− 4	40.36	9.46	+ 6	69	87
27	− 6	6	15.1	28.48	3.28	−10	40.35	9.45	+ 4	69	87
28	− 9	6	13.1	28.61	3.28	−14	40.35	9.43	+ 2	69	87
29	− 9	6	11.0	28.75	3.28	−15	40.35	9.41	− 2	69	87
30	− 8	+7	9.5	+28.89	+3.28	−13	40.35	−9.40	− 4	69	87
31	− 5	7	8.1	29.03	3.27	− 9	40.35	9.38	− 6	70	87
Aug. 1	− 2	7	6.8	29.16	3.26	− 4	40.35	9.37	− 7	70	87
2	+ 1	7	5.4	29.30	3.25	+ 2	40.35	9.35	− 7	70	86
3	+ 5	6	3.8	29.44	3.24	+ 8	40.35	9.33	− 5	70	86
4	+ 7	5	1.9	29.58	3.23	+12	40.34	9.31	− 3	70	86
5	+ 8	+5	23.5	+29.71	+3.22	+13	40.34	−9.30	+ 1	70	86
6	+ 7	6	21.2	29.85	3.20	+11	40.34	9.28	+ 4	70	86
7	+ 3	6	19.3	29.99	3.19	+ 5	40.34	9.26	+ 6	70	86
8	− 1	7	17.6	30.13	3.17	− 2	40.34	9.25	+ 7	71	86
9	− 6	8	16.0	30.27	3.15	−10	40.34	9.23	+ 7	71	86
10	−10	8	14.5	30.40	3.13	−16	40.34	9.21	+ 5	71	86
11	−12	+8	12.7	+30.54	+3.11	−19	40.33	−9.19	+ 2	71	85
12	−11	8	10.9	30.68	3.09	−18	40.33	9.18	− 2	71	85
13	− 8	7	8.9	30.82	3.07	−13	40.33	9.16	− 5	71	85
14	− 2	7	6.9	30.95	3.04	− 4	40.33	9.14	− 7	71	85
15	+ 3	7	5.0	31.09	3.02	+ 5	40.33	9.12	− 7	71	85
16	+ 9	8	3.0	31.23	2.99	+14	40.33	9.11	− 6	72	85
17	+12	+8	1.3	+31.37	+2.96	+19	40.33	−9.09	− 3	72	85
18	+13	8	23.7	31.50	2.93	+21	40.33	9.07	+ 1	72	85
19	+12	8	22.3	31.64	2.90	+19	40.32	9.06	+ 4	72	84
20	+ 8	8	20.7	31.78	2.86	+13	40.32	9.04	+ 6	72	84
21	+ 4	7	19.2	31.92	2.83	+ 6	40.32	9.02	+ 7	72	84
22	− 1	7	17.6	32.05	2.79	− 2	40.32	9.01	+ 7	72	84
23	− 5	+6	15.8	+32.19	+2.75	− 8	40.32	−8.99	+ 5	72	84
24	− 8	6	13.7	32.33	2.72	−13	40.32	8.98	+ 2	72	84
25	− 9	6	11.7	32.47	2.68	−15	40.32	8.96	0	73	84
26	− 9	7	10.1	32.60	2.64	−15	40.32	8.95	− 3	73	84
27	− 7	7	8.6	32.74	2.59	−11	40.31	8.93	− 6	73	84
28	− 4	7	7.4	32.88	2.55	− 6	40.31	8.92	− 7	73	83
29	0	+7	6.0	+33.02	+2.51	0	40.31	−8.90	− 7	73	83
30	+ 4	6	4.5	33.16	2.46	+ 6	40.31	8.89	− 6	73	83
31	+ 7	6	2.7	33.29	2.41	+11	40.31	8.88	− 4	73	83
Sept. 1	+ 8	5	0.4	33.43	2.37	+13	40.31	8.87	− 1	73	83
2	+ 7	5	22.0	33.57	2.32	+12	40.31	8.85	+ 3	73	83
3	+ 5	+6	19.8	+33.71	+2.27	+ 8	40.31	−8.84	+ 6	74	83

Reduktionsgrößen 1959

Tag	0h Weltzeit								
	Sternzeit Greenwich	*t*	*f*	log *g*	*G*	log *h*	*H*	log *i*	*i*
1959	h	a	s		h m		h m		″
Sept. 3	22.8	0.6705	+2.199	1.2265	2 6.6	1.2785	7 27.6	0.8832	+7.641
4	22.8	0.6732	2.204	1.2271	2 6.2	1.2781	7 23.5	0.8858	7.688
5	22.9	0.6760	2.210	1.2277	2 5.9	1.2777	7 19.3	0.8883	7.733
6	23.0	0.6787	2.215	1.2284	2 5.5	1.2773	7 15.2	0.8907	7.775
7	23.0	0.6815	2.220	1.2290	2 5.2	1.2769	7 11.0	0.8929	7.815
8	23.1	0.6842	2.225	1.2296	2 4.8	1.2766	7 6.8	0.8950	7.852
9	23.2	0.6869	+2.230	1.2302	2 4.5	1.2762	7 2.6	0.8970	+7.888
10	23.2	0.6897	2.235	1.2308	2 4.2	1.2759	6 58.4	0.8988	7.922
11	23.3	0.6924	2.240	1.2314	2 3.9	1.2756	6 54.2	0.9005	7.953
12	23.4	0.6951	2.245	1.2320	2 3.6	1.2753	6 50.0	0.9021	7.981
13	23.4	0.6979	2.250	1.2326	2 3.3	1.2751	6 45.8	0.9035	8.007
14	23.5	0.7006	2.255	1.2333	2 3.0	1.2748	6 41.6	0.9048	8.031
15	23.5	0.7034	+2.260	1.2339	2 2.7	1.2746	6 37.4	0.9060	+8.053
16	23.6	0.7061	2.265	1.2345	2 2.4	1.2744	6 33.2	0.9070	8.073
17	23.7	0.7088	2.269	1.2351	2 2.2	1.2742	6 28.9	0.9079	8.090
18	23.7	0.7116	2.274	1.2358	2 1.9	1.2741	6 24.7	0.9088	8.105
19	23.8	0.7143	2.279	1.2364	2 1.7	1.2740	6 20.4	0.9094	8.118
20	23.9	0.7170	2.284	1.2370	2 1.5	1.2739	6 16.2	0.9100	8.128
21	23.9	0.7198	+2.289	1.2377	2 1.2	1.2738	6 11.9	0.9104	+8.135
22	0.0	0.7225	2.293	1.2384	2 1.0	1.2737	6 7.6	0.9106	8.140
23	0.1	0.7253	2.298	1.2390	2 0.8	1.2737	6 3.4	0.9108	8.144
24	0.1	0.7280	2.303	1.2397	2 0.6	1.2737	5 59.1	0.9108	8.144
25	0.2	0.7307	2.308	1.2404	2 0.4	1.2737	5 54.8	0.9107	8.142
26	0.3	0.7335	2.312	1.2410	2 0.2	1.2737	5 50.6	0.9105	8.138
27	0.3	0.7362	+2.317	1.2417	2 0.1	1.2738	5 46.3	0.9103	+8.133
28	0.4	0.7390	2.322	1.2425	1 59.9	1.2739	5 42.0	0.9098	8.124
29	0.5	0.7417	2.327	1.2432	1 59.7	1.2740	5 37.7	0.9091	8.112
30	0.5	0.7444	2.331	1.2439	1 59.6	1.2742	5 33.5	0.9084	8.098
Okt. 1	0.6	0.7472	2.336	1.2446	1 59.4	1.2743	5 29.2	0.9076	8.083
2	0.7	0.7499	2.341	1.2454	1 59.3	1.2745	5 24.9	0.9066	8.065
3	0.7	0.7526	+2.346	1.2461	1 59.2	1.2747	5 20.6	0.9054	+8.043
4	0.8	0.7554	2.351	1.2468	1 59.0	1.2749	5 16.4	0.9042	8.020
5	0.9	0.7581	2.355	1.2476	1 58.9	1.2752	5 12.1	0.9028	7.995
6	0.9	0.7609	2.360	1.2484	1 58.8	1.2755	5 7.8	0.9013	7.967
7	1.0	0.7636	2.365	1.2492	1 58.7	1.2758	5 3.6	0.8996	7.936
8	1.1	0.7663	2.370	1.2500	1 58.6	1.2761	4 59.3	0.8978	7.903
9	1.1	0.7691	+2.375	1.2508	1 58.5	1.2764	4 55.1	0.8959	+7.869
10	1.2	0.7718	2.380	1.2517	1 58.4	1.2768	4 50.8	0.8939	7.832
11	1.3	0.7745	2.386	1.2525	1 58.3	1.2772	4 46.6	0.8916	7.792
12	1.3	0.7773	2.391	1.2534	1 58.2	1.2776	4 42.3	0.8892	7.749
13	1.4	0.7800	2.396	1.2542	1 58.1	1.2780	4 38.1	0.8868	7.705
14	1.5	0.7828	+2.401	1.2551	1 58.0	1.2784	4 33.9	0.8841	+7.658

Tag	0h Weltzeit										
	f'	g'	G'	Allgemeine Präzession seit 1959.0	Nutation in Länge $\Delta\psi$	Nutation in Länge $\Delta\psi'$	Mittlere Schiefe	Nutation in Schiefe $\Delta\varepsilon$	Nutation in Schiefe $\Delta\varepsilon'$	j	k
1959	s in 0.001	s in 0.01	h	"	"	s in 0.01	23° 26′ "	"	s in 0.01	in 0.001	
Sept. 3	+ 5	+6	19.8	+33.71	+2.27	+ 8	40.31	−8.84	+ 6	74	83
4	+ 1	7	18.2	33.84	2.22	+ 1	40.30	8.83	+ 7	74	83
5	− 4	8	16.7	33.98	2.17	− 7	40.30	8.82	+ 7	74	83
6	− 9	8	15.0	34.12	2.11	−14	40.30	8.81	+ 6	74	83
7	−10	7	13.3	34.26	2.06	−17	40.30	8.80	+ 3	74	83
8	−10	7	11.5	34.39	2.01	−17	40.30	8.79	− 1	74	82
9	− 8	+7	9.3	+34.53	+1.95	−13	40.30	−8.78	− 4	74	82
10	− 4	7	7.3	34.67	1.89	− 6	40.30	8.77	− 7	74	82
11	+ 2	7	5.3	34.81	1.84	+ 4	40.30	8.77	− 7	74	82
12	+ 8	8	3.4	34.94	1.78	+13	40.29	8.76	− 6	74	82
13	+11	8	1.7	35.08	1.72	+18	40.29	8.75	− 4	75	82
14	+13	8	0.1	35.22	1.67	+21	40.29	8.75	0	75	82
15	+12	+9	22.6	+35.36	+1.61	+20	40.29	−8.74	+ 3	75	82
16	+ 9	8	21.2	35.50	1.55	+15	40.29	8.74	+ 5	75	82
17	+ 5	7	19.7	35.63	1.49	+ 8	40.29	8.73	+ 7	75	82
18	0	7	18.1	35.77	1.43	0	40.29	8.73	+ 7	75	82
19	− 4	6	16.4	35.91	1.37	− 6	40.28	8.73	+ 6	75	82
20	− 7	6	14.3	36.05	1.31	−12	40.28	8.73	+ 3	75	82
21	− 9	+6	12.4	+36.18	+1.25	−15	40.28	−8.72	+ 1	75	82
22	− 9	6	10.7	36.32	1.19	−15	40.28	8.72	− 2	76	82
23	− 8	7	9.2	36.46	1.13	−13	40.28	8.72	− 5	76	82
24	− 5	7	7.9	36.60	1.07	− 9	40.28	8.72	− 6	76	82
25	− 2	7	6.7	36.73	1.01	− 3	40.28	8.72	− 7	76	82
26	+ 2	7	5.4	36.87	0.95	+ 3	40.28	8.73	− 6	76	82
27	+ 5	+6	3.6	+37.01	+0.89	+ 8	40.27	−8.73	− 5	76	82
28	+ 7	5	1.4	37.15	0.83	+11	40.27	8.73	− 2	76	82
29	+ 7	5	22.6	37.28	0.77	+12	40.27	8.73	+ 2	76	82
30	+ 5	6	20.4	37.42	0.71	+ 8	40.27	8.74	+ 5	77	82
Okt. 1	+ 2	7	18.5	37.56	0.65	+ 3	40.27	8.74	+ 7	77	82
2	− 3	8	17.0	37.70	0.59	− 5	40.27	8.75	+ 8	77	82
3	− 7	+8	15.5	+37.84	+0.53	−12	40.27	−8.76	+ 6	77	82
4	−10	8	14.0	37.97	0.47	−17	40.27	8.76	+ 4	77	82
5	−11	7	12.1	38.11	0.41	−18	40.26	8.77	0	77	82
6	− 9	7	9.9	38.25	0.36	−15	40.26	8.78	− 4	77	82
7	− 5	7	7.7	38.39	0.30	− 8	40.26	8.79	− 6	77	82
8	+ 1	7	5.6	38.52	0.25	+ 2	40.26	8.80	− 7	78	82
9	+ 7	+8	3.7	+38.66	+0.19	+11	40.26	−8.81	− 7	78	82
10	+11	9	2.1	38.80	0.14	+18	40.26	8.82	− 5	78	83
11	+13	9	0.6	38.94	0.08	+22	40.26	8.83	− 1	78	83
12	+13	9	23.1	39.07	+0.03	+22	40.26	8.84	+ 2	78	83
13	+11	8	21.7	39.21	−0.02	+18	40.25	8.85	+ 5	78	83
14	+ 7	+8	20.2	+39.35	−0.07	+11	40.25	−8.86	+ 7	79	83

Tag	Sternzeit Greenwich	t	f	log g	G	log h	H	log i	i
	0h Weltzeit								
1959	h	s	s		h m		h m		″
Okt. 14	1.5	0.7828	+2.401	1.2551	1 58.0	1.2784	4 33.9	0.8841	+7.658
15	1.5	0.7855	2.407	1.2560	1 58.0	1.2788	4 29.6	0.8813	7.609
16	1.6	0.7882	2.412	1.2569	1 57.9	1.2793	4 25.4	0.8783	7.557
17	1.7	0.7910	2.418	1.2578	1 57.8	1.2798	4 21.2	0.8753	7.504
18	1.7	0.7937	2.423	1.2588	1 57.8	1.2803	4 17.0	0.8720	7.448
19	1.8	0.7964	2.429	1.2597	1 57.7	1.2808	4 12.8	0.8686	7.390
20	1.8	0.7992	+2.435	1.2607	1 57.6	1.2813	4 8.6	0.8650	+7.329
21	1.9	0.8019	2.440	1.2616	1 57.6	1.2819	4 4.4	0.8613	7.266
22	2.0	0.8047	2.446	1.2626	1 57.5	1.2824	4 0.3	0.8575	7.202
23	2.0	0.8074	2.452	1.2636	1 57.5	1.2830	3 56.1	0.8534	7.135
24	2.1	0.8101	2.458	1.2646	1 57.4	1.2836	3 52.0	0.8491	7.065
25	2.2	0.8129	2.465	1.2657	1 57.4	1.2842	3 47.8	0.8448	6.993
26	2.2	0.8156	+2.471	1.2667	1 57.3	1.2848	3 43.7	0.8401	+6.920
27	2.3	0.8184	2.477	1.2678	1 57.2	1.2854	3 39.5	0.8353	6.844
28	2.4	0.8211	2.483	1.2688	1 57.2	1.2860	3 35.4	0.8303	6.766
29	2.4	0.8238	2.490	1.2699	1 57.1	1.2866	3 31.3	0.8252	6.686
30	2.5	0.8266	2.496	1.2710	1 57.1	1.2872	3 27.2	0.8198	6.604
31	2.6	0.8293	2.503	1.2721	1 57.0	1.2879	3 23.1	0.8142	6.520
Nov. 1	2.6	0.8320	+2.510	1.2732	1 57.0	1.2885	3 19.1	0.8084	+6.433
2	2.7	0.8348	2.517	1.2743	1 56.9	1.2892	3 15.0	0.8024	6.345
3	2.8	0.8375	2.524	1.2754	1 56.9	1.2898	3 10.9	0.7962	6.255
4	2.8	0.8403	2.531	1.2766	1 56.8	1.2905	3 6.9	0.7898	6.163
5	2.9	0.8430	2.538	1.2777	1 56.7	1.2911	3 2.8	0.7831	6.069
6	3.0	0.8457	2.545	1.2789	1 56.7	1.2918	2 58.8	0.7762	5.973
7	3.0	0.8485	+2.552	1.2801	1 56.6	1.2925	2 54.8	0.7690	+5.875
8	3.1	0.8512	2.560	1.2813	1 56.5	1.2931	2 50.8	0.7616	5.775
9	3.2	0.8539	2.567	1.2825	1 56.4	1.2938	2 46.8	0.7538	5.673
10	3.2	0.8567	2.575	1.2837	1 56.4	1.2944	2 42.8	0.7459	5.570
11	3.3	0.8594	2.583	1.2849	1 56.3	1.2951	2 38.8	0.7376	5.465
12	3.4	0.8622	2.591	1.2861	1 56.2	1.2957	2 34.9	0.7290	5.358
13	3.4	0.8649	+2.599	1.2873	1 56.1	1.2963	2 30.9	0.7202	+5.250
14	3.5	0.8676	2.607	1.2886	1 56.0	1.2970	2 26.9	0.7109	5.139
15	3.6	0.8704	2.615	1.2898	1 55.9	1.2976	2 23.0	0.7014	5.028
16	3.6	0.8731	2.623	1.2911	1 55.8	1.2982	2 19.1	0.6914	4.914
17	3.7	0.8758	2.631	1.2923	1 55.7	1.2988	2 15.2	0.6812	4.799
18	3.8	0.8786	2.639	1.2936	1 55.6	1.2994	2 11.2	0.6705	4.683
19	3.8	0.8813	+2.648	1.2949	1 55.4	1.3000	2 7.3	0.6593	+4.564
20	3.9	0.8841	2.657	1.2962	1 55.3	1.3006	2 3.4	0.6479	4.445
21	3.9	0.8868	2.665	1.2974	1 55.2	1.3012	1 59.6	0.6359	4.324
22	4.0	0.8895	2.674	1.2987	1 55.0	1.3018	1 55.7	0.6235	4.202
23	4.1	0.8923	2.683	1.3000	1 54.9	1.3023	1 51.8	0.6104	4.078
24	4.1	0.8950	+2.692	1.3013	1 54.7	1.3029	1 48.0	0.5969	+3.953

Tag	0h Weltzeit										
	f'	g'	G'	Allgemeine Präzession seit 1959.0	Nutation in Länge Δψ	Nutation in Länge Δψ'	Mittlere Schiefe	Nutation in Schiefe Δε	Nutation in Schiefe Δε'	j	k
1959	s in 0.001	s in 0.01	h	"	"	" in 0.01	23° 26' "	"	" in 0.01	in 0.001	
Okt. 14	+ 7	+ 8	20.2	+39.35	−0.07	+11	40.25	−8.86	+ 7	79	83
15	+ 2	7	18.6	39.49	0.12	+ 3	40.25	8.88	+ 7	79	83
16	− 2	6	16.9	39.62	0.17	− 4	40.25	8.89	+ 6	79	83
17	− 6	6	15.0	39.76	0.22	−10	40.25	8.90	+ 4	79	83
18	− 9	6	12.9	39.90	0.27	−14	40.25	8.92	+ 1	79	83
19	− 9	6	11.2	40.04	0.31	−15	40.25	8.93	− 1	79	83
20	− 9	+ 7	9.7	+40.17	−0.36	−14	40.25	−8.95	− 4	80	83
21	− 6	7	8.3	40.31	0.40	−10	40.24	8.97	− 6	80	84
22	− 3	7	7.1	40.45	0.44	− 5	40.24	8.98	− 7	80	84
23	0	7	5.9	40.59	0.48	0	40.24	9.00	− 7	80	84
24	+ 4	6	4.5	40.73	0.52	+ 6	40.24	9.02	− 5	80	84
25	+ 6	5	2.4	40.86	0.56	+10	40.24	9.03	− 3	80	84
26	+ 7	+ 4	23.6	+41.00	−0.59	+11	40.24	−9.05	0	81	84
27	+ 5	5	21.1	41.14	0.63	+ 9	40.24	9.07	+ 4	81	84
28	+ 2	7	18.9	41.28	0.66	+ 4	40.23	9.09	+ 6	81	84
29	− 2	8	17.2	41.41	0.69	− 4	40.23	9.11	+ 8	81	84
30	− 7	8	15.8	41.55	0.72	−11	40.23	9.13	+ 7	81	85
31	−10	9	14.5	41.69	0.75	−17	40.23	9.14	+ 5	82	85
Nov. 1	−12	+ 8	12.8	+41.83	−0.78	−20	40.23	−9.16	+ 2	82	85
2	−11	8	10.8	41.96	0.80	−18	40.23	9.18	− 2	82	85
3	− 7	7	8.6	42.10	0.83	−11	40.23	9.20	− 6	82	85
4	− 1	7	6.2	42.24	0.85	− 2	40.23	9.22	− 7	82	85
5	+ 5	8	4.3	42.38	0.87	+ 9	40.22	9.24	− 7	83	85
6	+11	9	2.6	42.51	0.89	+18	40.22	9.26	− 6	83	85
7	+14	+ 9	1.0	+42.65	−0.91	+23	40.22	−9.28	− 3	83	86
8	+15	10	23.6	42.79	0.92	+24	40.22	9.30	+ 1	83	86
9	+13	9	22.2	42.93	0.94	+21	40.22	9.32	+ 4	84	86
10	+ 9	9	20.8	43.07	0.95	+14	40.22	9.34	+ 6	84	86
11	+ 4	7	19.3	43.20	0.96	+ 6	40.22	9.36	+ 7	84	86
12	− 1	6	17.7	43.34	0.97	− 1	40.22	9.38	+ 6	84	86
13	− 5	+ 6	15.7	+43.48	−0.98	− 8	40.21	−9.40	+ 5	85	86
14	− 7	5	13.5	43.62	0.98	−12	40.21	9.42	+ 2	85	86
15	− 9	6	11.6	43.75	0.99	−14	40.21	9.44	− 1	85	87
16	− 8	6	9.9	43.89	0.99	−13	40.21	9.46	− 3	85	87
17	− 6	7	8.6	44.03	0.99	−10	40.21	9.48	− 5	86	87
18	− 4	7	7.3	44.17	0.99	− 6	40.21	9.50	− 6	86	87
19	− 1	+ 7	6.2	+44.30	−0.99	− 1	40.21	−9.52	− 7	86	87
20	+ 3	6	4.8	44.44	0.99	+ 5	40.21	9.54	− 6	86	87
21	+ 5	5	3.2	44.58	0.98	+ 9	40.20	9.55	− 4	87	87
22	+ 6	4	0.3	44.72	0.98	+10	40.20	9.57	− 1	87	87
23	+ 5	4	21.8	44.85	0.97	+ 9	40.20	9.59	+ 2	87	88
24	+ 3	+ 6	19.4	+44.99	−0.96	+ 5	40.20	−9.61	+ 5	87	88

Tag	0h Weltzeit								
	Sternzeit Greenwich	*t*	*f*	log *g*	*G*	log *h*	*H*	log *i*	*i*
1959	h	a	s		h m		h m		″
Nov. 24	4.1	0.8950	+2.692	1.3013	1 54.7	1.3029	1 48.0	0.5969	+3.953
25	4.2	0.8978	2.701	1.3026	1 54.6	1.3034	1 44.1	0.5829	3.827
26	4.3	0.9005	2.710	1.3039	1 54.4	1.3039	1 40.3	0.5681	3.699
27	4.3	0.9032	2.719	1.3052	1 54.3	1.3044	1 36.4	0.5528	3.571
28	4.4	0.9060	2.729	1.3065	1 54.1	1.3049	1 32.6	0.5367	3.441
29	4.5	0.9087	2.738	1.3078	1 53.9	1.3054	1 28.8	0.5198	3.310
30	4.5	0.9114	+2.748	1.3091	1 53.7	1.3058	1 25.0	0.5022	+3.178
Dez. 1	4.6	0.9142	2.757	1.3104	1 53.5	1.3062	1 21.2	0.4836	3.045
2	4.7	0.9169	2.767	1.3117	1 53.3	1.3067	1 17.4	0.4640	2.911
3	4.7	0.9197	2.776	1.3130	1 53.1	1.3071	1 13.6	0.4434	2.776
4	4.8	0.9224	2.786	1.3143	1 52.9	1.3075	1 9.8	0.4216	2.640
5	4.9	0.9251	2.796	1.3156	1 52.7	1.3078	1 6.0	0.3985	2.503
6	4.9	0.9279	+2.806	1.3169	1 52.5	1.3082	1 2.2	0.3738	+2.365
7	5.0	0.9306	2.816	1.3182	1 52.3	1.3085	0 58.5	0.3475	2.226
8	5.1	0.9333	2.826	1.3195	1 52.0	1.3088	0 54.7	0.3195	2.087
9	5.1	0.9361	2.836	1.3208	1 51.8	1.3091	0 50.9	0.2894	1.947
10	5.2	0.9388	2.846	1.3221	1 51.5	1.3094	0 47.2	0.2570	1.807
11	5.3	0.9416	2.856	1.3234	1 51.3	1.3097	0 43.4	0.2217	1.666
12	5.3	0.9443	+2.866	1.3247	1 51.0	1.3099	0 39.6	0.1830	+1.524
13	5.4	0.9470	2.876	1.3260	1 50.7	1.3101	0 35.9	0.1405	1.382
14	5.5	0.9498	2.886	1.3272	1 50.5	1.3103	0 32.1	0.0931	1.239
15	5.5	0.9525	2.897	1.3285	1 50.2	1.3105	0 28.4	0.0398	1.096
16	5.6	0.9552	2.907	1.3298	1 49.9	1.3106	0 24.7	9.9791	0.953
17	5.7	0.9580	2.917	1.3310	1 49.6	1.3108	0 20.9	9.9079	0.809
18	5.7	0.9607	+2.928	1.3323	1 49.3	1.3109	0 17.2	9.8228	+0.665
19	5.8	0.9635	2.938	1.3335	1 49.0	1.3110	0 13.4	9.7160	0.520
20	5.9	0.9662	2.948	1.3347	1 48.7	1.3110	0 9.7	9.5752	0.376
21	5.9	0.9689	2.959	1.3359	1 48.4	1.3111	0 6.0	9.3636	0.231
22	6.0	0.9717	2.969	1.3372	1 48.1	1.3111	0 2.2	8.9345	+0.086
23	6.1	0.9744	2.979	1.3384	1 47.7	1.3111	23 58.5	8.7709*n*	−0.059
24	6.1	0.9772	+2.990	1.3396	1 47.4	1.3111	23 54.8	9.3075*n*	−0.203
25	6.2	0.9799	3.000	1.3408	1 47.1	1.3110	23 51.0	9.5416*n*	0.348
26	6.2	0.9826	3.011	1.3419	1 46.7	1.3110	23 47.3	9.6920*n*	0.492
27	6.3	0.9854	3.021	1.3431	1 46.4	1.3109	23 43.5	9.8041*n*	0.637
28	6.4	0.9881	3.031	1.3442	1 46.1	1.3108	23 39.8	9.8927*n*	0.781
29	6.4	0.9908	3.042	1.3454	1 45.7	1.3107	23 36.0	9.9661*n*	0.925
30	6.5	0.9936	+3.052	1.3465	1 45.3	1.3105	23 32.3	0.0290*n*	−1.069
31	6.6	0.9963	3.062	1.3477	1 45.0	1.3103	23 28.5	0.0839*n*	1.213
32	6.6	0.9991	+3.073	1.3488	1 44.6	1.3102	23 24.8	0.1319*n*	−1.355

Tag	f'	g'	G'	Allgemeine Präzession seit 1959.0	Nutation in Länge $\Delta\psi$	Nutation in Länge $\Delta\psi'$	Mittlere Schiefe	Nutation in Schiefe $\Delta\varepsilon$	Nutation in Schiefe $\Delta\varepsilon'$	j	k
	0ʰ Weltzeit										
1959	s in 0.001	s in 0.01	h	″	″	s in 0.01	23° 26′ ″	″	s in 0.01	in 0.001	
Nov. 24	+ 3	+ 6	19.4	+44.99	−0.96	+ 5	40.20	−9.61	+ 5	87	88
25	− 1	7	17.8	45.13	0.95	− 2	40.20	9.62	+ 7	88	88
26	− 6	9	16.1	45.27	0.94	−10	40.20	9.64	+ 8	88	88
27	−10	9	14.7	45.40	0.92	−17	40.20	9.66	+ 6	88	88
28	−13	9	13.3	45.54	0.91	−21	40.20	9.67	+ 3	88	88
29	−13	8	11.6	45.68	0.89	−21	40.19	9.69	− 1	89	88
30	−10	+ 8	9.7	+45.82	−0.88	−16	40.19	−9.70	− 4	89	88
Dez. 1	− 4	8	7.5	45.96	0.86	− 7	40.19	9.72	− 7	89	88
2	+ 2	8	5.3	46.09	0.84	+ 3	40.19	9.73	− 8	89	88
3	+ 9	9	3.3	46.23	0.82	+14	40.19	9.74	− 7	90	89
4	+13	9	1.6	46.37	0.80	+21	40.19	9.76	− 4	90	89
5	+15	10	0.1	46.51	0.77	+25	40.19	9.77	0	90	89
6	+14	+10	22.7	+46.64	−0.75	+23	40.18	−9.78	+ 3	91	89
7	+11	9	21.4	46.78	0.73	+18	40.18	9.79	+ 6	91	89
8	+ 6	8	20.0	46.92	0.70	+10	40.18	9.80	+ 7	91	89
9	+ 1	7	18.4	47.06	0.67	+ 2	40.18	9.81	+ 7	91	89
10	− 3	6	16.6	47.19	0.65	− 5	40.18	9.82	+ 5	92	89
11	− 6	5	14.3	47.33	0.62	−10	40.18	9.83	+ 3	92	89
12	− 7	+ 5	11.9	+47.47	−0.59	−12	40.18	−9.83	0	92	89
13	− 7	6	10.1	47.61	0.56	−12	40.18	9.84	− 3	92	89
14	− 6	6	8.6	47.74	0.53	−10	40.17	9.85	− 5	93	89
15	− 4	7	7.3	47.88	0.50	− 6	40.17	9.85	− 6	93	89
16	− 1	7	6.2	48.02	0.47	− 1	40.17	9.86	− 7	93	89
17	+ 2	6	4.9	48.16	0.44	+ 4	40.17	9.86	− 6	94	89
18	+ 5	+ 5	3.4	+48.30	−0.41	+ 9	40.17	−9.87	− 4	94	89
19	+ 7	5	1.4	48.43	0.38	+11	40.17	9.87	− 2	94	89
20	+ 7	4	22.9	48.57	0.35	+11	40.17	9.87	+ 1	94	89
21	+ 4	5	20.3	48.71	0.31	+ 7	40.17	9.87	+ 4	95	89
22	+ 1	6	18.2	48.85	0.28	+ 1	40.16	9.87	+ 6	95	89
23	− 4	8	16.7	48.98	0.25	− 7	40.16	9.87	+ 7	95	89
24	− 9	+ 9	15.2	+49.12	−0.22	−15	40.16	−9.87	+ 7	95	89
25	−13	9	13.8	49.26	0.18	−21	40.16	9.87	+ 4	96	89
26	−14	9	12.3	49.40	0.15	−23	40.16	9.87	+ 1	96	89
27	−12	9	10.7	49.53	0.12	−20	40.16	9.87	− 3	96	89
28	− 8	8	8.8	49.67	0.09	−13	40.16	9.86	− 6	96	89
29	− 2	8	6.6	49.81	0.06	− 3	40.16	9.86	− 7	97	89
30	+ 5	+ 8	4.4	+49.95	−0.03	+ 8	40.15	−9.85	− 7	97	89
31	+10	9	2.5	50.08	0.00	+17	40.15	9.85	− 5	97	89
32	+14	+ 9	0.8	+50.22	+0.03	+23	40.15	−9.84	− 2	97	89

Reduktionsgrößen 1959

für 12ʰ Sternzeit Greenwich

Weltzeit	*t*	*A*		*A′*	*B*		*B′*	*C*		*D*	
1959	a			in 0.00001	″		in 0.″001	″		″	
Jan. 0.225	-0.0024	+0.11423	334	+119	+9.368	4	−62	− 2.950	329	+20.216	61
1.222	+0.0003	0.11757	333	− 28	9.364	4	−75	3.279	328	20.155	66
2.219	0.0031	0.12090	331	−187	9.360	5	−70	3.607	326	20.089	73
3.216	0.0058	0.12421	330	−313	9.355	5	−48	3.933	326	20.016	79
4.214	0.0085	0.12751	327	−376	9.350	7	−14	4.259	323	19.937	85
5.211	0.0112	0.13078	326	−349	9.343	7	+22	4.582	322	19.852	92
6.208	0.0140	+0.13404	326	−242	+9.336	8	+55	− 4.904	321	+19.760	98
7.206	0.0167	0.13730	324	− 70	9.328	8	+74	5.225	319	19.662	104
8.203	0.0194	0.14054	321	+121	9.320	9	+75	5.544	318	19.558	110
9.200	0.0222	0.14375	319	+294	9.311	9	+60	5.862	315	19.448	117
10.197	0.0249	0.14694	317	+411	9.302	10	+31	6.177	314	19.331	123
11.195	0.0276	0.15011	316	+448	9.292	11	− 2	6.491	312	19.208	128
12.192	0.0304	+0.15327	314	+407	+9.281	11	−33	− 6.803	309	+19.080	134
13.189	0.0331	0.15641	311	+298	9.270	11	−57	7.112	307	18.946	141
14.186	0.0358	0.15952	308	+152	9.259	12	−68	7.419	305	18.805	146
15.184	0.0386	0.16260	306	− 10	9.247	13	−67	7.724	302	18.659	152
16.181	0.0413	0.16566	303	−159	9.234	13	−55	8.026	299	18.507	158
17.178	0.0440	0.16869	301	−267	9.221	14	−33	8.325	297	18.349	164
18.175	0.0467	+0.17170	298	−331	+9.207	14	− 5	− 8.622	295	+18.185	169
19.173	0.0495	0.17468	296	−335	9.193	15	+23	8.917	291	18.016	175
20.170	0.0522	0.17764	293	−285	9.178	14	+47	9.208	288	17.841	181
21.167	0.0549	0.18057	289	−187	9.164	15	+63	9.496	286	17.660	186
22.165	0.0577	0.18346	287	− 56	9.149	15	+69	9.782	282	17.474	192
23.162	0.0604	0.18633	283	+ 83	9.134	16	+61	10.064	280	17.282	197
24.159	0.0631	+0.18916	281	+196	+9.118	16	+40	−10.344	276	+17.085	202
25.156	0.0659	0.19197	277	+262	9.102	17	+ 9	10.620	272	16.883	208
26.154	0.0686	0.19474	274	+259	9.085	16	−25	10.892	269	16.675	212
27.151	0.0713	0.19748	272	+187	9.069	17	−52	11.161	265	16.463	217
28.148	0.0740	0.20020	269	+ 58	9.052	17	−72	11.426	262	16.246	224
29.145	0.0768	0.20289	266	− 99	9.035	17	−72	11.688	258	16.022	227
30.143	0.0795	+0.20555	262	−240	+9.018	16	−57	−11.946	254	+15.795	233
31.140	0.0822	0.20817	259	−331	9.002	17	−28	12.200	251	15.562	237
Febr. 1.137	0.0850	0.21076	255	−341	8.985	17	+ 9	12.451	246	15.325	242
2.135	0.0877	0.21331	252	−269	8.968	18	+42	12.697	242	15.083	247
3.132	0.0904	0.21583	250	−126	8.950	17	+66	12.939	238	14.836	251
4.129	0.0932	0.21833	246	+ 51	8.933	18	+75	13.177	234	14.585	256
5.126	0.0959	+0.22079	242	+225	+8.915	18	+66	−13.411	230	+14.329	260
6.124	0.0986	0.22321	239	+356	8.897	17	+43	13.641	225	14.069	265
7.121	0.1014	0.22560	236	+419	8.880	18	+12	13.866	221	13.804	268
8.118	0.1041	0.22796	233	+406	8.862	17	−22	14.087	218	13.536	273
9.115	0.1068	0.23029	229	+327	8.845	17	−48	14.305	212	13.263	277
10.113	0.1095	+0.23258		+197	+8.828		−66	−14.517		+12.986	

für 12ʰ Sternzeit Greenwich

Weltzeit	*t*	*A*		*A′*	*B*		*B′*	*C*		*D*	
1959	a			in 0.00001	″		in 0.″001	″		″	
Febr. 10.113	0.1095	+0.23258	226	+197	+8.828	16	−66	−14.517	208	+12.986	281
11.110	0.1123	0.23484	224	+ 42	8.812	17	−69	14.725	203	12.705	284
12.107	0.1150	0.23708	220	−109	8.795	17	−61	14.928	198	12.421	288
13.104	0.1177	0.23928	216	−232	8.778	17	−42	15.126	194	12.133	292
14.102	0.1205	0.24144	214	−319	8.761	17	−16	15.320	188	11.841	295
15.099	0.1232	0.24358	211	−350	8.744	16	+12	15.508	184	11.546	300
16.096	0.1259	+0.24569	208	−326	+8.728	16	+38	−15.692	178	+11.246	302
17.094	0.1287	0.24777	204	−250	8.712	16	+59	15.870	174	10.944	305
18.091	0.1314	0.24981	202	−132	8.696	15	+69	16.044	169	10.639	309
19.088	0.1341	0.25183	200	+ 8	8.681	15	+68	16.213	164	10.330	311
20.085	0.1368	0.25383	197	+137	8.666	14	+50	16.377	159	10.019	315
21.083	0.1396	0.25580	194	+230	8.652	14	+23	16.536	153	9.704	318
22.080	0.1423	+0.25774	192	+263	+8.638	13	−10	−16.689	148	+ 9.386	320
23.077	0.1450	0.25966	188	+223	8.625	14	−43	16.837	144	9.066	323
24.074	0.1478	0.26154	186	+118	8.611	13	−67	16.981	137	8.743	325
25.072	0.1505	0.26340	183	− 29	8.598	12	−77	17.118	133	8.418	328
26.069	0.1532	0.26523	181	−178	8.586	12	−67	17.251	128	8.090	330
27.066	0.1560	0.26704	180	−286	8.574	11	−41	17.379	121	7.760	333
28.064	0.1587	+0.26884	178	−325	+8.563	11	− 4	−17.500	116	+ 7.427	334
März 1.061	0.1614	0.27062	175	−278	8.552	10	+31	17.616	111	7.093	336
2.058	0.1642	0.27237	173	−156	8.542	10	+59	17.727	105	6.757	338
3.055	0.1669	0.27410	171	+ 14	8.532	9	+74	17.832	101	6.419	341
4.053	0.1696	0.27581	170	+188	8.523	9	+72	17.933	94	6.078	342
5.050	0.1723	0.27751	167	+331	8.514	8	+53	18.027	89	5.736	343
6.047	0.1751	+0.27918	166	+413	+8.506	8	+21	−18.116	84	+ 5.393	345
7.044	0.1778	0.28084	165	+422	8.498	6	−10	18.200	78	5.048	346
8.042	0.1805	0.28249	163	+360	8.492	6	−39	18.278	72	4.702	348
9.039	0.1833	0.28412	162	+244	8.486	6	−59	18.350	67	4.354	349
10.036	0.1860	0.28574	160	+ 99	8.480	5	−68	18.417	61	4.005	350
11.033	0.1887	0.28734	159	− 51	8.475	5	−63	18.478	55	3.655	350
12.031	0.1915	+0.28893	159	−185	+8.470	4	−48	−18.533	51	+ 3.305	351
13.028	0.1942	0.29052	157	−285	8.466	3	−27	18.584	44	2.954	352
14.025	0.1969	0.29209	156	−341	8.463	2	0	18.628	38	2.602	352
15.023	0.1996	0.29365	156	−344	8.461	2	+28	18.666	34	2.250	353
16.020	0.2024	0.29521	155	−296	8.459	1	+50	18.700	27	1.897	354
17.017	0.2051	0.29676	155	−198	8.458	1	+66	18.727	21	1.543	354
18.014	0.2078	+0.29831	155	− 72	+8.457	0	+71	−18.748	17	+ 1.189	354
19.012	0.2106	0.29986	155	+ 60	8.457	0	+61	18.765	10	0.835	354
20.009	0.2133	0.30141	154	+172	8.457	1	+38	18.775	4	0.481	354
21.006	0.2160	0.30295	153	+234	8.458	2	+ 5	18.779	0	+ 0.127	353
22.003	0.2188	0.30448	154	+225	8.460	3	−29	18.779	7	− 0.226	354
23.001	0.2215	+0.30602		+147	+8.463		−58	−18.772		− 0.580	

Reduktionsgrößen 1959

für 12ʰ Sternzeit Greenwich

Weltzeit	t	A	Δ	A′	B	Δ	B′	C	Δ	D	Δ
1959	a			in 0.00001	″		in 0.″001	″		″	
März 23.001	0.2215	+0.30602	154	+147	+8.463	4	−58	−18.772	12	− 0.580	353
23.998	0.2242	0.30756	155	+ 15	8.467	4	−75	18.760	17	0.933	353
24.995	0.2270	0.30911	155	−135	8.471	5	−74	18.743	23	1.286	352
25.993	0.2297	0.31066	156	−263	8.476	6	−55	18.720	29	1.638	351
26.990	0.2324	0.31222	156	−326	8.482	6	−22	18.691	34	1.989	351
27.987	0.2351	0.31378	156	−308	8.488	7	+16	18.657	40	2.340	350
28.984	0.2379	+0.31534	157	−206	+8.495	7	+50	−18.617	45	− 2.690	349
29.982	0.2406	0.31691	158	− 39	8.502	8	+71	18.572	50	3.039	347
30.979	0.2433	0.31849	160	+149	8.510	9	+75	18.522	57	3.386	346
31.976	0.2461	0.32009	161	+314	8.519	9	+62	18.465	62	3.732	345
April 1.973	0.2488	0.32170	162	+424	8.528	10	+35	18.403	66	4.077	344
2.971	0.2515	0.32332	163	+457	8.538	10	+ 2	18.337	73	4.421	342
3.968	0.2543	+0.32495	164	+413	+8.548	11	−30	−18.264	77	− 4.763	340
4.965	0.2570	0.32659	165	+308	8.559	11	−53	18.187	83	5.103	339
5.963	0.2597	0.32824	167	+165	8.570	12	−66	18.104	88	5.442	338
6.960	0.2624	0.32991	169	+ 12	8.582	12	−66	18.016	93	5.780	336
7.957	0.2652	0.33160	170	−129	8.594	13	−55	17.923	99	6.116	333
8.954	0.2679	0.33330	172	−241	8.607	14	−36	17.824	104	6.449	330
9.952	0.2706	+0.33502	174	−309	+8.621	15	− 9	−17.720	109	− 6.779	329
10.949	0.2734	0.33676	175	−331	8.636	15	+18	17.611	114	7.108	327
11.946	0.2761	0.33851	178	−305	8.651	15	+41	17.497	118	7.435	324
12.943	0.2788	0.34029	181	−234	8.666	15	+60	17.379	124	7.759	322
13.941	0.2816	0.34210	183	−128	8.681	16	+69	17.255	130	8.081	320
14.938	0.2843	0.34393	184	− 3	8.697	16	+66	17.125	133	8.401	316
15.935	0.2870	+0.34577	186	+113	+8.713	17	+48	−16.992	139	− 8.717	314
16.932	0.2898	0.34763	189	+194	8.730	17	+20	16.853	143	9.031	312
17.930	0.2925	0.34952	191	+211	8.747	18	−13	16.710	149	9.343	309
18.927	0.2952	0.35143	194	+161	8.765	18	−48	16.561	152	9.652	305
19.924	0.2979	0.35337	196	+ 45	8.783	18	−71	16.409	158	9.957	303
20.922	0.3007	0.35533	199	−103	8.801	18	−78	16.251	162	10.260	299
21.919	0.3034	+0.35732	202	−248	+8.819	19	−67	−16.089	167	−10.559	296
22.916	0.3061	0.35934	204	−343	8.838	19	−39	15.922	172	10.855	293
23.913	0.3089	0.36138	206	−360	8.857	19	+ 1	15.750	175	11.148	289
24.911	0.3116	0.36344	209	−285	8.876	19	+37	15.575	180	11.437	286
25.908	0.3143	0.36553	212	−132	8.895	19	+64	15.395	184	11.723	282
26.905	0.3171	0.36765	214	+ 66	8.914	20	+77	15.211	189	12.005	279
27.902	0.3198	+0.36979	217	+262	+8.934	20	+70	−15.022	192	−12.284	276
28.900	0.3225	0.37196	220	+413	8.954	21	+48	14.830	197	12.560	271
29.897	0.3252	0.37416	222	+487	8.975	20	+14	14.633	201	12.831	268
30.894	0.3280	0.37638	226	+475	8.995	20	−19	14.432	205	13.099	263
Mai 1.892	0.3307	0.37864	229	+385	9.015	20	−47	14.227	209	13.362	261
2.889	0.3334	+0.38093		+247	+9.035		−63	−14.018		−13.623	

Reduktionsgrößen 1959

für 12ʰ Sternzeit Greenwich

Weltzeit		t	A		A′	B		B′	C		D	
1959		a			in 0.00001	″		in 0.″001	″		″	
Mai	2.889	0.3334	+0.38093	231	+247	+9.035	21	−63	−14.018	213	−13.623	255
	3.886	0.3362	0.38324	234	+ 88	9.056	20	−68	13.805	217	13.878	252
	4.883	0.3389	0.38558	237	− 64	9.076	20	−60	13.588	221	14.130	248
	5.881	0.3416	0.38795	240	−186	9.096	20	−41	13.367	224	14.378	244
	6.878	0.3444	0.39035	242	−267	9.116	21	−18	13.143	227	14.622	239
	7.875	0.3471	0.39277	246	−303	9.137	21	+ 8	12.916	232	14.861	235
	8.872	0.3498	+0.39523	248	−293	+9.158	20	+33	−12.684	234	−15.096	230
	9.870	0.3526	0.39771	251	−238	9.178	20	+53	12.450	238	15.326	226
	10.867	0.3553	0.40022	254	−147	9.198	20	+65	12.212	242	15.552	221
	11.864	0.3580	0.40276	256	− 34	9.218	20	+66	11.970	245	15.773	218
	12.861	0.3607	0.40532	259	+ 76	9.238	20	+56	11.725	249	15.991	212
	13.859	0.3635	0.40791	261	+163	9.258	20	+33	11.476	251	16.203	208
	14.856	0.3662	+0.41052	264	+204	+9.278	19	+ 2	−11.225	254	−16.411	203
	15.853	0.3689	0.41316	267	+178	9.297	19	−31	10.971	258	16.614	198
	16.851	0.3717	0.41583	270	+ 85	9.316	19	−60	10.713	260	16.812	194
	17.848	0.3744	0.41853	273	− 56	9.335	19	−76	10.453	262	17.006	188
	18.845	0.3771	0.42126	275	−214	9.354	18	−74	10.191	266	17.194	184
	19.842	0.3799	0.42401	277	−344	9.372	18	−54	9.925	268	17.378	179
	20.840	0.3826	+0.42678	279	−401	+9.390	17	−19	− 9.657	271	−17.557	173
	21.837	0.3853	0.42957	282	−371	9.407	18	+18	9.386	274	17.730	169
	22.834	0.3880	0.43239	284	−248	9.425	17	+54	9.112	276	17.899	164
	23.831	0.3908	0.43523	286	− 58	9.442	17	+75	8.836	278	18.063	159
	24.829	0.3935	0.43809	288	+151	9.459	17	+77	8.558	281	18.222	153
	25.826	0.3962	0.44097	291	+341	9.476	16	+60	8.277	283	18.375	147
	26.823	0.3990	+0.44388	294	+464	+9.492	15	+31	− 7.994	285	−18.522	144
	27.821	0.4017	0.44682	295	+499	9.507	15	− 4	7.709	287	18.666	137
	28.818	0.4044	0.44977	296	+449	9.522	14	−37	7.422	289	18.803	132
	29.815	0.4072	0.45273	298	+331	9.536	14	−60	7.133	291	18.935	128
	30.812	0.4099	0.45571	301	+172	9.550	14	−70	6.842	292	19.063	122
	31.810	0.4126	0.45872	303	+ 9	9.564	14	−66	6.550	295	19.185	117
Juni	1.807	0.4154	+0.46175	304	−132	+9.578	13	−50	− 6.255	296	−19.302	111
	2.804	0.4181	0.46479	305	−231	9.591	12	−28	5.959	298	19.413	105
	3.801	0.4208	0.46784	306	−279	9.603	12	− 1	5.661	299	19.518	101
	4.799	0.4235	0.47090	309	−281	9.615	11	+25	5.362	300	19.619	94
	5.796	0.4263	0.47399	310	−238	9.626	10	+46	5.062	302	19.713	89
	6.793	0.4290	0.47709	312	−157	9.636	11	+60	4.760	304	19.802	84
	7.790	0.4317	+0.48021	312	− 53	+9.647	10	+66	− 4.456	304	−19.886	78
	8.788	0.4345	0.48333	313	+ 60	9.657	9	+60	4.152	305	19.964	72
	9.785	0.4372	0.48646	314	+155	9.666	8	+42	3.847	307	20.036	67
	10.782	0.4399	0.48960	316	+210	9.674	8	+15	3.540	308	20.103	61
	11.780	0.4427	0.49276	317	+208	9.682	8	−17	3.232	308	20.164	56
	12.777	0.4454	+0.49593		+139	+9.690		−48	− 2.924		−20.220	

Reduktionsgrößen 1959

für 12ʰ Sternzeit Greenwich

Weltzeit	t	A		A′	B		B′	C		D	
1959	a			in 0.00001	″		in 0.″001	″		″	
Juni 12.777	0.4454	+0.49593	317	+139	+9.690	7	−48	−2.924	309	−20.220	51
13.774	0.4481	0.49910	318	+ 11	9.697	6	−69	2.615	309	20.271	44
14.771	0.4508	0.50228	318	−147	9.703	6	−74	2.306	310	20.315	39
15.769	0.4536	0.50546	319	−299	9.709	5	−63	1.996	311	20.354	34
16.766	0.4563	0.50865	319	−400	9.714	4	−36	1.685	311	20.388	27
17.763	0.4590	0.51184	320	−417	9.718	3	+ 1	1.374	311	20.415	22
18.760	0.4618	+0.51504	320	−344	+9.721	3	+37	−1.063	311	−20.437	17
19.758	0.4645	0.51824	320	−188	9.724	3	+64	0.752	312	20.454	10
20.755	0.4672	0.52144	320	+ 14	9.727	2	+75	0.440	312	20.464	5
21.752	0.4700	0.52464	321	+223	9.729	1	+70	−0.128	312	20.469	0
22.750	0.4727	0.52785	321	+386	9.730	2	+46	+0.184	312	20.469	6
23.747	0.4754	0.53106	320	+470	9.732	1	+12	0.496	312	20.463	12
24.744	0.4782	+0.53426	320	+469	+9.733	1	−22	+0.808	311	−20.451	17
25.741	0.4809	0.53746	319	+384	9.732	1	−52	1.119	311	20.434	23
26.739	0.4836	0.54065	319	+242	9.731	2	−70	1.430	311	20.411	29
27.736	0.4863	0.54384	318	+ 80	9.729	2	−71	1.741	310	20.382	34
28.733	0.4891	0.54702	317	− 74	9.727	3	−60	2.051	310	20.348	40
29.730	0.4918	0.55019	317	−193	9.724	4	−37	2.361	309	20.308	46
30.728	0.4945	+0.55336	316	−262	+9.720	4	−10	+2.670	308	−20.262	51
Juli 1.725	0.4973	0.55652	316	−281	9.716	5	+16	2.978	306	20.211	57
2.722	0.5000	0.55968	315	−249	9.711	5	+41	3.284	306	20.154	62
3.719	0.5027	0.56283	313	−172	9.706	5	+59	3.590	305	20.092	67
4.717	0.5055	0.56596	312	− 71	9.701	7	+66	3.895	305	20.025	74
5.714	0.5082	0.56908	311	+ 42	9.694	7	+64	4.200	304	19.951	79
6.711	0.5109	+0.57219	310	+148	+9.687	8	+49	+4.504	302	−19.872	83
7.709	0.5136	0.57529	308	+220	9.679	8	+24	4.806	301	19.789	90
8.706	0.5164	0.57837	307	+238	9.671	8	− 5	5.107	299	19.699	96
9.703	0.5191	0.58144	305	+196	9.663	9	−38	5.406	297	19.603	100
10.700	0.5218	0.58449	304	+ 89	9.654	10	−61	5.703	296	19.503	106
11.698	0.5246	0.58753	302	− 59	9.644	10	−72	5.999	295	19.397	111
12.695	0.5273	+0.59055	300	−218	+9.634	10	−67	+6.294	292	−19.286	116
13.692	0.5300	0.59355	299	−347	9.624	10	−48	6.586	291	19.170	122
14.689	0.5328	0.59654	296	−408	9.614	12	−14	6.877	289	19.048	127
15.687	0.5355	0.59950	295	−384	9.602	12	+22	7.166	288	18.921	133
16.684	0.5382	0.60245	293	−271	9.590	12	+53	7.454	285	18.788	137
17.681	0.5410	0.60538	291	− 95	9.578	13	+71	7.739	283	18.651	142
18.679	0.5437	+0.60829	289	+103	+9.565	13	+74	+8.022	281	−18.509	148
19.676	0.5464	0.61118	287	+284	9.552	14	+57	8.303	279	18.361	153
20.673	0.5491	0.61405	284	+406	9.538	14	+28	8.582	276	18.208	158
21.670	0.5519	0.61689	282	+444	9.524	14	− 6	8.858	274	18.050	164
22.668	0.5546	0.61971	280	+399	9.510	14	−39	9.132	271	17.886	167
23.665	0.5573	+0.62251		+289	+9.496		−62	+9.403		−17.719	

Reduktionsgrößen 1959

für 12h Sternzeit Greenwich

Weltzeit	t	A	Δ	A′	B	Δ	B′	C	Δ	D	Δ
1959	a			in 0.00001	″		in 0″.001	″		″	
Juli 23.665	0.5573	+0.62251	277	+289	+9.496	15	−62	+ 9.403	269	−17.719	173
24.662	0.5601	0.62528	275	+138	9.481	15	−71	9.672	267	17.546	177
25.659	0.5628	0.62803	272	− 20	9.466	16	−67	9.939	263	17.369	183
26.657	0.5655	0.63075	270	−155	9.450	15	−48	10.202	261	17.186	188
27.654	0.5683	0.63345	268	−247	9.435	16	−24	10.463	258	16.998	192
28.651	0.5710	0.63613	265	−287	9.419	16	+ 4	10.721	255	16.806	197
29.649	0.5737	+0.63878	262	−274	+9.403	16	+32	+10.976	253	−16.609	201
30.646	0.5764	0.64140	260	−212	9.387	17	+54	11.229	248	16.408	206
31.643	0.5792	0.64400	257	−113	9.370	17	+66	11.477	246	16.202	210
Aug. 1.640	0.5819	0.64657	254	+ 4	9.353	16	+68	11.723	243	15.992	215
2.638	0.5846	0.64911	252	+119	9.337	17	+57	11.966	239	15.777	219
3.635	0.5874	0.65163	249	+209	9.320	17	+35	12.205	237	15.558	224
4.632	0.5901	+0.65412	246	+254	+9.303	18	+ 6	+12.442	232	−15.334	228
5.629	0.5928	0.65658	244	+236	9.285	17	−26	12.674	229	15.106	233
6.627	0.5956	0.65902	241	+157	9.268	17	−53	12.903	226	14.873	236
7.624	0.5983	0.66143	238	+ 22	9.251	17	−71	13.129	222	14.637	241
8.621	0.6010	0.66381	235	−131	9.234	18	−71	13.351	219	14.396	244
9.618	0.6038	0.66616	232	−273	9.216	18	−57	13.570	214	14.152	250
10.616	0.6065	+0.66848	230	−362	+9.198	17	−27	+13.784	212	−13.902	253
11.613	0.6092	0.67078	227	−373	9.181	18	+ 6	13.996	208	13.649	257
12.610	0.6119	0.67305	224	−302	9.163	17	+40	14.204	203	13.392	260
13.608	0.6147	0.67529	221	−158	9.146	17	+66	14.407	199	13.132	265
14.605	0.6174	0.67750	219	+ 25	9.129	16	+74	14.606	195	12.867	268
15.602	0.6201	0.67969	215	+206	9.113	17	+64	14.801	191	12.599	272
16.599	0.6229	+0.68184	213	+345	+9.096	17	+39	+14.992	187	−12.327	275
17.597	0.6256	0.68397	212	+412	9.079	17	+ 7	15.179	183	12.052	278
18.594	0.6283	0.68609	208	+400	9.062	16	−25	15.362	179	11.774	282
19.591	0.6311	0.68817	205	+316	9.046	16	−53	15.541	175	11.492	285
20.588	0.6338	0.69022	203	+182	9.030	16	−69	15.716	170	11.207	289
21.586	0.6365	0.69225	200	+ 30	9.014	16	−69	15.886	166	10.918	292
22.583	0.6392	+0.69425	198	−115	+8.998	15	−58	+16.052	161	−10.626	295
23.580	0.6420	0.69623	196	−226	8.983	16	−35	16.213	156	10.331	299
24.578	0.6447	0.69819	193	−285	8.967	15	− 7	16.369	153	10.032	301
25.575	0.6474	0.70012	190	−294	8.952	14	+20	16.522	147	9.731	303
26.572	0.6502	0.70202	188	−257	8.938	14	+45	16.669	144	9.428	307
27.569	0.6529	0.70390	186	−168	8.924	14	+63	16.813	138	9.121	309
28.567	0.6556	+0.70576	184	− 57	+8.910	13	+69	+16.951	134	− 8.812	312
29.564	0.6584	0.70760	181	+ 63	8.897	13	+65	17.085	128	8.500	315
30.561	0.6611	0.70941	179	+171	8.884	13	+46	17.213	124	8.185	317
31.558	0.6638	0.71120	178	+240	8.871	12	+19	17.337	119	7.868	319
Sept. 1.556	0.6666	0.71298	175	+250	8.859	11	−14	17.456	114	7.549	321
2.553	0.6693	+0.71473		+195	+8.848		−44	+17.570		− 7.228	

Reduktionsgrößen 1959

für 12ʰ Sternzeit Greenwich

Weltzeit	t	A	Diff.	A′	B	Diff.	B′	C	Diff.	D	Diff.
				in 0.00001	″		in 0.″001	″		″	
1959	a										
Sept. 2.553	0.6693	+0.71473	173	+195	+8.848	11	−44	+17.570	110	−7.228	325
3.550	0.6720	0.71646	171	+ 85	8.837	11	−66	17.680	104	6.903	326
4.547	0.6747	0.71817	170	− 63	8.826	11	−74	17.784	99	6.577	327
5.545	0.6775	0.71987	169	−208	8.815	10	−64	17.883	94	6.250	330
6.542	0.6802	0.72156	167	−318	8.805	9	−40	17.977	89	5.920	332
7.539	0.6829	0.72323	165	−356	8.796	9	− 4	18.066	85	5.588	334
8.537	0.6857	+0.72488	164	−309	+8.787	8	+31	+18.151	79	−5.254	335
9.534	0.6884	0.72652	162	−187	8.779	8	+58	18.230	73	4.919	337
10.531	0.6911	0.72814	161	− 19	8.771	7	+72	18.303	69	4.582	338
11.528	0.6939	0.72975	160	+164	8.764	7	+68	18.372	63	4.244	340
12.526	0.6966	0.73135	159	+315	8.757	6	+49	18.435	59	3.904	341
13.523	0.6993	0.73294	158	+402	8.751	6	+20	18.494	52	3.563	342
14.520	0.7020	+0.73452	156	+413	+8.745	5	−14	+18.546	47	−3.221	343
15.517	0.7048	0.73608	156	+348	8.740	4	−42	18.593	43	2.878	344
16.515	0.7075	0.73764	156	+229	8.736	3	−62	18.636	36	2.534	345
17.512	0.7102	0.73920	155	+ 79	8.733	3	−70	18.672	32	2.189	346
18.509	0.7130	0.74075	155	− 67	8.730	3	−62	18.704	26	1.843	347
19.507	0.7157	0.74230	154	−190	8.727	2	−44	18.730	20	1.496	347
20.504	0.7184	+0.74384	153	−270	+8.725	1	−19	+18.750	15	−1.149	348
21.501	0.7212	0.74537	153	−303	8.724	1	+ 8	18.765	10	0.801	349
22.498	0.7239	0.74690	152	−283	8.723	0	+35	18.775	4	0.452	349
23.496	0.7266	0.74842	153	−220	8.723	1	+57	18.779	−1	−0.103	349
24.493	0.7294	0.74995	153	−120	8.724	1	+67	18.778	6	+0.246	349
25.490	0.7321	0.75148	154	− 5	8.725	2	+68	18.772	12	0.595	350
26.487	0.7348	+0.75302	154	+110	+8.727	2	+57	+18.760	17	+0.945	349
27.485	0.7375	0.75456	154	+198	8.729	3	+32	18.743	23	1.294	348
28.482	0.7403	0.75610	154	+234	8.732	4	+ 2	18.720	29	1.642	348
29.479	0.7430	0.75764	155	+208	8.736	5	−33	18.691	33	1.990	348
30.476	0.7457	0.75919	156	+119	8.741	5	−60	18.658	40	2.338	348
Okt. 1.474	0.7485	0.76075	156	− 18	8.746	6	−73	18.618	45	2.686	347
2.471	0.7512	+0.76231	157	−170	+8.752	7	−71	+18.573	50	+3.033	346
3.468	0.7539	0.76388	158	−294	8.759	7	−54	18.523	56	3.379	345
4.466	0.7567	0.76546	159	−360	8.766	8	−20	18.467	62	3.724	345
5.463	0.7594	0.76705	161	−337	8.774	8	+15	18.405	66	4.069	344
6.460	0.7621	0.76866	162	−233	8.782	9	+47	18.339	73	4.413	343
7.457	0.7648	0.77028	164	− 67	8.791	9	+70	18.266	77	4.756	341
8.455	0.7676	+0.77192	165	+124	+8.800	10	+73	+18.189	83	+5.097	340
9.452	0.7703	0.77357	167	+295	8.810	10	+59	18.106	89	5.437	339
10.449	0.7730	0.77524	168	+411	8.820	11	+32	18.017	94	5.776	337
11.446	0.7758	0.77692	169	+449	8.831	12	− 2	17.923	99	6.113	336
12.444	0.7785	0.77861	172	+404	8.843	13	−33	17.824	105	6.449	334
13.441	0.7812	+0.78033		+293	+8.856		−57	+17.719		+6.783	

Reduktionsgrößen 1959

für 12ʰ Sternzeit Greenwich

Weltzeit	*t*	*A*	Δ	*A'*	*B*	Δ	*B'*	*C*	Δ	*D*	Δ
1959	a			in 0.00001	"		in 0."001	"		"	
Okt. 13.441	0.7812	+0.78033	173	+293	+8.856	13	−57	+17.719	109	+ 6.783	331
14.438	0.7840	0.78206	176	+145	8.869	13	−69	17.610	116	7.114	330
15.436	0.7867	0.78382	177	− 9	8.882	14	−67	17.494	121	7.444	328
16.433	0.7894	0.78559	180	−141	8.896	14	−52	17.373	125	7.772	326
17.430	0.7922	0.78739	183	−234	8.910	15	−29	17.248	132	8.098	323
18.427	0.7949	0.78922	184	−285	8.925	15	− 1	17.116	135	8.421	322
19.425	0.7976	+0.79106	187	−290	+8.940	16	+25	+16.981	141	+ 8.743	319
20.422	0.8003	0.79293	190	−244	8.956	16	+46	16.840	147	9.062	316
21.419	0.8031	0.79483	192	−160	8.972	16	+62	16.693	151	9.378	314
22.416	0.8058	0.79675	194	− 56	8.988	17	+69	16.542	157	9.692	311
23.414	0.8085	0.79869	197	+ 55	9.005	17	+63	16.385	161	10.003	308
24.411	0.8113	0.80066	200	+149	9.022	17	+43	16.224	167	10.311	305
25.408	0.8140	+0.80266	203	+206	+9.039	18	+15	+16.057	172	+10.616	303
26.405	0.8167	0.80469	206	+206	9.057	18	−17	15.885	175	10.919	298
27.403	0.8195	0.80675	208	+141	9.075	19	−47	15.710	182	11.217	296
28.400	0.8222	0.80883	211	+ 20	9.094	18	−70	15.528	186	11.513	293
29.397	0.8249	0.81094	215	−133	9.112	19	−76	15.342	191	11.806	288
30.395	0.8276	0.81309	217	−279	9.131	19	−64	15.151	195	12.094	286
31.392	0.8304	+0.81526	221	−374	+9.150	20	−37	+14.956	200	+12.380	281
Nov. 1.389	0.8331	0.81747	223	−390	9.170	19	− 1	14.756	205	12.661	279
2.386	0.8358	0.81970	226	−313	9.189	20	+36	14.551	209	12.940	274
3.384	0.8386	0.82196	230	−159	9.209	20	+63	14.342	214	13.214	271
4.381	0.8413	0.82426	234	+ 42	9.229	20	+76	14.128	217	13.485	267
5.378	0.8440	0.82660	237	+242	9.249	19	+69	13.911	223	13.752	263
6.375	0.8468	+0.82897	239	+398	+9.268	20	+45	+13.688	226	+14.015	259
7.373	0.8495	0.83136	242	+474	9.288	20	+12	13.462	232	14.274	254
8.370	0.8522	0.83378	245	+464	9.308	21	−22	13.230	234	14.528	250
9.367	0.8550	0.83623	249	+373	9.329	19	−50	12.996	239	14.778	245
10.365	0.8577	0.83872	253	+231	9.348	20	−67	12.757	243	15.023	241
11.362	0.8604	0.84125	256	+ 70	9.368	20	−69	12.514	248	15.264	236
12.359	0.8631	+0.84381	259	− 77	+9.388	20	−58	+12.266	251	+15.500	231
13.356	0.8659	0.84640	262	−190	9.408	20	−37	12.015	255	15.731	228
14.354	0.8686	0.84902	265	−253	9.428	20	−10	11.760	258	15.959	222
15.351	0.8713	0.85167	268	−269	9.448	19	+16	11.502	262	16.181	218
16.348	0.8741	0.85435	271	−240	9.467	19	+39	11.240	266	16.399	212
17.345	0.8768	0.85706	274	−171	9.486	19	+57	10.974	269	16.611	207
18.343	0.8795	+0.85980	277	− 81	+9.505	18	+66	+10.705	273	+16.818	203
19.340	0.8823	0.86257	281	+ 23	9.523	19	+65	10.432	276	17.021	197
20.337	0.8850	0.86538	284	+118	9.542	18	+51	10.156	279	17.218	192
21.335	0.8877	0.86822	287	+186	9.560	18	+29	9.877	282	17.410	187
22.332	0.8904	0.87109	289	+207	9.578	17	− 2	9.595	285	17.597	181
23.329	0.8932	+0.87398		+165	+9.595		−35	+ 9.310		+17.778	

Reduktionsgrößen 1959

für 12h Sternzeit Greenwich

Weltzeit	*t*	*A*		*A'*	*B*		*B'*	*C*		*D*	
1959	a			in 0.00001	"		in 0.001 "	"		"	
Nov. 23.329	0.8932	+0.87398	292	+165	+9.595	17	−35	+9.310	288	+17.778	176
24.326	0.8959	0.87690	295	+ 63	9.612	17	−61	9.022	292	17.954	170
25.324	0.8986	0.87985	298	− 85	9.629	16	−74	8.730	294	18.124	164
26.321	0.9014	0.88283	300	−245	9.645	16	−72	8.436	297	18.288	160
27.318	0.9041	0.88583	302	−373	9.661	15	−52	8.139	300	18.448	153
28.315	0.9068	0.88885	305	−432	9.676	15	−19	7.839	302	18.601	147
29.313	0.9096	+0.89190	308	−401	+9.691	15	+19	+7.537	304	+18.748	143
30.310	0.9123	0.89498	310	−278	9.706	14	+53	7.233	307	18.891	136
Dez. 1.307	0.9150	0.89808	312	− 88	9.720	14	+73	6.926	309	19.027	130
2.304	0.9178	0.90120	314	+131	9.734	13	+75	6.617	311	19.157	124
3.302	0.9205	0.90434	316	+324	9.747	12	+57	6.306	313	19.281	119
4.299	0.9232	0.90750	319	+452	9.759	11	+27	5.993	316	19.400	112
5.296	0.9259	+0.91069	321	+491	+9.770	11	− 8	+5.677	317	+19.512	106
6.294	0.9287	0.91390	322	+439	9.781	11	−41	5.360	319	19.618	101
7.291	0.9314	0.91712	324	+316	9.792	10	−65	5.041	321	19.719	94
8.288	0.9341	0.92036	326	+154	9.802	10	−72	4.720	322	19.813	88
9.285	0.9369	0.92362	327	− 5	9.812	9	−64	4.398	324	19.901	81
10.283	0.9396	0.92689	329	−137	9.821	8	−46	4.074	325	19.982	76
11.280	0.9423	+0.93018	330	−220	+9.829	8	−21	+3.749	326	20.058	69
12.277	0.9451	0.93348	331	−249	9.837	7	+ 6	3.423	327	20.127	63
13.274	0.9478	0.93679	333	−231	9.844	6	+32	3.096	328	20.190	56
14.272	0.9505	0.94012	333	−171	9.850	5	+53	2.768	329	20.246	51
15.269	0.9532	0.94345	334	− 87	9.855	5	+63	2.439	331	20.297	44
16.266	0.9560	0.94679	335	+ 12	9.860	4	+65	2.108	331	20.341	37
17.264	0.9587	+0.95014	336	+107	+9.864	3	+57	+1.777	332	+20.378	31
18.261	0.9614	0.95350	336	+183	9.867	3	+37	1.445	332	20.409	25
19.258	0.9642	0.95686	336	+220	9.870	2	+10	1.113	332	20.434	18
20.255	0.9669	0.96022	337	+200	9.872	1	−20	0.781	333	20.452	12
21.253	0.9696	0.96359	336	+119	9.873	0	−48	0.448	333	20.464	5
22.250	0.9724	0.96695	337	− 13	9.873	0	−68	+0.115	333	20.469	1
23.247	0.9751	+0.97032	337	−176	+9.873	1	−73	−0.218	332	+20.468	7
24.244	0.9778	0.97369	337	−328	9.872	1	−61	0.550	333	20.461	14
25.242	0.9806	0.97706	337	−430	9.871	3	−34	0.883	333	20.447	20
26.239	0.9833	0.98043	336	−453	9.868	3	0	1.216	332	20.427	26
27.236	0.9860	0.98379	335	−379	9.865	4	+37	1.548	331	20.401	33
28.233	0.9887	0.98714	334	−220	9.861	5	+65	1.879	331	20.368	40
29.231	0.9915	+0.99048	334	− 12	+9.856	5	+77	−2.210	331	+20.328	46
30.228	0.9942	0.99382	334	+202	9.851	6	+69	2.541	330	20.282	53
31.225	0.9969	0.99716	332	+372	9.845	6	+43	2.871	328	20.229	58
32.223	0.9997	+1.00048		+462	+9.839		+ 8	−3.199		+20.171	

Reduktionsgrößen 1959

für 12h Sternzeit Greenwich

Weltzeit		t	log A	log B	log C	log D	E
1959		a					s
Jan.	0.2	−0.0024	9.05778	0.97165	0.46982n	1.30570	+0.0008
	10.2	+0.0249	9.16714	0.96858	0.79078n	1.28625	8
	20.2	0.0522	9.24954	0.96275	0.96417n	1.25142	8
	30.1	0.0795	9.31292	0.95511	1.07722n	1.19852	8
Febr.	9.1	0.1068	9.36228	0.94670	1.15549n	1.12264	7
	19.1	+0.1341	9.40111	0.93857	1.20986n	1.01410	+0.0007
März	1.1	0.1614	9.43236	0.93207	1.24591n	0.85083	7
	11.0	0.1887	9.45840	0.92814	1.26666n	0.56289	7
	21.0	0.2160	9.48137	0.92727	1.27367n	9.10380	6
	31.0	0.2433	9.50310	0.92993	1.26769n	0.52969n	6
April	10.0	+0.2706	9.52507	0.93556	1.24846n	0.83117n	+0.0006
	19.9	0.2979	9.54823	0.94364	1.21508n	0.99813n	6
	29.9	0.3252	9.57306	0.95303	1.16533n	1.10826n	5
Mai	9.9	0.3526	9.59957	0.96275	1.09517n	1.18543n	5
	19.8	0.3799	9.62738	0.97183	0.99673n	1.24000n	5
	29.8	+0.4072	9.65584	0.97937	0.85327n	1.27727n	+0.0005
Juni	8.8	0.4345	9.68424	0.98484	0.61826n	1.30025n	5
	18.8	0.4618	9.71184	0.98771	0.02653n	1.31042n	4
	28.7	0.4891	9.73800	0.98798	0.31197	1.30852n	4
Juli	8.7	0.5164	9.76221	0.98547	0.70817	1.29444n	4
	18.7	+0.5437	9.78411	0.98068	0.90428	1.26738n	+0.0004
	28.7	0.5710	9.80355	0.97400	1.03024	1.22546n	3
Aug.	7.6	0.5983	9.82048	0.96619	1.11823	1.16545n	3
	17.6	0.6256	9.83504	0.95804	1.18124	1.08106n	3
	27.6	0.6529	9.84751	0.95056	1.22565	0.96004n	3
Sept.	6.5	+0.6802	9.85827	0.94473	1.25472	0.77232n	+0.0002
	16.5	0.7075	9.86784	0.94131	1.27035	0.40381n	2
	26.5	0.7348	9.87681	0.94086	1.27323	9.97543	2
Okt.	6.5	0.7621	9.88573	0.94359	1.26338	0.64473	2
	16.4	0.7894	9.89520	0.94919	1.23987	0.89053	1
	26.4	+0.8167	9.90563	0.95698	1.20099	1.03818	+0.0001
Nov.	5.4	0.8440	9.91730	0.96609	1.14336	1.13837	1
	15.3	0.8713	9.93027	0.97534	1.06077	1.20901	+0.0001
	25.3	0.8986	9.94441	0.98358	0.94101	1.25825	0.0000
Dez.	5.3	0.9259	9.95937	0.98989	0.75412	1.29030	0
	15.3	+0.9532	9.97472	0.99370	0.38721	1.30743	0
	25.2	+0.9806	9.98992	0.99436	9.94596n	1.31063	0.0000

Reduktionsgrößen 1959

Übertragung mittlerer Sternörter

von dem Äquinoktium t_1 auf $t_2 = 1959.0$

t_1	$m^s(t_2-t_1)$	$n^s(t_2-t_1)$	$n''(t_2-t_1)$	$\log n^s(t_2-t_1)$	$\log n''(t_2-t_1)$
	m s	s	"		
1755	+10 26.592	+272.687	+4090.30	2.435664	3.611755
1790	8 39.146	225.886	3388.29	2.353889	3.529981
1800	8 8.441	212.515	3187.73	2.327390	3.503482
1810	7 37.735	199.145	2987.18	2.299169	3.475261
1825	6 51.674	179.091	2686.37	2.253074	3.429166
1830	+ 6 36.318	+172.407	+2586.11	2.236555	3.412647
1835	6 20.963	165.723	2485.84	2.219383	3.395473
1840	6 5.607	159.039	2385.58	2.201504	3.377594
1845	5 50.250	152.355	2285.32	2.182857	3.358947
1850	5 34.893	145.671	2185.07	2.163373	3.339465
1855	+ 5 19.536	+138.987	+2084.81	2.142974	3.319066
1860	5 4.178	132.304	1984.56	2.121573	3.297664
1865	4 48.820	125.621	1884.31	2.099062	3.275152
1870	4 33.462	118.937	1784.06	2.075317	3.251409
1875	4 18.103	112.254	1683.82	2.050203	3.226296
1880	+ 4 2.743	+105.571	+1583.57	2.023545	3.199637
1885	3 47.383	98.889	1483.33	1.99515	3.171238
1890	3 32.023	92.206	1383.09	1.96476	3.140850
1895	3 16.662	85.524	1282.85	1.93209	3.108176
1900	3 1.300	78.841	1182.62	1.89675	3.072845
1905	+ 2 45.938	+ 72.159	+1082.39	1.85829	3.034384
1910	2 30.576	65.477	982.15	1.81609	2.99218
1915	2 15.213	58.795	881.92	1.76934	2.94543
1920	1 59.849	52.113	781.70	1.71695	2.89304
1925	1 44.486	45.432	681.47	1.65736	2.83345
1930	+ 1 29.121	+ 38.750	+ 581.25	1.58827	2.76436
1935	1 13.756	32.069	481.03	1.50609	2.68217
1940	0 58.391	25.387	380.81	1.40461	2.58071
1945	0 43.026	18.706	280.60	1.27198	2.44809
1950	0 27.660	12.025	180.38	1.08009	2.25619
1955	+ 0 12.293	+ 5.345	+ 80.17	0.72795	1.90401
1960	− 0 3.074	− 1.336	− 20.04	0.12581*n*	1.30190*n*

Sind α_1, δ_1 die Koordinaten für t_1 und α_2, δ_2 jene für $t_2 = 1959.0$, ist ferner α', δ' der genäherte Sternort für die Zeit

$$\frac{1}{2}(t_1 + t_2),$$

so ist

$$\alpha_2 = \alpha_1 + m^s(t_2-t_1) + [n^s(t_2-t_1)] \sin \alpha' \operatorname{tg} \delta'$$
$$\delta_2 = \delta_1 + [n''(t_2-t_1)] \cos \alpha'$$

Übertragung mittlerer Polsternörter

von dem Äquinoktium t_1 auf $t_2 = 1959.0$

t_1	$90° - (N)$		$(m) + (N) - 90°$		(n)
	′ ″	m s	′ ″	m s	′ ″
1755	+78 17.94	+5 13.196	+78 21.31	+5 13.421	+68 9.94
1790	64 52.53	4 19.502	64 54.84	4 19.656	56 28.08
1800	61 2.37	4 4.158	61 4.41	4 4.294	53 7.55
1810	57 12.19	3 48.813	57 13.99	3 48.932	49 47.03
1825	51 26.88	3 25.792	51 28.33	3 25.888	44 46.27
1830	+49 31.76	+3 18.117	+49 33.11	+3 18.207	+43 6.01
1835	47 36.64	3 10.443	47 37.88	3 10.526	41 25.76
1840	45 41.52	3 2.768	45 42.66	3 2.845	39 45.51
1845	43 46.39	2 55.092	43 47.44	2 55.163	38 5.26
1850	41 51.25	2 47.417	41 52.21	2 47.481	36 25.01
1855	+39 56.11	+2 39.741	+39 56.98	+2 39.799	+34 44.76
1860	38 0.97	2 32.065	38 1.76	2 32.117	33 4.52
1865	36 5.82	2 24.388	36 6.53	2 24.435	31 24.27
1870	34 10.66	2 16.711	34 11.30	2 16.754	29 44.03
1875	32 15.50	2 9.034	32 16.07	2 9.071	28 3.79
1880	+30 20.33	+2 1.356	+30 20.84	+2 1.389	+26 23.55
1885	28 25.16	1 53.678	28 25.60	1 53.707	24 43.31
1890	26 29.98	1 45.999	26 30.37	1 46.025	23 3.07
1895	24 34.80	1 38.321	24 35.13	1 38.342	21 22.84
1900	22 39.61	1 30.641	22 39.90	1 30.660	19 42.61
1905	+20 44.42	+1 22.962	+20 44.66	+1 22.977	+18 2.38
1910	18 49.22	1 15.282	18 49.42	1 15.295	16 22.15
1915	16 54.02	1 7.602	16 54.18	1 7.612	14 41.92
1920	14 58.81	0 59.921	14 58.94	0 59.929	13 1.70
1925	13 3.60	0 52.240	13 3.69	0 52.246	11 21.47
1930	+11 8.38	+0 44.558	+11 8.45	+0 44.563	+ 9 41.25
1935	9 13.15	0 36.877	9 13.20	0 36.880	8 1.03
1940	7 17.92	0 29.195	7 17.96	0 29.196	6 20.81
1945	5 22.69	0 21.512	5 22.70	0 21.513	4 40.60
1950	3 27.45	0 13.830	3 27.45	0 13.830	3 0.38
1955	+ 1 32.20	+0 6.146	+ 1 32.20	+0 6.147	+ 1 20.17
1960	− 0 23.05	−0 1.537	− 0 23.05	−0 1.537	− 0 20.04

Sind α_1, δ_1 die Koordinaten für t_1 und α_2, δ_2 jene für $t_2 = 1959.0$, so hat man

zur Reduktion von dem Äquinoktium t_1 auf t_2:

$$a_1 = \alpha_1 + [90° - (N)]$$

$$p_1 = \left(\text{tang}\ \delta_1 + \cos a_1\ \text{tang}\ \tfrac{1}{2}(n)\right) \sin (n)$$

$$\text{tang}\ \Delta a_1 = \frac{p_1 \sin a_1}{1 - p_1 \cos a_1}$$

$$\alpha_2 = a_1 + [(m) + (N) - 90°] + \Delta a_1$$

$$\text{tang}\ \tfrac{1}{2}(\delta_2 - \delta_1) = \cos\left(a_1 + \tfrac{1}{2}\Delta a_1\right) \sec \tfrac{1}{2}\Delta a_1\ \text{tang}\ \tfrac{1}{2}(n)$$

zur Reduktion von dem Äquinoktium t_2 auf t_1:

$$a_2 = \alpha_2 - [(m) + (N) - 90°]$$

$$p_2 = -\left(\text{tang}\ \delta_2 - \cos a_2\ \text{tang}\ \tfrac{1}{2}(n)\right) \sin (n)$$

$$\text{tang}\ \Delta a_2 = \frac{p_2 \sin a_2}{1 - p_2 \cos a_2}$$

$$\alpha_1 = a_2 - [90° - (N)] + \Delta a_2$$

$$\text{tang}\ \tfrac{1}{2}(\delta_1 - \delta_2) = -\cos\left(a_2 + \tfrac{1}{2}\Delta a_2\right) \sec \tfrac{1}{2}\Delta a_2\ \text{tang}\ \tfrac{1}{2}(n)$$

Reduktion von Koordinatendifferenzen scheinbarer Örter auf Differenzen mittlerer Örter für den Jahresanfang

Sind $\Delta\alpha$ und $\Delta\delta$ die gemessenen Koordinatendifferenzen der scheinbaren Örter im Sinne Objekt minus Stern, $d\Delta\alpha$ und $d\Delta\delta$ die an ihnen anzubringenden Korrektionen, um Koordinatendifferenzen zu erhalten, die sich auf das mittlere Äquinoktium des Jahresanfangs beziehen, so wird

$$d\Delta\alpha = (d\Delta\alpha)_1 + (d\Delta\alpha)_2$$
$$d\Delta\delta = (d\Delta\delta)_1 + (d\Delta\delta)_2,$$

wobei

$$(d\Delta\alpha)_1 = -j\cos(G+\alpha)\frac{\operatorname{tg}\delta}{15}\Delta\alpha^{\mathrm{m}} - j\sin(G+\alpha)\frac{\sec^2\delta}{225}\Delta\delta'$$
$$(d\Delta\alpha)_2 = -k\cos(H+\alpha)\frac{\sec\delta}{15}\Delta\alpha^{\mathrm{m}} - k\sin(H+\alpha)\frac{\operatorname{tg}\delta\sec\delta}{225}\Delta\delta'$$
$$(d\Delta\delta)_1 = j\sin(G+\alpha)\Delta\alpha^{\mathrm{m}}$$
$$(d\Delta\delta)_2 = k\sin(H+\alpha)\sin\delta\Delta\alpha^{\mathrm{m}} - k\cos(H+\alpha)\frac{\cos\delta}{15}\Delta\delta' + [0.0003\, i\sin\delta\Delta\delta']$$

Hierin bezeichnen $(d\Delta\alpha)_1$ und $(d\Delta\delta)_1$ den Einfluß der Präzession und Nutation, $(d\Delta\alpha)_2$ und $(d\Delta\delta)_2$ den Einfluß der Aberration.

Die Größen G, H, j, k, i sind auf S. 252* — 269* zu finden. Die Faktoren $\frac{1}{15}\operatorname{tg}\delta$, $\frac{1}{225}\sec^2\delta$, $\frac{1}{15}\sec\delta$, $\frac{1}{225}\operatorname{tg}\delta\sec\delta$, $\sin\delta$, $\frac{1}{15}\cos\delta$ entnehme man der Zusammenstellung auf S. 283*. Die numerischen Werte der Funktionen sinus und cosinus sind auf S. 284* enthalten. $\Delta\alpha^{\mathrm{m}}$ bedeutet die in Zeitminuten ausgedrückte gemessene Rektaszensionsdifferenz, $\Delta\delta'$ ist die in Bogenminuten ausgedrückte gemessene Deklinationsdifferenz. Die Größen $d\Delta\alpha$ und $d\Delta\delta$ ergeben sich in Zeit- bzw. Bogensekunden. Das in eckige Klammern gesetzte Glied $0.0003\, i\sin\delta\Delta\delta'$ in der Formel für $(d\Delta\delta)_2$ beträgt für $\Delta\delta' = 10'$ im Maximum 0\".02 und kann daher in den meisten Fällen unberücksichtigt bleiben.

δ	$\frac{1}{15}$ tg δ	$\frac{1}{225}$ sec² δ	$\frac{1}{15}$ sec δ	$\frac{1}{225}$ tg δ sec δ	sin δ	$\frac{1}{15}$ cos δ	tg δ	$\frac{1}{15}$ sec² δ	δ
0°	0.000	0.004	0.067	0.000	0.00	0.07	0.00	0.07	0°
5	0.006	0.004	0.067	0.000	0.09	0.07	0.09	0.07	5
10	0.012	0.005	0.068	0.001	0.17	0.07	0.18	0.07	10
15	0.018	0.005	0.069	0.001	0.26	0.06	0.27	0.07	15
20	0.024	0.005	0.071	0.002	0.34	0.06	0.36	0.08	20
25	0.031	0.005	0.074	0.002	0.42	0.06	0.47	0.08	25
30	0.038	0.006	0.077	0.003	0.50	0.06	0.58	0.09	30
35	0.047	0.007	0.081	0.004	0.57	0.05	0.70	0.10	35
40	0.056	0.008	0.087	0.005	0.64	0.05	0.84	0.11	40
40	0.056	0.008	0.087	0.005	0.64	0.05	0.84	0.11	40
42	0.060	0.008	0.090	0.005	0.67	0.05	0.90	0.12	42
44	0.064	0.009	0.093	0.006	0.69	0.05	0.97	0.13	44
46	0.069	0.009	0.096	0.007	0.72	0.05	1.04	0.14	46
48	0.074	0.010	0.100	0.007	0.74	0.04	1.11	0.15	48
50	0.079	0.011	0.104	0.008	0.77	0.04	1.19	0.16	50
52	0.085	0.012	0.108	0.009	0.79	0.04	1.28	0.18	52
54	0.092	0.013	0.113	0.010	0.81	0.04	1.38	0.19	54
56	0.099	0.014	0.119	0.012	0.83	0.04	1.48	0.21	56
58	0.107	0.016	0.126	0.013	0.85	0.04	1.60	0.24	58
60	0.115	0.018	0.133	0.015	0.87	0.03	1.73	0.27	60
60	0.115	0.018	0.133	0.015	0.87	0.03	1.73	0.27	60
61	0.120	0.019	0.138	0.017	0.87	0.03	1.80	0.28	61
62	0.125	0.020	0.142	0.018	0.88	0.03	1.88	0.30	62
63	0.131	0.022	0.147	0.019	0.89	0.03	1.96	0.32	63
64	0.137	0.023	0.152	0.021	0.90	0.03	2.05	0.35	64
65	0.143	0.025	0.158	0.023	0.91	0.03	2.14	0.37	65
66	0.150	0.027	0.164	0.025	0.91	0.03	2.25	0.40	66
67	0.157	0.029	0.171	0.027	0.92	0.03	2.36	0.44	67
68	0.165	0.032	0.178	0.029	0.93	0.02	2.48	0.48	68
69	0.174	0.035	0.186	0.032	0.93	0.02	2.61	0.52	69
70	0.183	0.038	0.195	0.036	0.94	0.02	2.75	0.57	70
71	0.194	0.042	0.205	0.040	0.95	0.02	2.90	0.63	71
72	0.205	0.047	0.216	0.044	0.95	0.02	3.08	0.70	72
73	0.218	0.052	0.228	0.050	0.96	0.02	3.27	0.78	73
74	0.232	0.058	0.242	0.056	0.96	0.02	3.49	0.88	74
75	0.249	0.066	0.258	0.064	0.97	0.02	3.73	1.00	75
75.0°	0.249	0.066	0.258	0.064	0.97	0.02	3.73	1.00	75.0°
75.5	0.258	0.071	0.266	0.069	0.97	0.02	3.87	1.06	75.5
76.0	0.267	0.076	0.276	0.074	0.97	0.02	4.01	1.14	76.0
76.5	0.278	0.082	0.286	0.079	0.97	0.02	4.17	1.22	76.5
77.0	0.289	0.088	0.296	0.086	0.97	0.01	4.33	1.32	77.0
77.5	0.301	0.095	0.308	0.093	0.98	0.01	4.51	1.42	77.5
78.0	0.314	0.103	0.321	0.101	0.98	0.01	4.70	1.54	78.0
78.5	0.328	0.112	0.334	0.110	0.98	0.01	4.92	1.68	78.5
79.0	0.343	0.122	0.349	0.120	0.98	0.01	5.14	1.83	79.0
79.5	0.360	0.134	0.366	0.132	0.98	0.01	5.40	2.01	79.5
80.0	0.378	0.147	0.384	0.145	0.98	0.01	5.67	2.21	80.0

Sinus

	0^h	1^h	2^h	3^h	4^h	5^h	
0^m	0.000	0.259	0.500	0.707	0.866	0.966	60
1	0.004	0.263	0.504	0.710	0.868	0.967	59
2	0.009	0.267	0.508	0.713	0.870	0.968	58
3	0.013	0.271	0.511	0.716	0.872	0.969	57
4	0.017	0.276	0.515	0.719	0.875	0.970	56
5	0.022	0.280	0.519	0.722	0.877	0.971	55
6	0.026	0.284	0.522	0.725	0.879	0.972	54
7	0.031	0.288	0.526	0.728	0.881	0.973	53
8	0.035	0.292	0.530	0.731	0.883	0.974	52
9	0.039	0.297	0.534	0.734	0.885	0.975	51
10	0.044	0.301	0.537	0.737	0.887	0.976	50
11	0.048	0.305	0.541	0.740	0.889	0.977	49
12	0.052	0.309	0.545	0.743	0.891	0.978	48
13	0.057	0.313	0.548	0.746	0.893	0.979	47
14	0.061	0.317	0.552	0.749	0.895	0.980	46
15	0.065	0.321	0.556	0.752	0.897	0.981	45
16	0.070	0.326	0.559	0.755	0.899	0.982	44
17	0.074	0.330	0.563	0.758	0.901	0.982	43
18	0.078	0.334	0.566	0.760	0.903	0.983	42
19	0.083	0.338	0.570	0.763	0.904	0.984	41
20	0.087	0.342	0.574	0.766	0.906	0.985	40
21	0.092	0.346	0.577	0.769	0.908	0.986	39
22	0.096	0.350	0.581	0.772	0.910	0.986	38
23	0.100	0.354	0.584	0.774	0.912	0.987	37
24	0.105	0.358	0.588	0.777	0.914	0.988	36
25	0.109	0.362	0.591	0.780	0.915	0.988	35
26	0.113	0.367	0.595	0.783	0.917	0.989	34
27	0.118	0.371	0.598	0.785	0.919	0.990	33
28	0.122	0.375	0.602	0.788	0.921	0.990	32
29	0.126	0.379	0.605	0.791	0.922	0.991	31
30	0.131	0.383	0.609	0.793	0.924	0.991	30
31	0.135	0.387	0.612	0.796	0.926	0.992	29
32	0.139	0.391	0.616	0.799	0.927	0.993	28
33	0.143	0.395	0.619	0.801	0.929	0.993	27
34	0.148	0.399	0.623	0.804	0.930	0.994	26
35	0.152	0.403	0.626	0.806	0.932	0.994	25
36	0.156	0.407	0.629	0.809	0.934	0.995	24
37	0.161	0.411	0.633	0.812	0.935	0.995	23
38	0.165	0.415	0.636	0.814	0.937	0.995	22
39	0.169	0.419	0.639	0.817	0.938	0.996	21
40	0.174	0.423	0.643	0.819	0.940	0.996	20
41	0.178	0.427	0.646	0.822	0.941	0.997	19
42	0.182	0.431	0.649	0.824	0.943	0.997	18
43	0.187	0.434	0.653	0.827	0.944	0.997	17
44	0.191	0.438	0.656	0.829	0.946	0.998	16
45	0.195	0.442	0.659	0.831	0.947	0.998	15
46	0.199	0.446	0.663	0.834	0.948	0.998	14
47	0.204	0.450	0.666	0.836	0.950	0.998	13
48	0.208	0.454	0.669	0.839	0.951	0.999	12
49	0.212	0.458	0.672	0.841	0.952	0.999	11
50	0.216	0.462	0.676	0.843	0.954	0.999	10
51	0.221	0.466	0.679	0.846	0.955	0.999	9
52	0.225	0.469	0.682	0.848	0.956	0.999	8
53	0.229	0.473	0.685	0.850	0.958	1.000	7
54	0.233	0.477	0.688	0.853	0.959	1.000	6
55	0.238	0.481	0.692	0.855	0.960	1.000	5
56	0.242	0.485	0.695	0.857	0.961	1.000	4
57	0.246	0.489	0.698	0.859	0.962	1.000	3
58	0.250	0.492	0.701	0.862	0.964	1.000	2
59	0.255	0.496	0.704	0.864	0.965	1.000	1
60	0.259	0.500	0.707	0.866	0.966	1.000	0^m
	5^h	4^h	3^h	2^h	1^h	0^h	

Cosinus

Reduktionsgrößen 1959

Übertragung von Rektaszensions- und Deklinationsdifferenzen vom mittleren Äquinoktium 1959.0 auf das Normaläquinoktium 1950.0

α	a_1	a_2	d_1	α	α	a_1	a_2	d_1	α
h m				h m	h m				h m
0 0	−0.0525−	−0.0000+	+0.000−	24 0	6 0	+0.0000+	−0.0525+	+0.787−	18 0
10	0524	0023	034	23 50	10	0023	0524	786	17 50
20	0523	0046	069	40	20	0046	0523	784	40
30	0520	0068	103	30	30	0068	0520	780	30
40	0517	0091	137	20	40	0091	0517	775	20
0 50	0512	0114	170	10	6 50	0114	0512	768	10
1 0	−0.0507−	−0.0136+	+0.204−	23 0	7 0	+0.0136+	−0.0507+	+0.760−	17 0
10	0500	0158	237	22 50	10	0158	0500	751	16 50
20	0493	0179	269	40	20	0179	0493	740	40
30	0485	0201	301	30	30	0201	0485	727	30
40	0476	0222	333	20	40	0222	0476	713	20
1 50	0465	0242	363	10	7 50	0242	0465	698	10
2 0	−0.0454−	−0.0262+	+0.394−	22 0	8 0	+0.0262+	−0.0454+	+0.682−	16 0
10	0443	0282	423	21 50	10	0282	0443	664	15 50
20	0430	0301	451	40	20	0301	0430	645	40
30	0416	0319	479	30	30	0319	0416	624	30
40	0402	0337	506	20	40	0337	0402	603	20
2 50	0387	0354	532	10	8 50	0354	0387	580	10
3 0	−0.0371−	−0.0371+	+0.557−	21 0	9 0	+0.0371+	−0.0371+	+0.557−	15 0
10	0354	0387	580	20 50	10	0387	0354	532	14 50
20	0337	0402	603	40	20	0402	0337	506	40
30	0319	0416	624	30	30	0416	0319	479	30
40	0301	0430	645	20	40	0430	0301	451	20
3 50	0282	0443	664	10	9 50	0443	0282	423	10
4 0	−0.0262−	−0.0454+	+0.682−	20 0	10 0	+0.0454+	−0.0262+	+0.394−	14 0
10	0242	0465	698	19 50	10	0465	0242	363	13 50
20	0222	0476	713	40	20	0476	0222	333	40
30	0201	0485	727	30	30	0485	0201	301	30
40	0179	0493	740	20	40	0493	0179	269	20
4 50	0158	0500	751	10	10 50	0500	0158	237	10
5 0	−0.0136−	−0.0507+	+0.760−	19 0	11 0	+0.0507+	−0.0136+	+0.204−	13 0
10	0114	0512	768	18 50	10	0512	0114	170	12 50
20	0091	0517	775	40	20	0517	0091	137	40
30	0068	0520	780	30	30	0520	0068	103	30
40	0046	0523	784	20	40	0523	0046	069	20
5 50	0023	0524	786	10	11 50	0524	0023	034	10
6 0	−0.0000−	−0.0525+	+0.787−	18 0	12 0	+0.0525+	−0.0000+	+0.000−	12 0

Für α zwischen 12^h und 24^h gelten die Vorzeichen zur Rechten.

$$\Delta\alpha_{1950.0} = \Delta\alpha_{1959.0} + a_1 \cdot \operatorname{tg}\delta \cdot \Delta\alpha^m + a_2 \cdot \tfrac{1}{15}\sec^2\delta \cdot \Delta\delta'$$

$$\Delta\delta_{1950.0} = \Delta\delta_{1959.0} + d_1 \cdot \Delta\alpha^m$$

$\Delta\alpha^m$ bedeutet die Rektaszensionsdifferenz in Zeitminuten, $\Delta\delta'$ ist die Deklinationsdifferenz in Bogenminuten.

Die Werte von tg δ und $\frac{1}{15}\sec^2\delta$ sind auf S. 283* enthalten.

Reduktionsgrößen 1959

Reduktion vom mittleren Äquinoktium 1950.0 auf das wahre Äquinoktium der Epoche

0^h Weltzeit	f	$\log g$	G	0^h Weltzeit	f	$\log g$	G
1959	s		h m s	1959	s		h m s
Jan. −3	+27.979	2.26172	0 11 46	Juli 1	+29.364	2.28270	0 11 37
+2	28.030	2.26252	0 11 44	6	29.412	2.28341	0 11 34
7	28.081	2.26329	0 11 40	11	29.460	2.28411	0 11 30
12	28.130	2.26405	0 11 35	16	29.506	2.28478	0 11 25
17	28.178	2.26478	0 11 29	21	29.550	2.28542	0 11 20
22	+28.223	2.26547	0 11 23	26	+29.593	2.28605	0 11 14
27	28.266	2.26612	0 11 16	31	29.635	2.28664	0 11 7
Febr. 1	28.307	2.26674	0 11 9	Aug. 5	29.673	2.28720	0 11 0
6	28.346	2.26731	0 11 1	10	29.710	2.28773	0 10 53
11	28.382	2.26785	0 10 54	15	29.745	2.28823	0 10 46
16	+28.415	2.26836	0 10 47	20	+29.778	2.28869	0 10 40
21	28.446	2.26882	0 10 41	25	29.809	2.28913	0 10 34
26	28.476	2.26926	0 10 35	30	29.838	2.28955	0 10 28
März 3	28.503	2.26967	0 10 31	Sept. 4	29.865	2.28994	0 10 23
8	28.529	2.27006	0 10 27	9	29.890	2.29030	0 10 19
13	+28.554	2.27043	0 10 25	14	+29.915	2.29066	0 10 16
18	28.578	2.27080	0 10 24	19	29.939	2.29100	0 10 14
23	28.601	2.27116	0 10 24	24	29.963	2.29135	0 10 13
28	28.625	2.27152	0 10 25	29	29.987	2.29169	0 10 14
April 2	28.650	2.27190	0 10 27	Okt. 4	30.011	2.29204	0 10 15
7	+28.675	2.27229	0 10 31	9	+30.035	2.29241	0 10 18
12	28.701	2.27269	0 10 35	14	30.061	2.29278	0 10 21
17	28.729	2.27313	0 10 40	19	30.089	2.29319	0 10 26
22	28.759	2.27359	0 10 46	24	30.119	2.29363	0 10 31
27	28.791	2.27408	0 10 53	29	30.150	2.29409	0 10 36
Mai 2	+28.825	2.27460	0 10 59	Nov. 3	+30.184	2.29458	0 10 42
7	28.861	2.27515	0 11 6	8	30.220	2.29511	0 10 49
12	28.900	2.27574	0 11 12	13	30.259	2.29567	0 10 55
17	28.940	2.27635	0 11 18	18	30.300	2.29627	0 11 1
22	28.982	2.27700	0 11 24	23	30.343	2.29691	0 11 6
27	+29.026	2.27767	0 11 29	28	+30.389	2.29757	0 11 10
Juni 1	29.072	2.27836	0 11 33	Dez. 3	30.437	2.29825	0 11 14
6	29.119	2.27907	0 11 37	8	30.486	2.29896	0 11 17
11	29.167	2.27979	0 11 39	13	30.536	2.29968	0 11 19
16	29.216	2.28052	0 11 40	18	30.588	2.30041	0 11 20
21	+29.265	2.28125	0 11 40	23	+30.640	2.30115	0 11 19
26	29.315	2.28198	0 11 39	28	30.692	2.30188	0 11 17
Juli 1	+29.364	2.28270	0 11 37	33	+30.743	2.30260	0 11 14

Red. in $\alpha = f + \frac{1}{15} g \cdot \sin(G + \alpha) \cdot \operatorname{tg} \delta$ + Korr. nach S. 287*

Red. in $\delta = g \cdot \cos(G + \alpha)$ + Korr. nach S. 287*

Korrektion der Reduktion vom mittleren Äquinoktium 1950.0 auf das jedesmalige wahre Äquinoktium (s. S. 286*), berechnet für 1959.0, mit Hinzufügung ihrer einjährigen Änderung

α	δ +60°		+50°		+30°		+10°		−10°		−30°		−50°		−60°	
Für Rektaszension (in 0ˢ001)																
h																
0	+22	+5	+15	+4	+ 8	+2	+3	+1	−1	0	− 6	−1	−14	−3	−20	−5
1	+30	+7	+20	+5	+10	+2	+4	+1	0	0	− 4	−1	− 8	−2	−10	−2
2	+35	+8	+22	+5	+11	+2	+5	+1	+1	0	− 1	0	− 3	−1	− 1	0
3	+34	+8	+21	+5	+10	+2	+5	+1	+2	0	0	0	+ 1	0	+ 5	+1
4	+27	+6	+16	+4	+ 8	+2	+4	+1	+2	0	+ 1	0	+ 3	+1	+ 7	+2
5	+15	+4	+ 9	+2	+ 5	+1	+3	+1	+2	0	+ 1	0	+ 2	+1	+ 5	+1
6	0	0	0	0	+ 1	0	+1	0	+1	0	+ 1	0	+ 1	0	+ 1	0
7	−14	−3	− 8	−2	− 3	−1	−1	0	0	0	0	0	0	0	− 3	−1
8	−26	−6	−15	−4	− 7	−2	−3	−1	−1	0	+ 1	0	− 1	0	− 4	−1
9	−33	−8	−20	−5	− 9	−2	−4	−1	−1	0	+ 1	0	+ 1	0	− 3	−1
10	−34	−8	−21	−5	− 9	−2	−4	−1	0	0	+ 3	+1	+ 5	+1	+ 3	+1
11	−29	−7	−18	−4	− 8	−2	−3	−1	+1	0	+ 5	+1	+10	+2	+12	+3
12	−20	−5	−14	−3	− 6	−1	−1	0	+3	+1	+ 8	+2	+15	+4	+22	+5
13	−10	−2	− 8	−2	− 4	−1	0	0	+4	+1	+10	+2	+20	+5	+30	+7
14	− 1	0	− 3	−1	− 1	0	+1	0	+5	+1	+11	+2	+22	+5	+35	+8
15	+ 5	+1	+ 1	0	0	0	+2	0	+5	+1	+10	+2	+21	+5	+34	+8
16	+ 7	+2	+ 3	+1	+ 1	0	+2	0	+4	+1	+ 8	+2	+16	+4	+27	+6
17	+ 5	+1	+ 2	+1	+ 1	0	+2	0	+3	+1	+ 5	+1	+ 9	+2	+15	+4
18	+ 1	0	+ 1	0	+ 1	0	+1	0	+1	0	+ 1	0	0	0	0	0
19	− 3	−1	0	0	0	0	0	0	−1	0	− 3	−1	− 8	−2	−14	−3
20	− 4	−1	− 1	0	+ 1	0	−1	0	−3	−1	− 7	−2	−15	−4	−26	−6
21	− 3	−1	+ 1	0	+ 1	0	−1	0	−4	−1	− 9	−2	−20	−5	−33	−8
22	+ 3	+1	+ 5	+1	+ 3	+1	0	0	−4	−1	− 9	−2	−21	−5	−34	−8
23	+12	+3	+10	+2	+ 5	+1	+1	0	−3	−1	− 8	−2	−18	−4	−29	−7
24	+22	+5	+15	+4	+ 8	+2	+3	+1	−1	0	− 6	−1	−14	−3	−20	−5
Für Deklination (in 0″01)																
h																
0	0	0	0	0	0	0	0	0	0	0	0	0	0	0	0	0
1	− 6	−1	− 6	−1	− 5	−1	− 5	−1	− 5	−1	− 5	−1	− 4	−1	− 4	−1
2	−13	−3	−12	−3	−10	−2	−10	−2	− 9	−2	− 8	−2	− 7	−2	− 6	−1
3	−20	−5	−18	−4	−15	−4	−14	−3	−12	−3	−11	−3	− 8	−2	− 6	−1
4	−26	−6	−23	−5	−19	−5	−17	−4	−15	−3	−12	−3	− 9	−2	− 6	−1
5	−30	−7	−26	−6	−22	−5	−19	−4	−16	−4	−13	−3	− 9	−2	− 5	−1
6	−32	−7	−28	−6	−23	−5	−20	−5	−17	−4	−14	−3	− 9	−2	− 4	−1
7	−30	−7	−26	−6	−22	−5	−19	−4	−16	−4	−13	−3	− 9	−2	− 5	−1
8	−26	−6	−23	−5	−19	−4	−17	−4	−14	−3	−12	−3	− 8	−2	− 5	−1
9	−19	−5	−17	−4	−15	−3	−13	−3	−12	−3	−10	−2	− 8	−2	− 6	−1
10	−12	−3	−11	−3	−10	−2	− 9	−2	− 8	−2	− 8	−2	− 6	−2	− 5	−1
11	− 5	−1	− 5	−1	− 5	−1	− 4	−1	− 4	−1	− 4	−1	− 4	−1	− 3	−1
12	0	0	0	0	0	0	0	0	0	0	0	0	0	0	0	0
13	+ 4	+1	+ 4	+1	+ 5	+1	+ 5	+1	+ 5	+1	+ 5	+1	+ 6	+1	+ 6	+1
14	+ 6	+1	+ 7	+2	+ 8	+2	+ 9	+2	+10	+2	+10	+2	+12	+3	+13	+3
15	+ 6	+1	+ 8	+2	+11	+3	+12	+3	+14	+3	+15	+4	+18	+4	+20	+5
16	+ 6	+1	+ 9	+2	+12	+3	+15	+3	+17	+4	+19	+5	+23	+5	+26	+6
17	+ 5	+1	+ 9	+2	+13	+3	+16	+4	+19	+4	+22	+5	+26	+6	+30	+7
18	+ 4	+1	+ 9	+2	+14	+3	+17	+4	+20	+5	+23	+5	+28	+6	+32	+7
19	+ 5	+1	+ 9	+2	+13	+3	+16	+4	+19	+4	+22	+5	+26	+6	+30	+7
20	+ 5	+1	+ 8	+2	+12	+3	+14	+3	+17	+4	+19	+4	+23	+5	+26	+6
21	+ 6	+1	+ 8	+2	+10	+2	+12	+3	+13	+3	+15	+3	+17	+4	+19	+5
22	+ 5	+1	+ 6	+2	+ 8	+2	+ 8	+2	+ 9	+2	+10	+2	+11	+3	+12	+3
23	+ 3	+1	+ 4	+1	+ 4	+1	+ 4	+1	+ 4	+1	+ 5	+1	+ 5	+1	+ 5	+1
24	0	0	0	0	0	0	0	0	0	0	0	0	0	0	0	0

α	0h; 12h		1h; 13h		2h; 14h		3h; 15h		4h; 16h		5h; 17h		α
m	— A +	— D +	— A +	— D +	— A +	— D +	— A +	— D +	— A +	— D +	— A +	— D +	m
	s	″	s	″	s	″	s	″	s	″	s	″	
0		180.38	3.101	174.28	6.002	156.30	8.495	127.68	10.408	90.35	11.612	46.86	0
1	0.041	180.38	3.152	174.08	6.048	155.91	8.532	127.12	10.435	89.67	11.626	46.10	1
2	0.093	180.38	3.203	173.87	6.093	155.51	8.569	126.57	10.461	88.99	11.639	45.34	2
3	0.146	180.37	3.253	173.66	6.139	155.12	8.606	126.00	10.487	88.30	11.653	44.58	3
4	0.198	180.36	3.304	173.45	6.184	154.71	8.642	125.44	10.512	87.61	11.666	43.82	4
5	0.250	180.34	3.354	173.23	6.229	154.31	8.679	124.87	10.538	86.92	11.678	43.05	5
6	0.303	180.33	3.405	173.01	6.274	153.90	8.715	124.30	10.563	86.23	11.691	42.29	6
7	0.355	180.30	3.455	172.78	6.318	153.49	8.751	123.73	10.588	85.54	11.703	41.52	7
8	0.407	180.28	3.505	172.55	6.363	153.07	8.787	123.16	10.613	84.85	11.715	40.76	8
9	0.460	180.25	3.555	172.32	6.407	152.65	8.823	122.58	10.637	84.15	11.727	39.99	9
10	0.512	180.22	3.605	172.09	6.451	152.23	8.858	122.00	10.661	83.45	11.738	39.22	10
11	0.565	180.18	3.655	171.85	6.495	151.81	8.893	121.42	10.685	82.75	11.749	38.45	11
12	0.617	180.15	3.705	171.61	6.540	151.38	8.929	120.84	10.710	82.06	11.761	37.68	12
13	0.670	180.10	3.755	171.37	6.584	150.95	8.964	120.26	10.733	81.35	11.771	36.92	13
14	0.722	180.06	3.805	171.12	6.628	150.51	8.999	119.67	10.757	80.65	11.782	36.15	14
15	0.774	180.01	3.854	170.87	6.671	150.08	9.033	119.08	10.780	79.95	11.792	35.37	15
16	0.827	179.96	3.904	170.61	6.715	149.64	9.068	118.49	10.803	79.24	11.802	34.60	16
17	0.879	179.90	3.953	170.36	6.758	149.20	9.102	117.89	10.826	78.53	11.812	33.83	17
18	0.931	179.84	4.003	170.09	6.801	148.76	9.136	117.29	10.849	77.83	11.821	33.05	18
19	0.984	179.78	4.052	169.83	6.844	148.31	9.170	116.69	10.871	77.11	11.831	32.28	19
20	1.036	179.71	4.101	169.56	6.887	147.86	9.204	116.09	10.893	76.40	11.840	31.50	20
21	1.088	179.64	4.150	169.29	6.930	147.41	9.238	115.49	10.915	75.69	11.849	30.73	21
22	1.141	179.57	4.200	169.02	6.973	146.96	9.271	114.88	10.938	74.98	11.858	29.95	22
23	1.193	179.49	4.249	168.74	7.016	146.50	9.305	114.28	10.959	74.26	11.867	29.18	23
24	1.245	179.41	4.298	168.47	7.059	146.04	9.338	113.67	10.981	73.54	11.876	28.40	24
25	1.297	179.33	4.347	168.18	7.101	145.57	9.371	113.05	11.002	72.82	11.884	27.62	25
26	1.350	179.24	4.396	167.90	7.144	145.11	9.404	112.44	11.023	72.10	11.892	26.85	26
27	1.402	179.15	4.445	167.61	7.186	144.64	9.436	111.82	11.044	71.38	11.900	26.07	27
28	1.454	179.06	4.494	167.32	7.228	144.17	9.469	111.20	11.065	70.66	11.907	25.28	28
29	1.506	178.96	4.542	167.02	7.269	143.70	9.501	110.58	11.085	69.93	11.914	24.50	29
30	1.558	178.86	4.591	166.72	7.311	143.22	9.533	109.95	11.105	69.20	11.921	23.72	30
31	1.610	178.76	4.639	166.42	7.353	142.74	9.565	109.33	11.125	68.47	11.928	22.94	31
32	1.662	178.65	4.688	166.12	7.394	142.26	9.597	108.70	11.145	67.75	11.935	22.16	32
33	1.714	178.54	4.736	165.81	7.436	141.77	9.628	108.08	11.165	67.02	11.941	21.38	33
34	1.766	178.43	4.784	165.50	7.477	141.28	9.660	107.45	11.185	66.29	11.947	20.60	34
35	1.817	178.31	4.832	165.18	7.518	140.79	9.691	106.81	11.204	65.55	11.953	19.81	35
36	1.869	178.19	4.880	164.87	7.559	140.30	9.722	106.18	11.223	64.82	11.959	19.03	36
37	1.921	178.06	4.928	164.54	7.599	139.80	9.753	105.54	11.242	64.08	11.964	18.25	37
38	1.973	177.94	4.976	164.22	7.640	139.31	9.783	104.90	11.260	63.34	11.970	17.47	38
39	2.024	177.80	5.023	163.89	7.680	138.80	9.814	104.26	11.278	62.60	11.974	16.68	39
40	2.076	177.67	5.071	163.56	7.720	138.30	9.844	103.61	11.296	61.86	11.979	15.90	40
41	2.128	177.53	5.119	163.23	7.760	137.79	9.874	102.96	11.314	61.12	11.984	15.12	41
42	2.179	177.39	5.166	162.89	7.800	137.28	9.904	102.32	11.332	60.38	11.988	14.33	42
43	2.231	177.25	5.213	162.55	7.840	136.77	9.934	101.67	11.350	59.64	11.992	13.55	43
44	2.282	177.10	5.261	162.21	7.879	136.26	9.963	101.02	11.367	58.89	11.996	12.76	44
45	2.334	176.95	5.308	161.86	7.919	135.74	9.992	100.36	11.384	58.15	11.999	11.98	45
46	2.385	176.79	5.355	161.51	7.958	135.22	10.021	99.71	11.401	57.40	12.003	11.19	46
47	2.437	176.64	5.402	161.16	7.998	134.70	10.050	99.05	11.417	56.66	12.006	10.41	47
48	2.488	176.47	5.449	160.80	8.037	134.17	10.079	98.39	11.433	55.91	12.008	9.62	48
49	2.540	176.31	5.495	160.44	8.076	133.64	10.108	97.73	11.449	55.16	12.011	8.84	49
50	2.591	176.14	5.542	160.08	8.115	133.11	10.136	97.07	11.465	54.41	12.013	8.05	50
51	2.642	175.97	5.588	159.72	8.154	132.58	10.164	96.41	11.481	53.66	12.015	7.26	51
52	2.694	175.80	5.635	159.35	8.193	132.05	10.192	95.74	11.497	52.91	12.018	6.48	52
53	2.745	175.62	5.681	158.98	8.231	131.51	10.220	95.07	11.512	52.16	12.019	5.69	53
54	2.796	175.44	5.727	158.61	8.269	130.97	10.247	94.40	11.527	51.40	12.021	4.91	54
55	2.847	175.25	5.773	158.23	8.307	130.43	10.274	93.73	11.542	50.65	12.022	4.12	55
56	2.898	175.07	5.819	157.85	8.345	129.88	10.301	93.06	11.556	49.89	12.023	3.33	56
57	2.949	174.87	5.865	157.47	8.383	129.34	10.328	92.39	11.571	49.14	12.024	2.54	57
58	3.000	174.68	5.911	157.08	8.421	128.79	10.355	91.71	11.585	48.38	12.025	1.76	58
59	3.050	174.48	5.956	156.69	8.458	128.24	10.382	91.03	11.599	47.62	12.025	0.97	59
60	3.101	174.28	6.002	156.30	8.495	127.68	10.408	90.35	11.612	46.86	12.025	0.18	60

α	6^h; 18^h		7^h; 19^h		8^h; 20^h		9^h; 21^h		10^h; 22^h		11^h; 23^h		α
m	−A+ s	+D− ″	−A+ s	+D− ″	−A+ s	+D− ″	−A+ s	+D− ″	−A+ s	+D− ″	−A+ s	+D− ″	m
0	12.025		11.619	46.51	10.420	90.03	8.512	127.42	6.023	156.12	3.124	174.19	0
1	12.025	0.61	11.606	47.27	10.394	90.71	8.475	127.98	5.977	156.52	3.074	174.39	1
2	12.025	1.40	11.592	48.03	10.367	91.39	8.438	128.53	5.932	156.91	3.023	174.59	2
3	12.025	2.18	11.578	48.79	10.341	92.07	8.400	129.08	5.886	157.30	2.972	174.79	3
4	12.024	2.97	11.563	49.55	10.314	92.74	8.363	129.63	5.840	157.68	2.922	174.98	4
5	12.023	3.76	11.549	50.30	10.287	93.42	8.325	130.18	5.794	158.06	2.871	175.17	5
6	12.022	4.55	11.534	51.06	10.260	94.09	8.287	130.72	5.748	158.44	2.820	175.36	6
7	12.020	5.33	11.519	51.81	10.232	94.76	8.249	131.26	5.702	158.82	2.769	175.54	7
8	12.018	6.12	11.504	52.57	10.205	95.43	8.210	131.80	5.656	159.19	2.718	175.72	8
9	12.016	6.90	11.488	53.32	10.177	96.10	8.172	132.34	5.609	159.56	2.666	175.90	9
10	12.014	7.69	11.472	54.07	10.149	96.76	8.133	132.87	5.563	159.92	2.615	176.07	10
11	12.012	8.48	11.456	54.82	10.121	97.42	8.094	133.40	5.516	160.28	2.564	176.24	11
12	12.010	9.26	11.441	55.57	10.092	98.09	8.056	133.93	5.470	160.64	2.513	176.41	12
13	12.007	10.05	11.424	56.32	10.063	98.74	8.017	134.46	5.423	161.00	2.462	176.57	13
14	12.004	10.83	11.408	57.06	10.034	99.40	7.978	134.98	5.376	161.35	2.410	176.73	14
15	12.001	11.62	11.391	57.81	10.005	100.06	7.938	135.50	5.329	161.70	2.359	176.88	15
16	11.997	12.40	11.374	58.55	9.976	100.71	7.899	136.02	5.282	162.05	2.307	177.04	16
17	11.994	13.19	11.357	59.30	9.947	101.36	7.859	136.53	5.235	162.39	2.256	177.18	17
18	11.990	13.97	11.340	60.04	9.917	102.02	7.819	137.04	5.188	162.73	2.204	177.33	18
19	11.986	14.76	11.322	60.78	9.887	102.66	7.779	137.55	5.140	163.07	2.152	177.47	19
20	11.981	15.54	11.304	61.52	9.857	103.31	7.739	138.06	5.093	163.40	2.100	177.61	20
21	11.977	16.32	11.286	62.26	9.827	103.96	7.699	138.57	5.045	163.73	2.049	177.75	21
22	11.972	17.11	11.268	63.00	9.797	104.60	7.659	139.07	4.998	164.06	1.997	177.88	22
23	11.967	17.89	11.250	63.74	9.766	105.24	7.618	139.57	4.950	164.39	1.946	178.01	23
24	11.961	18.67	11.232	64.48	9.736	105.88	7.578	140.06	4.902	164.71	1.894	178.13	24
25	11.956	19.45	11.213	65.21	9.705	106.52	7.537	140.56	4.854	165.03	1.842	178.25	25
26	11.950	20.24	11.194	65.95	9.674	107.15	7.496	141.05	4.806	165.35	1.791	178.37	26
27	11.944	21.02	11.175	66.68	9.643	107.78	7.455	141.54	4.758	165.66	1.739	178.49	27
28	11.938	21.80	11.155	67.41	9.611	108.41	7.413	142.03	4.710	165.97	1.686	178.60	28
29	11.931	22.58	11.135	68.13	9.580	109.04	7.372	142.51	4.661	166.28	1.634	178.71	29
30	11.924	23.36	11.115	68.86	9.548	109.66	7.330	142.99	4.613	166.58	1.582	178.81	30
31	11.917	24.14	11.095	69.59	9.516	110.29	7.289	143.47	4.565	166.88	1.530	178.91	31
32	11.910	24.92	11.075	70.32	9.484	110.91	7.247	143.94	4.516	167.18	1.478	179.01	32
33	11.903	25.70	11.055	71.04	9.452	111.53	7.205	144.42	4.467	167.47	1.426	179.11	33
34	11.896	26.48	11.034	71.77	9.419	112.15	7.163	144.89	4.419	167.77	1.374	179.20	34
35	11.888	27.26	11.013	72.49	9.386	112.77	7.121	145.35	4.370	168.05	1.321	179.29	35
36	11.880	28.04	10.992	73.21	9.353	113.38	7.078	145.82	4.321	168.34	1.269	179.37	36
37	11.872	28.82	10.970	73.93	9.320	113.99	7.036	146.28	4.272	168.62	1.217	179.46	37
38	11.863	29.59	10.948	74.64	9.287	114.60	6.993	146.74	4.223	168.90	1.165	179.53	38
39	11.854	30.37	10.926	75.36	9.254	115.21	6.950	147.20	4.173	169.17	1.112	179.61	39
40	11.845	31.14	10.904	76.07	9.220	115.81	6.907	147.65	4.124	169.44	1.060	179.68	40
41	11.836	31.92	10.882	76.78	9.186	116.41	6.864	148.10	4.075	169.71	1.008	179.75	41
42	11.827	32.69	10.860	77.50	9.152	117.02	6.821	148.55	4.026	169.98	0.956	179.81	42
43	11.817	33.47	10.837	78.21	9.118	117.61	6.778	149.00	3.976	170.24	0.903	179.87	43
44	11.807	34.24	10.814	78.92	9.084	118.21	6.735	149.44	3.927	170.50	0.851	179.93	44
45	11.797	35.01	10.791	79.62	9.049	118.80	6.691	149.88	3.877	170.75	0.799	179.98	45
46	11.787	35.79	10.768	80.33	9.015	119.39	6.648	150.32	3.828	171.01	0.747	180.03	46
47	11.776	36.56	10.744	81.03	8.980	119.98	6.604	150.75	3.778	171.25	0.694	180.08	47
48	11.766	37.32	10.721	81.73	8.945	120.57	6.560	151.18	3.728	171.50	0.642	180.12	48
49	11.754	38.09	10.696	82.43	8.909	121.15	6.515	151.61	3.678	171.74	0.589	180.16	49
50	11.743	38.86	10.672	83.13	8.874	121.73	6.471	152.03	3.628	171.98	0.537	180.20	50
51	11.732	39.63	10.648	83.83	8.839	122.31	6.427	152.45	3.578	172.22	0.485	180.23	51
52	11.720	40.40	10.623	84.53	8.803	122.89	6.383	152.88	3.528	172.45	0.432	180.26	52
53	11.709	41.17	10.598	85.22	8.767	123.47	6.339	153.29	3.478	172.68	0.380	180.29	53
54	11.697	41.93	10.573	85.91	8.731	124.04	6.294	153.71	3.428	172.91	0.327	180.31	54
55	11.684	42.70	10.548	86.60	8.695	124.61	6.249	154.12	3.377	173.13	0.275	180.33	55
56	11.672	43.46	10.523	87.29	8.659	125.18	6.204	154.53	3.327	173.35	0.222	180.35	56
57	11.659	44.23	10.498	87.98	8.623	125.74	6.159	154.93	3.276	173.56	0.170	180.36	57
58	11.646	44.99	10.472	88.67	8.586	126.30	6.114	155.33	3.226	173.78	0.117	180.37	58
59	11.633	45.75	10.446	89.35	8.549	126.86	6.069	155.73	3.175	173.98	0.065	180.38	59
60	11.619	46.51	10.420	90.03	8.512	127.42	6.023	156.12	3.124	174.19	0.012	180.38	60

Reduktionsgrößen 1959

Übertragung von Sternörtern vom mittleren Äquinoktium 1959.0 auf das Normaläquinoktium 1950.0

α	B	α	α	B	α
h m	s	h m	h m	s	h m
0 0	−27.660	12 0	6 0	−27.660	18 0
10	660	10	10	660	10
20	661	20	20	660	20
30	661	30	30	660	30
40	661	40	40	659	40
0 50	661	12 50	6 50	659	18 50
1 0	−27.662	13 0	7 0	−27.659	19 0
10	662	10	10	659	10
20	662	20	20	659	20
30	662	30	30	658	30
40	662	40	40	658	40
1 50	662	13 50	7 50	658	19 50
2 0	−27.663	14 0	8 0	−27.658	20 0
10	663	10	10	658	10
20	663	20	20	658	20
30	663	30	30	658	30
40	663	40	40	658	40
2 50	663	14 50	8 50	658	20 50
3 0	−27.663	15 0	9 0	−27.658	21 0
10	663	10	10	658	10
20	663	20	20	658	20
30	663	30	30	658	30
40	663	40	40	658	40
3 50	663	15 50	9 50	658	21 50
4 0	−27.663	16 0	10 0	−27.658	22 0
10	662	10	10	658	10
20	662	20	20	658	20
30	662	30	30	658	30
40	662	40	40	659	40
4 50	662	16 50	10 50	659	22 50
5 0	−27.662	17 0	11 0	−27.659	23 0
10	661	10	10	659	10
20	661	20	20	659	20
30	661	30	30	660	30
40	661	40	40	660	40
5 50	660	17 50	11 50	660	23 50
6 0	−27.660	18 0	12 0	−27.660	24 0

C	ΔC	P	C	ΔC	P
s	s		s	s	
0	e0.000	e0.0000	350	e0.076	e0.1909
10	000	0055	360	082	1963
20	000	0109	370	089	2018
30	000	0164	380	097	2072
40	000	0218	390	104	2127
50	e0.000	e0.0273	400	e0.113	e0.2181
60	000	0327	410	121	2236
70	001	0382	420	131	2290
80	001	0436	430	140	2345
90	001	0491	440	150	2399
100	e0.002	e0.0545	450	e0.161	e0.2454
110	002	0600	460	172	2508
120	003	0654	470	183	2563
130	004	0709	480	195	2617
140	005	0764	490	207	2672
150	e0.006	e0.0818	500	e0.220	e0.2726
160	007	0873	510	234	2781
170	009	0927	520	248	2835
180	010	0982	530	262	2890
190	012	1036	540	277	2944
200	e0.014	e0.1091	550	e0.293	e0.2999
210	016	1145	560	309	3053
220	019	1200	570	326	3107
230	022	1254	580	344	3162
240	025	1309	590	362	3216
250	e0.028	e0.1363	600	e0.380	e0.3271
260	031	1418	610	400	3325
270	035	1473	620	420	3380
280	039	1527	630	440	3434
290	043	1582	640	462	3489
300	e0.048	e0.1636	650	e0.484	e0.3543
310	053	1691	660	506	3598
320	058	1745	670	529	3652
330	063	1800	680	553	3707
340	069	1854	690	578	3761
350	e0.076	e0.1909	700	e0.604	e0.3815

e bedeutet: Vorzeichen entgegengesetzt dem Vorzeichen des Arguments.

$$\alpha_{1950.0} = \alpha_{1959.0} + B + C + \Delta C, \text{ wobei } C = A \cdot \mathrm{tg}\,(\delta_{1959.0} + D)$$
$$\delta_{1950.0} = \delta_{1959.0} + D + R, \text{ wobei } R = A \cdot P$$

A und D sind aus der Tafel S. 288* u. 289* mit dem Argument $\alpha_{1959.0}$ zu entnehmen. Für die Werte von α zwischen 0^h und 12^h gelten die Vorzeichen zur Linken, für die Werte von α zwischen 12^h und 24^h gelten die Vorzeichen zur Rechten. B, ΔC und P sind in der obenstehenden Tafel enthalten. Die Vorzeichen von ΔC und P sind dem Vorzeichen von C entgegengesetzt.

Finsternisse, Sternbedeckungen, Mösting A., Rotation der Sonne, des Mars und des Jupiter, Trabanten

---

Konstellationen, Hilfstafeln

1959

Sonnen- und Mondfinsternisse 1959

Im Jahre 1959 findet eine Mondfinsternis und zwei Sonnenfinsternisse statt.

I. Partielle Mondfinsternis 1959 März 24, sichtbar in Berlin

Opposition in Rektaszension	März 24,	20ʰ 40ᵐ 52ˢ.9	Weltzeit
Rektaszension des Mondes		12ʰ 12ᵐ 42ˢ.35	
Stündliche Änderung		2 21.03	
Rektaszension der Sonne		0 12 42.35	
Stündliche Änderung		9.09	
Deklination des Mondes	−	2° 18′ 11″.9	
Stündliche Änderung	−	11 34.4	
Deklination der Sonne	+	1 22 34.8	
Stündliche Änderung	+	0 59.0	
Äquatorialhorizontalparallaxe des Mondes		60′ 28″.4	
,, der Sonne		8.8	
Halbmesser des Mondes		16′ 27″.9	
,, der Sonne		16 2.4	
Eintritt des Mondes in den Halbschatten	März 24,	17ʰ 55ᵐ.6	Weltzeit
Eintritt des Mondes in den Kernschatten	,, 24,	19 16.1	,,
Mitte der Finsternis	,, 24,	20 11.4	,,
Austritt des Mondes aus dem Kernschatten	,, 24,	21 6.8	,,
Austritt des Mondes aus dem Halbschatten	,, 24,	22 27.2	,,

Der Mond steht zu den Zeiten der ersten und letzten Berührung mit dem Kernschatten im Zenit der Orte, deren geographische Lage ist:

288° 12′ westliche Länge von Greenwich, 2° 2′ südliche Breite
344 51 ,, ,, ,, ,, 2 23 ,, ,,

Positionswinkel des Eintritts = 49°
,, ,, Austritts = 347°

Größe der Finsternis in Einheiten des Monddurchmessers = 0.259

Die Finsternis ist sichtbar in Australien, im äußersten westlichen Teil des Stillen Ozeans, in Asien mit Ausnahme des äußersten nordöstlichen Teils, im Indischen Ozean, in Europa, Afrika, im östlichen Teil des südlichen Atlantik und in der Antarktis.

Ringförmige Sonnenfinsternis

1959 April 8

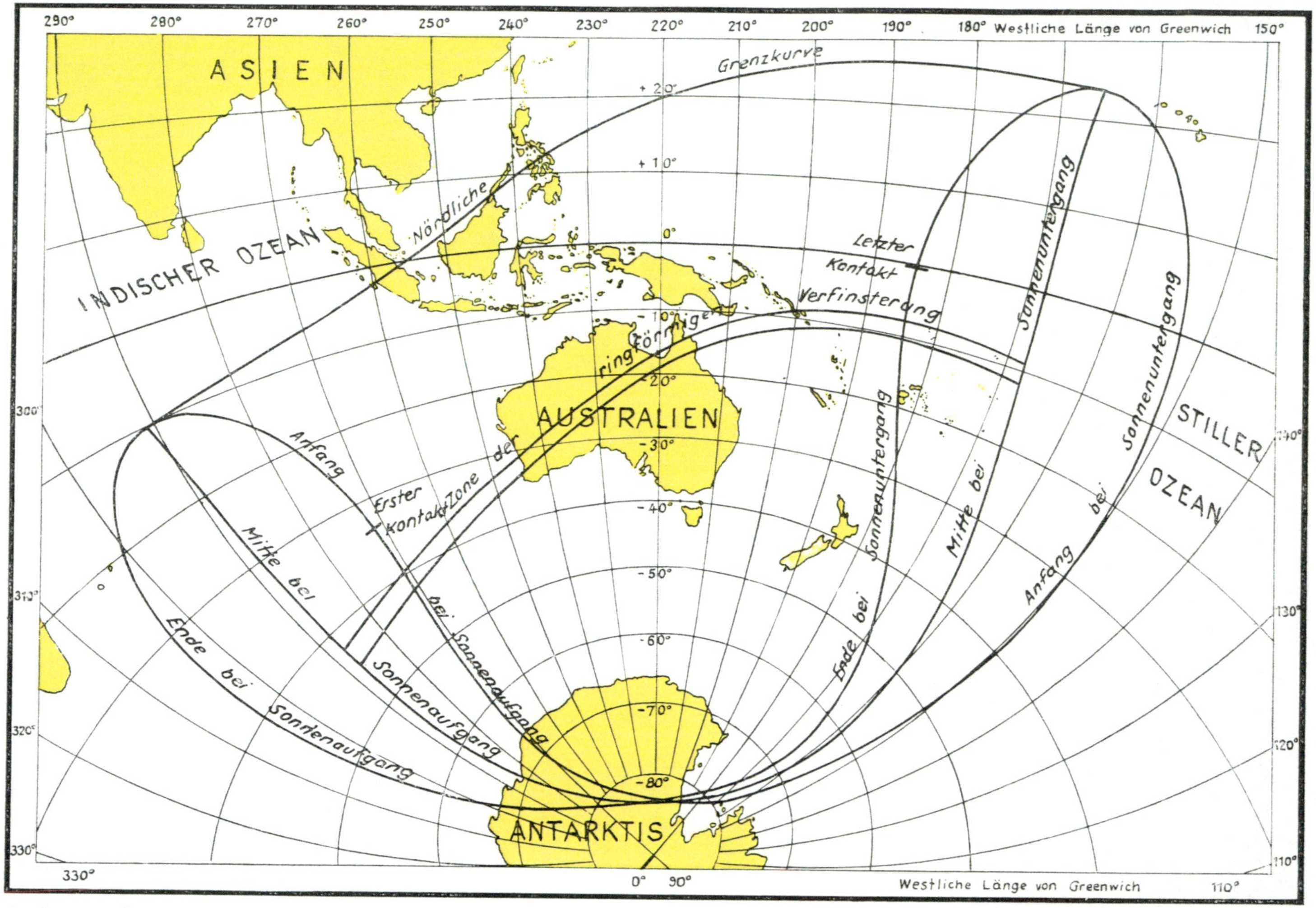

Zu Seite 293*

II. Ringförmige Sonnenfinsternis 1959 April 8, in Berlin nicht sichtbar.

		h m s	
Konjunktion in Rektaszension	April 8,	3 7 29.2	Weltzeit
		h m s	
Rektaszension des Mondes		1 4 42.2	
Stündliche Änderung		1 55.61	
Rektaszension der Sonne		1 4 42.22	
Stündliche Änderung		9.15	
		° ′ ″	
Deklination des Mondes		+ 6 27 31.2	
Stündliche Änderung		+ 8 52.9	
Deklination der Sonne		+ 6 53 16.4	
Stündliche Änderung		+ 56.4	
		′ ″	
Äquatorialhorizontalparallaxe des Mondes		54 22.8	
,, der Sonne		8.8	
		′ ″	
Halbmesser des Mondes		14 48.3	
,, der Sonne		15 58.4	

		Weltzeit	Westl. Länge v. Greenwich	Geogr. Breite
		h m	° ′	° ′
Anfang der Finsternis	April 8,	0 26.9	271 37	−33 30
Beginn der zentralen Verfinsterung	,, 8,	1 38.8	287 35	−43 36
Zentrale Verfinsterung im wahren Mittag	,, 8,	3 7.5	226 20	−21 16
Ende der zentralen Verfinsterung	,, 8,	5 8.5	167 52	−10 21
Ende der Finsternis	,, 8,	6 20.4	184 35	− 0 10

Verlauf der Zentrallinie

Weltzeit	Westl. Länge v. Greenwich	Geogr. Breite	Dauer der ringförmigen Verfinsterung	Weltzeit	Westl. Länge v. Greenwich	Geogr. Breite	Dauer der ringförmigen Verfinsterung
h m	° ′	° ′	m s	h m	° ′	° ′	m s
1 38.8	287 35	−43 36	—	3 25	222 3.6	−18 55.3	7 25.7
40	277 40.8	−42 8.5	5 23.2	30	220 51.6	18 11.7	7 25.9
45	266 9.7	39 41.5	5 41.0	35	219 39.4	17 29.2	7 25.7
50	259 49.8	37 55.5	5 53.1	3 40	218 26.6	−16 47.8	7 24.9
1 55	255 10.8	36 24.2	6 3.2	45	217 12.8	16 7.5	7 23.6
2 0	251 26.8	−35 1.5	6 12.1	50	215 57.5	15 28.2	7 21.8
5	248 18.2	33 44.8	6 20.3	3 55	214 40.4	14 50.0	7 19.4
10	245 34.6	32 32.7	6 27.8	4 0	213 20.8	−14 12.9	7 16.5
15	243 9.7	31 24.2	6 34.7	5	211 58.3	13 36.9	7 13.0
2 20	240 59.2	−30 18.8	6 41.2	10	210 32.2	13 2.2	7 9.0
25	239 0.2	29 16.0	6 47.2	15	209 1.7	12 28.7	7 4.5
30	237 10.6	28 15.5	6 52.7	4 20	207 25.8	−11 56.6	6 59.3
35	235 28.6	27 17.1	6 57.9	25	205 43.5	11 26.1	6 53.6
2 40	233 52.9	−26 20.5	7 2.6	30	203 53.4	10 57.2	6 47.3
45	232 22.5	25 25.6	7 6.9	35	201 53.4	10 30.2	6 40.4
50	230 56.5	24 32.2	7 10.8	4 40	199 41.0	−10 5.4	6 32.8
2 55	229 34.0	23 40.3	7 14.3	45	197 12.3	9 43.3	6 24.4
3 0	228 14.5	−22 49.8	7 17.3	50	194 21.3	9 24.7	6 15.2
5	226 57.5	22 0.5	7 19.9	4 55	190 57.6	9 11.0	6 4.9
10	225 42.3	21 12.5	7 22.1	5 0	186 39.5	− 9 4.7	5 53.0
15	224 28.5	20 25.6	7 23.8	5	180 21.9	9 14.1	5 37.6
3 20	223 15.8	−19 39.9	7 25.0	5 8.5	167 52	−10 21	—

Die Finsternis ist sichtbar im östlichen Teil des Indischen Ozeans, in Australien und Indonesien und im westlichen Teil des Stillen Ozeans.

Elemente der ringförmigen Sonnenfinsternis 1959 April 8

Weltzeit	x	y	sin d	cos d	μ	$l^{(a)}$	$l^{(i)}$
h m					° ′ ″		
0 20	−1.361066	−0.883532	+0.119207	+0.992869	184 26 52.4	0.567301	+0.021277
30	1.279816	0.859127	0.119251	0.992864	186 56 54.9	0.567320	0.021296
40	1.198564	0.834723	0.119295	0.992859	189 26 57.4	0.567338	0.021314
50	1.117310	0.810319	0.119339	0.992854	191 56 59.9	0.567356	0.021332
1 0	−1.036053	−0.785916	+0.119384	+0.992848	194 27 2.3	0.567373	+0.021349
10	0.954794	0.761514	0.119428	0.992843	196 57 4.8	0.567390	0.021366
20	0.873533	0.737112	0.119472	0.992838	199 27 7.3	0.567406	0.021382
30	0.792271	0.712711	0.119516	0.992832	201 57 9.8	0.567421	0.021397
40	0.711007	0.688311	0.119560	0.992827	204 27 12.2	0.567436	0.021412
50	0.629741	0.663911	0.119605	0.992822	206 57 14.7	0.567451	0.021427
2 0	−0.548473	−0.639512	+0.119649	+0.992816	209 27 17.2	0.567465	+0.021441
10	0.467204	0.615114	0.119693	0.992811	211 57 19.7	0.567478	0.021454
20	0.385934	0.590717	0.119737	0.992806	214 27 22.2	0.567491	0.021467
30	0.304663	0.566320	0.119781	0.992800	216 57 24.6	0.567503	0.021479
40	0.223391	0.541924	0.119826	0.992795	219 27 27.1	0.567515	0.021491
50	0.142119	0.517530	0.119870	0.992790	221 57 29.6	0.567526	0.021502
3 0	−0.060846	−0.493137	+0.119914	+0.992784	224 27 32.1	0.567537	+0.021512
10	+0.020427	0.468745	0.119958	0.992779	226 57 34.5	0.567547	0.021522
20	0.101701	0.444355	0.120002	0.992774	229 27 37.0	0.567556	0.021532
30	0.182974	0.419966	0.120046	0.992768	231 57 39.5	0.567565	0.021541
40	0.264248	0.395579	0.120091	0.992763	234 27 42.0	0.567574	0.021549
50	0.345521	0.371193	0.120135	0.992758	236 57 44.4	0.567582	0.021557
4 0	+0.426793	−0.346808	+0.120179	+0.992752	239 27 46.9	0.567589	+0.021564
10	0.508064	0.322424	0.120223	0.992747	241 57 49.4	0.567596	0.021571
20	0.589334	0.298042	0.120267	0.992742	244 27 51.9	0.567602	0.021577
30	0.670604	0.273661	0.120311	0.992736	246 57 54.4	0.567607	0.021582
40	0.751872	0.249282	0.120356	0.992731	249 27 56.8	0.567612	0.021587
50	0.833139	0.224904	0.120400	0.992726	251 57 59.3	0.567617	0.021592
5 0	+0.914405	−0.200528	+0.120444	+0.992720	254 28 1.8	0.567621	+0.021596
10	0.995670	0.176154	0.120488	0.992715	256 58 4.2	0.567624	0.021599
20	1.076933	0.151782	0.120532	0.992709	259 28 6.7	0.567627	0.021602
30	1.158194	0.127412	0.120576	0.992704	261 58 9.2	0.567629	0.021604
40	1.239453	0.103045	0.120620	0.992699	264 28 11.7	0.567631	0.021606
50	1.320710	0.078680	0.120665	0.992693	266 58 14.1	0.567632	0.021607
6 0	+1.401965	−0.054316	+0.120709	+0.992688	269 28 16.6	0.567633	+0.021608
10	1.483217	0.029954	0.120753	0.992683	271 58 19.1	0.567633	0.021608
20	1.564465	−0.005594	0.120797	0.992677	274 28 21.6	0.567632	0.021607
30	+1.645710	+0.018764	+0.120841	+0.992672	276 58 24.0	0.567631	+0.021606

Welt-zeit	x' für 1m	log x'	y' für 1m	log y'	tg $f^{(a)}$	log tg $f^{(a)}$	tg $f^{(i)}$	log tg $f^{(i)}$
h m								
0 0	+0.0081242	7.90978	+0.0024406	7.38750	+0.0046708	7.66939	+0.0046475	7.66722
1 0	0.0081258	7.90987	0.0024402	7.38743	0.0046707	7.66938	0.0046475	7.66722
2 0	0.0081268	7.90992	0.0024398	7.38735	0.0046707	7.66938	0.0046474	7.66721
3 0	0.0081273	7.90995	0.0024392	7.38725	0.0046706	7.66937	0.0046474	7.66721
4 0	0.0081272	7.90994	0.0024384	7.38710	0.0046706	7.66937	0.0046473	7.66720
5 0	0.0081266	7.90991	0.0024375	7.38694	0.0046705	7.66936	0.0046473	7.66720
6 0	0.0081253	7.90984	0.0024363	7.38673	0.0046705	7.66936	0.0046472	7.66719
7 0	+0.0081232	7.90973	+0.0024351	7.38652	+0.0046704	7.66935	+0.0046471	7.66718

Totale Sonnenfinsternis

1959 Oktober 2

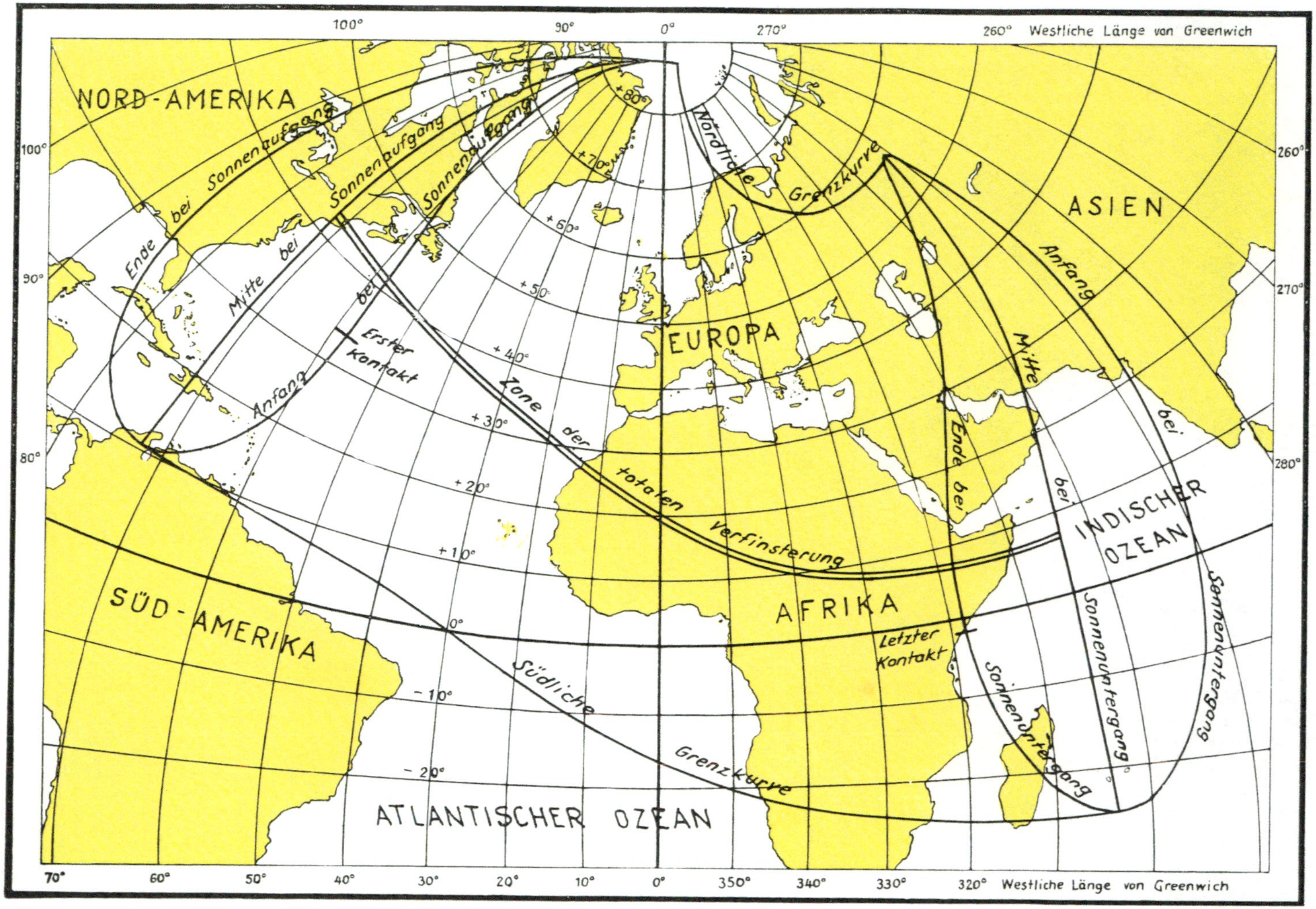

Zu Seite 295*

III. Totale Sonnenfinsternis 1959 Oktober 2, in Berlin als partielle Finsternis sichtbar

		h m s	
Konjunktion in Rektaszension	Oktober	2, 12 12 16.6	Weltzeit

	h m s
Rektaszension des Mondes	12 31 25.11
Stündliche Änderung	2 17.54
Rektaszension der Sonne	12 31 25.11
Stündliche Änderung	9.06
	° ′ ″
Deklination des Mondes	− 2 57 13.0
Stündliche Änderung	− 11 7.0
Deklination der Sonne	3 23 28.1
Stündliche Änderung	58.2
	′ ″
Äquatorialhorizontalparallaxe des Mondes	59 38.8
,, der Sonne	8.8
	′ ″
Halbmesser des Mondes	16 14.4
,, der Sonne	15 58.8

		Weltzeit	Westl. Länge v. Greenwich	Geogr. Breite
		h m	° ′	° ′
Anfang der Finsternis	Oktober 2,	9 49.1	57 40	+33 32
Beginn der zentralen Verfinsterung	,, 2,	10 50.3	72 5	+42 35
Zentrale Verfinsterung im wahren Mittag	,, 2,	12 12.3	5 41	+22 57
Ende der zentralen Verfinsterung	,, 2,	14 2.7	303 44	+ 7 21
Ende der Finsternis	,, 2,	15 3.7	318 27	− 1 44

Verlauf der Zentrallinie

Weltzeit	Westl. Länge v. Greenwich	Geogr. Breite	Dauer der totalen Verfinsterung	Weltzeit	Westl. Länge v. Greenwich	Geogr. Breite	Dauer der totalen Verfinsterung
h m	° ′	° ′	m s	h m	° ′	° ′	m s
10 50.3	72 5	+42 35	—	12 30	0 22.4	+19 47.4	3 1.8
10 55	51 46.2	40 18.8	1 21.6	35	358 54.2	18 56.0	3 1.4
11 0	43 51.8	+38 44.5	1 35.2	12 40	357 25.6	+18 5.3	3 0.4
5	38 16.1	37 20.4	1 46.1	45	355 56.2	17 15.4	2 59.0
10	33 49.9	36 2.0	1 55.6	50	354 25.4	16 26.2	2 57.0
15	30 7.0	34 47.7	2 4.1	12 55	352 52.6	15 37.9	2 54.4
11 20	26 54.1	+33 36.4	2 11.9	13 0	351 17.2	+14 50.3	2 51.3
25	24 3.4	32 27.7	2 19.0	5	349 38.2	14 3.6	2 47.6
30	21 29.8	31 21.1	2 25.4	10	347 54.9	13 17.7	2 43.4
35	19 9.6	30 16.4	2 31.3	15	346 6.3	12 32.6	2 38.7
11 40	17 0.2	+29 13.3	2 36.7	13 20	344 10.9	+11 48.5	2 33.3
45	14 59.7	28 11.7	2 41.5	25	342 7.2	11 5.4	2 27.4
50	13 6.4	27 11.4	2 45.9	30	339 53.0	10 23.4	2 20.8
11 55	11 19.1	26 12.3	2 49.7	35	337 25.3	9 42.8	2 13.6
12 0	9 36.8	+25 14.4	2 53.0	13 40	334 39.7	+ 9 3.8	2 5.6
5	7 58.4	24 17.6	2 55.8	45	331 29.2	8 26.7	1 56.7
10	6 23.3	23 21.7	2 58.0	50	327 41.4	7 52.4	1 46.7
15	4 50.8	22 26.8	2 59.7	13 55	322 49.3	7 22.6	1 34.8
20	3 20.2	21 32.8	3 0.9	14 0	315 22.5	+ 7 2.8	1 18.9
12 25	1 50.9	+20 39.7	3 1.6	14 2.7	303 44	+ 7 21	—

Die Finsternis ist sichtbar im östlichen Teil von Nordamerika, in Grönland, im nördlichen Atlantischen Ozean, in Europa, in Afrika nördlich von −22° geogr. Breite und im westlichen Teil des Indischen Ozeans.

Sonnenfinsternis 1959 Oktober 2

Geograph. Breite	Anfang der Finsternis									Größte Phase					Geograph. Breite
	Östliche Länge von Greenwich									Östl. Länge v. Greenwich					
	20m	30m	40m	50m	60m	70m	80m	90m	100m	20m	30m	40m	50m	60m	
	Weltzeit									Weltzeit					
	11h	11h	11h	11h	11h	11h	11h	11h	11h	12h	12h	12h	12h	12h	
	m	m	m	m	m	m	m	m	m	m	m	m	m	m	
44°	4.7	10.6	16.7	22.9	29.1	35.3	41.4	47.4	53.3	11.6	16.1	20.5	24.9	29.2	44°
45	5.3	11.2	17.2	23.3	29.5	35.6	41.6	47.6	53.4	10.7	15.1	19.4	23.7	27.9	45
46	6.1	11.9	17.8	23.8	29.9	35.9	41.9	47.8	53.5	9.8	14.1	18.3	22.5	26.7	46
47	6.8	12.6	18.4	24.3	30.3	36.3	42.2	48.0	53.6	8.9	13.1	17.3	21.4	25.4	47
48	7.6	13.3	19.1	24.9	30.8	36.7	42.5	48.2	53.8	8.1	12.2	16.3	20.3	24.2	48
49	8.5	14.1	19.8	25.5	31.3	37.1	42.8	48.5	54.0	7.3	11.3	15.3	19.2	23.1	49
50	9.4	14.9	20.5	26.2	31.9	37.6	43.2	48.8	54.3	6.6	10.5	14.3	18.1	21.9	50
51	10.3	15.7	21.2	26.8	32.4	38.1	43.6	49.1	54.5	5.9	9.6	13.4	17.1	20.8	51
52	11.3	16.6	22.0	27.5	33.1	38.6	44.1	49.5	54.8	5.2	8.8	12.5	16.1	19.7	52
53	12.3	17.5	22.9	28.3	33.7	39.1	44.5	49.9	55.1	4.5	8.1	11.6	15.1	18.6	53
54	13.4	18.5	23.7	29.0	34.4	39.7	45.0	50.3	55.5	3.9	7.3	10.8	14.2	17.6	54
55	14.4	19.5	24.6	29.8	35.0	40.3	45.5	50.7	55.8	3.3	6.6	10.0	13.3	16.5	55
56	15.5	20.5	25.5	30.6	35.7	40.9	46.1	51.2	56.2	2.7	5.9	9.2	12.4	15.6	56
57	16.7	21.5	26.4	31.4	36.5	41.6	46.6	51.7	56.7	2.1	5.3	8.4	11.5	14.6	57
58	17.8	22.5	27.4	32.3	37.2	42.2	47.2	52.2	57.1	1.6	4.6	7.7	10.7	13.6	58
59	19.0	23.6	28.3	33.1	38.0	42.9	47.8	52.7	57.6	1.1	4.0	7.0	9.9	12.7	59
60	20.1	24.7	29.3	34.0	38.8	43.6	48.4	53.3	58.1	0.6	3.5	6.3	9.1	11.8	60
	Winkel P									Betrag der größten Phase					
	°	°	°	°	°	°	°	°	°						
44°	259.5	257.6	255.7	253.8	251.9	249.9	248.1	246.2	244.4	0.41	0.39	0.36	0.34	0.32	44°
46	256.5	254.7	252.8	250.9	249.0	247.1	245.2	243.4	241.5	0.38	0.35	0.33	0.31	0.29	46
48	253.6	251.8	249.9	248.0	246.1	244.3	242.4	240.5	238.7	0.34	0.32	0.30	0.28	0.26	48
50	250.6	248.8	247.0	245.2	243.3	241.4	239.5	237.7	235.8	0.31	0.29	0.27	0.25	0.23	50
52	247.7	245.9	244.1	242.3	240.4	238.6	236.7	234.8	233.0	0.28	0.26	0.24	0.22	0.20	52
54	244.8	243.0	241.3	239.4	237.6	235.7	233.9	232.0	230.1	0.25	0.23	0.21	0.19	0.18	54
56	241.9	240.2	238.4	236.6	234.8	232.9	231.0	229.1	227.2	0.22	0.20	0.18	0.17	0.15	56
58	239.0	237.3	235.5	233.8	231.9	230.1	228.1	226.2	224.2	0.19	0.18	0.16	0.15	0.13	58
60	236.1	234.4	232.7	230.9	229.1	227.2	225.3	223.3	221.3	0.17	0.15	0.14	0.12	0.11	60
	Winkel Q														
	°	°	°	°	°	°	°	°	°						
44°	265.6	259.8	253.9	248.1	242.3	236.6	231.1	225.9	221.0						44°
46	261.9	256.4	250.9	245.3	239.8	234.5	229.2	224.2	219.5						46
48	258.3	253.1	247.9	242.6	237.4	232.2	227.2	222.4	217.9						48
50	254.7	249.8	244.8	239.8	234.9	230.0	225.2	220.6	216.2						50
52	251.1	246.5	241.8	237.1	232.4	227.7	223.1	218.7	214.4						52
54	247.6	243.2	238.8	234.3	229.8	225.4	221.0	216.8	212.6						54
56	244.2	240.0	235.8	231.5	227.3	223.1	218.9	214.8	210.8						56
58	240.8	236.8	232.8	228.8	224.8	220.7	216.7	212.7	208.8						58
60	237.4	233.7	229.9	226.1	222.3	218.4	214.5	210.7	206.8						60

Sonnenfinsternis 1959 Oktober 2

Größte Phase — Östl. Länge v. Greenwich — Weltzeit

Geograph. Breite	60m	70m	80m	90m	100m
	12h m	12h m	12h m	12h m	12h m
44°	29.2	33.4	37.5	41.4	45.2
45	27.9	32.1	36.1	39.9	43.6
46	26.7	30.7	34.6	38.4	42.1
47	25.4	29.4	33.3	37.0	40.6
48	24.2	28.1	31.9	35.5	39.0
49	23.1	26.8	30.5	34.1	37.5
50	21.9	25.6	29.2	32.7	36.1
51	20.8	24.4	27.9	31.3	34.6
52	19.7	23.2	26.6	29.9	33.2
53	18.6	22.0	25.4	28.6	31.7
54	17.6	20.9	24.1	27.3	30.3
55	16.5	19.8	22.9	26.0	29.0
56	15.6	18.7	21.7	24.7	27.6
57	14.6	17.6	20.6	23.5	26.3
58	13.6	16.6	19.4	22.2	25.0
59	12.7	15.6	18.3	21.0	23.7
60	11.8	14.6	17.3	19.9	22.4

Ende der Finsternis — Östliche Länge von Greenwich — Weltzeit

Geograph. Breite	20m	30m	40m	50m	60m	70m	80m	90m	100m	Geograph. Breite
	12h m	12h m	12h m	12h m	12h m	12h m	12h m	12h m	12h m	
44°	77.5	80.1	82.5	84.8	87.0	89.1	91.0	92.8	94.5	44°
45	75.1	77.6	79.9	82.2	84.3	86.3	88.1	89.9	91.5	45
46	72.7	75.1	77.3	79.5	81.5	83.5	85.3	87.0	88.5	46
47	70.3	72.6	74.8	76.8	78.8	80.7	82.4	84.0	85.5	47
48	67.9	70.1	72.2	74.2	76.1	77.8	79.5	81.1	82.5	48
49	65.5	67.7	69.7	71.6	73.4	75.0	76.6	78.1	79.5	49
50	63.2	65.2	67.1	68.9	70.7	72.3	73.8	75.2	76.5	50
51	60.9	62.8	64.6	66.3	68.0	69.5	70.9	72.2	73.4	51
52	58.5	60.4	62.1	63.7	65.3	66.7	68.0	69.3	70.4	52
53	56.3	58.0	59.6	61.2	62.6	63.9	65.2	66.3	67.4	53
54	54.0	55.6	57.2	58.6	60.0	61.2	62.4	63.4	64.4	54
55	51.7	53.3	54.7	56.1	57.3	58.5	59.5	60.5	61.4	55
56	49.5	51.0	52.3	53.6	54.7	55.8	56.7	57.6	58.4	56
57	47.3	48.7	49.9	51.1	52.1	53.1	53.9	54.7	55.4	57
58	45.2	46.4	47.6	48.6	49.6	50.4	51.2	51.8	52.4	58
59	43.0	44.2	45.2	46.2	47.0	47.8	48.4	49.0	49.4	59
60	40.9	42.0	42.9	43.8	44.5	45.2	45.7	46.1	46.4	60

Betrag der größten Phase

Geograph. Breite	60m	70m	80m	90m	100m
44°	0.32	0.30	0.28	0.26	0.25
46	0.29	0.27	0.25	0.23	0.22
48	0.26	0.24	0.22	0.21	0.19
50	0.23	0.21	0.20	0.18	0.16
52	0.20	0.19	0.17	0.15	0.14
54	0.18	0.16	0.15	0.13	0.12
56	0.15	0.14	0.12	0.11	0.10
58	0.13	0.12	0.10	0.09	0.08
60	0.11	0.10	0.08	0.07	0.06

Winkel P

Geograph. Breite	20m	30m	40m	50m	60m	70m	80m	90m	100m	Geograph. Breite
	°	°	°	°	°	°	°	°	°	
44°	151.3	152.7	154.0	155.3	156.5	157.7	158.8	159.9	160.8	44°
46	153.6	155.0	156.3	157.6	158.9	160.1	161.3	162.4	163.4	46
48	155.8	157.2	158.6	159.9	161.2	162.5	163.7	164.9	165.9	48
50	158.0	159.5	160.9	162.2	163.6	164.9	166.1	167.3	168.5	50
52	160.2	161.7	163.1	164.5	165.9	167.2	168.5	169.8	171.0	52
54	162.4	163.9	165.3	166.7	168.1	169.5	170.9	172.2	173.5	54
56	164.6	166.1	167.5	168.9	170.4	171.8	173.2	174.6	176.0	56
58	166.8	168.2	169.7	171.1	172.6	174.1	175.6	177.0	178.5	58
60	168.9	170.4	171.8	173.3	174.8	176.3	177.9	179.5	181.1	60

Winkel Q

Geograph. Breite	20m	30m	40m	50m	60m	70m	80m	90m	100m	Geograph. Breite
	°	°	°	°	°	°	°	°	°	
44°	127.1	126.2	125.5	124.8	124.2	123.8	123.4	123.0	122.7	44°
46	131.6	130.8	130.2	129.6	129.1	128.7	128.3	128.0	127.8	46
48	136.0	135.3	134.7	134.2	133.8	133.5	133.2	132.9	132.8	48
50	140.2	139.6	139.2	138.7	138.4	138.1	137.9	137.8	137.7	50
52	144.3	143.8	143.4	143.1	142.9	142.7	142.6	142.6	142.6	52
54	148.2	147.9	147.6	147.4	147.3	147.2	147.2	147.3	147.4	54
56	152.0	151.8	151.6	151.5	151.5	151.6	151.7	151.9	152.1	56
58	155.6	155.5	155.5	155.5	155.6	155.8	156.0	156.4	156.7	58
60	159.1	159.1	159.2	159.4	159.6	159.9	160.3	160.8	161.3	60

Elemente der totalen Sonnenfinsternis 1959 Oktober 2

Weltzeit	x	y	sin d	cos d	μ	$l^{(a)}$	$l^{(i)}$
h m					° ′ ″		
9 40	—1.368089	+0.874416	—0.058475	+0.998289	327 36 2.6	0.541691	—0.0042051
50	1.278270	0.845978	0.058520	0.998286	330 6 5.4	0.541685	0.0042105
10 00	—1.188447	+0.817539	—0.058566	+0.998284	332 36 8.1	0.541679	—0.0042165
10	1.098620	0.789098	0.058612	0.998281	335 6 10.9	0.541672	0.0042232
20	1.008789	0.760656	0.058658	0.998278	337 36 13.7	0.541665	0.0042306
30	0.918955	0.732213	0.058703	0.998275	340 6 16.5	0.541657	0.0042387
40	0.829117	0.703769	0.058749	0.998273	342 36 19.3	0.541648	0.0042474
50	0.739276	0.675324	0.058795	0.998270	345 6 22.0	0.541639	0.0042568
11 00	—0.649432	+0.646877	—0.058841	+0.998267	347 36 24.8	0.541629	—0.0042669
10	0.559585	0.618428	0.058886	0.998265	350 6 27.6	0.541618	0.0042776
20	0.469736	0.589979	0.058932	0.998262	352 36 30.4	0.541606	0.0042890
30	0.379885	0.561528	0.058978	0.998259	355 6 33.1	0.541594	0.0043011
40	0.290031	0.533077	0.059023	0.998257	357 36 35.9	0.541581	0.0043139
50	0.200176	0.504625	0.059069	0.998254	0 6 38.7	0.541568	0.0043274
12 00	—0.110319	+0.476173	—0.059115	+0.998251	2 36 41.5	0.541554	—0.0043415
10	—0.020461	0.447720	0.059161	0.998248	5 6 44.3	0.541539	0.0043563
20	+0.069399	0.419267	0.059206	0.998246	7 36 47.0	0.541523	0.0043717
30	0.159259	0.390813	0.059252	0.998243	10 6 49.8	0.541507	0.0043878
40	0.249120	0.362359	0.059298	0.998240	12 36 52.6	0.541490	0.0044046
50	0.338982	0.333905	0.059343	0.998238	15 6 55.4	0.541473	0.0044221
13 00	+0.428844	+0.305450	—0.059389	+0.998235	17 36 58.1	0.541454	—0.0044403
10	0.518705	0.276995	0.059435	0.998232	20 7 0.9	0.541435	0.0044591
20	0.608567	0.248540	0.059481	0.998229	22 37 3.7	0.541416	0.0044786
30	0.698428	0.220085	0.059526	0.998227	25 7 6.5	0.541396	0.0044988
40	0.788288	0.191630	0.059572	0.998224	27 37 9.2	0.541375	0.0045197
50	0.878147	0.163175	0.059618	0.998221	30 7 12.0	0.541353	0.0045412
14 00	+0.968005	+0.134721	—0.059663	+0.998219	32 37 14.8	0.541331	—0.0045634
10	1.057861	0.106267	0.059709	0.998216	35 7 17.6	0.541308	0.0045863
20	1.147715	0.077814	0.059755	0.998213	37 37 20.3	0.541284	0.0046098
30	1.237567	0.049361	0.059801	0.998210	40 7 23.1	0.541260	0.0046340
40	1.327417	+0.020909	0.059846	0.998208	42 37 25.9	0.541235	0.0046589
50	1.417264	—0.007543	0.059892	0.998205	45 7 28.6	0.541209	0.0046845
15 00	+1.507109	—0.035994	—0.059938	+0.998202	47 37 31.4	0.541183	—0.0047107
10	+1.596951	—0.064444	—0.059983	+0.998199	50 7 34.2	0.541156	—0.0047376

Weltzeit	x' für 1ᵐ	log x' für 1ᵐ	y' für 1ᵐ	log y' für 1ᵐ	tg $f^{(a)}$	log tg $f^{(a)}$	tg $f^{(i)}$	log tg $f^{(i)}$
h m								
9 00	+0.0089796	7.95326	—0.0028430	7.45378*n*	+0.0046715	7.66946	+0.0046482	7.66728
10 00	0.0089825	7.95340	0.0028440	7.45393*n*	0.0046715	7.66946	0.0046483	7.66729
11 00	0.0089846	7.95350	0.0028448	7.45405*n*	0.0046716	7.66947	0.0046483	7.66729
12 00	0.0089858	7.95356	0.0028453	7.45413*n*	0.0046716	7.66947	0.0046484	7.66730
13 00	0.0089862	7.95358	—0.0028455	7.45416*n*	0.0046717	7.66947	0.0046484	7.66730
14 00	0.0089857	7.95355	0.0028454	7.45414*n*	0.0046717	7.66947	0.0046485	7.66731
15 00	0.0089844	7.95349	0.0028451	7.45410*n*	0.0046718	7.66948	0.0046485	7.66731
16 00	+0.0089822	7.95338	—0.0028445	7.45401*n*	+0.0046718	7.66948	+0.0046486	7.66732

Elemente der in Mitteleuropa sichtbaren Sternbedeckungen

Stern					Konjunktion in Rektaszension					Alter des Mondes
Name	Katalog Nr.	Gr.	α app.	δ app.	Weltzeit	Stundenw. H	Y	x′	y′	
Januar										
		m	h m s	° ′ ″	d h m	h m				d
91 υ Leonis ...	1685	4,5	11 34 51,64	− 0 35 54,6	1 5 0.5	+0 6.1	+1.0809	0.5588	−0.1893	21.5
162 B. Virginis .	1787	6.0	12 25 45.68	− 4 23 20,4	2 4 10.8	−1 30.7	+0.5751	0.5633	−0.1867	22.5
200 B. Virginis .	1798	6.3	12 29 32.55	− 4 49 36.8	2 5 53.0	+0 8.0	+0.7031	0.5638	−0.1861	22.5
100 λ Virginis ..	2053	4.6	14 16 53.20	−13 10 54.4	4 4 50.6	−2 34.1	+1.1136	0.5817	−0.1495	24.5
170 B. Aquarii ..	3285	6.1	22 21 22.59	− 7 24 7.1	12 16 29.0	+1 33.3	+0.8315	0.5426	+0.1712	3.5
186 B. Aquarii ..	3308	6.2	22 29 8.79	− 6 45 51.8	12 20 17.2	+5 14.3	+0.8072	0.5408	+0.1728	3.6
BD−3°5592*m*.	3411	7.2	23 11 59.47	− 2 51 28.4	13 17 41.3	+1 59.1	+0.3831	0.5316	+0.1780	4.5
147 B. Piscium .	104	5.8	0 46 14.08	+ 5 4 12.1	15 18 31.8	+1 23.4	+0.3177	0.5222	+0.1686	6.6
263 B. Piscium .	214	6.4	1 26 14.22	+ 7 44 58.0	16 15 28.4	−2 16.6	+0.7822	0.5232	+0.1568	7.4
269 B. Piscium .	226	6.6	1 31 9.62	+ 7 59 55.3	16 18 2.5	+0 13.0	+0.9077	0.5234	+0.1551	7.6
288 B. Piscium .	247	6.7	1 38 25.79	+ 8 33 11.7	16 21 49.7	+3 53.6	+0.8774	0.5240	+0.1524	7.7
110 o Piscium .	257	4.5	1 43 14.16	+ 8 57 6.4	17 0 19.6	+6 19.1	+0.8156	0.5244	+0.1505	7.8
BD+11°335	355	7.5	2 23 22.27	+11 47 21.3	17 21 0.9	+2 23.7	+0.6157	0.5290	+0.1328	8.7
31 Arietis	384	5.7	2 34 24.46	+12 16 12.8	18 2 38.2	+7 50.8	+0.8147	0.5306	+0.1273	8.9
BD+16°559	609	7.5	4 5 35.78	+16 25 15.5	19 23 40.8	+3 29.6	+0.7893	0.5467	+0.0720	10.8
130 Tauri	878	5.5	5 45 4.46	+17 42 45.9	21 22 1.2	+0 18.2	+1.0313	0.5630	−0.0022	12.7
26 Geminorum	1029	5.1	6 40 2.97	+17 41 2.0	22 22 44.8	+0 10.9	+0.4655	0.5684	−0.0454	13.7
68 Geminorum	1147	5.1	7 31 18.05	+15 54 45.9	23 21 31.6	−1 49.8	+0.8585	0.5706	−0.0842	14.7
6 h Leonis ...	1410	5.3	9 29 47.60	+ 9 53 36.8	26 2 12.8	+1 1.5	+0.6202	0.5678	−0.1573	16.9
155 B. Leonis ..	1519	6.5	10 21 8.60	+ 5 53 57.4	27 1 16.6	−0 42.2	+0.8532	0.5657	−0.1773	17.9
65 p⁴ Leonis ...	1611	5.7	11 4 50.31	+ 2 10 31.0	27 20 59.5	−5 39.8	+1.0573	0.5646	−0.1871	18.7
46 B. Virginis .	1744	6.5	12 3 55.15	− 2 54 19.6	28 23 37.3	−3 56.7	+1.1852	0.5655	−0.1894	19.8
Februar										
		m	h m s	° ′ ″	d h m	h m				d
252 B. Aquarii ..	3362	5.9	22 53 2.90	− 5 12 24.0	9 17 4.9	+3 28.1	+1.0382	0.5394	+0.1758	1.9
BD−1°4485	3500	7.3	23 42 53.55	− 0 53 18.7	10 18 10.9	+3 48.3	+0.8472	0.5314	+0.1780	3.0
88 Piscium	184	6.2	1 12 34.37	+ 6 46 41.0	12 16 30.5	+0 45.8	+0.4381	0.5257	+0.1616	4.9
243 B. Piscium .	204	7.3	1 20 48.11	+ 7 12 7.9	12 20 46.8	+4 54.6	+0.6564	0.5258	+0.1589	5.1
38 Arietis	404	5.2	2 42 43.88	+12 16 23.5	14 14 54.1	−2 13.1	+1.0533	0.5312	+0.1230	6.8
BD+13°484	437	7.4	2 56 30.90	+13 26 27.4	14 21 52.0	+4 32.1	+0.5912	0.5329	+0.1154	7.1
30 B. Tauri ...	523	6.5	3 35 30.43	+15 17 44.9	15 17 18.7	−0 37.0	+0.5615	0.5383	+0.0920	7.9
63 Tauri	650	5.7	4 21 4.84	+16 40 52.2	16 15 30.8	−3 6.8	+0.7443	0.5454	+0.0616	8.8
115 Tauri	814	5.3	5 24 47.90	+17 55 33.6	17 21 37.2	+2 0.9	+0.5387	0.5553	+0.0148	10.1
BD+17°1154*pr*.	938	7.2	6 9 17.48	+17 23 5.5	18 18 4.9	−2 12.6	+1.0709	0.5612	−0.0195	11.0
124 H¹. Orionis .	944	5.7	6 12 6.53	+17 55 0.0	18 19 21.9	−0 58.2	+0.4712	0.5615	−0.0217	11.0
287 B. Orionis ..	961	6.2	6 16 40.38	+17 20 22.8	18 21 26.4	+1 2.1	+1.0427	0.5621	−0.0252	11.1
292 B. Orionis ..	970	6.5	6 19 4.02	+17 46 51.9	18 22 31.6	+2 5.1	+0.5392	0.5623	−0.0271	11.1
BD+17°1224*m*.	975	6.8	6 20 28.00	+17 35 33.2	18 23 9.7	+2 41.9	+0.7241	0.5625	−0.0282	11.2
41 H¹. Gemin. .	1073	6.0	7 0 13.17	+16 43 52.9	19 17 4.6	−4 0.1	+0.8588	0.5664	−0.0587	11.9
51 Geminorum	1096	5.3	7 11 2.85	+16 13 35.3	19 21 55.2	+0 40.6	+1.0886	0.5673	−0.0669	12.1
BD+16°1433	1104	6.8	7 14 25.29	+16 13 1.1	19 23 25.6	+2 7.8	+0.9951	0.5675	−0.0694	12.2
54 λ Gemin. ...	1106	3.6	7 15 46.08	+16 36 44.2	20 0 1.7	+2 42.7	+0.5335	0.5676	−0.0705	12.2
30 B. Cancri ...	1234	6.1	8 8 42.71	+14 44 53.6	20 23 32.8	+1 24.7	+0.3807	0.5706	−0.1084	13.2
BD+14°1850	1237	6.4	8 10 6.53	+14 7 26.4	21 0 9.9	+2 0.5	+0.9661	0.5707	−0.1093	13.2
60 Cancri	1332	5.7	8 53 43.30	+11 46 46.6	21 19 25.8	−3 24.1	+1.0161	0.5719	−0.1369	14.0
65 α Cancri ...	1341	4.3	8 56 16.78	+12 0 48.0	21 20 33.5	−2 18.7	+0.6185	0.5719	−0.1384	14.1
319 B. Virginis .	1836	6.3	12 45 28.00	− 6 4 49.6	26 1 2.7	−1 22.3	+1.0919	0.5778	−0.1850	18.2
7 Libr.	2114	5.8	14 47 5.49	−13 58 47.8	28 4 37.9	+0 19.9	+0.6002	0.5870	−0.1329	20.4
März										
		m	h m s	° ′ ″	d h m	h m				d
73 Piscium	153	6.2	1 2 44.81	+ 5 26 9.7	11 19 14.7	+5 26.8	+0.9610	0.5284	+0.1643	2.3
110 Piscium	257	4.5	1 43 13.47	+ 8 57 3.1	12 16 9.1	+1 44.1	+0.3891	0.5291	+0.1506	3.2
BD+7°275	258	6.6	1 43 32.79	+ 8 21 11.8	12 16 19.0	+1 53.7	+1.0742	0.5291	+0.1505	3.2
92 B. Arietis ..	376	7.0	2 32 12.98	+11 25 28.5	13 17 14.5	+2 4.6	+1.1654	0.5319	+0.1283	4.2
31 Arietis	384	5.7	2 34 23.65	+12 16 9.6	13 18 20.9	+3 9.0	+0.3708	0.5321	+0.1272	4.3
BD+14°565	504	7.3	3 26 41.27	+14 51 16.1	14 20 39.6	+4 39.8	+0.4712	0.5370	+0.0973	5.4

Sternbedeckungen 1959

Elemente der in Mitteleuropa sichtbaren Sternbedeckungen

Stern					Konjunktion in Rektaszension					Alter des Mondes
Name	Katalog Nr.	Gr.	α app.	δ app.	Weltzeit	Stundenw. H	Y	x′	y′	
				März						
		m	h m s	° ′ ″	d h m	h m				d
BD+15°592	618	7.2	4 8 35.88	+15 50 20.0	15 17 20.0	+0 41.6	+1.1136	0.5416	+0.0700	6.2
BD+15°607	627	6.8	4 14 29.04	+16 6 43.2	15 20 12.3	+3 28.5	+1.0063	0.5423	+0.0660	6.3
55 Tauri	636	6.9	4 17 34.44	+16 25 22.8	15 21 42.6	+4 56.0	+0.7599	0.5426	+0.0638	6.4
63 Tauri	650	5.7	4 21 4.34	+16 40 51.2	15 23 24.6	+6 34.8	+0.5812	0.5430	+0.0614	6.5
318 B. Tauri ...	741	5.7	4 55 0.91	+17 5 18.5	16 15 46.6	−1 34.5	+0.9366	0.5469	+0.0371	7.2
BD+17°1051	896	7.4	5 52 36.30	+17 23 34.6	17 19 0.6	+0 46.4	+1.0222	0.5533	−0.0060	8.3
BD+16°1273	1039	6.7	6 44 28.30	+16 48 52.5	18 19 2.8	+0 0.7	+1.0189	0.5581	−0.0454	9.3
67 Geminorum	1145	6.7	7 31 5.95	+15 43 29.2	19 16 20.9	−3 24.3	+0.8371	0.5618	−0.0799	10.2
68 Geminorum	1147	5.1	7 31 17.61	+15 54 46.0	19 16 26.2	−3 19.2	+0.6298	0.5618	−0.0801	10.2
BD+15°1676	1183	7.2	7 48 14.30	+14 56 33.8	20 0 7.1	+4 6.0	+0.9946	0.5630	−0.0921	10.5
84 B. Cancri ...	1281	6.4	8 31 30.56	+13 23 40.9	20 19 37.2	−1 4.0	+0.5316	0.5657	−0.1210	11.3
45 A¹ Cancri ..	1309	5.7	8 40 58.63	+12 49 29.9	20 23 52.0	+3 2.0	+0.5986	0.5662	−0.1269	11.5
50 A² Cancri ..	1318	5.7	8 44 43.00	+12 15 26.5	21 1 32.5	+4 39.1	+0.9750	0.5665	−0.1292	11.6
BD+13°1994	1320	6.8	8 46 26.11	+12 41 42.5	21 2 18.6	+5 23.6	+0.4187	0.5665	−0.1303	11.6
6 Leonis	1410	5.3	9 29 47.69	+ 9 53 35.2	21 21 39.1	+0 3.9	+0.5540	0.5691	−0.1542	12.4
155 B. Leonis ..	1519	6.5	10 21 8.93	+ 5 53 54.3	22 20 21.4	−2 1.4	+0.8590	0.5725	−0.1760	13.4
76 Leonis	1637	6.0	11 16 50.77	+ 1 52 16.0	23 20 41.1	−2 33.4	+0.4385	0.5770	−0.1896	14.4
98 B. Virginis .	1768	7.0	12 16 5.09	− 3 43 50.3	24 22 7.1	−2 2.5	+1.1410	0.5829	−0.1911	15.4
42 G. Virginis .	1769	6.6	12 16 5.51	− 3 43 30.3	24 22 7.3	−2 2.3	+1.1349	0.5829	−0.1911	15.4
34 Libr.	2213	5.9	15 28 23.45	−16 28 13.8	28 5 2.3	+1 53.4	+1.1295	0.6004	−0.1075	18.7
7 χ Ophiuchi .	2361	4.8	16 24 40.46	−18 21 51.0	29 3 27.4	−0 34.1	+1.0854	0.6005	−0.0650	19.6
71 B. Y Sagittarii	2658	5.4-6.2	18 18 59.48	−18 52 40.9	31 1 37.1	−4 11.1	+0.7671	0.5891	+0.0276	21.6
				April						
		m	h m s	° ′ ″	d h m	h m				d
BD+16°657	729	7.2	4 48 1.76	+17 7 51.7	12 19 25.1	+3 58.1	+0.7463	0.5456	+0.0422	4.7
130 Tauri	878	5.5	5 45 3.19	+17 42 45.2	13 22 42.7	+6 23.1	+0.6790	0.5497	−0.0002	5.8
54 λ Gemin. ...	1106	3.6	7 15 45.18	+16 36 45.2	15 17 21.2	−0 22.1	+0.4115	0.5540	−0.0678	7.6
67 Geminorum	1145	6.7	7 31 5.46	+15 43 29.9	16 0 29.9	+6 32.5	+0.8430	0.5546	−0.0788	7.9
68 Geminorum	1147	5.1	7 31 17.12	+15 54 46.7	16 0 35.4	+6 37.7	+0.6335	0.5546	−0.0789	7.9
BD+14°1850	1237	6.4	8 10 5.77	+14 7 27.7	16 18 36.0	+0 2.5	+0.8793	0.5561	−0.1054	8.6
BD+14°1879	1256	7.1	8 19 37.61	+13 45 7.5	16 23 0.5	+4 18.2	+0.7950	0.5565	−0.1116	8.8
BD+ 8°2289	1457	6.7	9 53 46.74	+ 7 52 5.2	18 18 10.3	−1 59.0	+0.9389	0.5623	−0.1629	10.7
227 B. Leonis ..	1577	7.1	10 48 51.75	+ 3 48 14.3	19 18 57.1	−2 3.3	+0.7918	0.5680	−0.1820	11.7
319 B. Virginis .	1836	6.3	12 45 28.45	− 6 4 52.8	21 21 27.6	−1 21.1	+1.1138	0.5862	−0.1869	13.8
29 Ophiuchi ...	2448	6.4	16 59 29.54	−18 49 33.3	26 1 56.5	−0 49.7	+0.7986	0.6102	−0.0380	18.0
				Mai						
		m	h m s	° ′ ″	d h m	h m				d
115 Tauri	814	5.3	5 24 46.66	+17 55 32.7	10 19 11.1	+4 57.7	+0.4675	0.5495	+0.0159	3.0
287 B. Orionis ..	961	6.2	6 16 39.07	+17 20 23.1	11 19 49.8	+4 48.6	+1.0186	0.5514	−0.0233	4.0
292 B. Orionis ..	970	6.5	6 19 2.70	+17 46 52.2	11 20 57.8	+5 54.3	+0.5058	0.5514	−0.0251	4.1
BD+17°1224*m*.	975	6.8	6 20 26.68	+17 35 33.6	11 21 37.5	+6 32.8	+0.6958	0.5515	−0.0262	4.1
51 Geminorum	1096	5.3	7 11 1.55	+16 13 36.8	12 21 30.5	+5 39.1	+1.1079	0.5518	−0.0636	5.1
BD+15°1734	1212	7.1	8 0 24.64	+15 3 40.8	13 20 47.5	+4 10.5	+0.4787	0.5515	−0.0978	6.1
50 A² Cancri ..	1318	5.7	8 44 42.16	+12 15 28.8	14 17 40.2	+0 22.3	+1.1419	0.5513	−0.1255	6.9
BD+13°1994	1320	6.8	8 46 25.27	+12 41 44.8	14 18 28.7	+1 9.3	+0.5722	0.5513	−0.1265	7.0
60 Cancri	1332	5.7	8 53 42.27	+11 46 49.1	14 21 54.6	+4 28.5	+1.1057	0.5514	−0.1306	7.1
65 α Cancri	1341	4.3	8 56 15.75	+12 0 50.6	14 23 6.9	+5 38.4	+0.6978	0.5514	−0.1321	7.2
BD+9°2226	1429	6.8	9 39 4.77	+ 9 10 45.3	15 19 14.5	+1 6.5	+0.8024	0.5525	−0.1540	8.0
BD+9°2239	1440	6.7	9 45 7.28	+ 8 45 26.0	15 22 4.4	+3 50.8	+0.8046	0.5528	−0.1568	8.1
79 Leonis	1652	5.5	11 21 57.81	+ 1 37 45.6	17 18 49.4	−0 53.7	+0.3872	0.5624	−0.1861	10.0
42 G. Virginis .	1769	6.6	12 16 5.36	− 3 43 29.8	18 18 58.8	−1 34.5	+1.2463	0.5720	−0.1887	11.0
162 B. Virginis .	1787	6.0	12 25 47.32	− 4 23 31.9	18 23 13.3	+2 31.0	+1.1137	0.5740	−0.1881	11.2
72 B. Aquarii ..	3146	6.5	21 26 2.52	−11 44 35.5	28 1 5.9	−4 0.8	+0.8840	0.5576	+0.1491	20.2
46 ρ Aquarii ..	3278	5.4	22 18 3.95	− 8 1 27.6	29 1 42.7	−4 12.0	+0.8775	0.5429	+0.1663	21.3

Elemente der in Mitteleuropa sichtbaren Sternbedeckungen

Stern: Name	Katalog Nr.	Gr.	α app.	δ app.	Konjunktion in Rektaszension: Weltzeit	Stundenw. H	Y	x′	y′	Alter des Mondes
Juni										
		m	h m s	° ′ ″	d h m	h m				d
45 A¹ Cancri ..	1309	5.7	8 40 57.51	+12 49 33.3	10 21 31.5	+6 4.5	+0.9716	0.5509	−0.1222	4.4
6 h Leonis ...	1410	5.3	9 29 46.63	+ 9 53 39.2	11 20 41.9	+4 29.8	+0.9510	0.5494	−0.1482	5.4
43 Leonis	1518	6.3	10 20 52.84	+ 6 44 53.0	12 20 58.7	+3 59.5	+0.4024	0.5497	−0.1690	6.4
BD+3°2475	1624	6.8	11 11 48.11	+ 2 29 20.9	13 20 59.9	+3 13.7	+0.6097	0.5530	−0.1821	7.4
75 Leonis	1635	5.4	11 15 12.18	+ 2 13 58.4	13 22 35.4	+4 46.1	+0.5845	0.5533	−0.1827	7.4
76 Leonis	1637	6.0	11 16 50.06	+ 1 52 19.5	13 23 21.2	+5 30.4	+0.8187	0.5535	−0.1829	7.5
31 B. Virginis .	1735	6.4	11 58 57.38	− 1 32 32.1	14 18 51.9	+0 22.2	+0.7142	0.5589	−0.1866	8.3
BD−1°2632	1753	7.1	12 9 17.58	− 2 28 24.3	14 23 35.4	+4 56.1	+0.7840	0.5606	−0.1865	8.5
7 μ Libr.	2114	5.8	14 47 6.75	−13 58 51.4	17 19 31.3	−1 34.6	+0.7702	0.5962	−0.1384	11.3
187 B. Sagittarii	2787	6.4	19 4 47.55	−18 47 56.1	21 23 0.9	−2 6.3	+1.2118	0.6061	+0.0622	15.5
Juli										
		m	h m s	° ′ ″	d h m	h m				d
58 d Leonis ...	1599	5.0	10 58 27.65	+ 3 50 6.8	10 20 1.3	+4 14.8	+0.6042	0.5515	−0.1785	4.7
9 B. Virginis .	1708	6.2	11 46 57.11	− 0 5 36.2	11 18 49.6	+2 18.4	+0.5301	0.5542	−0.1848	5.7
BD−15°4118	2210	6.8	15 26 23.21	−15 33 39.1	15 19 13.1	−0 41.7	+0.5369	0.5939	−0.1136	9.7
7 χ Ophiuchi .	2361	4.8	16 24 41.76	−18 21 51.2	16 18 33.7	−2 15.6	+1.1573	0.6038	−0.0717	10.7
120 B. Scorpii ..	2390	6.7	16 36 8.94	−18 8 19.3	16 23 4.2	+2 4.2	+0.6290	0.6053	−0.0627	10.9
BD−19°5047	2687	6.5-7.3	18 29 31.85	−19 9 7.9	18 19 10.5	−3 35.7	+0.9234	0.6081	+0.0310	12.7
BD−18°5079	2731	6.5	18 46 24.69	−18 38 39.9	19 1 46.5	+2 44.6	+0.6674	0.6066	+0.0449	13.0
August										
		m	h m s	° ′ ″	d h m	h m				d
193 B. Virginis .	1795	7.1	12 28 45.22	− 3 50 11.3	8 19 27.3	+4 4.7	+1.0257	0.5615	−0.1837	4.2
29 o Libr.	2193	6.1	15 18 46.00	−15 24 7.5	11 21 57.8	+3 57.5	+0.9636	0.5859	−0.1178	7.3
166 B. Ophiuchi.	2497	6.6	17 18 12.79	−19 17 23.5	13 22 37.1	+2 45.3	+1.1966	0.5995	−0.0296	9.3
71 B. Y Sagittarii	2658	5.4-6.2	18 19 1.59	−18 52 36.6	14 22 54.7	+2 6.1	+0.6656	0.6000	+0.0202	10.4
44 ρ Sagittarii .	2826	4.0	19 19 21.17	−17 55 17.3	15 23 13.9	+1 29.0	+0.7825	0.5951	+0.0680	11.4
263 B. Aquarii .	3380	6.2	22 59 27.67	− 4 55 32.9	19 23 46.1	−1 23.1	+0.4198	0.5509	+0.1761	15.4
147 B. Arietis ..	454	5.8	3 4 11.09	+13 1 55.2	25 1 59.1	−2 54.7	+0.6562	0.5346	+0.1161	20.5
54 Geminorum	1106	3.6	7 15 45.68	+16 36 47.6	30 2 58.6	−5 46.9	+0.6238	0.5570	−0.0606	25.5
30 B. Cancri ...	1234	6.1	8 8 41.97	+14 44 57.8	31 3 26.8	−6 7.6	+0.6766	0.5594	−0.0979	26.5
September										
		m	h m s	° ′ ″	d h m	h m				d
BD−10°3810	2013	7.5	14 1 17.21	−10 46 17.4	6 18 37.1	+3 36.2	+1.0299	0.5792	−0.1600	3.7
46 Θ Libr.	2271	4.3	15 51 31.38	−16 36 35.6	8 16 51.7	+0 8.2	+0.8695	0.5915	−0.0961	5.6
29 Ophiuchi ..	2448	6.4	16 59 29.72	−18 49 31.4	9 20 33.5	+2 46.6	+1.1450	0.5953	−0.0448	6.8
BD−19°4800	2596	7.3	17 59 30.07	−19 6 14.5	10 20 52.3	+2 9.4	+0.9273	0.5947	+0.0035	7.8
BD−18°5115	2745	6.9	18 50 45.46	−18 41 2.2	11 17 48.8	−1 42.0	+1.0087	0.5910	+0.0444	8.6
BD−18°5134	2755	6.6	18 53 53.30	−18 45 34.7	11 19 6.2	−0 27.5	+1.1452	0.5906	+0.0469	8.7
BD−18°5155	2764	6.3	18 57 5.94	−18 37 10.8	11 20 25.6	+0 49.0	+1.0662	0.5903	+0.0494	8.9
BD−14°5839	3027	7.0	20 42 19.92	−14 19 44.7	13 17 2.5	−4 12.1	+0.5763	0.5742	+0.1221	10.6
9 Aquarii	3072	6.6	20 58 56.23	−13 41 7.6	14 0 20.9	+2 51.0	+0.8379	0.5710	+0.1314	10.9
96 B. Aquarii ..	3208	6.5	21 51 27.98	−10 29 56.2	15 0 2.4	+1 43.8	+0.9472	0.5610	+0.1559	11.9
70 Tauri	659	6.4	4 23 19.83	+15 50 57.8	23 1 7.0	−3 11.8	+1.0658	0.5415	+0.0664	19.9
75 Tauri	667	5.3	4 26 8.70	+16 16 11.7	23 2 29.6	−1 51.8	+0.6902	0.5418	+0.0645	20.0
264 B. Tauri ...	677	4.8	4 28 15.76	+16 6 23.6	23 3 31.7	−0 51.6	+0.9371	0.5419	+0.0631	20.0
87 α Tauri	692	1.1	4 33 37.00	+16 25 42.4	23 6 8.6	+1 40.3	+0.7406	0.5422	+0.0593	20.2
45 A¹ Cancri ..	1309	5.7	8 40 58.54	+12 49 33.1	28 3 35.8	−4 40.5	+1.0632	0.5557	−0.1172	25.1
Oktober										
		m	h m s	° ′ ″	d h m	h m				d
120 B. Scorpii ..	2390	6.7	16 36 7.72	−18 8 17.3	6 17 13.4	+1 35.7	+0.9704	0.6017	−0.0639	4.2
BD−17°4616	2396	6.6	16 38 57.74	−17 58 47.0	6 18 20.9	+2 40.6	+0.7414	0.6018	−0.0617	4.3
BD−18°4586	2531	7.3	17 34 39.34	−18 57 53.9	7 16 29.7	−0 2.7	+0.8626	0.6000	−0.0169	5.2
27 G. Capricorni	2995	6.2	20 28 49.46	−15 11 21.8	10 16 44.4	−2 30.3	+0.7812	0.5726	+0.1130	8.2
13 Capricorni ..	3008	6.9	20 35 6.29	−15 17 6.7	10 19 29.9	+0 9.4	+1.1986	0.5712	+0.1168	8.3
14 τ Capricorni	3015	5.3	20 37 1.83	−15 5 40.1	10 20 20.8	+0 58.5	+1.1007	0.5708	+0.1179	8.3

Elemente der in Mitteleuropa sichtbaren Sternbedeckungen

Stern					Konjunktion in Rektaszension					Alter des Mondes
Name	Katalog Nr.	Gr.	α app.	δ app.	Weltzeit	Stundenw. H	Y	x′	y′	
Oktober										
		m	h m s	° ′ ″	d h m	h m				d
BD—12°5994	3137	6.6	21 24 14.60	—12 15 55.6	11 17 33.4	—2 32.6	+0.9363	0.5608	+0.1427	9.2
96 G Capricorni	3145	6.8	21 25 28.36	—11 50 21.2	11 18 7.1	—2 0.0	+0.5707	0.5605	+0.1433	9.3
72 B. Aquarii ..	3146	6.5	21 26 3.90	—11 44 27.2	11 18 23.4	—1 44.3	+0.5067	0.5604	+0.1435	9.3
24 ξ Arietis ...	354	5.5	2 22 40.84	+10 25 47.6	17 20 39.1	—4 1.2	+0.8002	0.5365	+0.1386	15.4
3 B. Tauri ...	464	6.4	3 9 10.50	+12 53 46.7	18 19 55.3	—5 27.6	+1.0364	0.5388	+0.1142	16.3
318 B. Tauri ...	741	5.7	4 55 3.84	+17 5 26.2	20 23 59.2	—3 1.1	+0.5996	0.5443	+0.0446	18.5
130 Tauri	878	5.5	5 45 6.16	+17 42 49.5	22 0 11.8	—3 34.6	+0.5445	0.5459	+0.0078	19.5
68 Geminorum	1147	5.1	7 31 18.99	+15 54 46.4	24 3 9.0	—2 15.2	+0.9164	0.5473	—0.0699	21.6
209 B. Cancri ...	1364	6.5	9 7 35.01	+11 43 41.5	26 1 3.1	—5 49.8	+0.7511	0.5494	—0.1312	23.5
222 B. Cancri ...	1381	6.3	9 15 40.18	+11 40 10.9	26 4 53.3	—2 7.1	+0.3004	0.5497	—0.1356	23.7
29 π Leonis ...	1468	4.9	9 58 4.81	+ 8 14 15.8	27 0 55.3	—6 44.3	+0.9945	0.5524	—0.1564	24.5
58 d Leonis ...	1599	5.0	10 58 28.26	+ 3 50 4.7	28 5 2.5	—3 32.8	+0.8421	0.5588	—0.1778	25.7
November										
		m	h m s	° ′ ″	d h m	h m				d
71 B. Sagittarii	2658	5.4-6.2	18 19 0.26	—18 52 37.0	4 17 28.9	+2 2.7	+0.6849	0.6061	+0.0189	3.8
44 ρ Sagittarii .	2826	4.0	19 19 19.92	—17 55 19.1	5 17 29.4	+1 6.8	+0.7722	0.5945	+0.0665	4.8
150 B. Aquarii ..	3270	6.1	22 14 45.62	— 9 14 20.8	8 22 32.1	+3 26.8	+1.2507	0.5493	+0.1623	8.0
BD—6°6087	3357	6.8	22 51 22.99	— 6 11 58.8	9 16 11.8	—3 27.3	+0.9913	0.5420	+0.1712	8.8
BD—5°5917	3385	6.6	23 1 52.26	— 5 0 37.1	9 21 20.4	+3 31.7	+0.6114	0.5402	+0.1729	9.0
71 B. Piscium .	3530	7.0	23 57 43.82	— 0 30 6.9	11 1 15.4	+4 35.4	+0.6780	0.5333	+0.1763	10.2
24 ξ Arietis ...	354	5.5	2 22 41.04	+10 25 47.7	14 3 9.3	+4 16.5	+0.8115	0.5347	+0.1396	13.2
264 B. Tauri ...	677	4.8	4 28 17.00	+16 6 24.4	16 17 33.7	—7 14.4	+1.0839	0.5444	+0.0650	15.8
275 B. Tauri ...	685	6.5	4 31 21.50	+16 14 19.3	16 19 3.7	—5 47.3	+1.0332	0.5446	+0.0629	15.9
87 α Tauri	692	1.1	4 33 38.25	+16 25 43.0	16 20 10.4	—4 42.7	+0.8911	0.5447	+0.0613	15.9
111 Tauri	806	5.1	5 22 6.08	+17 20 45.1	17 19 40.5	—5 57.2	+0.9035	0.5468	+0.0262	16.9
124 Orionis	944	5.7	6 12 9.02	+17 55 1.2	18 19 47.2	—6 36.6	+0.4492	0.5474	—0.0112	17.9
287 B. Orionis ..	961	6.2	6 16 42.83	+17 20 24.1	18 21 58.9	—4 29.1	+1.0606	0.5473	—0.0146	18.0
292 B. Orionis ..	970	6.5	6 19 6.46	+17 46 52.7	18 23 8.0	—3 22.2	+0.5532	0.5473	—0.0164	18.1
54 Geminorum	1106	3.6	7 15 48.05	+16 36 42.6	20 2 25.0	—0 57.3	+0.8233	0.5461	—0.0580	19.2
30 B. Cancri	1234	6.1	8 8 44.24	+14 44 50.6	21 3 59.3	—0 11.8	+0.9117	0.5443	—0.0942	20.3
14 ο Leonis	1428	3.8	9 39 0.69	+10 4 27.7	22 23 47.4	—5 46.8	+0.6488	0.5433	—0.1456	22.0
Dezember										
		m	h m s	° ′ ″	d h m	h m				d
BD—18°5115	2745	6.9	18 50 44.28	—18 41 3.3	2 15 24.7	+1 16.8	+0.7193	0.6125	+0.0438	2.2
BD—18°5134	2755	6.6	18 53 52.11	—18 45 35.9	2 16 36.8	+2 26.0	+0.8488	0.6120	+0.0463	2.3
BD—18°5155	2764	6.3	18 57 4.74	—18 37 12.0	2 17 50.9	+3 37.1	+0.7696	0.6114	+0.0489	2.3
BD—17°5832	2922	7.4	19 59 13.91	—16 58 41.5	3 18 18.7	+3 6.8	+0.9339	0.5965	+0.0957	3.4
48 λ Capricorni	3188	5.4	21 44 22.14	—11 33 2.1	5 15 3.5	—1 46.3	+1.1597	0.5644	+0.1536	5.2
129 G.Capricorni	3205	6.8	21 50 51.67	—10 45 1.1	5 17 59.2	+1 3.5	+0.7886	0.5624	+0.1561	5.4
96 B. Aquarii ..	3208	6.5	21 51 26.97	—10 30 0.5	5 18 15.2	+1 18.9	+0.5716	0.5623	+0.1564	5.4
67 Aquarii	3334	6.3	22 41 8.47	— 7 10 21.3	6 17 20.4	—0 21.8	+0.9075	0.5484	+0.1708	6.3
BD—6°6087	3357	6.8	22 51 22.64	— 6 12 0.7	6 22 14.0	+4 22.4	+0.7281	0.5459	+0.1728	6.5
34 Piscium ...	3470	7.0	23 30 51.90	— 3 14 14.3	7 17 30.3	—0 57.7	+0.9784	0.5376	+0.1772	7.4
44 Piscium	50	6.0	0 23 21.24	+ 1 43 6.0	8 19 53.2	+0 37.2	+0.3370	0.5307	+0.1753	8.5
77 Piscium	155	6.8	1 3 45.36	+ 4 41 44.1	9 16 33.0	—3 20.1	+0.6657	0.5287	+0.1681	9.3
133 G Piscium ..	283	7.0	1 52 15.93	+ 8 35 3.9	10 17 27.7	—3 9.8	+0.4281	0.5296	+0.1532	10.3
75 Tauri	667	5.3	4 26 10.23	+16 16 12.0	13 22 40.9	—0 17.8	+0.8412	0.5439	+0.0687	13.5
264 B. Tauri ...	677	4.8	4 28 17.31	+16 6 23.7	13 23 43.0	+0 42.3	+1.0933	0.5441	+0.0672	13.6
275 B. Tauri ...	685	6.5	4 31 21.81	+16 14 18.6	14 1 13.1	+2 9.6	+1.0460	0.5444	+0.0651	13.7
87 α Tauri	692	1.1	4 33 38.57	+16 25 42.4	14 2 19.8	+3 14.2	+0.9062	0.5446	+0.0635	13.7
124 H^1. Orionis .	944	5.7	6 12 9.58	+17 54 59.9	16 1 49.8	+1 13.5	+0.5679	0.5496	—0.0092	15.7
292 B. Orionis ..	970	6.5	6 19 7.04	+17 46 51.2	16 5 9.6	+4 26.9	+0.6790	0.5497	—0.0144	15.8
1 Cancri	1197	6.0	7 54 44.17	+15 53 44.4	18 3 2.1	+0 51.3	+0.4760	0.5467	—0.0836	17.7
14 ο Leonis	1428	3.8	9 39 1.55	+10 4 22.9	20 5 48.5	+2 1.8	+0.9370	0.5411	—0.1441	19.8
46 Θ Libr.	2271	4.3	15 51 31.50	—16 36 36.9	27 6 50.7	—2 40.8	+0.8894	0.6059	—0.1042	26.9

Sternbedeckungen 1959

Ein- und Austritte für Berlin-Babelsberg

$\lambda = -0^h\ 52^m\!.4 \qquad \varphi = +52^\circ\ 24'\!.4$

Tag	Katalog Nr.	Stern	Größe	Phase	Weltzeit	P	a	b	Alter des Mondes
1959			m		h m	°	m	m	d
Jan. 1	1685	υ Leonis	4.5	E.	5 9.8	160	−0.7	−2.2	21.5
1	1685	υ Leonis	4.5	A.	6 0.2	249	−1.6	−0.5	21.5
2	1787	162 B. Virginis	6.0	A.	4 10.0	339	−0.7	−1.5	22.4
12	3285	170 B. Aquarii	6.1	E.	16 42.2	96	−1.2	−1.4	3.5
13	3411	BD−3°5592*m*.	7.2	E.	18 32.9	10	−0.1	+1.9	4.5
16	226	269 B. Piscium	6.6	E.	18 1.4	139	—	—	7.5
17	355	BD+11°335 ..	7.5	E.	21 27.4	84	−0.8	−1.4	8.6
20	609	BD+16°559 ..	7.5	E.	0 19.0	117	−0.1	−2.3	10.8
22	1029	26 Geminorum ..	5.1	E.	22 31.9	70	−1.6	+0.3	13.7
26	1410	6 h Leonis	5.3	A.	3 11.7	329	−0.4	−2.4	16.9
27	1519	155 B. (Leonis)	6.5	A.	2 0.8	270	−1.5	−0.5	17.8
Febr. 12	184	88 Piscium	6.2	E.	16 48.4	31	−1.0	+1.3	4.9
14	437	BD+13°484 ..	7.4	E.	22 32.3	68	−0.1	−1.0	7.1
17	814	115 Tauri	5.3	E.	21 58.8	72	−1.1	−0.8	10.1
18	944	124 H¹.Orionis	5.7	E.	18 40.7	73	−1.5	+1.1	11.0
18	970	292 B. (Orionis)	6.5	E.	22 54.8	68	−1.1	−0.7	11.1
18	975	BD+17°1224*m*.	6.8	E.	23 38.0	100	−0.6	−1.7	11.2
20	1104	BD+16°1433 .	6.8	E.	0 16.5	172	—	—	12.2
20	1106	λ Geminorum ..	3.6	E.	0 38.1	47	−1.1	−0.2	12.2
21	1237	BD+14°1850 .	6.4	E.	0 45.0	147	−0.3	−2.6	13.2
21	1341	α Cancri	4.3	E.	19 27.2	112	−1.1	+0.4	14.0
26	1836	319 B. Virginis	6.3	A.	1 18.8	225	—	—	18.2
März 13	384	31 Arietis	5.7	E.	19 14.7	24	−0.7	+1.1	4.3
20	1183	BD+15°1676 .	7.2	E.	0 50.2	131	+0.1	−2.1	10.6
20	1281	84 B. Cancri	6.4	E.	18 52.5	88	−1.5	+0.5	11.4
21	1309	A¹. Cancri	5.7	E.	0 34.4	39	—	—	11.5
21	1410	6 h Leonis	5.3	E.	21 22.7	74	−1.7	+0.2	12.4
April 12	729	BD+16° 657 .	7.2	E.	20 2.1	99	−0.1	−1.7	4.7
16	1237	BD+14°1850 .	6.4	E.	18 41.2	156	−0.8	−3.1	8.6
16	1256	BD+14°1879 .	7.1	E.	23 37.1	83	−0.1	−1.4	8.8
Mai 15	1440	BD+9°2239 ..	6.7	E.	22 40.7	79	−0.3	−1.4	8.1
18	1787	162 B. Virginis	6.0	E.	23 48.4	135	−0.5	−2.0	11.1
28	3146	72 B. (Aquarii)	6.5	A.	0 42.6	274	−0.9	+1.4	20.2
29	3278	ρ Aquarii	5.4	A.	1 16.3	275	−0.8	+1.4	21.2
Aug. 15	2826	ρ Sagittarii	4.0	E.	23 26.8	68	−0.9	−0.7	11.4

Sternbedeckungen 1959

Ein- und Austritte für Berlin-Babelsberg

$\lambda = -0^h\ 52^m.4 \qquad \varphi = +52^\circ\ 24'.4$

Tag	Katalog Nr.	Stern	Größe	Phase	Weltzeit	P	a	b	Alter des Mondes
1959			m		h m	°	m	m	d
Aug. 25	454	147 B. Arietis	5.8	A.	1 53.3	271	−1.4	+1.1	20.5
30	1106	λ Geminorum ..	3.6	A.	2 21.5	286	−0.2	+1.2	25.5
31	1234	30 B. Cancri	6.1	A.	2 50.4	274	−0.1	+1.4	26.5
Sept. 11	2755	BD−18°5134 .	6.6	E.	18 47.8	133	−1.7	−0.9	8.7
11	2764	BD−18°5155 .	6.3	E.	20 30.0	123	−1.6	−1.5	8.8
15	3208	96 B. (Aquarii)	6.5	E.	0 23.6	123	−1.5	−2.7	11.9
23	667	75 Tauri	5.3	A.	2 43.6	245	−1.5	+1.3	20.0
23	692	α Tauri	1.1	E.	6 28.3	118	−1.0	−2.4	20.2
23	692	α Tauri	1.1	A.	7 31.3	235	−0.9	−0.4	20.2
Okt. 6	2390	120 B. (Scorpii)	6.7	E.	17 26.3	103	−1.1	−1.3	4.2
17	354	ξ Arietis	5.5	A.	20 14.5	263	−0.8	+1.6	15.3
18	464	3 B. (Tauri)	6.4	A.	19 8.6	222	+0.1	+2.2	16.3
20	741	318 B. Tauri	5.7	A.	23 51.4	272	−1.3	+1.0	18.5
21	878	130 Tauri	5.5	A.	23 52.7	287	−1.2	+0.8	19.5
26	1364	209 B. Cancri	6.5	A.	0 25.4	254	−0.1	+2.0	23.5
28	1599	58 Leonis	5.0	A.	4 39.8	236	−1.3	+3.1	25.7
Nov. 5	2826	ρ Sagittarii	4.0	E.	17 37.7	62	−1.0	−0.4	4.8
9	3385	BD−5°5917 ..	6.6	E.	21 40.2	55	−0.8	−0.2	8.9
16	692	α Tauri	1.1	E.	18 34.5	103	−0.3	+1.3	15.9
16	692	α Tauri	1.1	A.	19 32.4	233	−0.2	+2.3	15.9
17	806	111 Tauri	5.1	A.	18 59.0	238	+0.1	+2.1	16.9
18	970	292 B. (Orionis)	6.5	A.	22 53.2	281	−1.2	+0.9	18.0
20	1106	λ Geminorum ..	3.6	E.	2 9.0	161	—	—	19.2
20	1106	λ Geminorum ..	3.6	A.	2 47.9	216	—	—	19.2
22	1428	o Leonis	3.8	A.	23 10.4	275	−0.2	+1.4	22.0
Dez. 5	3205	129 Capricorni ...	6.8	E.	18 4.0	75	−1.1	−0.6	5.4
5	3208	96 B. (Aquarii)	6.5	E.	18 40.0	34	−0.6	+0.3	5.4
6	3334	67 Aquarii	6.3	E.	16 51.2	83	−1.6	+0.1	6.4
7	3470	34 G. Piscium	7.0	E.	16 45.1	95	−1.7	+0.3	7.4
14	692	α Tauri	1.1	E.	3 13.1	157	—	—	13.7
14	692	α Tauri	1.1	A.	3 35.9	199	—	—	13.7
18	1197	1 Cancri	6.0	A.	4 0.5	330	−0.5	−3.1	17.8
20	1428	14 o Leonis	3.8	E.	6 16.4	126	−0.6	−2.1	19.9
27	2271	θ Librae	4.3	E.	5 44.8	117	−0.7	+0.6	26.9

Sternbedeckungen 1959

Ein- und Austritte für Frankfurt a. M.

$\lambda = -0^h\ 34^m.6 \qquad \varphi = +50°\ 7'.0$

Tag	Katalog Nr.	Stern	Größe	Phase	Weltzeit	P	a	b	Alter des Mondes
1959			m		h m	°	m	m	d
Jan. 1	1685	91 υ Leonis	4.5	E.	5 13.2	174	−0.3	−2.9	21.5
1	1685	υ Leonis	4.5	A.	5 52.1	237	−2.2	+0.4	21.5
2	1787	162 B. Virginis	6.0	A.	4 9.4	327	−0.9	−1.1	22.4
12	3285	170 B. Aquarii	6.1	E.	16 39.4	98	−1.5	−1.4	3.5
13	3411	BD−3°5592*m*.	7.2	E.	18 28.2	17	−0.3	+1.5	4.5
15	104	147 B. Piscium	5.8	E.	19 17.6	5	—	—	6.5
17	355	BD+11°335 ..	7.5	E.	21 26.6	92	−1.0	−1.5	8.6
20	609	BD+16°559 ..	7.5	E.	0 24.0	127	−0.2	−2.8	10.8
22	1029	26 Geminorum ..	5.1	E.	22 23.8	79	−1.7	+0.2	13.7
26	1410	6 h Leonis	5.3	A.	3 14.5	320	−0.7	−2.2	16.9
27	1519	155 B. (Leonis)	6.5	A.	1 53.9	260	−1.8	+0.1	17.8
Febr. 14	437	BD+13°484 ..	7.4	E.	22 34.4	77	−0.1	−1.2	7.1
17	814	115 Tauri	5.3	E.	21 55.9	82	−1.2	−1.0	10.1
18	944	124 H¹.Orionis	5.7	E.	18 31.4	79	−1.6	+1.0	11.0
18	970	292 B. (Orionis)	6.5	E.	22 51.7	78	−1.2	−0.9	11.1
18	975	BD+17°1224*m*.	6.8	E.	23 39.4	109	−0.6	−1.9	11.2
20	1106	λ Geminorum ..	3.6	E.	0 34.1	60	−1.1	−0.5	12.2
21	1237	BD+14°1850 .	6.4	E.	0 50.5	159	−0.1	−3.2	13.2
21	1341	α Cancri	4.3	E.	19 21.7	119	−1.0	+0.2	14.0
März 13	384	31 Arietis	5.7	E.	19 10.1	36	−0.7	+0.4	4.3
14	504	BD+14°565 ..	7.3	E.	21 29.5	46	−0.3	−0.3	5.4
15	636	55 Tauri *m*.	6.9	E.	22 24.2	103	+0.1	−1.7	6.5
20	1183	BD+15°1676 .	7.2	E.	0 55.7	138	+0.1	−2.3	10.6
20	1281	84 B. Cancri	6.4	E.	18 44.6	97	−1.5	+0.4	11.4
21	1309	A¹. Cancri	5.7	E.	0 29.8	53	−1.1	−0.4	11.5
21	1410	6 h Leonis	5.3	E.	21 14.6	85	−1.7	+0.1	12.4
29	2361	7 χ Ophiuchi	4.8	A.	4 1.3	243	−1.6	+0.2	19.7
April 12	729	BD+16° 657 .	7.2	E.	20 5.8	108	−0.2	−2.0	4.7
16	1256	BD+14°1879 .	7.1	E.	23 39.8	90	−0.2	−1.5	8.8
26	2448	29 Ophiuchi	6.4	A.	2 21.9	303	−1.5	−0.6	17.9
Mai 15	1440	BD+9°2239 ..	6.7	E.	22 42.6	84	−0.4	−1.4	8.1
18	1787	162 B. Virginis	6.0	E.	23 50.4	140	−0.6	−2.1	11.1

Sternbedeckungen 1959

Ein- und Austritte für Frankfurt a. M.

$\lambda = -0^h\,34^m\!.6 \qquad \varphi = +50°\,7'\!.0$

Tag	Katalog Nr.	Stern	Größe	Phase	Weltzeit	P	a	b	Alter des Mondes
1959			m		h m	°	m	m	d
Mai 29	3278	ρ Aquarii	5.4	A.	1 9.8	272	−0.7	+1.5	21.2
Aug. 15	2826	ρ Sagittarii	4.0	E.	23 23.9	69	−1.1	−0.6	11.4
25	454	147 B. Arietis	5.8	A.	1 44.6	271	−1.3	+1.2	20.5
30	1106	λ Geminorum ..	3.6	A.	2 18.1	283	−0.1	+1.2	25.5
Sept. 11	2755	BD−18°5134 .	6.6	E.	18 42.4	137	−1.7	−0.9	8.7
11	2764	BD−18°5155 .	6.3	E.	20 26.0	124	−1.7	−1.4	8.8
15	3208	96 B. (Aquarii)	6.5	E.	0 22.5	126	−1.9	−2.9	11.9
23	667	75 Tauri	5.3	A.	2 33.6	241	−1.4	+1.7	20.0
23	692	α Tauri	1.1	E.	6 29.8	129	−1.1	−3.0	20.2
23	692	α Tauri	1.1	A.	7 26.8	225	−1.2	+0.3	20.2
Okt. 17	354	ξ Arietis	5.5	A.	20 7.4	263	−0.7	+1.7	15.3
18	464	3 B. (Tauri)	6.4	A.	19 4.0	221	+0.2	+2.2	16.3
20	741	318 B. Tauri	5.7	A.	23 43.1	270	−1.2	+1.3	18.5
21	878	130 Tauri	5.5	A.	23 45.6	284	−1.1	+1.0	19.5
26	1381	222 B. Cancri	6.3	A.	4 23.3	349	—	—	23.7
28	1599	58 d Leonis	5.0	A.	4 23.8	216	—	—	25.7
Nov. 4	2658	Y Sagittarii	5.4	E.	17 53.7	50	−0.6	−0.3	3.8
5	2826	ρ Sagittarii	4.0	E.	17 34.0	62	−1.1	−0.3	4.8
9	3385	BD−5°5917 ..	6.6	E.	21 36.6	57	−1.0	−0.1	8.9
14	354	ξ Arietis	5.5	E.	3 58.7	133	+0.1	−3.4	13.2
16	692	α Tauri	1.1	E.	18 30.6	104	−0.2	+1.2	15.9
16	692	α Tauri	1.1	A.	19 26.5	232	−0.1	+2.3	15.9
17	806	111 Tauri	5.1	A.	18 55.2	237	+0.3	+2.0	16.9
18	970	292 B. (Orionis)	6.5	A.	22 45.7	277	−1.1	+1.1	18.0
Dez. 5	3205	129 G. Capricorni	6.8	E.	17 59.7	75	−1.3	−0.4	5.4
5	3208	96 B. (Aquarii)	6.5	E.	18 36.3	36	−0.7	+0.5	5.4
6	3334	67 Aquarii	6.3	E.	16 43.4	83	−1.7	+0.4	6.4
7	3470	34 G. Piscium	7.0	E.	16 36.2	95	−1.7	+0.6	7.4
18	1197	1 Cancri	6.0	A.	4 4.3	319	−0.7	−2.6	17.8
20	1428	o Leonis	3.8	E.	6 18.6	134	−0.6	−2.2	19.9
27	2271	θ Librae	4.3	E.	5 40.7	126	−0.6	+0.4	26.9

Sternbedeckungen 1959

Ein- und Austritte für München

$\lambda = -0^h\ 46^m.4 \qquad \varphi = +48°\ 8'.8$

Tag	Katalog Nr.	Stern	Größe	Phase	Weltzeit	P	a	b	Alter des Mondes
1959			m		h m	°	m	m	d
Jan. 1	1685	υ Leonis	4.5	E.	5 20.0	175	−0.3	−3.2	21.5
1	1685	υ Leonis	4.5	A.	5 57.9	236	−2.3	+0.4	21.5
2	1787	162 B. Virginis	6.0	A.	4 14.5	326	−1.0	−1.2	22.4
12	3285	170 B. Aquarii	6.1	E.	16 47.3	108	−1.6	−2.0	3.5
13	3411	BD−3°5592*m*.	7.2	E.	18 27.1	28	−0.5	+0.9	4.5
15	104	147 B. Piscium	5.8	E.	19 14.3	19	−0.7	+2.0	6.5
17	355	BD+11°335 ..	7.5	E.	21 32.8	98	−0.9	−1.8	8.6
20	609	BD+16°559 ..	7.5	E.	0 29.8	132	0.0	−2.9	10.8
22	1029	26 Geminorum ..	5.1	E.	22 28.9	84	−1.8	−0.1	13.7
26	1410	6 h Leonis	5.3	A.	3 20.8	319	−0.6	−2.2	16.9
27	1519	155 B. (Leonis)	6.5	A.	1 59.3	258	−1.9	0.0	17.8
Febr. 17	814	115 Tauri	5.3	E.	22 1.4	85	−1.1	−1.2	10.1
18	944	124 H¹.Orionis	5.7	E.	18 34.6	86	−1.7	+0.6	11.0
18	970	292 B. (Orionis)	6.5	E.	22 56.9	81	−1.1	−1.0	11.1
18	975	BD+17°1224*m*.	6.8	E.	23 44.9	111	−0.5	−1.9	11.2
20	1106	λ Geminorum ..	3.6	E.	0 38.4	62	−1.0	−0.6	12.2
21	1237	BD+14°1850 .	6.4	E.	0 57.2	161	0.0	−3.3	13.2
21	1341	α Cancri	4.3	E.	19 24.8	125	−1.2	−0.1	14.0
März 13	384	31 Arietis	5.7	E.	19 11.6	43	−0.7	+0.1	4.3
20	1183	BD+15°1676 .	7.2	E.	0 59.5	140	+0.2	−2.2	10.6
20	1281	84 B. Cancri	6.4	E.	18 48.7	102	−1.6	+0.1	11.4
21	1309	A¹.Cancri	5.7	E.	0 33.8	55	−1.0	−0.5	11.5
21	1410	6 h Leonis	5.3	E.	21 19.9	87	−1.8	−0.2	12.4
29	2361	χ Ophiuchi	4.8	A.	4 5.8	240	−1.6	+0.2	19.7
April 12	729	BD+16°657 ..	7.2	E.	20 9.8	111	0.0	−2.0	4.7
16	1256	BD+14°1879 .	7.1	E.	23 43.1	91	−0.1	−1.4	8.8
26	2448	29 Ophiuchi	6.4	A.	2 27.7	300	−1.6	−0.8	17.9
Mai 15	1429	BD+9°2226 ..	6.8	E.	19 26.2	119	−1.1	−1.7	8.0
15	1440	BD+9°2239 ..	6.7	E.	22 46.3	86	−0.3	−1.4	8.1
18	1787	162 B. Virginis	6.0	E.	23 56.3	142	−0.6	−2.1	11.1
28	3146	72 B. (Aquarii)	6.5	A.	0 35.3	269	−0.9	+1.4	20.2
29	3278	ρ Aquarii	5.4	A.	1 8.9	269	−0.8	+1.5	21.2

Sternbedeckungen 1959

Ein- und Austritte für München

$\lambda = -0^h\ 46^m.4 \qquad \varphi = +48^\circ\ 8'.8$

Tag	Katalog Nr.	Stern	Größe	Phase	Weltzeit	*P*	*a*	*b*	Alter des Mondes
1959			m		h m	°	m	m	d
Aug. 15	2826	ρ Sagittarii	4.0	E.	23 28.4	75	−1.1	−0.7	11.4
25	454	147 B. Arietis	5.8	A.	1 46.1	263	−1.4	+1.3	20.5
30	1106	λ Geminorum	3.6	A.	2 16.0	276	−0.1	+1.3	25.5
31	1234	30 B. Cancri	6.1	A.	2 44.2	264	0.0	+1.5	26.5
Sept. 11	2755	BD−18°5134	6.6	E.	18 50.1	142	—	—	8.7
11	2764	BD−18°5155	6.3	E.	20 34.7	131	−1.9	−2.0	8.8
23	667	75 Tauri	5.3	A.	2 34.3	233	−1.5	+2.0	20.0
23	692	α Tauri	1.1	E.	6 39.2	136	−0.9	−3.6	20.2
23	692	α Tauri	1.1	A.	7 29.5	219	−1.3	+0.7	20.2
Okt. 6	2390	120 B. Scorpii	6.7	E.	17 30.3	109	−1.2	−1.4	4.2
17	354	ξ Arietis	5.5	A.	20 6.2	257	−0.7	+1.7	15.3
18	464	3 B. (Tauri)	6.4	A.	18 59.0	216	+0.2	+2.3	16.3
20	741	318 B. Tauri	5.7	A.	23 44.2	262	−1.3	+1.4	18.5
21	878	130 Tauri	5.5	A.	23 46.7	276	−1.1	+1.1	19.5
26	1364	209 B. Cancri	6.5	A.	0 16.1	241	+0.1	+2.4	23.5
26	1381	222 B. Cancri	6.3	A.	4 32.3	340	−1.1	−2.7	23.7
Nov. 4	2658	Y Sagittarii	5.4	E.	17 56.5	57	−0.7	−0.5	3.8
5	2826	ρ Sagittarii	4.0	E.	17 38.0	68	−1.2	−0.4	4.8
9	3385	BD−5°5917	6.6	E.	21 40.1	65	−1.1	−0.4	8.9
16	692	α Tauri	1.1	E.	18 28.9	110	−0.3	+1.1	15.9
16	692	α Tauri	1.1	A.	19 22.0	225	−0.1	+2.5	15.9
17	806	111 Tauri	5.1	A.	18 50.3	231	+0.3	+2.1	16.9
18	970	292 B. (Orionis)	6.5	A.	22 46.7	270	−1.2	+1.3	18.0
22	1428	*o* Leonis	3.8	A.	23 3.6	263	−0.1	+1.7	22.0
Dez. 5	3205	129 G. Capricorni	6.8	E.	18 4.8	83	−1.4	−0.7	5.4
5	3208	96 B. (Aquarii)	6.5	E.	18 37.8	44	−0.8	+0.2	5.4
6	3334	67 Aquarii	6.3	E.	16 48.1	89	−1.9	+0.1	6.4
7	3470	34 G. Piscium	7.0	E.	16 41.0	102	−2.0	+0.2	7.4
8	50	44 Piscium	6.0	E.	20 32.3	359	—	—	8.5
18	1197	1 Cancri	6.0	A.	4 11.6	316	−0.7	−2.6	17.8
20	1428	*o* Leonis	3.8	E.	6 24.9	135	−0.6	−2.3	19.9
27	2271	θ Librae	4.3	E.	5 41.8	127	−0.6	+0.3	26.9

0h Weltzeit	Mondbewegung				Lage des Mondäquators gegen den Erdäquator			
	☊	$L_☾$	$\tilde{\omega}_☾$	$M_☾$	i	$\varDelta$	☊′	$\varDelta$−☋
1959	°	°	°	°	°	°	°	°
Jan. −4	198.3182	109.3166	214.471	254.845	24.907	17.272	1.148	358.952
+6	197.7887	241.0806	215.585	25.495	24.912	16.772	1.116	358.982
16	197.2591	12.8446	216.699	156.145	24.916	16.272	1.084	359.011
26	196.7296	144.6085	217.813	286.795	24.920	15.772	1.051	359.041
Febr. 5	196.2001	276.3725	218.927	57.445	24.923	15.272	1.019	359.071
15	195.6705	48.1365	220.041	188.095	24.927	14.772	0.986	359.100
25	195.1410	179.9004	221.155	318.745	24.931	14.273	0.954	359.130
März 7	194.6115	311.6644	222.269	89.395	24.934	13.773	0.921	359.160
17	194.0819	83.4284	223.383	220.045	24.938	13.273	0.888	359.190
27	193.5524	215.1923	224.498	350.695	24.941	12.773	0.855	359.220
April 6	193.0228	346.9563	225.612	121.345	24.944	12.274	0.822	359.250
16	192.4933	118.7203	226.726	251.995	24.947	11.774	0.789	359.280
26	191.9638	250.4842	227.840	22.645	24.950	11.275	0.756	359.310
Mai 6	191.4342	22.2482	228.954	153.295	24.952	10.775	0.723	359.340
16	190.9047	154.0122	230.068	283.944	24.955	10.276	0.690	359.371
26	190.3751	285.7761	231.182	54.594	24.957	9.777	0.657	359.401
Juni 5	189.8456	57.5401	232.296	185.244	24.960	9.277	0.624	359.431
15	189.3161	189.3041	233.410	315.894	24.962	8.778	0.590	359.462
25	188.7865	321.0681	234.524	86.544	24.964	8.279	0.557	359.492
Juli 5	188.2570	92.8320	235.638	217.194	24.966	7.780	0.524	359.522
15	187.7275	224.5960	236.752	347.844	24.968	7.281	0.490	359.553
25	187.1979	356.3600	237.866	118.494	24.969	6.782	0.457	359.583
Aug. 4	186.6684	128.1239	238.980	249.144	24.971	6.283	0.423	359.614
14	186.1388	259.8879	240.094	19.794	24.973	5.784	0.390	359.644
24	185.6093	31.6519	241.208	150.444	24.974	5.285	0.356	359.675
Sept. 3	185.0798	163.4158	242.322	281.094	24.975	4.786	0.323	359.706
13	184.5502	295.1798	243.436	51.744	24.976	4.287	0.289	359.736
23	184.0207	66.9438	244.550	182.394	24.977	3.788	0.256	359.767
Okt. 3	183.4911	198.7077	245.664	313.044	24.978	3.289	0.222	359.798
13	182.9616	330.4717	246.778	83.693	24.979	2.790	0.188	359.828
23	182.4321	102.2357	247.892	214.343	24.980	2.291	0.155	359.859
Nov. 2	181.9025	233.9996	249.006	344.993	24.980	1.792	0.121	359.890
12	181.3730	5.7636	250.120	115.643	24.980	1.293	0.087	359.920
22	180.8434	137.5276	251.234	246.293	24.981	0.794	0.054	359.951
Dez. 2	180.3139	269.2915	252.348	16.943	24.981	0.295	0.020	359.982
12	179.7844	41.0555	253.462	147.593	24.981	359.797	359.986	0.013
22	179.2548	172.8195	254.577	278.243	24.981	359.298	359.953	0.043
32	178.7253	304.5834	255.691	48.893	24.980	358.799	359.919	0.074

Tägliche Änderungen

d	$\varDelta$☊	$\varDelta L_☾$	$\varDelta\tilde{\omega}_☾$	$\varDelta M_☾$
	°	°	°	°
1	−0.0530	13.1764	+ 0.111	13.065
2	0.1059	26.3528	0.223	26.130
3	0.1589	39.5292	0.334	39.195
4	0.2118	52.7056	0.446	52.260
5	0.2648	65.8820	0.557	65.325
6	−0.3177	79.0584	+ 0.668	78.390
7	0.3707	92.2348	0.780	91.455
8	0.4236	105.4112	0.891	104.520
9	0.4766	118.5876	1.003	117.585
10	−0.5295	131.7640	+ 1.114	130.650

Mondkrater Mösting A. 1959

Tag	0h Weltzeit $\alpha_{☾}-\alpha_k$			$\delta_{☾}-\delta_k$			log sin p_k		
1959	s	s	s	″	″	″			
Jan. 0	+ 2.48	−0.83	−0.50	+119.5	−16.7	− 1.7	8.22917	+324	− 17
1	+ 1.65	−1.28	−0.45	+102.8	−17.8	− 1.1	8.23241	+302	− 22
2	+ 0.37	−1.65	−0.37	+ 85.0	−18.9	− 1.1	8.23543	+268	− 34
3	− 1.28		−0.26	+ 66.1		− 1.4	8.23811		− 53
	s	s	s	″	″	″			
Jan. 15	− 9.26	+0.57		− 35.4	+29.0		8.20494	−305	
16	− 8.69	+0.73	+0.16	− 6.4	+31.4	+ 2.4	8.20189	−171	+134
17	− 7.96	+0.94	+0.21	+ 25.0	+31.8	+ 0.4	8.20018	− 29	+142
18	− 7.02	+1.19	+0.25	+ 56.8	+30.3	− 1.5	8.19989	+109	+138
19	− 5.83	+1.45	+0.26	+ 87.1	+26.6	− 3.7	8.20098	+235	+126
20	− 4.38	+1.63	+0.18	+113.7	+21.2	− 5.4	8.20333	+341	+106
21	− 2.75	+1.68	+0.05	+134.9	+14.4	− 6.8	8.20674	+419	+ 78
22	− 1.07	+1.54	−0.14	+149.3	+ 7.0	− 7.4	8.21093	+466	+ 47
23	+ 0.47	+1.17	−0.37	+156.3	− 0.2	− 7.2	8.21559	+477	+ 11
24	+ 1.64	+0.66	−0.51	+156.1	− 6.0	− 5.8	8.22036	+456	− 21
25	+ 2.30	+0.05	−0.61	+150.1	−10.5	− 4.5	8.22492	+406	− 50
26	+ 2.35	−0.53	−0.58	+139.6	−13.3	− 2.8	8.22898	+338	− 68
27	+ 1.82	−1.04	−0.51	+126.3	−15.4	− 2.1	8.23236	+258	− 80
28	+ 0.78	−1.44	−0.40	+110.9	−17.1	− 1.7	8.23494	+180	− 78
29	− 0.66	−1.71	−0.27	+ 93.8	−19.0	− 1.9	8.23674	+106	− 74
30	− 2.37	−1.84	−0.13	+ 74.8	−21.2	− 2.2	8.23780	+ 42	− 64
31	− 4.21	−1.81	+0.03	+ 53.6	−23.5	− 2.3	8.23822	− 15	− 57
Febr. 1	− 6.02	−1.61	+0.20	+ 30.1	−25.3	− 1.8	8.23807	− 68	− 53
2	− 7.63			+ 4.8			8.23739		
	s	s	s	″	″	″			
Febr. 14	− 7.20	+1.16		+ 51.9	+30.7		8.19998	− 14	
15	− 6.04	+1.47	+0.31	+ 82.6	+27.6	− 3.1	8.19984	+127	+141
16	− 4.57	+1.75	+0.28	+110.2	+22.4	− 5.2	8.20111	+266	+139
17	− 2.82	+1.86	+0.11	+132.6	+15.7	− 6.7	8.20377	+392	+126
18	− 0.96	+1.79	−0.07	+148.3	+ 8.0	− 7.7	8.20769	+495	+103
19	+ 0.83	+1.45	−0.34	+156.3	+ 0.6	− 7.4	8.21264	+567	+ 72
20	+ 2.28	+0.89	−0.56	+156.9	− 5.8	− 6.4	8.21831	+597	+ 30
21	+ 3.17	+0.18	−0.71	+151.1	−10.3	− 4.5	8.22428	+580	− 17
22	+ 3.35	−0.56	−0.74	+140.8	−12.9	− 2.6	8.23008	+515	− 65
23	+ 2.79	−1.24	−0.68	+127.9	−14.3	− 1.4	8.23523	+409	−106
24	+ 1.55	−1.78	−0.54	+113.6	−15.3	− 1.0	8.23932	+275	−134
25	− 0.23	−2.14	−0.36	+ 98.3	−17.0	− 1.7	8.24207	+128	−147
26	− 2.37	−2.30	−0.16	+ 81.3	−19.7	− 2.7	8.24335	− 14	−142
27	− 4.67	−2.22	+0.08	+ 61.6	−23.1	− 3.4	8.24321	−136	−122
28	− 6.89	−1.90	+0.32	+ 38.5	−26.1	− 3.0	8.24185	−229	− 93
März 1	− 8.79	−1.40	+0.50	+ 12.4	−27.6	− 1.5	8.23956	−294	− 65
2	−10.19	−0.79	+0.61	− 15.2	−26.5	+ 1.1	8.23662	−335	− 41
3	−10.98	−0.22	+0.57	− 41.7	−22.6	+ 3.9	8.23327	−356	− 21
4	−11.20			− 64.3			8.22971		
	s	s	s	″	″	″			
März 16	− 3.29	+2.01		+128.3	+17.5		8.20049	+272	
17	− 1.28	+2.07	+0.06	+145.8	+ 9.6	− 7.9	8.20321	+403	+131
18	+ 0.79	+1.86	−0.21	+155.4	+ 1.6	− 8.0	8.20724	+523	+120
19	+ 2.65	+1.39	−0.47	+157.0	− 5.7	− 7.3	8.21247	+618	+ 95
20	+ 4.04	+0.71	−0.68	+151.3	−11.2	− 5.5	8.21865	+677	+ 59
21	+ 4.75	−0.10	−0.81	+140.1	−14.2	− 3.0	8.22542	+687	+ 10
22	+ 4.65		−0.84	+125.9		− 1.1	8.23229		− 47

Tag	0h Weltzeit								
	$\alpha_☾ - \alpha_k$			$\delta_☾ - \delta_k$			log sin p_k		
1959	s	s	s	″	″	″			
März 22	+ 4.65	—0.94	—0.84	+125.9	—15.3	— 1.1	8.23229	+640	— 47
23	+ 3.71	—1.71	—0.77	+110.6	—15.1	+ 0.2	8.23869	+533	—107
24	+ 2.00	—2.33	—0.62	+ 95.5	—15.2	— 0.1	8.24402	+374	—159
25	— 0.33	—2.72	—0.39	+ 80.3	—16.6	— 1.4	8.24776	+182	—192
26	— 3.05	—2.85	—0.13	+ 63.7	—19.8	— 3.2	8.24958	— 21	—203
27	— 5.90	—2.65	+0.20	+ 43.9	—24.0	— 4.2	8.24937	—209	—188
28	— 8.55	—2.11	+0.54	+ 19.9	—27.5	— 3.5	8.24728	—360	—151
29	—10.66	—1.37	+0.74	— 7.6	—28.3	— 0.8	8.24368	—465	—105
30	—12.03	—0.57	+0.80	— 35.9	—25.6	+ 2.7	8.23903	—523	— 58
31	—12.60	+0.08	+0.65	— 61.5	—19.7	+ 5.9	8.23380	—538	— 15
April 1	—12.52	+0.50	+0.42	— 81.2	—11.4	+ 8.3	8.22842	—522	+ 16
2	—12.02			— 92.6			8.22320		
	s	s	s	″	″	″			
April 14	— 0.11	+2.13		+152.5	+ 3.9		8.20263	+387	
15	+ 2.02	+1.83	—0.30	+156.4	— 4.8	— 8.7	8.20650	+502	+115
16	+ 3.85	+1.29	—0.54	+151.6	—11.2	— 6.4	8.21152	+606	+104
17	+ 5.14	+0.57	—0.72	+140.4	—15.5	— 4.3	8.21758	+685	+ 79
18	+ 5.71	—0.24	—0.81	+124.9	—17.5	— 2.0	8.22443	+724	+ 39
19	+ 5.47	—1.06	—0.82	+107.4	—17.4	+ 0.1	8.23167	+709	— 15
20	+ 4.41	—1.84	—0.78	+ 90.0	—16.2	+ 1.2	8.23876	+631	— 78
21	+ 2.57	—2.50	—0.66	+ 73.8	—15.3	+ 0.9	8.24507	+490	—141
22	+ 0.07	—2.96	—0.46	+ 58.5	—16.2	— 0.9	8.24997	+293	—197
23	— 2.89	—3.13	—0.17	+ 42.3	—19.3	— 3.1	8.25290	+ 62	—231
24	— 6.02	—2.90	+0.23	+ 23.0	—23.5	— 4.2	8.25352	—171	—233
25	— 8.92	—2.30	+0.60	— 0.5	—26.8	— 3.3	8.25181	—377	—206
26	—11.22	—1.45	+0.85	— 27.3	—26.9	— 0.1	8.24804	—533	—156
27	—12.67	—0.59	+0.86	— 54.2	—23.0	+ 3.9	8.24271	—630	— 97
28	—13.26	+0.08	+0.67	— 77.2	—15.6	+ 7.4	8.23641	—667	— 37
29	—13.18	+0.46	+0.38	— 92.8	— 6.4	+ 9.2	8.22974	—654	+ 13
30	—12.72	+0.62	+0.16	— 99.2	+ 3.1	+ 9.5	8.22320	—604	+ 50
Mai 1	—12.10			— 96.1			8.21716		
	s	s	s	″	″	″			
Mai 13	+ 2.59	+1.62		+152.0	— 9.6		8.20678	+455	
14	+ 4.21	+1.06	—0.56	+142.4	—15.3	— 5.7	8.21133	+547	+ 92
15	+ 5.27	+0.38	—0.68	+127.1	—18.6	— 3.3	8.21680	+624	+ 77
16	+ 5.65	—0.34	—0.72	+108.5	—19.7	— 1.1	8.22304	+675	+ 51
17	+ 5.31	—1.06	—0.72	+ 88.8	—18.8	+ 0.9	8.22979	+686	+ 11
18	+ 4.25	—1.74	—0.68	+ 70.0	—17.3	+ 1.5	8.23665	+645	— 41
19	+ 2.51	—2.34	—0.60	+ 52.7	—16.0	+ 1.3	8.24310	+541	—104
20	+ 0.17	—2.79	—0.45	+ 36.7	—16.2	— 0.2	8.24851	+377	—164
21	— 2.62	—2.98	—0.19	+ 20.5	—18.6	— 2.4	8.25228	+165	—212
22	— 5.60	—2.81	+0.17	+ 1.9	—21.8	— 3.2	8.25393	— 72	—237
23	— 8.41	—2.28	+0.53	— 19.9	—24.1	— 2.3	8.25321	—303	—231
24	—10.69	—1.50	+0.78	— 44.0	—23.3	+ 0.8	8.25018	—496	—193
25	—12.19	—0.73	+0.77	— 67.3	—18.6	+ 4.7	8.24522	—633	—137
26	—12.92	—0.14	+0.59	— 85.9	—10.7	+ 7.9	8.23889	—707	— 74
27	—13.06	+0.22	+0.36	— 96.6	— 1.3	+ 9.4	8.23182	—718	— 11
28	—12.84	+0.39	+0.17	— 97.9	+ 8.0	+ 9.3	8.22464	—678	+ 40
29	—12.45	+0.45	+0.06	— 89.9	+16.2	+ 8.2	8.21786	—601	+ 77
30	—12.00	+0.47	+0.02	— 73.7	+22.9	+ 6.7	8.21185	—502	+ 99
31	—11.53			— 50.8			8.20683		

Tag	0h Weltzeit $\alpha_☾ - \alpha_k$			$\delta_☾ - \delta_k$			log sin p_k		
1959	s	s	s	″	″	″			
Juni 12	+ 4.52	+0.07		+114.0	−20.3		8.21774	+522	
13	+ 4.59	−0.51	−0.58	+ 93.7	−20.6	− 0.3	8.22296	+563	+ 41
14	+ 4.08	−1.08	−0.57	+ 73.1	−19.7	+ 0.9	8.22859	+578	+ 15
15	+ 3.00	−1.59	−0.51	+ 53.4	−18.2	+ 1.5	8.23437	+558	− 20
16	+ 1.41	−2.03	−0.44	+ 35.2	−17.1	+ 1.1	8.23995	+491	− 67
17	− 0.62	−2.35	−0.32	+ 18.1	−16.9	+ 0.2	8.24486	+373	−118
18	− 2.97	−2.49	−0.14	+ 1.2	−18.2	− 1.3	8.24859	+208	−165
19	− 5.46	−2.35	+0.14	− 17.0	−19.7	− 1.5	8.25067	+ 9	−199
20	− 7.81	−1.94	+0.41	− 36.7	−20.2	− 0.5	8.25076	−203	−212
21	− 9.75	−1.38	+0.56	− 56.9	−18.0	+ 2.2	8.24873	−399	−196
22	−11.13	−0.81	+0.57	− 74.9	−12.7	+ 5.3	8.24474	−555	−156
23	−11.94	−0.38	+0.43	− 87.6	− 5.0	+ 7.7	8.23919	−656	−101
24	−12.32	−0.09	+0.29	− 92.6	+ 3.9	+ 8.9	8.23263	−698	− 42
25	−12.41	+0.09	+0.18	− 88.7	+12.4	+ 8.5	8.22565	−682	+ 16
26	−12.32	+0.21	+0.12	− 76.3	+20.0	+ 7.6	8.21883	−621	+ 61
27	−12.11	+0.34	+0.13	− 56.3	+25.9	+ 5.9	8.21262	−525	+ 96
28	−11.77	+0.50	+0.16	− 30.4	+30.0	+ 4.1	8.20737	−408	+117
29	−11.27	+0.72	+0.22	− 0.4	+32.2	+ 2.2	8.20329	−281	+127
30	−10.55			+ 31.8			8.20048		
	s	s	s	″	″	″			
Juli 11	+ 2.87	−0.82		+ 81.6	−20.8		8.22524	+422	
12	+ 2.05	−1.20	−0.38	+ 60.8	−20.0	+ 0.8	8.22946	+418	− 4
13	+ 0.85	−1.52	−0.32	+ 40.8	−19.2	+ 0.8	8.23364	+395	− 23
14	− 0.67	−1.74	−0.22	+ 21.6	−18.4	+ 0.8	8.23759	+347	− 48
15	− 2.41	−1.85	−0.11	+ 3.2	−18.2	+ 0.2	8.24106	+268	− 79
16	− 4.26	−1.84	+0.01	− 15.0	−18.1	+ 0.1	8.24374	+155	−113
17	− 6.10	−1.67	+0.17	− 33.1	−17.6	+ 0.5	8.24529	+ 13	−142
18	− 7.77	−1.37	+0.30	− 50.7	−15.8	+ 1.8	8.24542	−146	−159
19	− 9.14	−1.04	+0.33	− 66.5	−12.0	+ 3.8	8.24396	−307	−161
20	−10.18	−0.72	+0.32	− 78.5	− 6.1	+ 5.9	8.24089	−448	−141
21	−10.90	−0.49	+0.23	− 84.6	+ 1.3	+ 7.4	8.23641	−553	−105
22	−11.39	−0.30	+0.19	− 83.3	+ 9.2	+ 7.9	8.23088	−612	− 59
23	−11.69	−0.14	+0.16	− 74.1	+16.8	+ 7.6	8.22476	−620	− 8
24	−11.83	+0.03	+0.17	− 57.3	+23.3	+ 6.5	8.21856	−582	+ 38
25	−11.80	+0.24	+0.21	− 34.0	+28.2	+ 4.9	8.21274	−504	+ 78
26	−11.56	+0.52	+0.28	− 5.8	+31.2	+ 3.0	8.20770	−395	+109
27	−11.04	+0.86	+0.34	+ 25.4	+32.1	+ 0.9	8.20375	−269	+126
28	−10.18	+1.22	+0.36	+ 57.5	+30.8	− 1.3	8.20106	−133	+136
29	− 8.96	+1.59	+0.37	+ 88.3	+27.1	− 3.7	8.19973	+ 2	+135
30	− 7.37			+115.4			8.19975		
	s	s	s	″	″	″			
Aug. 10	− 1.76	−1.58		+ 30.3	−20.1		8.23545	+199	
11	− 3.34	−1.56	+0.02	+ 10.2	−20.0	+ 0.1	8.23744	+146	− 53
12	− 4.90	−1.44	+0.12	− 9.8	−19.4	+ 0.6	8.23890	+ 85	− 61
13	− 6.34	−1.22	+0.22	− 29.2	−18.2	+ 1.2	8.23975	+ 13	− 72
14	− 7.56	−0.97	+0.25	− 47.4	−15.5	+ 2.7	8.23988	− 74	− 87
15	− 8.53	−0.75	+0.22	− 62.9	−11.4	+ 4.1	8.23914	−172	− 98
16	− 9.28	−0.57	+0.18	− 74.3	− 6.0	+ 5.4	8.23742	−273	−101
17	− 9.85	−0.47	+0.10	− 80.3	+ 0.7	+ 6.7	8.23469	−370	− 97
18	−10.32	−0.41	+0.06	− 79.6	+ 7.7	+ 7.0	8.23099	−450	80
19	−10.73		+0.08	− 71.9		+ 6.9	8.22649		− 51

Tag	0h Weltzeit								
	$\alpha_☾ - \alpha_k$			$\delta_☾ - \delta_k$			log sin p_k		
1959	s	s	s	″	″	″			
Aug. 19	—10.73		+0.08	— 71.9		+ 6.9	8.22649		— 51
20	—11.06	—0.33	+0.12	— 57.3	+14.6	+ 6.4	8.22148	—501	— 17
21	—11.27	—0.21	+0.20	— 36.3	+21.0	+ 5.3	8.21630	—518	+ 20
22	—11.28	—0.01	+0.27	— 10.0	+26.3	+ 3.6	8.21132	—498	+ 58
23	—11.02	+0.26	+0.36	+ 19.9	+29.9	+ 1.7	8.20692	—440	+ 89
24	—10.40	+0.62	+0.43	+ 51.5	+31.6	— 0.5	8.20341	—351	+115
25	— 9.35	+1.05	+0.43	+ 82.6	+31.1	— 3.0	8.20105	—236	+131
26	— 7.87	+1.48	+0.37	+110.7	+28.1	— 5.1	8.20000	—105	+138
27	— 6.02	+1.85	+0.25	+133.7	+23.0	— 7.1	8.20033	+ 33	+137
28	— 3.92	+2.10		+149.6	+15.9		8.20203	+170	
	s	s	s	″	″	″			
Sept. 8	— 6.02			— 1.8			8.24009		
9	— 7.56	—1.54	+0.37	— 23.0	—21.2	+ 0.8	8.23944	— 65	— 67
10	— 8.73	—1.17	+0.41	— 43.4	—20.4	+ 2.8	8.23812	—132	— 54
11	— 9.49	—0.76	+0.33	— 61.0	—17.6	+ 4.5	8.23626	—186	— 46
12	— 9.92	—0.43	+0.20	— 74.1	—13.1	+ 6.1	8.23394	—232	— 44
13	—10.15	—0.23	+0.08	— 81.1	— 7.0	+ 6.9	8.23118	—276	— 41
14	—10.30	—0.15	—0.02	— 81.2	— 0.1	+ 7.0	8.22801	—317	— 39
15	—10.47	—0.17	—0.03	— 74.3	+ 6.9	+ 6.7	8.22445	—356	— 33
16	—10.67	—0.20	+0.01	— 60.7	+13.6	+ 6.2	8.22056	—389	— 21
17	—10.86	—0.19	+0.09	— 40.9	+19.8	+ 5.1	8.21646	—410	— 5
18	—10.96	—0.10	+0.21	— 16.0	+24.9	+ 3.9	8.21231	—415	+ 18
19	—10.85	+0.11	+0.31	+ 12.8	+28.8	+ 2.3	8.20834	—397	+ 44
20	—10.43	+0.42	+0.42	+ 43.9	+31.1	0.0	8.20481	—353	+ 71
21	— 9.59	+0.84	+0.46	+ 75.0	+31.1	— 2.0	8.20199	—282	+ 95
22	— 8.29	+1.30	+0.46	+104.1	+29.1	— 4.6	8.20012	—187	+115
23	— 6.53	+1.76	+0.34	+128.6	+24.5	— 6.7	8.19940	— 72	+131
24	— 4.43	+2.10	+0.17	+146.4	+17.8	— 8.1	8.19999	+ 59	+137
25	— 2.16	+2.27	—0.09	+156.1	+ 9.7	— 8.6	8.20195	+196	+135
26	+ 0.02	+2.18	—0.34	+157.2	+ 1.1	— 8.1	8.20526	+331	+123
27	+ 1.86	+1.84		+150.2	— 7.0		8.20980	+454	
	s	s	s	″	″	″			
Okt. 7	— 9.68			— 37.2			8.24281		
8	—10.79	—1.11	+0.56	— 57.4	—20.2	+ 4.0	8.23951	—330	— 63
9	—11.34	—0.55	+0.39	— 73.6	—16.2	+ 6.2	8.23558	—393	— 31
10	—11.50	—0.16	+0.21	— 83.6	—10.0	+ 7.5	8.23134	—424	— 8
11	—11.45	+0.05	+0.06	— 86.1	— 2.5	+ 7.7	8.22702	—432	+ 8
12	—11.34	+0.11	—0.04	— 80.9	+ 5.2	+ 7.2	8.22278	—424	+ 15
13	—11.27	+0.07	—0.05	— 68.5	+12.4	+ 6.5	8.21869	—409	+ 19
14	—11.25	+0.02	+0.01	— 49.6	+18.9	+ 5.2	8.21479	—390	+ 22
15	—11.22	+0.03	+0.11	— 25.5	+24.1	+ 4.1	8.21111	—368	+ 26
16	—11.08	+0.14	+0.21	+ 2.7	+28.2	+ 2.6	8.20769	—342	+ 34
17	—10.73	+0.35	+0.36	+ 33.5	+30.8	+ 0.5	8.20461	—308	+ 45
18	—10.02	+0.71	+0.42	+ 64.8	+31.3	— 1.5	8.20198	—263	+ 59
19	— 8.89	+1.13	+0.47	+ 94.6	+29.8	— 3.8	8.19994	—204	+ 78
20	— 7.29	+1.60	+0.42	+120.6	+26.0	— 6.1	8.19868	—126	+ 94
21	— 5.27	+2.02	+0.26	+140.5	+19.9	— 7.8	8.19836	— 32	+112
22	— 2.99	+2.28	+0.06	+152.6	+12.1	— 8.8	8.19916	+ 80	+122
23	— 0.65	+2.34	—0.20	+155.9	+ 3.3	— 8.7	8.20118	+202	+129
24	+ 1.49	+2.14	—0.43	+150.5	— 5.4	— 7.4	8.20449	+331	+128

Mondkrater Mösting A. 1959

Tag	0h Weltzeit								
	$\alpha_☾ - \alpha_k$			$\delta_☾ - \delta_k$			log sin p_k		
1959	s	s	s	″	″	″			
Okt. 24	+ 1.49	+1.71	−0.43	+150.5	−12.8	− 7.4	8.20449	+459	+128
25	+ 3.20	+1.09	−0.62	+137.7	−18.2	− 5.4	8.20908	+572	+113
26	+ 4.29	+0.38	−0.71	+119.5	−21.2	− 3.0	8.21480	+661	+ 89
27	+ 4.67			+ 98.3			8.22141		
	s	s	s	″	″	″			
Nov. 5	−11.90	−0.65		− 69.1	−13.5		8.24331	−549	
6	−12.55	−0.21	+0.44	− 82.6	− 6.4	+ 7.1	8.23782	−595	− 46
7	−12.76	+0.05	+0.26	− 89.0	+ 1.9	+ 8.3	8.23187	−596	− 1
8	−12.71	+0.14	+0.09	− 87.1	+ 9.9	+ 8.0	8.22591	−562	+ 34
9	−12.57	+0.16	+0.02	− 77.2	+17.2	+ 7.3	8.22029	−509	+ 53
10	−12.41	+0.17	+0.01	− 60.0	+23.1	+ 5.9	8.21520	−445	+ 64
11	−12.24	+0.25	+0.08	− 36.9	+27.7	+ 4.6	8.21075	−379	+ 66
12	−11.99	+0.41	+0.16	− 9.2	+30.5	+ 2.8	8.20696	−313	+ 66
13	−11.58	+0.68	+0.27	+ 21.3	+31.6	+ 1.1	8.20383	−250	+ 63
14	−10.90	+1.05	+0.37	+ 52.9	+30.7	− 0.9	8.20133	−188	+ 62
15	− 9.85	+1.47	+0.42	+ 83.6	+27.4	− 3.3	8.19945	−126	+ 62
16	− 8.38	+1.88	+0.41	+111.0	+21.9	− 5.5	8.19819	− 58	+ 68
17	− 6.50	+2.20	+0.32	+132.9	+14.5	− 7.4	8.19761	+ 19	+ 77
18	− 4.30	+2.35	+0.15	+147.4	+ 5.9	− 8.6	8.19780	+105	+ 86
19	− 1.95	+2.26	−0.09	+153.3	− 3.0	− 8.9	8.19885	+202	+ 97
20	+ 0.31	+1.96	−0.30	+150.3	−11.1	− 8.1	8.20087	+310	+108
21	+ 2.27	+1.48	−0.48	+139.2	−17.5	− 6.4	8.20397	+421	+111
22	+ 3.75	+0.90	−0.58	+121.7	−21.8	− 4.3	8.20818	+530	+109
23	+ 4.65	+0.25	−0.65	+ 99.9	−23.5	− 1.7	8.21348	+627	+ 97
24	+ 4.90	−0.38	−0.63	+ 76.4	−23.0	+ 0.5	8.21975	+698	+ 71
25	+ 4.52	−1.01	−0.63	+ 53.4	−20.8	+ 2.2	8.22673	+728	+ 30
26	+ 3.51			+ 32.6			8.23401		
	s	s	s	″	″	″			
Dez. 5	−13.23	−0.23		− 87.0	+ 5.9		8.23457	−710	
6	−13.46	−0.05	+0.18	− 81.1	+14.0	+ 8.1	8.22747	−681	+ 29
7	−13.51	+0.09	+0.14	− 67.1	+20.9	+ 6.9	8.22066	−616	+ 65
8	−13.42	+0.22	+0.13	− 46.2	+26.3	+ 5.4	8.21450	−525	+ 91
9	−13.20	+0.41	+0.19	− 19.9	+30.0	+ 3.7	8.20925	−426	+ 99
10	−12.79	+0.68	+0.27	+ 10.1	+31.8	+ 1.8	8.20499	−324	+102
11	−12.11	+1.01	+0.33	+ 41.9	+31.3	− 0.5	8.20175	−226	+ 98
12	−11.10	+1.39	+0.38	+ 73.2	+28.7	− 2.6	8.19949	−138	+ 88
13	− 9.71	+1.79	+0.40	+101.9	+23.9	− 4.8	8.19811	− 58	+ 80
14	− 7.92	+2.11	+0.32	+125.8	+16.9	− 7.0	8.19753	+ 14	+ 72
15	− 5.81	+2.27	+0.16	+142.7	+ 8.6	− 8.3	8.19767	+ 83	+ 69
16	− 3.54	+2.25	−0.02	+151.3	− 0.3	− 8.9	8.19850	+150	+ 67
17	− 1.29	+2.02	−0.23	+151.0	− 8.8	− 8.5	8.20000	+220	+ 70
18	+ 0.73	+1.62	−0.40	+142.2	−15.8	− 7.0	8.20220	+293	+ 73
19	+ 2.35	+1.12	−0.50	+126.4	−21.0	− 5.2	8.20513	+373	+ 80
20	+ 3.47	+0.58	−0.54	+105.4	−23.8	− 2.8	8.20886	+454	+ 81
21	+ 4.05	+0.07	−0.51	+ 81.6	−24.5	− 0.7	8.21340	+532	+ 78
22	+ 4.12	−0.42	−0.49	+ 57.1	−23.4	+ 1.1	8.21872	+599	+ 67
23	+ 3.70	−0.86	−0.44	+ 33.7	−20.9	+ 2.5	8.22471	+642	+ 43
24	+ 2.84	−1.29	−0.43	+ 12.8	−17.7	+ 3.2	8.23113	+648	+ 6
25	+ 1.55			− 4.9			8.23761		

0h Weltzeit	P	B₀	L₀
1959	Rotation Nr. 1408		
Jan. 0	+ 2.85	−2.90	33.09
1	2.37	3.02	19.92
2	+ 1.88	−3.13	6.75
	Rotation Nr. 1409		
3	+ 1.39	−3.25	353.58
4	0.91	3.36	340.41
5	+ 0.42	3.48	327.24
6	− 0.06	3.59	314.07
7	0.55	3.70	300.90
8	1.03	3.81	287.73
9	− 1.52	−3.92	274.57
10	2.00	4.03	261.40
11	2.48	4.13	248.23
12	2.96	4.24	235.06
13	3.43	4.34	221.89
14	3.91	4.44	208.72
15	− 4.39	−4.55	195.56
16	4.86	4.65	182.39
17	5.32	4.74	169.22
18	5.79	4.84	156.05
19	6.25	4.94	142.89
20	6.71	5.03	129.72
21	− 7.16	−5.12	116.55
22	7.62	5.21	103.39
23	8.07	5.30	90.22
24	8.52	5.39	77.05
25	8.96	5.47	63.89
26	9.40	5.56	50.72
27	− 9.83	−5.64	37.55
28	10.26	5.72	24.39
29	−10.69	−5.80	11.22
	Rotation Nr. 1410		
30	−11.11	−5.87	358.06
31	11.53	5.95	344.89
Febr. 1	11.94	6.02	331.72
2	12.35	6.09	318.56
3	12.76	6.16	305.39
4	13.16	6.23	292.22
5	−13.56	−6.29	279.06
6	13.95	6.35	265.89
7	14.33	6.41	252.72
8	14.71	6.47	239.56
9	−15.09	−6.53	226.39

0h Weltzeit	P	B₀	L₀
1959	Rotation Nr. 1410		
Febr. 9	−15.09	−6.53	226.39
10	15.46	6.58	213.22
11	15.82	6.64	200.06
12	16.18	6.69	186.89
13	16.54	6.74	173.72
14	16.89	6.78	160.55
15	−17.23	−6.83	147.39
16	17.57	6.87	134.22
17	17.90	6.91	121.05
18	18.23	6.95	107.88
19	18.55	6.98	94.71
20	18.86	7.02	81.54
21	−19.17	−7.05	68.37
22	19.47	7.07	55.20
23	19.77	7.10	42.03
24	20.06	7.13	28.86
25	20.34	7.15	15.69
26	−20.62	−7.17	2.52
	Rotation Nr. 1411		
27	−20.90	−7.19	349.35
28	21.16	7.20	336.18
März 1	21.42	7.22	323.01
2	21.68	7.23	309.83
3	21.92	7.24	296.66
4	22.16	7.24	283.49
5	−22.40	−7.25	270.31
6	22.63	7.25	257.14
7	22.85	7.25	243.96
8	23.06	7.25	230.79
9	23.27	7.24	217.61
10	23.47	7.24	204.43
11	−23.66	−7.23	191.26
12	23.85	7.22	178.08
13	24.04	7.20	164.90
14	24.22	7.19	151.72
15	24.39	7.17	138.54
16	24.55	7.15	125.36
17	−24.71	−7.13	112.18
18	24.86	7.10	99.00
19	25.00	7.08	85.81
20	25.13	7.05	72.63
21	25.26	7.02	59.45
22	25.38	6.99	46.26
23	−25.49	−6.95	33.08

0h Weltzeit	P	B₀	L₀
1959	Rotation Nr. 1411		
März 23	−25.49	−6.95	33.08
24	25.60	6.92	19.89
25	−25.70	−6.88	6.70
	Rotation Nr. 1412		
26	−25.79	−6.84	353.52
27	25.88	6.79	340.33
28	25.96	6.75	327.14
29	26.03	6.70	313.95
30	26.10	6.65	300.76
31	26.16	6.60	287.57
April 1	−26.21	−6.55	274.38
2	26.25	6.50	261.18
3	26.29	6.44	247.99
4	26.32	6.38	234.80
5	26.34	6.32	221.60
6	26.35	6.26	208.41
7	−26.36	−6.19	195.21
8	26.36	6.13	182.01
9	26.35	6.06	168.81
10	26.33	5.99	155.61
11	26.31	5.92	142.41
12	26.28	5.85	129.21
13	−26.25	−5.77	116.01
14	26.20	5.70	102.81
15	26.15	5.62	89.61
16	26.09	5.54	76.40
17	26.03	5.46	63.20
18	25.95	5.38	49.99
19	−25.87	−5.29	36.78
20	25.79	5.21	23.58
21	−25.69	−5.12	10.37
	Rotation Nr. 1413		
22	−25.59	−5.03	357.16
23	25.48	4.94	343.95
24	25.36	4.85	330.74
25	25.24	4.76	317.53
26	25.11	4.67	304.32
27	24.96	4.57	291.10
28	−24.81	−4.48	277.89
29	24.66	4.38	264.67
30	24.50	4.28	251.46
Mai 1	24.33	4.18	238.24
2	24.16	4.08	225.03

Rotation der Sonne 1959

0^h Weltzeit	P	B_0	L_0
1959	Rotation Nr. 1413		
	°	°	°
Mai 2	−24.16	−4.08	225.03
3	23.98	3.98	211.81
4	23.78	3.88	198.59
5	23.58	3.77	185.37
6	23.38	3.67	172.15
7	23.17	3.56	158.93
8	−22.95	−3.45	145.71
9	22.72	3.35	132.49
10	22.49	3.24	119.27
11	22.25	3.13	106.05
12	22.00	3.02	92.82
13	21.75	2.91	79.60
14	−21.49	−2.79	66.38
15	21.22	2.68	53.15
16	20.95	2.57	39.92
17	20.67	2.45	26.70
18	20.38	2.34	13.47
19	−20.09	−2.22	0.24
	Rotation Nr. 1414		
	°	°	°
20	−19.79	−2.11	347.02
21	19.49	1.99	333.79
22	19.18	1.87	320.56
23	18.86	1.76	307.33
24	18.53	1.64	294.10
25	18.20	1.52	280.87
26	−17.87	−1.40	267.64
27	17.53	1.28	254.41
28	17.18	1.16	241.17
29	16.83	1.04	227.94
30	16.47	0.92	214.71
31	16.11	0.80	201.47
Juni 1	−15.74	−0.68	188.24
2	15.37	0.56	175.01
3	15.00	0.44	161.77
4	14.62	0.32	148.54
5	14.23	0.20	135.31
6	13.83	−0.08	122.07
7	−13.44	+0.04	108.84
8	13.04	0.16	95.60
9	12.63	0.28	82.36
10	12.23	0.40	69.13
11	11.82	0.52	55.89
12	11.40	0.64	42.66
13	−10.98	+0.76	29.42

0^h Weltzeit	P	B_0	L_0
1959	Rotation Nr. 1414		
	°	°	°
Juni 13	−10.98	+0.76	29.42
14	10.56	0.88	16.18
15	−10.13	+1.00	2.95
	Rotation Nr. 1415		
	°	°	°
16	− 9.70	+1.12	349.71
17	9.27	1.24	336.47
18	8.84	1.36	323.24
19	8.40	1.48	310.00
20	7.96	1.60	296.76
21	7.52	1.71	283.53
22	− 7.08	+1.83	270.29
23	6.64	1.95	257.05
24	6.19	2.06	243.81
25	5.74	2.18	230.57
26	5.29	2.29	217.34
27	4.84	2.41	204.10
28	− 4.39	+2.52	190.87
29	3.94	2.63	177.63
30	3.49	2.74	164.40
Juli 1	3.03	2.85	151.16
2	2.57	2.96	137.92
3	2.12	3.07	124.69
4	− 1.66	+3.18	111.45
5	1.21	3.29	98.22
6	0.75	3.40	84.98
7	− 0.30	3.50	71.74
8	+ 0.15	3.61	58.51
9	0.61	3.71	45.28
10	+ 1.06	+3.82	32.04
11	1.51	3.92	18.81
12	+ 1.96	+4.02	5.57
	Rotation Nr. 1416		
	°	°	°
13	+ 2.41	+4.12	352.34
14	2.86	4.22	339.10
15	3.31	4.31	325.87
16	3.75	4.41	312.64
17	4.20	4.50	299.41
18	4.64	4.60	286.17
19	+ 5.08	+4.69	272.94
20	5.51	4.78	259.71
21	5.95	4.87	246.48
22	6.38	4.96	233.25
23	6.81	5.05	220.02

0^h Weltzeit	P	B_0	L_0
1959	Rotation Nr. 1416		
	°	°	°
Juli 23	+ 6.81	+5.05	220.02
24	7.24	5.14	206.79
25	7.67	5.22	193.56
26	8.09	5.30	180.33
27	8.51	5.39	167.10
28	8.92	5.47	153.88
29	+ 9.33	+5.54	140.65
30	9.74	5.62	127.42
31	10.15	5.70	114.19
Aug. 1	10.55	5.77	100.97
2	10.95	5.84	87.74
3	11.35	5.91	74.52
4	+11.74	+5.98	61.29
5	12.13	6.05	48.07
6	12.52	6.12	34.85
7	12.90	6.18	21.62
8	+13.27	+6.24	8.40
	Rotation Nr. 1417		
	°	°	°
9	+13.65	+6.30	355.18
10	14.02	6.36	341.96
11	14.38	6.42	328.73
12	14.74	6.48	315.51
13	15.10	6.53	302.29
14	15.45	6.58	289.08
15	+15.80	+6.63	275.86
16	16.14	6.68	262.64
17	16.47	6.73	249.42
18	16.80	6.77	236.20
19	17.13	6.81	222.99
20	17.46	6.85	209.77
21	+17.78	+6.89	196.56
22	18.09	6.93	183.34
23	18.40	6.97	170.12
24	18.70	7.00	156.91
25	19.00	7.03	143.70
26	19.29	7.06	130.49
27	+19.58	+7.09	117.27
28	19.86	7.11	104.06
29	20.14	7.13	90.85
30	20.41	7.15	77.64
31	20.68	7.17	64.43
Sept. 1	20.94	7.19	51.22
2	+21.20	+7.20	38.01
3	21.45	7.22	24.80
4	+21.69	+7.23	11.59

0h Weltzeit	P	B₀	L₀
1959	Rotation Nr. 1418		
	°	°	°
Sept. 5	+21.93	+7.24	358.38
6	22.16	7.24	345.18
7	22.39	7.25	331.97
8	22.61	7.25	318.76
9	22.83	7.25	305.56
10	23.04	7.25	292.35
11	+23.24	+7.24	279.15
12	23.44	7.24	265.94
13	23.63	7.23	252.74
14	23.82	7.22	239.54
15	24.00	7.21	226.34
16	24.17	7.19	213.13
17	+24.34	+7.18	199.93
18	24.50	7.16	186.73
19	24.65	7.14	173.53
20	24.80	7.11	160.33
21	24.94	7.09	147.13
22	25.08	7.06	133.93
23	+25.21	+7.03	120.73
24	25.33	7.00	107.53
25	25.44	6.97	94.33
26	25.55	6.93	81.14
27	25.65	6.90	67.94
28	25.75	6.86	54.74
29	+25.84	+6.81	41.55
30	25.92	6.77	28.35
Okt. 1	26.00	6.72	15.15
2	+26.06	+6.68	1.96
	Rotation Nr. 1419		
	°	°	°
3	+26.12	+6.63	348.76
4	26.18	6.58	335.57
5	26.23	6.52	322.37
6	26.27	6.47	309.18
7	26.30	6.41	295.99
8	26.33	6.35	282.79
9	+26.34	+6.29	269.60
10	26.35	6.23	256.41
11	26.36	6.16	243.21
12	26.35	6.09	230.02
13	26.34	6.03	216.83
14	26.32	5.96	203.64

0h Weltzeit	P	B₀	L₀
1959	Rotation Nr. 1419		
	°	°	°
Okt. 14	+26.32	+5.96	203.64
15	26.30	5.88	190.45
16	26.27	5.81	177.26
17	26.23	5.73	164.07
18	26.18	5.65	150.88
19	26.12	5.58	137.69
20	+26.06	+5.50	124.50
21	25.98	5.41	111.31
22	25.90	5.33	98.12
23	25.82	5.24	84.93
24	25.72	5.15	71.74
25	25.62	5.06	58.55
26	+25.51	+4.97	45.37
27	25.39	4.88	32.18
28	25.26	4.79	18.99
29	+25.13	+4.69	5.81
	Rotation Nr. 1420		
	°	°	°
30	+24.99	+4.59	352.62
31	24.84	4.49	339.43
Nov. 1	24.68	4.39	326.24
2	24.51	4.29	313.06
3	24.34	4.19	299.87
4	24.16	4.09	286.69
5	+23.97	+3.98	273.50
6	23.77	3.87	260.32
7	23.57	3.77	247.13
8	23.36	3.66	233.95
9	23.14	3.55	220.76
10	22.91	3.44	207.58
11	+22.67	+3.32	194.40
12	22.43	3.21	181.21
13	22.18	3.10	168.03
14	21.92	2.98	154.84
15	21.65	2.86	141.66
16	21.38	2.75	128.48
17	+21.10	+2.63	115.30
18	20.81	2.51	102.12
19	20.51	2.39	88.93
20	20.20	2.27	75.75
21	19.89	2.15	62.57
22	19.57	2.03	49.39
23	+19.25	+1.90	36.21
24	18.92	1.78	23.03
25	+18.58	+1.66	9.85

0h Weltzeit	P	B₀	L₀
1959	Rotation Nr. 1421		
	°	°	°
Nov. 26	+18.23	+1.53	356.67
27	17.88	1.41	343.49
28	17.52	1.28	330.31
29	17.16	1.15	317.13
30	16.78	1.03	303.95
Dez. 1	16.40	0.90	290.77
2	+16.02	+0.77	277.59
3	15.63	0.65	264.41
4	15.23	0.52	251.24
5	14.83	0.39	238.06
6	14.43	0.26	224.88
7	14.01	0.14	211.70
8	+13.59	+0.01	198.53
9	13.17	−0.12	185.35
10	12.74	0.25	172.17
11	12.31	0.38	159.00
12	11.87	0.51	145.82
13	11.43	0.63	132.65
14	+10.99	−0.76	119.47
15	10.54	0.89	106.30
16	10.09	1.02	93.12
17	9.63	1.14	79.94
18	9.17	1.27	66.77
19	8.71	1.40	53.60
20	+ 8.24	−1.52	40.42
21	7.77	1.65	27.25
22	7.30	1.77	14.08
23	+ 6.83	−1.90	0.90
	Rotation Nr. 1422		
	°	°	°
24	+ 6.35	−2.02	347.73
25	5.87	2.14	334.56
26	5.39	2.27	321.39
27	4.91	2.39	308.21
28	4.43	2.51	295.04
29	3.94	2.63	281.87
30	+ 3.46	−2.75	268.70
31	2.97	2.87	255.53
32	+ 2.49	−2.99	242.36

Rotation des Mars 1959

0h Weltzeit Tag	0h Weltzeit Länge des Zentral-meridians	Durch-gangszeit des Null-meridians	0h Weltzeit Tag	0h Weltzeit Länge des Zentral-meridians	Durch-gangszeit des Null-meridians	0h Weltzeit Tag	0h Weltzeit Länge des Zentral-meridians	Durch-gangszeit des Null-meridians
1959	°	Weltzeit h m	1959	°	Weltzeit h m	1959	°	Weltzeit h m
Jan. 1	124.13	16 8.4	Febr. 1	192.82	11 26.8	März 4	256.86	7 3.8
2	114.86	16 46.6	2	183.32	12 5.9	5	247.27	7 43.2
3	105.57	17 24.7	3	173.82	12 44.9	6	237.69	8 22.6
4	96.28	18 2.9	4	164.32	13 24.0	7	228.10	9 2.0
5	86.98	18 41.1	5	154.81	14 3.1	8	218.51	9 41.5
6	77.66	19 19.4	6	145.29	14 42.2	9	208.92	10 20.9
7	68.34	19 57.7	7	135.77	15 21.3	10	199.32	11 0.3
8	59.01	20 36.0	8	126.25	16 0.4	11	189.73	11 39.7
9	49.67	21 14.4	9	116.73	16 39.5	12	180.13	12 19.2
10	40.32	21 52.8	10	107.20	17 18.7	13	170.53	12 58.6
11	30.96	22 31.3	11	97.67	17 57.9	14	160.93	13 38.1
12	21.60	23 9.8	12	88.13	18 37.1	15	151.33	14 17.5
13	12.22	23 48.3	13	78.59	19 16.3	16	141.73	14 57.0
14	2.84	— —	14	69.05	19 55.5	17	132.12	15 36.5
15	353.45	0 26.9	15	59.50	20 34.7	18	122.52	16 16.0
16	344.05	1 5.5	16	49.96	21 14.0	19	112.91	16 55.4
17	334.65	1 44.1	17	40.41	21 53.2	20	103.31	17 34.9
18	325.23	2 22.8	18	30.85	22 32.5	21	93.70	18 14.4
19	315.81	3 1.5	19	21.30	23 11.8	22	84.09	18 53.9
20	306.39	3 40.2	20	11.74	23 51.0	23	74.48	19 33.4
21	296.95	4 19.0	21	2.18	— —	24	64.86	20 12.9
22	287.51	4 57.7	22	352.61	0 30.3	25	55.25	20 52.4
23	278.07	5 36.6	23	343.05	1 9.7	26	45.64	21 32.0
24	268.62	6 15.4	24	333.48	1 49.0	27	36.02	22 11.5
25	259.16	6 54.2	25	323.91	2 28.3	28	26.40	22 51.0
26	249.70	7 33.1	26	314.34	3 7.6	29	16.79	23 30.5
27	240.23	8 12.0	27	304.76	3 47.0	30	7.17	— —
28	230.76	8 50.9	28	295.19	4 26.3	31	357.55	0 10.1
29	221.28	9 29.9	März 1	285.61	5 5.7	April 1	347.93	0 49.6
30	211.80	10 8.8	2	276.03	5 45.1	2	338.31	1 29.2
31	202.31	10 47.8	3	266.45	6 24.5	3	328.69	2 8.7

0h Weltzeit		Durchgangszeit des Nullmeridians	0h Weltzeit		Durchgangszeit des Nullmeridians	0h Weltzeit		Durchgangszeit des Nullmeridians
Tag	Länge des Zentralmeridians		Tag	Länge des Zentralmeridians		Tag	Länge des Zentralmeridians	
1959	°	Weltzeit h m	1959	°	Weltzeit h m	1959	°	Weltzeit h m
April 4	319.06	2 48.2	Mai 5	20.24	23 16.5	Juni 5	80.35	19 9.5
5	309.44	3 27.8	6	10.59	23 56.2	6	70.66	19 49.4
6	299.81	4 7.4	7	0.93	— —	7	60.96	20 29.3
7	290.19	4 46.9	8	351.27	0 35.9	8	51.26	21 9.1
8	280.56	5 26.5	9	341.61	1 15.6	9	41.56	21 49.0
9	270.93	6 6.1	10	331.95	1 55.3	10	31.86	22 28.9
10	261.30	6 45.7	11	322.29	2 35.0	11	22.16	23 8.8
11	251.67	7 25.2	12	312.63	3 14.7	12	12.45	23 48.7
12	242.04	8 4.8	13	302.97	3 54.4	13	2.75	— —
13	232.41	8 44.4	14	293.30	4 34.2	14	353.04	0 28.6
14	222.77	9 24.0	15	283.63	5 13.9	15	343.33	1 8.5
15	213.14	10 3.6	16	273.97	5 53.6	16	333.62	1 48.5
16	203.50	10 43.2	17	264.30	6 33.4	17	323.91	2 28.4
17	193.86	11 22.8	18	254.63	7 13.1	18	314.19	3 8.3
18	184.23	12 2.4	19	244.96	7 52.9	19	304.48	3 48.3
19	174.59	12 42.0	20	235.29	8 32.6	20	294.76	4 28.2
20	164.95	13 21.7	21	225.61	9 12.4	21	285.04	5 8.2
21	155.31	14 1.3	22	215.94	9 52.2	22	275.32	5 48.1
22	145.67	14 40.9	23	206.26	10 31.9	23	265.60	6 28.1
23	136.03	15 20.5	24	196.58	11 11.7	24	255.88	7 8.1
24	126.38	16 0.2	25	186.91	11 51.5	25	246.15	7 48.0
25	116.74	16 39.8	26	177.23	12 31.3	26	236.42	8 28.0
26	107.10	17 19.5	27	167.55	13 11.1	27	226.70	9 8.0
27	97.45	17 59.1	28	157.87	13 50.9	28	216.97	9 48.0
28	87.80	18 38.8	29	148.18	14 30.7	29	207.23	10 28.0
29	78.15	19 18.4	30	138.49	15 10.5	30	197.50	11 8.1
30	68.50	19 58.1	31	128.80	15 50.4	Juli 1	187.77	11 48.1
Mai 1	58.85	20 37.8	Juni 1	119.12	16 30.2	2	178.03	12 28.1
2	49.20	21 17.4	2	109.43	17 10.0	3	168.29	13 8.2
3	39.55	21 57.1	3	99.74	17 49.9			
4	29.90	22 36.8	4	90.04	18 29.7			

Rotation des Jupiter 1959

Länge des Zentralmeridians der beleuchteten Scheibe für 0^h Weltzeit

Tag	System I	System II	Red. auf volle Scheibe
1959	°	°	°
Jan. 0	31.1	158.4	−0.2
1	188.9	308.5	0.3
2	346.7	98.7	0.3
3	144.5	248.8	0.3
4	302.3	39.0	0.3
5	100.1	189.2	−0.3
6	257.9	339.3	0.3
7	55.7	129.5	0.3
8	213.5	279.6	0.3
9	11.3	69.8	0.3
10	169.1	220.0	−0.3
11	326.9	10.2	0.3
12	124.7	160.3	0.3
13	282.5	310.5	0.3
14	80.3	100.7	0.3
15	238.1	250.9	−0.3
16	35.9	41.0	0.3
17	193.7	191.2	0.4
18	351.6	341.4	0.4
19	149.4	131.6	0.4
20	307.2	281.8	−0.4
21	105.1	72.0	0.4
22	262.9	222.2	0.4
23	60.7	12.4	0.4
24	218.5	162.6	0.4
25	16.4	312.8	−0.4
26	174.2	103.0	0.4
27	332.1	253.3	0.4
28	129.9	43.5	0.4
29	287.8	193.7	0.4
30	85.6	343.9	−0.4
31	243.5	134.1	0.4
Febr. 1	41.3	284.3	0.4
2	199.2	74.6	0.4
3	357.0	224.8	0.5
4	154.9	15.0	−0.5
5	312.8	165.3	0.5
6	110.6	315.5	0.5
7	268.5	105.7	0.5
8	66.3	256.0	0.5
9	224.2	46.2	−0.5
10	22.1	196.5	0.5
11	180.0	346.7	0.5
12	337.9	137.0	0.5
13	135.8	287.2	0.5
14	293.6	77.5	−0.5
15	91.5	227.7	0.5
16	249.4	18.0	0.5
17	47.3	168.2	0.5
18	205.2	318.5	0.5
19	3.1	108.8	0.5
20	161.0	259.1	−0.5
1959	°	°	°
Febr. 21	318.9	49.3	−0.5
22	116.8	199.6	0.5
23	274.7	349.9	0.5
24	72.6	140.1	0.5
25	230.5	290.4	0.5
26	28.5	80.7	−0.5
27	186.4	231.0	0.5
28	344.3	21.3	0.5
März 1	142.2	171.6	0.5
2	300.1	321.9	0.5
3	98.1	112.2	−0.5
4	256.0	262.5	0.5
5	53.9	52.8	0.5
6	211.9	203.1	0.5
7	9.8	353.4	0.5
8	167.8	143.7	−0.5
9	325.7	294.0	0.5
10	123.6	84.3	0.4
11	281.6	234.7	0.4
12	79.5	25.0	0.4
13	237.5	175.3	−0.4
14	35.4	325.6	0.4
15	193.4	115.9	0.4
16	351.4	266.3	0.4
17	149.3	56.6	0.4
18	307.3	206.9	−0.4
19	105.3	357.3	0.4
20	263.2	147.6	0.4
21	61.2	297.9	0.4
22	219.2	88.3	0.4
23	17.1	238.6	−0.4
24	175.1	29.0	0.4
25	333.1	179.4	0.4
26	131.1	329.7	0.4
27	289.1	120.1	0.3
28	87.1	270.4	−0.3
29	245.0	60.8	0.3
30	43.0	211.1	0.3
31	201.0	1.5	0.3
April 1	359.0	151.9	0.3
2	157.0	302.2	−0.3
3	315.0	92.6	0.3
4	113.0	243.0	0.3
5	271.0	33.3	0.3
6	69.0	183.7	0.3
7	227.0	334.1	−0.3
8	25.1	124.5	0.2
9	183.1	274.9	0.2
10	341.1	65.2	0.2
11	139.1	215.6	0.2
12	297.1	6.0	0.2
13	95.1	156.4	−0.2
1959	°	°	°
April 14	253.1	306.8	−0.2
15	51.2	97.2	0.2
16	209.2	247.6	0.2
17	7.2	37.9	0.2
18	165.2	188.3	0.2
19	323.3	338.7	−0.2
20	121.3	129.1	0.1
21	279.3	279.5	0.1
22	77.3	69.9	0.1
23	235.4	220.3	0.1
24	33.4	10.7	−0.1
25	191.4	161.1	0.1
26	349.5	311.5	0.1
27	147.5	101.9	0.1
28	305.5	252.3	0.1
29	103.6	42.7	−0.1
30	261.6	193.1	0.1
Mai 1	59.6	343.6	0.1
2	217.7	134.0	−0.1
3	15.7	284.4	0.0
4	173.8	74.8	0.0
5	331.8	225.2	0.0
6	129.8	15.6	0.0
7	287.9	166.0	0.0
8	85.9	316.4	0.0
9	243.9	106.8	0.0
10	42.0	257.2	0.0
11	200.0	47.6	0.0
12	358.0	198.0	0.0
13	156.1	348.4	0.0
14	314.1	138.8	0.0
15	112.1	289.2	0.0
16	270.2	79.6	0.0
17	68.2	230.0	0.0
18	226.2	20.4	0.0
19	24.3	170.8	0.0
20	182.3	321.2	0.0
21	340.3	111.6	0.0
22	138.3	262.0	0.0
23	296.4	52.4	0.0
24	94.4	202.8	0.0
25	252.4	353.2	0.0
26	50.4	143.6	0.0
27	208.4	294.0	0.0
28	6.4	84.3	0.0
29	164.4	234.7	0.0
30	322.5	25.1	0.0
31	120.5	175.5	0.0
Juni 1	278.5	325.8	0.0
2	76.5	116.2	0.0
3	234.4	266.6	0.0
4	32.4	56.9	+0.1

Rotation des Jupiter 1959

Länge des Zentralmeridians der beleuchteten Scheibe für 0h Weltzeit

Tag	System I	System II	Red. auf volle Scheibe
1959	°	°	°
Juni 5	190.4	207.3	+0.1
6	348.4	357.6	0.1
7	146.4	148.0	0.1
8	304.4	298.3	0.1
9	102.4	88.7	0.1
10	260.3	239.0	+0.1
11	58.3	29.4	0.1
12	216.2	179.7	0.1
13	14.2	330.0	0.1
14	172.2	120.4	0.1
15	330.1	270.7	+0.1
16	128.1	61.0	0.1
17	286.0	211.3	0.1
18	84.0	1.6	0.2
19	241.9	151.9	0.2
20	39.8	302.2	+0.2
21	197.8	92.5	0.2
22	355.7	242.8	0.2
23	153.6	33.1	0.2
24	311.6	183.4	0.2
25	109.5	333.8	+0.2
26	267.4	124.0	0.2
27	65.3	274.3	0.2
28	223.2	64.6	0.2
29	21.1	214.8	0.3
30	179.0	5.1	+0.3
Juli 1	336.9	155.4	0.3
2	134.8	305.7	0.3
3	292.7	95.9	0.3
4	90.6	246.2	0.3
5	248.4	36.4	+0.3
6	46.3	186.6	0.3
7	204.2	336.9	0.3
8	2.0	127.1	0.3
9	159.9	277.4	0.3
10	317.8	67.6	+0.3
11	115.7	217.9	0.4
12	273.5	8.1	0.4
13	71.3	158.3	0.4
14	229.2	308.5	0.4
15	27.0	98.7	+0.4
16	184.9	248.9	0.4
17	342.7	39.1	0.4
18	140.6	189.3	0.4
19	298.4	339.6	0.4
20	96.2	129.7	+0.4
21	254.0	279.9	0.4
22	51.8	70.1	0.4
23	209.7	220.3	0.4
24	7.5	10.5	0.4
25	165.3	160.7	0.5
26	323.1	310.9	+0.5

Tag	System I	System II	Red. auf volle Scheibe
1959	°	°	°
Juli 27	120.9	101.0	+0.5
28	278.7	251.2	0.5
29	76.5	41.4	0.5
30	234.3	191.5	0.5
31	32.1	341.7	0.5
Aug. 1	189.9	131.8	+0.5
2	347.6	282.0	0.5
3	145.4	72.2	0.5
4	303.2	222.3	0.5
5	101.0	12.4	0.5
6	258.8	162.6	+0.5
7	56.5	312.7	0.5
8	214.3	102.9	0.5
9	12.1	253.0	0.5
10	169.8	43.1	0.5
11	327.6	193.3	+0.5
12	125.3	343.4	0.5
13	283.1	133.5	0.5
14	80.8	283.6	0.5
15	238.6	73.8	0.5
16	36.3	223.9	+0.5
17	194.1	14.0	0.5
18	351.8	164.1	0.5
19	149.6	314.2	0.5
20	307.3	104.3	0.5
21	105.0	254.4	+0.5
22	262.8	44.5	0.5
23	60.5	194.6	0.5
24	218.2	344.7	0.5
25	15.9	134.8	0.5
26	173.7	284.9	+0.5
27	331.4	75.0	0.5
28	129.1	225.1	0.5
29	286.8	15.2	0.5
30	84.5	165.3	0.5
31	242.3	315.4	+0.5
Sept. 1	40.0	105.4	0.5
2	197.7	255.5	0.5
3	355.4	45.6	0.5
4	153.1	195.7	0.5
5	310.8	345.8	+0.5
6	108.5	135.8	0.5
7	266.2	285.9	0.5
8	63.9	76.0	0.5
9	221.6	226.0	0.5
10	19.3	16.1	+0.4
11	177.0	166.2	0.4
12	334.7	316.2	0.4
13	132.4	106.3	0.4
14	290.1	256.4	0.4
15	87.8	46.4	0.4
16	245.4	196.5	+0.4

Tag	System I	System II	Red. auf volle Scheibe
1959	°	°	°
Sept. 17	43.1	346.5	+0.4
18	200.8	136.6	0.4
19	358.5	286.6	0.4
20	156.2	76.7	0.4
21	313.9	226.8	0.4
22	111.6	16.8	+0.4
23	269.2	166.9	0.4
24	66.9	316.9	0.4
25	224.6	106.9	0.4
26	22.3	257.0	0.4
27	179.9	47.0	+0.3
28	337.6	197.1	0.3
29	135.3	347.1	0.3
30	293.0	137.2	0.3
Okt. 1	90.6	287.2	0.3
2	248.3	77.3	+0.3
3	46.0	227.3	0.3
4	203.6	17.3	0.3
5	1.3	167.4	0.3
6	159.0	317.4	0.3
7	316.6	107.5	+0.3
8	114.3	257.5	0.3
9	272.0	47.5	0.3
10	69.6	197.6	0.3
11	227.3	347.6	0.2
12	25.0	137.6	+0.2
13	182.6	287.7	0.2
14	340.3	77.7	0.2
15	138.0	227.7	0.2
16	295.6	17.8	0.2
17	93.3	167.8	+0.2
18	251.0	317.8	0.2
19	48.6	107.9	0.2
20	206.3	257.9	0.2
21	3.9	47.9	0.2
22	161.6	198.0	+0.2
23	319.3	348.0	0.2
24	116.9	138.0	0.2
25	274.6	288.1	0.2
26	72.2	78.1	0.2
27	229.9	228.1	+0.1
28	27.6	18.2	0.1
29	185.2	168.2	0.1
30	342.9	318.2	0.1
31	140.5	108.2	0.1
Nov. 1	298.2	258.3	+0.1
2	95.9	48.3	0.1
3	253.5	198.3	0.1
4	51.2	348.4	0.1
5	208.8	138.4	0.1
6	6.5	288.4	0.1
7	164.2	78.5	+0.1

Jupitertrabanten 1959

Verfinsterungen: E. = Eintritte, A. = Austritte (in Weltzeit)

Januar

Tag	Weltzeit h m	Trab.
1	6 54.2	II E.
	18 25.8	I E.
2	3 35.8	III E.
	5 45.5	III A.
3	12 54.2	I E.
4	20 11.2	II E.
5	7 22.5	I E.
7	1 50.9	I E.
8	9 28.5	II E.
	20 19.2	I E.
9	7 33.7	III E.
	9 43.6	III A.
10	14 47.6	I E.
11	22 45.6	II E.
12	9 15.9	I E.
14	3 44.3	I E.
15	12 3.0	II E.
	22 12.5	I E.
16	11 31.3	III E.
	13 41.3	III A.
17	16 40.9	I E.
19	1 20.1	II E.
	11 9.1	I E.
21	5 37.5	I E.
22	14 37.6	II E.
23	0 5.7	I E.
	15 29.2	III E.
	17 39.2	III A.
24	18 34.0	I E.
26	3 54.7	II E.
	6 11.7	II A.
	13 2.3	I E.
28	7 30.6	I E.
29	17 12.2	II E.
	19 29.3	II A.
30	1 58.9	I E.
	19 26.3	III E.
	21 36.2	III A.
31	20 27.2	I E.

Februar

Tag	Weltzeit h m	Trab.
2	6 29.4	II E.
	8 46.5	II A.
	14 55.4	I E.
4	9 23.7	I E.
5	19 47.0	II E.
	22 4.2	II A.
6	3 51.9	I E.
6	23 23.2	III E.
7	1 33.7	III A.
	22 20.2	I E.
9	9 4.2	II E.
	11 21.4	II A.
	16 48.4	I E.
11	11 16.7	I E.
12	22 22.0	II E.
13	0 39.2	II A.
	5 44.9	I E.
14	3 20.1	III E.
	5 30.7	III A.
15	0 13.2	I E.
16	11 39.1	II E.
	13 56.5	II A.
	18 41.4	I E.
18	13 9.6	I E.
20	0 57.0	II E.
	3 14.4	II A.
	7 37.9	I E.
21	7 17.0	III E.
	9 27.8	III A.
22	2 6.1	I E.
23	14 14.2	II E.
	16 31.7	II A.
	20 34.4	I E.
25	15 2.6	I E.
27	3 32.1	II E.
	5 49.7	II A.
	9 30.9	I E.
28	11 14.7	III E.
	13 25.7	III A.

März

Tag	Weltzeit h m	Trab.
1	3 59.1	I E.
2	16 49.4	II E.
	19 7.0	II A.
	22 27.3	I E.
4	16 55.6	I E.
6	6 7.5	II E.
	8 25.1	II A.
	11 23.8	I E.
7	15 12.0	III E.
	17 23.3	III A.
8	5 52.0	I E.
9	19 24.8	II E.
	21 42.5	II A.
10	0 20.3	I E.
11	18 48.5	I E.
13	8 42.9	II E.
	11 0.7	II A.
13	13 16.7	I E.
14	19 9.6	III E.
	21 21.2	III A.
15	7 45.0	I E.
16	22 0.3	II E.
17	0 18.1	II A.
	2 13.2	I E.
18	20 41.5	I E.
20	11 18.4	II E.
	13 36.4	II A.
	15 9.7	I E.
21	23 6.7	III E.
22	1 18.5	III A.
	9 37.9	I E.
24	0 35.9	II E.
	4 6.2	I E.
25	22 34.4	I E.
27	13 54.2	II E.
	17 2.7	I E.
29	3 3.6	III E.
	5 15.7	III A.
	11 30.9	I E.
31	3 11.7	II E.
	5 59.2	I E.

April

Tag	Weltzeit h m	Trab.
2	0 27.4	I E.
3	16 30.0	II E.
	18 55.7	I E.
5	7 0.6	III E.
	9 13.0	III A.
	13 23.9	I E.
7	5 47.5	II E.
	7 52.2	I E.
9	2 20.5	I E.
10	19 5.9	II E.
	20 48.8	I E.
12	10 57.8	III E.
	13 10.6	III A.
	15 17.1	I E.
14	8 23.5	II E.
	9 45.4	I E.
16	4 13.7	I E.
17	21 42.0	II E.
	22 42.0	I E.
19	14 55.8	III E.
	17 8.9	III A.
	17 10.3	I E.
21	10 59.6	II E.
21	11 38.6	I E.
23	6 6.9	I E.
25	0 18.2	II E.
	0 35.3	I E.
26	18 53.5	III E.
	19 3.6	I E.
	21 7.1	III A.
28	13 32.0	I E.
	13 35.9	II E.
30	8 0.3	I E.

Mai

Tag	Weltzeit h m	Trab.
2	2 28.7	I E.
	2 54.6	II E.
3	20 57.0	I E.
	22 51.6	III E.
5	15 25.4	I E.
	16 12.3	II E.
7	9 53.8	I E.
9	4 22.2	I E.
	5 31.0	II E.
10	22 50.6	I E.
11	2 49.2	III E.
12	17 19.0	I E.
	18 48.8	II E.
14	11 47.4	I E.
16	6 15.9	I E.
	8 7.6	II E.
18	0 44.3	I E.
	6 46.9	III E.
	9 1.6	III A.
19	21 22.3	I A.
	23 44.8	II A.
21	15 50.8	I A.
23	10 19.3	I A.
	13 3.6	II A.
25	4 47.7	I A.
	13 0.0	III A.
26	23 16.2	I A.
27	2 21.6	II A.
28	17 44.7	I A.
30	12 13.2	I A.
	15 40.4	II A.

Verfinsterungen: E. = Eintritte, A. = Austritte (in Weltzeit)

Juni

Tag	Weltzeit h m	Trab.
1	6 41.7	I A.
	16 58.5	III A.
3	1 10.2	I A.
3	4 58.5	II A.
4	19 38.8	I A.
6	14 7.3	I A.
	18 17.3	II A.
8	8 35.9	I A.
	20 57.9	III A.
10	3 4.4	I A.
	7 35.5	II A.
11	21 33.0	I A.
13	16 1.5	I A.
	20 54.3	II A.
15	10 30.1	I A.
	22 40.3	III E.
16	0 57.1	III A.
17	4 58.7	I A.
	10 12.4	II A.
18	23 27.3	I A.
20	17 56.0	I A.
	23 31.3	II A.
22	12 24.5	I A.
23	2 39.3	III E.
	4 56.6	III A.
24	6 53.2	I A.
	12 49.4	II A.
26	1 21.8	I A.
27	19 50.4	I A.
28	2 8.3	II A.
29	14 19.1	I A.
30	6 37.8	III E.
	8 55.6	III A.

Juli

Tag	Weltzeit h m	Trab.
1	8 47.7	I A.
	15 26.4	II A.
3	3 16.4	I A.
4	21 45.1	I A.
5	4 45.2	II A.
6	16 13.8	I A.
7	10 36.3	III E.
	12 54.8	III A.
8	10 42.5	I A.
	18 3.3	II A.
10	5 11.1	I A.
11	23 39.8	I A.
12	7 22.0	II A.
13	18 8.5	I A.
14	14 35.0	III E.
	16 54.1	III A.
15	12 37.2	I A.
	20 40.1	II A.
17	7 5.9	I A.
19	1 34.6	I A.
	9 58.8	II A.
20	20 3.3	I A.
21	18 33.8	III E.
	20 53.5	III A.
22	14 32.1	I A.
	20 55.9	II E.
	23 16.9	II A.
24	9 0.8	I A.
26	3 29.5	I A.
	10 14.3	II E.
	12 35.5	II A.
27	21 58.3	I A.
28	22 33.5	III E.
29	0 53.7	III A.
	16 27.0	I A.
	23 32.3	II E.
30	1 53.6	II A.
31	10 55.8	I A.

August

Tag	Weltzeit h m	Trab.
2	5 24.5	I A.
	12 50.7	II E.
	15 12.1	II A.
3	23 53.3	I A.
5	2 32.8	III E.
	4 53.6	III A.
	18 22.0	I A.
6	2 8.7	II E.
	4 30.2	II A.
7	12 50.8	I A.
9	7 19.6	I A.
	15 27.0	II E.
	17 48.6	II A.
11	1 48.3	I A.
12	6 32.3	III E.
	8 53.8	III A.
	20 17.1	I A.
13	4 45.0	II E.
	7 6.6	II A.
14	14 45.9	I A.
16	9 14.7	I A.
	18 3.1	II E.
	20 24.9	II A.
18	3 43.4	I A.
19	10 31.3	III E.
	12 53.5	III A.
	22 12.2	I A.
20	7 21.0	II E.
	9 42.9	II A.
21	16 41.0	I A.
23	11 9.8	I A.
	20 39.1	II E.
	23 1.1	II A.
25	5 38.6	I A.
26	14 30.2	III E.
	16 53.1	III A.
27	0 7.4	I A.
	9 56.9	II E.
	12 19.0	II A.
28	18 36.1	I A.
30	13 5.0	I A.
	23 14.9	II E.
31	1 37.1	II A.

September

Tag	Weltzeit h m	Trab.
1	7 33.7	I A.
2	18 29.2	III E.
	20 52.8	III A.
3	2 2.6	I A.
	12 32.6	II E.
	14 55.0	II A.
4	20 31.3	I A.
6	15 0.2	I A.
7	1 50.6	II E.
	4 13.0	II A.
8	9 28.9	I A.
9	22 28.2	III E.
10	0 52.5	III A.
	3 57.7	I A.
	17 30.8	II A.
11	22 26.5	I A.
13	16 55.3	I A.
14	6 48.7	II A.
15	11 24.1	I A.
17	2 28.1	III E.
	4 53.0	III A.
	5 52.9	I A.
	20 6.5	II A.
19	0 21.7	I A.
20	18 50.5	I A.
21	9 24.2	II A.
22	13 19.3	I A.
24	6 27.4	III E.
	7 48.1	I A.
	8 53.1	III A.
	22 41.9	II A.
26	2 16.8	I A.
27	20 45.7	I A.
28	11 59.6	II A.
29	15 14.4	I A.

Oktober

Tag	Weltzeit h m	Trab.
1	9 43.2	I A.
	10 26.8	III E.
	12 53.3	III A.
2	1 17.2	II A.
3	4 12.0	I A.
4	22 40.8	I A.
5	14 34.8	II A.
6	17 9.6	I A.
8	11 38.4	I A.
	14 25.8	III E.
	16 53.0	III A.
9	3 52.3	II A.
10	6 7.1	I A.
12	0 35.9	I A.
	17 9.8	II A.
13	19 4.7	I A.
15	13 33.5	I A.
	18 24.5	III E.
	20 52.5	III A.
16	6 27.3	II A.
17	8 2.2	I A.
19	2 31.0	I A.
	19 44.7	II A.
20	20 59.7	I A.
22	15 28.5	I A.
	22 23.4	III E.
23	0 52.1	III A.
	9 2.0	II A.
24	9 57.2	I A.
26	4 26.0	I A.
	22 19.4	II A.
27	22 54.7	I A.

Dezember

Tag	Weltzeit h m	Trab.
29	18 59.8	II E.
30	13 54.3	I E.
32	8 22.9	I E.

Jupitertrabanten 1959

JANUAR

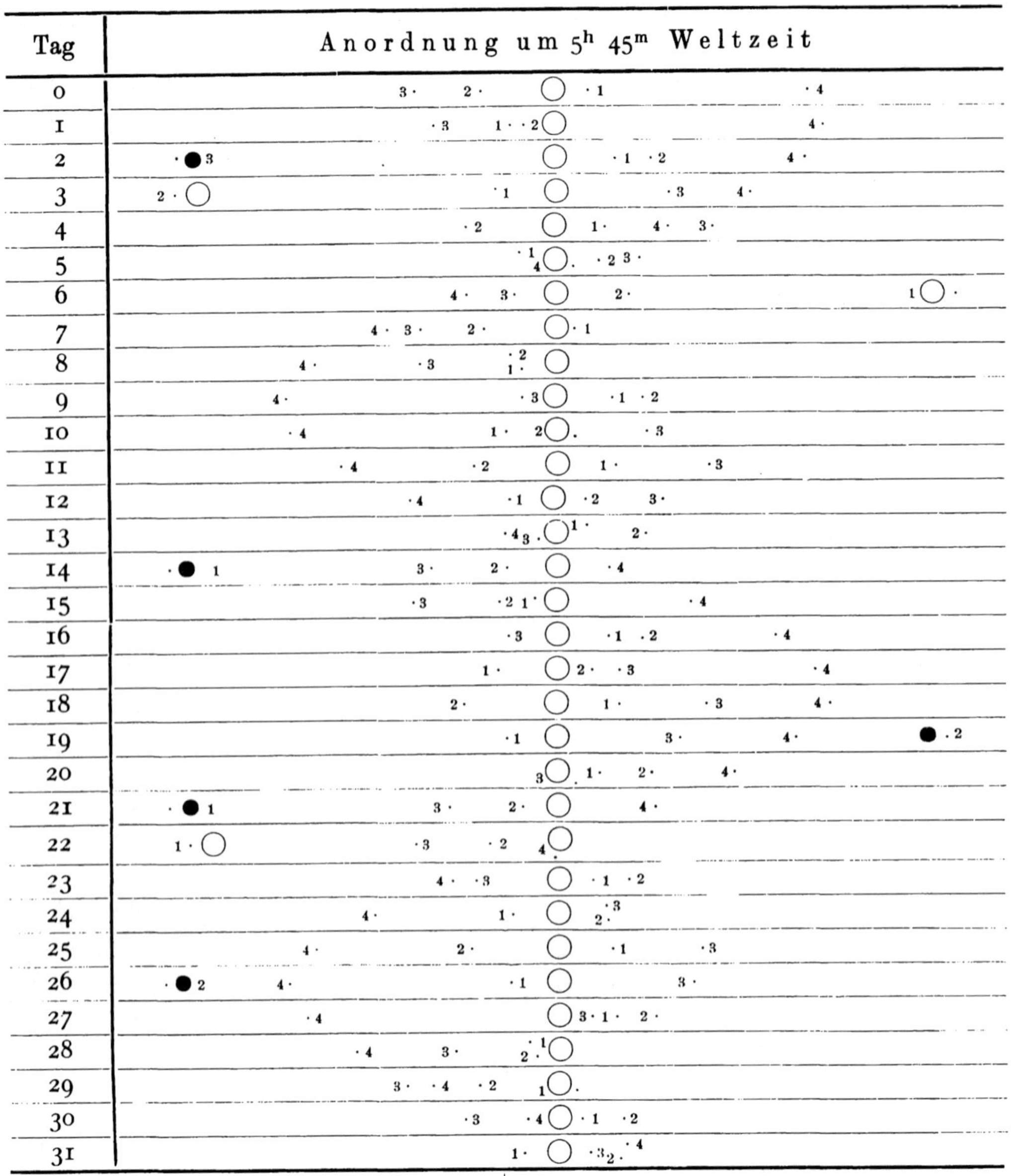

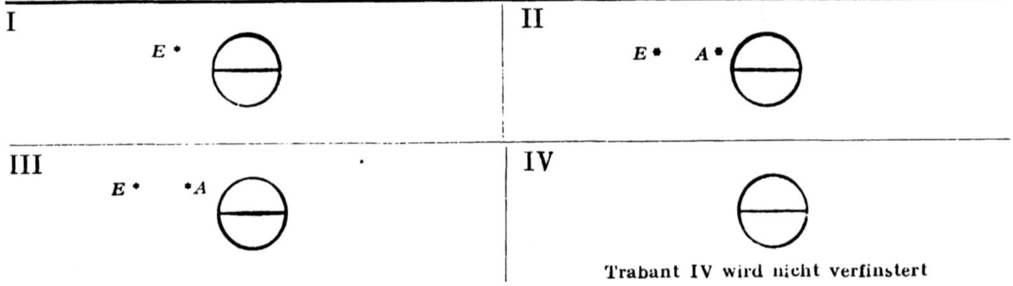

Jupitertrabanten 1959

FEBRUAR

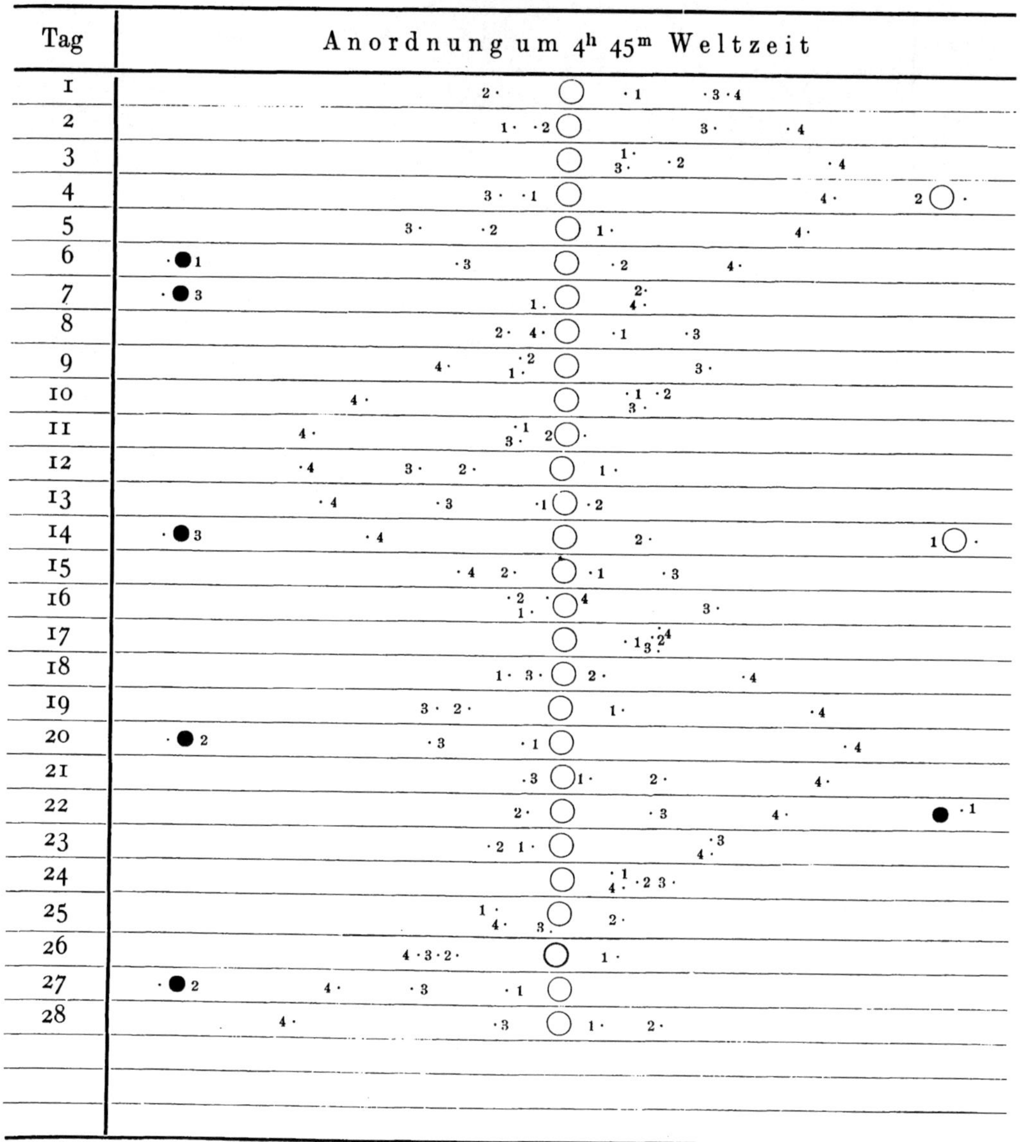

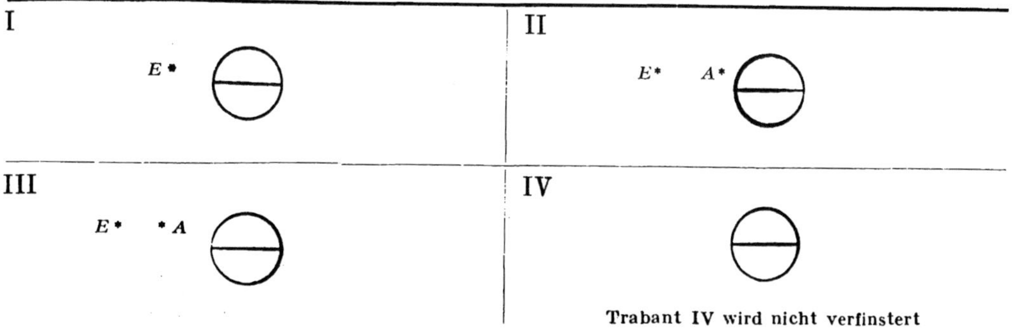

Trabant IV wird nicht verfinstert

Jupitertrabanten 1959

MÄRZ

Tag | Anordnung um $3^h\ 15^m$ Weltzeit

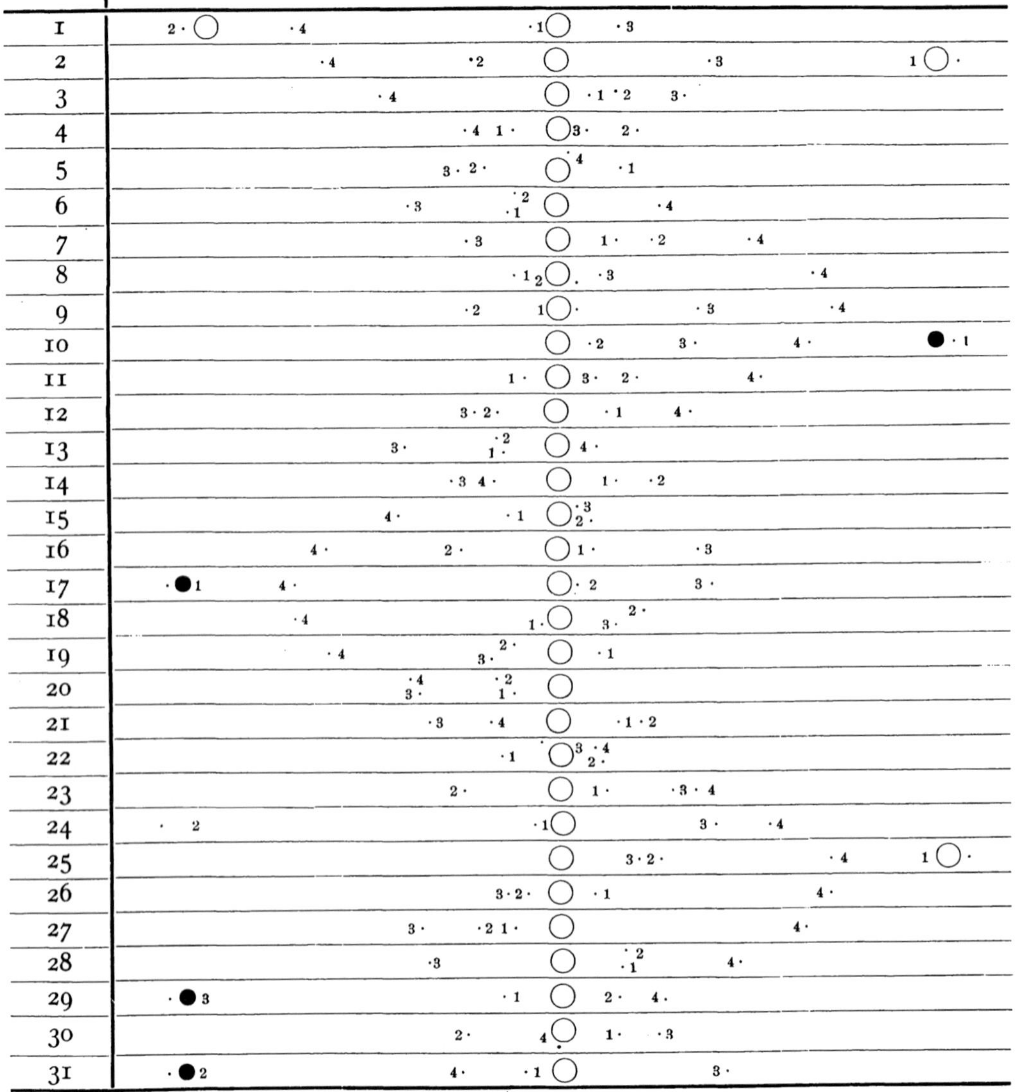

I

II

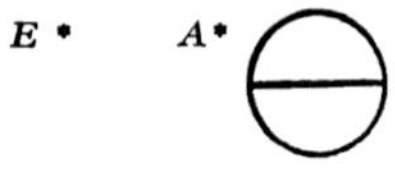

III

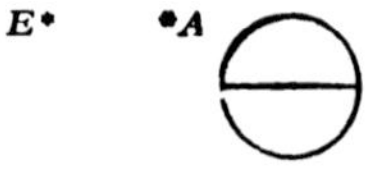

IV

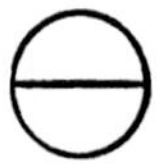

Trabant IV wird nicht verfinstert

Jupitertrabanten 1959

APRIL

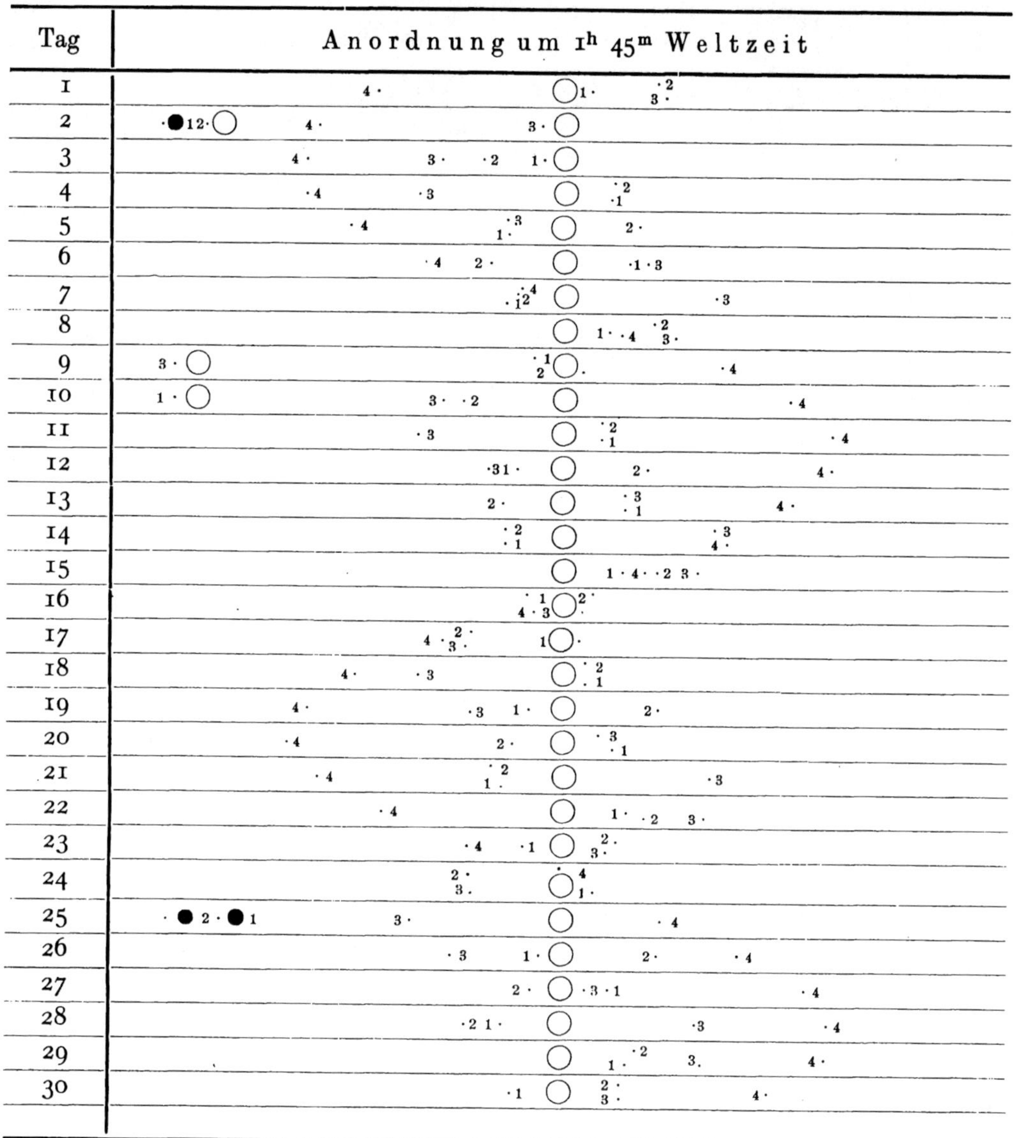

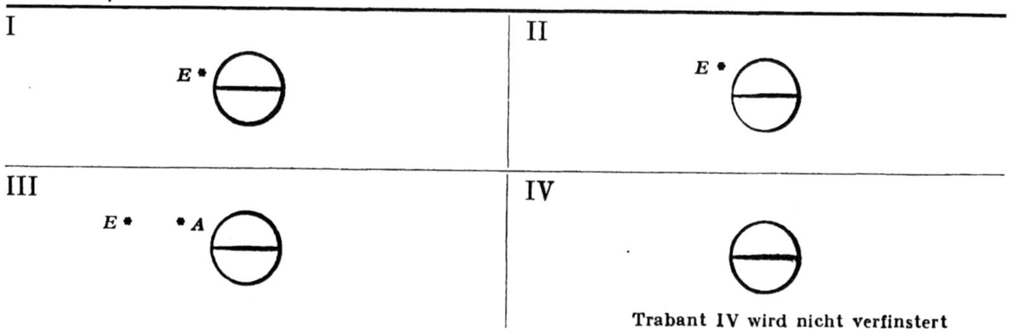

Trabant IV wird nicht verfinstert

Jupitertrabanten 1959

MAI

Tag	Anordnung um 0h 0m Weltzeit
1	2 ·3· ○ 1· 4·
2	3· ·2 ·1 ○ 4·
3	·3 4· 1○. ·2
4	·● 3 2·○ 4· ○·1
5	4· ·2 1· ○ ·3
6	4· ○ ·2 ·1 3·
7	·4 1· ○ 2· 3·
8	·4 2·3· ○ 1·
9	·4 3· ·2 ·1 ○
10	·3 ·4 ○1· ·2
11	·● 1 ·3 2○· ·4
12	·2 1·○ ·3 ·4
13	○ ·2·1 3· ·4
14	1· ○ 2· 3. ·4
15	2·3· ○ 1· ·4
16	3· ·2 ·1 ○ 4·
17	·3 ○ 1· ·2 4·
18	·3 ·○12. 4·
19	1·○ 2· 4.○ ·3
20	4· ○·2·1 ·3
21	4· 1· ○ 2·3·
22	4· 2·3.○ ·1
23	4· 3· ·2·1 ○
24	·4 ·3 ○ 1· ·2
25	·4 ·3 ·1○ 2·
26	·42· ○ ·3 1○·
27	·● 2 ·4○·1 ·3
28	1· ○ ·42· 3·
29	2·3○. ·1 ·4
30	3· ·21· ○ ·4
31	·3 ○ 1··2 ·4

I

II

III

IV

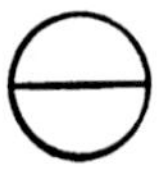

Trabant IV wird nicht verfinstert

Jupitertrabanten 1959

JUNI

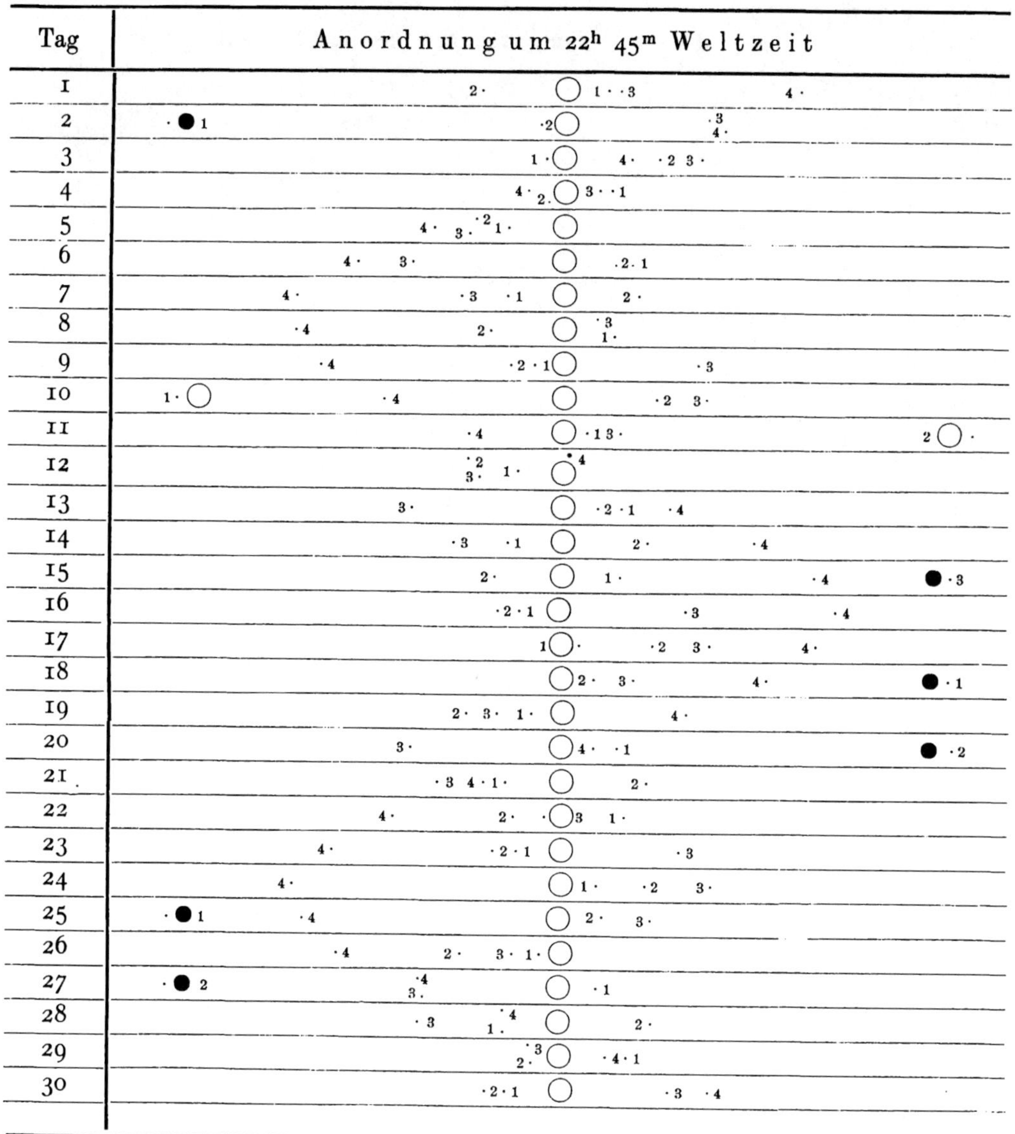

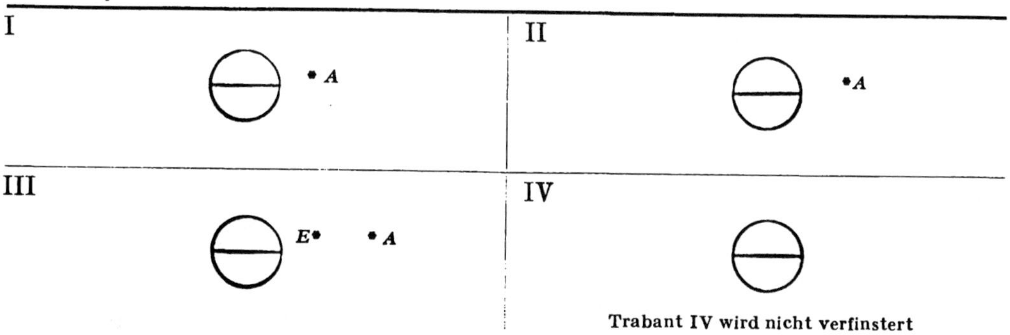

Trabant IV wird nicht verfinstert

Jupitertrabanten 1959

JULI

Tag	Anordnung um 21^h 30^m Weltzeit
1	○ 1· ·2 ·3 ·4
2	·1○ 2· 3· ·4
3	2· 3·○ · 4· 1○·
4	3· ·2○ 4· ●·1
5	·3 1· ○ ·2 4·
6	·3 2○ · ·1 4·
7	·21· 4.○ ·3
8	4· ○ ·2 1· ·3
9	4· ·1 ○ 2· 3·
10	4· 2· ○1· 3○·
11	·● 1 4· 3· ·2 ○
12	·4 ·3 1· ○ ·2
13	·4 ·3 ○ ·1 2○·
14	·4 ·21· ○ ·3
15	·4○ ·21· ·3
16	·1 ○ ·4 2. 3·
17	2· 3○ ·1· ·4
18	3· ·2 ·○1 ·4
19	1·○ ·3 ○ ·2 ·4
20	·3 ○2. ·1 4·
21	2· 1· ○ ·3 4·
22	○. ·1 ·3 4. ●·2
23	·1 ○ 4·2· 3·
24	2·4 . ○ 3· 1·
25	4· 3· ·2 ·1○
26	4· 3· ○ ·2 1○·
27	4· ·3 ○ 2· ●·1
28	·4 2· 1· ○·3
29	·●2 ·4 ○ ·1 ·3
30	·4 1· ○ 2· 3·
31	·4 2· ○ 1· 3.

I

II

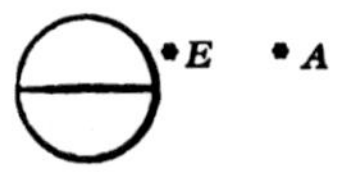

III

IV

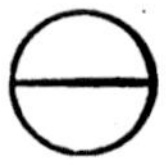

Trabant IV wird nicht verfinstert

Jupitertrabanten 1959

AUGUST

Tag	Anordnung um 20h 15m Weltzeit
1	·2 3· ·1 ○ ·4
2	3· ○ 1· ·2 ·4
3	·3 ○1 2· ·4
4	2· 1.○3 ·4
5	·2○ ·1 ·3 ·4
6	1· ○ ·2 3· 4·
7	2.○ ·1 3· 4·
8	·2 ·1 3· ○ 4·
9	3· ○ 4 1· ·2
10	·3 4· ·1○ 2·
11	4· 2· ·3○ 1○·
12	4· ·2 ○ ·3 ● ·1
13	4· 1· ○ ·2 ·3
14	·4 2○. ·1 3·
15	·4 ·21· 3·○
16	·43· ○ 1· ● ·2
17	·3 ·4 ·1 ○ 2·
18	2· ·3 ○1. ·4
19	·2 ○ ·3 ·4 ● ·1
20	1·○ ·2 ·3 ·4
21	○2· ·1 3· ·4
22	2· 1· ○ 4· 3○·
23	3· ○ 1· 4· ● ·2
24	·3 ·1 ○ 2· 4·
25	·32· ○ 1· 4·
26	·2 4○1 ·3
27	4· 1.○ ·2 ·3
28	4· ○ ·1 2· 3·
29	4· 2· 1· ○3·
30	4· 3· ○2 ·1
31	·4 ·3 ·1 ○ 2·

I

II

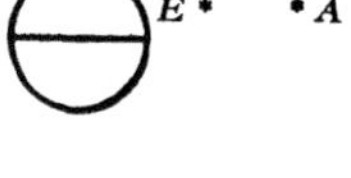

III

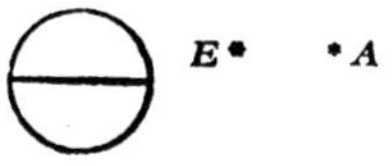

IV

Trabant IV wird nicht verfinstert

Jupitertrabanten 1959

SEPTEMBER

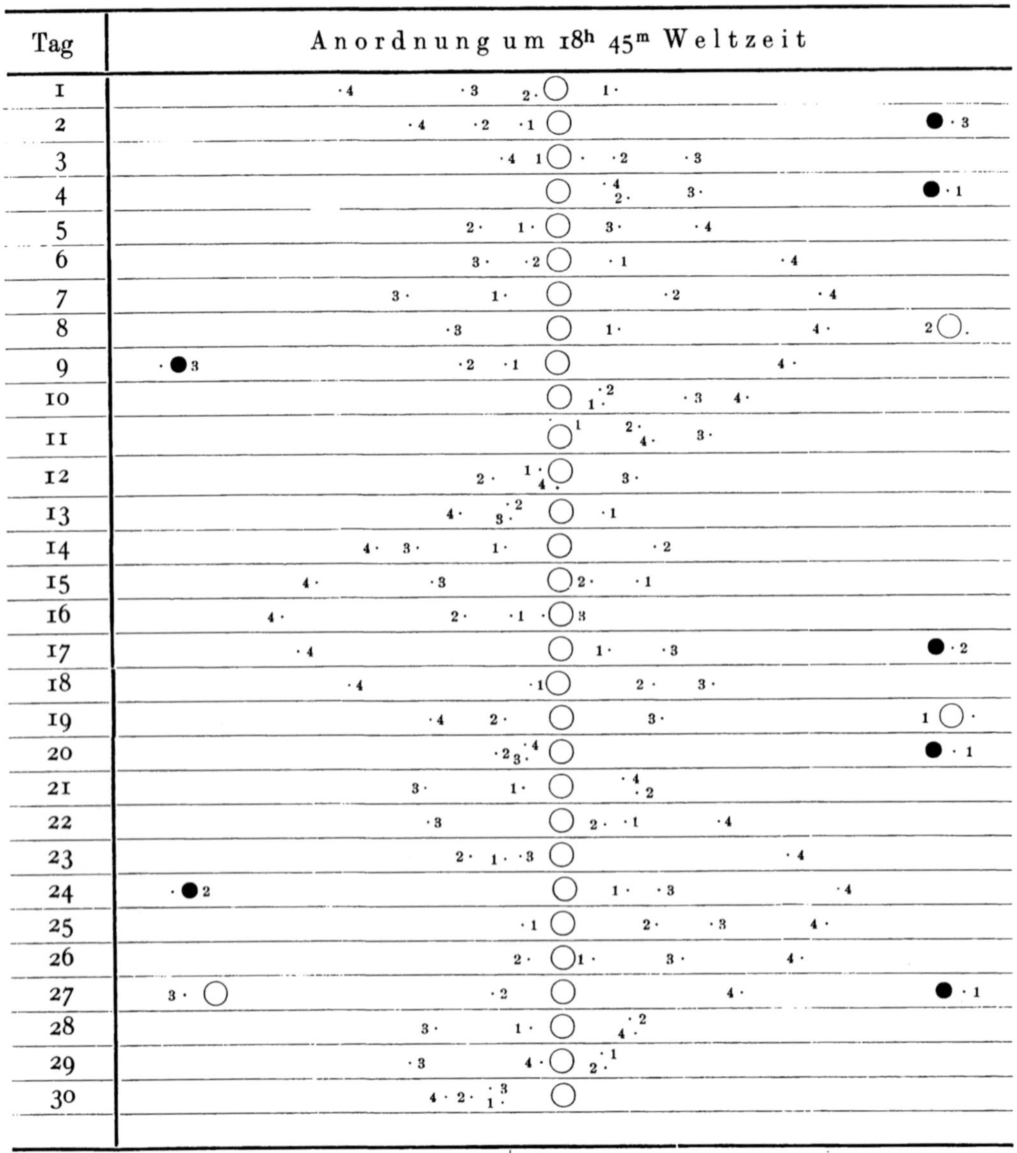

I

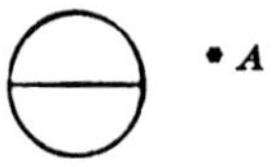

II

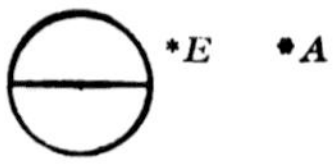

III

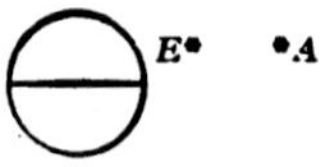

IV

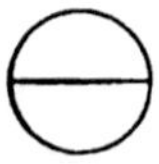

Trabant IV wird nicht verfinstert

OKTOBER

Tag	Anordnung um 17h 30m Weltzeit
1	4· ·2○ ·3 ·1
2	4· ·1 ○ ·2 ·3
3	2·○ 4· ○ 1· 3·
4	·4 ·2 ·1○3·
5	·4 3· ○ ·2 1○·
6	·3 ·4 ○ ·1 2·
7	·3 2· 1· ·4○
8	·2 ○ ·3 ·1 ·4
9	1· ○ ·2 ·3·4
10	2○· 1· 3· ·4
11	·2 ·1○ 3· ·4
12	3· ○1· ·2 4·
13	3· ○ 2· 4· ●·1
14	·3 2· 1·○ 4·
15	·2 ○ ·1 4· ●·3
16	1·4· ○ ·2 ·3
17	4· ○2·1· 3·
18	4· 2· ·1 ○ 3·
19	4· 3· ○ 1· ●·2
20	·4 3· ○1 2·
21	1·○ ·4 ·3 2· ○
22	·4 ·2 ○3 ·1
23	·4 1· ○ ·2 ·3
24	○4 2· ·1 3·
25	2· ·1 ○ 3· ·4
26	3· ○2 1· ·4
27	3· ·1○ 2· ·4
28	·3 2·○ ·4 1○·
	○
	○
	○

I

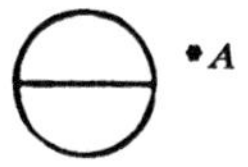

II

III

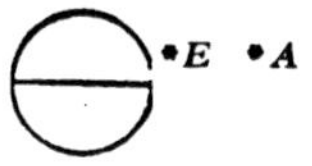

IV

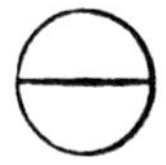

Trabant IV wird nicht verfinstert

Saturn und Saturnsring 1959

0^h Weltzeit	α	β	pα	a	b	U′	B′	P′
1959	″	″	″	″	″	°	°	°
Jan. −2	15.10	13.85	0.00	34.01	+15.24	100.568	+26.609	+ 4.951
+6	15.13	13.89	0.00	34.09	15.24	100.837	26.597	5.076
14	15.19	13.94	−0.01	34.22	15.25	101.105	26.586	5.200
22	15.27	14.01	−0.01	34.40	15.28	101.374	26.573	5.325
30	15.38	14.10	−0.01	34.63	15.33	101.643	26.560	5.449
Febr. 7	15.50	14.21	−0.02	34.91	+15.39	101.911	+26.546	+ 5.573
15	15.64	14.34	−0.02	35.23	15.48	102.180	26.532	5.697
23	15.81	14.49	−0.03	35.60	15.59	102.448	26.518	5.821
März 3	15.99	14.65	−0.03	36.00	15.72	102.716	26.503	5.945
11	16.18	14.83	−0.04	36.44	15.86	102.984	26.487	6.069
19	16.39	15.02	−0.04	36.91	+16.03	103.252	+26.471	+ 6.193
27	16.60	15.21	−0.04	37.40	16.21	103.520	26.454	6.316
April 4	16.83	15.42	−0.04	37.90	16.40	103.788	26.437	6.440
12	17.05	15.62	−0.04	38.41	16.61	104.056	26.419	6.563
20	17.28	15.83	−0.04	38.92	16.83	104.324	26.401	6.686
28	17.50	16.03	−0.03	39.41	+17.05	104.592	+26.382	+ 6.809
Mai 6	17.70	16.22	−0.03	39.87	17.27	104.859	26.363	6.931
14	17.89	16.39	−0.02	40.30	17.48	105.127	26.344	7.054
22	18.06	16.55	−0.02	40.67	17.68	105.394	26.324	7.176
30	18.20	16.68	−0.01	40.98	17.87	105.662	26.303	7.298
Juni 7	18.30	16.78	−0.01	41.23	+18.02	105.929	+26.282	+ 7.420
15	18.38	16.85	0.00	41.39	18.15	106.196	26.260	7.542
23	18.41	16.88	0.00	41.47	18.24	106.464	26.238	7.664
Juli 1	18.41	16.88	0.00	41.46	18.30	106.731	26.216	7.786
9	18.37	16.84	0.00	41.37	18.31	106.998	26.193	7.907
17	18.29	16.77	+0.01	41.19	+18.29	107.265	+26.170	+ 8.028
25	18.17	16.67	+0.01	40.93	18.22	107.531	26.146	8.149
Aug. 2	18.03	16.54	+0.02	40.61	18.12	107.798	26.121	8.269
10	17.86	16.39	+0.02	40.23	17.99	108.064	26.096	8.390
18	17.67	16.21	+0.03	39.80	17.83	108.330	26.071	8.510
26	17.46	16.02	+0.03	39.33	+17.64	108.596	+26.045	+ 8.630
Sept. 3	17.24	15.82	+0.04	38.84	17.44	108.862	26.019	8.750
11	17.02	15.62	+0.04	38.33	17.22	109.128	25.992	8.870
19	16.79	15.41	+0.04	37.83	17.00	109.394	25.964	8.990
27	16.57	15.21	+0.04	37.33	16.77	109.660	25.936	9.109
Okt. 5	16.36	15.01	+0.04	36.84	+16.54	109.926	+25.908	+ 9.228
13	16.15	14.82	+0.04	36.38	16.32	110.192	25.879	9.347
21	15.96	14.65	+0.03	35.95	16.10	110.457	25.849	9.465
29	15.79	14.48	+0.03	35.56	15.89	110.722	25.819	9.584
Nov. 6	15.63	14.33	+0.02	35.20	15.69	110.987	25.789	9.702
14	15.49	14.20	+0.02	34.88	+15.51	111.252	+25.758	+ 9.820
22	15.37	14.09	+0.01	34.61	15.33	111.517	25.727	9.938
30	15.27	14.00	+0.01	34.38	15.17	111.781	25.695	10.055
Dez. 8	15.19	13.92	+0.01	34.21	15.03	112.046	25.663	10.173
16	15.13	13.87	0.00	34.08	14.90	112.311	25.630	10.290
24	15.10	13.84	0.00	34.00	+14.79	112.576	+25.596	+10.407
32	15.09	13.82	0.00	33.98	+14.69	112.840	+25.563	+10.524

0h Weltzeit	U	B	P	log (Δ)/Δ	0h Weltzeit	U	B	P	log (Δ)/Δ
1959	°	°	°		1959	°	°	°	
Jan. −2	142.633	+26.634	+5.717	9.93660	Juli 1	147.368	+26.192	+6.057	0.02269
+2	143.154	26.593	5.757	9.93704	5	147.047	26.236	6.035	0.02231
6	143.670	26.550	5.796	9.93764	9	146.731	26.279	6.014	0.02170
10	144.180	26.505	5.834	9.93840	13	146.424	26.321	5.993	0.02087
14	144.683	26.459	5.870	9.93932	17	146.127	26.361	5.973	0.01982
18	145.177	+26.411	+5.906	9.94040	21	145.843	+26.400	+5.954	0.01857
22	145.661	26.363	5.940	9.94163	25	145.575	26.437	5.935	0.01712
26	146.133	26.314	5.973	9.94301	29	145.324	26.472	5.918	0.01549
30	146.593	26.264	6.005	9.94454	Aug. 2	145.092	26.505	5.902	0.01367
Febr. 3	147.038	26.214	6.036	9.94621	6	144.881	26.536	5.887	0.01169
7	147.468	+26.163	+6.065	9.94802	10	144.693	+26.564	+5.874	0.00955
11	147.881	26.113	6.092	9.94996	14	144.529	26.590	5.862	0.00728
15	148.277	26.064	6.118	9.95203	18	144.391	26.613	5.852	0.00488
19	148.653	26.016	6.142	9.95422	22	144.279	26.634	5.844	0.00237
23	149.009	25.970	6.165	9.95652	26	144.195	26.652	5 839	9.99976
27	149.344	+25.925	+6.186	9.95892	30	144.138	+26.667	+5.835	9.99707
März 3	149.657	25.882	6.205	9.96142	Sept. 3	144.110	26.680	5.833	9.99431
7	149.947	25.842	6.223	9.96401	7	144.111	26.690	5.833	9.99149
11	150.212	25.804	6.239	9.96668	11	144.141	26.697	5.836	9.98863
15	150.452	25.769	6.253	9.96942	15	144.200	26.702	5.841	9.98576
19	150.666	+25.737	+6.266	9.97221	19	144.288	+26.704	+5.848	9.98287
23	150.854	25.709	6.277	9.97505	23	144.404	26.702	5.857	9.97998
27	151.014	25.684	6.287	9.97792	27	144.549	26.698	5.868	9.97710
31	151.147	25.663	6.295	9.98082	Okt. 1	144.721	26.691	5.881	9.97425
April 4	151.251	25.647	6.300	9.98373	5	144.921	26.681	5.895	9.97143
8	151.326	+25.634	+6.304	9.98664	9	145.147	+26.667	+5.912	9.96867
12	151.373	25.626	6.307	9.98953	13	145.398	26.650	5.930	9.96597
16	151.391	25.622	6.308	9.99239	17	145.674	26.630	5.950	9.96334
20	151.380	25.622	6.307	9.99520	21	145.974	26.607	5.972	9.96079
24	151.341	25.627	6.305	9.99795	25	146.296	26.581	5.995	9.95832
28	151.274	+25.636	+6.301	0.00063	29	146.640	+26.551	+6.019	9.95596
Mai 2	151.179	25.650	6.295	0.00322	Nov. 2	147.005	26.517	6.044	9.95370
6	151.058	25.667	6.288	0.00571	6	147.389	26.480	6.070	9.95155
10	150.911	25.688	6.279	0.00808	10	147.791	26.440	6.097	9.94952
14	150.738	25.713	6.269	0.01031	14	148.209	26.396	6.125	9.94762
18	150.542	+25.741	+6.257	0.01240	18	148.643	+26.348	+6.153	9.94586
22	150.324	25.773	6.244	0.01433	22	149.091	26.297	6.182	9.94423
26	150.086	25.808	6.230	0.01609	26	149.552	26.243	6.211	9.94274
30	149.829	25.845	6.214	0.01767	30	150.025	26.185	6.241	9.94139
Juni 3	149.555	25.885	6.197	0.01905	Dez. 4	150.508	+26.124	+6.270	9.94020
7	149.267	+25.926	+6.179	0.02023	8	151.000	26.060	6.300	9.93916
11	148.966	25.969	6.160	0.02120	12	151.499	25.992	6.329	9.93828
15	148.656	26.013	6.141	0.02195	16	152.004	25.921	6.358	9.93756
19	148.339	26.058	6.121	0.02247	20	152.514	25.848	6.387	9.93700
23	148.017	26.103	6.100	0.02277	24	153.027	25.772	6.416	9.93660
27	147.692	+26.148	+6.079	0.02285	28	153.543	+25.694	+6.444	9.93637
Juli 1	147.368	+26.192	+6.057	0.02269	32	154.059	+25.613	+6.471	9.93630

0h Weltzeit	L	M	L	M	L	L	M	L	M
1959	MIMAS		ENCELADUS		TETHYS	DIONE		RHEA	
	°	°	°	°	°	°	°	°	°
Jan. — 2	253.853	339.07	14.011	225.2	62.891	262.271	232.1	176.140	341.1
+14	245.818	315.02	257.703	103.4	234.054	206.830	175.3	11.180	176.0
30	237.784	290.97	141.393	341.7	45.217	151.389	118.5	206.219	10.9
Febr. 15	229.751	266.93	25.083	220.0	216.379	95.948	61.7	41.259	205.8
März 3	221.717	242.88	268.772	98.3	27.542	40.507	4.8	236.298	40.7
19	213.684	218.83	152.461	336.6	198.705	345.066	308.1	71.338	235.7
April 4	205.652	194.79	36.149	214.9	9.867	289.625	251.3	266.377	70.6
20	197.620	170.74	279.836	93.1	181.030	234.184	194.5	101.417	265.5
Mai 6	189.589	146.69	163.523	331.4	352.192	178.743	137.7	296.456	100.4
22	181.559	122.65	47.210	209.7	163.355	123.302	80.9	131.496	295.3
Juni 7	173.529	98.60	290.897	88.0	334.517	67.861	24.2	326.535	130.2
23	165.500	74.56	174.583	326.3	145.679	12.420	327.4	161.575	325.2
Juli 9	157.471	50.52	58.270	204.5	316.842	316.979	270.6	356.614	160.1
25	149.443	26.48	301.956	82.8	128.004	261.538	213.9	191.654	355.0
Aug. 10	141.416	2.44	185.643	321.1	299.167	206.098	157.1	26.693	189.9
26	133.389	338.39	69.330	199.4	110.329	150.657	100.3	221.733	24.8
Sept. 11	125.362	314.35	313.017	77.7	281.491	95.216	43.5	56.772	219.8
27	117.336	290.31	196.705	316.0	92.653	39.775	346.7	251.812	54.7
Okt. 13	109.311	266.28	80.393	194.2	263.816	344.334	289.9	86.851	249.6
29	101.287	242.24	324.082	72.5	74.978	288.893	233.1	281.891	84.5
Nov. 14	93.263	218.20	207.772	310.8	246.140	233.452	176.3	116.930	279.5
30	85.240	194.16	91.462	189.1	57.302	178.010	119.6	311.969	114.4
Dez. 16	77.217	170.12	335.153	67.4	228.464	122.569	62.8	147.009	309.3
32	69.194	146.10	218.844	305.7	39.626	67.128	6.0	342.048	144.2

0h Weltzeit	L	M	L	M	e	log a	L	M
1959	TITAN		HYPERION				JAPETUS	
	°	°	°	°			°	°
Jan. — 2	244.553	55.28	292.684	21.66	0.09971	2.32986	237.468	280.86
+14	245.786	56.49	204.648	294.49	0.09976	2.32974	310.077	353.46
30	247.019	57.70	116.708	207.42	0.09989	2.32964	22.687	66.06
Febr. 15	248.252	58.91	28.831	120.41	0.10012	2.32958	95.296	138.66
März 3	249.485	60.12	300.984	33.43	0.10045	2.32956	167.906	211.26
19	250.718	61.32	213.131	306.45	0.10088	2.32958	240.515	283.87
April 4	251.950	62.53	125.236	219.42	0.10140	2.32963	313.124	356.47
20	253.183	63.74	37.267	132.31	0.10201	2.32971	25.734	69.07
Mai 6	254.416	64.95	309.190	45.08	0.10271	2.32983	98.343	141.67
22	255.649	66.16	220.977	317.70	0.10349	2.32998	170.953	214.27
Juni 7	256.882	67.37	132.601	230.15	0.10433	2.33016	243.562	286.88
23	258.114	68.58	44.040	142.40	0.10523	2.33036	316.171	359.48
Juli 9	259.347	69.79	315.278	54.45	0.10616	2.33057	28.781	72.08
25	260.580	71.00	226.302	326.27	0.10712	2.33080	101.390	144.68
Aug. 10	261.813	72.21	137.104	237.84	0.10810	2.33104	174.000	217.28
26	263.046	73.42	47.682	149.18	0.10907	2.33127	246.609	289.89
Sept. 11	264.279	74.63	318.040	60.28	0.11002	2.33150	319.218	2.49
27	265.511	75.84	228.187	331.16	0.11093	2.33172	31.828	75.09
Okt. 13	266.744	77.04	138.138	241.83	0.11179	2.33192	104.437	147.69
29	267.977	78.25	47.912	152.31	0.11259	2.33210	177.047	220.30
Nov. 14	269.210	79.46	317.532	62.63	0.11332	2.33226	249.656	292.90
30	270.443	80.67	227.025	332.81	0.11397	2.33238	322.266	5.50
Dez. 16	271.675	81.88	136.422	242.88	0.11452	2.33248	34.875	78.10
32	272.908	83.09	45.755	152.88	0.11497	2.33254	107.485	150.70

Bewegung der mittleren Länge *L* und der mittleren Anomalie *M*

Zeit	Mimas		Enceladus		Tethys	Dione		Rhea		Titan		Japetus	
	L	*M*	*L*	*M*	*L*	*L*	*M*	*L*	*M*	*L*	*M*	*L*	*M*
d	°	°	°	°	°	°	°	°	°	°	°	°	°
1	21.9982	20.997	262.7305	262.39	190.6976	131.5349	131.45	79.6900	79.68	22.5771	22.576	4.5381	4.538
2	43.9964	41.995	165.4610	164.79	21.3953	263.0699	262.90	159.3799	159.36	45.1541	45.151	9.0762	9.075
3	65.9946	62.992	68.1916	67.18	212.0929	34.6048	34.35	239.0699	239.05	67.7312	67.727	13.6143	13.613
4	87.9928	83.989	330.9221	329.57	42.7906	166.1397	165.80	318.7599	318.73	90.3082	90.302	18.1523	18.151
5	109.9910	104.987	233.6526	231.96	233.4882	297.6747	297.25	38.4498	38.41	112.8853	112.878	22.6904	22.688
6	131.9893	125.984	136.3831	134.36	64.1859	69.2096	68.70	118.1398	118.09	135.4623	135.453	27.2285	27.226
7	153.9875	146.982	39.1137	36.75	254.8835	200.7446	200.16	197.8298	197.78	158.0394	158.029	31.7666	31.763
8	175.9857	167.979	301.8442	299.14	85.5812	332.2795	331.61	277.5197	277.46	180.6164	180.605	36.3047	36.301
9	197.9839	188.976	204.5747	201.53	276.2788	103.8144	103.06	357.2097	357.14	203.1935	203.180	40.8428	40.839
10	219.9821	209.974	107.3052	103.93	106.9765	235.3494	234.51	76.8997	76.82	225.7705	225.756	45.3809	45.376
11	241.9803	230.971	10.0358	6.32	297.6741	6.8843	5.96	156.5896	156.51	248.3476	248.331	49.9189	49.914
12	263.9785	251.968	272.7663	268.71	128.3718	138.4193	137.41	236.2796	236.19	270.9246	270.907	54.4570	54.452
13	285.9767	272.966	175.4968	171.10	319.0694	269.9542	268.86	315.9696	315.87	293.5017	293.482	58.9951	58.989
14	307.9749	293.963	78.2273	73.50	149.7671	41.4891	40.31	35.6596	35.55	316.0787	316.058	63.5332	63.527
15	329.9731	314.960	340.9579	335.89	340.4647	173.0241	171.76	115.3495	115.24	338.6558	338.633	68.0713	68.064
16	351.9713	335.958	243.6884	238.28	171.1624	304.5590	303.21	195.0395	194.92	361.2328	361.209	72.6094	72.602
d	°	°	°	°	°	°	°	°	°	°	°	°	°
0.1	38.1998	38.100	26.2731	26.24	19.0698	13.1535	13.15	7.9690	7.97	2.2577	2.258	0.4538	0.454
0.2	76.3996	76.199	52.5461	52.48	38.1395	26.3070	26.29	15.9380	15.94	4.5154	4.515	0.9076	0.908
0.3	114.5995	114.299	78.8192	78.72	57.2093	39.4605	39.44	23.9070	23.90	6.7731	6.773	1.3614	1.361
0.4	152.7993	152.399	105.0922	104.96	76.2791	52.6140	52.58	31.8760	31.87	9.0308	9.030	1.8152	1.815
0.5	190.9991	190.499	131.3653	131.20	95.3488	65.7675	65.73	39.8450	39.84	11.2885	11.288	2.2690	2.269
0.6	229.1989	228.598	157.6383	157.44	114.4186	78.9210	78.87	47.8140	47.81	13.5462	13.545	2.7229	2.723
0.7	267.3987	266.698	183.9114	183.67	133.4884	92.0745	92.02	55.7830	55.78	15.8039	15.803	3.1767	3.176
0.8	305.5986	304.798	210.1844	209.91	152.5581	105.2279	105.16	63.7520	63.75	18.0616	18.060	3.6305	3.630
0.9	343.7984	342.898	236.4575	236.15	171.6279	118.3814	118.31	71.7210	71.71	20.3193	20.318	4.0843	4.084
1.0	381.9982	380.997	262.7305	262.39	190.6976	131.5349	131.45	79.6900	79.68	22.5771	22.576	4.5381	4.538
d	°	°	°	°	°	°	°	°	°	°	°	°	°
0.01	3.8200	3.810	2.6273	2.62	1.9070	1.3153	1.32	0.7969	0.80	0.2258	0.226	0.0454	0.045
0.02	7.6400	7.620	5.2546	5.25	3.8140	2.6307	2.63	1.5938	1.59	0.4515	0.452	0.0908	0.091
0.03	11.4599	11.430	7.8819	7.87	5.7209	3.9460	3.94	2.3907	2.39	0.6773	0.677	0.1361	0.136
0.04	15.2799	15.240	10.5092	10.50	7.6279	5.2614	5.26	3.1876	3.19	0.9031	0.903	0.1815	0.182
0.05	19.0999	19.050	13.1365	13.12	9.5349	6.5767	6.57	3.9845	3.98	1.1289	1.129	0.2269	0.227
0.06	22.9199	22.860	15.7638	15.74	11.4419	7.8921	7.89	4.7814	4.78	1.3546	1.355	0.2723	0.272
0.07	26.7399	26.670	18.3911	18.37	13.3488	9.2074	9.20	5.5783	5.58	1.5804	1.580	0.3177	0.318
0.08	30.5599	30.480	21.0184	20.99	15.2558	10.5228	10.52	6.3752	6.37	1.8062	1.806	0.3630	0.363
0.09	34.3798	34.290	23.6457	23.62	17.1628	11.8381	11.83	7.1721	7.17	2.0319	2.032	0.4084	0.408
0.10	38.1998	38.100	26.2731	26.24	19.0698	13.1535	13.15	7.9690	7.97	2.2577	2.258	0.4538	0.454
d	°	°	°	°	°	°	°	°	°	°	°	°	°
0.001	0.3820	0.381	0.2627	0.26	0.1907	0.1315	0.13	0.0797	0.08	0.0226	0.023	0.0045	0.005
0.002	0.7640	0.762	0.5255	0.52	0.3814	0.2631	0.26	0.1594	0.16	0.0452	0.045	0.0091	0.009
0.003	1.1460	1.143	0.7882	0.79	0.5721	0.3946	0.39	0.2391	0.24	0.0677	0.068	0.0136	0.014
0.004	1.5280	1.524	1.0509	1.05	0.7628	0.5261	0.53	0.3188	0.32	0.0903	0.090	0.0182	0.018
0.005	1.9100	1.905	1.3137	1.31	0.9535	0.6577	0.66	0.3985	0.40	0.1129	0.113	0.0227	0.023
0.006	2.2920	2.286	1.5764	1.57	1.1442	0.7892	0.79	0.4781	0.48	0.1355	0.135	0.0272	0.027
0.007	2.6740	2.667	1.8391	1.84	1.3349	0.9207	0.92	0.5578	0.56	0.1580	0.158	0.0318	0.032
0.008	3.0560	3.048	2.1018	2.10	1.5256	1.0523	1.05	0.6375	0.64	0.1806	0.181	0.0363	0.036
0.009	3.4380	3.429	2.3646	2.36	1.7163	1.1838	1.18	0.7172	0.72	0.2032	0.203	0.0408	0.041
0.010	3.8200	3.810	2.6273	2.62	1.9070	1.3153	1.31	0.7969	0.80	0.2258	0.226	0.0454	0.045

0h Weltzeit	ϑ					γ	N	I	ω
	Mimas	Encel.	Tethys	Dione	Rhea	Rhea	Saturnsring		
1959	°	°	°	°	°	′	°	°	°
Jan. −2	16.7	74.6	343.8	71.3	32.7	18.72	128.799	6.650	41.226
+14	0.7	67.9	340.7	70.0	32.2	18.72	128.800	6.650	41.225
30	344.7	61.2	337.5	68.6	31.7	18.73	128.802	6.650	41.224
Febr. 15	328.7	54.5	334.3	67.2	31.3	18.73	128.804	6.650	41.222
März 3	312.7	47.8	331.2	65.9	30.8	18.73	128.806	6.650	41.221
19	296.7	41.1	328.0	64.5	30.3	18.74	128.808	6.650	41.220
April 4	280.7	34.4	324.8	63.2	29.8	18.74	128.810	6.649	41.218
20	264.7	27.7	321.7	61.8	29.3	18.75	128.812	6.649	41.217
Mai 6	248.7	21.0	318.5	60.4	28.8	18.75	128.814	6.649	41.216
22	232.7	14.3	315.3	59.1	28.3	18.76	128.815	6.649	41.214
Juni 7	216.7	7.7	312.2	57.7	27.8	18.76	128.817	6.649	41.213
23	200.7	1.0	309.0	56.4	27.3	18.77	128.819	6.648	41.212
Juli 9	184.7	354.3	305.8	55.0	26.8	18.77	128.821	6.648	41.210
25	168.7	347.6	302.7	53.6	26.3	18.77	128.823	6.648	41.209
Aug. 10	152.7	340.9	299.5	52.3	25.8	18.78	128.825	6.648	41.208
26	136.7	334.2	296.3	50.9	25.3	18.79	128.827	6.648	41.206
Sept. 11	120.7	327.5	293.2	49.6	24.8	18.79	128.829	6.647	41.205
27	104.7	320.8	290.0	48.2	24.3	18.80	128.830	6.647	41.204
Okt. 13	88.7	314.1	286.8	46.8	23.8	18.80	128.832	6.647	41.202
29	72.7	307.4	283.7	45.5	23.3	18.81	128.834	6.647	41.201
Nov. 14	56.7	300.7	280.5	44.1	22.8	18.81	128.836	6.647	41.200
30	40.7	294.1	277.3	42.8	22.3	18.82	128.838	6.646	41.198
Dez. 16	24.7	287.4	274.2	41.4	21.8	18.82	128.840	6.646	41.197
32	8.7	280.7	271.0	40.0	21.3	18.83	128.842	6.646	41.196

$\log \frac{1}{1+\zeta}$ in Einheiten der 5. Dezimale

u—U		Mimas	Encel.	Tethys	Dione	Rhea	u—U	
0°	360°	−6+	−7+	−9+	−11+	−16+	180°	180°
10	350	−6+	−7+	−9+	−11+	−16+	170	190
20	340	−5+	−7+	−8+	−11+	−15+	160	200
30	330	−5+	−6+	−8+	−10+	−14+	150	210
40	320	−4+	−6+	−7+	− 9+	−12+	140	220
50	310	−3+	−5+	−6+	− 8+	−10+	130	230
60	300	−3+	−4+	−4+	− 6+	− 8+	120	240
70	290	−2+	−3+	−3+	− 4+	− 6+	110	250
80	280	−1+	−1+	−2+	− 2+	− 3+	100	260
90	270	0	0	0	0	0	90	270

0h Weltzeit	TITAN			HYPERION			JAPETUS		
	U	*B*	*P*	*U*	*B*	*P*	*U*	*B*	*P*
1959	°	°	°	°	°	°	°	°	°
Jan. 2	147.653	+26.220	+6.158	145.485	+26.520	+6.143	222.562	+12.866	+11.650
+6	148.687	26.129	6.228	146.526	26.429	6.219	223.501	12.688	11.472
14	149.697	26.031	6.295	147.542	26.330	6.292	224.419	12.509	11.294
22	150.671	25.928	6.356	148.522	26.227	6.359	225.304	12.332	11.119
30	151.600	25.823	6.413	149.457	26.121	6.421	226.148	12.159	10.949
Febr. 7	152.473	+25.717	+6.465	150.335	+26.015	+6.478	226.941	+11.992	+10 787
15	153.279	25.613	6.511	151.147	25.911	6.529	227.674	11.835	10.635
23	154.009	25.514	6.551	151.882	25.811	6.574	228.339	11.690	10.496
März 3	154.655	25.422	6.586	152.533	25.719	6.612	228.927	11.559	10.371
11	155.209	25.341	6.615	153.092	25.636	6.644	229.431	11.445	10.263
19	155.662	+25.272	+6.638	153.550	+25.566	+6.670	229.844	+11.350	+10.174
27	156.009	25.216	6.655	153.901	25.510	6.689	230.161	11.275	10.106
April 4	156.246	25.177	6.667	154.142	25.471	6.702	230.377	11.223	10.059
12	156.369	25.155	6.673	154.269	25.449	6.709	230.490	11.195	10.034
20	156.378	25.151	6.673	154.281	25.444	6.710	230.498	11.190	10.032
28	156.273	+25.166	+6.668	154.180	+25.458	+6.704	230.403	+11.210	+10.053
Mai 6	156.059	25.198	6.657	153.969	25.490	6.692	230.208	11.253	10.095
14	155.742	25.246	6.642	153.655	25.538	6.675	229.920	11.319	10.158
22	155.332	25.309	6.621	153.247	25.600	6.652	229.547	11.404	10.239
30	154.841	25.384	6.595	152.758	25.675	6.624	229.100	11.507	10.335
Juni 7	154.283	+25.468	+6.566	152.202	+25.759	+6.591	228.593	+11.624	+10.443
15	153.676	25.558	6.533	151.598	25.849	6.555	228.042	11.752	10.560
23	153.041	25.652	6.498	150.965	25.942	6.517	227.465	11.886	10.681
Juli 1	152.397	25.745	6.462	150.322	26.036	6.477	226.881	12.022	10.803
9	151.764	25.836	6.426	149.692	26.127	6.437	226.308	12.157	10.922
17	151.164	+25.922	+6.390	149.094	+26.213	+6.398	225.765	+12.285	+11.033
25	150.616	26.002	6.357	148.548	26.292	6.362	225.269	12.404	11.134
Aug. 2	150.137	26.073	6.328	148.071	26.362	6.331	224.836	12.511	11.222
10	149.742	26.134	6.304	147.678	26.423	6.304	224.480	12.603	11.294
18	149.443	26.185	6.285	147.382	26.474	6.284	224.211	12.677	11.348
26	149.249	+26.225	+6.273	147.191	+26.514	+6.272	224.037	+12.732	+11.384
Sept. 3	149.166	26.254	6.269	147.111	26.542	6.267	223.964	12.767	11.400
11	149.198	26.272	6.272	147.147	26.559	6.270	223.996	12.781	11.396
19	149.346	26.277	6.283	147.299	26.564	6.282	224.133	12.775	11.371
27	149.607	26.269	6.301	147.565	26.556	6.302	224.372	12.747	11.326
Okt. 5	149.979	+26.249	+6.326	147.941	+26.535	+6.329	224.710	+12.698	+11.261
13	150.456	26.216	6.357	148.422	26.501	6.362	225.144	12.628	11.176
21	151.030	26.169	6.393	149.001	26.454	6.402	225.667	12.538	11.073
29	151.695	26.108	6.434	149.671	26.393	6.447	226.272	12.429	10.952
Nov. 6	152.441	26.033	6.479	150.423	26.317	6.496	226.950	12.302	10.814
14	153.259	+25.943	+6.527	151.246	+26.226	+6.548	227.694	+12.158	+10.661
22	154.138	25.839	6.576	152.130	26.121	6.602	228.494	11.999	10.494
30	155.068	25.721	6.626	153.066	26.002	6.658	229.341	11.825	10.314
Dez. 8	156.040	25.589	6.676	154.044	25.870	6.713	230.226	11.639	10.123
16	157.041	25.445	6.725	155.050	25.725	6.768	231.138	11.443	9.923
24	158.060	+25.290	+6.773	156.075	+25.569	+6.821	232.068	+11.238	+ 9.717
32	159.088	+25.125	+6.818	157.109	+25.402	+6.872	233.006	+11.027	+ 9.506

0h Weltzeit	HYPERION $\alpha_{tr}-\alpha_{pl}$		$\delta_{tr}-\delta_{pl}$	
1959	s	s	″	″
Jan. 14	+ 9.7	+2.5	+41	−52
16	+12.2	−2.7	−11	−47
18	+ 9.5	−7.1	−58	−20
20	+ 2.4	−8.2	−78	+12
22	− 5.8	−6.2	−66	+37
24	−12.0	−2.5	−29	+46
26	−14.5	+1.4	+17	+42
28	−13.1	+4.7	+59	+26
30	− 8.4	+7.0	+85	+ 4
Febr. 1	− 1.4	+7.4	+89	−22
3	+ 6.0	+5.3	+67	−44
5	+11.3	+0.8	+23	−54
7	+12.1	−4.7	−31	−39
9	+ 7.4	−8.0	−70	− 8
11	− 0.6	−7.9	−78	+23
13	− 8.5	−5.1	−55	+42
15	−13.6	−1.2	−13	+46
17	−14.8	+2.7	+33	+38
19	−12.1	+5.8	+71	+19
21	− 6.3	+7.6	+90	− 5
23	+ 1.3	+7.1	+85	−32
25	+ 8.4	+4.1	+53	−51
27	+12.5	−1.3	+ 2	−52
März 1	+11.2	−6.5	−50	−29
3	+ 4.7	−8.5	−79	+ 4
5	− 3.8	−7.3	−75	+33
7	−11.1	−3.9	−42	+46
9	−15.0	+0.2	+ 4	+46
11	−14.8	+4.1	+50	+32
13	−10.7	+6.9	+82	+12
15	− 3.8	+8.0	+94	−16
17	+ 4.2	+6.6	+78	−42
19	+10.8	+2.2	+36	−56
21	+13.0	−3.6	−20	−47
23	+ 9.4	−7.9	−67	−17
25	+ 1.5	−8.7	−84	+17
27	− 7.2	−6.4	−67	+41
29	−13.6	−2.4	−26	+49
31	−16.0	+1.9	+23	+43
April 2	−14.1	+5.5	+66	+26
4	− 8.6	+7.9	+92	+ 1
6	− 0.7	+8.1	+93	−27
8	+ 7.4		+66	

0h Weltzeit	HYPERION $\alpha_{tr}-\alpha_{pl}$		$\delta_{tr}-\delta_{pl}$	
1959	s	s	″	″
April 8	+ 7.4	+ 5.4	+ 66	−52
10	+12.8	− 0.1	+ 14	−57
12	+12.7	− 5.9	− 43	−38
14	+ 6.8	− 9.0	− 81	− 2
16	− 2.2	− 8.4	− 83	+29
18	−10.6	− 5.0	− 54	+47
20	−15.6	− 0.7	− 7	+50
22	−16.3	+ 3.6	+ 43	+39
24	−12.7	+ 6.9	+ 82	+17
26	− 5.8	+ 8.6	+ 99	−11
28	+ 2.8	+ 7.6	+ 88	−40
30	+10.4	+ 3.5	+ 48	−59
Mai 2	+13.9	− 2.7	− 11	−54
4	+11.2	− 8.0	− 65	−25
6	+ 3.2	− 9.5	− 90	+13
8	− 6.3	− 7.4	− 77	+40
10	−13.7	− 3.3	− 37	+52
12	−17.0	+ 1.2	+ 15	+49
14	−15.8	+ 5.3	+ 64	+32
16	−10.5	+ 8.2	+ 96	+ 6
18	− 2.3	+ 8.8	+102	−25
20	+ 6.5	+ 6.5	+ 77	−52
22	+13.0	+ 0.9	+ 25	−62
24	+13.9	− 5.5	− 37	−46
26	+ 8.4	− 9.4	− 83	− 8
28	− 1.0	− 9.2	− 91	+27
30	−10.2	− 5.9	− 64	+49
Juni 1	−16.1	− 1.3	− 15	+53
3	−17.4	+ 3.2	+ 38	+44
5	−14.2	+ 6.9	+ 82	+22
7	− 7.3	+ 8.9	+104	− 7
9	+ 1.6	+ 8.4	+ 97	−38
11	+10.0	+ 4.4	+ 59	−61
13	+14.4	− 2.0	− 2	−60
15	+12.4	− 7.8	− 62	−31
17	+ 4.6	−10.0	− 93	+ 8
19	− 5.4	− 8.1	− 85	+40
21	−13.5	− 3.9	− 45	+53
23	−17.4	+ 0.7	+ 8	+52
25	−16.7	+ 5.0	+ 60	+36
27	−11.7	+ 8.1	+ 96	+11
29	− 3.6	+ 9.1	+107	−21
Juli 1	+ 5.5		+ 86	

0h Weltzeit	HYPERION $\alpha_{tr}-\alpha_{pl}$		$\delta_{tr}-\delta_{pl}$	
1959	s	s	″	″
Juli 1	+ 5.5	+7.1	+ 86	−51
3	+12.6	+1.8	+ 35	−64
5	+14.4	−4.9	− 29	−51
7	+ 9.5	−9.3	− 80	−15
9	+ 0.2	−9.5	− 95	+24
11	− 9.3	−6.4	− 71	+48
13	−15.7	−2.0	− 23	+54
15	−17.7	+2.7	+ 31	+47
17	−15.0	+6.5	+ 78	+26
19	− 8.5	+8.8	+104	− 2
21	+ 0.3	+8.5	+102	−34
23	+ 8.8	+5.2	+ 68	−59
25	+14.0	−1.0	+ 9	−62
27	+13.0	−7.1	− 53	−37
29	+ 5.9	−9.7	− 90	+ 2
31	− 3.8	−8.4	− 88	+35
Aug. 2	−12.2	−4.6	− 53	+52
4	−16.8	0.0	− 1	+52
6	−16.8	+4.3	+ 51	+39
8	−12.5	+7.5	+ 90	+16
10	− 5.0	+8.8	+106	−15
12	+ 3.8	+7.4	+ 91	−44
14	+11.2	+2.9	+ 47	−63
16	+14.1	−3.6	− 16	−54
18	+10.5	−8.4	− 70	−22
20	+ 2.1	−9.4	− 92	+16
22	− 7.3	−6.8	− 76	+42
24	−14.1	−2.8	− 34	+53
26	−16.9	+1.7	+ 19	+47
28	−15.2	+5.4	+ 66	+30
30	− 9.8	+8.0	+ 96	+ 5
Sept. 1	− 1.8	+8.4	+101	−25
3	+ 6.6	+5.9	+ 76	−52
5	+12.5	+0.6	+ 24	−61
7	+13.1	−5.5	− 37	−43
9	+ 7.6	−8.9	− 80	− 8
11	− 1.3	−8.5	− 88	+26
13	− 9.8	−5.3	− 62	+46
15	−15.1	−1.2	− 16	+50
17	−16.3	+2.9	+ 34	+42
19	−13.4	+6.3	+ 76	+22
21	− 7.1	+8.1	+ 98	− 5
23	+ 1.0		+ 93	

HYPERION

0h Weltzeit	$\alpha_{tr} - \alpha_{pl}$	Diff.	$\delta_{tr} - \delta_{pl}$	Diff.
1959	s	s	″	″
Sept. 23	+ 1.0	+7.6	+93	−34
25	+ 8.6	+4.3	+59	−55
27	+12.9	−1.5	+ 4	−57
29	+11.4	−6.8	−53	−31
Okt. 1	+ 4.6	−8.8	−84	+ 4
3	− 4.2	−7.3	−80	+33
5	−11.5	−3.9	−47	+47
7	−15.4	+0.1	0	+47
9	−15.3	+3.9	+47	+35
11	−11.4	+6.7	+82	+14
13	− 4.7	+8.0	+96	−14
15	+ 3.3	+6.7	+82	−40
17	+10.0	+2.6	+42	−56
19	+12.6	−3.1	−14	−50
21	+ 9.5	−7.5	−64	−20
23	+ 2.0	−8.4	−84	+14
25	− 6.4	−6.2	−70	+37
27	−12.6	−2.8	−33	+46
29	−15.4	+1.2	+13	+43
31	−14.2	+4.6	+56	+29
Nov. 2	− 9.6	+7.0	+85	+ 6
4	− 2.6	+7.7	+91	−20
6	+ 5.1	+5.8	+71	−45
8	+10.9	+1.1	+26	−55
10	+12.0	−4.5	−29	−42
12	+ 7.5	−7.8	−71	−10
14	− 0.3	−7.8	−81	+21
16	− 8.1	−5.3	−60	+39
18	−13.4	−1.7	−21	+45
20	−15.1	+2.0	+24	+39
22	−13.1	+5.2	+63	+23
24	− 7.9	+7.2	+86	0
26	− 0.7	+7.4	+86	−27
28	+ 6.7	+4.7	+59	−48
30	+11.4	−0.3	+11	−53
Dez. 2	+11.1	−5.5	−42	−33
4	+ 5.6	−7.9	−75	− 1
6	− 2.3	−7.2	−76	+25
8	− 9.5	−4.4	−51	+41
10	−13.9	−0.9	−10	+43
12	−14.8	+2.7	+33	+35
14	−12.1		+68	

JAPETUS

0h Weltzeit	$\alpha_{tr} - \alpha_{pl}$	Diff.	$\delta_{tr} - \delta_{pl}$	Diff.
1959	s	s	″	″
Jan. 14	+30.8	−0.2	− 77	−15
16	+30.6	−1.0	− 92	−13
18	+29.6	−1.7	−105	−10
20	+27.9	−2.4	−115	− 6
22	+25.5	−3.1	−121	− 3
24	+22.4	−3.7	−124	− 1
26	+18.7	−4.2	−125	+ 2
28	+14.5	−4.6	−123	+ 6
30	+ 9.9	−4.8	−117	+ 9
Febr. 1	+ 5.1	−5.0	−108	+11
3	+ 0.1	−5.0	− 97	+13
5	− 4.9	−4.9	− 84	+16
7	− 9.8	−4.7	− 68	+17
9	−14.5	−4.4	− 51	+18
11	−18.9	−3.9	− 33	+19
13	−22.8	−3.5	− 14	+19
15	−26.3	−2.9	+ 5	+19
17	−29.2	−2.3	+ 24	+18
19	−31.5	−1.6	+ 42	+18
21	−33.1	−0.8	+ 60	+16
23	−33.9	−0.1	+ 76	+14
25	−34.0	+0.7	+ 90	+13
27	−33.3	+1.4	+103	+10
März 1	−31.9	+2.1	+113	+ 8
3	−29.8	+2.8	+121	+ 5
5	−27.0	+3.5	+126	+ 2
7	−23.5	+4.0	+128	− 1
9	−19.5	+4.5	+127	− 4
11	−15.0	+4.9	+123	− 7
13	−10.1	+5.1	+116	− 9
15	− 5.0	+5.3	+107	−12
17	+ 0.3	+5.3	+ 95	−14
19	+ 5.6	+5.2	+ 81	−17
21	+10.8	+5.0	+ 64	−18
23	+15.8	+4.6	+ 46	−19
25	+20.4	+4.2	+ 27	−20
27	+24.6	+3.5	+ 7	−21
29	+28.1	+2.8	− 14	−20
31	+30.9	+2.0	− 34	−19
April 2	+32.9	+1.1	− 53	−18
4	+34.0	+0.2	− 71	−17
6	+34.2		− 88	

Saturnstrabanten 1959

0^h Weltzeit	JAPETUS $\alpha_{tr}-\alpha_{pl}$	Diff.	JAPETUS $\delta_{tr}-\delta_{pl}$	Diff.
1959	s	s	″	″
April 6	+34.2	−0.7	− 88	−14
8	+33.5	−1.7	−102	−11
10	+31.8	−2.5	−113	− 9
12	+29.3	−3.3	−122	− 5
14	+26.0	−4.1	−127	− 2
16	+21.9	−4.7	−129	+ 2
18	+17.2	−5.1	−127	+ 5
20	+12.1	−5.5	−122	+ 8
22	+ 6.6	−5.7	−114	+11
24	+ 0.9	−5.8	−103	+14
26	− 4.9	−5.7	− 89	+16
28	−10.6	−5.5	− 73	+18
30	−16.1	−5.1	− 55	+19
Mai 2	−21.2	−4.6	− 36	+21
4	−25.8	−4.1	− 15	+21
6	−29.9	−3.4	+ 6	+21
8	−33.3	−2.6	+ 27	+21
10	−35.9	−1.7	+ 48	+20
12	−37.6	−0.8	+ 68	+18
14	−38.4	+0.1	+ 86	+16
16	−38.3	+0.9	+102	+14
18	−37.4	+1.9	+116	+11
20	−35.5	+2.7	+127	+ 9
22	−32.8	+3.5	+136	+ 6
24	−29.3	+4.2	+142	+ 2
26	−25.1	+4.9	+144	− 2
28	−20.2	+5.4	+142	− 5
30	−14.8	+5.8	+137	− 9
Juni 1	− 9.0	+6.0	+128	−12
3	− 3.0	+6.1	+116	−15
5	+ 3.1	+6.0	+101	−17
7	+ 9.1	+5.8	+ 84	−20
9	+14.9	+5.5	+ 64	−22
11	+20.4	+4.9	+ 42	−24
13	+25.3	+4.2	+ 18	−24
15	+29.5	+3.4	− 6	−24
17	+32.9	+2.4	− 30	−23
19	+35.4	+1.5	− 53	−22
21	+36.9	+0.5	− 75	−20
23	+37.4	−0.6	− 95	−17
25	+36.8	−1.7	−112	−15
27	+35.1	−2.7	−127	−11
29	+32.4		−138	

0^h Weltzeit	JAPETUS $\alpha_{tr}-\alpha_{pl}$	Diff.	JAPETUS $\delta_{tr}-\delta_{pl}$	Diff.
1959	s	s	″	″
Juni 29	+32.4	−3.5	−138	− 7
Juli 1	+28.9	−4.3	−145	− 3
3	+24.6	−5.1	−148	+ 1
5	+19.5	−5.6	−147	+ 5
7	+13.9	−5.9	−142	+ 9
9	+ 8.0	−6.1	−133	+13
11	+ 1.9	−6.2	−120	+15
13	− 4.3	−6.1	−105	+18
15	−10.4	−5.8	− 87	+21
17	−16.2	−5.3	− 66	+23
19	−21.5	−4.8	− 43	+23
21	−26.3	−4.1	− 20	+24
23	−30.4	−3.4	+ 4	+24
25	−33.8	−2.5	+ 28	+24
27	−36.3	−1.7	+ 52	+22
29	−38.0	−0.7	+ 74	+20
31	−38.7	+0.2	+ 94	+18
Aug. 2	−38.5	+1.1	+112	+15
4	−37.4	+2.0	+127	+12
6	−35.4	+2.8	+139	+ 9
8	−32.6	+3.5	+148	+ 5
10	−29.1	+4.2	+153	+ 2
12	−24.9	+4.8	+155	− 2
14	−20.1	+5.2	+153	− 6
16	−14.9	+5.6	+147	− 9
18	− 9.3	+5.8	+138	−13
20	− 3.5	+5.8	+125	−16
22	+ 2.3	+5.7	+109	−18
24	+ 8.0	+5.5	+ 91	−21
26	+13.5	+5.1	+ 70	−22
28	+18.6	+4.6	+ 48	−24
30	+23.2	+3.9	+ 24	−24
Sept. 1	+27.1	+3.2	0	−24
3	+30.3	+2.3	− 24	−23
5	+32.6	+1.5	− 47	−22
7	+34.1	+0.5	− 69	−20
9	+34.6	−0.4	− 89	−17
11	+34.2	−1.4	−106	−14
13	+32.8	−2.2	−120	−11
15	+30.6	−3.0	−131	− 7
17	+27.6	−3.7	−138	− 4
19	+23.9	−4.3	−142	+ 1
21	+19.6		−141	

0^h Weltzeit	JAPETUS $\alpha_{tr}-\alpha_{pl}$	Diff.	JAPETUS $\delta_{tr}-\delta_{pl}$	Diff.
1959	s	s	″	″
Sept. 21	+19.6	−4.9	−141	+ 4
23	+14.7	−5.2	−137	+ 7
25	+ 9.5	−5.4	−130	+11
27	+ 4.1	−5.4	−119	+13
29	− 1.3	−5.4	−106	+16
Okt. 1	− 6.7	−5.2	− 90	+18
3	−11.9	−4.8	− 72	+20
5	−16.7	−4.4	− 52	+21
7	−21.1	−4.0	− 31	+21
9	−25.1	−3.3	− 10	+21
11	−28.4	−2.6	+ 11	+21
13	−31.0	−1.9	+ 32	+20
15	−32.9	−1.1	+ 52	+18
17	−34.0	−0.4	+ 70	+16
19	−34.4	+0.4	+ 86	+15
21	−34.0	+1.1	+101	+12
23	−32.9	+1.8	+113	+10
25	−31.1	+2.5	+123	+ 6
27	−28.6	+3.2	+129	+ 4
29	−25.4	+3.7	+133	0
31	−21.7	+4.2	+133	− 2
Nov. 2	−17.5	+4.5	+131	− 5
4	−13.0	+4.8	+126	− 8
6	− 8.2	+5.0	+118	−11
8	− 3.2	+5.1	+107	−13
10	+ 1.9	+5.0	+ 94	−16
12	+ 6.9	+4.7	+ 78	−18
14	+11.6	+4.4	+ 60	−18
16	+16.0	+4.1	+ 42	−18
18	+20.1	+3.6	+ 24	−19
20	+23.7	+2.9	+ 5	−20
22	+26.6	+2.3	− 15	−19
24	+28.9	+1.5	− 34	−18
26	+30.4	+0.7	− 52	−16
28	+31.1	−0.1	− 68	−15
30	+31.0	−0.9	− 83	−12
Dez. 2	+30.1	−1.7	− 95	−10
4	+28.4	−2.4	−105	− 6
6	+26.0	−3.0	−111	− 4
8	+23.0	−3.6	−115	− 1
10	+19.4	−4.1	−116	+ 2
12	+15.3	−4.5	−114	+ 5
14	+10.8		−109	

Östliche Elongationen (in Weltzeit)

MIMAS

	h		h		h		h		h
Jan. 14	0.8	März 1	5.4	April 16	9.6	Juni 1	13.7	Juli 17	17.8
14	23.4	2	4.0	17	8.3	2	12.3	18	16.4
15	22.0	3	2.6	18	6.9	3	11.0	19	15.0
16	20.6	4	1.2	19	5.5	4	9.6	20	13.6
17	19.3	4	23.8	20	4.1	5	8.2	21	12.2
18	17.9	5	22.4	21	2.7	6	6.8	22	10.9
19	16.5	6	21.0	22	1.3	7	5.4	23	9.5
20	15.1	7	19.7	22	23.9	8	4.0	24	8.1
21	13.8	8	18.3	23	22.5	9	2.6	25	6.7
22	12.4	9	16.9	24	21.2	10	1.2	26	5.3
23	11.0	10	15.5	25	19.8	10	23.8	27	3.9
24	9.6	11	14.2	26	18.4	11	22.5	28	2.5
25	8.3	12	12.8	27	17.0	12	21.1	29	1.1
26	6.9	13	11.4	28	15.6	13	19.7	29	23.8
27	5.5	14	10.0	29	14.2	14	18.3	30	22.4
28	4.1	15	8.6	30	12.8	15	16.9	31	21.0
29	2.8	16	7.3	Mai 1	11.4	16	15.5	Aug. 1	19.6
30	1.4	17	5.9	2	10.1	17	14.1	2	18.2
31	0.0	18	4.5	3	8.7	18	12.7	3	16.8
31	22.6	19	3.1	4	7.3	19	11.4	4	15.4
Febr. 1	21.2	20	1.7	5	5.9	20	10.0	5	14.0
2	19.8	21	0.3	6	4.5	21	8.6	6	12.7
3	18.5	21	22.9	7	3.1	22	7.2	7	11.3
4	17.1	22	21.5	8	1.7	23	5.8	8	9.9
5	15.7	23	20.2	9	0.3	24	4.4	9	8.5
6	14.4	24	18.8	9	22.9	25	3.0	10	7.1
7	13.0	25	17.4	10	21.6	26	1.6	11	5.7
8	11.6	26	16.0	11	20.2	27	0.2	12	4.3
9	10.2	27	14.7	12	18.8	27	22.9	13	2.9
10	8.9	28	13.3	13	17.4	28	21.5	14	1.5
11	7.5	29	11.9	14	16.1	29	20.1	15	0.2
12	6.1	30	10.5	15	14.7	30	18.7	15	22.8
13	4.7	31	9.1	16	13.3	Juli 1	17.3	16	21.4
14	3.4	April 1	7.8	17	11.9	2	15.9	17	20.0
15	2.0	2	6.4	18	10.5	3	14.5	18	18.7
16	0.6	3	5.0	19	9.2	4	13.1	19	17.3
16	23.2	4	3.6	20	7.8	5	11.8	20	15.9
17	21.9	5	2.2	21	6.4	6	10.4	21	14.5
18	20.5	6	0.8	22	5.0	7	9.0	22	13.1
19	19.1	6	23.4	23	3.6	8	7.6	23	11.8
20	17.7	7	22.0	24	2.2	9	6.2	24	10.4
21	16.4	8	20.7	25	0.8	10	4.8	25	9.0
22	15.0	9	19.3	25	23.4	11	3.4	26	7.6
23	13.6	10	17.9	26	22.1	12	2.0	27	6.2
24	12.2	11	16.5	27	20.7	13	0.6	28	4.8
25	10.9	12	15.2	28	19.3	13	23.3	29	3.5
26	9.5	13	13.8	29	17.9	14	21.9	30	2.1
27	8.1	14	12.4	30	16.5	15	20.5	31	0.7
28	6.7	15	11.0	31	15.1	16	19.1	31	23.3

Östliche Elongationen (in Weltzeit)

MIMAS

Datum	h
Sept. 1	22.0
2	20.6
3	19.2
4	17.8
5	16.5
6	15.1
7	13.7
8	12.3
9	11.0
10	9.6
11	8.2
12	6.8
13	5.4
14	4.1
15	2.7
16	1.3
16	23.9
17	22.6
18	21.2
19	19.8
20	18.4
21	17.1
22	15.7
23	14.3
24	12.9
25	11.6
26	10.2
27	8.8
28	7.4
29	6.0
30	4.7
Okt. 1	3.3
2	1.9
3	0.5
3	23.2
4	21.8
5	20.4
6	19.0
7	17.7
8	16.3
9	14.9
10	13.5
11	12.2
12	10.8
13	9.4
14	8.0
15	6.6
16	5.3
17	3.9

Datum	h
Okt. 18	2.5
19	1.1
19	23.8
20	22.4
21	21.0
22	19.6
23	18.3
24	16.9
25	15.5
26	14.1
27	12.8
28	11.4
29	10.0
30	8.6
31	7.2
Nov. 1	5.9
2	4.5
3	3.1
4	1.7
5	0.4
5	23.0
6	21.6
7	20.2
8	18.9
9	17.5
10	16.1
11	14.7
12	13.4
13	12.0
14	10.6
15	9.2
16	7.8
17	6.5
18	5.1
19	3.7
20	2.3
21	1.0
21	23.6
22	22.2
23	20.8
24	19.5
25	18.1
26	16.7
27	15.3
28	14.0
29	12.6
30	11.2
Dez. 1	9.8
2	8.5

Datum	h
Dez. 3	7.1
4	5.7
5	4.3
6	3.0
7	1.6
8	0.2
8	22.9
9	21.5
10	20.1
11	18.8
12	17.4
13	16.0
14	14.6

ENCELADUS

Datum	h
Jan. 15	8.3
16	17.2
18	2.1
19	11.0
20	19.9
22	4.8
23	13.7
24	22.6
26	7.5
27	16.4
29	1.3
30	10.2
31	19.1
Febr. 2	4.0
3	12.9
4	21.8
6	6.7
7	15.6
9	0.5
10	9.4
11	18.3
13	3.2
14	12.1
15	21.0
17	5.9
18	14.8
19	23.7
21	8.6
22	17.5
24	2.4
25	11.2
26	20.1
28	5.0

ENCELADUS

Datum	h
März 1	13.9
2	22.8
4	7.7
5	16.6
7	1.5
8	10.4
9	19.3
11	4.2
12	13.0
13	21.9
15	6.8
16	15.7
18	0.6
19	9.5
20	18.4
22	3.3
23	12.2
24	21.0
26	5.9
27	14.8
28	23.7
30	8.6
31	17.5
April 2	2.3
3	11.2
4	20.1
6	5.0
7	13.9
8	22.8
10	7.6
11	16.5
13	1.4
14	10.3
15	19.2
17	4.1
18	12.9
19	21.8
21	6.7
22	15.6
24	0.5
25	9.3
26	18.2
28	3.1
29	12.0
30	20.9
Mai 2	5.8
3	14.6
4	23.5
6	8.4

Datum	h
Mai 7	17.3
9	2.1
10	11.0
11	19.9
13	4.8
14	13.6
15	22.5
17	7.4
18	16.3
20	1.1
21	10.0
22	18.9
24	3.8
25	12.6
26	21.5
28	6.4
29	15.3
31	0.1
Juni 1	9.0
2	17.9
4	2.8
5	11.6
6	20.5
8	5.4
9	14.3
10	23.1
12	8.0
13	16.9
15	1.8
16	10.6
17	19.5
19	4.4
20	13.3
21	22.1
23	7.0
24	15.9
26	0.8
27	9.7
28	18.5
30	3.4
Juli 1	12.3
2	21.2
4	6.1
5	15.0
6	23.8
8	8.7
9	17.6
11	2.5
12	11.4

Östliche Elongationen (in Weltzeit)

ENCELADUS

	h		h		h
Juli 13	20.3	Sept. 18	23.5	Nov. 25	3.5
15	5.1	20	8.3	26	12.4
16	14.0	21	17.2	27	21.3
17	22.9	23	2.1	29	6.2
19	7.8	24	11.0	30	15.1
20	16.7	25	19.9	Dez. 2	0.0
22	1.5	27	4.8	3	8.9
23	10.4	28	13.7	4	17.8
24	19.3	29	22.6	6	2.7
26	4.2	Okt. 1	7.5	7	11.6
27	13.1	2	16.4	8	20.5
28	21.9	4	1.3	10	5.4
30	6.8	5	10.2	11	14.3
31	15.7	6	19.1	12	23.2
Aug. 2	0.6	8	4.0	14	8.1
3	9.4	9	12.9		
4	18.3	10	21.8		
6	3.2	12	6.7		
7	12.1	13	15.6		
8	20.9	15	0.5		
10	5.8	16	9.4		
11	14.7	17	18.3		
12	23.6	19	3.2		
14	8.5	20	12.1		
15	17.3	21	21.0		
17	2.2	23	5.9		
18	11.1	24	14.8		
19	20.0	25	23.7		
21	4.9	27	8.6		
22	13.8	28	17.5		
23	22.6	30	2.4		
25	7.5	31	11.3		
26	16.4	Nov. 1	20.2		
28	1.3	3	5.1		
29	10.2	4	14.0		
30	19.1	5	22.9		
Sept. 1	3.9	7	7.8		
2	12.8	8	16.7		
3	21.7	10	1.6		
5	6.6	11	10.5		
6	15.5	12	19.4		
8	0.4	14	4.3		
9	9.2	15	13.2		
10	18.1	16	22.1		
12	3.0	18	7.0		
13	11.9	19	15.9		
14	20.8	21	0.8		
16	5.7	22	9.7		
17	14.6	23	18.6		

TETHYS

	h		h		h
Jan. 14	1.6	März 13	14.7	Juni 14	2.5
15	22.9	15	12.0	15	23.8
17	20.3	17	9.4	17	21.0
19	17.6	19	6.7	19	18.3
21	14.9	21	4.0	21	15.6
23	12.3	23	1.3	23	12.9
25	9.6	24	22.6	25	10.2
27	6.9	26	19.9	27	7.5
29	4.3	28	17.3	29	4.8
31	1.6	30	14.6	Juli 1	2.1
Febr. 1	22.9	April 1	11.9	2	23.3
3	20.3	3	9.2	4	20.6
5	17.6	5	6.5	6	17.9
7	14.9	7	3.8	8	15.2
9	12.2	9	1.1	10	12.5
11	9.5	10	22.4	12	9.8
13	6.9	12	19.7	14	7.1
15	4.2	14	17.0	16	4.4
17	1.5	16	14.3	18	1.7
18	22.8	18	11.6	19	22.9
20	20.2	20	8.9	21	20.2
22	17.5	22	6.2	23	17.5
24	14.8	24	3.5	25	14.8
26	12.1	26	0.8	27	12.1
28	9.5	27	22.1	29	9.4
März 2	6.8	29	19.4	31	6.7
4	4.1	Mai 1	16.7	Aug. 2	4.0
6	1.4	3	14.0	4	1.3
7	22.8	5	11.3	5	22.6
9	20.1	7	8.6	7	19.9
11	17.4	9	5.9	9	17.2
		11	3.2	11	14.5
		13	0.5	13	11.8
		14	21.8	15	9.1
		16	19.1	17	6.4
		18	16.4	19	3.7
		20	13.7	21	1.0
		22	11.0	22	22.3
		24	8.3	24	19.6
		26	5.6	26	16.9
		28	2.9	28	14.2
		30	0.2	30	11.5
		31	21.4	Sept. 1	8.8
		Juni 2	18.7	3	6.1
		4	16.0	5	3.5
		6	13.3	7	0.8
		8	10.6	8	22.1
		10	7.9	10	19.4
		12	5.2	12	16.7

Östliche Elongationen (in Weltzeit)

TETHYS

	h
Sept. 14	14.0
16	11.3
18	8.6
20	5.9
22	3.3
24	0.6
25	21.9
27	19.2
29	16.5
Okt. 1	13.9
3	11.2
5	8.5
7	5.9
9	3.2
11	0.5
12	21.9
14	19.2
16	16.5
18	13.9
20	11.2
22	8.5
24	5.8
26	3.1
28	0.5
29	21.8
31	19.1
Nov. 2	16.5
4	13.8
6	11.1
8	8.5
10	5.8
12	3.1
14	0.5
15	21.8
17	19.1
19	16.5
21	13.8
23	11.1
25	8.5
27	5.8
29	3.2
Dez. 1	0.5
2	21.8
4	19.2
6	16.5
8	13.8
10	11.2
12	8.5
14	5.9

DIONE

	h
Jan. 14	6.6
17	0.3
19	18.0
22	11.8
25	5.5
27	23.3
30	17.0
Febr. 2	10.7
5	4.4
7	22.2
10	15.9
13	9.7
16	3.4
18	21.1
21	14.8
24	8.6
27	2.3
März 1	20.1
4	13.8
7	7.5
10	1.2
12	18.9
15	12.6
18	6.3
21	0.0
23	17.7
26	11.4
29	5.1
31	22.8
April 3	16.5
6	10.2
9	3.9
11	21.6
14	15.2
17	8.9
20	2.6
22	20.3
25	14.0
28	7.7
Mai 1	1.3
3	19.0
6	12.7
9	6.3
12	0.0
14	17.6
17	11.3
20	4.9
22	22.6
25	16.2
28	9.9
Mai 31	3.5
Juni 2	21.2
5	14.8
8	8.5
11	2.1
13	19.8
16	13.4
19	7.1
22	0.7
24	18.4
27	12.0
30	5.7
Juli 2	23.3
5	17.0
8	10.6
11	4.3
13	21.9
16	15.6
19	9.2
22	2.9
24	20.5
27	14.2
30	7.9
Aug. 2	1.5
4	19.2
7	12.8
10	6.5
13	0.2
15	17.9
18	11.6
21	5.2
23	22.9
26	16.6
29	10.3
Sept. 1	4.0
3	21.7
6	15.3
9	9.0
12	2.7
14	20.4
17	14.1
20	7.8
23	1.5
25	19.2
28	12.9
Okt. 1	6.6
4	0.3
6	18.0
9	11.8
12	5.5
Okt. 14	23.2
17	16.9
20	10.6
23	4.4
25	22.1
28	15.9
31	9.6
Nov. 3	3.4
5	21.1
8	14.9
11	8.6
14	2.4
16	20.1
19	13.8
22	7.6
25	1.3
27	19.1
30	12.8
Dez. 3	6.5
6	0.3
8	18.0
11	11.8
14	5.5

RHEA

	h
Jan. 16	20.8
21	9.4
25	22.0
30	10.6
Febr. 3	23.2
8	11.7
13	0.3
17	12.8
22	1.3
26	13.9
März 3	2.4
7	14.9
12	3.4
16	15.9
21	4.4
25	16.9
30	5.3
April 3	17.8
8	6.2
12	18.6
17	7.1
21	19.5
26	7.9
30	20.3
Mai 5	8.6
9	21.0
14	9.4
18	21.7
23	10.1
27	22.4
Juni 1	10.8
5	23.1
10	11.4
14	23.7
19	12.0
24	0.3
28	12.6
Juli 3	1.0
7	13.3
12	1.6
16	13.9
21	2.2
25	14.5
30	2.9
Aug. 3	15.2
8	3.6
12	15.9
17	4.3
21	16.7
26	5.1
30	17.5
Sept. 4	6.0
8	18.4
13	6.8
17	19.3
22	7.7
26	20.2
Okt. 1	8.6
5	21.1
10	9.7
14	22.2
19	10.7
23	23.2
28	11.7
Nov. 2	0.2
6	12.8
11	1.4
15	14.0
20	2.6
24	15.2
29	3.7
Dez. 3	16.3
8	4.9
12	17.5

Elongationen und Konjunktionen (in Weltzeit)

TITAN

		h			h
Jan.	17	16.9 UK	Juli	16	8.1 WE
	21	22.2 WE		20	6.9 OK
	25	21.7 OK		24	1.4 ÖE
	29	16.9 ÖE		28	1.2 UK
Febr.	2	17.7 UK	Aug.	1	5.7 WE
	6	22.8 WE		5	4.6 OK
	10	22.1 OK		8	23.2 ÖE
	14	17.4 ÖE		12	23.1 UK
	18	18.1 UK		17	3.6 WE
	22	23.2 WE		21	2.7 OK
	26	22.3 OK		24	21.4 ÖE
März	2	17.4 ÖE		28	21.3 UK
	6	18.2 UK	Sept.	2	2.0 WE
	10	23.2 WE		6	1.2 OK
	14	22.1 OK		9	20.0 ÖE
	18	17.1 ÖE		13	20.1 UK
	22	17.8 UK		18	0.9 WE
	26	22.7 WE		22	0.2 OK
	30	21.4 OK		25	19.2 ÖE
April	3	16.4 ÖE		29	19.3 UK
	7	17.1 UK	Okt.	4	0.3 WE
	11	21.8 WE		7	23.7 OK
	15	20.3 OK		11	18.7 ÖE
	19	15.2 ÖE		15	19.1 UK
	23	15.8 UK		20	0.1 WE
	27	20.3 WE		23	23.5 OK
Mai	1	18.8 OK		27	18.7 ÖE
	5	13.5 ÖE		31	19.3 UK
	9	14.0 UK	Nov.	5	0.4 WE
	13	18.4 WE		8	23.7 OK
	17	16.8 OK		12	19.0 ÖE
	21	11.5 ÖE		16	19.8 UK
	25	11.7 UK		21	0.9 WE
	29	16.1 WE		25	0.2 OK
Juni	2	14.5 OK		28	19.5 ÖE
	6	9.1 ÖE	Dez.	2	20.5 UK
	10	9.2 UK		7	1.7 WE
	14	13.5 WE		11	0.9 OK
	18	12.0 OK		14	20.2 ÖE
	22	6.5 ÖE			
	26	6.5 UK			
	30	10.8 WE			
Juli	4	9.4 OK			
	8	3.9 ÖE			
	12	3.8 UK			

HYPERION

		h			h
Jan.	16	8.4 ÖE	Sept.	10	22.0 UK
	20	18.9 UK		16	15.6 WE
	26	7.3 WE		23	0.0 OK
Febr.	1	14.7 OK		27	20.3 ÖE
	6	15.2 ÖE	Okt.	2	6.4 UK
	11	1.7 UK		8	1.3 WE
	16	15.4 WE		14	10.0 OK
	22	22.1 OK		19	5.8 ÖE
	27	21.2 ÖE		23	16.3 UK
März	4	7.8 UK		29	12.8 WE
	9	22.4 WE	Nov.	4	21.5 OK
	16	4.5 OK		9	16.4 ÖE
	21	2.5 ÖE		14	3.5 UK
	25	13.1 UK		20	1.8 WE
	31	4.4 WE		26	10.0 OK
April	6	9.9 OK	Dez.	1	3.8 ÖE
	11	6.9 ÖE		5	15.6 UK
	15	17.5 UK		11	15.7 WE
	21	9.2 WE			
	27	14.4 OK			
Mai	2	10.7 ÖE			
	6	21.1 UK			
	12	12.9 WE			
	18	18.0 OK			
	23	14.0 ÖE			
	28	0.1 UK			
Juni	2	15.9 WE			
	8	21.1 OK			
	13	17.1 ÖE			
	18	3.0 UK			
	23	18.6 WE			
	30	0.3 OK			
Juli	4	20.4 ÖE			
	9	6.1 UK			
	14	21.8 WE			
	21	4.1 OK			
	26	0.5 ÖE			
	30	10.1 UK			
Aug.	5	2.0 WE			
	11	9.1 OK			
	16	5.7 ÖE			
	20	15.3 UK			
	26	7.8 WE			
Sept.	1	15.7 OK			
	6	12.3 ÖE			

JAPETUS

		h
Jan.	15	1.6 ÖE
Febr.	3	14.9 UK
	24	14.3 WE
März	17	9.6 OK
April	5	14.8 ÖE
	24	18.9 UK
Mai	15	5.9 WE
Juni	4	12.1 OK
	23	7.8 ÖE
Juli	12	3.7 UK
Aug.	1	9.8 WE
	21	19.5 OK
Sept.	9	22.5 ÖE
	29	3.0 UK
Okt.	19	21.8 WE
Nov.	9	20.3 OK
	29	8.9 ÖE

ÖE = Östliche Elongation
WE = Westliche Elongation

OK = Obere Konjunktion
UK = Untere Konjunktion

Konstellationen 1959

Weltzeit

1959		h	m	
Jan.	2	1		Erde i. kleinst. Abst. v. ☉
	4	5	58	♆ ☌ ☾
	5	11	24	♃ ☌ ☾
	7	15	43	☿ ☌ ☾
	7	23	18	♄ ☌ ☾
	10	11	21	♀ ☌ ☾
	11	4		☿ ☌ ♄; ☿ 0° 45′ südl.
	18	22	38	♂ ☌ ☾
	25	17	11	♅ ☌ ☾
	27	15		♆ □ ☉
	31	11	51	♆ ☌ ☾
Febr.	2	0	32	♃ ☌ ☾
	3	21		♅ ☍ ☉
	4	12	13	♄ ☌ ☾
	7	13	32	☿ ☌ ☾
	8	5		♆ stationär in AR
	9	18	1	♀ ☌ ☾
	14	5		☿ obere ☌ ☉
	16	5	19	♂ ☌ ☾
	20	7		♃ □ ☉
	22	0	21	♅ ☌ ☾
	22	8		♇ ☍ ☉
	26	20		♂ □ ☉
	27	17	29	♆ ☌ ☾
März	1	10	8	♃ ☌ ☾
	3	22	5	♄ ☌ ☾
	7	23		☿ im Perihel
	11	0	14	☿ ☌ ☾
	11	23	39	♀ ☌ ☾
	12	13		☿ gr. östl. Elong. 18° 20′
	16	18	35	♂ ☌ ☾
	19	1		♃ stationär in AR
	19	10		☿ stationär in AR
	21	8	53	♅ ☌ ☾
	21	8	55	☉ tritt in ♈, Frühlingsanf.
	24	—	—	Partielle Mondfinsternis
	27	1	0	♆ ☌ ☾
	28	4		♄ □ ☉
	28	17	35	♃ ☌ ☾
	29	10		☿ untere ☌ ☉
	31	6	1	♄ ☌ ☾
April	6	20	15	☿ ☌ ☾
	8	—	—	Ringf. Sonnenfinsternis
	10	21		☿ stationär in AR
	11	6	24	♀ ☌ ☾

Weltzeit

1959		h	m	
April	14	10	31	♂ ☌ ☾
	16	15		♄ stationär in AR
	17	17	25	♅ ☌ ☾
	20	10		♅ stationär in AR
	23	10	26	♆ ☌ ☾
	24	23	59	♃ ☌ ☾
	26	10		☿ gr. westl. Elong. 27° 11′
	26	14		♆ ☍ ☉
	27	13	33	♄ ☌ ☾
Mai	3	12		♅ □ ☉
	5	14	43	☿ ☌ ☾
	11	14	11	♀ ☌ ☾
	13	2	49	♂ ☌ ☾
	15	1	10	♅ ☌ ☾
	18	20		♃ ☍ ☉
	20	20	14	♆ ☌ ☾
	22	5	43	♃ ☌ ☾
	24	21	19	♄ ☌ ☾
Juni	3	4		☿ obere ☌ ☉
	6	20	48	☿ ☌ ☾
	10	14	52	♀ ☌ ☾
	10	18	15	♂ ☌ ☾
	11	8	32	♅ ☌ ☾
	14	13		♀ ☌ ♂; ♀ 0° 51′ nördl.
	17	4	45	♆ ☌ ☾
	18	11	2	♃ ☌ ☾
	20	3		♀ ☌ ♅; ♀ 1° 17′ nördl.
	21	4	51	♄ ☌ ☾
	22	3	50	☉ tritt in ♋, Sommersanf.
	23	8		♀ gr. östl. Elong. 45° 25′
	24	0		♂ ☌ ♅; ♂ 0° 39′ nördl.
	26	3		♄ ☍ ☉
Juli	5	7		Erde i. größt. Abst. v. ☉
	8	10	28	☿ ☌ ☾
	8	16	34	♅ ☌ ☾
	8	21		☿ gr. östl. Elong. 26° 14′
	9	8	34	♂ ☌ ☾
	9	22	31	♀ ☌ ☾
	12	20		☿ ☌ ♅; ☿ 1° 48′ südl.
	14	11	21	♆ ☌ ☾
	15	16	36	♃ ☌ ☾
	17	10		♆ stationär in AR
	18	11	23	♄ ☌ ☾
	20	17		♃ stationär in AR
	21	14		♆ im Aphel

1959	Weltzeit	h	m	
Juli	22	0		☿ stationär in AR
	26	20		♀ im größten Glanz
	28	1		♆ □ ☉
	29	11		☿ ☌ ♅; ☿ 5° 29′ südl.
Aug.	4	17	31	☿ ☌ ☾
	5	2	11	♅ ☌ ☾
	5	17		♅ untere ☌ ☉
	6	22	16	♂ ☌ ☾
	7	2	55	♀ ☌ ☾
	8	15		♀ stationär in AR
	10	1		♅ ☌ ☉
	10	16	59	♆ ☌ ☾
	11	2		♀ ☌ ♂; ♀ 6° 46′ südl.
	11	23	39	♃ ☌ ☾
	14	16	43	♄ ☌ ☾
	15	7		☿ stationär in AR
	16	21		♃ □ ☉
	23	18		☿ gr. westl. Elong. 18° 25′
	28	0		♇ ☌ ☉
	28	23		☿ ☌ ♅; ☿ 0° 4′ südl.
	30	22		☿ im Perihel
Sept.	1	6		♀ untere ☌ ☉
	1	13	33	♅ ☌ ☾
	2	1	31	☿ ☌ ☾
	2	17	3	♀ ☌ ☾
	4	12	12	♂ ☌ ☾
	5	1		♄ stationär in AR
	5	20		☿ ☌ ♀; ☿ 10° 57′ nördl.
	6	23	34	♆ ☌ ☾
	8	9	40	♃ ☌ ☾
	10	21	56	♄ ☌ ☾
	17	21		☿ obere ☌ ☉
	21	2		♀ stationär in AR
	23	19	9	☉ tritt in ♎, Herbstanf.
	24	14		♄ □ ☉
	29	1	45	♅ ☌ ☾
	29	18	3	♀ ☌ ☾
	30	8		☿ ☌ ♂; ☿ 0° 10′ südl.
Okt.	2	—	—	Totale Sonnenfinsternis
	3	3	19	♂ ☌ ☾
	3	7	54	☿ ☌ ☾
	4	8	40	♆ ☌ ☾
	5	23	42	♃ ☌ ☾
	8	4	59	♄ ☌ ☾
	8	11		♀ im größten Glanz
	13	21		☿ ☌ ♆; ☿ 3° 5′ südl.
	13	21		☿ im Aphel
	26	13	4	♅ ☌ ☾
	28	13	40	♀ ☌ ☾
	30	2		♂ ☌ ☉
	30	21		♆ ☌ ☉
	31	20	12	♂ ☌ ☾
	31	20	26	♆ ☌ ☾
Nov.	1	2		♂ ☌ ♆; ♂ 1° 33′ südl.
	2	11	57	☿ ☌ ☾
	2	17	45	♃ ☌ ☾
	3	10		☿ gr. östl. Elong. 23° 33′
	4	15	37	♄ ☌ ☾
	7	10		☿ ☌ ♃; ☿ 3° 23′ südl.
	12	0		♀ gr. westl. Elong. 46° 37′
	14	3		♅ □ ☉
	14	5		☿ stationär in AR
	17	6		☿ ☌ ♃; ☿ 2° 4′ südl.
	22	21	43	♅ ☌ ☾
	24	11		☿ untere ☌ ☉
	26	21		☿ im Perihel
	27	2	10	♀ ☌ ☾
	27	11		♅ stationär in AR
	28	9	13	♆ ☌ ☾
	28	21		☿ ☌ ♂; ☿ 2° 5′ nördl.
	29	13	19	☿ ☌ ☾
	29	15	4	♂ ☌ ☾
	30	14	37	♃ ☌ ☾
Dez.	2	6	2	♄ ☌ ☾
	3	20		☿ stationär in AR
	5	12		♀ im Perihel
	5	19		♃ ☌ ☉
	12	7		☿ gr. westl. Elong. 21° 3′
	14	16		♀ ☌ ♆; ♀ 0° 46′ nördl.
	20	3	17	♅ ☌ ☾
	22	14	35	☉ tritt in ♑, Wintersanf.
	25	13		☿ ☌ ♂; ☿ 0° 57′ nördl.
	25	20	32	♆ ☌ ☾
	26	19	0	♀ ☌ ☾
	27	1		☿ ☌ ♃; ☿ 0° 2′ südl.
	28	11	37	♂ ☌ ☾
	28	12	6	♃ ☌ ☾
	28	15	21	☿ ☌ ☾
	29	1		♂ ☌ ♃; ♂ 0° 49′ südl.
	29	22	36	♄ ☌ ☾
	31	21		♄ ☌ ☉

Sonnenaufgang 1959

Mittlere Ortszeit — Meridian von Greenwich

Tag	Geographische Breite −10°	0°	+10°	+20°	+30°	+35°	+40°	+45°	+50°	+52°	+54°	+56°	+58°	+60°
1959	h m	h m	h m	h m	h m	h m	h m	h m	h m	h m	h m	h m	h m	h m
Jan. 0	5 42	5 59	6 16	6 35	6 56	7 8	7 22	7 38	7 59	8 8	8 19	8 32	8 46	9 3
1	5 42	6 0	6 17	6 35	6 56	7 8	7 22	7 39	7 59	8 8	8 19	8 32	8 46	9 3
2	5 43	6 0	6 17	6 35	6 56	7 8	7 22	7 39	7 59	8 8	8 19	8 31	8 46	9 2
3	5 43	6 1	6 18	6 36	6 56	7 9	7 22	7 39	7 59	8 8	8 19	8 31	8 45	9 2
4	5 44	6 1	6 18	6 36	6 57	7 9	7 22	7 39	7 58	8 8	8 19	8 31	8 45	9 1
5	5 45	6 2	6 18	6 36	6 57	7 9	7 22	7 38	7 58	8 8	8 18	8 30	8 44	9 1
6	5 45	6 2	6 19	6 37	6 57	7 9	7 22	7 38	7 58	8 7	8 18	8 30	8 44	9 0
7	5 46	6 2	6 19	6 37	6 57	7 9	7 22	7 38	7 58	8 7	8 17	8 29	8 43	8 59
8	5 46	6 3	6 19	6 37	6 57	7 9	7 22	7 38	7 57	8 7	8 17	8 29	8 42	8 58
9	5 47	6 3	6 20	6 37	6 57	7 9	7 22	7 38	7 57	8 6	8 16	8 28	8 41	8 57
10	5 47	6 4	6 20	6 37	6 57	7 9	7 22	7 37	7 56	8 6	8 16	8 27	8 40	8 56
11	5 48	6 4	6 20	6 38	6 57	7 9	7 22	7 37	7 56	8 5	8 15	8 26	8 39	8 54
12	5 48	6 5	6 21	6 38	6 57	7 9	7 21	7 37	7 55	8 4	8 14	8 25	8 38	8 53
13	5 49	6 5	6 21	6 38	6 57	7 8	7 21	7 36	7 55	8 4	8 13	8 24	8 37	8 52
14	5 49	6 5	6 21	6 38	6 57	7 8	7 21	7 36	7 54	8 3	8 12	8 23	8 36	8 50
15	5 50	6 6	6 21	6 38	6 57	7 8	7 21	7 35	7 53	8 2	8 12	8 22	8 35	8 49
16	5 50	6 6	6 21	6 38	6 57	7 8	7 20	7 35	7 53	8 1	8 11	8 21	8 33	8 47
17	5 51	6 6	6 22	6 38	6 57	7 7	7 20	7 34	7 52	8 0	8 10	8 20	8 32	8 46
18	5 51	6 7	6 22	6 38	6 56	7 7	7 19	7 34	7 51	7 59	8 8	8 19	8 31	8 44
19	5 52	6 7	6 22	6 38	6 56	7 7	7 19	7 33	7 50	7 58	8 7	8 18	8 29	8 43
20	5 52	6 7	6 22	6 38	6 56	7 6	7 18	7 32	7 49	7 57	8 6	8 16	8 28	8 41
21	5 53	6 8	6 22	6 38	6 56	7 6	7 18	7 31	7 48	7 56	8 5	8 15	8 26	8 39
22	5 53	6 8	6 22	6 38	6 55	7 6	7 17	7 31	7 47	7 55	8 4	8 13	8 24	8 37
23	5 54	6 8	6 23	6 38	6 55	7 5	7 17	7 30	7 46	7 54	8 2	8 12	8 23	8 35
24	5 54	6 9	6 23	6 38	6 55	7 5	7 16	7 29	7 45	7 53	8 1	8 10	8 21	8 33
25	5 55	6 9	6 23	6 37	6 54	7 4	7 15	7 28	7 44	7 51	7 59	8 9	8 19	8 31
26	5 55	6 9	6 23	6 37	6 54	7 3	7 15	7 27	7 43	7 50	7 58	8 7	8 17	8 29
27	5 56	6 9	6 23	6 37	6 53	7 3	7 14	7 26	7 41	7 49	7 57	8 5	8 15	8 27
28	5 56	6 9	6 23	6 37	6 53	7 2	7 13	7 25	7 40	7 47	7 55	8 4	8 14	8 25
29	5 56	6 10	6 23	6 37	6 53	7 2	7 12	7 24	7 39	7 46	7 53	8 2	8 12	8 23
30	5 57	6 10	6 23	6 36	6 52	7 1	7 11	7 23	7 38	7 44	7 52	8 0	8 10	8 20
31	5 57	6 10	6 23	6 36	6 52	7 0	7 10	7 22	7 36	7 43	7 50	7 58	8 8	8 18
Febr. 1	5 57	6 10	6 23	6 36	6 51	7 0	7 10	7 21	7 35	7 41	7 49	7 57	8 6	8 16
2	5 58	6 10	6 23	6 36	6 50	6 59	7 9	7 20	7 33	7 40	7 47	7 55	8 3	8 14
3	5 58	6 10	6 23	6 35	6 50	6 58	7 8	7 19	7 32	7 38	7 45	7 53	8 1	8 11
4	5 59	6 11	6 22	6 35	6 49	6 57	7 7	7 17	7 30	7 37	7 43	7 51	7 59	8 9
5	5 59	6 11	6 22	6 35	6 49	6 57	7 6	7 16	7 29	7 35	7 41	7 49	7 57	8 6
6	5 59	6 11	6 22	6 34	6 48	6 56	7 5	7 15	7 27	7 33	7 40	7 47	7 55	8 4
7	5 59	6 11	6 22	6 34	6 47	6 55	7 3	7 14	7 26	7 31	7 38	7 45	7 52	8 1
8	6 0	6 11	6 22	6 33	6 46	6 54	7 2	7 12	7 24	7 30	7 36	7 43	7 50	7 59
9	6 0	6 11	6 22	6 33	6 46	6 53	7 1	7 11	7 23	7 28	7 34	7 41	7 48	7 56
10	6 0	6 11	6 21	6 32	6 45	6 52	7 0	7 10	7 21	7 26	7 32	7 38	7 45	7 54

Mittlere Ortszeit — Meridian von Greenwich

Tag	Geographische Breite													
	−10°	0°	+10°	+20°	+30°	+35°	+40°	+45°	+50°	+52°	+54°	+56°	+58°	+60°
1959	h m	h m	h m	h m	h m	h m	h m	h m	h m	h m	h m	h m	h m	h m
Jan. 0	18 24	18 7	17 49	17 31	17 10	16 58	16 44	16 28	16 7	15 58	15 47	15 34	15 20	15 3
1	18 24	18 7	17 50	17 32	17 11	16 59	16 45	16 28	16 8	15 59	15 48	15 36	15 21	15 4
2	18 25	18 8	17 51	17 32	17 12	17 0	16 46	16 29	16 9	16 0	15 49	15 37	15 22	15 6
3	18 25	18 8	17 51	17 33	17 12	17 0	16 47	16 30	16 10	16 1	15 50	15 38	15 24	15 7
4	18 26	18 8	17 52	17 34	17 13	17 1	16 47	16 31	16 11	16 2	15 51	15 39	15 25	15 9
5	18 26	18 9	17 52	17 34	17 14	17 2	16 48	16 32	16 12	16 3	15 52	15 41	15 27	15 10
6	18 26	18 9	17 53	17 35	17 15	17 3	16 49	16 33	16 14	16 4	15 54	15 42	15 28	15 12
7	18 27	18 10	17 53	17 36	17 15	17 4	16 50	16 34	16 15	16 6	15 55	15 43	15 30	15 14
8	18 27	18 10	17 54	17 36	17 16	17 5	16 51	16 35	16 16	16 7	15 57	15 45	15 32	15 16
9	18 27	18 11	17 54	17 37	17 17	17 5	16 52	16 37	16 17	16 8	15 58	15 47	15 33	15 18
10	18 28	18 11	17 55	17 38	17 18	17 6	16 53	16 38	16 19	16 10	16 0	15 48	15 35	15 20
11	18 28	18 12	17 55	17 38	17 19	17 7	16 54	16 39	16 20	16 11	16 1	15 50	15 37	15 22
12	18 28	18 12	17 56	17 39	17 19	17 8	16 55	16 40	16 21	16 13	16 3	15 52	15 39	15 24
13	18 28	18 12	17 56	17 40	17 20	17 9	16 56	16 41	16 23	16 14	16 4	15 53	15 41	15 26
14	18 29	18 13	17 57	17 40	17 21	17 10	16 57	16 42	16 24	16 16	16 6	15 55	15 43	15 28
15	18 29	18 13	17 57	17 41	17 22	17 11	16 58	16 44	16 26	16 17	16 8	15 57	15 45	15 30
16	18 29	18 13	17 58	17 41	17 23	17 12	17 0	16 45	16 27	16 19	16 9	15 59	15 47	15 33
17	18 29	18 14	17 58	17 42	17 24	17 13	17 1	16 46	16 29	16 20	16 11	16 1	15 49	15 35
18	18 29	18 14	17 59	17 43	17 25	17 14	17 2	16 48	16 30	16 22	16 13	16 3	15 51	15 37
19	18 29	18 14	17 59	17 43	17 25	17 15	17 3	16 49	16 32	16 24	16 15	16 4	15 53	15 40
20	18 30	18 15	18 0	17 44	17 26	17 16	17 4	16 50	16 33	16 25	16 16	16 6	15 55	15 42
21	18 30	18 15	18 0	17 45	17 27	17 17	17 5	16 52	16 35	16 27	16 18	16 8	15 57	15 44
22	18 30	18 15	18 1	17 45	17 28	17 18	17 6	16 53	16 36	16 29	16 20	16 10	15 59	15 47
23	18 30	18 15	18 1	17 46	17 29	17 19	17 8	16 54	16 38	16 30	16 22	16 12	16 2	15 49
24	18 30	18 16	18 2	17 47	17 30	17 20	17 9	16 56	16 40	16 32	16 24	16 14	16 4	15 52
25	18 30	18 16	18 2	17 47	17 31	17 21	17 10	16 57	16 41	16 34	16 26	16 17	16 6	15 54
26	18 30	18 16	18 3	17 48	17 32	17 22	17 11	16 58	16 43	16 36	16 28	16 19	16 8	15 57
27	18 30	18 16	18 3	17 49	17 32	17 23	17 12	17 0	16 45	16 37	16 30	16 21	16 11	15 59
28	18 30	18 17	18 3	17 49	17 33	17 24	17 13	17 1	16 46	16 39	16 32	16 23	16 13	16 2
29	18 30	18 17	18 4	17 50	17 34	17 25	17 15	17 3	16 48	16 41	16 34	16 25	16 15	16 4
30	18 30	18 17	18 4	17 50	17 35	17 26	17 16	17 4	16 50	16 43	16 36	16 27	16 18	16 7
31	18 30	18 17	18 4	17 51	17 36	17 27	17 17	17 5	16 51	16 45	16 38	16 29	16 20	16 10
Febr. 1	18 30	18 17	18 5	17 52	17 37	17 28	17 18	17 7	16 53	16 47	16 40	16 32	16 23	16 12
2	18 30	18 17	18 5	17 52	17 38	17 29	17 19	17 8	16 55	16 49	16 42	16 34	16 25	16 15
3	18 30	18 17	18 5	17 53	17 38	17 30	17 21	17 10	16 57	16 50	16 44	16 36	16 27	16 18
4	18 29	18 18	18 6	17 53	17 39	17 31	17 22	17 11	16 58	16 52	16 46	16 38	16 30	16 20
5	18 29	18 18	18 6	17 54	17 40	17 32	17 23	17 13	17 0	16 54	16 48	16 40	16 32	16 23
6	18 29	18 18	18 6	17 54	17 41	17 33	17 24	17 14	17 2	16 56	16 50	16 42	16 35	16 25
7	18 29	18 18	18 7	17 55	17 42	17 34	17 26	17 15	17 3	16 58	16 52	16 45	16 37	16 28
8	18 29	18 18	18 7	17 56	17 43	17 35	17 27	17 17	17 5	17 0	16 54	16 47	16 39	16 31
9	18 28	18 18	18 7	17 56	17 43	17 36	17 28	17 18	17 7	17 2	16 56	16 49	16 42	16 33
10	18 28	18 18	18 7	17 57	17 44	17 37	17 29	17 20	17 9	17 3	16 58	16 51	16 44	16 36

Sonnenaufgang 1959

Mittlere Ortszeit | Meridian von Greenwich

Tag	Geographische Breite													
	−10°	0°	+10°	+20°	+30°	+35°	+40°	+45°	+50°	+52°	+54°	+56°	+58°	+60°
1959	h m	h m	h m	h m	h m	h m	h m	h m	h m	h m	h m	h m	h m	h m
Febr. 10	6 0	6 11	6 21	6 32	6 45	6 52	7 0	7 10	7 21	7 26	7 32	7 38	7 45	7 54
11	6 1	6 11	6 21	6 32	6 44	6 51	6 59	7 8	7 19	7 24	7 30	7 36	7 43	7 51
12	6 1	6 11	6 21	6 31	6 43	6 50	6 58	7 7	7 17	7 22	7 28	7 34	7 41	7 48
13	6 1	6 11	6 21	6 31	6 43	6 49	6 57	7 5	7 16	7 20	7 26	7 32	7 38	7 46
14	6 1	6 11	6 20	6 30	6 42	6 48	6 55	7 4	7 14	7 19	7 24	7 29	7 36	7 43
15	6 2	6 11	6 20	6 30	6 41	6 47	6 54	7 2	7 12	7 17	7 22	7 27	7 33	7 40
16	6 2	6 11	6 20	6 29	6 40	6 46	6 53	7 1	7 10	7 15	7 20	7 25	7 31	7 38
17	6 2	6 11	6 20	6 29	6 39	6 45	6 52	6 59	7 9	7 13	7 17	7 23	7 28	7 35
18	6 2	6 11	6 19	6 28	6 38	6 44	6 50	6 58	7 7	7 11	7 15	7 20	7 26	7 32
19	6 2	6 11	6 19	6 28	6 37	6 43	6 49	6 56	7 5	7 9	7 13	7 18	7 23	7 29
20	6 3	6 11	6 19	6 27	6 36	6 42	6 48	6 55	7 3	7 7	7 11	7 16	7 21	7 27
21	6 3	6 10	6 18	6 26	6 35	6 40	6 46	6 53	7 1	7 5	7 9	7 13	7 18	7 24
22	6 3	6 10	6 18	6 26	6 34	6 39	6 45	6 51	6 59	7 3	7 7	7 11	7 16	7 21
23	6 3	6 10	6 17	6 25	6 33	6 38	6 43	6 50	6 57	7 1	7 4	7 9	7 13	7 18
24	6 3	6 10	6 17	6 24	6 32	6 37	6 42	6 48	6 55	6 58	7 2	7 6	7 10	7 15
25	6 3	6 10	6 17	6 24	6 31	6 36	6 41	6 46	6 53	6 56	7 0	7 4	7 8	7 13
26	6 3	6 10	6 16	6 23	6 30	6 34	6 39	6 45	6 51	6 54	6 58	7 1	7 5	7 10
27	6 3	6 10	6 16	6 22	6 29	6 33	6 38	6 43	6 49	6 52	6 55	6 59	7 2	7 7
28	6 4	6 9	6 15	6 21	6 28	6 32	6 36	6 41	6 47	6 50	6 53	6 56	7 0	7 4
März 1	6 4	6 9	6 15	6 21	6 27	6 31	6 35	6 39	6 45	6 48	6 50	6 54	6 57	7 1
2	6 4	6 9	6 14	6 20	6 26	6 29	6 33	6 38	6 43	6 45	6 48	6 51	6 54	6 58
3	6 4	6 9	6 14	6 19	6 25	6 28	6 32	6 36	6 41	6 43	6 46	6 49	6 52	6 55
4	6 4	6 9	6 13	6 18	6 24	6 27	6 30	6 34	6 39	6 41	6 43	6 46	6 49	6 52
5	6 4	6 8	6 13	6 18	6 23	6 25	6 29	6 32	6 37	6 39	6 41	6 43	6 46	6 49
6	6 4	6 8	6 12	6 17	6 21	6 24	6 27	6 31	6 35	6 37	6 39	6 41	6 43	6 46
7	6 4	6 8	6 12	6 16	6 20	6 23	6 26	6 29	6 33	6 34	6 36	6 38	6 41	6 43
8	6 4	6 8	6 11	6 15	6 19	6 22	6 24	6 27	6 31	6 32	6 34	6 36	6 38	6 40
9	6 4	6 8	6 11	6 14	6 18	6 20	6 23	6 25	6 28	6 30	6 32	6 33	6 35	6 37
10	6 4	6 7	6 10	6 14	6 17	6 19	6 21	6 23	6 26	6 28	6 29	6 31	6 32	6 34
11	6 4	6 7	6 10	6 13	6 16	6 18	6 19	6 22	6 24	6 25	6 27	6 28	6 30	6 31
12	6 4	6 7	6 9	6 12	6 15	6 16	6 18	6 20	6 22	6 23	6 24	6 26	6 27	6 28
13	6 4	6 7	6 9	6 11	6 13	6 15	6 16	6 18	6 20	6 21	6 22	6 23	6 24	6 25
14	6 4	6 6	6 8	6 10	6 12	6 13	6 15	6 16	6 18	6 19	6 19	6 20	6 21	6 22
15	6 4	6 6	6 8	6 9	6 11	6 12	6 13	6 14	6 16	6 16	6 17	6 18	6 18	6 19
16	6 4	6 6	6 7	6 8	6 10	6 11	6 11	6 12	6 13	6 14	6 15	6 15	6 16	6 16
17	6 4	6 5	6 6	6 8	6 9	6 9	6 10	6 10	6 11	6 12	6 12	6 12	6 13	6 13
18	6 4	6 5	6 6	6 7	6 7	6 8	6 8	6 9	6 9	6 9	6 10	6 10	6 10	6 10
19	6 4	6 5	6 5	6 6	6 6	6 6	6 7	6 7	6 7	6 7	6 7	6 7	6 7	6 7
20	6 4	6 5	6 5	6 5	6 5	6 5	6 5	6 5	6 5	6 5	6 5	6 5	6 4	6 4
21	6 4	6 4	6 4	6 4	6 4	6 4	6 3	6 3	6 3	6 2	6 2	6 2	6 1	6 1
22	6 4	6 4	6 4	6 3	6 3	6 2	6 2	6 1	6 0	6 0	6 0	5 59	5 59	5 58
23	6 4	6 4	6 3	6 2	6 1	6 1	6 0	5 59	5 58	5 58	5 57	5 57	5 56	5 55

Sonnenuntergang 1959

Mittlere Ortszeit

Meridian von Greenwich

Tag	−10°	0°	+10°	+20°	+30°	+35°	+40°	+45°	+50°	+52°	+54°	+56°	+58°	+60°
	Geographische Breite													
1959	h m	h m	h m	h m	h m	h m	h m	h m	h m	h m	h m	h m	h m	h m
Febr. 10	18 28	18 18	18 7	17 57	17 44	17 37	17 29	17 20	17 9	17 3	16 58	16 51	16 44	16 36
11	18 28	18 18	18 8	17 57	17 45	17 38	17 30	17 21	17 10	17 5	17 0	16 53	16 47	16 39
12	18 28	18 18	18 8	17 58	17 46	17 39	17 32	17 23	17 12	17 7	17 2	16 56	16 49	16 41
13	18 27	18 18	18 8	17 58	17 47	17 40	17 33	17 24	17 14	17 9	17 4	16 58	16 51	16 44
14	18 27	18 18	18 8	17 59	17 47	17 41	17 34	17 26	17 15	17 11	17 6	17 0	16 54	16 47
15	18 27	18 18	18 9	17 59	17 48	17 42	17 35	17 27	17 17	17 13	17 8	17 2	16 56	16 49
16	18 27	18 18	18 9	17 59	17 49	17 43	17 36	17 28	17 19	17 15	17 10	17 4	16 59	16 52
17	18 26	18 18	18 9	18 0	17 50	17 44	17 37	17 30	17 21	17 16	17 12	17 7	17 1	16 55
18	18 26	18 18	18 9	18 0	17 51	17 45	17 39	17 31	17 22	17 18	17 14	17 9	17 3	16 57
19	18 26	18 17	18 9	18 1	17 51	17 46	17 40	17 33	17 24	17 20	17 16	17 11	17 6	17 0
20	18 25	18 17	18 9	18 1	17 52	17 47	17 41	17 34	17 26	17 22	17 18	17 13	17 8	17 2
21	18 25	18 17	18 10	18 2	17 53	17 48	17 42	17 35	17 27	17 24	17 20	17 15	17 10	17 5
22	18 25	18 17	18 10	18 2	17 54	17 49	17 43	17 37	17 29	17 26	17 22	17 17	17 13	17 7
23	18 24	18 17	18 10	18 3	17 54	17 50	17 44	17 38	17 31	17 27	17 24	17 20	17 15	17 10
24	18 24	18 17	18 10	18 3	17 55	17 50	17 45	17 40	17 33	17 29	17 26	17 22	17 18	17 13
25	18 23	18 17	18 10	18 3	17 56	17 51	17 47	17 41	17 34	17 31	17 28	17 24	17 20	17 15
26	18 23	18 17	18 10	18 4	17 56	17 52	17 48	17 42	17 36	17 33	17 30	17 26	17 22	17 18
27	18 22	18 16	18 10	18 4	17 57	17 53	17 49	17 44	17 38	17 35	17 32	17 28	17 25	17 20
28	18 22	18 16	18 10	18 4	17 58	17 54	17 50	17 45	17 39	17 37	17 34	17 30	17 27	17 23
März 1	18 21	18 16	18 10	18 5	17 59	17 55	17 51	17 46	17 41	17 38	17 36	17 33	17 29	17 25
2	18 21	18 16	18 11	18 5	17 59	17 56	17 52	17 48	17 43	17 40	17 38	17 35	17 31	17 28
3	18 20	18 15	18 11	18 6	18 0	17 57	17 53	17 49	17 44	17 42	17 39	17 37	17 34	17 30
4	18 20	18 15	18 11	18 6	18 1	17 58	17 54	17 50	17 46	17 44	17 41	17 39	17 36	17 33
5	18 19	18 15	18 11	18 6	18 1	17 59	17 55	17 52	17 48	17 46	17 43	17 41	17 38	17 36
6	18 19	18 15	18 11	18 7	18 2	17 59	17 57	17 53	17 49	17 47	17 45	17 43	17 41	17 38
7	18 18	18 15	18 11	18 7	18 3	18 0	17 58	17 54	17 51	17 49	17 47	17 45	17 43	17 41
8	18 18	18 14	18 11	18 7	18 3	18 1	17 59	17 56	17 53	17 51	17 49	17 47	17 45	17 43
9	18 17	18 14	18 11	18 8	18 4	18 2	18 0	17 57	17 54	17 53	17 51	17 50	17 48	17 46
10	18 17	18 14	18 11	18 8	18 5	18 3	18 1	17 59	17 56	17 54	17 53	17 52	17 50	17 48
11	18 16	18 14	18 11	18 8	18 5	18 4	18 2	18 0	17 57	17 56	17 55	17 54	17 52	17 51
12	18 16	18 13	18 11	18 9	18 6	18 4	18 3	18 1	17 59	17 58	17 57	17 56	17 54	17 53
13	18 15	18 13	18 11	18 9	18 7	18 5	18 4	18 2	18 1	18 0	17 59	17 58	17 57	17 56
14	18 15	18 13	18 11	18 9	18 7	18 6	18 5	18 4	18 2	18 1	18 1	18 0	17 59	17 58
15	18 14	18 12	18 11	18 9	18 8	18 7	18 6	18 5	18 4	18 3	18 3	18 2	18 1	18 1
16	18 14	18 12	18 11	18 10	18 9	18 8	18 7	18 6	18 5	18 5	18 4	18 4	18 3	18 3
17	18 13	18 12	18 11	18 10	18 9	18 9	18 8	18 8	18 7	18 7	18 6	18 6	18 6	18 5
18	18 12	18 12	18 11	18 10	18 10	18 10	18 9	18 9	18 9	18 8	18 8	18 8	18 8	18 8
19	18 12	18 11	18 11	18 11	18 10	18 10	18 10	18 10	18 10	18 10	18 10	18 10	18 10	18 10
20	18 11	18 11	18 11	18 11	18 11	18 11	18 11	18 11	18 12	18 12	18 12	18 12	18 12	18 13
21	18 11	18 11	18 11	18 11	18 12	18 12	18 12	18 13	18 13	18 14	18 14	18 14	18 15	18 15
22	18 10	18 10	18 11	18 11	18 12	18 13	18 13	18 14	18 15	18 15	18 16	18 16	18 17	18 17
23	18 10	18 10	18 11	18 12	18 13	18 14	18 14	18 15	18 16	18 17	18 18	18 18	18 19	18 20

Sonnenaufgang 1959

Mittlere Ortszeit — Meridian von Greenwich

Tag	Geographische Breite													
	−10°	0°	+10°	+20°	+30°	+35°	+40°	+45°	+50°	+52°	+54°	+56°	+58°	+60°
1959	h m	h m	h m	h m	h m	h m	h m	h m	h m	h m	h m	h m	h m	h m
März 23	6 4	6 4	6 3	6 2	6 1	6 1	6 0	5 59	5 58	5 58	5 57	5 57	5 56	5 55
24	6 4	6 3	6 2	6 1	6 0	5 59	5 58	5 57	5 56	5 55	5 55	5 54	5 53	5 52
25	6 4	6 3	6 2	6 1	5 59	5 58	5 57	5 56	5 54	5 53	5 52	5 51	5 50	5 49
26	6 4	6 3	6 1	6 0	5 58	5 57	5 55	5 54	5 52	5 51	5 50	5 49	5 47	5 46
27	6 4	6 2	6 1	5 59	5 56	5 55	5 54	5 52	5 50	5 48	5 47	5 46	5 45	5 43
28	6 4	6 2	6 0	5 58	5 55	5 54	5 52	5 50	5 47	5 46	5 45	5 43	5 42	5 40
29	6 4	6 2	6 0	5 57	5 54	5 52	5 50	5 48	5 45	5 44	5 42	5 41	5 39	5 37
30	6 4	6 2	5 59	5 56	5 53	5 51	5 49	5 46	5 43	5 41	5 40	5 38	5 36	5 34
31	6 4	6 1	5 58	5 55	5 52	5 50	5 47	5 44	5 41	5 39	5 37	5 36	5 33	5 31
April 1	6 4	6 1	5 58	5 54	5 51	5 48	5 46	5 42	5 39	5 37	5 35	5 33	5 31	5 28
2	6 4	6 1	5 57	5 54	5 49	5 47	5 44	5 41	5 37	5 35	5 33	5 30	5 28	5 25
3	6 4	6 0	5 57	5 53	5 48	5 45	5 42	5 39	5 34	5 32	5 30	5 28	5 25	5 22
4	6 4	6 0	5 56	5 52	5 47	5 44	5 41	5 37	5 32	5 30	5 28	5 25	5 22	5 19
5	6 4	6 0	5 56	5 51	5 46	5 43	5 39	5 35	5 30	5 28	5 25	5 22	5 19	5 16
6	6 4	5 59	5 55	5 50	5 45	5 41	5 38	5 33	5 28	5 25	5 23	5 20	5 17	5 13
7	6 4	5 59	5 54	5 49	5 43	5 40	5 36	5 31	5 26	5 23	5 20	5 17	5 14	5 10
8	6 4	5 59	5 54	5 48	5 42	5 39	5 34	5 29	5 24	5 21	5 18	5 15	5 11	5 7
9	6 4	5 59	5 53	5 48	5 41	5 37	5 33	5 28	5 21	5 19	5 15	5 12	5 8	5 4
10	6 4	5 58	5 53	5 47	5 40	5 36	5 31	5 26	5 19	5 16	5 13	5 9	5 5	5 1
11	6 4	5 58	5 52	5 46	5 39	5 35	5 30	5 24	5 17	5 14	5 11	5 7	5 3	4 58
12	6 4	5 58	5 52	5 45	5 38	5 33	5 28	5 22	5 15	5 12	5 8	5 4	5 0	4 55
13	6 4	5 57	5 51	5 44	5 36	5 32	5 27	5 21	5 13	5 10	5 6	5 2	4 57	4 52
14	6 4	5 57	5 51	5 44	5 35	5 31	5 25	5 19	5 11	5 7	5 3	4 59	4 54	4 49
15	6 4	5 57	5 50	5 43	5 34	5 29	5 24	5 17	5 9	5 5	5 1	4 57	4 52	4 46
16	6 4	5 57	5 50	5 42	5 33	5 28	5 22	5 15	5 7	5 3	4 59	4 54	4 49	4 43
17	6 4	5 56	5 49	5 41	5 32	5 27	5 21	5 13	5 5	5 1	4 56	4 52	4 46	4 40
18	6 4	5 56	5 49	5 40	5 31	5 25	5 19	5 12	5 3	4 59	4 54	4 49	4 43	4 37
19	6 4	5 56	5 48	5 40	5 30	5 24	5 18	5 10	5 1	4 56	4 52	4 47	4 41	4 34
20	6 4	5 56	5 48	5 39	5 29	5 23	5 16	5 8	4 59	4 54	4 50	4 44	4 38	4 31
21	6 4	5 56	5 47	5 38	5 28	5 22	5 15	5 7	4 57	4 52	4 47	4 42	4 35	4 28
22	6 4	5 55	5 47	5 37	5 27	5 20	5 13	5 5	4 55	4 50	4 45	4 39	4 33	4 25
23	6 4	5 55	5 46	5 37	5 26	5 19	5 12	5 3	4 53	4 48	4 43	4 37	4 30	4 23
24	6 4	5 55	5 46	5 36	5 25	5 18	5 11	5 2	4 51	4 46	4 41	4 34	4 28	4 20
25	6 4	5 55	5 45	5 35	5 24	5 17	5 9	5 0	4 49	4 44	4 38	4 32	4 25	4 17
26	6 4	5 55	5 45	5 35	5 23	5 16	5 8	4 59	4 47	4 42	4 36	4 30	4 22	4 14
27	6 4	5 54	5 45	5 34	5 22	5 15	5 6	4 57	4 45	4 40	4 34	4 27	4 20	4 11
28	6 4	5 54	5 44	5 33	5 21	5 14	5 5	4 55	4 44	4 38	4 32	4 25	4 17	4 8
29	6 4	5 54	5 44	5 33	5 20	5 12	5 4	4 54	4 42	4 36	4 30	4 23	4 15	4 6
30	6 4	5 54	5 43	5 32	5 19	5 11	5 3	4 52	4 40	4 34	4 27	4 20	4 12	4 3
Mai 1	6 5	5 54	5 43	5 31	5 18	5 10	5 1	4 51	4 38	4 32	4 25	4 18	4 10	4 0
2	6 5	5 54	5 43	5 31	5 17	5 9	5 0	4 49	4 36	4 30	4 23	4 16	4 7	3 57
3	6 5	5 54	5 42	5 30	5 16	5 8	4 59	4 48	4 34	4 28	4 21	4 14	4 5	3 55

Sonnenuntergang 1959

Mittlere Ortszeit — Meridian von Greenwich

Tag	−10°	0°	+10°	+20°	+30°	+35°	+40°	+45°	+50°	+52°	+54°	+56°	+58°	+60°
	Geographische Breite													
1959	h m	h m	h m	h m	h m	h m	h m	h m	h m	h m	h m	h m	h m	h m
März 23	18 10	18 10	18 11	18 12	18 13	18 14	18 14	18 15	18 16	18 17	18 18	18 18	18 19	18 20
24	18 9	18 10	18 11	18 12	18 13	18 14	18 15	18 16	18 18	18 19	18 20	18 20	18 21	18 22
25	18 8	18 9	18 11	18 12	18 14	18 15	18 16	18 18	18 20	18 20	18 21	18 22	18 24	18 25
26	18 8	18 9	18 11	18 13	18 15	18 16	18 17	18 19	18 21	18 22	18 23	18 24	18 26	18 27
27	18 7	18 9	18 11	18 13	18 15	18 17	18 18	18 20	18 23	18 24	18 25	18 26	18 28	18 30
28	18 7	18 9	18 11	18 13	18 16	18 18	18 19	18 22	18 24	18 26	18 27	18 28	18 30	18 32
29	18 6	18 8	18 11	18 13	18 16	18 18	18 20	18 23	18 26	18 27	18 29	18 30	18 32	18 35
30	18 6	18 8	18 11	18 14	18 17	18 19	18 21	18 24	18 27	18 29	18 31	18 33	18 35	18 37
31	18 5	18 8	18 11	18 14	18 18	18 20	18 22	18 25	18 29	18 31	18 33	18 35	18 37	18 39
April 1	18 4	18 7	18 11	18 14	18 18	18 21	18 23	18 27	18 31	18 32	18 34	18 37	18 39	18 42
2	18 4	18 7	18 11	18 14	18 19	18 21	18 24	18 28	18 32	18 34	18 36	18 39	18 41	18 44
3	18 3	18 7	18 10	18 15	18 19	18 22	18 25	18 29	18 34	18 36	18 38	18 41	18 43	18 47
4	18 3	18 6	18 10	18 15	18 20	18 23	18 26	18 30	18 35	18 38	18 40	18 43	18 46	18 49
5	18 2	18 6	18 10	18 15	18 21	18 24	18 27	18 32	18 37	18 39	18 42	18 45	18 48	18 52
6	18 2	18 6	18 10	18 16	18 21	18 25	18 28	18 33	18 38	18 41	18 44	18 47	18 50	18 54
7	18 1	18 6	18 10	18 16	18 22	18 25	18 29	18 34	18 40	18 43	18 46	18 49	18 52	18 57
8	18 0	18 5	18 10	18 16	18 23	18 26	18 31	18 36	18 42	18 44	18 47	18 51	18 55	18 59
9	18 0	18 5	18 10	18 16	18 23	18 27	18 32	18 37	18 43	18 46	18 49	18 53	18 57	19 1
10	17 59	18 5	18 10	18 17	18 24	18 28	18 33	18 38	18 45	18 48	18 51	18 55	18 59	19 4
11	17 59	18 5	18 10	18 17	18 24	18 29	18 34	18 39	18 46	18 50	18 53	18 57	19 1	19 6
12	17 58	18 4	18 10	18 17	18 25	18 29	18 35	18 41	18 48	18 51	18 55	18 59	19 4	19 9
13	17 58	18 4	18 10	18 17	18 26	18 30	18 36	18 42	18 49	18 53	18 57	19 1	19 6	19 11
14	17 57	18 4	18 11	18 18	18 26	18 31	18 37	18 43	18 51	18 55	18 59	19 3	19 8	19 14
15	17 57	18 4	18 11	18 18	18 27	18 32	18 38	18 44	18 53	18 56	19 1	19 5	19 10	19 16
16	17 56	18 3	18 11	18 18	18 27	18 33	18 39	18 46	18 54	18 58	19 2	19 7	19 13	19 19
17	17 56	18 3	18 11	18 19	18 28	18 33	18 40	18 47	18 56	19 0	19 4	19 9	19 15	19 21
18	17 55	18 3	18 11	18 19	18 29	18 34	18 41	18 48	18 57	19 1	19 6	19 11	19 17	19 24
19	17 55	18 3	18 11	18 19	18 29	18 35	18 42	18 49	18 59	19 3	19 8	19 13	19 19	19 26
20	17 54	18 2	18 11	18 19	18 30	18 36	18 43	18 51	19 0	19 5	19 10	19 15	19 22	19 29
21	17 54	18 2	18 11	18 20	18 30	18 37	18 44	18 52	19 2	19 7	19 12	19 17	19 24	19 31
22	17 53	18 2	18 11	18 20	18 31	18 37	18 45	18 53	19 3	19 8	19 14	19 19	19 26	19 34
23	17 53	18 2	18 11	18 20	18 32	18 38	18 46	18 54	19 5	19 10	19 15	19 21	19 28	19 36
24	17 53	18 2	18 11	18 21	18 32	18 39	18 47	18 56	19 7	19 12	19 17	19 23	19 31	19 39
25	17 52	18 2	18 11	18 21	18 33	18 40	18 48	18 57	19 8	19 13	19 19	19 26	19 33	19 41
26	17 52	18 1	18 11	18 22	18 34	18 41	18 49	18 58	19 10	19 15	19 21	19 28	19 35	19 44
27	17 51	18 1	18 11	18 22	18 34	18 41	18 50	18 59	19 11	19 17	19 23	19 30	19 37	19 46
28	17 51	18 1	18 11	18 22	18 35	18 42	18 51	19 1	19 13	19 19	19 25	19 32	19 40	19 48
29	17 51	18 1	18 11	18 23	18 36	18 43	18 52	19 2	19 14	19 20	19 27	19 34	19 42	19 51
30	17 50	18 1	18 11	18 23	18 36	18 44	18 53	19 3	19 16	19 22	19 28	19 36	19 44	19 53
Mai 1	17 50	18 1	18 11	18 23	18 37	18 45	18 54	19 5	19 17	19 24	19 30	19 38	19 46	19 56
2	17 49	18 1	18 12	18 24	18 38	18 46	18 55	19 6	19 19	19 25	19 32	19 40	19 48	19 58
3	17 49	18 0	18 12	18 24	18 38	18 46	18 56	19 7	19 20	19 27	19 34	19 42	19 51	20 1

Sonnenaufgang 1959

Mittlere Ortszeit | Meridian von Greenwich

Tag	Geographische Breite													
	−10°	0°	+10°	+20°	+30°	+35°	+40°	+45°	+50°	+52°	+54°	+56°	+58°	+60°
1959	h m	h m	h m	h m	h m	h m	h m	h m	h m	h m	h m	h m	h m	h m
Mai 3	6 5	5 54	5 42	5 30	5 16	5 8	4 59	4 48	4 34	4 28	4 21	4 14	4 5	3 55
4	6 5	5 53	5 42	5 30	5 15	5 7	4 57	4 46	4 33	4 26	4 19	4 11	4 2	3 52
5	6 5	5 53	5 42	5 29	5 14	5 6	4 56	4 45	4 31	4 24	4 17	4 9	4 0	3 49
6	6 5	5 53	5 41	5 28	5 14	5 5	4 55	4 43	4 29	4 23	4 15	4 7	3 58	3 47
7	6 5	5 53	5 41	5 28	5 13	5 4	4 54	4 42	4 28	4 21	4 13	4 5	3 55	3 44
8	6 5	5 53	5 41	5 27	5 12	5 3	4 53	4 41	4 26	4 19	4 11	4 3	3 53	3 42
9	6 6	5 53	5 40	5 27	5 11	5 2	4 52	4 39	4 24	4 17	4 9	4 1	3 51	3 39
10	6 6	5 53	5 40	5 26	5 11	5 1	4 51	4 38	4 23	4 16	4 8	3 59	3 48	3 37
11	6 6	5 53	5 40	5 26	5 10	5 1	4 50	4 37	4 21	4 14	4 6	3 57	3 46	3 34
12	6 6	5 53	5 40	5 26	5 9	5 0	4 49	4 36	4 20	4 12	4 4	3 55	3 44	3 32
13	6 6	5 53	5 40	5 25	5 8	4 59	4 48	4 34	4 18	4 11	4 2	3 53	3 42	3 29
14	6 6	5 53	5 39	5 25	5 8	4 58	4 47	4 33	4 17	4 9	4 0	3 51	3 40	3 27
15	6 7	5 53	5 39	5 24	5 7	4 57	4 46	4 32	4 15	4 7	3 59	3 49	3 37	3 24
16	6 7	5 53	5 39	5 24	5 6	4 56	4 45	4 31	4 14	4 6	3 57	3 47	3 35	3 22
17	6 7	5 53	5 39	5 23	5 6	4 56	4 44	4 30	4 12	4 4	3 55	3 45	3 33	3 20
18	6 7	5 53	5 39	5 23	5 5	4 55	4 43	4 29	4 11	4 3	3 54	3 43	3 31	3 17
19	6 7	5 53	5 38	5 23	5 5	4 54	4 42	4 28	4 10	4 2	3 52	3 41	3 29	3 15
20	6 7	5 53	5 38	5 22	5 4	4 54	4 41	4 27	4 9	4 0	3 51	3 40	3 27	3 13
21	6 8	5 53	5 38	5 22	5 4	4 53	4 40	4 26	4 7	3 59	3 49	3 38	3 26	3 11
22	6 8	5 53	5 38	5 22	5 3	4 52	4 40	4 25	4 6	3 57	3 48	3 37	3 24	3 9
23	6 8	5 53	5 38	5 22	5 3	4 52	4 39	4 24	4 5	3 56	3 46	3 35	3 22	3 7
24	6 8	5 53	5 38	5 21	5 2	4 51	4 38	4 23	4 4	3 55	3 45	3 33	3 20	3 5
25	6 9	5 53	5 38	5 21	5 2	4 51	4 38	4 22	4 3	3 54	3 44	3 32	3 18	3 3
26	6 9	5 53	5 38	5 21	5 1	4 50	4 37	4 21	4 2	3 53	3 42	3 30	3 17	3 1
27	6 9	5 53	5 38	5 21	5 1	4 50	4 36	4 20	4 1	3 51	3 41	3 29	3 15	2 59
28	6 9	5 54	5 38	5 20	5 1	4 49	4 36	4 20	4 0	3 50	3 40	3 28	3 14	2 57
29	6 9	5 54	5 38	5 20	5 0	4 49	4 35	4 19	3 59	3 49	3 39	3 26	3 12	2 55
30	6 10	5 54	5 38	5 20	5 0	4 48	4 35	4 18	3 58	3 48	3 38	3 25	3 11	2 54
31	6 10	5 54	5 38	5 20	5 0	4 48	4 34	4 18	3 57	3 47	3 36	3 24	3 9	2 52
Juni 1	6 10	5 54	5 38	5 20	5 0	4 47	4 34	4 17	3 56	3 47	3 35	3 23	3 8	2 50
2	6 10	5 54	5 38	5 20	4 59	4 47	4 33	4 16	3 56	3 46	3 35	3 22	3 7	2 49
3	6 11	5 54	5 38	5 20	4 59	4 47	4 33	4 16	3 55	3 45	3 34	3 21	3 6	2 47
4	6 11	5 55	5 38	5 20	4 59	4 47	4 32	4 15	3 54	3 44	3 33	3 20	3 5	2 46
5	6 11	5 55	5 38	5 20	4 59	4 46	4 32	4 15	3 54	3 44	3 32	3 19	3 4	2 45
6	6 12	5 55	5 38	5 20	4 59	4 46	4 32	4 15	3 53	3 43	3 31	3 18	3 3	2 44
7	6 12	5 55	5 38	5 20	4 58	4 46	4 31	4 14	3 53	3 42	3 31	3 17	3 2	2 43
8	6 12	5 55	5 38	5 20	4 58	4 46	4 31	4 14	3 52	3 42	3 30	3 17	3 1	2 42
9	6 12	5 55	5 38	5 20	4 58	4 46	4 31	4 14	3 52	3 41	3 29	3 16	3 0	2 41
10	6 13	5 56	5 38	5 20	4 58	4 46	4 31	4 13	3 51	3 41	3 29	3 15	2 59	2 40
11	6 13	5 56	5 39	5 20	4 58	4 45	4 31	4 13	3 51	3 40	3 29	3 15	2 59	2 39
12	6 13	5 56	5 39	5 20	4 58	4 45	4 31	4 13	3 51	3 40	3 28	3 14	2 58	2 38
13	6 13	5 56	5 39	5 20	4 58	4 45	4 30	4 13	3 51	3 40	3 28	3 14	2 58	2 37

Mittlere Ortszeit — Meridian von Greenwich

Tag	−10°	0°	+10°	+20°	+30°	+35°	+40°	+45°	+50°	+52°	+54°	+56°	+58°	+60°
	Geographische Breite													
1959	h m	h m	h m	h m	h m	h m	h m	h m	h m	h m	h m	h m	h m	h m
Mai 3	17 49	18 0	18 12	18 24	18 38	18 46	18 56	19 7	19 20	19 27	19 34	19 42	19 51	20 1
4	17 49	18 0	18 12	18 24	18 39	18 47	18 57	19 8	19 22	19 29	19 36	19 44	19 53	20 3
5	17 48	18 0	18 12	18 25	18 39	18 48	18 58	19 9	19 23	19 30	19 38	19 46	19 55	20 6
6	17 48	18 0	18 12	18 25	18 40	18 49	18 59	19 11	19 25	19 32	19 39	19 48	19 57	20 8
7	17 48	18 0	18 12	18 26	18 41	18 50	19 0	19 12	19 27	19 33	19 41	19 50	19 59	20 11
8	17 48	18 0	18 12	18 26	18 41	18 50	19 1	19 13	19 28	19 35	19 43	19 52	20 2	20 13
9	17 47	18 0	18 13	18 26	18 42	18 51	19 2	19 14	19 30	19 37	19 45	19 54	20 4	20 16
10	17 47	18 0	18 13	18 27	18 43	18 52	19 3	19 16	19 31	19 38	19 47	19 56	20 6	20 18
11	17 47	18 0	18 13	18 27	18 43	18 53	19 4	19 17	19 32	19 40	19 48	19 58	20 8	20 20
12	17 47	18 0	18 13	18 27	18 44	18 54	19 5	19 18	19 34	19 42	19 50	19 59	20 10	20 23
13	17 46	18 0	18 13	18 28	18 45	18 54	19 6	19 19	19 35	19 43	19 52	20 1	20 12	20 25
14	17 46	18 0	18 13	18 28	18 45	18 55	19 7	19 20	19 37	19 45	19 54	20 3	20 15	20 28
15	17 46	18 0	18 14	18 29	18 46	18 56	19 8	19 21	19 38	19 46	19 55	20 5	20 17	20 30
16	17 46	18 0	18 14	18 29	18 47	18 57	19 9	19 23	19 40	19 48	19 57	20 7	20 19	20 32
17	17 46	18 0	18 14	18 29	18 47	18 57	19 10	19 24	19 41	19 49	19 59	20 9	20 21	20 35
18	17 46	18 0	18 14	18 30	18 48	18 58	19 10	19 25	19 42	19 51	20 0	20 11	20 23	20 37
19	17 46	18 0	18 15	18 30	18 48	18 59	19 11	19 26	19 44	19 52	20 2	20 13	20 25	20 39
20	17 45	18 0	18 15	18 31	18 49	19 0	19 12	19 27	19 45	19 54	20 3	20 14	20 27	20 42
21	17 45	18 0	18 15	18 31	18 50	19 0	19 13	19 28	19 47	19 55	20 5	20 16	20 29	20 44
22	17 45	18 0	18 15	18 32	18 50	19 1	19 14	19 29	19 48	19 57	20 6	20 18	20 31	20 46
23	17 45	18 0	18 15	18 32	18 51	19 2	19 15	19 30	19 49	19 58	20 8	20 20	20 33	20 48
24	17 45	18 0	18 16	18 32	18 52	19 3	19 16	19 31	19 50	19 59	20 10	20 21	20 35	20 50
25	17 45	18 0	18 16	18 33	18 52	19 3	19 17	19 32	19 52	20 1	20 11	20 23	20 36	20 53
26	17 45	18 1	18 16	18 33	18 53	19 4	19 17	19 33	19 53	20 2	20 13	20 24	20 38	20 55
27	17 45	18 1	18 16	18 34	18 53	19 5	19 18	19 34	19 54	20 3	20 14	20 26	20 40	20 57
28	17 45	18 1	18 17	18 34	18 54	19 6	19 19	19 35	19 55	20 5	20 15	20 28	20 42	20 59
29	17 45	18 1	18 17	18 34	18 54	19 6	19 20	19 36	19 56	20 6	20 17	20 29	20 43	21 1
30	17 45	18 1	18 17	18 35	18 55	19 7	19 21	19 37	19 57	20 7	20 18	20 31	20 45	21 2
31	17 45	18 1	18 17	18 35	18 55	19 8	19 21	19 38	19 58	20 8	20 19	20 32	20 47	21 4
Juni 1	17 45	18 1	18 18	18 35	18 56	19 8	19 22	19 39	19 59	20 9	20 21	20 33	20 48	21 6
2	17 45	18 1	18 18	18 36	18 57	19 9	19 23	19 40	20 0	20 10	20 22	20 35	20 50	21 8
3	17 45	18 2	18 18	18 36	18 57	19 9	19 24	19 40	20 1	20 12	20 23	20 36	20 51	21 10
4	17 45	18 2	18 19	18 37	18 58	19 10	19 24	19 41	20 2	20 13	20 24	20 37	20 53	21 11
5	17 45	18 2	18 19	18 37	18 58	19 10	19 25	19 42	20 3	20 14	20 25	20 38	20 54	21 13
6	17 45	18 2	18 19	18 37	18 59	19 11	19 26	19 43	20 4	20 15	20 26	20 40	20 55	21 14
7	17 45	18 2	18 19	18 38	18 59	19 12	19 26	19 43	20 5	20 15	20 27	20 41	20 57	21 16
8	17 46	18 2	18 20	18 38	19 0	19 12	19 27	19 44	20 6	20 16	20 28	20 42	20 58	21 17
9	17 46	18 3	18 20	18 38	19 0	19 13	19 27	19 45	20 7	20 17	20 29	20 43	20 59	21 18
10	17 46	18 3	18 20	18 39	19 0	19 13	19 28	19 45	20 7	20 18	20 30	20 44	21 0	21 20
11	17 46	18 3	18 20	18 39	19 1	19 14	19 28	19 46	20 8	20 19	20 31	20 45	21 1	21 21
12	17 46	18 3	18 21	18 39	19 1	19 14	19 29	19 47	20 9	20 19	20 32	20 46	21 2	21 22
13	17 46	18 3	18 21	18 40	19 2	19 14	19 29	19 47	20 9	20 20	20 32	20 46	21 3	21 23

Sonnenaufgang 1959

Mittlere Ortszeit — Meridian von Greenwich

Tag	Geographische Breite													
	−10°	0°	+10°	+20°	+30°	+35°	+40°	+45°	+50°	+52°	+54°	+56°	+58°	+60°
1959	h m	h m	h m	h m	h m	h m	h m	h m	h m	h m	h m	h m	h m	h m
Juni 13	6 13	5 56	5 39	5 20	4 58	4 45	4 30	4 13	3 51	3 40	3 28	3 14	2 58	2 37
14	6 14	5 56	5 39	5 20	4 58	4 45	4 30	4 13	3 50	3 40	3 27	3 13	2 57	2 37
15	6 14	5 57	5 39	5 20	4 58	4 45	4 30	4 13	3 50	3 39	3 27	3 13	2 57	2 36
16	6 14	5 57	5 39	5 20	4 58	4 45	4 30	4 13	3 50	3 39	3 27	3 13	2 56	2 36
17	6 14	5 57	5 39	5 21	4 58	4 46	4 31	4 13	3 50	3 39	3 27	3 13	2 56	2 36
18	6 15	5 57	5 40	5 21	4 59	4 46	4 31	4 13	3 50	3 39	3 27	3 13	2 56	2 36
19	6 15	5 58	5 40	5 21	4 59	4 46	4 31	4 13	3 50	3 39	3 27	3 13	2 56	2 35
20	6 15	5 58	5 40	5 21	4 59	4 46	4 31	4 13	3 50	3 39	3 27	3 13	2 56	2 35
21	6 15	5 58	5 40	5 21	4 59	4 46	4 31	4 13	3 50	3 40	3 27	3 13	2 56	2 36
22	6 16	5 58	5 40	5 22	4 59	4 46	4 31	4 13	3 51	3 40	3 27	3 13	2 56	2 36
23	6 16	5 58	5 41	5 22	5 0	4 47	4 31	4 13	3 51	3 40	3 28	3 13	2 57	2 36
24	6 16	5 59	5 41	5 22	5 0	4 47	4 32	4 14	3 51	3 40	3 28	3 14	2 57	2 36
25	6 16	5 59	5 41	5 22	5 0	4 47	4 32	4 14	3 51	3 41	3 28	3 14	2 57	2 37
26	6 16	5 59	5 41	5 22	5 0	4 47	4 32	4 14	3 52	3 41	3 29	3 14	2 58	2 37
27	6 17	5 59	5 42	5 23	5 1	4 48	4 32	4 15	3 52	3 41	3 29	3 15	2 58	2 38
28	6 17	5 59	5 42	5 23	5 1	4 48	4 33	4 15	3 53	3 42	3 30	3 16	2 59	2 39
29	6 17	6 0	5 42	5 23	5 1	4 48	4 34	4 16	3 53	3 42	3 30	3 16	3 0	2 39
30	6 17	6 0	5 42	5 24	5 2	4 49	4 34	4 16	3 54	3 43	3 31	3 17	3 0	2 40
Juli 1	6 17	6 0	5 43	5 24	5 2	4 49	4 34	4 17	3 54	3 44	3 32	3 18	3 1	2 41
2	6 17	6 0	5 43	5 24	5 2	4 50	4 35	4 17	3 55	3 44	3 32	3 18	3 2	2 42
3	6 18	6 0	5 43	5 25	5 3	4 50	4 35	4 18	3 56	3 45	3 33	3 19	3 3	2 43
4	6 18	6 1	5 43	5 25	5 3	4 51	4 36	4 18	3 56	3 46	3 34	3 20	3 4	2 45
5	6 18	6 1	5 44	5 25	5 4	4 51	4 36	4 19	3 57	3 47	3 35	3 21	3 5	2 46
6	6 18	6 1	5 44	5 25	5 4	4 52	4 37	4 20	3 58	3 48	3 36	3 22	3 6	2 47
7	6 18	6 1	5 44	5 26	5 5	4 52	4 38	4 20	3 59	3 48	3 37	3 23	3 8	2 49
8	6 18	6 1	5 44	5 26	5 5	4 53	4 38	4 21	4 0	3 49	3 38	3 24	3 9	2 50
9	6 18	6 1	5 45	5 26	5 6	4 53	4 39	4 22	4 0	3 50	3 39	3 26	3 10	2 51
10	6 18	6 2	5 45	5 27	5 6	4 54	4 39	4 23	4 1	3 51	3 40	3 27	3 11	2 53
11	6 18	6 2	5 45	5 27	5 7	4 54	4 40	4 23	4 2	3 52	3 41	3 28	3 13	2 55
12	6 18	6 2	5 45	5 28	5 7	4 55	4 41	4 24	4 3	3 53	3 42	3 29	3 14	2 56
13	6 18	6 2	5 46	5 28	5 8	4 55	4 41	4 25	4 4	3 55	3 43	3 31	3 16	2 58
14	6 18	6 2	5 46	5 28	5 8	4 56	4 42	4 26	4 6	3 56	3 45	3 32	3 18	3 0
15	6 18	6 2	5 46	5 29	5 9	4 57	4 43	4 27	4 7	3 57	3 46	3 34	3 19	3 2
16	6 18	6 2	5 46	5 29	5 9	4 57	4 44	4 28	4 8	3 58	3 47	3 35	3 21	3 4
17	6 18	6 2	5 47	5 29	5 10	4 58	4 45	4 28	4 9	3 59	3 49	3 36	3 22	3 6
18	6 18	6 3	5 47	5 30	5 10	4 59	4 45	4 29	4 10	4 0	3 50	3 38	3 24	3 8
19	6 18	6 3	5 47	5 30	5 11	4 59	4 46	4 30	4 11	4 2	3 51	3 40	3 26	3 10
20	6 18	6 3	5 47	5 31	5 11	5 0	4 47	4 31	4 12	4 3	3 53	3 41	3 28	3 12
21	6 18	6 3	5 47	5 31	5 12	5 1	4 48	4 32	4 13	4 4	3 54	3 43	3 29	3 14
22	6 18	6 3	5 48	5 31	5 12	5 1	4 49	4 33	4 15	4 6	3 56	3 44	3 31	3 16
23	6 18	6 3	5 48	5 32	5 13	5 2	4 50	4 34	4 16	4 7	3 57	3 46	3 33	3 18
24	6 18	6 3	5 48	5 32	5 14	5 3	4 50	4 35	4 17	4 9	3 59	3 48	3 35	3 20

Mittlere Ortszeit

Meridian von Greenwich

Tag	Geographische Breite													
	−10°	0°	+10°	+20°	+30°	+35°	+40°	+45°	+50°	+52°	+54°	+56°	+58°	+60°
1959	h m	h m	h m	h m	h m	h m	h m	h m	h m	h m	h m	h m	h m	h m
Juni 13	17 46	18 3	18 21	18 40	19 2	19 14	19 29	19 47	20 9	20 20	20 32	20 46	21 3	21 23
14	17 46	18 4	18 21	18 40	19 2	19 15	19 30	19 48	20 10	20 21	20 33	20 47	21 4	21 24
15	17 47	18 4	18 22	18 40	19 2	19 15	19 30	19 48	20 10	20 21	20 34	20 48	21 4	21 25
16	17 47	18 4	18 22	18 41	19 3	19 16	19 31	19 49	20 11	20 22	20 34	20 48	21 5	21 25
17	17 47	18 4	18 22	18 41	19 3	19 16	19 31	19 49	20 11	20 22	20 35	20 49	21 6	21 26
18	17 47	18 5	18 22	18 41	19 3	19 16	19 31	19 49	20 12	20 23	20 35	20 49	21 6	21 27
19	17 47	18 5	18 23	18 41	19 4	19 17	19 32	19 50	20 12	20 23	20 35	20 50	21 6	21 27
20	17 48	18 5	18 23	18 42	19 4	19 17	19 32	19 50	20 13	20 23	20 36	20 50	21 7	21 27
21	17 48	18 5	18 23	18 42	19 4	19 17	19 32	19 50	20 13	20 24	20 36	20 50	21 7	21 28
22	17 48	18 5	18 23	18 42	19 4	19 17	19 32	19 50	20 13	20 24	20 36	20 50	21 7	21 28
23	17 48	18 6	18 23	18 42	19 4	19 17	19 33	19 51	20 13	20 24	20 36	20 51	21 7	21 28
24	17 48	18 6	18 24	18 42	19 5	19 18	19 33	19 51	20 13	20 24	20 36	20 51	21 8	21 28
25	17 49	18 6	18 24	18 43	19 5	19 18	19 33	19 51	20 13	20 24	20 36	20 51	21 8	21 28
26	17 49	18 6	18 24	18 43	19 5	19 18	19 33	19 51	20 13	20 24	20 36	20 51	21 7	21 28
27	17 49	18 6	18 24	18 43	19 5	19 18	19 33	19 51	20 13	20 24	20 36	20 51	21 7	21 27
28	17 49	18 7	18 24	18 43	19 5	19 18	19 33	19 51	20 13	20 24	20 36	20 50	21 7	21 27
29	17 50	18 7	18 24	18 43	19 5	19 18	19 33	19 51	20 13	20 24	20 36	20 50	21 7	21 27
30	17 50	18 7	18 24	18 43	19 5	19 18	19 33	19 51	20 13	20 24	20 36	20 50	21 6	21 26
Juli 1	17 50	18 7	18 25	18 43	19 5	19 18	19 33	19 51	20 13	20 23	20 35	20 49	21 6	21 26
2	17 50	18 7	18 25	18 43	19 5	19 18	19 33	19 50	20 12	20 23	20 35	20 49	21 5	21 25
3	17 51	18 8	18 25	18 44	19 5	19 18	19 33	19 50	20 12	20 23	20 35	20 48	21 4	21 24
4	17 51	18 8	18 25	18 44	19 5	19 18	19 32	19 50	20 12	20 22	20 34	20 48	21 4	21 23
5	17 51	18 8	18 25	18 44	19 5	19 18	19 32	19 50	20 11	20 22	20 34	20 47	21 3	21 22
6	17 51	18 8	18 25	18 44	19 5	19 17	19 32	19 49	20 11	20 21	20 33	20 46	21 2	21 21
7	17 52	18 8	18 25	18 44	19 5	19 17	19 32	19 49	20 10	20 21	20 32	20 46	21 1	21 20
8	17 52	18 8	18 25	18 44	19 5	19 17	19 31	19 48	20 10	20 20	20 32	20 45	21 0	21 19
9	17 52	18 9	18 25	18 44	19 4	19 17	19 31	19 48	20 9	20 19	20 31	20 44	20 59	21 18
10	17 52	18 9	18 25	18 43	19 4	19 16	19 31	19 47	20 8	20 19	20 30	20 43	20 58	21 16
11	17 53	18 9	18 26	18 43	19 4	19 16	19 30	19 47	20 8	20 18	20 29	20 42	20 57	21 15
12	17 53	18 9	18 26	18 43	19 4	19 16	19 30	19 46	20 7	20 17	20 28	20 41	20 56	21 13
13	17 53	18 9	18 26	18 43	19 3	19 16	19 29	19 46	20 6	20 16	20 27	20 40	20 54	21 12
14	17 53	18 9	18 26	18 43	19 3	19 15	19 29	19 45	20 5	20 15	20 26	20 38	20 53	21 10
15	17 54	18 9	18 26	18 43	19 3	19 15	19 28	19 44	20 4	20 14	20 25	20 37	20 51	21 8
16	17 54	18 10	18 25	18 43	19 2	19 14	19 28	19 44	20 4	20 13	20 24	20 36	20 50	21 7
17	17 54	18 10	18 25	18 42	19 2	19 14	19 27	19 43	20 3	20 12	20 23	20 35	20 48	21 5
18	17 54	18 10	18 25	18 42	19 2	19 13	19 26	19 42	20 2	20 11	20 21	20 33	20 47	21 3
19	17 54	18 10	18 25	18 42	19 1	19 13	19 26	19 41	20 1	20 10	20 20	20 32	20 45	21 1
20	17 55	18 10	18 25	18 42	19 1	19 12	19 25	19 41	20 0	20 9	20 19	20 30	20 44	20 59
21	17 55	18 10	18 25	18 41	19 0	19 12	19 24	19 40	19 58	20 7	20 17	20 29	20 42	20 57
22	17 55	18 10	18 25	18 41	19 0	19 11	19 24	19 39	19 57	20 6	20 16	20 27	20 40	20 55
23	17 55	18 10	18 25	18 41	18 59	19 10	19 23	19 38	19 56	20 5	20 15	20 26	20 38	20 53
24	17 55	18 10	18 25	18 41	18 59	19 10	19 22	19 37	19 55	20 3	20 13	20 24	20 36	20 51

Sonnenaufgang 1959

Mittlere Ortszeit ‘ Meridian von Greenwich

Tag	Geographische Breite													
	−10°	0°	+10°	+20°	+30°	+35°	+40°	+45°	+50°	+52°	+54°	+56°	+58°	+60°
1959	h m	h m	h m	h m	h m	h m	h m	h m	h m	h m	h m	h m	h m	h m
Juli 24	6 18	6 3	5 48	5 32	5 14	5 3	4 50	4 35	4 17	4 9	3 59	3 48	3 35	3 20
25	6 17	6 3	5 48	5 33	5 14	5 4	4 51	4 36	4 19	4 10	4 0	3 50	3 37	3 23
26	6 17	6 3	5 48	5 33	5 15	5 4	4 52	4 38	4 20	4 11	4 2	3 51	3 39	3 25
27	6 17	6 3	5 49	5 33	5 15	5 5	4 53	4 39	4 21	4 13	4 4	3 53	3 41	3 27
28	6 17	6 3	5 49	5 34	5 16	5 6	4 54	4 40	4 23	4 14	4 5	3 55	3 43	3 29
29	6 17	6 3	5 49	5 34	5 17	5 6	4 55	4 41	4 24	4 16	4 7	3 57	3 45	3 32
30	6 17	6 3	5 49	5 34	5 17	5 7	4 56	4 42	4 25	4 17	4 9	3 58	3 47	3 34
31	6 16	6 3	5 49	5 35	5 18	5 8	4 57	4 43	4 27	4 19	4 10	4 0	3 49	3 36
Aug. 1	6 16	6 3	5 49	5 35	5 18	5 9	4 57	4 44	4 28	4 20	4 12	4 2	3 51	3 39
2	6 16	6 3	5 50	5 35	5 19	5 9	4 58	4 45	4 29	4 22	4 14	4 4	3 53	3 41
3	6 16	6 3	5 50	5 36	5 20	5 10	4 59	4 47	4 31	4 23	4 15	4 6	3 55	3 43
4	6 15	6 3	5 50	5 36	5 20	5 11	5 0	4 48	4 32	4 25	4 17	4 8	3 58	3 46
5	6 15	6 2	5 50	5 36	5 21	5 12	5 1	4 49	4 34	4 26	4 19	4 10	4 0	3 48
6	6 15	6 2	5 50	5 37	5 21	5 12	5 2	4 50	4 35	4 28	4 20	4 12	4 2	3 50
7	6 14	6 2	5 50	5 37	5 22	5 13	5 3	4 51	4 36	4 30	4 22	4 14	4 4	3 53
8	6 14	6 2	5 50	5 37	5 23	5 14	5 4	4 52	4 38	4 31	4 24	4 15	4 6	3 55
9	6 14	6 2	5 50	5 38	5 23	5 15	5 5	4 53	4 39	4 33	4 26	4 17	4 8	3 58
10	6 13	6 2	5 51	5 38	5 24	5 15	5 6	4 55	4 41	4 34	4 27	4 19	4 10	4 0
11	6 13	6 2	5 51	5 38	5 24	5 16	5 7	4 56	4 42	4 36	4 29	4 21	4 13	4 2
12	6 13	6 2	5 51	5 39	5 25	5 17	5 8	4 57	4 44	4 38	4 31	4 23	4 15	4 5
13	6 12	6 2	5 51	5 39	5 26	5 18	5 9	4 58	4 45	4 39	4 33	4 25	4 17	4 7
14	6 12	6 1	5 51	5 39	5 26	5 19	5 10	4 59	4 47	4 41	4 34	4 27	4 19	4 10
15	6 11	6 1	5 51	5 40	5 27	5 19	5 11	5 1	4 48	4 43	4 36	4 29	4 21	4 12
16	6 11	6 1	5 51	5 40	5 27	5 20	5 12	5 2	4 50	4 44	4 38	4 31	4 23	4 14
17	6 11	6 1	5 51	5 40	5 28	5 21	5 13	5 3	4 51	4 46	4 40	4 33	4 25	4 17
18	6 10	6 1	5 51	5 41	5 28	5 22	5 13	5 4	4 53	4 47	4 41	4 35	4 28	4 19
19	6 10	6 0	5 51	5 41	5 29	5 22	5 14	5 5	4 54	4 49	4 43	4 37	4 30	4 22
20	6 9	6 0	5 51	5 41	5 30	5 23	5 15	5 7	4 56	4 51	4 45	4 39	4 32	4 24
21	6 9	6 0	5 51	5 41	5 30	5 24	5 16	5 8	4 57	4 52	4 47	4 41	4 34	4 26
22	6 8	6 0	5 51	5 42	5 31	5 25	5 17	5 9	4 59	4 54	4 49	4 43	4 36	4 29
23	6 8	5 59	5 51	5 42	5 31	5 25	5 18	5 10	5 0	4 56	4 50	4 45	4 38	4 31
24	6 7	5 59	5 51	5 42	5 32	5 26	5 19	5 11	5 2	4 57	4 52	4 47	4 41	4 34
25	6 7	5 59	5 51	5 42	5 33	5 27	5 20	5 12	5 3	4 59	4 54	4 49	4 43	4 36
26	6 6	5 59	5 51	5 43	5 33	5 28	5 21	5 14	5 5	5 0	4 56	4 51	4 45	4 38
27	6 6	5 58	5 51	5 43	5 34	5 28	5 22	5 15	5 6	5 2	4 58	4 53	4 47	4 41
28	6 5	5 58	5 51	5 43	5 34	5 29	5 23	5 16	5 8	5 4	5 0	4 55	4 49	4 43
29	6 5	5 58	5 51	5 43	5 35	5 30	5 24	5 17	5 9	5 5	5 1	4 57	4 52	4 46
30	6 4	5 58	5 51	5 44	5 35	5 30	5 25	5 19	5 11	5 7	5 3	4 59	4 54	4 48
31	6 3	5 57	5 51	5 44	5 36	5 31	5 26	5 20	5 12	5 9	5 5	5 1	4 56	4 50
Sept. 1	6 3	5 57	5 51	5 44	5 36	5 32	5 27	5 21	5 14	5 10	5 7	5 2	4 58	4 53
2	6 2	5 57	5 51	5 44	5 37	5 33	5 28	5 22	5 15	5 12	5 8	5 4	5 0	4 55
3	6 2	5 56	5 51	5 44	5 38	5 33	5 29	5 23	5 17	5 13	5 10	5 6	5 2	4 58

Sonnenuntergang 1959

Mittlere Ortszeit — Meridian von Greenwich

Tag	Geographische Breite −10°	0°	+10°	+20°	+30°	+35°	+40°	+45°	+50°	+52°	+54°	+56°	+58°	+60°
1959	h m	h m	h m	h m	h m	h m	h m	h m	h m	h m	h m	h m	h m	h m
Juli 24	17 55	18 10	18 25	18 41	18 59	19 10	19 22	19 37	19 55	20 3	20 13	20 24	20 36	20 51
25	17 56	18 10	18 25	18 40	18 58	19 9	19 21	19 36	19 54	20 2	20 11	20 22	20 34	20 49
26	17 56	18 10	18 24	18 40	18 58	19 8	19 20	19 35	19 52	20 1	20 10	20 20	20 32	20 47
27	17 56	18 10	18 24	18 40	18 57	19 8	19 20	19 34	19 51	19 59	20 8	20 19	20 30	20 44
28	17 56	18 10	18 24	18 39	18 57	19 7	19 19	19 33	19 50	19 58	20 7	20 17	20 28	20 42
29	17 56	18 10	18 24	18 39	18 56	19 6	19 18	19 31	19 48	19 56	20 5	20 15	20 26	20 40
30	17 56	18 10	18 23	18 38	18 55	19 5	19 17	19 30	19 47	19 55	20 3	20 13	20 24	20 37
31	17 57	18 10	18 23	18 38	18 55	19 4	19 16	19 29	19 45	19 53	20 1	20 11	20 22	20 35
Aug. 1	17 57	18 10	18 23	18 37	18 54	19 3	19 15	19 28	19 44	19 51	20 0	20 9	20 20	20 32
2	17 57	18 10	18 23	18 37	18 53	19 3	19 13	19 26	19 42	19 50	19 58	20 7	20 18	20 30
3	17 57	18 10	18 22	18 36	18 52	19 2	19 12	19 25	19 41	19 48	19 56	20 5	20 15	20 27
4	17 57	18 10	18 22	18 36	18 52	19 1	19 11	19 24	19 39	19 46	19 54	20 3	20 13	20 25
5	17 57	18 9	18 22	18 35	18 51	19 0	19 10	19 22	19 37	19 44	19 52	20 1	20 11	20 22
6	17 57	18 9	18 22	18 35	18 50	18 59	19 9	19 21	19 36	19 43	19 50	19 59	20 8	20 20
7	17 57	18 9	18 21	18 34	18 49	18 58	19 8	19 20	19 34	19 41	19 48	19 57	20 6	20 17
8	17 57	18 9	18 21	18 34	18 48	18 57	19 7	19 18	19 32	19 39	19 46	19 55	20 4	20 14
9	17 57	18 9	18 20	18 33	18 48	18 56	19 6	19 17	19 31	19 37	19 44	19 52	20 1	20 12
10	17 58	18 9	18 20	18 32	18 47	18 55	19 4	19 15	19 29	19 35	19 42	19 50	19 59	20 9
11	17 58	18 9	18 20	18 32	18 46	18 54	19 3	19 14	19 27	19 33	19 40	19 48	19 56	20 6
12	17 58	18 9	18 19	18 31	18 45	18 53	19 2	19 12	19 25	19 31	19 38	19 46	19 54	20 4
13	17 58	18 8	18 19	18 31	18 44	18 52	19 1	19 11	19 24	19 29	19 36	19 43	19 52	20 1
14	17 58	18 8	18 19	18 30	18 43	18 51	18 59	19 9	19 22	19 27	19 34	19 41	19 49	19 58
15	17 58	18 8	18 18	18 29	18 42	18 49	18 58	19 8	19 20	19 25	19 32	19 39	19 46	19 55
16	17 58	18 8	18 18	18 28	18 41	18 48	18 57	19 6	19 18	19 23	19 30	19 36	19 44	19 53
17	17 58	18 7	18 17	18 28	18 40	18 47	18 55	19 5	19 16	19 21	19 27	19 34	19 41	19 50
18	17 58	18 7	18 17	18 27	18 39	18 46	18 54	19 3	19 14	19 19	19 25	19 32	19 39	19 47
19	17 58	18 7	18 16	18 26	18 38	18 45	18 52	19 1	19 12	19 17	19 23	19 29	19 36	19 44
20	17 58	18 7	18 16	18 26	18 37	18 43	18 51	19 0	19 10	19 15	19 21	19 27	19 34	19 41
21	17 58	18 7	18 15	18 25	18 36	18 42	18 49	18 58	19 8	19 13	19 18	19 24	19 31	19 38
22	17 58	18 6	18 15	18 24	18 35	18 41	18 48	18 56	19 6	19 11	19 16	19 22	19 28	19 35
23	17 58	18 6	18 14	18 23	18 34	18 40	18 47	18 55	19 4	19 9	19 14	19 19	19 26	19 33
24	17 58	18 6	18 14	18 23	18 33	18 38	18 45	18 53	19 2	19 7	19 12	19 17	19 23	19 30
25	17 58	18 6	18 13	18 22	18 31	18 37	18 44	18 51	19 0	19 5	19 9	19 14	19 20	19 27
26	17 58	18 5	18 13	18 21	18 30	18 36	18 42	18 49	18 58	19 2	19 7	19 12	19 17	19 24
27	17 58	18 5	18 12	18 20	18 29	18 35	18 41	18 48	18 56	19 0	19 4	19 9	19 15	19 21
28	17 58	18 5	18 12	18 19	18 28	18 33	18 39	18 46	18 54	18 58	19 2	19 7	19 12	19 18
29	17 58	18 4	18 11	18 19	18 27	18 32	18 38	18 44	18 52	18 56	19 0	19 4	19 9	19 15
30	17 58	18 4	18 11	18 18	18 26	18 31	18 36	18 42	18 50	18 54	18 57	19 2	19 7	19 12
31	17 58	18 4	18 10	18 17	18 25	18 29	18 34	18 41	18 48	18 51	18 55	18 59	19 4	19 9
Sept. 1	17 58	18 3	18 10	18 16	18 23	18 28	18 33	18 39	18 46	18 49	18 53	18 57	19 1	19 6
2	17 57	18 3	18 9	18 15	18 22	18 26	18 31	18 37	18 44	18 47	18 50	18 54	18 58	19 3
3	17 57	18 3	18 8	18 14	18 21	18 25	18 30	18 35	18 41	18 44	18 48	18 51	18 55	19 0

Sonnenaufgang 1959

Mittlere Ortszeit | Meridian von Greenwich

Tag	Geographische Breite													
	−10°	0°	+10°	+20°	+30°	+35°	+40°	+45°	+50°	+52°	+54°	+56°	+58°	+60°
1959	h m	h m	h m	h m	h m	h m	h m	h m	h m	h m	h m	h m	h m	h m
Sept. 3	6 2	5 56	5 51	5 44	5 38	5 33	5 29	5 23	5 17	5 13	5 10	5 6	5 2	4 58
4	6 1	5 56	5 51	5 45	5 38	5 34	5 30	5 24	5 18	5 15	5 12	5 8	5 4	5 0
5	6 1	5 56	5 51	5 45	5 39	5 35	5 31	5 26	5 20	5 17	5 14	5 10	5 7	5 2
6	6 0	5 55	5 50	5 45	5 39	5 36	5 32	5 27	5 21	5 18	5 15	5 12	5 9	5 5
7	5 59	5 55	5 50	5 45	5 40	5 36	5 32	5 28	5 23	5 20	5 17	5 14	5 11	5 7
8	5 59	5 55	5 50	5 46	5 40	5 37	5 33	5 29	5 24	5 22	5 19	5 16	5 13	5 9
9	5 58	5 54	5 50	5 46	5 41	5 38	5 34	5 30	5 26	5 23	5 21	5 18	5 15	5 12
10	5 58	5 54	5 50	5 46	5 41	5 39	5 35	5 32	5 27	5 25	5 23	5 20	5 17	5 14
11	5 57	5 54	5 50	5 46	5 42	5 39	5 36	5 33	5 29	5 27	5 24	5 22	5 19	5 16
12	5 56	5 53	5 50	5 47	5 42	5 40	5 37	5 34	5 30	5 28	5 26	5 24	5 22	5 19
13	5 56	5 53	5 50	5 47	5 43	5 41	5 38	5 35	5 32	5 30	5 28	5 26	5 24	5 21
14	5 55	5 53	5 50	5 47	5 44	5 41	5 39	5 36	5 33	5 32	5 30	5 28	5 26	5 24
15	5 55	5 52	5 50	5 47	5 44	5 42	5 40	5 38	5 35	5 33	5 31	5 30	5 28	5 26
16	5 54	5 52	5 50	5 47	5 45	5 43	5 41	5 39	5 36	5 35	5 33	5 32	5 30	5 28
17	5 53	5 52	5 50	5 48	5 45	5 44	5 42	5 40	5 38	5 36	5 35	5 34	5 32	5 31
18	5 53	5 51	5 50	5 48	5 46	5 44	5 43	5 41	5 39	5 38	5 37	5 36	5 34	5 33
19	5 52	5 51	5 49	5 48	5 46	5 45	5 44	5 42	5 40	5 40	5 39	5 38	5 37	5 35
20	5 51	5 50	5 49	5 48	5 47	5 46	5 45	5 44	5 42	5 41	5 40	5 40	5 39	5 38
21	5 51	5 50	5 49	5 48	5 47	5 47	5 46	5 45	5 43	5 43	5 42	5 42	5 41	5 40
22	5 50	5 50	5 49	5 49	5 48	5 47	5 47	5 46	5 45	5 45	5 44	5 44	5 43	5 42
23	5 50	5 49	5 49	5 49	5 48	5 48	5 48	5 47	5 46	5 46	5 46	5 45	5 45	5 45
24	5 49	5 49	5 49	5 49	5 49	5 49	5 49	5 48	5 48	5 48	5 48	5 47	5 47	5 47
25	5 48	5 49	5 49	5 49	5 50	5 49	5 50	5 50	5 49	5 50	5 49	5 49	5 49	5 49
26	5 48	5 48	5 49	5 49	5 50	5 50	5 50	5 51	5 51	5 51	5 51	5 51	5 52	5 52
27	5 47	5 48	5 49	5 50	5 51	5 51	5 51	5 52	5 53	5 53	5 53	5 53	5 54	5 54
28	5 46	5 48	5 49	5 50	5 51	5 52	5 52	5 53	5 54	5 55	5 55	5 55	5 56	5 56
29	5 46	5 47	5 49	5 50	5 52	5 53	5 53	5 54	5 56	5 56	5 57	5 57	5 58	5 59
30	5 45	5 47	5 49	5 50	5 52	5 53	5 54	5 56	5 57	5 58	5 58	5 59	6 0	6 1
Okt. 1	5 45	5 47	5 49	5 51	5 53	5 54	5 55	5 57	5 59	5 59	6 0	6 1	6 2	6 3
2	5 44	5 46	5 49	5 51	5 53	5 55	5 56	5 58	6 0	6 1	6 2	6 3	6 5	6 6
3	5 43	5 46	5 49	5 51	5 54	5 56	5 57	5 59	6 2	6 3	6 4	6 5	6 7	6 8
4	5 43	5 46	5 49	5 51	5 55	5 56	5 58	6 1	6 3	6 5	6 6	6 7	6 9	6 11
5	5 42	5 45	5 49	5 52	5 55	5 57	5 59	6 2	6 5	6 6	6 8	6 9	6 11	6 13
6	5 42	5 45	5 48	5 52	5 56	5 58	6 0	6 3	6 6	6 8	6 10	6 11	6 13	6 15
7	5 41	5 45	5 48	5 52	5 56	5 59	6 1	6 4	6 8	6 10	6 11	6 13	6 15	6 18
8	5 41	5 45	5 48	5 52	5 57	6 0	6 2	6 6	6 9	6 11	6 13	6 15	6 18	6 20
9	5 40	5 44	5 48	5 53	5 58	6 0	6 3	6 7	6 11	6 13	6 15	6 17	6 20	6 23
10	5 39	5 44	5 48	5 53	5 58	6 1	6 4	6 8	6 13	6 15	6 17	6 19	6 22	6 25
11	5 39	5 44	5 48	5 53	5 59	6 2	6 6	6 9	6 14	6 16	6 19	6 21	6 24	6 28
12	5 38	5 43	5 48	5 54	6 0	6 3	6 7	6 11	6 16	6 18	6 21	6 23	6 27	6 30
13	5 38	5 43	5 48	5 54	6 0	6 4	6 8	6 12	6 17	6 20	6 23	6 26	6 29	6 32
14	5 37	5 43	5 48	5 54	6 1	6 4	6 9	6 13	6 19	6 22	6 24	6 28	6 31	6 35

Mittlere Ortszeit — Meridian von Greenwich

Tag	Geographische Breite													
	−10°	0°	+10°	+20°	+30°	+35°	+40°	+45°	+50°	+52°	+54°	+56°	+58°	+60°
1959	h m	h m	h m	h m	h m	h m	h m	h m	h m	h m	h m	h m	h m	h m
Sept. 3	17 57	18 3	18 8	18 14	18 21	18 25	18 30	18 35	18 41	18 44	18 48	18 51	18 55	19 0
4	17 57	18 2	18 8	18 13	18 20	18 24	18 28	18 33	18 39	18 42	18 45	18 49	18 53	18 57
5	17 57	18 2	18 7	18 13	18 19	18 22	18 27	18 31	18 37	18 40	18 43	18 46	18 50	18 54
6	17 57	18 2	18 7	18 12	18 18	18 21	18 25	18 29	18 35	18 38	18 40	18 44	18 47	18 51
7	17 57	18 1	18 6	18 11	18 16	18 20	18 23	18 28	18 33	18 35	18 38	18 41	18 44	18 48
8	17 57	18 1	18 5	18 10	18 15	18 18	18 22	18 26	18 31	18 33	18 36	18 38	18 41	18 45
9	17 57	18 1	18 5	18 9	18 14	18 17	18 20	18 24	18 28	18 31	18 33	18 36	18 39	18 42
10	17 57	18 0	18 4	18 8	18 13	18 15	18 18	18 22	18 26	18 28	18 31	18 33	18 36	18 39
11	17 57	18 0	18 3	18 7	18 11	18 14	18 17	18 20	18 24	18 26	18 28	18 30	18 33	18 36
12	17 57	18 0	18 3	18 6	18 10	18 12	18 15	18 18	18 22	18 24	18 26	18 28	18 30	18 33
13	17 57	17 59	18 2	18 5	18 9	18 11	18 13	18 16	18 20	18 21	18 23	18 25	18 27	18 30
14	17 57	17 59	18 2	18 4	18 8	18 10	18 12	18 14	18 18	18 19	18 21	18 23	18 24	18 27
15	17 57	17 59	18 1	18 4	18 6	18 8	18 10	18 13	18 15	18 17	18 18	18 20	18 22	18 24
16	17 56	17 58	18 0	18 3	18 5	18 7	18 9	18 11	18 13	18 14	18 16	18 17	18 19	18 21
17	17 56	17 58	18 0	18 2	18 4	18 5	18 7	18 9	18 11	18 12	18 13	18 15	18 16	18 18
18	17 56	17 58	17 59	18 1	18 3	18 4	18 5	18 7	18 9	18 10	18 11	18 12	18 13	18 14
19	17 56	17 57	17 58	18 0	18 1	18 2	18 4	18 5	18 7	18 7	18 8	18 9	18 10	18 11
20	17 56	17 57	17 58	17 59	18 0	18 1	18 2	18 3	18 4	18 5	18 6	18 7	18 7	18 8
21	17 56	17 57	17 57	17 58	17 59	17 59	18 0	18 1	18 2	18 3	18 3	18 4	18 5	18 5
22	17 56	17 56	17 56	17 57	17 58	17 58	17 59	17 59	18 0	18 0	18 1	18 1	18 2	18 2
23	17 56	17 56	17 56	17 56	17 56	17 57	17 57	17 57	17 58	17 58	17 58	17 59	17 59	17 59
24	17 56	17 55	17 55	17 55	17 55	17 55	17 55	17 55	17 56	17 56	17 56	17 56	17 56	17 56
25	17 56	17 55	17 55	17 54	17 54	17 54	17 54	17 53	17 53	17 53	17 53	17 53	17 53	17 53
26	17 56	17 55	17 54	17 53	17 53	17 52	17 52	17 52	17 51	17 51	17 51	17 51	17 50	17 50
27	17 56	17 54	17 53	17 53	17 51	17 51	17 50	17 50	17 49	17 49	17 48	17 48	17 48	17 47
28	17 56	17 54	17 53	17 52	17 50	17 50	17 49	17 48	17 47	17 46	17 46	17 45	17 45	17 44
29	17 56	17 54	17 52	17 51	17 49	17 48	17 47	17 46	17 45	17 44	17 43	17 43	17 42	17 41
30	17 56	17 53	17 52	17 50	17 48	17 47	17 45	17 44	17 42	17 42	17 41	17 40	17 39	17 38
Okt. 1	17 55	17 53	17 51	17 49	17 47	17 45	17 44	17 42	17 40	17 39	17 39	17 37	17 36	17 35
2	17 55	17 53	17 50	17 48	17 45	17 44	17 42	17 40	17 38	17 37	17 36	17 35	17 34	17 32
3	17 55	17 52	17 50	17 47	17 44	17 42	17 41	17 38	17 36	17 35	17 34	17 32	17 31	17 29
4	17 55	17 52	17 49	17 46	17 43	17 41	17 39	17 37	17 34	17 33	17 31	17 30	17 28	17 26
5	17 55	17 52	17 49	17 45	17 42	17 40	17 37	17 35	17 32	17 30	17 29	17 27	17 25	17 23
6	17 55	17 52	17 48	17 45	17 40	17 38	17 36	17 33	17 30	17 28	17 26	17 24	17 22	17 20
7	17 55	17 51	17 48	17 44	17 39	17 37	17 34	17 31	17 27	17 26	17 24	17 22	17 20	17 17
8	17 55	17 51	17 47	17 43	17 38	17 36	17 33	17 29	17 25	17 23	17 21	17 19	17 17	17 14
9	17 55	17 51	17 46	17 42	17 37	17 34	17 31	17 27	17 23	17 21	17 19	17 17	17 14	17 11
10	17 55	17 50	17 46	17 41	17 36	17 33	17 29	17 26	17 21	17 19	17 17	17 14	17 11	17 8
11	17 55	17 50	17 45	17 40	17 35	17 32	17 28	17 24	17 19	17 17	17 14	17 11	17 9	17 5
12	17 55	17 50	17 45	17 40	17 34	17 30	17 26	17 22	17 17	17 14	17 12	17 9	17 6	17 2
13	17 55	17 50	17 44	17 39	17 32	17 29	17 25	17 20	17 15	17 12	17 9	17 6	17 3	16 59
14	17 55	17 50	17 44	17 38	17 31	17 28	17 23	17 19	17 13	17 10	17 7	17 4	17 0	16 56

Sonnenaufgang 1959

Mittlere Ortszeit | Meridian von Greenwich

Tag	Geographische Breite													
	−10°	0°	+10°	+20°	+30°	+35°	+40°	+45°	+50°	+52°	+54°	+56°	+58°	+60°
1959	h m	h m	h m	h m	h m	h m	h m	h m	h m	h m	h m	h m	h m	h m
Okt. 14	5 37	5 43	5 48	5 54	6 1	6 4	6 9	6 13	6 19	6 22	6 24	6 28	6 31	6 35
15	5 37	5 43	5 48	5 55	6 1	6 5	6 10	6 15	6 21	6 23	6 26	6 30	6 33	6 37
16	5 36	5 42	5 49	5 55	6 2	6 6	6 11	6 16	6 22	6 25	6 28	6 32	6 36	6 40
17	5 36	5 42	5 49	5 55	6 3	6 7	6 12	6 17	6 24	6 27	6 30	6 34	6 38	6 42
18	5 35	5 42	5 49	5 56	6 3	6 8	6 13	6 18	6 25	6 29	6 32	6 36	6 40	6 45
19	5 35	5 42	5 49	5 56	6 4	6 9	6 14	6 20	6 27	6 30	6 34	6 38	6 42	6 47
20	5 34	5 42	5 49	5 56	6 5	6 9	6 15	6 21	6 29	6 32	6 36	6 40	6 45	6 50
21	5 34	5 41	5 49	5 57	6 5	6 10	6 16	6 23	6 30	6 34	6 38	6 42	6 47	6 52
22	5 34	5 41	5 49	5 57	6 6	6 11	6 17	6 24	6 32	6 36	6 40	6 44	6 49	6 55
23	5 33	5 41	5 49	5 57	6 7	6 12	6 18	6 25	6 34	6 37	6 42	6 46	6 51	6 57
24	5 33	5 41	5 49	5 58	6 7	6 13	6 19	6 27	6 35	6 39	6 44	6 48	6 54	7 0
25	5 32	5 41	5 49	5 58	6 8	6 14	6 20	6 28	6 37	6 41	6 45	6 50	6 56	7 2
26	5 32	5 41	5 50	5 59	6 9	6 15	6 22	6 29	6 39	6 43	6 47	6 53	6 58	7 5
27	5 32	5 41	5 50	5 59	6 10	6 16	6 23	6 31	6 40	6 44	6 49	6 55	7 1	7 7
28	5 31	5 41	5 50	5 59	6 10	6 17	6 24	6 32	6 42	6 46	6 51	6 57	7 3	7 10
29	5 31	5 40	5 50	6 0	6 11	6 17	6 25	6 33	6 43	6 48	6 53	6 59	7 5	7 13
30	5 31	5 40	5 50	6 0	6 12	6 18	6 26	6 35	6 45	6 50	6 55	7 1	7 8	7 15
31	5 30	5 40	5 50	6 1	6 12	6 19	6 27	6 36	6 47	6 52	6 57	7 3	7 10	7 18
Nov. 1	5 30	5 40	5 50	6 1	6 13	6 20	6 28	6 37	6 48	6 53	6 59	7 5	7 12	7 20
2	5 30	5 40	5 51	6 2	6 14	6 21	6 29	6 39	6 50	6 55	7 1	7 7	7 15	7 23
3	5 29	5 40	5 51	6 2	6 15	6 22	6 30	6 40	6 52	6 57	7 3	7 10	7 17	7 25
4	5 29	5 40	5 51	6 3	6 16	6 23	6 32	6 41	6 53	6 59	7 5	7 12	7 19	7 28
5	5 29	5 40	5 51	6 3	6 16	6 24	6 33	6 43	6 55	7 1	7 7	7 14	7 22	7 30
6	5 29	5 40	5 52	6 4	6 17	6 25	6 34	6 44	6 57	7 3	7 9	7 16	7 24	7 33
7	5 29	5 40	5 52	6 4	6 18	6 26	6 35	6 46	6 58	7 4	7 11	7 18	7 26	7 36
8	5 28	5 40	5 52	6 5	6 19	6 27	6 36	6 47	7 0	7 6	7 13	7 20	7 29	7 38
9	5 28	5 40	5 52	6 5	6 20	6 28	6 37	6 48	7 2	7 8	7 15	7 22	7 31	7 41
10	5 28	5 40	5 53	6 6	6 20	6 29	6 39	6 50	7 3	7 10	7 17	7 25	7 33	7 43
11	5 28	5 41	5 53	6 6	6 21	6 30	6 40	6 51	7 5	7 12	7 19	7 27	7 36	7 46
12	5 28	5 41	5 53	6 7	6 22	6 31	6 41	6 53	7 7	7 13	7 20	7 29	7 38	7 48
13	5 28	5 41	5 54	6 7	6 23	6 32	6 42	6 54	7 8	7 15	7 22	7 31	7 40	7 51
14	5 28	5 41	5 54	6 8	6 24	6 33	6 43	6 55	7 10	7 17	7 24	7 33	7 42	7 54
15	5 28	5 41	5 54	6 8	6 24	6 34	6 44	6 57	7 12	7 19	7 26	7 35	7 45	7 56
16	5 28	5 41	5 55	6 9	6 25	6 35	6 45	6 58	7 13	7 20	7 28	7 37	7 47	7 59
17	5 28	5 41	5 55	6 10	6 26	6 36	6 47	6 59	7 15	7 22	7 30	7 39	7 49	8 1
18	5 28	5 42	5 56	6 10	6 27	6 37	6 48	7 1	7 16	7 24	7 32	7 41	7 52	8 4
19	5 28	5 42	5 56	6 11	6 28	6 38	6 49	7 2	7 18	7 26	7 34	7 43	7 54	8 6
20	5 28	5 42	5 56	6 12	6 29	6 39	6 50	7 3	7 20	7 27	7 36	7 45	7 56	8 9
21	5 28	5 42	5 57	6 12	6 29	6 40	6 51	7 5	7 21	7 29	7 38	7 47	7 58	8 11
22	5 28	5 42	5 57	6 13	6 30	6 41	6 52	7 6	7 23	7 31	7 39	7 49	8 0	8 13
23	5 28	5 43	5 58	6 13	6 31	6 42	6 53	7 7	7 24	7 32	7 41	7 51	8 3	8 16
24	5 28	5 43	5 58	6 14	6 32	6 42	6 54	7 9	7 26	7 34	7 43	7 53	8 5	8 18

Sonnenuntergang 1959

Mittlere Ortszeit | Meridian von Greenwich

Tag	Geographische Breite													
	−10°	0°	+10°	+20°	+30°	+35°	+40°	+45°	+50°	+52°	+54°	+56°	+58°	+60°
1959	h m	h m	h m	h m	h m	h m	h m	h m	h m	h m	h m	h m	h m	h m
Okt. 14	17 55	17 50	17 44	17 38	17 31	17 28	17 23	17 19	17 13	17 10	17 7	17 4	17 0	16 56
15	17 55	17 49	17 43	17 37	17 30	17 26	17 22	17 17	17 11	17 8	17 5	17 1	16 58	16 54
16	17 55	17 49	17 43	17 36	17 29	17 25	17 20	17 15	17 9	17 6	17 2	16 59	16 55	16 51
17	17 55	17 49	17 42	17 36	17 28	17 24	17 19	17 13	17 7	17 3	17 0	16 56	16 52	16 48
18	17 55	17 49	17 42	17 35	17 27	17 23	17 17	17 12	17 5	17 1	16 58	16 54	16 50	16 45
19	17 56	17 49	17 42	17 34	17 26	17 21	17 16	17 10	17 3	16 59	16 56	16 52	16 47	16 42
20	17 56	17 48	17 41	17 33	17 25	17 20	17 14	17 8	17 1	16 57	16 53	16 49	16 44	16 39
21	17 56	17 48	17 41	17 33	17 24	17 19	17 13	17 6	16 59	16 55	16 51	16 47	16 42	16 36
22	17 56	17 48	17 40	17 32	17 23	17 18	17 12	17 5	16 57	16 53	16 49	16 44	16 39	16 33
23	17 56	17 48	17 40	17 31	17 22	17 17	17 10	17 3	16 55	16 51	16 47	16 42	16 37	16 31
24	17 56	17 48	17 39	17 31	17 21	17 15	17 9	17 2	16 53	16 49	16 44	16 39	16 34	16 28
25	17 56	17 48	17 39	17 30	17 20	17 14	17 8	17 0	16 51	16 47	16 42	16 37	16 31	16 25
26	17 56	17 48	17 39	17 29	17 19	17 13	17 6	16 58	16 49	16 45	16 40	16 35	16 29	16 22
27	17 57	17 47	17 38	17 29	17 18	17 12	17 5	16 57	16 47	16 43	16 38	16 32	16 26	16 20
28	17 57	17 47	17 38	17 28	17 17	17 11	17 4	16 55	16 45	16 41	16 36	16 30	16 24	16 17
29	17 57	17 47	17 38	17 28	17 16	17 10	17 2	16 54	16 44	16 39	16 34	16 28	16 21	16 14
30	17 57	17 47	17 37	17 27	17 15	17 9	17 1	16 52	16 42	16 37	16 32	16 26	16 19	16 11
31	17 57	17 47	17 37	17 26	17 14	17 8	17 0	16 51	16 40	16 35	16 29	16 23	16 17	16 9
Nov. 1	17 58	17 47	17 37	17 26	17 14	17 7	16 59	16 49	16 38	16 33	16 27	16 21	16 14	16 6
2	17 58	17 47	17 36	17 25	17 13	17 6	16 57	16 48	16 37	16 31	16 25	16 19	16 12	16 4
3	17 58	17 47	17 36	17 25	17 12	17 5	16 56	16 47	16 35	16 30	16 23	16 17	16 9	16 1
4	17 58	17 47	17 36	17 25	17 11	17 4	16 55	16 45	16 33	16 28	16 22	16 15	16 7	15 59
5	17 59	17 47	17 36	17 24	17 11	17 3	16 54	16 44	16 32	16 26	16 20	16 13	16 5	15 56
6	17 59	17 47	17 36	17 24	17 10	17 2	16 53	16 43	16 30	16 24	16 18	16 11	16 3	15 54
7	17 59	17 47	17 36	17 23	17 9	17 1	16 52	16 41	16 29	16 23	16 16	16 9	16 0	15 51
8	17 59	17 47	17 35	17 23	17 8	17 0	16 51	16 40	16 27	16 21	16 14	16 7	15 58	15 49
9	18 0	17 47	17 35	17 22	17 8	16 59	16 50	16 39	16 25	16 19	16 12	16 5	15 56	15 46
10	18 0	17 47	17 35	17 22	17 7	16 59	16 49	16 38	16 24	16 18	16 11	16 3	15 54	15 44
11	18 0	17 48	17 35	17 22	17 7	16 58	16 48	16 36	16 22	16 16	16 9	16 1	15 52	15 41
12	18 1	17 48	17 35	17 21	17 6	16 57	16 47	16 35	16 21	16 14	16 7	15 59	15 50	15 39
13	18 1	17 48	17 35	17 21	17 5	16 56	16 46	16 34	16 20	16 13	16 5	15 57	15 48	15 37
14	18 1	17 48	17 35	17 21	17 5	16 56	16 45	16 33	16 18	16 11	16 4	15 55	15 46	15 35
15	18 2	17 48	17 35	17 20	17 4	16 55	16 44	16 32	16 17	16 10	16 2	15 54	15 44	15 32
16	18 2	17 48	17 35	17 20	17 4	16 55	16 44	16 31	16 16	16 9	16 1	15 52	15 42	15 30
17	18 2	17 48	17 35	17 20	17 3	16 54	16 43	16 30	16 15	16 7	15 59	15 50	15 40	15 28
18	18 3	17 49	17 35	17 20	17 3	16 53	16 42	16 29	16 13	16 6	15 58	15 49	15 38	15 26
19	18 3	17 49	17 35	17 20	17 3	16 53	16 41	16 28	16 12	16 5	15 56	15 47	15 36	15 24
20	18 4	17 49	17 35	17 20	17 2	16 52	16 41	16 27	16 11	16 3	15 55	15 45	15 34	15 22
21	18 4	17 49	17 35	17 19	17 2	16 52	16 40	16 27	16 10	16 2	15 54	15 44	15 33	15 20
22	18 5	17 50	17 35	17 19	17 2	16 51	16 40	16 26	16 9	16 1	15 52	15 42	15 31	15 18
23	18 5	17 50	17 35	17 19	17 1	16 51	16 39	16 25	16 8	16 0	15 51	15 41	15 29	15 16
24	18 5	17 50	17 35	17 19	17 1	16 50	16 38	16 24	16 7	15 59	15 50	15 40	15 28	15 15

Sonnenaufgang 1959

Mittlere Ortszeit — Meridian von Greenwich

Tag	Geographische Breite													
	−10°	0°	+10°	+20°	+30°	+35°	+40°	+45°	+50°	+52°	+54°	+56°	+58°	+60°
1959	h m	h m	h m	h m	h m	h m	h m	h m	h m	h m	h m	h m	h m	h m
Nov. 24	5 28	5 43	5 58	6 14	6 32	6 42	6 54	7 9	7 26	7 34	7 43	7 53	8 5	8 18
25	5 28	5 43	5 58	6 14	6 33	6 43	6 56	7 10	7 27	7 35	7 45	7 55	8 7	8 20
26	5 28	5 43	5 59	6 15	6 34	6 44	6 57	7 11	7 29	7 37	7 46	7 57	8 9	8 23
27	5 28	5 44	5 59	6 16	6 34	6 45	6 58	7 12	7 30	7 39	7 48	7 59	8 11	8 25
28	5 28	5 44	6 0	6 16	6 35	6 46	6 59	7 14	7 32	7 40	7 50	8 0	8 13	8 27
29	5 29	5 44	6 0	6 17	6 36	6 47	7 0	7 15	7 33	7 42	7 51	8 2	8 15	8 29
30	5 29	5 45	6 1	6 18	6 37	6 48	7 1	7 16	7 34	7 43	7 53	8 4	8 17	8 31
Dez. 1	5 29	5 45	6 1	6 18	6 38	6 49	7 2	7 17	7 36	7 45	7 55	8 6	8 19	8 34
2	5 29	5 46	6 2	6 19	6 39	6 50	7 3	7 18	7 37	7 46	7 56	8 7	8 20	8 36
3	5 30	5 46	6 2	6 20	6 39	6 51	7 4	7 19	7 38	7 47	7 58	8 9	8 22	8 38
4	5 30	5 46	6 3	6 20	6 40	6 52	7 5	7 20	7 40	7 49	7 59	8 11	8 24	8 40
5	5 30	5 47	6 3	6 21	6 41	6 53	7 6	7 22	7 41	7 50	8 0	8 12	8 26	8 41
6	5 30	5 47	6 4	6 21	6 42	6 53	7 7	7 23	7 42	7 51	8 2	8 14	8 27	8 43
7	5 31	5 48	6 4	6 22	6 42	6 54	7 8	7 24	7 43	7 53	8 3	8 15	8 29	8 45
8	5 31	5 48	6 5	6 23	6 43	6 55	7 9	7 25	7 44	7 54	8 4	8 16	8 30	8 47
9	5 31	5 48	6 5	6 23	6 44	6 56	7 9	7 26	7 46	7 55	8 6	8 18	8 32	8 48
10	5 32	5 49	6 6	6 24	6 45	6 57	7 10	7 27	7 47	7 56	8 7	8 19	8 33	8 50
11	5 32	5 49	6 6	6 25	6 45	6 57	7 11	7 28	7 48	7 57	8 8	8 20	8 34	8 51
12	5 32	5 50	6 7	6 25	6 46	6 58	7 12	7 28	7 49	7 58	8 9	8 22	8 36	8 53
13	5 33	5 50	6 8	6 26	6 47	6 59	7 13	7 29	7 50	7 59	8 10	8 23	8 37	8 54
14	5 33	5 51	6 8	6 26	6 47	7 0	7 13	7 30	7 51	8 0	8 11	8 24	8 38	8 55
15	5 34	5 51	6 9	6 27	6 48	7 0	7 14	7 31	7 51	8 1	8 12	8 25	8 39	8 57
16	5 34	5 52	6 9	6 28	6 49	7 1	7 15	7 32	7 52	8 2	8 13	8 26	8 40	8 58
17	5 35	5 52	6 10	6 28	6 49	7 2	7 16	7 32	7 53	8 3	8 14	8 27	8 41	8 59
18	5 35	5 53	6 10	6 29	6 50	7 2	7 16	7 33	7 54	8 4	8 15	8 27	8 42	9 0
19	5 35	5 53	6 11	6 29	6 50	7 3	7 17	7 34	7 54	8 4	8 15	8 28	8 43	9 0
20	5 36	5 54	6 11	6 30	6 51	7 4	7 17	7 34	7 55	8 5	8 16	8 29	8 44	9 1
21	5 36	5 54	6 12	6 30	6 51	7 4	7 18	7 35	7 56	8 5	8 17	8 29	8 44	9 2
22	5 37	5 55	6 12	6 31	6 52	7 4	7 18	7 35	7 56	8 6	8 17	8 30	8 45	9 2
23	5 37	5 55	6 13	6 31	6 52	7 5	7 19	7 36	7 57	8 6	8 18	8 30	8 45	9 3
24	5 38	5 56	6 13	6 32	6 53	7 5	7 19	7 36	7 57	8 7	8 18	8 31	8 46	9 3
25	5 38	5 56	6 14	6 32	6 53	7 6	7 20	7 37	7 57	8 7	8 19	8 31	8 46	9 4
26	5 39	5 57	6 14	6 33	6 54	7 6	7 20	7 37	7 58	8 8	8 19	8 31	8 46	9 4
27	5 40	5 57	6 15	6 33	6 54	7 7	7 21	7 37	7 58	8 8	8 19	8 32	8 46	9 4
28	5 40	5 58	6 15	6 33	6 55	7 7	7 21	7 38	7 58	8 8	8 19	8 32	8 46	9 4
29	5 41	5 58	6 15	6 34	6 55	7 7	7 21	7 38	7 59	8 8	8 19	8 32	8 46	9 4
30	5 41	5 59	6 16	6 34	6 55	7 8	7 22	7 38	7 59	8 8	8 19	8 32	8 46	9 3
31	5 42	5 59	6 16	6 35	6 56	7 8	7 22	7 38	7 59	8 8	8 19	8 32	8 46	9 3
32	5 42	6 0	6 17	6 35	6 56	7 8	7 22	7 39	7 59	8 8	8 19	8 32	8 46	9 3

Mittlere Ortszeit — Meridian von Greenwich

Tag	Geographische Breite													
	−10°	0°	+10°	+20°	+30°	+35°	+40°	+45°	+50°	+52°	+54°	+56°	+58°	+60°
1959	h m	h m	h m	h m	h m	h m	h m	h m	h m	h m	h m	h m	h m	h m
Nov. 24	18 5	17 50	17 35	17 19	17 1	16 50	16 38	16 24	16 7	15 59	15 50	15 40	15 28	15 15
25	18 6	17 51	17 35	17 19	17 1	16 50	16 38	16 24	16 6	15 58	15 49	15 38	15 26	15 13
26	18 6	17 51	17 35	17 19	17 1	16 50	16 37	16 23	16 5	15 57	15 48	15 37	15 25	15 11
27	18 7	17 51	17 36	17 19	17 0	16 49	16 37	16 22	16 4	15 56	15 47	15 36	15 24	15 10
28	18 7	17 52	17 36	17 19	17 0	16 49	16 37	16 22	16 4	15 55	15 46	15 35	15 22	15 8
29	18 8	17 52	17 36	17 19	17 0	16 49	16 36	16 21	16 3	15 54	15 45	15 34	15 21	15 7
30	18 8	17 52	17 36	17 19	17 0	16 49	16 36	16 21	16 2	15 54	15 44	15 33	15 20	15 5
Dez. 1	18 9	17 53	17 36	17 19	17 0	16 49	16 36	16 20	16 2	15 53	15 43	15 32	15 19	15 4
2	18 9	17 53	17 37	17 20	17 0	16 48	16 35	16 20	16 1	15 52	15 42	15 31	15 18	15 3
3	18 10	17 53	17 37	17 20	17 0	16 48	16 35	16 20	16 1	15 52	15 41	15 30	15 17	15 1
4	18 10	17 54	17 37	17 20	17 0	16 48	16 35	16 19	16 0	15 51	15 41	15 29	15 16	15 0
5	18 11	17 54	17 38	17 20	17 0	16 48	16 35	16 19	16 0	15 50	15 40	15 28	15 15	14 59
6	18 11	17 55	17 38	17 20	17 0	16 48	16 35	16 19	15 59	15 50	15 40	15 28	15 14	14 58
7	18 12	17 55	17 38	17 20	17 0	16 48	16 35	16 19	15 59	15 50	15 39	15 27	15 13	14 57
8	18 12	17 55	17 39	17 21	17 0	16 48	16 35	16 19	15 59	15 49	15 39	15 27	15 13	14 56
9	18 13	17 56	17 39	17 21	17 0	16 48	16 35	16 18	15 59	15 49	15 38	15 26	15 12	14 56
10	18 14	17 56	17 39	17 21	17 1	16 48	16 35	16 18	15 58	15 49	15 38	15 26	15 12	14 55
11	18 14	17 57	17 40	17 22	17 1	16 49	16 35	16 18	15 58	15 49	15 38	15 26	15 11	14 55
12	18 15	17 57	17 40	17 22	17 1	16 49	16 35	16 18	15 58	15 49	15 38	15 25	15 11	14 54
13	18 15	17 58	17 40	17 22	17 1	16 49	16 35	16 19	15 58	15 49	15 38	15 25	15 11	14 54
14	18 16	17 58	17 41	17 23	17 2	16 49	16 35	16 19	15 58	15 49	15 38	15 25	15 11	14 53
15	18 16	17 59	17 41	17 23	17 2	16 50	16 36	16 19	15 58	15 49	15 38	15 25	15 11	14 53
16	18 17	17 59	17 42	17 23	17 2	16 50	16 36	16 19	15 58	15 49	15 38	15 25	15 11	14 53
17	18 17	18 0	17 42	17 24	17 3	16 50	16 36	16 19	15 59	15 49	15 38	15 25	15 11	14 53
18	18 18	18 0	17 43	17 24	17 3	16 51	16 37	16 20	15 59	15 49	15 38	15 25	15 11	14 53
19	18 18	18 1	17 43	17 25	17 3	16 51	16 37	16 20	15 59	15 49	15 38	15 26	15 11	14 53
20	18 19	18 1	17 44	17 25	17 4	16 51	16 37	16 20	16 0	15 50	15 39	15 26	15 11	14 54
21	18 19	18 2	17 44	17 26	17 4	16 52	16 38	16 21	16 0	15 50	15 39	15 26	15 12	14 54
22	18 20	18 2	17 45	17 26	17 5	16 52	16 38	16 21	16 1	15 51	15 40	15 27	15 12	14 54
23	18 20	18 3	17 45	17 27	17 5	16 53	16 39	16 22	16 1	15 51	15 40	15 27	15 13	14 55
24	18 21	18 3	17 46	17 27	17 6	16 53	16 39	16 22	16 2	15 52	15 41	15 28	15 13	14 56
25	18 21	18 4	17 46	17 28	17 6	16 54	16 40	16 23	16 2	15 52	15 41	15 29	15 14	14 56
26	18 22	18 4	17 47	17 28	17 7	16 55	16 40	16 24	16 3	15 53	15 42	15 29	15 15	14 57
27	18 22	18 5	17 47	17 29	17 8	16 55	16 41	16 24	16 4	15 54	15 43	15 30	15 16	14 58
28	18 23	18 5	17 48	17 29	17 8	16 56	16 42	16 25	16 4	15 55	15 44	15 31	15 16	14 59
29	18 23	18 6	17 48	17 30	17 9	16 56	16 42	16 26	16 5	15 55	15 45	15 32	15 17	15 0
30	18 24	18 6	17 49	17 30	17 10	16 57	16 43	16 27	16 6	15 56	15 46	15 33	15 19	15 1
31	18 24	18 7	17 49	17 31	17 10	16 58	16 44	16 27	16 7	15 57	15 47	15 34	15 20	15 3
32	18 24	18 7	17 50	17 32	17 11	16 59	16 45	16 28	16 8	15 58	15 48	15 35	15 21	15 4

Anfang der Nautischen Dämmerung

Mittlere Ortszeit — Meridian von Greenwich

Tag	Geographische Breite													
	−10°	0°	+10°	+20°	+30°	+35°	+40°	+45°	+50°	+52°	+54°	+56°	+58°	+60°
1959	h m	h m	h m	h m	h m	h m	h m	h m	h m	h m	h m	h m	h m	h m
Jan. 0	4 52	5 11	5 27	5 43	6 0	6 8	6 17	6 28	6 39	6 44	6 50	6 56	7 2	7 10
5	4 55	5 13	5 30	5 45	6 1	6 9	6 18	6 28	6 39	6 44	6 49	6 55	7 2	7 9
10	4 58	5 16	5 31	5 46	6 2	6 10	6 18	6 27	6 38	6 43	6 48	6 53	6 59	7 6
15	5 1	5 18	5 33	5 47	6 2	6 9	6 17	6 26	6 36	6 40	6 45	6 50	6 56	7 2
20	5 3	5 20	5 34	5 48	6 1	6 8	6 16	6 24	6 33	6 37	6 41	6 45	6 50	6 56
25	5 6	5 22	5 35	5 48	6 0	6 6	6 13	6 20	6 28	6 32	6 36	6 40	6 44	6 49
30	5 9	5 23	5 35	5 47	5 58	6 4	6 10	6 16	6 23	6 26	6 29	6 33	6 37	6 41
Febr. 4	5 11	5 24	5 35	5 46	5 56	6 1	6 6	6 11	6 17	6 19	6 22	6 25	6 28	6 31
9	5 13	5 25	5 35	5 44	5 52	5 57	6 1	6 5	6 10	6 12	6 14	6 16	6 18	6 21
14	5 14	5 25	5 34	5 42	5 49	5 52	5 56	5 59	6 2	6 4	6 5	6 6	6 8	6 9
19	5 16	5 25	5 33	5 39	5 45	5 47	5 49	5 52	5 54	5 54	5 55	5 56	5 57	5 57
24	5 17	5 25	5 31	5 36	5 40	5 42	5 43	5 44	5 45	5 45	5 45	5 45	5 44	5 44
März 1	5 18	5 24	5 29	5 33	5 35	5 36	5 36	5 36	5 35	5 34	5 34	5 33	5 32	5 30
6	5 18	5 23	5 27	5 29	5 30	5 29	5 29	5 27	5 25	5 23	5 22	5 20	5 18	5 16
11	5 19	5 22	5 24	5 25	5 24	5 23	5 21	5 18	5 14	5 12	5 10	5 7	5 4	5 1
16	5 19	5 21	5 22	5 21	5 18	5 16	5 13	5 9	5 3	5 0	4 57	4 54	4 50	4 45
21	5 19	5 19	5 19	5 16	5 12	5 9	5 4	4 59	4 52	4 48	4 44	4 40	4 35	4 29
26	5 19	5 18	5 16	5 12	5 6	5 1	4 56	4 49	4 40	4 36	4 31	4 26	4 19	4 12
31	5 18	5 16	5 13	5 7	4 59	4 54	4 47	4 39	4 28	4 23	4 17	4 11	4 3	3 55
April 5	5 18	5 15	5 10	5 3	4 53	4 47	4 39	4 29	4 17	4 10	4 4	3 56	3 47	3 37
10	5 18	5 13	5 7	4 58	4 47	4 39	4 30	4 19	4 4	3 57	3 50	3 40	3 30	3 18
15	5 18	5 11	5 4	4 54	4 40	4 32	4 22	4 9	3 52	3 44	3 35	3 25	3 13	2 58
20	5 18	5 10	5 1	4 50	4 35	4 25	4 13	3 59	3 40	3 31	3 21	3 9	2 54	2 37
25	5 18	5 9	4 58	4 46	4 29	4 18	4 5	3 50	3 28	3 18	3 6	2 52	2 36	2 15
30	5 18	5 8	4 56	4 42	4 23	4 12	3 58	3 40	3 17	3 5	2 52	2 36	2 16	1 50
Mai 5	5 18	5 7	4 54	4 38	4 18	4 6	3 50	3 31	3 5	2 52	2 37	2 18	1 55	1 21
10	5 18	5 6	4 52	4 35	4 14	4 0	3 43	3 22	2 54	2 40	2 22	2 1	1 31	0 40
15	5 19	5 6	4 51	4 33	4 9	3 55	3 37	3 14	2 43	2 27	2 7	1 42	1 3	
20	5 19	5 5	4 49	4 30	4 6	3 50	3 31	3 7	2 33	2 15	1 53	1 22	0 18	
25	5 20	5 5	4 49	4 29	4 3	3 46	3 26	3 1	2 24	2 4	1 38	0 59		
30	5 21	5 6	4 48	4 27	4 0	3 43	3 22	2 55	2 16	1 54	1 25	0 30		
Juni 4	5 22	5 6	4 48	4 27	3 59	3 41	3 19	2 51	2 9	1 46	1 11			
9	5 23	5 7	4 48	4 26	3 58	3 40	3 17	2 48	2 4	1 39	1 0			
14	5 25	5 8	4 49	4 27	3 58	3 39	3 16	2 46	2 1	1 34	0 50			
19	5 26	5 9	4 50	4 27	3 58	3 39	3 16	2 45	2 0	1 32	0 45			
24	5 27	5 10	4 51	4 28	3 59	3 40	3 17	2 46	2 1	1 33	0 46			
29	5 28	5 11	4 52	4 30	4 1	3 42	3 19	2 49	2 4	1 37	0 53			
Juli 4	5 29	5 12	4 53	4 31	4 3	3 45	3 22	2 53	2 9	1 43	1 4			

Mittlere Ortszeit | Meridian von Greenwich

Tag	Geographische Breite													
	−10°	0°	+10°	+20°	+30°	+35°	+40°	+45°	+50°	+52°	+54°	+56°	+58°	+60°
1959	h m	h m	h m	h m	h m	h m	h m	h m	h m	h m	h m	h m	h m	h m
Jan. 0	19 14	18 55	18 38	18 23	18 6	17 58	17 48	17 38	17 27	17 22	17 16	17 10	17 3	16 56
5	19 16	18 57	18 41	18 25	18 10	18 1	17 52	17 43	17 31	17 26	17 21	17 15	17 9	17 2
10	19 17	18 59	18 43	18 28	18 13	18 5	17 57	17 47	17 37	17 32	17 27	17 22	17 16	17 9
15	19 18	19 1	18 46	18 31	18 17	18 9	18 1	17 53	17 43	17 38	17 34	17 29	17 23	17 17
20	19 18	19 2	18 48	18 34	18 21	18 14	18 6	17 58	17 49	17 45	17 41	17 36	17 31	17 26
25	19 18	19 3	18 50	18 37	18 25	18 18	18 12	18 4	17 56	17 53	17 49	17 45	17 40	17 36
30	19 18	19 4	18 51	18 40	18 29	18 23	18 17	18 11	18 4	18 1	17 57	17 54	17 50	17 46
Febr. 4	19 17	19 4	18 53	18 42	18 33	18 28	18 22	18 17	18 11	18 9	18 6	18 3	18 0	17 57
9	19 16	19 4	18 54	18 45	18 36	18 32	18 28	18 23	18 19	18 17	18 15	18 13	18 10	18 8
14	19 14	19 4	18 55	18 47	18 40	18 37	18 33	18 30	18 27	18 25	18 24	18 22	18 21	18 19
19	19 12	19 3	18 55	18 49	18 43	18 41	18 39	18 36	18 34	18 34	18 33	18 32	18 32	18 31
24	19 10	19 2	18 56	18 51	18 47	18 45	18 44	18 43	18 42	18 42	18 42	18 42	18 42	18 43
März 1	19 8	19 1	18 56	18 53	18 50	18 50	18 49	18 50	18 50	18 51	18 52	18 53	18 54	18 55
6	19 5	19 0	18 56	18 54	18 54	18 54	18 55	18 56	18 58	19 0	19 1	19 3	19 5	19 7
11	19 2	18 58	18 56	18 56	18 57	18 58	19 0	19 3	19 7	19 9	19 11	19 13	19 16	19 20
16	18 59	18 57	18 56	18 57	19 0	19 2	19 5	19 9	19 15	19 17	19 21	19 24	19 28	19 33
21	18 56	18 55	18 56	18 59	19 3	19 6	19 11	19 16	19 23	19 27	19 31	19 35	19 40	19 46
26	18 53	18 54	18 56	19 0	19 6	19 11	19 16	19 23	19 32	19 36	19 41	19 46	19 53	20 0
31	18 50	18 53	18 56	19 2	19 10	19 15	19 22	19 30	19 40	19 46	19 51	19 58	20 6	20 14
April 5	18 48	18 51	18 56	19 3	19 13	19 19	19 27	19 37	19 49	19 56	20 2	20 10	20 19	20 29
10	18 45	18 50	18 56	19 5	19 16	19 24	19 33	19 44	19 59	20 6	20 14	20 23	20 33	20 45
15	18 43	18 49	18 57	19 7	19 20	19 28	19 39	19 52	20 8	20 16	20 25	20 36	20 48	21 2
20	18 41	18 48	18 57	19 9	19 24	19 33	19 45	19 59	20 18	20 27	20 37	20 49	21 4	21 21
25	18 39	18 47	18 58	19 11	19 27	19 38	19 51	20 7	20 28	20 38	20 50	21 4	21 20	21 41
30	18 37	18 47	18 59	19 13	19 31	19 43	19 57	20 15	20 38	20 50	21 3	21 19	21 39	22 5
Mai 5	18 36	18 47	19 0	19 15	19 35	19 48	20 3	20 23	20 48	21 1	21 17	21 35	21 59	22 32
10	18 35	18 47	19 1	19 18	19 39	19 53	20 10	20 31	20 59	21 13	21 31	21 52	22 22	23 13
15	18 34	18 47	19 2	19 20	19 43	19 58	20 16	20 38	21 9	21 26	21 45	22 10	22 49	
20	18 33	18 48	19 3	19 23	19 47	20 3	20 22	20 46	21 20	21 38	22 0	22 31	23 35	
25	18 33	18 48	19 5	19 25	19 51	20 7	20 27	20 53	21 30	21 49	22 15	22 55		
30	18 33	18 49	19 7	19 27	19 54	20 11	20 32	21 0	21 39	22 0	22 30			
Juni 4	18 34	18 50	19 8	19 30	19 57	20 15	20 37	21 6	21 47	22 11	22 45			
9	18 35	18 51	19 10	19 32	20 0	20 18	20 41	21 11	21 54	22 19	22 58			
14	18 35	18 52	19 11	19 34	20 3	20 21	20 44	21 14	21 59	22 26	23 10			
19	18 36	18 54	19 13	19 35	20 4	20 23	20 46	21 17	22 2	22 30	23 17			
24	18 38	18 55	19 14	19 36	20 5	20 24	20 47	21 18	22 4	22 31	23 18			
29	18 39	18 56	19 14	19 37	20 6	20 24	20 47	21 18	22 2	22 30	23 14			
Juli 4	18 40	18 56	19 15	19 37	20 6	20 24	20 46	21 16	21 59	22 25	23 5			

Anfang der Nautischen Dämmerung

Mittlere Ortszeit — Meridian von Greenwich

Tag	Geographische Breite													
	−10°	0°	+10°	+20°	+30°	+35°	+40°	+45°	+50°	+52°	+54°	+56°	+58°	+60°
1959	h m	h m	h m	h m	h m	h m	h m	h m	h m	h m	h m			
Juli 4	5 29	5 12	4 53	4 31	4 3	3 45	3 22	2 53	2 9	1 43	1 4			
9	5 29	5 13	4 55	4 33	4 6	3 48	3 26	2 57	2 16	1 52	1 17	h m		
14	5 30	5 14	4 56	4 35	4 9	3 51	3 30	3 3	2 24	2 2	1 32	0 34		
19	5 30	5 15	4 58	4 38	4 12	3 55	3 35	3 9	2 33	2 13	1 47	1 6	h m	
24	5 30	5 15	4 59	4 40	4 15	4 0	3 41	3 16	2 42	2 24	2 1	1 30	0 15	
29	5 29	5 16	5 1	4 42	4 19	4 4	3 46	3 23	2 52	2 36	2 16	1 50	1 10	h m
Aug. 3	5 28	5 16	5 2	4 45	4 23	4 9	3 52	3 31	3 3	2 48	2 30	2 8	1 38	0 43
8	5 27	5 16	5 3	4 47	4 27	4 14	3 58	3 39	3 13	2 59	2 44	2 25	2 1	1 26
13	5 25	5 15	5 3	4 49	4 30	4 18	4 4	3 46	3 23	3 11	2 57	2 41	2 21	1 54
18	5 24	5 15	5 4	4 51	4 34	4 23	4 10	3 54	3 33	3 22	3 10	2 56	2 39	2 17
23	5 21	5 14	5 4	4 53	4 38	4 28	4 16	4 1	3 42	3 33	3 22	3 10	2 55	2 38
28	5 19	5 13	5 5	4 54	4 41	4 32	4 22	4 9	3 52	3 44	3 34	3 23	3 11	2 56
Sept. 2	5 17	5 11	5 5	4 56	4 44	4 37	4 27	4 16	4 1	3 54	3 46	3 36	3 25	3 13
7	5 14	5 10	5 5	4 57	4 47	4 41	4 33	4 23	4 10	4 3	3 56	3 48	3 39	3 28
12	5 11	5 8	5 4	4 59	4 50	4 45	4 38	4 29	4 18	4 13	4 7	4 0	3 52	3 43
17	5 8	5 7	5 4	5 0	4 53	4 49	4 43	4 36	4 27	4 22	4 17	4 11	4 5	3 57
22	5 5	5 5	5 4	5 1	4 56	4 53	4 48	4 42	4 35	4 31	4 27	4 22	4 17	4 11
27	5 1	5 3	5 4	5 2	4 59	4 57	4 53	4 49	4 43	4 40	4 37	4 33	4 29	4 24
Okt. 2	4 58	5 2	5 3	5 3	5 2	5 0	4 58	4 55	4 51	4 49	4 46	4 43	4 40	4 36
7	4 55	5 0	5 3	5 5	5 5	5 4	5 3	5 1	4 59	4 57	4 55	4 53	4 51	4 49
12	4 52	4 58	5 3	5 6	5 8	5 8	5 8	5 8	5 6	5 6	5 5	5 4	5 2	5 1
17	4 50	4 57	5 3	5 7	5 11	5 12	5 13	5 14	5 14	5 14	5 14	5 13	5 13	5 12
22	4 47	4 56	5 3	5 9	5 14	5 16	5 18	5 20	5 21	5 22	5 23	5 23	5 24	5 24
27	4 45	4 55	5 3	5 11	5 17	5 20	5 23	5 26	5 29	5 30	5 32	5 33	5 34	5 35
Nov. 1	4 43	4 54	5 4	5 13	5 20	5 24	5 28	5 32	5 37	5 38	5 40	5 42	5 44	5 46
6	4 41	4 54	5 5	5 15	5 24	5 29	5 34	5 39	5 44	5 46	5 49	5 51	5 54	5 57
11	4 40	4 54	5 6	5 17	5 28	5 33	5 39	5 45	5 51	5 54	5 57	6 1	6 4	6 8
16	4 39	4 54	5 7	5 19	5 31	5 37	5 44	5 51	5 58	6 2	6 5	6 9	6 13	6 18
21	4 39	4 55	5 9	5 22	5 35	5 42	5 49	5 57	6 5	6 9	6 13	6 18	6 23	6 28
26	4 39	4 56	5 11	5 25	5 39	5 46	5 54	6 2	6 12	6 16	6 21	6 26	6 31	6 37
Dez. 1	4 40	4 57	5 13	5 27	5 42	5 50	5 59	6 8	6 18	6 23	6 27	6 33	6 39	6 45
6	4 41	4 59	5 15	5 30	5 46	5 54	6 3	6 13	6 24	6 28	6 34	6 39	6 45	6 52
11	4 42	5 1	5 18	5 33	5 49	5 58	6 7	6 17	6 28	6 33	6 39	6 45	6 51	6 59
16	4 44	5 3	5 20	5 36	5 52	6 1	6 11	6 21	6 32	6 38	6 43	6 50	6 56	7 4
21	4 46	5 5	5 23	5 39	5 55	6 4	6 13	6 24	6 36	6 41	6 47	6 53	7 0	7 7
26	4 49	5 8	5 25	5 41	5 58	6 6	6 16	6 26	6 38	6 43	6 49	6 55	7 2	7 9
31	4 52	5 11	5 27	5 43	6 0	6 8	6 17	6 28	6 39	6 44	6 50	6 56	7 2	7 10

Ende der Nautischen Dämmerung

Mittlere Ortszeit — Meridian von Greenwich

Tag	Geographische Breite													
	−10°	0°	+10°	+20°	+30°	+35°	+40°	+45°	+50°	+52°	+54°	+56°	+58°	+60°
1959	h m	h m	h m	h m	h m	h m	h m	h m	h m	h m	h m			
Juli 4	18 40	18 56	19 15	19 37	20 6	20 24	20 46	21 16	21 59	22 25	23 5			
9	18 41	18 57	19 15	19 37	20 4	20 22	20 44	21 13	21 54	22 18	22 53	h m		
14	18 42	18 57	19 15	19 36	20 3	20 20	20 41	21 9	21 48	22 10	22 40	23 37		
19	18 43	18 58	19 14	19 35	20 0	20 17	20 37	21 3	21 40	22 0	22 26	23 6	h m	
24	18 43	18 58	19 14	19 33	19 57	20 13	20 32	20 57	21 31	21 49	22 12	22 43	23 58	
29	18 44	18 57	19 12	19 30	19 54	20 8	20 27	20 49	21 21	21 37	21 57	22 23	23 3	h m
Aug. 3	18 44	18 57	19 11	19 28	19 50	20 3	20 20	20 41	21 10	21 25	21 42	22 4	22 34	23 30
8	18 44	18 56	19 9	19 24	19 45	19 58	20 13	20 33	20 59	21 12	21 27	21 46	22 11	22 46
13	18 45	18 55	19 6	19 21	19 40	19 51	20 6	20 24	20 47	20 59	21 13	21 29	21 49	22 15
18	18 44	18 53	19 4	19 17	19 34	19 45	19 58	20 14	20 35	20 46	20 58	21 12	21 29	21 51
23	18 44	18 52	19 1	19 13	19 28	19 38	19 50	20 4	20 23	20 33	20 43	20 56	21 10	21 28
28	18 44	18 50	18 58	19 8	19 22	19 31	19 41	19 54	20 11	20 19	20 29	20 39	20 52	21 7
Sept. 2	18 43	18 48	18 55	19 4	19 16	19 23	19 33	19 44	19 59	20 6	20 14	20 24	20 34	20 47
7	18 43	18 47	18 52	18 59	19 9	19 16	19 24	19 34	19 47	19 53	20 0	20 8	20 17	20 28
12	18 42	18 45	18 49	18 54	19 3	19 8	19 15	19 24	19 35	19 40	19 46	19 53	20 1	20 10
17	18 42	18 43	18 45	18 50	18 56	19 1	19 6	19 14	19 23	19 27	19 32	19 38	19 45	19 52
22	18 41	18 41	18 42	18 45	18 50	18 53	18 58	19 4	19 11	19 15	19 19	19 24	19 29	19 35
27	18 41	18 39	18 39	18 40	18 43	18 46	18 49	18 54	19 0	19 3	19 6	19 10	19 14	19 19
Okt. 2	18 41	18 38	18 36	18 36	18 37	18 39	18 41	18 44	18 48	18 51	18 53	18 56	18 59	19 3
7	18 41	18 36	18 33	18 32	18 31	18 32	18 33	18 35	18 37	18 39	18 41	18 43	18 45	18 48
12	18 41	18 35	18 31	18 27	18 26	18 25	18 25	18 26	18 27	18 28	18 29	18 30	18 31	18 33
17	18 42	18 34	18 28	18 24	18 20	18 19	18 18	18 17	18 17	18 17	18 17	18 18	18 18	18 19
22	18 42	18 33	18 26	18 20	18 15	18 13	18 11	18 9	18 8	18 7	18 7	18 6	18 6	18 5
27	18 43	18 33	18 25	18 18	18 11	18 8	18 5	18 2	17 59	17 58	17 57	17 55	17 54	17 53
Nov. 1	18 45	18 33	18 23	18 15	18 7	18 3	17 59	17 55	17 51	17 49	17 47	17 45	17 43	17 41
6	18 46	18 34	18 23	18 13	18 3	17 59	17 54	17 49	17 43	17 41	17 38	17 36	17 33	17 30
11	18 48	18 34	18 22	18 11	18 0	17 55	17 49	17 43	17 37	17 34	17 31	17 27	17 24	17 20
16	18 50	18 35	18 22	18 10	17 58	17 52	17 46	17 39	17 31	17 28	17 24	17 20	17 16	17 12
21	18 53	18 37	18 23	18 10	17 57	17 50	17 43	17 35	17 26	17 22	17 18	17 14	17 9	17 4
26	18 55	18 39	18 24	18 10	17 56	17 48	17 40	17 32	17 22	17 18	17 14	17 9	17 3	16 58
Dez. 1	18 58	18 41	18 25	18 10	17 55	17 48	17 39	17 30	17 20	17 15	17 10	17 5	16 59	16 53
6	19 1	18 43	18 27	18 11	17 56	17 48	17 39	17 29	17 18	17 13	17 8	17 2	16 56	16 49
11	19 4	18 45	18 29	18 13	17 57	17 48	17 39	17 29	17 18	17 13	17 7	17 1	16 55	16 47
16	19 7	18 48	18 31	18 15	17 58	17 50	17 40	17 30	17 18	17 13	17 8	17 1	16 55	16 47
21	19 9	18 50	18 33	18 17	18 1	17 52	17 42	17 32	17 20	17 15	17 9	17 3	16 56	16 49
26	19 12	18 53	18 36	18 20	18 3	17 54	17 45	17 35	17 23	17 18	17 12	17 6	16 59	16 51
31	19 14	18 55	18 38	18 22	18 6	17 58	17 48	17 38	17 27	17 21	17 16	17 10	17 3	16 56

Mondaufgang 1959

Mittlere Ortszeit | Meridian von Greenwich

Tag	Geographische Breite −10°	0°	+10°	+20°	+30°	+35°	+40°	+45°	+50°	+52°	+54°	+56°	+58°	+60°
1959	h m	h m	h m	h m	h m	h m	h m	h m	h m	h m	h m	h m	h m	h m
Jan. 0	22 44	22 42	22 41	22 40	22 39	22 38	22 37	22 36	22 35	22 34	22 33	22 33	22 32	22 31
1	23 31	23 33	23 35	23 37	23 40	23 42	23 43	23 45	23 48	23 49	23 50	23 52	23 53	23 55
2	— —	— —	— —	— —	— —	— —	— —	— —	— —	— —	— —	— —	— —	— —
3	0 19	0 24	0 30	0 36	0 42	0 46	0 51	0 56	1 2	1 5	1 8	1 12	1 16	1 20
4	1 9	1 18	1 26	1 35	1 46	1 52	1 59	2 7	2 17	2 22	2 27	2 33	2 39	2 46
5	2 2	2 13	2 24	2 36	2 50	2 58	3 8	3 18	3 32	3 38	3 45	3 52	4 1	4 11
6	2 58	3 11	3 24	3 38	3 54	4 4	4 15	4 27	4 43	4 50	4 58	5 8	5 18	5 30
7	3 55	4 10	4 24	4 39	4 56	5 7	5 18	5 32	5 49	5 57	6 5	6 15	6 27	6 40
8	4 54	5 9	5 23	5 38	5 55	6 5	6 17	6 30	6 47	6 54	7 3	7 13	7 24	7 36
9	5 53	6 6	6 19	6 33	6 49	6 58	7 8	7 21	7 36	7 43	7 50	7 59	8 9	8 20
10	6 50	7 1	7 12	7 24	7 37	7 45	7 54	8 4	8 16	8 22	8 29	8 36	8 44	8 53
11	7 44	7 53	8 1	8 10	8 21	8 27	8 34	8 41	8 51	8 55	9 0	9 5	9 11	9 18
12	8 36	8 41	8 47	8 53	9 0	9 4	9 9	9 14	9 20	9 23	9 26	9 30	9 34	9 38
13	9 25	9 28	9 31	9 34	9 37	9 39	9 41	9 44	9 47	9 48	9 50	9 51	9 53	9 55
14	10 12	10 12	10 12	10 12	10 12	10 12	10 12	10 11	10 11	10 11	10 11	10 11	10 11	10 11
15	10 59	10 56	10 53	10 49	10 46	10 44	10 41	10 39	10 35	10 34	10 32	10 31	10 29	10 26
16	11 45	11 39	11 33	11 27	11 20	11 16	11 11	11 6	11 0	10 57	10 54	10 51	10 47	10 43
17	12 31	12 22	12 14	12 5	11 55	11 49	11 43	11 35	11 26	11 22	11 18	11 13	11 7	11 1
18	13 17	13 7	12 56	12 45	12 32	12 25	12 17	12 7	11 56	11 50	11 44	11 38	11 30	11 22
19	14 5	13 53	13 41	13 28	13 13	13 4	12 54	12 43	12 29	12 22	12 15	12 7	11 58	11 48
20	14 54	14 41	14 27	14 13	13 56	13 47	13 36	13 23	13 7	13 0	12 52	12 43	12 33	12 21
21	15 44	15 30	15 16	15 1	14 44	14 34	14 22	14 9	13 52	13 45	13 36	13 27	13 16	13 3
22	16 35	16 21	16 7	15 52	15 35	15 26	15 14	15 1	14 45	14 37	14 29	14 19	14 8	13 56
23	17 26	17 13	17 0	16 46	16 31	16 21	16 11	15 59	15 44	15 37	15 29	15 20	15 11	14 59
24	18 16	18 5	17 54	17 42	17 29	17 21	17 12	17 1	16 49	16 43	16 36	16 29	16 21	16 11
25	19 5	18 57	18 48	18 39	18 29	18 22	18 16	18 8	17 58	17 53	17 48	17 43	17 37	17 30
26	19 54	19 48	19 43	19 36	19 30	19 26	19 21	19 16	19 10	19 7	19 4	19 0	18 56	18 52
27	20 42	20 39	20 37	20 34	20 31	20 30	20 28	20 26	20 23	20 22	20 21	20 19	20 18	20 16
28	21 29	21 30	21 31	21 32	21 34	21 34	21 35	21 36	21 37	21 38	21 39	21 39	21 40	21 41
29	22 18	22 22	22 26	22 31	22 36	22 39	22 43	22 47	22 52	22 54	22 57	23 0	23 3	23 6
30	23 7	23 15	23 22	23 30	23 39	23 45	23 51	23 58	— —	— —	— —	— —	— —	— —
31	23 58	— —	— —	— —	— —	— —	— —	— —	0 7	0 11	0 15	0 20	0 25	0 32
Febr. 1	— —	0 9	0 19	0 30	0 43	0 50	0 58	1 8	1 20	1 26	1 32	1 39	1 46	1 55
2	0 52	1 4	1 17	1 30	1 45	1 54	2 4	2 16	2 31	2 38	2 46	2 54	3 4	3 15
3	1 47	2 1	2 15	2 29	2 46	2 56	3 7	3 21	3 37	3 45	3 53	4 3	4 14	4 26
4	2 44	2 58	3 12	3 27	3 45	3 55	4 6	4 20	4 36	4 44	4 53	5 3	5 14	5 27
5	3 41	3 54	4 8	4 22	4 39	4 48	4 59	5 12	5 28	5 35	5 43	5 52	6 3	6 14
6	4 37	4 49	5 1	5 14	5 28	5 37	5 47	5 58	6 11	6 18	6 25	6 32	6 41	6 51
7	5 32	5 42	5 51	6 2	6 14	6 21	6 28	6 37	6 48	6 53	6 59	7 5	7 12	7 20
8	6 24	6 32	6 39	6 46	6 55	7 0	7 5	7 12	7 20	7 23	7 27	7 32	7 37	7 42
9	7 15	7 19	7 23	7 28	7 33	7 36	7 39	7 43	7 48	7 50	7 52	7 55	7 58	8 1
10	8 4	8 5	8 6	8 8	8 9	8 10	8 11	8 12	8 14	8 14	8 15	8 16	8 17	8 18

Mittlere Ortszeit

Meridian von Greenwich

Tag	Geographische Breite													
	−10°	0°	+10°	+20°	+30°	+35°	+40°	+45°	+50°	+52°	+54°	+56°	+58°	+60°
1959	h m	h m	h m	h m	h m	h m	h m	h m	h m	h m	h m	h m	h m	h m
Jan. 0	10 13	10 16	10 19	10 22	10 25	10 27	10 29	10 32	10 35	10 36	10 38	10 39	10 41	10 43
1	11 7	11 6	11 6	11 5	11 5	11 4	11 4	11 3	11 3	11 2	11 2	11 2	11 1	11 1
2	12 1	11 57	11 53	11 49	11 44	11 42	11 39	11 35	11 31	11 29	11 27	11 25	11 22	11 19
3	12 56	12 49	12 42	12 35	12 26	12 21	12 16	12 9	12 2	11 58	11 54	11 50	11 45	11 40
4	13 54	13 44	13 34	13 23	13 11	13 4	12 56	12 47	12 36	12 31	12 25	12 19	12 12	12 4
5	14 53	14 40	14 28	14 15	14 0	13 51	13 41	13 30	13 16	13 9	13 2	12 54	12 45	12 35
6	15 52	15 39	15 25	15 10	14 53	14 43	14 32	14 19	14 3	13 55	13 47	13 38	13 27	13 15
7	16 52	16 38	16 23	16 8	15 51	15 40	15 29	15 15	14 58	14 50	14 41	14 31	14 20	14 7
8	17 50	17 36	17 22	17 8	16 51	16 41	16 30	16 16	16 0	15 53	15 44	15 35	15 24	15 11
9	18 45	18 32	18 20	18 7	17 52	17 44	17 34	17 22	17 8	17 1	16 53	16 45	16 36	16 25
10	19 36	19 26	19 16	19 5	18 53	18 46	18 38	18 28	18 17	18 12	18 6	17 59	17 52	17 43
11	20 24	20 16	20 9	20 1	19 53	19 47	19 42	19 35	19 26	19 23	19 18	19 14	19 8	19 3
12	21 8	21 4	21 0	20 55	20 50	20 46	20 43	20 39	20 34	20 32	20 29	20 26	20 23	20 20
13	21 51	21 49	21 48	21 46	21 45	21 44	21 43	21 41	21 40	21 39	21 38	21 38	21 37	21 36
14	22 32	22 33	22 35	22 36	22 38	22 39	22 41	22 42	22 44	22 45	22 46	22 47	22 48	22 49
15	23 12	23 16	23 21	23 25	23 31	23 34	23 38	23 42	23 47	23 49	23 51	23 54	23 57	— —
16	23 52	— —	— —	— —	— —	— —	— —	— —	— —	— —	— —	— —	— —	0 0
17	— —	0 0	0 7	0 14	0 23	0 28	0 34	0 40	0 48	0 52	0 56	1 0	1 5	1 11
18	0 34	0 44	0 53	1 3	1 15	1 21	1 29	1 38	1 49	1 54	1 59	2 5	2 12	2 20
19	1 17	1 29	1 40	1 53	2 7	2 15	2 24	2 35	2 48	2 54	3 1	3 9	3 18	3 27
20	2 3	2 16	2 29	2 43	2 59	3 8	3 19	3 31	3 46	3 53	4 1	4 10	4 20	4 31
21	2 50	3 4	3 18	3 33	3 50	4 0	4 12	4 25	4 41	4 49	4 57	5 7	5 18	5 30
22	3 41	3 55	4 9	4 24	4 41	4 51	5 2	5 16	5 32	5 40	5 49	5 58	6 9	6 22
23	4 32	4 46	4 59	5 14	5 30	5 40	5 50	6 3	6 19	6 26	6 34	6 43	6 53	7 4
24	5 26	5 38	5 50	6 3	6 17	6 26	6 35	6 46	7 0	7 6	7 13	7 21	7 29	7 39
25	6 20	6 30	6 40	6 50	7 2	7 9	7 17	7 26	7 36	7 41	7 47	7 53	8 0	8 7
26	7 14	7 21	7 28	7 36	7 45	7 49	7 55	8 1	8 9	8 13	8 16	8 21	8 25	8 31
27	8 8	8 12	8 17	8 21	8 26	8 28	8 31	8 35	8 39	8 41	8 43	8 46	8 48	8 51
28	9 3	9 3	9 4	9 5	9 6	9 6	9 7	9 7	9 8	9 8	9 9	9 9	9 9	9 10
29	9 57	9 55	9 52	9 49	9 46	9 44	9 42	9 39	9 37	9 35	9 34	9 32	9 30	9 28
30	10 53	10 47	10 41	10 34	10 27	10 23	10 18	10 13	10 7	10 4	10 0	9 57	9 53	9 48
31	11 49	11 40	11 31	11 22	11 11	11 4	10 57	10 49	10 39	10 35	10 30	10 24	10 18	10 11
Febr. 1	12 46	12 35	12 23	12 11	11 57	11 49	11 40	11 29	11 16	11 10	11 4	10 57	10 48	10 39
2	13 44	13 31	13 18	13 4	12 48	12 38	12 27	12 15	12 0	11 53	11 45	11 36	11 26	11 15
3	14 42	14 28	14 14	13 59	13 42	13 32	13 20	13 7	12 50	12 42	12 34	12 24	12 13	12 0
4	15 39	15 25	15 11	14 56	14 39	14 29	14 18	14 4	13 48	13 40	13 31	13 22	13 10	12 58
5	16 34	16 21	16 8	15 54	15 38	15 29	15 19	15 6	14 51	14 44	14 36	14 27	14 17	14 6
6	17 26	17 15	17 4	16 52	16 38	16 30	16 21	16 11	15 58	15 52	15 46	15 38	15 30	15 20
7	18 14	18 6	17 57	17 48	17 38	17 32	17 25	17 17	17 7	17 2	16 57	16 51	16 45	16 38
8	19 0	18 55	18 49	18 43	18 36	18 32	18 27	18 22	18 15	18 12	18 9	18 5	18 1	17 56
9	19 44	19 41	19 38	19 36	19 32	19 30	19 28	19 25	19 22	19 21	19 19	19 17	19 15	19 13
10	20 26	20 26	20 26	20 27	20 27	20 27	20 27	20 27	20 27	20 27	20 27	20 28	20 28	20 28

Mondaufgang 1959

Mittlere Ortszeit — Meridian von Greenwich

Tag	Geographische Breite													
	—10°	0°	+10°	+20°	+30°	+35°	+40°	+45°	+50°	+52°	+54°	+56°	+58°	+60°
1959	h m	h m	h m	h m	h m	h m	h m	h m	h m	h m	h m	h m	h m	h m
Febr. 10	8 4	8 5	8 6	8 8	8 9	8 10	8 11	8 12	8 14	8 14	8 15	8 16	8 17	8 18
11	8 51	8 49	8 48	8 46	8 44	8 43	8 41	8 40	8 38	8 38	8 37	8 36	8 35	8 34
12	9 37	9 33	9 28	9 24	9 18	9 15	9 12	9 8	9 3	9 1	8 59	8 56	8 53	8 50
13	10 24	10 16	10 9	10 2	9 53	9 48	9 43	9 37	9 29	9 25	9 22	9 17	9 13	9 7
14	11 10	11 1	10 51	10 41	10 30	10 23	10 16	10 7	9 57	9 52	9 47	9 41	9 34	9 27
15	11 57	11 46	11 34	11 22	11 8	11 0	10 51	10 41	10 28	10 22	10 16	10 8	10 0	9 51
16	12 45	12 32	12 19	12 6	11 50	11 41	11 31	11 18	11 4	10 57	10 49	10 41	10 31	10 20
17	13 34	13 20	13 7	12 52	12 35	12 25	12 14	12 1	11 45	11 38	11 29	11 20	11 10	10 58
18	14 24	14 10	13 56	13 41	13 24	13 14	13 3	12 50	12 33	12 26	12 17	12 8	11 57	11 44
19	15 14	15 1	14 48	14 33	14 17	14 8	13 57	13 44	13 29	13 21	13 13	13 4	12 54	12 42
20	16 5	15 53	15 41	15 28	15 13	15 5	14 55	14 44	14 30	14 24	14 17	14 9	14 0	13 50
21	16 55	16 45	16 35	16 25	16 13	16 6	15 58	15 49	15 38	15 32	15 27	15 20	15 13	15 5
22	17 44	17 37	17 30	17 23	17 14	17 9	17 3	16 57	16 49	16 45	16 41	16 37	16 32	16 26
23	18 34	18 30	18 26	18 22	18 17	18 14	18 11	18 8	18 3	18 1	17 59	17 57	17 54	17 51
24	19 23	19 22	19 22	19 21	19 21	19 21	19 20	19 20	19 20	19 19	19 19	19 19	19 19	19 18
25	20 12	20 15	20 18	20 22	20 25	20 28	20 30	20 33	20 36	20 38	20 40	20 42	20 44	20 46
26	21 3	21 9	21 16	21 22	21 30	21 35	21 40	21 46	21 53	21 57	22 0	22 4	22 9	22 14
27	21 55	22 4	22 13	22 23	22 35	22 42	22 49	22 58	23 9	23 14	23 20	23 26	23 33	23 40
28	22 48	23 0	23 12	23 24	23 39	23 47	23 57	— —	— —	— —	— —	— —	— —	— —
März 1	23 43	23 57	— —	— —	— —	— —	— —	0 8	0 22	0 28	0 35	0 43	0 52	1 3
2	— —	— —	0 10	0 24	0 41	0 50	1 1	1 14	1 30	1 37	1 45	1 54	2 5	2 17
3	0 39	0 53	1 7	1 22	1 39	1 49	2 1	2 14	2 31	2 39	2 47	2 57	3 8	3 21
4	1 35	1 49	2 3	2 17	2 34	2 44	2 55	3 8	3 24	3 31	3 40	3 49	4 0	4 12
5	2 31	2 43	2 56	3 9	3 24	3 33	3 43	3 55	4 9	4 16	4 23	4 31	4 41	4 51
6	3 25	3 35	3 46	3 57	4 10	4 18	4 26	4 36	4 48	4 53	4 59	5 6	5 13	5 22
7	4 17	4 25	4 33	4 42	4 52	4 58	5 4	5 12	5 20	5 25	5 29	5 34	5 40	5 46
8	5 8	5 13	5 18	5 24	5 31	5 34	5 39	5 44	5 49	5 52	5 55	5 58	6 2	6 6
9	5 56	5 59	6 1	6 4	6 7	6 9	6 11	6 13	6 16	6 17	6 19	6 20	6 22	6 24
10	6 44	6 44	6 43	6 43	6 42	6 42	6 42	6 41	6 41	6 41	6 41	6 40	6 40	6 40
11	7 31	7 28	7 24	7 21	7 17	7 15	7 12	7 9	7 6	7 4	7 3	7 1	6 59	6 56
12	8 17	8 11	8 5	7 59	7 52	7 48	7 43	7 38	7 31	7 28	7 25	7 22	7 18	7 13
13	9 4	8 55	8 47	8 38	8 28	8 22	8 15	8 8	7 58	7 54	7 50	7 44	7 39	7 32
14	9 51	9 40	9 30	9 18	9 6	8 58	8 50	8 40	8 28	8 23	8 17	8 10	8 3	7 54
15	10 38	10 26	10 14	10 1	9 46	9 37	9 27	9 16	9 2	8 56	8 49	8 40	8 32	8 21
16	11 26	11 13	10 59	10 45	10 29	10 19	10 9	9 56	9 41	9 33	9 26	9 17	9 6	8 55
17	12 15	12 1	11 47	11 32	11 15	11 5	10 54	10 41	10 25	10 17	10 9	10 0	9 49	9 37
18	13 4	12 50	12 37	12 22	12 5	11 56	11 45	11 32	11 16	11 9	11 0	10 51	10 41	10 28
19	13 53	13 40	13 28	13 14	12 59	12 50	12 40	12 28	12 13	12 7	11 59	11 51	11 41	11 30
20	14 42	14 31	14 20	14 9	13 56	13 48	13 39	13 29	13 17	13 11	13 4	12 57	12 49	12 40
21	15 31	15 23	15 14	15 5	14 55	14 49	14 42	14 35	14 25	14 21	14 16	14 10	14 4	13 58
22	16 20	16 15	16 9	16 3	15 57	15 53	15 49	15 44	15 37	15 35	15 32	15 28	15 24	15 20
23	17 10	17 8	17 5	17 3	17 0	16 59	16 57	16 55	16 53	16 52	16 51	16 49	16 48	16 46

Tag	Geographische Breite													
	−10°	0°	+10°	+20°	+30°	+35°	+40°	+45°	+50°	+52°	+54°	+56°	+58°	+60°
1959	h m	h m	h m	h m	h m	h m	h m	h m	h m	h m	h m	h m	h m	h m
Febr. 10	20 26	20 26	20 26	20 27	20 27	20 27	20 27	20 27	20 27	20 27	20 27	20 28	20 28	20 28
11	21 7	21 10	21 13	21 17	21 20	21 22	21 25	21 28	21 31	21 33	21 34	21 36	21 38	21 41
12	21 48	21 54	22 0	22 6	22 13	22 17	22 22	22 27	22 34	22 37	22 40	22 44	22 48	22 52
13	22 29	22 38	22 46	22 55	23 5	23 11	23 18	23 25	23 35	23 39	23 44	23 49	23 55	— —
14	23 12	23 22	23 33	23 44	23 57	— —	— —	— —	— —	— —	— —	— —	— —	0 2
15	23 56	— —	— —	— —	— —	0 4	0 13	0 23	0 35	0 40	0 46	0 53	1 1	1 10
16	— —	0 8	0 20	0 33	0 48	0 57	1 7	1 19	1 33	1 39	1 47	1 55	2 4	2 15
17	0 42	0 55	1 9	1 23	1 40	1 49	2 0	2 13	2 29	2 36	2 44	2 53	3 4	3 16
18	1 30	1 44	1 58	2 13	2 30	2 40	2 51	3 5	3 21	3 28	3 37	3 47	3 57	4 10
19	2 21	2 34	2 48	3 3	3 19	3 29	3 40	3 53	4 9	4 16	4 25	4 34	4 44	4 56
20	3 13	3 26	3 38	3 52	4 7	4 16	4 26	4 38	4 52	4 59	5 7	5 15	5 24	5 35
21	4 7	4 18	4 28	4 40	4 53	5 1	5 9	5 19	5 31	5 37	5 43	5 50	5 58	6 6
22	5 1	5 10	5 18	5 27	5 37	5 43	5 50	5 57	6 6	6 11	6 15	6 20	6 26	6 32
23	5 57	6 2	6 8	6 13	6 20	6 24	6 28	6 33	6 38	6 41	6 44	6 47	6 51	6 55
24	6 52	6 55	6 57	6 59	7 2	7 3	7 5	7 6	7 9	7 10	7 11	7 12	7 13	7 15
25	7 49	7 47	7 46	7 45	7 43	7 42	7 41	7 40	7 39	7 38	7 37	7 36	7 35	7 34
26	8 45	8 41	8 36	8 31	8 25	8 22	8 18	8 14	8 9	8 7	8 4	8 1	7 58	7 55
27	9 43	9 35	9 27	9 19	9 9	9 4	8 58	8 51	8 42	8 38	8 34	8 29	8 23	8 17
28	10 41	10 31	10 20	10 9	9 56	9 49	9 40	9 30	9 18	9 13	9 7	9 0	8 53	8 44
März 1	11 40	11 27	11 14	11 1	10 46	10 37	10 26	10 15	10 0	9 53	9 46	9 38	9 28	9 18
2	12 38	12 24	12 10	11 55	11 38	11 29	11 17	11 4	10 48	10 41	10 32	10 23	10 12	10 0
3	13 34	13 20	13 6	12 51	12 34	12 24	12 13	11 59	11 43	11 35	11 27	11 17	11 6	10 53
4	14 28	14 15	14 2	13 48	13 32	13 22	13 11	12 59	12 43	12 36	12 28	12 19	12 8	11 57
5	15 20	15 9	14 57	14 44	14 30	14 22	14 12	14 1	13 48	13 41	13 34	13 26	13 18	13 7
6	16 9	16 0	15 50	15 40	15 28	15 22	15 14	15 5	14 54	14 49	14 43	14 37	14 30	14 22
7	16 55	16 48	16 42	16 34	16 26	16 21	16 16	16 9	16 1	15 58	15 54	15 49	15 44	15 39
8	17 39	17 35	17 31	17 27	17 22	17 19	17 16	17 12	17 8	17 6	17 3	17 1	16 58	16 55
9	18 21	18 20	18 19	18 18	18 17	18 16	18 15	18 14	18 13	18 12	18 12	18 11	18 10	18 10
10	19 3	19 5	19 7	19 9	19 11	19 12	19 14	19 15	19 17	19 18	19 19	19 20	19 22	19 23
11	19 44	19 49	19 53	19 58	20 4	20 7	20 11	20 15	20 20	20 23	20 25	20 28	20 32	20 35
12	20 25	20 32	20 40	20 48	20 56	21 2	21 7	21 14	21 22	21 26	21 30	21 35	21 40	21 46
13	21 7	21 17	21 26	21 37	21 48	21 55	22 3	22 12	22 23	22 28	22 33	22 40	22 47	22 54
14	21 51	22 2	22 14	22 26	22 40	22 48	22 57	23 8	23 21	23 28	23 34	23 42	23 51	— —
15	22 35	22 48	23 1	23 15	23 31	23 40	23 51	— —	— —	— —	— —	— —	— —	0 1
16	23 22	23 36	23 50	— —	— —	— —	— —	0 3	0 18	0 25	0 33	0 41	0 51	1 3
17	— —	— —	— —	0 4	0 21	0 31	0 42	0 55	1 11	1 18	1 27	1 36	1 47	1 59
18	0 11	0 24	0 38	0 53	1 10	1 20	1 31	1 44	2 0	2 7	2 16	2 25	2 36	2 48
19	1 1	1 14	1 27	1 41	1 57	2 7	2 17	2 30	2 45	2 52	2 59	3 8	3 18	3 29
20	1 53	2 5	2 16	2 29	2 43	2 51	3 1	3 12	3 25	3 31	3 37	3 45	3 53	4 3
21	2 46	2 56	3 5	3 16	3 27	3 34	3 42	3 50	4 1	4 6	4 11	4 17	4 24	4 31
22	3 40	3 47	3 54	4 2	4 10	4 15	4 20	4 27	4 34	4 38	4 41	4 45	4 50	4 55
23	4 36	4 40	4 44	4 48	4 52	4 55	4 58	5 1	5 5	5 7	5 9	5 11	5 14	5 16

Mondaufgang 1959

Mittlere Ortszeit | Meridian von Greenwich

Tag	−10°	0°	+10°	+20°	+30°	+35°	+40°	+45°	+50°	+52°	+54°	+56°	+58°	+60°
1959	h m	h m	h m	h m	h m	h m	h m	h m	h m	h m	h m	h m	h m	h m
März 23	17 10	17 8	17 5	17 3	17 0	16 59	16 57	16 55	16 53	16 52	16 51	16 49	16 48	16 46
24	18 0	18 1	18 3	18 4	18 6	18 7	18 8	18 9	18 11	18 12	18 12	18 13	18 14	18 15
25	18 52	18 56	19 1	19 6	19 12	19 16	19 20	19 24	19 30	19 32	19 35	19 38	19 42	19 46
26	19 45	19 53	20 1	20 9	20 19	20 25	20 32	20 40	20 49	20 53	20 58	21 3	21 9	21 16
27	20 40	20 50	21 1	21 13	21 26	21 34	21 43	21 53	22 6	22 12	22 18	22 25	22 34	22 43
28	21 36	21 49	22 2	22 16	22 31	22 40	22 51	23 3	23 18	23 25	23 33	23 42	23 52	— —
29	22 34	22 47	23 1	23 16	23 33	23 43	23 54	— —	— —	— —	— —	— —	— —	0 3
30	23 31	23 45	23 58	— —	— —	— —	— —	0 8	0 24	0 31	0 40	0 50	1 0	1 13
31	— —	— —	— —	0 13	0 30	0 40	0 51	1 4	1 21	1 28	1 37	1 46	1 57	2 9
April 1	0 27	0 40	0 53	1 6	1 22	1 31	1 42	1 54	2 9	2 15	2 23	2 32	2 41	2 52
2	1 21	1 33	1 44	1 56	2 9	2 17	2 26	2 36	2 49	2 55	3 1	3 8	3 16	3 25
3	2 14	2 23	2 32	2 41	2 52	2 58	3 5	3 13	3 23	3 28	3 33	3 38	3 44	3 51
4	3 4	3 10	3 17	3 23	3 31	3 35	3 40	3 46	3 53	3 56	3 59	4 3	4 7	4 12
5	3 53	3 56	4 0	4 3	4 8	4 10	4 13	4 16	4 20	4 21	4 23	4 25	4 28	4 30
6	4 40	4 41	4 41	4 42	4 43	4 43	4 43	4 44	4 45	4 45	4 45	4 46	4 46	4 47
7	5 27	5 24	5 22	5 20	5 17	5 15	5 14	5 12	5 9	5 8	5 7	5 6	5 4	5 3
8	6 13	6 8	6 3	5 58	5 52	5 48	5 44	5 40	5 34	5 32	5 29	5 26	5 23	5 19
9	6 59	6 52	6 44	6 36	6 27	6 22	6 16	6 9	6 1	5 57	5 53	5 48	5 43	5 38
10	7 46	7 36	7 26	7 16	7 4	6 57	6 49	6 40	6 30	6 25	6 19	6 13	6 6	5 58
11	8 33	8 22	8 10	7 58	7 43	7 35	7 26	7 15	7 2	6 56	6 49	6 42	6 33	6 23
12	9 21	9 8	8 55	8 41	8 25	8 16	8 5	7 53	7 38	7 32	7 24	7 15	7 6	6 54
13	10 9	9 55	9 41	9 27	9 10	9 0	8 49	8 36	8 20	8 13	8 5	7 55	7 45	7 33
14	10 57	10 43	10 30	10 15	9 58	9 48	9 37	9 24	9 8	9 0	8 52	8 43	8 32	8 20
15	11 45	11 32	11 19	11 5	10 49	10 40	10 29	10 17	10 2	9 55	9 47	9 38	9 28	9 16
16	12 33	12 22	12 10	11 58	11 43	11 35	11 26	11 15	11 1	10 55	10 48	10 40	10 32	10 22
17	13 21	13 11	13 2	12 51	12 40	12 33	12 25	12 16	12 5	12 0	11 55	11 49	11 42	11 34
18	14 8	14 1	13 54	13 47	13 39	13 34	13 28	13 22	13 14	13 10	13 6	13 2	12 57	12 52
19	14 56	14 53	14 49	14 44	14 40	14 37	14 34	14 30	14 26	14 24	14 22	14 20	14 17	14 14
20	15 45	15 45	15 44	15 44	15 43	15 43	15 42	15 42	15 41	15 41	15 41	15 41	15 40	15 40
21	16 36	16 39	16 42	16 45	16 49	16 51	16 53	16 56	17 0	17 1	17 3	17 5	17 7	17 9
22	17 28	17 35	17 41	17 48	17 56	18 1	18 6	18 12	18 19	18 23	18 27	18 31	18 35	18 41
23	18 24	18 33	18 43	18 53	19 5	19 11	19 19	19 28	19 39	19 45	19 50	19 57	20 4	20 12
24	19 21	19 33	19 45	19 58	20 13	20 21	20 31	20 43	20 57	21 4	21 11	21 19	21 28	21 39
25	20 20	20 34	20 47	21 2	21 19	21 28	21 39	21 53	22 9	22 16	22 24	22 34	22 44	22 57
26	21 20	21 34	21 48	22 3	22 20	22 30	22 42	22 55	23 11	23 19	23 28	23 37	23 48	— —
27	22 19	22 32	22 46	23 0	23 16	23 26	23 37	23 49	— —	— —	— —	— —	— —	0 1
28	23 16	23 28	23 39	23 52	— —	— —	— —	— —	0 5	0 12	0 20	0 29	0 39	0 51
29	— —	— —	— —	— —	0 7	0 15	0 24	0 36	0 49	0 55	1 2	1 10	1 18	1 28
30	0 10	0 20	0 29	0 40	0 51	0 58	1 6	1 15	1 26	1 31	1 36	1 42	1 49	1 57
Mai 1	1 1	1 9	1 16	1 23	1 32	1 37	1 43	1 49	1 57	2 0	2 4	2 9	2 14	2 19
2	1 51	1 55	1 59	2 4	2 9	2 12	2 16	2 20	2 24	2 27	2 29	2 32	2 35	2 38
3	2 38	2 40	2 41	2 43	2 45	2 46	2 47	2 48	2 50	2 51	2 52	2 52	2 53	2 55

Mittlere Ortszeit — Meridian von Greenwich

Tag	Geographische Breite −10°	0°	+10°	+20°	+30°	+35°	+40°	+45°	+50°	+52°	+54°	+56°	+58°	+60°
1959	h m	h m	h m	h m	h m	h m	h m	h m	h m	h m	h m	h m	h m	h m
März 23	4 36	4 40	4 44	4 48	4 52	4 55	4 58	5 1	5 5	5 7	5 9	5 11	5 14	5 16
24	5 32	5 33	5 33	5 34	5 34	5 35	5 35	5 35	5 36	5 36	5 36	5 36	5 36	5 37
25	6 30	6 27	6 24	6 21	6 17	6 15	6 13	6 10	6 6	6 5	6 3	6 1	5 59	5 57
26	7 29	7 23	7 16	7 10	7 2	6 57	6 52	6 46	6 39	6 36	6 32	6 28	6 24	6 19
27	8 30	8 20	8 11	8 0	7 49	7 42	7 35	7 26	7 15	7 11	7 5	6 59	6 53	6 45
28	9 30	9 18	9 6	8 54	8 39	8 31	8 21	8 10	7 57	7 50	7 43	7 36	7 27	7 17
29	10 30	10 17	10 3	9 49	9 33	9 23	9 12	9 0	8 44	8 37	8 29	8 20	8 9	7 58
30	11 29	11 15	11 1	10 46	10 29	10 19	10 7	9 54	9 38	9 30	9 21	9 12	9 1	8 48
31	12 25	12 11	11 58	11 43	11 27	11 17	11 6	10 53	10 37	10 30	10 22	10 12	10 2	9 50
April 1	13 17	13 5	12 53	12 40	12 25	12 17	12 7	11 55	11 41	11 34	11 27	11 19	11 10	10 59
2	14 7	13 57	13 47	13 36	13 24	13 16	13 8	12 58	12 47	12 41	12 35	12 29	12 21	12 12
3	14 53	14 46	14 38	14 30	14 21	14 15	14 9	14 2	13 53	13 49	13 44	13 39	13 34	13 28
4	15 37	15 33	15 28	15 22	15 16	15 13	15 9	15 4	14 59	14 56	14 53	14 50	14 47	14 43
5	16 20	16 18	16 16	16 13	16 11	16 9	16 8	16 6	16 3	16 2	16 1	16 0	15 58	15 57
6	17 1	17 2	17 3	17 4	17 4	17 5	17 6	17 7	17 7	17 8	17 8	17 9	17 9	17 10
7	17 42	17 45	17 49	17 53	17 57	18 0	18 3	18 6	18 10	18 12	18 14	18 16	18 19	18 22
8	18 23	18 29	18 35	18 42	18 50	18 54	18 59	19 5	19 12	19 16	19 19	19 23	19 28	19 33
9	19 4	19 13	19 22	19 31	19 42	19 48	19 55	20 3	20 13	20 18	20 23	20 29	20 35	20 42
10	19 47	19 58	20 9	20 20	20 34	20 41	20 50	21 0	21 13	21 19	21 25	21 32	21 40	21 49
11	20 31	20 44	20 56	21 10	21 25	21 34	21 44	21 56	22 10	22 17	22 24	22 33	22 42	22 53
12	21 17	21 31	21 44	21 58	22 15	22 25	22 36	22 49	23 4	23 12	23 20	23 29	23 39	23 51
13	22 5	22 18	22 32	22 47	23 4	23 14	23 25	23 38	23 54	— —	— —	— —	— —	— —
14	22 53	23 7	23 20	23 35	23 51	— —	— —	— —	— —	0 2	0 10	0 20	0 30	0 43
15	23 43	23 56	— —	— —	— —	0 1	0 12	0 24	0 40	0 47	0 55	1 4	1 14	1 26
16	— —	— —	0 8	0 21	0 37	0 45	0 55	1 7	1 21	1 27	1 35	1 43	1 52	2 2
17	0 35	0 45	0 56	1 7	1 20	1 28	1 36	1 46	1 57	2 3	2 9	2 16	2 23	2 32
18	1 27	1 35	1 43	1 52	2 2	2 8	2 14	2 22	2 31	2 35	2 40	2 45	2 50	2 56
19	2 20	2 26	2 31	2 37	2 43	2 47	2 51	2 56	3 2	3 5	3 7	3 11	3 14	3 18
20	3 15	3 17	3 19	3 22	3 24	3 26	3 28	3 29	3 32	3 33	3 34	3 35	3 37	3 38
21	4 11	4 10	4 9	4 8	4 6	4 5	4 4	4 3	4 2	4 1	4 0	4 0	3 59	3 58
22	5 10	5 5	5 0	4 55	4 50	4 46	4 43	4 38	4 33	4 31	4 28	4 25	4 22	4 19
23	6 10	6 2	5 54	5 46	5 36	5 30	5 24	5 17	5 8	5 4	4 59	4 54	4 49	4 43
24	7 12	7 1	6 51	6 39	6 26	6 18	6 10	5 59	5 47	5 42	5 35	5 29	5 21	5 12
25	8 15	8 2	7 49	7 35	7 20	7 11	7 0	6 48	6 33	6 26	6 19	6 10	6 0	5 49
26	9 17	9 3	8 49	8 34	8 17	8 7	7 56	7 42	7 26	7 18	7 10	7 0	6 50	6 37
27	10 16	10 2	9 48	9 34	9 17	9 7	8 55	8 42	8 26	8 18	8 10	8 0	7 49	7 37
28	11 12	10 59	10 46	10 33	10 17	10 8	9 58	9 45	9 30	9 23	9 15	9 7	8 57	8 46
29	12 4	11 53	11 42	11 30	11 17	11 9	11 0	10 50	10 37	10 31	10 25	10 18	10 9	10 0
30	12 52	12 43	12 35	12 26	12 15	12 9	12 2	11 54	11 45	11 40	11 35	11 30	11 23	11 16
Mai 1	13 37	13 31	13 25	13 19	13 12	13 8	13 3	12 58	12 51	12 48	12 45	12 41	12 37	12 32
2	14 19	14 17	14 14	14 10	14 7	14 5	14 2	14 0	13 56	13 55	13 53	13 51	13 49	13 47
3	15 1	15 1	15 1	15 1	15 0	15 0	15 0	15 0	15 0	15 0	15 0	15 0	15 0	15 0

Mondaufgang 1959

Mittlere Ortszeit — Meridian von Greenwich

Tag	Geographische Breite													
	−10°	0°	+10°	+20°	+30°	+35°	+40°	+45°	+50°	+52°	+54°	+56°	+58°	+60°
1959	h m	h m	h m	h m	h m	h m	h m	h m	h m	h m	h m	h m	h m	h m
Mai 3	2 38	2 40	2 41	2 43	2 45	2 46	2 47	2 48	2 50	2 51	2 52	2 52	2 53	2 55
4	3 25	3 23	3 22	3 20	3 19	3 18	3 17	3 16	3 14	3 14	3 13	3 12	3 11	3 10
5	4 11	4 6	4 2	3 58	3 53	3 50	3 47	3 43	3 39	3 37	3 35	3 32	3 29	3 26
6	4 57	4 50	4 43	4 36	4 28	4 23	4 18	4 12	4 4	4 1	3 57	3 53	3 49	3 44
7	5 43	5 34	5 25	5 15	5 4	4 58	4 50	4 42	4 32	4 28	4 22	4 17	4 11	4 3
8	6 30	6 19	6 8	5 56	5 42	5 35	5 26	5 15	5 3	4 57	4 51	4 44	4 36	4 27
9	7 18	7 5	6 52	6 39	6 23	6 14	6 4	5 52	5 38	5 31	5 24	5 15	5 6	4 55
10	8 6	7 52	7 38	7 24	7 7	6 58	6 47	6 34	6 18	6 11	6 2	5 53	5 43	5 31
11	8 54	8 40	8 26	8 11	7 54	7 44	7 33	7 20	7 4	6 56	6 48	6 38	6 27	6 15
12	9 42	9 28	9 15	9 1	8 44	8 34	8 24	8 11	7 55	7 48	7 39	7 30	7 20	7 8
13	10 29	10 17	10 5	9 52	9 36	9 28	9 18	9 6	8 52	8 45	8 38	8 30	8 20	8 9
14	11 16	11 5	10 55	10 44	10 31	10 23	10 15	10 5	9 53	9 48	9 41	9 35	9 27	9 18
15	12 2	11 54	11 46	11 37	11 27	11 22	11 15	11 8	10 58	10 54	10 50	10 44	10 39	10 32
16	12 48	12 43	12 38	12 32	12 26	12 22	12 18	12 13	12 7	12 4	12 1	11 58	11 54	11 50
17	13 35	13 33	13 31	13 28	13 26	13 24	13 23	13 21	13 18	13 17	13 16	13 15	13 13	13 12
18	14 23	14 24	14 26	14 27	14 28	14 29	14 30	14 31	14 33	14 34	14 34	14 35	14 36	14 37
19	15 13	15 18	15 22	15 27	15 33	15 36	15 40	15 45	15 50	15 52	15 55	15 58	16 1	16 5
20	16 6	16 14	16 22	16 30	16 40	16 46	16 52	17 0	17 9	17 13	17 18	17 23	17 29	17 35
21	17 2	17 13	17 23	17 35	17 48	17 56	18 5	18 15	18 28	18 34	18 40	18 48	18 56	19 5
22	18 1	18 14	18 27	18 40	18 56	19 6	19 16	19 29	19 44	19 51	19 59	20 8	20 18	20 30
23	19 2	19 16	19 30	19 45	20 2	20 12	20 23	20 37	20 53	21 1	21 10	21 20	21 31	21 43
24	20 3	20 17	20 31	20 46	21 3	21 13	21 24	21 37	21 54	22 1	22 10	22 19	22 30	22 43
25	21 3	21 16	21 29	21 42	21 58	22 7	22 17	22 29	22 44	22 51	22 58	23 7	23 16	23 27
26	22 1	22 11	22 22	22 34	22 47	22 54	23 3	23 13	23 25	23 30	23 37	23 43	23 51	— —
27	22 55	23 3	23 11	23 20	23 30	23 36	23 43	23 50	23 59	— —	— —	— —	— —	0 0
28	23 46	23 52	23 57	— —	— —	— —	— —	— —	— —	0 3	0 8	0 13	0 19	0 25
29	— —	— —	— —	0 3	0 10	0 13	0 18	0 23	0 29	0 31	0 34	0 38	0 42	0 46
30	0 35	0 38	0 40	0 43	0 46	0 48	0 50	0 52	0 55	0 56	0 58	0 59	1 1	1 3
31	1 22	1 22	1 22	1 21	1 21	1 21	1 20	1 20	1 20	1 20	1 20	1 20	1 19	1 19
Juni 1	2 8	2 5	2 2	1 59	1 55	1 53	1 50	1 48	1 44	1 43	1 41	1 39	1 37	1 35
2	2 54	2 49	2 43	2 36	2 29	2 25	2 21	2 15	2 9	2 6	2 3	2 0	1 56	1 51
3	3 41	3 32	3 24	3 15	3 5	2 59	2 53	2 45	2 36	2 32	2 27	2 22	2 16	2 10
4	4 27	4 17	4 6	3 55	3 42	3 35	3 27	3 17	3 5	3 0	2 54	2 47	2 40	2 32
5	5 15	5 2	4 50	4 37	4 22	4 14	4 4	3 52	3 39	3 32	3 25	3 17	3 8	2 58
6	6 3	5 49	5 36	5 22	5 5	4 56	4 45	4 32	4 17	4 10	4 2	3 53	3 42	3 31
7	6 51	6 37	6 23	6 8	5 51	5 41	5 30	5 17	5 1	4 53	4 45	4 35	4 24	4 12
8	7 40	7 26	7 12	6 57	6 40	6 31	6 19	6 6	5 50	5 43	5 34	5 25	5 14	5 2
9	8 27	8 15	8 2	7 48	7 32	7 23	7 13	7 0	6 46	6 39	6 31	6 22	6 12	6 1
10	9 14	9 3	8 52	8 40	8 26	8 18	8 9	7 58	7 46	7 40	7 33	7 25	7 17	7 7
11	10 1	9 52	9 42	9 33	9 22	9 15	9 8	9 0	8 49	8 44	8 39	8 33	8 27	8 19
12	10 46	10 40	10 33	10 26	10 18	10 14	10 9	10 3	9 56	9 52	9 49	9 45	9 40	9 35
13	11 31	11 28	11 25	11 21	11 17	11 14	11 11	11 8	11 5	11 3	11 1	10 59	10 56	10 54

Mittlere Ortszeit | Meridian von Greenwich

Tag	Geographische Breite													
	−10°	0°	+10°	+20°	+30°	+35°	+40°	+45°	+50°	+52°	+54°	+56°	+58°	+60°
1959	h m	h m	h m	h m	h m	h m	h m	h m	h m	h m	h m	h m	h m	h m
Mai 3	15 1	15 1	15 1	15 1	15 0	15 0	15 0	15 0	15 0	15 0	15 0	15 0	15 0	15 0
4	15 41	15 44	15 47	15 50	15 53	15 55	15 57	16 0	16 3	16 4	16 6	16 7	16 9	16 11
5	16 22	16 27	16 33	16 39	16 45	16 49	16 54	16 59	17 5	17 8	17 11	17 14	17 18	17 22
6	17 3	17 11	17 19	17 28	17 37	17 43	17 49	17 57	18 6	18 10	18 15	18 20	18 26	18 32
7	17 45	17 55	18 6	18 17	18 29	18 36	18 45	18 54	19 6	19 11	19 17	19 24	19 32	19 40
8	18 29	18 41	18 53	19 6	19 21	19 29	19 39	19 50	20 4	20 11	20 18	20 26	20 35	20 45
9	19 14	19 28	19 41	19 55	20 11	20 21	20 31	20 44	21 0	21 7	21 15	21 24	21 34	21 46
10	20 1	20 15	20 29	20 44	21 1	21 11	21 22	21 35	21 51	21 59	22 7	22 17	22 28	22 40
11	20 50	21 3	21 17	21 32	21 49	21 58	22 9	22 22	22 38	22 46	22 54	23 3	23 14	23 26
12	21 39	21 52	22 5	22 18	22 34	22 43	22 54	23 6	23 20	23 27	23 35	23 43	23 53	— —
13	22 29	22 40	22 52	23 4	23 18	23 26	23 35	23 45	23 58	— —	— —	— —	— —	0 4
14	23 19	23 29	23 38	23 48	23 59	— —	— —	— —	— —	0 4	0 11	0 18	0 26	0 35
15	— —	— —	— —	— —	— —	0 6	0 13	0 22	0 32	0 36	0 42	0 47	0 54	1 1
16	0 11	0 17	0 24	0 31	0 39	0 44	0 49	0 55	1 2	1 6	1 9	1 13	1 18	1 23
17	1 3	1 7	1 10	1 14	1 19	1 21	1 24	1 28	1 32	1 33	1 35	1 37	1 40	1 43
18	1 57	1 57	1 58	1 58	1 59	1 59	1 59	2 0	2 0	2 0	2 1	2 1	2 1	2 1
19	2 52	2 49	2 46	2 43	2 40	2 38	2 36	2 33	2 30	2 28	2 27	2 25	2 23	2 21
20	3 50	3 44	3 38	3 31	3 23	3 19	3 14	3 8	3 2	2 58	2 55	2 51	2 47	2 42
21	4 51	4 41	4 32	4 22	4 11	4 4	3 57	3 48	3 38	3 33	3 27	3 22	3 15	3 8
22	5 53	5 41	5 29	5 17	5 2	4 54	4 44	4 33	4 19	4 13	4 6	3 58	3 50	3 40
23	6 57	6 43	6 30	6 15	5 58	5 49	5 38	5 25	5 9	5 2	4 54	4 44	4 34	4 22
24	7 59	7 45	7 31	7 16	6 59	6 49	6 37	6 23	6 7	5 59	5 50	5 41	5 30	5 17
25	8 59	8 45	8 32	8 18	8 1	7 51	7 40	7 27	7 11	7 4	6 56	6 46	6 36	6 24
26	9 55	9 43	9 31	9 18	9 4	8 55	8 45	8 34	8 20	8 13	8 6	7 58	7 49	7 39
27	10 46	10 37	10 27	10 17	10 5	9 58	9 50	9 41	9 30	9 25	9 19	9 13	9 5	8 57
28	11 34	11 27	11 20	11 12	11 4	10 59	10 53	10 47	10 39	10 35	10 31	10 27	10 22	10 16
29	12 18	12 14	12 10	12 6	12 1	11 58	11 54	11 51	11 46	11 44	11 41	11 39	11 36	11 33
30	13 0	12 59	12 58	12 57	12 55	12 55	12 54	12 52	12 51	12 51	12 50	12 49	12 48	12 47
31	13 41	13 43	13 45	13 47	13 49	13 50	13 51	13 53	13 55	13 56	13 57	13 58	13 59	14 0
Juni 1	14 21	14 26	14 31	14 36	14 41	14 44	14 48	14 52	14 57	15 0	15 2	15 5	15 8	15 12
2	15 2	15 9	15 17	15 24	15 33	15 38	15 44	15 51	15 59	16 2	16 6	16 11	16 16	16 22
3	15 44	15 54	16 3	16 13	16 25	16 32	16 39	16 48	16 59	17 4	17 10	17 16	17 23	17 31
4	16 27	16 39	16 50	17 2	17 16	17 25	17 34	17 45	17 58	18 4	18 11	18 19	18 27	18 37
5	17 12	17 25	17 38	17 52	18 8	18 17	18 27	18 40	18 55	19 2	19 9	19 18	19 28	19 40
6	17 59	18 12	18 26	18 41	18 58	19 8	19 19	19 32	19 48	19 56	20 4	20 14	20 24	20 37
7	18 47	19 1	19 15	19 29	19 47	19 56	20 8	20 21	20 37	20 45	20 53	21 3	21 14	21 26
8	19 36	19 49	20 3	20 17	20 33	20 43	20 53	21 6	21 21	21 29	21 37	21 45	21 56	22 7
9	20 26	20 38	20 50	21 3	21 18	21 26	21 36	21 47	22 1	22 7	22 14	22 22	22 31	22 41
10	21 16	21 26	21 37	21 47	22 0	22 7	22 15	22 24	22 35	22 41	22 46	22 53	23 0	23 8
11	22 7	22 15	22 22	22 31	22 40	22 45	22 51	22 58	23 7	23 11	23 15	23 19	23 25	23 31
12	22 58	23 3	23 8	23 13	23 19	23 22	23 26	23 30	23 36	23 38	23 41	23 44	23 47	23 50
13	23 49	23 51	23 53	23 55	23 57	23 58	— —	— —	— —	— —	— —	— —	— —	— —

Mondaufgang 1959

Mittlere Ortszeit | Meridian von Greenwich

Tag	Geographische Breite													
	−10°	0°	+10°	+20°	+30°	+35°	+40°	+45°	+50°	+52°	+54°	+56°	+58°	+60°
1959	h m	h m	h m	h m	h m	h m	h m	h m	h m	h m	h m	h m	h m	h m
Juni 13	11 31	11 28	11 25	11 21	11 17	11 14	11 11	11 8	11 5	11 3	11 1	10 59	10 56	10 54
14	12 17	12 17	12 17	12 17	12 16	12 16	12 16	12 16	12 16	12 16	12 15	12 15	12 15	12 15
15	13 5	13 8	13 11	13 14	13 18	13 20	13 23	13 26	13 29	13 31	13 33	13 34	13 37	13 39
16	13 54	14 0	14 7	14 14	14 21	14 26	14 31	14 37	14 44	14 48	14 52	14 56	15 0	15 5
17	14 47	14 56	15 5	15 16	15 27	15 34	15 41	15 50	16 1	16 6	16 12	16 18	16 25	16 33
18	15 43	15 55	16 7	16 19	16 34	16 42	16 52	17 4	17 18	17 24	17 32	17 40	17 49	17 59
19	16 42	16 55	17 9	17 24	17 40	17 50	18 1	18 14	18 30	18 38	18 46	18 56	19 6	19 19
20	17 43	17 57	18 11	18 27	18 44	18 54	19 6	19 19	19 36	19 44	19 52	20 2	20 13	20 26
21	18 45	18 58	19 12	19 26	19 43	19 53	20 4	20 16	20 32	20 40	20 48	20 57	21 7	21 19
22	19 45	19 57	20 9	20 22	20 36	20 44	20 54	21 5	21 19	21 25	21 32	21 40	21 49	21 58
23	20 42	20 52	21 2	21 12	21 24	21 30	21 38	21 47	21 57	22 2	22 8	22 14	22 21	22 28
24	21 37	21 44	21 50	21 58	22 6	22 11	22 16	22 22	22 30	22 33	22 37	22 41	22 46	22 51
25	22 28	22 32	22 36	22 40	22 45	22 48	22 51	22 54	22 58	23 0	23 3	23 5	23 8	23 11
26	23 17	23 18	23 19	23 20	23 21	23 22	23 22	23 23	23 24	23 25	23 25	23 26	23 27	23 27
27	— —	— —	— —	23 58	23 56	23 55	23 53	23 51	23 49	23 48	23 47	23 46	23 45	23 43
28	0 4	0 2	0 0	— —	— —	— —	— —	— —	— —	— —	— —	— —	— —	— —
29	0 51	0 46	0 41	0 36	0 30	0 27	0 23	0 19	0 14	0 12	0 9	0 6	0 3	0 0
30	1 37	1 30	1 22	1 14	1 6	1 0	0 55	0 48	0 40	0 36	0 32	0 28	0 23	0 17
Juli 1	2 24	2 14	2 4	1 54	1 42	1 35	1 28	1 19	1 8	1 3	0 58	0 52	0 45	0 38
2	3 11	2 59	2 47	2 35	2 21	2 13	2 4	1 53	1 40	1 34	1 27	1 20	1 11	1 2
3	3 59	3 46	3 33	3 19	3 3	2 54	2 43	2 31	2 16	2 9	2 1	1 53	1 43	1 32
4	4 47	4 33	4 19	4 5	3 48	3 38	3 27	3 14	2 58	2 50	2 42	2 32	2 22	2 10
5	5 36	5 22	5 8	4 53	4 36	4 26	4 15	4 1	3 45	3 38	3 29	3 20	3 9	2 56
6	6 24	6 11	5 58	5 44	5 27	5 18	5 7	4 54	4 39	4 32	4 24	4 15	4 5	3 53
7	7 12	7 0	6 48	6 36	6 21	6 13	6 3	5 52	5 38	5 32	5 24	5 16	5 7	4 57
8	7 59	7 49	7 40	7 29	7 17	7 10	7 2	6 52	6 41	6 36	6 30	6 24	6 16	6 8
9	8 45	8 38	8 31	8 23	8 14	8 8	8 3	7 56	7 47	7 43	7 39	7 35	7 29	7 23
10	9 31	9 26	9 22	9 17	9 12	9 8	9 5	9 1	8 56	8 53	8 51	8 48	8 45	8 41
11	10 16	10 15	10 13	10 12	10 10	10 9	10 8	10 7	10 5	10 5	10 4	10 3	10 2	10 1
12	11 2	11 4	11 6	11 8	11 10	11 12	11 13	11 15	11 17	11 18	11 19	11 20	11 22	11 23
13	11 50	11 55	12 0	12 5	12 12	12 15	12 19	12 24	12 30	12 33	12 36	12 39	12 42	12 46
14	12 40	12 48	12 56	13 4	13 15	13 20	13 27	13 35	13 44	13 48	13 53	13 58	14 4	14 11
15	13 32	13 43	13 54	14 5	14 19	14 26	14 35	14 46	14 58	15 4	15 11	15 18	15 26	15 35
16	14 28	14 41	14 54	15 8	15 23	15 32	15 43	15 55	16 11	16 18	16 26	16 34	16 44	16 56
17	15 27	15 41	15 55	16 9	16 27	16 37	16 48	17 1	17 18	17 26	17 34	17 44	17 55	18 8
18	16 27	16 41	16 55	17 10	17 27	17 37	17 48	18 2	18 18	18 26	18 34	18 44	18 55	19 7
19	17 27	17 40	17 53	18 7	18 23	18 32	18 42	18 54	19 9	19 16	19 24	19 32	19 42	19 53
20	18 26	18 37	18 48	19 0	19 13	19 21	19 29	19 40	19 52	19 58	20 4	20 11	20 19	20 28
21	19 23	19 31	19 40	19 48	19 59	20 4	20 11	20 19	20 28	20 32	20 37	20 42	20 48	20 54
22	20 17	20 22	20 27	20 33	20 40	20 44	20 48	20 53	20 59	21 1	21 4	21 8	21 11	21 16
23	21 8	21 10	21 13	21 15	21 18	21 20	21 22	21 24	21 27	21 28	21 29	21 31	21 32	21 34
24	21 57	21 56	21 56	21 55	21 54	21 54	21 53	21 53	21 52	21 52	21 52	21 52	21 51	21 51

Mittlere Ortszeit — Meridian von Greenwich

Tag	Geographische Breite													
	−10°	0°	+10°	+20°	+30°	+35°	+40°	+45°	+50°	+52°	+54°	+56°	+58°	+60°
1959	h m	h m	h m	h m	h m	h m	h m	h m	h m	h m	h m	h m	h m	h m
Juni 13	23 49	23 51	23 53	23 55	23 57	23 58	— —	— —	— —	— —	— —	— —	— —	— —
14	— —	— —	— —	— —	— —	— —	0 0	0 2	0 3	0 4	0 5	0 6	0 7	0 9
15	0 42	0 41	0 39	0 38	0 36	0 35	0 34	0 33	0 31	0 31	0 30	0 29	0 28	0 27
16	1 37	1 32	1 28	1 23	1 17	1 14	1 10	1 6	1 1	0 58	0 56	0 53	0 50	0 46
17	2 34	2 27	2 19	2 10	2 1	1 55	1 49	1 42	1 33	1 29	1 25	1 20	1 14	1 8
18	3 34	3 24	3 13	3 2	2 49	2 41	2 32	2 23	2 11	2 5	1 59	1 52	1 45	1 36
19	4 36	4 23	4 10	3 57	3 41	3 32	3 22	3 10	2 55	2 48	2 40	2 32	2 22	2 11
20	5 39	5 25	5 11	4 56	4 39	4 29	4 17	4 4	3 48	3 40	3 31	3 22	3 11	2 58
21	6 40	6 26	6 13	5 58	5 40	5 30	5 19	5 5	4 49	4 41	4 32	4 23	4 12	3 59
22	7 39	7 27	7 14	7 0	6 44	6 35	6 24	6 12	5 56	5 49	5 41	5 33	5 22	5 11
23	8 34	8 23	8 13	8 1	7 47	7 40	7 31	7 20	7 8	7 2	6 55	6 48	6 40	6 30
24	9 25	9 17	9 9	9 0	8 49	8 44	8 37	8 29	8 19	8 15	8 10	8 4	7 58	7 51
25	10 12	10 7	10 2	9 56	9 49	9 45	9 41	9 36	9 29	9 27	9 23	9 20	9 16	9 12
26	10 57	10 54	10 52	10 49	10 46	10 44	10 42	10 40	10 37	10 36	10 34	10 33	10 31	10 29
27	11 39	11 39	11 40	11 41	11 41	11 41	11 42	11 42	11 43	11 43	11 43	11 44	11 44	11 44
28	12 20	12 23	12 27	12 30	12 35	12 37	12 40	12 43	12 47	12 48	12 50	12 52	12 55	12 57
29	13 1	13 7	13 13	13 20	13 27	13 31	13 36	13 42	13 49	13 52	13 56	13 59	14 4	14 9
30	13 42	13 51	13 59	14 9	14 19	14 25	14 32	14 40	14 50	14 54	14 59	15 5	15 11	15 18
Juli 1	14 25	14 36	14 46	14 58	15 11	15 18	15 27	15 37	15 50	15 55	16 2	16 9	16 17	16 26
2	15 9	15 21	15 34	15 47	16 2	16 11	16 21	16 33	16 47	16 54	17 2	17 10	17 19	17 30
3	15 55	16 8	16 22	16 36	16 53	17 3	17 14	17 27	17 42	17 50	17 58	18 7	18 18	18 30
4	16 43	16 57	17 11	17 26	17 43	17 53	18 4	18 17	18 34	18 41	18 50	18 59	19 10	19 23
5	17 32	17 46	17 59	18 14	18 31	18 40	18 51	19 4	19 20	19 28	19 36	19 45	19 55	20 7
6	18 22	18 35	18 48	19 1	19 16	19 25	19 35	19 47	20 2	20 8	20 16	20 24	20 33	20 44
7	19 13	19 24	19 35	19 47	20 0	20 8	20 16	20 26	20 39	20 44	20 50	20 57	21 5	21 14
8	20 4	20 13	20 22	20 31	20 41	20 47	20 54	21 2	21 11	21 16	21 20	21 26	21 32	21 38
9	20 55	21 1	21 7	21 14	21 21	21 25	21 29	21 35	21 41	21 44	21 47	21 51	21 55	21 59
10	21 47	21 50	21 53	21 56	21 59	22 1	22 4	22 6	22 9	22 11	22 12	22 14	22 16	22 18
11	22 38	22 38	22 38	22 38	22 38	22 37	22 37	22 37	22 37	22 37	22 36	22 36	22 36	22 36
12	23 31	23 28	23 25	23 21	23 17	23 14	23 12	23 9	23 5	23 3	23 1	22 59	22 57	22 54
13	— —	— —	— —	— —	23 58	23 53	23 48	23 42	23 35	23 32	23 28	23 24	23 20	23 15
14	0 26	0 20	0 13	0 6	— —	— —	— —	— —	— —	— —	23 59	23 53	23 46	23 39
15	1 23	1 14	1 4	0 54	0 43	0 36	0 28	0 20	0 9	0 4	— —	— —	— —	— —
16	2 22	2 10	1 58	1 46	1 31	1 23	1 13	1 2	0 49	0 42	0 36	0 28	0 19	0 9
17	3 23	3 9	2 56	2 41	2 25	2 15	2 4	1 51	1 36	1 28	1 20	1 11	1 1	0 49
18	4 23	4 9	3 55	3 40	3 23	3 13	3 1	2 48	2 31	2 23	2 15	2 5	1 54	1 41
19	5 23	5 9	4 56	4 41	4 25	4 15	4 4	3 51	3 35	3 27	3 19	3 9	2 59	2 46
20	6 20	6 8	5 56	5 43	5 28	5 19	5 9	4 58	4 44	4 37	4 30	4 22	4 12	4 2
21	7 13	7 3	6 54	6 43	6 31	6 24	6 16	6 7	5 56	5 51	5 45	5 38	5 31	5 23
22	8 3	7 56	7 49	7 41	7 33	7 28	7 22	7 16	7 8	7 4	7 0	6 55	6 50	6 45
23	8 49	8 45	8 41	8 37	8 32	8 29	8 26	8 22	8 18	8 16	8 14	8 11	8 8	8 5
24	9 33	9 32	9 32	9 30	9 29	9 29	9 28	9 27	9 26	9 25	9 25	9 24	9 24	9 23

Mondaufgang 1959

Mittlere Ortszeit | Meridian von Greenwich

Tag	Geographische Breite													
	−10°	0°	+10°	+20°	+30°	+35°	+40°	+45°	+50°	+52°	+54°	+56°	+58°	+60°
1959	h m	h m	h m	h m	h m	h m	h m	h m	h m	h m	h m	h m	h m	h m
Juli 24	21 57	21 56	21 56	21 55	21 54	21 54	21 53	21 53	21 52	21 52	21 52	21 52	21 51	21 51
25	22 45	22 41	22 38	22 34	22 30	22 27	22 24	22 21	22 18	22 16	22 14	22 12	22 10	22 7
26	23 31	23 25	23 19	23 12	23 5	23 1	22 56	22 50	22 43	22 40	22 37	22 33	22 29	22 25
27	— —	— —	— —	23 52	23 41	23 35	23 28	23 20	23 11	23 7	23 2	22 57	22 51	22 44
28	0 18	0 9	0 1	— —	— —	— —	— —	23 53	23 41	23 36	23 29	23 23	23 15	23 6
29	1 5	0 54	0 44	0 32	0 19	0 12	0 3	— —	— —	— —	— —	23 53	23 44	23 34
30	1 53	1 40	1 28	1 15	1 0	0 51	0 41	0 29	0 15	0 9	0 2	— —	— —	— —
31	2 41	2 27	2 14	2 0	1 43	1 34	1 23	1 10	0 54	0 47	0 39	0 30	0 20	0 8
Aug. 1	3 30	3 16	3 2	2 47	2 30	2 20	2 9	1 56	1 39	1 32	1 23	1 14	1 3	0 51
2	4 18	4 5	3 51	3 37	3 20	3 11	3 0	2 47	2 31	2 23	2 15	2 6	1 55	1 43
3	5 7	4 54	4 42	4 29	4 13	4 4	3 54	3 42	3 28	3 21	3 14	3 5	2 56	2 45
4	5 55	5 44	5 33	5 22	5 9	5 1	4 53	4 42	4 30	4 24	4 18	4 11	4 3	3 54
5	6 42	6 34	6 25	6 16	6 6	6 0	5 54	5 46	5 36	5 32	5 27	5 22	5 16	5 9
6	7 29	7 23	7 18	7 12	7 5	7 1	6 56	6 51	6 45	6 42	6 39	6 36	6 32	6 27
7	8 15	8 12	8 10	8 7	8 4	8 3	8 0	7 58	7 56	7 54	7 53	7 51	7 50	7 48
8	9 1	9 2	9 3	9 4	9 5	9 5	9 6	9 6	9 7	9 8	9 8	9 9	9 9	9 10
9	9 49	9 53	9 57	10 1	10 6	10 9	10 12	10 16	10 20	10 22	10 24	10 27	10 30	10 33
10	10 37	10 44	10 51	10 59	11 8	11 13	11 19	11 25	11 33	11 37	11 41	11 46	11 51	11 57
11	11 28	11 38	11 48	11 59	12 11	12 18	12 26	12 35	12 47	12 52	12 58	13 4	13 12	13 20
12	12 22	12 34	12 46	12 59	13 14	13 22	13 32	13 44	13 58	14 5	14 12	14 20	14 30	14 40
13	13 18	13 31	13 45	13 59	14 16	14 25	14 37	14 50	15 6	15 13	15 21	15 31	15 41	15 53
14	14 16	14 30	14 44	14 58	15 16	15 26	15 37	15 50	16 7	16 14	16 23	16 33	16 43	16 56
15	15 14	15 28	15 41	15 55	16 12	16 21	16 32	16 45	17 0	17 7	17 15	17 24	17 35	17 46
16	16 13	16 24	16 36	16 49	17 3	17 12	17 21	17 32	17 46	17 52	17 59	18 7	18 15	18 25
17	17 9	17 19	17 29	17 39	17 50	17 57	18 5	18 14	18 24	18 29	18 35	18 41	18 47	18 55
18	18 4	18 11	18 18	18 25	18 33	18 38	18 44	18 50	18 57	19 1	19 5	19 9	19 13	19 19
19	18 57	19 0	19 4	19 9	19 13	19 16	19 19	19 23	19 27	19 29	19 31	19 33	19 36	19 39
20	19 47	19 48	19 49	19 50	19 51	19 51	19 52	19 53	19 54	19 54	19 55	19 55	19 56	19 56
21	20 36	20 34	20 32	20 29	20 27	20 25	20 24	20 22	20 20	20 19	20 18	20 16	20 15	20 13
22	21 24	21 19	21 14	21 9	21 3	20 59	20 55	20 51	20 46	20 43	20 41	20 38	20 34	20 31
23	22 11	22 4	21 56	21 48	21 39	21 34	21 28	21 21	21 13	21 9	21 5	21 0	20 55	20 49
24	22 58	22 48	22 39	22 28	22 16	22 9	22 2	21 53	21 42	21 37	21 31	21 25	21 18	21 11
25	23 46	23 34	23 22	23 10	22 56	22 48	22 38	22 27	22 14	22 8	22 2	21 54	21 46	21 36
26	— —	— —	— —	23 54	23 38	23 29	23 18	23 6	22 51	22 44	22 37	22 28	22 18	22 7
27	0 34	0 21	0 8	— —	— —	— —	— —	23 49	23 33	23 26	23 18	23 9	22 58	22 46
28	1 22	1 8	0 54	0 40	0 23	0 13	0 2	— —	— —	— —	— —	23 56	23 46	23 34
29	2 10	1 56	1 43	1 28	1 11	1 2	0 51	0 37	0 22	0 14	0 6	— —	— —	— —
30	2 59	2 46	2 33	2 19	2 3	1 54	1 43	1 31	1 16	1 9	1 1	0 52	0 42	0 31
31	3 47	3 35	3 24	3 11	2 57	2 49	2 40	2 29	2 16	2 10	2 3	1 55	1 47	1 37
Sept. 1	4 35	4 25	4 16	4 6	3 54	3 47	3 40	3 31	3 20	3 15	3 10	3 4	2 57	2 49
2	5 22	5 15	5 8	5 1	4 53	4 48	4 43	4 36	4 29	4 25	4 21	4 17	4 12	4 7
3	6 9	6 5	6 2	5 58	5 53	5 50	5 47	5 44	5 40	5 38	5 36	5 33	5 31	5 28

Monduntergang 1959

Mittlere Ortszeit

Meridian von Greenwich

Tag	Geographische Breite													
	−10°	0°	+10°	+20°	+30°	+35°	+40°	+45°	+50°	+52°	+54°	+56°	+58°	+60°
1959	h m	h m	h m	h m	h m	h m	h m	h m	h m	h m	h m	h m	h m	h m
Juli 24	9 33	9 32	9 32	9 30	9 29	9 29	9 28	9 27	9 26	9 25	9 25	9 24	9 24	9 23
25	10 16	10 18	10 20	10 22	10 25	10 26	10 28	10 30	10 32	10 33	10 34	10 35	10 37	10 38
26	10 57	11 2	11 7	11 12	11 18	11 22	11 26	11 30	11 36	11 38	11 41	11 44	11 48	11 51
27	11 39	11 46	11 54	12 2	12 11	12 16	12 22	12 29	12 38	12 42	12 46	12 51	12 56	13 2
28	12 21	12 31	12 41	12 51	13 3	13 10	13 18	13 27	13 39	13 44	13 49	13 56	14 3	14 11
29	13 5	13 16	13 28	13 40	13 55	14 3	14 13	14 24	14 37	14 43	14 50	14 58	15 7	15 17
30	13 50	14 3	14 16	14 30	14 46	14 55	15 6	15 18	15 33	15 40	15 48	15 57	16 7	16 19
31	14 37	14 51	15 4	15 19	15 36	15 46	15 57	16 10	16 26	16 34	16 42	16 52	17 2	17 14
Aug. 1	15 25	15 39	15 53	16 8	16 25	16 35	16 46	16 59	17 15	17 22	17 31	17 40	17 51	18 3
2	16 16	16 29	16 42	16 56	17 12	17 21	17 31	17 44	17 59	18 6	18 13	18 22	18 32	18 43
3	17 7	17 18	17 30	17 42	17 57	18 5	18 14	18 25	18 38	18 44	18 51	18 58	19 6	19 16
4	17 58	18 8	18 18	18 28	18 39	18 46	18 54	19 2	19 13	19 18	19 23	19 29	19 35	19 43
5	18 50	18 57	19 4	19 12	19 20	19 25	19 31	19 37	19 44	19 48	19 52	19 56	20 1	20 6
6	19 43	19 47	19 51	19 55	20 0	20 3	20 6	20 10	20 14	20 16	20 18	20 20	20 23	20 26
7	20 35	20 36	20 37	20 38	20 39	20 40	20 40	20 41	20 42	20 42	20 43	20 43	20 44	20 44
8	21 28	21 26	21 24	21 21	21 18	21 17	21 15	21 13	21 10	21 9	21 8	21 6	21 5	21 3
9	22 23	22 17	22 12	22 6	21 59	21 55	21 51	21 46	21 40	21 37	21 34	21 31	21 27	21 23
10	23 18	23 10	23 1	22 52	22 42	22 36	22 29	22 21	22 12	22 8	22 3	21 58	21 52	21 45
11	— —	— —	23 53	23 42	23 28	23 21	23 12	23 2	22 49	22 43	22 37	22 30	22 22	22 13
12	0 15	0 4	— —	— —	— —	— —	23 59	23 47	23 32	23 25	23 18	23 9	22 59	22 48
13	1 14	1 1	0 48	0 34	0 19	0 10	— —	— —	— —	— —	— —	23 57	23 47	23 34
14	2 13	1 59	1 45	1 30	1 13	1 4	0 52	0 39	0 23	0 15	0 7	— —	— —	— —
15	3 11	2 57	2 44	2 29	2 12	2 2	1 51	1 37	1 21	1 13	1 5	0 55	0 45	0 32
16	4 8	3 55	3 42	3 29	3 13	3 4	2 53	2 41	2 26	2 19	2 11	2 3	1 53	1 41
17	5 2	4 51	4 40	4 28	4 15	4 7	3 58	3 48	3 36	3 30	3 23	3 16	3 8	2 58
18	5 52	5 44	5 36	5 27	5 17	5 11	5 4	4 56	4 47	4 42	4 37	4 32	4 26	4 19
19	6 40	6 35	6 29	6 24	6 17	6 13	6 9	6 4	5 57	5 55	5 51	5 48	5 44	5 40
20	7 26	7 23	7 21	7 18	7 16	7 14	7 12	7 10	7 7	7 6	7 4	7 3	7 1	6 59
21	8 9	8 10	8 11	8 11	8 12	8 13	8 13	8 14	8 14	8 15	8 15	8 15	8 16	8 16
22	8 52	8 55	8 59	9 3	9 7	9 10	9 13	9 16	9 20	9 22	9 24	9 26	9 28	9 31
23	9 34	9 40	9 47	9 53	10 1	10 6	10 11	10 17	10 24	10 27	10 30	10 34	10 39	10 44
24	10 16	10 25	10 34	10 43	10 54	11 0	11 7	11 15	11 25	11 30	11 35	11 41	11 47	11 54
25	11 0	11 10	11 21	11 33	11 46	11 54	12 2	12 13	12 25	12 31	12 37	12 44	12 52	13 2
26	11 44	11 56	12 9	12 22	12 37	12 46	12 56	13 8	13 22	13 29	13 36	13 45	13 54	14 5
27	12 30	12 43	12 57	13 11	13 27	13 37	13 48	14 1	14 16	14 24	14 32	14 41	14 51	15 3
28	13 17	13 31	13 45	14 0	14 16	14 26	14 37	14 51	15 7	15 14	15 22	15 32	15 42	15 55
29	14 7	14 20	14 33	14 48	15 4	15 13	15 24	15 37	15 52	15 59	16 7	16 16	16 26	16 38
30	14 57	15 9	15 22	15 35	15 50	15 58	16 8	16 20	16 33	16 40	16 47	16 55	17 4	17 14
31	15 49	15 59	16 10	16 21	16 33	16 41	16 49	16 59	17 10	17 16	17 22	17 28	17 35	17 44
Sept. 1	16 41	16 49	16 57	17 6	17 16	17 21	17 28	17 35	17 44	17 48	17 52	17 57	18 3	18 9
2	17 34	17 39	17 45	17 50	17 56	18 0	18 4	18 9	18 14	18 17	18 20	18 23	18 26	18 30
3	18 27	18 29	18 32	18 34	18 37	18 38	18 40	18 42	18 44	18 45	18 46	18 47	18 48	18 50

Mondaufgang 1959

Mittlere Ortszeit | Meridian von Greenwich

Tag	Geographische Breite													
	−10°	0°	+10°	+20°	+30°	+35°	+40°	+45°	+50°	+52°	+54°	+56°	+58°	+60°
1959	h m	h m	h m	h m	h m	h m	h m	h m	h m	h m	h m	h m	h m	h m
Sept. 3	6 9	6 5	6 2	5 58	5 53	5 50	5 47	5 44	5 40	5 38	5 36	5 33	5 31	5 28
4	6 57	6 56	6 56	6 55	6 54	6 54	6 54	6 53	6 53	6 52	6 52	6 52	6 52	6 51
5	7 45	7 48	7 50	7 53	7 57	7 59	8 1	8 4	8 7	8 8	8 10	8 12	8 14	8 16
6	8 34	8 40	8 46	8 53	9 0	9 4	9 9	9 15	9 22	9 25	9 29	9 32	9 37	9 42
7	9 25	9 34	9 43	9 53	10 4	10 10	10 17	10 26	10 36	10 41	10 46	10 52	10 59	11 6
8	10 18	10 30	10 41	10 53	11 7	11 15	11 25	11 36	11 49	11 55	12 2	12 10	12 19	12 28
9	11 14	11 27	11 40	11 54	12 10	12 19	12 30	12 42	12 58	13 5	13 13	13 22	13 32	13 44
10	12 10	12 24	12 38	12 53	13 10	13 20	13 31	13 44	14 0	14 8	14 17	14 26	14 37	14 49
11	13 8	13 21	13 35	13 49	14 6	14 16	14 27	14 40	14 55	15 3	15 11	15 20	15 30	15 42
12	14 5	14 17	14 30	14 43	14 58	15 7	15 17	15 28	15 42	15 49	15 56	16 4	16 14	16 24
13	15 1	15 11	15 22	15 33	15 46	15 53	16 1	16 11	16 22	16 28	16 34	16 40	16 48	16 56
14	15 55	16 3	16 11	16 19	16 29	16 35	16 41	16 48	16 57	17 1	17 5	17 10	17 16	17 22
15	16 47	16 53	16 58	17 3	17 9	17 13	17 17	17 22	17 27	17 30	17 33	17 36	17 39	17 43
16	17 38	17 40	17 42	17 45	17 47	17 49	17 50	17 52	17 55	17 56	17 57	17 58	18 0	18 1
17	18 28	18 27	18 26	18 25	18 24	18 23	18 23	18 22	18 21	18 21	18 20	18 20	18 19	18 19
18	19 16	19 12	19 8	19 4	19 0	18 57	18 54	18 51	18 47	18 45	18 43	18 41	18 39	18 36
19	20 4	19 57	19 51	19 44	19 36	19 31	19 26	19 21	19 14	19 11	19 7	19 3	18 59	18 54
20	20 51	20 42	20 33	20 24	20 13	20 7	20 0	19 52	19 42	19 38	19 33	19 27	19 21	19 14
21	21 39	21 28	21 17	21 5	20 52	20 44	20 36	20 26	20 13	20 8	20 2	19 55	19 47	19 38
22	22 26	22 14	22 1	21 48	21 33	21 24	21 14	21 3	20 48	20 42	20 35	20 26	20 17	20 7
23	23 14	23 1	22 47	22 33	22 17	22 7	21 56	21 44	21 28	21 21	21 13	21 4	20 54	20 42
24	— —	23 48	23 34	23 20	23 3	22 53	22 42	22 29	22 13	22 6	21 58	21 48	21 38	21 26
25	0 2	— —	— —	— —	23 53	23 43	23 32	23 20	23 4	22 57	22 49	22 40	22 30	22 18
26	0 50	0 36	0 23	0 9	— —	— —	— —	— —	— —	23 54	23 47	23 39	23 30	23 19
27	1 37	1 25	1 13	1 0	0 45	0 36	0 26	0 15	0 1	— —	— —	— —	— —	— —
28	2 24	2 14	2 4	1 53	1 40	1 32	1 24	1 14	1 2	0 57	0 51	0 44	0 36	0 28
29	3 12	3 4	2 56	2 47	2 37	2 31	2 25	2 17	2 8	2 4	2 0	1 54	1 49	1 42
30	3 59	3 54	3 48	3 43	3 36	3 33	3 29	3 24	3 18	3 15	3 12	3 9	3 5	3 1
Okt. 1	4 46	4 44	4 42	4 40	4 38	4 36	4 34	4 33	4 30	4 29	4 28	4 27	4 26	4 24
2	5 35	5 36	5 38	5 39	5 41	5 41	5 42	5 44	5 45	5 46	5 47	5 48	5 49	5 50
3	6 25	6 30	6 34	6 39	6 45	6 48	6 52	6 57	7 2	7 4	7 7	7 10	7 13	7 17
4	7 17	7 25	7 33	7 41	7 51	7 56	8 3	8 10	8 19	8 23	8 28	8 33	8 39	8 45
5	8 11	8 22	8 32	8 43	8 56	9 4	9 13	9 23	9 35	9 41	9 47	9 54	10 2	10 11
6	9 7	9 20	9 32	9 46	10 1	10 10	10 21	10 33	10 48	10 55	11 2	11 11	11 21	11 32
7	10 5	10 19	10 32	10 47	11 4	11 13	11 25	11 38	11 54	12 1	12 10	12 19	12 30	12 42
8	11 3	11 17	11 30	11 45	12 2	12 12	12 23	12 36	12 52	13 0	13 8	13 17	13 28	13 40
9	12 0	12 13	12 26	12 40	12 55	13 4	13 15	13 27	13 42	13 49	13 56	14 5	14 14	14 25
10	12 56	13 8	13 19	13 30	13 44	13 52	14 1	14 11	14 23	14 29	14 36	14 43	14 51	15 0
11	13 51	13 59	14 8	14 18	14 28	14 34	14 41	14 49	14 59	15 3	15 8	15 14	15 20	15 27
12	14 43	14 49	14 55	15 1	15 9	15 13	15 18	15 23	15 30	15 33	15 36	15 40	15 44	15 49
13	15 33	15 36	15 39	15 43	15 47	15 49	15 51	15 54	15 58	15 59	16 1	16 3	16 5	16 7
14	16 22	16 22	16 22	16 23	16 23	16 23	16 23	16 24	16 24	16 24	16 24	16 24	16 25	16 25

Mittlere Ortszeit — Meridian von Greenwich

Tag	Geographische Breite													
	−10°	0°	+10°	+20°	+30°	+35°	+40°	+45°	+50°	+52°	+54°	+56°	+58°	+60°
1959	h m	h m	h m	h m	h m	h m	h m	h m	h m	h m	h m	h m	h m	h m
Sept. 3	18 27	18 29	18 32	18 34	18 37	18 38	18 40	18 42	18 44	18 45	18 46	18 47	18 48	18 50
4	19 22	19 20	19 19	19 18	19 17	19 16	19 15	19 14	19 13	19 12	19 12	19 11	19 10	19 9
5	20 17	20 12	20 8	20 3	19 58	19 55	19 51	19 47	19 43	19 40	19 38	19 35	19 32	19 29
6	21 13	21 6	20 58	20 50	20 41	20 36	20 30	20 23	20 15	20 11	20 7	20 2	19 57	19 52
7	22 11	22 0	21 50	21 39	21 27	21 20	21 12	21 2	20 51	20 46	20 40	20 33	20 26	20 18
8	23 9	22 57	22 44	22 31	22 16	22 8	21 58	21 46	21 32	21 26	21 18	21 10	21 1	20 51
9	— —	23 54	23 40	23 26	23 9	23 0	22 49	22 36	22 20	22 13	22 5	21 55	21 45	21 33
10	0 7	— —	— —	— —	— —	23 56	23 45	23 31	23 15	23 8	22 59	22 50	22 39	22 26
11	1 5	0 52	0 38	0 23	0 6	— —	— —	— —	— —	— —	— —	23 53	23 42	23 31
12	2 1	1 48	1 35	1 21	1 5	0 56	0 45	0 32	0 17	0 9	0 1	— —	— —	— —
13	2 55	2 43	2 32	2 19	2 5	1 57	1 48	1 36	1 23	1 17	1 10	1 2	0 53	0 43
14	3 46	3 36	3 27	3 17	3 6	2 59	2 51	2 43	2 32	2 27	2 21	2 15	2 8	2 1
15	4 34	4 27	4 20	4 13	4 5	4 0	3 55	3 49	3 41	3 38	3 34	3 30	3 25	3 20
16	5 19	5 16	5 12	5 8	5 4	5 1	4 58	4 54	4 50	4 48	4 46	4 44	4 41	4 38
17	6 3	6 3	6 2	6 1	6 0	6 0	5 59	5 59	5 58	5 58	5 57	5 57	5 56	5 56
18	6 46	6 48	6 51	6 53	6 56	6 58	7 0	7 2	7 4	7 5	7 7	7 8	7 10	7 12
19	7 28	7 34	7 39	7 44	7 51	7 54	7 58	8 3	8 9	8 11	8 14	8 18	8 21	8 25
20	8 11	8 19	8 27	8 35	8 44	8 50	8 56	9 3	9 12	9 16	9 20	9 25	9 31	9 37
21	8 54	9 4	9 14	9 25	9 37	9 44	9 52	10 1	10 13	10 18	10 24	10 30	10 38	10 46
22	9 38	9 50	10 2	10 14	10 29	10 37	10 47	10 58	11 11	11 18	11 25	11 32	11 41	11 52
23	10 23	10 36	10 49	11 3	11 19	11 28	11 39	11 51	12 7	12 14	12 21	12 30	12 40	12 52
24	11 10	11 23	11 37	11 52	12 8	12 18	12 29	12 42	12 58	13 6	13 14	13 23	13 34	13 46
25	11 58	12 11	12 25	12 39	12 56	13 6	13 17	13 29	13 45	13 52	14 1	14 10	14 20	14 32
26	12 47	13 0	13 13	13 26	13 42	13 51	14 1	14 13	14 28	14 34	14 42	14 50	15 0	15 11
27	13 37	13 49	14 0	14 12	14 26	14 34	14 43	14 53	15 6	15 12	15 18	15 25	15 33	15 43
28	14 28	14 38	14 47	14 57	15 8	15 14	15 22	15 30	15 40	15 45	15 50	15 56	16 2	16 9
29	15 21	15 27	15 34	15 41	15 49	15 54	15 59	16 5	16 12	16 15	16 19	16 23	16 27	16 32
30	16 14	16 18	16 21	16 25	16 30	16 32	16 35	16 38	16 42	16 44	16 46	16 48	16 50	16 53
Okt. 1	17 8	17 9	17 9	17 10	17 10	17 10	17 11	17 11	17 11	17 11	17 12	17 12	17 12	17 12
2	18 4	18 1	17 58	17 55	17 52	17 50	17 47	17 45	17 41	17 40	17 38	17 36	17 34	17 32
3	19 2	18 56	18 49	18 43	18 35	18 31	18 26	18 20	18 13	18 10	18 7	18 3	17 59	17 54
4	20 1	19 52	19 42	19 32	19 21	19 15	19 8	18 59	18 49	18 44	18 39	18 33	18 27	18 20
5	21 1	20 49	20 37	20 25	20 11	20 3	19 53	19 42	19 29	19 23	19 16	19 9	19 0	18 51
6	22 1	21 48	21 35	21 20	21 4	20 55	20 44	20 32	20 16	20 9	20 1	19 52	19 42	19 31
7	23 0	22 46	22 33	22 18	22 1	21 51	21 40	21 26	21 10	21 3	20 54	20 45	20 34	20 21
8	23 57	23 44	23 31	23 16	23 0	22 50	22 39	22 26	22 10	22 3	21 55	21 46	21 35	21 23
9	— —	— —	— —	— —	— —	23 51	23 41	23 29	23 15	23 9	23 1	22 53	22 44	22 33
10	0 52	0 40	0 27	0 14	0 0	— —	— —	— —	— —	— —	— —	— —	23 58	23 49
11	1 43	1 33	1 23	1 12	1 0	0 52	0 44	0 35	0 23	0 18	0 12	0 5	— —	— —
12	2 31	2 23	2 16	2 8	1 58	1 53	1 47	1 40	1 31	1 27	1 23	1 18	1 13	1 7
13	3 16	3 12	3 7	3 2	2 56	2 53	2 49	2 45	2 39	2 37	2 34	2 31	2 28	2 24
14	4 0	3 58	3 57	3 55	3 53	3 51	3 50	3 48	3 46	3 45	3 44	3 43	3 42	3 41

Mondaufgang 1959

Mittlere Ortszeit | Meridian von Greenwich

Tag	Geographische Breite													
	−10°	0°	+10°	+20°	+30°	+35°	+40°	+45°	+50°	+52°	+54°	+56°	+58°	+60°
1959	h m	h m	h m	h m	h m	h m	h m	h m	h m	h m	h m	h m	h m	h m
Okt. 14	16 22	16 22	16 22	16 23	16 23	16 23	16 23	16 24	16 24	16 24	16 24	16 24	16 25	16 25
15	17 10	17 7	17 5	17 2	16 59	16 57	16 55	16 52	16 49	16 48	16 47	16 45	16 44	16 42
16	17 58	17 52	17 47	17 41	17 34	17 30	17 26	17 21	17 15	17 13	17 10	17 7	17 3	16 59
17	18 45	18 37	18 29	18 21	18 11	18 5	17 59	17 52	17 43	17 39	17 35	17 30	17 24	17 18
18	19 33	19 22	19 12	19 1	18 49	18 42	18 34	18 24	18 13	18 8	18 2	17 56	17 49	17 41
19	20 20	20 8	19 56	19 44	19 29	19 21	19 11	19 0	18 47	18 40	18 34	18 26	18 17	18 7
20	21 8	20 55	20 42	20 28	20 12	20 2	19 52	19 39	19 24	19 17	19 10	19 1	18 51	18 40
21	21 56	21 42	21 28	21 14	20 57	20 47	20 36	20 23	20 7	20 0	19 52	19 42	19 32	19 20
22	22 43	22 29	22 16	22 1	21 45	21 35	21 24	21 11	20 55	20 48	20 40	20 30	20 20	20 8
23	23 30	23 17	23 4	22 51	22 35	22 26	22 16	22 4	21 49	21 42	21 34	21 25	21 16	21 5
24	— —	— —	23 54	23 42	23 28	23 20	23 11	23 0	22 47	22 41	22 34	22 27	22 18	22 9
25	0 16	0 5	— —	— —	— —	— —	— —	— —	23 50	23 45	23 40	23 34	23 27	23 19
26	1 2	0 53	0 44	0 34	0 23	0 16	0 9	0 0	— —	— —	— —	— —	— —	— —
27	1 48	1 42	1 35	1 28	1 20	1 15	1 10	1 3	0 56	0 52	0 49	0 45	0 40	0 34
28	2 35	2 31	2 27	2 23	2 19	2 16	2 13	2 10	2 6	2 4	2 2	1 59	1 57	1 54
29	3 22	3 21	3 21	3 20	3 20	3 19	3 19	3 19	3 18	3 18	3 18	3 18	3 17	3 17
30	4 11	4 14	4 17	4 20	4 23	4 25	4 28	4 31	4 34	4 35	4 37	4 39	4 41	4 43
31	5 2	5 8	5 15	5 21	5 29	5 33	5 39	5 45	5 52	5 55	5 59	6 3	6 7	6 12
Nov. 1	5 56	6 5	6 15	6 25	6 36	6 43	6 51	7 0	7 10	7 15	7 21	7 27	7 34	7 42
2	6 53	7 5	7 17	7 30	7 44	7 53	8 2	8 14	8 28	8 34	8 41	8 49	8 58	9 9
3	7 52	8 6	8 19	8 34	8 50	9 0	9 11	9 24	9 40	9 47	9 55	10 5	10 15	10 27
4	8 53	9 7	9 21	9 36	9 53	10 3	10 14	10 27	10 44	10 52	11 0	11 10	11 21	11 33
5	9 53	10 6	10 20	10 34	10 50	11 0	11 10	11 23	11 39	11 46	11 54	12 3	12 13	12 24
6	10 51	11 3	11 15	11 27	11 42	11 50	11 59	12 11	12 24	12 30	12 37	12 45	12 54	13 3
7	11 47	11 56	12 6	12 16	12 28	12 35	12 42	12 51	13 2	13 7	13 12	13 18	13 25	13 33
8	12 40	12 47	12 54	13 1	13 10	13 15	13 20	13 26	13 34	13 38	13 42	13 46	13 51	13 56
9	13 30	13 35	13 39	13 43	13 48	13 51	13 54	13 58	14 3	14 5	14 7	14 10	14 12	14 15
10	14 19	14 21	14 22	14 23	14 25	14 25	14 26	14 28	14 29	14 30	14 30	14 31	14 32	14 33
11	15 7	15 5	15 4	15 2	15 0	14 59	14 57	14 56	14 54	14 53	14 52	14 51	14 50	14 49
12	15 54	15 50	15 45	15 40	15 35	15 32	15 28	15 24	15 19	15 17	15 15	15 12	15 9	15 6
13	16 41	16 34	16 27	16 19	16 11	16 6	16 0	15 54	15 46	15 42	15 38	15 34	15 29	15 24
14	17 28	17 19	17 9	16 59	16 48	16 41	16 34	16 25	16 15	16 10	16 5	15 59	15 52	15 45
15	18 16	18 5	17 53	17 41	17 27	17 19	17 10	16 59	16 47	16 41	16 34	16 27	16 19	16 9
16	19 4	18 51	18 38	18 24	18 9	18 0	17 49	17 37	17 23	17 16	17 8	17 0	16 50	16 39
17	19 52	19 38	19 24	19 10	18 53	18 43	18 32	18 19	18 3	17 56	17 48	17 39	17 28	17 16
18	20 39	20 25	20 12	19 57	19 40	19 30	19 19	19 6	18 50	18 42	18 34	18 24	18 13	18 1
19	21 26	21 13	21 0	20 46	20 29	20 20	20 9	19 56	19 41	19 34	19 26	19 17	19 6	18 55
20	22 12	22 0	21 48	21 35	21 20	21 12	21 2	20 51	20 37	20 30	20 23	20 15	20 6	19 56
21	22 57	22 47	22 37	22 26	22 14	22 6	21 58	21 49	21 37	21 31	21 25	21 19	21 11	21 3
22	23 42	23 34	23 26	23 18	23 8	23 3	22 56	22 49	22 40	22 36	22 31	22 26	22 21	22 14
23	— —	— —	— —	— —	— —	— —	23 57	23 52	23 46	23 44	23 41	23 37	23 34	23 30
24	0 27	0 21	0 16	0 11	0 5	0 1	— —	— —	— —	— —	— —	— —	— —	— —

Mittlere Ortszeit

Meridian von Greenwich

Tag	Geographische Breite													
	−10°	0°	+10°	+20°	+30°	+35°	+40°	+45°	+50°	+52°	+54°	+56°	+58°	+60°
1959	h m	h m	h m	h m	h m	h m	h m	h m	h m	h m	h m	h m	h m	h m
Okt. 14	4 0	3 58	3 57	3 55	3 53	3 51	3 50	3 48	3 46	3 45	3 44	3 43	3 42	3 41
15	4 43	4 44	4 45	4 46	4 48	4 49	4 50	4 51	4 52	4 53	4 53	4 54	4 55	4 56
16	5 25	5 29	5 33	5 37	5 42	5 45	5 49	5 52	5 57	5 59	6 1	6 4	6 7	6 10
17	6 7	6 14	6 20	6 28	6 36	6 41	6 46	6 53	7 0	7 4	7 8	7 12	7 17	7 22
18	6 50	6 59	7 8	7 18	7 29	7 36	7 43	7 51	8 2	8 7	8 12	8 18	8 25	8 32
19	7 33	7 44	7 56	8 8	8 21	8 29	8 38	8 49	9 2	9 8	9 14	9 22	9 30	9 39
20	8 18	8 31	8 43	8 57	9 12	9 21	9 32	9 44	9 58	10 5	10 13	10 21	10 31	10 42
21	9 4	9 18	9 31	9 46	10 2	10 12	10 23	10 36	10 51	10 59	11 7	11 16	11 27	11 39
22	9 51	10 5	10 19	10 33	10 50	11 0	11 11	11 24	11 40	11 47	11 56	12 5	12 16	12 28
23	10 39	10 52	11 6	11 20	11 36	11 45	11 56	12 9	12 24	12 31	12 39	12 48	12 57	13 9
24	11 28	11 40	11 52	12 5	12 20	12 28	12 38	12 49	13 3	13 9	13 16	13 24	13 33	13 43
25	12 18	12 28	12 38	12 49	13 2	13 9	13 17	13 27	13 38	13 43	13 49	13 55	14 3	14 11
26	13 8	13 16	13 24	13 33	13 42	13 48	13 54	14 1	14 10	14 14	14 18	14 23	14 28	14 34
27	14 0	14 5	14 10	14 16	14 22	14 26	14 30	14 34	14 40	14 42	14 45	14 48	14 51	14 55
28	14 52	14 55	14 57	14 59	15 2	15 3	15 5	15 6	15 9	15 10	15 11	15 12	15 13	15 15
29	15 47	15 46	15 45	15 43	15 42	15 41	15 40	15 39	15 38	15 37	15 36	15 35	15 35	15 34
30	16 44	16 39	16 35	16 30	16 24	16 21	16 18	16 13	16 8	16 6	16 4	16 1	15 58	15 54
31	17 43	17 35	17 27	17 19	17 10	17 4	16 58	16 51	16 42	16 38	16 34	16 29	16 24	16 18
Nov. 1	18 44	18 33	18 23	18 11	17 59	17 51	17 43	17 33	17 21	17 15	17 9	17 3	16 55	16 46
2	19 46	19 34	19 21	19 7	18 52	18 43	18 33	18 21	18 6	17 59	17 52	17 43	17 34	17 23
3	20 49	20 35	20 21	20 6	19 50	19 40	19 28	19 15	18 59	18 51	18 43	18 34	18 23	18 11
4	21 49	21 35	21 22	21 7	20 50	20 40	20 29	20 15	19 59	19 51	19 43	19 33	19 22	19 10
5	22 46	22 34	22 21	22 7	21 52	21 42	21 32	21 20	21 5	20 58	20 50	20 41	20 31	20 20
6	23 40	23 29	23 18	23 6	22 53	22 45	22 36	22 26	22 13	22 8	22 1	21 54	21 46	21 36
7	— —	— —	— —	— —	23 53	23 47	23 40	23 32	23 23	23 18	23 13	23 8	23 2	22 55
8	0 29	0 21	0 12	0 3	— —	— —	— —	— —	— —	— —	— —	— —	— —	— —
9	1 16	1 10	1 4	0 58	0 51	0 47	0 43	0 38	0 31	0 28	0 25	0 21	0 17	0 13
10	2 0	1 57	1 54	1 51	1 48	1 46	1 44	1 41	1 38	1 37	1 35	1 33	1 31	1 29
11	2 42	2 42	2 42	2 43	2 43	2 43	2 43	2 44	2 44	2 44	2 44	2 44	2 44	2 44
12	3 24	3 27	3 30	3 33	3 37	3 39	3 42	3 45	3 48	3 50	3 51	3 53	3 56	3 58
13	4 5	4 11	4 17	4 23	4 30	4 35	4 39	4 45	4 51	4 54	4 58	5 1	5 6	5 10
14	4 47	4 56	5 4	5 13	5 23	5 29	5 36	5 44	5 53	5 58	6 3	6 8	6 14	6 21
15	5 30	5 41	5 51	6 3	6 16	6 23	6 32	6 42	6 54	6 59	7 5	7 12	7 20	7 29
16	6 15	6 27	6 39	6 52	7 7	7 16	7 26	7 38	7 52	7 58	8 6	8 14	8 23	8 34
17	7 0	7 14	7 27	7 41	7 58	8 7	8 18	8 31	8 46	8 54	9 2	9 11	9 21	9 33
18	7 47	8 1	8 15	8 29	8 46	8 56	9 8	9 21	9 37	9 44	9 53	10 2	10 13	10 25
19	8 35	8 48	9 2	9 16	9 33	9 43	9 54	10 7	10 22	10 30	10 38	10 47	10 57	11 9
20	9 23	9 36	9 48	10 2	10 17	10 26	10 37	10 48	11 3	11 10	11 17	11 25	11 35	11 45
21	10 12	10 23	10 34	10 46	10 59	11 7	11 16	11 26	11 39	11 45	11 51	11 58	12 6	12 15
22	11 1	11 10	11 19	11 29	11 39	11 46	11 53	12 1	12 11	12 16	12 21	12 26	12 33	12 40
23	11 50	11 57	12 3	12 10	12 18	12 23	12 28	12 34	12 41	12 44	12 48	12 51	12 56	13 1
24	12 41	12 44	12 48	12 52	12 56	12 59	13 2	13 5	13 9	13 10	13 12	13 14	13 17	13 20

Mondaufgang 1959

Mittlere Ortszeit — Meridian von Greenwich

Tag	Geographische Breite													
	−10°	0°	+10°	+20°	+30°	+35°	+40°	+45°	+50°	+52°	+54°	+56°	+58°	+60°
1959	h m	h m	h m	h m	h m	h m	h m	h m	h m	h m	h m	h m	h m	h m
Nov. 24	0 27	0 21	0 16	0 11	0 5	0 1	— —	— —	— —	— —	— —	— —	— —	— —
25	1 12	1 10	1 7	1 5	1 3	1 1	0 59	0 57	0 55	0 54	0 53	0 52	0 50	0 49
26	1 58	1 59	2 0	2 2	2 3	2 4	2 5	2 6	2 7	2 8	2 8	2 9	2 10	2 11
27	2 47	2 51	2 56	3 0	3 6	3 9	3 13	3 17	3 22	3 24	3 27	3 30	3 33	3 36
28	3 38	3 46	3 54	4 2	4 11	4 17	4 23	4 30	4 39	4 43	4 48	4 53	4 58	5 5
29	4 34	4 44	4 55	5 6	5 19	5 26	5 35	5 45	5 57	6 3	6 10	6 17	6 25	6 34
30	5 32	5 45	5 58	6 11	6 27	6 36	6 47	6 59	7 14	7 21	7 29	7 38	7 48	7 59
Dez. 1	6 34	6 48	7 1	7 16	7 33	7 43	7 55	8 8	8 25	8 32	8 41	8 51	9 2	9 14
2	7 36	7 50	8 4	8 19	8 36	8 46	8 57	9 10	9 27	9 34	9 43	9 52	10 3	10 15
3	8 38	8 51	9 3	9 17	9 32	9 41	9 52	10 4	10 19	10 25	10 33	10 41	10 51	11 2
4	9 37	9 48	9 58	10 10	10 23	10 31	10 39	10 49	11 1	11 7	11 13	11 20	11 28	11 36
5	10 33	10 41	10 49	10 58	11 8	11 14	11 20	11 28	11 37	11 41	11 46	11 51	11 56	12 2
6	11 26	11 31	11 37	11 42	11 49	11 52	11 57	12 1	12 7	12 10	12 13	12 16	12 20	12 24
7	12 16	12 19	12 21	12 24	12 26	12 28	12 30	12 32	12 34	12 36	12 37	12 38	12 40	12 42
8	13 5	13 4	13 4	13 3	13 2	13 2	13 1	13 1	13 0	13 0	12 59	12 59	12 59	12 58
9	13 52	13 49	13 45	13 41	13 37	13 35	13 32	13 29	13 25	13 23	13 22	13 20	13 17	13 15
10	14 39	14 33	14 26	14 20	14 12	14 8	14 3	13 57	13 51	13 48	13 44	13 41	13 36	13 32
11	15 26	15 17	15 8	14 59	14 49	14 43	14 36	14 28	14 18	14 14	14 9	14 4	13 58	13 51
12	16 13	16 2	15 51	15 40	15 27	15 19	15 11	15 1	14 49	14 43	14 37	14 30	14 22	14 14
13	17 1	16 48	16 36	16 22	16 7	15 58	15 49	15 37	15 23	15 16	15 9	15 1	14 52	14 41
14	17 48	17 35	17 21	17 7	16 50	16 41	16 30	16 17	16 2	15 54	15 46	15 37	15 27	15 15
15	18 36	18 22	18 8	17 54	17 37	17 27	17 15	17 2	16 46	16 38	16 30	16 20	16 10	15 57
16	19 24	19 10	18 56	18 42	18 25	18 16	18 4	17 51	17 36	17 28	17 20	17 10	17 0	16 48
17	20 10	19 58	19 45	19 32	19 16	19 7	18 57	18 45	18 30	18 23	18 16	18 7	17 57	17 46
18	20 56	20 45	20 34	20 22	20 9	20 1	19 52	19 41	19 29	19 23	19 16	19 9	19 1	18 51
19	21 41	21 32	21 23	21 13	21 2	20 56	20 49	20 41	20 31	20 26	20 21	20 15	20 9	20 1
20	22 24	22 18	22 12	22 5	21 57	21 53	21 48	21 42	21 35	21 32	21 28	21 24	21 20	21 15
21	23 8	23 5	23 1	22 58	22 53	22 51	22 48	22 45	22 41	22 39	22 38	22 35	22 33	22 30
22	23 52	23 52	23 52	23 51	23 51	23 51	23 50	23 50	23 50	23 50	23 49	23 49	23 49	23 49
23	— —	— —	— —	— —	— —	— —	— —	— —	— —	— —	— —	— —	— —	— —
24	0 38	0 41	0 44	0 47	0 50	0 52	0 55	0 57	1 1	1 2	1 4	1 5	1 8	1 10
25	1 26	1 32	1 38	1 45	1 52	1 56	2 1	2 7	2 14	2 17	2 20	2 24	2 29	2 33
26	2 17	2 26	2 35	2 45	2 56	3 3	3 10	3 19	3 29	3 34	3 39	3 45	3 52	3 59
27	3 13	3 24	3 36	3 48	4 2	4 11	4 20	4 31	4 45	4 51	4 58	5 6	5 15	5 25
28	4 11	4 25	4 38	4 52	5 9	5 18	5 30	5 42	5 58	6 6	6 14	6 23	6 34	6 46
29	5 13	5 27	5 41	5 56	6 14	6 24	6 35	6 49	7 6	7 13	7 22	7 32	7 43	7 56
30	6 16	6 30	6 43	6 58	7 15	7 24	7 35	7 48	8 4	8 12	8 20	8 29	8 39	8 51
31	7 18	7 30	7 43	7 55	8 10	8 18	8 28	8 39	8 53	9 0	9 7	9 14	9 23	9 33
32	8 18	8 28	8 38	8 48	9 0	9 6	9 14	9 23	9 34	9 39	9 44	9 50	9 57	10 4

Monduntergang 1959

Mittlere Ortszeit

Meridian von Greenwich

Tag	Geographische Breite													
	−10°	0°	+10°	+20°	+30°	+35°	+40°	+45°	+50°	+52°	+54°	+56°	+58°	+60°
1959	h m	h m	h m	h m	h m	h m	h m	h m	h m	h m	h m	h m	h m	h m
Nov. 24	12 41	12 44	12 48	12 52	12 56	12 59	13 2	13 5	13 9	13 10	13 12	13 14	13 17	13 20
25	13 32	13 33	13 34	13 34	13 35	13 35	13 35	13 36	13 36	13 37	13 37	13 37	13 37	13 38
26	14 26	14 24	14 21	14 18	14 15	14 13	14 10	14 8	14 5	14 3	14 2	14 0	13 58	13 56
27	15 23	15 17	15 11	15 4	14 57	14 53	14 48	14 42	14 36	14 33	14 30	14 26	14 22	14 17
28	16 22	16 13	16 4	15 54	15 43	15 37	15 30	15 21	15 11	15 6	15 1	14 56	14 49	14 42
29	17 24	17 13	17 1	16 48	16 34	16 26	16 16	16 6	15 52	15 46	15 39	15 32	15 23	15 14
30	18 28	18 14	18 1	17 47	17 30	17 21	17 10	16 57	16 41	16 34	16 26	16 17	16 7	15 55
Dez. 1	19 31	19 17	19 3	18 48	18 31	18 21	18 9	17 56	17 39	17 31	17 23	17 13	17 2	16 49
2	20 33	20 19	20 6	19 51	19 35	19 25	19 14	19 1	18 45	18 37	18 29	18 20	18 9	17 57
3	21 30	21 18	21 6	20 53	20 39	20 30	20 21	20 9	19 55	19 49	19 41	19 33	19 24	19 14
4	22 23	22 14	22 4	21 54	21 42	21 35	21 27	21 18	21 7	21 2	20 56	20 50	20 43	20 35
5	23 12	23 6	22 59	22 51	22 43	22 38	22 33	22 26	22 19	22 15	22 11	22 7	22 2	21 56
6	23 58	23 54	23 51	23 46	23 42	23 39	23 36	23 32	23 28	23 26	23 23	23 21	23 18	23 15
7	— —	— —	— —	— —	— —	— —	— —	— —	— —	— —	— —	— —	— —	— —
8	0 42	0 41	0 40	0 39	0 38	0 37	0 37	0 36	0 35	0 34	0 34	0 33	0 33	0 32
9	1 23	1 26	1 28	1 30	1 33	1 34	1 36	1 38	1 40	1 41	1 42	1 44	1 45	1 47
10	2 5	2 10	2 15	2 20	2 26	2 30	2 34	2 38	2 44	2 46	2 49	2 52	2 55	2 59
11	2 46	2 54	3 2	3 10	3 19	3 24	3 30	3 37	3 46	3 50	3 54	3 59	4 4	4 10
12	3 29	3 39	3 49	3 59	4 11	4 18	4 26	4 35	4 47	4 52	4 57	5 4	5 11	5 19
13	4 12	4 24	4 36	4 48	5 3	5 11	5 21	5 32	5 45	5 52	5 59	6 6	6 15	6 25
14	4 58	5 11	5 24	5 38	5 54	6 3	6 14	6 26	6 41	6 49	6 56	7 5	7 15	7 27
15	5 44	5 58	6 12	6 26	6 43	6 53	7 4	7 18	7 34	7 41	7 50	7 59	8 10	8 22
16	6 32	6 45	6 59	7 14	7 31	7 41	7 52	8 5	8 21	8 29	8 37	8 47	8 57	9 10
17	7 20	7 33	7 46	8 0	8 16	8 26	8 36	8 49	9 4	9 11	9 19	9 28	9 37	9 49
18	8 9	8 21	8 32	8 45	8 59	9 8	9 17	9 28	9 42	9 48	9 55	10 2	10 11	10 21
19	8 57	9 7	9 17	9 28	9 40	9 47	9 55	10 4	10 15	10 20	10 26	10 32	10 39	10 47
20	9 46	9 54	10 2	10 10	10 19	10 24	10 30	10 37	10 45	10 49	10 53	10 58	11 3	11 9
21	10 35	10 40	10 45	10 50	10 56	11 0	11 4	11 8	11 13	11 15	11 18	11 21	11 24	11 28
22	11 25	11 27	11 29	11 31	11 33	11 35	11 36	11 38	11 40	11 41	11 42	11 43	11 44	11 45
23	12 16	12 15	12 14	12 13	12 11	12 10	12 9	12 8	12 7	12 6	12 5	12 5	12 4	12 3
24	13 9	13 5	13 1	12 56	12 51	12 47	12 44	12 40	12 35	12 33	12 31	12 28	12 25	12 22
25	14 5	13 58	13 50	13 42	13 33	13 28	13 22	13 15	13 6	13 3	12 59	12 54	12 49	12 43
26	15 4	14 53	14 43	14 32	14 19	14 12	14 4	13 54	13 43	13 38	13 32	13 25	13 18	13 10
27	16 5	15 52	15 40	15 27	15 11	15 2	14 52	14 40	14 26	14 19	14 12	14 4	13 54	13 44
28	17 8	16 54	16 40	16 26	16 9	15 59	15 47	15 34	15 18	15 10	15 2	14 53	14 42	14 29
29	18 11	17 57	17 43	17 28	17 11	17 1	16 49	16 36	16 19	16 11	16 3	15 53	15 42	15 29
30	19 12	18 59	18 46	18 32	18 16	18 7	17 56	17 44	17 28	17 21	17 13	17 4	16 54	16 42
31	20 9	19 58	19 47	19 35	19 22	19 14	19 5	18 55	18 42	18 36	18 29	18 22	18 14	18 4
32	21 2	20 54	20 46	20 37	20 26	20 20	20 14	20 6	19 56	19 52	19 47	19 41	19 35	19 28

Länge λ	Präzession in Länge p_λ — Breite β: 0°	+1°	+2°	+3°	+4°	+5°	+6°	+7°	+8°	+9°	Länge λ	Präz. in Br. p_β — Präzession p_β	
°	″	″	″	″	″	″	″	″	″	″	°	″	
0	50.268	.259	.251	.243	.235	50.227	.218	.210	.202	.193	0	+0.046	81
10	.268	.260	.252	.244	.236	.228	.220	.212	.204	.196	10	+0.127	76
20	.268	.260	.253	.245	.238	.230	.223	.215	.208	.200	20	+0.203	71
30	.268	.261	.254	.247	.241	.234	.227	.220	.214	.207	30	+0.274	62
40	50.268	.262	.256	.250	.244	50.239	.233	.227	.221	.215	40	+0.336	52
50	.268	.263	.258	.254	.249	.244	.240	.235	.230	.225	50	+0.388	41
60	.268	.264	.261	.257	.254	.250	.247	.244	.240	.237	60	+0.429	27
70	.268	.265	.263	.261	.259	.257	.255	.253	.251	.249	70	+0.456	13
80	50.268	.267	.266	.266	.265	50.264	.264	.263	.262	.262	80	+0.469	1
90	.268	.268	.269	.270	.271	.272	.272	.273	.274	.275	90	+0.468	15
100	.268	.270	.272	.274	.276	.279	.281	.283	.285	.288	100	+0.453	28
110	.268	.271	.275	.278	.282	.285	.289	.292	.296	.300	110	+0.425	42
120	50.268	.272	.277	.282	.287	50.291	.296	.301	.306	.311	120	+0.383	54
130	.268	.273	.279	.285	.291	.297	.303	.309	.315	.321	130	+0.329	63
140	.268	.274	.281	.288	.295	.301	.308	.315	.322	.329	140	+0.266	71
150	.268	.275	.282	.290	.297	.305	.313	.320	.328	.335	150	+0.195	78
160	50.268	.275	.283	.291	.299	50.307	.315	.323	.332	.340	160	+0.117	81
170	.268	.276	.284	.292	.300	.309	.317	.325	.333	.342	170	+0.036	82
180	.268	.276	.284	.292	.300	.308	.317	.325	.333	.342	180	−0.046	81
190	.268	.275	.283	.291	.299	.307	.315	.323	.331	.339	190	−0.127	76
200	50.268	.275	.282	.290	.297	50.305	.312	.320	.327	.335	200	−0.203	71
210	.268	.274	.281	.288	.294	.301	.308	.315	.321	.328	210	−0.274	62
220	.268	.273	.279	.285	.291	.296	.302	.308	.314	.320	220	−0.336	52
230	.268	.272	.277	.281	.286	.291	.295	.300	.305	.310	230	−0.388	41
240	50.268	.271	.274	.278	.281	50.285	.288	.291	.295	.298	240	−0.429	27
250	.268	.270	.272	.274	.276	.278	.280	.282	.284	.286	250	−0.456	13
260	.268	.268	.269	.269	.270	.271	.271	.272	.273	.273	260	−0.469	1
270	.268	.267	.266	.265	.264	.263	.263	.262	.261	.260	270	−0.468	15
280	50.268	.265	.263	.261	.259	50.256	.254	.252	.250	.247	280	−0.453	28
290	.268	.264	.260	.257	.253	.250	.246	.243	.239	.235	290	−0.425	42
300	.268	.263	.258	.253	.248	.244	.239	.234	.229	.224	300	−0.383	54
310	.268	.262	.256	.250	.244	.238	.232	.226	.220	.214	310	−0.329	63
320	50.268	.261	.254	.247	.240	50.234	.227	.220	.213	.206	320	−0.266	71
330	.268	.260	.253	.245	.238	.230	.222	.215	.207	.200	330	−0.195	78
340	.268	.260	.252	.244	.236	.228	.220	.212	.203	.195	340	−0.117	81
350	.268	.259	.251	.243	.235	.226	.218	.210	.202	.193	350	−0.036	82
360	50.268	.259	.251	.243	.235	50.227	.218	.210	.202	.193	360	+0.046	

Länge λ	Präzession in Länge p_λ — Breite β: 0°	−1°	−2°	−3°	−4°	−5°	−6°	−7°	−8°	−9°	Länge λ	Präz. in Br. p_β — Präzession p_β	
°	″	″	″	″	″	″	″	″	″	″	°	″	
0	50.268	.276	.284	.292	.300	50.308	.317	.325	.333	.342	0	+0.046	81
10	.268	.275	.283	.291	.299	.307	.315	.323	.331	.339	10	+0.127	76
20	.268	.275	.282	.290	.297	.305	.312	.320	.327	.335	20	+0.203	71
30	.268	.274	.281	.288	.294	.301	.308	.315	.321	.328	30	+0.274	62
40	50.268	.273	.279	.285	.291	50.296	.302	.308	.314	.320	40	+0.336	52
50	.268	.272	.277	.281	.286	.291	.295	.300	.305	.310	50	+0.388	41
60	.268	.271	.274	.278	.281	.285	.288	.291	.295	.298	60	+0.429	27
70	.268	.270	.272	.274	.276	.278	.280	.282	.284	.286	70	+0.456	13
80	50.268	.268	.269	.269	.270	50.271	.271	.272	.273	.273	80	+0.469	1
90	.268	.267	.266	.265	.264	.263	.263	.262	.261	.260	90	+0.468	15
100	.268	.265	.263	.261	.259	.256	.254	.252	.250	.247	100	+0.453	28
110	.268	.264	.260	.257	.253	.250	.246	.243	.239	.235	110	+0.425	42
120	50.268	.263	.258	.253	.248	50.244	.239	.234	.229	.224	120	+0.383	54
130	.268	.262	.256	.250	.244	.238	.232	.226	.220	.214	130	+0.329	63
140	.268	.261	.254	.247	.240	.234	.227	.220	.213	.206	140	+0.266	71
150	.268	.260	.253	.245	.238	.230	.222	.215	.207	.200	150	+0.195	78
160	50.268	.260	.252	.244	.236	50.228	.220	.212	.203	.195	160	+0.117	81
170	.268	.259	.251	.243	.235	.226	.218	.210	.202	.193	170	+0.036	82
180	.268	.259	.251	.243	.235	.227	.218	.210	.202	.193	180	−0.046	81
190	.268	.260	.252	.244	.236	.228	.220	.212	.204	.196	190	−0.127	76
200	50.268	.260	.253	.245	.238	50.230	.223	.215	.208	.200	200	−0.203	71
210	.268	.261	.254	.247	.241	.234	.227	.220	.214	.207	210	−0.274	62
220	.268	.262	.256	.250	.244	.239	.233	.227	.221	.215	220	−0.336	52
230	.268	.263	.258	.254	.249	.244	.240	.235	.230	.225	230	−0.388	41
240	50.268	.264	.261	.257	.254	50.250	.247	.244	.240	.237	240	−0.429	27
250	.268	.265	.263	.261	.259	.257	.255	.253	.251	.249	250	−0.456	13
260	.268	.267	.266	.266	.265	.264	.264	.263	.262	.262	260	−0.469	1
270	.268	.268	.269	.270	.271	.272	.272	.273	.274	.275	270	−0.468	15
280	50.268	.270	.272	.274	.276	50.279	.281	.283	.285	.288	280	−0.453	28
290	.268	.271	.275	.278	.282	.285	.289	.292	.296	.300	290	−0.425	42
300	.268	.272	.277	.282	.287	.291	.296	.301	.306	.311	300	−0.383	54
310	.268	.273	.279	.285	.291	.297	.303	.309	.315	.321	310	−0.329	63
320	50.268	.274	.281	.288	.295	50.301	.308	.315	.322	.329	320	−0.266	71
330	.268	.275	.282	.290	.297	.305	.313	.320	.328	.335	330	−0.195	78
340	.268	.275	.283	.291	.299	.307	.315	.323	.332	.340	340	−0.117	81
350	.268	.276	.284	.292	.300	.309	.317	.325	.333	.342	350	−0.036	82
360	50.268	.276	.284	.292	.300	50.308	.317	.325	.333	.342	360	+0.046	

Präzession in Rektaszension (p_α) und Deklination (p_δ)

α \ δ	p_α +60°	+50°	+40°	+30°	+20°	+10°	0°	−10°	−20°	−30°	−40°	−50°	−60°	p_δ
h	s	s	s	s	s	s	s	s	s	s	s	s	s	″
0	3.07	3.07	3.07	3.07	3.07	3.07	3.07	3.07	3.07	3.07	3.07	3.07	3.07	+20.0
1	3.67	3.48	3.36	3.27	3.20	3.13	3.07	3.01	2.95	2.87	2.78	2.66	2.47	+19.4
2	4.23	3.87	3.63	3.46	3.32	3.19	3.07	2.95	2.83	2.69	2.51	2.28	1.92	+17.4
3	4.71	4.20	3.87	3.62	3.42	3.24	3.07	2.91	2.73	2.53	2.28	1.95	1.44	+14.2
4	5.08	4.45	4.04	3.74	3.49	3.28	3.07	2.87	2.65	2.41	2.10	1.69	1.07	+10.0
5	5.31	4.61	4.16	3.82	3.54	3.30	3.07	2.84	2.60	2.33	1.99	1.53	0.84	+ 5.2
6	5.39	4.67	4.19	3.84	3.56	3.31	3.07	2.84	2.59	2.30	1.95	1.48	0.76	0.0
7	5.31	4.61	4.16	3.82	3.54	3.30	3.07	2.84	2.60	2.33	1.99	1.53	0.84	− 5.2
8	5.08	4.45	4.04	3.74	3.49	3.28	3.07	2.87	2.65	2.41	2.10	1.69	1.07	−10.0
9	4.71	4.20	3.87	3.62	3.42	3.24	3.07	2.91	2.73	2.53	2.28	1.95	1.44	−14.2
10	4.23	3.87	3.63	3.46	3.32	3.19	3.07	2.95	2.83	2.69	2.51	2.28	1.92	−17.4
11	3.67	3.48	3.36	3.27	3.20	3.13	3.07	3.01	2.95	2.87	2.78	2.66	2.47	−19.4
12	3.07	3.07	3.07	3.07	3.07	3.07	3.07	3.07	3.07	3.07	3.07	3.07	3.07	−20.0
13	2.47	2.66	2.78	2.87	2.95	3.01	3.07	3.13	3.20	3.27	3.36	3.48	3.67	−19.4
14	1.92	2.28	2.51	2.69	2.83	2.95	3.07	3.19	3.32	3.46	3.63	3.87	4.23	−17.4
15	1.44	1.95	2.28	2.53	2.73	2.91	3.07	3.24	3.42	3.62	3.87	4.20	4.71	−14.2
16	1.07	1.69	2.10	2.41	2.65	2.87	3.07	3.28	3.49	3.74	4.04	4.45	5.08	−10.0
17	0.84	1.53	1.99	2.33	2.60	2.84	3.07	3.30	3.54	3.82	4.16	4.61	5.31	− 5.2
18	0.76	1.48	1.95	2.30	2.59	2.84	3.07	3.31	3.56	3.84	4.19	4.67	5.39	0.0
19	0.84	1.53	1.99	2.33	2.60	2.84	3.07	3.30	3.54	3.82	4.16	4.61	5.31	+ 5.2
20	1.07	1.69	2.10	2.41	2.65	2.87	3.07	3.28	3.49	3.74	4.04	4.45	5.08	+10.0
21	1.44	1.95	2.28	2.53	2.73	2.91	3.07	3.24	3.42	3.62	3.87	4.20	4.71	+14.2
22	1.92	2.28	2.51	2.69	2.83	2.95	3.07	3.19	3.32	3.46	3.63	3.87	4.23	+17.4
23	2.47	2.66	2.78	2.87	2.95	3.01	3.07	3.13	3.20	3.27	3.36	3.48	3.67	+19.4
24	3.07	3.07	3.07	3.07	3.07	3.07	3.07	3.07	3.07	3.07	3.07	3.07	3.07	+20.0

Präzessionswerte und Schiefe der Ekliptik

Zeit	m	n	n	ψ	log π	Π	ε
	s	″	s	″		° ′	° ′ ″
1900.0	3.07234	20.0468	1.33646	50.2564	9.67309	173 57.06	23 27 8.26
1905.0	3.07243	20.0464	1.33643	50.2575	9.67305	173 59.80	23 27 5.92
1910.0	3.07252	20.0460	1.33640	50.2586	9.67302	174 2.53	23 27 3.57
1915.0	3.07262	20.0456	1.33637	50.2597	9.67299	174 5.27	23 27 1.23
1920.0	3.07271	20.0451	1.33634	50.2608	9.67296	174 8.01	23 26 58.89
1925.0	3.07280	20.0447	1.33632	50.2620	9.67293	174 10.75	23 26 56.54
1930.0	3.07289	20.0443	1.33629	50.2631	9.67290	174 13.49	23 26 54.20
1935.0	3.07299	20.0439	1.33626	50.2642	9.67287	174 16.23	23 26 51.86
1940.0	3.07308	20.0434	1.33623	50.2653	9.67284	174 18.97	23 26 49.52
1945.0	3.07317	20.0430	1.33620	50.2664	9.67281	174 21.71	23 26 47.17
1950.0	3.07327	20.0426	1.33617	50.2675	9.67278	174 24.45	23 26 44.83
1955.0	3.07336	20.0422	1.33614	50.2686	9.67274	174 27.19	23 26 42.49
1960.0	3.07346	20.0418	1.33612	50.2697	9.67272	174 29.93	23 26 40.15

′	″	°	′	″	°	″	°	″	°
0	0.0	0.000	3	0.0	0.050	0.000	0.00000	1.800	0.00050
	3.6	01		3.6	51	036	01	836	51
	7.2	02		7.2	52	072	02	872	52
	10.8	03		10.8	53	108	03	908	53
	14.4	04		14.4	54	144	04	944	54
0	18.0	0.005	3	18.0	0.055	0.180	0.00005	1.980	0.00055
	21.6	06		21.6	56	216	06	2.016	56
	25.2	07		25.2	57	252	07	052	57
	28.8	08		28.8	58	288	08	088	58
	32.4	09		32.4	59	324	09	124	59
0	36.0	0.010	3	36.0	0.060	0.360	0.00010	2.160	0.00060
	39.6	11		39.6	61	396	11	196	61
	43.2	12		43.2	62	432	12	232	62
	46.8	13		46.8	63	468	13	268	63
	50.4	14		50.4	64	504	14	304	64
	54.0	0.015		54.0	0.065	0.540	0.00015	2.340	0.00065
0	57.6	16	3	57.6	66	576	16	376	66
1	1.2	17	4	1.2	67	612	17	412	67
	4.8	18		4.8	68	648	18	448	68
	8.4	19		8.4	69	684	19	484	69
1	12.0	0.020	4	12.0	0.070	0.720	0.00020	2.520	0.00070
	15.6	21		15.6	71	756	21	556	71
	19.2	22		19.2	72	792	22	592	72
	22.8	23		22.8	73	828	23	628	73
	26.4	24		26.4	74	864	24	664	74
1	30.0	0.025	4	30.0	0.075	0.900	0.00025	2.700	0.00075
	33.6	26		33.6	76	936	26	736	76
	37.2	27		37.2	77	0.972	27	772	77
	40.8	28		40.8	78	1.008	28	808	78
	44.4	29		44.4	79	044	29	844	79
1	48.0	0.030	4	48.0	0.080	1.080	0.00030	2.880	0.00080
	51.6	31		51.6	81	116	31	916	81
	55.2	32		55.2	82	152	32	952	82
1	58.8	33	4	58.8	83	188	33	2.988	83
2	2.4	34	5	2.4	84	224	34	3.024	84
	6.0	0.035		6.0	0.085	1.260	0.00035	060	0.00085
	9.6	36		9.6	86	296	36	096	86
	13.2	37		13.2	87	332	37	132	87
	16.8	38		16.8	88	368	38	168	88
	20.4	39		20.4	89	404	39	204	89
2	24.0	0.040	5	24.0	0.090	1.440	0.00040	3.240	0.00090
	27.6	41		27.6	91	476	41	276	91
	31.2	42		31.2	92	512	42	312	92
	34.8	43		34.8	93	548	43	348	93
	38.4	44		38.4	94	584	44	384	94
2	42.0	0.045	5	42.0	0.095	1.620	0.00045	3.420	0.00095
	45.6	46		45.6	96	656	46	456	96
	49.2	47		49.2	97	692	47	492	97
	52.8	48		52.8	98	728	48	528	98
2	56.4	49	5	56.4	99	764	49	564	99
3	0.0	0.050	6	0.0	0.100	1.800	0.00050	3.600	0.00100

Verwandlung von mittlerer Zeit in Sternzeit

Red.	0^m	1^m	2^m	3^m	Red.		Red.	
s	h m s	h m s	h m s	h m s	s	m s	s	m s
0	0 0 0	6 5 15	12 10 29	18 15 44	0.00	0 0	0.50	3 3
1	0 6 5	6 11 20	12 16 34	18 21 49	0.01	0 4	0.51	3 6
2	0 12 10	6 17 25	12 22 40	18 27 54	0.02	0 7	0.52	3 10
3	0 18 16	6 23 30	12 28 45	18 33 59	0.03	0 11	0.53	3 14
4	0 24 21	6 29 36	12 34 50	18 40 5	0.04	0 15	0.54	3 17
5	0 30 26	6 35 41	12 40 55	18 46 10	0.05	0 18	0.55	3 21
6	0 36 31	6 41 46	12 47 1	18 52 15	0.06	0 22	0.56	3 25
7	0 42 37	6 47 51	12 53 6	18 58 20	0.07	0 26	0.57	3 28
8	0 48 42	6 53 56	12 59 11	19 4 26	0.08	0 29	0.58	3 32
9	0 54 47	7 0 2	13 5 16	19 10 31	0.09	0 33	0.59	3 35
10	1 0 52	7 6 7	13 11 21	19 16 36	0.10	0 37	0.60	3 39
11	1 6 58	7 12 12	13 17 27	19 22 41	0.11	0 40	0.61	3 43
12	1 13 3	7 18 17	13 23 32	19 28 47	0.12	0 44	0.62	3 46
13	1 19 8	7 24 23	13 29 37	19 34 52	0.13	0 47	0.63	3 50
14	1 25 13	7 30 28	13 35 42	19 40 57	0.14	0 51	0.64	3 54
15	1 31 19	7 36 33	13 41 48	19 47 2	0.15	0 55	0.65	3 57
16	1 37 24	7 42 38	13 47 53	19 53 7	0.16	0 58	0.66	4 1
17	1 43 29	7 48 44	13 53 58	19 59 13	0.17	1 2	0.67	4 5
18	1 49 34	7 54 49	14 0 3	20 5 18	0.18	1 6	0.68	4 8
19	1 55 40	8 0 54	14 6 9	20 11 23	0.19	1 9	0.69	4 12
20	2 1 45	8 6 59	14 12 14	20 17 28	0.20	1 13	0.70	4 16
21	2 7 50	8 13 5	14 18 19	20 23 34	0.21	1 17	0.71	4 19
22	2 13 55	8 19 10	14 24 24	20 29 39	0.22	1 20	0.72	4 23
23	2 20 1	8 25 15	14 30 30	20 35 44	0.23	1 24	0.73	4 27
24	2 26 6	8 31 20	14 36 35	20 41 49	0.24	1 28	0.74	4 30
25	2 32 11	8 37 26	14 42 40	20 47 55	0.25	1 31	0.75	4 34
26	2 38 16	8 43 31	14 48 45	20 54 0	0.26	1 35	0.76	4 38
27	2 44 22	8 49 36	14 54 51	21 0 5	0.27	1 39	0.77	4 41
28	2 50 27	8 55 41	15 0 56	21 6 10	0.28	1 42	0.78	4 45
29	2 56 32	9 1 47	15 7 1	21 12 16	0.29	1 46	0.79	4 49
30	3 2 37	9 7 52	15 13 6	21 18 21	0.30	1 50	0.80	4 52
31	3 8 43	9 13 57	15 19 12	21 24 26	0.31	1 53	0.81	4 56
32	3 14 48	9 20 2	15 25 17	21 30 31	0.32	1 57	0.82	4 59
33	3 20 53	9 26 8	15 31 22	21 36 37	0.33	2 1	0.83	5 3
34	3 26 58	9 32 13	15 37 27	21 42 42	0.34	2 4	0.84	5 7
35	3 33 3	9 38 18	15 43 33	21 48 47	0.35	2 8	0.85	5 10
36	3 39 9	9 44 23	15 49 38	21 54 52	0.36	2 11	0.86	5 14
37	3 45 14	9 50 28	15 55 43	22 0 58	0.37	2 15	0.87	5 18
38	3 51 19	9 56 34	16 1 48	22 7 3	0.38	2 19	0.88	5 21
39	3 57 24	10 2 39	16 7 54	22 13 8	0.39	2 22	0.89	5 25
40	4 3 30	10 8 44	16 13 59	22 19 13	0.40	2 26	0.90	5 29
41	4 9 35	10 14 49	16 20 4	22 25 19	0.41	2 30	0.91	5 32
42	4 15 40	10 20 55	16 26 9	22 31 24	0.42	2 33	0.92	5 36
43	4 21 45	10 27 0	16 32 14	22 37 29	0.43	2 37	0.93	5 40
44	4 27 51	10 33 5	16 38 20	22 43 34	0.44	2 41	0.94	5 43
45	4 33 56	10 39 10	16 44 25	22 49 39	0.45	2 44	0.95	5 47
46	4 40 1	10 45 16	16 50 30	22 55 45	0.46	2 48	0.96	5 51
47	4 46 6	10 51 21	16 56 35	23 1 50	0.47	2 52	0.97	5 54
48	4 52 12	10 57 26	17 2 41	23 7 55	0.48	2 55	0.98	5 58
49	4 58 17	11 3 31	17 8 46	23 14 0	0.49	2 59	0.99	6 2
50	5 4 22	11 9 37	17 14 51	23 20 6	0.50	3 3	1.00	6 5
51	5 10 27	11 15 42	17 20 56	23 26 11				
52	5 16 33	11 21 47	17 27 2	23 32 16				
53	5 22 38	11 27 52	17 33 7	23 38 21				
54	5 28 43	11 33 58	17 39 12	23 44 27				
55	5 34 48	11 40 3	17 45 17	23 50 32				
56	5 40 54	11 46 8	17 51 23	23 56 37				
57	5 46 59	11 52 13	17 57 28	24 2 42				
58	5 53 4	11 58 19	18 3 33	24 8 48				
59	5 59 9	12 4 24	18 9 38	24 14 53				

Die Reduktion ist zur mittleren Zeit zu addieren.

Verwandlung von Sternzeit in mittlere Zeit

Red.	0^m	1^m	2^m	3^m	Red.		Red.	
s	h m s	h m s	h m s	h m s	s	m s	s	m s
0	0 0 0	6 6 15	12 12 29	18 18 44	0.00	0 0	0.50	3 3
1	0 6 6	6 12 21	12 18 35	18 24 50	0.01	0 4	0.51	3 7
2	0 12 12	6 18 27	12 24 42	18 30 56	0.02	0 7	0.52	3 10
3	0 18 19	6 24 33	12 30 48	18 37 2	0.03	0 11	0.53	3 14
4	0 24 25	6 30 40	12 36 54	18 43 9	0.04	0 15	0.54	3 18
5	0 30 31	6 36 46	12 43 0	18 49 15	0.05	0 18	0.55	3 21
6	0 36 37	6 42 52	12 49 7	18 55 21	0.06	0 22	0.56	3 25
7	0 42 44	6 48 58	12 55 13	19 1 27	0.07	0 26	0.57	3 29
8	0 48 50	6 55 4	13 1 19	19 7 34	0.08	0 29	0.58	3 32
9	0 54 56	7 1 11	13 7 25	19 13 40	0.09	0 33	0.59	3 36
10	1 1 2	7 7 17	13 13 31	19 19 46	0.10	0 37	0.60	3 40
11	1 7 9	7 13 23	13 19 38	19 25 52	0.11	0 40	0.61	3 43
12	1 13 15	7 19 29	13 25 44	19 31 59	0.12	0 44	0.62	3 47
13	1 19 21	7 25 36	13 31 50	19 38 5	0.13	0 48	0.63	3 51
14	1 25 27	7 31 42	13 37 56	19 44 11	0.14	0 51	0.64	3 54
15	1 31 34	7 37 48	13 44 3	19 50 17	0.15	0 55	0.65	3 58
16	1 37 40	7 43 54	13 50 9	19 56 23	0.16	0 59	0.66	4 2
17	1 43 46	7 50 1	13 56 15	20 2 30	0.17	1 2	0.67	4 5
18	1 49 52	7 56 7	14 2 21	20 8 36	0.18	1 6	0.68	4 9
19	1 55 59	8 2 13	14 8 28	20 14 42	0.19	1 10	0.69	4 13
20	2 2 5	8 8 19	14 14 34	20 20 48	0.20	1 13	0.70	4 16
21	2 8 11	8 14 26	14 20 40	20 26 55	0.21	1 17	0.71	4 20
22	2 14 17	8 20 32	14 26 46	20 33 1	0.22	1 21	0.72	4 24
23	2 20 24	8 26 38	14 32 53	20 39 7	0.23	1 24	0.73	4 27
24	2 26 30	8 32 44	14 38 59	20 45 13	0.24	1 28	0.74	4 31
25	2 32 36	8 38 51	14 45 5	20 51 20	0.25	1 32	0.75	4 35
26	2 38 42	8 44 57	14 51 11	20 57 26	0.26	1 35	0.76	4 38
27	2 44 49	8 51 3	14 57 18	21 3 32	0.27	1 39	0.77	4 42
28	2 50 55	8 57 9	15 3 24	21 9 38	0.28	1 43	0.78	4 46
29	2 57 1	9 3 16	15 9 30	21 15 45	0.29	1 46	0.79	4 49
30	3 3 7	9 9 22	15 15 36	21 21 51	0.30	1 50	0.80	4 53
31	3 9 14	9 15 28	15 21 43	21 27 57	0.31	1 54	0.81	4 57
32	3 15 20	9 21 34	15 27 49	21 34 3	0.32	1 57	0.82	5 0
33	3 21 26	9 27 41	15 33 55	21 40 10	0.33	2 1	0.83	5 4
34	3 27 32	9 33 47	15 40 1	21 46 16	0.34	2 5	0.84	5 8
35	3 33 38	9 39 53	15 46 8	21 52 22	0.35	2 8	0.85	5 11
36	3 39 45	9 45 59	15 52 14	21 58 28	0.36	2 12	0.86	5 15
37	3 45 51	9 52 5	15 58 20	22 4 35	0.37	2 16	0.87	5 19
38	3 51 57	9 58 12	16 4 26	22 10 41	0.38	2 19	0.88	5 22
39	3 58 3	10 4 18	16 10 33	22 16 47	0.39	2 23	0.89	5 26
40	4 4 10	10 10 24	16 16 39	22 22 53	0.40	2 26	0.90	5 30
41	4 10 16	10 16 30	16 22 45	22 29 0	0.41	2 30	0.91	5 33
42	4 16 22	10 22 37	16 28 51	22 35 6	0.42	2 34	0.92	5 37
43	4 22 28	10 28 43	16 34 57	22 41 12	0.43	2 37	0.93	5 41
44	4 28 35	10 34 49	16 41 4	22 47 18	0.44	2 41	0.94	5 44
45	4 34 41	10 40 55	16 47 10	22 53 24	0.45	2 45	0.95	5 48
46	4 40 47	10 47 2	16 53 16	22 59 31	0.46	2 48	0.96	5 52
47	4 46 53	10 53 8	16 59 22	23 5 37	0.47	2 52	0.97	5 55
48	4 53 0	10 59 14	17 5 29	23 11 43	0.48	2 56	0.98	5 59
49	4 59 6	11 5 20	17 11 35	23 17 49	0.49	2 59	0.99	6 3
50	5 5 12	11 11 27	17 17 41	23 23 56	0.50	3 3	1.00	6 6
51	5 11 18	11 17 33	17 23 47	23 30 2				
52	5 17 25	11 23 39	17 29 54	23 36 8				
53	5 23 31	11 29 45	17 36 0	23 42 14				
54	5 29 37	11 35 52	17 42 6	23 48 21				
55	5 35 43	11 41 58	17 48 12	23 54 27				
56	5 41 50	11 48 4	17 54 19	24 0 33				
57	5 47 56	11 54 10	18 0 25	24 6 39				
58	5 54 2	12 0 17	18 6 31	24 12 46				
59	6 0 8	12 6 23	18 12 37	24 18 52				

Die Reduktion ist von der Sternzeit zu subtrahieren.

Verwandlung von mittlerer Zeit in Sternzeit

Red.	0m	1m	2m	3m	Red.
s	h m s	h m s	h m s	h m s	s
0	0 0 0.0	6 5 14.5	12 10 29.1	18 15 43.6	0
1	6 5.2	11 19.8	16 34.3	21 48.8	1
2	12 10.5	17 25.0	22 39.6	27 54.1	2
3	18 15.7	23 30.3	28 44.8	33 59.3	3
4	24 21.0	29 35.5	34 50.0	40 4.6	4
5	30 26.2	35 40.7	40 55.3	46 9.8	5
6	36 31.5	41 46.0	47 0.5	52 15.1	6
7	42 36.7	47 51.2	53 5.8	18 58 20.3	7
8	48 41.9	6 53 56.5	12 59 11.0	19 4 25.5	8
9	0 54 47.2	7 0 1.7	13 5 16.2	10 30.8	9
10	1 0 52.4	6 7.0	11 21.5	16 36.0	10
11	6 57.7	12 12.2	17 26.7	22 41.3	11
12	13 2.9	18 17.4	23 32.0	28 46.5	12
13	19 8.1	24 22.7	29 37.2	34 51.8	13
14	25 13.4	30 27.9	35 42.5	40 57.0	14
15	31 18.6	36 33.2	41 47.7	47 2.2	15
16	37 23.9	42 38.4	47 52.9	53 7.5	16
17	43 29.1	48 43.7	13 53 58.2	19 59 12.7	17
18	49 34.4	7 54 48.9	14 0 3.4	20 5 18.0	18
19	1 55 39.6	8 0 54.1	6 8.7	11 23.2	19
20	2 1 44.8	6 59.4	12 13.9	17 28.4	20
21	7 50.1	13 4.6	18 19.2	23 33.7	21
22	13 55.3	19 9.9	24 24.4	29 38.9	22
23	20 0.6	25 15.1	30 29.6	35 44.2	23
24	26 5.8	31 20.3	36 34.9	41 49.4	24
25	32 11.1	37 25.6	42 40.1	47 54.7	25
26	38 16.3	43 30.8	48 45.4	20 53 59.9	26
27	44 21.5	49 36.1	14 54 50.6	21 0 5.1	27
28	50 26.8	8 55 41.3	15 0 55.9	6 10.4	28
29	2 56 32.0	9 1 46.6	7 1.1	12 15.6	29
30	3 2 37.3	7 51.8	13 6.3	18 20.9	30
31	8 42.5	13 57.0	19 11.6	24 26.1	31
32	14 47.8	20 2.3	25 16.8	30 31.4	32
33	20 53.0	26 7.5	31 22.1	36 36.6	33
34	26 58.2	32 12.8	37 27.3	42 41.8	34
35	33 3.5	38 18.0	43 32.5	48 47.1	35
36	39 8.7	44 23.3	49 37.8	21 54 52.3	36
37	45 14.0	50 28.5	15 55 43.0	22 0 57.6	37
38	51 19.2	9 56 33.7	16 1 48.3	7 2.8	38
39	3 57 24.4	10 2 39.0	7 53.5	13 8.0	39
40	4 3 29.7	8 44.2	13 58.8	19 13.3	40
41	9 34.9	14 49.5	20 4.0	25 18.5	41
42	15 40.2	20 54.7	26 9.2	31 23.8	42
43	21 45.4	27 0.0	32 14.5	37 29.0	43
44	27 50.7	33 5.2	38 19.7	43 34.3	44
45	33 55.9	39 10.4	44 25.0	49 39.5	45
46	40 1.1	45 15.7	50 30.2	22 55 44.7	46
47	46 6.4	51 20.9	16 56 35.5	23 1 50.0	47
48	52 11.6	10 57 26.2	17 2 40.7	7 55.2	48
49	4 58 16.9	11 3 31.4	8 45.9	14 0.5	49
50	5 4 22.1	9 36.6	14 51.2	20 5.7	50
51	10 27.4	15 41.9	20 56.4	26 11.0	51
52	16 32.6	21 47.1	27 1.7	32 16.2	52
53	22 37.8	27 52.4	33 6.9	38 21.4	53
54	28 43.1	33 57.6	39 12.1	44 26.7	54
55	34 48.3	40 2.9	45 17.4	50 31.9	55
56	40 53.6	46 8.1	51 22.6	23 56 37.2	56
57	46 58.8	52 13.3	17 57 27.9	24 2 42.4	57
58	53 4.0	11 58 18.6	18 3 33.1	8 47.7	58
59	5 59 9.3	12 4 23.8	18 9 38.4	24 14 52.9	59

Die Reduktion ist zur mittleren Zeit zu addieren.

Red.		Red.	
s	m s	s	m s
0.00	0 0.0	0.50	3 2.6
01	3.7	51	6.3
02	7.3	52	9.9
03	11.0	53	13.6
04	14.6	54	17.2
0.05	18.3	0.55	20.9
06	21.9	56	24.5
07	25.6	57	28.2
08	29.2	58	31.8
09	32.9	59	35.5
0.10	36.5	0.60	39.1
11	40.2	61	42.8
12	43.8	62	46.5
13	47.5	63	50.1
14	51.1	64	53.8
0.15	54.8	0.65	3 57.4
16	0 58.4	66	4 1.1
17	1 2.1	67	4.7
18	5.7	68	8.4
19	9.4	69	12.0
0.20	13.0	0.70	15.7
21	16.7	71	19.3
22	20.4	72	23.0
23	24.0	73	26.6
24	27.7	74	30.3
0.25	31.3	0.75	33.9
26	35.0	76	37.6
27	38.6	77	41.2
28	42.3	78	44.9
29	45.9	79	48.5
0.30	49.6	0.80	52.2
31	53.2	81	55.8
32	1 56.9	82	4 59.5
33	2 0.5	83	5 3.2
34	4.2	84	6.8
0.35	7.8	0.85	10.5
36	11.5	86	14.1
37	15.1	87	17.8
38	18.8	88	21.4
39	22.4	89	25.1
0.40	26.1	0.90	28.7
41	29.7	91	32.4
42	33.4	92	36.0
43	37.1	93	39.7
44	40.7	94	43.3
0.45	44.4	0.95	47.0
46	48.0	96	50.6
47	51.7	97	54.3
48	55.3	98	5 57.9
0.49	2 59.0	0.99	6 1.6

Red.		Red.		Red.	
s		s		s	
0.000	s	0.003	s	0.006	s
	0.2		1.3		2.4
001		004		007	
	0.5		1.6		2.7
002		005		008	
	0.9		2.0		3.1
003		006		009	
	1.3		2.4		3.5
0.004		0.007		0.010	
					3.8

Verwandlung von Sternzeit in mittlere Zeit

Red.	0^m	1^m	2^m	3^m	Red.
s	h m s	h m s	h m s	h m s	s
0	0 0 0.0	6 6 14.5	12 12 29.1	18 18 43.6	0
1	6 6.2	12 20.8	18 35.3	24 49.9	1
2	12 12.5	18 27.0	24 41.6	30 56.1	2
3	18 18.7	24 33.3	30 47.8	37 2.3	3
4	24 25.0	30 39.5	36 54.0	43 8.6	4
5	30 31.2	36 45.7	43 0.3	49 14.8	5
6	36 37.5	42 52.0	49 6.5	18 55 21.1	6
7	42 43.7	48 58.2	12 55 12.8	19 1 27.3	7
8	48 49.9	6 55 4.5	13 1 19.0	7 33.5	8
9	0 54 56.2	7 1 10.7	7 25.3	13 39.8	9
10	1 1 2.4	7 17.0	13 31.5	19 46.0	10
11	7 8.7	13 23.2	19 37.7	25 52.3	11
12	13 14.9	19 29.4	25 44.0	31 58.5	12
13	19 21.1	25 35.7	31 50.2	38 4.8	13
14	25 27.4	31 41.9	37 56.5	44 11.0	14
15	31 33.6	37 48.2	44 2.7	50 17.2	15
16	37 39.9	43 54.4	50 8.9	19 56 23.5	16
17	43 46.1	50 0.7	13 56 15.2	20 2 29.7	17
18	49 52.4	7 56 6.9	14 2 21.4	8 36.0	18
19	1 55 58.6	8 2 13.1	8 27.7	14 42.2	19
20	2 2 4.8	8 19.4	14 33.9	20 48.5	20
21	8 11.1	14 25.6	20 40.2	26 54.7	21
22	14 17.3	20 31.9	26 46.4	33 0.9	22
23	20 23.6	26 38.1	32 52.6	39 7.2	23
24	26 29.8	32 44.4	38 58.9	45 13.4	24
25	32 36.1	38 50.6	45 5.1	51 19.7	25
26	38 42.3	44 56.8	51 11.4	20 57 25.9	26
27	44 48.5	51 3.1	14 57 17.6	21 3 32.2	27
28	50 54.8	8 57 9.3	15 3 23.9	9 38.4	28
29	2 57 1.0	9 3 15.6	9 30.1	15 44.6	29
30	3 3 7.3	9 21.8	15 36.3	21 50.9	30
31	9 13.5	15 28.0	21 42.6	27 57.1	31
32	15 19.8	21 34.3	27 48.8	34 3.4	32
33	21 26.0	27 40.5	33 55.1	40 9.6	33
34	27 32.2	33 46.8	40 1.3	46 15.8	34
35	33 38.5	39 53.0	46 7.6	52 22.1	35
36	39 44.7	45 59.3	52 13.8	21 58 28.3	36
37	45 51.0	52 5.5	15 58 20.0	22 4 34.6	37
38	51 57.2	9 58 11.7	16 4 26.3	10 40.8	38
39	3 58 3.4	10 4 18.0	10 32.5	16 47.1	39
40	4 4 9.7	10 24.2	16 38.8	22 53.3	40
41	10 15.9	16 30.5	22 45.0	28 59.5	41
42	16 22.2	22 36.7	28 51.2	35 5.8	42
43	22 28.4	28 43.0	34 57.5	41 12.0	43
44	28 34.7	34 49.2	41 3.7	47 18.3	44
45	34 40.9	40 55.4	47 10.0	53 24.5	45
46	40 47.1	47 1.7	53 16.2	22 59 30.8	46
47	46 53.4	53 7.9	16 59 22.5	23 5 37.0	47
48	52 59.6	10 59 14.2	17 5 28.7	11 43.2	48
49	4 59 5.9	11 5 20.4	11 34.9	17 49.5	49
50	5 5 12.1	11 26.7	17 41.2	23 55.7	50
51	11 18.4	17 32.9	23 47.4	30 2.0	51
52	17 24.6	23 39.1	29 53.7	36 8.2	52
53	23 30.8	29 45.4	35 59.9	42 14.5	53
54	29 37.1	35 51.6	42 6.2	48 20.7	54
55	35 43.3	41 57.9	48 12.4	23 54 26.9	55
56	41 49.6	48 4.1	17 54 18.6	24 0 33.2	56
57	47 55.8	11 54 10.3	18 0 24.9	6 39.4	57
58	5 54 2.1	12 0 16.6	6 31.1	12 45.7	58
59	6 0 8.3	12 6 22.8	18 12 37.4	24 18 51.9	59

Red.		Red.	
s	m s	s	m s
0.00	0 0.0	0.50	3 3.1
01	3.7	51	6.8
02	7.3	52	10.4
03	11.0	53	14.1
04	14.6	54	17.8
0.05	18.3	0.55	21.4
06	22.0	56	25.1
07	25.6	57	28.8
08	29.3	58	32.4
09	33.0	59	36.1
0.10	36.6	0.60	39.7
11	40.3	61	43.4
12	43.9	62	47.1
13	47.6	63	50.7
14	51.3	64	54.4
0.15	54.9	0.65	3 58.1
16	0 58.6	66	4 1.7
17	1 2.3	67	5.4
18	5.9	68	9.0
19	9.6	69	12.7
0.20	13.2	0.70	16.4
21	16.9	71	20.0
22	20.6	72	23.7
23	24.2	73	27.4
24	27.9	74	31.0
0.25	31.6	0.75	34.7
26	35.2	76	38.3
27	38.9	77	42.0
28	42.5	78	45.7
29	46.2	79	49.3
0.30	49.9	0.80	53.0
31	53.5	81	4 56.7
32	1 57.2	82	5 0.3
33	2 0.9	83	4.0
34	4.5	84	7.6
0.35	8.2	0.85	11.3
36	11.8	86	15.0
37	15.5	87	18.6
38	19.2	88	22.3
39	22.8	89	26.0
0.40	26.5	0.90	29.6
41	30.2	91	33.3
42	33.8	92	36.9
43	37.5	93	40.6
44	41.1	94	44.3
0.45	44.8	0.95	47.9
46	48.5	96	51.6
47	52.1	97	55.3
48	55.8	98	5 58.9
0.49	2 59.5	0.99	6 2.6

Red.		Red.		Red.	
s	s	s	s	s	s
0.000		0.003		0.006	
	0.2		1.3		2.4
001		004		007	
	0.5		1.6		2.7
002		005		008	
	0.9		2.0		3.1
003		006		009	
	1.3		2.4		3.5
0.004		0.007		0.010	
					3.8

Die Reduktion ist von der Sternzeit zu subtrahieren.

	0^h	1^h	2^h	3^h	4^h	5^h		
m	d	d	d	d	d	d	s	d
0	0.000000	0.041667	0.083333	0.125000	0.166667	0.208333	0	0.000000
1	000694	042361	084028	125694	167361	209028	1	000012
2	001389	043056	084722	126389	168056	209722	2	000023
3	002083	043750	085417	127083	168750	210417	3	000035
4	002778	044444	086111	127778	169444	211111	4	000046
5	0.003472	0.045139	0.086806	0.128472	0.170139	0.211806	5	0.000058
6	004167	045833	087500	129167	170833	212500	6	000069
7	004861	046528	088194	129861	171528	213194	7	000081
8	005556	047222	088889	130556	172222	213889	8	000093
9	006250	047917	089583	131250	172917	214583	9	000104
10	0.006944	0.048611	0.090278	0.131944	0.173611	0.215278	10	0.000116
11	007639	049306	090972	132639	174306	215972	11	000127
12	008333	050000	091667	133333	175000	216667	12	000139
13	009028	050694	092361	134028	175694	217361	13	000150
14	009722	051389	093056	134722	176389	218056	14	000162
15	0.010417	0.052083	0.093750	0.135417	0.177083	0.218750	15	0.000174
16	011111	052778	094444	136111	177778	219444	16	000185
17	011806	053472	095139	136806	178472	220139	17	000197
18	012500	054167	095833	137500	179167	220833	18	000208
19	013194	054861	096528	138194	179861	221528	19	000220
20	0.013889	0.055556	0.097222	0.138889	0.180556	0.222222	20	0.000231
21	014583	056250	097917	139583	181250	222917	21	000243
22	015278	056944	098611	140278	181944	223611	22	000255
23	015972	057639	099306	140972	182639	224306	23	000266
24	016667	058333	100000	141667	183333	225000	24	000278
25	0.017361	0.059028	0.100694	0.142361	0.184028	0.225694	25	0.000289
26	018056	059722	101389	143056	184722	226389	26	000301
27	018750	060417	102083	143750	185417	227083	27	000313
28	019444	061111	102778	144444	186111	227778	28	000324
29	020139	061806	103472	145139	186806	228472	29	000336
30	0.020833	0.062500	0.104167	0.145833	0.187500	0.229167	30	0.000347
31	021528	063194	104861	146528	188194	229861	31	000359
32	022222	063889	105556	147222	188889	230556	32	000370
33	022917	064583	106250	147917	189583	231250	33	000382
34	023611	065278	106944	148611	190278	231944	34	000394
35	0.024306	0.065972	0.107639	0.149306	0.190972	0.232639	35	0.000405
36	025000	066667	108333	150000	191667	233333	36	000417
37	025694	067361	109028	150694	192361	234028	37	000428
38	026389	068056	109722	151389	193056	234722	38	000440
39	027083	068750	110417	152083	193750	235417	39	000451
40	0.027778	0.069444	0.111111	0.152778	0.194444	0.236111	40	0.000463
41	028472	070139	111806	153472	195139	236806	41	000475
42	029167	070833	112500	154167	195833	237500	42	000486
43	029861	071528	113194	154861	196528	238194	43	000498
44	030556	072222	113889	155556	197222	238889	44	000509
45	0.031250	0.072917	0.114583	0.156250	0.197917	0.239583	45	0.000521
46	031944	073611	115278	156944	198611	240278	46	000532
47	032639	074306	115972	157639	199306	240972	47	000544
48	033333	075000	116667	158333	200000	241667	48	000556
49	034028	075694	117361	159028	200694	242361	49	000567
50	0.034722	0.076389	0.118056	0.159722	0.201389	0.243056	50	0.000579
51	035417	077083	118750	160417	202083	243750	51	000590
52	036111	077778	119444	161111	202778	244444	52	000602
53	036806	078472	120139	161806	203472	245139	53	000613
54	037500	079167	120833	162500	204167	245833	54	000625
55	0.038194	0.079861	0.121528	0.163194	0.204861	0.246528	55	0.000637
56	038889	080556	122222	163889	205556	247222	56	000648
57	039583	081250	122917	164583	206250	247917	57	000660
58	040278	081944	123611	165278	206944	248611	58	000671
59	0.040972	0.082639	0.124306	0.165972	0.207639	0.249306	59	0.000683

m	6^h	7^h	8^h	9^h	10^h	11^h	s	d
	d	d	d	d	d	d		
0	0.250000	0.291667	0.333333	0.375000	0.416667	0.458333	0	0.000000
1	250694	292361	334028	375694	417361	459028	1	000012
2	251389	293056	334722	376389	418056	459722	2	000023
3	252083	293750	335417	377083	418750	460417	3	000035
4	252778	294444	336111	377778	419444	461111	4	000046
5	0.253472	0.295139	0.336806	0.378472	0.420139	0.461806	5	0.000058
6	254167	295833	337500	379167	420833	462500	6	000069
7	254861	296528	338194	379861	421528	463194	7	000081
8	255556	297222	338889	380556	422222	463889	8	000093
9	256250	297917	339583	381250	422917	464583	9	000104
10	0.256944	0.298611	0.340278	0.381944	0.423611	0.465278	10	0.000116
11	257639	299306	340972	382639	424306	465972	11	000127
12	258333	300000	341667	383333	425000	466667	12	000139
13	259028	300694	342361	384028	425694	467361	13	000150
14	259722	301389	343056	384722	426389	468056	14	000162
15	0.260417	0.302083	0.343750	0.385417	0.427083	0.468750	15	0.000174
16	261111	302778	344444	386111	427778	469444	16	000185
17	261806	303472	345139	386806	428472	470139	17	000197
18	262500	304167	345833	387500	429167	470833	18	000208
19	263194	304861	346528	388194	429861	471528	19	000220
20	0.263889	0.305556	0.347222	0.388889	0.430556	0.472222	20	0.000231
21	264583	306250	347917	389583	431250	472917	21	000243
22	265278	306944	348611	390278	431944	473611	22	000255
23	265972	307639	349306	390972	432639	474306	23	000266
24	266667	308333	350000	391667	433333	475000	24	000278
25	0.267361	0.309028	0.350694	0.392361	0.434028	0.475694	25	0.000289
26	268056	309722	351389	393056	434722	476389	26	000301
27	268750	310417	352083	393750	435417	477083	27	000313
28	269444	311111	352778	394444	436111	477778	28	000324
29	270139	311806	353472	395139	436806	478472	29	000336
30	0.270833	0.312500	0.354167	0.395833	0.437500	0.479167	30	0.000347
31	271528	313194	354861	396528	438194	479861	31	000359
32	272222	313889	355556	397222	438889	480556	32	000370
33	272917	314583	356250	397917	439583	481250	33	000382
34	273611	315278	356944	398611	440278	481944	34	000394
35	0.274306	0.315972	0.357639	0.399306	0.440972	0.482639	35	0.000405
36	275000	316667	358333	400000	441667	483333	36	000417
37	275694	317361	359028	400694	442361	484028	37	000428
38	276389	318056	359722	401389	443056	484722	38	000440
39	277083	318750	360417	402083	443750	485417	39	000451
40	0.277778	0.319444	0.361111	0.402778	0.444444	0.486111	40	0.000463
41	278472	320139	361806	403472	445139	486806	41	000475
42	279167	320833	362500	404167	445833	487500	42	000486
43	279861	321528	363194	404861	446528	488194	43	000498
44	280556	322222	363889	405556	447222	488889	44	000509
45	0.281250	0.322917	0.364583	0.406250	0.447917	0.489583	45	0.000521
46	281944	323611	365278	406944	448611	490278	46	000532
47	282639	324306	365972	407639	449306	490972	47	000544
48	283333	325000	366667	408333	450000	491667	48	000556
49	284028	325694	367361	409028	450694	492361	49	000567
50	0.284722	0.326389	0.368056	0.409722	0.451389	0.493056	50	0.000579
51	285417	327083	368750	410417	452083	493750	51	000590
52	286111	327778	369444	411111	452778	494444	52	000602
53	286806	328472	370139	411806	453472	495139	53	000613
54	287500	329167	370833	412500	454167	495833	54	000625
55	0.288194	0.329861	0.371528	0.413194	0.454861	0.496528	55	0.000637
56	288889	330556	372222	413889	455556	497222	56	000648
57	289583	331250	372917	414583	456250	497917	57	000660
58	290278	331944	373611	415278	456944	498611	58	000671
59	0.290972	0.332639	0.374306	0.415972	0.457639	0.499306	59	0.000683

Julianische Periode

I. Anzahl der am 0. Januar, 12^h Weltzeit, seit Anfang der Periode verflossenen Tage

Jahr nach Chr.	0	100	200	300	400	500	600	700	800	900
	17	17	17	18	18	19	19	19	20	20
0	21057	57582	94107	30632	67157	03682	40207	76732	13257	49782
4	22518	59043	95568	32093	68618	05143	41668	78193	14718	51243
8	23979	60504	97029	33554	70079	06604	43129	79654	16179	52704
12	25440	61965	98490	35015	71540	08065	44590	81115	17640	54165
16	26901	63426	99951	36476	73001	09526	46051	82576	19101	55626
20	28362	64887	01412	37937	74462	10987	47512	84037	20562	57087
24	29823	66348	02873	39398	75923	12448	48973	85498	22023	58548
28	31284	67809	04334	40859	77384	13909	50434	86959	23484	60009
32	32745	69270	05795	42320	78845	15370	51895	88420	24945	61470
36	34206	70731	07256	43781	80306	16831	53356	89881	26406	62931
40	35667	72192	08717	45242	81767	18292	54817	91342	27867	64392
44	37128	73653	10178	46703	83228	19753	56278	92803	29328	65853
48	38589	75114	11639	48164	84689	21214	57739	94264	30789	67314
52	40050	76575	13100	49625	86150	22675	59200	95725	32250	68775
56	41511	78036	14561	51086	87611	24136	60661	97186	33711	70236
60	42972	79497	16022	52547	89072	25597	62122	98647	35172	71697
64	44433	80958	17483	54008	90533	27058	63583	00108	36633	73158
68	45894	82419	18944	55469	91994	28519	65044	01569	38094	74619
72	47355	83880	20405	56930	93455	29980	66505	03030	39555	76080
76	48816	85341	21866	58391	94916	31441	67966	04491	41016	77541
80	50277	86802	23327	59852	96377	32902	69427	05952	42477	79002
84	51738	88263	24788	61313	97838	34363	70888	07413	43938	80463
88	53199	89724	26249	62774	99299	35824	72349	08874	45399	81924
92	54660	91185	27710	64235	00760	37285	73810	10335	46860	83385
96	56121	92646	29171	65696	02221	38746	75271	11796	48321	84846
100	57582	94107	30632	67157	03682	40207	76732	13257	49782	86307
	17	17	18	18	19	19	19	20	20	20

Ia. Anzahl der am 0. eines jeden Monats, 12^h Weltzeit, seit Beginn der Schaltperiode verflossenen Tage

Jahr	Jan. 0	Febr. 0	März 0	April 0	Mai 0	Juni 0	Juli 0	Aug. 0	Sept. 0	Okt. 0	Nov. 0	Dez. 0
0	0	31	60	91	121	152	182	213	244	274	305	335
1	366	397	425	456	486	517	547	578	609	639	670	700
2	731	762	790	821	851	882	912	943	974	1004	1035	1065
3	1096	1127	1155	1186	1216	1247	1277	1308	1339	1369	1400	1430

I. Anzahl der am 0. Januar, 12^h Weltzeit, seit Anfang der Periode verflossenen Tage

Jahr nach Chr.	1000	1100	1200	1300	1400	1500	1600	1700	1800	1900
	20	21	21	21	22	22	23	23	23	24
0	86307	22832	59357	95882	32407	68932	05447	41971[1]	78495[1]	15019[1]
4	87768	24293	60818	97343	33868	70393	06908	43432	79956	16480
8	89229	25754	62279	98804	35329	71854	08369	44893	81417	17941
12	90690	27215	63740	00265	36790	73315	09830	46354	82878	19402
16	92151	28676	65201	01726	38251	74776	11291	47815	84339	20863
20	93612	30137	66662	03187	39712	76237	12752	49276	85800	22324
24	95073	31598	68123	04648	41173	77698	14213	50737	87261	23785
28	96534	33059	69584	06109	42634	79159	15674	52198	88722	25246
32	97995	34520	71045	07570	44095	80620	17135	53659	90183	26707
36	99456	35981	72506	09031	45556	82081	18596	55120	91644	28168
40	00917	37442	73967	10492	47017	83542	20057	56581	93105	29629
44	02378	38903	75428	11953	48478	85003	21518	58042	94566	31090
48	03839	40364	76889	13414	49939	86464	22979	59503	96027	32551
52	05300	41825	78350	14875	51400	87925	24440	60964	97488	34012
56	06761	43286	79811	16336	52861	89386	25901	62425	98949	35473
60	08222	44747	81272	17797	54322	90847	27362	63886	00410	36934
64	09683	46208	82733	19258	55783	92308	28823	65347	01871	38395
68	11144	47669	84194	20719	57244	93769	30284	66808	03332	39856
72	12605	49130	85655	22180	58705	95230	31745	68269	04793	41317
76	14066	50591	87116	23641	60166	96691	33206	69730	06254	42778
80	15527	52052	88577	25102	61627	98152	34667	71191	07715	44239
84	16988	53513	90038	26563	63088	99603	36128	72652	09176	45700
88	18449	54974	91499	28024	64549	01064	37589	74113	10637	47161
92	19910	56435	92960	29485	66010	02525	39050	75574	12098	48622
96	21371	57896	94421	30946	67471	03986	40511	77035	13559	50083
100	22832	59357	95882	32407	68932	05447	41971[1]	78495[1]	15019[1]	51544
	21	21	21	22	22	23	23	23	24	24

[1] Die Zahlen geben die am —1. Jan. seit Anfang der Periode verflossenen Tage.

Ia. Anzahl der am 0. eines jeden Monats, 12^h Weltzeit, seit Beginn der Schaltperiode verflossenen Tage

Jahr	Jan. 0	Febr. 0	März 0	April 0	Mai 0	Juni 0	Juli 0	Aug. 0	Sept. 0	Okt. 0	Nov. 0	Dez. 0
0	0[2]	31[2]	60	91	121	152	182	213	244	274	305	335
1	366	397	425	456	486	517	547	578	609	639	670	700
2	731	762	790	821	851	882	912	943	974	1004	1035	1065
3	1096	1127	1155	1186	1216	1247	1277	1308	1339	1369	1400	1430

Von 1582 Okt. 15 bis 1583 Dez. 31 sind die Zahlen der Tafel Ia um 10 zu verkleinern.

[2] In den Jahren 1700, 1800, 1900 um 1 zu vergrößern.

Julianische Periode

II. Anzahl der am 0. eines jeden Monats, 12h Weltzeit, seit Beginn der Periode verflossenen Tage

Jahr n. Chr.	Januar 0	Febr. 0	März 0	April 0	Mai 0	Juni 0	Juli 0	Aug. 0	Sept. 0	Okt. 0	Nov. 0	Dez. 0
1860	2400 410	441	470	501	531	562	592	623	654	684	715	745
1861	776	807	835	866	896	927	957	988	*019	*049	*080	*110
1862	2401 141	172	200	231	261	292	322	353	384	414	445	475
1863	506	537	565	596	626	657	687	718	749	779	810	840
1864	871	902	931	962	992	*023	*053	*084	*115	*145	*176	*206
1865	2402 237	268	296	327	357	388	418	449	480	510	541	571
1866	602	633	661	692	722	753	783	814	845	875	906	936
1867	967	998	*026	*057	*087	*118	*148	*179	*210	*240	*271	*301
1868	2403 332	363	392	423	453	484	514	545	576	606	637	667
1869	698	729	757	788	818	849	879	910	941	971	*002	*032
1870	2404 063	094	122	153	183	214	244	275	306	336	367	397
1871	428	459	487	518	548	579	609	640	671	701	732	762
1872	793	824	853	884	914	945	975	*006	*037	*067	*098	*128
1873	2405 159	190	218	249	279	310	340	371	402	432	463	493
1874	524	555	583	614	644	675	705	736	767	797	828	858
1875	889	920	948	979	*009	*040	*070	*101	*132	*162	*193	*223
1876	2406 254	285	314	345	375	406	436	467	498	528	559	589
1877	620	651	679	710	740	771	801	832	863	893	924	954
1878	985	*016	*044	*075	*105	*136	*166	*197	*228	*258	*289	*319
1879	2407 350	381	409	440	470	501	531	562	593	623	654	684
1880	715	746	775	806	836	867	897	928	959	989	*020	*050
1881	2408 081	112	140	171	201	232	262	293	324	354	385	415
1882	446	477	505	536	566	597	627	658	689	719	750	780
1883	811	842	870	901	931	962	992	*023	*054	*084	*115	*145
1884	2409 176	207	236	267	297	328	358	389	420	450	481	511
1885	542	573	601	632	662	693	723	754	785	815	846	876
1886	907	938	966	997	*027	*058	*088	*119	*150	*180	*211	*241
1887	2410 272	303	331	362	392	423	453	484	515	545	576	606
1888	637	668	697	728	758	789	819	850	881	911	942	972
1889	2411 003	034	062	093	123	154	184	215	246	276	307	337
1890	368	399	427	458	488	519	549	580	611	641	672	702
1891	733	764	792	823	853	884	914	945	976	*006	*037	*067
1892	2412 098	129	158	189	219	250	280	311	342	372	403	433
1893	464	495	523	554	584	615	645	676	707	737	768	798
1894	829	860	888	919	949	980	*010	*041	*072	*102	*133	*163
1895	2413 194	225	253	284	314	345	375	406	437	467	498	528
1896	559	590	619	650	680	711	741	772	803	833	864	894
1897	925	956	984	*015	*045	*076	*106	*137	*168	*198	*229	*259
1898	2414 290	321	349	380	410	441	471	502	533	563	594	624
1899	655	686	714	745	775	806	836	867	898	928	959	989

Julianische Periode

II. Anzahl der am 0. eines jeden Monats, 12^h Weltzeit, seit Beginn der Periode verflossenen Tage

Jahr n. Chr.	Januar 0	Febr. 0	März 0	April 0	Mai 0	Juni 0	Juli 0	Aug. 0	Sept. 0	Okt. 0	Nov. 0	Dez. 0
1900	2415 020	051	079	110	140	171	201	232	263	293	324	354
1901	385	416	444	475	505	536	566	597	628	658	689	719
1902	750	781	809	840	870	901	931	962	993	*023	*054	*084
1903	2416 115	146	174	205	235	266	296	327	358	388	419	449
1904	480	511	540	571	601	632	662	693	724	754	785	815
1905	846	877	905	936	966	997	*027	*058	*089	*119	*150	*180
1906	2417 211	242	270	301	331	362	392	423	454	484	515	545
1907	576	607	635	666	696	727	757	788	819	849	880	910
1908	941	972	*001	*032	*062	*093	*123	*154	*185	*215	*246	*276
1909	2418 307	338	366	397	427	458	488	519	550	580	611	641
1910	672	703	731	762	792	823	853	884	915	945	976	*006
1911	2419 037	068	096	127	157	188	218	249	280	310	341	371
1912	402	433	462	493	523	554	584	615	646	676	707	737
1913	768	799	827	858	888	919	949	980	*011	*041	*072	*102
1914	2420 133	164	192	223	253	284	314	345	376	406	437	467
1915	498	529	557	588	618	649	679	710	741	771	802	832
1916	863	894	923	954	984	*015	*045	*076	*107	*137	*168	*198
1917	2421 229	260	288	319	349	380	410	441	472	502	533	563
1918	594	625	653	684	714	745	775	806	837	867	898	928
1919	959	990	*018	*049	*079	*110	*140	*171	*202	*232	*263	*293
1920	2422 324	355	384	415	445	476	506	537	568	598	629	659
1921	690	721	749	780	810	841	871	902	933	963	994	*024
1922	2423 055	086	114	145	175	206	236	267	298	328	359	389
1923	420	451	479	510	540	571	601	632	663	693	724	754
1924	785	816	845	876	906	937	967	998	*029	*059	*090	*120
1925	2424 151	182	210	241	271	302	332	363	394	424	455	485
1926	516	547	575	606	636	667	697	728	759	789	820	850
1927	881	912	940	971	*001	*032	*062	*093	*124	*154	*185	*215
1928	2425 246	277	306	337	367	398	428	459	490	520	551	581
1929	612	643	671	702	732	763	793	824	855	885	916	946
1930	977	*008	*036	*067	*097	*128	*158	*189	*220	*250	*281	*311
1931	2426 342	373	401	432	462	493	523	554	585	615	646	676
1932	707	738	767	798	828	859	889	920	951	981	*012	*042
1933	2427 073	104	132	163	193	224	254	285	316	346	377	407
1934	438	469	497	528	558	589	619	650	681	711	742	772
1935	803	834	862	893	923	954	984	*015	*046	*076	*107	*137
1936	2428 168	199	228	259	289	320	350	381	412	442	473	503
1937	534	565	593	624	654	685	715	746	777	807	838	868
1938	899	930	958	989	*019	*050	*080	*111	*142	*172	*203	*233
1939	2429 264	295	323	354	384	415	445	476	507	537	568	598

Julianische Periode

II. Anzahl der am 0. eines jeden Monats, 12^h Weltzeit, seit Beginn der Periode verflossenen Tage

Jahr n. Chr.	Januar 0	Febr. 0	März 0	April 0	Mai 0	Juni 0	Juli 0	Aug. 0	Sept. 0	Okt. 0	Nov. 0	Dez. 0
1940	2429 629	660	689	720	750	781	811	842	873	903	934	964
1941	995	*026	*054	*085	*115	*146	*176	*207	*238	*268	*299	*329
1942	2430 360	391	419	450	480	511	541	572	603	633	664	694
1943	725	756	784	815	845	876	906	937	968	998	*029	*059
1944	2431 090	121	150	181	211	242	272	303	334	364	395	425
1945	456	487	515	546	576	607	637	668	699	729	760	790
1946	821	852	880	911	941	972	*002	*033	*064	*094	*125	*155
1947	2432 186	217	245	276	306	337	367	398	429	459	490	520
1948	551	582	611	642	672	703	733	764	795	825	856	886
1949	917	948	976	*007	*037	*068	*098	*129	*160	*190	*221	*251
1950	2433 282	313	341	372	402	433	463	494	525	555	586	616
1951	647	678	706	737	767	798	828	859	890	920	951	981
1952	2434 012	043	072	103	133	164	194	225	256	286	317	347
1953	378	409	437	468	498	529	559	590	621	651	682	712
1954	743	774	802	833	863	894	924	955	986	*016	*047	*077
1955	2435 108	139	167	198	228	259	289	320	351	381	412	442
1956	473	504	533	564	594	625	655	686	717	747	778	808
1957	839	870	898	929	959	990	*020	*051	*082	*112	*143	*173
1958	2436 204	235	263	294	324	355	385	416	447	477	508	538
1959	569	600	628	659	689	720	750	781	812	842	873	903
1960	934	965	994	*025	*055	*086	*116	*147	*178	*208	*239	*269
1961	2437 300	331	359	390	420	451	481	512	543	573	604	634
1962	665	696	724	755	785	816	846	877	908	938	969	999
1963	2438 030	061	089	120	150	181	211	242	273	303	334	364
1964	395	426	455	486	516	547	577	608	639	669	700	730
1965	761	792	820	851	881	912	942	973	*004	*034	*065	*095
1966	2439 126	157	185	216	246	277	307	338	369	399	430	460
1967	491	522	550	581	611	642	672	703	734	764	795	825
1968	856	887	916	947	977	*008	*038	*069	*100	*130	*161	*191
1969	2440 222	253	281	312	342	373	403	434	465	495	526	556
1970	587	618	646	677	707	738	768	799	830	860	891	921
1971	952	983	*011	*042	*072	*103	*133	*164	*195	*225	*256	*286
1972	2441 317	348	377	408	438	469	499	530	561	591	622	652
1973	683	714	742	773	803	834	864	895	926	956	987	*017
1974	2442 048	079	107	138	168	199	229	260	291	321	352	382
1975	413	444	472	503	533	564	594	625	656	686	717	747
1976	778	809	838	869	899	930	960	991	*022	*052	*083	*113
1977	2443 144	175	203	234	264	295	325	356	387	417	448	478
1978	509	540	568	599	629	660	690	721	752	782	813	843
1979	2443 874	905	933	964	994	*025	*055	*086	*117	*147	*178	*208

Hilfsgrößen

zur Berechnung der geozentrischen Koordinaten

$\rho \sin \varphi' = s \sin \varphi$; $\rho \cos \varphi' = c \cos \varphi$

φ	log *s*	Δ	log *c*	Δ	φ	log *s*	Δ	log *c*	Δ
±0°	9.9970705	4	0.0000000	4	±40°	9.9976745	252	0.0006040	252
1	.9970709	14	.0000004	14	41	.9976997	254	.0006292	254
2	.9970723	22	.0000018	22	42	.9977251	255	.0006546	255
3	.9970745	31	.0000040	31	43	.9977506	255	.0006801	255
4	.9970776	40	.0000071	40	44	.9977761	255	.0007056	255
5	9.9970816	49	0.0000111	49	45	9.9978016	256	0.0007311	256
6	.9970865	57	.0000160	57	46	.9978272	255	.0007567	255
7	.9970922	66	.0000217	66	47	.9978527	255	.0007822	255
8	.9970988	74	.0000283	74	48	.9978782	254	.0008077	254
9	.9971062	83	.0000357	83	49	.9979036	252	.0008331	252
10	9.9971145	92	0.0000440	92	50	9.9979288	252	0.0008583	252
11	.9971237	99	.0000532	99	51	.9979540	249	.0008835	249
12	.9971336	108	.0000631	108	52	.9979789	247	.0009084	247
13	.9971444	116	.0000739	116	53	.9980036	245	.0009331	245
14	.9971560	123	.0000855	123	54	.9980281	242	.0009576	242
15	9.9971683	131	0.0000978	131	55	9.9980523	239	0.0009818	239
16	.9971814	139	.0001109	139	56	.9980762	235	.0010057	235
17	.9971953	146	.0001248	146	57	.9980997	232	.0010292	232
18	.9972099	154	.0001394	154	58	.9981229	228	.0010524	228
19	.9972253	160	.0001548	160	59	.9981457	224	.0010752	224
20	9.9972413	168	0.0001708	168	60	9.9981681	220	0.0010976	220
21	.9972581	174	.0001876	174	61	.9981901	215	.0011196	215
22	.9972755	180	.0002050	180	62	.9982116	209	.0011411	209
23	.9972935	187	.0002230	187	63	.9982325	205	.0011620	205
24	.9973122	192	.0002417	192	64	.9982530	199	.0011825	199
25	9.9973314	198	0.0002609	198	65	9.9982729	193	0.0012024	193
26	.9973512	204	.0002807	204	66	.9982922	188	.0012217	188
27	.9973716	209	.0003011	209	67	.9983110	181	.0012405	181
28	.9973925	214	.0003220	214	68	.9983291	175	.0012586	175
29	.9974139	219	.0003434	219	69	.9983466	168	.0012761	168
30	9.9974358	223	0.0003653	223	70	9.9983634	161	0.0012929	161
31	.9974581	227	.0003876	227	71	.9983795	154	.0013090	154
32	.9974808	232	.0004103	232	72	.9983949	147	.0013244	147
33	.9975040	235	.0004335	235	73	.9984096	140	.0013391	140
34	.9975275	238	.0004570	238	74	.9984236	132	.0013531	132
35	9.9975513	241	0.0004808	241	75	9.9984368	124	0.0013663	124
36	.9975754	245	.0005049	245	76	.9984492	117	.0013787	117
37	.9975999	246	.0005294	246	77	.9984609	108	.0013904	108
38	.9976245	249	.0005540	249	78	.9984717	100	.0014012	100
39	.9976494	251	.0005789	251	79	.9984817	92	.0014112	92
40	9.9976745		0.0006040		80	9.9984909		0.0014204	

Halber Tagbogen

δ \ φ	+30°	+32°	+34°	+36°	+38°	+40°	+42°	+44°	+46°	+48°	+50°
°	h m	h m	h m	h m	h m	h m	h m	h m	h m	h m	h m
−30	4 45.4	4 38.8	4 31.8	4 24.4	4 16.5	4 8.1	3 58.9	3 48.9	3 37.9	3 25.7	3 11.8
29	4 48.6	4 42.3	4 35.6	4 28.6	4 21.1	4 13.0	4 4.3	3 54.9	3 44.5	3 33.0	3 20.1
28	4 51.7	4 45.7	4 39.3	4 32.6	4 25.5	4 17.8	4 9.6	4 0.7	3 50.9	3 40.1	3 28.0
27	4 54.7	4 49.0	4 42.9	4 36.5	4 29.8	4 22.5	4 14.7	4 6.2	3 57.0	3 46.9	3 35.5
26	4 57.7	4 52.2	4 46.5	4 40.4	4 33.9	4 27.1	4 19.7	4 11.7	4 3.0	3 53.4	3 42.8
25	5 0.6	4 55.4	4 49.9	4 44.2	4 38.0	4 31.5	4 24.5	4 16.9	4 8.7	3 59.7	3 49.7
24	5 3.5	4 58 5	4 53.3	4 47.8	4 42.0	4 35.8	4 29.2	4 22.0	4 14.3	4 5.8	3 56.5
23	5 6.3	5 1.6	4 56.6	4 51.4	4 45.9	4 40.1	4 33.8	4 27.0	4 19.7	4 11.8	4 3.0
22	5 9.0	5 4.6	4 59.9	4 55.0	4 49.7	4 44.2	4 38.3	4 31.9	4 25.0	4 17.5	4 9.3
21	5 11.7	5 7.5	5 3.1	4 58.4	4 53.5	4 48.3	4 42.7	4 36.7	4 30.2	4 23.2	4 15.4
−20	5 14.4	5 10.4	5 6.2	5 1.8	4 57.2	4 52.3	4 47.0	4 41.3	4 35.3	4 28.7	4 21.4
19	5 17.0	5 13.3	5 9.3	5 5.2	5 0.8	4 56.2	4 51.2	4 45.9	4 40.2	4 34.0	4 27.3
18	5 19.6	5 16.1	5 12.4	5 8.5	5 4.4	5 0.0	4 55.4	4 50.4	4 45.1	4 39.3	4 33.0
17	5 22.2	5 18.9	5 15.4	5 11.7	5 7.9	5 3.8	4 59.5	4 54.9	4 49.9	4 44.5	4 38.6
16	5 24.7	5 21.6	5 18.4	5 14.9	5 11.4	5 7.5	5 3.5	4 59.2	4 54.6	4 49.5	4 44.1
15	5 27.2	5 24.3	5 21.3	5 18.1	5 14.8	5 11.2	5 7.5	5 3.5	4 59.2	4 54.5	4 49.5
14	5 29.7	5 27.0	5 24.2	5 21.3	5 18.2	5 14.9	5 11.4	5 7.7	5 3.7	4 59.5	4 54.8
13	5 32.1	5 29.7	5 27.1	5 24.4	5 21.5	5 18.5	5 15.3	5 11.9	5 8.2	5 4.3	5 0.0
12	5 34.6	5 32.3	5 29.9	5 27.4	5 24.8	5 22.1	5 19.1	5 16.0	5 12.6	5 9.0	5 5.1
11	5 37.0	5 34.9	5 32.7	5 30.5	5 28.1	5 25.6	5 22.9	5 20.1	5 17.0	5 13.7	5 10.2
−10	5 39.4	5 37.5	5 35.5	5 33.5	5 31.3	5 29.1	5 26.7	5 24.1	5 21.4	5 18.4	5 15.2
9	5 41.7	5 40.1	5 38.3	5 36.5	5 34.6	5 32.5	5 30.4	5 28.1	5 25.7	5 23.0	5 20.2
8	5 44.1	5 42.6	5 41.1	5 39.5	5 37.8	5 36.0	5 34.1	5 32.1	5 29.9	5 27.6	5 25.1
7	5 46.4	5 45.2	5 43.8	5 42.4	5 41.0	5 39.4	5 37.8	5 36.0	5 34.2	5 32.2	5 30.0
6	5 48.8	5 47.7	5 46.6	5 45.4	5 44.1	5 42.8	5 41.4	5 40.0	5 38.4	5 36.7	5 34.9
5	5 51.1	5 50.2	5 49.3	5 48.3	5 47.3	5 46.2	5 45.1	5 43.9	5 42.6	5 41.2	5 39.7
4	5 53.4	5 52.7	5 52.0	5 51.2	5 50.4	5 49.6	5 48.7	5 47.8	5 46.8	5 45.7	5 44.5
3	5 55.8	5 55.2	5 54.7	5 54.1	5 53.6	5 53.0	5 52.3	5 51.6	5 50.9	5 50.1	5 49.3
2	5 58.1	5 57.7	5 57.4	5 57.1	5 56.7	5 56.3	5 55.9	5 55.5	5 55.1	5 54.6	5 54.1
− 1	6 0.4	6 0.2	6 0.1	6 0.0	5 59.8	5 59.7	5 59.5	5 59.4	5 59.2	5 59.0	5 58.9
0	6 2.7	6 2.7	6 2.8	6 2.9	6 2.9	6 3.0	6 3.1	6 3.2	6 3.4	6 3.5	6 3.6
+ 1	6 5.0	6 5.2	6 5.5	6 5.8	6 6.1	6 6.4	6 6.7	6 7.1	6 7.5	6 7.9	6 8.4
2	6 7.3	6 7.7	6 8.2	6 8.7	6 9.2	6 9.8	6 10.3	6 11.0	6 11.6	6 12.4	6 13.2
3	6 9.6	6 10.3	6 10.9	6 11.6	6 12.3	6 13.1	6 14.0	6 14.8	6 15.8	6 16.8	6 18.0
4	6 11.9	6 12.8	6 13.6	6 14.5	6 15.5	6 16.5	6 17.6	6 18.7	6 20.0	6 21.3	6 22.8
5	6 14.3	6 15.3	6 16.4	6 17.5	6 18.6	6 19.9	6 21.2	6 22.6	6 24.2	6 25.8	6 27.6
6	6 16.6	6 17.8	6 19.1	6 20.4	6 21.8	6 23.3	6 24.9	6 26.6	6 28.4	6 30.4	6 32.5
7	6 19.0	6 20.4	6 21.8	6 23.4	6 25.0	6 26.7	6 28.6	6 30.5	6 32.6	6 34.9	6 37.4
8	6 21.3	6 22.9	6 24.6	6 26.4	6 28.2	6 30.2	6 32.3	6 34.5	6 36.9	6 39.5	6 42.3
9	6 23.7	6 25.5	6 27.4	6 29.4	6 31.4	6 33.7	6 36.0	6 38.5	6 41.2	6 44.1	6 47.3
10	6 26.1	6 28.1	6 30.2	6 32.4	6 34.7	6 37.2	6 39.8	6 42.5	6 45.6	6 48.8	6 52.3
+11	6 28.5	6 30.7	6 33.0	6 35.4	6 38.0	6 40.7	6 43.6	6 46.6	6 49.9	6 53.5	6 57.4
12	6 31.0	6 33.4	6 35.9	6 38.5	6 41.3	6 44.3	6 47.4	6 50.8	6 54.4	6 58.3	7 2.5
13	6 33.4	6 36.0	6 38.8	6 41.6	6 44.7	6 47.9	6 51.3	6 54.9	6 58.9	7 3.1	7 7.8
14	6 35.9	6 38.7	6 41.7	6 44.8	6 48.0	6 51.5	6 55.2	6 59.2	7 3.4	7 8.0	7 13.1
15	6 38.4	6 41.4	6 44.6	6 47.9	6 51.5	6 55.2	6 59.2	7 3.5	7 8.1	7 13.0	7 18.5
16	6 41.0	6 44.2	6 47.6	6 51.2	6 54.9	6 58.9	7 3.2	7 7.8	7 12.7	7 18.1	7 23.9
17	6 43.5	6 47.0	6 50.6	6 54.4	6 58.5	7 2.7	7 7.3	7 12.2	7 17.5	7 23.3	7 29.5
18	6 46.1	6 49.8	6 53.7	6 57.7	7 2.0	7 6.6	7 11.5	7 16.7	7 22.4	7 28.5	7 35.3
19	6 48.8	6 52.7	6 56.8	7 1.1	7 5.7	7 10.5	7 15.7	7 21.3	7 27.4	7 33.9	7 41.1
20	6 51.5	6 55.6	6 59.9	7 4.5	7 9.4	7 14.5	7 20.1	7 26.0	7 32.4	7 39.4	7 47.1
+21	6 54.2	6 58.6	7 3.1	7 8.0	7 13.1	7 18.6	7 24.5	7 30.8	7 37.6	7 45.1	7 53.3
22	6 56.9	7 1.6	7 6.4	7 11.5	7 17.0	7 22.8	7 29.0	7 35.7	7 42.9	7 50.9	7 59.6
23	6 59.8	7 4.6	7 9.7	7 15.1	7 20.9	7 27.0	7 33.6	7 40.7	7 48.4	7 56.8	8 6.1
24	7 2.6	7 7.7	7 13.1	7 18.8	7 24.9	7 31.3	7 38.3	7 45.8	7 54.0	8 2.9	8 12.9
25	7 5.6	7 10.9	7 16.6	7 22.6	7 29.0	7 35.8	7 43.1	7 51.1	7 59.8	8 9.3	8 19.9
26	7 8.5	7 14.2	7 20.1	7 26.4	7 33.2	7 40.4	7 48.1	7 56.5	8 5.7	8 15.8	8 27.1
27	7 11.6	7 17.5	7 23.8	7 30.4	7 37.5	7 45.0	7 53.2	8 2.1	8 11.8	8 22.6	8 34.7
28	7 14.7	7 20.9	7 27.5	7 34.4	7 41.9	7 49.9	7 58.5	8 7.9	8 18.2	8 29.7	8 42.6
29	7 17.9	7 24.4	7 31.3	7 38.6	7 46.4	7 54.8	8 3.9	8 13.9	8 24.8	8 37.1	8 51.0
+30	7 21.2	7 28.0	7 35.2	7 42.9	7 51.1	7 59.9	8 9.5	8 20.1	8 31.7	8 44.8	8 59.7

δ \ φ	+50°	+51°	+52°	+53°	+54°	+55°	+56°	+57°	+58°	+59°	+60°
°	h m	h m	h m	h m	h m	h m	h m	h m	h m	h m	h m
−30	3 11.8	3 4.1	2 55.8	2 46.8	2 36.9	2 25.9	2 13.5	1 59.3	1 42.4	1 21.1	0 49.7
29	3 20.1	3 12.9	3 5.3	2 57.0	2 48.0	2 38.1	2 27.1	2 14.7	2 0.4	1 43.4	1 21.9
28	3 28.0	3 21.3	3 14.2	3 6.6	2 58.3	2 49.3	2 39.4	2 28.4	2 15.9	2 1.6	1 44.5
27	3 35.5	3 29.3	3 22.7	3 15.7	3 8.0	2 59.8	2 50.8	2 40.8	2 29.8	2 17.3	2 2.9
26	3 42.8	3 37.0	3 30.8	3 24.2	3 17.2	3 9.6	3 1.4	2 52.4	2 42.4	2 31.3	2 18.8
25	3 49.7	3 44.3	3 38.6	3 32.4	3 25.9	3 18.9	3 11.3	3 3.1	2 54.1	2 44.1	2 33.0
24	3 56.5	3 51.4	3 46.0	3 40.3	3 34.3	3 27.8	3 20.8	3 13.2	3 5.0	2 56.0	2 46.0
23	4 3.0	3 58.2	3 53.2	3 47.9	3 42.3	3 36.2	3 29.8	3 22.8	3 15.3	3 7.1	2 58.0
22	4 9.3	4 4.9	4 0.2	3 55.2	3 50.0	3 44.3	3 38.4	3 31.9	3 25.0	3 17.5	3 9.3
21	4 15.4	4 11.3	4 6.9	4 2.3	3 57.4	3 52.2	3 46.6	3 40.7	3 34.3	3 27.4	3 19.9
−20	4 21.4	4 17.5	4 13.5	4 9.1	4 4.6	3 59.8	3 54.6	3 49.1	3 43.2	3 36.9	3 30.0
19	4 27.3	4 23.7	4 19.9	4 15.8	4 11.6	4 7.1	4 2.3	3 57.2	3 51.8	3 45.9	3 39.6
18	4 33.0	4 29.6	4 26.1	4 22.3	4 18.4	4 14.2	4 9.8	4 5.1	4 0.1	3 54.7	3 48.9
17	4 38.6	4 35.4	4 32.1	4 28.7	4 25.0	4 21.1	4 17.0	4 12.7	4 8.1	4 3.1	3 57.8
16	4 44.1	4 41.2	4 38.1	4 34.9	4 31.5	4 27.9	4 24.1	4 20.1	4 15.9	4 11.3	4 6.4
15	4 49.5	4 46.8	4 43.9	4 41.0	4 37.8	4 34.5	4 31.0	4 27.4	4 23.4	4 19.3	4 14.8
14	4 54.8	4 52.3	4 49.7	4 46.9	4 44.1	4 41.0	4 37.8	4 34.4	4 30.8	4 27.0	4 22.9
13	5 0.0	4 57.7	4 55.3	4 52.8	4 50.2	4 47.4	4 44.5	4 41.4	4 38.1	4 34.6	4 30.9
12	5 5.1	5 3.0	5 0.9	4 58.6	4 56.2	4 53.7	4 51.0	4 48.2	4 45.2	4 42.0	4 38.7
11	5 10.2	5 8.3	5 6.4	5 4.3	5 2.1	4 59.8	4 57.4	4 54.9	4 52.2	4 49.3	4 46.3
−10	5 15.2	5 13.5	5 11.8	5 9.9	5 7.9	5 5.9	5 3.7	5 1.5	4 59.1	4 56.5	4 53.8
9	5 20.2	5 18.7	5 17.1	5 15.5	5 13.7	5 11.9	5 10.0	5 8.0	5 5.8	5 3.6	5 1.2
8	5 25.1	5 23.8	5 22.4	5 21.0	5 19.5	5 17.9	5 16.2	5 14.4	5 12.5	5 10.6	5 8.5
7	5 30.0	5 28.9	5 27.7	5 26.4	5 25.1	5 23.8	5 22.3	5 20.8	5 19.2	5 17.5	5 15.7
6	5 34.9	5 33.9	5 32.9	5 31.8	5 30.7	5 29.6	5 28.4	5 27.1	5 25.7	5 24.3	5 22.8
5	5 39.7	5 38.9	5 38.1	5 37.2	5 36.3	5 35.4	5 34.4	5 33.4	5 32.2	5 31.1	5 29.9
4	5 44.5	5 43.9	5 43.3	5 42.6	5 41.9	5 41.2	5 40.4	5 39.6	5 38.7	5 37.8	5 36.9
3	5 49.3	5 48.9	5 48.4	5 47.9	5 47.4	5 46.9	5 46.3	5 45.8	5 45.2	5 44.5	5 43.8
2	5 54.1	5 53.8	5 53.5	5 53.3	5 52.9	5 52.6	5 52.3	5 52.0	5 51.6	5 51.2	5 50.8
− 1	5 58.9	5 58.8	5 58.7	5 58.6	5 58.4	5 58.3	5 58.2	5 58.1	5 58.0	5 57.9	5 57.7
0	6 3.6	6 3.7	6 3.8	6 3.9	6 4.0	6 4.1	6 4.2	6 4.3	6 4.4	6 4.5	6 4.7
+ 1	6 8.4	6 8.6	6 8.9	6 9.2	6 9.5	6 9.8	6 10.1	6 10.4	6 10.8	6 11.2	6 11.6
2	6 13.2	6 13.6	6 14.0	6 14.5	6 15.0	6 15.5	6 16.0	6 16.6	6 17.2	6 17.8	6 18.5
3	6 18.0	6 18.6	6 19.2	6 19.8	6 20.5	6 21.2	6 22.0	6 22.8	6 23.6	6 24.6	6 25.5
4	6 22.8	6 23.5	6 24.4	6 25.2	6 26.1	6 27.0	6 28.0	6 29.0	6 30.1	6 31.3	6 32.5
5	6 27.6	6 28.6	6 29.6	6 30.6	6 31.7	6 32.8	6 34.0	6 35.3	6 36.6	6 38.1	6 39.6
6	6 32.5	6 33.6	6 34.8	6 36.0	6 37.3	6 38.7	6 40.1	6 41.6	6 43.2	6 44.9	6 46.7
7	6 37.4	6 38.7	6 40.0	6 41.5	6 43.0	6 44.6	6 46.2	6 48.0	6 49.8	6 51.8	6 53.9
8	6 42.3	6 43.8	6 45.3	6 47.0	6 48.7	6 50.5	6 52.4	6 54.4	6 56.5	6 58.8	7 1.2
9	6 47.3	6 48.9	6 50.7	6 52.6	6 54.5	6 56.5	6 58.7	7 0.9	7 3.3	7 5.9	7 8.6
10	6 52.3	6 54.1	6 56.1	6 58.2	7 0.3	7 2.6	7 5.0	7 7.5	7 10.2	7 13.1	7 16.2
+11	6 57.4	6 59.4	7 1.6	7 3.9	7 6.3	7 8.8	7 11.4	7 14.2	7 17.2	7 20.4	7 23.8
12	7 2.5	7 4.8	7 7.2	7 9.7	7 12.3	7 15.1	7 18.0	7 21.1	7 24.3	7 27.8	7 31.5
13	7 7.8	7 10.2	7 12.8	7 15.5	7 18.4	7 21.4	7 24.6	7 28.0	7 31.6	7 35.4	7 39.5
14	7 13.1	7 15.7	7 18.6	7 21.5	7 24.6	7 27.9	7 31.4	7 35.1	7 39.0	7 43.2	7 47.7
15	7 18.5	7 21.4	7 24.4	7 27.6	7 31.0	7 34.6	7 38.3	7 42.4	7 46.6	7 51.2	7 56.1
16	7 23.9	7 27.1	7 30.4	7 33.8	7 37.5	7 41.4	7 45.4	7 49.8	7 54.4	7 59.4	8 4.7
17	7 29.5	7 32.9	7 36.5	7 40.2	7 44.1	7 48.3	7 52.7	7 57.4	8 2.5	8 7.9	8 13.7
18	7 35.3	7 38.9	7 42.7	7 46.7	7 50.9	7 55.4	8 0.2	8 5.3	8 10.8	8 16.6	8 23.0
19	7 41.1	7 45.0	7 49.1	7 53.4	7 57.9	8 2.8	8 7.9	8 13.4	8 19.4	8 25.7	8 32.6
20	7 47.1	7 51.3	7 55.6	8 0.3	8 5.2	8 10.4	8 15.9	8 21.9	8 28.3	8 35.2	8 42.8
+21	7 53.3	7 57.7	8 2.4	8 7.3	8 12.6	8 18.2	8 24.2	8 30.7	8 37.6	8 45.2	8 53.5
22	7 59.6	8 4.3	8 9.4	8 14.7	8 20.3	8 26.4	8 32.8	8 39.8	8 47.4	8 55.7	9 4.8
23	8 6.1	8 11.2	8 16.6	8 22.3	8 28.3	8 34.9	8 41.9	8 49.5	8 57.7	9 6.8	9 16.9
24	8 12.9	8 18.3	8 24.0	8 30.2	8 36.7	8 43.8	8 51.4	8 59.6	9 8.7	9 18.8	9 30.0
25	8 19.9	8 25.7	8 31.8	8 38.4	8 45.5	8 53.1	9 1.4	9 10.5	9 20.5	9 31.7	9 44.4
26	8 27.1	8 33.4	8 40.0	8 47.0	8 54.7	9 3.0	9 12.1	9 22.1	9 33.2	9 45.9	10 0.6
27	8 34.7	8 41.4	8 48.5	8 56.1	9 4.4	9 13.5	9 23.5	9 34.6	9 47.3	10 1.9	10 19.5
28	8 42.6	8 49.8	8 57.5	9 5.8	9 14.8	9 24.8	9 35.9	9 48.5	10 3.1	10 20.5	10 42.9
29	8 51.0	8 58.7	9 7.0	9 16.1	9 26.0	9 37.1	9 49.6	10 4.1	10 21.5	10 43.7	11 18.1
+30	8 59.7	9 8.1	9 17.2	9 27.1	9 38.2	9 50.7	10 5.1	10 22.3	10 44.4	11 18.5	— —

Hilfstafeln

zur Berechnung der optischen Mondlibration

λ−☊	Δλ	a	B	λ−☊	λ−☊	Δλ	a	B	λ−☊
°	′		° ′	°	°	′		° ′	°
0	+0.0+	−0.0269+	−0 0.0+	180	45	+0.6+	−0.0190+	−1 5.3+	225
1	0.0	268	0 1.6	181	46	0.6	187	1 6.4	226
2	0.0	268	0 3.2	182	47	0.6	183	1 7.5	227
3	0.1	268	0 4.8	183	48	0.6	180	1 8.6	228
4	0.1	268	0 6.4	184	49	0.6	176	1 9.7	229
5	+0.1+	−0.0268+	−0 8.0+	185	50	+0.6+	−0.0173+	−1 10.7+	230
6	0.1	267	0 9.7	186	51	0.6	169	1 11.8	231
7	0.1	267	0 11.3	187	52	0.6	165	1 12.8	232
8	0.2	266	0 12.9	188	53	0.6	162	1 13.8	233
9	0.2	265	0 14.4	189	54	0.6	158	1 14.7	234
10	+0.2+	−0.0264+	−0 16.0+	190	55	+0.6+	−0.0154+	−1 15.6+	235
11	0.2	264	0 17.6	191	56	0.6	150	1 16.5	236
12	0.2	263	0 19.2	192	57	0.6	146	1 17.4	237
13	0.3	262	0 20.8	193	58	0.6	142	1 18.3	238
14	0.3	261	0 22.3	194	59	0.5	138	1 19.2	239
15	+0.3+	−0.0259+	−0 23.9+	195	60	+0.5+	−0.0134+	−1 20.0+	240
16	0.3	258	0 25.5	196	61	0.5	130	1 20.8	241
17	0.3	257	0 27.0	197	62	0.5	126	1 21.5	242
18	0.4	255	0 28.5	198	63	0.5	122	1 22.3	243
19	0.4	254	0 30.1	199	64	0.5	118	1 23.0	244
20	+0.4+	−0.0252+	−0 31.6+	200	65	+0.5+	−0.0114+	−1 23.7+	245
21	0.4	251	0 33.1	201	66	0.5	109	1 24.4	246
22	0.4	249	0 34.6	202	67	0.4	105	1 25.0	247
23	0.4	247	0 36.1	203	68	0.4	101	1 25.6	248
24	0.5	245	0 37.6	204	69	0.4	096	1 26.2	249
25	+0.5+	−0.0243+	−0 39.0+	205	70	+0.4+	−0.0092+	−1 26.8+	250
26	0.5	241	0 40.5	206	71	0.4	87	1 27.3	251
27	0.5	239	0 41.9	207	72	0.4	83	1 27.8	252
28	0.5	237	0 43.4	208	73	0.3	79	1 28.3	253
29	0.5	235	0 44.8	209	74	0.3	74	1 28.8	254
30	+0.5+	−0.0233+	−0 46.2+	210	75	+0.3+	−0.0070+	−1 29.2+	255
31	0.5	230	0 47.6	211	76	0.3	65	1 29.6	256
32	0.6	228	0 48.9	212	77	0.3	60	1 30.0	257
33	0.6	225	0 50.3	213	78	0.2	56	1 30.3	258
34	0.6	223	0 51.6	214	79	0.2	51	1 30.6	259
35	+0.6+	−0.0220+	−0 53.0+	215	80	+0.2+	−0.0047+	−1 30.9+	260
36	0.6	217	0 54.3	216	81	0.2	42	1 31.2	261
37	0.6	214	0 55.6	217	82	0.2	37	1 31.4	262
38	0.6	212	0 56.9	218	83	0.1	33	1 31.6	263
39	0.6	209	0 58.1	219	84	0.1	28	1 31.8	264
40	+0.6+	−0.0206+	−0 59.4+	220	85	+0.1+	−0.0023+	−1 32.0+	265
41	0.6	203	1 0.6	221	86	0.1	19	1 32.1	266
42	0.6	200	1 1.8	222	87	0.1	14	1 32.2	267
43	0.6	196	1 3.0	223	88	0.0	09	1 32.3	268
44	0.6	193	1 4.1	224	89	0.0	05	1 32.3	269
45	+0.6+	−0.0190+	−1 5.3+	225	90	+0.0+	−0.0000+	−1 32.3+	270

$$l' = \lambda + \Delta\lambda - a\,(B - \beta) - L_{☾}\,; \quad b' = B - \beta$$

l', b' = Optische Libration der Mondmitte in selenographischer Länge und Breite.

λ, β = Länge und Breite des Mondmittelpunktes, berechnet für den Beobachtungsort.

$L_{☾}$ = Mittlere Länge des Mondes, ☊ = Mondknoten.

Hilfstafeln

zur Berechnung der optischen Mondlibration

λ−☊	Δλ	a	B	λ−☊	λ−☊	Δλ	a	B	λ−☊
°	′		° ′	°	°	′		° ′	°
90	−0.0 −	+0.0000 −	−1 32.3+	270	135	−0.6 −	+0.0190 −	−1 5.3+	315
91	0.0	05	1 32.3	271	136	0.6	193	1 4.1	316
92	0.0	09	1 32.3	272	137	0.6	196	1 3.0	317
93	0.1	14	1 32.2	273	138	0.6	200	1 1.8	318
94	0.1	19	1 32.1	274	139	0.6	203	1 0.6	319
95	−0.1 −	+0.0023 −	−1 32.0+	275	140	−0.6 −	+0.0206 −	−0 59.4+	320
96	0.1	28	1 31.8	276	141	0.6	209	0 58.1	321
97	0.1	33	1 31.6	277	142	0.6	212	0 56.9	322
98	0.2	37	1 31.4	278	143	0.6	214	0 55.6	323
99	0.2	42	1 31.2	279	144	0.6	217	0 54.3	324
100	−0.2 −	+0.0047 −	−1 30.9+	280	145	−0.6 −	+0.0220 −	−0 53.0+	325
101	0.2	51	1 30.6	281	146	0.6	223	0 51.6	326
102	0.2	56	1 30.3	282	147	0.6	225	0 50.3	327
103	0.3	60	1 30.0	283	148	0.6	228	0 48.9	328
104	0.3	65	1 29.6	284	149	0.5	230	0 47.6	329
105	−0.3 −	+0.0070 −	−1 29.2+	285	150	−0.5 −	+0.0233 −	−0 46.2+	330
106	0.3	74	1 28.8	286	151	0.5	235	0 44.8	331
107	0.3	79	1 28.3	287	152	0.5	237	0 43.4	332
108	0.4	83	1 27.8	288	153	0.5	239	0 41.9	333
109	0.4	87	1 27.3	289	154	0.5	241	0 40.5	334
110	−0.4 −	+0.0092 −	−1 26.8+	290	155	−0.5 −	+0.0243 −	−0 39.0+	335
111	0.4	096	1 26.2	291	156	0.5	245	0 37.6	336
112	0.4	101	1 25.6	292	157	0.4	247	0 36.1	337
113	0.4	105	1 25.0	293	158	0.4	249	0 34.6	338
114	0.5	109	1 24.4	294	159	0.4	251	0 33.1	339
115	−0.5 −	+0.0114 −	−1 23.7+	295	160	−0.4 −	+0.0252 −	−0 31.6+	340
116	0.5	118	1 23.0	296	161	0.4	254	0 30.1	341
117	0.5	122	1 22.3	297	162	0.4	255	0 28.5	342
118	0.5	126	1 21.5	298	163	0.3	257	0 27.0	343
119	0.5	130	1 20.8	299	164	0.3	258	0 25.5	344
120	−0.5 −	+0.0134 −	−1 20.0+	300	165	−0.3 −	+0.0259 −	−0 23.9+	345
121	0.5	138	1 19.2	301	166	0.3	261	0 22.3	346
122	0.6	142	1 18.3	302	167	0.3	262	0 20.8	347
123	0.6	146	1 17.4	303	168	0.2	263	0 19.2	348
124	0.6	150	1 16.5	304	169	0.2	264	0 17.6	349
125	−0.6 −	+0.0154 −	−1 15.6+	305	170	−0.2 −	+0.0264 −	−0 16.0+	350
126	0.6	158	1 14.7	306	171	0.2	265	0 14.4	351
127	0.6	162	1 13.8	307	172	0.2	266	0 12.9	352
128	0.6	165	1 12.8	308	173	0.1	267	0 11.3	353
129	0.6	169	1 11.8	309	174	0.1	267	0 9.7	354
130	−0.6 −	+0.0173 −	−1 10.7+	310	175	−0.1 −	+0.0268 −	−0 8.0+	355
131	0.6	176	1 9.7	311	176	0.1	268	0 6.4	356
132	0.6	180	1 8.6	312	177	0.1	268	0 4.8	357
133	0.6	183	1 7.5	313	178	0.0	268	0 3.2	358
134	0.6	187	1 6.4	314	179	0.0	268	0 1.6	359
135	−0.6 −	+0.0190 −	−1 5.3+	315	180	−0.0 −	+0.0269 −	−0 0.0+	360

$$l' = \lambda + \Delta\lambda - a\,(B - \beta) - L_{☾}\,; \quad b' = B - \beta$$

l', b' = Optische Libration der Mondmitte in selenographischer Länge und Breite.

λ, β = Länge und Breite des Mondmittelpunktes, berechnet für den Beobachtungsort.

$L_{☾}$ = Mittlere Länge des Mondes, ☊ = Mondknoten.

Verwandlung von Zeitmaß in Gradmaß

0^{h} *bis* 4^{h} $0°$ *bis* $60°$			4^{h} *bis* 8^{h} $60°$ *bis* $120°$			8^{h} *bis* 12^{h} $120°$ *bis* $180°$			12^{h} *bis* 16^{h} $180°$ *bis* $240°$			16^{h} *bis* 20^{h} $240°$ *bis* $300°$			20^{h} *bis* 24^{h} $300°$ *bis* $360°$		
h	m	°	h	m	°	h	m	°	h	m	°	h	m	°	h	m	°
0	0	0	4	0	60	8	0	120	12	0	180	16	0	240	20	0	300
	4	1		4	61		4	121		4	181		4	241		4	301
	8	2		8	62		8	122		8	182		8	242		8	302
	12	3		12	63		12	123		12	183		12	243		12	303
	16	4		16	64		16	124		16	184		16	244		16	304
0	20	5	4	20	65	8	20	125	12	20	185	16	20	245	20	20	305
	24	6		24	66		24	126		24	186		24	246		24	306
	28	7		28	67		28	127		28	187		28	247		28	307
	32	8		32	68		32	128		32	188		32	248		32	308
	36	9		36	69		36	129		36	189		36	249		36	309
0	40	10	4	40	70	8	40	130	12	40	190	16	40	250	20	40	310
	44	11		44	71		44	131		44	191		44	251		44	311
	48	12		48	72		48	132		48	192		48	252		48	312
	52	13		52	73		52	133		52	193		52	253		52	313
0	56	14	4	56	74	8	56	134	12	56	194	16	56	254	20	56	314
1	0	15	5	0	75	9	0	135	13	0	195	17	0	255	21	0	315
	4	16		4	76		4	136		4	196		4	256		4	316
	8	17		8	77		8	137		8	197		8	257		8	317
	12	18		12	78		12	138		12	198		12	258		12	318
	16	19		16	79		16	139		16	199		16	259		16	319
1	20	20	5	20	80	9	20	140	13	20	200	17	20	260	21	20	320
	24	21		24	81		24	141		24	201		24	261		24	321
	28	22		28	82		28	142		28	202		28	262		28	322
	32	23		32	83		32	143		32	203		32	263		32	323
	36	24		36	84		36	144		36	204		36	264		36	324
1	40	25	5	40	85	9	40	145	13	40	205	17	40	265	21	40	325
	44	26		44	86		44	146		44	206		44	266		44	326
	48	27		48	87		48	147		48	207		48	267		48	327
	52	28		52	88		52	148		52	208		52	268		52	328
1	56	29	5	56	89	9	56	149	13	56	209	17	56	269	21	56	329
2	0	30	6	0	90	10	0	150	14	0	210	18	0	270	22	0	330
	4	31		4	91		4	151		4	211		4	271		4	331
	8	32		8	92		8	152		8	212		8	272		8	332
	12	33		12	93		12	153		12	213		12	273		12	333
	16	34		16	94		16	154		16	214		16	274		16	334
2	20	35	6	20	95	10	20	155	14	20	215	18	20	275	22	20	335
	24	36		24	96		24	156		24	216		24	276		24	336
	28	37		28	97		28	157		28	217		28	277		28	337
	32	38		32	98		32	158		32	218		32	278		32	338
	36	39		36	99		36	159		36	219		36	279		36	339
2	40	40	6	40	100	10	40	160	14	40	220	18	40	280	22	40	340
	44	41		44	101		44	161		44	221		44	281		44	341
	48	42		48	102		48	162		48	222		48	282		48	342
	52	43		52	103		52	163		52	223		52	283		52	343
2	56	44	6	56	104	10	56	164	14	56	224	18	56	284	22	56	344
3	0	45	7	0	105	11	0	165	15	0	225	19	0	285	23	0	345
	4	46		4	106		4	166		4	226		4	286		4	346
	8	47		8	107		8	167		8	227		8	287		8	347
	12	48		12	108		12	168		12	228		12	288		12	348
	16	49		16	109		16	169		16	229		16	289		16	349
3	20	50	7	20	110	11	20	170	15	20	230	19	20	290	23	20	350
	24	51		24	111		24	171		24	231		24	291		24	351
	28	52		28	112		28	172		28	232		28	292		28	352
	32	53		32	113		32	173		32	233		32	293		32	353
	36	54		36	114		36	174		36	234		36	294		36	354
3	40	55	7	40	115	11	40	175	15	40	235	19	40	295	23	40	355
	44	56		44	116		44	176		44	236		44	296		44	356
	48	57		48	117		48	177		48	237		48	297		48	357
	52	58		52	118		52	178		52	238		52	298		52	358
3	56	59	7	56	119	11	56	179	15	56	239	19	56	299	23	56	359
4	0	60	8	0	120	12	0	180	16	0	240	20	0	300	24	0	360

0^m *bis* 2^m 0°.00 *bis* 0°.50			2^m *bis* 4^m 0°.50 *bis* 1°.00			$0^s.000$ *bis* $1^s.200$ 0°.0000 *bis* 0°.0050		$1^s.200$ *bis* $2^s.400$ 0°.0050 *bis* 0°.0100	
m	s	°	m	s	°	s	°	s	°
0	0.0	0.00	2	0.0	0.50	0.000	0.0000	1.200	0.0050
	2.4	01		2.4	51	024	01	224	51
	4.8	02		4.8	52	048	02	248	52
	7.2	03		7.2	53	072	03	272	53
	9.6	04		9.6	54	096	04	296	54
0	12.0	0.05	2	12.0	0.55	0.120	0.0005	1.320	0.0055
	14.4	06		14.4	56	144	06	344	56
	16.8	07		16.8	57	168	07	368	57
	19.2	08		19.2	58	192	08	392	58
	21.6	09		21.6	59	216	09	416	59
0	24.0	0.10	2	24.0	0.60	0.240	0.0010	1.440	0.0060
	26.4	11		26.4	61	264	11	464	61
	28.8	12		28.8	62	288	12	488	62
	31.2	13		31.2	63	312	13	512	63
	33.6	14		33.6	64	336	14	536	64
0	36.0	0.15	2	36.0	0.65	0.360	0.0015	1.560	0.0065
	38.4	16		38.4	66	384	16	584	66
	40.8	17		40.8	67	408	17	608	67
	43.2	18		43.2	68	432	18	632	68
	45.6	19		45.6	69	456	19	656	69
0	48.0	0.20	2	48.0	0.70	0.480	0.0020	1.680	0.0070
	50.4	21		50.4	71	504	21	704	71
	52.8	22		52.8	72	528	22	728	72
	55.2	23		55.2	73	552	23	752	73
0	57.6	24	2	57.6	74	576	24	776	74
1	0.0	0.25	3	0.0	0.75	0.600	0.0025	1.800	0.0075
	2.4	26		2.4	76	624	26	824	76
	4.8	27		4.8	77	648	27	848	77
	7.2	28		7.2	78	672	28	872	78
	9.6	29		9.6	79	696	29	896	79
1	12.0	0.30	3	12.0	0.80	0.720	0.0030	1.920	0.0080
	14.4	31		14.4	81	744	31	944	81
	16.8	32		16.8	82	768	32	968	82
	19.2	33		19.2	83	792	33	1.992	83
	21.6	34		21.6	84	816	34	2.016	84
1	24.0	0.35	3	24.0	0.85	0.840	0.0035	2.040	0.0085
	26.4	36		26.4	86	864	36	064	86
	28.8	37		28.8	87	888	37	088	87
	31.2	38		31.2	88	912	38	112	88
	33.6	39		33.6	89	936	39	136	89
1	36.0	0.40	3	36.0	0.90	0.960	0.0040	2.160	0.0090
	38.4	41		38.4	91	0.984	41	184	91
	40.8	42		40.8	92	1.008	42	208	92
	43.2	43		43.2	93	032	43	232	93
	45.6	44		45.6	94	056	44	256	94
1	48.0	0.45	3	48.0	0.95	1.080	0.0045	2.28c	0.0095
	50.4	46		50.4	96	104	46	304	96
	52.8	47		52.8	97	128	47	328	97
	55.2	48		55.2	98	152	48	352	98
1	57.6	49	3	57.6	0.99	176	49	376	99
2	0.0	0.50	4	0.0	1.00	1.200	0.0050	2.400	0.0100

s	°
0.0000	0.00000
24	1
48	2
72	3
96	4
0.0120	0.00005

s	°
0.0120	0.00005
144	6
168	7
192	8
216	9
0.0240	0.00010

Koordinaten der Sternwarten

Name	Seehöhe	Geogr. Breite	Länge von Greenwich + westlich — östlich	Korr. der Sternzeit	Geoz. Breite	Log. ρ incl. Seehöhe
	m	° ′ ″	h m s	s	° ′ ″	
Abastumani (Mt.Kanobili)	1700	+41 45 18.2	— 2 51 18.08	— 28.14	+41 33 47.3	9.999470
Abbadia	69	+43 22 52.2	+ 0 7 0.1	+ 1.15	+43 11 17.8	9.999317
Adelaide	41	—34 55 35.1	— 9 14 19.90	— 91.06	—34 44 42.7	9.999526
Albany (Neue Sternw.)[1]	40	+42 39 12.8	+ 4 55 7.12	+ 48.48	+42 27 39.7	9.999334
Algier-Bouzaréah[2]	345	+36 48 4.8	— 0 12 8.53	— 1.99	+36 36 58.1	9.999497
Allegheny (Neue Sternw.)	370	+40 28 58.1	+ 5 20 5.39	+ 52.59	+40 17 31.4	9.999411
Amherst (Neue Sternw.)	110	+42 21 56.5	+ 4 50 5.98	+ 47.66	+42 10 24.0	9.999346
Ann Arbor	282	+42 16 48.7	+ 5 34 55.27	+ 55.02	+42 5 16.4	9.999360
Arcetri (Zentr. d. Sternw.[3])	184	+43 45 14.4	— 0 45 1.30	— 7.39	+43 33 39.5	9.999316
Armagh	64	+54 21 11	+ 0 26 35.48	+ 4.37	+54 10 11.4	9.999041
Arosa	2050	+46 47	— 0 38 1	— 6.25	+46 35	9.999366
Asiago (Astrophys. Obs.)	1045	+45 51 44.7	— 0 46 6.86	— 7.58	+45 40 9.3	9.999321
Athen	110	+37 58 15.5	— 1 34 52.2	— 15.58	+37 47 1.2	9.999456
Bamberg (Remeis-Sternw.)	288	+49 53 6.4	— 0 43 33.57	— 7.15	+49 41 40.3	9.999167
Barcelona[4]	415	+41 24 59.3	— 0 8 30.2	— 1.41	+41 13 29.4	9.999391
Basel-Binningen (Pass.-Instr.)	318	+47 32 27.2	— 0 30 20.02	— 4.98	+47 20 54.1	9.999228
Bautzen (Schulsternwarte)	224	+51 10 38	— 0 57 43	— 9.48	+50 59 18	9.999130
Belgrad	250	+44 48 13.2	— 1 22 3.8	— 13.48	+44 36 37.6	9.999294
Bergedorf (Mer.-Kr.)	41	+53 28 46.9	— 0 40 57.74	— 6.73	+53 17 40.8	9.999060
Berkeley	94	+37 52 23.5	+ 8 9 2.91	+ 80.34	+37 41 9.8	9.999458
Berlin-Babelsberg[5]	82	+52 24 24.2	— 0 52 25.49	— 8.61	+52 13 11.1	9.999089
Berlin-Treptow (Archenh.-Sternw.)	38	+52 29 7	— 0 53 54.2	— 8.86	+52 17 54	9.999085
Bern (Astronom. Institut)	563	+46 57 12.7	— 0 29 42.88	— 4.88	+46 45 38.5	9.999260
Bern (Sternwarte)	500	+46 57 13.6	— 0 29 42.9	— 4.88	+46 45 39.4	9.999256
Besançon	312	+47 14 59.0	— 0 23 57.1	— 3.93	+47 3 25.3	9.999236
Blaca	280	+43 17 37	— 1 6 8.0	— 10.86	+43 6 3	9.999334
Bloemfontein Filiale Obs. Univ. Michig.	1490	—29 5 45	— 1 44 57	— 17.24	—28 55 55	9.999758
Bloemfontein Boyden Stat. d. Harv. Obs.	1379	—29 12	— 1 45 57	— 17.40	—29 2	9.999748
Bloomington (Goethe Link Obs.)	274	+39 33	+ 5 46.3	+ 56.89	+39 22	9.999428
Bogota	2640	+ 4 35 55.2	+ 4 56 19.51	+ 48.68	+ 4 34 4.4	0.000111
Bologna Zentr. d. Sternw.	84	+44 29 52.8	— 0 45 24.48	— 7.46	+44 18 17.3	9.999290
Bombay (Colaba)	19	+18 53 36.2	— 4 51 15.60	— 47.85	+18 46 31.1	9.999849
Bonn Zentr. d. Sternw.	62	+50 43 45.0	— 0 28 23.18	— 4.66	+50 32 22.7	9.999130
Bordeaux (Floirac)	73	+44 50 7.2	+ 0 2 6.56	+ 0.35	+44 38 31.6	9.999281
Bosque Alegre (Filiale v. Cordoba, Reflektor)	1250	—31 35 53	+ 4 18 11.2	+ 42.41	—31 25 33	9.999686
Boston (University)[6]	31	+42 20 58	+ 4 44 19.1	+ 46.71	+42 9 25.6	9.999341
Breslau (Neue Sternw.)[7]	117	+51 6 42.1	— 1 8 21.22	— 11.23	+50 55 21.7	9.999130
Brisbane	51	—27 28 23.0	—10 12 6.48	—100.55	—27 18 54.6	9.999694
Brünn (Univ.-Sternw., Refl.)	304	+49 12 19	— 1 6 20.1	— 10.90	+49 0 50	9.999185
Brüssel (Uccle) Mer.-Kr.	105	+50 47 54.6	— 0 17 26.05	— 2.86	+50 36 32.7	9.999131
Budapest (Univ.-Sternw.)	110	+47 29 34.7	— 1 16 15.4	— 12.53	+47 18 1.5	9.999215
Budapest-Svábhegy	470	+47 29 58.6	— 1 15 51.41	— 12.46	+47 18 25.4	9.999240
Budapest[8]	110	+47 28 49	— 1 16 13.7	— 12.53	+47 17 16	9.999215

[1] Dudley Observatory, seit Juni 1893. Alte Sternwarte 37″0 nördlich, 7s10 östlich. — [2] Alte Sternwarte 3′8 südlich, 8s östlich. — [3] Seit Oktober 1872, früher in Florenz. — [4] J. Comas Solá. — [5] Die Koordinaten beziehen sich auf die Mitte der großen Kuppel, in der der große Refraktor aufgestellt ist. Die frühere Sternwarte in Berlin (seit 1835) lag 5′ 52″5 nördlich und 1m 9s31 östlich. — [6] Die alte Sternwarte lag 4s1 östlich, 34″5 nördlich. — [7] Geogr. Breite des Vertikalkreises, Länge des Durchgangsinstruments. — [8] Observ. der Technischen Hochschule.

Name	Seehöhe	Geogr. Breite	Länge von Greenwich + westlich — östlich	Korr. der Sternzeit	Geoz. Breite	Log. ρ incl. Seehöhe
	m	° ′ ″	h m s	s	° ′ ″	
Buenos Aires	26	−34 36 19.3	+3 53 44.27	+38.40	−34 25 29.7	9.999533
Bukarest (Mil. Geogr. Inst.)	85	+44 24 34.2	−1 44 27.01	−17.16	+44 12 58.7	9.999292
Cambridge Engl.	28	+52 12 51.6	−0 0 22.75	− 0.06	+52 1 37.3	9.999090
Cambridge (Steavenson)	27	+52 12 53.3	−0 0 22.77	− 0.06	+52 1 39.0	9.999090
Cambridge Mass.[1]	24	+42 22 47.6	+4 44 31.05	+46.74	+42 11 15.1	9.999340
Canberra (Commonw. Obs.)	808	−35 19 30	−9 56 1.35	−97.91	−35 8 34	9.999569
Cap der Guten Hoffnung	10	−33 56 6.8	−1 13 54.38	−12.14	−33 45 23.2	9.999547
Caracas (Observ. Cajigal)	1042	+10 30 24.3	+4 27 42.61	+43.98	+10 26 15.6	0.000023
Castel Gandolfo	—	+41 44 48	−0 50 36.4	− 8.31	+41 33 17	9.999354
Catania	47	+37 30 13.3	−1 0 20.60	− 9.91	+37 19 1.9	9.999466
Charkow	139	+50 0 9.9	−2 24 55.72	−23.81	+49 48 44.4	9.999153
Charlottesville[2]	259	+38 2 1.2	+5 14 5.33	+51.60	+37 50 46.5	9.999464
Cincinnati (Neue Sternw.)[3]	247	+39 8 19.8	+5 37 41.40	+55.47	+38 56 59.1	9.999437
Cleveland (Case Obs.)	215	+41 30 14.5	+5 26 25.86	+53.63	+41 18 44.3	9.999375
Coimbra	99	+40 12 24.5	+0 33 43.1	+ 5.54	+40 0 58.9	9.999400
Columbia, Missouri[4]	225	+38 56 51.7	+6 9 18.33	+60.67	+38 45 32.0	9.999440
Cordoba	434	−31 25 15.5	+4 16 47.16	+42.18	−31 14 57.5	9.999635
Danzig (Naturf. Ges.)	30	+54 21 18.0	−1 14 39.6	−12.26	+54 10 18.4	9.999036
Danzig (Städt. Sternw.)	30	+54 21 37.9	−1 14 36.5	−12.26	+54 10 38.3	9.999036
Delaware (Perkins Obs.)	270	+40 15 4	+5 32 13.33	+54.58	+40 3 38	9.999410
Denver[5]	1644	+39 40 36.4	+6 59 47.72	+68.96	+39 29 13.1	9.999519
Dorpat (Tartu, Jurjew) Mer.-Kr.	67	+58 22 47.2	−1 46 53.18	−17.56	+58 12 25.1	9.998946
Dresden (Geodät. Inst.)	168	+51 1 49.3	−0 54 55.1	− 9.02	+50 50 28.5	9.999130
Dublin (Dunsink Obs.)	86	+53 23 13.1	+0 25 21.1	+ 4.17	+53 12 6.4	9.999065
Dunlap Obs. (Toronto)	244	+43 51 46	+5 17 41.3	+52.19	+43 40 11	9.999317
Durban	79	−29 50 46.6	−2 4 1.18	−20.37	−29 40 47.0	9.999645
Durham	108	+54 46 6.2	+0 6 19.75	+ 1.04	+54 35 9.8	9.999033
Edinburgh	146	+55 55 30	+0 12 44.1	+ 2.09	+55 44 43.5	9.999008
Edinburgh (Blackf. Hill)	134	+55 55 28.0	+0 12 44.0	+ 2.09	+55 44 41.5	9.999007
Evanston (Dearborn Obs.)[6]	175	+42 3 27.2	+5 50 41.84	+57.61	+41 51 55.4	9.999358
Faenza (Urania Lamonia)	45	+44 17 2	−0 47 33.9	− 7.81	+44 5 27	9.999293
Flagstaff (Lowell Obs.)	2210	+35 12 30.5	+7 26 44.6	+73.39	+35 1 35.8	9.999667
Florenz (Mil. Geogr. Inst.)	72	+43 46 49.4	−0 45 2.5	− 7.40	+43 35 14.5	9.999308
Fort Davis (McDonald Obs.)	2081	+30 40 17.0	+6 56 5.36	+68.35	+30 30 7.5	9.999764
Frankfurt a. M.	121	+50 7 0	−0 34 36.3	− 5.70	+49 55 34.6	9.999149
Freiburg i. Br. (Obs. Schauinsland)	1240	+47 54 51	−0 31 37.4	− 5.20	+47 43 19	9.999281
Genf (Mer.-Kr.)	406	+46 11 59.3	−0 24 36.53	− 4.04	+46 0 24.1	9.999269
Genua (Mar.-Sternw.) Mer.-Kr.	108	+44 25 8.1	−0 35 41.28	− 5.86	+44 13 32.6	9.999294
Georgetown D. C.	62	+38 54 26.2	+5 8 18.33	+50.65	+38 43 6.7	9.999430
Glasgow Schottl.	55	+55 52 42.1	+0 17 10.55	+ 2.82	+55 41 55.2	9.999003
Göttingen	161	+51 31 48.2	−0 39 46.22	− 6.53	+51 20 30.0	9.999117
Graz	375	+47 4 37.2	−1 1 47.71	−10.15	+46 53 3.2	9.999244
Greenwich (Transit Circle)	47	+51 28 38.2	0 0 0.00	0.00	+51 17 19.7	9.999110
Groningen	4	+53 13 13.8	−0 26 15.11	− 4.31	+53 2 6.0	9.999064
Hamburg (D. Hydr. Inst.)	30	+53 32 51.8	−0 39 53.44	− 6.55	+53 21 46.2	9.999058
Hannover N. H.	183	+43 42 15.3	+4 49 8.00	+47.50	+43 30 40.5	9.999317

[1] Harvard College Observatory. — [2] Leander McCormick Observatory, University of Virginia. — [3] Mount Lookout seit 1873. — [4] Laws Observatory. — [5] University Park, Chamberlin Observatory. — [6] Früher 6″.2 nördl., 0ˢ.5 westl.

Name	Seehöhe	Geogr. Breite	Länge von Greenwich + westlich — östlich	Korr. der Sternzeit	Geoz. Breite	Log. ρ incl. Seehöhe
	m	° ′ ″	h m s	s	° ′ ″	
Harvard College Obs.	24	+42 22 47.6	+4 44 31.05	+46.74	+42 11 15.1	9.999340
Haverford	116	+40 0 40.1	+5 1 12.7	+49.48	+39 49 15.4	9.999406
Heidelberg (Königst.) (Mer.-Kr.)	570	+49 23 54.6	−0 34 53.13	− 5.73	+49 12 26.8	9.999198
Helsinki (Mer.-Kr.)	33	+60 9 42.3	−1 39 49.10	−16.40	+59 59 40.8	9.998903
Helwan	115	+29 51 31.1	−2 5 21.77	−20.59	+29 41 31.4	9.999648
Herrsching (München)	534	+47 59 55	−0 44 43.6	− 7.35	+47 48 23	9.999231
Hongkong	33	+22 18 13.2	−7 36 41.25	−75.02	+22 10 5.8	9.999793
Hyderabad-Deccan[1]	554	+17 25 54.3	−5 13 48.98	−51.55	+17 19 17.7	9.999907
Innsbruck	605	+47 16 6.5	−0 45 31.42	− 7.48	+47 4 32.8	9.999254
Irumu (R. Gérard)	—	+ 1 27 29	−0 59 29.9	− 9.77	+ 1 26 54	9.999999
Istanbul (Univ. Sternw.)	65	+41 0 45	−1 55 52	−19.03	+40 49 16	9.999377
Jena (Univers.) Zentr. d. St.	164	+50 55 35.6	−0 46 20.22	− 7.61	+50 44 14.3	9.999131
Johannesburg	1786	−26 10 52.1	−1 52 17.9	−18.45	−26 1 42.0	9.999839
Johannesburg (Fil. d. Yale Observ.)	1741	−26 11 14	−1 52 7	−18.42	−26 2 4	9.999836
Kairo	—	+30 4 38.2	−2 5 8.80	−20.56	+29 54 35.8	9.999635
Kalocsa[2]	102	+46 31 42.4	−1 15 54.34	−12.47	+46 20 7.6	9.999239
Karlsruhe (W. Malsch)	128	+49 1 26.6	−0 33 32.52	− 5.51	+48 49 57.5	9.999177
Kasan (Univers.)	79	+55 47 24.3	−3 16 29.03	−32.28	+55 36 36.6	9.999007
Kasan (Engelhardt)	98	+55 50 20.5	−3 15 15.74	−32.08	+55 39 33.2	9.999007
Kiel (Neuer Mer.-Kr.)	52	+54 20 27.6	−0 40 35.45	− 6.67	+54 9 27.9	9.999040
Kiel (Alter Mer.-Kr.)	47	+54 20 28.5	−0 40 35.57	− 6.67	+54 9 28.8	9.999040
Kiew (Mer.-Kr.)	184	+50 27 11.8	−2 2 0.56	−20.04	+50 15 48.3	9.999145
Kitab	658	+39 8 1.7	−4 27 31.7	−43.95	+38 56 41.0	9.999465
Kodaikanal	2343	+10 13 50	−5 9 52.0	−50.94	+10 9 47.6	0.000114
Kopenhagen (Neue Sternw.)[3]	14	+55 41 12.6	−0 50 18.69	− 8.26	+55 30 24.0	9.999005
Kopenhagen (Urania-Sternw.)	10	+55 41 19.2	−0 50 9.11	− 8.24	+55 30 30.6	9.999005
Krakau (Mer.-Kr.)	221	+50 3 51.9	−1 19 50.28	−13.11	+49 52 26.7	9.999158
Kremsmünster (Mer.-Kr.)	384	+48 3 23.1	−0 56 31.58	− 9.28	+47 51 51.1	9.999219
Kunming	1940	+25 1 32.0	−6 51 9.2	−67.54	+24 52 39.8	9.999872
Kyoto (Astron. Inst.)	55	+35 1 37.1	−9 3 7.0	−89.22	+34 50 43.9	9.999525
Kyoto (Kwasan Observ.)	220	+34 59 40.3	−9 3 10.24	−89.23	+34 48 47.4	9.999537
Ladd Observ. (Providence)	69	+41 50 15.6	+4 45 35.95	+46.92	+41 38 44.4	9.999357
La Plata (Mer.-Kr. Gautier)	17	−34 54 30.3	+3 51 43.74	+38.07	−34 43 38.1	9.999525
Leiden (Neue Sternw.) (Mer.-Kr.)[4]	6	+52 9 19.8	−0 17 56.15	− 2.94	+51 58 5.2	9.999090
Leipzig[5]	119	+51 20 5.9	−0 49 33.93	− 8.14	+51 8 46.7	9.999119
Lembang (Bosscha St.)	1300	− 6 49 29.1	−7 10 27.81	−70.71	− 6 46 45.5	0.000068
Lemberg (Univ.-Sternwarte)	330	+49 49 57.6	−1 36 7.13	−15.79	+49 38 31.4	9.999171
Lemberg (Techn. Hochsch.) (Pass.-Instr.)	340	+49 50 11.2	−1 36 3.40	−15.78	+49 38 45.0	9.999171
Leningrad (Akad.)	20	+59 56 29.7	−2 1 13.35	−19.91	+59 46 25.5	9.998907
Leningrad (Univers.)	4	+59 56 32.0	−2 1 11.3	−19.91	+59 46 27.8	9.998906
Lick Observ. (Mer.-Kr.)	1283	+37 20 25.3	+8 6 34.86	+79.94	+37 9 14.9	9.999552
Lissabon (Tapada)	94	+38 42 30.5	+0 36 44.68	+ 6.04	+38 31 12.0	9.999437
Lissabon (Mar. Sternw.)	—	+38 42 17.6	+0 36 33.6	+ 6.01	+38 30 59.2	9.999431
Liverpool (Neue Sternw.)[6]	62	+53 24 4.8	+0 12 17.33	+ 2.02	+53 12 58.2	9.999063
London (Mill Hill) (Obs. of Univ.)	82	+51 36 46.3	+0 0 57.77	+ 0.16	+51 25 28.6	9.999109

[1] Nizamiah Observatory. — [2] Erzbischöfl. Haynaldsche Sternwarte. — [3] Seit 1861 Nov. 11. Alte Sternwarte 20″.3 südlich, $0^s.03$ westlich. — [4] Seit 1860. Alte Sternwarte 8″.0 nördlich, $0^s.42$ östlich. — [5] Seit 1861. Alte Sternwarte 14″.2 nördlich, $4^s.00$ westlich. — [6] Alte Sternwarte 44″.0 nördlich, $17^s.1$ östlich.

Name	Seehöhe	Geogr. Breite	Länge von Greenwich + westlich — östlich	Korr. der Sternzeit	Geoz. Breite	Log. ρ incl. Seehöhe
	m	° ′ ″	h m s	s	° ′ ″	
Los Angeles (Morse Mem. Obs. of Occid. College)	205	+34 7 42	+7 52 50	+77.67	+33 56 57	9.999556
Lourenço Marques	60	−25 58 5.5	−2 10 22.63	−21.42	−25 48 58.9	9.999725
Lübeck (Navig.-Sch.)	19	+53 51 31.1	−0 42 45.6	− 7.02	+53 40 27.8	9.999049
Lund (Zentr. d. Sternw.)	34	+55 41 51.6	−0 52 44.97	− 8.66	+55 31 3.1	9.999006
Lüttich Ougrée	128	+50 37 6	−0 22 12	− 3.65	+50 25 43	9.999137
Lyon	299	+45 41 40.8	−0 19 8.5	− 3.14	+45 30 5.3	9.999274
Madison (Washburn Obs.)	292	+43 4 36.8	+5 57 37.90	+58.75	+42 53 2.9	9.999340
Madras	7	+13 4 8.0	−5 20 59.65	−52.73	+12 59 2.5	9.999926
Madrid (Zentr. d. Sternw.)	656	+40 24 30.1	+0 14 45.09	+ 2.43	+40 13 3.7	9.999433
Mailand, Brera	120	+45 27 59.2	−0 36 45.89	− 6.04	+45 16 23.6	9.999268
Manila	3	+14 35 25	−8 3 50	−79.48	+14 29 47	9.999908
Marburg	248	+50 48 46.9	−0 35 4.9	− 5.76	+50 37 25.0	9.999141
Mare Island Calif.	18	+38 5 55.8	+8 9 5.63	+80.35	+37 54 40.8	9.999447
Marseille (Neue Sternw.) (Mer.-Kr.)[1]	75	+43 18 19.1	−0 21 34.56	− 3.54	+43 6 44.8	9.999320
McDonald Observatory (Mt. Locke, Fort Davis)	2081	+30 40 17.0	+6 56 5.36	+68.35	+30 30 7.5	9.999764
McMath-Hulbert Obs. (Lake Angelus)	296	+42 39 47.7	+5 33 3.3	+54.71	+42 28 14.5	9.999351
Merate (Filiale von Mailand, Brera)	380	+45 41 54.1	−0 37 42.85	− 6.20	+45 30 18.6	9.999279
Meudon	162	+48 48 18	−0 8 55.5	− 1.46	+48 36 48	9.999185
Middletown, Conn.	70	+41 33 18	+4 50 38.2	+47.74	+41 21 47.6	9.999364
Mizusawa	61	+39 8 3.4	−9 24 31.46	−92.74	+38 56 42.7	9.999424
Modena	63	+44 38 52.8	−0 43 42.8	− 7.18	+44 27 17.2	9.999285
Montreal	57	+45 30 20	+4 54 18.63	+48.35	+45 18 44.4	9.999263
Montrose (La Crescenta Obs.)	879	+34 14 37.5	+7 52 54	+77.69	+34 3 51.1	9.999599
Mt. Hamilton (Lick Obs.) (Mer.-Kr.)	1283	+37 20 25.3	+8 6 34.86	+79.94	+37 9 14.9	9.999552
Mt. Locke (Mc. Donald Obs.)	2081	+30 40 17.0	+6 56 5.36	+68.35	+30 30 7.5	9.999764
Mt. Palomar, Calif.	1706	+33 21 22.4	+7 47 27.36	+76.79	+33 10 44.3	9.999677
Mt. Wilson, Calif.	1742	+34 12 59.5	+7 52 14.33	+77.57	+34 2 13.3	9.999659
Moskau (Mer.-Kr.)	142	+55 45 19.5	−2 30 17.03	−24.69	+55 34 31.5	9.999012
München (West-Kuppel)	529	+48 8 45.5	−0 46 26.02	− 7.63	+47 57 13.8	9.999227
Münster	75	+51 57 45.8	−0 30 29.66	− 5.01	+51 46 30.0	9.999100
Nashville (Vanderbilt Obs.)	174	+36 8 58.2	+5 47 12.81	+57.04	+35 57 56.1	9.999506
Neapel (Capo di Monte)	154	+40 51 45.7	−0 57 1.40	− 9.37	+40 40 17.6	9.999387
Neuchâtel (Refraktor)	488	+46 59 49.5	−0 27 49.77	− 4.57	+46 48 15.4	9.999254
New Haven (Neue Stw.)[2]	40	+41 19 22.3	+4 51 40.58	+47.92	+41 7 52.7	9.999368
New York (Columb. Obs.)	25	+40 48 34.6	+4 55 50	+48.60	+40 37 6.7	9.999380
Nikolajew (Mer.-Kr.)	55	+46 58 19.3	−2 7 53.98	−21.01	+46 46 45.1	9.999225
Nizza (Kl. Mer.-Kr.)	378	+43 43 16.9	−0 29 12.15	− 4.79	+43 31 42.0	9.999330
Northfield (Goodsell Obs.)	290	+44 27 41.4	+6 12 35.84	+61.21	+44 16 5.9	9.999305
Oakland, Californ.[3]	99	+37 47	+8 8 48	+80.30	+37 35 47	9.999460
Oak Ridge (Filiale d. Harvard Obs.)	183	+42 30 13	+4 46 14.2	+47.02	+42 18 40	9.999347
Odessa (Univ.-Stw. Mer.-Kr.)	55	+46 28 36.2	−2 3 2.05	−20.21	+46 17 1.3	9.999237
Odessa (Filiale v. Pulkowa)	—	+46 28 36.0	−2 3 2.19	−20.21	+46 17 1.1	9.999234
Ondrejow (Sternw. d. Akad. d. Wiss.)	527	+49 54 38.1	−0 59 8.08	− 9.71	+49 43 12.3	9.999182
Oslo (Mer.-Kr.)	25	+59 54 43.7	−0 42 53.51	− 7.04	+59 44 39.2	9.998908
Ottawa (Mer.-Kr.)	85	+45 23 39.1	+5 2 51.98	+49.75	+45 12 3.5	9.999267

[1] Seit 1866. Alte Sternwarte 30″.1 südlich, 6ˢ.2 westlich; Seehöhe 29 m. — [2] Yale University. Alte Sternwarte 45″.8 südlich, 1ˢ.58 westlich. — [3] Chabot Observatory.

Koordinaten der Sternwarten

Name	Seehöhe	Geogr. Breite	Länge von Greenwich + westlich — östlich	Korr. der Sternzeit	Geoz. Breite	Log ρ incl. Seehöhe
	m	° ′ ″	h m s	s	° ′ ″	
Oxford (Univers.)	64	+51 45 34.2	+0 5 0.4	+ 0.82	+51 34 17.3	9.999104
Oxford, Mississippi	140	+34 22 12.6	+5 58 7.18	+58.83	+34 11 25.1	9.999546
Padua	38	+45 24 1.3	−0 47 29.15	− 7.80	+45 12 26.3	9.999261
Palermo	72	+38 6 44.0	−0 53 25.87	− 8.78	+37 55 28.9	9.999451
Paris (Obs.nat.) Mer.Cassini	59	+48 50 11.2	−0 9 20.93	− 1.53	+48 38 41.5	9.999177
Paris (Montsouris) westl. Mer.	—	+48 49 18.0	−0 9 20.6	− 1.53	+48 37 48.2	9.999174
Peking	—	+39 54 23.0	−7 45 52.87	−76.53	+39 42 58.7	9.999401
Perkins Obs. (Delaware)	270	+40 15 4	+5 32 13.33	+54.58	+40 3 38	9.999410
Philadelphia[1]	74	+39 58 2.1	+5 1 6.88	+49.47	+39 46 37.5	9.999404
Pic du Midi (Filiale v. Toulouse)	2850	+42 56 31.5	−0 0 34.29	− 0.09	+42 44 57.8	9.999518
Pola	32	+44 51 48.6	−0 55 23.07	− 9.10	+44 40 12.9	9.999277
Porto Alegre[2] (Mer.-Kr.)	—	−30 1 51	+3 24 53.2	+33.66	−29 51 49	9.999636
Posen (Poznan)	85	+52 23 48.6	−1 7 30.60	−11.09	+52 12 35.4	9.999090
Potsdam (Astrophys. Obs.)	107	+52 22 56.0	−0 52 15.86	− 8.59	+52 11 42.7	9.999091
Potsdam (Geod. Inst.) Turm	109	+52 22 54.8	−0 52 16.11	− 8.59	+52 11 41.5	9.999091
Potsdam (Geod. Inst.) (Östl. Meridianh.)	91	+52 22 54	−0 52 16.058	− 8.586	+52 11 41	9.999091
Poughkeepsie[3]	61	+41 41 18	+4 55 35.2	+48.56	+41 29 47	9.999360
Prag (Univ. Sternw.)	267	+50 4 35.0	−0 57 34.88	− 9.46	+49 53 10.8	9.999160
Prag (Sternw. d. Tech. Hochsch.)	238	+50 4 40.2	−0 57 40.92	− 9.48	+49 53 15.0	9.999158
Princeton N. J. (N. Stw.)[4]	75	+40 20 55.8	+4 58 39.44	+49.06	+40 9 29.7	9.999395
Providence (Ladd. Observ.)	69	+41 50 15.6	+4 45 35.95	+46.92	+41 38 44.4	9.999357
Pulkowa (Zentr. d. Stw.)	75	+59 46 18.5	−2 1 18.57	−19.93	+59 36 12.3	9.998914
Quebec, Canada	90	+46 47 59.2	+4 44 52.71	+46.80	+46 36 24.8	9.999231
Quito	2846	− 0 14 0	+5 13 58.20	+51.58	− 0 13 54	0.000194
Riga (Polytechnikum) Turm	—	+56 57 7	−1 36 28.11	−15.84	+56 46 30	9.998974
Rio de Janeiro (N. Stw.)	33	−22 53 42.1	+2 52 53.6	+28.40	−22 45 24.7	9.999782
Rom (Coll. Rom. Mer.-Kr.)	59	+41 53 53.6	−0 49 55.36	− 8.19	+41 42 22.3	9.999354
Rom (Capitol Mer.-Kr.)	65	+41 53 33.2	−0 49 56.34	− 8.20	+41 42 1.9	9.999355
Rom (Monte Mario Durchg.-Instr.)	152	+41 55 19.2	−0 49 48.55	− 8.19	+41 43 47.8	9.999360
Rugby	119	+52 22 30	+0 5 2.0	+ 0.83	+52 11 16.7	9.999093
St. Louis, Missouri	—	+38 38 3.6	+6 0 49.15	+59.28	+38 26 45.5	9.999433
Saltsjöbaden (Stockholms Observator.)	55	+59 16 18	−1 13 14	−12.03	+59 6 6	9.998924
San Fernando	30	+36 27 42.0	+0 24 49.30	+ 4.08	+36 16 37.7	9.999488
Santiago de Chile (N. St.)	580	−33 33 44.2	+4 42 46.0	+46.44	−33 23 4.1	9.999595
Santiago de Compostela (Univ.-Sternw.)	220	+42 52 31.8	+0 34 14.26	+ 5.62	+42 40 58.2	9.999341
Sendai (Durchg.-Instr.)	36	+38 15 14.9	−9 23 29.49	−92.57	+38 3 59.0	9.999444
Sétif	1120	+36 11 10	−0 21 38.6	− 3.55	+36 0 7.7	9.999569
Simeïs	360	+44 24 11.6	−2 15 59.38	−22.34	+44 12 36.1	9.999312
Skalnaté Pleso	1783	+49 11 20.0	−1 20 58.77	−13.30	+48 59 51.4	9.999286
Sofia (Mil. Geogr. Inst.)	555	+42 41 51	−1 33 19.87	−15.33	+42 30 18	9.999368
Sofia (Universitätssternwarte)	572	+42 41 1.7	−1 33 23.3	−15.34	+42 29 28.5	9.999369
Sonneberg (Erbisbühl)	640	+50 22 41.4	−0 44 46.19	− 7.36	+50 11 17.5	9.999178
South Hadley	76	+42 15 18.2	+4 50 19	+47.69	+42 3 45.9	9.999346
Sproul Observatory	63	+39 54 16.2	+5 1 25.62	+49.52	+39 42 51.9	9.999405
Stalinabad (Tadjik Observ.)	—	+38 33 30	−4 35 6.2	−45.19	+38 22 12	9.999434
Straßburg (N. St. M.-Kr.)[5]	144	+48 35 0.4	−0 31 4.53	− 5.10	+48 23 29.9	9.999190

[1] Flower Obs. (Univ. of Pennsylvania). — [2] Observatorio Regional do Rio Grande do Sul. — [3] Vassar College. — [4] Alte Sternwarte 2″.0 nördlich, 1s.94 östlich; 65 m. — [5] Seit Anfang 1881.

Name	Seehöhe	Geogr. Breite	Länge von Greenwich + westlich — östlich	Korr. der Sternzeit	Geoz. Breite	Log. ρ incl. Seehöhe
	m	° ′ ″	h m s	s	° ′ ″	
Stuttgart (Schwäb. Sternw.)	344	+48 47 0.7	− 0 36 47.39	− 6.04	+48 35 30.8	9.999198
Swarthmore (Sproul Obs.) (Refraktor)	63	+39 54 16.2	+ 5 1 25.62	+ 49.52	+39 42 51.9	9.999405
Sydney	44	−33 51 41.1	−10 4 49.54	− 99.36	−33 40 58.2	9.999551
Sydney (Riverview Coll. Obs.)	42	−33 49 45.7	−10 4 37.99	− 99.33	−33 39 3.1	9.999552
Tacubaya[1]	2311	+19 24 17.9	+ 6 36 46.71	+ 65.18	+19 17 3.0	9.999997
Tanakami	165	+34 58 18	− 9 3 57.4	− 89.36	+34 47 25	9.999533
Tartu (Dorpat, Jurjew) (Mer.-Kr.)	67	+58 22 47.2	− 1 46 53.19	− 17.56	+58 12 25.1	9.998946
Taschkent (Mer.-Kr.)	475	+41 19 31.6	− 4 37 10.88	− 45.53	+41 8 2.0	9.999397
Teramo (Cerulli)	398	+42 39 27	− 0 54 55.8	− 9.02	+42 27 54	9.999358
Tokio (Mer.-Kr.)	57	+35 40 19	− 9 18 9.90	− 91.69	+35 29 21	9.999509
Tonanzintla	2150	+19 1 57.9	+ 6 33 15.32	+ 64.60	+18 54 50.1	9.999992
Toronto (Univ. Obs.)	110	+43 39 46.0	+ 5 17 34.70	+ 52.17	+43 28 11.2	9.999313
Tortosa (Ebro-Stw. M.-Kr.)	54	+40 49 14	− 0 1 58	− 0.32	+40 37 46	9.999382
Toulouse (Mer.-Kr.)	195	+43 36 44.0	− 0 5 51.01	− 0.96	+43 25 9.3	9.999329
Triest (Oss. Astr.)	68	+45 38 35.5	− 0 55 4.92	− 9.05	+45 27 0.0	9.999259
Tsingtau	—	+36 4 11.3	− 8 1 16.21	− 79.06	+35 53 9.8	9.999496
Tucson, Arizona (Steward Obs.)	757	+32 13 59.4	+ 7 23 47.68	+ 72.90	+32 3 32.6	9.999638
Turin (Mer.-Kr.)	276	+45 4 7.9	− 0 30 47.15	− 5.06	+44 52 32.2	9.999288
Turin (Pino Torinese)	618	+45 2 16.3	− 0 31 6.52	− 5.11	+44 50 40.6	9.999312
Turku (Spiegelteleskop)	28	+60 27 8.7	− 1 28 55.03	− 14.61	+60 17 10.7	9.998896
Upsala (N. Stw. Pass.-Instr.)	21	+59 51 29.4	− 1 10 30.13	− 11.58	+59 41 24.2	9.998909
Urbana, Ill.	236	+40 6 20.2	+ 5 52 53.90	+ 57.97	+39 54 55.1	9.999412
Utrecht	12	+52 5 9.5	− 0 20 31.6	− 3.37	+51 53 54.4	9.999093
Valkenburg (Ignatius Coll.)	100	+50 52 29.3	− 0 23 19.91	− 3.83	+50 41 7.8	9.999129
Venedig	15	+45 26 10.5	− 0 49 22.12	− 8.11	+45 14 34.9	9.999261
Victoria B.C. (Domin. Obs.)	229	+48 31 15.7	+ 8 13 40.17	+ 81.18	+48 19 45.0	9.999197
Warschau[2] Zentr. d. Stw.	121	+52 13 4.6	− 1 24 7.25	− 13.82	+52 1 50.3	9.999097
Warschau (Techn. Hochsch.)	144	+52 13 21.0	− 1 24 2.4	− 13.81	+52 2 6.8	9.999098
Washington (Neue Stw.)	82	+38 55 14.0	+ 5 8 15.78	+ 50.64	+38 43 54.4	9.999431
Washington (Kath. Univ.)	—	+38 56 14.8	+ 5 8 0.0	+ 50.60	+38 44 55.1	9.999425
Wellington (Transit Instr.)[3]	127	−41 17 3.8	−11 39 4.27	−114.84	−41 5 34.3	9.999375
Wendelstein (Observat. d. Sternwarte München)	1838	+47 42 13	− 0 48 4	− 7.90	+47 30 40	9.999328
West Point N.Y. (N. St.)[4]	170	+41 23 22.1	+ 4 55 50.6	+ 48.60	+41 11 52.3	9.999375
Wien (Neue Sternw. Zentr.)	240	+48 13 55.4	− 1 5 21.35	− 10.73	+48 2 23.9	9.999205
Wien (Mil. Geogr. Inst.)	211	+48 12 40.5	− 1 5 26.24	− 10.75	+48 1 8.9	9.999203
Wien (Techn. Hochschule)	198	+48 11 58.3	− 1 5 29.76	− 10.76	+48 0 26.7	9.999204
Williams-Bay, Wisc.[5]	334	+42 34 12.6	+ 5 54 13.24	+ 58.19	+42 22 39.6	9.999356
Williamstown, Mass.	213	+42 42 49	+ 4 52 53.5	+ 48.12	+42 31 16	9.999344
Wilna (Pass.-Instr.)	122	+54 40 59.1	− 1 41 8.76	− 16.61	+54 30 2.1	9.999036
Wroclaw	117	+51 6 42.1	− 1 8 21.22	− 11.23	+50 55 21.7	9.999130
Würzburg (Neue Univ.-Sternw. Zentr.)	207	+49 47 19.0	− 0 39 44.71	− 6.53	+49 35 52.7	9.999163
Yale Observatory	40	+41 19 22.3	+ 4 51 40.58	+ 47.92	+41 7 52.7	9.999368
Yerkes Observatory	334	+42 34 12.6	+ 5 54 13.24	+ 58.19	+42 22 39.6	9.999356
Zô-sè, China	100	+31 5 47.6	− 8 4 44.75	− 79.63	+30 55 33.2	9.999619
Zürich (Meridian-Kreis)	468	+47 22 38.3	− 0 34 12.3	− 5.62	+47 11 4.8	9.999242

[1] Seit März 1883, früher in Chapultepec. — [2] Universitäts-Sternwarte. — [3] Dominion Observatory. — [4] Seit 1883. Alte Sternwarte 9″ nördlich, 1.ˢ2 östlich. — [5] Yerkes Observatory.

Normalzeiten der wichtigeren Länder

Normalzeit = Mittl. Ortszeit des Meridians	Bezeichnung	Staaten
östl. Gr. h m		
12 0	—	Neuseeland, Kamtschatka
10 0	Ostaustralische Zeit	Viktoria, Neusüdwales, Queensland, Tasmanien, Britisch-Neuguinea, Sacchalin nördlich von +50° Br.
9 30	Südaustralische Zeit	Südaustralien, Niederländ. Neuguinea
9 0	Mittlere Japan-Zeit	Japan, Mandschukuo, Korea, Sacchalin südlich von +50° Br.
8 0	Chinesische Küsten-Zeit	Ostküste von China, Indochina, Philippinen, Taiwan, Celebes, Westaustralien, Britisch Nord-Borneo, Timor
7 30	—	Malaiische Staaten, Singapur, Indones. Borneo, Bali, Java, Lombok
7 0	Südchinesische Küsten-Zeit	Südküste von China, Thailand, Süd-Sumatra
6 30	—	Birma, Nord-Sumatra
5 30	—	Indien, Ceylon
4 30	—	Afghanistan
4 0	—	Sowjetunion*) von 40° bis 52° 30′ östlicher Länge
3 30	—	Iran
3 0	—	Sowjetunion*) westlich von 40° östlicher Länge, Irak, Abessinien, Britisch Somaliland, Kenya, Tanganjika, Uganda, Madagaskar
2 0	Osteuropäische Zeit	Finnland, Bulgarien, Rumänien, Griechenland, Türkei, Cypern, Palästina, Ägypten, Cyrenaica, Belgisch Kongo, östlicher Teil, Südafrika
1 0	Mitteleuropäische Zeit (M. E. Z.)	Norwegen, Schweden, Dänemark, Niederlande, Belgien, Frankreich, Deutschland, Österreich, Polen, Ungarn, Schweiz, Italien, Tschechoslowakei, Jugoslawien, Tripolis, Belgisch Kongo, westlicher Teil
h m		
0 0	Westeuropäische Zeit (Greenwich-Zeit)	Großbritannien und Irland, Luxemburg, Portugal, Spanien, Gibraltar, Marokko, Algerien
westl. Gr. h m		
1 0	—	Island, Madeira, Kanarische Inseln
2 0	—	Azoren, Kapverdische Inseln, Grönland-Scoresbysund
3 0	—	Ostbrasilien, Grönland-Westküste und Angmagsalik, Argentinien, Uruguay
3 30	—	Niederl. Guayana, Labrador
4 0	Intercolonial St. Time	Mittelbrasilien, Kanada (Küste Quebec östl. v. 68° westl. L.) Paraguay, Bolivien, Chile
4 30	—	Venezuela
5 0	Eastern St. Time	Kanada (Quebec westl. v. 68° westl. L., Ontario östl. v. 90° westl. L.), Vereinigte Staaten (Ostzone), Panama, Peru, Ekuador, Westbrasilien, Kolumbien
6 0	Central St. Time	Zentralzone von Kanada und von den Vereinigten Staaten, Mexiko, mit Ausnahme des nördl. Teiles
7 0	Mountain St. Time	Gebirgszone von Kanada und von den Vereinigten Staaten, nördliches Mexiko
8 0	Pacific St. Time	Vereinigte Staaten (pazifische Küste), Britisch-Kolumbien, Alaska südlich von Cross-Sund
9 0	—	Alaska nördl. v. Cross-Sund bis Prinz-Williams-Sund
10 0	—	Alaska westlich Prinz-Williams-Sund bis 162° westlicher Länge, Hawai (Sandwichinseln)
11 0	—	Alaska westlich von 162° westl. Länge, Aleuten, Samoa

*) Im Gebiet der Sowjetrepubliken sind alle Uhren 1 Stunde vorgestellt.

Arg.	Funktion	Differenzen I.	II.	III.	IV.
a_0	f_0		Δ^{II}_0		Δ^{IV}_0
		Δ^{I}		Δ^{III}	
a_1	f_1		Δ^{II}_1		Δ^{IV}_1

$$\Delta^{II}_m = \frac{\Delta^{II}_0 + \Delta^{II}_1}{2}; \qquad \Delta^{IV}_m = \frac{\Delta^{IV}_0 + \Delta^{IV}_1}{2}$$

$$f(a_0 + n) = f_0 + n \cdot \Delta^{I} + \frac{n(n-1)}{2} \cdot \Delta^{II}_m + \frac{n(n-1)(n-\frac{1}{2})}{6} \cdot \Delta^{III} + \frac{(n+1)n(n-1)(n-2)}{24} \cdot \Delta^{IV}_m + \cdots$$

$$f(a_0 + \tfrac{1}{2}) = f_0 + \tfrac{1}{2} \cdot \Delta^{I} - \tfrac{1}{8} \cdot \Delta^{II}_m + \tfrac{3}{128} \cdot \Delta^{IV}_m - \cdots$$

$$\frac{n(n-1)}{2} = b \qquad \frac{n(n-1)(n-\frac{1}{2})}{6} = c \qquad \frac{(n+1)n(n-1)(n-2)}{24} = d$$

n	b	c	d	n	n	b	c	d	n
0.00	—0.0000—	+0.0000—	+0.000+	1.00	0.25	—0.0938—	+0.0078—	+0.017+	0.75
01	0050	0008	001	0.99	26	0962	0077	018	74
02	0098	0016	002	98	27	0986	0076	018	73
03	0146	0023	002	97	28	1008	0074	018	72
04	0192	0029	003	96	29	1030	0072	019	71
0.05	—0.0238—	+0.0036—	+0.004+	0.95	0.30	—0.1050—	+0.0070—	+0.019+	0.70
06	0282	0041	005	94	31	1070	0068	020	69
07	0326	0047	006	93	32	1088	0065	020	68
08	0368	0052	006	92	33	1106	0063	020	67
09	0410	0056	007	91	34	1122	0060	021	66
0.10	—0.0450—	+0.0060—	+0.008+	0.90	0.35	—0.1138—	+0.0057—	+0.021+	0.65
11	0490	0064	009	89	36	1152	0054	021	64
12	0528	0067	009	88	37	1166	0051	022	63
13	0566	0070	010	87	38	1178	0047	022	62
14	0602	0072	011	86	39	1190	0044	022	61
0.15	—0.0638—	+0.0074—	+0.011+	0.85	0.40	—0.1200—	+0.0040—	+0.022+	0.60
16	0672	0076	012	84	41	1210	0036	023	59
17	0706	0078	013	83	42	1218	0032	023	58
18	0738	0079	013	82	43	1226	0029	023	57
19	0770	0080	014	81	44	1232	0025	023	56
0.20	—0.0800—	+0.0080—	+0.014+	0.80	0.45	—0.1238—	+0.0021—	+0.023+	0.55
21	0830	0080	015	79	46	1242	0017	023	54
22	0858	0080	016	78	47	1246	0012	023	53
23	0886	0080	016	77	48	1248	0008	023	52
24	0912	0079	017	76	49	1250	0004	023	51
0.25	—0.0938—	+0.0078—	+0.017+	0.75	0.50	—0.1250—	+0.0000—	+0.023+	0.50

Interpolation

mit Berücksichtigung zweiter Differenzen

$$f(a_0 + n) = f_0 + n\,(\Delta^{\mathrm{I}} + \text{Tafelwert})$$

Die Tafelwerte sind negativ für positive zweite Differenz, sie sind positiv für negative zweite Differenz

n	Zweite Differenz = $\Delta^{\mathrm{II}}_{\mathrm{m}}$																				n
	3	6	9	12	15	18	21	24	27	30	33	36	39	42	45	48	51	54	57	60	
0.00	1.5	3.0	4.5	6.0	7.5	9.0	10.5	12.0	13.5	15.0	16.5	18.0	19.5	21.0	22.5	24.0	25.5	27.0	28.5	30.0	0.00
01	1.5	3.0	4.5	5.9	7.4	8.9	10.4	11.9	13.4	14.9	16.3	17.8	19.3	20.8	22.3	23.8	25.2	26.7	28.2	29.7	01
02	1.5	2.9	4.4	5.9	7.4	8.8	10.3	11.8	13.2	14.7	16.2	17.6	19.1	20.6	22.1	23.5	25.0	26.5	27.9	29.4	02
03	1.5	2.9	4.4	5.8	7.3	8.7	10.2	11.6	13.1	14.6	16.0	17.5	18.9	20.4	21.8	23.3	24.7	26.2	27.6	29.1	03
04	1.4	2.9	4.3	5.8	7.2	8.6	10.1	11.5	13.0	14.4	15.8	17.3	18.7	20.2	21.6	23.0	24.5	25.9	27.4	28.8	04
0.05	1.4	2.9	4.3	5.7	7.1	8.6	10.0	11.4	12.8	14.3	15.7	17.1	18.5	20.0	21.4	22.8	24.2	25.7	27.1	28.5	0.05
06	1.4	2.8	4.2	5.6	7.1	8.5	9.9	11.3	12.7	14.1	15.5	16.9	18.3	19.7	21.2	22.6	24.0	25.4	26.8	28.2	06
07	1.4	2.8	4.2	5.6	7.0	8.4	9.8	11.2	12.6	14.0	15.3	16.7	18.1	19.5	20.9	22.3	23.7	25.1	26.5	27.9	07
08	1.4	2.8	4.1	5.5	6.9	8.3	9.7	11.0	12.4	13.8	15.2	16.6	17.9	19.3	20.7	22.1	23.5	24.8	26.2	27.6	08
09	1.4	2.7	4.1	5.5	6.8	8.2	9.6	10.9	12.3	13.7	15.0	16.4	17.7	19.1	20.5	21.8	23.2	24.6	25.9	27.3	09
0.10	1.4	2.7	4.1	5.4	6.8	8.1	9.5	10.8	12.2	13.5	14.9	16.2	17.6	18.9	20.3	21.6	23.0	24.3	25.7	27.0	0.10
11	1.3	2.7	4.0	5.3	6.7	8.0	9.3	10.7	12.0	13.4	14.7	16.0	17.4	18.7	20.0	21.4	22.7	24.0	25.4	26.7	11
12	1.3	2.6	4.0	5.3	6.6	7.9	9.2	10.6	11.9	13.2	14.5	15.8	17.2	18.5	19.8	21.1	22.4	23.8	25.1	26.4	12
13	1.3	2.6	3.9	5.2	6.5	7.8	9.1	10.4	11.7	13.1	14.4	15.7	17.0	18.3	19.6	20.9	22.2	23.5	24.8	26.1	13
14	1.3	2.6	3.9	5.2	6.5	7.7	9.0	10.3	11.6	12.9	14.2	15.5	16.8	18.1	19.4	20.6	21.9	23.2	24.5	25.8	14
0.15	1.3	2.6	3.8	5.1	6.4	7.7	8.9	10.2	11.5	12.8	14.0	15.3	16.6	17.9	19.1	20.4	21.7	23.0	24.2	25.5	0.15
16	1.3	2.5	3.8	5.0	6.3	7.6	8.8	10.1	11.3	12.6	13.9	15.1	16.4	17.6	18.9	20.2	21.4	22.7	23.9	25.2	16
17	1.2	2.5	3.7	5.0	6.2	7.5	8.7	10.0	11.2	12.5	13.7	14.9	16.2	17.4	18.7	19.9	21.2	22.4	23.7	24.9	17
18	1.2	2.5	3.7	4.9	6.2	7.4	8.6	9.8	11.1	12.3	13.5	14.8	16.0	17.2	18.5	19.7	20.9	22.1	23.4	24.6	18
19	1.2	2.4	3.6	4.9	6.1	7.3	8.5	9.7	10.9	12.2	13.4	14.6	15.8	17.0	18.2	19.4	20.7	21.9	23.1	24.3	19
0.20	1.2	2.4	3.6	4.8	6.0	7.2	8.4	9.6	10.8	12.0	13.2	14.4	15.6	16.8	18.0	19.2	20.4	21.6	22.8	24.0	0.20
21	1.2	2.4	3.6	4.7	5.9	7.1	8.3	9.5	10.7	11.9	13.0	14.2	15.4	16.6	17.8	19.0	20.1	21.3	22.5	23.7	21
22	1.2	2.3	3.5	4.7	5.9	7.0	8.2	9.4	10.5	11.7	12.9	14.0	15.2	16.4	17.6	18.7	19.9	21.1	22.2	23.4	22
23	1.2	2.3	3.5	4.6	5.8	6.9	8.1	9.2	10.4	11.6	12.7	13.9	15.0	16.2	17.3	18.5	19.6	20.8	21.9	23.1	23
24	1.1	2.3	3.4	4.6	5.7	6.8	8.0	9.1	10.3	11.4	12.5	13.7	14.8	16.0	17.1	18.2	19.4	20.5	21.7	22.8	24
0.25	1.1	2.3	3.4	4.5	5.6	6.8	7.9	9.0	10.1	11.3	12.4	13.5	14.6	15.8	16.9	18.0	19.1	20.3	21.4	22.5	0.25
26	1.1	2.2	3.3	4.4	5.6	6.7	7.8	8.9	10.0	11.1	12.2	13.3	14.4	15.5	16.7	17.8	18.9	20.0	21.1	22.2	26
27	1.1	2.2	3.3	4.4	5.5	6.6	7.7	8.8	9.9	11.0	12.0	13.1	14.2	15.3	16.4	17.5	18.6	19.7	20.8	21.9	27
28	1.1	2.2	3.2	4.3	5.4	6.5	7.6	8.6	9.7	10.8	11.9	13.0	14.0	15.1	16.2	17.3	18.4	19.4	20.5	21.6	28
29	1.1	2.1	3.2	4.3	5.3	6.4	7.5	8.5	9.6	10.7	11.7	12.8	13.8	14.9	16.0	17.0	18.1	19.2	20.2	21.3	29
0.30	1.1	2.1	3.2	4.2	5.3	6.3	7.4	8.4	9.5	10.5	11.6	12.6	13.7	14.7	15.8	16.8	17.9	18.9	20.0	21.0	0.30
31	1.0	2.1	3.1	4.1	5.2	6.2	7.2	8.3	9.3	10.4	11.4	12.4	13.5	14.5	15.5	16.6	17.6	18.6	19.7	20.7	31
32	1.0	2.0	3.1	4.1	5.1	6.1	7.1	8.2	9.2	10.2	11.2	12.2	13.3	14.3	15.3	16.3	17.3	18.4	19.4	20.4	32
33	1.0	2.0	3.0	4.0	5.0	6.0	7.0	8.0	9.0	10.1	11.1	12.1	13.1	14.1	15.1	16.1	17.1	18.1	19.1	20.1	33
34	1.0	2.0	3.0	4.0	5.0	5.9	6.9	7.9	8.9	9.9	10.9	11.9	12.9	13.9	14.9	15.8	16.8	17.8	18.8	19.8	34
0.35	1.0	2.0	2.9	3.9	4.9	5.9	6.8	7.8	8.8	9.8	10.7	11.7	12.7	13.7	14.6	15.6	16.6	17.6	18.5	19.5	0.35
36	1.0	1.9	2.9	3.8	4.8	5.8	6.7	7.7	8.6	9.6	10.6	11.5	12.5	13.4	14.4	15.4	16.3	17.3	18.2	19.2	36
37	0.9	1.9	2.8	3.8	4.7	5.7	6.6	7.6	8.5	9.5	10.4	11.3	12.3	13.2	14.2	15.1	16.1	17.0	18.0	18.9	37
38	0.9	1.9	2.8	3.7	4.7	5.6	6.5	7.4	8.4	9.3	10.2	11.2	12.1	13.0	14.0	14.9	15.8	16.7	17.7	18.6	38
39	0.9	1.8	2.7	3.7	4.6	5.5	6.4	7.3	8.2	9.2	10.1	11.0	11.9	12.8	13.7	14.6	15.6	16.5	17.4	18.3	39
0.40	0.9	1.8	2.7	3.6	4.5	5.4	6.3	7.2	8.1	9.0	9.9	10.8	11.7	12.6	13.5	14.4	15.3	16.2	17.1	18.0	0.40
41	0.9	1.8	2.7	3.5	4.4	5.3	6.2	7.1	8.0	8.9	9.7	10.6	11.5	12.4	13.3	14.2	15.0	15.9	16.8	17.7	41
42	0.9	1.7	2.6	3.5	4.4	5.2	6.1	7.0	7.8	8.7	9.6	10.4	11.3	12.2	13.1	13.9	14.8	15.7	16.5	17.4	42
43	0.9	1.7	2.6	3.4	4.3	5.1	6.0	6.8	7.7	8.6	9.4	10.3	11.1	12.0	12.8	13.7	14.5	15.4	16.2	17.1	43
44	0.8	1.7	2.5	3.4	4.2	5.0	5.9	6.7	7.6	8.4	9.2	10.1	10.9	11.8	12.6	13.4	14.3	15.1	16.0	16.8	44
0.45	0.8	1.7	2.5	3.3	4.1	5.0	5.8	6.6	7.4	8.3	9.1	9.9	10.7	11.6	12.4	13.2	14.0	14.9	15.7	16.5	0.45
46	0.8	1.6	2.4	3.2	4.1	4.9	5.7	6.5	7.3	8.1	8.9	9.7	10.5	11.3	12.2	13.0	13.8	14.6	15.4	16.2	46
47	0.8	1.6	2.4	3.2	4.0	4.8	5.6	6.4	7.2	8.0	8.7	9.5	10.3	11.1	11.9	12.7	13.5	14.3	15.1	15.9	47
48	0.8	1.6	2.3	3.1	3.9	4.7	5.5	6.2	7.0	7.8	8.6	9.4	10.1	10.9	11.7	12.5	13.3	14.0	14.8	15.6	48
49	0.8	1.5	2.3	3.1	3.8	4.6	5.4	6.1	6.9	7.7	8.4	9.2	9.9	10.7	11.5	12.2	13.0	13.8	14.5	15.3	49
0.50	0.8	1.5	2.3	3.0	3.8	4.5	5.3	6.0	6.8	7.5	8.3	9.0	9.8	10.5	11.3	12.0	12.8	13.5	14.3	15.0	0.50

Interpolation

mit Berücksichtigung zweiter Differenzen

$$f(a_0 + n) = f_0 + n\,(\Delta^{I} + \text{Tafelwert})$$

Die Tafelwerte sind negativ für positive zweite Differenz, sie sind positiv für negative zweite Differenz

n	Zweite Differenz = Δ_m^{II} 3	6	9	12	15	18	21	24	27	30	33	36	39	42	45	48	51	54	57	60	n
0.50	0.8	1.5	2.3	3.0	3.8	4.5	5.3	6.0	6.8	7.5	8.3	9.0	9.8	10.5	11.3	12.0	12.8	13.5	14.3	15.0	0.50
51	0.7	1.5	2.2	2.9	3.7	4.4	5.1	5.9	6.6	7.4	8.1	8.8	9.6	10.3	11.0	11.8	12.5	13.2	14.0	14.7	51
52	0.7	1.4	2.2	2.9	3.6	4.3	5.0	5.8	6.5	7.2	7.9	8.6	9.4	10.1	10.8	11.5	12.2	13.0	13.7	14.4	52
53	0.7	1.4	2.1	2.8	3.5	4.2	4.9	5.6	6.3	7.1	7.8	8.5	9.2	9.9	10.6	11.3	12.0	12.7	13.4	14.1	53
54	0.7	1.4	2.1	2.8	3.5	4.1	4.8	5.5	6.2	6.9	7.6	8.3	9.0	9.7	10.4	11.0	11.7	12.4	13.1	13.8	54
0.55	0.7	1.4	2.0	2.7	3.4	4.1	4.7	5.4	6.1	6.8	7.4	8.1	8.8	9.5	10.1	10.8	11.5	12.2	12.8	13.5	0.55
56	0.7	1.3	2.0	2.6	3.3	4.0	4.6	5.3	5.9	6.6	7.3	7.9	8.6	9.2	9.9	10.6	11.2	11.9	12.5	13.2	56
57	0.6	1.3	1.9	2.6	3.2	3.9	4.5	5.2	5.8	6.5	7.1	7.7	8.4	9.0	9.7	10.3	11.0	11.6	12.3	12.9	57
58	0.6	1.3	1.9	2.5	3.2	3.8	4.4	5.0	5.7	6.3	6.9	7.6	8.2	8.8	9.5	10.1	10.7	11.3	12.0	12.6	58
59	0.6	1.2	1.8	2.5	3.1	3.7	4.3	4.9	5.5	6.2	6.8	7.4	8.0	8.6	9.2	9.8	10.5	11.1	11.7	12.3	59
0.60	0.6	1.2	1.8	2.4	3.0	3.6	4.2	4.8	5.4	6.0	6.6	7.2	7.8	8.4	9.0	9.6	10.2	10.8	11.4	12.0	0.60
61	0.6	1.2	1.8	2.3	2.9	3.5	4.1	4.7	5.3	5.9	6.4	7.0	7.6	8.2	8.8	9.4	9.9	10.5	11.1	11.7	61
62	0.6	1.1	1.7	2.3	2.9	3.4	4.0	4.6	5.1	5.7	6.3	6.8	7.4	8.0	8.6	9.1	9.7	10.3	10.8	11.4	62
63	0.6	1.1	1.7	2.2	2.8	3.3	3.9	4.4	5.0	5.6	6.1	6.7	7.2	7.8	8.3	8.9	9.4	10.0	10.5	11.1	63
64	0.5	1.1	1.6	2.2	2.7	3.2	3.8	4.3	4.9	5.4	5.9	6.5	7.0	7.6	8.1	8.6	9.2	9.7	10.3	10.8	64
0.65	0.5	1.1	1.6	2.1	2.6	3.2	3.7	4.2	4.7	5.3	5.8	6.3	6.8	7.4	7.9	8.4	8.9	9.5	10.0	10.5	0.65
66	0.5	1.0	1.5	2.0	2.6	3.1	3.6	4.1	4.6	5.1	5.6	6.1	6.6	7.1	7.7	8.2	8.7	9.2	9.7	10.2	66
67	0.5	1.0	1.5	2.0	2.5	3.0	3.5	4.0	4.5	5.0	5.4	5.9	6.4	6.9	7.4	7.9	8.4	8.9	9.4	9.9	67
68	0.5	1.0	1.4	1.9	2.4	2.9	3.4	3.8	4.3	4.8	5.3	5.8	6.2	6.7	7.2	7.7	8.2	8.6	9.1	9.6	68
69	0.5	0.9	1.4	1.9	2.3	2.8	3.3	3.7	4.2	4.7	5.1	5.6	6.0	6.5	7.0	7.4	7.9	8.4	8.8	9.3	69
0.70	0.5	0.9	1.4	1.8	2.3	2.7	3.2	3.6	4.1	4.5	5.0	5.4	5.9	6.3	6.8	7.2	7.7	8.1	8.6	9.0	0.70
71	0.4	0.9	1.3	1.7	2.2	2.6	3.0	3.5	3.9	4.4	4.8	5.2	5.7	6.1	6.5	7.0	7.4	7.8	8.3	8.7	71
72	0.4	0.8	1.3	1.7	2.1	2.5	2.9	3.4	3.8	4.2	4.6	5.0	5.5	5.9	6.3	6.7	7.1	7.6	8.0	8.4	72
73	0.4	0.8	1.2	1.6	2.0	2.4	2.8	3.2	3.6	4.1	4.5	4.9	5.3	5.7	6.1	6.5	6.9	7.3	7.7	8.1	73
74	0.4	0.8	1.2	1.6	2.0	2.3	2.7	3.1	3.5	3.9	4.3	4.7	5.1	5.5	5.9	6.2	6.6	7.0	7.4	7.8	74
0.75	0.4	0.8	1.1	1.5	1.9	2.3	2.6	3.0	3.4	3.8	4.1	4.5	4.9	5.3	5.6	6.0	6.4	6.8	7.1	7.5	0.75
76	0.4	0.7	1.1	1.4	1.8	2.2	2.5	2.9	3.2	3.6	4.0	4.3	4.7	5.0	5.4	5.8	6.1	6.5	6.8	7.2	76
77	0.3	0.7	1.0	1.4	1.7	2.1	2.4	2.8	3.1	3.5	3.8	4.1	4.5	4.8	5.2	5.5	5.9	6.2	6.6	6.9	77
78	0.3	0.7	1.0	1.3	1.7	2.0	2.3	2.6	3.0	3.3	3.6	4.0	4.3	4.6	5.0	5.3	5.6	5.9	6.3	6.6	78
79	0.3	0.6	0.9	1.3	1.6	1.9	2.2	2.5	2.8	3.2	3.5	3.8	4.1	4.4	4.7	5.0	5.4	5.7	6.0	6.3	79
0.80	0.3	0.6	0.9	1.2	1.5	1.8	2.1	2.4	2.7	3.0	3.3	3.6	3.9	4.2	4.5	4.8	5.1	5.4	5.7	6.0	0.80
81	0.3	0.6	0.9	1.1	1.4	1.7	2.0	2.3	2.6	2.9	3.1	3.4	3.7	4.0	4.3	4.6	4.8	5.1	5.4	5.7	81
82	0.3	0.5	0.8	1.1	1.4	1.6	1.9	2.2	2.4	2.7	3.0	3.2	3.5	3.8	4.1	4.3	4.6	4.9	5.1	5.4	82
83	0.3	0.5	0.8	1.0	1.3	1.5	1.8	2.0	2.3	2.6	2.8	3.1	3.3	3.6	3.8	4.1	4.3	4.6	4.8	5.1	83
84	0.2	0.5	0.7	1.0	1.2	1.4	1.7	1.9	2.2	2.4	2.6	2.9	3.1	3.4	3.6	3.8	4.1	4.3	4.6	4.8	84
0.85	0.2	0.5	0.7	0.9	1.1	1.4	1.6	1.8	2.0	2.3	2.5	2.7	2.9	3.2	3.4	3.6	3.8	4.1	4.3	4.5	0.85
86	0.2	0.4	0.6	0.8	1.1	1.3	1.5	1.7	1.9	2.1	2.3	2.5	2.7	2.9	3.2	3.4	3.6	3.8	4.0	4.2	86
87	0.2	0.4	0.6	0.8	1.0	1.2	1.4	1.6	1.8	2.0	2.1	2.3	2.5	2.7	2.9	3.1	3.3	3.5	3.7	3.9	87
88	0.2	0.4	0.5	0.7	0.9	1.1	1.3	1.4	1.6	1.8	2.0	2.2	2.3	2.5	2.7	2.9	3.1	3.2	3.4	3.6	88
89	0.2	0.3	0.5	0.7	0.8	1.0	1.2	1.3	1.5	1.7	1.8	2.0	2.1	2.3	2.5	2.6	2.8	3.0	3.1	3.3	89
0.90	0.2	0.3	0.5	0.6	0.8	0.9	1.1	1.2	1.4	1.5	1.7	1.8	2.0	2.1	2.3	2.4	2.6	2.7	2.9	3.0	0.90
91	0.1	0.3	0.4	0.5	0.7	0.8	0.9	1.1	1.2	1.4	1.5	1.6	1.8	1.9	2.0	2.2	2.3	2.4	2.6	2.7	91
92	0.1	0.2	0.4	0.5	0.6	0.7	0.8	1.0	1.1	1.2	1.3	1.4	1.6	1.7	1.8	1.9	2.0	2.2	2.3	2.4	92
93	0.1	0.2	0.3	0.4	0.5	0.6	0.7	0.8	0.9	1.1	1.2	1.3	1.4	1.5	1.6	1.7	1.8	1.9	2.0	2.1	93
94	0.1	0.2	0.3	0.4	0.5	0.5	0.6	0.7	0.8	0.9	1.0	1.1	1.2	1.3	1.4	1.4	1.5	1.6	1.7	1.8	94
0.95	0.1	0.2	0.2	0.3	0.4	0.5	0.5	0.6	0.7	0.8	0.8	0.9	1.0	1.1	1.1	1.2	1.3	1.4	1.4	1.5	0.95
96	0.1	0.1	0.2	0.2	0.3	0.4	0.4	0.5	0.5	0.6	0.7	0.7	0.8	0.8	0.9	1.0	1.0	1.1	1.1	1.2	96
97	0.0	0.1	0.1	0.2	0.2	0.3	0.3	0.4	0.4	0.5	0.5	0.5	0.6	0.6	0.7	0.7	0.8	0.8	0.9	0.9	97
98	0.0	0.1	0.1	0.1	0.2	0.2	0.2	0.2	0.3	0.3	0.3	0.4	0.4	0.4	0.5	0.5	0.5	0.5	0.6	0.6	98
0.99	0.0	0.0	0.0	0.1	0.1	0.1	0.1	0.1	0.1	0.2	0.2	0.2	0.2	0.2	0.2	0.2	0.3	0.3	0.3	0.3	0.99
1.00	0.0	0.0	0.0	0.0	0.0	0.0	0.0	0.0	0.0	0.0	0.0	0.0	0.0	0.0	0.0	0.0	0.0	0.0	0.0	0.0	1.00

Interpolation

mit Berücksichtigung zweiter Differenzen

$$f(a_0 + n) = f_0 + n\,(\Delta^{I} + \text{Tafelwert})$$

Die Tafelwerte sind negativ für positive zweite Differenz, sie sind positiv für negative zweite Differenz

n	Zweite Differenz = Δ^{II}_{m}																				n
	63	66	69	72	75	78	81	84	87	90	93	96	99	102	105	108	111	114	117	120	
0.00	31.5	33.0	34.5	36.0	37.5	39.0	40.5	42.0	43.5	45.0	46.5	48.0	49.5	51.0	52.5	54.0	55.5	57.0	58.5	60.0	0.00
01	31.2	32.7	34.2	35.6	37.1	38.6	40.1	41.6	43.1	44.6	46.0	47.5	49.0	50.5	52.0	53.5	54.9	56.4	57.9	59.4	01
02	30.9	32.3	33.8	35.3	36.8	38.2	39.7	41.2	42.6	44.1	45.6	47.0	48.5	50.0	51.5	52.9	54.4	55.9	57.3	58.8	02
03	30.6	32.0	33.5	34.9	36.4	37.8	39.3	40.7	42.2	43.7	45.1	46.6	48.0	49.5	50.9	52.4	53.8	55.3	56.7	58.2	03
04	30.2	31.7	33.1	34.6	36.0	37.4	38.9	40.3	41.8	43.2	44.6	46.1	47.5	49.0	50.4	51.8	53.3	54.7	56.2	57.6	04
0.05	29.9	31.4	32.8	34.2	35.6	37.1	38.5	39.9	41.3	42.8	44.2	45.6	47.0	48.5	49.9	51.3	52.7	54.2	55.6	57.0	0.05
06	29.6	31.0	32.4	33.8	35.3	36.7	38.1	39.5	40.9	42.3	43.7	45.1	46.5	47.9	49.4	50.8	52.2	53.6	55.0	56.4	06
07	29.3	30.7	32.1	33.5	34.9	36.3	37.7	39.1	40.5	41.9	43.2	44.6	46.0	47.4	48.8	50.2	51.6	53.0	54.4	55.8	07
08	29.0	30.4	31.7	33.1	34.5	35.9	37.3	38.6	40.0	41.4	42.8	44.2	45.5	46.9	48.3	49.7	51.1	52.4	53.8	55.2	08
09	28.7	30.0	31.4	32.8	34.1	35.5	36.9	38.2	39.6	41.0	42.3	43.7	45.0	46.4	47.8	49.1	50.5	51.9	53.2	54.6	09
0.10	28.4	29.7	31.1	32.4	33.8	35.1	36.5	37.8	39.2	40.5	41.9	43.2	44.6	45.9	47.3	48.6	50.0	51.3	52.7	54.0	0.10
11	28.0	29.4	30.7	32.0	33.4	34.7	36.0	37.4	38.7	40.1	41.4	42.7	44.1	45.4	46.7	48.1	49.4	50.7	52.1	53.4	11
12	27.7	29.0	30.4	31.7	33.0	34.3	35.6	37.0	38.3	39.6	40.9	42.2	43.6	44.9	46.2	47.5	48.8	50.2	51.5	52.8	12
13	27.4	28.7	30.0	31.3	32.6	33.9	35.2	36.5	37.8	39.2	40.5	41.8	43.1	44.4	45.7	47.0	48.3	49.6	50.9	52.2	13
14	27.1	28.4	29.7	31.0	32.3	33.5	34.8	36.1	37.4	38.7	40.0	41.3	42.6	43.9	45.2	46.4	47.7	49.0	50.3	51.6	14
0.15	26.8	28.1	29.3	30.6	31.9	33.2	34.4	35.7	37.0	38.3	39.5	40.8	42.1	43.4	44.6	45.9	47.2	48.5	49.7	51.0	0.15
16	26.5	27.7	29.0	30.2	31.5	32.8	34.0	35.3	36.5	37.8	39.1	40.3	41.6	42.8	44.1	45.4	46.6	47.9	49.1	50.4	16
17	26.1	27.4	28.6	29.9	31.1	32.4	33.6	34.9	36.1	37.4	38.6	39.8	41.1	42.3	43.6	44.8	46.1	47.3	48.6	49.8	17
18	25.8	27.1	28.3	29.5	30.8	32.0	33.2	34.4	35.7	36.9	38.1	39.4	40.6	41.8	43.1	44.3	45.5	46.7	48.0	49.2	18
19	25.5	26.7	27.9	29.2	30.4	31.6	32.8	34.0	35.2	36.5	37.7	38.9	40.1	41.3	42.5	43.7	45.0	46.2	47.4	48.6	19
0.20	25.2	26.4	27.6	28.8	30.0	31.2	32.4	33.6	34.8	36.0	37.2	38.4	39.6	40.8	42.0	43.2	44.4	45.6	46.8	48.0	0.20
21	24.9	26.1	27.3	28.4	29.6	30.8	32.0	33.2	34.4	35.6	36.7	37.9	39.1	40.3	41.5	42.7	43.8	45.0	46.2	47.4	21
22	24.6	25.7	26.9	28.1	29.3	30.4	31.6	32.8	33.9	35.1	36.3	37.4	38.6	39.8	41.0	42.1	43.3	44.5	45.6	46.8	22
23	24.3	25.4	26.6	27.7	28.9	30.0	31.2	32.3	33.5	34.7	35.8	37.0	38.1	39.3	40.4	41.6	42.7	43.9	45.0	46.2	23
24	23.9	25.1	26.2	27.4	28.5	29.6	30.8	31.9	33.1	34.2	35.3	36.5	37.6	38.8	39.9	41.0	42.2	43.3	44.5	45.6	24
0.25	23.6	24.8	25.9	27.0	28.1	29.3	30.4	31.5	32.6	33.8	34.9	36.0	37.1	38.3	39.4	40.5	41.6	42.8	43.9	45.0	0.25
26	23.3	24.4	25.5	26.6	27.8	28.9	30.0	31.1	32.2	33.3	34.4	35.5	36.6	37.7	38.9	40.0	41.1	42.2	43.3	44.4	26
27	23.0	24.1	25.2	26.3	27.4	28.5	29.6	30.7	31.8	32.9	33.9	35.0	36.1	37.2	38.3	39.4	40.5	41.6	42.7	43.8	27
28	22.7	23.8	24.8	25.9	27.0	28.1	29.2	30.2	31.3	32.4	33.5	34.6	35.6	36.7	37.8	38.9	40.0	41.0	42.1	43.2	28
29	22.4	23.4	24.5	25.6	26.6	27.7	28.8	29.8	30.9	32.0	33.0	34.1	35.1	36.2	37.3	38.3	39.4	40.5	41.5	42.6	29
0.30	22.1	23.1	24.2	25.2	26.3	27.3	28.4	29.4	30.5	31.5	32.6	33.6	34.7	35.7	36.8	37.8	38.9	39.9	41.0	42.0	0.30
31	21.7	22.8	23.8	24.8	25.9	26.9	27.9	29.0	30.0	31.1	32.1	33.1	34.2	35.2	36.2	37.3	38.3	39.3	40.4	41.4	31
32	21.4	22.4	23.5	24.5	25.5	26.5	27.5	28.6	29.6	30.6	31.6	32.6	33.7	34.7	35.7	36.7	37.7	38.8	39.8	40.8	32
33	21.1	22.1	23.1	24.1	25.1	26.1	27.1	28.1	29.1	30.2	31.2	32.2	33.2	34.2	35.2	36.2	37.2	38.2	39.2	40.2	33
34	20.8	21.8	22.8	23.8	24.8	25.7	26.7	27.7	28.7	29.7	30.7	31.7	32.7	33.7	34.7	35.6	36.6	37.6	38.6	39.6	34
0.35	20.5	21.5	22.4	23.4	24.4	25.4	26.3	27.3	28.3	29.3	30.2	31.2	32.2	33.2	34.1	35.1	36.1	37.1	38.0	39.0	0.35
36	20.2	21.1	22.1	23.0	24.0	25.0	25.9	26.9	27.8	28.8	29.8	30.7	31.7	32.6	33.6	34.6	35.5	36.5	37.4	38.4	36
37	19.8	20.8	21.7	22.7	23.6	24.6	25.5	26.5	27.4	28.4	29.3	30.2	31.2	32.1	33.1	34.0	35.0	35.9	36.9	37.8	37
38	19.5	20.5	21.4	22.3	23.3	24.2	25.1	26.0	27.0	27.9	28.8	29.8	30.7	31.6	32.6	33.5	34.4	35.3	36.3	37.2	38
39	19.2	20.1	21.0	22.0	22.9	23.8	24.7	25.6	26.5	27.5	28.4	29.3	30.2	31.1	32.0	32.9	33.9	34.8	35.7	36.6	39
0.40	18.9	19.8	20.7	21.6	22.5	23.4	24.3	25.2	26.1	27.0	27.9	28.8	29.7	30.6	31.5	32.4	33.3	34.2	35.1	36.0	0.40
41	18.6	19.5	20.4	21.2	22.1	23.0	23.9	24.8	25.7	26.6	27.4	28.3	29.2	30.1	31.0	31.9	32.7	33.6	34.5	35.4	41
42	18.3	19.1	20.0	20.9	21.8	22.6	23.5	24.4	25.2	26.1	27.0	27.8	28.7	29.6	30.5	31.3	32.2	33.1	33.9	34.8	42
43	18.0	18.8	19.7	20.5	21.4	22.2	23.1	23.9	24.8	25.7	26.5	27.4	28.2	29.1	29.9	30.8	31.6	32.5	33.3	34.2	43
44	17.6	18.5	19.3	20.2	21.0	21.8	22.7	23.5	24.4	25.2	26.0	26.9	27.7	28.6	29.4	30.2	31.1	31.9	32.8	33.6	44
0.45	17.3	18.2	19.0	19.8	20.6	21.5	22.3	23.1	23.9	24.8	25.6	26.4	27.2	28.1	28.9	29.7	30.5	31.4	32.2	33.0	0.45
46	17.0	17.8	18.6	19.4	20.3	21.1	21.9	22.7	23.5	24.3	25.1	25.9	26.7	27.5	28.4	29.2	30.0	30.8	31.6	32.4	46
47	16.7	17.5	18.3	19.1	19.9	20.7	21.5	22.3	23.1	23.9	24.6	25.4	26.2	27.0	27.8	28.6	29.4	30.2	31.0	31.8	47
48	16.4	17.2	17.9	18.7	19.5	20.3	21.1	21.8	22.6	23.4	24.2	25.0	25.7	26.5	27.3	28.1	28.9	29.6	30.4	31.2	48
49	16.1	16.8	17.6	18.4	19.1	19.9	20.7	21.4	22.2	23.0	23.7	24.5	25.2	26.0	26.8	27.5	28.3	29.1	29.8	30.6	49
0.50	15.8	16.5	17.3	18.0	18.8	19.5	20.3	21.0	21.8	22.5	23.3	24.0	24.8	25.5	26.3	27.0	27.8	28.5	29.3	30.0	0.50

Interpolation

mit Berücksichtigung zweiter Differenzen

$$f(a_0 + n) = f_0 + n\,(\Delta^{I} + \text{Tafelwert})$$

Die Tafelwerte sind negativ für positive zweite Differenz, sie sind positiv für negative zweite Differenz

n	Zweite Differenz = Δ^{II}_{m}																				n
	63	66	69	72	75	78	81	84	87	90	93	96	99	102	105	108	111	114	117	120	
0.50	15.8	16.5	17.3	18.0	18.8	19.5	20.3	21.0	21.8	22.5	23.3	24.0	24.8	25.5	26.3	27.0	27.8	28.5	29.3	30.0	0.50
51	15.4	16.2	16.9	17.6	18.4	19.1	19.8	20.6	21.3	22.1	22.8	23.5	24.3	25.0	25.7	26.5	27.2	27.9	28.7	29.4	51
52	15.1	15.8	16.6	17.3	18.0	18.7	19.4	20.2	20.9	21.6	22.3	23.0	23.8	24.5	25.2	25.9	26.6	27.4	28.1	28.8	52
53	14.8	15.5	16.2	16.9	17.6	18.3	19.0	19.7	20.4	21.2	21.9	22.6	23.3	24.0	24.7	25.4	26.1	26.8	27.5	28.2	53
54	14.5	15.2	15.9	16.6	17.3	17.9	18.6	19.3	20.0	20.7	21.4	22.1	22.8	23.5	24.2	24.8	25.5	26.2	26.9	27.6	54
0.55	14.2	14.9	15.5	16.2	16.9	17.6	18.2	18.9	19.6	20.3	20.9	21.6	22.3	23.0	23.6	24.3	25.0	25.7	26.3	27.0	0.55
56	13.9	14.5	15.2	15.8	16.5	17.2	17.8	18.5	19.1	19.8	20.5	21.1	21.8	22.4	23.1	23.8	24.4	25.1	25.7	26.4	56
57	13.5	14.2	14.8	15.5	16.1	16.8	17.4	18.1	18.7	19.4	20.0	20.6	21.3	21.9	22.6	23.2	23.9	24.5	25.2	25.8	57
58	13.2	13.9	14.5	15.1	15.8	16.4	17.0	17.6	18.3	18.9	19.5	20.2	20.8	21.4	22.1	22.7	23.3	23.9	24.6	25.2	58
59	12.9	13.5	14.1	14.8	15.4	16.0	16.6	17.2	17.8	18.5	19.1	19.7	20.3	20.9	21.5	22.1	22.8	23.4	24.0	24.6	59
0.60	12.6	13.2	13.8	14.4	15.0	15.6	16.2	16.8	17.4	18.0	18.6	19.2	19.8	20.4	21.0	21.6	22.2	22.8	23.4	24.0	0.60
61	12.3	12.9	13.5	14.0	14.6	15.2	15.8	16.4	17.0	17.6	18.1	18.7	19.3	19.9	20.5	21.1	21.6	22.2	22.8	23.4	61
62	12.0	12.5	13.1	13.7	14.3	14.8	15.4	16.0	16.5	17.1	17.7	18.2	18.8	19.4	20.0	20.5	21.1	21.7	22.2	22.8	62
63	11.7	12.2	12.8	13.3	13.9	14.4	15.0	15.5	16.1	16.7	17.2	17.8	18.3	18.9	19.4	20.0	20.5	21.1	21.6	22.2	63
64	11.3	11.9	12.4	13.0	13.5	14.0	14.6	15.1	15.7	16.2	16.7	17.3	17.8	18.4	18.9	19.4	20.0	20.5	21.1	21.6	64
0.65	11.0	11.6	12.1	12.6	13.1	13.7	14.2	14.7	15.2	15.8	16.3	16.8	17.3	17.9	18.4	18.9	19.4	20.0	20.5	21.0	0.65
66	10.7	11.2	11.7	12.2	12.8	13.3	13.8	14.3	14.8	15.3	15.8	16.3	16.8	17.3	17.9	18.4	18.9	19.4	19.9	20.4	66
67	10.4	10.9	11.4	11.9	12.4	12.9	13.4	13.9	14.4	14.9	15.3	15.8	16.3	16.8	17.3	17.8	18.3	18.8	19.3	19.8	67
68	10.1	10.6	11.0	11.5	12.0	12.5	13.0	13.4	13.9	14.4	14.9	15.4	15.8	16.3	16.8	17.3	17.8	18.2	18.7	19.2	68
69	9.8	10.2	10.7	11.2	11.6	12.1	12.6	13.0	13.5	14.0	14.4	14.9	15.3	15.8	16.3	16.7	17.2	17.7	18.1	18.6	69
0.70	9.5	9.9	10.4	10.8	11.3	11.7	12.2	12.6	13.1	13.5	14.0	14.4	14.9	15.3	15.8	16.2	16.7	17.1	17.6	18.0	0.70
71	9.1	9.6	10.0	10.4	10.9	11.3	11.7	12.2	12.6	13.1	13.5	13.9	14.4	14.8	15.2	15.7	16.1	16.5	17.0	17.4	71
72	8.8	9.2	9.7	10.1	10.5	10.9	11.3	11.8	12.2	12.6	13.0	13.4	13.9	14.3	14.7	15.1	15.5	16.0	16.4	16.8	72
73	8.5	8.9	9.3	9.7	10.1	10.5	10.9	11.3	11.7	12.2	12.6	13.0	13.4	13.8	14.2	14.6	15.0	15.4	15.8	16.2	73
74	8.2	8.6	9.0	9.4	9.8	10.1	10.5	10.9	11.3	11.7	12.1	12.5	12.9	13.3	13.7	14.0	14.4	14.8	15.2	15.6	74
0.75	7.9	8.3	8.6	9.0	9.4	9.8	10.1	10.5	10.9	11.3	11.6	12.0	12.4	12.8	13.1	13.5	13.9	14.3	14.6	15.0	0.75
76	7.6	7.9	8.3	8.6	9.0	9.4	9.7	10.1	10.4	10.8	11.2	11.5	11.9	12.2	12.6	13.0	13.3	13.7	14.0	14.4	76
77	7.2	7.6	7.9	8.3	8.6	9.0	9.3	9.7	10.0	10.4	10.7	11.0	11.4	11.7	12.1	12.4	12.8	13.1	13.5	13.8	77
78	6.9	7.3	7.6	7.9	8.3	8.6	8.9	9.2	9.6	9.9	10.2	10.6	10.9	11.2	11.6	11.9	12.2	12.5	12.9	13.2	78
79	6.6	6.9	7.2	7.6	7.9	8.2	8.5	8.8	9.1	9.5	9.8	10.1	10.4	10.7	11.0	11.3	11.7	12.0	12.3	12.6	79
0.80	6.3	6.6	6.9	7.2	7.5	7.8	8.1	8.4	8.7	9.0	9.3	9.6	9.9	10.2	10.5	10.8	11.1	11.4	11.7	12.0	0.80
81	6.0	6.3	6.6	6.8	7.1	7.4	7.7	8.0	8.3	8.6	8.8	9.1	9.4	9.7	10.0	10.3	10.5	10.8	11.1	11.4	81
82	5.7	5.9	6.2	6.5	6.8	7.0	7.3	7.6	7.8	8.1	8.4	8.6	8.9	9.2	9.5	9.7	10.0	10.3	10.5	10.8	82
83	5.4	5.6	5.9	6.1	6.4	6.6	6.9	7.1	7.4	7.7	7.9	8.2	8.4	8.7	8.9	9.2	9.4	9.7	9.9	10.2	83
84	5.0	5.3	5.5	5.8	6.0	6.2	6.5	6.7	7.0	7.2	7.4	7.7	7.9	8.2	8.4	8.6	8.9	9.1	9.4	9.6	84
0.85	4.7	5.0	5.2	5.4	5.6	5.9	6.1	6.3	6.5	6.8	7.0	7.2	7.4	7.7	7.9	8.1	8.3	8.6	8.8	9.0	0.85
86	4.4	4.6	4.8	5.0	5.3	5.5	5.7	5.9	6.1	6.3	6.5	6.7	6.9	7.1	7.4	7.6	7.8	8.0	8.2	8.4	86
87	4.1	4.3	4.5	4.7	4.9	5.1	5.3	5.5	5.7	5.9	6.0	6.2	6.4	6.6	6.8	7.0	7.2	7.4	7.6	7.8	87
88	3.8	4.0	4.1	4.3	4.5	4.7	4.9	5.0	5.2	5.4	5.6	5.8	5.9	6.1	6.3	6.5	6.7	6.8	7.0	7.2	88
89	3.5	3.6	3.8	4.0	4.1	4.3	4.5	4.6	4.8	5.0	5.1	5.3	5.4	5.6	5.8	5.9	6.1	6.3	6.4	6.6	89
0.90	3.2	3.3	3.5	3.6	3.8	3.9	4.1	4.2	4.4	4.5	4.7	4.8	5.0	5.1	5.3	5.4	5.6	5.7	5.9	6.0	0.90
91	2.8	3.0	3.1	3.2	3.4	3.5	3.6	3.8	3.9	4.1	4.2	4.3	4.5	4.6	4.7	4.9	5.0	5.1	5.3	5.4	91
92	2.5	2.6	2.8	2.9	3.0	3.1	3.2	3.4	3.5	3.6	3.7	3.8	4.0	4.1	4.2	4.3	4.4	4.6	4.7	4.8	92
93	2.2	2.3	2.4	2.5	2.6	2.7	2.8	2.9	3.0	3.2	3.3	3.4	3.5	3.6	3.7	3.8	3.9	4.0	4.1	4.2	93
94	1.9	2.0	2.1	2.2	2.3	2.3	2.4	2.5	2.6	2.7	2.8	2.9	3.0	3.1	3.2	3.2	3.3	3.4	3.5	3.6	94
0.95	1.6	1.7	1.7	1.8	1.9	2.0	2.0	2.1	2.2	2.3	2.3	2.4	2.5	2.6	2.6	2.7	2.8	2.9	2.9	3.0	0.95
96	1.3	1.3	1.4	1.4	1.5	1.6	1.6	1.7	1.7	1.8	1.9	1.9	2.0	2.0	2.1	2.2	2.2	2.3	2.3	2.4	96
97	0.9	1.0	1.0	1.1	1.1	1.2	1.2	1.3	1.3	1.4	1.4	1.4	1.5	1.5	1.6	1.6	1.7	1.7	1.8	1.8	97
98	0.6	0.7	0.7	0.7	0.8	0.8	0.8	0.8	0.9	0.9	0.9	1.0	1.0	1.0	1.1	1.1	1.1	1.1	1.2	1.2	98
0.99	0.3	0.3	0.3	0.4	0.4	0.4	0.4	0.4	0.4	0.5	0.5	0.5	0.5	0.5	0.5	0.5	0.6	0.6	0.6	0.6	0.99
1.00	0.0	0.0	0.0	0.0	0.0	0.0	0.0	0.0	0.0	0.0	0.0	0.0	0.0	0.0	0.0	0.0	0.0	0.0	0.0	0.0	1.00

Mittlere Refraktion R_0
als Funktion der scheinbaren Zenitdistanz z

z	R_0	Δ
°	″	
0.0	0.00	52
0.5	0.52	53
1.0	1.05	52
1.5	1.57	53
2.0	2.10	52
2.5	2.62	53
3.0	3.15	52
3.5	3.67	53
4.0	4.20	52
4.5	4.72	53
5.0	5.25	53
5.5	5.78	53
6.0	6.31	53
6.5	6.84	54
7.0	7.38	53
7.5	7.91	54
8.0	8.45	53
8.5	8.98	54
9.0	9.52	54
9.5	10.06	54
10.0	10.60	54
10.5	11.14	54
11.0	11.68	54
11.5	12.22	55
12.0	12.77	55
12.5	13.32	55
13.0	13.87	55
13.5	14.42	56
14.0	14.98	56
14.5	15.54	56
15.0	16.10	56
15.5	16.66	57
16.0	17.23	57
16.5	17.80	57
17.0	18.37	58
17.5	18.95	58
18.0	19.53	

z	R_0	Δ
°	″	
18.0	19.53	58
18.5	20.11	58
19.0	20.69	59
19.5	21.28	59
20.0	21.87	60
20.5	22.47	60
21.0	23.07	60
21.5	23.67	61
22.0	24.28	61
22.5	24.89	62
23.0	25.51	62
23.5	26.13	62
24.0	26.75	63
24.5	27.38	64
25.0	28.02	64
25.5	28.66	65
26.0	29.31	65
26.5	29.96	66
27.0	30.62	66
27.5	31.28	67
28.0	31.95	68
28.5	32.63	68
29.0	33.31	69
29.5	34.00	69
30.0	34.69	70
30.5	35.39	71
31.0	36.10	72
31.5	36.82	72
32.0	37.54	73
32.5	38.27	74
33.0	39.01	75
33.5	39.76	76
34.0	40.52	77
34.5	41.29	78
35.0	42.07	78
35.5	42.85	79
36.0	43.64	

z	R_0	Δ
°	″	
36.0	43.64	81
36.5	44.45	81
37.0	45.26	82
37.5	46.08	84
38.0	46.92	85
38.5	47.77	87
39.0	48.64	87
39.5	49.51	89
40.0	50.40	90
40.5	51.30	91
41.0	52.21	92
41.5	53.13	94
42.0	54.07	95
42.5	55.02	98
43.0	56.00	98
43.5	56.98	100
44.0	57.98	102
44.5	59.00	104
45.0	60.04	105
45.5	61.09	108
46.0	62.17	109
46.5	63.26	111
47.0	64.37	114
47.5	65.51	116
48.0	66.67	117
48.5	67.84	120
49.0	69.04	123
49.5	70.27	124
50.0	71.51	128
50.5	72.79	131
51.0	74.10	133
51.5	75.43	136
52.0	76.79	139
52.5	78.18	142
53.0	79.60	146
53.5	81.06	149
54.0	82.55	

z	R_0	Δ
°	″	
52.0	76.79	55
2	77.34	56
4	77.90	56
6	78.46	57
8	79.03	57
53.0	79.60	58
2	80.18	58
4	80.76	59
6	81.35	60
8	81.95	60
54.0	82.55	61
2	83.16	61
4	83.77	62
6	84.39	62
8	85.01	63
55.0	85.64	64
2	86.28	64
4	86.92	65
6	87.57	66
8	88.23	66
56.0	88.89	67
2	89.56	67
4	90.23	69
6	90.92	69
8	91.61	70
57.0	92.31	71
2	93.02	71
4	93.73	72
6	94.45	73
8	95.18	74
58.0	95.92	75
2	96.67	75
4	97.42	76
6	98.18	77
8	98.95	78
59.0	99.73	79
2	100.52	79
4	101.31	81
6	102.12	81
8	102.93	83
60.0	103.76	

z	R_0	Δ
°	″	
60.0	103.76	84
2	104.60	84
4	105.44	86
6	106.30	86
8	107.16	88
61.0	108.04	89
2	108.93	90
4	109.83	91
6	110.74	92
8	111.66	94
62.0	112.60	95
2	113.55	96
4	114.51	98
6	115.49	98
8	116.47	100
63.0	117.47	101
2	118.48	103
4	119.51	104
6	120.55	105
8	121.60	107
64.0	122.67	108
2	123.75	110
4	124.85	112
6	125.97	113
8	127.10	115
65.0	128.25	117
2	129.42	118
4	130.60	120
6	131.80	122
8	133.02	124
66.0	134.26	126
2	135.52	128
4	136.80	129
6	138.09	132
8	139.41	134
67.0	140.75	136
2	142.11	139
4	143.50	140
6	144.90	143
8	146.33	145
68.0	147.78	

Refraktion $R = R_0\,(1 + A\alpha + B)$

$H = H_1\,[1 - 0.00264 \cos 2\varphi - 0.000163\,(t - T)]$, wobei H_1 = abgelesener Barometerstand, φ = geographische Breite des Beobachtungsortes, t = Temperatur des Quecksilbers, T = Lufttemperatur.

Mittlere Refraktion R_0 als Funktion der scheinbaren Zenitdistanz z

z	R_0	Diff.	z	R_0	Diff.
68.0°	147.78″	73	72.0°	183.10″	107
1	148.51	74	1	184.17	108
2	149.25	74	2	185.25	110
3	149.99	76	3	186.35	110
4	150.75	76	4	187.45	112
68.5	151.51	77	72.5	188.57	113
6	152.28	77	6	189.70	114
7	153.05	79	7	190.84	116
8	153.84	79	8	192.00	116
9	154.63	80	9	193.16	118
69.0	155.43	80	73.0	194.34	119
1	156.23	81	1	195.53	121
2	157.04	82	2	196.74	122
3	157.86	83	3	197.96	123
4	158.69	83	4	199.19	125
69.5	159.52	84	73.5	200.44	126
6	160.36	84	6	201.70	127
7	161.20	85	7	202.97	129
8	162.05	86	8	204.26	131
9	162.91	87	9	205.57	132
70.0	163.78	88	74.0	206.89	134
1	164.66	89	1	208.23	135
2	165.55	90	2	209.58	137
3	166.45	91	3	210.95	138
4	167.36	91	4	212.33	140
70.5	168.27	92	74.5	213.73	142
6	169.19	93	6	215.15	143
7	170.12	94	7	216.58	146
8	171.06	95	8	218.04	147
9	172.01	96	9	219.51	149
71.0	172.97	97	75.0	221.00	151
1	173.94	98	1	222.51	152
2	174.92	98	2	224.03	155
3	175.90	100	3	225.58	156
4	176.90	101	4	227.14	159
71.5	177.91	102	75.5	228.73	160
6	178.93	103	6	230.33	163
7	179.96	103	7	231.96	165
8	180.99	105	8	233.61	167
9	182.04	106	9	235.28	169
72.0	183.10		76.0	236.97	

Verbesserung der mittleren Refraktion wegen Lufttemperatur und Barometerstand

T (C)	A
−15°	+0.0608
14	0565
13	0523
12	0481
11	0439
−10	+0.0398
9	0357
8	0316
7	0275
6	0235
− 5	+0.0195
4	0155
3	0116
2	0077
− 1	+0.0038
0	0.0000
+ 1	−0.0038
2	0076
3	0114
4	0151
+ 5	−0.0188
6	0225
7	0261
8	0298
9	0334
+10	−0.0369
11	0405
12	0440
13	0475
14	0510
+15	−0.0545
16	0579
17	0613
18	0647
19	0680
+20	−0.0714
21	0747
22	0780
23	0812
24	0845
+25	−0.0877

Für $z < 45°$ ist $\alpha = 1.000$

z	α
45°	1.000
46	1.001
47	1.001
48	1.001
49	1.001
50	1.002
51	1.002
52	1.002
53	1.002
54	1.002
55	1.002
56	1.003
57	1.003
58	1.003
59	1.003
60	1.004
61	1.004
62	1.004
63	1.004
64	1.005
65	1.005
66	1.006
67	1.007
68	1.007
69	1.008
70	1.009
71	1.010
72	1.011
73	1.013
74	1.015
75	1.017
76	1.020

T	A
+25°	−0.0877
26	0909
27	0941
28	0972
29	1004
+30	−0.1035

H (mm)	B	H (mm)
720	−0.0526 +	800
721	0513	799
722	0500	798
723	0487	797
724	0474	796
725	−0.0461 +	795
726	0447	794
727	0434	793
728	0421	792
729	0408	791
730	−0.0395 +	790
731	0382	789
732	0368	788
733	0355	787
734	0342	786
735	−0.0329 +	785
736	0316	784
737	0303	783
738	0289	782
739	0276	781
740	−0.0263 +	780
741	0250	779
742	0237	778
743	0224	777
744	0211	776
745	−0.0197 +	775
746	0184	774
747	0171	773
748	0158	772
749	0145	771
750	−0.0132 +	770
751	0118	769
752	0105	768
753	0092	767
754	0079	766
755	−0.0066 +	765
756	0053	764
757	0039	763
758	0026	762
759	−0.0013 +	761
760	0.0000	760

Refraktion $R = R_0 (1 + A\alpha + B)$

$H = H_1 [1 - 0.00264 \cos 2\varphi - 0.000163 (t - T)]$, wobei H_1 = abgelesener Barometerstand, φ = geographische Breite des Beobachtungsortes, t = Temperatur des Quecksilbers, T = Lufttemperatur.

Polaris 1959

Bestimmung der geographischen Breite durch Messung von Zenitdistanzen des Polarsterns

Tafel 1

	Sternzeit												
	0h		1h		2h		3h		4h		5h		
m	° ′ ″	″	° ′ ″	″	° ′ ″	″	° ′ ″	″	° ′ ″	″	° ′ ″	″	m
0	−48 45.1	14.3	−54 10.9	7.1	−55 50.7	0.7	−53 37.2	8.4	−47 40.6	15.5	−38 27.0	21.4	0
2	48 59.4	14.1	54 18.0	6.8	55 50.0	1.0	53 28.8	8.6	47 25.1	15.7	38 5.6	21.5	2
4	49 13.5	13.9	54 24.8	6.5	55 49.0	1.2	53 20.2	8.9	47 9.4	15.9	37 44.1	21.8	4
6	49 27.4	13.6	54 31.3	6.3	55 47.8	1.5	53 11.3	9.2	46 53.5	16.1	37 22.3	21.9	6
8	49 41.0	13.4	54 37.6	6.0	55 46.3	1.8	53 2.1	9.4	46 37.4	16.4	37 0.4	22.1	8
10	−49 54.4	13.2	−54 43.6	5.8	−55 44.5	2.0	−52 52.7	9.7	−46 21.0	16.6	−36 38.3	22.3	10
12	50 7.6	12.9	54 49.4	5.5	55 42.5	2.3	52 43.0	9.9	46 4.4	16.7	36 16.0	22.4	12
14	50 20.5	12.7	54 54.9	5.3	55 40.2	2.5	52 33.1	10.1	45 47.7	17.0	35 53.6	22.6	14
16	50 33.2	12.5	55 0.2	5.0	55 37.7	2.8	52 23.0	10.4	45 30.7	17.1	35 31.0	22.8	16
18	50 45.7	12.2	55 5.2	4.7	55 34.9	3.0	52 12.6	10.6	45 13.6	17.4	35 8.2	22.9	18
20	−50 57.9	12.0	−55 9.9	4.5	−55 31.9	3.3	−52 2.0	10.9	−44 56.2	17.6	−34 45.3	23.0	20
22	51 9.9	11.7	55 14.4	4.2	55 28.6	3.6	51 51.1	11.1	44 38.6	17.8	34 22.3	23.2	22
24	51 21.6	11.5	55 18.6	4.0	55 25.0	3.8	51 40.0	11.3	44 20.8	18.1	33 59.1	23.4	24
26	51 33.1	11.2	55 22.6	3.7	55 21.2	4.1	51 28.7	11.6	44 2.7	18.2	33 35.7	23.5	26
28	51 44.3	11.0	55 26.3	3.5	55 17.1	4.3	51 17.1	11.8	43 44.5	18.4	33 12.2	23.7	28
30	−51 55.3	10.8	−55 29.8	3.2	−55 12.8	4.6	−51 5.3	12.0	−43 26.1	18.6	−32 48.5	23.8	30
32	52 6.1	10.5	55 33.0	3.0	55 8.2	4.8	50 53.3	12.3	43 7.5	18.8	32 24.7	24.0	32
34	52 16.6	10.3	55 36.0	2.7	55 3.4	5.1	50 41.0	12.5	42 48.7	19.0	32 0.7	24.1	34
36	52 26.9	10.0	55 38.7	2.4	54 58.3	5.4	50 28.5	12.7	42 29.7	19.2	31 36.6	24.3	36
38	52 36.9	9.8	55 41.1	2.2	54 52.9	5.6	50 15.8	13.0	42 10.5	19.4	31 12.3	24.4	38
40	−52 46.7	9.5	−55 43.3	1.9	−54 47.3	5.9	−50 2.8	13.2	−41 51.1	19.6	−30 47.9	24.5	40
42	52 56.2	9.3	55 45.2	1.6	54 41.4	6.1	49 49.6	13.4	41 31.5	19.7	30 23.4	24.7	42
44	53 5.5	9.0	55 46.8	1.4	54 35.3	6.4	49 36.2	13.6	41 11.8	20.0	29 58.7	24.8	44
46	53 14.5	8.8	55 48.2	1.1	54 28.9	6.6	49 22.6	13.9	40 51.8	20.1	29 33.9	24.9	46
48	53 23.3	8.6	55 49.3	0.9	54 22.3	6.9	49 8.7	14.1	40 31.7	20.3	29 9.0	25.1	48
50	−53 31.9	8.3	−55 50.2	0.6	−54 15.4	7.1	−48 54.6	14.4	−40 11.4	20.5	−28 43.9	25.2	50
52	53 40.2	8.0	55 50.8	0.4	54 8.3	7.4	48 40.2	14.5	39 50.9	20.7	28 18.7	25.3	52
54	53 48.2	7.8	55 51.2	0.1	54 0.9	7.6	48 25.7	14.8	39 30.2	20.9	27 53.4	25.5	54
56	53 56.0	7.6	55 51.3	0.2	53 53.3	7.9	48 10.9	15.1	39 9.3	21.1	27 27.9	25.5	56
58	54 3.6	7.3	55 51.1	0.4	53 45.4	8.2	47 55.8	15.2	38 48.2	21.2	27 2.4	25.7	58
60	−54 10.9		−55 50.7		−53 37.2		−47 40.6		−38 27.0		−26 36.7		60

$\varphi = 90° - z$ + Korrektion nach (Tafel 1 + Tafel 2 + Tafel 3)

Bestimmung der geographischen Breite
durch Messung von Zenitdistanzen des Polarsterns

Tafel 1

m	6h	Diff.	7h	Diff.	8h	Diff.	9h	Diff.	10h	Diff.	11h	Diff.	m
	′ ″	″	′ ″	″	′ ″	″	′ ″	″	′ ″	″	′ ″	″	
0	−26 36.7	25.8	−13 0.8	28.4	+ 1 24.1	28.9	+15 38.5	27.6	+28 45.0	24.4	+39 51.7	19.6	0
2	26 10.9	25.9	12 32.4	28.4	1 53.0	29.0	16 6.1	27.5	29 9.4	24.3	40 11.3	19.5	2
4	25 45.0	26.0	12 4.0	28.5	2 22.0	29.0	16 33.6	27.5	29 33.7	24.1	40 30.8	19.3	4
6	25 19.0	26.1	11 35.5	28.5	2 51.0	28.9	17 1.1	27.3	29 57.8	24.0	40 50.1	19.1	6
8	24 52.9	26.3	11 7.0	28.6	3 19.9	28.9	17 28.4	27.3	30 21.8	23.9	41 9.2	18.9	8
10	−24 26.6	26.4	−10 38.4	28.6	+ 3 48.8	28.9	+17 55.7	27.2	+30 45.7	23.7	+41 28.1	18.7	10
12	24 0.2	26.4	10 9.8	28.7	4 17.7	28.9	18 22.9	27.1	31 9.4	23.5	41 46.8	18.5	12
14	23 33.8	26.6	9 41.1	28.7	4 46.6	28.8	18 50.0	27.0	31 32.9	23.4	42 5.3	18.4	14
16	23 7.2	26.6	9 12.4	28.8	5 15.4	28.8	19 17.0	26.9	31 56.3	23.3	42 23.7	18.1	16
18	22 40.6	26.8	8 43.6	28.7	5 44.2	28.8	19 43.9	26.9	32 19.6	23.1	42 41.8	17.9	18
20	−22 13.8	26.9	− 8 14.9	28.8	+ 6 13.0	28.7	+20 10.8	26.7	+32 42.7	23.0	+42 59.7	17.8	20
22	21 46.9	26.9	7 46.1	28.9	6 41.7	28.7	20 37.5	26.7	33 5.7	22.8	43 17.5	17.5	22
24	21 20.0	27.1	7 17.2	28.8	7 10.4	28.6	21 4.2	26.5	33 28.5	22.7	43 35.0	17.4	24
26	20 52.9	27.2	6 48.4	28.9	7 39.0	28.6	21 30.7	26.5	33 51.2	22.5	43 52.4	17.1	26
28	20 25.7	27.2	6 19.5	28.9	8 7.6	28.6	21 57.2	26.3	34 13.7	22.3	44 9.5	17.0	28
30	−19 58.5	27.3	− 5 50.6	28.9	+ 8 36.2	28.5	+22 23.5	26.3	+34 36.0	22.2	+44 26.5	16.7	30
32	19 31.2	27.4	5 21.7	28.9	9 4.7	28.5	22 49.8	26.1	34 58.2	22.0	44 43.2	16.6	32
34	19 3.8	27.5	4 52.8	29.0	9 33.2	28.4	23 15.9	26.1	35 20.2	21.9	44 59.8	16.3	34
36	18 36.3	27.6	4 23.8	29.0	10 1.6	28.4	23 42.0	25.9	35 42.1	21.7	45 16.1	16.2	36
38	18 8.7	27.6	3 54.8	28.9	10 30.0	28.4	24 7.9	25.8	36 3.8	21.6	45 32.3	15.9	38
40	−17 41.1	27.7	− 3 25.9	29.0	+10 58.4	28.3	+24 33.7	25.7	+36 25.4	21.4	+45 48.2	15.7	40
42	17 13.4	27.8	2 56.9	29.0	11 26.7	28.2	24 59.4	25.5	36 46.8	21.2	46 3.9	15.6	42
44	16 45.6	27.8	2 27.9	29.0	11 54.9	28.2	25 24.9	25.5	37 8.0	21.1	46 19.5	15.3	44
46	16 17.8	28.0	1 58.9	29.0	12 23.1	28.1	25 50.4	25.3	37 29.1	20.9	46 34.8	15.2	46
48	15 49.8	28.0	1 29.9	29.0	12 51.2	28.0	26 15.7	25.2	37 50.0	20.8	46 50.0	14.9	48
50	−15 21.8	28.1	− 1 0.9	29.0	+13 19.2	28.0	+26 40.9	25.1	+38 10.8	20.5	+47 4.9	14.7	50
52	14 53.7	28.1	0 31.9	29.0	13 47.2	28.0	27 6.0	24.9	38 31.3	20.4	47 19.6	14.4	52
54	14 25.6	28.2	− 0 2.9	29.0	14 15.2	27.8	27 30.9	24.8	38 51.7	20.2	47 34.0	14.2	54
56	13 57.4	28.3	+ 0 26.1	29.0	14 43.0	27.8	27 55.7	24.7	39 11.9	20.0	47 48.2	14.0	56
58	13 29.1	28.3	0 55.1	29.0	15 10.8	27.7	28 20.4	24.6	39 31.9	19.8	48 2.2	13.8	58
60	−13 0.8		+ 1 24.1		+15 38.5		+28 45.0		+39 51.7		+48 16.0		60

Column heading: Sternzeit

$\varphi = 90^\circ - z +$ Korrektion nach (Tafel 1 + Tafel 2 + Tafel 3)

Polaris 1959

Bestimmung der geographischen Breite durch Messung von Zenitdistanzen des Polarsterns

Tafel 1

	Sternzeit												
	12h		13h		14h		15h		16h		17h		
m	′ ″	″	′ ″	″	′ ″	″	′ ″	″	′ ″	″	′ ″	″	m
0	+48 16.0	13.6	+53 26.8	6.8	+55 4.7	0.5	+53 3.7	7.7	+47 31.1	14.7	+38 39.9	20.6	0
2	48 29.6	13.4	53 33.6	6.5	55 4.2	0.8	52 56.0	8.0	47 16.4	14.9	38 19.3	20.8	2
4	48 43.0	13.2	53 40.1	6.3	55 3.4	1.0	52 48.0	8.2	47 1.5	15.1	37 58.5	21.0	4
6	48 56.2	13.0	53 46.4	6.1	55 2.4	1.3	52 39.8	8.5	46 46.4	15.4	37 37.5	21.2	6
8	49 9.2	12.7	53 52.5	5.8	55 1.1	1.5	52 31.3	8.7	46 31.0	15.6	37 16.3	21.3	8
10	+49 21.9	12.5	+53 58.3	5.6	+54 59.6	1.7	+52 22.6	8.9	+46 15.4	15.8	+36 55.0	21.5	10
12	49 34.4	12.4	54 3.9	5.3	54 57.9	2.0	52 13.7	9.2	45 59.6	16.0	36 33.5	21.7	12
14	49 46.8	12.1	54 9.2	5.1	54 55.9	2.2	52 4.5	9.4	45 43.6	16.3	36 11.8	21.9	14
16	49 58.9	11.8	54 14.3	4.8	54 53.7	2.5	51 55.1	9.6	45 27.3	16.4	35 49.9	22.0	16
18	50 10.7	11.7	54 19.1	4.6	54 51.2	2.7	51 45.5	9.9	45 10.9	16.7	35 27.9	22.2	18
20	+50 22.4	11.4	+54 23.7	4.4	+54 48.5	3.0	+51 35.6	10.1	+44 54.2	16.9	+35 5.7	22.3	20
22	50 33.8	11.1	54 28.1	4.1	54 45.5	3.2	51 25.5	10.4	44 37.3	17.1	34 43.4	22.5	22
24	50 44.9	11.0	54 32.2	3.9	54 42.3	3.4	51 15.1	10.5	44 20.2	17.4	34 20.9	22.6	24
26	50 55.9	10.7	54 36.1	3.6	54 38.9	3.7	51 4.6	10.8	44 2.8	17.5	33 58.3	22.8	26
28	51 6.6	10.5	54 39.7	3.4	54 35.2	3.9	50 53.8	11.0	43 45.3	17.7	33 35.5	23.0	28
30	+51 17.1	10.3	+54 43.1	3.1	+54 31.3	4.2	+50 42.8	11.2	+43 27.6	17.9	+33 12.5	23.1	30
32	51 27.4	10.1	54 46.2	2.9	54 27.1	4.4	50 31.6	11.4	43 9.7	18.1	32 49.4	23.3	32
34	51 37.5	9.8	54 49.1	2.7	54 22.7	4.6	50 20.2	11.7	42 51.6	18.2	32 26.1	23.4	34
36	51 47.3	9.6	54 51.8	2.4	54 18.1	4.9	50 8.5	11.8	42 33.4	18.5	32 2.7	23.6	36
38	51 56.9	9.3	54 54.2	2.2	54 13.2	5.1	49 56.7	12.1	42 14.9	18.6	31 39.1	23.7	38
40	+52 6.2	9.1	+54 56.4	1.9	+54 8.1	5.4	+49 44.6	12.3	+41 56.3	18.8	+31 15.4	23.8	40
42	52 15.3	8.9	54 58.3	1.7	54 2.7	5.6	49 32.3	12.5	41 37.5	19.0	30 51.6	24.0	42
44	52 24.2	8.6	55 0.0	1.4	53 57.1	5.8	49 19.8	12.8	41 18.5	19.2	30 27.6	24.1	44
46	52 32.8	8.4	55 1.4	1.2	53 51.3	6.1	49 7.0	13.0	40 59.3	19.4	30 3.5	24.3	46
48	52 41.2	8.2	55 2.6	1.0	53 45.2	6.3	48 54.0	13.2	40 39.9	19.5	29 39.2	24.4	48
50	+52 49.4	8.0	+55 3.6	0.7	+53 38.9	6.6	+48 40.8	13.5	+40 20.4	19.7	+29 14.8	24.5	50
52	52 57.4	7.7	55 4.3	0.5	53 32.3	6.8	48 27.3	13.7	40 0.7	20.0	28 50.3	24.7	52
54	53 5.1	7.5	55 4.8	0.2	53 25.5	7.0	48 13.6	13.9	39 40.7	20.1	28 25.6	24.8	54
56	53 12.6	7.2	55 5.0	0.0	53 18.5	7.3	47 59.7	14.2	39 20.6	20.2	28 0.8	25.0	56
58	53 19.8	7.0	55 5.0	0.3	53 11.2	7.5	47 45.5	14.4	39 0.4	20.5	27 35.8	25.1	58
60	+53 26.8		+55 4.7		+53 3.7		+47 31.1		+38 39.9		+27 10.7		60

$\varphi = 90^\circ - z +$ Korrektion nach (Tafel 1 + Tafel 2 + Tafel 3)

Polaris 1959

Bestimmung der geographischen Breite
durch Messung von Zenitdistanzen des Polarsterns

Tafel 1

	Sternzeit 18h		19h		20h		21h		22h		23h		
m	′ ″	″	′ ″	″	′ ″	″	′ ″	″	′ ″	″	′ ″	″	m
0	+27 10.7	25.2	+13 48.4	28.1	− 0 34.3	29.1	−14 58.6	28.0	−28 25.1	25.2	−39 57.2	20.5	0
2	26 45.5	25.3	13 20.3	28.2	1 3.4	29.1	15 26.6	28.2	28 50.3	25.1	40 17.7	20.3	2
4	26 20.2	25.5	12 52.1	28.2	1 32.5	29.0	15 54.8	28.0	29 15.4	25.0	40 38.0	20.1	4
6	25 54.7	25.5	12 23.9	28.3	2 1.5	29.1	16 22.8	28.0	29 40.4	24.8	40 58.1	19.9	6
8	25 29.2	25.7	11 55.6	28.3	2 30.6	29.1	16 50.8	27.8	30 5.2	24.7	41 18.0	19.8	8
10	+25 3.5	25.8	+11 27.3	28.4	− 2 59.7	29.1	−17 18.6	27.8	−30 29.9	24.5	−41 37.8	19.5	10
12	24 37.7	25.9	10 58.9	28.4	3 28.8	29.1	17 46.4	27.7	30 54.4	24.4	41 57.3	19.4	12
14	24 11.8	26.1	10 30.5	28.5	3 57.9	29.0	18 14.1	27.6	31 18.8	24.3	42 16.7	19.1	14
16	23 45.7	26.1	10 2.0	28.6	4 26.9	29.1	18 41.7	27.5	31 43.1	24.1	42 35.8	19.0	16
18	23 19.6	26.3	9 33.4	28.6	4 56.0	29.0	19 9.2	27.5	32 7.2	24.0	42 54.8	18.7	18
20	+22 53.3	26.4	+ 9 4.8	28.7	− 5 25.0	28.9	−19 36.7	27.3	−32 31.2	23.8	−43 13.5	18.6	20
22	22 26.9	26.4	8 36.1	28.7	5 53.9	29.0	20 4.0	27.3	32 55.0	23.7	43 32.1	18.3	22
24	22 0.5	26.6	8 7.4	28.7	6 22.9	29.0	20 31.3	27.2	33 18.7	23.5	43 50.4	18.2	24
26	21 33.9	26.6	7 38.7	28.8	6 51.9	28.9	20 58.5	27.1	33 42.2	23.4	44 8.6	17.9	26
28	21 7.3	26.8	7 9.9	28.8	7 20.8	28.9	21 25.6	27.0	34 5.6	23.2	44 26.5	17.8	28
30	+20 40.5	26.8	+ 6 41.1	28.8	− 7 49.7	28.9	−21 52.6	26.9	−34 28.8	23.1	−44 44.3	17.5	30
32	20 13.7	27.0	6 12.3	28.9	8 18.6	28.9	22 19.5	26.8	34 51.9	22.9	45 1.8	17.3	32
34	19 46.7	27.0	5 43.4	28.9	8 47.5	28.8	22 46.3	26.8	35 14.8	22.7	45 19.1	17.2	34
36	19 19.7	27.2	5 14.5	29.0	9 16.3	28.8	23 13.1	26.6	35 37.5	22.6	45 36.3	16.9	36
38	18 52.5	27.2	4 45.5	29.0	9 45.1	28.7	23 39.7	26.5	36 0.1	22.4	45 53.2	16.7	38
40	+18 25.3	27.3	+ 4 16.5	29.0	−10 13.8	28.7	−24 6.2	26.4	−36 22.5	22.3	−46 9.9	16.5	40
42	17 58.0	27.5	3 47.5	29.1	10 42.5	28.7	24 32.6	26.3	36 44.8	22.1	46 26.4	16.3	42
44	17 30.5	27.5	3 18.4	29.0	11 11.2	28.6	24 58.9	26.2	37 6.9	21.9	46 42.7	16.1	44
46	17 3.0	27.7	2 49.4	29.1	11 39.8	28.5	25 25.1	26.1	37 28.8	21.7	46 58.8	15.9	46
48	16 35.3	27.5	2 20.3	29.1	12 8.3	28.5	25 51.2	25.9	37 50.5	21.6	47 14.7	15.6	48
50	+16 7.8	27.7	+ 1 51.2	29.1	−12 36.8	28.5	−26 17.1	25.8	−38 12.1	21.4	−47 30.3	15.4	50
52	15 40.1	27.8	1 22.1	29.1	13 5.3	28.4	26 42.9	25.8	38 33.5	21.2	47 45.7	15.2	52
54	15 12.3	27.9	0 53.0	29.1	13 33.7	28.4	27 8.7	25.6	38 54.7	21.0	48 0.9	14.9	54
56	14 44.4	28.0	+ 0 23.9	29.1	14 2.1	28.3	27 34.3	25.4	39 15.7	20.8	48 15.8	14.8	56
58	14 16.4	28.0	− 0 5.2	29.1	14 30.4	28.2	27 59.7	25.4	39 36.5	20.7	48 30.6	14.5	58
60	+13 48.4		− 0 34.3		−14 58.6		−28 25.1		−39 57.2		−48 45.1		60

$\varphi = 90^\circ - z$ + Korrektion nach (Tafel 1 + Tafel 2 + Tafel 3)

Polaris 1959

Die Tafelwerte sind stets positiv

Tafel 2

1959	Sternzeit 0h 0m	0h 30m	1h 0m	1h 30m	2h 0m	2h 30m	3h 0m	3h 30m	4h 0m	4h 30m	5h 0m	5h 30m	5h 60m	1959
	"	"	"	"	"	"	"	"	"	"	"	"	"	
Jan. 1	32.6	32.6	32.2	31.7	30.9	30.1	29.0	27.7	26.6	25.3	24.2	23.1	22.1	Jan. 1
16	31.8	32.4	32.7	32.8	32.7	32.4	31.9	31.0	30.4	29.4	28.6	27.7	26.9	16
31	29.7	30.9	31.7	32.5	33.1	33.3	33.3	33.1	33.1	32.7	32.2	31.7	31.2	31
Febr. 15	26.3	28.0	29.4	30.7	31.9	32.7	33.4	33.8	34.4	34.6	34.7	34.7	34.7	Febr. 15
März 2	22.1	24.2	25.9	27.6	29.3	30.8	32.1	33.1	34.3	35.1	35.9	36.5	36.9	März 2
17	17.4	19.6	21.6	23.7	25.8	27.6	29.5	31.0	32.7	34.2	35.6	36.8	38.0	17
April 1	12.7	14.9	17.0	19.2	21.6	23.7	25.9	27.9	30.1	32.1	34.0	35.9	37.6	April 1
16	8.2	10.3	12.1	14.5	16.8	19.1	21.5	23.7	26.3	28.7	31.2	33.5	35.8	16
Mai 1	4.6	6.2	7.9	10.0	12.3	14.5	16.9	19.4	22.1	24.7	27.5	30.3	33.0	Mai 1
16	1.8	3.1	4.3	6.0	7.9	10.0	12.3	14.6	17.4	20.2	23.2	26.2	29.3	16
31	0.3	1.0	1.7	2.9	4.4	6.1	8.1	10.2	12.8	15.5	18.5	21.6	24.8	31
Juni 15	0.0	0.0	0.2	0.9	1.9	3.0	4.6	6.3	8.6	11.1	13.9	16.9	20.1	Juni 15
30	1.0	0.5	0.0	0.0	0.4	1.0	2.0	3.2	5.0	7.1	9.6	12.3	15.4	30
Juli 15	3.3	2.1	1.0	0.4	0.0	0.0	0.4	1.0	2.3	3.8	5.9	8.2	11.0	Juli 15
30	6.7	5.0	3.3	2.0	1.0	0.3	0.0	0.0	0.6	1.5	2.9	4.7	7.0	30
Aug. 14	11.0	8.7	6.5	4.8	3.1	1.7	0.7	0.0	0.0	0.2	1.0	2.2	3.8	Aug. 14
29	15.9	13.4	10.8	8.4	6.3	4.3	2.7	1.2	0.5	0.0	0.0	0.5	1.5	29
Sept. 13	21.4	18.7	15.8	13.0	10.4	7.9	5.7	3.6	2.1	0.9	0.2	0.0	0.3	Sept. 13
28	27.0	24.3	21.1	18.2	15.2	12.2	9.4	6.8	4.7	2.8	1.5	0.4	0.0	28
Okt. 13	32.6	29.9	26.6	23.6	20.3	17.0	13.9	10.7	8.1	5.6	3.7	1.9	0.8	Okt. 13
28	38.3	35.8	32.6	29.6	26.3	22.9	19.5	15.9	12.9	9.8	7.2	4.9	3.0	28
Nov. 12	42.9	40.7	38.0	35.0	31.8	28.4	24.9	21.1	17.8	14.3	11.2	8.4	5.9	Nov. 12
27	46.5	44.9	42.7	40.0	37.0	33.6	30.2	26.4	22.9	19.3	15.9	12.6	9.8	27
Dez. 12	49.2	48.1	46.2	44.1	41.4	38.4	35.1	31.5	28.1	24.4	20.9	17.4	14.2	Dez. 12
27	50.4	50.0	48.7	47.1	45.0	42.4	39.5	36.1	33.0	29.4	25.9	22.4	19.0	27
32	50.7	50.4	49.3	47.9	46.0	43.7	40.9	37.7	34.6	31.1	27.6	24.2	20.9	32

1959	Sternzeit 6h 0m	6h 30m	7h 0m	7h 30m	8h 0m	8h 30m	9h 0m	9h 30m	10h 0m	10h 30m	11h 0m	11h 30m	11h 60m	1959
	"	"	"	"	"	"	"	"	"	"	"	"	"	
Jan. 1	22.1	21.2	20.5	19.8	19.4	19.1	18.7	18.5	18.3	18.4	18.1	18.1	18.1	Jan. 1
16	26.9	26.0	25.4	24.5	24.0	23.4	22.6	22.0	21.3	20.9	20.1	19.5	18.9	16
31	31.2	30.6	30.1	29.3	28.8	28.2	27.2	26.4	25.3	24.5	23.3	22.2	21.0	31
Febr. 15	34.7	34.5	34.3	33.8	33.4	33.0	32.0	31.2	30.0	29.0	27.4	26.0	24.4	Febr. 15
März 2	36.9	37.3	37.6	37.5	37.6	37.2	36.6	35.9	34.8	33.7	32.1	30.4	28.6	März 2
17	38.0	38.9	39.9	40.3	40.8	41.0	40.7	40.3	39.4	38.5	36.9	35.3	33.3	17
April 1	37.6	39.2	40.6	41.7	42.7	43.6	43.8	43.7	43.2	42.7	41.3	39.9	38.0	April 1
16	35.8	38.1	40.2	41.9	43.6	44.9	45.7	46.2	46.3	46.2	45.3	44.1	42.5	16
Mai 1	33.0	35.7	38.4	40.6	43.0	44.9	46.3	47.5	48.1	48.4	48.1	47.4	46.1	Mai 1
16	29.3	32.3	35.4	38.3	41.0	43.5	45.6	47.4	48.5	49.6	49.7	49.6	48.9	16
31	24.8	28.1	31.6	34.7	38.0	40.9	43.5	45.9	47.7	49.2	50.1	50.6	50.4	31
Juni 15	20.1	23.5	27.1	30.5	34.1	37.4	40.3	43.2	45.5	47.7	49.1	50.2	50.7	Juni 15
30	15.4	18.6	22.3	25.7	29.4	33.0	36.3	39.5	42.3	45.0	46.9	48.5	49.7	30
Juli 15	11.0	14.0	17.4	20.8	24.4	28.2	31.6	35.0	38.1	41.2	43.5	45.7	47.4	Juli 15
30	7.0	9.7	12.7	15.8	19.4	22.9	26.4	30.0	33.2	36.5	39.3	41.9	44.0	30
Aug. 14	3.8	6.0	8.5	11.2	14.4	17.8	21.0	24.6	27.9	31.3	34.4	37.2	39.7	Aug. 14
29	1.5	2.9	5.0	7.2	10.0	13.0	15.9	19.3	22.5	25.9	28.9	32.0	34.8	29
Sept. 13	0.3	1.0	2.4	3.9	6.1	8.6	11.2	14.1	17.0	20.3	23.3	26.4	29.3	Sept. 13
28	0.0	0.0	0.6	1.6	3.1	5.0	7.0	9.5	12.0	15.0	17.8	20.8	23.7	28
Okt. 13	0.8	0.1	0.0	0.1	1.0	2.2	3.7	5.6	7.7	10.3	12.6	15.4	18.1	Okt. 13
28	3.0	1.5	0.6	0.0	0.0	0.5	1.2	2.4	3.9	5.8	7.8	10.0	12.4	28
Nov. 12	5.9	3.8	2.3	1.0	0.3	0.0	0.0	0.5	1.2	2.7	4.0	5.8	7.8	Nov. 12
27	9.8	7.1	5.0	3.0	1.7	0.8	0.1	0.0	0.0	0.7	1.4	2.7	4.2	27
Dez. 12	14.2	11.2	8.7	6.2	4.3	2.8	1.4	0.6	0.0	0.0	0.0	0.6	1.5	Dez. 12
27	19.0	15.9	13.1	10.2	7.9	5.9	4.0	2.6	1.3	0.8	0.2	0.0	0.3	27
32	20.9	17.5	14.6	11.7	9.3	7.1	5.0	3.5	1.9	1.2	0.3	0.0	0.0	32

Tafel 2

Die Tafelwerte sind stets positiv

1959	12h 0m	12h 30m	13h 0m	13h 30m	14h 0m	14h 30m	15h 0m	15h 30m	16h 0m	16h 30m	17h 0m	17h 30m	17h 60m
	″	″	″	″	″	″	″	″	″	″	″	″	″
Jan. 1	18.1	17.8	17.1	16.2	15.1	13.6	11.9	10.0	8.0	9.8	11.7	13.7	15.9
16	18.9	18.0	16.6	15.1	13.3	11.3	9.0	6.7	4.2	5.7	7.3	9.1	11.1
31	21.0	19.5	17.6	15.4	12.9	10.4	7.6	4.6	1.5	2.4	3.7	5.1	6.8
Febr. 15	24.4	22.4	19.9	17.2	14.1	11.0	7.5	3.9	0.2	0.5	1.2	2.1	3.3
März 2	28.6	26.2	23.4	20.3	16.7	12.9	8.8	4.6	0.3	0.0	0.0	0.3	1.1
17	33.3	30.8	27.7	24.2	20.2	16.1	11.4	6.7	1.9	0.9	0.3	0.0	0.0
April 1	38.0	35.5	32.3	28.7	24.4	20.0	15.0	9.8	4.5	3.0	1.9	0.9	0.4
16	42.5	40.1	37.2	33.4	29.2	24.6	19.4	14.0	8.3	6.4	4.7	3.3	2.2
Mai 1	46.1	44.2	41.4	37.9	33.7	29.2	24.0	18.3	12.5	10.4	8.4	6.5	5.0
16	48.9	47.3	45.0	41.9	38.1	33.7	28.6	23.1	17.2	14.9	12.7	10.6	8.7
31	50.4	49.4	47.6	45.0	41.6	37.6	32.8	27.5	21.8	19.6	17.4	15.2	13.2
Juni 15	50.7	50.4	49.1	47.0	44.1	40.7	36.3	31.4	26.0	24.0	22.0	19.9	17.9
30	49.7	49.9	49.3	47.9	45.6	42.7	38.9	34.5	29.6	28.0	26.3	24.5	22.6
Juli 15	47.4	48.3	48.3	47.5	46.0	43.7	40.5	36.7	32.3	31.3	30.0	28.6	27.0
30	44.0	45.4	46.0	45.9	45.0	43.4	40.9	37.7	34.0	33.6	33.0	32.1	31.0
Aug. 14	39.7	41.7	42.8	43.1	42.9	42.0	40.2	37.7	34.6	34.9	34.9	34.6	34.2
29	34.8	37.0	38.5	39.5	39.7	39.4	38.2	36.5	34.1	35.1	35.9	36.3	36.5
Sept. 13	29.3	31.7	33.5	34.9	35.6	35.8	35.2	34.1	32.5	34.2	35.7	36.8	37.7
28	23.7	26.1	28.2	29.7	30.8	31.5	31.5	30.9	29.9	32.3	34.4	36.4	38.0
Okt. 13	18.1	20.5	22.7	24.3	25.7	26.7	27.0	27.0	26.5	29.5	32.2	34.9	37.2
28	12.4	14.6	16.7	18.3	19.7	20.8	21.4	21.8	21.7	25.3	28.7	31.9	35.0
Nov. 12	7.8	9.7	11.3	12.9	14.2	15.3	16.0	16.6	16.8	20.8	24.7	28.4	32.1
27	4.2	5.5	6.8	7.9	9.0	10.1	10.7	11.3	11.7	15.8	20.0	24.2	28.2
Dez. 12	1.5	2.3	3.1	3.8	4.6	5.3	5.8	6.2	6.5	10.7	15.0	19.4	23.8
27	0.3	0.4	0.6	0.8	1.0	1.3	1.4	1.6	1.6	5.7	10.0	14.4	19.0
32	0.0	0.0	0.0	0.0	0.0	0.0	0.0	0.0	0.0	4.0	8.3	12.6	17.1

Sternzeit

1959	18h 0m	18h 30m	19h 0m	19h 30m	20h 0m	20h 30m	21h 0m	21h 30m	22h 0m	22h 30m	23h 0m	23h 30m	23h 60m
	″	″	″	″	″	″	″	″	″	″	″	″	″
Jan. 1	15.9	18.0	20.1	22.1	24.2	25.8	27.6	29.0	30.2	31.2	32.0	32.5	32.6
16	11.1	13.2	15.2	17.4	19.6	21.5	23.7	25.5	27.2	28.7	30.0	31.1	31.8
31	6.8	8.6	10.5	12.6	14.8	16.7	19.1	21.1	23.2	25.1	26.8	28.4	29.7
Febr. 15	3.3	4.7	6.3	8.1	10.2	11.9	14.3	16.3	18.5	20.6	22.7	24.6	26.3
März 2	1.1	1.9	3.0	4.4	6.0	7.7	9.7	11.6	13.7	15.9	18.0	20.2	22.1
17	0.0	0.3	0.7	1.6	2.8	3.9	5.6	7.2	9.1	11.1	13.2	15.3	17.4
April 1	0.4	0.0	0.0	0.2	0.9	1.3	2.5	3.8	5.3	6.9	8.8	10.7	12.7
16	2.2	1.1	0.4	0.0	0.0	0.0	0.6	1.3	2.2	3.4	4.8	6.5	8.2
Mai 1	5.0	3.5	2.2	1.3	0.6	0.0	0.0	0.0	0.4	1.2	2.0	3.2	4.6
16	8.7	6.9	5.2	3.6	2.6	1.4	0.7	0.1	0.0	0.0	0.4	1.0	1.8
31	13.2	11.1	9.0	7.2	5.6	4.0	2.8	1.6	0.8	0.4	0.0	0.0	0.3
Juni 15	17.9	15.7	13.5	11.4	9.5	7.5	6.0	4.3	3.0	1.9	1.0	0.4	0.0
30	22.6	20.6	18.3	16.2	14.2	11.9	10.0	8.0	6.2	4.6	3.2	1.9	1.0
Juli 15	27.0	25.2	23.2	21.1	19.2	16.7	14.7	12.5	10.4	8.4	6.6	4.9	3.3
30	31.0	29.5	27.9	26.1	24.2	22.0	19.9	17.5	15.3	13.1	10.8	8.7	6.7
Aug. 14	34.2	33.2	32.1	30.7	29.2	27.1	25.3	22.9	20.6	18.3	15.7	13.4	11.0
29	36.5	36.3	35.6	34.7	33.6	31.9	30.4	28.2	26.0	23.7	21.2	18.6	15.9
Sept. 13	37.7	38.2	38.2	38.0	37.5	36.3	35.1	33.4	31.5	29.3	26.8	24.2	21.4
28	38.0	39.2	40.0	40.3	40.5	39.9	39.3	38.0	36.5	34.6	32.3	29.8	27.0
Okt. 13	37.2	39.1	40.6	41.8	42.6	42.7	42.6	41.9	40.8	39.3	37.5	35.2	32.6
28	35.0	37.7	40.0	41.9	43.6	44.4	45.1	45.1	44.6	43.8	42.3	40.6	38.3
Nov. 12	32.1	35.4	38.3	40.9	43.3	44.9	46.3	47.0	47.3	46.9	46.1	44.8	42.9
27	28.2	32.1	35.6	38.9	41.9	44.1	46.2	47.5	48.5	48.9	48.7	47.9	46.5
Dez. 12	23.8	28.0	31.9	35.7	39.3	42.1	44.9	46.9	48.5	49.6	50.1	50.0	49.2
27	19.0	23.3	27.5	31.7	35.7	39.0	42.3	44.9	47.2	48.8	49.9	50.6	50.4
32	17.1	21.7	26.0	30.2	34.3	37.8	41.3	44.0	46.6	48.4	49.8	50.6	50.7

Polaris 1959

Tafel 3

Wahre Zenit-distanz	Sternzeit 0h u. 12h		1h u. 13h		2h u. 14h		3h u. 15h		4h u. 16h		5h u. 17h			Wahre Zenit-distanz
	0m	30m	0m	30m	0m	30m	0m	30m	0m	30m	0m	30m	60m	
°	″	″	″	″	″	″	″	″	″	″	″	″	″	°
10	+24.6	13.9	5.9	1.3	0.0	2.4	8.3	17.2	28.6	41.7	55.5	69.1	81.8+	10
12	18.5	10.5	4.5	1.0	0.0	1.8	6.3	13.0	21.6	31.4	41.9	52.2	61.7	12
14	14.2	8.1	3.4	0.7	0.0	1.4	4.8	10.0	16.5	24.0	32.1	40.0	47.3	14
16	11.0	6.2	2.7	0.6	0.0	1.1	3.7	7.7	12.7	18.6	24.7	30.8	36.4	16
18	8.4	4.8	2.0	0.4	0.0	0.8	2.8	5.9	9.8	14.2	19.0	23.6	27.9	18
20	+ 6.3	3.6	1.5	0.3	0.0	0.6	2.1	4.4	7.4	10.7	14.3	17.8	21.1+	20
22	4.6	2.6	1.1	0.2	0.0	0.5	1.6	3.2	5.4	7.9	10.5	13.0	15.4	22
24	3.2	1.8	0.8	0.2	0.0	0.3	1.1	2.2	3.7	5.4	7.2	9.0	10.7	24
26	2.0	1.1	0.5	0.1	0.0	0.2	0.7	1.4	2.3	3.4	4.5	5.6	6.6	26
28	+ 0.9	0.5	0.2	0.0	0.0	0.1	0.3	0.6	1.1	1.6	2.1	2.6	3.1	28
30	0.0	0.0	0.0	0.0	0.0	0.0	0.0	0.0	0.0	0.0	0.0	0.0	0.0	30
32	− 0.8	0.5	0.2	0.0	0.0	0.1	0.3	0.6	1.0	1.4	1.9	2.3	2.7−	32
34	1.6	0.9	0.4	0.1	0.0	0.2	0.5	1.1	1.8	2.6	3.5	4.4	5.2	34
36	2.2	1.3	0.5	0.1	0.0	0.2	0.8	1.6	2.6	3.8	5.0	6.2	7.4	36
38	2.8	1.6	0.7	0.1	0.0	0.3	1.0	2.0	3.3	4.8	6.4	7.9	9.4	38
40	3.4	1.9	0.8	0.2	0.0	0.3	1.1	2.4	3.9	5.7	7.6	9.5	11.2	40
45	− 4.6	2.6	1.1	0.2	0.0	0.5	1.5	3.2	5.3	7.7	10.3	12.8	15.2−	45
50	5.6	3.2	1.3	0.3	0.0	0.6	1.9	3.9	6.5	9.4	12.6	15.7	18.5	50
55	6.4	3.7	1.6	0.3	0.0	0.6	2.2	4.5	7.5	10.9	14.5	18.1	21.4	55
50	7.2	4.1	1.7	0.4	0.0	0.7	2.4	5.0	8.4	12.2	16.3	20.3	24.0	60
65	− 7.9	4.5	1.9	0.4	0.0	0.8	2.7	5.5	9.2	13.4	17.8	22.2	26.3−	65
70	8.5	4.8	2.1	0.4	0.0	0.8	2.9	6.0	9.9	14.5	19.3	24.0	28.4	70
75	9.1	5.2	2.2	0.5	0.0	0.9	3.1	6.4	10.6	15.5	20.6	25.7	30.4	75
80	9.7	5.5	2.3	0.5	0.0	1.0	3.3	6.8	11.3	16.5	21.9	27.3	32.3	80
85	−10.3	5.8	2.5	0.5	0.0	1.0	3.5	7.2	11.9	17.4	23.2	28.9	34.1−	85

Wahre Zenit-distanz	Sternzeit 6h u. 18h		7h u. 19h		8h u. 20h		9h u. 21h		10h u. 22h		11h u. 23h			Wahre Zenit-distanz
	0m	30m	0m	30m	0m	30m	0m	30m	0m	30m	0m	30m	60m	
°	″	″	″	″	″	″	″	″	″	″	″	″	″	°
10	+81.8	92.4	100.4	105.1	106.3	103.9	98.0	89.1	77.7	64.6	50.8	37.2	24.6+	10
12	61.7	69.7	75.7	79.3	80.2	78.4	74.0	67.2	58.6	48.8	38.3	28.1	18.5	12
14	47.3	53.5	58.1	60.8	61.5	60.1	56.7	51.5	45.0	37.4	29.4	21.5	14.2	14
16	36.4	41.2	44.7	46.8	47.4	46.3	43.7	39.7	34.6	28.8	22.6	16.6	11.0	16
18	27.9	31.6	34.3	35.9	36.3	35.5	33.5	30.4	26.5	22.1	17.4	12.7	8.4	18
20	+21.1	23.8	25.9	27.1	27.4	26.8	25.3	23.0	20.0	16.7	13.1	9.6	6.3+	20
22	15.4	17.4	18.9	19.8	20.1	19.6	18.5	16.8	14.7	12.2	9.6	7.0	4.6	22
24	10.7	12.1	13.1	13.7	13.9	13.6	12.8	11.6	10.1	8.4	6.6	4.9	3.2	24
26	6.6	7.5	8.1	8.5	8.6	8.4	7.9	7.2	6.3	5.2	4.1	3.0	2.0	26
28	+ 3.1	3.5	3.8	4.0	4.0	3.9	3.7	3.4	2.9	2.4	1.9	1.4	0.9	28
30	0.0	0.0	0.0	0.0	0.0	0.0	0.0	0.0	0.0	0.0	0.0	0.0	0.0	30
32	− 2.7	3.1	3.4	3.5	3.6	3.5	3.3	3.0	2.6	2.2	1.7	1.2	0.8−	32
34	5.2	5.9	6.4	6.7	6.7	6.6	6.2	5.6	4.9	4.1	3.2	2.4	1.6	34
36	7.4	8.3	9.1	9.5	9.6	9.4	8.9	8.0	7.0	5.8	4.6	3.4	2.2	36
38	9.4	10.6	11.5	12.1	12.2	11.9	11.3	10.2	8.9	7.4	5.8	4.3	2.8	38
40	11.2	12.7	13.8	14.4	14.6	14.2	13.4	12.2	10.7	8.9	7.0	5.1	3.4	40
45	−15.2	17.2	18.7	19.5	19.8	19.3	18.2	16.6	14.4	12.0	9.4	6.9	4.6−	45
50	18.5	20.9	22.8	23.8	24.1	23.5	22.2	20.2	17.6	14.7	11.5	8.4	5.6	50
55	21.4	24.2	26.3	27.5	27.9	27.2	25.7	23.3	20.4	16.9	13.3	9.8	6.4	55
60	24.0	27.1	29.4	30.8	31.2	30.4	28.7	26.1	22.8	18.9	14.9	10.9	7.2	60
65	−26.3	29.7	32.3	33.8	34.2	33.4	31.5	28.6	25.0	20.8	16.3	12.0	7.9−	65
70	28.4	32.1	34.9	36.5	36.9	36.1	34.1	30.9	27.0	22.5	17.6	12.9	8.5	70
75	30.4	34.4	37.3	39.1	39.5	38.6	36.4	33.1	28.9	24.0	18.9	13.8	9.1	75
80	32.3	36.5	39.6	41.5	42.0	41.0	38.7	35.2	30.7	25.5	20.1	14.7	9.7	80
85	−34.1	38.6	41.9	43.9	44.4	43.4	40.9	37.2	32.4	27.0	21.2	15.5	10.3−	85

Besondere Erläuterungen zu den Angaben und zum Gebrauch des Jahrbuches

Das Jahrbuch gibt die Örter der *Planeten* in geozentrischen und in heliozentrischen Koordinaten. Die Zeitpunkte, für die sie gelten, sind in Weltzeit ausgedrückt, wenn nicht ausdrücklich eine andere Zeit angegeben wird. — **Weltzeit ist identisch mit Bürgerlicher Zeit Greenwich.** Der bürgerliche Tag beginnt um Mitternacht, die Weltzeit-Stunden sind von 0^h bis 24^h durchgezählt. Die Beziehung zu der bis zum Jahrgang 1924 (einschließlich) im Jahrbuch verwendeten Mittleren Zeit Greenwich besteht darin, daß der astronomische mittlere Tag erst am Mittag des bürgerlichen Tages, also 12^h nach dessen Anfang beginnt. Somit ist 1925 Jan. 1, 0^h Weltzeit gleich 1924 Dez. 31, 12^h Mittlere Zeit Greenwich.

Die Örter der *Fixsterne* sind gegeben als »Mittlere Sternörter«, bezogen auf das mittlere Äquinoktium des Jahresanfangs, und in Ephemeridenform als »Scheinbare Sternörter«, bezogen auf das jedesmalige wahre Äquinoktium.

Zur Erläuterung ist im einzelnen folgendes zu bemerken:

Sonnenephemeride (S. 2—29 und 116—124).

Der erste Teil der Sonnenephemeride (S. 2—19) gibt auf den linken Seiten für 0^h Weltzeit an jedem Tage:

1) Die Zeitgleichung = Wahre Zeit *minus* Mittlere Zeit.

2) Die geozentrischen, äquatorialen Koordinaten α, δ des scheinbaren Sonnenorts, bezogen auf das jedesmalige wahre Äquinoktium, zugleich mit der ersten Differenzenreihe. Diese Angaben sind direkt mit den Beobachtungen vergleichbar. Die Nutationsglieder kurzer Periode sind, wie im Vorwort erwähnt, in den Koordinaten nicht enthalten.

3) Die halbe Durchgangsdauer (in Sternzeit) der Sonnenscheibe durch den Meridian.

4) Den geozentrischen Halbmesser der Sonnenscheibe, d. i. der Winkel, unter dem der Sonnenhalbmesser vom Erdmittelpunkt aus erscheint.

Die rechten Seiten geben:

1) Die Julianische Zeit, d. i. die Anzahl der seit Beginn der Julianischen Periode verflossenen mittleren Sonnentage.

2) Die Sternzeit für 0^h Weltzeit. In ihr sind, wie im Vorwort erwähnt, nur die langperiodischen Glieder der Nutation enthalten.

Um für einen Erdort der westlichen Längendifferenz $\Delta\lambda$ (in Stunden) gegen Greenwich die Sternzeit in seiner mittleren Mitternacht zu erhalten, ist zu diesen Angaben hinzuzulegen: $9^s.8565\ \Delta\lambda$. Diese Werte findet man unter der Überschrift: »Korr. der Sternzeit« im Verzeichnis der Sternwarten.

3) Die Nutation in Rektaszension getrennt nach langperiodischen und kurzperiodischen Gliedern.

4) Die geozentrischen ekliptikalen Koordinaten λ, β der Sonne, bezogen auf das mittlere Äquinoktium des Jahresanfangs, sowie die Entfernung R der Erde von der Sonne. Diese Angaben finden bei Bahnberechnungen u. dergl. Verwendung.

5) Die bürgerlichen Ortszeiten des Aufgangs und Untergangs der Sonne für einen Ort des Nullmeridians in $+ 50°$ Breite; sie sind mit der Horizontalrefraktion 34′ berechnet und gelten für den oberen Rand der Sonne.

Auf S. 20—28 folgen, bezogen auf das mittlere Äquinoktium des Jahresanfangs, die rechtwinkligen, geozentrischen, äquatorialen Sonnenkoordinaten für 0^h Weltzeit mit ihren ersten und zweiten Differenzen. Die gleichen Koordinaten, jedoch bezogen auf das Normaläquinoktium 1950 0, werden auf S. 116—124 gegeben.

Die Werte von X, Y, Z sind auf 6 Dezimalen gegeben. Die Ephemeriden bieten jedoch die Möglichkeit, die Sonnenkoordinaten auch auf 7 Dezimalen zu entnehmen. Zu diesem Zwecke füge man an die sechsstelligen Werte eine Null an und vereinige sie algebraisch mit den Werten von ΔX, ΔY, ΔZ. Ein ausführliches Beispiel hierfür ist im Jahrgang 1933, S. 362* gegeben.

Die gleichen Vorschriften gelten für die auf das Normaläquinoktium 1950.0 bezogenen Sonnenkoordinaten auf S. 116—124.

Am Fuß der Seite 28 findet man die Zeiten für die Anfänge der Jahreszeiten und für die Erdnähe und Erdferne der Sonne.

Die Seite 29 enthält die Aberration, Parallaxe, mittlere Länge $L_{\odot}$ und mittlere Anomalie $M_{\odot}$ der Sonne im Intervall von je 10 Tagen.

Mondephemeride (S. 30—48).

Die Mondephemeride (S. 30—47) gibt auf den linken Seiten für 0^h Weltzeit:

1) Die scheinbare Rektaszension und Deklination des Mondmittelpunktes mit den ersten Differenzen.

2) Die Äquatorial-Horizontalparallaxe $p_{☾}$ des Mondes.

3) Den geozentrischen Mondhalbmesser $r_{☾}$, d. i. der Winkel, unter dem der Mondhalbmesser vom Erdmittelpunkt aus erscheint.

4) Die Länge und Breite des Mondes, abgekürzt auf 0°001.

5) Das Alter des Mondes.

Die rechten Seiten enthalten:

1) Für den oberen Durchgang des Mondes durch den Meridian von Greenwich die genäherten Angaben für die Rektaszension, Deklination und Parallaxe des Mondmittelpunktes, sowie die bürgerliche Greenwicher Zeit dieses Durchgangs, nebst den Änderungen für 1^h westlicher Längendifferenz.

2) Die bürgerlichen Ortszeiten des Aufgangs und Untergangs des Mondes für einen Ort des Nullmeridians in +50° Breite nebst Änderung für 1^h westlicher Längendifferenz; sie sind mit der Horizontalrefraktion 34′ berechnet und gelten für den oberen Rand des Mondes.

Seite 48 enthält die Zeitangaben für die Phasen, die Erdnähe und Erdferne des Mondes.

Ephemeriden der Großen Planeten (S. 49—115 und 125—128).

Die geozentrischen Örter der Planeten sind für Merkur, Venus, Mars, Jupiter, Saturn, Uranus und Neptun von Tag zu Tag, für Pluto von zwei zu zwei Tagen für 0^h Weltzeit mit ihren ersten Differenzen gegeben. Für die Planeten Merkur bis Neptun sind scheinbare, auf das momentane wahre Äquinoktium bezogene Örter gegeben. Die Örter von Pluto sind auf das mittlere Äquinoktium 1950.0 bezogen und sind nicht wegen Aberration korrigiert. Zur bequemeren Vergleichung der Beobachtungen mit der Ephemeride sind bei diesem Planeten Fixsternaberration und Lichtzeit in besonderen Spalten angeführt.

Die letzten Spalten enthalten den scheinbaren Halbmesser, die Horizontalparallaxe sowie die mittleren Ortszeiten der oberen Kulmination, des Aufgangs und des Untergangs für einen Ort des Nullmeridians in +50° geographischer Breite.

Die Örter von Pluto sind nach den Elementen XIX von E. C. Bower, Lick Observatory Bulletin 437, unter Berücksichtigung der Störungen durch Jupiter, Saturn, Uranus und Neptun berechnet.

Die scheinbaren Halbmesser in der Einheit der Entfernung sind:

Merkur	3.″34	Saturn (äquat.)	83.″33
Venus	8.41	» (polar)	74.57
Mars	4.68	Uranus	34.28
Jupiter (äquat.)	98.47	Neptun	36.56
» (polar)	91.91		

Bei Jupiter und Saturn ist in den Ephemeriden der scheinbare Polarhalbmesser gegeben.

Die heliozentrischen Ephemeriden der Planeten (S. 125—128) geben den Log. des Radiusvector, die Länge, deren Reduktion auf die Bahn und die Breite, bezogen auf das mittlere Äquinoktium 1950.0.

☊ und *i* stellen die Bahnlage für die Epoche 1950.0 und das Normaläquinoktium 1950.0 dar.

Die Genauigkeit und Ausführlichkeit dieser heliozentrischen Angaben sind ihrem Hauptzweck, zur Berechnung der speziellen Störungen zu dienen, angepaßt.

Die beigefügten Werte der Planetenmassen sind die den Tafeln von Newcomb und von Hill zugrunde liegenden. Für die Erde ist noch besonders zu erwähnen, daß die Masse von »Erde + Mond« gegeben ist, Radiusvector und heliozentrische Länge sich auf den Schwerpunkt des Systems »Erde + Mond« beziehen.

Mittlere Örter von 1535 Fixsternen (S. 2*—40*).

Die mittleren Örter der 1535 Fixsterne sind aus den Angaben des Dritten Fundamentalkatalogs des Berliner Astronomischen Jahrbuchs (I. Teil: Veröffentlichungen des *Astronomischen Rechen-Instituts* Nr. 54, II. Teil: Abhandlungen der *Preußischen Akademie der Wissenschaften* Jahrg. 1938, Phys. math. Klasse Nr. 3) abgeleitet worden. Die in Teil I durch ein † gekennzeichneten Sterne sind von 1944 ab weggelassen worden. Die in Teil II enthaltenen Zusatzsterne sind durch ihre Nummern, die alle über 1000 liegen, leicht zu erkennen. Die zusätzlichen Polsterne sind mit den griechischen Buchstaben α—π bezeichnet. Die Örter aller Polsterne sind durch trigonometrische Übertragung erhalten worden. Die jährlichen Veränderungen gelten für die Mitte des Jahres. Ein * vor dem Namen weist auf eine Anmerkung am Fuß der Seite hin.

Unter Gr. stehen die visuellen Größen, welche aus dem „Henry Draper Catalogue (Harvard Annals, Vol. 91—99)" entnommen sind. Bei einigen weiten Doppelsternen ist an Stelle der im H. D. C. angegebenen Gesamthelligkeit die Helligkeit der hellen Komponente angeführt. Bei Veränderlichen sind die Grenzen der Helligkeit angegeben; beziehen sich diese auf photographische Größen, so sind sie durch kursiven Druck kenntlich gemacht.

Die Spektren sind aus dem Draper Katalog übernommen worden. Zusammengesetzte Spektren sind durch + gekennzeichnet. In anderen Fällen beziehen sich, wo 2 Spektren gegeben sind, diese auf die Komponenten eines Doppelsterns.

Scheinbare Örter von 584 Fixsternen (S. 41*—250*).

Die scheinbaren Rektaszensionen und Deklinationen der Fixsterne sind für den Moment der oberen Kulmination im Meridian von Greenwich gegeben.

Die Ephemeriden der 560 Sterne mit Deklinationen kleiner als 80°, deren scheinbare Örter von 10 zu 10 Sterntagen gegeben sind, enthalten die kurzperiodischen Mondglieder der Nutation nicht. Das Datum des Tages, an welchem zwei Kulminationen stattfinden, ist in kleinem Druck vor der Rektaszensionsspalte angeführt.

Die jährliche Parallaxe ist bei folgenden Sternen berücksichtigt, bei denen sie hinreichend verbürgt erscheint:

Nr. 10	ζ Tucanae	mit	0.″133
Nr. 11	β Hydri	»	0.143
Nr. 59	τ Ceti	»	0.298
Nr. 127	ε Eridani	»	0.305
Nr. 257	α Canis maj.	»	0.377
Nr. 291	α Canis min.	»	0.291
Nr. 295	β Geminor.	»	0.100
Nr. 445	β Virginis	»	0.101
Nr. 470	β Canum ven.	»	0.108
Nr. 492	β Comae	»	0.121
Nr. 513	η Bootis	»	0.112
Nr. 538	α Centauri	mit	0.″756
Nr. 667	μ Herculis	»	0.109
Nr. 695	χ Draconis	»	0.119
Nr. 699	α Lyrae	»	0.121
Nr. 745	α Aquilae	»	0.208
Nr. 754	δ Pavonis	»	0.174
Nr. 793	61 Cygni	»	0.299
Nr. 805	γ Pavonis	»	0.113
Nr. 867	α Piscis austr.	»	0.135
Nr. 875	Br 3077 Cass.	»	0.146

Von den im B. J. nicht mit Ephemeriden versehenen Sternen des FK 3 besitzen noch folgende hinreichend verbürgte Parallaxen:

Nr. 119	82 G. Eridani	0.″159	Nr. 1073	268 G. Ceti	0.″147
Nr. 135	δ Eridani	0.112	Nr. 1093	κ Ceti	0.106
Nr. 217	γ Leporis	0.122	Nr. 1134	π^3 Orionis	0.128
Nr. 239	α Mensae	0.118	Nr. 1300	61 Ursae maj.	0.109
Nr. 825	ε Indi	0.288	Nr. 1307	Grb 1830 U Maj	0.108
Nr. 1019	96 G. Pisc.	0.148	Nr. 1345	61 Virginis	0.116
Nr. 1030	μ Cassiop.	0.130	Nr. 1391	33 G. Librae	0.172

Die Ephemeriden der auf S. 2*—40* eingeklammerten Sterne findet man in »Apparent Places of Fundamental Stars«. H. M. Stationary Office, London.

Es folgen die scheinbaren Örter von 20 Polsternen für jede obere Kulmination. Sie enthalten die kurzperiodischen Mondglieder nicht, jedoch sind deren Werte in besonderen Spalten gegeben.

Am Fuße der Ephemeriden ist der mittlere Ort eines jeden Sternes für den Anfang des Jahres und die Werte von sec δ und tg δ angegeben, welche bei der Reduktion der Meridianbeobachtungen nach der hierfür am zweckmäßigsten erscheinenden Bessel schen Formel gebraucht werden. Ferner sind hier die Größen a, b, a', b' enthalten, mit deren Hilfe die Nutationsglieder kurzer Periode leicht berechnet werden können. Man erhält $A'a+B'b$ in Zeitsekunden, $A'a'+B'b'$ in Bogensekunden.

Auf den Seiten 241*—250* sind die rechtwinkligen Koordinaten der scheinbaren Örter von vier polnahen Sternen gegeben. Sie beziehen sich auf ein Koordinatensystem, dessen positive x-Achse nach dem Frühlingspunkt und dessen positive y-Achse nach dem Punkt $\alpha = 6^h$, $\delta = 0°$ gerichtet ist. Der Zusammenhang zwischen x, y und α, δ ist gegeben durch die Beziehungen: $x = \cos\delta \cos\alpha$, $y = \cos\delta \sin\alpha$. Die Angaben gelten für 12^h Sternzeit Greenwich und enthalten die kurzperiodischen Mondglieder der Nutation nicht, deren Werte jedoch in der letzten Spalte einer jeden Seite unter der Überschrift »Kurzperiod.Nutationsgl.« gegeben sind.

Als Quellen für die Koordinaten und Eigenbewegungen dieser vier Sterne sind benutzt worden:

für BD + 89°1: L. Courvoisier: Neue Position und Eigenbewegung des Polsterns BD + 89°1. Astron. Nachr. Bd. **273**, S. 87.

für BD + 89°3 und + 89°37: L. Courvoisier: Beobachtungen der Polsterne BD + 89°3 und BD + 89°37 am Vertikalkreis 1914—1926. Veröff. der Universitäts-Sternwarte zu Berlin-Babelsberg, Band XII, Heft 2.

für CPD — 89°38: Cape Annals Bd. **XI**, II, 244 für den Ort und eine briefliche Mitteilung für die Eigenbewegung.

Damit werden die mittleren Örter für 1959.0:

Name	Gr.	x	Jährl. Veränd. 1959.5	Jährl. Eigenbew.	y	Jährl. Veränd. 1959.5	Jährl. Eigenbew.
	m	″	″	″	″	″	″
BD+89° 1	10.56	− 660.86	−20.070	−0.011	+ 76.68	−0.160	−0.010
BD+89° 3	9.06	− 464.91	−20.240	−0.006	+862.28	−0.112	−0.006
BD+89° 37	10.06	−1441.11	−19.974	−0.011	−350.27	−0.309	+0.015
CPD−89° 38	9.5	+ 356.40	+20.137	+0.027	−306.14	+0.112	+0.031

Reduktionsgrößen (S. 252*—290*).

Auf die scheinbaren Örter der Sterne folgt S. 251* eine Zusammenstellung der Werte, mit welchen die Reduktionsgrößen der darauf folgenden Tafeln berechnet sind, und der Formeln für die Reduktion auf den scheinbaren Ort.

Die Größen zur »Reduktion auf den scheinbaren Ort« sind in ihrer *ersten* Form: A, B, C, D, E; A', B' gegeben für 12^h Sternzeit des Meridians von Greenwich:

1) Auf S. 270*—278* für jeden Sterntag. Hier sind die numerischen Werte von A, B, C und D mit ihren Differenzen gegeben und die kurzperiodischen Nutationsglieder A' und B' mit angeführt.
2) Auf S. 279* im Intervall von 10 Sterntagen.

Diese Tafel soll zur Berechnung von Sternephemeriden für die Epochen der Meridiandurchgänge dienen. Wegen ihrer logarithmischen Form und des großen Intervalls ist die Tafel zur Interpolation nicht geeignet. Man wird deshalb zweckmäßig die Interpolation erst nach der Summierung der einzelnen unmittelbar für die Epochen der Tafel berechneten Glieder vornehmen.

Beiden Tafeln ist in einer Spalte die dem festen Sternzeitmoment jedesmal entsprechende Weltzeit vorangestellt; man wird hiernach auf jeden beliebigen Zeitpunkt, gegeben durch Datum, Sternzeit und Längendifferenz gegen Greenwich, übergehen können. Eine weitere Spalte gibt die seit Beginn des annus fictus verflossene Zeit in Bruchteilen des tropischen Jahres.

Die Reduktionsgrößen der *zweiten* Form: f, log g, G, log h, H, log i und i, sowie f', g' und G' sind auf S. 252*—269* von Tag zu Tag für 0^h Weltzeit gegeben.

Auch hier findet sich eine Spalte, t überschrieben, welche die seit Beginn des annus fictus verflossene Zeit in Bruchteilen des tropischen Jahres gibt. Ferner ist die Sternzeit Greenwich für 0^h Weltzeit gegeben.

Die Seiten mit ungerader Seitenzahl enthalten außer den schon erwähnten f', g', G' noch folgende Größen:

ψ = Allgemeine Präzession seit Jahresanfang.
$\Delta\psi$ = Langperiodische Glieder der Nutation in Länge.
$\Delta\psi'$ = Kurzperiodische Glieder der Nutation in Länge.
ε = Mittlere Schiefe der Ekliptik.
$\Delta\,\varepsilon$ = Langperiodische Glieder der Nutation in Schiefe.
$\Delta\,\varepsilon'$ = Kurzperiodische Glieder der Nutation in Schiefe.
Die Koeffizienten j und k der Formeln auf S. 282*.

Die wahre Schiefe erhält man durch Addition der Gesamtnutation $(\Delta\varepsilon + \Delta\varepsilon')$ zu der mittleren Schiefe.

Auf S. 280* findet sich eine Tafel der Hilfsgrößen zur Berechnung der Präzession von verschiedenen mittleren Äquinoktien bis 1959.0.

S. 281* enthält eine Tafel der Hilfsgrößen zur Übertragung der Polsternörter von verschiedenen mittleren Äquinoktien auf das mittlere Äquinoktium 1959.0.

Auf S. 282* sind die Formeln zusammengestellt, mit welchen bei Anschlußbeobachtungen die gemessenen Koordinatendifferenzen der scheinbaren Örter in solche der mittleren Örter für den Jahresanfang übergeführt werden. Die in diesen Formeln auftretenden Koeffizienten j und k sind auf den Seiten 253*—269* enthalten und haben die Bedeutung

$$j = 15\, g \text{ arc } 1'$$
$$k = 15\, h \text{ arc } 1',$$

wobei g und h die auf den Seiten 252*—268* gegebenen Reduktionsgrößen sind.

S. 283* enthält eine Zusammenstellung der von der Deklination abhängenden Faktoren der Formeln auf S. 282*.

S. 284* enthält eine Tafel der numerischen Werte der Funktionen Sinus und Cosinus für in Zeit ausgedrückte Winkel. Ihre Benutzung erleichtert die Berechnung der Formeln auf S. 282*.

Die Seite 285* enthält eine Tafel zur Übertragung von Rektaszensions- und Deklinationsdifferenzen vom mittleren Äquinoktium 1959.0 auf das Normaläquinoktium 1950.0. Man findet die auf das Normaläquinoktium 1950.0 bezogene Koordinatendifferenz, indem man an der auf das mittlere Äquinoktium 1959.0 bezogene Rektaszensionsdifferenz die differentielle Präzession $\Delta\, p^s_\alpha$ und an der Deklinationsdifferenz die differentielle Präzession $\Delta\, p''_\delta$ anbringt:

$$\Delta p^s_\alpha = a_1 \operatorname{tg} \delta \cdot \Delta\alpha^m + a_2 \frac{1}{15} \sec^2\delta \cdot \Delta\delta',$$
$$\Delta p''_\delta = d_1 \cdot \Delta\alpha^m.$$

Die Koeffizienten a_1, a_2 und d_1 sind in der Tafel auf S. 285* enthalten und haben die Bedeutung:

$$a_1 = (n) \text{ arc } 1' \cos \alpha$$
$$a_2 = (n) \text{ arc } 1' \sin \alpha$$
$$d_1 = -15\, (n) \text{ arc } 1' \sin \alpha.$$

$\Delta\alpha^m$ und $\Delta\delta'$ sind die auf das mittlere Äquinoktium 1959.0 bezogenen Rektaszensions- und Deklinationsdifferenzen in Zeit- bez. Bogenminuten. Nach den angegebenen Formeln findet man die differentielle Präzession für Rektaszension in Zeitsekunden, diejenige für Deklination in Bogensekunden.

Die auf Seite 286* gegebenen Größen f, log g und G dienen zur Übertragung der Örter von dem *mittleren* Normaläquinoktium 1950.0 auf das ***wahre*** Äquinoktium der Epoche. **Die Berücksichtigung des Einflusses der Variatio saecularis bei dieser Übertragung ist durch die Tafeln auf S. 287* gegeben.**

Eine Tafel zur Übertragung von Sternörtern vom mittleren Äquinoktium 1959.0 auf das Normaläquinoktium 1950.0 befindet sich auf den Seiten 288*—290*.

Die hier tabulierten Größen sind gerechnet nach den Formeln:

$$A = (n^s) \sin a$$
$$D = (n'') \cos a$$
$$B = (m^s) - 0.00001818\, (n^s)^2 \sin 2\, a$$
$$\Delta C = \text{arc } tg\, C - C;\; C = A\, tg\, (\delta_{1959.0} + D)$$
$$P = -15\, tg\, \tfrac{1}{2}\, \psi;\; tg\, \psi = \sin (n) \sin a\, tg\, (\delta_{1959.0} + D)$$
$$a = \alpha_{1959.0} + 90^\circ - (N)$$

Wegen der Größen (m), (n), (N) vgl. S. [5] der „Grundbegriffe der Sphärischen Astronomie" im Jahrbuch für 1916. Falls die auf S. 290* gegebene Tafel für ΔC und P nicht ausreicht, berechne man die Größen nach den vorstehend gegebenen Formeln oder benutze die weiterreichende Tafel in Veröff. d. Astronom. Rechen-Instituts Nr. 49.

Sonnen- und Mondfinsternisse (S. 292*—298*).

Bei der Berechnung der Finsternisse des Jahres 1959 sind die Örter von Sonne und Mond um folgende Beträge verbessert worden:

1959	Sonne $\Delta\lambda$	Sonne $\Delta\alpha$	Sonne $\Delta\delta$	Mond $\Delta\lambda$	Mond $\Delta\beta$	Mond $\Delta\alpha$	Mond $\Delta\delta$
	″	″	″	″	″	″	″
März 24	+1.41	+1.29	+0.56	−4.48	−0.90	−4.48	+0.95
April 8	+1.39	+1.30	+0.53	−3.64	−0.17	−3.32	−1.55
Okt. 2	+1.39	+1.28	−0.55	−4.37	−0.89	−4.37	+0.90

Die bei den Sonnenfinsternissen gegebenen Besselschen Elemente dienen in der folgenden Weise zur Vorausberechnung der Phasenzeiten und der Positionswinkel der Kontakte:

Mit einer Ausgangszeit T (siehe weiter unten) entnimmt man der Elemententabelle die Werte:

x, y, log sin d, log cos d, μ, l ($l^{(a)}$ für äußere, $l^{(i)}$ für innere Berührung), log tang f ($f^{(a)}$ für äußere, $f^{(i)}$ für innere Berührung), x' und y'.

Mit ihnen rechnet man das folgende Formelsystem durch:

$$(1)\quad \begin{cases} \xi = c\cos\varphi\sin(\mu-\lambda) \\ \eta = s\sin\varphi\cos d - c\cos\varphi\sin d\cos(\mu-\lambda) \\ \zeta = s\sin\varphi\sin d + c\cos\varphi\cos d\cos(\mu-\lambda) \\ \xi' = [7.6398-10]\, c\cos\varphi\cos(\mu-\lambda) \\ \eta' = [7.6398-10]\, \xi\sin d, \end{cases}$$

worin φ die geographische Breite, λ die westliche Länge (von Greenwich) des Beobachtungsortes bezeichnen, s und c aus der Tafel auf S. 405* zu entnehmen sind.

Alsdann:

$$(2)\quad \begin{cases} \left.\begin{aligned} m\sin M &= x-\xi \\ m\cos M &= y-\eta \end{aligned}\right\} m>0 \\ \left.\begin{aligned} n\sin N &= x'-\xi' \\ n\cos N &= y'-\eta' \end{aligned}\right\} n>0 \end{cases}$$

Nun berechnet man aus:

$$(3)\quad L = l - \zeta\,\mathrm{tang}\, f$$

$L^{(a)}$ mit $l^{(a)}$ und $f^{(a)}$, $L^{(i)}$ mit $l^{(i)}$ und $f^{(i)}$; dann aus:

$$(4)\quad \sin\psi = \frac{m\sin(M-N)}{L}\text{[1]}$$

[1]) Wird der Winkel ψ bei der ersten Näherungsrechnung imaginär, so rechne man τ unter der Annahme $\psi = 90°$ aus $\tau = -\frac{m\cos(M-N)}{n}$; bleibt ψ auch in der weiteren Rechnung imaginär, so deutet dies an, daß an dem betreffenden Orte keine Sonnenfinsternis stattfindet.

mit $L^{(a)}$ und $L^{(i)}$ je zwei Werte $\psi^{(a_1)}$, $\psi^{(a_2)}$ und $\psi^{(i_1)}$, $\psi^{(i_2)}$, von denen der eine zum Eintritt der Erde in den Halb- oder Kernschatten-Kegel, der andere zu ihrem Austritt aus ihm gehört. Diesen vier Werten $\psi^{(a_1)}$, $\psi^{(a_2)}$ und $\psi^{(i_1)}$, $\psi^{(i_2)}$ entsprechen vier Werte $\tau^{(a_1)}$, $\tau^{(a_2)}$ und $\tau^{(i_1)}$, $\tau^{(i_2)}$ (in Zeitminuten) nach

$$(\,.)\ \tau = -\frac{m \cos (M-N)}{n} + \frac{L \cos \psi}{n},$$

um welche die Ausgangszeit T zu verbessern ist, um die Zeit der gesuchten Phase zu erhalten. Ist T die gesuchte Phasenzeit, so wird $\tau = 0$ werden. Man muß daher das Formelsystem (1) bis (5) mit steigenden Näherungen so lange durchrechnen, bis dieser Fall eintritt, d. h. bis das Formelsystem sich schließt. Zu diesem Zweck beginnt man mit einem Näherungswert T_1, für den man, wenn kein besserer bekannt sein sollte, eine beliebige Zeit nahe der Mitte der Finsternis nehmen mag, und rechnet die erste genäherte Korrektion τ_1; dann wiederholt man die Rechnung mit $T_2 = T_1 + \tau_1$, dann mit $T_3 = T_2 + \tau_2 = T_1 + \tau_1 + \tau_2$ usf. bis sich $\tau_n = 0$ ergibt. T_n ist dann die gesuchte Weltzeit des Kontaktes, die durch Hinzufügung der Längendifferenz in mittlere Ortszeit zu verwandeln ist. Die Rechnung ist für jede Berührung gesondert durchzuführen.

Die Positionswinkel der einzelnen Phasen, in üblicher Weise vom Punkt größter Deklination nach Osten gezählt, folgen aus den Werten der letzten Näherung (Größen mit dem Index n) nach

$$P = N + \psi.$$

Will man den Winkelabstand Q vom Punkte der größten Höhe haben, so hat man von P noch den parallaktischen Winkel γ abzuziehen, der aus

$$\left.\begin{aligned} p \sin \gamma &= \xi \\ p \cos \gamma &= \eta \end{aligned}\right\} p > 0$$

folgt, also

$$Q = P - \gamma.$$

Um die Zeit der größten Phase, T_{max}, zu erhalten, hat man die beiden Formelsysteme (1) und (2) mit einem Näherungswerte T_1 durchzurechnen, daraus $T_2 = T_1 - \frac{m \cos (M-N)}{n}$ zu entnehmen und die Rechnung so lange fortzusetzen, bis die Korrektion der Ausgangszeit 0 wird. Als Näherungswert T_1 wählt man zweckmäßig das Mittel der beiden Werte von T_n für die Berührungszeiten.

Die Größe der Verfinsterung i, in Teilen des Sonnendurchmessers ausgedrückt, ergibt sich dann aus:

$$i = \frac{L^{(a)} - m}{2\, L^{(a)} - 0.5459}$$

worin $L^{(a)}$ und m die zur Zeit T_{max} gehörigen Werte bedeuten.

Sternbedeckungen (S. 299*—308*).

Die Seiten 299* bis 302* enthalten die Elemente von Stern- und Planetenbedeckungen durch den Mond, welche in dem Gebiet zwischen den Meridianen 0^h und 2^h östlicher Länge von Greenwich und den Breitenkreisen $+45°$ und $+55°$ sichtbar sind.

Mit den in der Zusammenstellung der Elemente gegebenen Werten geschieht die Berechnung der Berührungszeiten eines Sternes mit dem

Mondrand für einen Ort mit den geographischen Koordinaten φ und λ (λ positiv, wenn der Beobachtungsort westlich von Greenwich liegt) auf folgende Weise:

Aus der auf den Seiten 299* bis 302* enthaltenen Weltzeit T der geozentrischen Konjunktion von Mond und Stern findet man einen ausreichenden Näherungswert $T + t$ der Weltzeit der topozentrischen Konjunktion durch Berechnung der Größen:

$h_0 = H - \lambda$

$\xi_0 = c \cos\varphi \sin h_0$ (c und später s aus der Tafel auf Seite 405*)

$$\xi' = [9.4192 - 10]\, c \cos\varphi \cos\frac{4}{3} h_0$$

$$t = \frac{\xi_0}{x' - \xi'}.$$

t ergibt sich in Stunden mittlerer Zeit. Das Vorzeichen entspricht dem von h_0.

Für die Zeit $T + t$ berechne man die folgenden Größen, in denen $t_0 = 1.0027\, t$ ist.

$$\xi = c \cos\varphi \sin(h_0 + t_0)$$

$$\eta = s \sin\varphi \cos\delta - c \cos\varphi \sin\delta \cos(h_0 + t_0) = \eta_1 - \eta_2$$

$$\xi' = [9.4192 - 10]\, c \cos\varphi \cos(h_0 + t_0)$$

$$\eta' = [9.4192 - 10]\, \xi \sin\delta$$

$$x = x' t$$

$$y = Y + y' t.$$

Aus den Beziehungen:

$$\left.\begin{aligned} m \sin M &= x - \xi \\ m \cos M &= y - \eta \end{aligned}\right\} m > 0$$

$$\left.\begin{aligned} n \sin N &= x' - \xi' \\ n \cos N &= y' - \eta' \end{aligned}\right\} n > 0$$

$$\sin\psi = [0.5646]\, m \sin(M - N),$$

ψ zwischen $+90°$ und $-90°$, berechne man

$$\tau = -\frac{[1.7782]\, m}{n} \cos(M - N) \mp \frac{[1.2135]}{n} \cos\psi$$

$$d\tau = \frac{[6.7591 - 10]\, \tau^2}{n \cos\psi} [\eta_2 \cos(N \mp \psi) - \xi \sin(N \mp \psi)],$$

wobei die oberen Vorzeichen für den Eintritt, die unteren für den Austritt gelten. Die eingeklammerten Zahlen bedeuten Logarithmen. τ und $d\tau$ ergeben sich in Zeitminuten. Werden die für den Eintritt geltenden Werte mit τ' und $d\tau'$ bezeichnet, die für den Austritt geltenden mit τ'' und $d\tau''$, so ist die Weltzeit des

$$\text{Eintritts} = T + t + \tau' + d\tau'$$

$$\text{Austritts} = T + t + \tau'' + d\tau''.$$

Als Kontrolle berechne man die Werte von x, y, ξ, η für die so gefundenen Berührungszeiten. Sind diese richtig, so muß die Beziehung erfüllt sein:

$$\sqrt{(x - \xi)^2 + (y - \eta)^2} = 0.2725.$$

Ist $m \sin(M - N) > 0.2725$, so tritt für den betreffenden Beobachtungsort keine Bedeckung des Sternes ein.

Die Positionswinkel des Sternes in bezug auf den Mondmittelpunkt für die Zeiten des Ein- und Austritts folgen aus

$$P_E = N - \psi - dP \text{ für den Eintritt,}$$
$$P_A = N + \psi + dP \pm 180^\circ \text{ für den Austritt,}$$

wobei die Winkel $N - \psi$ und $N + \psi$ aus der Rechnung für $d\tau$ entnommen werden können, und dP in Graden ausgedrückt aus

$$dP = \frac{[7.3038 - 10]\,\tau^2}{\cos\psi}(\eta_2 \sin N + \xi \cos N)$$

folgt.

Die Angaben über Sternbedeckungen sind von dem Nautical Almanac Office, US. Naval Observatory, Washington, zur Verfügung gestellt worden.

Auf den Seiten 303*—308* sind für Berlin-Babelsberg, Frankfurt a. M. und München Vorausberechnungen der an diesen Orten sichtbaren Sternbedeckungen gegeben. Außer der Weltzeit und dem Positionswinkel des Ein- oder Austrittes des bedeckten Sternes sind noch die Koeffizienten a und b angeführt, welche eine genäherte Vorausberechnung der Berührungszeiten für andere Orte innerhalb Deutschlands ermöglichen, die nicht allzuweit von den genannten Hauptpunkten entfernt sind. Bezeichnen λ und φ die geographischen Koordinaten des Beobachtungsortes, λ_0 und φ_0 diejenigen des ihm am nächsten gelegenen Hauptpunktes, so ist die gesuchte Berührungszeit gleich der für den Hauptpunkt geltenden $+ a(\lambda - \lambda_0) + b(\varphi - \varphi_0)$. Hierbei sind die Differenzen $\lambda - \lambda_0$ und $\varphi - \varphi_0$ in Einheiten des Grades unter Mitnahme des Zehntelgrades auszudrücken, damit sich die Korrektion in Zeitminuten ergibt.

Die Vorausberechnungen der Sternbedeckungen für Berlin-Babelsberg, Frankfurt a. M. und München wurden vom Nautical Almanac Office, London, ausgeführt und von diesem zum Abdruck zur Verfügung gestellt.

Mondbewegung und Lage des Mondäquators gegen den Erdäquator (S. 309*).

Auf S. 309* finden sich:

☊, Aufsteigender Knoten der Mondbahn auf der Ekliptik,
$L_☾$, Mittlere Länge des Mondes,
$\tilde{\omega}_☾$, Mittlere Länge des Perigäums,
$M_☾$, Mittlere Anomalie des Mondes,
i, Neigung des Mondäquators gegen den Erdäquator,
Δ, Stück des Mondäquators zwischen Ekliptik und Erdäquator,
☊′, Aufsteigender Knoten des Mondäquators auf dem Erdäquator.

☋, der aufsteigende Knoten des Mondäquators auf der Ekliptik ist gleich dem absteigenden Knoten der Mondbahn, also

$$☋ = ☊ \pm 180^\circ.$$

Vom Jahrgang 1926 ab sind die Brownschen Mondtafeln verwendet.

Die Größen i, Δ und Ω' berechnen sich aus:

$$\sin \tfrac{1}{2} (\Delta + \Omega') \cos \tfrac{1}{2} i = \cos \tfrac{1}{2} (\varepsilon - J) \sin \tfrac{1}{2} \Omega$$

$$\cos \tfrac{1}{2} (\Delta + \Omega') \cos \tfrac{1}{2} i = \cos \tfrac{1}{2} (\varepsilon + J) \cos \tfrac{1}{2} \Omega$$

$$\sin \tfrac{1}{2} (\Delta - \Omega') \sin \tfrac{1}{2} i = \sin \tfrac{1}{2} (\varepsilon - J) \sin \tfrac{1}{2} \Omega$$

$$\cos \tfrac{1}{2} (\Delta - \Omega') \sin \tfrac{1}{2} i = \sin \tfrac{1}{2} (\varepsilon + J) \cos \tfrac{1}{2} \Omega;$$

dabei ist J, die Neigung des Mondäquators gegen die Ekliptik, nach F. H a y n (Astr. Nachr. Bd. **199**, S. 263) zu $J = 1° 32' 20''$ angenommen worden. Die Zahlen geben die Lage des mittleren Mondäquators (ohne physische Libration).

Die auf S. 309* gemachten Angaben über die Elemente der Mondbahn und des Mondäquators werden, teilweise in Verbindung mit den Größen $L_\odot$ und $M_\odot$ auf S. 29, zu verschiedenen Zwecken verwendet:

1) Als Argumente für die Berechnung der Reduktionsgrößen A, B, C, D, E, A', B'.

2) Bei Bestimmung der selenographischen Koordinaten von Punkten der Mondoberfläche.

3) Bei Berechnung der *optischen* und *physischen* Libration des Mondes.

a) Für die Berechnung der *optischen* Libration des Mondes sind alle nötigen Angaben in den Erläuterungen zu den Hilfstafeln unter Nr. 8 (S. 450*) gemacht.

b) Die Beträge der *physischen* Mondlibration in selenographischer Länge, der Neigung des Mondäquators und seinem aufsteigenden Knoten auf der Ekliptik τ, ρ, σ haben die Werte:

$$\tau = -\ 13'' \sin M_{☾} + 65'' \sin M_\odot + 26'' \sin 2\,(L_{☾} - M_{☾} - \Omega)$$

$$\rho = -\ 106'' \cos M_{☾} + 34'' \cos (2 L_{☾} - M_{☾} - 2\Omega) - 11'' \cos 2 (L_{☾} - \Omega)$$

$$\sigma \sin J = -\ 108'' \sin M_{☾} + 34'' \sin (2 L_{☾} - M_{☾} - 2\Omega) - 11'' \sin 2\,(L_{☾} - \Omega).$$

Diese Zahlenangaben beruhen auf der Annahme $f = 0.73$, worüber F. H a y n (Astr. Nachr. Bd. **199**, S. 264) einzusehen ist.

Ephemeride für den Mondkrater Mösting A. (S. 310*—314*).

Die Ephemeride des Mondkraters Mösting A. dient zwei verschiedenen Zwecken: erstens zur genauen Bestimmung von Mondörtern am Himmel durch Beobachtung des Kraters, zweitens zur Bestimmung der selenographischen Koordinaten weiterer Punkte der Mondoberfläche durch deren mikrometrischen Anschluß an Mösting A.

Sie gilt für 0^h Weltzeit und enthält für die Tage, an welchen Mösting A. innerhalb der Beleuchtungsgrenze liegt, die Unterschiede $\alpha_{☾} - \alpha_k$ in Rektaszension und $\delta_{☾} - \delta_k$ in Deklination zwischen der Mondmitte und dem Krater, vom Erdmittelpunkt aus gesehen, sowie den Logarithmus des Sinus der Äquatorial-Horizontalparallaxe p_k des Kraters, welche von der des Mondes $p_{☾}$ zu unterscheiden ist, mit den zugehörigen Differenzen.

Zur Anwendung der Ephemeride auf Beobachtungen des Kraters interpoliere man $\alpha_{☾} - \alpha_k$, $\delta_{☾} - \delta_k$ und log sin p_k mit der Beobachtungszeit. Fügt man alsdann $\alpha_{☾} - \alpha_k$ und $\delta_{☾} - \delta_k$ zum geozentrischen Ort des

Kraters hinzu (die Parallaxe wird mit p_k und δ_k, der Deklination des Kraters, berechnet), so hat man die geozentrische Rektaszension und Deklination des Mondes für die Beobachtungszeit.

Der Berechnung der Ephemeride des Kraters Mösting A. liegen folgende von F. Hayn ermittelte Konstanten (Astr. Nachr. Bd. **199**, S. 263) zugrunde:

$$\lambda_0 = -5°\,10'\,7'', \quad \beta_0 = -3°\,11'\,2'', \quad h = 15'\,33''\!.4.$$

Für die Reduktion auf den mittleren Mondäquator wurden die Werte angenommen:

$$d\lambda = -\;13''\sin M_☾ + 65''\sin M_☉ + 26''\sin 2\,(L_☾ - M_☾ - ☊)$$
$$d\beta = -108''\sin(L_☾ - M_☾ - ☊ + \lambda_0) - 34''\sin(L_☾ - M_☾ - ☊ - \lambda_0)$$
$$+\;11''\sin(L_☾ - ☊ - \lambda_0),$$

so daß die auf den mittleren Mondäquator bezogenen selenographischen Koordinaten des Kraters Mösting A. sind:

$$\lambda = \lambda_0 + d\lambda, \qquad \beta = \beta_0 + d\beta.$$

Die Formeln zur Berechnung der Ephemeride siehe in den Erläuterungen zum Jahrbuch 1916.

Die Formeln für die Reduktion von mikrometrischen Anschlußbeobachtungen von Kratern an Mösting A. findet man in den Jahrbüchern bis zum Jahrgang 1952.

Rotation der Sonne (S. 315*—317*).

Die auf den Seiten 315*—317* enthaltenen Größen haben die Bedeutung:

P Positionswinkel der Rotationsachse der Sonne, in der üblichen Weise von deren Nordpunkt nach Osten gezählt.

B_0 und L_0 Heliographische Breite und Länge des Mittelpunktes der Sonne.

Als Nullmeridian der Zählung der heliographischen Längen dient der Meridian, welcher am 1. Januar 1854 im mittleren Greenwicher Mittag (J. D. 239 8220$^d\!.$0) durch den aufsteigenden Knoten des Sonnenäquators auf der Ekliptik ging.

Die Neigung des Sonnenäquators gegen die Ekliptik beträgt 7°.25, die Länge des aufsteigenden Knotens auf dieser ist 73°.667 + 0°.01396 $(t - 1850.0)$.

Die siderische Rotationszeit beträgt $25^d\!.38$ und die synodische $27^d\!.2753$.

Nach Carrington beginnt die erste synodische Rotation 1853 Nov. 9. Im Jahre 1959 beginnt die synodische Rotation:

		d			d			d
Nr. 1409	Jan.	2.51	Nr. 1414	Mai	19.02	Nr. 1419	Okt.	2.15
Nr. 1410	Jan.	29.85	Nr. 1415	Juni	15.22	Nr. 1420	Okt.	29.44
Nr. 1411	Febr.	26.19	Nr. 1416	Juli	12.42	Nr. 1421	Nov.	25.75
Nr. 1412	März	25.51	Nr. 1417	Aug.	8.64	Nr. 1422	Dez.	23.07
Nr. 1413	April	21.79	Nr. 1418	Sept.	4.88			

Rotation des Mars (S. 318*—319*).

Auf den Seiten 318*—319* ist die Länge des Zentralmeridians sowie die Durchgangszeit des Nullmeridians durch den Mittelpunkt der Marsscheibe gegeben. Die Angaben sind wegen Aberration korrigiert, also direkt mit der Beobachtungszeit vergleichbar.

Rotation des Jupiter (S. 320*—321*).

Auf den Seiten 320*—321* ist die Länge des Zentralmeridians des beleuchteten Teiles der Jupiterscheibe enthalten. Die Angaben unter System I beziehen sich auf die Äquatorzone mit der Rotationsperiode $9^h\ 50^m\ 30^s.004$, diejenigen unter System II gelten für die Gebiete nördlich und südlich von dieser mit der Rotationsperiode $9^h\ 55^m\ 40^s.632$. In einer besonderen Spalte ist die Reduktion auf den Zentralmeridian der vollen Jupiterscheibe gegeben.

Als Ausgangswerte sind verwendet worden für

System I:

1897 Juli 14 mittl. Mittag Greenw. Länge des Zentralmeridians $= 47^\circ.31$,

System II:

1897 Juli 14 mittl. Mittag Greenw. Länge des Zentralmeridians $= 96^\circ.58$.

Der Nordpol der Rotationsachse des Jupiter zeigt nach dem Punkt

AR. $= 17^h\ 52^m\ 0^s.84 + 0^s.247\ (t - 1910)$

Dekl. $= +64^\circ\ 33'\ 34''.6 - 0''.60\ (t - 1910)$,

t in tropischen Jahren.

Jupitertrabanten (S. 322*—333*).

Die Seiten 322* und 323* enthalten die Zeitangaben (in Weltzeit) für die Verfinsterungen der vier hellen Jupitertrabanten in dem Schattenkegel des Jupiter; Ein- und Austritte sind durch beigefügtes E. und A. unterschieden.

Auf den Seiten 324*—333* sind die Anordnungen der vier hellen Trabanten in bezug auf die Jupiterscheibe schematisch angegeben, wie sie im umkehrenden Fernrohr zu der am Kopfe der Diagramme angegebenen Zeit erscheinen. Die Trabanten sind durch die Ziffern 1 bis 4 gekennzeichnet, wobei die Stellung der Ziffer in bezug auf den betreffenden Trabanten die Richtung seiner Bewegung kennzeichnet. Am Rande der Diagramme ist angegeben, ob ein Trabant verfinstert ist oder sich vor der Planetenscheibe befindet. Am Fuß der Seiten sind die Stellungen der Trabanten in bezug auf Jupiter für die Berührungen mit dem Schattenkegel angegeben. Ein- und Austritte sind durch beigefügtes E. und A. unterschieden.

Saturnsring (S. 334*—335*, 338*).

Die Angaben für die scheinbare Größe des Saturn und für die Lage und Größe des Saturnsringes haben die folgende Bedeutung:

α Große Achse des Saturn.

β Kleine Achse des Saturn.

p_a Phase; positiv, wenn der Ostrand, negativ, wenn der Westrand verdunkelt ist.

a Große Achse der Ringellipse.

b Kleine Achse der Ringellipse; positiv, wenn die nördliche, negativ, wenn die südliche Fläche des Ringes sichtbar ist.

U' Heliozentrische Länge des Saturn, gezählt auf der Ringebene vom aufsteigenden Knoten des Ringes in der Ekliptik an.

B' Erhöhungswinkel der Sonne über der Ringebene vom Saturn aus gesehen; nördlich positiv, südlich negativ.

P' Winkel der kleinen Achse der Ringellipse mit dem durch den Saturnsmittelpunkt gehenden Längenkreise; östlich positiv, westlich negativ.

U Geozentrische Länge des Saturn, gezählt auf der Ringebene vom aufsteigenden Knoten des Ringes im Erdäquator an.

B Erhöhungswinkel der Erde über der Ringebene vom Saturn aus gesehen; nördlich positiv, südlich negativ.

P Winkel der kleinen Achse der Ringellipse mit dem durch den Saturnsmittelpunkt gehenden Stundenkreise; östlich positiv, westlich negativ.

N Aufsteigender Knoten der Ringebene im Erdäquator, gezählt vom Äquinoktium an.

J Neigung der Ringebene gegen den Erdäquator.

ω Entfernung der Ekliptik vom Erdäquator, gemessen auf der Ringebene.

Es liegen folgende Bestimmungen nach H. Struve zugrunde:

Durchmesser des Saturn in der Entfernung 9.53887

Äquatorial 17".47 Polar 15".65

Durchmesser des Ringes in der Entfernung 9.53887

$2\,R = 39''.35$

Lage des Saturnsringes gegen die Ekliptik und das Äquinoktium von 1889.25 nach G. Struve

$\Omega_1 = 167^\circ\ 58'.08$ und $i_1 = 28^\circ\ 4'.55.$

Saturnstrabanten (S. 336*—347*).

Die Berechnungen der Saturnstrabanten Mimas bis Rhea sind mit den von G. Struve in den Veröffentlichungen der Universitätssternwarte Berlin-Babelsberg, Bd. VI, Heft 4 abgeleiteten Elementen durchgeführt worden. Für Titan und Japetus sind die von ihm in Bd. VI, Heft 5 angegebenen Elemente benutzt worden, und für Hyperion haben die von J. Woltjer in den Annalen der Sternwarte Leiden, Bd. 16, Teil 3 bestimmten Elemente als Grundlage gedient.

Die den Ephemeriden zugrunde liegenden Elemente sind auf den Seiten 417*—419* des Jahrbuches für 1950 enthalten.

Auf den Seiten 336*—338* sind die Hilfsmittel gegeben, um in bequemer Weise die Positionen der Trabanten ableiten zu können. Sieht man hierbei von der Neigung γ ab, so erhält man die rechtwinkligen Koordinaten x und y des Trabanten in bezug auf ein Achsenkreuz, dessen Anfangspunkt im Mittelpunkt des Saturn gelegen ist, dessen X-Achse parallel der großen Achse des Ringes verläuft, positiv, wenn östlich, negativ, wenn westlich vom Saturn, und dessen positive Y-Achse mit dem durch den Saturnsmittelpunkt gehenden Stundenkreise den Winkel P einschließt, aus den Gleichungen:

$$x = \frac{a\,(\varDelta)}{\varDelta}\,\frac{1}{1+\zeta}\,\frac{r}{a}\sin\,(u-U)$$
$$y = \frac{a\,(\varDelta)}{\varDelta}\,\frac{1}{1+\zeta}\,\frac{r}{a}\sin B\cos\,(u-U).$$

$(\varDelta) = 9.53887$ bezeichnet den mittleren Wert der Entfernung Sonne—Saturn, $\varDelta$ ist die Entfernung Erde—Saturn, $u = L + (v - M)$ ist die wahre Länge des Trabanten vom Erdäquator an gezählt.

Die Größen $v-M$ und $\log \frac{r}{a}$ sind auf S. 312*—313* des Jahrbuchs 1933 gegeben, $\log \frac{1}{1+\zeta}$ ist auf S. 338* enthalten.

Ist genaueste Ortsbestimmung erforderlich, so darf man bei Mimas, Tethys und Rhea die Neigungen γ gegen den Saturnsäquator, da sie schon merklichere Werte annehmen, nicht mehr vernachlässigen; x und y ergeben sich dann aus:

$$x = \frac{a\,(\varDelta)}{\varDelta}\,\frac{1}{1+\zeta}\,\frac{r}{a}\sin\,(u-U)$$
$$y = \frac{a\,(\varDelta)}{\varDelta}\,\frac{1}{1+\zeta}\,\frac{r}{a}\sin B\,[\cos\,(u-U) + \sin\gamma\,\mathrm{cotg}\,B\sin\,(u-\vartheta)].$$

Die Werte von ϑ, der Länge des aufsteigenden Knotens der Trabantenbahn auf dem Saturnsäquator, gezählt vom Schnittpunkte des Saturnsäquators mit dem Erdäquator, findet man für die fünf inneren Trabanten auf S. 338*; auch ist hier für Rhea γ, weil stärker mit der Zeit veränderlich, in Intervallen von 16 Tagen gegeben.

Will man aus x und y die Rektaszensions- und Deklinationsdifferenzen bestimmen, so dienen dazu die Gleichungen:

$$s\sin\,(p - P) = x$$
$$s\cos\,(p - P) = y$$

$$\varDelta\alpha = \alpha_{tr} - \alpha_{pl} = \frac{1}{15}\,s\sin p\sec\delta_{tr}$$
$$\varDelta\delta = \delta_{tr} - \delta_{pl} = s\cos p.$$

Auf den Seiten 339*—342* finden sich, außer den Hilfsgrößen U, B und P für die Trabanten Titan, Hyperion und Japetus die genäherten Rektaszensions- und Deklinationsunterschiede gegen den Saturn in dem Sinne Trabant minus Planet für die beiden letzteren Trabanten.

Die aus den Angaben des Berliner Jahrbuchs ermittelten Trabantenörter sind auf das mittlere Äquinoktium der Epoche bezogen.

Zum Schluß enthalten die Seiten 343*—347* die Zeitangaben (in Weltzeit) für die östlichen Elongationen von Mimas, Enceladus, Tethys, Dione, Rhea, ferner für die östlichen und westlichen Elongationen ($u - U = \pm 90°$) und für die oberen und unteren Konjunktionen ($u - U = 0°$, $180°$) von Titan, Hyperion und Japetus mit Saturn; diese Zeitangaben für die Elongationen und Konjunktionen sind bereits für Lichtzeit korrigiert, also ohne weiteres mit den Beobachtungen vergleichbar.

Konstellationen (S. 348*–349*).

In der Übersicht der Konstellationen des Jahres 1959 sind die hauptsächlichsten Planeten-Konstellationen gegeneinander und gegen Sonne und Mond sowie die Angaben der Epochen, zu welchen sich die Planeten in gewissen Hauptpunkten ihrer Bahn und ihres synodischen Laufes befinden, zusammengestellt. Die Bedeutung der hier verwendeten Zeichen siehe Seite II. — Die Konjunktionen der Planeten mit dem Mond und ihre gegenseitigen sind als Konjunktionen in AR. zu verstehen. Die Angaben über Konjunktion und Opposition der Planeten mit der Sonne entsprechen den Zeiten, zu denen der Längenunterschied zwischen Planet und Sonne 0° oder 180° ist.

Auf- und Untergangszeiten der Sonne und des Mondes sowie Anfang und Ende der Nautischen Dämmerung (S. 350*–389*).

Für Orte auf dem Meridian von Greenwich und ausgewählte geographische Breiten zwischen —10° und +60° sind die mittleren Ortszeiten der Auf- und Untergänge von Sonne und Mond gegeben. Sie beziehen sich auf das Erscheinen bzw. Verschwinden des oberen Randes der Sonne oder des Mondes und sind mit der Horizontalrefraktion 34'0 berechnet.

Für Anfang und Ende der Nautischen Dämmerung beträgt die Zenitdistanz der Sonne 102°.

Hilfstafeln (S. 390*–411*).

Es folgt eine Reihe von häufig gebrauchten Hilfstafeln.

1) Tafeln für Präzessionswerte (S. 390*–392*).

a) Präzession in Länge und Breite (Seite 390*–391*).

$$p\lambda = \psi + \pi \operatorname{tg} \beta \cos(\Pi - \lambda)$$
$$p\beta = \pi \sin(\Pi - \lambda)$$

b) Präzession in Rektaszension und Deklination (Seite 392*).

$$p\alpha = m + \tfrac{1}{15} n \sin \alpha \operatorname{tg} \delta$$
$$p\delta = n \cos \alpha$$

c) Präzessionswerte m, n, ψ, π, Π und ε, die mittlere Schiefe der Ekliptik (Seite 392*).

Mit diesen Werten berechnet sich die Präzession für die Elemente einer Bahnebene im System der Ekliptik nach:

$$p_{\Omega} = \psi - \pi \operatorname{cotg} i \sin(\Pi - \Omega)$$
$$p_i = -\pi \cos(\Pi - \Omega)$$
$$p_\omega = \pi \operatorname{cosec} i \sin(\Pi - \Omega)$$

und im System des Äquators nach:

$$p_{\Omega'} = m - n \operatorname{cotg} i' \cos \Omega'$$
$$p_{i'} = -n \sin \Omega'$$
$$p_{\omega'} = n \cos \Omega' \operatorname{cosec} i'$$

Den Tafeln a) und b) liegen die Präzessionswerte für 1950.0 zugrunde. Über die Bedeutung der Bezeichnungen und die Zahlenwerte vergleiche die Erläuterungen zum Jahrbuch für 1916.

2) Eine Tafel zur Verwandlung von Minuten und Sekunden in Dezimalteile des Grades und umgekehrt (S. 393*).

3) Hilfstafeln zur Verwandlung von mittlerer Zeit in Sternzeit (S. 394*, 396*) und von Sternzeit in mittlere Zeit (S. 395*, 397*).

4) Eine Tafel zur Verwandlung von Stunden, Minuten und Sekunden in Dezimalteile des Tages und umgekehrt (S. 398*—399*).

5) Eine Tafel für die Ermittelung eines Datums in der Julianischen Periode (Seite 400*—404*). Die Tafel besteht aus zwei Teilen. Der erste Teil (S. 400*—401*) gibt in vierjährigen Schaltperioden für die Jahre 0 bis 2000 die Anzahl der am 0. Januar, 12^h Weltzeit, seit Anfang der Julianischen Periode verflossenen Tage. Als Ergänzung gibt die Hilfstafel am Fuß der Seite die Anzahl der am 0. eines jeden Monats, 12^h Weltzeit, seit Beginn der Schaltperiode verflossenen Tage. Man gehe bis zum 4. Oktober des Jahres 1582 mit dem Datum des Julianischen, für spätere Jahre mit dem Datum des Gregorianischen Kalenders in die Tafel ein. Der zweite Teil (S. 402*—404*) gibt für die Jahre 1860—1979 unmittelbar die Anzahl der im Gregorianischen Kalender am 0. eines jeden Monats, 12^h Weltzeit, seit Beginn der Julianischen Periode verflossenen Tage.

6) Eine Tafel der Hilfsgrößen s und c (S. 405*) zur Berechnung der geozentrischen Breite φ' und der geozentrischen Entfernung ρ eines Erdortes, ausgedrückt in Einheiten der großen Halbachse des Erdellipsoids, aus der geographischen Breite φ nach den Formeln:

$$\varrho \sin \varphi' = s \sin \varphi$$
$$\varrho \cos \varphi' = c \cos \varphi$$

Darin haben s und c die Bedeutung:

$$s = \frac{1-e^2}{\sqrt{1-e^2 \sin^2 \varphi}}, \quad c = \frac{1}{\sqrt{1-e^2 \sin^2 \varphi}}, \quad e = \sqrt{2\mathfrak{a}-\mathfrak{a}^2}.$$

Gemäß den Beschlüssen der Pariser Ephemeridenkonferenz von 1911 ist dabei die Abplattung $\mathfrak{a} = \frac{1}{297}$ angenommen.

7) Tafel des halben Tagbogens (S. 406*—407*), berechnet mit der Horizontalrefraktion 34!9 für geographische Breiten von +30° bis +60° und Deklinationen von —30° bis +30°.

8) Die Tafel zur Berechnung der optischen Mondlibration (S. 408*—409*) gibt mit dem Argument $\lambda - \Omega$ die Werte $\Delta\lambda$, a und B entsprechend den Gleichungen:

$$\Delta\lambda = \frac{1}{\operatorname{arc} 1'} \operatorname{tang}^2 \frac{1}{2} J \sin 2 (\lambda - \Omega)$$
$$a = -\cos (\lambda - \Omega) \sin J$$
$$\operatorname{tang} B = -\sin (\lambda - \Omega) \operatorname{tang} J$$

J = Neigung des Mondäquators gegen die Ekliptik (s. S. 444*).

Ω = Länge des aufsteigenden Knotens der Mondbahn auf der Ekliptik (s. S. 309*).

λ, β = Länge und Breite des Mondmittelpunktes, berechnet für den Beobachtungsort.

Bezeichnen noch $L_☾$ die mittlere Länge des Mondes, l' und b' die optische Libration der Mondmitte in selenographischer Länge und Breite, so ist:

$$l' = \lambda - L_☾ + \Delta\lambda - a(B - \beta)$$
$$b' = B - \beta$$

Der Winkel C, welchen der Mondmeridian des Mittelpunktes der scheinbaren Mondscheibe mit dem Stundenkreise bildet, ergibt sich aus der Gleichung:

$$\sin C = -\sin i \frac{\cos(L_☾ + l' + \Delta - ☋)}{\cos \delta_☾} = -\sin i \frac{\cos(\alpha_☾ - ☊')}{\cos b'},$$

worin $\alpha_☾$, $\delta_☾$ Rektaszension und Deklination des Mondmittelpunktes, gesehen vom Beobachtungsort aus, bezeichnen; die anderen vorkommenden Größen i, Δ, ☋ und ☊′ haben schon auf S. 443* ihre Erklärung gefunden.

9) Eine Tafel zur Verwandlung von Zeitmaß in Gradmaß mit dezimaler Unterteilung (S. 410*—411*).

Koordinaten der Sternwarten (S. 412*—417*).

Die Seiten 412*—417* enthalten die geographischen und geozentrischen Koordinaten der Sternwarten.

Die Seehöhen sind in allen Fällen angegeben, wo sie sich einigermaßen sicher ermitteln ließen.

Die geographischen Längen sind auf den Meridian von Greenwich bezogen und dementsprechend ist die »Korrektion der Sternzeit« die Differenz: Orts-Sternzeit in mittlerer Mitternacht minus Greenwicher Sternzeit in mittlerer Mitternacht.

Die geozentrischen Koordinaten sind den Beschlüssen der Pariser Ephemeridenkonferenz vom Oktober 1911 gemäß unter Annahme der Abplattung 1 : 297 berechnet.

Bei Berechnung von $\log \varrho$ ist die Seehöhe berücksichtigt.

Normalzeiten der wichtigeren Länder (S. 418*).

Auf S. 418* sind die in den wichtigeren Ländern eingeführten Normalzeiten zusammengestellt.

Interpolation (S. 419*—423*).

Zur Erleichterung der Interpolation nach der Besselschen Formel sind auf S. 419* die Koeffizienten der zweiten bis vierten Differenzen für jedes Hundertstel des Argumentenintervalles gegeben. Die Seiten 420*—423* enthalten für den speziellen Fall, daß die dritten und höheren Differenzen unberücksichtigt bleiben können, die Verbesserung der ersten Differenz wegen des Einflusses der zweiten Differenz.

Refraktionstafel (S. 424*—425*).

Die auf den Seiten 424*—425* enthaltene Refraktionstafel ist nach der Theorie von R. Radau (Annales de l'Observatoire de Paris, Memoires, Bd. 19) unter Verwendung der Refraktionskonstante 60″.154 berechnet und ist eine Abkürzung der in den Bänden der Connaissance des Temps enthaltenen Tafel.

Polaristafeln (S. 426*—432*).

Die auf den Seiten 426*—432* enthaltenen Tafeln erleichtern die Bestimmung der geographischen Breite φ aus Messungen der Zenitdistanz z des Polarsterns außerhalb des Meridians nach der Formel

$$\varphi = 90^\circ - z - p \cos t + \tfrac{1}{2} p^2 \sin^2 t \operatorname{cotg} z,$$

wobei p die Poldistanz des Polarsterns und t sein Stundenwinkel ist. Man geht in Tafel 1 mit der Sternzeit der Beobachtung ein, in Tafel 2 mit der Sternzeit und dem Datum und in Tafel 3 mit der Sternzeit und der Zenitdistanz. Da in jeder der drei Tafeln willkürliche Konstanten enthalten sind, ist es notwendig, die Werte aller drei Tafeln bei der Reduktion der Messungen zu berücksichtigen.

Alphabetisches Sachregister

Seite

FSC
www.fsc.org
MIX
Papier | Fördert gute Waldnutzung
FSC® C083411

Kolibri 360 GmbH
Ferdinand-Jühlke-Straße 7
99095 Erfurt, Deutschland
produktsicherheit@kolibri360.de